正弦波模型化测量基础及应用

梁志国　著

科 学 出 版 社

北　京

内 容 简 介

本书主要关注正弦现象及正弦问题的理论方法和应用，介绍了不同测量条件下，正弦波幅度、频率、初始相位和直流分量四个模型参数及辅助质量参数的估计方法及不确定度评定。针对量化误差、序列长度、周波数等对参数拟合误差的影响，给出了拟合误差定律。为提高参数拟合精度，介绍了一种单频数字滤波器。针对 AM(调幅)、FM(调频)、PM(调相)信号的解调，给出了数字化解调方法。另外，提供了丰富的正弦拟合工程应用案例，包括数据采集系统、数字示波器、任意波发生器、调制度测量仪的校准，冲击峰值估计、随机振动分析、正弦失真测量、捷变频信号分析等，可供同行参考借鉴。

本书可供测量、分析、应用正弦波形的计量测试人员及相关专业的院校师生参考借鉴。

图书在版编目(CIP)数据

正弦波模型化测量基础及应用 / 梁志国著. -- 北京 : 科学出版社, 2024. 10. -- ISBN 978-7-03-079607-3

I. O353.2

中国国家版本馆 CIP 数据核字第 20243GG720 号

责任编辑：陈艳峰　郭学雯／责任校对：彭珍珍

责任印制：张　伟／封面设计：无极书装

科学出版社 出版

北京东黄城根北街 16 号

邮政编码：100717

http://www.sciencep.com

北京九州迅驰传媒文化有限公司印刷

科学出版社发行　各地新华书店经销

*

2024 年 10 月第　一　版　开本：787×1092　1/16

2025 年　1 月第二次印刷　印张：43 1/4

字数：1 020 000

定价：298.00 元

(如有印装质量问题，我社负责调换)

序　言

正弦波模型，作为一种完备的三角级数正交函数系，可以无限逼近的方式，用以描述自然界的所有函数规律。人们日常生活中感受到的，也是现代社会赖以生存和发展的电磁波，其麦克斯韦方程的基础解形式，就是具有最快收敛特征的三角函数形式，同样，声波传播也具有完全类似的特征。所以，无论是日常生活体验，还是工程技术应用领域，正弦函数系作为一种应用数学基础工具，具有极好的普适性和方便的使用性能。

特别感谢该书作者，在这样一个专门领域和非常基础的问题上，进行了持续三十余年的探索和发掘，取得了丰硕的学术和工程应用成果，成绩斐然，令人印象深刻。

该书内容围绕数字化测量序列中正弦波形的四个基本参数估计及其误差和不确定度评定而展开，兼具系统性、全面性、独特性和实用性。以示例方式，展示了各种不同的实际条件下正弦波形参数的估计和评价方法，具有极强的针对性和适用性，可以在绝大多数情况下获得令人满意的正弦拟合结果，为读者提供了特别的参考与借鉴。特别是书中阐述的残周期正弦拟合，任意相位条件下，可在 4%的波形周期下获得曲线拟合结果；在过零点附近，可在 0.03%的波形周期下获得曲线拟合结果等，这些方法都很有借鉴意义。针对量化误差给正弦拟合参数造成的拟合误差界，随序列长度变化呈现等间隔阶梯状分布规律的阐述，认识独到深刻，由此总结出的正弦拟合误差定律具有很大的指导意义和实用价值。该书的示例皆来源于工程实践，同样丰富而实用。数据采集速率测量、采样通道间延迟时间差测量、捷变频正弦的建立时间测量、数字示波器触发点定位及误差测量，同样源于正弦表征，而又各具特色，皆给人以启发和提示。鉴于上述认识，我很高兴也很荣幸能有机缘推荐此书，以供相关领域科研人员和工程技术人员学习借鉴。

李陟

2022 年 12 月 25 日

前　言

本书所述内容为正弦波模型化测量基础及应用，实际上属于数字化测量中正弦波形参数的估计及应用。理想的正弦波形，应该仅有三个参数：幅度、频率和初始相位，在测量与应用过程中，产生了一个额外的叠加参量，即直流分量，通常被归结为它的第四个参数。

真正的物理世界中，正弦波形很难是理想的，因此产生了众多衍生参数来定量衡量这种“非理想”的程度，我们可称其为正弦波形的质量参数，例如谐波、次谐波、间谐波、杂波、噪声、抖动、失真度等。由此引出了关于它们的众多估计方法和手段，所有这些不仅被用于定量衡量与表征正弦波形本身的参量及其“非理想”程度，也往往用来定量衡量与表征产生正弦波的各类信号源的功能、性能及其非理想程度，以及定量衡量与表征各类数据采集系统的功能、性能及其非理想程度，即仪器设备的性能指标。

本书主要内容将围绕幅度、频率、初始相位、直流分量四个正弦波形参数的精确估计及其误差和不确定度评定而展开，包括拟合精度、拟合收敛性、快速算法、均匀及非均匀采样、残周期拟合、组合算法、单频滤波等。除了四个正弦估计参数的不确定度评定内容外，本书特别针对量化误差给四个拟合参数带来的拟合误差界问题进行了相关阐述，并总结出了拟合误差界随采样序列长度而变化的确定规律，用于指导实际的测量实践。有关这些内容，本书提供了一些经实际工作验证的行之有效的方式方法，可供参考和使用。

有关正弦波形的众多质量参数，诸如谐波、次谐波、间谐波、杂波、噪声、抖动、失真度，它们的测量评价与估计表征，也是本书的重要组成部分，不仅涉及这些质量参数自身，同时，它们也是四个正弦波形参数估计中的不确定度来源。

正弦波形的实际应用中，有很大一部分来源于人们对其参数的有效调控及应用。例如，无线电通信导航及广播电视中广泛应用的调幅、调频、调相信号波形，以及自然界中一些广泛存在的物理现象及规律的应用，如多普勒效应等。它们与正弦波形有着千丝万缕的联系，本质上就属于正弦问题，一直被正弦思维与理念予以处理和表征。因而，本书以专门章节阐述调制信号的数字化解调问题，并给出了相应的方式方法。

由于阐述的是数字化测量中的正弦问题，所以本书对涉及的有关数字化测量的基本知识进行了简介，包括采样、量化、同步、延迟、触发、均匀采样、非均匀采样、随机采样、等效采样等，以便于对全书内容的理解。另外，也引出了本书所述的正弦参数估计的不同技术条件，包括均匀采样、非均匀采样、随机采样、等效采样等不同采样条件，以及多周期、单周期、残周期等不同周波条件下，四个正弦波形参数的精确估计，以保证在任何条件下均能实现正弦波形参数的估计。

关于测量应用示例，围绕数据采集系统的指标参数进行评价是其主要部分，包括增益估计、采集速率评价、有效位数估计、非均匀采样时基失真测量、延迟估计等；其他，包括冲击峰值测量、随机振动分析、捷变信号响应特性评价等，则涉及一些工程测量难点问题。

尽管本意是对一切能想象到的正弦问题的解决方式进行阐述，并希望能对读者遇到的正弦问题的化解有所帮助，但由于水平、能力所限，仍不可能完全达到理想目标，不仅是所提供的方式方法未必是最优方案，而且一些不妥之处也很难避免，欢迎读者诸君不吝赐教，所有批评指正，均将不胜感激！

梁志国

2022 年 12 月 20 日于北京西山

目　录

第 1 章　绪　　论

1.1　正 弦 问 题

正弦现象，是人们对于自然界中广泛存在的最简单的简谐振荡类周期性物理现象的一种定义和表征；正弦波，是使用振荡波形方式对正弦现象的一种物理模型抽象；而正弦曲线函数，则是这种正弦现象的一种抽象的数学表述。

自然界的物理现象是复杂多变的，异彩纷呈，变化万千。人们认为，在多数情况下，它们符合叠加原理表述的规律，即任何复杂多变的周期性物理现象，都可以表述为多个最简单的正弦现象的线性叠加。进而，人们又发现，那些在有限条件下、有限区间以内的复杂多变的非周期性物理现象，也可以使用多个最简单的正弦现象的线性叠加来进行表征和描述。由此，极大地拓展了正弦问题的领域和范畴，使许多问题均可以归结为正弦问题。正弦问题的重要性和基础地位由此可见一斑。

通常，人们介绍正弦概念，会使用 xoy 平面直角坐标系中的匀速圆周运动的轨迹投影映射来进行，如图 1-1 所示，在以坐标原点 (0,0) 为圆心的单位圆上，在时刻 $t=0$ 处的动点 P 围绕单位圆以角速度 ω 逆时针匀速运动，其在 y 坐标轴上的投影坐标 y 的变化轨迹，为符合正弦运动规律的直线段，记为 $y(t)=\sin(\omega t+\theta)$，如图 1-2 所示。其在 x 坐标轴上的投影坐标 x 的变化轨迹，为符合余弦运动规律的直线段，记为 $x(t)=\cos(\omega t+\theta)$。其中，$\theta$ 为初始相位角，ω 为角频率，t 为时间变量。$\theta=0$ 时，两个特例的正弦函数和余弦函数曲线图分别如图 1-3 和图 1-4 所示。

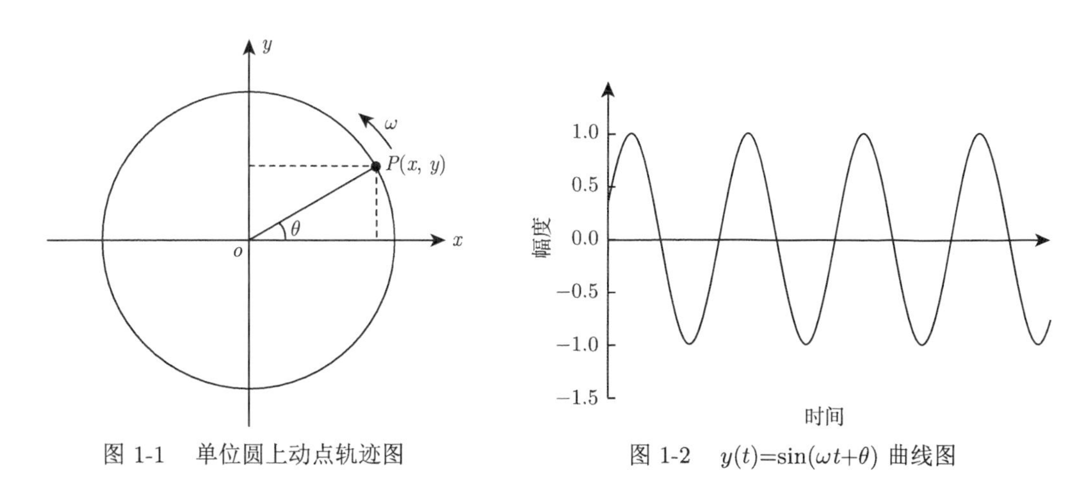

图 1-1　单位圆上动点轨迹图　　图 1-2　$y(t)=\sin(\omega t+\theta)$ 曲线图

正弦函数与余弦函数在数学上有明确的平移互换关系，即 $\cos(\omega t+\theta)=\sin(\omega t+\theta+\pi/2)$。因此，在工程上将它们都称为正弦曲线规律，即正弦曲线可以有正弦函数表述方式，也可以有余弦函数表述方式，两者本质上是统一和一致的。

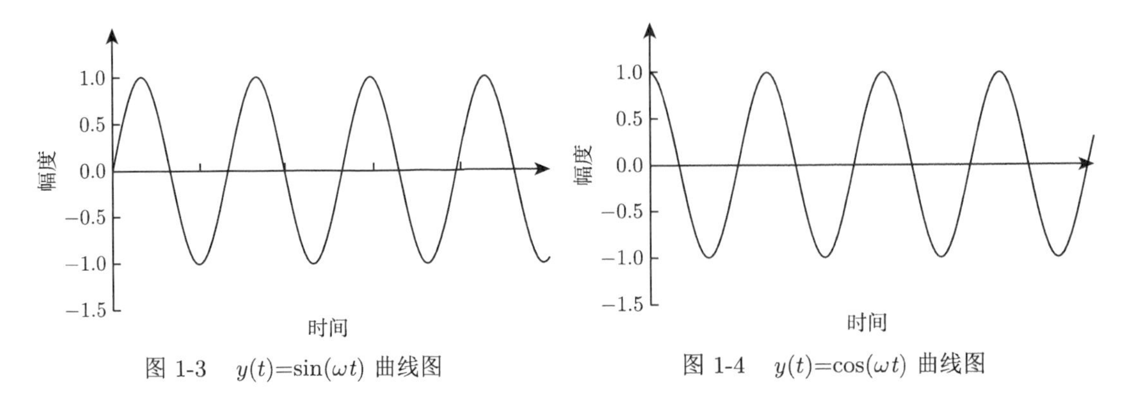

图 1-3　$y(t)=\sin(\omega t)$ 曲线图　　　　图 1-4　$y(t)=\cos(\omega t)$ 曲线图

如果匀速运动的动点 P 围绕的不是单位圆，而是半径为 r 的任意圆，其圆心也不是坐标原点 (0,0)，而是任意坐标点 (x_0, y_0)，则匀速圆周运动的轨迹在 x、y 轴上的映射点的坐标可以表述为更一般的形式：

$$\begin{cases} y(t) = r \cdot \sin(\omega t + \theta) + y_0 \\ x(t) = r \cdot \cos(\omega t + \theta) + x_0 \end{cases} \tag{1-1}$$

其轨迹变化情况可用图 1-5 圆上的 P 点轨迹表述。其中，r 为正弦曲线幅度，θ 为初始相位角，ω 为角频率，t 为时间变量。

一般情况下，人们将能表述成上述运动规律的现象称为正弦现象。正弦现象中的各种问题，相应地，称为正弦问题。

若将匀速圆周运动的质点轨迹放到空间直角坐标系 xyz 中去研究，如图 1-6 所示，人们会发现，随着其在坐标系中的相对状态的不同 (通过平移和旋转坐标系)，其在坐标平面上的投影映射轨迹会有正圆、直线段、椭圆等几种不同的情况。由此可见，在一段线段上的往复直线振动、匀速圆周运动、椭圆运动等现象，均可归结或映射为正弦现象。相应的问题，也可归结为正弦问题。

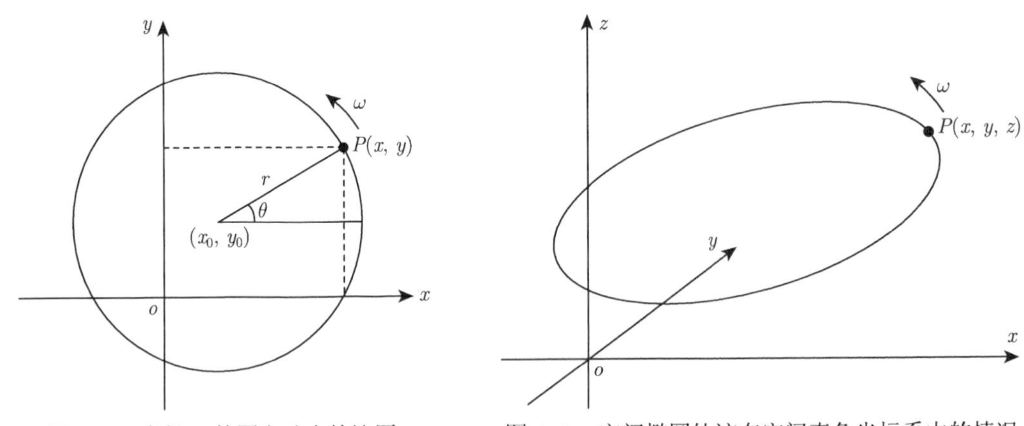

图 1-5　半径 r 的圆上动点轨迹图　　　　图 1-6　空间椭圆轨迹在空间直角坐标系中的情况

众所周知，质量差异巨大的两个天体，其中一个围绕另外一个运行的轨迹多是近圆或椭圆，显然可以将其归结为正弦现象，并以正弦规律进行研究，其本质上应属于正弦问题。

当有多个小天体围绕同一个大天体运行时，每一个小天体也会受到其他小天体引力的影响，造成轨道偏移，可归结为轨道模型的局部失真现象，或多个正弦波的互相叠加现象，依然可以使用正弦问题方式加以研究和理解。

鉴于正弦规律的上述特征，自然界中的很多现象可归结为正弦现象，例如，各种机械振动、波动、摆动、扭动、转动，可按正弦规律加以研究；而声波、光波、电磁波等波动现象，也可用正弦手段和规律加以研究和利用，并用正弦模型去抽象和表述。因此，正弦现象是自然界中的基本现象，正弦问题也相应成为自然界中的基本问题之一。通过深入挖掘、研究和理解这些正弦现象和正弦问题，有利于人们更加有效地认识世界和改造世界。

在很长一段时间里，测量的主要目标都是如何提高测量准确度，降低测量误差。随着研究和应用的深入，在面对时变现象的精确测量时，人们引出了动态测量及动态校准的理念。将一个一维标量问题，转化为二维或多维矢量问题，其难度、复杂程度，以及不确定因素均有本质提升。在计量测试行业，尤其如此。其中，最主要的动态测量与校准手段，主要涉及三种类型：①以正弦波为激励的理论、方法和技术；②以脉冲波为激励的理论、方法和技术；③以阶跃信号波形为激励的理论、方法和技术。

以其他确定信号波形或者随机信号波形为激励的理论、方法和技术，虽然也有一些研究和探索，但由于其量值溯源尚无有效手段，在实际工作中，未能得到广泛应用。

这其中，以正弦波激励响应为特征的动态测量与校准占据了绝大多数场合，获得了广泛的应用，以振动信号激励为例，各种不同的振动方式，包括点振动、线振动、角振动、面振动、体振动、转动、扭摆等，均以不同方式的正弦规律展现，涉及各种原理和类型的振动台、激振器、测振仪、振动校准装置等。量值参数涉及幅度、频率、相位、延迟、失真、噪声、增益、谐波等众多指标。频率范围覆盖到从超低频振动的毫赫兹到高频振动的十万赫兹的宽广范围，声波也是一种振动，频率范围覆盖从几赫兹的次声波到几十兆赫兹的超声波的宽广范围。仅有一个频率的声波称为单音，是一种典型的正弦振动现象。

在人类所使用的所有能源中，电能处于极为特殊的主导地位，其不易储存，但是在快速运输传送、应用广泛程度及使用方便程度上，是其他任何能源所远远不及的。直流电和交流电是两种主流的电能形式，其中的交流电即是一种正弦状态下的电能形式，在电能源中，处于绝对的支配地位。除了单相交流电以外，还有三相交流电的技术及应用。由此，引出了能源领域的正弦问题，包括能量计量测试的各个方面问题，诸如幅度、频率、相位、功率、电能、效率、谐波失真、尖峰、浪涌、杂波、纹波、噪声，皆是在正弦模型下定义和实现的。电能质量分析，对于交流电而言，是另外一种形式上的正弦问题分析。

在信号发生器中，最主要的且用量最多的是两种，即直流信号源和正弦交流信号源。而尤其以正弦交流信号源的数量最多且用途最广泛，包括低频、超低频、中频、高频、超高频、甚高频、微波、毫米波、亚毫米波等不同频段或波段。其中的指标、性能、质量等，多数涉及正弦问题。在广播、电视、通信、导航、地震监测、地质勘探、计量测试等多种行业中，均有大量应用。其他信号源中，AM(调幅) 信号、FM(调频) 信号、PM(调相) 信号属于正弦信号的变异，而脉冲信号源、三角波信号、锯齿波信号、阶梯波信号、任意波发生器、数据发生器等，多是在正弦信号发生器的技术基础上发展起来的，应用尚没有正弦信号源广泛和深入。

理论和实践均已证明，被称为单色光的单频率光波，虽然具有波粒二象性，但在宏观层面上不涉及单光子的光子效应，属于一种正弦波。因而，连续波单色激光器可以被理解为光信号的正弦波发生器，可以用正弦方式理解、处理和应用。

在动态测试与校准中，线性测量系统的幅频特性与相频特性均是以正弦模型方式定义和实现的。表征在不同频率的正弦波激励和响应之间的增益、延迟随频率的变化情况，进而可以转换成传递函数关系。由此导致各种物理量值的正弦信号的更广泛应用，以及正弦问题在动态计量校准中的基础地位。

事实上，尽管冲击信号、阶跃信号、随机信号波形在计量校准中也在使用，但是，能覆盖最宽广的幅度范围和频率范围，并能获得最高准确度的动态激励仍然是正弦信号波形。其物理量值载体也为数众多，包括电磁量、声学量、光学量、力学量、几何量、无线电量值等。由此，奠定了正弦信号及正弦问题在动态计量与校准中的基础地位。

1.2　变异正弦问题

在应对 2 万 ~3 万赫兹以内带宽的声频信号的远程发播与接收这类无线通信与广播问题时，人们发明了调制解调技术，即通过调制技术，将有用信号“载”到载波信号上，发射出去；而在接收端，则通过解调技术，将有用信号再解调出来，加以运用。载波信号通常是正弦波形，用于控制载波参数变化的有用信号称为调制信号，而控制实现的过程称为调制。调制产生的复合信号称为已调信号，从已调信号中还原出调制信号的过程称为解调。

通常，为了保证调制和解调过程产生的信号失真可以忽略，载波信号的频率要远高于调制信号的频率，调制后生成的整个已调信号，其频谱特征表现为包含载波频率的一个频谱宽度极窄的窄带带限信号。这直接导致，在载波信号的每一个周波量级的局部时间尺度上，其受调制影响的参数变化极为微小，在其局部微小区间内，仍然可以近似看作正弦信号波形，并用正弦方式加以运用和处理。

AM 信号 $y(t)$ 的数学表示式为

$$y(t) = A_{\mathrm{c}} \cdot [1 + A(t)] \cdot \sin(2\pi f_{\mathrm{c}} t + \varphi_0) \tag{1-2}$$

其中，$|A(t)| \leqslant 1$ 为归一化幅度调制信号，也称为调制信号；A_{c} 为载波幅度；f_{c} 为载波频率；$A(t)$ 自身的变化频率 Ω 称为幅度调制频率，$\Omega \ll f_{\mathrm{c}}$。图 1-7 为一种典型的 AM 信号波形 $y(t)$, 而图 1-8 为其解调结果的 $A(t)$ 信号波形。

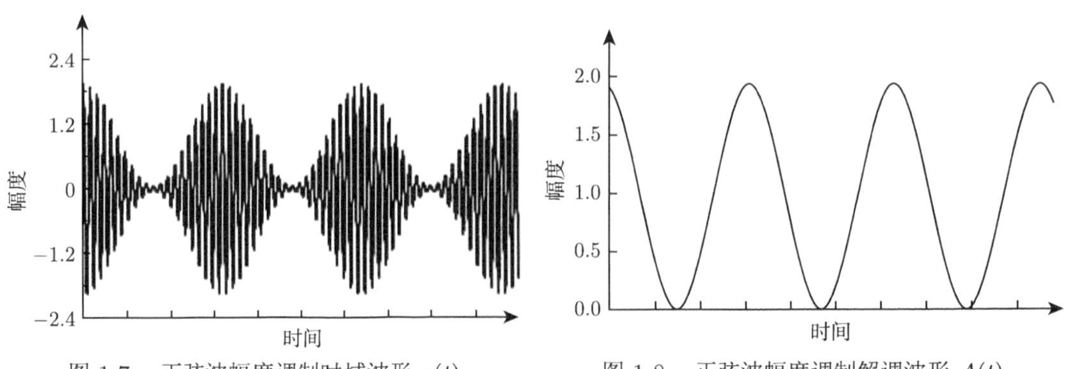

图 1-7　正弦波幅度调制时域波形 $y(t)$　　图 1-8　正弦波幅度调制解调波形 $A(t)$

FM 信号 $y(t)$ 的数学表示式为

$$y(t) = A_{\mathrm{c}} \cdot \sin\left\{2\pi\left[f_{\mathrm{c}} + f(t)\right] \cdot t + \varphi_0\right\} \tag{1-3}$$

其中，A_{c} 为载波幅度；f_{c} 为载波频率；$f(t)$ 为频率调制信号，$|f(t)| \ll f_{\mathrm{c}}$；$f(t)$ 绝对值的最大值称为调制频偏；$f(t)$ 自身的变化频率 Ω 称为调制频率。图 1-9 为一种典型的 FM 信号波形 $y(t)$, 而图 1-10 为其解调结果的 $f(t)$ 信号波形。

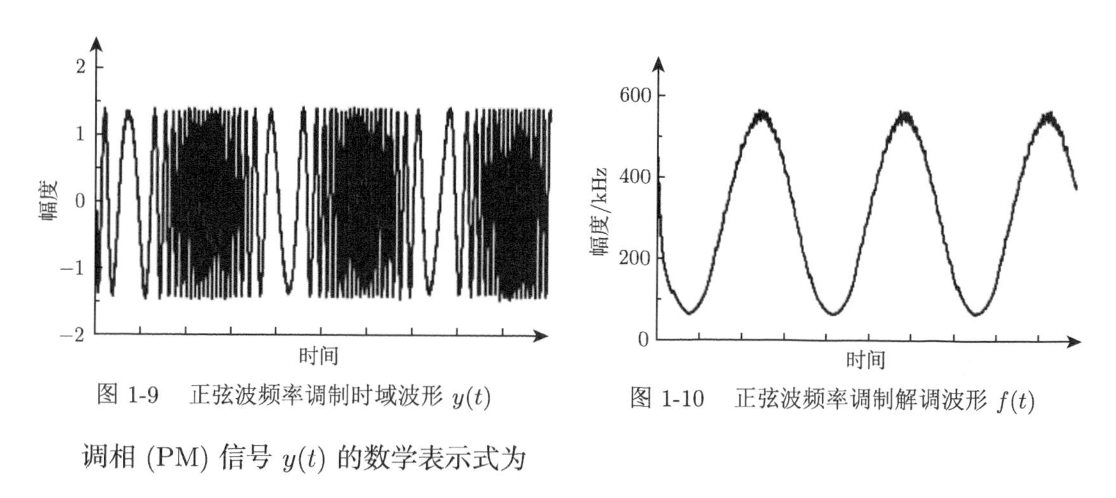

图 1-9　正弦波频率调制时域波形 $y(t)$　　图 1-10　正弦波频率调制解调波形 $f(t)$

调相 (PM) 信号 $y(t)$ 的数学表示式为

$$y(t) = A_{\mathrm{c}} \cdot \sin\left[2\pi f_{\mathrm{c}} t + \varphi(t) + \varphi_0\right] \tag{1-4}$$

其中，A_{c} 为载波幅度；f_{c} 为载波频率；$\varphi(t)$ 为相位调制信号，$\varphi(t)$ 自身的变化频率 Ω 称为相位调制频率，$\Omega \ll f_{\mathrm{c}}$；图 1-11 为一种典型的 PM 信号波形 $y(t)$, 而图 1-12 为其解调结果的 $\phi(t)$ 信号波形。

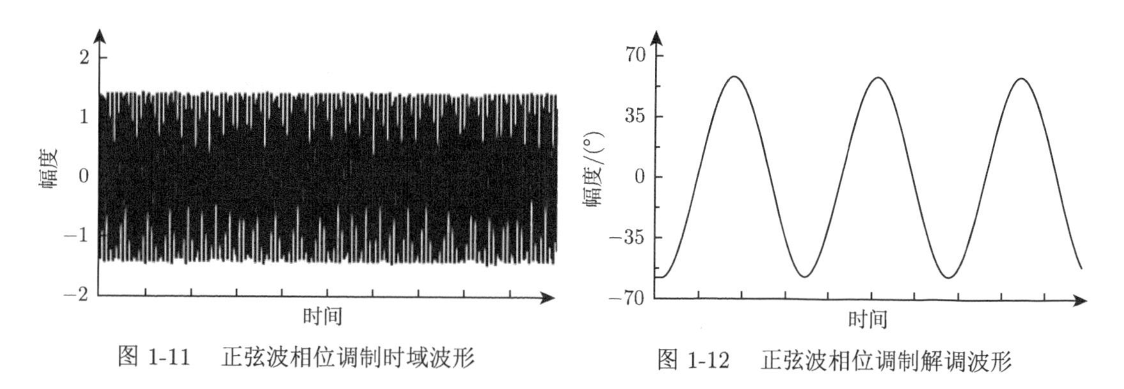

图 1-11　正弦波相位调制时域波形　　图 1-12　正弦波相位调制解调波形

FM 信号与 PM 信号也统称为调角信号，在同一载波上可以同时存在调幅、调角两种调制，例如调幅调频，或调幅调相，此时，也称为复合调制。模拟电视信号就是一种调幅、调频共存的复合调制信号，其幅度调制信息里包含图像信号，而频率调制信息里则包含同步的声音信号。

从上述三种调制信号的数学表达式可以看出，三种方式的模拟调制信号，即 AM、FM、PM 都是在高频正弦载波基础上，低频调制信号的调制与解调，均是正弦波基本模型的参数变异行为。因而，这类技术从本质上也属于正弦类模型技术，其所产生的和待解决的问题，有很大一部分可归结为正弦问题，可用正弦方式予以解决。

在无线电工程中，应用的信号模式除了最基本的正弦信号以外，有很大一部分也是以正弦信号为载波的调制信号部分。既包括模拟调制的 AM、FM、PM 三种方式，也包括数字调制 (脉冲调制) 方式，还有同时包含两种及以上调制方式的复合调制模式，其均可归结为变异正弦问题。

这些已调信号的测量、解调，通常用到调制度分析仪、测量接收机、矢量信号分析仪、标量信号分析仪等，其技术原理、计量校准等，也涉及变异正弦问题，可使用正弦方式予以研究和解决。

多普勒效应是自然界中广泛存在的一种物理现象，涉及具有相对运动的两个物体之间的波的辐射和接收。由于声波、光波、电磁波等均可以认为是不同方式和种类的正弦波，它们在处于相对运动状态的物体间进行收发，也具有广泛的多普勒效应。例如声频多普勒、激光多普勒、微波多普勒等效应，可用于测量物体间的相对运动速度、加速度等。具体原理为：质点 A 辐射出频率为 f_{A} 的波，被质点 B 接收，当 A、B 两点存在相互接近的运动速度 V 时，质点 B 实际接收到的波的频率为 f_{B}：

$$f_{\mathrm{B}} = f_{\mathrm{A}} + \frac{V}{\lambda} \tag{1-5}$$

其中，λ 为辐射波的波长；显然，$f_{\mathrm{B}}>f_{\mathrm{A}}$；当 V 为负数时，相当于 A、B 两点存在相互远离的运动速度 V，此时，$f_{\mathrm{B}}<f_{\mathrm{A}}$；如图 1-13 所示。

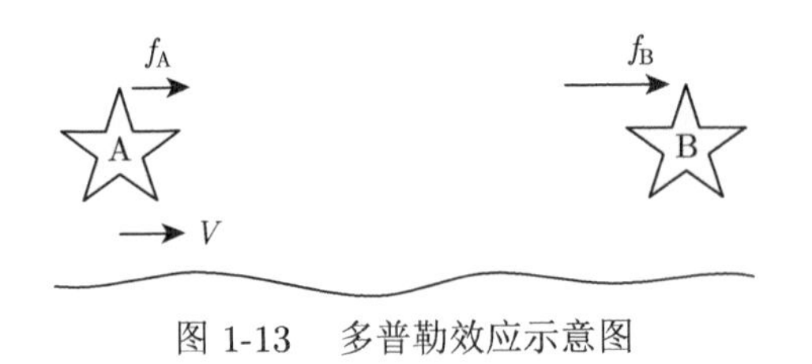

图 1-13　多普勒效应示意图

当辐射波和接收波均为正弦波时，多普勒效应实际上导致了收发载体各自正弦波之间的频率变化。当 A 与 B 之间的运动速度是时变波形 $V(t)$ 时，多普勒效应体现出的实际上是一种频率调制效应。因此，以多普勒效应为原理的运动速度、加速度测量原理及实现过程，实质上是一个频率调制及解调过程。该问题由此变成了一个真正的变异正弦问题，可按正弦模型方式予以处理和解决。

典型的运动参数测量仪器激光测振仪即是如此，用于导航定位的多普勒导航雷达也是如此，凡是使用了多普勒效应，且需要进行过程测量和波形测量的仪器设备均是如此。均可以隶属于变异正弦问题，并以正弦方式予以处理和解决。

1.3　引申正弦问题

在计量测试中，存在很多并非正弦问题的问题，但是最终可用正弦手段予以解决。可将该类问题归结为引申正弦问题。其理论基础来源于信号的傅里叶分析和变换，以及采样定理。物理基础则来源于人们物理上可实现的信号波形，皆是频谱范围有限的带限信号。它们之间的有机结合直接导致的结果是，在有限的时空范围内，人们可使用有限个正弦波直接叠加合成，以表述任何一个物理上可实现的带限信号。并且，该带限信号可使用高于上述有限个正弦波分量中最高频率的 2 倍以上采样速率的采样序列完整表征和复现。

这个完美的结论，导致可以用正弦方式解决任意带限信号波形的产生、测量和参数表征问题，即信号波形的分解、合成和解析表征问题，它们是测量、测试中的基本问题。

1.3.1　周期信号的傅里叶分解

考查一下有限长区间 $[-T/2, T/2]$ 内的信号波形 $y_0(t)$，在区间 $[-T/2, T/2]$ 内，$y_0(t)$ 可以通过正交分解方式分解为可数个正弦波形和余弦波形的代数和 [1]：

$$y_0(t) = A_0 + \sum_{m=1}^{\infty} A_m \cos(m\omega t) + \sum_{m=1}^{\infty} B_m \sin(m\omega t) = A_0 + \sum_{m=1}^{\infty} C_m \cos(m\omega t - \varphi_m) \tag{1-6}$$

$$C_m = \sqrt{A_m^2 + B_m^2} \tag{1-7}$$

$$\varphi_m = \begin{cases} \arctan\left(\dfrac{B_m}{A_m}\right), & A_m \geqslant 0 \\ \arctan\left(\dfrac{B_m}{A_m}\right) + \pi, & A_m < 0 \end{cases} \tag{1-8}$$

$$\omega = \frac{2\pi}{T} = \frac{2\pi}{N_0 \cdot \Delta t} \tag{1-9}$$

其中，Δt 为信号采样间隔；N_0 为每个信号周期内含有的采样点数；

$$A_0 = \frac{1}{T}\int_{-T/2}^{T/2} y_0(t)\mathrm{d}t \tag{1-10}$$

$$A_m = \frac{2}{T}\int_{-T/2}^{T/2} y_0(t)\cos(m\omega t)\mathrm{d}t \tag{1-11}$$

$$B_m = \frac{2}{T}\int_{-T/2}^{T/2} y_0(t)\sin(m\omega t)\mathrm{d}t \tag{1-12}$$

实际上，求取 A_0、A_m、B_m $(m = 1, 2, \cdots)$ 并用它们来表示 $y_0(t)$ 的过程，就是信号 $y_0(t)$ 的傅里叶分解过程，也是其谐波分析过程或频谱分析过程。

由于三角函数是一种完备正交基，从而，可以用上式表述有限时域区间 $[-T/2, T/2]$ 内的任意波形信号 $y_0(t)$；另外，在数学上三角函数的周期性特征，导致式 (1-6) 实现表述的是以 T 为周期的由 $y_0(t)$ 周期延拓而成的周期信号波形 $y(t)$ 的傅里叶分解。

实际上，以 T 为周期，对信号 $y_0(t)$ 在区间 $[-T/2, T/2]$ 外进行周期延拓，使其变成周期信号 $y(t)$，且满足在区间 $[-T/2, T/2]$ 内有 $y(t) = y_0(t)$，而在区间 $[-T/2, T/2]$ 外有 $y(t) = y(t + T)$。则周期信号 $y(t)$ 也符合上述式 (1-6)~ 式 (1-12)。

广义而言，一个周期函数 $y(t)=y(t+T)$，只要满足狄利克雷 (Dirichlet) 条件 (在一个周期中有有限个极值，并且或者处处连续，或者有有限个第 1 类间断点)，则可用傅里叶级数来表示该函数 [1]：

$$y(t)=A_0+\sum_{m=1}^{\infty}A_m\cos(m\omega t)+\sum_{m=1}^{\infty}B_m\sin(m\omega t)=A_0+\sum_{m=1}^{\infty}C_m\cos(m\omega t-\varphi_m) \tag{1-13}$$

$$C_m=\sqrt{A_m^2+B_m^2} \tag{1-14}$$

$$\varphi_m=\begin{cases}\arctan\left(\dfrac{B_m}{A_m}\right), & A_m\geqslant 0\\ \arctan\left(\dfrac{B_m}{A_m}\right)+\pi, & A_m<0\end{cases} \tag{1-15}$$

$$\omega=\frac{2\pi}{T}=\frac{2\pi}{N_0\cdot\Delta t} \tag{1-16}$$

其中，Δt 为信号采样间隔；N_0 为每个信号周期内含有的采样点数；

$$A_0=\frac{1}{T}\int_{-T/2}^{T/2}y(t)\mathrm{d}t \tag{1-17}$$

$$A_m=\frac{2}{T}\int_{-T/2}^{T/2}y(t)\cos(m\omega t)\mathrm{d}t \tag{1-18}$$

$$B_m=\frac{2}{T}\int_{-T/2}^{T/2}y(t)\sin(m\omega t)\mathrm{d}t \tag{1-19}$$

人们称上述过程为信号 $y(t)$ 的傅里叶分解。通常引入正弦函数的复数表述方式 $\mathrm{e}^{\pm\mathrm{j}n\omega t}$：

$$\mathrm{e}^{\pm\mathrm{j}n\omega t}=\cos(n\omega t)\pm\mathrm{j}\sin(n\omega t) \tag{1-20}$$

$$\cos(n\omega t)=\frac{1}{2}\left(\mathrm{e}^{\mathrm{j}n\omega t}+\mathrm{e}^{-\mathrm{j}n\omega t}\right) \tag{1-21}$$

$$\sin(n\omega t)=\frac{-\mathrm{j}}{2}\left(\mathrm{e}^{\mathrm{j}n\omega t}-\mathrm{e}^{-\mathrm{j}n\omega t}\right) \tag{1-22}$$

其中，j 为虚数单位。

特别需要指明以下几点。①对于非周期单次性的信号 $y_0(t)$ 而言，当被延拓的信号波形 $y_0(t)\in[-T/2,T/2]$ 的左边界与右边界点的量值及变化趋势不一致，即 $y_0(-T/2)\neq y_0(T/2)$ 时，在延拓以后，会产生阶跃形式的不连续点，即物理上很难实现的理想阶跃跳变。物理上若实现理想阶跃跳变，则需要信号源有无穷大的功率才行，而这在实际中是根本不可能的。它会使得即使在区间 $[-T/2,T/2]$ 内信号波形 $y_0(t)$ 是有限带宽的带限信号，但经过延拓本身也产生了“额外”的高频频谱分量，即产生了通常所称的由延拓而造成的频谱泄漏问题。②对于周期信号 $y_0(t)$ 而言，若其周期为 T_0，而延拓周期 T 不是 T_0 的整数倍，导致延拓后的信号波形周期不是 $y_0(t)$ 的信号周期，从而产生三个方面的问题：其一，虽然在时域采样序列中，波形并无变化，但在傅里叶变换后的频域，其频谱已经是“周期性延拓后的信号波形”的频谱了，本质上，与延拓前的 $y_0(t)$ 的频谱已经不是同一个频谱；其二，是由周期性延拓决定的，周期性延拓后的采样序列频谱仅在 $1/T$ 的整数倍频率点上才有定义和量值，在 $y_0(t)$ 的基波和谐波上并无定义和量值，由此导致栅栏效应出现，造成频谱测量的近似和误差；其三，由于采样序列的初始点和末尾点的幅度量值及变化趋势有可能不同，从而在周期性延拓后会产生原始信号 $y_0(t)$ 中不存在的阶跃跳变，造成频谱泄漏。③为避免这些问题影响应用，常用时域加窗方式，人为将 $y_0(t)$ 在区间 $[-T/2,T/2]$ 的左右边界的边缘部分衰减渐变为 0，从而使得周期性延拓前后的波形中均无“额外”理想阶跃产生，因而避免了周期性延拓产生的频谱泄漏而额外增加的虚假“高频分量”，使得周期性延拓前后的信号频谱的包络趋于统一和一致。加窗作用的深层原因，是由于各种窗函数在频域里均属于低通滤波器，其本身就有抑制高频分量的作用，从而降低频谱泄漏。

1. 非周期信号的傅里叶变换

对于非周期信号 $f(t)$，有如下关系 [2]：

$$\begin{cases} F(\mathrm{j}\omega) = \displaystyle\int_{-\infty}^{\infty} f(t)\mathrm{e}^{-\mathrm{j}\omega t}\mathrm{d}t \\ f(t) = \dfrac{1}{2\pi}\displaystyle\int_{-\infty}^{\infty} F(\omega)\mathrm{e}^{\mathrm{j}\omega t}\mathrm{d}\omega \end{cases} \tag{1-23}$$

其中，$F(\mathrm{j}\omega)$ 称为 $f(t)$ 的频谱密度函数或频谱函数，是 $f(t)$ 的频域表述方式。由 $f(t)$ 经过运算获得 $F(\mathrm{j}\omega)$ 的过程，称为 $f(t)$ 的傅里叶变换；反之，由 $F(\mathrm{j}\omega)$ 经过运算获得 $f(t)$ 的过程，即 $\mathbf{F}^{-1}[F(\mathrm{j}\omega)]$ 称为 $F(\mathrm{j}\omega)$ 的傅里叶逆变换。傅里叶变换与逆变换构成傅里叶变换对。通常，将傅里叶变换对简化为如下符号表示：

$$\begin{cases} F(\mathrm{j}\omega) = \mathbf{F}[f(t)] = \displaystyle\int_{-\infty}^{\infty} f(t)\mathrm{e}^{-\mathrm{j}\omega t}\mathrm{d}t \\ f(t) = \mathbf{F}^{-1}[F(\mathrm{j}\omega)] = \dfrac{1}{2\pi}\displaystyle\int_{-\infty}^{\infty} F(\omega)\mathrm{e}^{\mathrm{j}\omega t}\mathrm{d}\omega \end{cases} \tag{1-24}$$

其中，$F(\mathrm{j}\omega)$ 通常是复变函数，可以表述成

$$F(\mathrm{j}\omega) = |F(\mathrm{j}\omega)|\,\mathrm{e}^{\mathrm{j}\varphi(\omega)} \tag{1-25}$$

2. 周期信号的傅里叶变换

对于周期信号 $f(t)$，周期为 T_1，角频率为 $\omega_1\,(= 2\pi f_1 = 2\pi/T_1)$，若其傅里叶变换 $\mathbf{F}[f(t)]$ 存在，则有如下关系：

$$F(\mathrm{j}\omega) = \mathbf{F}[f(t)] = 2\pi\sum_{n=-\infty}^{\infty} F_n\delta(\omega - n\omega_1) \tag{1-26}$$

$$F_n = \frac{1}{T_1}\int_{-T_1/2}^{T_1/2} f(t)\cdot \mathrm{e}^{-\mathrm{j}n\omega_1 t}\mathrm{d}t \tag{1-27}$$

$$f(t) = \mathbf{F}^{-1}[F(\mathrm{j}\omega)] = \sum_{n=-\infty}^{\infty} F_n \cdot \mathrm{e}^{\mathrm{j}n\omega_1 t} \tag{1-28}$$

其中，$\delta(t)$ 为狄拉克函数，定义之一为

$$\begin{cases} \int_{-\infty}^{\infty} \delta(t)\cdot \mathrm{d}t = 1 \\ \delta(t) = 0\ , \quad t \neq 0 \end{cases} \tag{1-29}$$

将信号 $f(t)$ 进行傅里叶变换后，得到其频域表述方式 $F(\mathrm{j}\omega)$=$F(\mathrm{j}\cdot 2\pi f)$，进而获得在各个频率点 $2\pi n\cdot f$ 上的幅度和相位值，$n=0,\pm1,\pm2,\cdots, f=1/T$。

傅里叶变换将任何与正弦无关的周期和非周期波形的测量分析问题转化成正弦问题，而傅里叶逆变换的存在则证实了从数学上可以用正弦方式解决非正弦问题。

自然物理世界的信号波形，有一个共同的特点，即都是非理想的物理波形。具体体现包括，所有时变波形都是连续变化的，不存在间断点和跳变时间为 0 的理想阶跃点，即，任何一个信号波形的频谱都不可能无限宽，都属于有限宽频谱的带限信号。另外一个特点是，相对于每一个具体的信号波形，一定存在着一个具体的频率点，在超过该频率点以上的频率中，信号频谱的功率呈渐进衰减趋势。这直接导致的结果是，人们可以尝试用有限个正弦波形“合成”任意一个“带限”信号波形。若有给定的明确的误差界限制，人们也可以将那些占比很小的高频率频谱分量忽略掉，从而达到可以用较少的正弦分量合成表述带限信号波形的目的。

3. 采样信号的傅里叶变换

采样信号是从连续信号中，通过每隔一定间隔抽取一个样本值，所获得的一系列样本所构成的数据序列。抽取过程称为采样，有时域采样和频域采样之分，通常，指时域采样。

对于时域连续信号 $f(t)$ 的采样而形成采样序列 $f_\mathrm{s}(t)$ 的过程，可以看作 $f(t)$ 与脉冲采样序列函数 $s(t)$ 相乘积的过程，如图 1-14 所示。则有 [2]

$$f_\mathrm{s}(t) = f(t)s(t) \tag{1-30}$$

若 $s(t)$ 属于周期采样信号，相邻采样间隔相同，为 T_s，则为均匀采样，采样速率为 f_s=$1/T_\mathrm{s}$；采样角速率为 $\omega_\mathrm{s}=2\pi/T_\mathrm{s}$；$s(t)$ 的傅里叶变换 $S(\mathrm{j}\omega)$ 为

$$S(\mathrm{j}\omega) = \mathbf{F}[s(t)] = 2\pi\sum_{n=-\infty}^{\infty} S_n\delta(\omega - n\omega_1) \tag{1-31}$$

$$S_n = \frac{1}{T_\mathrm{s}}\int_{-T_\mathrm{s}/2}^{T_\mathrm{s}/2} s(t)\cdot \mathrm{e}^{-\mathrm{j}n\omega_\mathrm{s} t}\mathrm{d}t \tag{1-32}$$

$$s(t) = \mathbf{F}^{-1}[S(\mathrm{j}\omega)] = \sum_{n=-\infty}^{\infty} S_n \cdot \mathrm{e}^{\mathrm{j}n\omega_\mathrm{s} t} \tag{1-33}$$

则

$$F_s(j\omega)=\mathbf{F}[f_s(t)]=\frac{1}{2\pi}F(j\omega)*S(j\omega)=\sum_{n=-\infty}^{\infty}S_n\cdot F(j\omega-jn\omega_s) \tag{1-34}$$

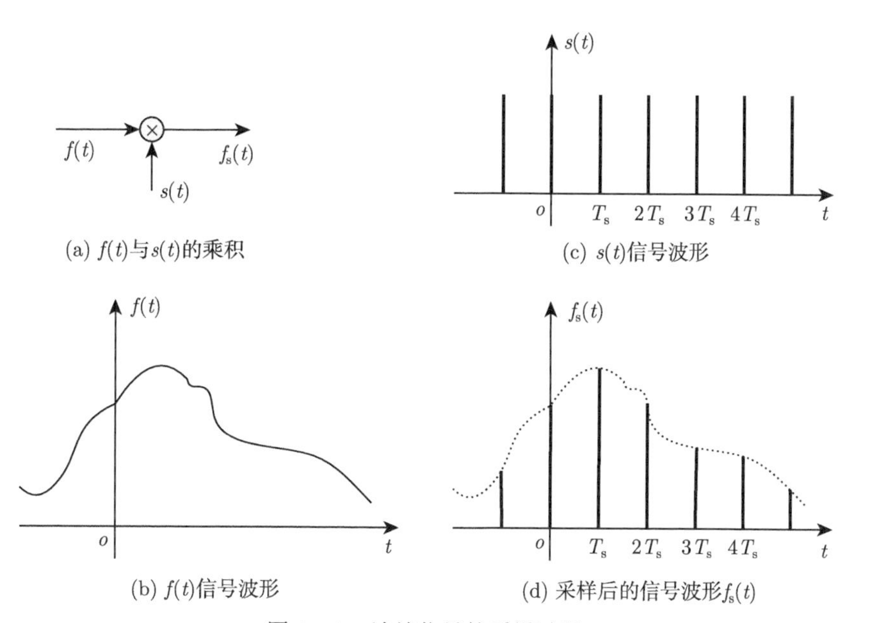

图 1-14 连续信号的采样过程

由此可见，采样信号 $f_s(t)$ 的频谱 $F_s(j\omega)$ 是一个周期性变化的连续函数，它是由原始信号 $f(t)$ 的频谱 $F(j\omega)$ 以采样角频率 ω_s 为间隔周期重复得到，但在重复过程中被傅里叶系数 S_n 加权。由于 S_n 只是 n 的函数，不是 ω 的函数，与 ω 无关，故 $F(j\omega)$ 在周期重复过程中的频谱形状不会变化。S_n 值只与采样函数 $s(t)$ 的形状有关。

1) 矩形脉冲采样情况

当采样序列函数 $s(t)$ 为矩形脉冲序列，且每个矩形脉冲宽度为 τ、幅度为 1 时，如图 1-14(c) 所示，即

$$s(t)=\sum_{n=-\infty}^{\infty}g_\tau(t-nT_s) \tag{1-35}$$

其频谱

$$S_n=\frac{\tau}{T_s}\mathrm{Sa}\left(\frac{n\omega_s\tau}{2}\right) \tag{1-36}$$

$$\mathrm{Sa}(t)=\frac{\sin t}{t} \tag{1-37}$$

则有

$$F_s(j\omega)=\sum_{n=-\infty}^{\infty}\frac{\tau}{T_s}\mathrm{Sa}\left(\frac{n\omega_s\tau}{2}\right)F(j\omega-jn\omega_s) \tag{1-38}$$

式 (1-38) 表明，使用矩形脉冲采样时，$F(\mathrm{j}\omega)$ 以采样角频率 ω_{s} 为间隔周期重复过程中，幅度以 $S_n=\dfrac{\tau}{T_{\mathrm{s}}}\mathrm{Sa}\left(\dfrac{n\omega_{\mathrm{s}}\tau}{2}\right)$ 的规律变化。

2) 冲击采样情况

当采样序列函数 $s(t)$ 为矩形脉冲序列，且每个矩形脉冲宽度为 τ、幅度为 1 时，维持矩形脉冲面积不变；但 $\tau\to 0$ 时，则 $s(t)$ 成为单位冲击序列，即

$$s(t)=\delta_T(t)=\sum_{n=-\infty}^{\infty}\delta(t-nT_{\mathrm{s}}) \tag{1-39}$$

采样序列 $f_{\mathrm{s}}(t)$ 也变成一个冲击序列，采样间隔为 T_{s}，强度为 $f(t)$ 的采样值 $f(nT_{\mathrm{s}})$；$S_n=1/T_{\mathrm{s}}$。

$$F_{\mathrm{s}}(\mathrm{j}\omega)=\sum_{n=-\infty}^{\infty}\frac{1}{T_{\mathrm{s}}}F(\mathrm{j}\omega-\mathrm{j}n\omega_{\mathrm{s}}) \tag{1-40}$$

式 (1-40) 表明，使用冲击序列采样时，$F(\mathrm{j}\omega)$ 以采样角频率ω_{s} 为间隔周期的重复过程中，幅度规律保持不变。

可以看出，带限信号 $f(t)$ 的频谱 $F(\mathrm{j}\omega)$ 只在有限区间 $(-\omega_m,\omega_m)$ 有非零值，$F(\mathrm{j}\omega)$ 与采样信号 $f_{\mathrm{s}}(t)$ 的频谱 $F_{\mathrm{s}}(\mathrm{j}\omega)$ 之间存在如下关系。

(1) 在 $F_{\mathrm{s}}(\mathrm{j}\omega)$ 中完整地保留了 $F(\mathrm{j}\omega)$ 的信息，即 $n=0$ 时的 $F_{\mathrm{s}}(\mathrm{j}\omega)$。

(2) 采样信号 $f_{\mathrm{s}}(t)$ 的频谱 $F_{\mathrm{s}}(\mathrm{j}\omega)$ 与 $F(\mathrm{j}\omega)$ 在幅度上相差一个比例系数。在脉冲采样函数时，系数为 $S_n=\dfrac{\tau}{T_{\mathrm{s}}}\mathrm{Sa}\left(\dfrac{n\omega_{\mathrm{s}}\tau}{2}\right)$，在冲击采样函数时，系数为常数 $S_n=1/T_{\mathrm{s}}$。

总结上述各种情况，人们不难得出如图 1-15 所示的时域有限长单次原始信号波形 $f_0(t)$ 及频谱的变化情况。这里，时域有限长单次原始信号波形，是指在时域，其非零值部分全部处于有限长的窗口以内，在窗口外则全部为 0 值的信号波形。

(1) 假设原始信号波形 $f_0(t)$ 为时域有限长带限连续信号波形，则其频谱也是频域有限宽带限连续波形 $F_0(f)$。

(2) 若仅仅对 $f_0(t)$ 进行周期性延拓变为 $f(t)$，则其频谱变成频域有限宽带限离散波形 $F(f)$；出现了连续频谱的离散化。若采样序列长度为 T，则序列延拓周期为 T，相邻离散频谱谱线之间的间隔为 $2\pi/T$。

(3) 若仅仅对 $f_0(t)$ 进行时域采样变为 $f_{0\mathrm{s}}(t)$，则其频谱变成频域周期性连续波形 $F_{0\mathrm{s}}(f)$；出现了连续频谱的周期性延拓。若时域里采样间隔为 τ，则频域里的频谱延拓周期为 $2\pi/\tau$。

(4) 若同时对 $f_0(t)$ 进行时域采样变为 $f_{0\mathrm{s}}(t)$，再执行周期性延拓变为 $f_{\mathrm{s}}(t)$，则其频谱变成频域周期性离散波形 $F_{\mathrm{s}}(f)$。同时出现了频谱的离散化和周期性延拓。若采样序列长度为 T，采样间隔为 τ，则序列延拓周期为 T，相邻离散频谱谱线之间的间隔为 $2\pi/T$，频域里的频谱延拓周期为 $2\pi/\tau$。其中，频谱的周期性延拓是由时域离散采样造成的，而频谱的离散化则是由时域的周期性延拓造成的。

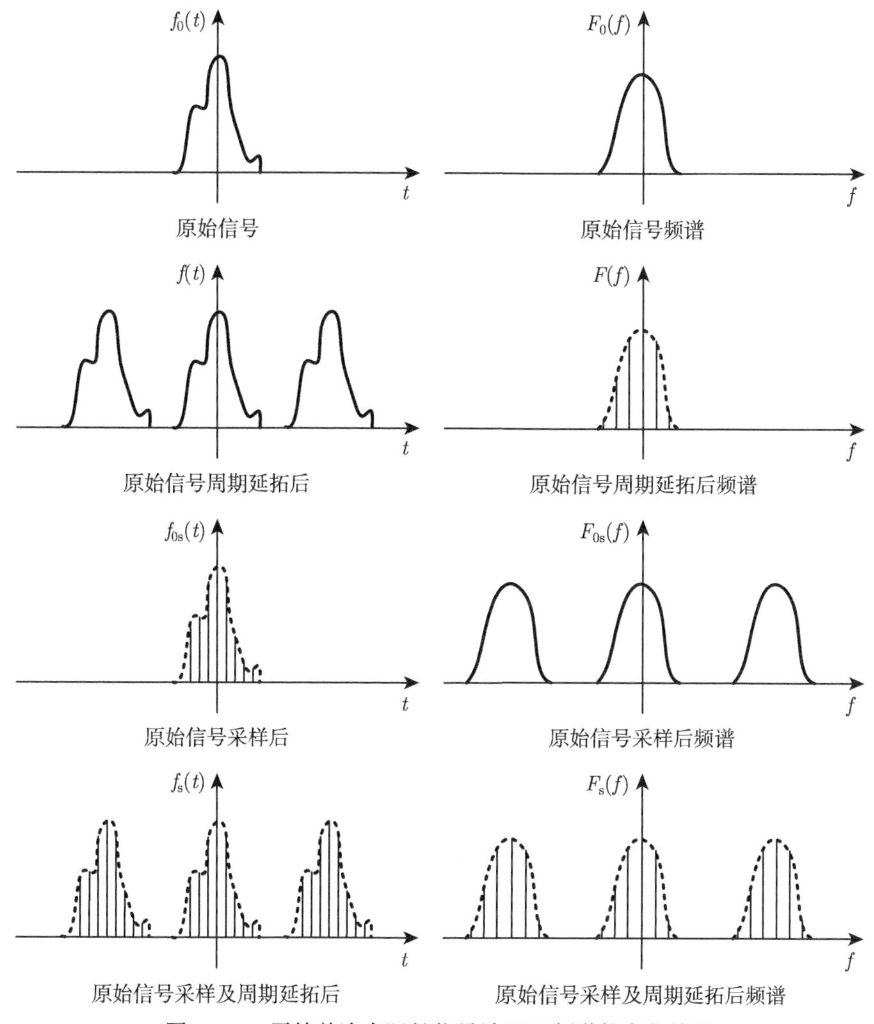

图 1-15 原始单次有限长信号波形及频谱的变化情况

可见，单次模拟信号与其频域频谱特性是一对典型的对偶关系：

(1) 其时域为单次连续性模拟信号时，频域也是单次连续波形曲线规律；

(2) 当其时域为单次离散采样的离散信号时，频域曲线则出现周期性连续波形特征；

(3) 当其时域为周期性连续曲线波形时，频域则出现单次离散波形曲线规律；

(4) 当时域出现离散、周期性变化的曲线序列时，频域也同样表现为周期性、离散变化的曲线序列特征。

顺便要强调的是，无论人们是否意识到和理解到，时域离散采样及周期性延拓，以及它所造成的频域频谱的离散化和周期性延拓，都是数字信号处理里不可避免的客观现象。人们唯一能做的是如何有效利用和处理该类现象所带来的问题。

1.3.2 采样定理

采样定理 若连续信号 $x(t)$ 是有限带宽的带限信号，其频谱的最高频率分量为 f_c，对 $x(t)$ 进行采样时，若保证采样频率 $f_s>2f_c$，$T_s=1/f_s$，那么，可由 $x(t)$ 的采样序列 $x(nT_s)$

完整地恢复 $x(t)$，即 $x(nT_s)$ 保留了 $x(t)$ 的全部信息。$f_s=2f_c$ 称为奈奎斯特采样频率，$T_s=1/(2f_c)$ 称为奈奎斯特采样间隔。

采样定理是 1928 年由美国电信工程师奈奎斯特 (H. Nyquist) 首先提出的，因此称为奈奎斯特采样定理 [3]。1933 年，苏联工程师科捷利尼科夫首次用公式严格表述了这一定理，由此，在苏联其称为科捷利尼科夫采样定理。1948 年，信息论创始人香农 (C. E. Shannon) 对这一定理加以明确说明，并正式作为定理引用，所以，许多文献中又称其为香农采样定理。

由 1.3.1 节内容可知，与原始带限信号的频谱相比，采样后信号序列的频谱在频域进行了以采样角频率 ω_s 为间隔的周期性延拓，若 $f_s>2f_c$，采样定理的采样条件得以满足，则延拓后的频谱与延拓前的原始频谱相互之间没有重叠，两者保留着良好的独立性和完整性。此时，通过采样后的信号序列可以完整地恢复被采样的原始带限信号。反之，若 $f_s<2f_c$，采样定理的采样条件没有满足，则延拓后的频谱与延拓前的原始频谱相互之间出现频谱重叠，称为频谱混叠。此时，从任何一个频谱周期波形里，均无法完整恢复原始信号的全部信息。此时，通过采样后的信号序列不能完整地恢复被采样的原始带限信号。

采样定理是连接连续函数和离散抽样序列之间的桥梁和纽带，但是其应用是有前提条件的。仔细分析其频谱的最高频率分量的提法，其隐含的意义是有限带宽信号是由一些正弦波分量合成而来的，其最高频率分量无疑假设的是正弦波分量，完整恢复 $x(t)$ 意味着能够完整恢复最高频率分量的正弦波，而一旦最高频率分量的正弦波可以恢复，则其他频率分量的正弦波自然可以恢复，由此，$x(t)$ 才会被完整恢复。

考虑到最高频率分量正弦波的恢复条件，则每个周期采样 2 个以上点是最低要求，属于必要条件，但不是充分条件。若每个周期点数过少，则在实际工作中会行不通，满足采样定理也不能保证完整恢复原始波形。原因是，采样定理中隐含的前提条件：①采样点完全准确，没有任何误差和噪声；②只要需要，采样序列可以任意长，或足够长。

首先，条件①是不可能的，至少量化误差是不可避免的；其次，任何采样系统的资源都是有限的，采样序列不能任意长。

因此，最佳采样条件，是在有限长的采样序列范围内，每一个采样点都能带来其他采样点没有的“新息”，由此，有限长采样序列构成一个最大熵采样序列。这实际的隐含条件是在有限长采样序列内采样频率与信号频率无关，即两者不能呈整数倍率关系；其次，在两者最小公倍数的整数点以后，各个采样点将没有“新息”出现。

由于实际工程中数据采集系统的采样点数均是有限的，则只要保证在有限长序列的范围内，每一点都能带来“新息”，就可认定其能完美满足采样定理限定的条件了。

如若不然，则即使满足每个周期采集两个以上点，也不能完全恢复正弦波形。例如，若采样频率设定为被测正弦波频率的 4 倍，则每个正弦周波被完整地采集 4 个点，则第 2 个周波以后的采样值与第 1 周波完全相同，最多可能只有 4 个值在不停地循环，最少可能只有两个值在不停循环，加之量化误差的不可避免，则不能使用这样的采样序列恢复出完美的令人满意的正弦波形。

1.3.3　引申正弦问题的应用

人们在实际工作中遇到的信号，主要分为两类，一类为随机信号，另一类为确定信号。除此之外，还有被称为混沌信号的那一类，而除非刻意构造和构建，其在实际工作中极少会遇到。

针对随机信号，人们通常不去做波形测量与分析，认为那样没有什么价值和意义，而是对其采样序列值进行统计分析，获得其各种不同的值域参量，并以此代替被采样的随机信号过程的值域特征。该类参量通常包括均值、方差、标准偏差，概率密度函数、概率分布函数、概率直方图，以及高阶原点矩、高阶中心矩、高阶累积量等。也有一些人，将其作为宽带激励信号使用，通过系统对随机激励与响应的同步采样序列，对系统参数进行辨识，获取其传递函数等特性。

针对确定信号，人们主要进行波形或波形参量的特征分析，常见的确定信号主要包括单次信号和周期信号两类。

物理上可实现的周期信号波形通常也称为功率有限类信号波形，即通常是连续波形，且不会出现跳变时间为 0 的不连续跳变点。任何具有负载的跳变时间为 0 的不连续跳变点的产生，在物理上都需要具有无穷大的功率系统才能实现，这在实际中是不可能的。这样的功率有限类连续信号波形在频域里的特征是频率范围有限的信号，称为带宽有限的信号或带限信号。它完全可以用有限个正弦波叠加来完整表述与合成。也就是，可以用有限长采样序列完整描述与表征。

物理上可实现的单次信号波形通常也称为能量有限类信号波形，毫无疑问，它们也必然属于功率有限类信号波形，即其中不会出现跳变时间为 0 的不连续跳变点。其最终状态，一定是衰减变化到幅度为 0 的零状态上，即单次信号一定属于时域窗口有限长的信号。在该窗口以外，单次信号应该是幅值归 0 的零信号状态。实际上，现实物理世界中存在的能量有限信号也一定是带限信号。若将其在有限宽的时域窗口内，以窗口宽度为基波周期进行傅里叶分解，将能用有限个正弦波完整合成与表征该单次信号。而实际情况并非完全如此。

在有限宽时域窗口以内进行的傅里叶分解，相当于以此为周期进行周期性延拓后的周期信号的傅里叶分解。对周期信号，当序列长度并不恰好等于完整的信号周期时，将产生周期延拓所导致的栅栏效应和频谱泄漏。特别是，时域窗口内的信号波形的起始点和终止点幅度不相一致时，周期性延拓会导致跳变时间为 0 的不连续跳变点在边界上出现，从而造成额外的虚假“高频”频谱成分出现，周期延拓导致的频谱泄漏将更为严重，而对于单次信号尤其如此。这一问题惯常的解决方法是在时域加窗，如汉明 (Hamming) 窗、汉宁 (Hanning) 窗等，其共同点皆是加窗以后保证窗口前端与后端的幅度为 0 或接近于 0，以便在周期性延拓后不再产生跳变时间为 0 的不连续跳变点，即，保障低频频谱基本不变化的情况，抑制虚假高频成分出现，最终避免频谱泄漏现象的发生。其深层原因，是窗函数在频域呈现出的低通滤波效应，从而抑制了频谱泄漏的影响。

能量有限的单次信号，在进行直接周期延拓或加窗周期延拓后，也可以变成周期性带限信号，用有限个正弦波在有限长时间窗口内完整表征。

由此可见，物理上可实现的带限信号，不论是周期性信号，还是单次信号，都可以用有限个正弦信号完整表征。虽然不属于正弦波，但是，它们的测量与表述，从本质上，也都可归结为正弦问题，我们这里称其为引申正弦问题。

特别需要指明的是，由人工合成的伪随机信号是个例外。既然是伪随机信号，其实际上也属于周期信号，只不过周期比较长，结构复杂，除了使用统计分析方法进行分析外，未来也有可能使用周期信号分解法予以分析处理。若此，它也将转化成一个正弦问题，归结为引申正弦问题的应用范畴。

引申正弦问题及应用让人们看到，不仅仅是正弦波形本身，而那些看起来根本不属于正弦波的，甚至是与正弦波相距甚远的周期信号问题，单次信号问题，在本质上，依然可归结为正弦问题，由此可见正弦问题的基础性和重要性。

1.4　类正弦问题

工程实践中另有一些问题，也不属于正弦问题，但却可以用正弦方式予以解决，这里将这类问题归结为类正弦问题。

1.4.1　冲击峰值问题

冲击波形的测量是很常见的一类工程技术问题，多数涉及机械运动、弹性碰撞、非弹性碰撞、爆炸、锤击、砍、劈、剁、摔等，有众多方式可以产生机械冲击波形，涉及的媒质有固体、气体、液体、等离子体等，量值有压力、力、加速度、位移、速度等。也有压力冲击、光冲击、电冲击、声冲击、粒子冲击等其他物理量值的冲击方式。典型的冲击波形图类似半个正弦周波，因而，在冲击计量测试行业，人们也常将冲击类波形称为半正弦冲击波形。尽管如此，很少有人真正使用正弦方式去估计和获取冲击波形参数，而常用抛物线类二次曲线来估计和获取冲击波形参数 [4]。抛物线最大问题是没有拐点，且属于峰值对称类波形，无法大范围良好拟合冲击波形。因为，冲击波形的大多数曲线存在拐点，并且可能没有相对于峰值对称的特征。

而正弦波虽然也是相对于峰值对称的波形，但明显存在拐点，因而可望比抛物线能更好地拟合实际的冲击波形，获得更准确的冲击波形参数 [5]。可以将这类能用正弦方式予以处理和解决的问题归结为类正弦问题，冲击峰值估计应属于一类，谷值估计也是如此。

1.4.2　简单曲线的局部拟合

工程上有许多复杂的曲面、曲线，并没有确定无误的数学模型，人们往往采取分块、分片、分段的方式处理，并在每一块、片、段内，用简单的曲面、曲线等方式表征。最简单的是分段量化，使用单值来表征本部分的特征，其次是局部线性化，用平面、直线等规律来表征本部分的特征，再后来用抛物线 (面)、双曲线 (面)、指数曲线 (面)、对数曲线 (面)、多项式曲线 (面)、样条曲线 (面) 等表征本部分的特征，并约定不同部分之间边界的要求，例如量值连续、导数连续、n 阶导数连续等。

正弦波形曲线，具有如下特征：

①同时含有凸曲线和凹曲线特征；②同时含有峰值点、谷值点和拐点，既有最大值，也有最小值；③任意阶导数均存在，且含有任意指定阶导数为 0 的曲线段，属于最“平滑”的曲线；④量值及一阶导数可以在极宽的范围内变化。

因而，正弦波具有广泛的适应性，完全可用于局部简单曲线 (面) 的设计和测量表征。

在局部曲线 (面) 的设计时，通常使用闭区间插值法确定曲线 (面) 模型参数，而在局部曲线 (面) 的测量表征时，往往要借助于曲线 (面) 拟合法进行，从而获取模型的拟合参数。在这方面，以残周期正弦曲线拟合法为基础的波形拟合将有比较宽广的应用空间，其基本思想是，任何平面曲线在足够小的局部区间内，近似服从正弦规律变化。在此假设前提下，借助于残周期正弦拟合思想，可以实现任何平面曲线的局部拟合。

1.5 模型化测量问题

1.5.1 引言

模型化是一种处理问题的重要思维方法，也称为仿真方法 [6]，它主要是通过模型研究来揭示所表述的事物原型的形态、特点和本质。其根本特征在于，它不是直接研究客观现实中某一现象或过程本身，而是构建一个该现象或过程的仿制品，并对此进行规律性和特征研究。被研究的真实对象称为原型，原型的仿制品称为模型。按总体来分，有实物模型和思想模型；按构造来分，有数学模型、逻辑模型、图形模型、功能模型等。测量所用到的模型多数属于思想模型和数学模型类。

测量，是通过实验获得并合理赋予一个或多个量值的过程 [7]。其中，“实验” 与 “合理赋值” 是关键词。“实验” 的含义中有试一试、修正和优化后，再判定执行的行为特征，也有反复进行数据与经验积累令其稳定平衡的行为特征；而 “合理赋值”，则意味着测量结果不仅是客观的映射，也包含在以往经验基础上的主观的行为特征 [8]。测量的本质是一种量化，是有先决条件的量化行为。

测量包含两部分行为：①测量数据的获取；②测量结果的表征。

大多数人仅仅关注了前半部分 “测量数据的获取”，而对后半部分 “测量结果的表征” 不够重视，或者将两者混为一谈。

实际上，后者尤其重要。其重要性主要体现在，它不仅是简单的数据呈现，而是一种 “合理赋值” 的过程结果。内涵极为丰富。其核心要素包括：①使用尽量少的资源，尽量完整地表征被测对象；②任何测量对象的测量结果都包含本质特征、变化特征两部分，其赋值表征应该尽量达到统一和一致。在不同的测量环境及测量条件下，其本质特征应具有统一一致的稳定性。

模型化测量具有能够符合上述核心要求的技术特征。模型化测量实际上是模型化方法与测量的有机结合。通常，它有两种含义，一种是将测量系统或测量系统中的某一环节，如放大器、滤波器、衰减器、检波器、混频器等，假定为其激励响应的传递特性符合某种确定模型的稳定系统，然后通过极限激励及其响应之间的关系，辨识出确定模型的各个参数 [9]；另一种则是在某些限定条件下，对某些被测量对象的测量数据序列，假定符合某些特定的模型规律，然后通过某种最优方式，获取模型参数，该模型即作为测量数据序列的拟合结果 [10-15]。本书所述的正弦参数测量，属于一种模型化测量，主要归为后一种情况。

针对不同的测量需求，选择相适应的模型，以实际被测对象的测量数据序列作为模型的条件抽样序列，进行模式识别，获得模型参数。从模型参数本身或其组合运算结果，可获得被测对象的本质特征参数。这些参数通过与作为参考标准的参考量值参数的比较，可最终获得被测对象的待测参量。

1.5.2 测量的特点及需求

1. 测量的特点

测量是世界上每时每刻都在发生的寻常事情，归纳起来，其特点主要有以下几点。

(1) 被测对象复杂多样，千差万别：可以是比较稳定的单个物理量值，如器件电阻、电池的电动势、量块的长度等；也可以是稳定的周期性过程，如振动、摆动、转动；或者是单次瞬变过程，如冲击过程，闪电放电过程、水滴溅射过程等。这导致产生的测量需求也是截然不同的。有些可能仅是一个稳定的量值，另一些可能是过程的特征参量，如振动的峰值、频率，冲击的峰值、脉宽、频谱宽度等；也有些是包含不同测量结果的相互比较，如延迟、相似性、复现性等。

(2) 测量是有条件的，且一些条件是变化多样的，例如环境条件的温度、湿度、压力，以及震动、真空、水下、污染等条件；例如触发条件、采样间隔、量化误差等。即使是同一个量值对象，同一物理过程，它们的测量数据也会有明显的差异和不同。一些情况下，测量条件的变化果真促使被测对象发生了变化，而这正是人们所要追踪、获取并研究应用的目标。另外一些情况下，被测对象本身并未随环境发生变化，仅仅是由于测量条件发生变化后，使测量数据变得有些明显不同，这需要人们去恰当赋值和表述，以体现测量结果在本质上相符合的特点。

(3) 测量原理、方法具有多样性，测量结果的表征形式也具有多样性，缺乏统一一致性。

(4) 测量系统是不完善的，仅有有限的带宽，不可避免地存在量化误差、非线性误差，以及其他干扰和噪声，仅有有限个采样速率可以使用，且存储深度也是有限的。通常，测量数据最完整的表述形式也仅仅是具有幅度量化特征和时间抽样特点的有限长时序采样序列。用以表述被测的模拟量值时，无论是幅度上还是时间上，都只具有有限的分辨力。其量化误差和抽样间隔误差不可避免。

2. 测量的目的与需求

测量的目的与需求，并不是统一的和一成不变的，而是与测量对象自身的状态密切相关。

(1) 单值测量：在测量过程中始终保持量值稳定不变的测量，是最简单的一种单值测量。其目的与需求仅仅是不断降低量值的测量不确定度。

在测量过程中，被测对象的量值仅在满足某些条件下才出现，该类量的测量，则需要构建条件，在这些条件出现时触发测量。或在大规模测量后，从测量数据中挑选出符合预定特征的量值作为测量结果，如单脉冲的峰值、振荡的幅值、阶跃响应的上升时间等。

在这类测量中，构建条件和触发测量往往是首要问题，它们需要保证待测状态以能够被有效捕捉，然后才是量值与不确定度的问题。由此可见触发测量的重要性。

(2) 多值测量：针对同一物理对象，相互关联的物理特征的不同量值表述，是多值测量里最多的物理需求。例如，脉冲峰值、脉冲宽度、脉冲重复周期；正弦波幅度、频率、与参考信号之间的相位差；AM 信号的载波幅度、载波频率、调制深度、调制信号频率等，均构成多值测量的典型实例。在这类测量中，人们不仅要关注各个量值的测量准确度，而且往往还要关注它们相互之间的时序关系是否正确，以及是否符合预期要求。既要有一个统一一致的幅度参考点，也需要一个统一一致的时间参考点。由此引出多变量同步测量问题，以及同步测量的意义、价值和重要性。

(3) 过程测量：是针对处于变化过程中的物理现象进行的测量。此时，人们不仅仅关注被测对象变化过程的细节，更希望从中寻找出变化规律及本质特征因素，以便进行特征获取与规律分析。无论是否使用了抽样和量化技术，过程测量通常都被认为是一种连续的测量方式。

(4) 比较测量：针对同一物理对象，使用相同的或不同的测量原理、方法、设备或系统进行测量，获得的测量数据会有很多差异，客观上需要对这些测量数据获得的测量结果进行统一一致的测量表述。以此才能对同一对象的不同测量进行详细而全面的比较，以确定其符合性、一致性、差异性等具体特征。

(5) 直接测量：将被测量与标准值的作用效果直接进行比较所复现的测量方式。

(6) 间接测量：被测量及其变化规律以某种方式隐藏在其他现象中，需要通过某种鉴别和计算才能获得测量结果的测量方式。例如 AM、FM、PM 信号，其被测量值隐藏在调制信号中，无法通过直接测量获得，需要进行解调、运算等，然后进行相应测量获得结果。

3. 测量对象的特征与需求

在上述各种不同的测量要求中，所遇到的测量对象量值种类主要包括以下几种：

(1) 稳定的直流量值，即在测量过程中保持不变或变化极为缓慢的量值信号；

(2) 周期信号波形；

(3) 单次确定性信号波形；

(4) 随机信号波形；

(5) 各种调制信号波形内隐藏着待测信息及波形。

针对这些对象，人们最基本的测量需求如下所述。

(1) 测量结果不受测量条件变化的影响，例如，幅度量程、采样速率、触发条件等的变化不应对测量结果产生影响。

(2) 系统不完善部分的影响得以抑制和分离，例如，测量系统中的直流偏置，可以导致波形的整体升高或降低；触发延迟可导致波形数据的整体时间平移；幅度量程的变动将导致波形数据的整体放大或缩小；带宽的变动会导致高频分量的波动。这些因素的变化，均不应对测量结果的比较产生额外影响。

(3) 测量结果表征形式的标准化。在量值参数表征方面，人们已经实现了标准化，但是在波形测量结果的表征上，还远未达成统一和一致。以至于即使是同一物理对象的波形测量结果，由于触发条件的差异，采样间隔的不同，量程范围的不一致，也很难让人一眼就判定出两者是同一物理对象的波形测量结果。标准化的测量结果表征方式将最终解决该类问题。

1.5.3　模型化测量特点的讨论

模型化方法与测量的有机结合所产生的模型化测量方法，有望更好地满足上述有关测量的客观需求。其主要原因在于模型化测量具有如下几个典型特点。

(1) 近似性。模型化测量是一种抓主要矛盾和主要特征的思维方法，主要特点是根据实际被测对象的测量数据，用一种特征明确的模型方式去近似和拟合该测量数据，以期获得模型参数作为拟合结果；正因为其近似性和主要特征因素是主导要素，所以任何测量数据所可以选择的模型都不是唯一的。可以有众多不同的选择，所获得的近似程度当然会有所不同。有的简单，有的复杂，有的收敛性良好，也有的收敛性差些。最简单的模型化可以认为是曲线的直线化以及分段线性化。

(2) 面向对象的包容性。实际工作中，被测对象的量值多数为模拟量，它们在幅值上和时间上均具有可无限细分的分辨力。而数字化测量所获得的数据序列其幅度具有明确的量化特征，时间上具有不可避免的抽样特征。这导致它们的幅度和时间分辨力均是有限的。模型化方法的包容性体现在其既可面对连续性的模拟对象，也可面对离散化的数字化对象，这一点对于实际测量的呈现是尤其重要的。

实际上，除了采样、量化有关的定理和方法外，多数理论和方法体系，其针对模拟对象和离散对象都是截然不同的两个体系。其定义、概念、机理等均有本质差异。所惯用的处理方式也是输入与输出均为同类别参量。例如，均为连续的模拟量，或均为离散的数字量。即使一方与另外一方不同，也要将离散量一方“理解”为或“解释”为连续的模拟量的等间隔抽样。而模型化方法的特点是通过数据建模，可将输入与输出均进行模型化。无论其具体对象是连续的模拟量还是离散的数字量，其模型参数均是连续的模拟量，因而具有广泛的适应性及鲁棒性。

(3) 模型参数的连续性。这表现为无论是面对连续的模拟对象，还是面对离散化的数字化对象，模型化测量中的模型参数都是连续的，在理论上拥有无限高的分辨力，这使得使用它们来处理和表征测量结果具有极大的先天优势。

(4) 结构化模型的组合可将一些影响量有效分离出来。例如，对原始采集数据进行幅度与时序上的整体平移处理，剔除直流分量，按模型特征统一时基零点，对其幅度进行伸缩和归一化处理，可以彰显不同测量方式下同一物理过程的统一和一致性。这对于测量结果的比较是极为必要的技术措施；否则，测量的比较在很多情况下将无法进行。

(5) 结构化模型近似性的调整。人们已经证明，在满足一定约束条件的前提下，结构化模型可以无限逼近真实的被测对象，逼近的近似程度主要靠调整变化模型的阶次来实现。通常，阶次越高，将更好地逼近被测对象，获得更良好的测量结果。另外，不同的模型，其对测量结果的逼近能力也是不同的。通常，相同逼近误差的情况下，阶次越低的模型，其模型参数越少，而效果越好。

(6) 模型参量的拓展性。这主要体现在结构化模型阶次的调整与生长方面，而非结构化确定模型没有参数的拓展性。

1.5.4 模型化测量标准化应用的讨论

模型化测量的标准化应用，主要是针对测量过程中出现的同一被测对象的模型参数不一致问题，进行统一化处理的一种思想。

前已说明，被测对象在不同的测量中，在不同的测量系统中，在不同的测量条件下，会出现的比较常见问题有：

(1) 波形整体偏移及均值不一致问题；

(2) 波形整体平移及延迟不一致问题；

(3) 波形整体伸缩与幅度尺度不一致问题；

(4) 抽样时间间隔不一致导致的时间尺度不统一问题。

它们不仅会造成特征参量的辨识与表述有差异，而且会造成同一被测对象在不同测量里的量值比较变得困难。多数情况下，人们都要反复强调，那些需要比较的参量与过程，它们的测量条件应完全一致，以利于进行比较研究。

在使用了一些标准化方式进行处理和表述后，至少可以化解一部分问题，使得有差异条件的测量结果，其相互比较评价变得更加容易。至少从模型参数上，两者更加一致和统一。

对于周期性确定信号波形，可以采取如下措施进行标准化处理，以期最终进行测量结果表述时，可获得统一一致的模型化表达方式：

(1) 选取整数个波形周期作为计算对象，将波形的均值 (直流分量) 从测量数据中提取出来进行单独表述；

(2) 对测量波形进行谐波分析，以基波相位零点处作为零参考时刻点，确定测量数据波形其他点的时刻坐标；

(3) 将测量波形表述成与采样间隔无关的方式，可以避免不同采样间隔的测量序列波形无法直接比较的问题；

(4) 对剔除均值的测量波形序列进行幅度归一化处理，提取其幅值因数；

(5) 对经过上述 (1)~(4) 步骤处理后的数据序列使用统一的模型进行模式识别和参数表征，将可望容易获得统一一致的标准化模型测量结果。

对于周期性伪随机信号波形，除了采取上述措施外，可使用相关分析法获取它们之间的时序延迟。

对于半正弦类单次冲击波形信号，可采取如下措施进行标准化处理：

(1) 选取初始状态为零状态，当初始状态“本底”幅度不为“0”时，将其单独提取出来予以单独表述；

(2) 对测量波形数据进行峰值拟合，将拟合峰值点处的时刻定义为“0”参考时刻点，并以此为基准确定其他特征点的时刻坐标；

(3) 将测量波形表述成与采样间隔无关的方式，可以避免不同采样间隔的测量序列波形无法直接比较的问题；

(4) 对剔除均值的测量波形序列进行幅度归一化处理，提取其幅值因数；

(5) 对经过上述 (1)~(4) 步骤处理后的数据序列使用统一的模型进行模式识别和参数表征，将可望容易获得统一一致的标准化模型测量结果。

1.5.5 模型化测量重点的讨论

从上述分析可以看出，模型化测量的重点问题都是围绕着测量的表述和结果的比较而出现的。

测量过程，永远都是以少量的离散量值表征测量结果。当被测量值的定义是直流单值或有限个直流单值时，直接使用测量结果可以完整表征被测对象。而当被测对象是一个变化过程时，体现的是随时间而变化的波形信号。此时，被测对象实际上含有无穷多个过程量值，以少量的离散量值表征的测量结果将是不完整和不完备的，存在以少代多、以偏概全的问题。这时，引入模型化测量表征方法，以模型方式表征测量结果，将避免以少代多和以偏概全的问题，达到对被测过程的完整表征。并且，在模型化测量方法中，模型参数的数量总是远少于测量数据的数量，因而，与直接使用测量数据的不完整表征相比，它可以达到使用少数参数量值完整表征测量结果的目的。

若能以标准化操作方式进行模型化测量的结果表征，则不仅可以化解其中的大部分问题，例如以少数模型参数代替庞大数据序列来简明清晰地表征测量结果，既能极大节约测量结果的存储空间，又能保留绝大多数的本质特征，而且更加便于不同测量结果之间的横向比较和应用：在以结构化模型方式分离出测量条件，以及测量技术不完善造成的影响后，此前测量技术条件有差异而无法直接比较的测量结果，在测量参数与测量过程的层级上也可以进行直接的差异比较了。

模型化测量表述的实质问题，不仅是测量数据序列之间的问题，而是透过数据本身，洞穿测量系统自身技术指标的完善情况，测量条件的精确化及完善化的情况。这需要以模型化测量的要求方式，标准化、系统化、完备化、统一化测量系统的技术要求，以控制、限定、补偿测量系统自身对测量结果的影响。否则，若仅仅局限于数据序列的模型参数本身，不能对测量系统及其技术参数提出额外的参量限制要求，模型化的意义将大打折扣。

目前情况下，人们还停留在认定并接受模型不唯一和不统一的局面存在，对于简单的测量结果表征和表述，这并无问题。但若上升到实现不同测量结果的比较、测量变化规律的探索、测量过程的复现、测量不确定度的评估等方面，不唯一、不统一的模型表征方式将带来一系列的问题。

因此，人们最理想的愿景，是未来能够寻找到统一一致的结构化模型，可以统一、完整地表征所有类别的测量结果。

1.5.6 结论

本节主要是讨论了以模型化方式进行测量结果表征的基本问题，包括技术要求、目的与特征、标准化操作、模型化统一与标准化等。

其中，总结出的标准化方法包括：①提取直流分量；②以基波零相位点方式确定统一的零时刻点原则；③令模型参量与采样间隔无关原则，即采样间隔隐形化原则；④幅度归一化处理原则，提取幅值因数；⑤使用统一的模型进行模式识别和参数表征。

经过如此标准化方式处理后的测量数据，再使用模型化方法进行识别后，有望获得统一一致的模型参数，将有利于模型化测量方法的比较、复现、统一和推广。

关于正弦波模型化测量问题，主要是在正弦波模型下，以正弦波模型参数直接或间接获取被测量值参数的问题，其中包含几部分内涵，其一，被测对象本身就是正弦问题；其二，被测对象虽然本身不是正弦问题，但可以使用局部正弦规律来替代和处理，如上述类正弦问题；其三，被测对象既不是正弦问题，也不能归结为类正弦问题，但可以使用正弦方式处理，即引申正弦问题。它们均属于本书所涉及的范畴。

参考文献

[1] 潘维瀚. 信号与线性系统 [M]. 北京: 北京航空学院 206 教研室, 1980: 48-49.

[2] 姜建国, 曹建中, 高玉明. 信号与系统分析基础 [M]. 北京: 清华大学出版社, 1994: 59.

[3] 奥本海姆, 谢弗, 巴克. 离散时间信号处理 [M]. 刘树棠, 黄建国, 译. 西安: 西安交通大学出版社, 2001: 118.

[4] 梁志国, 李新良, 朱振宇. 一种基于二次曲线拟合的冲击峰值计算方法 [J]. 计量学报, 2015, 36(3): 309-312.

[5] 梁志国, 李新良, 朱振宇. 一种基于残周期正弦拟合的冲击峰值计算方法 [J]. 振动与冲击, 2015, 34(1): 49-52.

[6] 李庆臻. 科学技术方法大辞典 [M]. 北京: 科学出版社, 1999.

[7] JJF 1001—2011《通用计量术语及定义》[S]. 北京: 中国质检出版社, 2012.

[8] 李慎安. JJF1059—1999《测量不确定度评定与表示》讨论之四十一 JJF1001—2011《通用计量术语及定义》实施后应注意的若干问题 [J]. 工业计量, 2012, 22(4): 49-50.

[9] 黄俊钦. 静、动态数学模型的实用建模方法 [M]. 北京: 机械工业出版社, 1988.

[10] 赵新民, 陈海军. 模型化测量的发展现状与展望 [J]. 计量学报, 1992, 13(4): 314-319.

[11] 张建秋, 赵新民, 洪文学. 畸变电功率的模型化测量方法 [J]. 仪器仪表学报, 1996, 17(5): 449-454.

[12] 张志杰, 祖静. 非线性动态测试系统的模型化测量方法理论初探 [J]. 测试技术学报, 1996, 10(3): 21-25.

[13] 梁志国, 孙璟宇. 正弦波模型化测量方法及应用 [J]. 计测技术, 2001, 21(6): 3-7.

[14] 钮永胜, 周庆东, 董加勤. 模型化测量方法在加速度计摆片参数测量中的应用 [J]. 哈尔滨工业大学学报, 1997, 29(2): 71-73.

[15] 梁志国, 成志尧. 静态测量系统线性度与温度的模型化补偿方法 [J]. 计量学报, 2001, 22(4): 259-263.

第 2 章　数字化测量的基本知识

2.1　基本概念

在阐述数字化测量之前，首先需要明确一些相关的基本概念和定义，它们中的多数将在后续章节中被频繁用到，这些概念与定义的统一和一致，对于正确理解和掌握其他相关知识是必要的。另外一些虽然没有直接出现，但对于理解与掌握相关知识具有重要的辅助作用，被一并列出。

量：现象、物体或物质的特性，其大小可用一个数和一个参照对象表示 [1]。

注：①量可指一般概念的量或特定量；②参照对象可以是一个测量单位、测量程序、标准物质或其组合；③此前的定义为，量是物质或现象的可定性区分及定量描述的属性。

量值：用数和参照对象一起表示的量的大小。

模拟量：在给定范围内，量值可取该范围内任意实数值的量。

数字量：在给定范围内，量值只能在约定的互不连续的离散值中取值的量。

测量：通过实验获得，并可合理赋予某量一个或多个量值的过程。

注：①测量不适用于标称特性；②测量意味着量的比较，并包括实体计数；③测量的先决条件，是对测量结果预期用途相适应的量的描述、测量程序以及根据规定的测量程序 (包括测量条件) 进行操作的经校准的测量系统。

测量原理：用作测量基础的现象。

测量方法：对测量过程中使用的操作所给出的逻辑性安排的一般性描述。

测量程序：根据一种或多种测量原理及给定的测量方法，在测量模型和获得测量结果所需计算的基础上，对测量所作的详细描述。

被测量：拟测量的量。

测量结果：与其他有用的相关信息一起赋予被测量的一组量值。

注：①测量结果通常包含这组量值的“相关信息”，诸如某些可以比其他方式更能代表被测量的信息，它可以概率密度函数 (PDF) 的方式表示；②测量结果通常表示为单个测得的量值和一个测量不确定度，对某些用途，如果认为测量不确定度可忽略不计，则测量结果可表示为单个测得的量值，在许多领域中这是表示测量结果的常用方式；③在传统文献中，测量结果定义为赋予被测量的值，并按情况解释为平均示值、未修正的结果或已修正的结果。

测量模型：测量中涉及的所有已知量间的数学关系。

注：①测量模型的通用形式是方程 $h(Y, X_1, \cdots, X_n) = 0$，其中测量模型中的输出量 Y 是被测量，其量值由测量模型中输入量 $X_1, \cdots, X_n$ 的有关信息推导得到；②在有两个或多个输出量的较复杂情况下，测量模型包含一个以上的方程。

测量函数：在测量模型中，由输入量的已知量值计算得到的值是输出量的测得值时，输入量与输出量之间量的函数关系。

注：①如果测量模型 $h\ (Y, X_1, \cdots, X_n\ ) = 0$ 可明确地写成 $Y = f(X_1, \cdots, X_n)$，其中 Y 是测量模型中的输出量，则函数 f 是测量函数，更通俗地说，f 是一个算法符号，算出与输入量 $x_1, \cdots, x_n$ 相应的唯一的输出量值 $y = f\ (x_1, \cdots, x_n)$；②测量函数也用于计算测得值 Y 的测量不确定度。

测量仪器：单独或与一个或多个辅助设备组合，用于进行测量的装置。

注：①一台可单独使用的测量仪器是一个测量系统；②测量仪器可以是指示式测量仪器，也可以是实物量具。

测量系统：一套组装的并适用于特定量在规定区间内给出测得值信息的一台或多台测量仪器，通常还包括其他装置，例如试剂和电源。

注：一个测量系统可以仅包括一台测量仪器。

测量设备：为实现测量过程所必需的测量仪器、软件、测量标准、标准物质、辅助设备或其组合。

范围：由上、下限所限定的一个量的区间。

测量范围：按规定准确度进行测量的被测量的范围。

量程：范围上限值与下限值的代数差。

标称示值区间 (简称标称区间)：当测量仪器或测量系统调节到特定位置时，获得并用于指明该位置的化整或近似的极限示值所界定的一组量值。

注：①标称示值区间通常以它的最小值和最大值表示，例如 100～200V；②在某些领域也称其为标称范围；③在我国，该术语也简称为量程。

标称示值区间的量程：标称示值区间的两极限量值之差的绝对值。

信号：载有由一个或几个参数表示的一个或几个变量信息的物理变量。

模拟信号：揭示模拟量随某连续条件而变化之规律的信号称为模拟信号。其中，最常见的模拟信号是模拟量随时间变化的信号，也称时变信号；另外，也存在模拟量随空间位置而连续变化，随温度而连续变化，随压力而连续变化等随其他条件变化的情况，也被归结为符合模拟信号定义的信号形式。

模拟信号也被定义为：信息参数表现为给定范围内所有值的连续信号。

数字信号：揭示数字量随某连续条件而变化之规律的信号称为数字信号。从物理本质上，数字信号也是一种模拟信号，只不过人们在产生、获取和分析它们时，主要关注其表征的数字化状态信息是否正确无误，对于不同状态之间的过渡状态，通常并不予以特别关注而已。这一点处理原则，与模拟信号有较大不同，对于模拟信号，人们通常会关注每一种状态和全部细节。

数字信号也被定义为：信息参数表现为用数字表示的一组离散值中各个值的信号。

离散信号：只在互不连续的孤立条件点上才有量值及定义的信号称为离散信号。这些孤立条件点可以是有限个或可数无限个，可以是均匀分布或非均匀分布，通常符合某种规律，按照规律顺序被排序。时间刻度依然是最常见的条件点，离散信号的幅度值可以是模拟量或数字量。

采样：对被测信号进行瞬时取值。采样操作可以是仅采集一个样本，也可以是众多样本。采样操作需要一定的时间，因而，无论采样前的被测信号是模拟信号还是数字信号，采样后形成的序列信号形式均是离散的信号序列。采样也称为取样。

采样时间：采样过程中检出被测量的时间。

采样速率：单位时间所采集的样本数，称为采样速率；采样速率有时也称为采样频率、取样速率或取样频率。

量化：设立参考量值，将被测量值与参考量值进行比较、判别、统计计数，并以最接近参考量值的整数倍率数值来表征被测量值，称为量化。

孔径误差：采样及后续的量化过程的完成需要占用一定时间，也称为孔径时间，在此期间内，被测信号样本点的幅度波动将会造成采样误差，称为孔径误差。工程上常常使用采样保持器，保持采样后至量化结束前采样样本值的稳定不变。

均匀采样：任何两个相邻采样点之间都是等间隔线性尺度的采样方式。

非均匀采样：均匀采样以外的采样方式。

阶跃响应时间：测量仪器或测量系统的输入量值在两个规定常量值之间发生突然变化的瞬间，到与相应示值达到其最终稳定值的规定极限内时的瞬间，这两者间的持续时间。

频率响应特性：对增益和相位延迟以频率为函数的图解表示，通常用对数坐标表示。

传递函数：在规定的条件范围内，表达输入量与相应输出量间的关系的函数。

模数转换器 (A/D、ADC)：通过采样、量化，将模拟量信号转化成数字量数据的功能模块。它可以断续工作或连续工作。连续工作时，可将模拟信号波形转化成具有幅度量化特征的离散信号序列。

有效位数：以模数转换方式进行波形测量时，对波形测量结果带来的附加信噪失真比所对应的理想模数转换位数，称为测量系统的有效位数。单位：bit。

也可以说，在使用模数转换器的数据采集中，将所有非线性误差均归结并折合成全测量范围内的平均量化误差的作用结果，与该平均量化误差相对应的模数转换位数称为数据采集的有效位数。由于必须在动态波形下才能获取和评价，其也称为动态有效位数。有效位数永远都不可能大于数据采集所使用的 A/D 的量化位数，只有在其他误差全不存在的理想情况下两者才可能相等。通常情况下有效位数要小于数据采集所使用的 A/D 的量化位数。

有效位数的另外一种定义 [2]：理想的模数转换器在数据采集中只引入与其转换位数相对应的量化误差。在满足采样定理的条件下，实际的数据采集系统对单频正弦交流信号执行数据采集后，根据采集到的数据求得相应的拟合正弦曲线，将采集数据与该拟合曲线之间的有效值误差归结为动态采集下的量化误差，与此动态量化误差相对应的模数转换的有效位数称为系统的动态有效位数。

注：数据采集过程中的非线性误差主要包括量化误差、噪声误差、采样过程孔径误差、转换特性非线性误差、采样时基抖动误差；不包括测量增益误差、时间延迟误差。

有效位数的其他定义：针对指定幅度和频率的正弦输入而言，与被测量波形采集系统所获得波形的残差有效值具有相同残差有效值的理想 A/D 位数，称为波形采集系统的有效位数。

数模转换器 (D/A、DAC)：可以将输入数据区表征的离散数字量值转化为对应的模拟量值连续输出的功能模块。转化不是瞬间完成的，依然需要条件和时间。连续工作时，D/A单位时间内完成的转换次数称为取样速率。

非线性误差：在使用 b 位二进制码的 A/D 或 D/A 系统中，全 “0” 码为第一个量化阶梯码，全 “1” 码为最后一个量化阶梯码；从全 “0” 码 0 变换到全 “1” 码 2^b-1，共有 2^b 个不同码值，2^b-1 个量值跳变台阶，令其对应于量化码值的编号为 $i=0,1,\cdots,2^b-1$，从量化台阶 $i-1$ 跳变到量化台阶 i 的跳变点电平，与量化台阶 i 跳变到量化台阶 $i+1$ 的跳变点电平之间的差值，即对应量化台阶 i 的电平宽度为 w_i，称 w_i 为第 i 个量化阶梯宽度。设全量程范围内量化阶梯码宽度的平均值为 Q，并定义一个最小量化阶梯宽度为 $1\text{LSB} \triangleq Q$，如图 2-1 所示。则有

$$1\text{LSB} = Q = \frac{1}{2^b}\sum_{k=0}^{2^b-1} w_k \tag{2-1}$$

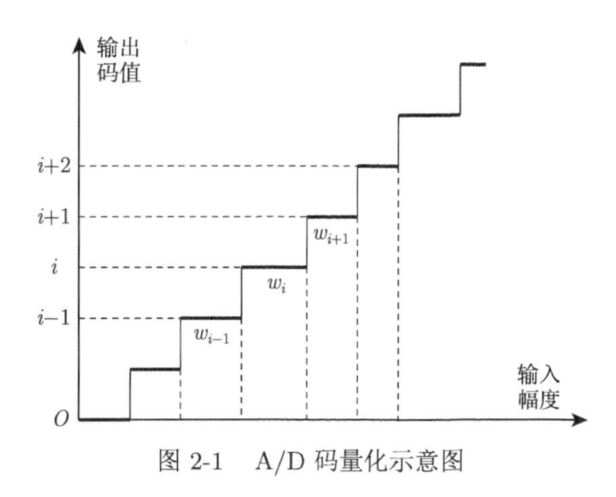

图 2-1 A/D 码量化示意图

第 i 个量化阶梯码的微分非线性 (DNL) 误差：

$$\text{DNL}(i) = \frac{w_i - Q}{Q} \quad (\text{LSB}) \quad (i=0,\cdots,2^b-1) \tag{2-2}$$

第 i 个量化阶梯码的积分非线性 (INL) 误差：

$$\text{INL}(i) = \frac{\sum\limits_{k=0}^{i} w_k - i\cdot Q}{Q} \quad (\text{LSB}) \quad (i=1,\cdots,2^b-1) \tag{2-3}$$

积分非线性误差的最大值与量程范围之比称为线性度。

数据采集：将模拟量信号波形，通过采样、量化，转化成具有幅度量化特征和时序抽样特征的离散信号数据序列的过程，称为数据采集。通常，是指将时变模拟量波形，通过抽样、量化，转化成离散数字量序列的过程。其特别之处在于，输入是模拟量信号波形，而输出则是离散数据序列，完成了由信号到信息的完整转变。

数据采集速率：单位时间内采集的数据个数，也称数据采样频率或采样速率 [2]。

数据采集系统：将模拟量信号波形，通过采样、量化，转化成具有幅度量化特征和时序抽样特征的离散信号数据序列的装置，称为数据采集系统。

数字化测量：以数据采集为基本手段，通过数字信号处理方式获取最终结果的测量称为数字化测量。

数字化测量的内涵极为宽广，其最简单的形式为数据采集，数据采集本身就是一种全息的数字化测量，其后的最优化、滤波、特征值分解、调制解调、曲线拟合、空间变换、统计分析等众多手段，皆可归结为数字化测量的方法、技术和手段范畴。另外，任何信号、波形、过程等，均属于稍纵即逝的物理过程和物理瞬间，可以被产生、复现、观测，却难以被收藏，一旦经过数据采集，它们就普遍由信号转变为信息，发生了质的变化，并可借助于各种存储技术，将其进行永久收藏，并随时进行研究、处理与分析。

数字化测量包含：一维测量，即仅关注幅度量值一个量；二维测量 (大小、位置)，同时关注幅度、时间，幅度、位置，或幅度、条件等；三维及以上维测量 (大小、位置、条件)，则同时关注幅度、时间、位置，或幅度、时间、条件，等等。一维测量可认为是点测量，二维测量属于曲线测量，三维测量属于面测量，四维及以上测量属于体测量或空间测量。一维测量属于标量测量，二维及以上测量属于矢量测量。

数字化测量中，最常用的方法与手段包括曲线 (面) 拟合、模型参数辨识、最优估计、滤波、投影、映射、分解、合成、变换、逆变换、统计、谱分析、时序分析、特征分析等。

2.2 数据采集系统

2.2.1 概述

数据采集系统是电子计算机在工业控制过程中应用的产物，并伴随着电子计算机技术的发展而不断进步，尽管从原理上讲，任何一台计算机均可以构成数据采集系统的基本平台，但实际上，以计算机为核心的数据采集系统依然要比计算机滞后许多年才诞生。

数据采集系统，其最主要的特点有两个，即时间上的离散特性和幅度上的量化特性。

也可以具体地说成，数据采集系统是能测量来自传感器、变送器及其他信号源的输入信号，并能以某种方式对测到的量值进行数据存储、处理、显示、打印或记录的系统 [2]。显然，数字示波器和瞬态波形记录仪，符合数据采集系统的定义，应属于数据采集系统。

数据采集系统是一种测量设备，广泛用于各种测控领域。它可以与各种类型的传感器相连接，构成测量温度、力、扭矩、压力、应变、流量和位移等众多物理量的测量系统。

计算机技术的发展，使数据采集系统的形式也发生了翻天覆地的变化，从早期的并无商业化产品，属于需要专门订制的特殊系统，历经了商品化的集总式系统、台式仪器类系统、分布式系统、单板式系统、插卡式系统、模块式系统、单片系统、嵌入式系统等，形成了多元化形式并存的异彩纷呈的技术状况，令人心旷神怡、目不暇接。其厂商众多，产品众多，技术状况日益成熟，具有强大的市场适应能力，其模块化、功能化、通用化、智能化、系列化、组合化、网络化、集成化、微型化的技术进程仍在继续。并且，由于虚拟仪器概念的提出和技术发展，以及数据采集系统平台在虚拟仪器中的举足轻重的地位和作用，它已经成为越来越重要的一个基础性通用技术平台。

数据采集系统的基本用途主要体现在以下几个方面。

1) 静态物理量的监视和测量

该用途中，针对数据采集系统采集速率的要求不高，因而人们希望能够使用一个系统实现尽可能多的物理量的集中监视和测量，即多点多状态的集中观测与控制、管理。

与其他元器件相比，数据采集系统的核心器件 A/D 转换器比较昂贵，这导致多通道共用一个 A/D 的数据采集系统被设计和研制出来，用于实际工作中。每个数据采集系统含有的通道数多为 2 的整数次幂个，例如 4 通道，8 通道，16 通道，32 通道，128 通道等，多时可有 1024 通道和 2048 通道的数据采集系统出现。用于飞机全机疲劳寿命的破坏性实验中的系统，目前已经达到 3 万通道，系统极为庞大。

由于测量通道众多，所以不同通道的物理量传感器输出信号可能差异巨大，则共用 A/D 转换器以及采样电路中的杂散电感、分布电容等储能记忆效应，将导致采集过程中，前一个通道"较大"幅度信号的残留会对后续通道"较微弱"幅度信号的采集造成较大的影响，从而引出"通道间串扰"这一抗干扰指标的出现。

降低通道间串扰的技术措施之一即是采集通道类型分类，使共用同一个 A/D 的不同采集通道的工作量程和信号幅度相近；其次，在采集通道扫描时间顺序上，使用先微弱信号通道，后较大信号通道的方式执行采集，均可有效降低"通道间串扰"效应的影响。

在共用 A/D 的多通道数据采集过程中，各个物理量的测量点有可能相距较远，使得测量点的传感器距离 A/D 转换器比较"远"，导致地线电气参量复杂，在大工业环境条件下，其共模干扰极为突出，成为微弱信号测量中极为困难的问题。通常，要求恶劣工业环境条件下工作的数据采集系统具有较高的共模干扰抑制特性。降低共模干扰的技术途径主要有两条，一则为加强"接地"技术，使得共模信号在强大的"接地"技术面前被短路而弱化；二则为强化"浮离"技术，切断采集测量系统与被测信号的直接电接触，让其整体"浮离"在被测电信号环境之上，阻隔共模信号的干扰路径。

降低共模干扰的另外措施之一是尽量缩短模拟信号的传输路径，使得 A/D 转换器尽量靠近测量点，由此引出多 A/D 分布式数据采集系统方案和技术的产生，以及网络化数据采集系统的理论、方法和技术。

静态物理量数据采集技术的核心主要是抗干扰和高准确度采集，尤其是电气环境比较恶劣的工业生产环境下微弱传感器信号的高准确度测量采集，是人们所特别关心的。为达到该目的，人们放弃单端接地的简单输入结构，使用具有更高抗共模干扰特性的差分输入结构，或者采取浮离输入结构技术，获得更高的抗干扰能力。在 A/D 芯片选取上，使用了积分式 A/D、双积分式 A/D、脉冲调宽式 A/D 等转换速率较低但测量准确度非常高的芯片。

对于数据采集系统，主要有 4 种输入电路结构，分别是：①单端接地式 (SIG)；②双端差分式 (DI)；③单端浮离式 (SIF)；④双端差分浮离式 (DIF)。如图 2-2 所示。

由于测量通道众多，则不同通道的物理量传感器及其量程不可能完全相同，而传感器输出结构的复杂性，导致数据采集系统输入结构必须能够适应这些不同结构的传感器电路。经过总结归纳，主要存在 6 种不同的传感器电路结构形式，它们分别是：单端接地式 (SEG)、单端浮离式 (SEF)、单端对地有电压式 (SED)、双端平衡接地式 (BG)、双端平衡浮离式

(BF)、双端平衡对地有电压式 (BD) 六种，如图 2-3 所示，其中，A、B 为测量接线端子。

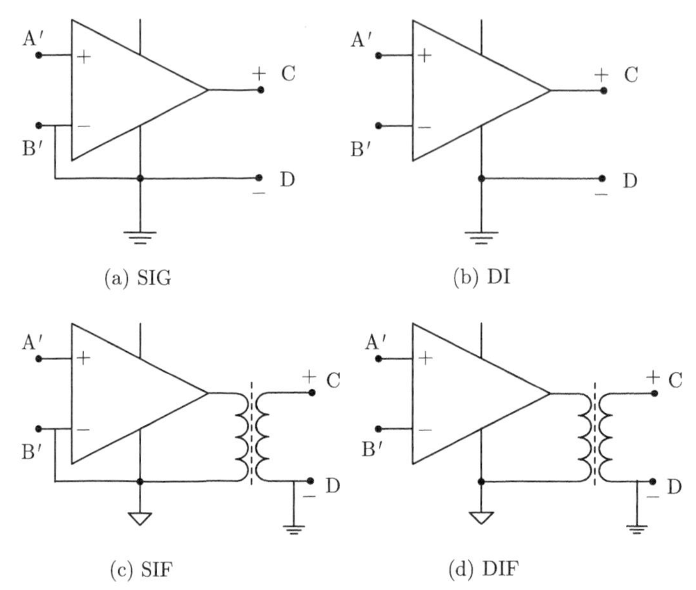

图 2-2 四种不同的数据采集系统输入电路结构形式示意图

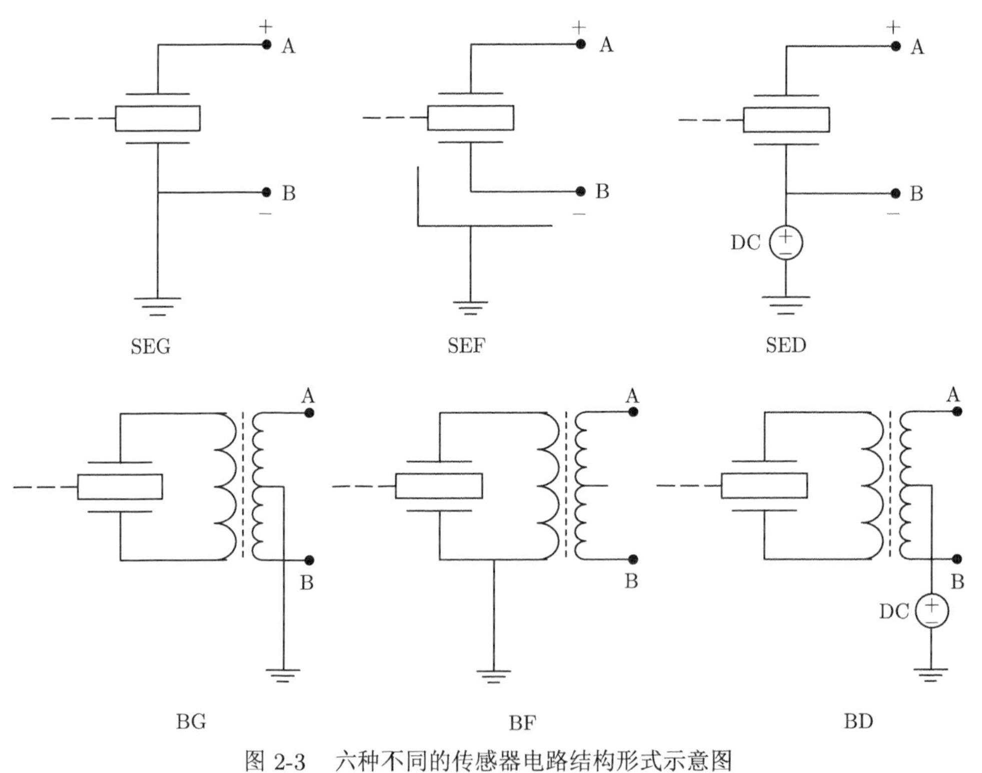

图 2-3 六种不同的传感器电路结构形式示意图

在应用中，对于数据采集系统而言，SIG 输入电路结构，最适应于单端 SEG 传感器电路结构，可适应于 SEF 传感器结构和 BF 传感器结构；无法适用于 SED、BG、BD 几种传感器电路结构。

DI 输入电路结构，最适应于 BG、BD、BF 传感器结构；可适应于 SEF 传感器结构。

DIF 输入电路结构，可适应于任何传感器结构。

SIF 输入电路结构，最适应于 SIG、SEF、SED 几种输入传感器结构，能用于其他输入传感器结构。

对于传感器电路结构而言，其中，SEF 和 BF 可以适应任何数据采集系统的输入电路结构，该项工作主要用于考查其余四种电路模式的传感器能否接入数据采集系统，以及接入数据采集系统后是否具有共模抑制能力。数据采集系统对各类传感器和信号源的适应性是非常重要的，也是容易被忽视的技术要求。如果不能适应传感器的信号类型，则其他所有指标性能均将毫无意义。

2) 缓慢变化的准静态物理量的变化过程监视和测量

缓慢变化的准静态物理量测量所需要的数据采集技术，对于采集系统的模拟带宽具有了基本要求，正常测量中，通常要求其为被测信号频带宽度的 3 倍以上，特别精密的测量时，要求其为被测信号频带宽度的 5 倍以上，若需要同时考察被测信号波形的失真度指标，则可能要求其为被测信号频带宽度的 10 倍以上。由于缓慢变化的准静态物理量信号带宽多数小于 1Hz，从而其对系统模拟带宽要求也是比较低的。其他技术要求与静态物理量数据采集系统技术没有本质差别，技术特征与处理方式基本一致。

3) 周期波形的测量

用于周期波形测量的数据采集系统，其采集速率和模拟带宽要求明显要高于静态和准静态采集情况。这类应用中，多数情况是需要测量周期波形的参量，如幅度、周期、延迟、脉宽、占空比、相位差等，另外的情况包括对其进行谱分析、谐波分析、失真度测量分析等。

周期波形的参数测量，要求具有尽可能高的时间分辨力和幅度分辨力，高时间分辨力要求高采样速率，高幅度分辨力要求高 A/D 位数，两者是一对技术矛盾，往往不可兼得。为解决这一矛盾，通常的做法是使用等效采样技术，采用精确控制的变延迟采样技术，或者随机采样波形重构技术，均可以在较低采样速率下，实现较高的等效时间分辨力。其局限是仅适用于周期信号波形，而无法用于单次信号波形，数字取样示波器就是使用了这两种等效采样技术。

周期波形的等效采样技术，引出对于数据采集系统触发功能和性能的技术要求，它是波形测量区别于静态测量的显著特征之一。

4) 瞬变单次波形的测量

有一类瞬变的非周期信号波形，例如单脉冲冲击信号、阶跃信号、非周期随机序列波形等，其参数测量以及波形细节测量无法使用等效采样技术，只能使用实时采样技术完成。这时，人们便会尽可能提高采集速率来实现测量。

与低速数据采集系统相比，这类数据采集系统仅有少数个采集通道，甚至只有一个采集通道。每个通道即包含自身独有的一个或多个 A/D 转换器，用以实现高速采集测量。

影响数据采集速率的因素主要有以下几种:

A/D 转换器的转换速率;

数据存储器的存储速率;

采样时钟频率;

计算机指令操作速率;

关于计算机控制的采集操作，主要有查询、中断、直接存储器存储 (DMA) 几种方式。为了降低计算机指令操作带来的时间影响，人们在最高速率的要求下，主要使用 DMA 工作方式，即直接存储器存储方式，它不必经过中央处理器的读取处理，而直接将 A/D 转换器的转换输出推送存储到数据存储器，以避免采集计算机指令操作时间带来的延迟影响。同时，尽量提高采样时钟频率。

当计算机时钟高到一定程度以后，实际上制约数据采集速率的主要因素只有两个，一为数据存储器的存储速率，另一为 A/D 转换器的转换速率，两者中速率较低者一直是制约高速数据采集的瓶颈。

高速存储器技术不属于数据采集技术领域，本属于高速计算机技术范畴，一直在不断发展。而高速 A/D 转换器技术则一直沿不同的模式向前发展。

由于单片 A/D 转换器的转换时间不可能无限短，人们便采取了使用多片 A/D 合成一个 A/D 的技术措施，通过精确控制延迟采样，使用时间交叉 (time interleaved) 存取技术，以数据合成方式提高采样速率，这是一种技术方案。由此引出了非均匀采样理论、方法和技术。

使用并行采样技术，以多个中央处理器 (CPU) 控制电路实现多个高速低位数 A/D 合成一个高速高位数 A/D 的方式属于另一种方案。

应用流水线型 A/D 转换器技术实现高速 A/D 的技术方案是第 3 种流行方案。每个流水环节只高速完成 A/D 转换器的部分功能，产生一位 A/D 转换码，最终靠全部环节的工作合成，获得高速高准确度 A/D 转换结果。由于流水线型 A/D 中每个流水工作环节的功能相对简单，便于误差修正和补偿，所以引出了嵌入式在线采样补偿理论、方法和技术。

5) 不同测量点间的同步或延时测量

数据采集系统另外一个比较特殊的应用是同步采集测量，它要求不同采集通道在采集时序上具有绝对的同时性，或者具有已知的确定延迟时间。在同步采集测量、正交采集测量、相位差测量、延迟测量、相关采集测量等工程应用中，均有明确的技术需求。这一方面的技术需求引出同步采集功能，以及通道间延迟时间差的技术要求。

6) 虚拟仪器平台

数据采集系统本身可以作为一个仪器平台，与不同传感器相结合，构成测量不同物理量的数字化测量仪器，例如数字化测温仪、压力仪、流量测量仪表、各种电子秤等。

近年来，通过虚拟仪器方式，以数据采集系统结合软件算法模型形成的虚拟仪器、分布式仪器和网络化仪器是仪器技术的前沿方向，在这里，数据采集系统被用作通用虚拟仪器平台，可以形成诸如频谱分析仪、谐波分析仪、相位计、调制度分析仪、时间间隔测量仪、示波器、数字电压表、失真度分析仪，并可以借助于网络，实现远程测量和分布式测量。

这一方向的用途主要是数据采集系统基本特征的典型应用，结合软件算法数学模型，获得优良的数字化测量效果。

2.2.2 基本组成和工作原理

数据采集系统的种类很多，典型结构如图 2-4 所示。其核心部分是电量的测量。由传感器输出的模拟信号，通过信号调理器和多路开关后，再经过 A/D 转换器进行模数转换并最终被计算机系统收存而完成数据采集过程。图 2-4 所示是主要用于静态和准静态信号测量的中低速数据采集系统的 A/D 转换结构，特点是有多个采集通道共用同一个 A/D 转换器，每个 A/D 转换器所拥有的通道数从几个到几十个。在 A/D 芯片选取上，通常选取低速或中低速 A/D 转换器作为核心器件，例如 f-V 式 A/D、积分式 A/D、双积分式 A/D、脉冲调宽式 A/D、Σ-Δ 式 A/D 等转换速率较低但测量准确度非常高的芯片。其通道采集速率不可能太高，通道间串扰的影响不可避免，通道间延迟时间差受制于采样时钟，可以比较稳定。

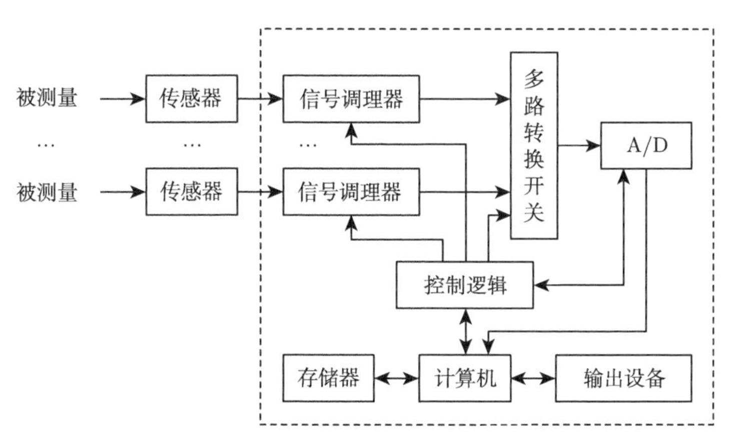

图 2-4 多通道共用 A/D 的数据采集系统典型结构

该种共用 A/D 转换器的数据采集结构中，由于采集速率较低，对数据存储器存储速率要求远低于其极限性能指标，存储速率尚没有作为一个问题体现出来。

当需要不同通道具有同步采样要求时，通常需要使用采样保持器，以便各个不同通道工作在同时采样保持状态下。尽管如此，由于信号通路路径不一致，通道放大器和信号调理器特性不一致，则各个通道的采集时刻会有不一致出现，需要对通道间延迟时间差进行精确校准和补偿修正。

当所要采集的信号频率升高，且需要进行波形采集和测量时，图 2-4 所示的系统往往不能满足要求，此时，常采用每个通道自己独立专用 A/D 转换器方式，形成如图 2-5 所示的典型结构。

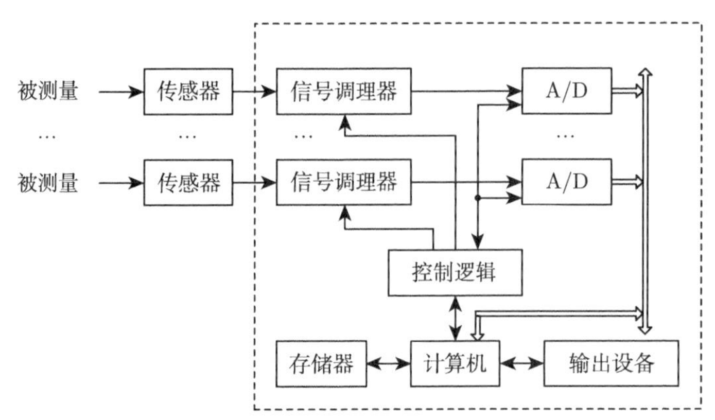

图 2-5 各通道专用 A/D 的数据采集系统典型结构

此时，在 A/D 芯片选取上，通常选取中高速 A/D 转换器作为核心器件，例如逐次比较式 A/D、闪变式 A/D、流水线式 A/D 等转换速率较高但测量准确度中等的芯片。

该种专用 A/D 转换器的数据采集结构中，由于采集速率已经很高，对数据存储器存储速率要求与其极限性能指标相接近，则需要综合考虑 A/D 转换速率和数据存储速率各自对数据采集速率的影响。在各通道拥有自己独立的 A/D 转换器的数据采集系统中，通道间串扰将以通道隔离度方式出现，主要属于耦合干扰因素。

为满足对于采集速率的超高要求，人们使用了一种时间交叉 (time interleaved) 存取技术，以并行结构，用多个较低速率的 A/D 转换器联合工作，构造出具有更高速率和性能的合成 A/D 转换器，其典型结构框图如图 2-6 所示。用 M 个子 A/D 构造一个等效的高速 A/D 的单输入–单输出系统，其输入经等间距延迟 τ_{b}，进入下一个子 A/D，相邻子 A/D 间延迟时间的理想值为系统的采样间隔，即 $\tau_k=\tau$，$k=1,2,\cdots,M-1$。这样，便实现了以 M 个采样速率为 v/M 的子 A/D，获得一个采样速率为 v 的合成 A/D 的采样效果。不仅如此，由于超高速率数据采集所需要的超高速存储器也是非常困难的尖端技术，在 A/D 转换速率解决后，它通常成为主要技术瓶颈，则该方案也可以适当降低对存储器存取速率的压力。

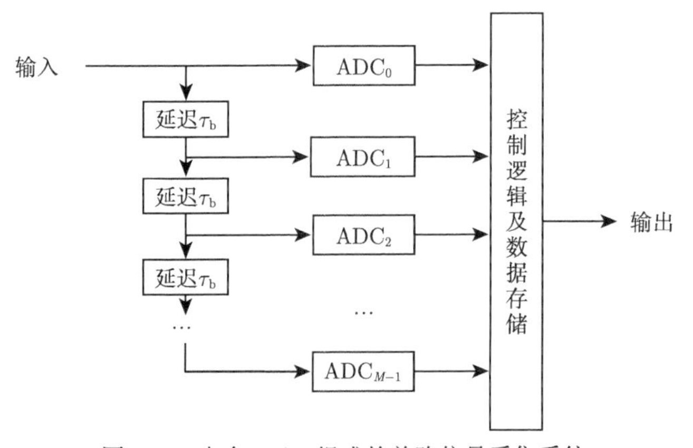

图 2-6 由多 A/D 组成的单路信号采集系统

这类由多个子 A/D 交替采样合成的高速波形采集系统称为非均匀采样系统，其各个子 A/D 的量化位数与合成 A/D 是一致的，仅是合成 A/D 的采样速率远高于单个子 A/D 的采样速率。由于各子 A/D 的增益、直流偏移和采样时间延迟存在差异，所以合成的波形采样序列存在非均匀采样失真，从而引出非均匀采样问题 [3-11]。这也给计量校准技术提出了新的要求。

通常情况下，较低位数的 A/D 转换器的转换速率要高于较高位数的 A/D 转换器，即 4bit 的 A/D 转换器的转换速率要高于 8bit 的 A/D 转换器。因而，可以使用两个 4bit 的 A/D 转换器构造出一个 8bit 的 A/D 转换器，如图 2-7 所示，一片 A/D 转换器负责转换高位数 4 位 A/D 码，而另一片 A/D 转换器负责转换低位数 4 位 A/D 码，两者结合，获得 8 位 A/D 码转换结果，这种原理的 A/D 转换器称为子区式 (subranging)A/D 转换器。

实际上，通过子区法构造的高速 A/D 转换器，低位数 A/D 可以具有不同的位数，特例之一是，各个低位数 A/D 为仅有一位 A/D 转换位数的环节，这将产生另外一种 A/D 的设计原理结构，它很容易实现嵌入式在线测试和补偿，补偿各个低位 A/D 的增益和偏移差异，使它们趋向于一致，从而获得更高准确度的高速 A/D，这也是近年来飞速发展的热点前沿技术之一。

与图 2-4 和图 2-5 所示情况不同，图 2-6 和图 2-7 所述的 A/D 结构不属于外部式结构原理，多数情况下为封装在一个 A/D 芯片或模块内的内部结构和原理，作为用户可以将它们仅仅视为 A/D 转换器的芯片技术或内特性，只有试图突破这些技术瓶颈，获得更高准确度的测量数据时，才转化为计量校准和数据补偿方面的技术问题。

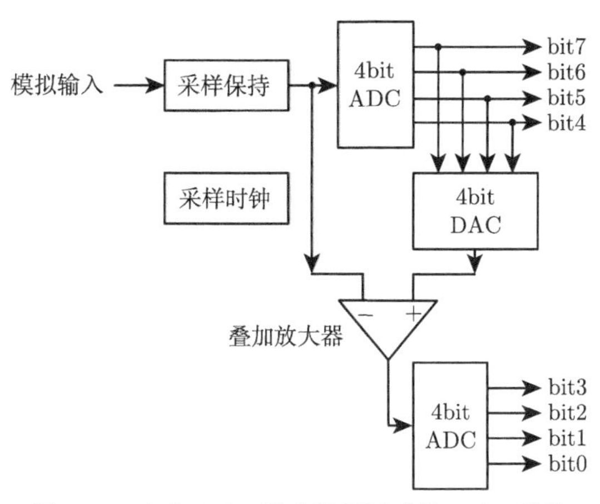

图 2-7 由多 A/D 组成的子区式单 A/D 系统

数据采集系统是一个相对广义的概念，人们会发现，不仅仅是通常商品中被称为数据采集系统的那一类设备，一些其他名称的仪器设备，如数字示波器、瞬态记录仪器、波形记录仪器、数字取样示波器等，也皆符合数据采集系统的定义，实质上也是数据采集系统的定义范畴。

2.2.3 指标体系及校准方法

对于数据采集系统，其采集速率有低速、中速、高速和超高速等多种选择，目前最高已经可以达到 40 GSa/s 的采集速率。其测量精度覆盖了低、中、高等相当宽广的范围，一般来说，对于 1MHz 以下的低频情况，8 位及以下 A/D 的数据采集系统被认为是低精度系统；而 16 位及以上 A/D 的数据采集系统多数被认为是高精度系统；其他，则属于中等精度的系统。目前，A/D 位数为 32bit 的数据采集系统已经出现。

实际上，不仅数据采集系统的品类繁杂众多，构成系统的网络拓扑结构也复杂多样，有星形、环形、树形、总线形、复合形等多种；数据采集系统的技术指标也有很多，不包括电磁兼容性和安全性等环境类性能指标，其测量性能主要有：静态特性、动态特性、瞬态特性、矢量特性、触发特性、噪声及抗干扰特性、漂移特性等几大部分。

其中，静态特性技术指标主要有：直流增益、直流偏移、线性度、最大允许误差、积分非线性、微分非线性等。简单地说，这是一类只需加载静态信号便可获取的性能指标，最为基本。

动态特性技术指标主要有：交流增益、频带宽度、采集速率、有效位数、频率响应特性、幅频特性、相频特性和传递函数等。可以说，这是一类只能在加载动态信号下才可获取的指标。

瞬态特性技术指标主要有：阶跃响应上升时间、建立时间、压摆率、预冲、过冲、顶部不平度等。

矢量特性技术指标主要是指通道间延迟时间差，它表征不同通道间的同步及延迟特性。

触发特性一般分为功能与性能两类，其功能既多且杂，有硬件电路触发信号触发、软件指令触发、周期性自动循环触发、被测信号触发、人工按键触发等不同方式。基本的硬件电路触发信号触发有电平触发和边沿触发，其演化而来的逻辑图触发、漏失触发、延迟触发、毛刺触发等多种复杂触发方式，有利于灵活运用于不同的场合与技术条件。在瞬变单次信号波形的抓取方面，例如各类冲击、爆炸、碰撞波形，以及在异常特征抓取方面，例如雷击、火花放电、电击穿等，很多情况下需要依赖丰富而强大的触发功能实现，若无触发功能，一些单次瞬态信号波形将很难被观测和研究，触发功能特性的重要性可见一斑。

而触发性能指标主要有：触发电平准确度、触发电平灵敏度、触发电平抖动、触发沿灵敏度、触发沿抖动、触发沿斜率、触发延迟及准确度、触发脉宽灵敏度、触发带宽等。

之所以有如此众多的触发功能存在，主要原因在于数字化测量仪器设备的触发方式可以不同于模拟式测量仪器的触发方式，在模拟式测量仪器中，“触发”是测量操作的开始指令，触发以前的仪器系统一直处于等待测量状态，直到“触发”条件满足才开始进行实际测量。因而，“触发”一定是“超前”于测量，触发时刻点一定超前于测量起始点。不可能出现触发点后移的情况。

而在数字化测量仪器中，可以有除此以外的另一种触发方式，即触发前仪器系统一直在进行测量，并不断将测量结果循环存储在系统内部存储器中，“触发”是测量操作的结束指令，系统一旦“触发”启动，将依照触发条件结束测量，并将内部存储器内存储的测量数据作为结果呈现。由此可见，触发时刻点可以在测量序列的任意一点上出现，不一定要求触发时刻点一定超前于测量数据点。可以很容易实现触发时刻点之前的信号波形的测量分析，这在模拟测量仪器系统中是永远都无法实现的。

噪声及抗干扰特性技术指标主要有：静态随机噪声、动态噪声、通道间串扰、通道隔离度、共模电压范围及共模抑制比、串模抑制比等。可以理解为，反映数据采集系统对“自身”和“外界”两类干扰抑制能力方面的性能指标均属这类指标。

漂移特性指标主要指时间漂移和温度漂移两类特性，每一类漂移特性均包括零点漂移和增益漂移两项指标。

如果数据采集系统的用户只需要测量记录静态或缓慢变化的准静态信号，则可将注意力主要集中在静态特性指标上面。

如果数据采集系统的用户需要测量记录瞬变或稳态过程的交变信号，则除了静态特性指标以外，还需考虑其动态指标是否能满足自身的需要。

若数据采集系统的用户环境是电气环境比较恶劣的工业现场，则还应注意数据采集系统的抗干扰特性指标，如抗共模信号的范围、共模抑制比大小等，以判定其是否适用于应用场合，能否满足需要。

若数据采集系统的用户需要长时间不间断连续测量记录动态或稳态过程的交变信号，例如飞行器全机疲劳定寿试验，需要历时几个月时间连续不间断进行测量记录变化过程，则特别需要关注其漂移特性指标。如此长时间的连续工作，数据采集系统的零点和增益均有可能产生较大漂移，或者随时间变化，或者随温度而季节波动、昼夜波动等，均可能给测量结果带来显著影响。

显然，将数据采集系统的指标按使用特点分类，将十分有利于其各项指标的使用。尤其是对各类数据采集系统不十分熟悉的用户，很容易根据自己工作的特点、条件和需要，选取指标性能适当的数据采集系统。

通常使用以下几项指标对其主要性能进行总体评价。

(1) 最大允许误差：它是用系统误差最大值来评价数据采集系统测量准确度的一项指标。

被校准评价通道在信号 E 值处的测量最大允许误差 A 按下列公式计算 [2]：

$$A = \pm\frac{|\bar{x} - E|}{E_{\mathrm{r}}} \times 100\% \tag{2-4}$$

$$\bar{x} = \frac{1}{n} \cdot \sum_{i=0}^{n-1} x_i \tag{2-5}$$

$$\Delta\bar{x} = \bar{x} - E \tag{2-6}$$

式中，x_i 为折合到通道输入端的采集数据值 $(i = 0, \cdots, n-1)$；$\bar{x}$ 为折合到通道输入端的采集数据平均值；n 为每个通道的采集数据个数；E 为系统输入标准信号的幅度；$\Delta\bar{x}$ 为通道的系统误差；E_{r} 为通道量程。

(2) 随机噪声 s 为

$$s = \sqrt{\frac{1}{n-1} \cdot \sum_{i=0}^{n-1} (x_i - \bar{x})^2} \tag{2-7}$$

式中，s 为采集数据的标准差估计值，用于表征随机噪声。

(3) 通道采集速率：通道在单位时间内采集的数据个数。数据采集系统的系统采集速率是各个工作的采集通道采集速率之和。

通过给数据采集系统的通道加载有时间标记的信号，启动数据采集系统对该信号执行采集，则通道采集速率为

$$v = \frac{N}{T} \tag{2-8}$$

式中，T 是信号时间标记的间隔；N 是在 T 时间内采集的数据个数。

(4) 线性度:用来描述数据采集系统采集通道输入输出特性非线性最大允许误差的指标。

可以按最小二乘法、端基直线法、理想直线法、平均选点法等计算出不同定义下的线性度。

(5) 通道间串扰：用来描述多通道巡回采集过程中，数据采集系统前一通道信号对逻辑后继通道的影响的指标。以串扰抑制比 (CTRR) 来表示。

具体作法是：选择采集顺序上连续的 2 个以上通道 $w,w+1,\cdots$ 作为测试通道。通道 w 选取最大量程，接到标准直流信号源上，其他通道接入电阻 R，R 为 1kΩ 或其他特定值。

第 w 通道上的输入变化 ΔE_w 在第 $w+1$ 通道上产生的影响为 ΔE_{w+1}，则第 $w+1$ 通道对第 w 通道的 CTRR 为

$$\mathrm{CTRR}=20\cdot\lg\left|\frac{\Delta E_w}{\Delta E_{w+1}}\right|\quad(\mathrm{dB})\tag{2-9}$$

用该项指标来评价数据采集系统自身通道间互相干扰方面的性能。

(6) 时间漂移：描述的是数据采集系统通道采集特性的时间稳定性。

一般以零输入信号采集值随时间而变化的“零点漂移”及增益随时间而变化的“增益漂移”二参数来定量评价。

(7) 温度漂移：描述的是数据采集系统通道采集特性的温度稳定性。

一般以零输入信号采集值随温度而变化的“零点温度漂移”及增益随温度而变化的“增益温度漂移”二参数来定量评价。

(8) 共模抑制比 (CMRR)：共模 (直流或正弦交流) 电压幅度值 U_m 与其使数据采集系统产生相等的变化值所需要的输入电压 ΔU 之比。

$$\mathrm{CMRR}=20\cdot\lg\left|\frac{U_\mathrm{m}}{\Delta U}\right|\quad(\mathrm{dB})\tag{2-10}$$

用此项指标来评价数据采集系统对以共模形式存在的干扰信号的抑制能力。

注意：只有差分输入方式的系统才有该项指标。其中，比值可以为峰值比或有效值比，但分子分母应为相同类值，即同为峰值，或同为有效值。

(9) 串模抑制比 (SMRR)：引起采集值给定变化的串模电压的幅度值，与被测信号能产生相同变化的电压幅度值之比。

这一指标只有在数据采集系统对某一频率 (或频带) 的干扰信号有抑制要求时才被使用，即具有陷波特性的系统才有该项指标，是评价数据采集系统对以串模形式出现的干扰的抑制能力的指标。

(10) 有效位数：以模数转换方式进行波形测量时，对波形测量结果带来的附加信噪失真比所对应的理想模数转换位数，称为测量系统的有效位数，单位：bit。

这一指标实际上评价了数据采集系统对单频正弦交流信号 (可有直流偏置) 采集时，由噪声及各种非线性误差因素引起的误差状况。

(11) 输入电阻：数据采集系统通道被选通时，其输入端之间的电阻。

它是描述数据采集系统通道适应性的一个指标。当其输入电阻过低时，系统准确度会随信号源内阻而变化。通常，通道被选通时与未选通时的输入电阻可以有很大差别。

(12) 模拟带宽 (或工作频率范围)：在约定衰减误差条件下，输入信号频率可变化的范围。

该项指标用来评价数据采集系统对交流信号采集性能的一个方面。未特别说明时，通常指 3dB 带宽。

(13) 分辨力：系统通道能够显示出的被测量的最小增量。

分辨力指标评价了采集通道在本量程下对信号的最大分辨能力，该指标同时限定了通道的准确度。任何一个采集通道的误差指标，在小于其采集分辨力的一半时都是毫无意义的。在微弱信号数据采集系统中，由于通道的本底噪声幅度水平要大于 A/D 量化误差，故其分辨力通常被定义为此时的本底噪声水平。而在大信号数据采集中，通常其通道的本底噪声水平要小于 A/D 量化误差，此时其分辨力可以认定为与其 A/D 量化分辨力相等。

(14) 通道间延迟时间差：任意两个采集通道在采集相同信号波形时，采集数据在时间上的差异。该项指标在相位特性评价或不同通道数据的时序评价中极为重要，在有多通道同步采样要求的系统中，也是至关重要的核心指标。

(15) 增益：数据采集系统输出波形幅度的变化与输入信号幅度变化之比。

(16) 随机噪声：输入为 0(或一稳定值) 时，其输出数据的随机波动，通常用输出数据的标准偏差表征。

(17) 上升时间：数据采集系统的阶跃响应上升时间。未作特别说明时，指阶跃幅度10%～90%的幅度差所对应的时间差。

以上各项指标，构成了对数据采集系统性能总体评价的基础，它们的不同组合可以勾划出数据采集系统不同方面的基本特性。其他特性指标，可以在量化码的级别上对数据采集系统特性进行更详细的评价，例如微分非线性、积分非线性、信噪比等参数。

2.3 触发技术

触发技术是数据采集技术中的共性关键之一，之所以有此一说，主要是因为只有使用合适的触发手段，才能随心所欲地抓取和测量那些具有某些特征的异常信号波形和稍纵即逝的单次信号波形，对于出现概率极低的突发事件，其波形抓取更是离不开各种触发技术的有力支持。

触发：启动状态变换的操作；在硬件信号触发时，往往通过触发器及其辅助触发电路完成状态变换。在此之前，并非什么都不做，而是做好了一切先期准备，万事俱备，只欠东风。一旦触发，即产生状态变换。如同射击，触发相当于扣动扳机，而之前已做好各项准备工作，包括备枪、装弹药、瞄准等。触发技术，实际上是测量条件的建立技术，目的是抓住异常波形，以及特殊条件下的波形细节。

早期的以静态、准静态过程巡检和监测为目的的数据采集系统无需特别的触发技术，待测目标一直稳定存在，状态变化缓慢，仅需要启动测量采集和终止测量采集的运行指令即可。

针对周期性确定信号的数据采集，以及需要不同通道的采集数据同步时，对采集系统的触发点位置有了一定的特殊要求。当人们需要了解信号波形的上升沿、下降沿等特殊位置的细节信息时，对于触发条件，以及不同测量通道间的时序同步等的要求进一步提高，它促进了触发技术的产生、发展和提高。

而爆炸、冲击、阶跃这一类单次信号波形，稍纵即逝，对于其进行的测量和获取，给触发技术带来了更高的要求和挑战。客观上，要求人们确保信号的获取并且不丢失和误触发。这使得触发的要求和难度进一步加大。

在故障诊断、异常状态搜寻等高速复杂信号的分析与诊断时，常常会遇到的情况是，这些高速复杂信号中的异常部分，常以极小概率的尖峰、毛刺、畸变、缺失等方式出现，故很难在寻常的测量采集中被有效发现、记录和识别。若想获得这些异常波形信息，人们对于触发技术的要求愈发提高，由此，也催生了众多触发功能和形式的诞生、发展与完善。

触发技术的本质是进行触发条件的设定，触发原则的选取，触发逻辑的建立，触发状态的搜寻、比较、判定，然后，在触发条件满足时启动触发操作。

触发条件可以是单一条件，也可以是多个条件的逻辑组合结果。由此，导致触发功能极为复杂多样和丰富多彩。

触发技术被应用最多的场合是在示波器系统中。时至今日依然如此。在模拟示波器中以及许多其他触发系统中，触发被用作开启测量的指令动作，因而，从时间顺序上，被“触发”的测量操作只能是触发时刻以及后续时刻发生的事件，从无例外。因为从因果关系上，“触发”操作不可能“开启”触发时刻以前的事件。数字示波器则有所不同，在数字示波器的触发功能设置中，在“触发”之前，数字示波器实际上一直在不停地按照设置状态进行采集测量，并不断将测量结果存入循环地址的存储区域中，一旦触发，则停止采集测量和存储，并按照触发条件的设置，将相应存储区中的采集测量序列显示到屏幕上，从而完成一次触发测量。所以，数字示波器的触发信号实际上是停止测量的操作指令，而不是启动测量的操作指令。正因为如此，触发点可以出现在测量序列的任何一点上，甚至不在测量序列以内的点上，也可以实现违反因果规律，测量“触发点”出现之前的信号波形。

有多种技术方式用于触发功能的实现，既可以通过专门的触发输入端进行触发，也可以使用被测信号自身进行触发，还可以人工使用指令进行触发。但无论如何花样翻新，它们都来源于几种最基本的触发方式。

电平触发：当触发信号的电平达到或超过触发电平的设置阈值时，启动触发操作。当然，为了防止意外干扰的误触发，示波器内部会设置为触发电平存续时间超过某一最低时间限后，才真正启动触发。

边沿触发：有上升沿触发和下降沿触发两种方式。当符合设定条件类型的脉冲边沿出现，且斜率大于某一内部判据后，启动触发。若设定条件类型的脉冲边沿虽然出现，但边沿斜率不满足要求，也不被认为满足触发条件，不能导致触发。有些边沿触发会伴随有幅度和频率等其他要求，例如幅度应大于某一最低限，触发信号的频率应在某一区间范围内等，才能进行有效触发，不满足这些要求的触发信号，则不能有效触发。

脉宽触发：在所测脉冲信号中出现脉宽大于 (或小于) 设定触发脉宽的条件后，启动触发。在对复杂高速脉冲串信号进行测量时，可以使用脉宽触发功能。

缺陷触发：在周期性规则脉冲序列测量时，可以定义缺陷，例如局部幅值低于 (或高于) 正常值多少，脉宽窄于 (或宽于) 正常值多少等，设定完成后，一旦测量序列中出现这些预设的缺陷状态，则启动触发测量。

逻辑图触发：设定不同的触发条件及其相互逻辑运算关系，当其出现且完全满足预设逻辑关系时，启动触发。

毛刺触发：在正常测量波形中，出现预设定的幅度大于某阈值，且脉宽窄于某阈值的尖刺后，启动触发。

延迟触发：预设触发条件获得满足，再延迟某一设定时间后启动触发。

从上述几种最基本的触发功能可见，电平触发和边沿触发的要求实际上与数字电路中的触发器的工作要求相符合，并很容易依靠触发器予以实现。其他触发功能也能使用数字电路及逻辑电路予以实现，这一特征使得其可以实现高速实时触发，无须软件计算和判别。

前已说明，触发技术是一种测量条件建立技术，除了正常波形的顺利测量与获取外，更多情况是为了抓取特殊条件下的异常波形，以及展现不同测量通道的异常波形之间的相互关系。

在高速复杂脉冲信号的测量分析中，由于数字示波器的扫描测量原理限制，所以它需要花费一定时间进行测量信号的模数转换，并需要更多的时间进行数据存储及管理。在这些时间里，它是不能进行连续测量和搜索信号的，并且，这类时间在整个数字示波器的测量工作时间中占很大比重 (超过 90%以上)。因此，它实际上不能确保符合触发条件的每一个异常状态都能有效触发测量。实际上，绝大多数时段内的信号是无法被有效分析和判别的，这一方面暴露了数据采集的不完善，另一方面也说明了触发技术的重要性，以及其尚待进一步发展。

2.4 多通道同步数据采集技术

2.4.1 引言

多通道数据采集，在工程应用中有多种不同的表述方式，例如针对多传感器不同物理量测量特征的“多变量综合测量”、体现同一被测系统复杂条件下不同指标特征的“多参量综合测量”、侧重同一物理对象不同参数的“多参数综合测量”，以及复杂系统多物理量综合测量、复杂环境多参量综合测量等，均属于对同一事情的不同表征方式。本节后续讨论，将不再对它们进行区分，视为等同。

多通道同步采集，又称为多通道同步采样，则特指数据采集中各个通道采样时刻完全相同的采样方式。其也称为多通道同时采集，包括等间隔采样状态和非等间隔采样状态。它往往与多通道动态信号采集测量密不可分。此时，多需要构建不同通道信号的同步、正交、固定延迟等技术条件，并进行条件判定。

尽管有些静态多变量测量系统也使用多通道同步采集方式，但由于信号平稳且没有变化，其同步采集优势并不明显，仅仅在出现异常或故障时，用于追踪分析故障状况，才显现出一定优势。

工程实践表明，在需要多通道同步采集的场合，实际上是指需要在各个通道的不同传感器测量点处实现同时采样，并非是指在采集系统本身的端口处实现的同时采样。两者具有明确差异。由于通道放大器、信号调理器以及引线长度不等的现象存在，则不同通道信号路径延迟参数存在差异，使得它们的同步含义并不相同。在系统本身端口处各个通道的同步，并不能保证它们在不同传感器测量点处实现同时采样。因此，多通道同步采集问题，既包含系统所用采集设备的设计、制造问题，也包括设备使用、标定、修正、补偿问题。缺乏了这些环节，即使是进行了设备的多通道同步采集的设计和制造，也并不能获得真正系统的多通道同步采集结果。这也正是本节后续所要讨论的核心问题。

2.4.2 多变量动态测量

动态测量问题，一直被认为是时变量值波形的采样测量问题 [12]。其关注的是量值随时间的变化情况，以及量值波形是否真实，失真是否足够小。实际上，这仅仅是针对单物理量值的测量思路，仅是动态测量中的一个特例。多数情况下的动态测量，人们需要关注的均为多个物理量值的群体行为。它们变化多端，包括有规律变化和无规律变化，已知规律变化和未知规律变化。即使是按照同一规律变化，也涉及规律出现的先后时序问题。由此，体现出多通道同步数据采集在动态测量中的意义和价值。

俄国科学家 B. A. 格拉诺夫斯基曾说，动态是矢量 [13]，本质含义便是多维空间的矢量问题，其完整表征应体现出如何表征其矢量特性。对于单物理量变化规律而言，不仅是量值波形的变化规律，也包括其规律对应的时间刻度；对于多物理量值的群体变化行为而言，除了各自的时序变化规律外，其时间刻度的统一一致和先后时序关系，也是矢量特性的重要表述特征。

以最简单的正弦交流电压 $u(t)$ 为例，其时域表示为

$$u(t) = A \cdot \sin(2\pi f t + \varphi) \tag{2-11}$$

其矢量表述式为

$$\dot{U} = A \cdot \mathrm{e}^{\mathrm{j}\varphi} \tag{2-12}$$

其中，A 为电压幅度；f 为电压频率；φ 为电压波形的初始相位；t 为时间变量；$\dot{U}$ 为电压的矢量幅度；j 为复数算子符号。

将其加载到阻抗为 Z 的无源器件之上，通过的电流 $i(t)$ 可表述为

$$i(t) = B \cdot \sin(2\pi f t + \varphi + \theta) \tag{2-13}$$

其矢量表述式为

$$\dot{I} = B \cdot \mathrm{e}^{\mathrm{j}(\varphi+\theta)} \tag{2-14}$$

其中，B 为电流幅度；$\varphi + \theta$ 为电流波形的初始相位；$\dot{I}$ 为电流的矢量幅度；

$$\theta = 2\pi f \cdot \Delta\tau \tag{2-15}$$

这里，$\Delta\tau$ 是延迟时间。

当 $\theta = 0$ 时，阻抗为纯电阻，电压和电流同相；

当 $\theta = \pi/2$ 时，阻抗为纯电容，电压落后电流 $\pi/2$ 相位；

当 $\theta = -\pi/2$ 时，阻抗为纯电感，电压超前电流 $\pi/2$ 相位。

相位差 θ 对应的是延迟时间 $\Delta\tau$，延迟时间 $\Delta\tau$ 符号的不同，体现出的是阻性、容性、感性等截然不同的电路特性。矢量特性在这里与时间延迟特性拥有完全的等价关系。虽然其表征方式不同，表面上的含义有差别，但本质上是一致的。

复杂条件下的动态测量，一直是动态测量中的难点 [14]。但条件复杂程度，因不同问题而有所不同。以航空发动机为例 [15]，其有：①多元激励特征，如转子不平衡、对中偏离、气动、热变形、机械松动等不同激励；②复杂工况特征，如高温、高速、高加速度、变负荷、飞行起降、爬升、俯冲等各种复杂工况组合方式；③复杂振动响应特征，如幅值、相位、频率、模态、瞬变多频、宽频率范围、非线性、复杂路径、强噪声下的微弱信号等响应特征。

这类问题的解决方式多称为多参量综合测量，它是指以对不同被测量对象的关联性综合表征为目的的多参量测量活动。

综合测量中的多个参量相互依存、互为条件，一些参量存在相互关联和耦合特性以及因果关系。它们的关联特征、条件性特征、耦合性特征、因果特征等在完整表征物理对象不同量值的群体行为时必不可少。从量值种类来说，包括不同的物理量，如几何量、热学量、力学量、电磁量、声学量、光学量、电子学量、化学量、电离辐射量、生物学量等；也包括同一物理量的不同参量方式，如幅度、频率、相位、谐波、噪声等。

最常见的多参量综合测量，为被测物理量与对其有影响的环境参量的多参数群体综合测量 [16,17]，即被测物理量及环境温度、湿度、压力、震动、冲击、电磁环境干扰、声环境干扰、光环境干扰、大气粉尘干扰等。

涡轮风扇发动机整机试车中 [18,19]，每次试验都需要记录燃油质量流量、发动机喷管面积、进气流量管流通截面面积、发动机转速、发动机燃气温度、空气流场、大气环境温度、湿度、试车台架变形、试车台架推力、试车台架振动、发动机噪声水平、发动机开机特性等多种过程量值及其变化过程。以综合表征其总体性能，并深入分析每一参量对总体性能的贡献规律。为此，每个类型的参量都需要记录采集多个测量点位的参数量值及其变化过程。不同类型的参量、不同测量点位参数之间的相互关联，对评价航空发动机的性能均有影响。而发动机整机试车特性的评估结果就是一个多参量群体综合测量结果，即在多通道同步测量的基础上，综合分析处理与表述的结果。

机载大气数据计算机所测量的大气数据参量 [20]，包括飞行高度、指示空速、真空速、马赫数、升降速度、空速变化率、大气总温、大气静温，以及迎角、侧滑角等飞行控制参数，具有同步相关性及因果性，直接影响飞行安全。机载大气数据计算机系统的多参数综合测量，需要在多参数同步测量基础上进行综合分析处理与表征。

多参数综合测量的表述并非一成不变，伴随着对被测对象要求的深入，其综合表征方式呈现逐步深化和完善的特点。

正弦波测量，其完整表述需要幅度、频率、初始相位、直流分量四个参数。使用各种手段获取上述四个参数以表征正弦波，称为正弦波四参数综合测量 [21,22]。实际工作中，除上述四个参数外，还需要表征其失真特性，即失真度。若进一步细化，则需要表征其噪声失真、谐波失真、次谐波失真、杂波失真、抖动失真、残余调制失真、频谱特性等，以便对其所测量的正弦波进行系统性综合表征。

多参数综合测量中，由于它们的群体关联性、因果性、互补性等因素，所以到底选取多少参量作为被测对象，以及如何以最小的工作量获得最全面的被测对象信息，成为人们关注的目标。

在没有特别明确结论的前提下，一种称为“全域”数据采集的概念被提出 [23]，它是指在不十分清楚各量影响机理、关联性、因果性、时序性等群体规律特征的前提下，对可能影响被测对象的全部物理量值进行全息同步采集存储，以便能够通过后续深入分析处理，寻找出被测各个物理量之间的内在关联和规律。

多通道数据采集的结果形式，是多个采集通道的数据序列集合。每一通道的数据序列均属于数据域信息，以具有时序坐标的幅度信息呈现，可以看作一个二维矢量；多个通道的矢量集合构成一种数据域的矢量空间，用以表征被测量的多变量群体。由于组成矢量空间的各个矢量并不相互独立，从而，由它们构成的矢量空间并不是正交空间。

多变量波形测量问题，是一种将多个时变物理量波形 $x_1(t), x_2(t), \cdots, x_n(t)$(其矢量幅度表征方式 $\dot{X}_1, \dot{X}_2, \cdots, \dot{X}_n$)，通过多通道数据采集转化成包含完整群体信息的状态空间 $(\dot{X}_1\ \dot{X}_2\ \cdots\ \dot{X}_n)$ 问题，这是一个矢量空间。由此可见，对表征该空间准确性至关重要的不同通道的时序统一和一致的重要性，以及多通道同步数据采集的意义和价值。

实际上，高速、高精度、高动态范围、多通道同步采集，是多变量群体测量的基本手段。

本节后续内容，将主要针对多通道同步数据采集问题进行讨论。

2.4.3 同步采集技术及问题

实际上，人们很早就意识到了多通道同步数据采集的重要性和价值，并采取了相应的技术措施 [24−26]。使用同一采样时钟是其基本技术手段，而采样保持器芯片，其作用之一，就是可以从硬件上确保其同步采样在多通道共用同一 A/D 转换器的情况下仍然能够得以实现。所有这些措施，都是在保证各个测量通道在仪器输入端面 T_1–T_2 面上的同时采样状态，具体状况如图 2-8 所示。

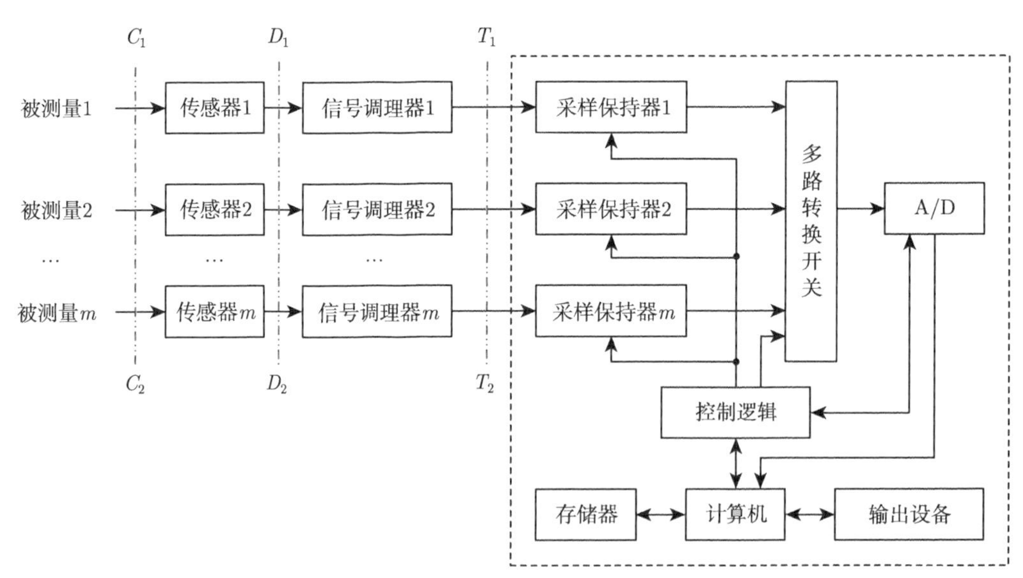

图 2-8　同步数据采集系统典型结构框图

图 2-8 为多通道共用同一 A/D 的同步数据采集系统典型结构框图。

其中，传感器 1∼ 传感器 m 是为适应不同的被测物理量而由使用者所额外配置的，主要是将各个被测物理量信号转换为成比例变化的电信号；信号调理器是为适应传感器输出信号和后续数据采集通道性能相匹配而由用户额外配置的，主要用于信号的平移、滤波、放大等变换。它们均不属于数据采集系统的标准配置，而是可选择配件。用户的选择和设置的自由性，造成了不可避免的时间延迟的差异性。

虚线框内所表述部分则为数据采集系统及板卡通常所携带的标准配置部分。通道 1～通道 m 为数据采集系统的 m 个采集通道。

通常的多通道同步数据采集系统，其同步界面为图 2-8 所示的 T_1–T_2 面。从技术逻辑上能够保证采样保持器输入端界面的时刻统一和一致。

当 T_1–T_2 面同步后，由于信号调理器之间时间延迟的差异性，不同采集通道的通道放大器延迟 [27]、引线长度延迟、不同传感器的延迟等均有差异，它不能保证在传感器输出端面 D_1–D_2 面也同步，更无法保证传感器测量端面 C_1–C_2 面上的同步特性。而传感器测量端面 C_1–C_2 面上的同步特性才是多变量数据采集同步的真正要求。

因此，数据采集系统仪器输入端面 T_1–T_2 面上的时间“同步”并不能保证各个不同传感器输入端面 C_1–C_2 面上采样时刻的统一和一致，而不同传感器输入端面 C_1–C_2 面上采集时刻的统一和一致才是多通道同步数据采集的本来目的。这也是到目前为止，多数多通道同步数据采集中存在的主要问题。而该问题，在微波器件测量中很早就被注意到了，并以测量端面调整和校准方式予以了先期补偿和修正 [28]。而在同步数据采集中，却鲜有提及。

由此可见，真正实现多通道同步数据采集的关键，并不主要在于是否采取了多通道同时采样保持技术策略，更为关键的是，要在此措施基础上，对不同通道间的延迟时间差进行校准和标定 [29]，并在实际的采集序列的时基确定中，予以补偿和修正 [30,31]。

在用户的观念中，多通道数据采集系统，不同通道采集数据序列，其相同序号的采集数据对应的采集时刻应该是相同的。而实际上，由于不同通道的物理路径延迟的不同，所以它们并不相同。

通道间延迟时间差的校准和标定，即是将不同测量通道相同序号的采样点对应时刻的差异定量表征出来。通道间延迟的补偿和修正就是通过技术手段使得不同通道相同序号的采样点的采集时刻达到相同，进而实现同步数据采集的效果。

毫无疑问，在不同通道需要进行同时采样的应用场合，例如 2.4.2 节所述的各种不同的多变量动态测量场合，均需要进行通道间延迟的校准、补偿和修正。

对于航空发动机而言，其燃油流量、转速、推力、效率等参数均应存在确定的关系，各个参数采样时刻之间的刻度差异将导致对于航空发动机性能评估的误差，进而影响其性能的使用和特性的掌握。

对于机载大气数据计算机而言，其飞行高度、指示空速、真空速、马赫数、升降速度、空速变化率、大气总温、大气静温，以及迎角、侧滑角等飞行控制参数均应是同步测量的结果，若飞行姿态变化中的各种高度、速度参数与迎角、侧滑角之间存在时间差，或者它们与航空发动机推力等参数之间存在时间差异，则导致的后果无疑是灾难性的，飞行控制模型将无法达到安全和最优。这样极易发生空难。

通常，在需要进行正交测量的场合，如各种信号的正交解调、正交变换等，需要通道间延迟的校准、补偿和修正。此外，在需要两个通道之间存在固定时间延迟、固定相位差等条件下，也需要进行通道间延迟的校准、修正和补偿。

经过通道延迟的校准、补偿修正后，所有共用 A/D 的多通道数据采集系统，以及共用采样时钟的多通道数据采集系统，均可以实现在传感器输入端面 C_1–C_2 面上的多通道同步采集。

2.4.4 通道间延迟时间差

数据采集系统通道间延迟时间差被从其众多指标中单独拿出来，并被冠以矢量特性 [32,33]，主要是因为，多通道采集时序的统一和一致是不同通道数据序列构成矢量空间的基础和前提，而通道间延迟时间差直接影响多维矢量空间的复现和表征。

到目前为止，通道间延迟时间差最准确的评价方法依然是正弦波拟合法 [29]，是国家规范采用的标准方法 [2,34]。另外的方法，包括直接测量法和三角波直线拟合法。直接测量法由于受时间抽样间隔误差影响，只适合大延迟测量，而不能实现小于一个采样间隔的时间差的测量；三角波直线拟合法虽然可实现小延迟的测量，但易受局部噪声及幅度量化误差的影响，不易获得高精度结果。

正弦波拟合法与相位差测量方法在本质上是一致的。其优越性表现为如下几方面。①既可以适用于大时间差，也能用于小时间差，不受采样间隔的影响，没有原理方法误差，具有高分辨力特征。②时间差可为正值、负值和 0 值，具有良好的适应性。③可以设定不同通道上的任意两点作为同步界面进行评估和修正，能将不同通道引线路径不一致、信号调理、滤波、放大等环节造成的时间延迟差异统一进行评估，并进行整体补偿和修正，将不同通道的同步界面直接拓展到传感器的输出端面 D_1–D_2 面；在各个传感器自身延迟特性已知的情况下，将同步测量界面直接拓展到各传感器的输入端面 C_1–C_2 面上，实现真正物理意义上的多通道同步采集与测量。④降低了对数据采集系统同步特性的要求，使得在仪器输入端实现不同通道同时采集变得不再重要。

2.4.5 讨论

综上所述可见，本节主要是针对多通道同步数据采集中的问题，阐述一种基于多通道同步采集基础的多变量群体综合测量的矢量空间表征思想。

其核心思想是将处于变化过程中的多变量综合测量，视为针对一个被测对象的整体测量，被测对象类似一个完整的生命体。其不同变量仅仅是该生命体在不同方面的表现形式。因而，其不同变量之间的测量时基均应统一和一致。在此前提下，各个不同变量之间的相互时序关系、因果关系、耦合关系、关联关系等才能精确无误地展现。这样也才能真正体现出多变量综合的意图。否则，多变量之间如何“综合”？它与不“综合”的差异如何体现？均无法说清楚。

在该思想的基础上，本节介绍了一种将测量同步界面提前到传感器的输入端，以实现真正被测物理量值测量序列的时间尺度的统一和一致的技术方式，而不是仅仅在数据采集系统仪器端子面 T_1–T_2 面上的同步采集，这使得同步采集测量的结果更加契合本源的意义和要求。

针对不同通道物理路径上的不同的时间延迟的估算、补偿和修正，本节阐述了以最终实现各个通道测量时刻点统一一致为目标的整体解决思路。其中可见，真实的数据采集系统的不同通道间的延迟时间差最为重要，它的精确测量与估算，是解决多通道同步采样问题的基础。当然，不同通道的采样时基的统一和一致是其基础和前提。

本节所述，仅仅是多变量综合测量的基础和前提，针对变量之间的耦合、因果、时序等更加深入的关系并未涉及，这需要在此基础上进行深入分析和处理，方能予以逐渐解决。

2.4.6 结论

本节针对动态测量中，多物理量值的综合测量及表征问题，使用一种多变量群体效应分析与表征的矢量空间思想，并分析了其对多变量同步数据采集的客观需求，以及目前仍然存在的同步问题。本节针对多通道数据采集同步问题，讨论了以通道间延迟时间差进行路径延迟差异的标定、补偿、修正方法，为多通道同步数据采集的实现展现了一种切实可行的技术途径，可在实际工作中拓展应用，以应对多通道同步采集的各类同步问题。

2.5 周期波形同步采样

2.5.1 引言

同步采样一直有两种不同的含义。一种是针对多通道数据采集系统而言，同步采样意味着不同通道在同时采样时，其采样时基保持统一和一致的特征，称为多通道同步采样[24-26]，也称为多通道同时采样。另外一种是针对采集通道的采样间隔与被测周期信号的波形周期而言，当信号波形周期“恰好”等于采样间隔的整数倍时，使得每个信号波形周期“恰好”包含整数个采样数据点，也称为信号的同步采样[35-44]。本节后续内容，主要讨论信号的同步采样。

信号同步采样是对周期信号波形等间隔采样的一种特殊采样状态，通常指每一个信号波形周期“恰好”含有整数个采样点的情况。此时，采样频率是信号重复频率的整数倍。

广义的信号同步采样则是指采样序列中“恰好”含有整数个信号波形周期，而不是每一个信号波形周期“恰好”含有整数个采样点的情况。

信号的同步采样是一种非常特殊且重要的测量条件，在信号同步采样条件下，人们很容易实现采样频率与信号重复频率之间的无误差互导。并且，信号波形及采样不完善所造成的影响趋于完整和稳定。相应地，其不确定度评定结果也趋于稳定和真实，不会由于采样不同步带来的影响而额外变化。另外，最重要的是，同步采样条件给周期波形采样序列带来的最大益处是，其频谱分析结果没有由采样不同步问题而带来的额外频谱泄漏。这给其频谱分析、失真分析等带来极大的便利。

因而，人们千方百计地创建信号同步采样条件，以简化和避免后续信号分析中的问题和难度。特别是在交流电能与功率分析中，即使达不到完全的同步采样条件，也希望能获得近似同步的采样状态，以期获得更加稳定可靠的波形分析结果。否则，人们就要采取滤波、加窗等数据处理方式，以降低由不同步采样造成的频谱泄漏的影响。

除了采用与被测周期信号自动同步与锁相技术的同步采样系统外，对任何使用与被测周期信号不同时基的数据采集系统而言，若想达到完全的同步采样条件都是十分困难的。因而，人们发展了准同步采样理论方法[45-54]，即采样序列包含近似整数个信号波形周期，即对于正弦波而言，包含 $2\pi\cdot N\pm\Delta$ 的相位差，其中，N 为正整数，而 Δ 为“很小”的相位差，在此条件下，通过对 $\pm\Delta$ 的补偿运算或迭代运算，可以对正弦波有效值、功率等使用累积运算获得估计值的参数，达到与同步采样条件下相接近的精度。但 $\pm\Delta$ 的精确测定也具有复杂性和难度，尤其是针对未知信号频率的情况下其难度更大，故很多补偿修正类方法只能用于采样间隔和信号周期均精确已知的假设前提下。

尽管同步采样如此重要并被广泛研究，针对采样同步情况的定量评价方面的研究却一直较少，且多是关注于同步不完善所造成的误差方面 [55,56]，而不是同步问题本身。本节后续内容，即是在正弦采样条件下以同步误差的形式，定量评价采样系统与被测信号之间的同步特性关系，以及准确估计准同步采样情况下的相位偏差 $\pm\Delta$。

2.5.2　测量原理及方法

1. 基本思想

同步特性关系的实质是被测信号波形周期与均匀采样的时间间隔呈严格的整数比关系，因此，确定该比例是否为整数是同步特性分析与判定的关键。简单的周期计点法判断，无法避免 ±1 个采样点的计数误差，因而不适合用于该问题的解决。

在正弦波形采样序列中，则有所不同。等间隔采样的正弦波拟合参数中，其直接拟合参数获得的数字角频率体现了采样间隔与正弦信号的比值关系，使用该参数进行同步特性分析判定，将避免周期计点法中的测量原理误差。

针对非正弦周期信号，通常更难识别其同步采样状态，此时，可以尝试使用滤波方式，将其谐波滤除，只剩下基波分量，然后使用正弦拟合方式予以测量。

2. 测量原理及数据处理方法

1) 正弦波形的同步采样识别

设数据采集系统的通道采集速率为 v，采样间隔 $\Delta t=1/v$。通道采集数据个数为 n，包含信号周期数为 N 个。信号周期为 T，重复频率为 $f=1/T$，信号峰值幅度为 E。

给数据采集系统加载正弦波信号：

$$e(t) = E\cdot\sin(2\pi\cdot f_0 t+\varphi_0) \tag{2-16}$$

其中，$e(t)$ 为输入正弦信号的瞬时值；E 为输入正弦信号的幅度；f_0 为输入正弦信号的频率；φ_0 为输入正弦信号的初始相位。

启动采集，得采集数据序列 $\{x_i\}(i=0,\cdots,n-1)$，按最小二乘法求出采集序列 $\{x_i\}$ 的拟合信号 [57]：

$$a(t) = A\cdot\sin(2\pi\cdot ft+\varphi)+d \tag{2-17}$$

其中，$a(t)$ 为拟合信号的瞬时值；A 为拟合正弦信号的幅度；f 为拟合正弦信号的频率；φ 为拟合正弦信号的初始相位；d 为拟合信号直流分量值。

由于采集数据序列是一些离散化的抽样值 x_i，其时间是离散化的 t_i，$t_i=i/v(i=0,\cdots,n-1)$，式 (2-17) 可表示成

$$a(t_i) = A\cdot\sin(2\pi\cdot ft_i+\varphi)+d \tag{2-18}$$

式中，t_i 为第 i 个测量点的时刻 $(i=0,\cdots,n-1)$。简记为

$$a_{(i)} = A \cdot \sin(\omega \cdot i + \varphi) + d \tag{2-19}$$

数字角频率 ω 为

$$\omega = \frac{2\pi f}{v} \tag{2-20}$$

则，拟合残差有效值 ρ 为

$$\rho = \sqrt{\frac{1}{n} \cdot \sum_{i=0}^{n-1} [x_i - A \cdot \sin(\omega \cdot i + \varphi) - d]^2} \tag{2-21}$$

当拟合残差有效值 ρ 最小时，可获得式 (2-16) 的最小二乘意义下的拟合正弦波信号式 (2-19)，此时，可得数字角频率拟合结果 ω。由此得到信号周期 T 与采样时间间隔 Δt 之比 m 为

$$m = \frac{T}{\Delta t} = \frac{v}{f} = \frac{2\pi}{\omega} \tag{2-22}$$

令 int[*] 为对 “*” 的取整运算符，对 m 进行取整运算得 M 为

$$M = \text{int}\,[m] = \text{int}\left[\frac{2\pi}{\omega}\right] \tag{2-23}$$

这里，m 为每个信号周期中包含的采样点数；而 n 点采集序列中包含的信号周期数 N 为

$$N = \text{int}\left[\frac{n}{m}\right] \tag{2-24}$$

2) 非正弦周期波形的同步采样识别

对于非正弦类周期信号的同步采样识别，可使用滤波器首先将其谐波尽数滤除，变成只包含基波分量的信号波形，滤波方式既可使用一种滤波器，也可使用多种不同滤波器进行组合滤波。带通、低通滤波均可。本书 5.1 节所述的单频滤波器 [58]，拥有只滤除谐波而对基波参数没有影响的特点，可供选择。

在对非正弦类周期信号滤波完成以后，其基本上变成正弦波形，可使用上述正弦波形的同步采样识别方法进行同步采样特性识别，获得非正弦类周期信号的同步采样特征参数。

2.5.3 同步条件的评估

1. 同步采样

当 $M=m$ 时，每一个信号周期 “恰好” 包含 m 个采样点，此时，系统对信号处于同步采样状态，此时，对于长度为 m 的倍数的采样序列而言，同步误差为 0。

当 $N=n/m$ 时，全序列 n 个采样点 “恰好” 包含 N 个信号周期，此时，系统对信号处于广义同步采样状态，对于长度为 n 以及其倍数长度的采样数据序列而言，同步误差为 0。

2. 非同步采样

当 $M \neq m$ 时，若 $m - M \leqslant 0.5$，则定义每周期包含 M 个采样点，其同步误差 γ 为

$$\gamma = \frac{M - m}{m} \tag{2-25}$$

当 $M \neq m$ 时，若 $m - M > 0.5$，则定义每周期包含 $M+1$ 个采样点，其同步误差 γ 为

$$\gamma = \frac{M + 1 - m}{m} \tag{2-26}$$

2.5.4 实验验证

1. 正弦波形同步采样识别

这里用 SCO232 型数据采集系统，对于 5720A 型多功能校准器进行采集，获得正弦信号波形如图 2-9 所示；其 A/D 位数为 12 bit，测量范围为 $-5 \sim 5$V，采集速率 v=2kSa/s，采样点数 n=1800；信号峰值为 4.5V，频率为 11Hz。经四参数拟合得 [57] A=4459.1683mV；ω=0.03459784rad；$\varphi = -138.431°$；d=3.98505mV；ρ=37.00925mV；有效位数为 6.29bit。

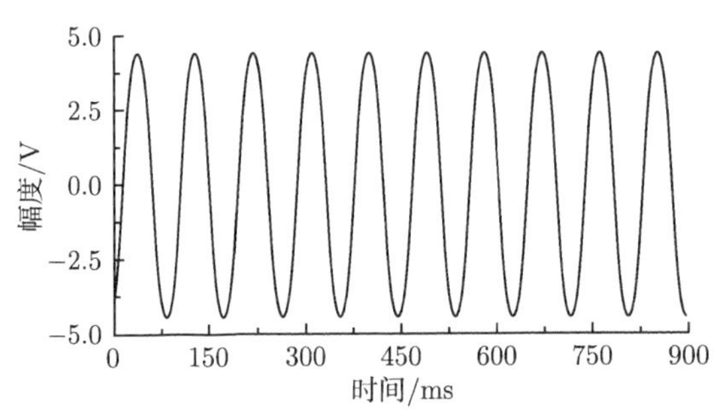

图 2-9 实测正弦曲线波形

按式 (2-22) 计算得 m=181.6063，由于 m 不是整数，可知此时数据采集系统对于信号的采样属于非同步采样状态。

每周期含有 182 个采样点，按式 (2-26) 计算获得采样同步误差 γ=0.2168%。

将采样序列进行整周期的准同步采样条件计算时，由于全序列包含 n/m=9.91155 个波形周期，若以距离整数周波相差 20%以内为准同步的周波数作为判据，则 $n/m \approx 10$。按 10 个波形周期进行准同步计算时，其准同步误差为

$$\varDelta = (n/m - 10) \times 2\pi = -0.555745\text{rad}$$

此为直接使用全部 1800 点进行准同步运算时其准同步误差，并未进行数据截取。

在进行数据截取后，可见序列包含 9 个完整波形周期，进行 9 周期的准同步截取后序列长度为 1634 点，其准同步误差为

$$\varDelta = (1634/m - 9) \times 2\pi = -0.0158008\text{rad}$$

明显小了很多。

2. 方波同步采样识别

图 2-10 为标准方波曲线波形，其幅度为 4V，频率为 34Hz，占空比为 1∶1。以采样速率 2048Sa/s 进行采样，采样序列长度为 2000 点。

图 2-11 为使用上述方法对图 2-10 所示波形进行滤波后获得的基波正弦曲线波形 [58]，使用最小二乘正弦波曲线拟合法获得其基波参数为：幅度 5.1069V，数字角频率 $\omega = 0.104312872$，频率 f=34.00071Hz，初始相位 90.0309°，直流分量 1.499317 mV，对应的总失真度 TD=3.65%。

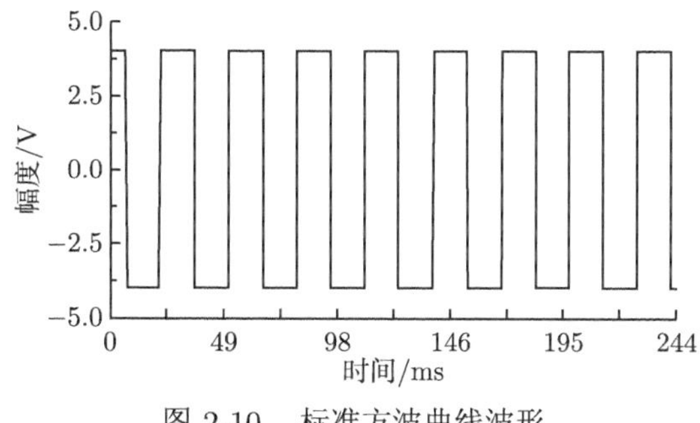

图 2-10 标准方波曲线波形

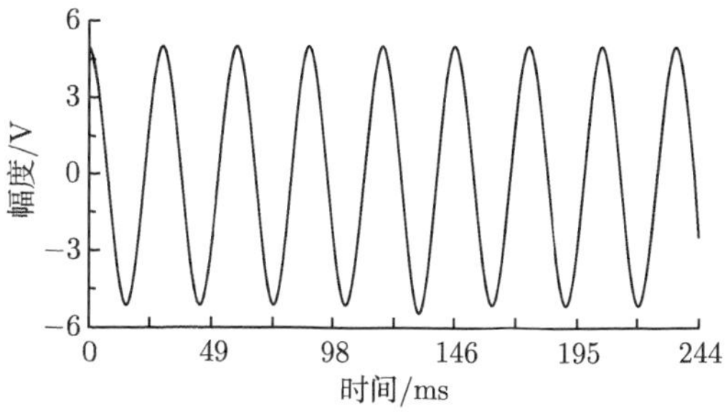

图 2-11 标准方波滤波后基波正弦曲线波形

按式 (2-22) 计算得 m=60.2340，由于 m 不是整数，可知此时数据采集系统对于信号的采样属于非同步采样状态。

每周期含有 60 个采样点，按式 (2-25) 计算获得采样同步误差 γ=−0.39%。

3. 锯齿波同步采样识别

图 2-12 为周期斜波曲线波形，其幅度为 4V，频率为 34Hz，上升沿与下降沿时间比为 1∶4。以采样速率 2048 Sa/s 进行采样，采样序列长度为 2000 点。

图 2-13 为使用上述方法对图 2-12 所示波形进行滤波后获得的基波正弦曲线波形 [58]，用最小二乘正弦波曲线拟合法获得其基波参数为：幅度 2.98336V，数字角频率 $\omega = 0.104301152$，频率 f=33.99689Hz，初始相位 89.6505°，直流分量 642.630mV，对应的总失真度 TD=6.19%。

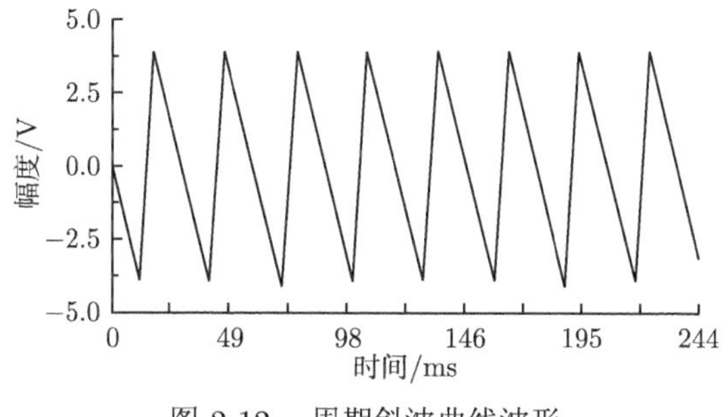

图 2-12 周期斜波曲线波形

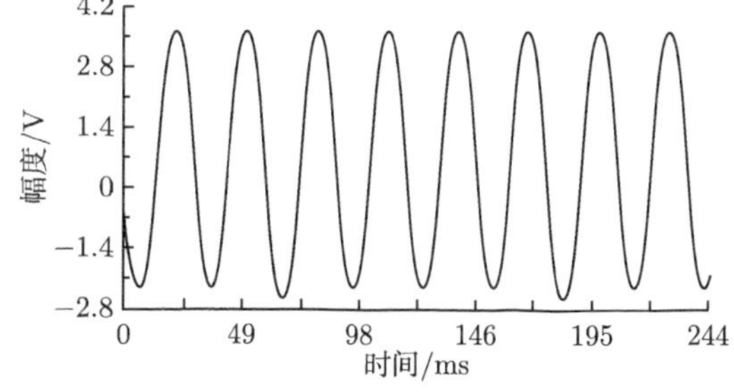

图 2-13 周期斜波滤波后基波正弦曲线波形

按式 (2-22) 计算得 m=60.2408，由于 m 不是整数，可知此时数据采集系统对于信号的采样属于非同步采样状态。

每周期含有 60 个采样点，按式 (2-25) 计算获得采样同步误差 γ=−0.409%。

2.5.5　讨论

综上所述可见，通过上述过程，可以判断采样系统对于所测周期信号是否处于同步采样状态。以正弦拟合方式获得的结果，基本上可以避免计点法的 ±1 的计点误差，获得较为确切理想的结论。通常，每个信号波形周期包含的采样点数都不是严格的整数。

若处于同步采样状态，则每个信号波形周期包含的采样点数恰好是严格的整数。此时可以计算出每一波形周期恰好包含的采样点数，从而进行采样序列长度的选定，进而使用一系列简捷有效的方法进行其他测量处理。

若处于非同步采样状态，可按照同步误差最小化原则定量判定每个波形周期近似包含的采样点数，并给出同步误差的定量评价结果。

特别是，对于准同步采样方法而言，其多周波准同步误差 Δ 可以定量给出，以利于有效利用补偿修正类准同步采样方法进行部分波形参数估计，这为同步测量和准同步测量方法的应用创造了先期技术条件。

本节所述方法的不足之处是，它属于同步采样条件的估计，采样速率“恰好”是信号频率的整数倍的条件较难实现，由于测量误差和不确定度因素，对于真正的同步采样，也可能产生误判。有关问题的解决，需要后续的深入研究。

2.5.6　结论

针对正弦信号波形的数据采集过程中，常见的同步采集的辨识与判定，以及同步误差的定义和估算，本节进行了详细介绍，给出了明确可用的方法和结论，可尝试用于电能、电功率等电力行业的正弦基础参量的测量、计量和校准中，有广泛的应用空间。

针对非正弦类周期信号的同步采样问题，借助于单频滤波技术予以实现，从而使得本节所述方法拓展到更为广阔的应用领域，使其具有更大的意义和价值。

2.6　等效采样技术

在数字化波形测量中，人们通常会遇到三个分辨力问题：一个是幅度分辨力，受制于所采用的 A/D 的位数及测量范围；另外一个则是抽样分辨力，或称时间分辨力，受制于采样速率；第三个是频谱分析分辨力，受制于采样序列长度。尽管时至今日，高速数据采集技术的飞速发展，令人们已经研制出采样速率达到每秒几十吉点数据的超高速数字示波器，但其时间分辨力仍然是有上限的，而人们对于时间分辨力提高的需求则是无止境的。因此，人们发明了等效采样技术，它可以用较低的速率进行测量，但能获得较高时间分辨力的信号波形，以克服实时采样速率不够高的问题。

等效采样技术的实施，需要的先决条件是被测信号必须是周期信号波形，对于非周期类信号波形，则无法使用等效采样技术。

2.6.1　硬件等效采样

在实时采样技术中，每触发一次，将能获得一个采样测量序列，完成一个波形测量操作；与实时采样技术截然不同，在硬件等效采样技术中，每触发一次，通常只能获得一个采样点的数据值，若想获得一个完整的测量波形，则需要执行多次不同的触发操作。在具体技术原理上，则有顺序触发采样 (取样)、随机触发采样 (取样) 等不同的采样原理和方式。

顺序触发采样 (取样)：以触发条件固定的触发点为参考，每触发一次获得一个采样点值，该采样点与触发点之间的时间间隔依次增加 (或减少)，最终获得等效采样间隔为相邻触发延迟的时间增量差的等效采样序列。顺序触发采样也称为顺序采样。

当触发延迟依次增加时，获得的是正向序列，即原始采样序列排序时间是由小到大的顺序；反之，当触发延迟依次减小时，获得的是逆向序列，即原始采样序列排序时间是由大到小的顺序，应重新颠倒排序后才能使用。

随机触发采样 (取样)：以触发条件固定的触发点为参考，每触发一次获得一个采样点值，该采样点与触发点之间的时间间隔是随机变化的，并被精确控制和记录，全部数据采集完成后，以触发点为参考点，其时刻设定为 t_c，开设一个时间窗口为 $[t_f, t_d]$ 区间，$T = t_d - t_f$，且 $t_c \in [t_f, t_d]$，令每个采样点的触发延迟时间通过减去整数倍 T 值后落入区间 $[t_f, t_d]$，并按照其在区间内的顺序，由小到大排序，形成最终的等效取样序列，其等效采样间隔为相邻采样点的排序时间增量差。随机触发采样也称为随机采样。

从上述过程可见，硬件等效采样方法的等效采样时间间隔的控制，只与采样系统自身的因素有直接关系，与被测信号并无太大关系，无须对被测信号有太多要求，实际情况则不尽然。除了要求被测信号是周期信号以外，其隐含性要求还包括要保证满足触发条件的触发点设置具有稳定性和复现性。以保证触发条件的确定和唯一。否则，将无法获得所需要的波形。其次，触发点附近的噪声应该比较小，以使得触发更加稳定，复现性良好。触发点的不稳定将带来采样序列等效时基的抖动，并给测量波形带来额外的失真。这也是取样示波器的时基抖动普遍大于实时示波器的原因之一。

触发电路多数是数字电路，以逻辑电路器件构建实现，其量值准确度方面的控制比较粗糙，由此造成触发参量的准确度和稳定性都不太高。故，通常情况下，依赖于每点单独触发并构建时序的取样示波器获得的测量波形与实时示波器相比，信噪比更低，失真度更大，此为原因之一。

2.6.2 软件等效采样

1. 引言

通常情况下，数据采集系统的使用是在满足采样定理的条件下进行的 [59]，技术成熟且效果良好。这里面隐含着一个先决条件，即对于所要采集记录的信号波形来说，采集速率已“足够高”，即采样周期已“足够小”，这样才能正确描述该过程。

实际上，数据采集系统的采样周期是有下限的，并不能任意小。例如，当其阶跃响应的主过渡过程小于其最小采样周期时，其阶跃响应过程的波形便无法被全面正确描述，因而也将无法直接用来进行数据采集系统动态响应的评价。如何在这种情况下也能正确描述出数据采集系统阶跃响应过程，以及其他动态响应过程，或者，以更高时间分辨力采集观测输入波形，便显得尤其重要和突出。

本节给出了解决该问题的一种方法——“周期倍差法”[60]，它是一种软件等效采样方法。在硬件采样速率不变的情况下，可用于提高和控制等效采样时间分辨力。即，从理论上，可以任意提高等效采样速率，以及可以将其调整控制到任意希望的等效采样速率量值之上。

具体过程为：通过调整控制数据采集系统采样周期的整数倍与输入信号周期的整数倍间的微小偏差，获得远小于实时采样周期的等效采样周期，达到获取其瞬态响应的目的。同时讨论了由该种方法派生出来的几种简单实用的特殊应用情况。

显然，该方法也能用于获得更高时间分辨力的周期信号波形采集。

2. 周期倍差法的基本原理

周期倍差法的基本思想，是给数据采集系统加载一个重复周期已知的周期性动态信号，如正弦波、方波等，当采样周期 T_1 的整数 p 倍与信号周期 T_2 的整数 q 倍具有极微小偏差 T_3 时，依据信号及采样的周期性特征，将采集数据每间隔 p 个数据抽取一个数据组成一个子集，顺序排列，便组成了等效采样周期为 $T_3 = p \cdot T_1 - q \cdot T_2$ 的数据采集系统的动态响应波形。

这里 q 可以为任一整数，通过调整 q 值，可以使得 $q \cdot T_2 \leqslant p \cdot T_1 < (q+1) \cdot T_2$，即 $0 \leqslant T_3 < T_2$；同样地，通过适当选择 p 值可以同时使得 $0 \leqslant T_3 < T_1$。一般来讲，通过调整 p、q 组合，可以生成相对较小的等效采样周期 T_3。

在不考虑器件特性限制的条件下 [61]，原则上只要信号的周期可以任意变化，我们就可以获得任意小等效采样周期的响应序列。具体过程如下所述。

设数据采集系统的采样周期为 T_1，采集数据个数为 n；信号周期为 T_2，希望获得的等效采样周期为 T_3。则通过适当选取输入信号周期 T_2，使得采样周期 T_1 的 p 倍与信号周期 T_2 的 q 倍之差，为所需要的等效采样周期 T_3，即

$$T_3 = p \cdot T_1 - q \cdot T_2 \tag{2-27}$$

其中，p 与 q 均为正整数，且 $p<n$；当 $T_3>0$ 时，表明取样序列时序与实际信号相同；当 $T_3 < 0$ 时，表明取样序列时序与实际信号恰好相反。为方便起见，假设序列长度 n 为 p 的倍数，即 $n = p \times L$。

将数据采集系统对输入信号的取样数据 $x_i(i = 0, \cdots, n-1)$ 中的 $x_j, x_{p+j}, \cdots, x_{p(L-1)+j}$ $(j = 0, \cdots, p-1)$ 顺序排列，便组成了数据采集系统对输入信号的具有等效采样周期 T_3 的响应波形。由该序列 $x_i(i = 0, \cdots, n-1)$ 共可获得 p 段不同的具有等效采样周期 T_3 的响应波形，每段长度为 L。

当 n 足够大，使得 $T_3 \cdot L > T_2$ 时，则每一段上述响应波形均可完全描述一个信号周期的特性，这就解决了由于采样周期大小的限制而无法评价数据采集系统阶跃响应的问题。

由于输入信号为周期性重复的，则实际应用中只需要恢复一个完整周期的输入信号。在采样周期 T_1 不能满足要求的情况下，可通过调整采样数据的顺序，而获得比采样周期 T_1 短得多的等效采样周期 T_3 的采样数据，以达到恢复一个完整周期输入信号的目的。

下面是本节的主要结论。

设 x_i 为 n 个采样数据 $(i = 0, \cdots, n-1)$，其采样周期为 T_1，信号周期为 T_2，假设信号周期为 T_3 的整数倍，即 $T_2 = n \cdot T_3$，则只需 n 个样本即可，条件是采样周期 T_1 也为 T_3 的整数倍，设为 $T_1 = m \cdot T_3$，且 m 和 n 没有公因子，即 $(m, n)=1$。这也就是说，$m \cdot T_2 = n \cdot T_1$，即 m 个信号周期与 n 个采样周期完全重合，没有偏差。从数论可

知 [62]，存在一对正整数 $p<n$ 和 $q<m$，恰好使得 $p\cdot m-q\cdot n=1$。这样，等效采样周期 $T_3=p\cdot T_1-q\cdot T_2$。

现在证明这一结论。

首先，$\{m,2m,\cdots,(n-1)\cdot m\}$ 这 $n-1$ 个数除以 n 的余数各不相同，即正好组成集合 $\{1,2,\cdots,n-1\}$。

若不然，可设 $p_1\cdot m$ 和 $p_2\cdot m$ 的余数相同，则 $p_1\cdot m-p_2\cdot m=(p_1-p_2)\cdot m$ 可被 n 整除。

由于 m 和 n 没有公因子，所以 p_1-p_2 是 n 的倍数，考虑到 p_1 和 p_2 的范围，必有 $p_1=p_2$。这样，就存在一整数 $p<n$，使得 $p\cdot m$ 除以 n 的余数为 1，则 $p\cdot m-1$ 为 n 的倍数。记 $q=(p\cdot m-1)/n$，我们可以看到 $q<p\cdot m/n<m$。

其次，我们来证明等效采样周期为 $T_3=p\cdot T_1-q\cdot T_2$。

事实上，我们可以证明，如将采样数据的顺序调整为 $x_{i\cdot p}(i=0,\cdots,n-1)$，则等效于采样周期为 T_3 的采样数据。

下标运算为模 n，即如果 $i\cdot p>n$，则在其中减去一个或多个 n，使下标值小于 n。

设输入信号为 $f(t)$，即 $x_i=f(i\cdot T_1)$，则 $x_{i\cdot p}=f(i\cdot p\cdot T_1)=f(i\cdot p\cdot T_1-i\cdot q\cdot T_2)=f[i\cdot(p\cdot T_1-q\cdot T_2)]=f(i\cdot T_3)$，即 $x_{i\cdot p}$ 等效于采样周期为 T_3 的采样数据，证毕。

图 2-14 和图 2-15 是上述周期倍差法的两个说明性曲线图，图 2-14 是使用 10.18Sa/s 的采样速率对一个信号频率为 17Hz(周期为 58.82ms) 的正弦波进行采集所获得的实际序列波形，其实时采样间隔为 98.23ms，由于该过程不满足采样定理，故从序列中较难看出是正弦曲线的采集数据，更无法恢复其波形。经使用上述过程和原理分析可知，5 个信号周期与 3 个采样周期间有 0.5778ms 的微小时间偏差 (相当于 1730.68Sa/s)，故每隔 3 个数据抽取出一个重新排序即构成了 3 个具有等效采样间隔 0.5778ms(等效采集速率 1730.68Sa/s) 的采集波形，从图 2-15 中可明确看出这 3 段正弦波形。

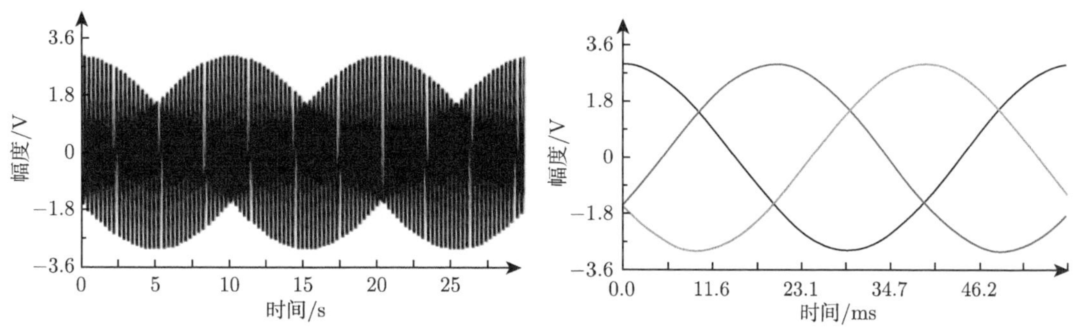

图 2-14 原始采集数据
信号频率 17Hz，采集速率 10.18Sa/s

图 2-15 重新排序处理后的采集数据
信号频率 17Hz，等效采集速率 1730.68Sa/s

3. 误差分析

由式 (2-27) 可得

$$\mathrm{d}T_3=\frac{\partial T_3}{\partial T_1}\mathrm{d}T_1+\frac{\partial T_3}{\partial T_2}\mathrm{d}T_2=p\cdot\mathrm{d}T_1-q\cdot\mathrm{d}T_2 \tag{2-28}$$

可见，采样周期 T_1 和信号周期 T_2 的恒值误差，在等效采样周期 T_3 中将造成恒值误差；而 T_1 与 T_2 的随机误差在 T_3 中也造成随机误差，且误差水平分别和 p、q 成正比。为减小 T_3 的随机误差，则 p、q 越小越好，最优情况为 $p=q=1$。

4. 特例 1：$p=1$ 情况

在式 (2-27) 中，当 $p=1$ 时，数据采集系统的采样周期 T_1 大于信号周期 T_2 时，此时采样定理的条件是不满足的，“周期倍差法”处于最简单的状况，所获得的采集数据顺序排列组成的波形即是具有等效采样周期 T_3 的响应曲线，无需任何其他变换和处理。这对于中、低速数据采集系统动态响应评价极为有利，是一种良好的应用状况。

5. 特例 2：$q=1$ 情况

在式 (2-27) 中，当 $q=1$ 时，可以通过适当选取 T_2、p 和 $n=p\cdot L$，将其 p 段等效采样周期为 T_3 且长度为 L 的响应波形，按先后顺序连接组成一条长度为 n、等效采样周期为 T_3 的输入信号响应波形曲线。其过程如下所述。

设

$$T_1=D\cdot T_3 \tag{2-29}$$

其中，D 为正整数，则将 $q=1$ 代入式 (2-27) 可得

$$p\cdot T_1=T_2+T_3 \tag{2-30}$$

$$T_2=(p\cdot D-1)\cdot T_3 \tag{2-31}$$

由于第 j 段波形曲线和第 $j+1$ 段在相位时刻上的关系相当于第一段波形曲线和第二段向后延迟了 $(j-1)\cdot T_1$ 的结果，不失一般性，只要找出第一段和第二段波形间的相位关系即可，余类推。

设 $x_i(i=0,\cdots,n-1)$，其中，x_i 对应的相位时刻为 $t_0+i\cdot T_1$。则第一段具有等效采样周期 T_3 的响应序列为：$x_0,x_p,\cdots,x_{p(L-1)}$，其各个点对应的等效相位时刻分别为：$t_0,t_0+T_3,\cdots,t_0+(L-1)\cdot T_3$，该序列波形下一个点应具有的等效相位时刻为：$t_0+L\cdot T_3$。第二段具有等效采样周期 T_3 的响应序列为：$x_1,x_{p+1},\cdots,x_{p(L-1)+1}$，其各个点对应的等效相位时刻分别为：$t_0+T_1,t_0+T_1+T_3,\cdots,t_0+T_1+(L-1)\cdot T_3$。

若要求所有采集数据均被使用，且相邻两段波形曲线可以顺序连接组成一个响应波形曲线，则前一段波形 (未曾出现过的) 的下一个点即应该是后一段波形的第一点；它所具有的等效相位时刻，应与后一段波形曲线第一个点所具有的等效相位时刻相等或相差信号周期 T_2 的整数倍，即满足

$$T_1=L\cdot T_3-m\cdot T_2 \tag{2-32}$$

其中，m 为非负整数。

采样序列 $x_i(i=0,\cdots,n-1)$，共有 p 个子集 $x_j,x_{p+j},\cdots,x_{p(L-1)+j}(j=0,\cdots,p-1)$，每个子集长度为 L。

将具有采样周期 T_1 的采集序列 $x_i(i=0,\cdots,n-1)$ 进行重新排列，则组成了具有等效采样周期 T_3 的输入响应序列：$x_0,x_p,\cdots,x_{p(L-1)}$；$x_1,x_{p+1},\cdots,x_{p(L-1)+1}$；$\cdots$；$x_{p-1}$，$x_{2p-1},\cdots,x_{pL-1}$。

这一序列描述了一条等效采样周期为 T_3 的输入响应波形曲线。

实际工作中，可按下述步骤执行：

(1) 首先确定实际采样周期 [63]T_1、选取等效采样周期 T_3(即选 D)、m=0 和 $n=p\cdot D$；

(2) 按式 (2-31) 选取信号周期 $T_2=(n-1)\cdot T_3$；

(3) 执行数据采集，获得采集数据序列 $x_i(i=0,\cdots,n-1)$；

(4) 将采集序列重新排序得到新序列 $u(k)(k=0,\cdots,n-1)$，该新序列即为具有等效采样周期 T_3 的输入响应序列，重新排序的方法为：$u(i+j\cdot D)=x_{(i\cdot p+j)}$。

6. 实验验证

这里通过使用本节所述方法在 HY8010 插卡式数据采集系统上进行阶跃响应的评价实验，成功地获得了其阶跃响应曲线 (图 2-16)。其激励信号源为 HP3325B，所加方波频率为 10kHz(周期 0.1ms)，上升时间 $t_{\rm rs}$<20ns。数据采集系统的采集速率为 9987.91Sa/s，采样间隔为 1.00121×10^{-4}s，使用上述方法获得的等效采集速率为 8259041Sa/s，其最终等效采样间隔为 1.21×10^{-7}s，通过其阶跃响应曲线，很容易获得其上升时间为 $t_{\rm rd}$=33.6μs。

由于该 HY8010 插卡式数据采集系统设计上的限制，其最高采集速率只能达到 11kSa/s，所以若不采用本节所述的方法，则很难获得其具有 1.21×10^{-7}s 等效采样间隔的阶跃响应特性，更无法获得其 $t_{\rm rd}$=33.6μs 的上升时间。不仅如此，从图 2-16 所示的阶跃响应曲线上，我们能够清晰地看到等间隔的毛刺标记出现，那是由采集板卡上面用于采集时钟的晶体振荡器的脉冲造成的干扰所致。这也是有记录的人们从数据采集系统的测量数据序列中首次观察到其晶体振荡器的时钟频率所造成的干扰，其原因是与所涉及的石英晶体振荡器频率相比，数据采集系统的采集速率太低了，很难被直接观测到。

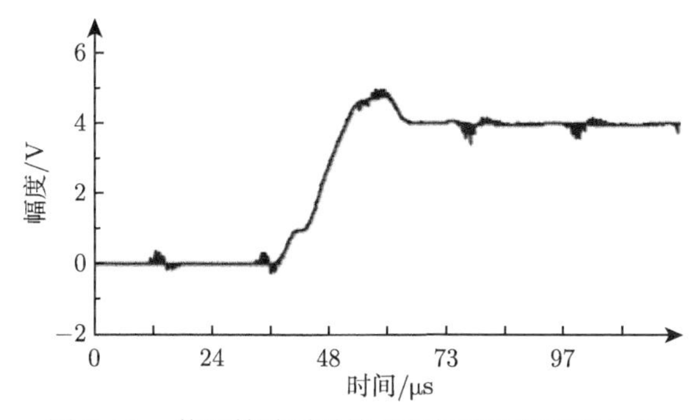

图 2-16 使用等效采样技术获得的阶跃响应曲线

7. 结论

通过上述分析及实验验证，可以认为“周期倍差法”是一种行之有效的软件等效采样方法。利用这一方法，可在指定的采样周期下，获得几乎任意高的等效采样时间分辨力，即等效采样周期。这使得在任何采样速率下均可进行阶跃响应特性的评价和模拟带宽的评价，从而很容易获得上升时间、预冲、过冲和顶部不平度等阶跃响应特性。这对深入研究数据采集系统的动态特性以及其传递函数的辨识，均具有重要意义。但是，“周期倍差法”的应用是有条件的，它要求数据采集系统的瞬态响应过程也具有周期性，且其周期与信号周期相同，即瞬态响应过程小于激励信号周期，并在一个信号周期内完全结束；否则，由于元器件及放大器的响应时间等的限制，将使得其在不同信号周期内的瞬态响应过程互相交连，从而“周期倍差法”无法正确应用，这是实际应用中，在选取信号类型和周期时应特别注意的。无疑，方波信号是非常好的信号类型。

2.7　数字化测量的问题讨论

无可否认，数字化测量的最基本问题是数据采集，它直接解决了时变模拟量波形的采集及存储问题，将稍纵即逝的物理现象或物理过程转变成时序信息，使得其可以永久收藏，无限复制，并进行特征分析研究。为此，人们作出了妥协，将原本无限细分的时间尺度进行了离散化抽样，将任何一段无限多点的波形转变成有限个点的序列；将原本有无穷多个量值的连续幅度范围进行了量化，转变为有限个量化台阶，为此又引入了量化误差。

引入了抽样以后的序列是否能完全代表和表征原来被抽样的物理波形，关于此问题，频谱范围有限的带限信号的傅里叶变换和采样定理的完美结合，给出了令人欣慰的完美答案。前者表明，所有带限信号都可以用有限个正弦波来完美表征，即能分解出有限个正弦波形；将任意带限信号波形的测量表征问题转换为正弦问题。后者则表明，对于任何一个正弦波形信号，当其每个波形周期被采样两次以上时，即可以在正弦模型下被完全复现。两者相结合的结果是，对于任何一个带限信号，只要采样速率高于其最高频率分量频率的 2 倍以上，该带限信号就可以被完整复现。

由于现实世界中的物理信号实际上都属于带限信号，这使得以离散采样序列代替和表征实际物理信号与过程有了理论依据，即傅里叶变换和采样定理的完美结合。

关于抽样对采集测量的影响，已经有了理论上的定论，而关于量化带来的影响，并未能获得像采样定理和傅里叶变换分解这样完美的结果。其仅仅是认定量化阶梯码的量级范畴，依据局部线性化假设，量化误差符合均匀分布，呈锯齿形状变化，而在宏观尺度上，由于被测信号波形的值域上的分布并不均匀，则各类峰值附近的一些量化阶梯码出现的概率远高于其他阶梯码，而峰值上的量化阶梯很难呈现完整的量化阶梯分布。故量化对于波形测量及不确定度的影响，其在最小量化阶梯的尺度上将是复杂多变的，很难总结归纳出统一而一致的规律。

例如，对人们应用极广的正弦波而言，其峰值与谷值码出现的概率远大于其他量化阶梯码，而峰值与谷值码并不一定依量化前的概率密度出现，导致它给曲线拟合带来的影响也将是复杂多变的。人们目前解决该问题的基本思路，仍然是不断提高幅度量化分辨力，减小量化误差，增加 A/D 位数。

数字化测量也面临非线性问题，它是以 A/D 的微分非线性和积分非线性来定义的。微分非线性是用每一个量化阶梯码宽度与所有码的平均量化阶梯码宽度之差定义的非线性，属于局部非线性特征；积分非线性则是从测量范围的一端向另外一端，统计每一个量化阶梯的微分非线性，每一个量化码处的积分非线性是从量化阶梯的一个端点开始，通过逐个码的微分非线性累加，累积到该码时的累积结果。

噪声是在任何数据处理中都很难完全避免的一种误差，通常被认为是被测量信号瞬时值的随机扰动。在没有有用信号存在时，则可以认为是测量系统带负载以后，本底 (零点) 噪声的幅度扰动。在数据采集中，情况要复杂一些，通常认为，测量序列的噪声是被测信号噪声、测量系统噪声以及量化误差共同作用的结果。因此，人们往往也将量化误差称为量化噪声。大多数被称为噪声的误差通常被假设为零均值正态分布的随机噪声，而量化误差 (量化噪声) 则通常被认为在最小量化码范围内服从均匀分布，是一种具有系统误差性质的非随机噪声。

当被测信号幅度很高时，量化阶梯很大，远大于随机噪声，则量化噪声占据主导。当被测信号幅度较微弱时，随机噪声远大于量化误差，量化误差的影响只占一小部分，则测量序列的噪声最接近真实信号的噪声，它应当近似服从零均值正态分布。当随机误差与量化误差的水平比较接近时，不易总结出明确的分布规律。

几乎所有的经典信号处理理论、方法和技术，都建立在等间隔均匀采样的理想状况下，全部误差来源都归结于幅度误差，如幅度非线性、幅度噪声、幅度量化、幅度失真等。实际情况并不尽然。首先，尽管采样时钟间隔的准确度很高，通常远高于幅度准确度，但仍然不是理想的等间隔采样，将其按照理想等间隔采样对待则会引入时基失真，这一点在取样示波器的等效采样序列中表现尤其明显，其不均匀采样造成的时基失真可能相当大。其次，由于超高速数据采集技术的需求，人们使用多个较低速度的 A/D 的同步采样序列，进行延迟拼接，合并成一个等效的高速采集序列时，由于拼接电路时序控制的不完善，也会造成采样时序中的非均匀采样问题，造成时基失真误差。再则，有一些采样序列并非由采集系统自动完成，而是人为观测获取的。例如天体运行周期的天文观测，可能由几代人很多年的观测数据累积而成，它们可能被记载了时间、观测值，但是，很难得到绝对的等间隔采样观测序列。此时，也产生了非均匀采样问题。

在非均匀采样条件下，如何获取被测信号的曲线波形，减少测量失真，这也是数字化测量所极为关注的 [64]。

数字化测量的基本目标，是在存在量化、非线性、噪声、失真、均匀或非均匀采样条件下，有效获取被测信号的各种特征值，如幅度、周期、失真、波谱等，并取得最优估计值。进而，可用其对测量系统进行参数辨识，获取测量系统的传递函数。更多的功能和性能应用，有待于进一步地研究与开发，这方面的探索与挖掘永无止境。

参 考 文 献

[1] JJF 1001—2011 通用计量术语及定义 [S]. 北京: 中国质检出版社, 2012: 3.

[2] JJF 1048—1995 数据采集系统校准规范 [S]. 北京: 中国计量出版社, 1995: 5.

[3] Stenbakken G N, Deyst J P. Comparison of time base nonlinearity measurement techniques [J]. IEEE Transactions on Instrumentation and Measurement, 1998, 47(1): 34-39.

[4] Jenq Y C. Digital spectra of nonuniformly sampled signals. Ⅱ. Digital look-up tunable sinusoidal oscillators [J]. IEEE Transactions on Instrumentation and Measurement, 1988, 37(3): 358-362.

[5] Jenq Y C. Measuring harmonic distortion and noise floor of an A/D converter using spectral averaging [J]. IEEE Transactions on Instrumentation and Measurement, 1988, 37(4): 525-528.

[6] Jenq Y C. Digital spectra of nonuniformly sampled signals: a robust sampling time offset estimation algorithm for ultra high-speed waveform digitizers using interleaving [J]. IEEE Transactions on Instrumentation and Measurement, 1990, 39(1): 71-75.

[7] Barwicz A, Bellemare D, Morawski R Z. Digital correction of A/D conversion error due to multiplexing delay [C]// Instrumentation and Measurement Technology Conference, IMTC-89. Conference Record., 6th IEEE, Washington, DC, 1989: 204-207.

[8] Souders T M, Flach D R, Hagwood C, et al. The effects of timing jitter in sampling systems [J]. IEEE Transactions on Instrumentation and Measurement, 1990, 39(1): 80-85.

[9] 梁志国, 孟晓风. 采样抖动研究进展述评 [J]. 测试技术学报, 2009, 23(3): 253-260.

[10] 梁志国, 孟晓风. 非均匀采样系统时基失真的一种新评价方法 [J]. 北京航空航天大学学报, 2010, 36(10): 1203-1206.

[11] 梁志国, 孟晓风. 非均匀采样系统的修正与补偿 [J]. 数据采集与处理, 2010, 25(1): 126-132.

[12] 梁志国, 张大治, 吕华溢. 动态校准、动态测试与动态测量的辨析 [J]. 计测技术, 2017, 37(1): 30-34.

[13] 格拉诺夫斯基. 动态测量 [M]. 傅烈堂, 鲍建忠, 译. 北京: 中国计量出版社, 1989.

[14] 梁志国, 尹肖, 孙浩琳, 等. 计量校准中的复杂环境的剖析与应对策略 [J]. 计测技术, 2018, 38(2): 4-8.

[15] 高金吉. 航空发动机振动故障监控智能化 [J]. 测控技术, 2019, 38(1): 1-4.

[16] 张赤军, 马宏. 火箭炮多参数的综合测量 [J]. 兵工学报, 2007, 28(3): 374-376.

[17] 杨修杰, 李雁灵, 杨照, 等. 多参数综合人工环境试验系统设计 [J]. 自动化仪表, 2018, 39(10): 57-61.

[18] 张章, 侯安平, 脱伟, 等. 室内发动机试车台推力校准的数值研究 [J]. 工程力学, 2012, 29(6): 308-313.

[19] 焦天佑. 涡喷涡扇发动机试车台校准方法的研究 [J]. 燃气涡轮试验与研究, 1999, 12(4): 5-7.

[20] 罗云林, 任文杰. 大气数据计算机自动测试系统研究 [J]. 中国民航大学学报, 2010, 28(1): 26-28.

[21] 梁志国, 孟晓风. 正弦波形参数拟合方法述评 [J]. 测试技术学报, 2010, 24(1): 1-8.

[22] 梁志国, 孙璟宇. 正弦波模型化测量方法及应用 [J]. 计测技术, 2001, 21(6): 3-7.

[23] 吴小丹, 张程, 刘伟亮, 等. 一种全域数据采集与交换载荷技术的研究 [J]. 空间电子技术, 2018, 15(1): 97-104.

[24] 何浩, 杨俊峰, 武杰, 等. 多通道同步高速数据采集系统研制 [J]. 核电子学与探测技术, 2003, 23(2): 179-181.

[25] 山昆, 刘建业, 赵伟, 等. 多通道同步采样数据采集系统研究 [J]. 微处理机，2006，27(4): 20-22.

[26] 韩海安, 彭宇翔, 薛建立, 等. 高精度多通道同步采样系统 [J]. 仪表技术与传感器, 2019, (4): 44-47.

[27] 梁志国, 王雅婷, 吴娅辉. 基于四参数正弦拟合的放大器延迟时间的精确测量 [J]. 计量学报, 2019, 40(6): 1101-1106.

[28] 王一帮, 栾鹏, 吴爱华, 等. 基于 Multi-TRL 算法的传输线特征阻抗定标 [J]. 计量学报, 2017, 38(2): 225-229

[29] 梁志国, 沈文. 数据采集系统通道间延迟时间差的精确评价 [J]. 数据采集与处理, 1998, 13(2): 183-187.

[30] 梁志国. 一种非均匀采样系统采样均匀性的评价新方法 [J]. 计量学报, 2006, 27(4): 384-387.

[31] 梁志国, 孟晓风. 数字存储示波器时基失真与采样抖动的评价研究 [J]. 计量学报, 2008, 29(4): 358-364.

[32] 梁志国, 方军. 数据采集系统动态特性的总体评价 [J]. 计测技术, 2000, 20(4): 17-19.

[33] 梁志国, 孙璟宇, 郁月华. 数字示波器计量校准中的若干问题讨论 [J]. 仪器仪表学报, 2004, 25(5): 628-632.

[34] JJF 1057—1998 数字存储示波器校准规范 [S]. 北京: 中国计量出版社, 1998.

[35] 许遐. 非正弦波形测量的同步采样技术 [J]. 电测与仪表, 1988, 25(Z1): 2-4.

[36] 王培康, 胡访宇, 徐守时, 等. 同步采样法测量无功功率和畸变功率 [J]. 电子测量与仪器学报, 1994, 8(1): 15-20.

[37] 于海生. 锁相同步采样谐波测量方法及其实现 [J]. 电测与仪表, 1999, 36(2): 12-14.

[38] 沈国峰, 王祁, 王华. 交流电参数测量中同步采样的软件定时补偿算法 [J]. 电测与仪表, 2003, 40(3): 25, 26, 54.

[39] 黄纯, 彭建春, 刘光晔, 等. 周期电气信号测量中软件同步采样方法的研究 [J]. 电工技术学报, 2004, 19(1):75-79.

[40] 张秀丽, 李萍, 陆光华. 高精度软件同步采样算法 [J]. 电力系统及其自动化学报, 2005, 17(4): 24-27.

[41] 忻黎敏, 许维胜, 余有灵. 基于递推离散傅里叶变换和同步采样的谐波电流实时检测方法 [J]. 电网技术, 2008, 32(6):14-18.

[42] 门长有, 王荣华, 谭年熊. 一种用于谐波测量的全数字同步采样算法 [J]. 电力系统自动化, 2008, 32(22):83-86.

[43] 石磊, 孙凯明, 张鹏, 等. 电能质量监测中的同步采样系统设计 [J]. 自动化技术与应用, 2009, 28(3): 98, 99, 106.

[44] 郭敏, 赵成勇, 曹东升, 等. 同步采样和谐波分析方法的实现 [J]. 电测与仪表, 2011, 48(4):13-17.

[45] 戴先中. 准同步采样及其在非正弦功率测量中的应用 [J]. 仪器仪表学报, 1984, 5(4):55-61.

[46] 戴先中. 准同步采样中的几个理论与实际问题 [J]. 仪器仪表学报, 1986, 7(2): 203-207.

[47] 戴先中. 准同步采样应用中的若干问题 [J]. 电测与仪表, 1988, 25(2): 4-9.

[48] 冯志贤, 刘星. 准同步采样技术在非正弦电参量测量中的应用 [J]. 电测与仪表, 1989, 26(4):3-6,31.

[49] 潘文. 准同步采样方法应用中的几个问题 [J]. 电测与仪表, 1990, 27(6): 6-8.

[50] 孟卓, 温和. 基于复化梯形的准同步采样频率测量算法 [J]. 中国电机工程学报, 2015, 35(10): 2445-2453.

[51] 朱亮, 温和, 戴慧芳, 等. 计及噪声的动态谐波准同步采样分析方法 [J]. 电力自动化设备, 2018, 38(2): 217-223.

[52] 王震宇, 王学伟. 基于参数自适应的准同步采样法 [J]. 哈尔滨理工大学学报, 2001, 6(2): 36-39.

[53] 王帅夫, 宋健, 李恺, 等. 基于准同步采样的电网频率测量装置设计 [J]. 电子设计工程, 2019, 27(10):19-23.

[54] 王振华, 于同伟, 马志敏, 等. 一种分布式间隔单元的低成本准同步采样系统的研究 [J]. 电测与仪表, 2019, 56(15) :132-136.

[55] 潘文. 准同步采样补偿方法及其误差估计 [J]. 仪器仪表学报, 1990, 11(2): 192-199.

[56] 沈国峰, 王祁. 进一步提高准同步采样谐波分析法准确度的方案 [J]. 仪器仪表学报, 2001, 22(5):455-457,465.

[57] 梁志国, 朱济杰, 孟晓风. 四参数正弦曲线拟合的一种收敛算法 [J]. 仪器仪表学报, 2006, 27(11): 1513-1519.

[58] Liang Z G, Zhu J J. A digital filter for the single frequency sinusoid Series[J]. Transaction of Nanjing University of Aeronautics & Astronautics, 1999, 16(2): 204-209.

[59] Oppenheim A V, Schafer R V. Discrete-Time Signal Processing[M]. Englewood Cliffs, NJ: Prentice-Hall, 1989.

[60] 梁志国, 朱济杰. 用周期倍差法评价数据采集系统的动态特性 [J]. 计量学报, 1999, 20(2): 156-160.

[61] Lu Z L. An error estimate for quasi-integer-period sampling and an approach for improving its accuracy[J]. IEEE Transactions on Instrumentation and Measurement, 1988, 37(2): 219-222.

[62] Burton D M. Elementary Number Theory[M]. Boston, MA: Allyn and Bacon, Inc., 1980.

[63] 梁志国, 周艳丽, 沈文. 正弦波拟合法评价数据采集系统通道采集速率 [J]. 数据采集与处理, 1997, 12(4): 328-333.

[64] Liang Z G, Ren D M, Sun J Y. Fitting algorithm of sine wave with partial period waveforms and non-uniform sampling based on least-square method[C]// IOP Conf. Series: Journal of Physics: Conf. Series 1149 (2018) 012019, doi: 10.1088/1742-6596/1149/1/012019.

第 3 章　正弦波形参数估计

3.1　概　　述

单就正弦波而论，谈到正弦参数估计问题，人们首先要问，我们到底需要估计什么？以及为什么？由于正弦波形的定义是一种无始无终的简谐振荡，所以，用幅度、频率两个参数就能概括其最主要的恒定信息。关注瞬时值的人还要关注其相位信息，但瞬时相位信息是一个很难设定初始参考值的一直变动的量，不易定义和实现。直流分量虽然是进行正弦估计时必须考虑的量值，但其实与正弦波一点关系都没有，只能算作是叠加到正弦波上的一个直流分量而已。

通常所谓的正弦波形参数估计，实际上是正弦波形采集序列的模型参数估计，由于采集序列是一段有始有终的有限长序列，所以，该段正弦波形就有了其完整表述所必要的四个参数需要估计，即幅度、频率、初始相位、直流分量。这是正弦波形参数的基本内涵，并以它们来代替实际被测量的正弦波形的模型参数 [1-8]。

由于被测正弦波形的非理想性，它会有噪声、失真等，而测量系统也存在缺陷，会有量化、非线性、采样不均匀等存在，这使得正弦波采样序列的噪声、谐波、失真、抖动等的估计被纳入正弦参量的估计范畴。一则是定量表征被测波形的不完善程度，二则也是对它们给幅度、频率、初始相位、直流分量这四个参数估计所带来的不确定度进行定量评估 [9]。同时，这也引出了在非均匀采样条件下，以及不足一个波形周期的残周期采样条件下，对正弦波形参数进行有效估计的需求 [10]。

在正弦波模型参数被有效估计以后，通过它与数据采集系统参数的相互关联，可用作评估数据采集系统的很多参量。例如采集速率 [11]、有效位数 [12-14]、通道间延迟 [15]、增益 [16]、触发点位置等 [17]，应用极为广泛。

就通常的只估计幅度、频率、初始相位、直流分量而言，实际上可以有很多种不同的方法 [18-27]，有的简单，有的复杂。一般而言，简单的方法相比于复杂的方法，抗异常干扰的能力要差一些，准确度也要低一些。一些简单的或使用局部数据估计的方法，常常被用于复杂估计方法的初始值估计。

本章后续内容，将首先介绍几种最简单常用的正弦参数估计方法：一则是在准确度要求不高的情况下，可以快速获取所需求的参数值；二则可用于后续四参数正弦参量拟合估计方法的初始值估算。

3.2　幅 度 估 计

正弦波形序列的幅度估计，是指不太关心其他参数时，只是对其幅度所进行的估计行为。此时，可以使用一些简单易行的方法。通常有峰峰值法、有效值法、平均值法、傅里叶变换法等多种不同方法。

理想正弦信号可用下述四参数 (C、ϖ、θ、D 或 C、f、θ、D 或 A、B、ϖ、D) 表达式表示:

$$y(t) = C \cdot \cos(\varpi \cdot t + \theta) + D = C \cdot \cos(2\pi ft + \theta) + D \tag{3-1}$$

或

$$y = A \cdot \cos(\varpi \cdot t) + B \cdot \sin(\varpi \cdot t) + D \tag{3-2}$$

3.2.1 峰峰值法

如图 3-1 所示的正弦波采样序列 $\{y_i\}(i = 0, \cdots, n-1)$,通过比较法,寻找出其最小值 $y_{\min} = \min\{y_i\}_{i=0,\cdots,n-1}$,以及最大值 $y_{\max} = \max\{y_i\}_{i=0,\cdots,n-1}$,则正弦波采样序列的峰值幅度 C,中值 y_{mid} 分别为

$$C = \frac{y_{\max} - y_{\min}}{2} \tag{3-3}$$

$$y_{\text{mid}} = \frac{y_{\max} + y_{\min}}{2} = D \tag{3-4}$$

峰峰值法的特点:

(1) 方法简便易行,运算量小,要求低,仅需要一个以上周期的波形序列,不必将全体序列都参与估计即可获得估计结果;

(2) 仅峰值点参与实质估计计算,易受噪声及峰值处粗大误差影响,并造成估计结果的波动较大。

3.2.2 有效值法

为了克服峰峰值法的缺点,人们引入了有效值法,将图 3-1 所示的正弦波,通过过中值点 (也称过零点) 截取整数个周期的波形,形成如图 3-2 所示的波形序列 $\{y_j\}(j = 0, \cdots, m-1)$。

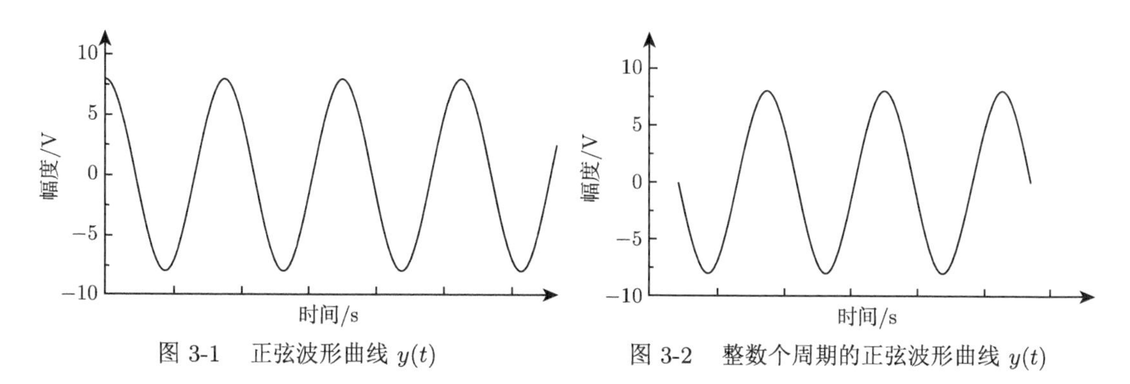

图 3-1 正弦波形曲线 $y(t)$　　图 3-2 整数个周期的正弦波形曲线 $y(t)$

按有效值法计算获得正弦波采样序列的峰值幅度为 C,中值 $y_{\text{mid}} = \bar{y}$,即

$$y_{\text{mid}} = \bar{y} = \frac{1}{m}\sum_{j=0}^{m-1} y_j \tag{3-5}$$

$$C=\sqrt{\frac{2}{m-1}\sum_{j=0}^{m-1}(y_j-\bar{y})^2} \tag{3-6}$$

证明如下：

从式 (3-6) 可见，对于整数个周期正弦波的情况，由于波形对称性，整数个周期内的幅度平方的平均值与 1/4 周期内的幅度平方的平均值量值相等，所以，只计算 1/4 周期内的幅度平方的平均值即可获得结果。即 [0,π/2] 区间内幅度平方的平均值与 1 个周期 [0,2π] 内幅度平方的平均值相等，与任意整数个周期内幅度平方的平均值也相等。则当 $m\to\infty$ 时，有

$$\lim_{m\to\infty}\frac{1}{m-1}\sum_{j=0}^{m-1}(y_j-\bar{y})^2=\frac{2}{\pi}\int_0^{\frac{\pi}{2}}(C^2\cdot\cos^2x)\mathrm{d}x=\frac{2C^2}{\pi}\int_0^{\frac{\pi}{2}}\left[\frac{\cos(2x)+1}{2}\right]\mathrm{d}x=\frac{C^2}{2}$$

所以

$$\frac{1}{m-1}\sum_{j=0}^{m-1}(y_j-\bar{y})^2=\frac{C^2}{2}$$

则

$$C=\sqrt{\frac{2}{m-1}\sum_{j=0}^{m-1}(y_j-\bar{y})^2}$$

式 (3-6) 得证。

有效值法的特点：

(1) 全体采样序列样本参与计算，计算结果受峰值附近噪声及粗大误差影响较小，更加稳定可靠；

(2) 需要对采样序列进行整数周期的截取，截取过程易受虚假过零点的影响，造成计算错误；

(3) 实际截取中很难保证截取序列恰好包含整数个波形周期，导致整周期波形截取会出现 ±1 个采样点的数据误差，因此，在过零点附近截取是保证该误差对幅度估计的影响最小而采取的一种措施；

(4) 实际上存在采样速率和信号频率不相关的要求，即两者不能呈倍率关系。

3.2.3 绝对值平均法

为克服峰峰值法的缺点，人们引入了绝对值平均法，将图 3-1 所示的正弦波，通过在中值点 (也称过零点) 附近截取整数个周期的波形，形成如图 3-2 所示的波形序列 $\{y_j\}(j=0,\cdots,m-1)$。

则有，按绝对值平均法计算获得正弦波采样序列的峰值幅度为 C，中值 $y_{\mathrm{mid}}=\bar{y}$，即

$$y_{\mathrm{mid}}=\bar{y}=\frac{1}{m}\sum_{j=0}^{m-1}y_j \tag{3-7}$$

$$C = \frac{\pi}{2(m-1)}\sum_{j=0}^{m-1}|y_j - \bar{y}| \tag{3-8}$$

证明如下：

从式 (3-8) 可见，对于整数个周期正弦波的情况，由于波形对称性，整数个周期内的幅度绝对值的平均值与 1/4 周期内的幅度绝对值的平均值量值相等，所以，只计算 1/4 周期内的幅度绝对值的平均值即可获得结果。即，$[0,\pi/2]$ 区间内幅度绝对值的平均值与 1 个周期 $[0,2\pi]$ 内幅度绝对值的平均值相等，与任意整数个周期内幅度绝对值的平均值也相等。则，

当 $m \to \infty$ 时，有

$$\lim_{m\to\infty}\frac{1}{m-1}\sum_{j=0}^{m-1}|y_j - \bar{y}| = \frac{2}{\pi}\int_0^{\frac{\pi}{2}}(C\cdot\cos x)\mathrm{d}x = \frac{2C}{\pi}$$

所以

$$\frac{1}{m-1}\sum_{j=0}^{m-1}|y_j - \bar{y}| = \frac{2C}{\pi}$$

则

$$C = \frac{\pi}{2(m-1)}\sum_{j=0}^{m-1}|y_j - \bar{y}|$$

式 (3-8) 得证。

绝对值平均法的特点：

(1) 全体采样序列样本参与计算，计算结果受峰值附近噪声及粗大误差影响较小，更加稳定可靠；

(2) 需要对采样序列进行整数周期的截取，截取过程易受虚假过零点的影响，造成计算错误；

(3) 实际截取中很难保证截取序列恰好包含整数个波形周期，导致整周期波形截取会出现 ± 1 个采样点的数据误差，因此，在过零点附近截取是保证该误差对幅度估计的影响最小而采取的一种措施；

(4) 实际上存在采样速率和信号频率不相关的要求，即两者不能呈倍率关系。

3.2.4 傅里叶变换法

针对如图 3-1 所示的波形采样序列 $\{y_i\}(i=0,\cdots,n-1)$，人们将尾部不足一个波形周期的部分舍去，获得前面部分的整数个正弦波形周期组成的序列 $\{y_i\}(i=0,\cdots,m-1)$，形成如图 3-3 所示的整周期采样子序列波形。切记，此处不能使用过零点截取法，否则会失去初始相位信息。然后，对截取后的子序列按 6.2 节所述方法直接进行傅里叶变换分析 [28]，搜寻出其幅度最高的频率分量，得其幅度为 C，频率为 f，初始相位为 θ，这 3 个参数皆可以作为正弦波形采样序列的相应参数的估计值。

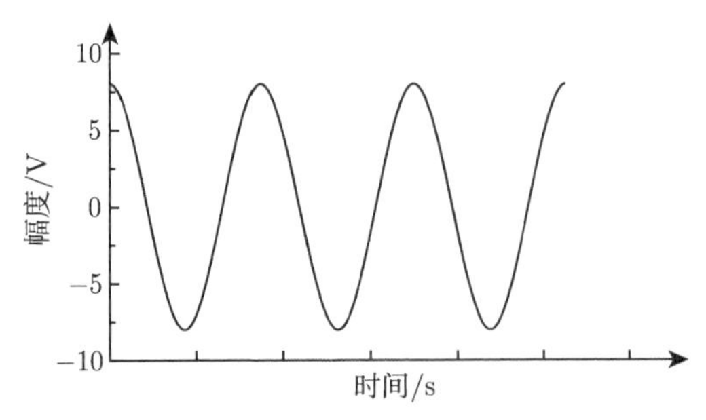

图 3-3　整数个周期的正弦波形曲线 $y(t)$

3.3 频率估计

单独估计频率的行为在工程上很常见 [18−27]。多数涉及周期行为和特征，少数涉及极低信噪比信号内周期分量的检测，例如混沌信号检测方式等。多普勒信号的实时频率跟踪、调频信号的解调等也属于此类行为。而正弦波形序列的频率估计，是指单独对其频率所进行的估计行为。其中，最常见的是过零点检测法。它也是周期信号重复周期的通用估计方法。另外，以频域分析特征为主导的傅里叶变换法也常被使用 [28]。

3.3.1 过零点检测法

过零点检测法是频率估计的最基本方法，其基本操作步骤为：①通过正弦波采样序列 $\{y_i\}(i=0,\cdots,n-1)$，按比较法寻找出其最小值 $y_{\min}=\min\{y_i\}_{i=0,\cdots,n-1}$，最大值 $y_{\max}=\max\{y_i\}_{i=0,\cdots,n-1}$，确定正弦波采样序列的中值 $y_{\text{mid}}=(y_{\max}+y_{\min})/2$ 作为零点参考点；②通过统计采样测量序列过零点 (实际为过中值点) 数目，判断其所包含的波形整周期个数 N；③通过统计 N 个周期内包含的采样点个数 M，计算获得信号频率 f 的估计值，即

$$f=\frac{v\cdot N}{M} \tag{3-9}$$

其中，v 为采集速率。

过零点检测法的特点：

(1) 方法简单易行，物理意义明确；

(2) 引入线性拟合方式后，可以获得更高的估计准确度，突破统计计数误差为 ±1 的计数点的局限；

(3) 当被测信号的信噪比较低且过零点附近的采样点较多时，容易出现虚假过零点，从而造成频率估计误差；

(4) 采样序列必须确保出现 3 个以上过零点才能判定出一个完整信号周期。

过零点检测法最大的问题是如何避免噪声及干扰等产生的虚假过零点，可使用的方法包括幅度阈值法、平均阈值法等。

幅度阈值法：真实的正弦波形，相邻的两个过零点之间，一定要越过一个峰值或谷值，故，由一个过零点向另一个过零点过渡时，一定会经过幅度相比过零点变化超过正弦幅度值的点，若将肯定超过噪声幅度且又小于峰值幅度的某一值 (例如 50%的峰值幅度) 作为幅度阈值，将经历幅度变化量超过阈值后出现的过零点才统计为真正的过零点，即可以避免虚假过零点的影响。

平均阈值法：首先，对全体过零点进行一次彻底统计，计算出每周期内包含的采样点的平均数，获得相邻两个过零点之间采样点的平均数 q，以 $q/2$ 作为计点阈值，在每一个过零点出现后，跳过 $q/2$ 个采样点再寻找下一个过零点，以此类推，可避免虚假过零点的干扰。

3.3.2 傅里叶变换法

对正弦波采样序列 $\{y_i\}(i=0,\cdots,n-1)$，在包含多个完整周期波形的正弦波采样序列中，使用 3.2.4 节所述的傅里叶变换法，所获得的频域幅值最高的频率分量的频率值 f，是正弦采集序列频率的一个有效估计值。

傅里叶变换法的特点：

(1) 数理意义明确，操作简捷有效，可以一次获得幅度、频率、初始相位三个参数的估计值。

(2) 对粗大误差、噪声干扰等抑制力较强，不易受其影响。

(3) 参数估计准确度较高。

(4) 若要获得更高的估计准确度，则需要考虑和避免周期延拓所产生的频谱泄漏问题及谱峰钝化问题；为此，可以首先进行正弦波形采样序列的整周期截取，然后再进行傅里叶变换分析。

(5) 若使用窗函数避免频谱泄漏，则需要关注窗函数对幅度估计值的影响情况。

3.4 直流分量估计

本质说来，正弦波就不应该有直流分量，因而，正弦波直流分量很少被单独使用和研究。一直到希尔伯特–黄 (Hilbert-Huang) 变换出现，将其归结为非平稳周期信号的趋势分量，用它来定义与衡量非平稳信号的特征，才使得其具有真正的用武之地。

实际上，由于模型化特征，正弦波形的直流分量及其变化可以用来监测测量系统的零点漂移这类特性，具有较高的测量分辨力，可较好地回避量化误差给漂移测量带来的局限。

正弦波形序列的直流分量估计，是指单独对其直流分量所进行的估计行为。比较简单的有峰峰值法和平均值法。

3.4.1 峰峰值法

对正弦波采样序列 $\{y_i\}(i=0,\cdots,n-1)$，使用 3.2.1 节所述的峰峰值法估计正弦波幅度时，中值 y_{mid} 是直流分量 D 的一个估计值。

3.4.2 平均值法

对正弦波采样序列 $\{y_i\}(i=0,\cdots,n-1)$，使用 3.2.2 节所述的有效值法，或者使用 3.2.3 节所述的绝对值平均法估计正弦波幅度时，平均值 $\bar{x}$ 是直流分量 D 的一个估计值。

3.5 相位估计

正弦波形序列的相位估计，是指单独对其初始相位所进行的估计行为。其在工程上的应用场合主要是相位差、时间差的测量，也在定位、控制、描述触发与同步等采集测量条件时使用。

本节所介绍的初始相位估计方法，因其估计准确度并不太高，所以主要用于后续四参数正弦波形采样序列曲线拟合时其初始值的预估计。

3.5.1　过零点参考定位法

过零点参考定位法的具体步骤为：

(1) 首先执行 3.3.1 节的过零点检测，统计出采样序列中共包含的整周期个数 N；

(2) 统计出 N 个整周期内包含的采样点个数 M，M 可以为非整数；

(3) 计算出相邻采样点间的相位差增量 $\Delta\theta = 2N\pi/M$；

(4) 寻找出采样序列中，幅值由低跳向高的第 1 个过零点，多数情况下，为介于两个采样点之间的某处，需要依赖局部线性插值寻找，定义该过零点的相位为 0 参考点；

(5) 由正弦波采样序列第 1 个采样点与第 1 个过零点之间间隔对应的相位差 θ，即为采样序列的初始相位估计值。

过零点参考定位法的关键是零相位点的定位，由于很难保证其恰好落在某一采样点上，所以需要使用局部的几个采样点进行线性插值来判定其准确位置，将其定义为相位参考 0 点，此后，以相位参考 0 点为准，判定它与采集序列首点的距离。通常情况下，应当是一个既包含整数，又包含小数的采样间隔值。然后，根据相邻采样点间隔对应的相位差计算首个采样点对应的初始相位值。同理，计算 N 个整周期内包含 M 个采样点时，也可以采用两端的过零点处使用局部线性插值法判定 M 值，通常，M 也是一个非整数。

3.5.2　傅里叶变换法

对正弦波采样序列 $\{y_i\}(i = 0, \cdots, n-1)$，使用 3.2.4 节所述的傅里叶变换法，所获得的频域幅值最高的频率分量 f 对应的初始相位值 θ，是正弦采集序列初始相位的一个有效估计值。

3.6　三参数正弦波最小二乘拟合

上述正弦波形参数估计方法多数仅关注单个参数，且通常准确度并不太高。若想获得更高的估计准确度，则需要使用更为复杂的其他计算方法。到目前为止，曲线拟合方法是已知的准确度最高的正弦参数估计方法。其特点是鲁棒性良好，准确度高，且同时可以获得多个波形参数的估计值。缺点是计算速度较慢，需要较长的运算时间。

有关正弦波曲线拟合，尽管有非常多的方式方法，但常用的通常分为两类：一类是四参数拟合方法，在幅度、频率、初始相位和直流分量均未知的情况下，对它们进行整体最小二乘拟合，最终一并获得四个拟合正弦参数以及一个拟合残差有效值；另外一类是三参数拟合，它是特指在信号频率已知情况下，对幅度、初始相位、直流分量三个参数的最小二乘拟合，实际上是需要同时已知频率和采样速率，对幅度、初始相位、直流分量三个参数的最小二乘拟合 [12]。

通常，四参数最小二乘曲线拟合并无解析公式，需要进行四个参数的非线性迭代过程，首先，必须对正弦曲线的四个参数进行初始值的预先估计，而迭代结果可能出现三种：①收敛到总体最优的最小二乘结果上；②收敛到局部最优的最小二乘结果上；③迭代结果发散，迭代失败。若参数预先估计的准确度较低时，则不易收敛到总体最优结果，容易导致迭代发散。

与四参数最小二乘拟合不同，已知频率的三参数最小二乘拟合是一种闭合算法，有明确的解析表达式，无须迭代。因而，其总能获得一个拟合结果，不存在收敛性问题。其在振动计量测试中应用广泛，是国际标准化组织 (ISO) 制定的国际标准中推荐的方法，而之所以能如此，是因为振动计量测试中，振动频率可以使用频率计进行准确测量，变成已知量，而其他量恰好可以使用三参数正弦拟合方式予以估计获取。以下首先介绍三参数正弦曲线拟合方法，然后，介绍几种典型的四参数正弦曲线拟合方法。

理想正弦信号可用下述四参数表达式表示

$$y(t) = A \cdot \cos(\varpi \cdot t) + B \cdot \sin(\varpi \cdot t) + D \tag{3-10}$$

或

$$y(t) = C \cdot \cos(\varpi \cdot t + \theta) + D \tag{3-11}$$

以等时间间隔 Δt 进行离散化抽样后，在采样点上获得的离散序列可相应表述为

$$y(\Delta t \cdot i) = A \cdot \cos(\omega \cdot i) + B \cdot \sin(\omega \cdot i) + D \tag{3-12}$$

或

$$y(\Delta t \cdot i) = C \cdot \cos(\omega \cdot i + \theta) + D \tag{3-13}$$

其中，$\omega = \varpi \cdot \Delta t$ 称为信号的数字角频率；$\varpi = 2\pi f$ 称为信号的角频率；f 称为信号的频率；$i = 0, \cdots, n-1$。

用指定参数的正弦波信号作为波形测量仪器的输入，得到一组数据记录。通过改变拟合正弦波形的初始相位、幅度、直流分量和频率，使拟合结果和数据记录序列各点的残差平方和最小，即是正弦波形序列最小二乘拟合算法的基本思想。本书提供正弦波形的两种拟合途径：一种用于采样速率和被测信号频率均已知时，称为三参数拟合算法；另一种用于被测信号频率未知时，称为四参数拟合算法。

每一种途径包括两种基本算法：一种是通过矩阵运算，另一种是通过迭代过程。对于已知信号频率的情况，当初始条件相同时，上述两种算法结果一致。但两者的收敛性不一样，使用矩阵算法时比不使用矩阵算法时收敛速度要快，特别是信号周期数小于 5 时。

需要说明的是，已知频率的三参数拟合算法是一种闭合算法，因此，总能获得一个结果。但是，如果算法中使用的频率和实际输入的频率不一致，或采集速率有较大误差，则三参数拟合算法的结果比四参数拟合算法结果要差。但是，四参数拟合算法在初始参数偏离较多，或有一些特别不正确的数据时，迭代过程可能发散。

不过，以频率迭代方式为基础的四参数拟合算法在所述的收敛区间内是绝对收敛的。

3.6.1　三参数正弦波最小二乘拟合——矩阵算法 [12]

设理想正弦信号为

$$y(t) = A \cdot \cos(\varpi \cdot t) + B \cdot \sin(\varpi \cdot t) + D \tag{3-14}$$

数据记录序列为时刻 $t_0, t_1, \cdots, t_{n-1}$ 的采集样本 $y_0, y_1, \cdots, y_{n-1}$，拟合过程即为选取或寻找 A、B、D，使下式所述残差平方和最小：

$$\varepsilon = \sum_{i=0}^{n-1} \left[y_i - A \cdot \cos(\varpi \cdot t_i) - B \cdot \sin(\varpi \cdot t_i) - D\right]^2 \tag{3-15}$$

这里，ϖ 是输入正弦信号的角频率，被假设为已知；$\varpi = 2\pi f$，其中 f 为正弦信号频率。

为了找出合适的 A、B 和 D 值，首先构造下列矩阵：

$$\boldsymbol{\Psi} = \begin{bmatrix} \cos(\varpi \cdot t_0) & \sin(\varpi \cdot t_0) & 1 \\ \cos(\varpi \cdot t_1) & \sin(\varpi \cdot t_1) & 1 \\ \vdots & \vdots & \vdots \\ \cos(\varpi \cdot t_{n-1}) & \sin(\varpi \cdot t_{n-1}) & 1 \end{bmatrix}; \quad \boldsymbol{y} = \begin{bmatrix} y_0 \\ y_1 \\ \vdots \\ y_{n-1} \end{bmatrix}; \quad \boldsymbol{x} = \begin{bmatrix} A \\ B \\ D \end{bmatrix}$$

式 (3-15) 可用矩阵方式表示如下：

$$\varepsilon = (\boldsymbol{y} - \Psi \boldsymbol{x})^{\mathrm{T}} (\boldsymbol{y} - \Psi \boldsymbol{x}) \tag{3-16}$$

这里，$(*)^{\mathrm{T}}$ 表示 $(*)$ 的转置。

可以得出式 (3-16) 最小时的最小二乘解 $\hat{\boldsymbol{x}}$：

$$\hat{\boldsymbol{x}} = \left(\boldsymbol{\Psi}^{\mathrm{T}} \boldsymbol{\Psi}\right)^{-1} \left(\boldsymbol{\Psi}^{\mathrm{T}} \boldsymbol{y}\right) \tag{3-17}$$

拟合函数为

$$\hat{y}_i = A \cdot \cos(\varpi \cdot t_i) + B \cdot \sin(\varpi \cdot t_i) + D \tag{3-18}$$

将其转换为幅度和初始相位表达形式：

$$\hat{y}_i = C \cdot \cos(\varpi \cdot t_i + \theta) + D \tag{3-19}$$

其中，

$$C = \sqrt{A^2 + B^2} \tag{3-20}$$

$$\theta = \begin{cases} \arctan\left[\dfrac{-B}{A}\right], & A \geqslant 0 \\ \arctan\left[\dfrac{-B}{A}\right] + \pi, & A < 0 \end{cases} \tag{3-21}$$

拟合残差 r_i 如下：

$$r_i = y_i - A \cdot \cos(\varpi \cdot t_i) - B \cdot \sin(\varpi \cdot t_i) - D \tag{3-22}$$

拟合残差有效值如下：

$$\rho = \varepsilon_{\mathrm{rms}} = \sqrt{\frac{1}{n} \sum_{i=0}^{n-1} r_i^2} \tag{3-23}$$

3.6.2 三参数正弦波最小二乘拟合——代数方程算法

设数据记录序列为包含了一系列在时刻 $t_i(i=0,\cdots,n-1)$ 上采集的正弦信号样本 y_i，信号的角频率为 ϖ，定义：

$$\alpha_i=\cos(\varpi\cdot t_i);\quad \beta_i=\sin(\varpi\cdot t_i)$$

然后计算下面的九个和：

$$\sum_{i=0}^{n-1}y_i;\quad \sum_{i=0}^{n-1}\alpha_i;\quad \sum_{i=0}^{n-1}\beta_i;\quad \sum_{i=0}^{n-1}\alpha_i\beta_i;\quad \sum_{i=0}^{n-1}\alpha_i^2;\quad \sum_{i=0}^{n-1}\beta_i^2;\quad \sum_{i=0}^{n-1}y_i\alpha_i;\quad \sum_{i=0}^{n-1}y_i\beta_i;\quad \sum_{i=0}^{n-1}y_i^2$$

使用这些和，计算：

$$A=\frac{A_N}{A_D};\quad B=\frac{B_N}{B_D};\quad D=\overline{y}-A\cdot\overline{\alpha}-B\cdot\overline{\beta}$$

其中，

$$A_N=\frac{\sum\limits_{i=0}^{n-1}y_i\alpha_i-\bar{y}\sum\limits_{i=0}^{n-1}\alpha_i}{\sum\limits_{i=0}^{n-1}\alpha_i\beta_i-\bar{\beta}\sum\limits_{i=0}^{n-1}\alpha_i}-\frac{\sum\limits_{i=0}^{n-1}y_i\beta_i-\bar{y}\sum\limits_{i=0}^{n-1}\beta_i}{\sum\limits_{i=0}^{n-1}\beta_i^2-\bar{\beta}\sum\limits_{i=0}^{n-1}\beta_i};$$

$$A_D=\frac{\sum\limits_{i=0}^{n-1}\alpha_i^2-\bar{\alpha}\sum\limits_{i=0}^{n-1}\alpha_i}{\sum\limits_{i=0}^{n-1}\alpha_i\beta_i-\bar{\beta}\sum\limits_{i=0}^{n-1}\alpha_i}-\frac{\sum\limits_{i=0}^{n-1}\alpha_i\beta_i-\bar{\alpha}\sum\limits_{i=0}^{n-1}\beta_i}{\sum\limits_{i=0}^{n-1}\beta_i^2-\bar{\beta}\sum\limits_{i=0}^{n-1}\beta_i}$$

$$B_N=\frac{\sum\limits_{i=0}^{n-1}y_i\alpha_i-\bar{y}\sum\limits_{i=0}^{n-1}\alpha_i}{\sum\limits_{i=0}^{n-1}\alpha_i^2-\bar{\alpha}\sum\limits_{i=0}^{n-1}\alpha_i}-\frac{\sum\limits_{i=0}^{n-1}y_i\beta_i-\bar{y}\sum\limits_{i=0}^{n-1}\beta_i}{\sum\limits_{i=0}^{n-1}\alpha_i\beta_i-\bar{\alpha}\sum\limits_{i=0}^{n-1}\beta_i}$$

$$B_D=\frac{\sum\limits_{i=0}^{n-1}\alpha_i\beta_i-\bar{\beta}\sum\limits_{i=0}^{n-1}\alpha_i}{\sum\limits_{i=0}^{n-1}\alpha_i^2-\bar{\alpha}\sum\limits_{i=0}^{n-1}\alpha_i}-\frac{\sum\limits_{i=0}^{n-1}\beta_i^2-\bar{\beta}\sum\limits_{i=0}^{n-1}\beta_i}{\sum\limits_{i=0}^{n-1}\alpha_i\beta_i-\bar{\alpha}\sum\limits_{i=0}^{n-1}\beta_i}$$

$$\bar{y}=\frac{1}{n}\sum_{i=0}^{n-1}y_i,\quad \bar{\alpha}=\frac{1}{n}\sum_{i=0}^{n-1}\alpha_i,\quad \bar{\beta}=\frac{1}{n}\sum_{i=0}^{n-1}\beta_i$$

拟合函数如下：

$$\hat{y}_i=A\cdot\cos(\varpi\cdot t_i)+B\cdot\sin(\varpi\cdot t_i)+D \tag{3-24}$$

其幅度和初始相位表达形式为

$$\hat{y}_i=C\cdot\cos\left(\varpi\cdot t_i+\theta\right)+D \tag{3-25}$$

其中，

$$C=\sqrt{A^2+B^2} \tag{3-26}$$

$$\theta=\begin{cases}\arctan\left[\dfrac{-B}{A}\right], & A\geqslant 0\\ \arctan\left[\dfrac{-B}{A}\right]+\pi, & A<0\end{cases} \tag{3-27}$$

拟合残差有效值为

$$\rho=\varepsilon_{\rm rms}=\sqrt{\frac{\varepsilon}{n}} \tag{3-28}$$

其中，

$$\begin{aligned}\varepsilon=&\sum_{i=0}^{n-1}y_i^2+A^2\sum_{i=0}^{n-1}\alpha_i^2+B^2\sum_{i=0}^{n-1}\beta_i^2+nD^2-2A\sum_{i=0}^{n-1}\alpha_i y_i-2B\sum_{i=0}^{n-1}\beta_i y_i-2D\sum_{i=0}^{n-1}y_i\\&+2AB\sum_{i=0}^{n-1}\alpha_i\beta_i+2AD\sum_{i=0}^{n-1}\alpha_i+2BD\sum_{i=0}^{n-1}\beta_i\\=&\sum_{i=0}^{n-1}(y_i-A\alpha_i-B\beta_i-D)^2=\sum_{i=0}^{n-1}(y_i-\hat{y}_i)^2\end{aligned} \tag{3-29}$$

由于这是一种闭合算法，从而收敛是肯定的。

3.6.3 三参数正弦波最小二乘拟合的讨论

从上述三参数最小二乘拟合过程可见，在信号频率已知的情况下，三参数最小二乘拟合是有明确数学解析式的计算过程，全程无须迭代，因而，没有收敛性问题，即在任何情况下都是收敛的。

并且，三参数最小二乘拟合过程中，要求采样点所在时刻是精确已知的，在此前提下，并不要求等间隔采样，即在满足采样定理的情况下，任何采样状态都可以使用三参数最小二乘拟合方法获得拟合结果。这给实际使用带来了巨大方便。

第一，当人们由于某种原因而无法获得等间隔采样序列时，只要能够明确所有的采样时刻值，依然可以进行曲线参数拟合。

第二，当正弦采样序列明显被某种强干扰所污染后，人们可以人为剔除那些怀疑被污染的样本点，如此情况下进行曲线拟合，能够确保拟合结果符合人们的条件预期。

第三，当信号频率虽然已知，但不够准确时，或者信号频率虽然准确，但采样时刻并不准确时，三参数最小二乘拟合获得结果的准确度都会下降，下降程度与信号频率或采样时刻的误差因素有关。

第四，三参数最小二乘拟合过程中，没有对正弦波形的条件提出额外要求，即它包含几个波形周期，直流分量是否为零等。其既可以用于进行多周波的波形曲线拟合，也可以用于不足一个波形周期的残周期正弦波曲线拟合。

最后，需要说明的是，使用数据采集系统获得的数据序列，绝大多数属于等间隔采样序列，此时，采集波形序列的信息存储可以只存储采集速率，而不必存储大量的采样时刻信息，这给信息存储提供了便利。并且，相应的拟合公式也可以进行适当简化。因为，在人工观测记录数据情况下，若想做到完全等间隔采样是非常困难的；而对于使用数据采集系统进行数据采集时，若想做到非等间隔采样，其难度要比等间隔采样大许多。所以，多数日常情况下，人们面临的都是等间隔数据采样序列的波形拟合问题。等间隔采样数据的波形拟合方式可以应对绝大部分日常问题。

参 考 文 献

[1] McComb T R, Kuffel J, Le Roux B C. A comparative evaluation of some practical algorithms used in the effective bits test of waveform recorders [J]. IEEE Transactions on Instrumentation and Measurement, 1989, 38(1): 37-42.

[2] Kuffel J, McComb T R, Malewski R. Comparative evaluation of computer methods for calculating the best-fit sinusoid to the digital record of a high-purity sine wave [J]. IEEE Transactions on Instrumentation and Measurement, 1987, 36(3): 418-422.

[3] Jenq Y C, Crosby P B. Sinewave parameter estimation algorithm with application to waveform digitizer effective bits measurement [J]. IEEE Transactions on Instrumentation and Measurement, 1988, 37(4): 529-532.

[4] Giaquinto N, Trotta A. Fast and accurate ADC testing via an enhanced sine wave fitting algorithm [J]. IEEE Transactions on Instrumentation and Measurement, 1997, 46(4): 1020-1025.

[5] 田社平, 王坚, 颜德田, 等. 基于遗传算法的正弦波信号参数提取方法 [J]. 计量技术, 2005, (5): 3-5.

[6] 喻胜, 闫波, 陈光踽. 一种提取噪声中正弦信号的总体最小二乘法 [J]. 电子测量与仪器学报，2000, 14(2): 6-10.

[7] Zhang J Q, Zhao X M, Hu X, et al. Sinewave fit algorithm based on total least-squares method with application to ADC effective Bit measurement [J]. IEEE Transactions on Instrumentation and Measurement, 1997, 46 (4): 1026-1030.

[8] 梁志国, 张大治, 孙璟宇, 等. 四参数正弦波曲线拟合的快速算法 [J]. 计测技术, 2006, 26(1): 4-7.

[9] Deyst J P, Souders T M, Solomon O. Bounds on least-squares four-parameter sine-fit errors due to harmonic distortion and noise [J]. IEEE Transactions on Instrumentation and Measurement, 1995, 44(3): 637-642.

[10] Liang Z G, Ren D M, Sun J Y, et al. Fitting algorithm of sine wave with partial period waveforms and non-uniform sampling based on least-square method[C]//IOP Conf. Series: Journal of Physics: Conf. Series 1149 (2018) 012019, doi: 10.1088/1742-6596/1149/1/012019.

[11] 梁志国, 周艳丽, 沈文. 正弦波拟合法评价数据采集系统通道采集速率 [J]. 数据采集与处理, 1997, 12(4): 328-333.

[12] IEEE Std 1057—1994. IEEE standard for digitizing waveform recorders[S]. 1994: 79.

[13] Belega D, Dallet D, Petri D. A high-performance procedure for effective number of bits estimation in analog-to-digital converters [J]. IEEE Transactions on Instrumentation and Measurement, 2011, 60(5): 1522 -1532.

[14] Belega D, Petri D. Statistical performance of the effective-number-of-bit estimators provided by the sine-fitting algorithms [J]. IEEE Transactions on Instrumentation and Measurement, 2013, 62(3): 633-640.

[15] 梁志国, 朱济杰. 数据采集系统通道间延迟时间差的精确评价 [J]. 仪器仪表学报, 1999, 20(6):619-623.

[16] 梁志国. 交流增益的测量不确定度 [J]. 计量学报, 2004, 25(2): 162-166.

[17] 梁志国. 数字存储示波器触发点电平和延迟的精确校准 [J]. 仪器仪表学报, 2011, 32(6): 1403-1409.

[18] Jenq Y C. High-precision sinusoidal frequency estimator based on weighted least square method[J]. IEEE Transactions on Instrumentation and Measurement, 1987, 36(1): 124-127.

[19] 戴先中, 唐统一. 准同步采样在电力系统频率、频偏和相位差测量中的应用 [J]. 计量学报, 1989, 10(4): 290-296.

[20] Hancke G P. The optimal frequency estimation of a noisy sinusoidal signal [J]. IEEE Transactions on Instrumentation and Measurement, 1990, 39(6): 843-846.

[21] Hocaoglu A K, Devaney M J. Using bilinear and quadratic forms for frequency estimation [J]. IEEE Transactions on Instrumentation and Measurement, 1996, 45(4): 787-792.

[22] 黄建人. 余弦信号相位和频率测量的迭代算法 [J]. 电子测量与仪器学报, 1997, 11(1):34-41.

[23] Lobos T, Rezmer J. Real time determination of power system frequency [J]. IEEE Transactions on Instrumentation and Measurement, 1997, 46(4): 877-881.

[24] Dash P K, Jena R K, Panda G, et al. An extended complex Kalman filter for frequency measurement of distorted signals [J]. IEEE Transactions on Instrumentation and Measurement, 2000, 49(4): 746-753.

[25] Angrisani L, D'Arco M. A measurement method based on a modified version of the chirplet transform for instantaneous frequency estimation [J]. IEEE Transactions on Instrumentation and Measurement, 2002, 51(4): 704-711.

[26] Routray A, Pradhan A K, Rao K P. A novel Kalman filter for frequency estimation of distorted signals in power systems [J]. IEEE Transactions on Instrumentation and Measurement, 2002, 51(3): 469-479.

[27] 王肖芬, 徐科军. 基于小波变换的基波提取和频率测量 [J]. 仪器仪表学报, 2005, 26(2): 146-151.

[28] 梁志国, 张力. 周期信号谐波分析的一种新方法 [J]. 仪器仪表学报, 2005, 26(5): 469-472.

第 4 章　四参数正弦波最小二乘拟合

4.1　概　　述

4.1.1　引言

在多数情况下，人们对于被测正弦信号的具体量值一无所知，没有任何先验参数可供使用；或者，尽管预先知道一些信号波形参数，但准确度较低，无法满足使用要求。此时，无法使用三参数正弦曲线拟合方法，只能借助于四参数正弦波最小二乘拟合方式。由此，人们研究并发展了众多四参数正弦波最小二乘拟合方法，并在实际的正弦波形参数估计中广为应用，获得了良好效果。

关于四参数正弦波最小二乘拟合的优劣，J. Kuffel 等在 1987 年从以下几个方面进行了比较研究 [1]：① 相对精度；② 绝对精度；③ 效率；④ 收敛性；⑤ 运行时间；⑥ 残差形式；⑦ 鲁棒性。他们分别使用两种方法比较了几种拟合程序的性能：① 仿真量化数据法——考查绝对精度；② 实测数据法——考查相对精度。他们集中讨论了三种拟合方法：

(1) 方法 1：单参数线性搜索 (顺序搜索)；

(2) 方法 2：初始预估计 + 单参数线性搜索 (顺序搜索)；

(3) 方法 3：基于一阶泰勒展开的牛顿迭代法。

其中，方法 1、2 属于四参数顺序搜索法，而方法 3 属于四参数同步搜索法。他们获得的结论是：

(1) 方法比较可揭示不同拟合方法的限制和不足；

(2) 初值估计对收敛性极为重要；

(3) 软件程序运行可能出现三种结果：发散，收敛到局部最优值，收敛到总体最优值。

其后，T. R. McComb 等于 1989 年比较研究并介绍了 7 种不同的正弦波拟合算法，归纳了它们各自的特点 [2]，如下所述。

(1) 单纯形法：是选取一个最有代表性的、比搜索数据维数多一维的几何特征量作为单纯形，在四参数拟合中，单纯形是五面体，幅度 A、直流分量 D、频率 F、初始相位 P 的初始估计值，以及其在四个轴上每一轴中的投影映射，作为产生初始估计值的开始点，该种估计较粗略，但速度很快，拟合方法包括移动和收缩该五面体，直至残差的最小值足够小为止。

(2) 顺序搜索法：顺序对每一个参数在初始值上使用增量搜索法寻找其最优点。

(3) 变量耦搜索法：使用变量耦的搜索技术。正弦拟合中，频率 F 与初始相位 P 为强力相关耦，幅度 A 与直流分量 D 为强力相关耦，且频率 F 与初始相位 P 的耦合程度要弱于幅度 A 与直流分量 D 的耦合程度。其过程为：首先给出四个参量的预估计值，将四参数分为两组，频率 F、初始相位 P 组与幅度 A、直流分量 D 组；令频率 F、初始相位 P 不变，用线性最小二乘拟合搜索幅度 A、直流分量 D 的最优值；令幅度 A、直流分量

D 不变，用非线性最小二乘拟合搜索频率 F、初始相位 P 的最优值；直至参数增量小于预设值为止。

(4) 牛顿 (Newton) 法；该方法是基于一阶泰勒展开与误差修正技术相结合的产物，搜索终止的判据可以是参数增量，或残差平方和。三种不同来源的牛顿法被指定为牛顿 a 法、牛顿 b 法、牛顿 c 法。

(5) 马夸特 (Marquardt) 法；Marquardt 法是牛顿法与最速下降法的结合。它避免了牛顿法的发散问题，没有了速度损失问题。

最后，T. R. McComb 等对正弦拟合算法的① 收敛性、② 精度、③ 残差、④ 鲁棒性、⑤ 运行时间进行了定量评估并给出了判定比较结论。

一般认为，残差有效值在其给定值的 10%以内，可认为是收敛良好；否则是不良收敛，或发散。获得的比较结论是：

(1) 所有的方法都可以给出合理准确度的收敛结果；

(2) 没有一种方法居于压倒优势地位；

(3) 残差有效值可能随拟合序列长度而变动；

(4) 从残差本身寻求拟合方法的信息，只有在拟合软件对残差的贡献与残差有效值在同一数量级或小于残差有效值时才是有效的。

Y. C. Jenq 博士于 1987 年提出了一种高速高精度的正弦参数估计方法，主要是使用加权最小二乘法进行频率和初始相位的估计 [3]。1988 年，他又进一步提出了估计幅度和直流分量两个参数的算法，从而使得正弦参数估计趋于完整 [4]，由于该方法全部过程为公式计算，避免了迭代运算，从而可以非常快速地估算四个正弦参数，该算法具有相当高的准确度，而且其误差也是可以明确给出和控制的，是一个比较好的算法。

F. Cennamo 于 1992 年提出了一种针对一个周期正弦采样信号的非迭代参数估计算法 [5]，并将其用于有效位数的评价，也是一种精度中等的快速计算方法。N. Giaquninto 于 1997 年提出了一种基于牛顿迭代的加权正弦波拟合算法 [6]，用来评价 A/D 的有效位数，其过程是：① 首先通过离散傅里叶变换 (DFT) 法估计信号频率；② 使用量程判断，剔除量程外的采集值，以量程内的采集值形成拟合运算子序列，在信号频率已知的情况下，以加权最小二乘法，用子序列估计其他模型参数，在加权残差平方和最小的情况下获得拟合残差有效值，以该有效值与量程范围值之比，可计算出被评价 A/D 的有效位数。与以往的算法相比，其最大的特点是可以用来评价超量程的测量序列，但需要精确已知输入信号的概率分布密度。同时，其公式对非正弦波形激励也具有普遍意义。同一时期，R. Pintelon 等也对正弦拟合算法进行了研究和探索 [7]。

J. Q. Zhang 于 1997 年提出了一种四参数正弦拟合方法 [8]，用来评价 A/D 的有效位数，可称其为 “频率估计法”，主要贡献是首先使用一种最小二乘频率估计方法获得信号频率估计值，然后在已知频率情况下，使用三参数最小二乘拟合算法获得最终结果；进而获得 A/D 有效位数的评价结果。

“频率估计法” 的核心是将一个等间隔正弦波采样序列，用隔点抽取方式分割成两个子序列，以两者差值方式提取出被测正弦波形的频率值，然后使用三参数拟合法计算获得另外三个参数，该想法巧妙，可以避免初始值预估计，但效果并不理想，应用条件受到许多限制，拟合准确度较低。

P. Handel 于 2000 年详细研究了 IEEE-STD-1057 标准中的正弦波拟合算法 [9]，并与另一种一维频率非线性搜索拟合迭代法进行了比较，结论是，在高斯噪声或量化噪声的作用下，两者都有良好表现，但在涉及小数信号周期、信噪比较低等情况下，后者比前者更加良好，并给出了仿真结果；同时，介绍了该一维频率非线性搜索拟合迭代法的基本过程——使用了有限个频率网格，估计每个网格内的目标函数，获得极值处，便是拟合结果。

田社平等于 2005 年使用遗传算法实现总体最优估计 [10]，以此实现四参数正弦参数的最小二乘估计，由于遗传算法原理本身可保证实现全局最优逼近，可避免收敛到局部最优点上，有良好的收敛性。这是一种仿生算法。从理论上，各种仿生类算法都可以用到四参数正弦曲线拟合中，但由于其需要首先进行算法参数的“学习”，然后才能应用，从而较少被用于正弦参数拟合中。

2006 年出现的频率迭代法是建立在三参数拟合基础上的，通过频率搜索而达到四参数拟合搜索的效果 [11]，因而，其并不局限于等间隔采样，对于非等间隔采样序列依然适用，不但适合多周期波形拟合，对于不足一个波形周期的残周期波形也可进行四参数拟合 [12]。其拟合精度中等，在需要进行残周期正弦参数拟合时，是目前唯一可以有效使用的方法。

王慧等于 2009 年使用基于 Hilbert-Huang 变换的正弦曲线拟合法也是一种正弦拟合尝试 [13]。而喻胜等的正弦拟合尝试，则特别强调在噪声中包含的正弦序列信息的参数拟合 [14]。

通过上述研究人们发现，已知频率，关于幅度、初始相位和直流分量的三参数正弦曲线拟合是一种闭合的线性过程，绝对收敛。而四参数正弦曲线拟合则不尽然，尚无确切的数学公式可直接计算获得拟合参数，大多数已知的方法都属非线性迭代拟合过程，若拟合初始值距离目标值“太远”，则很容易导致迭代过程发散或收敛到局部最优点而不是总体最优点上，致使拟合结果错误。而且，拟合初始值是否与目标值足够“接近”，又缺乏实际判据，很难对其进行量化控制，只能在拟合不收敛时，重新选取初始值或重新获取测量数据。

4.1.2 正弦拟合的效果评估

正弦波拟合方法的优劣评价与定量比较问题，以及它们的影响因素问题，是每一个用户尤其关心的。多数情况下，它决定了方法的选择和应用。有关该方面问题，J. P. Deyst 于 1995 年用仿真搜索法，给出了正弦波四参数最小二乘拟合算法获得参数的误差界 [15]，使用蒙特卡罗搜索仿真法等对于各种可以想象的条件变化进行了细致研究，得到了切实有效的明确结论，并分别以经验公式、误差界曲线等形式，给出了四个拟合参数随谐波次数和幅度、噪声、抖动、序列长度、序列所含信号周期个数等条件参量变化而变化的规律，是极为重要的基础性研究工作。基本结论是：拟合获得的四个参数的误差界随着谐波阶次、序列长度、序列所含信号周期个数的增大而变窄，随着谐波幅度、噪声、波形抖动的降低而变窄。每个参数的误差界应该在一个确定区间内变化，最小误差界即是其克雷默–劳 (Cramer-Rao) 边界。

文献 [16] 则提出了一种四参数拟合软件评价体系，包含众多拟合软件参数指标，用于评价和比较不同的拟合软件。具体指标为：

(1) 最大记录序列长度；
(2) 每个正弦周期最少采样点数；
(3) 序列中最少信号周期数；
(4) 噪声收敛条件 (信噪比要求)；
(5) 幅度拟合不确定度；
(6) 频率拟合不确定度；
(7) 初始相位拟合不确定度；
(8) 直流分量拟合不确定度；
(9) 由软件带来的拟合残差均方根。

该指标的缺点之一是没有列出收敛速度参数指标。原因之一是由于软件运算速度是一个相对指标，除了与算法复杂性有关外，还与软件收敛判据、计算机软件环境、硬件资源等有关，从而不具有绝对意义和价值。另外的不足是未能引入鲁棒性指标。

T. Andersson 于 2006 年给出了 IEEE-STD-1057 标准中所推荐的正弦波拟合法在高斯噪声下的 Cramer-Rao 界 [17]，数值仿真也表明了它在量化噪声条件下的有效性；给出了使用三参数还是四参数拟合法的判据，频率已知且定长样本序列和确定信噪比情况下，三参数正弦波拟合法要优于四参数正弦波拟合法。

A. Moschitta 于 2007 年研究了量化噪声影响下的正弦参数估计误差的 Cramer-Rao 下界 [18]，给出了基于统计分析手段的精确模型。

关于量化误差影响问题，文献 [19] 进行了以仿真搜索为手段的误差界研究，并给出了 12 位 A/D 情况下的四个拟合参数以及有效位数的误差界，对于使用相应位数 A/D 构建的采集测量系统的参数拟合误差，具有良好的应用价值。而对于更广范围的正弦拟合参数的拟合不确定度评定，文献 [20] 也给出了另外的一种解决方式，基本思想是认为谐波带来的影响可以进行修正和补偿，以此估计和降低参数拟合的不确定度。

所有这些工作，均可为四参数正弦曲线拟合提供指导和参考依据。

4.1.3 降低估计误差的手段

正弦参数的拟合误差不可避免，并且已经知晓它们的影响因素，人们在获取测量序列时，可通过控制外界条件，使得最终拟合误差尽量小。尽管如此，限于客观应用条件，仍不能尽如人意。这时，使用滤波等手段对正弦序列进行预处理后再进行拟合，将是降低拟合误差界的一个有效手段。但多数滤波器在滤除测量序列噪声和谐波过程中，不可避免地将对正弦波形的四个拟合参数造成影响，这是人们所不希望的。

文献 [21] 专门针对正弦波采样序列提出了一种滤波器，可用于正弦拟合的预处理，主要用来消除谐波因素影响，以便降低拟合误差。其特点是理论上可以滤除全部偶次谐波和任意指定的奇次谐波，且对四个待拟合的正弦波模型参数没有影响。

I. Kollar 于 2005 年 [22]，针对正弦波拟合的局限，即面对的不是正态噪声，而是量化噪声、非线性、失码等确定性误差，为了降低它们给拟合结果带来的误差，推荐对采样数据进行预处理、剔除粗大误差再进行拟合的方式。

笔者曾试图使用小波消噪手段对正弦采样序列进行预处理，主要用来消除量化噪声因素的影响，以期达到降低拟合误差的目的，尚未获得良好效果。研究表明，参数选择合理的情况下，小波变换可以获得非常光滑的降噪滤波效果，但正弦波的失真度降低很少，或者反而升高，四个参数拟合误差并未明显降低，很多时候反而升高。

4.1.4 正弦曲线拟合的应用讨论

通常情况下，曲线拟合所花费的时间成本都较其他方法要大，在快速和实时性方面表现要差些，唯其在参数准确度、拟合鲁棒性等方面表现比较优良。

关于正弦曲线拟合，首先需要了解已知条件和客观需求，然后进行方法的选取。具体包括以下内容。

1) 三参数拟合及四参数拟合

在客观的已知条件方面，首先需要明确：是使用三参数拟合方式，还是四参数拟合方式。若信号频率确切已知，例如振动参数的计量校准中，则可使用三参数拟合方式。

在信号频率未知，或信号频率无法准确已知时，则四参数拟合将是必然选择。

2) 多周期、单周期及残周期序列

实际工作中，数据序列包含的信号波形周期数是变化的。对于多周期采样序列，几乎所有正弦曲线拟合方法均能适用。而对于残周期情况，则三参数拟合方法可以使用；而大多数四参数拟合方法，由于需要进行四个正弦参数的预估计，从而无法有效使用，只有个别方法可以应用，具体情况将在后续 4.7 节的内容中予以介绍。

3) 均匀采样及非均匀采样

考察采样序列是否为等间隔均匀采样是很有必要的。对于等间隔均匀采样序列，所有拟合方法均可以使用。而对于非均匀采样序列，一些拟合方法则不能被有效使用，例如 4.5 节的频率估计法。

4) 拟合精度及收敛性

若将拟合精度粗略分为高精度、中等精度和较低精度三种，则，

(1) 三参数拟合法拟合精度较高，拟合速度最快，无收敛性问题；

(2) 以各个参数独立迭代搜索为特征的四参数拟合算法可以提供较高的参数拟合精度，拟合速度较快，但不能确保拟合收敛；

(3) 频率搜索算法可提供中等精度的拟合参数，拟合速度较慢，可以确保拟合过程收敛；

(4) 频率估计法可以在等间隔均匀采样条件下提供较低精度的参数拟合结果，其可保证拟合过程收敛，拟合速度较快。

频率搜索法与四参数迭代法构建的组合法，可同时兼顾收敛性与高精度，但拟合速度最慢。

掌握了上述原则和实际情况后，通常可以有效选择出最为适合的正弦拟合方法，以面对实际需求。

4.2 四参数正弦波最小二乘拟合——矩阵迭代算法

经典的正弦波四参数拟合方法是牛顿迭代法，其基本思想是局部线性迭代搜索。对于最优值存在且唯一的任何单调过程而言，牛顿迭代法都可以获得令人满意的最小二乘拟合结果。但是，对于存在众多局部最优值的非单调过程而言，只有在其最佳点附近的小邻域

区间内，才可以认为其最优值存在且唯一。由此，牛顿迭代法经常需要对迭代的初始值进行预先估计，并且，预先估计值的准确度还应当足够高，才能保证迭代结果收敛到正确的量值上；否则，将导致迭代发散，或收敛到局部最优值，而非总体最优值上。本节的以下方法属于牛顿迭代法，其过程依然如此。为简捷起见，这里的数学过程是以矩阵运算方式表述的。设理想正弦信号为

$$y(t) = A \cdot \cos(\varpi \cdot t) + B \cdot \sin(\varpi \cdot t) + D \tag{4-1}$$

设正弦数据记录序列中时刻 $t_0, t_1, \cdots, t_{n-1}$ 的采集样本为 $y_0, y_1, \cdots, y_{n-1}$，可使用迭代过程寻找到 A_k、B_k、D_k 和 ϖ_k 值，使得下式所述残差平方和最小：

$$\varepsilon_k = \sum_{i=0}^{n-1} [y_i - A_k \cdot \cos(\varpi_k t_i) - B_k \cdot \sin(\varpi_k t_i) - D_k]^2 \tag{4-2}$$

这里，ϖ_k 为输入正弦信号的角频率。

其操作步骤如下 [23] 所述。

(1) 设置循环指针 $k = 0$，对输入正弦信号的角频率 ϖ 作一个初始估计 ϖ_0。可以用第 3 章中的离散傅里叶变换来计算频率；或者通过计数波形过零点个数计算频率；或简单地输入一个测量频率初始值。使用第 3 章中给定的三参数矩阵算法进行拟合以确定 A_0、B_0 和 D_0。

(2) 设置 $k = k + 1$，作下一次迭代。

(3) 使用下式获得新的角频率：

$$\varpi_k = \varpi_{k-1} + \Delta\varpi_{k-1} \quad (\Delta\varpi_0 = 0) \tag{4-3}$$

(4) 构造如下矩阵：

$$\boldsymbol{y} = \begin{bmatrix} y_0 \\ y_1 \\ \vdots \\ y_{n-1} \end{bmatrix}$$

$$\boldsymbol{\Psi}_k = \begin{bmatrix} \cos(\varpi_k t_0) & \sin(\varpi_k t_0) & 1 & -A_{k-1} t_0 \sin(\varpi_k t_0) + B_{k-1} t_0 \cos(\varpi_k t_0) \\ \cos(\varpi_k t_1) & \sin(\varpi_k t_1) & 1 & -A_{k-1} t_1 \sin(\varpi_k t_1) + B_{k-1} t_1 \cos(\varpi_k t_1) \\ \cdots & \cdots & \cdots & \cdots \\ \cdots & \cdots & \cdots & \cdots \\ \cos(\varpi_k t_{n-1}) & \sin(\varpi_k t_{n-1}) & 1 & -A_{k-1} t_{n-1} \sin(\varpi_k t_{n-1}) + B_{k-1} t_{n-1} \cos(\varpi_k t_{n-1}) \end{bmatrix}$$

$$\boldsymbol{x}_k = \begin{bmatrix} A_k \\ B_k \\ D_k \\ \Delta\varpi_k \end{bmatrix}$$

(5) 使式 (4-2) 达到最小的，最小二乘解用矩阵形式表示如下：

$$\hat{\boldsymbol{x}}_k = (\boldsymbol{\Psi}_k^{\mathrm{T}}\boldsymbol{\Psi}_k)^{-1}(\boldsymbol{\Psi}_k^{\mathrm{T}}\boldsymbol{y}) \tag{4-4}$$

(6) 按下式计算幅度 C_k 和初始相位 θ_k：

$$\hat{y}_i = C_k \cdot \cos(\varpi_k \cdot t_i + \theta_k) + D_k \tag{4-5}$$

其中，

$$C_k = \sqrt{A_k^2 + B_k^2} \tag{4-6}$$

$$\theta_k = \begin{cases} \arctan\left[\dfrac{-B_k}{A_k}\right], & A_k \geqslant 0 \\ \arctan\left[\dfrac{-B_k}{A_k}\right] + \pi, & A_k < 0 \end{cases} \tag{4-7}$$

(7) 重复步骤 (2)~(6)，直到 A_k、B_k、ϖ_k 和 D_k(或 C_k、ϖ_k、θ_k 和 D_k) 的变化小到满足要求。

拟合残差如下：

$$r_i = y_i - A_k \cdot \cos(\varpi_k t_i) - B_k \cdot \sin(\varpi_k t_i) - D_k \tag{4-8}$$

拟合残差的有效值如下：

$$\rho = \varepsilon_{\mathrm{rms}} = \sqrt{\frac{1}{n}\sum_{i=0}^{n-1} r_i^2} \tag{4-9}$$

拟合获得的四个参数为：幅度 C_k、角频率 ϖ_k、初始相位 θ_k 和直流分量 D_k；或者 A_k、B_k、ϖ_k 和 D_k。四个拟合参数获得后，曲线拟合即告完成。

4.3 四参数正弦波最小二乘拟合——线性方程组法

线性方程组法实际上也是一种牛顿迭代法，只不过是其以线性方程组方式表述而已 [23]。其原始假设和测量序列表述一如上述，设理想正弦信号为

$$y(t) = A\cos(\varpi \cdot t) + B\sin(\varpi \cdot t) + D \tag{4-10}$$

设正弦数据记录序列中时刻 $t_0, t_1, \cdots, t_{n-1}$ 的采集样本为 $y_0, y_1, \cdots, y_{n-1}$。

对采集记录的数据序列 $\{y_i\}$ 估计一个角频率初始值 ϖ 和相位初始值 θ，这里的相位指的是记录序列中的第一个采样点 y_0 对应的相位，称为初始相位。角频率用每秒的弧度数来表示，可以用离散傅里叶变换或计算序列过零点的次数得到，也可以直接使用输入信号频率算得。

初始相位 θ 用弧度来表示，可以按 3.6 节中所述三参数法计算得到。或者用下面的公式计算：

$$\theta = [\mathrm{sgn}(y_1 - y_0)] \arccos\left(\frac{y_0 - D}{C}\right) \tag{4-11}$$

其中，

$$\mathrm{sgn}(y_1 - y_0) = \begin{cases} 1, & y_1 > y_0 \\ 0, & y_1 = y_0 \\ -1, & y_1 < y_0 \end{cases} \tag{4-12}$$

这里，y_0 是为对应于 $t = 0$ 的第一个样本点；y_1 是紧跟着 y_0 的下一个样本点；D、C 分别是正弦波的直流偏移和幅度。

使用上式计算时，估计波形幅度可参照如下方法。

(1) 如果波形数据序列的噪声不大，则用记录数据中的最大值和最小值的代数差的一半作为波形幅度。

(2) 用众数法找最大和最小值，计算波形幅度。

估计偏移的方法如下所述。

(1) 可以使用记录中的最大值和最小值之和的一半。

(2) 取整数个周期内数据的平均值。注意，如果在每个周期中点数太少，则符号函数 $\mathrm{sgn}(y_1 - y_0)$ 可能给出不正确的结果, 特别是在 arccos(*) 值接近 0 或 π 时。

设数据记录序列中包含了一系列时刻 t_i 的取样 y_i，用以估计 ϖ 和 θ，计算下面的 16 个和：

$$\sum_{i=0}^{n-1}\alpha_i;\quad \sum_{i=0}^{n-1}\beta_i;\quad \sum_{i=0}^{n-1}y_i;\quad \sum_{i=0}^{n-1}\alpha_i y_i;\quad \sum_{i=0}^{n-1}\beta_i y_i;\quad \sum_{i=0}^{n-1}\alpha_i\beta_i;\quad \sum_{i=0}^{n-1}\beta_i^2;\quad \sum_{i=0}^{n-1}\alpha_i^2$$

$$\sum_{i=0}^{n-1}y_i^2;\quad \sum_{i=0}^{n-1}\beta_i t_i y_i;\quad \sum_{i=0}^{n-1}\alpha_i\beta_i t_i;\quad \sum_{i=0}^{n-1}\beta_i^2 t_i;\quad \sum_{i=0}^{n-1}\beta_i^2 t_i^2;\quad \sum_{i=0}^{n-1}\beta_i t_i;\quad \sum_{i=0}^{n-1}\alpha_i t_i;\quad \sum_{i=0}^{n-1}\beta_i t_i^2$$

其中，

$$\alpha_i = \cos(\varpi \cdot t_i + \theta);\quad \beta_i = \sin(\varpi \cdot t_i + \theta)$$

现在使用 ϖ 和 θ 的估计值，计算：

$$\psi = \varpi + \frac{a_{22}R - a_{12}S}{a_{11}a_{22} - a_{12}a_{21}} \tag{4-13}$$

$$\phi = \theta + \frac{a_{11}S - a_{21}R}{a_{11}a_{22} - a_{12}a_{21}} \tag{4-14}$$

其中，

$$a_{11} = \frac{\sum\limits_{i=0}^{n-1}\beta_i t_i(\alpha_i - \bar{\alpha}) \cdot \sum\limits_{i=0}^{n-1}\alpha_i t_i(\beta_i - \bar{\beta})}{\left[\sum\limits_{i=0}^{n-1}\alpha_i(\alpha_i - \bar{\alpha})\right]^2} - \frac{\sum\limits_{i=0}^{n-1}\alpha_i(\alpha_i - \bar{\alpha}) \cdot \sum\limits_{i=0}^{n-1}\beta_i t_i^2(\beta_i - \bar{\beta})}{\left[\sum\limits_{i=0}^{n-1}\alpha_i(\alpha_i - \bar{\alpha})\right]^2}$$

$$a_{12}=\frac{\sum\limits_{i=0}^{n-1}\beta_i t_i(\alpha_i-\bar{\alpha})\cdot\sum\limits_{i=0}^{n-1}\alpha_i(\beta_i-\bar{\beta})}{\left[\sum\limits_{i=0}^{n-1}\alpha_i(\alpha_i-\bar{\alpha})\right]^2}-\frac{\sum\limits_{i=0}^{n-1}\alpha_i(\alpha_i-\bar{\alpha})\cdot\sum\limits_{i=0}^{n-1}\beta_i t_i(\beta_i-\bar{\beta})}{\left[\sum\limits_{i=0}^{n-1}\alpha_i(\alpha_i-\bar{\alpha})\right]^2}$$

$$a_{21}=\frac{\sum\limits_{i=0}^{n-1}\beta_i(\alpha_i-\bar{\alpha})\cdot\sum\limits_{i=0}^{n-1}\alpha_i t_i(\beta_i-\bar{\beta})}{\left[\sum\limits_{i=0}^{n-1}\alpha_i(\alpha_i-\bar{\alpha})\right]^2}-\frac{\sum\limits_{i=0}^{n-1}\alpha_i(\alpha_i-\bar{\alpha})\cdot\sum\limits_{i=0}^{n-1}\beta_i t_i(\beta_i-\bar{\beta})}{\left[\sum\limits_{i=0}^{n-1}\alpha_i(\alpha_i-\bar{\alpha})\right]^2}$$

$$a_{22}=\frac{\sum\limits_{i=0}^{n-1}\beta_i(\alpha_i-\bar{\alpha})\cdot\sum\limits_{i=0}^{n-1}\alpha_i(\beta_i-\bar{\beta})}{\left[\sum\limits_{i=0}^{n-1}\alpha_i(\alpha_i-\bar{\alpha})\right]^2}-\frac{\sum\limits_{i=0}^{n-1}\alpha_i(\alpha_i-\bar{\alpha})\cdot\sum\limits_{i=0}^{n-1}\beta_i(\beta_i-\bar{\beta})}{\left[\sum\limits_{i=0}^{n-1}\alpha_i(\alpha_i-\bar{\alpha})\right]^2}$$

$$R=\frac{\sum\limits_{i=0}^{n-1}\beta_i t_i(y_i-\bar{y})}{\sum\limits_{i=0}^{n-1}\alpha_i(y_i-\bar{y})}-\frac{\sum\limits_{i=0}^{n-1}t_i\beta_i(\alpha_i-\bar{\alpha})}{\sum\limits_{i=0}^{n-1}\alpha_i(\alpha_i-\bar{\alpha})};\quad S=\frac{\sum\limits_{i=0}^{n-1}\beta_i(y_i-\bar{y})}{\sum\limits_{i=0}^{n-1}\alpha_i(y_i-\bar{y})}-\frac{\sum\limits_{i=0}^{n-1}\beta_i(\alpha_i-\bar{\alpha})}{\sum\limits_{i=0}^{n-1}\alpha_i(\alpha_i-\bar{\alpha})}$$

$$\bar{y}=\frac{1}{n}\sum_{i=0}^{n-1}y_i;\quad \bar{\alpha}=\frac{1}{n}\sum_{i=0}^{n-1}\alpha_i;\quad \bar{\beta}=\frac{1}{n}\sum_{i=0}^{n-1}\beta_i$$

使用 ψ 和 ϕ 作为新的 ϖ 和 θ 估计值，重复上述过程，直到两者的差别小到满足要求，产生其拟合函数的形式如下：

$$\hat{y}_i=C\cdot\cos(\psi\cdot t_i+\phi)+D \tag{4-15}$$

可按下列式子计算：

$$C=\frac{\sum\limits_{i=0}^{n-1}\beta_i(y_i-\bar{y})(\alpha_i+\beta_i+\beta_i t_i)}{\sum\limits_{i=0}^{n-1}(\alpha_i-\bar{\alpha})(\alpha_i+\beta_i+\beta_i t_i)} \tag{4-16}$$

$$D=\bar{y}-C\bar{\alpha} \tag{4-17}$$

拟合残差有效值为

$$\rho=\sqrt{\frac{\varepsilon}{n}} \tag{4-18}$$

这里，

$$\frac{\varepsilon}{n}=\frac{1}{n}\sum_{i=0}^{n-1}y_i^2+\frac{C^2}{n}\sum_{i=0}^{n-1}\alpha_i^2-2\frac{C}{n}\sum_{i=0}^{n-1}\alpha_i y_i+D^2-2D\bar{y}+2CD\bar{\alpha}$$

$$= \frac{1}{n}\sum_{i=0}^{n-1}(y_i - C\alpha_i - D)^2 = \frac{1}{n}\sum_{i=0}^{n-1}(y_i - \hat{y}_i)^2 \tag{4-19}$$

当拟合残差有效值 ρ 最小时，拟合获得的四个参数为：幅度 C_k、角频率 ϖ_k、初始相位 θ_k 和直流分量 D_k。四个拟合参数获得后，曲线拟合即告完成。

由于这是一个迭代过程，所以对一些误差很大的估计初始值，ϖ 和 θ 有可能引起发散。

4.4　四参数正弦波最小二乘拟合——频率迭代法

三参数正弦曲线拟合是一种闭合的线性过程，绝对收敛。四参数正弦曲线拟合则不然，尚无确切的数学公式可直接计算获得其拟合参数，多数已知的方法都属非线性迭代拟合过程，若拟合初始值距离目标值“太远”，则很容易导致迭代过程发散或收敛到局部最优点而不是总体最优点上，致使拟合结果错误。而拟合初始值是否与目标值足够“接近”，尚缺乏实际判据，很难对其进行量化控制，只能在拟合不收敛时，重新选取初始值或重新获取测量数据。而下面介绍的过程则有绝对收敛的特点。

设理想正弦信号为

$$y(t) = A_0 \cdot \cos(\varpi \cdot t) + B_0 \cdot \sin(\varpi \cdot t) + Q = E \cdot \cos(\varpi \cdot t + \Phi) + Q \tag{4-20}$$

设正弦数据记录序列中时刻 $t_0, t_1, \cdots, t_{n-1}$ 的采集样本为 $y_0, y_1, \cdots, y_{n-1}$。

$$\varpi = 2\pi f \tag{4-21}$$

4.4.1　三参数正弦曲线拟合的问题讨论

3.6 节的三参数正弦曲线拟合过程，是在已知信号频率 f 的假设下进行的，实际上，信号频率 f 可能是未知的，或者是有误差的。当信号频率 f 有偏差时，上述过程将不能获得正弦波形幅度、初始相位和直流分量的最小二乘估计值，但应仍然是给定条件下的最佳估计。

特例，当已知的采集速率为 v 时，等间距采样间隔为 $\Delta t = 1/v, t_i = i \times \Delta t = i/v, i = 0, \cdots, n-1$，数字角频率为 ω。

$$\omega = \frac{2\pi f}{v} \tag{4-22}$$

则式 (4-20) 可表示成下列离散形式：

$$y(i) = A_0 \cdot \cos(\omega \cdot i) + B_0 \cdot \sin(\omega \cdot i) + Q = E \cdot \cos(\omega \cdot i + \Phi) + Q \tag{4-23}$$

则拟合函数将是

$$\hat{y}(i) = A \cdot \cos(\omega \cdot i) + B \cdot \sin(\omega \cdot i) + D \tag{4-24}$$

$$\hat{y}(i) = C \cdot \cos(\omega \cdot i + \theta) + D \tag{4-25}$$

不失一般性，设给定信号测量序列的数字角频率为 w，而不是 ω，则使用 1 个周期的正弦波形序列，按 3.6 节的三参数正弦曲线拟合得如图 4-1 所示归一化误差 ρ/E 与频率比 w/ω 的关系曲线波形。图 4-2 为图 4-1 的局部细化。

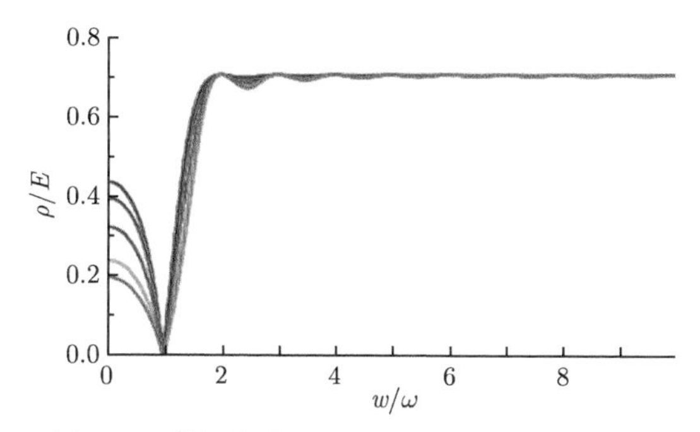

图 4-1 单周期时误差 ρ/E 与 w/ω 关系曲线

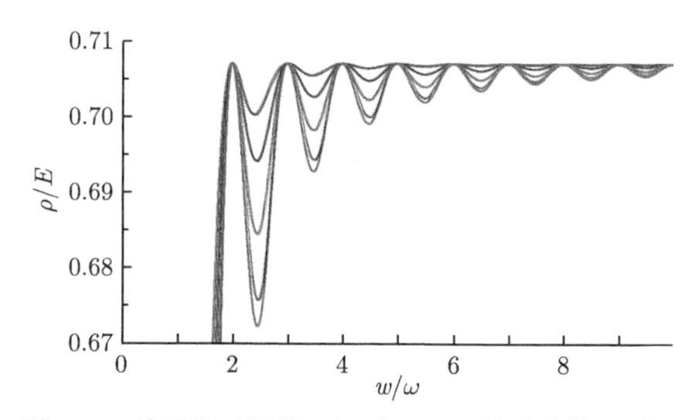

图 4-2 单周期时误差 ρ/E 与 w/ω 关系曲线 (局部)

其中，$\omega = 2\pi/10000$；$E = 100$；$Q = 0$；$\varPhi$ 分别取 0°、40°、80°、120°、160°、200°、240°、280°、320°、360°；以 w 代替 ω 进行三参数拟合。

从图 4-1 及其局部细化曲线波形图 4-2 所示规律可见，对于信号频率 ω 的正弦曲线，三参数最小二乘拟合法在 $\omega \pm \omega$(即 $[0, 2\omega]$) 范围内极值存在且唯一；幅度和初始相位的变化不影响 ρ/E 的变化规律，可在 $\omega \pm \omega$ 范围内通过对 ω 的一维搜索找出该极值点。

在全频率范围内，幅度 E 的变化基本上不影响 ρ/E 随 w/ω 的变化时极值点出现的位置和幅度；初始相位的变化也不影响 ρ/E 随 w/ω 变化时极值点出现的位置，而只改变非 ω 频率处各个 ρ/E 极小值的大小，对各极大值则无影响。

使用 10 个周期的正弦波形序列，按上述三参数正弦曲线拟合得到如图 4-3 所示的归一化误差 ρ/E 与频率比 w/ω 的关系曲线波形。图 4-4 为图 4-3 的局部细化。

其中，$\omega = 2\pi/1000$；$E = 100$；$Q = 0$；$\varPhi$ 分别取 0°、40°、80°、120°、160°、200°、240°、280°、320°、360°；以 w 代替 ω 进行三参数拟合。

从图 4-3 及其局部细化曲线波形图 4-4 所示规律可见，对于信号频率 ω 的正弦曲线，三参数最小二乘拟合法在 $\omega \pm \omega/10$(即 $[0.9\omega, 1.1\omega]$) 范围内极值存在且唯一，幅度和初始相位的变化不影响其 ρ/E 的变化规律，可在 $\omega \pm \omega/10$ 范围内通过对 ω 的一维搜索找出该极值点。

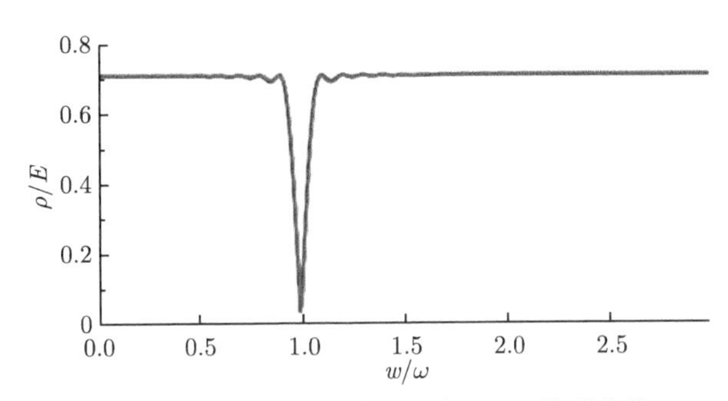

图 4-3　多周期时误差 ρ/E 与 w/ω 关系曲线

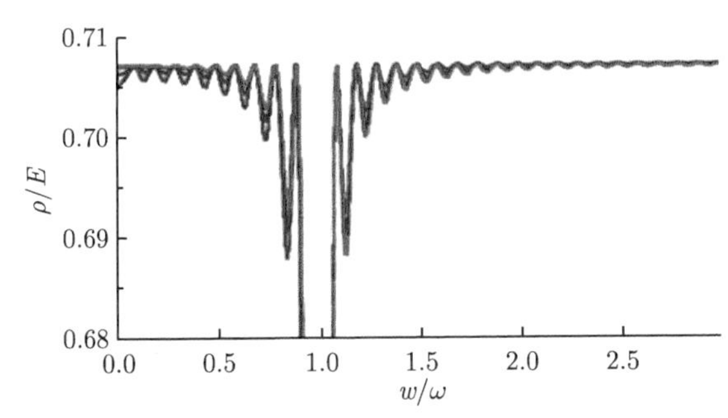

图 4-4　多周期时误差 ρ/E 与 w/ω 关系曲线 (局部)

在全频率范围内，幅度和初始相位的变化对 ρ/E 的影响与单周期序列时相同。

从多组仿真运算不难看出，一般情况下，对于含有 p 个周期的正弦波形序列，按上述三参数正弦曲线拟合，在 $\omega\pm\omega/p$(即 $[\omega-\omega/p,\omega+\omega/p]$) 范围内极值存在且唯一，幅度和初始相位的变化不影响 ρ/E 的变化规律，可在 $\omega\pm\omega/p$ 范围内通过对 ω 的一维搜索找出该极值点。并且，该极值点处的最小二乘拟合结果就是四参数最小二乘正弦波拟合结果。

4.4.2　四参数正弦曲线拟合

对 3.6 节的三参数正弦曲线拟合方法的改造，可获得一种绝对收敛的四参数正弦曲线拟合方法——频率迭代法 [11]。

设待估计的正弦波形序列 y_i $(i=0,\cdots,n-1)$ 的模型为

$$y(t_i)=C\cdot\cos(\varpi\cdot t_i+\theta)+D \tag{4-26}$$

假设待估计的正弦波角频率目标值为 ϖ_0，待估计的正弦波采样序列所含信号周期个数为 p; 则，若 $\Delta\varpi_{\max}=\varpi_0/p$, 在区间 $[\varpi_0-\Delta\varpi_{\max},\varpi_0+\Delta\varpi_{\max}]$ 内的任意角频率 ϖ 下，以正弦波角频率为函数的残差平方和 $\varepsilon(\varpi)$ 的极值都存在且唯一。这样，便将四参数正弦波曲线拟合中，对幅度、频率、初始相位、直流分量四个参数的四维非线性搜索，变成了对频率分量 ϖ 造成的 $\varepsilon(\varpi)$ 的一维线性搜索，可保证在区间 $[\varpi_0-\Delta\varpi_{\max},\varpi_0+\Delta\varpi_{\max}]$ 内，用三参数拟合法实现的四参数正弦曲线拟合过程绝对收敛。该四参数拟合过程如下所述。

(1) 设定拟合迭代停止条件为 h_{e}。

(2) 对已知时刻 $t_0, t_1, \cdots, t_{n-1}$ 的正弦波采集样本 $y_0, y_1, \cdots, y_{n-1}$。使用周期计点法或其他方法获得每个信号周期内所含信号采样点数 m，并获得序列所含信号周期个数 $p = n/m$；则频率 ϖ_0 的估计值 $\varpi_0 = 2\pi v/m$；其收敛区间界为：$\Delta\varpi_{\max} = \varpi_0/p = 2\pi v/n$；平均采集速率为 $v = (n-1)/(t_{n-1} - t_0)$。

(3) 确定拟合频率 ϖ 的收敛区间 $[\varpi_0 - \Delta\varpi_{\max}, \varpi_0 + \Delta\varpi_{\max}] = [\varpi_0 - 2\pi v/n, \varpi_0 + 2\pi v/n]$，则迭代左边界频率：$\varpi_{\mathrm{L}} = \varpi_0 - 2\pi v/n$；迭代右边界频率：$\varpi_{\mathrm{R}} = \varpi_0 + 2\pi v/n$；中值频率：$\varpi_{\mathrm{M}} = \varpi_{\mathrm{L}} + 0.618 \times (\varpi_{\mathrm{R}} - \varpi_{\mathrm{L}})$；$\varpi_{\mathrm{T}} = \varpi_{\mathrm{R}} - 0.618 \times (\varpi_{\mathrm{R}} - \varpi_{\mathrm{L}})$。

(4) 在 ϖ_{L} 上执行三参数正弦曲线拟合，获得 C_{L}、θ_{L}、D_{L}、ρ_{L}；在 ϖ_{R} 上执行三参数正弦曲线拟合，获得 C_{R}、θ_{R}、D_{R}、ρ_{R}；在 ϖ_{M} 上执行三参数正弦曲线拟合，获得 C_{M}、θ_{M}、D_{M}、ρ_{M}；在 ϖ_{T} 上执行三参数正弦曲线拟合，获得 C_{T}、θ_{T}、D_{T}、ρ_{T}。

(5) 若 $\rho_{\mathrm{M}} < \rho_{\mathrm{T}}$，则 $\rho = \rho_{\mathrm{M}}$，有 $\varpi_0 \in [\varpi_{\mathrm{T}}, \varpi_{\mathrm{R}}]$，$\varpi_{\mathrm{L}} = \varpi_{\mathrm{T}}, \varpi_{\mathrm{T}} = \varpi_{\mathrm{M}}$；$\varpi_{\mathrm{M}} = \varpi_{\mathrm{L}} + 0.618 \times (\varpi_{\mathrm{R}} - \varpi_{\mathrm{L}})$；

若 $\rho_{\mathrm{M}} > \rho_{\mathrm{T}}$，则 $\rho = \rho_{\mathrm{T}}$，有 $\varpi_0 \in [\varpi_{\mathrm{L}}, \varpi_{\mathrm{M}}]$，$\varpi_{\mathrm{R}} = \varpi_{\mathrm{M}}, \varpi_{\mathrm{M}} = \varpi_{\mathrm{T}}$；$\varpi_{\mathrm{T}} = \varpi_{\mathrm{R}} - 0.618 \times (\varpi_{\mathrm{R}} - \varpi_{\mathrm{L}})$。

(6) 若 $|(\rho_{\mathrm{M}}(k) - \rho_{\mathrm{T}}(k))/\rho_{\mathrm{T}}(k)| < h_{\mathrm{e}}$，则停止迭代，并且：

$\rho = \rho_{\mathrm{T}}$ 时，获得四参数拟合正弦曲线参数为 $C = C_{\mathrm{T}}$、$\varpi = \varpi_{\mathrm{T}}$、$\theta = \theta_{\mathrm{T}}$、$D = D_{\mathrm{T}}$、$\rho$，拟合结束。

$\rho = \rho_{\mathrm{M}}$ 时，获得四参数拟合正弦曲线参数为 $C = C_{\mathrm{M}}$、$\varpi = \varpi_{\mathrm{M}}$、$\theta = \theta_{\mathrm{M}}$、$D = D_{\mathrm{M}}$、$\rho$，拟合结束。

否则，重复 (4)~(6) 的过程。

4.4.3 收敛性

四参数正弦曲线拟合是一个迭代过程，也有收敛性问题。如上所述，对于含 p 个信号周期的测量序列的情况，如图 4-3 所示，四参数正弦曲线拟合的绝对收敛区间为 $[\omega_0(1-1/p), \omega_0(1+1/p)]$，其中，$\omega_0$ 为信号的真实数字角频率。

在该绝对收敛区间之外，当 $p \geqslant 2$ 时，首先，可对测量序列的有效值 E_{rms} 进行预估计，

$$E_{\mathrm{rms}} = \sqrt{\frac{1}{n-1}\sum_{i=0}^{n-1}(y_i - \bar{y})^2} \tag{4-27}$$

$$\bar{y} = \frac{1}{n}\sum_{i=0}^{n-1} y_i \tag{4-28}$$

不失一般性，假设正弦序列的噪声与信号有效值幅度之比为 $N/S \ll 1$，即噪声功率远小于信号功率，则可选取判据 h_{d} 取值满足 $N/S < h_{\mathrm{d}} < 1$。

然后，变化 ω 在 $(0, +\infty)$ 区间内搜索从 $\rho(\omega)/E_{\mathrm{rms}} > h_{\mathrm{d}}$ 变化到 $\rho(\omega)/E_{\mathrm{rms}} < h_{\mathrm{d}}$ 处的频率点 ω_{d}，根据在 ω_{d} 附近 $\rho(\omega_{\mathrm{d}})$ 的变化规律可以判断：

当导数 $\rho'(\omega_{\mathrm{d}}) < 0$ 时，$\omega_{\mathrm{d}} < \omega_0$，可令 $\omega_{\mathrm{L}} = \omega_{\mathrm{d}}$；

当导数 $\rho'(\omega_{\mathrm{d}}) > 0$ 时，$\omega_{\mathrm{d}} > \omega_0$，可令 $\omega_{\mathrm{R}} = \omega_{\mathrm{d}}$。

这样，便寻找出落在绝对收敛区间内且包含 ω_0 的迭代区间 $[\omega_{\rm L},\omega_{\rm R}]$，使用前述方法可获得绝对收敛的四参数正弦拟合结果。

采取辅助判据 $h_{\rm d}$ 措施后，可将本节所述四参数正弦拟合方法的频率绝对收敛区间拓展到 $(0, +\infty)$，从而可在任何情况下都获得收敛结果。

特例，对于含单个信号周期的测量序列的情况，如图 4-1 所示，四参数正弦曲线拟合的绝对收敛区间为 $[0,\ 2\omega_0]$。在该绝对收敛区间之外，与 $p \geqslant 2$ 时不同的是，只需搜索 $\omega_{\rm R}$ 即可将四参数正弦拟合方法的频率绝对收敛区间拓展到 $(0, +\infty)$。

4.4.4　仿真验证

对于四参数正弦波曲线拟合算法的较全面评价，需要使用蒙特卡罗仿真方法，或使用文献 [16] 所述方法首先获得其指标以最终确定优劣。限于篇幅，这里只选择在一组特定条件下的不同算法的结果比较来间接考察其相对优劣。

设定仿真信号标称幅度为 4V、标称频率为 6254321Hz、标称相位为 0rad、标称直流分量为 0V。仿真测量系统量程 −5 ~ 5V、采样速率 4GSa/s。当仿真 A/D 位数变化时，其用本节上述方法获得的四参数拟合结果如表 4-1 所示。表 4-2 为相同条件下使用文献 [8] 所述的频率估计法获得的拟合结果，表 4-3 为相同条件下使用牛顿迭代法获得的拟合结果 [23]。

其中，有效位数为测量数据序列等效噪声的等效 A/D 位数，噪信比为等效噪声有效值与拟合幅度有效值之比。

表 4-1　频率迭代法四参数正弦波拟合结果 [11]

(A/D)/bit	幅度/V	频率/Hz	初始相位/rad	直流分量/V	有效位数/bit	噪信比
3	3.81532263	6254382	9.17×10^{-3}	−0.500	3.34	0.106
4	3.93456138	6254349	9.52×10^{-3}	−0.250	4.30	5.25×10^{-2}
5	3.97683421	6254330	9.71×10^{-3}	−0.125	5.29	2.62×10^{-2}
6	3.99179210	6254325	9.76×10^{-3}	-6.25×10^{-2}	6.29	1.30×10^{-2}
7	3.99709260	6254321	9.81×10^{-3}	-3.13×10^{-2}	7.30	6.49×10^{-3}
8	3.99896206	6254323	9.81×10^{-3}	-1.57×10^{-2}	8.30	3.23×10^{-3}
9	3.99962387	6254322	9.81×10^{-3}	-7.83×10^{-3}	9.31	1.61×10^{-3}
10	3.99987049	6254322	9.81×10^{-3}	-3.91×10^{-3}	10.31	8.04×10^{-4}
11	3.99995484	6254321	9.82×10^{-3}	-1.95×10^{-3}	11.31	4.02×10^{-4}
12	3.99998731	6254321	9.83×10^{-3}	-9.76×10^{-4}	12.32	2.00×10^{-4}
13	3.99999714	6254321	9.83×10^{-3}	-4.90×10^{-4}	13.31	1.00×10^{-4}
14	4.00000198	6254315	9.90×10^{-3}	-2.45×10^{-4}	26.51	1.07×10^{-8}
15	4.00000038	6254321	9.82×10^{-3}	-1.22×10^{-4}	15.85	1.72×10^{-5}
16	4.00000020	6254321	9.82×10^{-3}	-6.09×10^{-5}	16.22	1.34×10^{-5}
17	3.99999997	6254321	9.82×10^{-3}	-3.05×10^{-5}	15.80	1.79×10^{-5}
18	4.00000006	6254321	9.82×10^{-3}	-1.52×10^{-5}	15.52	2.17×10^{-5}
19	4.00000001	6254321	9.82×10^{-3}	-7.52×10^{-6}	16.52	1.09×10^{-5}
20	4.00000002	6254321	9.82×10^{-3}	-3.73×10^{-6}	17.80	4.49×10^{-6}
21	3.99999944	6254323	9.80×10^{-3}	-1.83×10^{-6}	26.04	1.48×10^{-8}
22	3.99999916	6254324	9.79×10^{-3}	-8.93×10^{-7}	26.97	7.74×10^{-9}
23	3.99999941	6254323	9.80×10^{-3}	-4.07×10^{-7}	25.83	1.71×10^{-8}
24	3.99999942	6254323	9.80×10^{-3}	-1.73×10^{-7}	26.55	1.04×10^{-8}

表 4-2 频率估计法四参数正弦波拟合结果 [8]

(A/D)/bit	幅度/V	频率/Hz	初始相位/rad	直流分量/V	有效位数/bit	噪信比
16	0.44510763	6555294	−0.393	6.69×10^{-3}	0.0398	8.92
17	3.44814602	6332723	−0.914	2.86×10^{-3}	1.03	0.580
18	3.95509717	6274806	−0.232	2.50×10^{-5}	2.88	0.140
19	3.99635777	6259173	−0.0474	-5.11×10^{-5}	4.95	0.0331
20	3.99965827	6255220	−0.000787	-1.43×10^{-5}	7.38	0.00613
21	3.99992657	6254553	0.00709	-4.63×10^{-6}	9.34	0.00158
22	3.99998701	6254365	0.00931	-1.39×10^{-6}	11.76	0.000295
23	4.00000456	6254306	0.0100	-1.91×10^{-7}	13.25	0.000105
24	3.99999176	6254349	0.00950	-4.89×10^{-7}	12.41	0.000188

表 4-3 牛顿迭代法四参数正弦波拟合结果

(A/D)/bit	幅度/V	频率/Hz	初始相位/rad	直流分量/V	有效位数/bit	噪信比
3	3.813509567	6254384	-2.90×10^{-4}	−0.500	3.34	0.106
4	3.934210345	6254349	-3.03×10^{-4}	−0.250	4.30	5.25×10^{-2}
5	3.976735055	6254330	-1.11×10^{-4}	−0.125	5.29	2.62×10^{-2}
6	3.991778903	6254325	-6.96×10^{-5}	-6.25×10^{-2}	6.29	0.0130
7	3.997088078	6254321	-9.43×10^{-6}	-3.13×10^{-2}	7.30	6.49×10^{-3}
8	3.998962075	6254323	-1.92×10^{-5}	-1.57×10^{-2}	8.30	3.23×10^{-3}
9	3.999623494	6254322	-1.44×10^{-5}	-7.83×10^{-3}	9.31	1.61×10^{-3}
10	3.999869645	6254322	-1.61×10^{-5}	-3.91×10^{-3}	10.31	8.03×10^{-4}
11	3.999953984	6254321	-2.95×10^{-6}	-1.95×10^{-3}	11.31	4.01×10^{-4}
12	3.999986439	6254321	5.81×10^{-6}	-9.76×10^{-4}	12.32	2.00×10^{-4}
13	3.999996275	6254321	2.44×10^{-6}	-4.90×10^{-4}	13.32	1.00×10^{-4}
14	3.999999306	6254321	4.71×10^{-7}	-2.45×10^{-4}	14.32	5.00×10^{-5}
15	4.000000368	6254321	-1.51×10^{-7}	-1.22×10^{-4}	15.32	2.49×10^{-5}
16	4.000000196	6254321	1.35×10^{-7}	-6.09×10^{-5}	16.32	1.24×10^{-5}
17	3.999999971	6254321	2.65×10^{-8}	-3.05×10^{-5}	17.33	6.21×10^{-6}
18	4.000000052	6254321	-1.75×10^{-8}	-1.52×10^{-5}	18.32	3.12×10^{-6}
19	4.000000007	6254321	2.83×10^{-8}	-7.52×10^{-6}	19.31	1.57×10^{-6}
20	4.000000021	6254321	4.39×10^{-9}	-3.73×10^{-6}	20.30	7.88×10^{-7}
21	4.000000015	6254321	8.93×10^{-10}	-1.81×10^{-6}	21.29	3.99×10^{-7}
22	3.999999996	6254321	-3.14×10^{-9}	-8.58×10^{-7}	22.15	2.19×10^{-7}
23	4.000000002	6254321	-1.76×10^{-9}	-3.83×10^{-7}	22.81	1.39×10^{-7}
24	3.999999994	6254321	-1.42×10^{-10}	-1.49×10^{-7}	23.15	1.10×10^{-7}

从上述仿真过程及结果可见，文献 [8] 的方法运算速度最快，也最为便捷，原理上没有收敛性问题，但对数据要求较高，且拟合精度最差，当 A/D 位数低到 16 位时，拟合结果已经非常差了，原因在于该方法的频率估计精度受数据质量影响非常严重，严重影响了其实用性；而牛顿法的精度最高，速度中等，但有时拟合结果不收敛 [24]，实用性因而受到限制。本节所述的频率迭代方法由于要进行频率搜索，所以运算速度最慢，其精度中等，但收敛性好，因此具有良好的实用性。

4.4.5 实验验证

对于本节所述四参数正弦波曲线拟合算法的实验验证，使用常州三杰智能机器厂的 SCO232 型数据采集系统采集的数据进行，其 A/D 位数为 12bit，测量范围为 −5～+5V，采集速率为 2000Sa/s，序列长度为 1800点；信号源为 Fluke 公司的 5700A 型多功能校准器，信号幅度为 4.500V，频率为 11Hz。

使用本节所述方法，获得拟合结果为：信号幅度 4459.356mV，频率 11.00287Hz，初始相位 −0.317383rad，直流分量为 42.254mV，对应的有效位数 6.89bit，噪信比 7.70×10^{-3}。其拟合曲线与原始数据序列部分值如图 4-5 所示，而原始测量序列数据与拟合回归值间的差值如图 4-6 所示。

由图 4-5 可见，拟合曲线与测量序列基本重合，而由图 4-6 的差值曲线可以看出，拟合残差正负方向分布基本均匀，体现了拟合过程的有效性，锯齿形状的波形呈现出了典型的量化误差特征。这验证了本节所述方法的实用性。

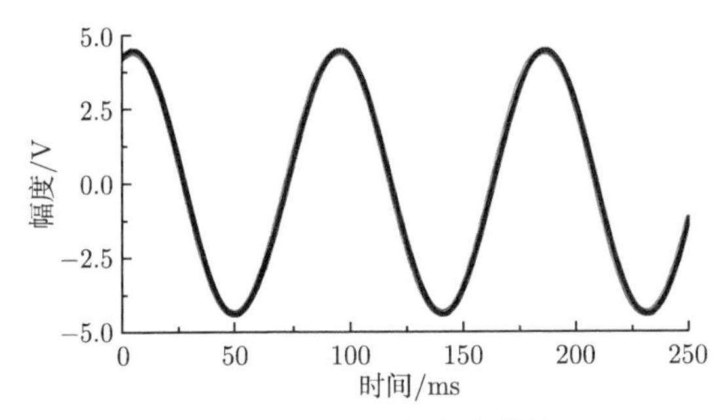

图 4-5　测量序列 y_i 与拟合曲线 $\hat{y}(i)$

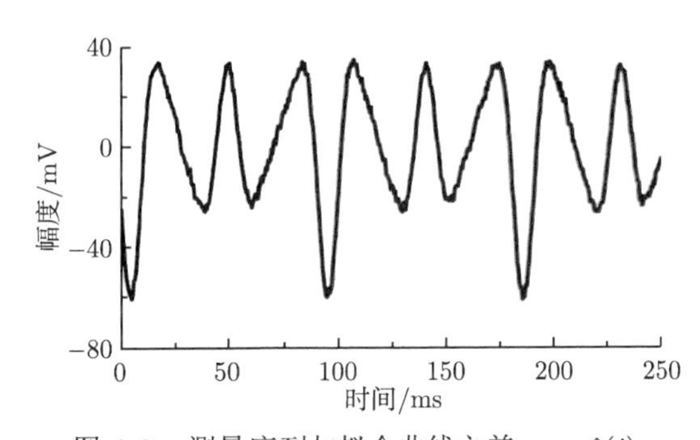

图 4-6　测量序列与拟合曲线之差 $y_i-\hat{y}(i)$

4.4.6　结论

综上所述可见，本节所述方法的最大特点是避免了四参数拟合中的初始值估计问题，从以往必须估计幅度、频率、初始相位、直流分量四个参数，转化成只需要估计频率一个参数，并且频率参数的估计误差区间可以比较大，使用周期波形计点法足以满足频率预估计的精度要求，进而解决了四参数正弦波拟合过程的收敛问题，并且给出了其收敛区间，在该区间内使用上述方法可获得绝对收敛的四参数正弦波拟合结果。增加辅助判据 h_{d} 这样一种措施后，原则上可将收敛区间拓展到无限。

本节所述方法的最大优点在于它的收敛性，这使得它可以应用到调制信号的数字化精确解调上；而多数拟合方法，因无法保证过程的收敛性，不适用于调制信号的解调。

4.5 四参数正弦波最小二乘拟合——频率估计法 [8]

四参数正弦波拟合算法的共同缺点是拟合过程需要大量运算时间，从而影响了算法的效率和实时性应用。因此，提高运算效率和缩短运行时间，也一直是四参数正弦波曲线拟合的目标之一。

一种显而易见的方法即是使用分步方法与技术来达到目的，即不是同时使用四参数拟合方法获得最终结果，而是通过其他方法首先对信号的频率进行估计，在此基础上，再使用已知信号频率的三参数正弦拟合算法进行拟合，最终获得正弦波形的四个参数 [8,25]。当正弦信号采样序列是等间隔采样序列时，该拟合过程将不需要迭代运算，从而具有速度快、过程简捷的特点，但精度通常较四参数直接拟合差。本节下面的过程具有这样的特点。

4.5.1 正弦信号序列的频率估计

关于正弦波序列频率的估计方法，有很多文献讨论 [4,26−34]，根据精度、速度、实时性和信号质量的不同，可以采取不同的方法。

设理想正弦信号为

$$y(t) = E_1 \cdot \cos(2\pi ft) + E_2 \cdot \sin(2\pi ft) + D = E \cdot \cos(2\pi ft + \varPhi) + D \tag{4-29}$$

当式 (4-29) 所述正弦信号被执行均匀采样后，获得的等间隔采样序列为 $y_0, y_1, \cdots, y_{n-1}$，已知的采集速率为 v 时，等间距采样间隔为 $\Delta t = 1/v, t_i = i \times \Delta t = i/v, i = 0, \cdots, n-1$，数字角频率 $\omega = 2\pi f/v$，其表述的函数关系如式 (4-30) 所示：

$$y(i) = E_1 \cdot \cos(\omega \cdot i) + E_2 \cdot \sin(\omega \cdot i) + D = E \cdot \cos(\omega \cdot i + \varPhi) + D \tag{4-30}$$

令

$$x(i) = E \cdot \cos(\omega \cdot i + \varPhi) \quad (i = 0, 1, \cdots, n-1) \tag{4-31}$$

若测量点 y_i 的误差为 $\gamma_i, g = 2\cos\omega$，则有

$$y_i = y(i) + \gamma_i = x(i) + D + \gamma_i \tag{4-32}$$

$$x(i) + x(i-2) = (2\cos\omega) \cdot x(i-1) = g \cdot x(i-1) \tag{4-33}$$

$$y(i) - D + y(i-2) - D = g \cdot [y(i-1) - D] \tag{4-34}$$

$$y_i - D - \gamma_i + y_{i-2} - D - \gamma_{i-2} = g \cdot (y_{i-1} - D - \gamma_{i-1}) \tag{4-35}$$

$$y_{i+1} - D - \gamma_{i+1} + y_{i-1} - D - \gamma_{i-1} = g \cdot (y_i - D - \gamma_i) \tag{4-36}$$

令

$$z_i = y_i - y_{i-1} \tag{4-37}$$

$$\xi_i = \gamma_i - \gamma_{i-1} \tag{4-38}$$

则由式 (4-35) 和式 (4-36) 得

$$z_{i+1}+z_{i-1}-g\cdot z_i=\xi_{i+1}+\xi_{i-1}-g\cdot\xi_i \tag{4-39}$$

由于可以认为 γ_i 为随机误差，故式 (4-39) 右侧也可以认为是随机误差。通过选取 g 使得

$$\rho=\sum_{i=2}^{n-2}\left(z_{i+1}+z_{i-1}-g\cdot z_i\right)^2=\min \tag{4-40}$$

令 $\dfrac{\mathrm{d}\rho}{\mathrm{d}g}=0$，则得

$$g=\frac{z_{n-1}z_{n-2}+z_2z_1+2\sum\limits_{i=3}^{n-2}z_iz_{i-1}}{\sum\limits_{i=2}^{n-2}z_i^2} \tag{4-41}$$

$$\omega=\arccos\left(\frac{g}{2}\right) \tag{4-42}$$

ω 即为数字角频率的最小二乘估计值。

4.5.2 四参数正弦曲线拟合

将 3.6 节和 4.5.1 节的运算过程结合起来，即构成了组合形式的四参数正弦波最小二乘拟合算法。从上述过程可见，两种算法均只涉及加、减、乘、除的四则运算，属于不需要经过迭代的闭合算法，因而没有收敛性问题，即过程总是收敛的。

4.5.3 仿真验证

对于四参数正弦波曲线拟合算法的较全面评价，需要使用蒙特卡罗仿真方法，或使用 4.10 节所述方法首先获得其指标以最终确定优劣。限于篇幅，这里只选择在一组特定条件下的不同算法的结果比较来间接考察其相对优劣。

设定仿真信号标称幅度为 4V、标称频率为 6254321Hz、标称相位为 0rad、标称直流分量为 0V。仿真测量系统量程 −5~5V、采样速率 4GSa/s。当仿真 A/D 位数变化时，其用本节上述方法获得的四参数拟合结果如 4.4.4 节中表 4-2 所述。表 4-1 为相同条件下使用频率迭代法获得的拟合结果，表 4-3 为相同条件下使用牛顿迭代法获得的拟合结果 [23]。

从仿真结果可见，频率估计法的运算速度最快，也最为便捷，没有收敛性问题，但对数据要求较高，且拟合精度最差，当 A/D 位数低到 16 位时，拟合结果已经非常差了，原因在于频率估计法的频率估计精度受数据质量影响非常严重；频率迭代法的运算速度最慢，但收敛性较好，精度中等；而牛顿法的精度最高，速度中等，但有时拟合结果不收敛。

4.5.4 结论

综上所述可见，用频率估计法进行四参数正弦波拟合，具有如下特点：

(1) 不存在过程的收敛问题，因而总是可以获得一个估计结果；

(2) 不需要参数预估计，算法简捷；

(3) 无需迭代过程，所有结果都可以一次运算获得，因而具有较高的运算速度；

(4) 量化噪声和随机误差对频率估计法的频率估计值影响非常大，因此其最适合于测量数据比较精确的序列模型估计；

(5) 估计过程对序列所含信号周期数没有要求，故可以依据精确的局部周期数据对参数模型进行估计，此为其重要特点；

(6) 如果对测量序列进行一下预处理，使其近似含有整数个信号周期，将可以进一步降低估计结果的不确定度；

(7) 如果选取其他效果更加优良的信号频率估计方法，将可以获得更加有价值的正弦波拟合算法。

4.6 非均匀采样正弦波四参数最小二乘拟合——频率迭代法

四参数正弦波形最小二乘拟合算法研究中，不可避免地会遇到非均匀采样问题，尽管其应用多数是针对具有恒定采样间隔的均匀采样方式进行的，这也是多数数字信号处理理论和方法中的基本假设和前提。

然而，伴随着高速宽带信号的测量处理需求，非均匀采样技术开始出现。例如，以多A/D 的多采样序列合成更高速的单采样序列的高速采样技术，以及针对周期信号波形的取样示波器的延迟采样技术和随机采样技术等，尽管其最终目的都是合成等效的均匀采样序列，但由于技术的不完善等因素，产生了非均匀采样效应。若仍然按照均匀采样方式进行处理，则将造成时基失真和频谱畸变。多年以来，有众多研究是专门针对这些非均匀采样所导致的时基失真开始的 [35−45]。

另有一类现象，是在均匀采样序列中，由瞬态干扰或短期粗大误差造成了测量序列中部分波形的严重失真和错误，以往人们处理的方式是重新测量或直接切除部分波形。人们也希望找到一种方法，即在直接剔除严重错误部分后形成的“非均匀采样”序列波形仍然能够进行整体有效的参数拟合。若将它们完全按照均匀采样方式处理，则会造成额外的误差或波形失真，根本无法进行有效的参数拟合与估计。

考察目前所有的正弦参数拟合算法后发现，一些方法可以同时用于均匀采样和非均匀采样序列，而另外一些方法则仅适用于均匀采样序列，如频率估计法。

在可用于非均匀采样序列的曲线拟合方法中，最具有挑战性的问题是拟合初始值的获取，只有解决了初始值获取的拟合方法，才能真正“适用于”非均匀采样序列；否则，一切都是未知。

由于多数正弦波形四参数拟合是一个对初始值准确度要求较高的非线性迭代过程，而通常的四参数正弦波曲线拟合又大多要求首先给出距离参数真值足够近的初始估计值，若初始值估计不够精确，则会导致迭代不收敛，或收敛到局部最优值点而非总体最优值点，其收敛区间大都不够明确。

均匀采样条件下，正弦波形参数的初始值估计可以有很多方法，如快速傅里叶变换

(FFT) 法、峰值检测法、平均值法等，且足够准确，因此，以往的四参数正弦波拟合方法主要是针对均匀采样条件下的正弦波形序列。

在非均匀采样序列中，初始值参数估计将面临更大困难，甚至无法进行有效估计，这导致它们很多时候无法适应非均匀采样正弦波序列的最小二乘拟合要求。

本节所述内容，将主要针对非均匀采样正弦波序列的最小二乘拟合展开，以寻找出一种适合非均匀采样正弦序列波形参数拟合的最小二乘算法。其中，最核心的问题是如何寻找出拟合的初始值估计方法。

4.6.1 原理过程

设理想正弦波形为

$$y(t) = E_1 \cdot \cos(2\pi ft) + E_2 \cdot \sin(2\pi ft) + Q = E \cdot \cos(2\pi ft + \Phi) + Q \tag{4-43}$$

式中，E 为正弦波形幅度；f 为正弦波形频率；Φ 为正弦波形初始相位角；Q 为正弦波形信号的直流分量值。

数据记录序列为已知时刻 $t_0, t_1, \cdots, t_{n-1}$ 的采集样本 $y_0, y_1, \cdots, y_{n-1}$。三参数正弦曲线拟合过程，即为输入信号的频率 f 已知，选取或寻找 A、B、D，使下式所述残差平方和 ε 最小：

$$\varepsilon = \sum_{i=0}^{n-1} [y_i - A \cdot \cos(2\pi ft_i) - B \cdot \sin(2\pi ft_i) - D]^2 \tag{4-44}$$

由式 (4-44) 的 ε 最小，可得拟合函数：

$$\hat{y}(i) = A \cdot \cos(2\pi ft_i) + B \cdot \sin(2\pi ft_i) + D = C \cdot \cos(2\pi ft_i + \theta) + D \tag{4-45}$$

$$C = \sqrt{A^2 + B^2} \tag{4-46}$$

$$\theta = \begin{cases} \arctan\left(\dfrac{-B}{A}\right), & A \geqslant 0 \\ \arctan\left(\dfrac{-B}{A}\right) + \pi, & A < 0 \end{cases} \tag{4-47}$$

式中，C 为正弦波形幅度 E 的拟合值；f 为正弦波形频率值；θ 为正弦波形初始相位角 Φ 的拟合值；D 为正弦波形信号直流分量 Q 的拟合值。

拟合残差有效值为 ρ：

$$\rho = \sqrt{\frac{\varepsilon}{n}} \tag{4-48}$$

$$\varepsilon = \sum_{i=0}^{n-1} [y_i - \hat{y}(i)]^2 \tag{4-49}$$

由于这是一种闭合算法，从而收敛是肯定的。

特别地，令 $t_{\min}=\min\{t_i\};t_{\max}=\max\{t_i\}$，则
平均采样速率

$$v=\frac{n-1}{t_{\max}-t_{\min}}=\frac{n-1}{t_{n-1}-t_0} \tag{4-50}$$

数字角频率

$$\omega=\frac{2\pi f}{v} \tag{4-51}$$

信号频率

$$f=\frac{n-1}{(t_{\max}-t_{\min})}\cdot\frac{\omega}{2\pi}=\frac{p}{t_{\max}-t_{\min}}=\frac{p}{t_{n-1}-t_0} \tag{4-52}$$

式中，p 为时间间隔 $t_{\max}-t_{\min}$ 内包含的波形周期个数。

三参数拟合仿真研究表明，对于含有 p 个周期的频率为 f 的正弦波形序列，按三参数正弦曲线拟合时有如下规律：

(1) 在 $f\pm f/p$(即区间 $[f-f/p,f+f/p]$) 范围内，ρ/E 极值存在且唯一，极值点就是 f 频率点；

(2) 幅度和初始相位的变化不影响 ρ/E 的变化规律，但初始相位 Φ 的变化将影响 ρ/E 的幅度值；

(3) 可通过 f 的初始估计值以及 p 值估计和判断四参数正弦波曲线拟合算法的收敛区间为 $[f-f/p,f+f/p]$；

(4) 可在 $f\pm f/p$ 范围内通过对 f 的一维搜索找出该 ρ/E 极值点，并且，该极值点处的最小二乘拟合结果就是四参数最小二乘正弦波拟合结果。

若待估计的正弦波频率目标值为 f_0，待估计的正弦波采样序列所含信号周期个数为 p，则有，最大频率差值 $\Delta f_{\max}=f_0/p=1/(t_{n-1}-t_0)$，在区间 $[f_0-\Delta f_{\max},f_0+\Delta f_{\max}]$ 内的任意频率 f 下，残差平方和 $\varepsilon(f)$ 的极值存在且唯一。这样，便将四参数正弦波曲线拟合中，对幅度、频率、初始相位、直流分量四个参数的四维非线性搜索，变成了对频率分量 f 造成的 $\varepsilon(f)$ 的一维线性搜索，可保证在区间 $[f_0-\Delta f_{\max},f_0+\Delta f_{\max}]$ 内，用三参数拟合法实现的四参数正弦曲线拟合过程绝对收敛。

非均匀采样四参数拟合过程如下所述。

(1) 设定拟合迭代停止条件为 h_{e}；h_{e} 为用于判定迭代残差增量的一个非常小的小数值，例如，可令 $h_{\mathrm{e}}=10^{-15}$ 或更小。

(2) 对于已知时刻 $t_{0,0},t_{0,1},\cdots,t_{0,n-1}$ 的正弦波采集样本 $y_{0,0},y_{0,1},\cdots,y_{0,n-1}$，将 $t_{0,0},t_{0,1},\cdots,t_{0,n-1}$ 按照从小到大的顺序重新进行排序，形成符合采样时刻单调增加规律的拟合初始时间序列 $t_0,t_1,\cdots,t_{n-1}$，以及与其相对应的幅度值采样序列 $y_0,y_1,\cdots,y_{n-1}$，作为实际最小二乘拟合波形序列。

使用周期计点法 [11] 获得序列 $y_0,y_1,\cdots,y_{n-1}$ 每个信号周期内所含信号采样点数 m，并获得序列 $y_0,y_1,\cdots,y_{n-1}$ 所含信号周期个数 $p=n/m$，则频率 f_0 的估计值为

$$\hat{f}_0 = \frac{p}{t_{n-1} - t_0} = \frac{v}{m} \tag{4-53}$$

平均采样速率 v 为

$$v = \frac{n-1}{t_{n-1} - t_0} \tag{4-54}$$

其收敛区间界为 $\Delta f_{\max}$

$$\Delta f_{\max} = \frac{\hat{f}}{p} = \frac{1}{t_{n-1} - t_0} = \frac{v}{n} \tag{4-55}$$

(3) 确定拟合频率 f 的收敛区间：

$$[f_0 - \Delta f_{\max}, f_0 + \Delta f_{\max}] = \left[\hat{f}_0 - \frac{1}{t_{n-1} - t_0}, \hat{f}_0 + \frac{1}{t_{n-1} - t_0}\right] \tag{4-56}$$

则迭代左边界频率 $f_{\rm L}$ 为

$$f_{\rm L} = \hat{f}_0 - \frac{1}{t_{n-1} - t_0} \tag{4-57}$$

迭代右边界频率 $f_{\rm R}$ 为

$$f_{\rm R} = \hat{f}_0 + \frac{1}{t_{n-1} - t_0} \tag{4-58}$$

迭代中值频率为

$$f_{\rm M} = f_{\rm L} + 0.618 \times (f_{\rm R} - f_{\rm L}) \tag{4-59}$$

$$f_{\rm T} = f_{\rm R} - 0.618 \times (f_{\rm R} - f_{\rm L}) \tag{4-60}$$

(4) 在频率点 $f_{\rm L}$ 上执行三参数正弦曲线拟合，获得拟合参数 $C_{\rm L}$、$\theta_{\rm L}$、$D_{\rm L}$、$\rho_{\rm L}$；在频率点 $f_{\rm R}$ 上执行三参数正弦曲线拟合，获得拟合参数 $C_{\rm R}$、$\theta_{\rm R}$、$D_{\rm R}$、$\rho_{\rm R}$；在频率点 $f_{\rm M}$ 上执行三参数正弦曲线拟合，获得拟合参数 $C_{\rm M}$、$\theta_{\rm M}$、$D_{\rm M}$、$\rho_{\rm M}$；在频率点 $f_{\rm T}$ 上执行三参数正弦曲线拟合，获得拟合参数 $C_{\rm T}$、$\theta_{\rm T}$、$D_{\rm T}$、$\rho_{\rm T}$。

(5) 若 $\rho_{\rm M} < \rho_{\rm T}$，则 $\rho = \rho_{\rm M}$，有 $f_0 \in [f_{\rm T}, f_{\rm R}], f_{\rm L} = f_{\rm T}, f_{\rm T} = f_{\rm M}; f_{\rm M} = f_{\rm L} + 0.618 \times (f_{\rm R} - f_{\rm L})$；

若 $\rho_{\rm M} > \rho_{\rm T}$，则 $\rho = \rho_{\rm T}$，有 $f_0 \in [f_{\rm L}, f_{\rm M}], f_{\rm R} = f_{\rm M}, f_{\rm M} = f_{\rm T}; f_{\rm T} = f_{\rm R} - 0.618 \times (f_{\rm R} - f_{\rm L})$。

(6) 判定是否 $|(\rho_{\rm M}(k) - \rho_{\rm T}(k))/\rho_{\rm T}(k)| < h_{\rm e}$? 是，则停止迭代，并且：

当 $\rho = \rho_{\rm T}$ 时，获得四参数拟合正弦曲线参数为 $C = C_{\rm T}$、$f = f_{\rm T}$、$\theta = \theta_{\rm T}$、$D = D_{\rm T}$，拟合残差有效值为 ρ，拟合过程结束；

当 $\rho = \rho_{\rm M}$ 时，获得四参数拟合正弦曲线参数为 $C = C_{\rm M}$、$f = f_{\rm M}$、$\theta = \theta_{\rm M}$、$D = D_{\rm M}$，拟合残差有效值为 ρ，拟合过程结束。

否则，重复 (4)~(6) 的过程。

4.6.2 收敛性

四参数正弦曲线拟合是一个迭代过程，也有收敛性问题。如上所述，对于含 p 个信号周期的测量序列的情况，如图 4-3 所示，四参数正弦曲线拟合的绝对收敛区间为 $[f_0(1-1/p), f_0(1+1/p)]$，其中，f_0 为信号的真实频率。

在该绝对收敛区间之外，当 $p \geqslant 2$ 时，首先，可以对测量序列的有效值 $E_{\rm rms}$ 进行预估计：

$$E_{\rm rms} = \sqrt{\frac{1}{n-1}\sum_{i=0}^{n-1}(y_i - \bar{y})^2} \tag{4-61}$$

$$\bar{y} = \frac{1}{n}\sum_{i=0}^{n-1} y_i \tag{4-62}$$

不失一般性，假设正弦序列的噪声与信号有效值幅度之比为 $N/S \ll 1$，即噪声功率远小于信号功率，则可选取判据 $h_{\rm d}$ 取值满足 $N/S < h_{\rm d} < 1$。

然后，变化 f 在 $(0, +\infty)$ 区间内搜索从 $\rho(f)/E_{\rm rms} > h_{\rm d}$ 变化到 $\rho(f)/E_{\rm rms} < h_{\rm d}$ 处的频率点 $f_{\rm d}$，根据在 $f_{\rm d}$ 附近 $\rho(f_{\rm d})$ 的变化规律可以判断：

当导数 $\rho'(f_{\rm d}) < 0$ 时，$f_{\rm d} < f_0$，可令 $f_{\rm L} = f_{\rm d}$；

当导数 $\rho'(f_{\rm d}) > 0$ 时，$f_{\rm d} > f_0$，可令 $f_{\rm R} = f_{\rm d}$。

这样，便寻找出落在绝对收敛区间内且包含 f_0 的迭代区间 $[f_{\rm L}, f_{\rm R}]$，使用前述方法可获得绝对收敛的四参数正弦拟合结果。

采取辅助判据 $h_{\rm d}$ 措施后，可将本节所述四参数正弦拟合方法的频率绝对收敛区间拓展到 $(0, +\infty)$，从而可在任何情况下都获得收敛结果。

4.6.3 仿真验证

这里选取测量范围 −5∼+5V，幅度 4V，直流分量 0V，初始相位 100°，频率 6Hz，均匀采样速率 8kSa/s，采样间隔 $\tau_0 = 0.125$ms，采样序列长度 $n = 4000$ 的采样序列，约含 3 个波形周期。使用本节上述四参数拟合算法进行正弦参数估计，获得拟合曲线与采样曲线波形如图 4-7 所示，两者之差异曲线如图 4-8 所示。其拟合参数如表 4-4 所示。

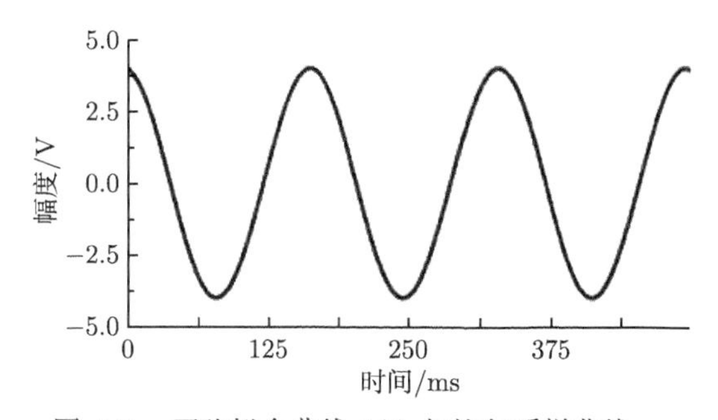

图 4-7 正弦拟合曲线 $\hat{y}(i)$ 与均匀采样曲线 y_i

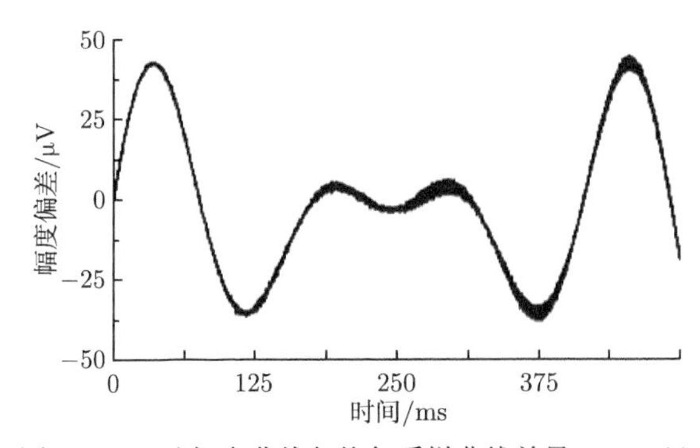

图 4-8　正弦拟合曲线与均匀采样曲线差异 $y_i - \hat{y}(i)$

表 4-4　正弦波采样序列波形参数拟合结果

参数	理想值	图 4-7 均匀采样	图 4-9 非均匀采样 (先排时序)	图 4-11 非均匀采样 (未排时序)
C	4V	4.000003V	4.000032V	4.000032V
ΔC	0V	3μV	32μV	32μV
$\Delta C/C$	0	7.5×10^{-7}	8.0×10^{-6}	8.0×10^{-6}
f	6Hz	5.999991Hz	5.999598Hz	5.999598Hz
Δf	0Hz	9μHz	−0.4mHz	−0.4mHz
$\Delta f/f$	0	1.5×10^{-6}	-6.7×10^{-5}	-6.7×10^{-5}
θ	100°	100.00082°	100.07606°	100.07605°
$\Delta\theta$	0°	0.00082°	0.076°	0.076°
$\Delta\theta/\theta$	0	8.2×10^{-6}	7.6×10^{-4}	7.6×10^{-4}
D	0V	5.94μV	27.9μV	28.3μV
ΔD	0V	5.94μV	27.9μV	28.3μV
$\Delta D/C$	0	1.5×10^{-6}	7.0×10^{-6}	7.1×10^{-6}
ρ	0V	0.017μV	2.12mV	2.12mV

令正弦波模型参数不变，使用随机采样间隔进行序列采样，获得采样序列并按照本节上述方法进行正弦波曲线拟合，所得采样序列曲线及其拟合曲线分别如图 4-9～图 4-12 所示。

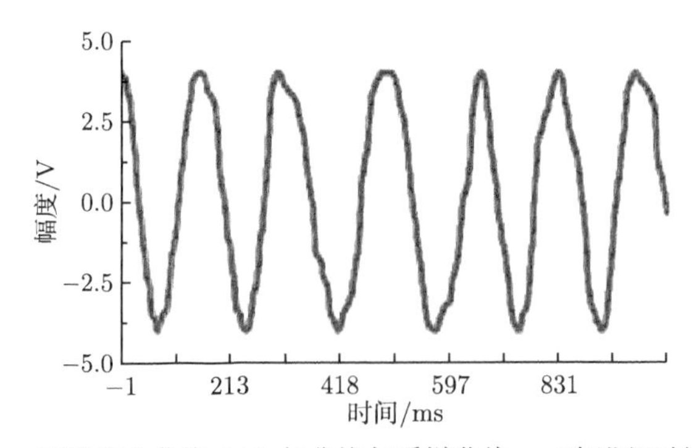

图 4-9　正弦拟合曲线 $\hat{y}(i)$ 与非均匀采样曲线 y_i (先进行时间排序)

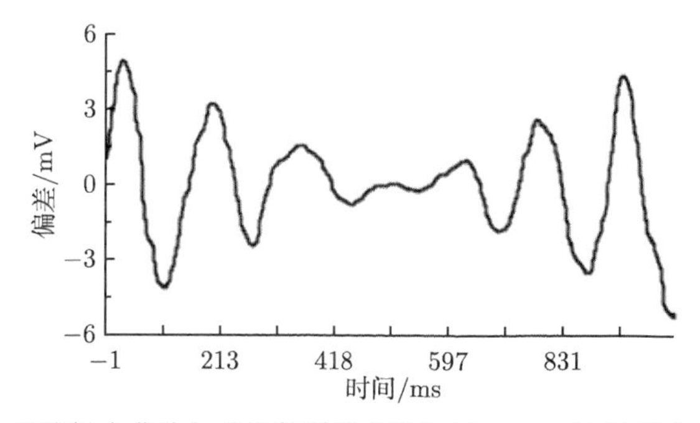

图 4-10 正弦拟合曲线与非均匀采样曲线差异 $y_i - \hat{y}(i)$(先进行时间排序)

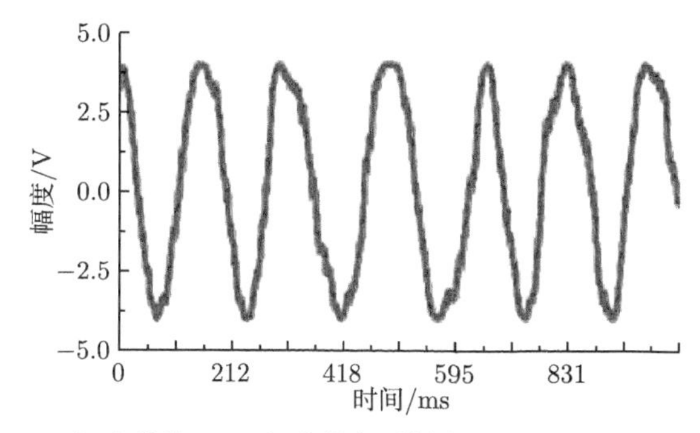

图 4-11 拟合曲线 $\hat{y}(i)$ 与非均匀采样曲线 y_i(未进行时间排序)

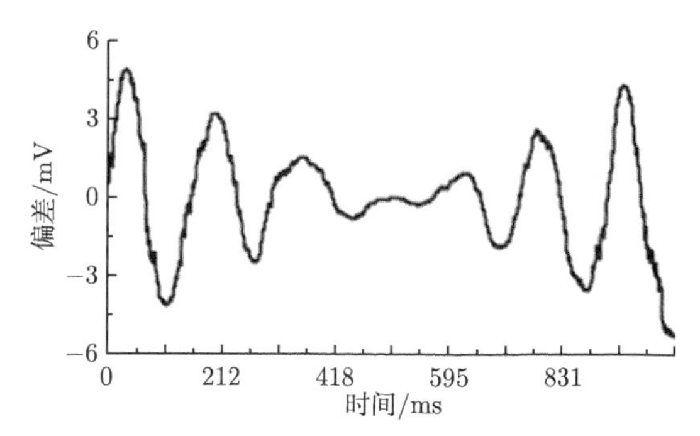

图 4-12 拟合曲线与非均匀采样曲线差异 $y_i - \hat{y}(i)$(未进行时间排序)

其中，图 4-9 为波形长度约为 6 个周期的非均匀采样序列曲线及其拟合曲线，其采样间隔为 (RND−0.4)× $20\tau_0$，这里 $\tau_0 = 0.125$ms，RND 为在 [0,1] 内均匀分布的随机数。可见由于采样间隔呈非均匀随机变化状态，按照等间隔均匀采样模式绘制的曲线图 4-9，其中的“正弦波形”已经变化非常大。若仍然按照均匀采样间隔处理，将无法获得有效拟合结果，甚至会拟合失败。图 4-10 为拟合曲线与采样序列之差异曲线，可见两者拟合得非常好，相应拟合参数见表 4-4。由表 4-4 可见，非均匀采样条件下正弦曲线拟合误差要略大于均匀采样条件下，但差异不太大，造成差异的原因有待于进一步研究。

图 4-11 为图 4-9 的测量曲线不经过时间从小到大的排序而直接进行四参数拟合所获得的拟合结果与测量序列曲线，图 4-12 为此情况下两者之间的差异曲线，拟合参数如表 4-4 所示。由表 4-4 数据以及图 4-11 和图 4-12 可见，未经时间顺序排序与经过排序后

的采集波形拟合参数，两者再执行拟合的结果没有本质差异。

4.6.4　实验验证

这里用 FLUKE5700 多功能校准器作激励源，给出幅度 8.0000V 的正弦电压信号，频率 10.000Hz，以北京阿尔泰科技发展有限公司 ART2001 型数据采集系统执行采集，其 A/D 位数 12bit，工作量程 ±10V，采样速率 5000Sa/s，采集数据个数 2000。

使用上述四参数正弦波拟合方法获得其正弦波形幅度为 8.016459V，频率为 10.00005Hz，初始相位为 -17.9767°，直流分量为 0.483mV。拟合残差有效值 $\rho = 2.21\text{mV}$。其测量序列波形及拟合曲线如图 4-13 所示，测量序列波形与拟合曲线之差如图 4-14 所示。

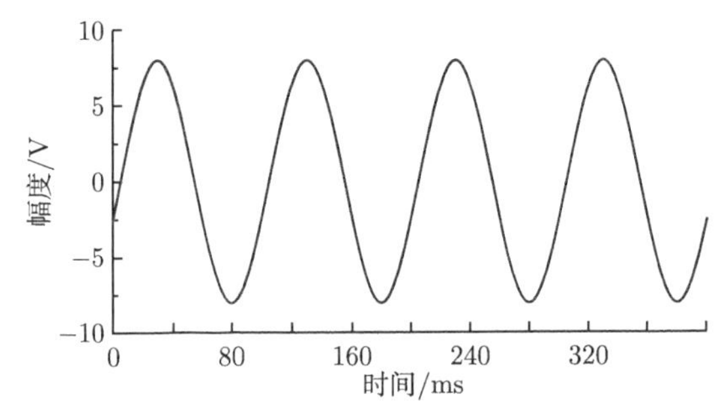

图 4-13　拟合曲线 $\hat{y}(i)$ 与均匀采样曲线 y_i

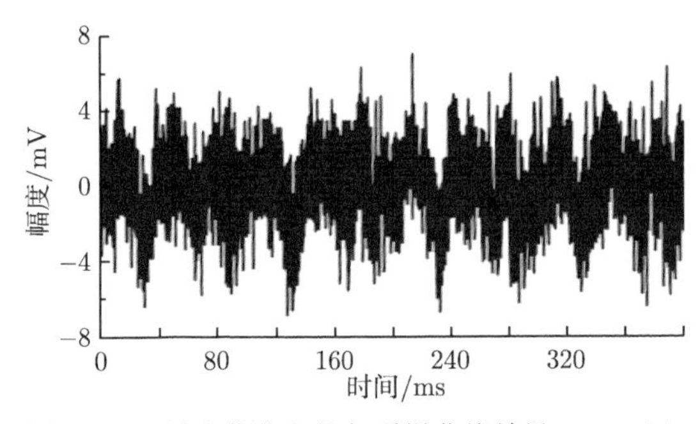

图 4-14　拟合曲线与均匀采样曲线差异 $y_i - \hat{y}(i)$

将上述测量曲线波形截取三段后，变成非均匀采样序列，使用上述四参数正弦波拟合方法获得其正弦波形幅度为 8.016445V，频率为 10.00003Hz，初始相位为 -17.9755°，直流分量为 0.443mV，拟合残差有效值 $\rho = 2.22\text{mV}$。其测量序列波形及拟合曲线如图 4-15 所示，测量序列波形与拟合曲线之差如图 4-16 所示。

4.6.5　讨论

从上述仿真和实际实验结果可见，本节所述的正弦波拟合测量方法，可以用于非均匀采样正弦波形参数的测量估计，并可以给出幅度、频率、初始相位、直流分量等基本信息参量。其最大的特点是，针对同时具有采样幅度信息和采样时间信息的正弦波序列，不论其采样间隔是否均匀，均可以获得有效收敛结果，特别是针对均匀采样序列剔除一段异常波形情况，其在实际工作中时有发生，本来希望获得均匀采样序列，但由于周期过长以及测量过程不完善等因素，而使得采样序列变成非均匀采样序列的情况比比皆是。对于随机采样情况，甚至时间排序出现前后颠倒的情况下，本节方法依然可以有效获得拟合结果。这体现出算法良好的收敛性和鲁棒性，可直接用于解决上述范畴内的工程技术问题。

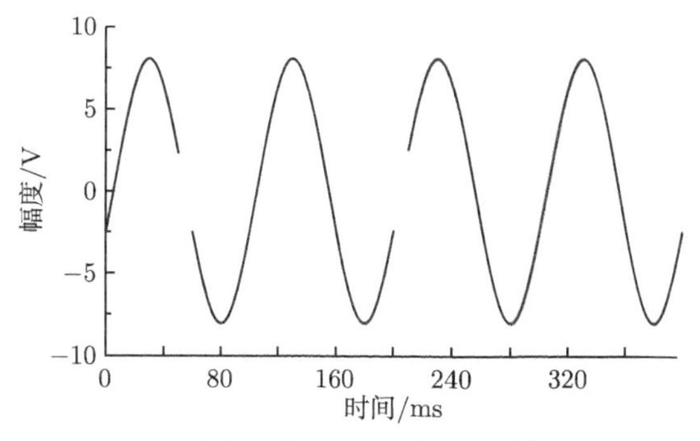

图 4-15 拟合曲线 $\hat{y}(i)$ 与非均匀采样曲线 y_i

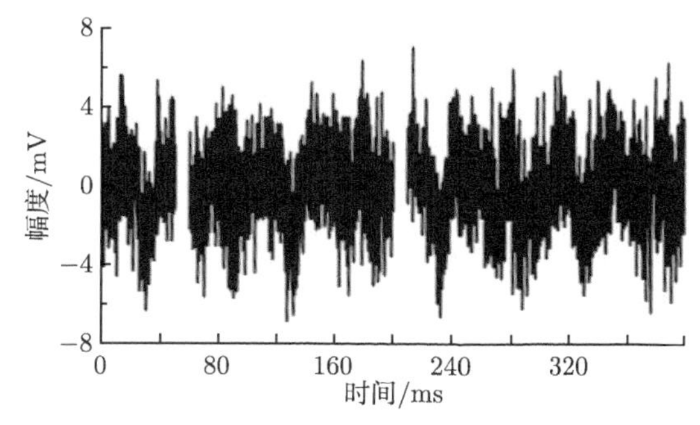

图 4-16 拟合曲线与非均匀采样曲线差异 $y_i - \hat{y}(i)$

仿真实验表明，与均匀采样条件相比，非均匀采样序列正弦拟合误差要略大一些。实际实验中，两者的差异不明显。

4.6.6 结论

综上所述可见，本节主要是提出了非均匀采样条件下正弦波测量序列四参数拟合的一种方法，给出了详细过程和收敛区间，并分别在随机间隔采样和非随机间隔采样两种条件下给出了比较结果。结果表明，本节所述方法具有良好的收敛性和鲁棒性，仅要求已知采样序列和每个采样点的时刻，而没有任何其他先决条件要求，是一种表现良好的正弦参数拟合方法，可直接用于非均匀采样条件下正弦波形的参数拟合。

4.7 残周期正弦波四参数最小二乘拟合

四参数正弦波形最小二乘拟合中，另外一个会遇到的问题是残周期拟合。并且，在残周期拟合中，同样会遇到等间隔采样和非等间隔采样序列。人们通常希望所用的算法既能满足等间隔采样，也可以适应非等间隔采样情况。

实际上，在一些情况下，如超低频振动、超低频正弦波信号源校准等，所使用的正弦信号波形频率可能极低，例如 0.1mHz，人们要获得完整的一个周期的信号波形需要很长时间，此时，通常人们希望能够使用少于一个信号周期的波形准确估计出其四个波形参数，以便及时进行波形参数控制调整、测试校准等工作。此时，由于使用不足一个信号周期的残周期信号波形对其四个参数 (幅度、频率、初始相位、直流分量) 进行先验估计非常困难，使许多正弦波形拟合方法无法使用，因而，残周期信号的四参数正弦曲线拟合是一个相对困难的工作。其困难也多数体现在参数初始值的预估计上，当初始参数值距离“目标值”较远时，无法保证最终结果收敛到目标值上。

另外的一些残周期采样序列，例如天文观测获得的观测记录数据，它们通常也是一种采样序列，但属于非均匀采样序列，若其符合正弦规律，且需要进行曲线拟合时，但周期极长，例如成千上万年，很难获得一个完整周期的观测波形，应属于典型的残周期非均匀采样序列情况。

本节的主要内容，是针对采样间隔不恒定的非均匀采样情况下，残周期正弦波形的四参数曲线拟合展开，以解决非均匀采样条件下残周期正弦波形的曲线拟合问题。

本节依然借助于一种一维频率搜索算法 [46]，将四个正弦曲线参数的搜索估计问题转化成对于正弦频率的一维搜索问题，从而实现残周期信号的四参数正弦曲线拟合。它将可以用于均匀采样、非均匀采样、随机采样等同时提供时间坐标和幅度信息的采样波形序列的正弦波形拟合。

4.7.1　三参数正弦曲线拟合

设理想正弦波形为

$$y(t) = E_1 \cdot \cos(2\pi f t) + E_2 \cdot \sin(2\pi f t) + Q = E \cdot \cos(2\pi f t + \varPhi) + Q \tag{4-63}$$

式中，E 为正弦波形幅度；f 为正弦波形频率；$\varPhi$ 为正弦波形初始相位角；Q 为正弦波形信号的直流分量值。

数据记录序列为已知时刻 $t_0, t_1, \cdots, t_{n-1}$ 的采集样本 $y_0, y_1, \cdots, y_{n-1}$。三参数正弦曲线拟合过程，即为输入信号的频率 f 已知，选取或寻找 A、B、D，使下式所述拟合残差平方和 ε 最小：

$$\varepsilon = \sum_{i=0}^{n-1} [y_i - A \cdot \cos(2\pi f t_i) - B \cdot \sin(2\pi f t_i) - D]^2 \tag{4-64}$$

由式 (4-64) 的 ε 最小，可得拟合函数：

$$\begin{aligned} \hat{y}(i) &= A \cdot \cos(2\pi f t_i) + B \cdot \sin(2\pi f t_i) + D \\ &= C \cdot \cos(2\pi f t_i + \theta) + D \end{aligned} \tag{4-65}$$

$$C = \sqrt{A^2 + B^2} \tag{4-66}$$

$$\theta = \begin{cases} \arctan\left(\dfrac{-B}{A}\right), & A \geqslant 0 \\ \arctan\left(\dfrac{-B}{A}\right) + \pi, & A < 0 \end{cases} \tag{4-67}$$

式中，C 为正弦波形幅度 E 的拟合值；f 为正弦波形频率值；θ 为正弦波形初始相位角 $\varPhi$ 的拟合值；D 为正弦波形信号的直流分量 Q 的拟合值。

拟合残差有效值为 ρ：

$$\rho = \sqrt{\frac{\varepsilon}{n}} \tag{4-68}$$

$$\varepsilon = \sum_{i=0}^{n-1} [y_i - \hat{y}(i)]^2 \tag{4-69}$$

由于这是一种闭合算法，从而收敛是肯定的。

4.7.2 讨论

上述三参数正弦曲线拟合过程，是在已知信号频率 f 下进行的。特别地，令 $t_{\min} = \min\{t_i\}$；$t_{\max} = \max\{t_i\}$，则
平均采样速率：

$$v = \frac{n-1}{t_{\max} - t_{\min}} \tag{4-70}$$

数字角频率：

$$\omega = \frac{2\pi f}{v} \tag{4-71}$$

信号频率 f ：

$$0 < f < \frac{1}{t_{\max} - t_{\min}} \tag{4-72}$$

在均匀采样条件下，式 (4-65) 可表示成下列离散形式：

$$y(i) = E_1 \cdot \cos(\omega \cdot i) + E_2 \cdot \sin(\omega \cdot i) + Q = E \cdot \cos(\omega \cdot i + \varPhi) + Q \tag{4-73}$$

则拟合函数将是

$$\hat{y}(i) = A \cdot \cos(\omega \cdot i) + B \cdot \sin(\omega \cdot i) + D = C \cdot \cos(\omega \cdot i + \theta) + D \tag{4-74}$$

不失一般性，设给定信号测量序列的数字角频率为 w，而不是 ω，则使用 1/3 个周期的正弦波形序列，按上述三参数正弦曲线拟合得如图 4-17 所示归一化误差 ρ/E 与频率比 w/ω 的关系曲线波形。图 4-18 为图 4-17 曲线的局部细节。

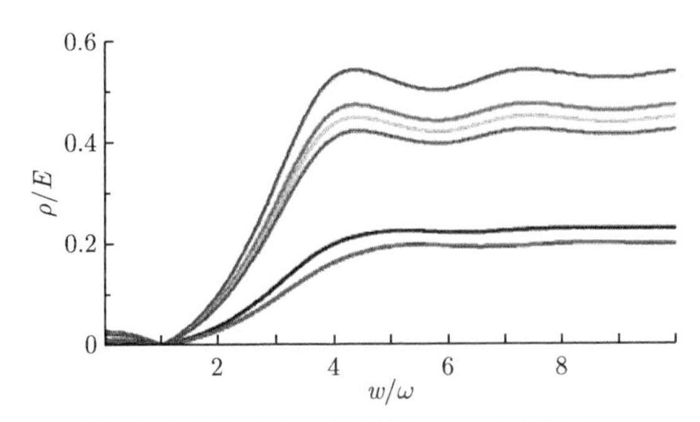

图 4-17　1/3 周期波形拟合时归一化误差 ρ/E 与频率比 w/ω 的关系曲线

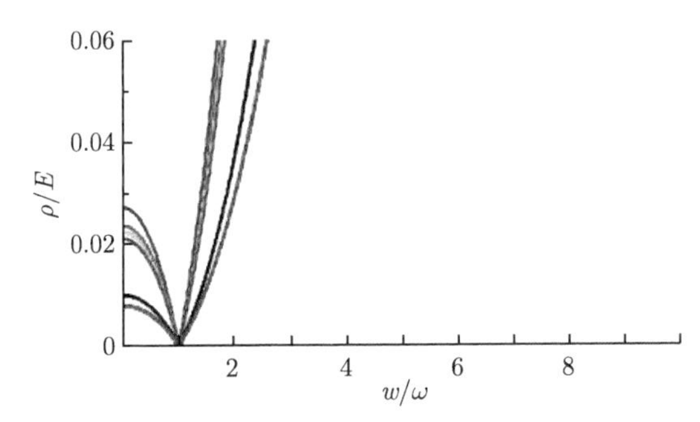

图 4-18　$\rho/E \leqslant 0.05$ 时图 4-17 曲线的局部细节

其中，$\omega = 2\pi/10000$；$E = 4$；$Q = 0$；Φ 分别取 0°、35°、70°、105°、140°、175°、210°、245°、280°、315°、350°；以 w 代替 ω 进行三参数拟合。

从图 4-17 及图 4-18 可见，对于信号频率 ω 的不足一个信号周期的残周期正弦曲线波形拟合，有如下规律：

(1) 三参数最小二乘拟合法在 $(0, 2\omega]$ 范围内 ρ/E 极小值存在且唯一，极值点就是 ω 频率点；

(2) 幅度和初始相位的变化基本不影响 ρ/E 的变化规律；但初始相位 Φ 的变化将影响 ρ/E 的幅度值；

(3) 当使用的拟合频率 w 大于信号频率的 2 倍时，ρ/E 的量值均普遍大于拟合频率 w 小于信号频率的情况，该规律可用于判定收敛区间上界，而收敛区间的下界则可由足够接近 0 频的一个微小频率值代替；

(4) 可在 $(0, 2\omega]$ 范围内通过对 ω 的一维搜索找出 ρ/E 的极小值点。

使用其他部分周期波形曲线进行拟合，可以获得与上述规律相同的结论。

4.7.3　残周期正弦波形四参数拟合法

1. 原理过程

对上述三参数正弦曲线拟合方法的改造，可获得一种绝对收敛的残周期正弦波形四参数曲线拟合方法。

假设平均采集速率为 v，待估计的正弦波频率目标值为 f_0，待估计的正弦波采样序列所含信号不足一个周期，个数为 $p(0 < p \leqslant 1)$，波形占用时间长度为 τ，则有，$f_0 \leqslant 1/\tau$，选

取另一个因子 q(例如 $q = 10^{-5}$)，使得被估计的正弦频率肯定有 $f_0 > q/\tau$；因而，可以肯定 $f_0 \in[q/\tau, 2/\tau]$，在区间 $[q/\tau, 2/\tau]$ 内的任意频率 f 下，作为频率 f 函数的残差平方和 $\varepsilon(f)$ 的极值存在且唯一。这样，便将四参数正弦波曲线拟合中，对幅度、频率、初始相位、直流分量四个参数的四维非线性搜索，变成了对频率分量 f 造成的 $\varepsilon(f)$ 的一维线性搜索，可保证在区间 $[q/\tau, 2/\tau]$ 内，用三参数拟合法实现的四参数正弦曲线拟合过程收敛。

残周期四参数拟合过程如下所述。

(1) 设定拟合迭代停止条件为 h_e，是一个非常微小的值，例如 $h_e = 10^{-19}$。

(2) 从已知时刻 $t_0, t_1, \cdots, t_{n-1}$ 的正弦波采集样本 $y_0, y_1, \cdots, y_{n-1}$，使用计点法获得信号波形占用时间长度为 τ；平均采集速率 $v = (n-1)/(t_{n-1} - t_0)$，选取因子 q(例如 $q = 10^{-5}$)，确定目标频率 f_0 的存在区间 $[q/\tau, 2/\tau]$。

(3) 确定迭代左边界频率 $f_L = q/\tau$；迭代右边界频率 $f_R = 2/\tau$。

(4) 令中值频率 $f_M = (f_R + f_L)/2$；在左边界频率、右边界频率和中值频率上分别利用三参数拟合公式计算各自的拟合残差 $\rho(f_L)$、$\rho(f_M)$ 和 $\rho(f_R)$。

(5) 判断是否 $\rho(f_L) < \eta \cdot \rho(f_M)$? 其中，$\eta$ 为判据因子，取值范围为 1~1.5。

若 $\rho(f_L) < \eta \cdot \rho(f_M)$，则令 $f_R = f_M, f_L =$ 不变，重复执行 (4)~(5) 的过程。

(6) 若 $\rho(f_L) \geqslant \eta \cdot \rho(f_M)$，则必有 $f_R < 2f_0$，确定迭代左边界频率为 f_L；迭代右边界频率为 f_R；中值频率 $f_M = f_L + 0.618 \times (f_R - f_L)$；$f_T = f_R - 0.618 \times (f_R - f_L)$。

(7) 在 f_L 上执行三参数正弦曲线拟合，获得 C_L、θ_L、D_L、ρ_L；在 f_R 上执行三参数正弦曲线拟合，获得 C_R、θ_R、D_R、ρ_R；在 f_M 上执行三参数正弦曲线拟合，获得 C_M、θ_M、D_M、ρ_M；在 f_T 上执行三参数正弦曲线拟合，获得 C_T、θ_T、D_T、ρ_T。

(8) 若 $\rho_M < \rho_T$，则 $\rho = \rho_M$，有 $f_0 \in[f_T, f_R]$，$f_L = f_T, f_T = f_M$；$f_M = f_L + 0.618 \times (f_R - f_L)$；

若 $\rho_M > \rho_T$，则 $\rho = \rho_T$，有 $f_0 \in[f_L, f_M]$，$f_R = f_M, f_M = f_T$；$f_T = f_R - 0.618 \times (f_R - f_L)$。

(9) 判定是否 $|(\rho_M(k) - \rho_T(k))/\rho_T(k)| < h_e$? 是，则停止迭代，并且：

$\rho = \rho_T$ 时，获得四参数拟合正弦曲线参数为 $C = C_T$、$f = f_T$、$\theta = \theta_T$、$D = D_T$、ρ，拟合过程结束；

$\rho = \rho_M$ 时，获得四参数拟合正弦曲线参数为 $C = C_M$、$f = f_M$、$\theta = \theta_M$、$D = D_M$、ρ，拟合过程结束。

否则，重复 (7)~(9) 的过程。

2. 收敛性问题

四参数正弦曲线拟合是一个迭代过程，也有收敛性问题。如上所述，对于含 p ($p \leqslant 1$) 个信号周期的测量序列的情况，如图 4-17 所示，四参数正弦曲线拟合的收敛区间为 $(0, 2\omega_0]$，其中，ω_0 为信号的真实数字角频率。

3. 仿真研究

实验一

对于四参数正弦波曲线拟合算法的较全面评价，需要使用蒙特卡罗仿真方法，或使用 4.10 节所述方法首先获得其指标以最终确定优劣 [16]。限于篇幅，这里只选择在一组特定条件下的上述算法的结果来间接考察其效果。

设定仿真信号标称幅度为 4V、标称频率为 1Hz、标称初始相位为 0rad、标称直流分量为 0V。仿真测量系统量程 −5~5V、采样速率 10kSa/s、数据个数 15000。当 Φ 分别取 0°、35°、70°、105°、140°、175°、210°、245°、280°、315°、350° 时，其用本节上述方法获得的四参数拟合结果如图 4-19 所示。

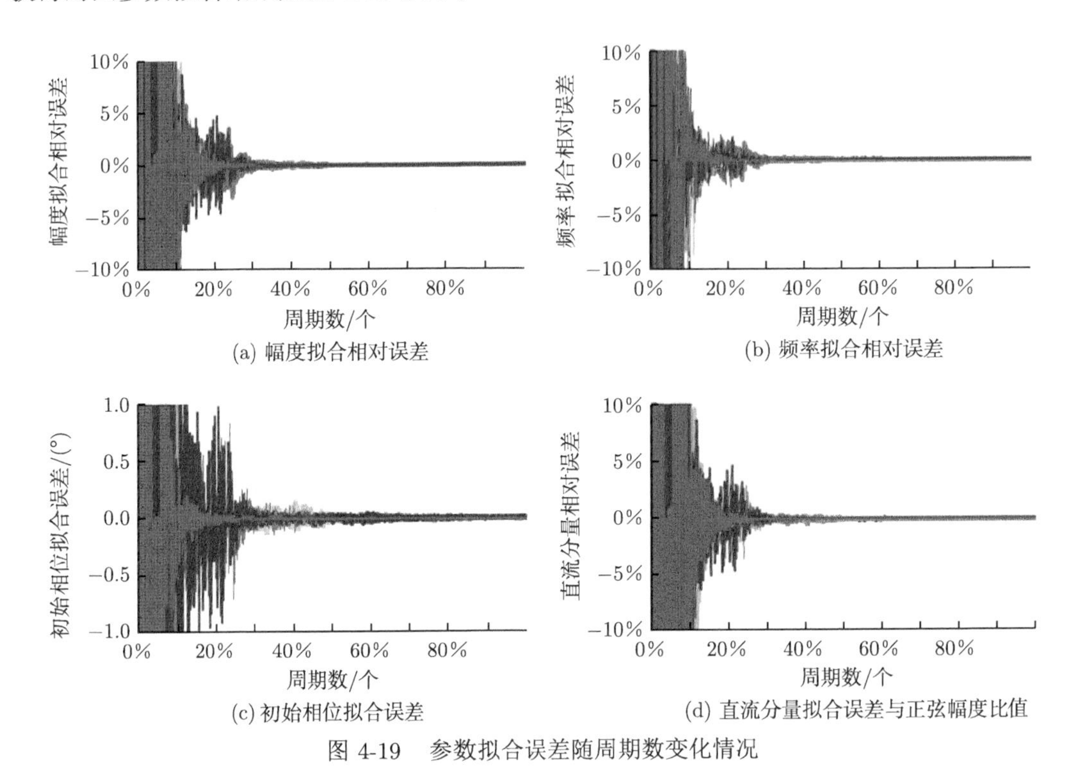

(a) 幅度拟合相对误差　(b) 频率拟合相对误差

(c) 初始相位拟合误差　(d) 直流分量拟合误差与正弦幅度比值

图 4-19　参数拟合误差随周期数变化情况

其中，在每个初始相位情况下，分别考察从 0.1%个信号周期、0.2%个信号周期 ……，一直到一个信号周期情况下四个参数的拟合情况。

图 4-19(a)~(d) 分别为幅度拟合相对误差、频率拟合相对误差、初始相位拟合误差，以及直流分量拟合误差与正弦幅度比值 (直流分量相对误差) 随周期个数变化情况。从仿真拟合结果可见，使用本节上述方法，在最少至 0.4%个信号周期的波形数据已经可以正确拟合出正确的波形参数，但过程极不稳定，误差通常较大。当波形曲线含有约 10%个信号周期以后，拟合幅度与拟合频率趋于稳定和正常，当波形曲线含有约 15%个信号周期以后，拟合幅度与拟合频率将获得良好的拟合结果。

对于直流分量的拟合，当波形曲线含有约 15%个信号周期时也能获得有效的拟合结果，但误差仍然偏大，直到波形曲线含有约 25%个信号周期以上时，将可获得良好的拟合结果。

尽管如此，仿真结果表明，本节上述方法和过程在实际拟合过程中仍会出现少数拟合未收敛到目标值的现象，具体原因有待于进一步研究解决。

实验二

选取测量范围为 $-5\sim+5$V，幅度为 4V，直流分量为 0V，初始相位为 100°，频率为 6Hz，均匀采样速率为 8kSa/s，采样间隔 $\tau_0 = 0.125$ms，采样序列长度 $n = 400$ 的采样序列，约含 0.3 个波形周期。使用本节上述四参数拟合算法进行正弦参数估计，获得拟合曲线与采样曲线波形如图 4-20 所示，两者之差异曲线如图 4-21 所示。其拟合参数如表 4-5 所示。

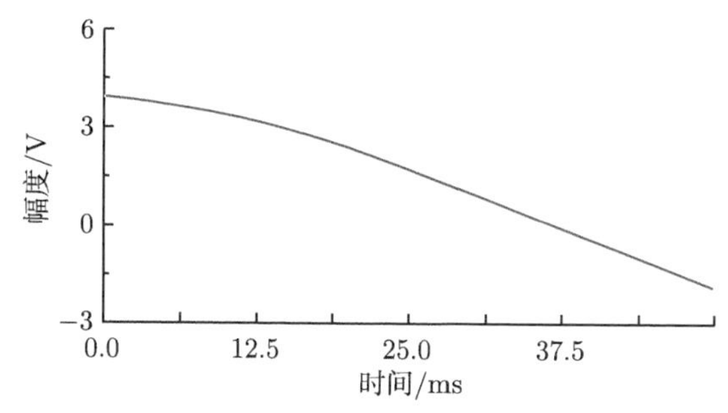

图 4-20　残周期拟合曲线 $\hat{y}(i)$ 与均匀采样曲线 $y_i(p \approx 0.3)$

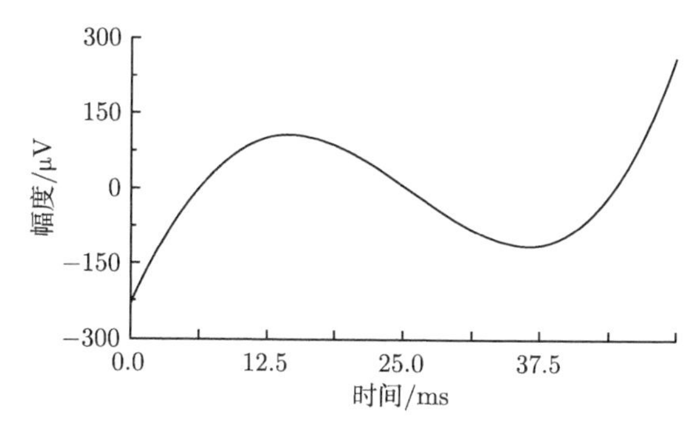

图 4-21　残周期拟合曲线与均匀采样曲线差异 $y_i - \hat{y}(i)$

表 4-5　残周期正弦序列参数拟合结果

参数	理想值	图 4-20 0.3 个周期均匀采样	图 4-22 0.4 个周期非均匀采样	图 4-24 1.2 个周期非均匀采样
C	4V	4.003V	4.000000V	4.000000V
ΔC	0V	2.6mV	0.24μV	0V
$\Delta C/C$	0	6.5×10^{-4}	6×10^{-8}	0
f	6Hz	5.996Hz	6.000001Hz	6.000000Hz
Δf	0Hz	−4mHz	1μHz	0Hz
$\Delta f/f$	0	-6.7×10^{-4}	1.7×10^{-7}	0
θ	100°	100.289°	99.999981°	100.0000038°
$\Delta\theta$	0°	0.289°	−0.00002°	0.0000038°
$\Delta\theta/\theta$	0	2.9×10^{-3}	-2×10^{-7}	4×10^{-6}
D	0V	−2.082mV	−0.476μV	42.7nV
ΔD	0V	−2.082mV	−0.476μV	42.7nV
$\Delta D/C$	0	-5.2×10^{-4}	1.2×10^{-7}	1.1×10^{-9}
ρ	0V	95.7μV	1.61μV	2.46μV

令正弦波模型参数不变，使用随机采样间隔进行序列采样，获得采样序列并按照本节上述方法进行正弦波曲线拟合，得采样序列曲线及其拟合曲线分别如图 4-22～ 图 4-25 所示。其中，图 4-22 为波形长度约为 0.4 个周期的非均匀采样序列曲线及其拟合曲线，其采样间隔为 (RND$-$0.4)$\times 20\tau_0$。其中，RND 为在 [0,1] 内均匀分布的随机数。可见由于采样间隔呈非均匀随机变化状态，则按照等间隔均匀采样模式绘制的曲线图 4-22，其中的“正弦波形”已经变化非常大。

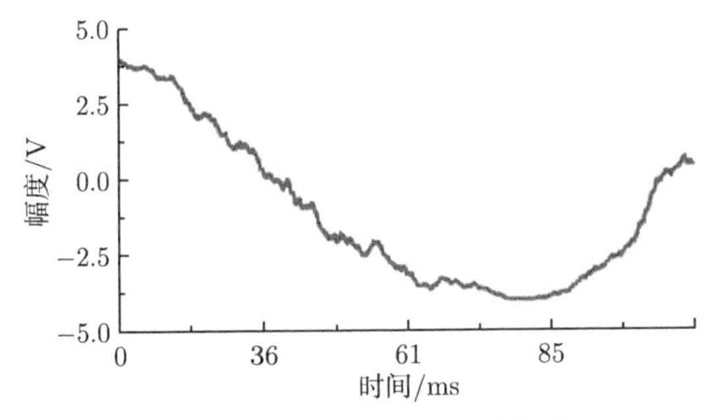

图 4-22 拟合曲线 $\hat{y}(i)$ 与非均匀采样曲线 y_i ($p \approx 0.4$)

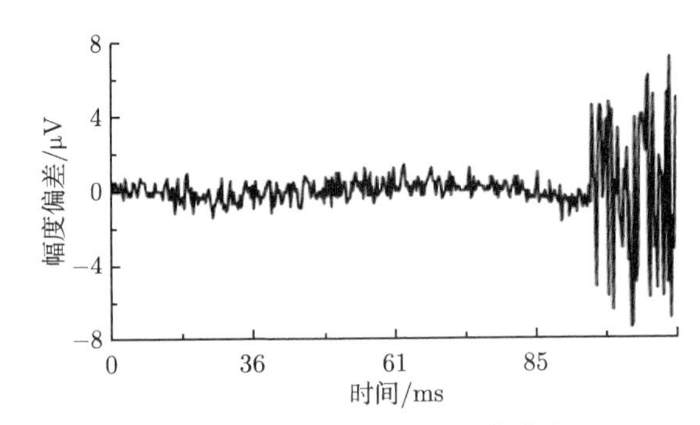

图 4-23 拟合曲线与非均匀采样曲线差异 $y_i - \hat{y}(i)$

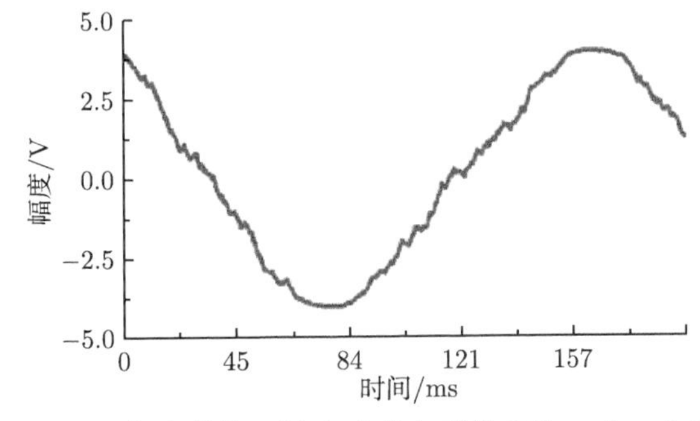

图 4-24 拟合曲线 $\hat{y}(i)$ 与非均匀采样曲线 y_i ($p \approx 1.2$)

图 4-23 为拟合曲线与采样序列之差异曲线。可见两者拟合得非常好。相应拟合参数如表 4-5 所示。由表 4-5 数据可见，非均匀采样条件下正弦曲线拟合误差要略大于均匀采样条件下，但差异不太大，其原因有待于进一步研究。图 4-24 为波形长度约为 1.2 个周期的非均匀采样序列曲线及其拟合曲线，其采样间隔为 (RND$-$0.3)$\times 20\tau_0$。

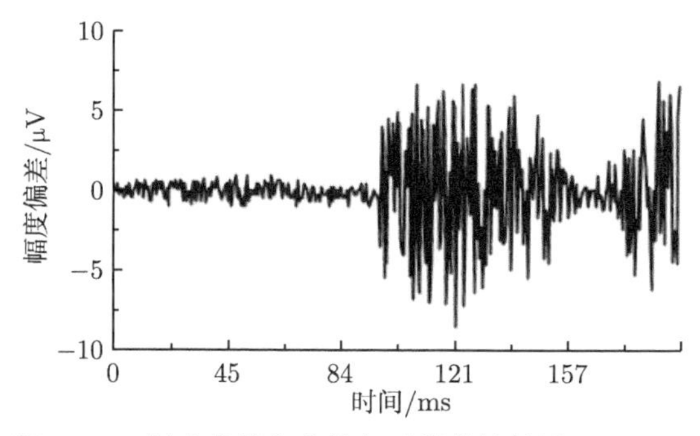

图 4-25 拟合曲线与非均匀采样曲线差异 $y_i - \hat{y}(i)$

图 4-25 为图 4-24 的拟合曲线与采样序列之差异曲线，拟合情况良好，相应拟合参数如表 4-5 所示。

4. 实验验证

实验一

这里用超低频振动标准装置作激励源，给出位移幅度为 36.32mm 的正弦振动，频率为 0.040000Hz，用 ASQ-1CA 型位移传感器进行测量，以 NI PXI-6281 型数据采集系统执行采集，其 A/D 位数为 18bit，工作量程为 ±2.5V，采样速率为 200Sa/s，采集数据个数为 5000点。其为含有约 1 个周期波形的振动序列。

使用上述四参数正弦波拟合方法获得其振动波形幅度为 1771.02mV，频率为 0.04056Hz，初始相位为 230.098°，直流分量为 120.53mV。拟合残差有效值 $\rho = 30.157\text{mV}$。波形总失真度为 2.4%。其测量序列波形及拟合曲线如图 4-26 所示，测量序列波形与拟合曲线之差如图 4-27 所示。

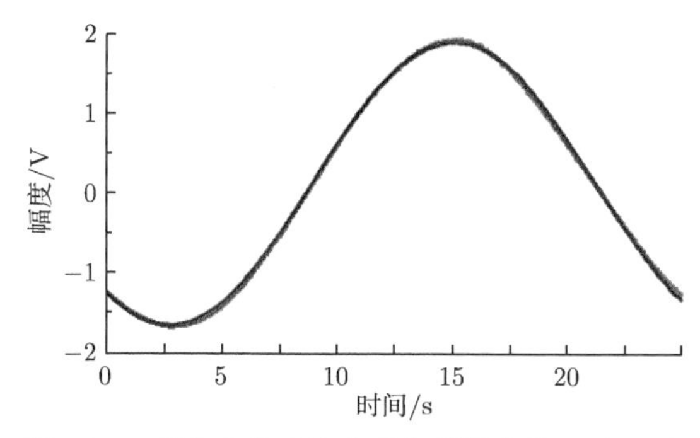

图 4-26 拟合曲线 $\hat{y}(i)$ 与均匀采样曲线 y_i ($p \approx 1$)

将上述测量曲线波形截取三段后，变成非均匀采样序列，使用上述四参数正弦波拟合方法获得其振动波形幅度为 1746.93mV，频率为 0.04042Hz，初始相位为 231.354°，直流分量为 123.94mV。拟合残差有效值 $\rho = 34.154\text{mV}$。波形总失真度为 2.8%。其测量序列波形及拟合曲线如图 4-28 所示，测量序列波形与拟合曲线之差如图 4-29 所示。

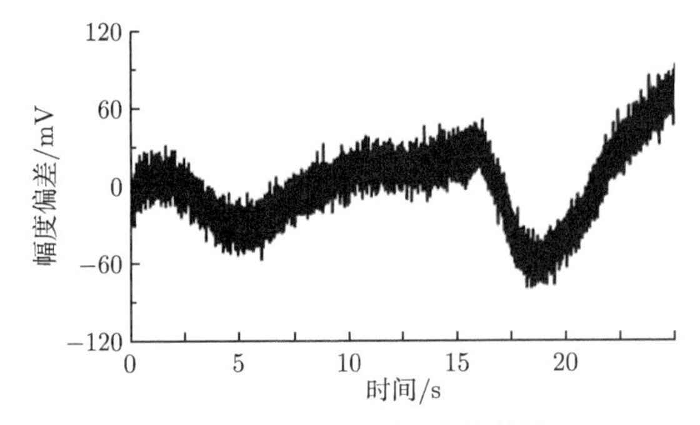

图 4-27　拟合曲线与均匀采样曲线差异 $y_i - \hat{y}(i)$

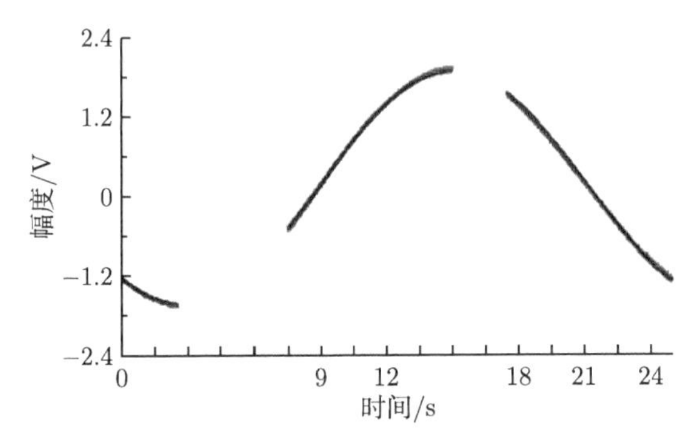

图 4-28　拟合曲线 $\hat{y}(i)$ 与非均匀采样曲线 y_i ($p \approx 0.6$)

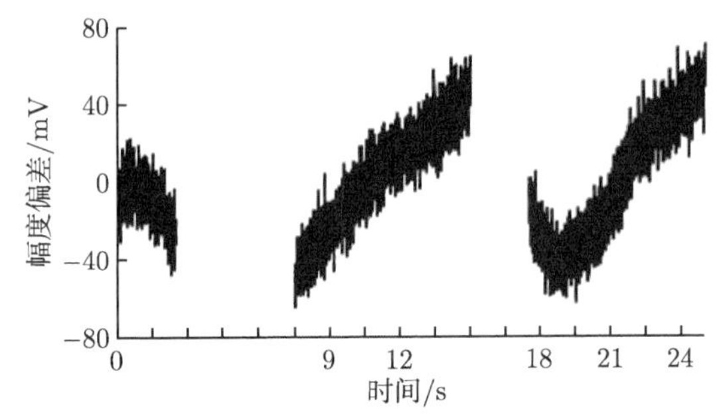

图 4-29　拟合曲线与非均匀采样曲线差异 $y_i - \hat{y}(i)$

实验二

对于本节所述四参数正弦波曲线拟合算法的实验验证，使用常州三杰智能机器厂的 SCO232 型数据采集系统采集的数据进行，其 A/D 位数为 12bit，测量范围为 −5～+5V，采集速率为 2000Sa/s，序列长度为 1800点；信号源为 Fluke 公司的 5700A 型多功能校准器，信号幅度为 4.500V，频率为 11Hz。

使用本节所述方法，选取 1/3 个信号周期进行拟合，获得拟合结果为：信号幅度 4773.703mV，频率 10.57349Hz，初始相位 −0.31970rad，直流分量 −369.5314mV。其拟合曲线与原始数据序列部分值如图 4-30 所示，而原始测量序列数据与拟合回归值间的差值如图 4-31 所示。

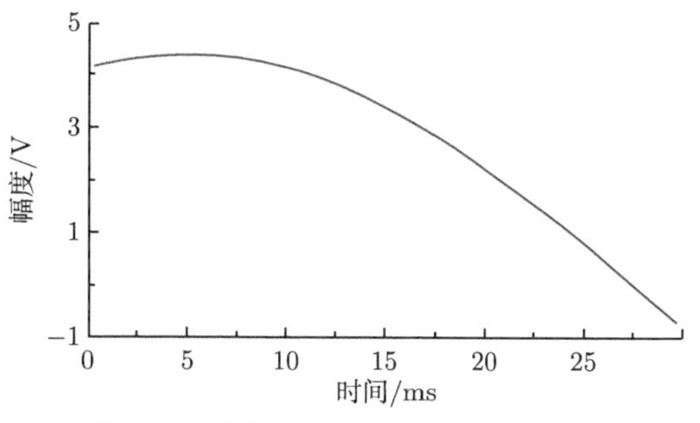

图 4-30 测量序列 y_i 与拟合曲线 $\hat{y}(i)$

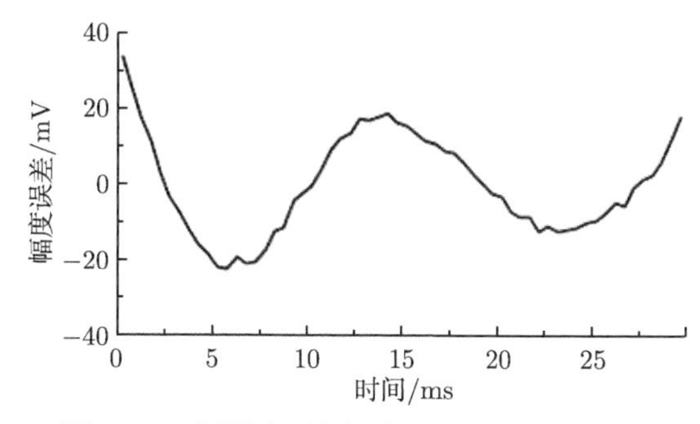

图 4-31 测量序列与拟合曲线之差 $y_i - \hat{y}(i)$

使用文献 [11] 所述方法，用多个信号周期获得拟合结果为：信号幅度 4459.356mV，频率 11.00287Hz，初始相位 −0.317383rad，直流分量 42.254mV。其拟合曲线与原始数据序列部分值如图 4-32 所示，而原始测量序列数据与拟合回归值间的差值如图 4-33 所示。

由图 4-30 与图 4-32 对比和图 4-31 与图 4-33 对比可见，不足一个波形周期的残周期曲线拟合法的误差要比多周期情况下的大，但也是一种有效的拟合方法，该实验基本上验证了本节上述方法的实用性。

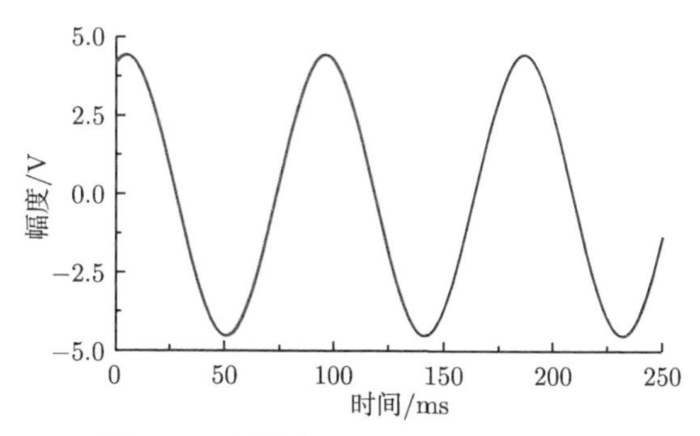

图 4-32 测量序列 y_i 与拟合曲线 $\hat{y}(i)$

5. 讨论

从上述仿真和实际实验结果可见，本节所述基于非均匀采样条件的残周期正弦波拟合的测量方法，可用于不足一个波形周期的残周期非均匀采样条件下正弦波形参数的测量估计，并可以给出幅度、频率、初始相位、直流分量等基本信息参量，其目标是处理残周期

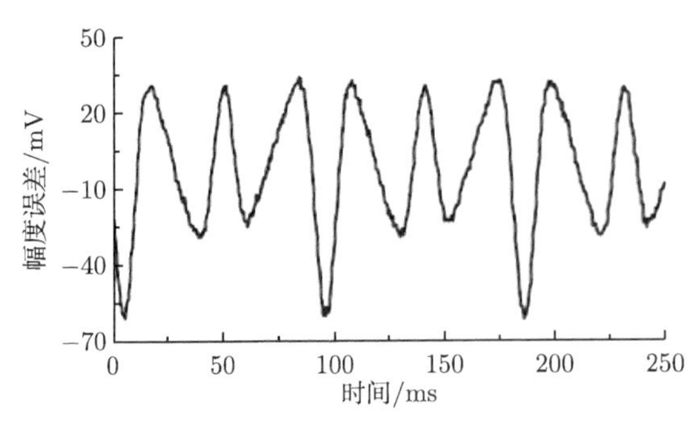

图 4-33　测量序列与拟合曲线之差 $y_i - \hat{y}(i)$

条件下的正弦波拟合。实际上，在 2 个波形周期以下的情况，均可直接使用本节方法处理。其最大特点是针对残周期正弦波模型，不论其采样间隔是否均匀，均可以获得有效收敛结果，特别是针对均匀采样序列剔除一段异常波形情况，在实际工作中时有发生；而本来希望获得均匀采样序列，但由于周期过长以及测量过程不完善等因素，使得采样序列变成非均匀采样序列的情况也很多。对于随机采样情况，甚至在时间排序出现前后颠倒的情况下，本节方法依然可以有效获得拟合结果。这体现出算法良好的收敛性和鲁棒性，可直接用于解决上述范畴内的工程技术问题。

仿真实验表明，与均匀采样条件相比，非均匀采样序列正弦拟合误差要略大一些，在本节实验中，幅度差异约在 0.2%，频率差异约在 0.5%，初始相位差异约在 1.5°，直流分量差异在 0.3%(相对于正弦幅度)。实际实验情况也验证了这些。

此前的研究已经表明 [46]，与多周期情况下的测量参数相比，残周期参数拟合存在更大的误差，特别是有较大直流分量的情况下。由于信息不全，波形失真、序列样本长度、波形周期长度等众多因素都将影响参数估计效果，从而对于波形序列长度要求也是不一样的，研究表明，在通常的波形质量条件下，五分之一以上周期的波形长度即可以进行参数的正确估计。

6. 结论

综上所述，本节主要介绍了非均匀采样条件下残周期正弦波的四参数拟合的一种方法，给出了详细过程和收敛区间，并分别在随机间隔采样和非随机间隔采样两种条件下给出了情况比较。结果表明，本节所述方法具有良好的收敛性和鲁棒性，仅要求已知采样序列和每个采样点的时刻，没有任何其他先决条件要求，是一种表现良好的正弦参数拟合方法，可直接用于非均匀采样条件下残周期正弦波形的参数拟合，对于超低频参数估计尤其具有特别的意义和价值。

该方法的最大优点是不需先验估计其正弦波形的四个参数，这对于仅使用一小段残余周期波形的拟合尤其重要，因为此时可能根本无法有效估计其正弦波形的四个参数初始值。直流分量为非 0 值时的情况更是如此。

尽管该方法所能获得的估计精度受到限制，但仍然可以在实际工作中有效应用。也可以将本节方法的估计结果用于更高精度拟合方法的初始值。

特别指出，本节方法仅适用于一个周期以内的正弦信号波形的参数拟合，对于含有多周期的正弦波形曲线，则只能截取其一个周期以下的局部波形进行拟合；否则，将无法获得正确结果 [46]。

仿真表明，本节方法有时会出现少数拟合未收敛到目标值的现象，具体原因尚有待于进一步研究解决。

4.8 残周期正弦曲线拟合的比较

4.8.1 引言

正弦拟合的意义和价值在于通过拟合获得其四个参数并予以应用 [47−49]，前人已有众多研究成果 [50−56]。而残周期正弦拟合的意义和价值，体现在如何实现用不足一个周期的波形测量序列进行幅度、频率、初始相位、直流分量四个波形参数的估计。实际上，它可以应用在很多场合，如超低频振动参数的快速测量与控制，天体运行周期的估算，以正弦为载波的 FM、AM、PM 信号波形的数字化解调，以及延迟、时间差等的测定。

关于残周期曲线拟合，4.7 节提出了实用方法——频率迭代法 [11,57]，解决了等间隔采样序列拟合和非均匀采样条件下的拟合，并可通过组合法提高拟合参数的估计准确度 [48]。在很多情况下，人们最关心的是，这样的波形序列到底可以短到什么程度，其影响因素都有哪些，以及在极限条件下所能得到的参数准确程度。

本节后续内容将在单精度浮点数和双精度浮点数条件下，以及频率迭代法和组合法两种残周期拟合方法上进行比较研究，以期获得它们的极限特性参数，为实际应用提供参考依据。

4.8.2 基本思想及条件设定

对于残周期正弦波形采样序列而言，其信号波形的幅度、频率、直流分量的变化均不改变波形序列的形状和面貌，而初始相位、波形周期数的大小，将对波形的形状和面貌产生实质影响。因此，本节将在幅度、频率、直流分量固定不变的情况下，仅通过改变初始相位、波形周期的大小来搜索与寻找各个参数拟合误差随波形周期数而变化的规律，寻找最短周期的残周期拟合有效数据条件的极限值。在此前提下，采样序列所含的样本点数仅仅改变波形细节的细化程度，并未影响其他，则也可以固定其取值。

在拟合方法上，分别选取 4.7 节的频率迭代法 [11] 和 4.9 节的组合法 [48] 两种方法进行比较研究。

在数据序列上，分别选取单精度浮点数序列和双精度浮点数序列两种数据序列进行比较。

4.8.3 仿真实验结果及数据处理

1. 单精度浮点数序列情况

设理想正弦波形为

$$y(t) = E \cdot \cos(2\pi f_0 t + \Phi) + Q \tag{4-75}$$

数据记录序列为已知时刻 $t_0, t_1, \cdots, t_{n-1}$ 的采集样本 $y_0, y_1, \cdots, y_{n-1}$。拟合函数为

$$\hat{y}(i) = C \cdot \cos(2\pi f t_i + \theta) + D \tag{4-76}$$

设定仿真测量系统量程为 −25600~25600mV，仿真正弦信号标称幅度为 25000mV，标称频率 $f_0 = 1\text{Hz}$，标称直流分量 $Q = 0\text{V}$，数据个数 $n = 2000$，采样周期数变化范围为 0.1%~100%，步进 0.1%；

当标称初始相位 $\varPhi$ 分别取 −155°、−115°、−80°、−45°、−10°、0°、35°、70°、90°、105°、140°、175° 时，其用频率迭代法 [11](方法 1) 拟合获得四参数拟合误差结果如图 4-34 所示。其中，幅度拟合误差和频率拟合误差都是相对于自身的相对误差，直流分量拟合相对误差是指相对于信号幅度的占比。

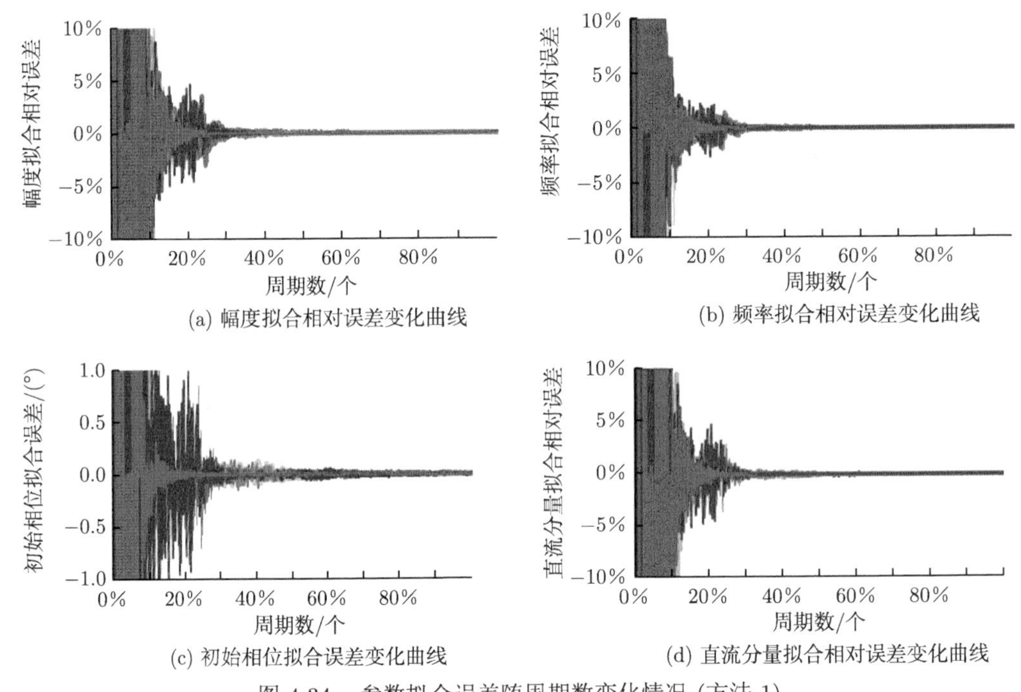

(a) 幅度拟合相对误差变化曲线

(b) 频率拟合相对误差变化曲线

(c) 初始相位拟合误差变化曲线

(d) 直流分量拟合相对误差变化曲线

图 4-34　参数拟合误差随周期数变化情况 (方法 1)

相同数据序列，用组合法 [48](方法 2) 获得的四参数拟合误差结果如图 4-35 所示。

从图 4-34 与图 4-35 的误差曲线对比可见，残周期正弦拟合的频率迭代法与组合法均可用于残周期正弦参数拟合，并且各个参数误差随着周期数的增加具有相类似的收敛性。

在任意初始相位条件下，频率迭代法可以在 10%个周期以上情况下获得收敛拟合结果，在 20%个周期以上情况下获得良好拟合结果，在 30%个周期以上情况下获得接近多周期相近的拟合结果。

组合法则无论是周期条件要求还是拟合误差，均比频率迭代法更为优越，它可以有更短的周期数和更高的拟合准确度，将图 4-35 进行局部展开，如图 4-36 所示，可见，任意相位条件下，7%个周期长度就可以在组合法上获得非常良好的残周期拟合结果，接近多周

期拟合的情况；但 6%个及以下的周期长度，并不能保证任意初始相位条件下都能获得良好的拟合结果。

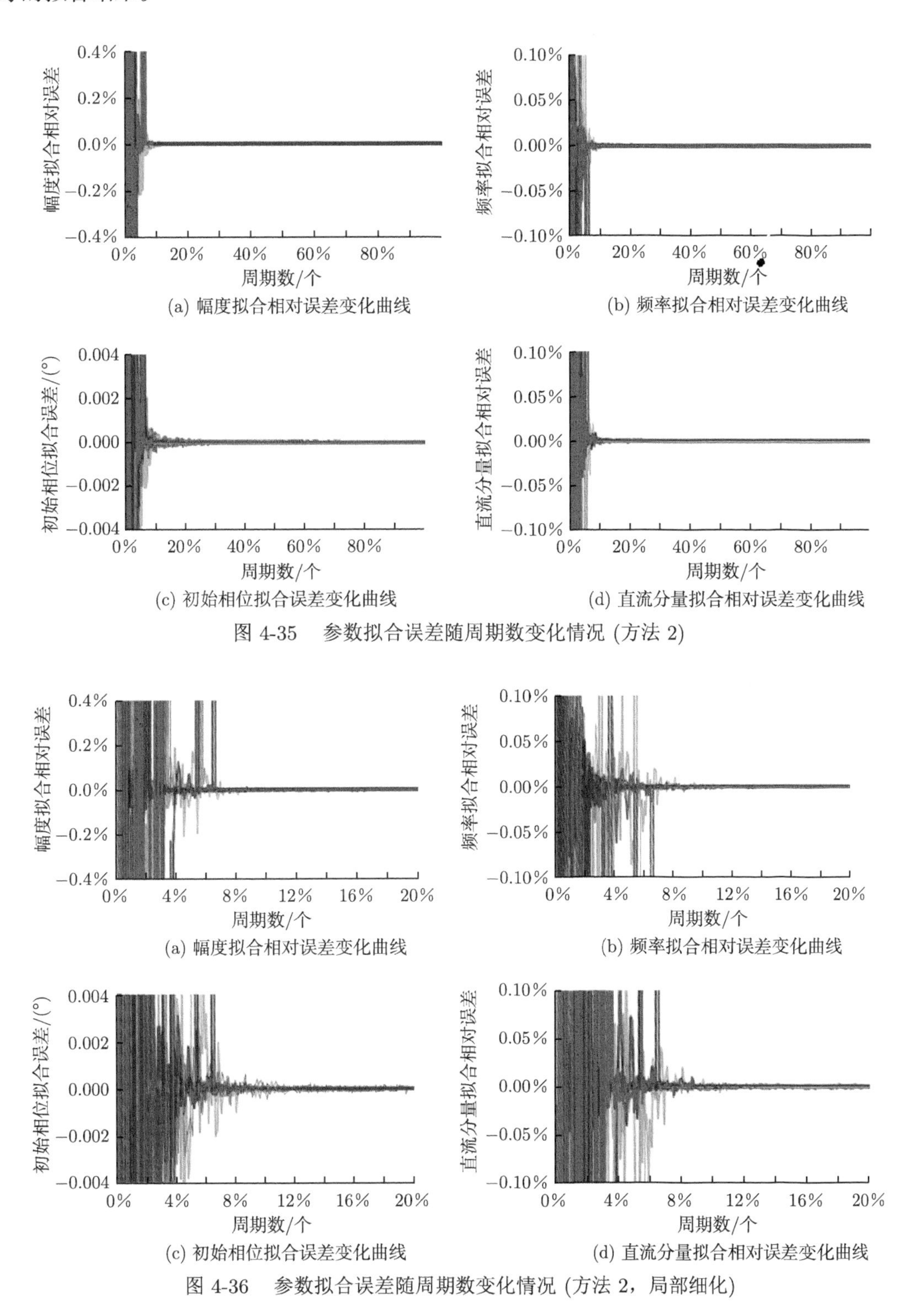

(a) 幅度拟合相对误差变化曲线
(b) 频率拟合相对误差变化曲线
(c) 初始相位拟合误差变化曲线
(d) 直流分量拟合相对误差变化曲线

图 4-35 参数拟合误差随周期数变化情况 (方法 2)

(a) 幅度拟合相对误差变化曲线
(b) 频率拟合相对误差变化曲线
(c) 初始相位拟合误差变化曲线
(d) 直流分量拟合相对误差变化曲线

图 4-36 参数拟合误差随周期数变化情况 (方法 2，局部细化)

实际上，这主要是由残周期条件下，波形曲线的特性受量化误差影响较大，且不同的波形区间有较大不同造成的。在峰值和谷值附近，由于正弦曲线较平坦，会造成一个量化码区间覆盖较长的曲线段的情况，进而在周期数过小时，无法有效分辨出其正弦特征，影响曲线拟合。而在过中值点 (过 0 点) 附近的位置，每个量化码覆盖的曲线段最短，其对正弦曲线特征的影响最小。由此，通过中值点附近的曲线段拟合，即过 0 点附近的曲线段，可以获得最短的周期数极限值。

图 4-37 所示为过 0 点附近时，组合法获得的各个正弦参数的拟合误差变化情况，从中可见，残周期拟合会有粗大误差点出现，过零点附近时，1%个及以上的周期数可以获得良好拟合效果，0.9%个及以下的周期数不能确保获得良好拟合效果。

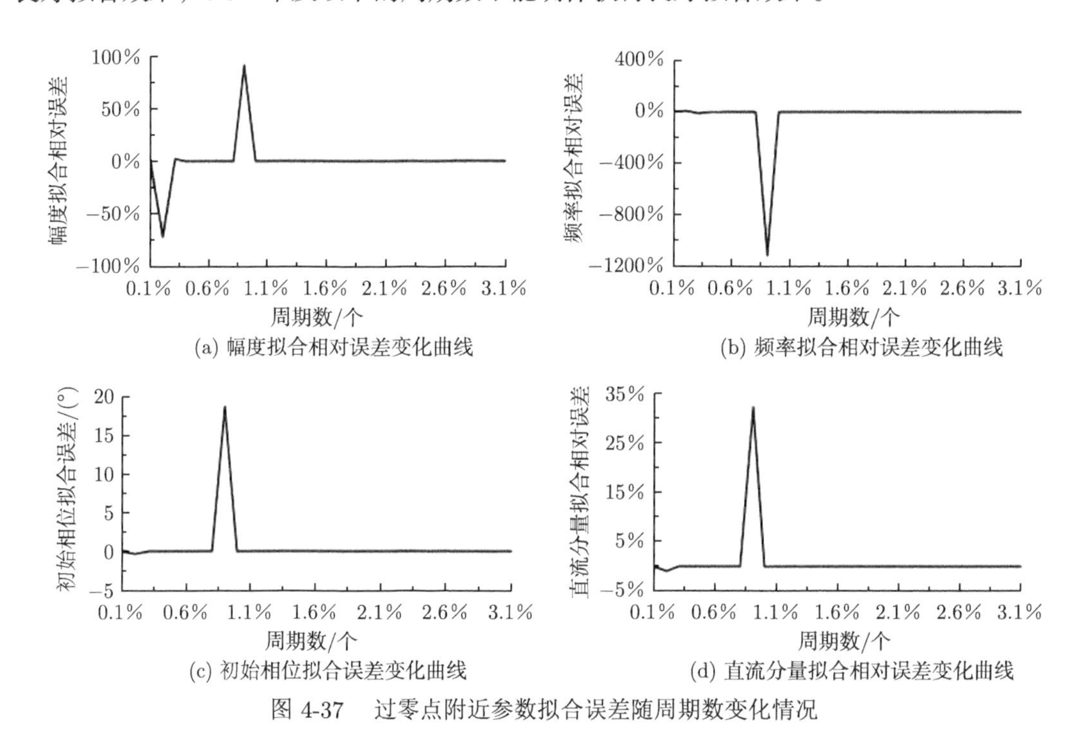

(a) 幅度拟合相对误差变化曲线　(b) 频率拟合相对误差变化曲线

(c) 初始相位拟合误差变化曲线　(d) 直流分量拟合相对误差变化曲线

图 4-37　过零点附近参数拟合误差随周期数变化情况

2. 双精度浮点数序列情况

令上述仿真实验条件不变，仅仅将残周期采样序列换成双精度浮点数表征。用频率迭代法 [11] 拟合获得的四参数拟合误差结果如图 4-38 所示。

用组合法 [48] 拟合获得的四参数拟合误差结果如图 4-39 所示。

从图 4-38 与图 4-39 的误差曲线对比可见：

在任意相位条件下，频率迭代法可以在 7%个周期以上情况下获得收敛拟合结果，在 10%个周期以上情况下获得良好拟合结果，在 20%个周期以上情况下获得接近多周期的拟合结果。

组合法有更短的周期数和更高的拟合准确度，将图 4-39 进行局部展开，如图 4-40 所示，可见，任意相位条件下，4%个周期长度就可以在组合法上获得非常良好的残周期拟合结果；但 3%及以下的周期长度，并不能保证任意相位情况下都能获得良好的拟合结果。

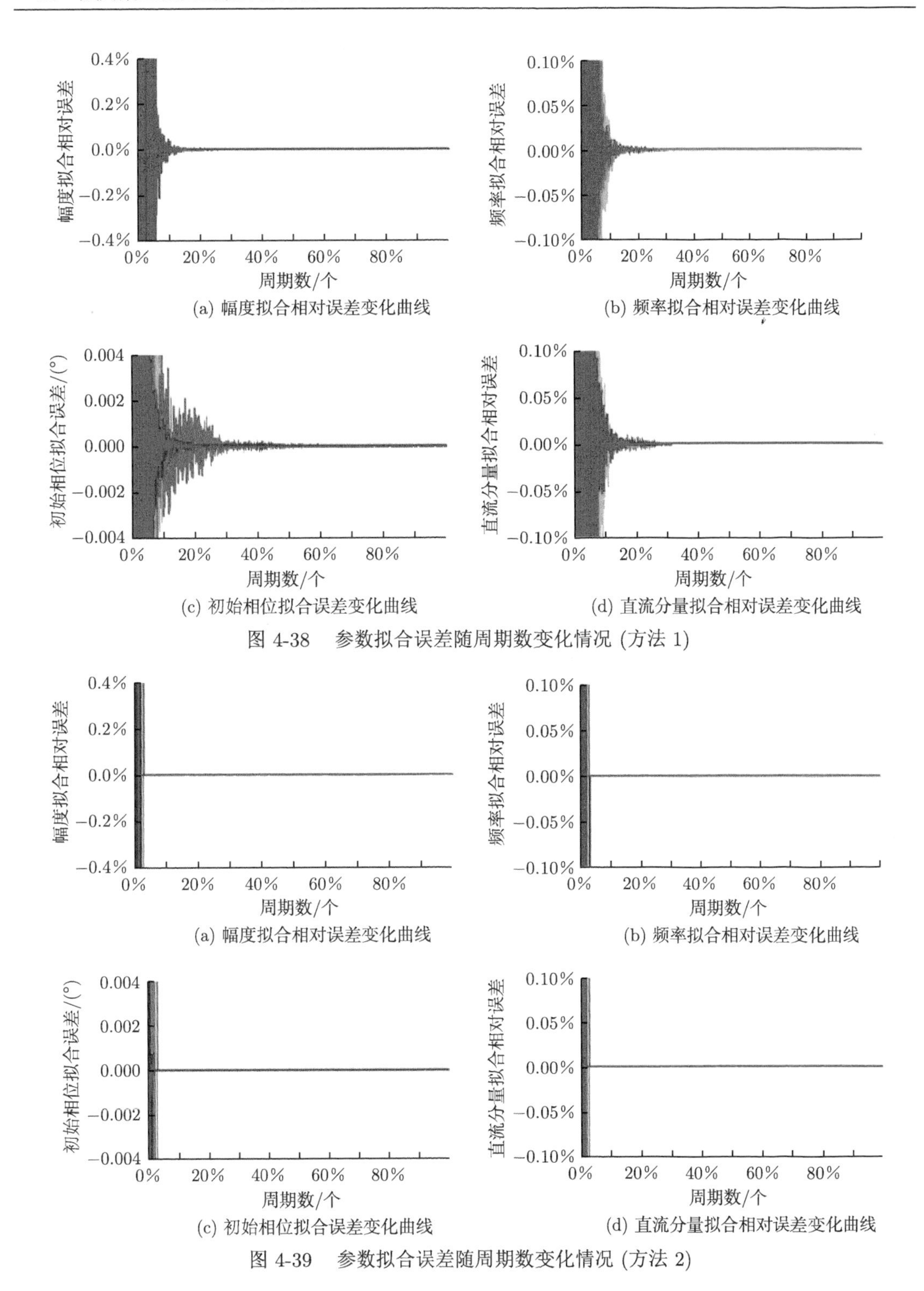

(a) 幅度拟合相对误差变化曲线

(b) 频率拟合相对误差变化曲线

(c) 初始相位拟合误差变化曲线

(d) 直流分量拟合相对误差变化曲线

图 4-38 参数拟合误差随周期数变化情况 (方法 1)

(a) 幅度拟合相对误差变化曲线

(b) 频率拟合相对误差变化曲线

(c) 初始相位拟合误差变化曲线

(d) 直流分量拟合相对误差变化曲线

图 4-39 参数拟合误差随周期数变化情况 (方法 2)

图 4-41 所示为过零点附近时频率迭代法各个正弦参数的拟合误差变化情况，从中可见，在此过零点附近的条件下，0.03%个周期即可获得可用的拟合结果，0.07%个周期以上可获得良好的拟合结果。组合法的表现具有相同特征。

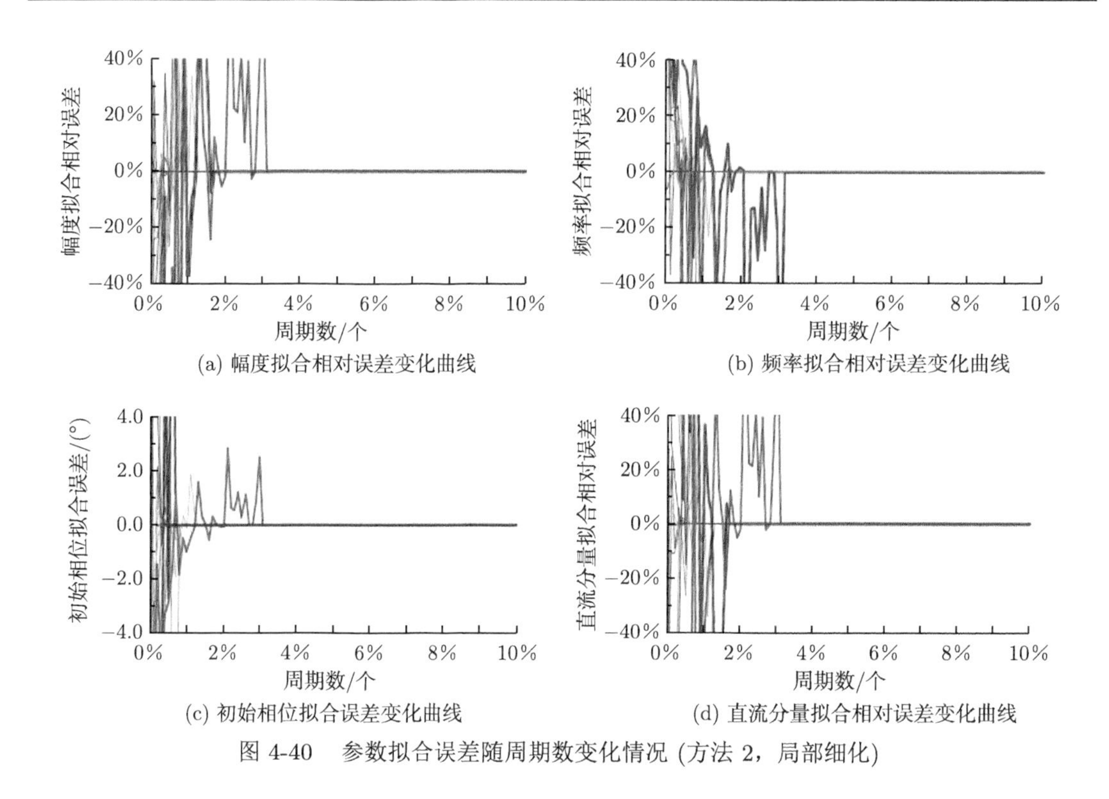

(a) 幅度拟合相对误差变化曲线　(b) 频率拟合相对误差变化曲线

(c) 初始相位拟合误差变化曲线　(d) 直流分量拟合相对误差变化曲线

图 4-40　参数拟合误差随周期数变化情况 (方法 2，局部细化)

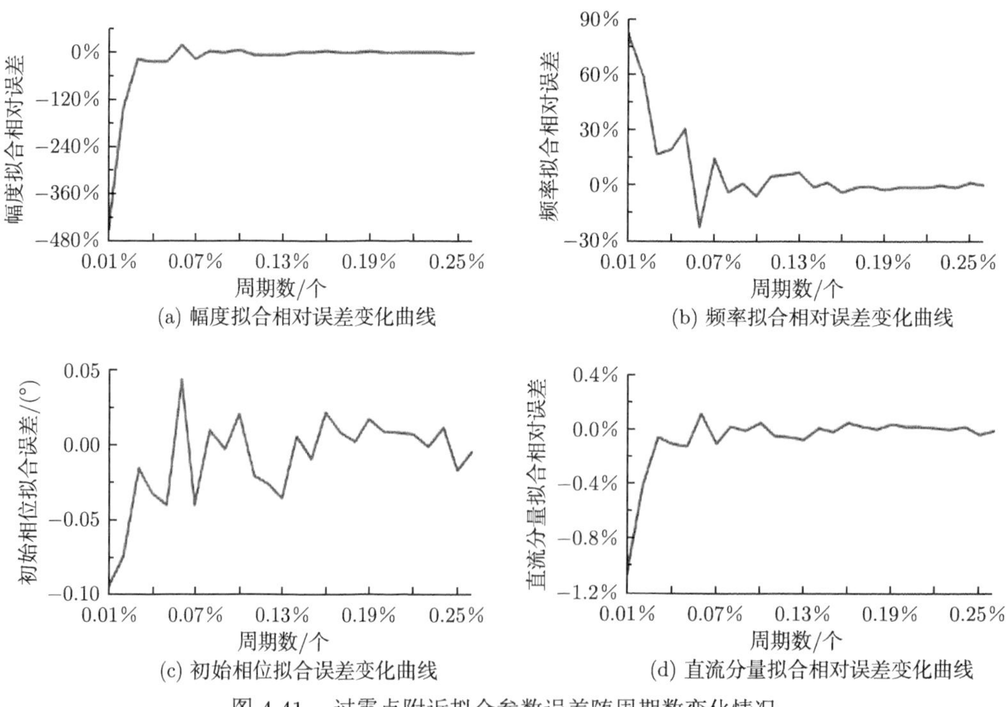

(a) 幅度拟合相对误差变化曲线　(b) 频率拟合相对误差变化曲线

(c) 初始相位拟合误差变化曲线　(d) 直流分量拟合相对误差变化曲线

图 4-41　过零点附近拟合参数误差随周期数变化情况

3. 序列长度变化情况

为了解采样序列长度对残周期拟合的影响，这里令上述仿真实验条件不变，测量系统量程为 −25600 ~25600mV，正弦信号标称幅度为 25000mV，标称频率 $f_0 = 1\text{Hz}$，标称初始相位 $\varPhi = 90°$(过零点附近)，标称直流分量 $Q = 0\text{V}$，采样周期数为 0.4%，数据个数 n 变化范围为 10~2000，步进为 1；采样序列为双精度浮点数表征。

用组合法拟合获得的四参数拟合误差结果如图 4-42 所示。从中可见，四个拟合参数随采样序列长度而变化的规律是相一致的。当序列长度大于 250 以后，其参数拟合误差基本保持稳定，变化不大。

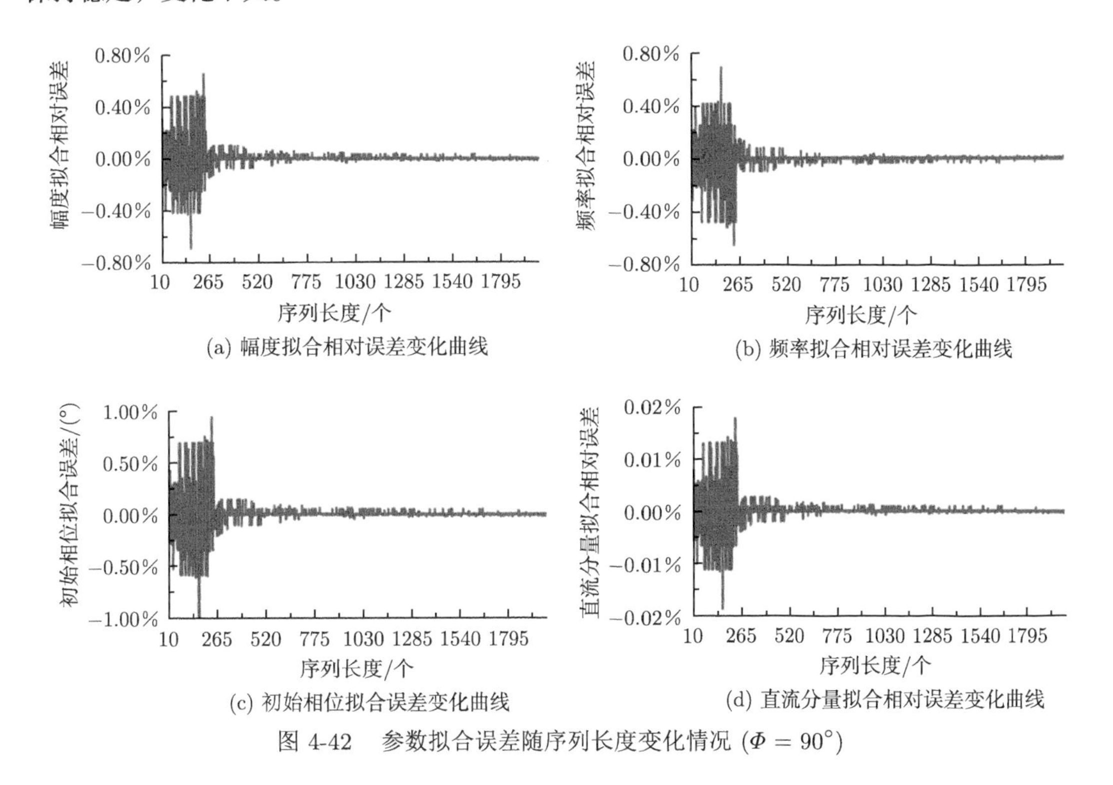

图 4-42 参数拟合误差随序列长度变化情况 ($\varPhi = 90°$)

4.8.4 讨论

通过上述仿真实验可见如下规律。

(1) 残周期正弦拟合法，其所用的周期宽度存在非零下限，并不能任意小，主要是由于采样测量序列总存在量化误差效应，而量化效应在残周期条件下将损伤正弦曲线规律，因而限制了周期宽度的降低。

(2) 频率迭代法和组合法两种残周期拟合方法，组合法表现更好，可在更短的周期宽度下有效拟合并获得更高的拟合准确度；其主要原因在于组合法的迭代寻优中四个参数各自独立，而频率迭代法的迭代寻优中，属于给定频率下幅度、初始相位、直流分量三个参数捆绑寻优，限制了它们的总体独立性，进而影响了它们的拟合误差结果。

(3) 对于单精度浮点数序列而言，任意相位条件下，频率迭代法在 10%个波形周期曲线下可获得可用的结果，而组合法在 7%个波形周期曲线下可获得可用的结果；过零点附近的最佳条件下，组合法可进行 1%个周期曲线的残周期拟合。

(4) 对双精度浮点数序列而言，任意相位条件下，频率迭代法在 7%个波形周期曲线下可以获得可用的结果，而组合法在 4%个波形周期曲线下可获得可用的结果；过零点附近的最佳条件下，组合法可进行 0.03%个周期曲线的残周期拟合。

(5) 序列长度对残周期拟合具有一定的影响，但在序列长度大于一定量值以后，影响趋于稳定，可以近似忽略其波动。

4.8.5 结论

综上所述，本节通过仿真实验，对使用理想 A/D 转换器的残周期仿真正弦测量序列在波形拟合中获得的正弦参数的拟合误差界进行了系统研究，主要是针对频率迭代法和组合法两种残周期拟合方法，分别对于单精度浮点数采样序列和双精度浮点数采样序列的情况进行了搜索研究，针对两种方法在两种不同数据序列条件下受周期个数和初始相位影响的仿真研究，获得了在正弦信号过零点附近的残周期拟合效果最佳，峰值点附近拟合效果最差的明确结论，以及任意初始相位情况下所能进行拟合的最短周期个数。这些问题是此前的文献中没有涉及的内容 [1,2,15]，对实际工作中使用残周期拟合的场合具有参考和借鉴价值。

4.9 四参数正弦波组合式拟合算法

4.9.1 引言

关于正弦拟合算法，时至今日，能够获得最高拟合精度的，仍然是几种四参数迭代搜索法，其他方法的拟合精度要略微差些。由于正弦曲线的周期性特征，从而其拟合参数变化时，会出现众多周期性局域极值点，使得拟合容易收敛到局域极值点而非总体最优点上。因此，四参数迭代搜索法存在两点主要不足，其一是需要对四个拟合参数进行预先估计，且估计精度要足够高，才能保证迭代过程收敛。客观上需要用于拟合的正弦采样序列含有一个以上的波形周期。当波形少于一个完整周期时，将不能确保给出四个参数的预估计值，导致无法进行后续拟合。另外，四参数迭代搜索法的收敛性一直存在问题。它何时收敛，并无明确结论和判据，也没有明确的收敛区间。只是在实用中，存在初始预估值影响收敛性的现象。初始值距离最优值越近，则越能保证迭代过程收敛；否则，将越容易导致迭代过程发散。

在频率已知的情况下，三参数正弦曲线拟合是一种解析算法，无需迭代过程。因而，不存在收敛问题。在此基础上演化而来的四参数拟合算法，如 4.4 节所述，它将四个参数的非线性搜索过程转化为一个参数的单调搜索过程，可称为频率迭代法。其优点是无须对其四个参数进行预估计，有明确的收敛域；可用来估计不足一个波形周期的正弦波参数。其缺点是拟合精度不如四参数迭代搜索法。

本节后续内容，将使用两种方法相结合，构造一种新的组合式四参数正弦拟合法，以取长补短，获得优良的拟合效果，并具有明确的收敛域；既适应不足一个波形周期的残周期状况，也适应含多个波形周期的多周期状况；具有四参数迭代搜索法的拟合精度。

4.9.2 三参数正弦拟合法

1. 基本原理

设理想正弦波形为

$$y(t) = E_1 \cdot \cos(2\pi f t) + E_2 \cdot \sin(2\pi f t) + Q = E \cdot \cos(2\pi f t + \Phi) + Q \tag{4-77}$$

数据记录序列为已知时刻 $t_0, t_1, \cdots, t_{n-1}$ 的采集样本 $y_0, y_1, \cdots, y_{n-1}$。三参数正弦曲线拟合过程，即为输入信号的频率 f 已知，选取或寻找 A、B、D，使下式所述残差平方和 ε 最小：

$$\varepsilon = \sum_{i=0}^{n-1} [y_i - A \cdot \cos(2\pi f t_i) - B \cdot \sin(2\pi f t_i) - D]^2 \tag{4-78}$$

由 ε 最小，得拟合函数：

$$\hat{y}(i) = A \cdot \cos(2\pi f t_i) + B \cdot \sin(2\pi f t_i) + D = C \cdot \cos(2\pi f t_i + \theta) + D \tag{4-79}$$

$$C = \sqrt{A^2 + B^2} \tag{4-80}$$

$$\theta = \begin{cases} \arctan\left(\dfrac{-B}{A}\right), & A \geqslant 0 \\ \arctan\left(\dfrac{-B}{A}\right) + \pi, & A < 0 \end{cases} \tag{4-81}$$

拟合残差有效值为 $\rho = \sqrt{\dfrac{\varepsilon}{n}}$； $\varepsilon = \sum\limits_{i=0}^{n-1} [y_i - \hat{y}(i)]^2$

由于这是一种闭合算法，从而不存在收敛问题。

2. 问题讨论

上述三参数正弦拟合是在已知信号频率 f 下进行的。

令 $t_{\min} = \min\{t_i\}$； $t_{\max} = \max\{t_i\}$，则平均采样速率 $v = (n-1)/(t_{\max} - t_{\min})$；平均数字角频率 $\omega = 2\pi f / v$。

特例，均匀采样时，式 (4-77) 可表述成离散形式：

$$y(i) = E_1 \cdot \cos(\omega \cdot i) + E_2 \cdot \sin(\omega \cdot i) + Q = E \cdot \cos(\omega \cdot i + \Phi) + Q \tag{4-82}$$

则拟合函数将是

$$\hat{y}(i) = A \cdot \cos(\omega \cdot i) + B \cdot \sin(\omega \cdot i) + D = C \cdot \cos(\omega \cdot i + \theta) + D \tag{4-83}$$

不失一般性，设给定信号测量序列的数字角频率为 w，而不是 ω，则使用 1.5 个周期的正弦波形序列，按上述三参数正弦拟合法，获得如图 4-43 所示归一化误差 ρ/E 与频率比 w/ω 关系曲线波形。图 4-44 为图 4-43 的局部细化。

其中，$f = 1\text{Hz}$；$v = 1\text{kSa/s}$；$\omega = 2\pi/1000$；$E = 1\text{V}$；$Q = 0$；$\varPhi$ 分别取 0°、35°、70°、105°、140°、175°、210°、245°、280°、315°、350°；采样点数 $n = 1500$，以 w 代替 ω 进行三参数拟合。

从图 4-43 及图 4-44 可见，对于信号频率为 ω 的正弦曲线，三参数最小二乘拟合法的最优频率在频率区间 $(0.5\omega, 1.5\omega]$ 范围内存在且唯一，在该区间内，拟合残差有效值 ρ 的极值存在且唯一；幅度和初始相位的变化不影响 ρ/E 的变化规律以及 ρ 各个极值点出现的位置，可在区间 $(0, 1.5\omega]$ 范围内通过对 ω 的一维搜索找出 ρ 最优值对应的正弦频率极值点。

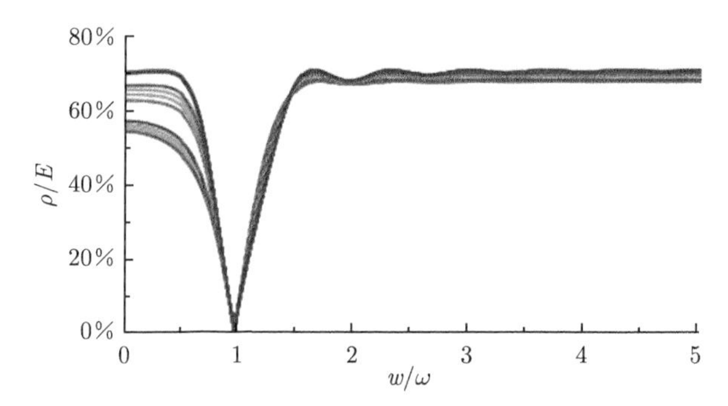

图 4-43　归一误差 ρ/E 与频率比 w/ω 关系 (1.5 个周期)

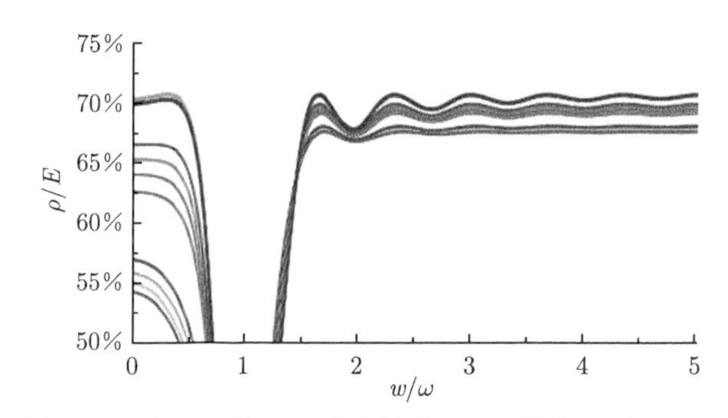

图 4-44　归一误差 ρ/E 与频率比 w/ω 关系 (局部展开)

仿真实验表明，1.5 个周期以下的波形序列所遵循的规律和特征与图 4-43 相同。在全频率范围内，幅度 E 的变化基本上不影响 ρ/E 随 w/ω 的变化时 ρ/E 的极值点出现的位置和幅度；初始相位的变化也不影响 ρ/E 随 w/ω 变化时 ρ/E 极值点出现的位置，而只改变非 ω 频率处各个 ρ/E 极值的大小。

使用 7 个周期的正弦波形序列，按上述三参数正弦拟合法，获得如图 4-45 所示归一化误差 ρ/E 与频率比 w/ω 关系曲线波形。图 4-46 为图 4-45 的局部细化。

其中，$f = 1\text{Hz}$；$v = 200\text{Sa/s}$；$\omega = 2\pi/200$；$E = 1\text{V}$；$Q = 0$；$\varPhi$ 分别取 0°、35°、70°、105°、140°、175°、210°、245°、280°、315°、350°；采样点数 $n = 1400$，以 w 代替 ω 进行三参数拟合。

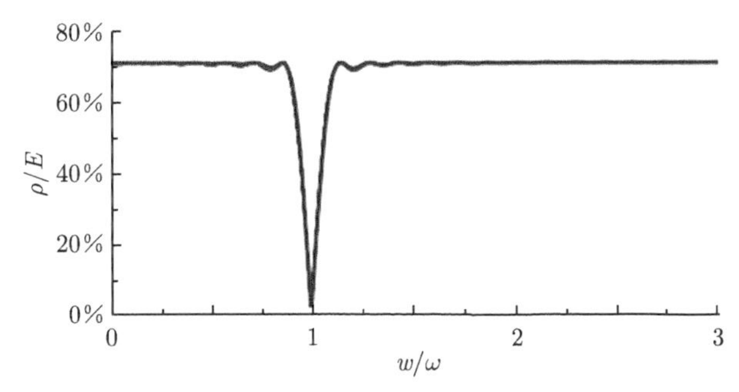

图 4-45 归一误差 ρ/E 与频率比 w/ω 关系曲线 (7 个周期)

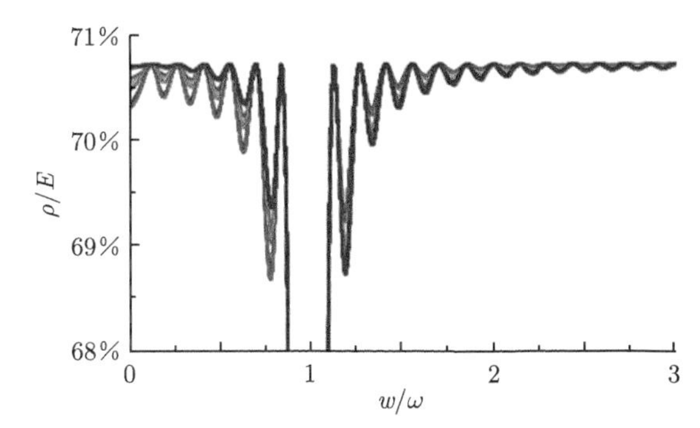

图 4-46 归一误差 ρ/E 与频率比 w/ω 关系曲线 (局部展开)

从图 4-45 及图 4-46 可见，对于含有 7 个波形周期的信号频率 ω 的正弦曲线，三参数最小二乘拟合法的最优频率在区间 $\omega \pm \omega/7$(即 $[6\omega/7, 8\omega/7]$) 范围内存在且唯一，拟合残差有效值 ρ 的极值存在且唯一，幅度和初始相位的变化不影响其 ρ/E 的变化规律，可在 $\omega \pm \omega/7$ 范围内通过对 ω 的一维搜索，找出该 ρ 的最优极值对应的最优频率点。

仿真实验表明，m 个周期的波形序列所遵循的规律和特征与图 4-45 相同。在全频率范围内，幅度和初始相位的变化对 ρ/E 的影响规律与 7 个周期序列时相同。

总结众多仿真曲线波形可见，对于 1.5 个波形周期以下的正弦曲线拟合，有如下规律。

(1) 频率 ω 变化时，在全频率范围内，三参数最小二乘拟合法获得的拟合残差有效值 ρ/E 拥有众多等间隔极值点。

(2) 三参数最小二乘拟合法在 $(0, 1.5\omega]$ 范围内，最小二乘最优频率 ω 存在且唯一，ρ/E 最小值存在且唯一，ρ/E 的最小值点就是 ω 频率点。

(3) 幅度和初始相位的变化基本不影响 ρ/E 的极值出现的位置及其变化规律；但初始相位 Φ 的变化将影响 ρ/E 的极值幅度值。

(4) 当使用的拟合频率 w 大于信号频率的 1.5 倍时，ρ/E 的量值均普遍大于拟合频率 w 小于信号频率的情况，即如图 4-43 所示，收敛频率点右侧的误差值大于收敛频率点左侧的误差值。该规律可用于判定收敛区间上界，而收敛区间的下界则可由足够接近 0 频的一个微小频率值代替。

(5) 可在 $(0, 1.5\omega]$ 范围内通过对拟合频率 w 的一维搜索找出 ρ/E 的最小值点，从而获得四个拟合参数，完成四参数正弦波拟合。在该区间范围内，拟合过程绝对收敛。

对于 m 个波形周期的正弦曲线拟合，有如下规律。

(1) 拟合频率 w 变化时，在全频率范围内，三参数最小二乘拟合法获得的拟合残差有效值 ρ/E 拥有众多等间隔极值点。

(2) 三参数最小二乘拟合法最优拟合频率 w 在区间 $[(1-1/m)\cdot\omega,(1+1/m)\cdot\omega]$ 范围内存在且唯一，在该区间范围内，拟合残差有效值 ρ/E 的极小值存在且唯一，其极小值点 ω 就是对应的最小二乘最优频率点；因而，该区间 $[(1-1/m)\cdot\omega,(1+1/m)\cdot\omega]$ 边界可以作为一维频率搜索的区间上下界。

(3) 幅度和初始相位的变化基本不影响 ρ/E 的极值点出现的位置及其变化规律；但初始相位 $\varPhi$ 的变化将影响 ρ/E 的幅度值。

(4) 可在 $[(1-1/m)\cdot\omega,(1+1/m)\cdot\omega]$ 范围内通过对拟合频率 w 的一维搜索找出 ρ/E 的极小值点，从而获得四个拟合参数，完成四参数正弦波拟合。在该区间范围内，拟合过程绝对收敛。

4.9.3 四参数正弦拟合法——频率迭代法

1. 原理过程

1) 多周期情况

对上述三参数正弦曲线拟合方法的改造，可获得一种绝对收敛的四参数正弦曲线拟合方法。

假设平均采集速率为 v，待估计的正弦波频率目标值为 f_0，待估计的正弦波采样序列所含信号周期个数为 p，则有 $\Delta f_{\max}=f_0/p$，在区间 $[f_0-\Delta f_{\max},f_0+\Delta f_{\max}]$ 内的任意频率 f 下，拟合残差平方和 $\varepsilon(f)$ 的极值存在且唯一。这样，便将四参数正弦波曲线拟合中，对幅度、频率、初始相位、直流分量四个参数的四维非线性搜索，变成了对频率分量 f 所造成的 $\varepsilon(f)$ 的一维线性搜索，可保证在区间 $[f_0-\Delta f_{\max},f_0+\Delta f_{\max}]$ 内，用三参数拟合法实现的四参数正弦曲线拟合过程绝对收敛。该四参数拟合过程如下所述。

(1) 设定拟合迭代停止条件为 h_e。

(2) 从已知时刻 $t_0,t_1,\cdots,t_{n-1}$ 的正弦波采集样本 $y_0,y_1,\cdots,y_{n-1}$，使用周期计点法获得每个信号周期内所含信号采样点数 m，并获得序列所含信号周期个数 $p=n/m$；则频率 f_0 的估计值 $\hat{f}_0=v/m$；$v=(n-1)/(t_{n-1}-t_0)$，其收敛区间界为 $\Delta f_{\max}=\hat{f}_0/p=v/n$。

(3) 确定拟合频率 f 的收敛区间 $[f_0-\Delta f_{\max},f_0+\Delta f_{\max}]=[\hat{f}_0-v/n,\hat{f}_0+v/n]$，则迭代左边界频率 $f_{\mathrm{L}}=\hat{f}_0-v/n$；迭代右边界频率 $f_{\mathrm{R}}=\hat{f}_0+v/n$；中值频率 $f_{\mathrm{M}}=f_{\mathrm{L}}+0.618\times(f_{\mathrm{R}}-f_{\mathrm{L}})$；$f_{\mathrm{T}}=f_{\mathrm{R}}-0.618\times(f_{\mathrm{R}}-f_{\mathrm{L}})$。

(4) 在 f_{L} 上执行三参数正弦曲线拟合，获得 C_{L}、θ_{L}、D_{L}、ρ_{L}；在 f_{R} 上执行三参数正弦曲线拟合，获得 C_{R}、θ_{R}、D_{R}、ρ_{R}；在 f_{M} 上执行三参数正弦曲线拟合，获得 C_{M}、θ_{M}、D_{M}、ρ_{M}；在 f_{T} 上执行三参数正弦曲线拟合，获得 C_{T}、θ_{T}、D_{T}、ρ_{T}。

(5) 若 $\rho_{\mathrm{M}}<\rho_{\mathrm{T}}$，则 $\rho=\rho_{\mathrm{M}}$，有 $f_0\in[f_{\mathrm{T}},f_{\mathrm{R}}]$，$f_{\mathrm{L}}=f_{\mathrm{T}},f_{\mathrm{T}}=f_{\mathrm{M}}$；$f_{\mathrm{M}}=f_{\mathrm{L}}+0.618\times(f_{\mathrm{R}}-f_{\mathrm{L}})$；若 $\rho_{\mathrm{M}}>\rho_{\mathrm{T}}$，则 $\rho=\rho_{\mathrm{T}}$，有 $f_0\in[f_{\mathrm{L}},f_{\mathrm{M}}]$，$f_{\mathrm{R}}=f_{\mathrm{M}},f_{\mathrm{M}}=f_{\mathrm{T}}$；$f_{\mathrm{T}}=f_{\mathrm{R}}-0.618\times(f_{\mathrm{R}}-f_{\mathrm{L}})$。

(6) 判定是否 $|(\rho_{\mathrm{M}}(k)-\rho_{\mathrm{T}}(k))/\rho_{\mathrm{T}}(k)|<h_{\mathrm{e}}$? 是，则停止迭代，并且，$\rho=\rho_{\mathrm{T}}$ 时，获得四参数拟合正弦曲线参数为 $C=C_{\mathrm{T}}$、$f=f_{\mathrm{T}}$、$\theta=\theta_{\mathrm{T}}$、$D=D_{\mathrm{T}}$、$\rho$，拟合过程结束；

$\rho = \rho_{\rm M}$ 时，获得四参数拟合正弦曲线参数为 $C = C_{\rm M}$、$f = f_{\rm M}$、$\theta = \theta_{\rm M}$、$D = D_{\rm M}$、ρ，拟合过程结束。

否则，重复 (4)~(6) 的过程。

2) 残周期情况

当正弦波采样序列包含不足一个波形周期时，使用上述的频率区间估计方法无法获得有效的搜索区间。此时，使用过零点检测法获得的采集序列包含的过零点少于 3 个，实际上最多可能包含的波形数 p 将少于 1.5 个周期，多数情况下均将少于 1 个波形周期，即 $0 < p < 1.5$。此时，通过波形截取，可以获得少于一个周期的残周期波形段，即 $0 < p < 1$。综合 4.9.2 节 2. 的讨论情况，可以总结出此时的四参数拟合过程。

假设平均采集速率为 v，待估计的正弦波频率目标值为 f_0，周期为 $T_0 = 1/f_0$。待估计的正弦波采样序列所含信号周期个数为 $p(0 < p < 1)$，波形占用时间长度为 $\tau < T_0$，则有，$f_0 < 1/\tau$，选取另一个因子 q(例如 $q = 10^{-5}$)，使得被估计的正弦频率肯定有 $f_0 > q/\tau$；因而，可以肯定 $f_0 \in[q/\tau,\ 1.5/\tau]$，在区间 $[q/\tau,\ 1.5/\tau]$ 内的任意频率 f 下，残差平方和 $\varepsilon(f)$ 的极值存在且唯一。这样，便将四参数正弦波曲线拟合中，对幅度、频率、初始相位、直流分量四个参数的四维非线性搜索，变成了对频率分量 f 所造成的 $\varepsilon(f)$ 的一维线性搜索，可保证在区间 $[q/\tau,\ 1.5/\tau]$ 内，用三参数拟合法实现的四参数正弦曲线拟合过程收敛。该四参数拟合过程如下所述

(1) 设定拟合迭代停止条件为 $h_{\rm e}$。

(2) 从已知时刻 $t_0, t_1, \cdots, t_{n-1}$ 的正弦波采集样本 $y_0, y_1, \cdots, y_{n-1}$，使用计点法获得信号波形占用时间长度为 τ；平均采集速率 $v = (n-1)/(t_{n-1} - t_0)$，选取因子 q(例如 $q = 10^{-5}$)，确定目标频率 f_0 的存在区间 $[q/\tau,\ 1.5/\tau]$。

(3) 确定迭代左边界频率 $f_{\rm L} = q/\tau$；迭代右边界频率 $f_{\rm R} = 1.5/\tau$。

(4) 令中值频率 $f_{\rm M} = (f_{\rm R} + f_{\rm L})/2$；在左边界频率、右边界频率和中值频率上分别利用三参数拟合公式计算各自的拟合残差 $\rho(f_{\rm L})$、$\rho(f_{\rm M})$ 和 $\rho(f_{\rm R})$。

(5) 判断是否 $\rho(f_{\rm L}) < \eta \cdot \rho(f_{\rm M})$? 其中，$\eta$ 为判据因子，取值范围为 1~1.5。

若 $\rho(f_{\rm L}) < \eta \cdot \rho(f_{\rm M})$，则令 $f_{\rm R} = f_{\rm M}, f_{\rm L}$ 不变，重复执行 (4)~(5) 的过程。

(6) 若 $\rho(f_{\rm L}) \geqslant \eta \cdot \rho(f_{\rm M})$，则必有 $f_{\rm R} < 1.5 f_0$，确定迭代左边界频率为 $f_{\rm L}$；迭代右边界频率为 $f_{\rm R}$；中值频率为 $f_{\rm M} = f_{\rm L} + 0.618 \times (f_{\rm R} - f_{\rm L})$；$f_{\rm T} = f_{\rm R} - 0.618 \times (f_{\rm R} - f_{\rm L})$。

(7) 在 $f_{\rm L}$ 上执行三参数正弦曲线拟合，获得 $C_{\rm L}$、$\theta_{\rm L}$、$D_{\rm L}$、$\rho_{\rm L}$；在 $f_{\rm R}$ 上执行三参数正弦曲线拟合，获得 $C_{\rm R}$、$\theta_{\rm R}$、$D_{\rm R}$、$\rho_{\rm R}$；在 $f_{\rm M}$ 上执行三参数正弦曲线拟合，获得 $C_{\rm M}$、$\theta_{\rm M}$、$D_{\rm M}$、$\rho_{\rm M}$；在 $f_{\rm T}$ 上执行三参数正弦曲线拟合，获得 $C_{\rm T}$、$\theta_{\rm T}$、$D_{\rm T}$、$\rho_{\rm T}$。

(8) 若 $\rho_{\rm M} < \rho_{\rm T}$，则 $\rho = \rho_{\rm M}$，有 $f_0 \in[f_{\rm T}, f_{\rm R}]$，$f_{\rm L} = f_{\rm T}, f_{\rm T} = f_{\rm M}$；$f_{\rm M} = f_{\rm L} + 0.618 \times (f_{\rm R} - f_{\rm L})$；若 $\rho_{\rm M} > \rho_{\rm T}$，则 $\rho = \rho_{\rm T}$，有 $f_0 \in[f_{\rm L}, f_{\rm M}]$，$f_{\rm R} = f_{\rm M}, f_{\rm M} = f_{\rm T}$；$f_{\rm T} = f_{\rm R} - 0.618 \times (f_{\rm R} - f_{\rm L})$。

(9) 判定是否 $|(\rho_{\rm M}(k) - \rho_{\rm T}(k))/\rho_{\rm T}(k)| < h_{\rm e}$? 是则停止迭代，并且，$\rho = \rho_{\rm T}$ 时，获得四参数拟合正弦曲线参数为 $C = C_{\rm T}$、$f = f_{\rm T}$、$\theta = \theta_{\rm T}$、$D = D_{\rm T}$、ρ，拟合过程结束；$\rho = \rho_{\rm M}$ 时，获得四参数拟合正弦曲线参数为 $C = C_{\rm M}$、$f = f_{\rm M}$、$\theta = \theta_{\rm M}$、$D = D_{\rm M}$、ρ，拟合过程结束。

否则，重复 (7)~(9) 的过程。

2. 收敛性问题

四参数正弦曲线拟合是一个迭代过程，也有收敛性问题。如上所述，对于含 p $(0 < p < 1.5)$ 个信号周期的测量序列的情况，如图 4-43 所示，四参数正弦曲线拟合的收敛区间为 $(0, 1.5\omega_0]$，其中，ω_0 为信号的真实数字角频率。

对于含 p 个信号周期的测量序列的情况，如图 4-45 所示，四参数正弦曲线拟合的绝对收敛区间为 $[\omega_0(1-1/p), \omega_0(1+1/p)]$，其中，$\omega_0$ 为信号的真实数字角频率。

在该绝对收敛区间之外，当 $p \geqslant 2$ 时，首先，可以对测量序列的有效值 E_{rms} 进行预估计：

$$E_{\text{rms}} = \sqrt{\frac{1}{n-1}\sum_{i=0}^{n-1}(y_i - \bar{y})^2}, \quad \bar{y} = \frac{1}{n}\sum_{i=0}^{n-1} y_i$$

不失一般性，假设正弦序列的噪声与信号有效值幅度之比为 $N/S \ll 1$，即噪声功率远小于信号功率，则可选取判据 h_{d} 取值满足 $N/S < h_{\text{d}} < 1$。

然后，在 $(0, +\infty)$ 区间内变化 ω，搜索从 $\rho(\omega)/E_{\text{rms}} > h_{\text{d}}$ 变化到 $\rho(\omega)/E_{\text{rms}} < h_{\text{d}}$ 处的频率点 ω_{d}，根据在 ω_{d} 附近 $\rho(\omega_{\text{d}})$ 的变化规律可以判断：

当导数 $\rho'(\omega_{\text{d}}) < 0$ 时，$\omega_{\text{d}} < \omega_0$，可令 $\omega_{\text{L}} = \omega_{\text{d}}$；

当导数 $\rho'(\omega_{\text{d}}) > 0$ 时，$\omega_{\text{d}} > \omega_0$，可令 $\omega_{\text{R}} = \omega_{\text{d}}$。

这样，便寻找出落在绝对收敛区间内且包含 ω_0 的迭代区间 $[\omega_{\text{L}}, \omega_{\text{R}}]$，使用前述方法可获得绝对收敛的四参数正弦拟合结果。

采取辅助判据 h_{d} 措施后，可将本节所述四参数正弦拟合方法的频率绝对收敛区间拓展到 $(0, +\infty)$，从而可在任何情况下都获得收敛结果。

4.9.4　组合式四参数正弦波拟合算法

1. 算法流程

组合式四参数正弦波拟合算法的流程如下所述。

(1) 针对正弦波形采样序列，使用 4.9.3 节所述的一维搜索迭代正弦拟合算法，获得其幅度、频率、初始相位、直流分量和拟合残差。

(2) 将该拟合结果作为四参数搜索迭代正弦拟合算法的拟合初始值，执行 4.2 节所述的四参数搜索迭代，以获得最终的四参数正弦波拟合结果，并结束拟合。

(3) 若 4.2 节所述的四参数搜索迭代不收敛，则仍然以 4.9.3 节所述的一维搜索迭代获得的正弦拟合结果作为组合式四参数正弦波拟合的最终结果，结束拟合。

2. 仿真搜索验证

使用幅度 $E_0 = 1\text{V}$；频率 $f_0 = 1\text{Hz}$；直流分量 $Q_0 = 0$；初始相位 $\varPhi_0$ 分别取 0°、35°、70°、105°、140°、175°、210°、245°、280°、315°、350°；采样点数 $n = 1000$；正弦波形周期数从 $p = 0.001$ 变换至 $p = 1$，取步进 $\Delta p = 0.001$，按照 4.9.3 节 1. 所述方法进行搜索计算，获得如图 4-47 所示曲线波形。其中，

幅度拟合误差：$\Delta C/E_0 = (C - E_0)/E_0$；

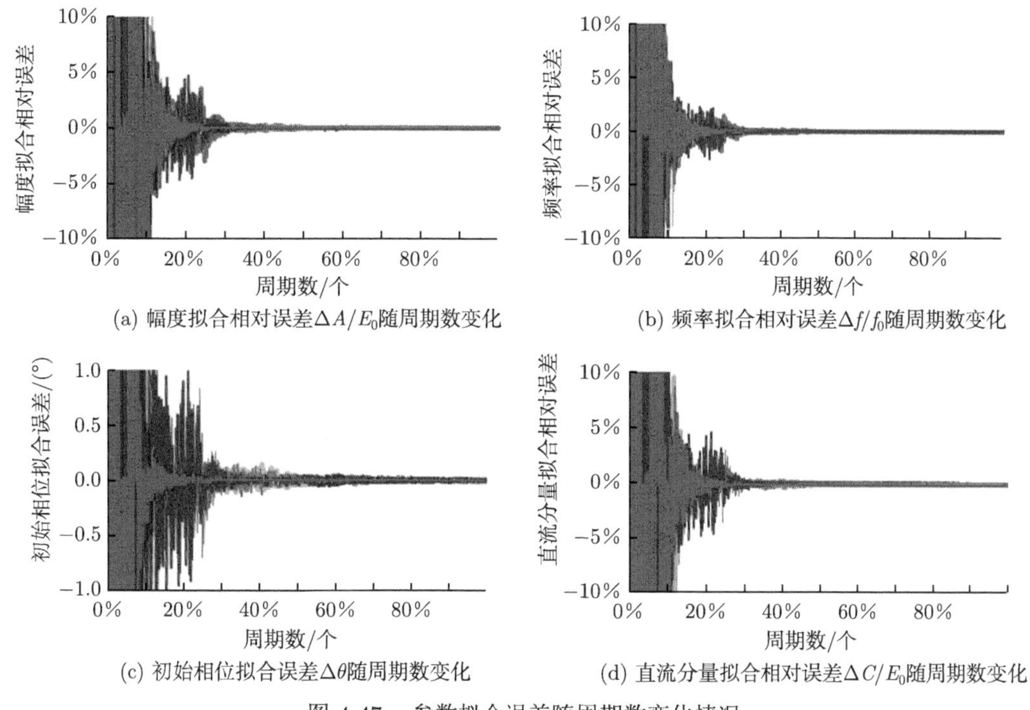

(a) 幅度拟合相对误差$\Delta A/E_0$随周期数变化 (b) 频率拟合相对误差$\Delta f/f_0$随周期数变化

(c) 初始相位拟合误差$\Delta\theta$随周期数变化 (d) 直流分量拟合相对误差$\Delta C/E_0$随周期数变化

图 4-47 参数拟合误差随周期数变化情况

频率拟合误差：$\Delta f/f_0 = (f - f_0)/f_0$；

初始相位拟合误差：$\Delta\theta = \theta - \varPhi_0$；

直流分量拟合误差：$\Delta D/E_0 = (D - Q_0)/E_0$。

从图 4-47 所反映的规律可见，使用本节上述组合式拟合方法，可以在包含很少的正弦周期情况下 (最少为千分之五个波形周期) 获得四个拟合参数，但不够稳定，拟合误差也较大，初始相位对其也有较大影响。通常，较短的波形在峰值和谷值附近出现时，拟合误差较大；在过零点附近出现时，拟合误差较小。当采样序列包含 1/5 个周期以上波形时，拟合误差显著降低。此时，幅度拟合相对误差可降到 ±2%以内，频率拟合相对误差可降到 ±1%以内，初始相位拟合误差可降到 ±0.4° 以内，直流分量拟合误差与峰值幅度比可以降到 ±2%以内。

4.9.5 实验验证

这里对上述四参数正弦波曲线拟合算法进行实验验证，使用 SCO232 型数据采集系统采集的数据，其 A/D 位数为 12bit，测量范围为 −5 ~+5V，采集速率为 2000Sa/s，序列长度为 1800点；信号源为 5700A 型多功能校准器，信号幅度为 4.5V，频率为 11Hz。

用本节所述方法，获得拟合结果为：信号幅度 4.458311V，相对误差 −0.93%；频率 11.00318Hz，相对误差 2.89×10^{-4}；初始相位 −20.198°，直流分量为 −14.668mV，对应的有效位数 6.85bit，噪信比 5.62×10^{-3}。序列包含 9.9 个波形周期。其拟合曲线与原始数据序列部分值如图 4-48 所示，而原始测量序列数据与拟合回归值间的差值如图 4-49 所示。

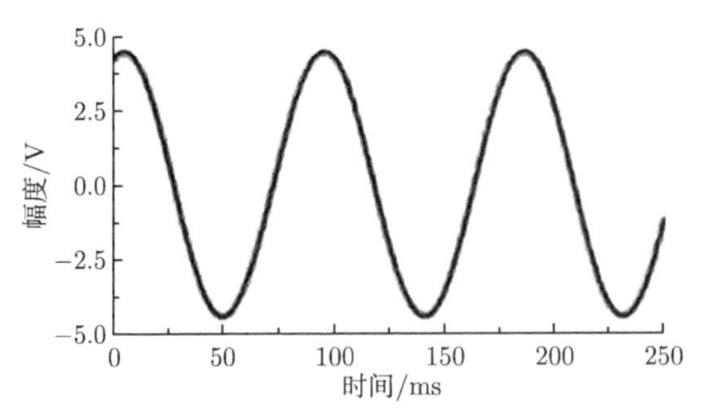

图 4-48　原始数据序列 $\{y_i\}$ 与拟合曲线 $\{\hat{y}(i)\}$

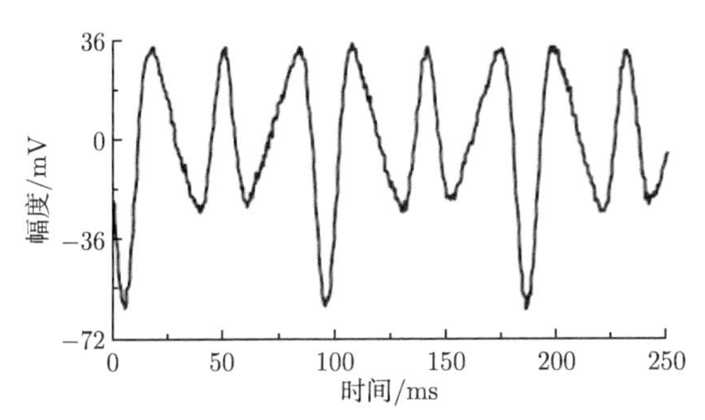

图 4-49　原始数据序列与拟合曲线之差 $\{y_i-\hat{y}(i)\}$

在上述采集序列中截取 60 个采集点，变成不足一个波形周期的残周期状态。使用上述方法进行四参数拟合，获得拟合结果为：信号幅度 4.878354V，相对误差 8.41%；频率 10.43019Hz，相对误差 −5.18%；初始相位 −19.883°，直流分量为 −474.981mV，对应的有效位数 7.78bit，噪信比 2.69×10^{-3}。序列包含 0.313 个波形周期。其拟合曲线与原始数据序列如图 4-50 所示，而原始测量序列数据与拟合回归值间的差值如图 4-51 所示。

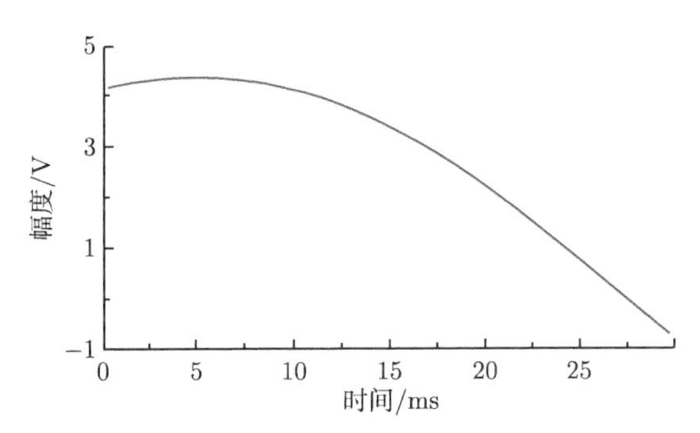

图 4-50　原始数据序列 $\{y_i\}$ 与拟合曲线 $\{\hat{y}(i)\}$

由图 4-48、图 4-50 可见，拟合曲线与测量序列基本重合，而由图 4-49、图 4-51 的差值曲线可以看出，拟合残差正负方向分布基本均匀，体现了拟合过程的有效性，验证了本节上述方法的实用性。

其中，多周期序列的幅度与频率拟合参量和输入信号标准值的差异很小，而仅仅截取部分周期的残周期序列的幅度与频率拟合参量和输入信号标准值的差异有所增大，符合拟

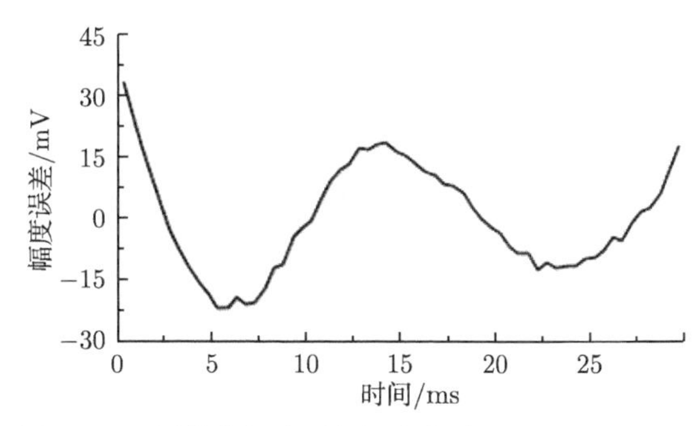

图 4-51　原始数据序列与拟合曲线之差 $\{y_i - \hat{y}(i)\}$

合运算的原理趋势，并且也见证了本节所述方法在实际工作中，可以同时适用于多周期正弦序列和残周期正弦序列的参数拟合。

4.9.6　讨论

通过上述仿真及实测实验可见，使用本节所述的组合式正弦拟合方法，可以将四参数搜索迭代正弦拟合方法拓展到小于一个周期的残周期情况，扩展了其应用范围和使用空间，使那些由于周期极长而数据不全的正弦拟合问题得以有解决之道。另外，由于频率迭代搜索法正弦拟合获得的四个参数已经足够精确，并总能给出收敛拟合结果，则以它们为初始值，再进行四参数搜索迭代时，可以很容易获得收敛结果。若有不收敛的情况出现，则可直接以频率迭代搜索法获得的四个参数给出拟合结果，从而能够保证本节所述的组合式正弦拟合方法总能获得收敛结果。这避免了单纯的四参数搜索算法的收敛区间不明确，以及有时会出现不明原因的发散问题。

尽管本节所述方法是在等间隔均匀采样正弦波序列上实现的，但实际上，频率迭代搜索法与四参数搜索迭代法均能够适用于非均匀采样序列情况，因而上述方法也能同时推广应用于非均匀采样序列的参数拟合中。这使得本节所述方法有望成为一种性能优良的普适型方法。其可用于 0.2 个波形周期以上的正弦曲线序列的四参数拟合，给出收敛的最优结果。当然，其先决条件是被测波形中不含有谐波。若残周期波形本身含有过高的谐波成分，则将使问题复杂化，导致拟合结果的含义存在争议。

本节使用组合式方法获得了收敛性和高精度的双重效果，精度可以达到 4.2 节所述四参数迭代的情况，高于频率搜索方法，而付出的代价是算法运算量的大幅提升，约为频率搜索法和四参数迭代法的时间之和。这是其明显的弱点，有待后续进行快速算法的研究，以降低算法的复杂程度。

4.9.7　结论

综上所述，通过本节提供的方法和流程，可以在任何情况下给出正弦波形采样序列拟合参数，无论是多周期情况，还是不足一个波形周期的残周期情况，这拓展了四参数搜索正弦拟合的应用范围。并且，由于组合方法的预估计方法具有明确的收敛域，可保证组合后的方法在该区间内获得收敛的拟合结果。因此，这使得它也可以应用到调制信号的数字化精确解调上；而多数拟合方法，因无法保证过程的收敛性，不适于调制信号解调应用。

4.10 四参数正弦拟合软件的评价方法

四参数正弦波最小二乘拟合法，是一种模型化测量处理方法。通常，它是通过使用一个幅度、频率、初始相位和直流分量均可变动的正弦波，称为拟合波形或拟合曲线，对一个含有噪声和失真的有限长正弦波取样序列进行波形拟合，当取样序列上的所有点与拟合曲线上对应点的误差平方和最小时，所获得的拟合曲线，即是该取样序列的最小二乘拟合曲线。该曲线的幅度、频率、初始相位和直流分量，即是对应的取样序列的正弦模型的模型参数。

四参数正弦波最小二乘拟合法，广泛地应用在 A/D 变换器、数字示波器、数据采集系统和波形记录仪等数字化测量设备的性能评价中 [23,59,60]。这主要是基于如下因素。

(1) 正弦波信号源是目前应用最为广泛、指标最稳定可靠、准确度最高的动态标准信号源。它可以同时具有极高的幅度、频率、初始相位和直流分量的准确度和稳定性，其量值的溯源和传递问题业已获得解决。

(2) 四参数正弦波拟合算法是一种模型化的数据处理方法。使用它，可以通过一组具有很大噪声误差的正弦波取样序列，将该序列的模型参量精确评价出来；这一手段可用于精确评价数字化测量设备的指标，其参数准确度远高于同等情况下使用直接测量法获得参数的准确度。

(3) 四参数正弦波拟合算法，使用一个正弦波序列，可以同时给出五个误差互相独立的可用参量：幅度、数字角频率、初始相位、直流分量和残差均方根。使用它们，可同时对数字化测量设备的多项指标进行评价。

其典型的几例具体应用是：

(1) 拟合幅度，用于精确评价测量信号幅度、设备交流增益和探极衰减，以及增益漂移等；

(2) 拟合数字角频率，用于精确评价测量信号频率、设备采集速率等；

(3) 拟合初始相位，用于精确评价测量信号的初始相位，设备不同测量通道的通道间延迟时间差等；

(4) 拟合直流分量，用于精确评价测量设备的直流偏置和直流偏移误差，以及零点漂移等；

(5) 残差均方根，用于评价数字化测量设备的动态有效位数，测量信号的波形失真。

通常，使用最小二乘拟合法获得的模型参数，准确度均远高于取样序列的样本值的准确度，有时可以高很多个数量级。

4.10.1 四参数正弦拟合过程

理想的正弦信号可用下述四参数表达式表示

$$y(t) = C \cdot \sin(2\pi ft + \theta) + D \tag{4-84}$$

其中，C 为信号幅度；f 为信号频率；θ 为信号初始相位；D 为信号直流分量。

表示成离散取样后的形式为

$$y(i) = C \cdot \sin(\omega \cdot i + \theta) + D \tag{4-85}$$

其中，数字角频率 ω 为

$$\omega = 2\pi f \cdot \Delta t = \frac{2\pi f}{v} \tag{4-86}$$

这里，Δt 为取样时间间隔；v 为采集速率。

四参数正弦波拟合，即是针对一个正弦波信号的等间隔离散采样序列 $y_i(i=0, \cdots, n-1)$，通过变化 C、ω、θ 和 D 四个参数，找出使得拟合残差有效值 ρ 为最小的 C、ω、θ 和 D。其中，

$$\rho = \sqrt{\frac{1}{n} \cdot \sum_{i=0}^{n-1} [y_i - C \cdot \sin(\omega \cdot i+\theta) - D]^2} = \min \tag{4-87}$$

这时的 C、ω、θ 和 D 四个参数值，记为 C_0、ω_0、θ_0 和 D_0，它们所确定的正弦函数 $y_0(i) = C_0 \cdot \sin(\omega_0 \cdot i+\theta_0) + D_0$，即为离散采样序列 $y_i(i=0, \cdots, n-1)$ 的最小二乘拟合正弦函数；相应地，C_0、ω_0、θ_0 和 D_0 为离散采样序列 $y_i(i=0, \cdots, n-1)$ 的最小二乘拟合参数。

四参数正弦波拟合过程即是确定离散采样序列的最小二乘拟合参数的过程，其最终目的也是求出采样序列的最小二乘拟合参数 C_0、ω_0、θ_0 和 D_0。

众所周知，四参数正弦波拟合过程是一个非线性迭代过程，它对 C_0、θ_0 和 D_0 的迭代属线性迭代，对 ω_0 的迭代是非线性迭代 [23]，因而，对迭代的初始值要求比较严格，不能离最终值太远，否则将导致迭代过程发散或收敛到局部最优点上，无法获得总体最小二乘拟合结果。所以，四参数正弦波拟合过程通常经过如下基本步骤。

(1) 使用简单的方法估算拟合参数 C_0、ω_0、θ_0 和 D_0 的初始值，例如，可使用峰值检测法、众数法获得拟合参数 C_0 的初始值；通过 FFT 法、过零点计数法等获得拟合参数 ω_0 的初始值；应用已知的采样间隔和信号频率 f，找出 y_1 距第一个过零点间的时间，来最终确定拟合参数 θ_0 的初始值；使用平均值法、峰值检测法等确定拟合参数 D_0 的初始值。

(2) 拟合迭代的主体，这是一组通过 ρ 分别对 C、ω、θ 和 D 的偏导数为零而导出的四个方程，经过线性化演变而成的，能保证 ρ 逐渐变小的 C、ω、θ 和 D 的迭代运算式。

(3) 迭代结束判据，可使用一个统一判据 $|\rho_i - \rho_{i+1}| \leqslant \varepsilon$，或 C、ω、θ 和 D 的变化分别小于某一值来结束迭代。

4.10.2 指标

综上所述可见，四参数正弦波拟合多应用在精密测量领域和计量校准行业，虽然模型化测量处理方法本身具有比直接测量法高得多的准确度，但由于计算机舍入误差的存在、取样序列长度不可能无限长、量化噪声等的存在，以及程序收敛判据等因素，四参数正弦波最小二乘拟合软件依然存在参数拟合误差 [15]，这些误差对每个拟合参数都将不同，不同的拟合软件对同一序列的同一参数造成的误差，也不一定相同。以什么样的指标和方法评价这些误差，尚未有专门系统性的结论。显然，这些误差的大小，将影响拟合软件的应用场合。

另外，由于软件开发环境及编制技术上的原因，每个四参数正弦波拟合软件，其中参数的变化范围都可能有一定的限制，超过了这一限制，拟合过程将不再收敛，或不能正确

收敛到总体最小二乘的结果上，这些性质也应受到界定。否则，将影响其正常使用，并且难以评价和比较不同的四参数正弦波拟合软件的优劣。因而，对四参数正弦波拟合软件的评价要求非常迫切。

经过对四参数正弦波最小二乘拟合法及其应用情况的系统研究，本节总结出以下几项主要指标，并认为它们对使用四参数正弦波拟合软件进行数字化测量仪器性能评价是至关重要的，具体指标及含义如下所述。

(1) 记录序列长度：是指拟合软件所能处理的正弦波序列的最大长度。它一般受拟合软件源程序所使用的语言环境及硬件资源等因素的限制，超过该最大长度的正弦波序列，将被截断处理或无法处理而异常中断拟合过程。

(2) 每个正弦周期最少采样点数：是指拟合软件所采用的软件处理技术所能保证取样序列正确收敛于正弦序列时，规定的每个正弦信号周期的最少采样点数。

(3) 最少信号周期数：是指拟合软件所采用的软件处理技术所能保证取样序列正确收敛于正弦序列时，每个取样序列所含有的最少正弦信号周期数。正弦信号周期数低于该值时，将不能确保收敛。

(4) 噪声收敛条件：是指拟合软件所能保证取样序列正确收敛于正弦序列时的最小信噪比。当噪声过大时，拟合过程往往发散。

(5) 幅度拟合不确定度：是指由拟合软件带来的幅度不确定度。

(6) 数字角频率拟合不确定度：是指由拟合软件带来的数字角频率不确定度。

(7) 初始相位拟合不确定度：是指由拟合软件带来的初始相位不确定度。

(8) 直流分量拟合不确定度：是指由拟合软件带来的直流分量不确定度。

(9) 由软件带来的拟合残差均方根：是指由正弦取样序列样本精度极限、计算字长和运算舍入误差、收敛判据以及软件编制技术决定的，归结为软件应用所带来的残差的均方根。

幅度、数字角频率、初始相位和直流分量拟合不确定度，通常都与信号的失真度、序列长度及样本测量不确定度有关，也与序列所含信号周期个数有关 [15]。

4.10.3　四参数正弦拟合软件的评价

四参数正弦波拟合软件的评价，是指对其上述实用指标进行评价和确定，以便最终确定该四参数正弦波拟合软件的应用范围和所能达到的准确度，并进而获得由其拟合参数换算得到的其他测量参数的不确定度。

"记录序列长度" 这一指标可以很容易地通过源程序所声明的数组维数和实际运算来简单确定；无源程序的用户可以使用变长度正弦序列进行内差式或外推式一维搜索来实际确定该参数。

"每个正弦周期最少采样点数" 这项指标，与采样定理有关，它要求其大于 2；同时也与软件所使用的初始值估计程序有关，应能保证有效估计出正确的初始参数；多数情况下，是一个人为给定的、可保证前述两个条件的一个参数，如 2.5；也可以使用正弦序列进行内差式一维搜索来实际确定该参数。

"最少信号周期数" 这项指标，与软件编制技术有关，一般是指能保证有效拟合估计出正确的初始参数的信号周期数；同时应保障软件拟合过程的参数准确度；一般 "最少信号周期数" 定为 2；可以用正弦序列进行内差式或外推式一维搜索来实际确定该参数。显然，该项指标是指那些不涉及残周期正弦拟合算法，而专注于多周期正弦拟合算法的指标，对于残周期拟合而言，没有实际意义和价值。

“噪声收敛条件” 这项指标，是指一个需要使用带可变噪声的正弦序列进行内差式或外推式一维搜索来实际确定的参数；它通常与软件所使用的初始值估计程序有关，当序列的信噪比小到一定程度以后，软件将无法正确拟合收敛到总体最小二乘参数上。

“幅度拟合不确定度”“数字角频率拟合不确定度”“初始相位拟合不确定度”“直流分量拟合不确定度” 和 “由软件带来的拟合残差均方根” 是四参数正弦波拟合软件评价工作的核心内容，也是实际软件用户所最为关心的指标参数。

关于这些指标的评价，是一件比较麻烦的事情，首先，正弦波拟合软件获得的四个参数的不确定度和序列长度有关，序列越长，其不确定度越小；其次，序列中所含正弦信号的周期个数，也将影响四个参数拟合结果的不确定度。另外，正弦取样序列的噪声水平和谐波失真均将对参数拟合的结果造成误差。还有，正弦取样序列是否恰好为整数个信号周期，也能对四个参数的拟合结果造成误差，尤其在含有谐波失真时。

因此，本节使用一种定长 (即序列长度 n 固定)、理想正弦波取样序列的拟合参数不确定度的变参数搜索确定法，来最终评价四参数正弦波拟合的参数不确定度，并用于对不同的四参数正弦波拟合软件的比较评价。其具体方法和过程如下所述。

首先，由软件带来的拟合残差均方根 δ 为 $\delta=\rho$。

选取正弦波信号 $y(i)=C\cdot\sin(\omega\cdot i+\theta)+D$ 的等间隔离散采样序列 $y_i(i=0,\cdots,n-1)$，$n=1009$，幅度 $C_0=1$，相位 $\theta_0=0$，直流分量 $D_0=0$，信号频率 f 应符合下式：

$$f=\frac{Nv}{n} \tag{4-88}$$

其中，v 为采样速率；N 为序列所含正弦信号整周期个数；N 与 n 不能有公共因子。

故数字角频率 ω 为

$$\omega=2\pi f\cdot\Delta t=\frac{2\pi f}{v}=\frac{2\pi N}{n} \tag{4-89}$$

选取 $N_0=10$，即 $\omega_0=2\pi N_0/n=0.0622$，则 $\omega_0=0.0622$ 与上述 $C_0=1$，$\theta_0=0$，$D_0=0$ 组成基本评价状态参数值。

固定 $\omega=\omega_0,\theta=\theta_0$ 和 $D=D_0$；仅让 C 在 $0.1C_0$ 到 $2C_0$ 之间，等间隔变化 $m(=360)$ 次，获得 m 个长度为 n 的理想正弦波取样序列，以及 m 组 ω、θ 和 D 的拟合值 ω_{cj}、θ_{cj} 和 D_{Cj} 以及 $\delta_{cj}(j=0,\ \cdots,\ m-1)$，则依据下式分别计算均值：

$$\omega_C=\frac{1}{m}\cdot\sum_{j=0}^{m-1}\omega_{Cj};\quad \theta_C=\frac{1}{m}\cdot\sum_{j=0}^{m-1}\theta_{Cj};\quad D_C=\frac{1}{m}\cdot\sum_{j=0}^{m-1}D_{Cj};\quad \delta_C=\frac{1}{m}\cdot\sum_{j=0}^{m-1}\delta_{Cj}$$

其方差分别为

$$s_{\omega_C}^2=\frac{1}{m-1}\cdot\sum_{j=0}^{m-1}(\omega_{Cj}-\omega_C)^2;\quad s_{\theta_C}^2=\frac{1}{m-1}\cdot\sum_{j=0}^{m-1}(\theta_{Cj}-\theta_C)^2$$

$$s_{D_C}^2 = \frac{1}{m-1}\cdot\sum_{j=0}^{m-1}(D_{Cj}-D_C)^2;\quad s_{\delta_C}^2 = \frac{1}{m-1}\cdot\sum_{j=0}^{m-1}(\delta_{Cj}-\delta_C)^2$$

固定 $C=C_0,\theta=\theta_0$ 和 $D=D_0$；仅让 N 在 2 到 $m+1$ 之间按整数变化 (即变化 ω)m 次，获得 m 个长度为 n 的理想正弦波取样序列，以及 m 组 C、θ 和 D 的拟合值 $C_{\omega j}$、$\theta_{\omega j}$ 和 $D_{\omega j}$ 以及 $\delta_{\omega j}(j=0,\cdots,m-1)$，则依据下式分别计算均值：

$$C_\omega = \frac{1}{m}\cdot\sum_{j=0}^{m-1}C_{\omega j};\quad \theta_\omega = \frac{1}{m}\cdot\sum_{j=0}^{m-1}\theta_{\omega j};\quad D_\omega = \frac{1}{m}\cdot\sum_{j=0}^{m-1}D_{\omega j};\quad \delta_\omega = \frac{1}{m}\cdot\sum_{j=0}^{m-1}\delta_{\omega j}$$

其方差分别为

$$s_{C_\omega}^2 = \frac{1}{m-1}\cdot\sum_{j=0}^{m-1}(C_{\omega j}-C_\omega)^2;\quad s_{\theta_\omega}^2 = \frac{1}{m-1}\cdot\sum_{j=0}^{m-1}(\theta_{\omega j}-\theta_\omega)^2;$$

$$s_{D_\omega}^2 = \frac{1}{m-1}\cdot\sum_{j=0}^{m-1}(D_{\omega j}-D_\omega)^2;\quad s_{\delta_\omega}^2 = \frac{1}{m-1}\cdot\sum_{j=0}^{m-1}(\delta_{\omega j}-\delta_\omega)^2$$

固定 $C=C_0$、$\omega=\omega_0$ 和 $D=D_0$；仅让 θ 在 $-\pi$ 到 π 之间，等间隔变化 m 次，获得 m 个长度为 n 的理想正弦波取样序列，以及 m 组 C、ω 和 D 的拟合值 $C_{\theta j}$、$\omega_{\theta j}$ 和 $D_{\theta j}$ 以及 $\delta_{\theta j}(j=0,\cdots,m-1)$，则依据下式分别计算均值：

$$C_\theta = \frac{1}{m}\cdot\sum_{j=0}^{m-1}C_{\theta j};\quad \omega_\theta = \frac{1}{m}\cdot\sum_{j=0}^{m-1}\omega_{\theta j};\quad D_\theta = \frac{1}{m}\cdot\sum_{j=0}^{m-1}D_{\theta j};\quad \delta_\theta = \frac{1}{m}\cdot\sum_{j=0}^{m-1}\delta_{\theta j}$$

其方差分别为

$$s_{C_\theta}^2 = \frac{1}{m-1}\cdot\sum_{j=0}^{m-1}(C_{\theta j}-C_\theta)^2;\quad s_{\omega_\theta}^2 = \frac{1}{m-1}\cdot\sum_{j=0}^{m-1}(\omega_{\theta j}-\omega_\theta)^2$$

$$s_{D_\theta}^2 = \frac{1}{m-1}\cdot\sum_{j=0}^{m-1}(D_{\theta j}-D_\theta)^2;\quad s_{\delta_\theta}^2 = \frac{1}{m-1}\cdot\sum_{j=0}^{m-1}(\delta_{\theta j}-\delta_\theta)^2$$

固定 $\omega=\omega_0,\theta=\theta_0$ 和 $C=C_0$；仅让 D 在 $-2C_0$ 到 $2C_0$ 之间，等间隔变化 m 次，获得 m 个长度为 n 的理想正弦波取样序列，以及 m 组 C、ω 和 θ 的拟合值 C_{Dj}、ω_{Dj} 和 θ_{Dj} 以及 $\delta_{Dj}(j=0,\cdots,m-1)$，则依据下式分别计算均值：

$$C_D = \frac{1}{m}\cdot\sum_{j=0}^{m-1}C_{Dj};\quad \omega_D = \frac{1}{m}\cdot\sum_{j=0}^{m-1}\omega_{Dj};\quad \theta_D = \frac{1}{m}\cdot\sum_{j=0}^{m-1}\theta_{Dj};\quad \delta_D = \frac{1}{m}\cdot\sum_{j=0}^{m-1}\delta_{Dj}$$

其方差分别为

$$s_{C_D}^2 = \frac{1}{m-1}\cdot\sum_{j=0}^{m-1}(C_{Dj}-C_D)^2;\quad s_{\omega_D}^2 = \frac{1}{m-1}\cdot\sum_{j=0}^{m-1}(\omega_{Dj}-\omega_D)^2;$$

$$s_{\theta_D}^2 = \frac{1}{m-1} \cdot \sum_{j=0}^{m-1} (\theta_{Dj} - \theta_D)^2; \quad s_{\delta_D}^2 = \frac{1}{m-1} \cdot \sum_{j=0}^{m-1} (\delta_{Dj} - \delta_D)^2$$

则四参数正弦波最小二乘拟合软件对 C、ω、θ 与 D 四个参数的拟合不确定度和由软件带来的拟合残差均方根 δ 的不确定度分别为

$$u_C = (s_{C_D}^2 + s_{C_\omega}^2 + s_{C_\theta}^2)^{1/2} \tag{4-90}$$

$$u_\omega = (s_{\omega_C}^2 + s_{\omega_\theta}^2 + s_{\omega_D}^2)^{1/2} \tag{4-91}$$

$$u_\theta = (s_{\theta_C}^2 + s_{\theta_\omega}^2 + s_{\theta_D}^2)^{1/2} \tag{4-92}$$

$$u_D = (s_{D_\omega}^2 + s_{D_\theta}^2 + s_{D_C}^2)^{1/2} \tag{4-93}$$

$$u_\delta = (s_{\delta_C}^2 + s_{\delta_\omega}^2 + s_{\delta_\theta}^2 + s_{\delta_D}^2)^{1/2} \tag{4-94}$$

4.10.4 实验结果及结论

按照上述四参数正弦波拟合软件的评价方法和过程，这里对一个使用 Quick Basic 环境开发的单精度四参数正弦波拟合软件进行了全面评价，其各项参数的评价结果如下：

$$\omega_C = 8.4 \times 10^{-8}; \quad \theta_C = 8.5 \times 10^{-7}; \quad D_C = 2.5 \times 10^{-10}; \quad \delta_C = 2.2 \times 10^{-7}$$

$$s_{\omega_C}^2 = 2.8 \times 10^{-18}; \quad s_{\theta_C}^2 = 1.5 \times 10^{-12}; \quad s_{D_C}^2 = 1.3 \times 10^{-19}; \quad s_{\delta_C}^2 = 2.4 \times 10^{-14}$$

$$C_\omega = 1 - 7.1 \times 10^{-8}; \quad \theta_\omega = 2.9 \times 10^{-7}; \quad D_\omega = -6.9 \times 10^{-10}; \quad \delta_\omega = 1.2 \times 10^{-7}$$

$$s_{C_\omega}^2 = 3.1 \times 10^{-13}; \quad s_{\theta_\omega}^2 = 2.0 \times 10^{-13}; \quad s_{D_\omega}^2 = 1.6 \times 10^{-16}; \quad s_{\delta_\omega}^2 = 1.7 \times 10^{-13}$$

$$C_\theta = 1 - 7.3 \times 10^{-8}; \quad \omega_\theta = 1.6 \times 10^{-7}; D_\theta = -4.1 \times 10^{-9}; \quad \delta_\theta = 4.0 \times 10^{-7}$$

$$s_{C_\theta}^2 = 3.2 \times 10^{-14}; \quad s_{\omega_\theta}^2 = 2.9 \times 10^{-17}; \quad s_{D_\theta}^2 = 2.4 \times 10^{-15}; \quad s_{\delta_\theta}^2 = 1.7 \times 10^{-12}$$

$$C_D = 1 + 1.0 \times 10^{-8}; \omega_D = 1.1 \times 10^{-7}; \quad \theta_D = 9.3 \times 10^{-7}; \quad \delta_D = 3.4 \times 10^{-7}$$

$$s_{C_D}^2 = 1.4 \times 10^{-16}; \quad s_{\omega_D}^2 = 1.5 \times 10^{-21}; \quad s_{\theta_D}^2 = 3.9 \times 10^{-16}; s_{\delta_D}^2 = 9.1 \times 10^{-16}$$

$$u_C = (s_{C_\omega}^2 + s_{C_\theta}^2 + s_{C_D}^2)^{1/2} = (3.1 \times 10^{-13} + 3.2 \times 10^{-14} + 1.4 \times 10^{-16})^{1/2} = 5.8 \times 10^{-7}$$

$$u_\omega = (s_{\omega_C}^2 + s_{\omega_\theta}^2 + s_{\omega_D}^2)^{1/2} = (2.8 \times 10^{-18} + 2.9 \times 10^{-17} + 1.5 \times 10^{-21})^{1/2} = 5.6 \times 10^{-9}$$

$$u_\theta = (s_{\theta_C}^2 + s_{\theta_\omega}^2 + s_{\theta_D}^2)^{1/2} = (1.5 \times 10^{-12} + 2.0 \times 10^{-13} + 3.9 \times 10^{-16})^{1/2} = 1.3 \times 10^{-6}$$

$$u_D = (s_{D_C}^2 + s_{D_\omega}^2 + s_{D_\theta}^2)^{1/2} = (1.3 \times 10^{-19} + 1.6 \times 10^{-16} + 2.4 \times 10^{-15})^{1/2} = 5.1 \times 10^{-8}$$

$$u_\delta = (s_{\delta_C}^2 + s_{\delta_\omega}^2 + s_{\delta_\theta}^2 + s_{\delta_D}^2)^{1/2} = (2.4 \times 10^{-14} + 1.7 \times 10^{-13} + 1.7 \times 10^{-12} + 9.1 \times 10^{-16})^{1/2} = 1.4 \times 10^{-6}$$

归一化不确定度为

$$u_C / C_0 = 5.8 \times 10^{-7}$$

$$u_\omega / \omega_0 = 9.0 \times 10^{-7}$$

$$u_\theta/(2\pi) = 2.1 \times 10^{-7}$$

$$u_D/C_0 = 5.1 \times 10^{-8}$$

$$u_\delta/C_0 = 1.4 \times 10^{-6}$$

进而，可得被评价的四参数正弦波拟合软件的各项指标。

(1) 记录序列长度: 15000;

(2) 每个正弦周期最少采样点数：3;

(3) 最少信号周期数: 1.5;

(4) 噪声收敛条件：信噪比优于 6.67(16.48dB);

(5) 幅度拟合不确定度: 5.8×10^{-7};

(6) 数字角频率拟合不确定度：9.0×10^{-7};

(7) 初始相位拟合不确定度: 2.1×10^{-7};

(8) 直流分量拟合不确定度：5.1×10^{-8};

(9) 由软件带来的拟合残差均方根: 1.4×10^{-6}。

有了这些指标参数，人们在使用该软件进行正弦波拟合时，即可以很容易获得拟合参数的不确定度，并可进一步估计由这些拟合参数运算获得的其他参量的不确定度。可帮助人们确定该软件是否满足测量评价的要求，以及比较不同的正弦波拟合软件的优劣。

由于正弦波拟合在数据采集系统以及数字示波器等的评价中的广泛应用和不可替代的地位，本节所述工作及结果有特别的意义和价值。但是，软件评价是一项新兴事业，如何评价以及评价哪些指标参数，尚未形成标准和共识，本节所述仅是一种尝试和特例。即使是针对正弦波拟合这个具体的软件的评价，也是不能算得非常全面和彻底的。

4.11　四参数正弦拟合的快速算法

4.11.1　引言

对正弦曲线的四个基本参数：幅度、频率、初始相位和直流分量的估计，具有广泛的工程实用意义和价值，也有很多方法可以使用 [5,7,61−63]。它们之中，既有传统的代数方法 [11,22,24,64,65]，也有仿生遗传算法 [10,66]；既有专著 [67]，也有标准 [50,53,55]；既有经典算法 [48,68]，也有残周期拟合算法 [12,57,58]，以及快速拟合算法 [8,69,70]；还包括拟合参数特性相关方法 [15,47,49,71,72]；并且，还有专门研究方法比较的文献 [1,2]。而时至今日，能获得最高准确度的方法依然是曲线拟合。

通常，有两种正弦曲线拟合方法，一种是在频率已知条件下的三参数最小二乘拟合法 [53]，另外一种则是全部参数未知的四参数最小二乘拟合法。三参数拟合是一种有明确公式的闭合算法，无收敛性问题，即它一定收敛。而四参数拟合则通常需要使用四参数迭代寻优方式执行，会耗费大量时间进行迭代运算，且有可能收敛到局部最优点，而非总体最优点上，即存在收敛性问题。为解决收敛问题，除经典的各种牛顿迭代法以外，人们不断研究新的四参数拟合算法，先后提出了频率估计法 [8,69,70]、频率迭代法 [11,48]、仿生算法 [10,66] 等进行拟合尝试，取得了一些进展。

除此之外，如何减少运算时间，提高拟合效率，也是人们一直关心的问题。其中，最理想的方式是能够寻找出数学上可实现的截然不同的快速算法。

以往，人们为了快速获得正弦波形参数，往往采取拟合法以外的其他估计方式，如各种单参数估计法，往往是以牺牲估计准确度来达到目的，也有首先估计波形频率，在此基础上，再用三参数拟合方法进行其他波形参数估计，也能达到提高估计准确度的效果 [8,69,70]。从本质上说，这也属于快速算法之一，但由于其拟合精度较低，故影响了其推广应用。

多数情况下，算法运算量的大小，是使用算法复杂度来评判，将其折合成等价为多少个加法运算来定量表征。但是，在迭代拟合算法中，由于收敛所需迭代次数是依条件而变化的，并且也和收敛停止时的判据有关，很难使用算法复杂度来简单表征。只能在同一计算环境平台上，以相同运算所耗费时间长短来相对表征。本节后续内容，即是通过条件仿真，考查哪些参数对正弦拟合时间有影响，以及影响规律情况；并试图在此基础上，寻找到一条快速计算四参数正弦拟合参数的有效途径。

4.11.2 正弦拟合时间的影响量

这里选取一种牛顿迭代四参数正弦拟合软件算法 [53]，以仿真搜索方式，考查各拟合参数及测量条件的变化对拟合所用时间的影响。经分析、总结归纳可知，实际上共有 6 种常见因素的变化体现在正弦波形采样数据序列中，它们分别是幅度、序列所包含的信号周波数、初始相位、直流分量、序列长度、采样所用的 A/D 转换器位数。其他因素，包括谐波阶次及谐波失真、信噪比、正弦波形抖动等，由于自身变化规律复杂，不再单独考查，全部归结为按 A/D 位数变化带来的影响予以替代考虑，此时称其为有效位数或动态有效位数。

实际上，它们之中的每一因素变化都将对正弦拟合结果及拟合误差产生影响，但对于拟合所用时间的影响，则一直没有明确的结论。

设定基本仿真实验条件：

(1) A/D 位数，分别为 8bit、12bit、23bit；

(2) 量程范围为归一化测量范围 ±1V；

(3) 信号频率为 1Hz；

(4) 初始相位为 0°；

(5) 直流分量为 0V；

(6) 信号幅度与测量范围之比为 35000/40959.9；

(7) 采样序列长度 $n = 16000$；

(8) 序列包含周波数为 20。

使用的基本手段：Quick Basic 软件环境下，解释运行状态里，以 Basic 语言实现的四参数正弦拟合软件，用 Quick Basic 软件平台中的时间计数器功能 Timer。在正弦拟合开始之前和结束之后分别使用 Timer 计数器功能记录当时的时刻，再以两者之差计算获得拟合软件执行所用的时间。其计算机硬件资源为：联想笔记本式计算机，32 位操作系统；4G 内存；CPU；主频为 2.1GHz；Windows 7 操作系统下的伪 DOS 运行环境。

1. 序列长度影响

在上述 8 个基本仿真实验条件下，其他不变，仅仅令序列长度从 100 变化到 16000；考查拟合所用时间随序列长度而变化的结果，获得如图 4-52～ 图 4-54 所示的运算结果。

由图 4-52～ 图 4-54 可见，随着数据序列长度的增加，拟合所需时间呈波动上升趋势，对于个案，当序列长度差异不太大时，也并不能确保短序列的拟合时间一定少于长序列。但当序列长度差异翻倍后，长序列拟合时间一定大于短序列的拟合时间。拟合时间呈阶梯状平稳波动趋势，这是由拟合运算最大迭代次数限制造成的。随着 A/D 位数的增加，拟合所需时间呈增加趋势。

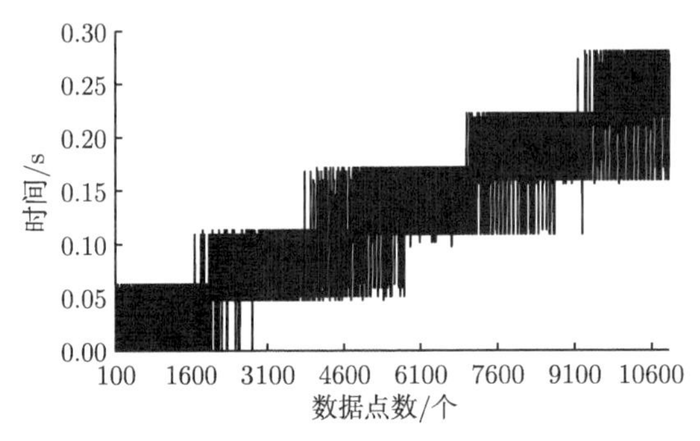

图 4-52　拟合时间随序列长度变化曲线 (8bit A/D)

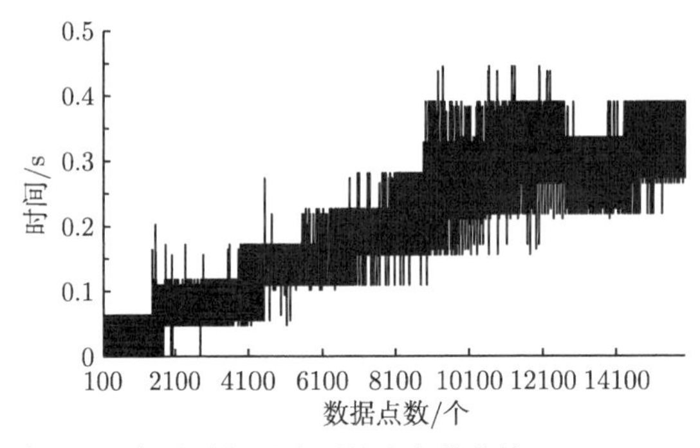

图 4-53　拟合时间随序列长度变化曲线 (12bit A/D)

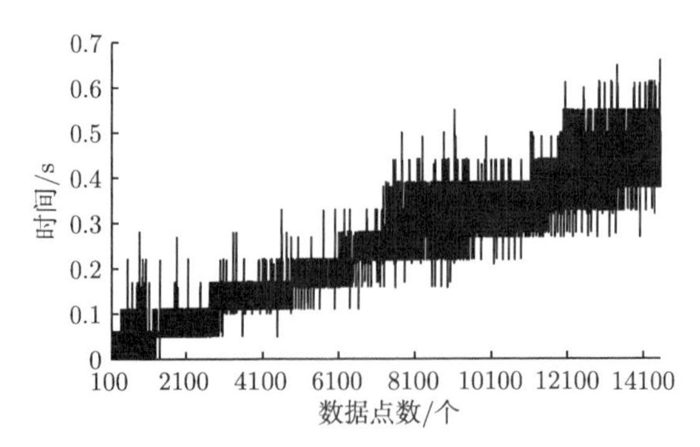

图 4-54　拟合时间随序列长度变化曲线 (23bit A/D)

2. 序列所含周波数的影响

在上述 8 个基本仿真实验条件下，其他不变，仅仅令序列所含正弦周波数从 1 个变化到 800 个；考查拟合所用时间随序列所含周波数而变化的结果，获得如图 4-55~ 图 4-57 所示的运算结果。

由图 4-55~ 图 4-57 可见，随着数据序列所含周波数的增加，拟合所需时间呈上升趋势。周波数增加到一定数量后，拟合时间趋于平稳波动趋势，这是由拟合运算最大迭代次数限制造成的。随着 A/D 位数的增加，拟合所需时间呈增加趋势。

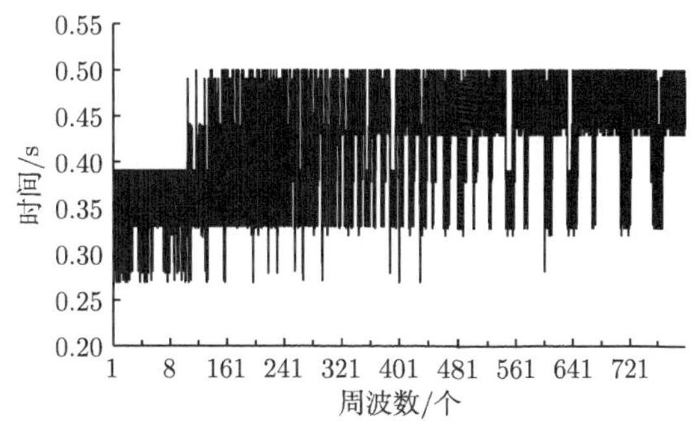

图 4-55 拟合时间随序列所含周波数变化曲线 (8bit A/D)

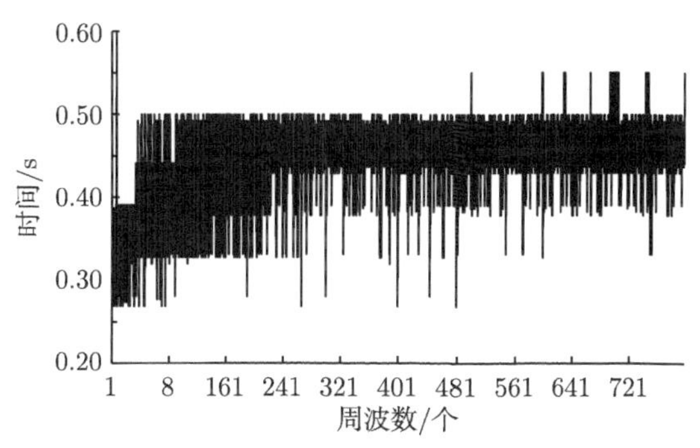

图 4-56 拟合时间随序列所含周波数变化曲线 (12bit A/D)

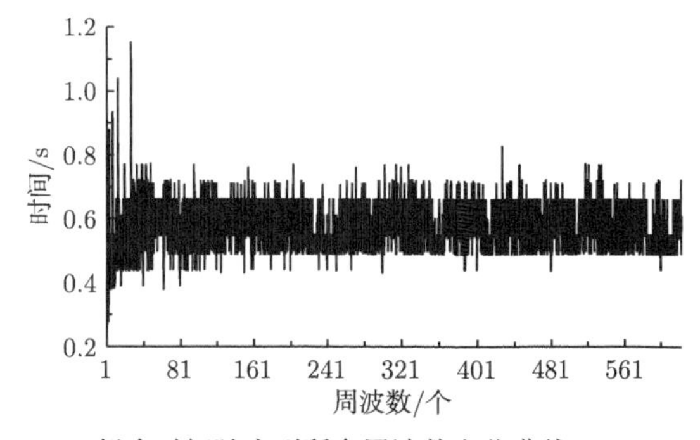

图 4-57 拟合时间随序列所含周波数变化曲线 (23bit A/D)

3. 直流分量的影响

在上述 8 个基本仿真实验条件下，其他不变，仅仅令序列所含直流分量与正弦幅度比从 −50%变化到 50%；考查拟合所用时间随直流分量而变化的结果，获得如图 4-58～图 4-60 所示的运算结果。

由图 4-58～ 图 4-60 可见，随着正弦序列直流分量的增加，拟合所需时间略呈阶梯状波动上升趋势，直流分量为 0 时的拟合时间最短。在同一阶梯内，拟合时间趋于平稳波动趋势。随着 A/D 位数的增加，拟合所需时间呈增加趋势。

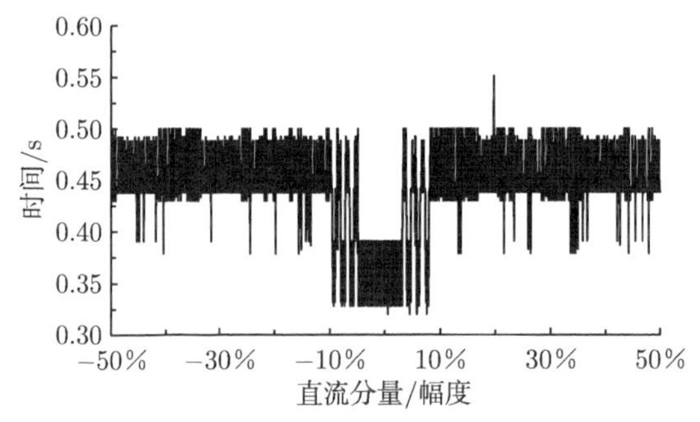

图 4-58　拟合时间随直流分量变化曲线 (8bit A/D)

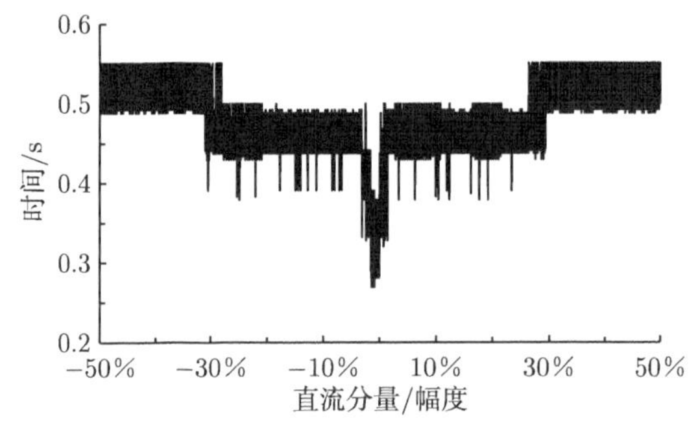

图 4-59　拟合时间随直流分量变化曲线 (12bit A/D)

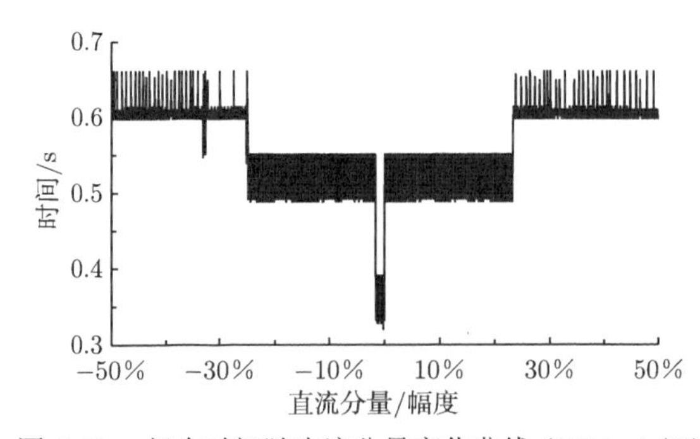

图 4-60　拟合时间随直流分量变化曲线 (23bit A/D)

4. 初始相位的影响

在上述 8 个基本仿真实验条件下，其他不变，仅仅令正弦序列的初始相位从 −180° 变化到 180°；考查拟合所用时间随初始相位而变化的结果，获得如图 4-61～ 图 4-63 所示的运算结果。

由图 4-61～ 图 4-63 可见，伴随着初始相位的变化，拟合时间可以认为趋于平稳波动趋势，没有呈现规律性变化趋势。随着 A/D 位数的变化，拟合所需时间无明显变化规律。

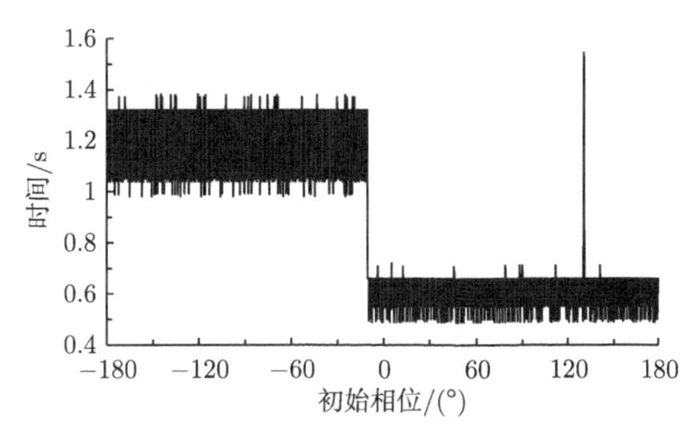

图 4-61 拟合时间随初始相位变化曲线 (8bit A/D)

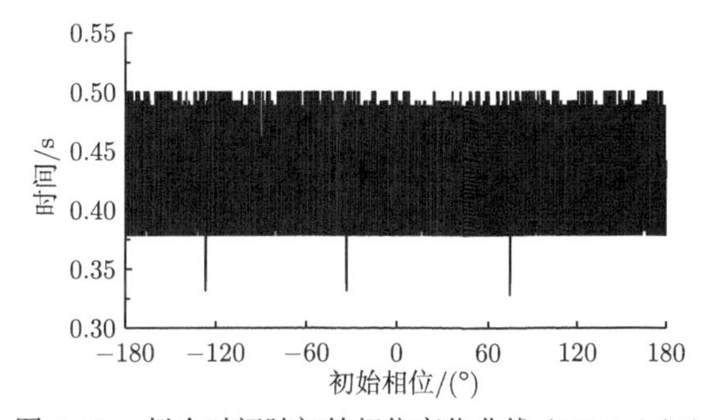

图 4-62 拟合时间随初始相位变化曲线 (12bit A/D)

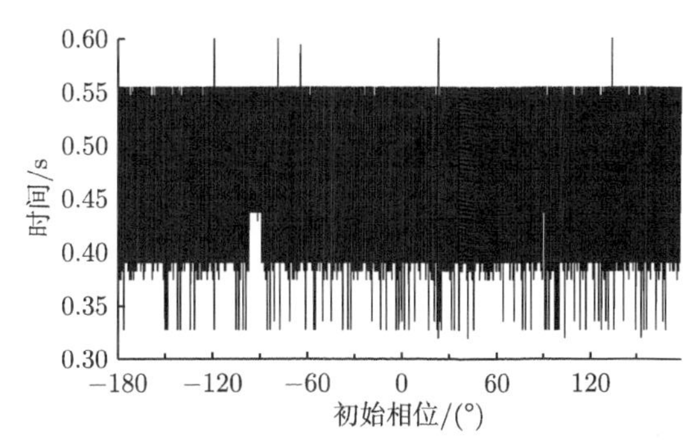

图 4-63 拟合时间随初始相位变化曲线 (23bit A/D)

5. 信号幅度的影响

在上述 8 个基本仿真实验条件下，其他不变，仅仅令正弦序列的幅度与量程之比从 4%变化到 93%；考查拟合所用时间随幅度量程比而变化的结果，获得如图 4-64～ 图 4-66 所示的运算结果。

由图 4-64～ 图 4-66 可见，随着正弦序列幅度量程比的变化，拟合所需时间可认为趋于平稳波动趋势，没有呈现规律性变化趋势。随着 A/D 位数的变化，拟合所需时间无明显变化规律。

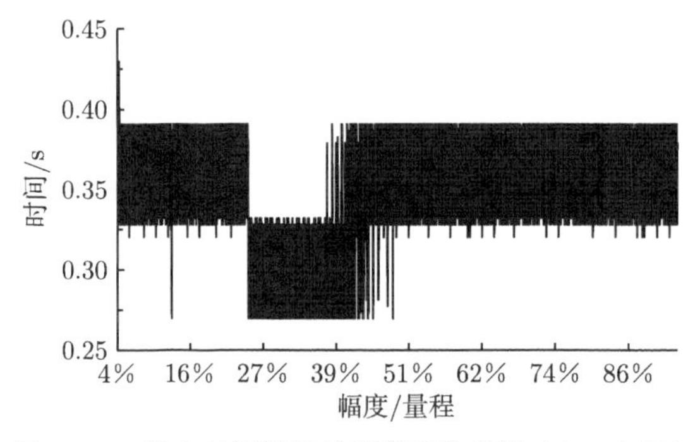

图 4-64　拟合时间随信号幅度变化曲线 (8bit A/D)

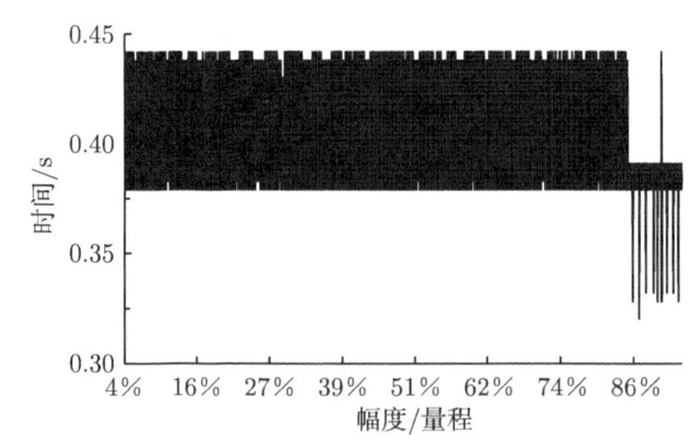

图 4-65　拟合时间随信号幅度变化曲线 (12bit A/D)

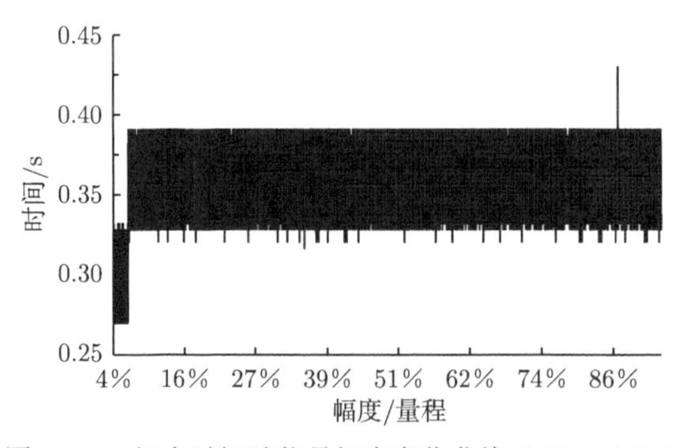

图 4-66　拟合时间随信号幅度变化曲线 (23bit A/D)

综上所述，正弦波拟合所需时间受很多因素影响，主要包括：① 计算机硬件运行速度；② 拟合算法及软件；③ 拟合软件的收敛判据及最大拟合迭代次数；④ 采样序列长度；⑤ 拟合序列所含信号的周波数；⑥ 拟合序列的直流分量；⑦ A/D 量化位数。

其中，采样序列越长，则拟合所需时间越长；序列所含信号周波数越多，则拟合时间所需越长；波形所含直流分量越大，则拟合所需时间越长；A/D 位数越高，则拟合所需时间越长。

正弦波初始相位和波形幅度对拟合所需时间没有明显的影响。

上述 7 个条件中的多数都相对固定，或者受限于软件程序，或者受限于硬件参数，不便于轻易变动。因此，人们可以调控正弦拟合时间的主要方法，就是调控序列长度和直流分量；而多数正弦波采样序列的直流分量本来就是 0，从而序列长度调控成为缩短拟合时间的主导方式。

4.11.3 正弦拟合的快速算法

对于正弦采样序列长度调控，存在序列截取法和二次抽样法两种方式，用于提高正弦参数拟合速率，其思想均是通过减少运算数据量来实现。

对于正弦波形的四个参数而言，理论上，有四个采样点即可能通过方程解算获得其幅度、频率、初始相位、直流分量四个参数，多于四个采样点，就可以通过最小二乘拟合获得其四个参数的“最优”估计值。因而，对于含有成千上万个采样点的采集序列而言，并不需要如此众多的数据就可以获得拟合参数，这是本节所述工作的基本逻辑。当然，点数降低后，其拟合结果的不确定度等将有所增加，这也是多数“快速算法”都存在的必要牺牲。

1. 序列截取法

可以使用序列截取法，从长采样序列中截取一个短序列进行参数拟合，获取正弦拟合参数，达到快速运算目的。

使用直接序列截取法实现快速运算时，需要确认的要素是最短包含几个波形周期，以及最少使用多少个采样点进行拟合运算。为保障拟合参数不确定度水平，通常需要包含两个以上波形周期，使用至少 20 个以上采样点进行波形参数拟合，即直接从原始采样序列中截取包含 2 个以上波形周期和 20 个以上采样点的一段波形执行四参数正弦曲线拟合。

此时，序列长度以及序列所包含的信号周波数均将变小，其他要素均未发生变化。

2. 二次抽样法

可以针对原始采样序列进行二次抽样，在二次抽样后形成的“稀疏采样序列”上执行四参数正弦拟合，获得拟合参数，并达到快速运算目的。

使用二次抽样法实现快速运算时，需要确认的要素是每个波形周期最少需要包含几个采样点，以及最终最少使用多少个采样点进行拟合运算。为保障信号波形的描述细节不出现错误，通常每个波形周期内需要包含 2 个以上采样点数 (符合采样定理)，全部序列最终需要使用至少 20 个以上采样点进行波形参数拟合。

此时，序列长度以及采样速率发生了变化，其他要素均未发生变化。

若二次抽样后，所获得的稀疏采样序列仍然很长，也可以再进行截取，以形成最后的拟合序列。此时，应当属于二次抽样法与序列截取法的组合应用。

4.11.4 实验验证

1. 原始序列

为对比方便，使用文献 [48] 所列实验数据进行本节实验，具体如下：

SCO232 型数据采集系统，其测量范围为 $-5 \sim +5$V，采集速率为 2kSa/s，A/D 位数为 12bit，序列长度为 $n = 1800$ 点；信号源为 5700A 型多功能校准器，信号幅度为 4.5V，频率为 11Hz。

采集序列及其拟合曲线波形如图 4-67 所示。

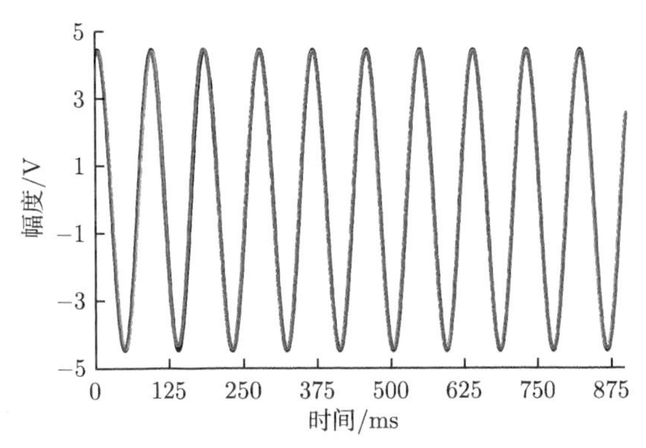

图 4-67　采集序列及其拟合曲线

经四参数正弦拟合 [53]，获得其幅度 4.458311V；频率 11.00318Hz；初始相位 $-18.21762°$，直流分量 43.332mV；拟合所用时间 0.109375s。

2. 序列截取法

对原始采样序列的前半部分直接进行序列截取，获得 $n = 200$ 的子序列进行四参数正弦曲线拟合 [53]，获得其幅度 4.447946V；频率 11.06275Hz；初始相位 $-19.24749°$，直流分量 20.339mV；拟合所用时间 0.0625s。

与全序列拟合结果相比，其幅度偏差 −0.23%；频率偏差 0.54%；初始相位偏差 $-1.03°$，直流分量偏差 22.993mV；拟合所用时间减少 42.8%。

3. 二次抽样法

对原始采样序列每隔 9 个点抽取 1 个进行二次抽样，获得采样速率更低，为 222.222 Sa/s (2000/9 Sa/s) 的子序列，$n = 200$，对其进行四参数正弦曲线拟合 [53]，此时，获得其幅度 4.45808V；频率 11.00316Hz；初始相位 $-18.21799°$，直流分量 43.222mV；拟合所用时间 0.046875s。

与全序列拟合结果相比，其幅度偏差 -5.2×10^{-5}；频率偏差 -1.82×10^{-6}；初始相位偏差 $-0.00037°$，直流分量偏差 −0.11mV；拟合所用时间减少 57.1%。

4. 不同方法的结果比较

通过上述 3 种运算实例可见，无论是序列截取法，还是二次抽样法，都能够减少运算时间，提高拟合速率。若使用 11%的数据序列，则序列截取法缩短了 42.8%的运算时间，二次抽样法缩短了 57.1%的运算时间。之所以没有节约 89%的运算时间，应该是由于最大迭代次数限制等造成的影响。

关于拟合精度，若以全序列拟合结果作为参照，则本节上述算例中，二次抽样法与全序列法的拟合结果更接近，其明显优于直接截取法。究其本质原因，应该是二次抽样法所含信息更加贴近于原始采样序列的全息。序列截取法，造成截取序列的采样波形周期个数大幅度降低，由此导致很多与周期有关的信息丢失。而二次采样法仅仅相当于降低了采样速率，其他的大多数信息得以保全，故拟合结果更接近于原始序列的拟合结果。

4.11.5 讨论

四参数正弦曲线拟合算法，受多种因素影响，通常，精度高、鲁棒性好的算法，其所花费的拟合时间成本也高 [48,53]，运算速度快的算法，往往在拟合精度、鲁棒性、测量条件等方面不尽如人意 [8,69,70]。但是，整个四参数正弦参数拟合仅仅需要获得四个拟合参数，其数量远少于成千上万的采样点数，即拟合运算的信息冗余是极为巨大的。因此，才有了可以尝试选取拟合精度高、鲁棒性良好的算法，结合使用缩短采样序列的方式，提高拟合速度，快速获得拟合结果的思想尝试。

从上述仿真结果可见，尽管直流分量、周波数等因素可对拟合时间产生影响，但序列长度仍然是最主要的影响量。宏观而言，拟合时间与序列长度呈正比例关系。但它们之间的关系并非是直线，而是振荡阶梯上升的趋势正比例关系。这主要是因为，拟合软件程序中，除了收敛迭代终止的误差判据以外，还使用了迭代次数的最大值限制，即到达最大迭代次数后，即使没有达到收敛判据的误差界要求，也将停止迭代而造成了拟合时间的阶梯状分布效应。这也是信号周波数的影响被削弱呈现的主要原因。

另外，仿真实验还表明，拟合时间在每一次拟合运算中，具有离散性，即其复现性往往不够好，同样的数据序列，在重复性的迭代运算中所花费的时间具有离散性。其主要原因之一是运算迭代的舍入误差的变化，导致收敛区间选取的差异，进而影响了拟合时间。由此也说明，在迭代运算中，拟合时间只具有相对意义和价值，并不能具有绝对的复现性和重复性。

关于直流分量对拟合时间的影响，使用预先处理方式，以均值法、中值法等对其进行预先估计，然后将其从正弦采样序列中提取出来，再进行拟合运算，可望达到减弱直流分量对拟合时间造成额外影响的目的。

4.11.6 结论

针对减少正弦参数拟合时间，快速获得拟合结果的问题，本节首先提出一种拟合时间评价方法，对各种不同条件下拟合软件所用时间进行定量评价比较；然后，结合仿真运算结果所得结论，提出序列截取法和二次抽样法两种缩小采样序列的方法，用于四个正弦参数拟合的快速运算，并给出了各自的关注点。

在一组真实的实验数据上进行了实验验证。结果表明，二次抽样法的实际效果要优于序列截取法，可供实际工作参考和运用。

4.12 正弦拟合法比较

通过上述正弦拟合法的各个方面特征比较，人们不难发现，不同方法的特点虽然不同，但依然没有出现绝对的优势方法。在不同的应用场合和条件要求下，其特点的优劣才会完整体现。

首先，若信号频率和采样速率均精确已知，则三参数正弦拟合无疑最具有优势，它使用已知确定的计算公式即可获得最小二乘拟合结果，无须迭代运算，因此运算速度快，没有收敛性问题，结果稳定确切。并且，三参数正弦拟合方法对于采样序列并无特别要求，既可以是均匀采样序列，也可以是非均匀采样序列，既可以是多周期采样序列，也可以是不足一个波形周期的残周期采样序列。这也是 ISO 标准中在有关振动量值测量时优先推荐该方法的根本原因。若信号频率未知，则无法使用三参数正弦拟合法；或者虽然已知，但不够准确，则三参数正弦拟合法的结果也会受到很大影响，参数估计的准确度将会降低。此时需要采用四参数正弦拟合方法。

其次，四参数正弦拟合法中，牛顿迭代法、各种单参数顺序搜索法、最速下降法等均可获得差不多的高精度拟合结果。它们均属于需要初始预估计值的迭代算法，均存在不同程度的收敛性问题。在数据量受到限制，收敛性有严格要求的场合，不能确保获得收敛到全局最优的最小二乘结果中。因而，可能无法满足应用需求。从本质上，这一类四参数拟合方法并未对采样间隔有特别要求，从原理上，既适合均匀采样序列，也适合非均匀采样序列。既可适应多周期采样序列，也能适应残周期采样序列，但在不足一个周期的残周期采样序列拟合中，可能会遇到四个拟合参数初始值无法确切预测的问题，此时，将限制其在残周期采样序列的四参数正弦拟合中的应用。

再次，在对于拟合准确度要求不太高，且 A/D 量化位数足够的均匀采样序列场合下，可以使用上述 “频率估计法” 进行四参数正弦波形参数拟合，其特点也是计算速度快，收敛性良好。从原理上，既可以适应于多周期采样序列，也能够适用于残周期采样序列的参数拟合，只是拟合准确度比较低，有些得不偿失，通常，不建议使用该方法。

最后，在对收敛性要求比较高，而实时性要求不高的四参数拟合应用场合，可以使用上述 “频率迭代法” 进行四参数正弦拟合。其优点是收敛性良好，几乎可以在任何情况下都能保证收敛，既可用于均匀采样序列，也能适用于非均匀采样序列。无需额外的参数预估计，因而，既能适用于多周期采样序列，也能够适用于残周期采样序列。并可直接用于调制信号波形的参数解调，已经成功的案例包括 AM 信号、FM 信号、PM 信号等的解调，在计量测试行业，拥有广泛的应用空间。其缺点是拟合准确度中等，计算量较大，需要较长的运算时间。

需要说明的是，本书仅仅列举了几种典型的正弦波最小二乘拟合方法，远不能包括其全部方法。还有许多方法可用于四参数正弦波拟合，例如很多仿生算法可用于正弦参数估计，由于它们通常需要进行仿生模型参数 “学习”，然后才能进行辨识，并且不能表述成显式的数学关系式，所以本书未予以列入。另外，还可以使用现有方法的组合方式，以取长补短的形式获得新的运算方法，如本书 4.9 节所述，用 “频率迭代法” 获得的四个正弦参数作为初始值，再使用 “牛顿迭代法”，可以将牛顿迭代法拓展到残周期正弦参数拟合。

参 考 文 献

[1] Kuffel J, McComb T R, Malewski R. Comparative evaluation of computer methods for calculating the best-fit sinusoid to the digital record of a high-purity sine wave [J]. IEEE Transactions on Instrumentation and Measurement, 1987, 36(2): 418-422.

[2] McComb T R, Kuffel J, Le Roux B C. A comparative evaluation of some practical algorithms used in the effective bits test of waveform recorders [J]. IEEE Transactions on Instrumentation and Measurement, 1989, 38(1): 37-42.

[3] Jenq Y C. High-precision sinusoidal frequency estimator based on weighted least square method [J]. IEEE Transactions on Instrumentation and Measurement, 1987, 36(1): 124-127.

[4] Jenq Y C, Crosby P B. Sinewave parameter estimation algorithm with application to waveform digitizer effective bits measurement [J]. IEEE Transactions on Instrumentation and Measurement, 1988, 37(4): 529-532.

[5] Cennamo F, Daponte P, Savastano M. Dynamic testing and diagnostics of digitizing signal analyzers[J]. IEEE Transactions on Instrumentation and Measurement, 1992, 41(6): 840-844.

[6] Giaquinto N, Trotta A. Fast and accurate ADC testing via an enhanced sine wave fitting algorithm[J]. IEEE Transactions on Instrumentation and Measurement, 1997, 46 (4): 1020-1025.

[7] Pintelon R, Schoukens J. An improved sine-wave fitting procedure for characterizing data acquisition channels [J]. IEEE Transactions on Instrumentation and Measurement, 1996, 45(2): 588-593.

[8] Zhang J Q, Zhao X M, Hu X, et al. Sinewave fit algorithm based on total least-squares method with application to ADC effective bits measurement [J]. IEEE Transactions on Instrumentation and Measurement, 1997, 46 (4): 1026-1030.

[9] Handel P. Properties of the IEEE-STD-1057 four-parameter sine wave fit algorithm [J]. IEEE Transactions on Instrumentation and Measurement, 2000, 49(6): 1189-1193.

[10] 田社平, 王坚, 颜德田, 等. 基于遗传算法的正弦波信号参数提取方法 [J]. 计量技术, 2005, (5): 3-5.

[11] 梁志国, 朱济杰, 孟晓风. 四参数正弦曲线拟合的一种收敛算法 [J]. 仪器仪表学报, 2006, 27(11): 1513-1519.

[12] 梁志国, 孟晓风. 残周期正弦波形的四参数拟合 [J]. 计量学报, 2009, 30(3): 245-249.

[13] 王慧, 刘正士. 基于 Hilbert-Huang 变换测试 A/D 转换器有效位数的正弦曲线拟合法 [J]. 计量学报, 2009, 30(4): 332-336.

[14] 喻胜, 闫波, 陈光踽. 一种提取噪声中正弦信号的总体最小二乘法 [J]. 电子测量与仪器学报, 2000, 14(2): 6-10.

[15] Deyst J P, Souders T M, Solomon O M. Bounds on least-squares four-parameter sine-fit errors due to harmonic distortion and noise [J]. IEEE Transactions on Instrumentation and Measurement, 1995, 44(3): 637-642.

[16] Liang Z G, Lu K J, Sun J Y. Evaluation of software of four-parameter sine wave curve-fit [J]. Transactions of Nanjing University of Aeronautics & Astronautics, 2000, 17(1): 100-106.

[17] Andersson T, Handel P. IEEE Standard 1057, Cramer-Rao bound and the parsimony principle [J]. IEEE Transactions on Instrumentation and Measurement, 2006, 55(1): 44-53.

[18] Moschitta A, Carbone P. Cramer-Rao lower bound for parametric estimation of quantized sinewaves [J]. IEEE Transactions on Instrumentation and Measurement, 2007, 56(3): 975-982.

[19] 梁志国. 12 bit 量化误差对正弦参数拟合影响的误差界 [J]. 计测技术, 2020, 40(5): 1-9.

[20] 梁志国. 正弦波拟合参数的不确定度评定 [J]. 计量学报, 2018, 39(6): 888-894.

[21] Liang Z G, Zhu J J. A digital filter for the single frequency sinusoid series [J]. Transaction of Nanjing University of Aeronautics & Astronautics, 1999, 16(2): 204-209.

[22] Kollar I, Blair J J. Improved determination of the best fitting sine wave in ADC testing [J]. IEEE Transactions on Instrumentation and Measurement, 2005, 54(5): 1978-1983.

[23] IEEE Std 1057-2017. IEEE Standard for Digitizing Waveform Recorders [S]. IEEE, 2017.

[24] Bilau T Z, Megyeri T, Sárhegyi A, et al. Four-parameter fitting of sine wave testing result: Iteration and convergence [J]. Computer Standards & Interfaces, 2004, 26(1): 51 -56.

[25] 梁志国, 张大治, 孙璟宇, 等. 四参数正弦曲线拟合的快速算法 [J]. 计测技术, 2006, 26(1): 4-7.
[26] 戴先中, 唐统一. 准同步采样在电力系统频率、频偏和相位差测量中的应用 [J]. 计量学报, 1989, 10(4): 290-296.
[27] Hancke G P. The optimal frequency estimation of a noisy sinusoidal signal [J]. IEEE Transactions on Instrumentation and Measurement, 1990, 39(6): 843-846.
[28] Hocaoglu A K, Devaney M J. Using bilinear and quadratic forms for frequency estimation [J]. IEEE Transactions on Instrumentation and Measurement, 1996, 45(4): 787-792.
[29] 黄建人. 余弦信号相位和频率测量的迭代算法 [J]. 电子测量与仪器学报, 1997, 11(1): 34-41.
[30] Lobos T, Razmer J. Real-time determination of power system frequency [J]. IEEE Transactions on Instrumentation and Measurement, 1997, 46 (4): 877-881.
[31] Dash P K, Panda G, Pradhan A K, et al. An extended complex Kalman filter for frequency measurement of distorted signals [J]. IEEE Transactions on Instrumentation and Measurement, 2000, 49(4): 746-753.
[32] Angrisani L, D'Arco M. A measurement method based on a modified version of the chirplet transform for instantaneous frequency estimation [J]. IEEE Transactions on Instrumentation and Measurement, 2002, 51(4): 704-711.
[33] Routray A, Pradhan A K, Rao K P. A novel Kalman filter for frequency estimation of distorted signals in power systems [J]. IEEE Transactions on Instrumentation and Measurement, 2002, 51(3): 469-479.
[34] 王肖芬, 徐科军. 基于小波变换的基波提取和频率测量 [J]. 仪器仪表学报, 2005, 26(2): 146-151.
[35] Souders T M, Flach D R, Hagwood C, et al. The effects of timing jitter in sampling systems [J]. IEEE Transactions on Instrumentation and Measurement, 1990, 39(1): 80-85.
[36] Wagdy M F, Awad S S. Effect of sampling jitter on some sine wave measurements [J]. IEEE Transactions on Instrumentation and Measurement, 1990, 39(1): 86-89.
[37] Schoukens J, Louage F, Rolain Y. Study of the influence of clock instabilities in synchronized data acquisition systems [J]. IEEE Transactions on Instrumentation and Measurement, 1996, 45(2): 601-604.
[38] Stenbakken G N, Liu D, Starzyk J A, et al. Nonrandom quantization errors in timebases [J]. IEEE Transactions on Instrumentation and Measurement, 2001, 50(4): 888-892.
[39] Verspecht J. Accurate spectral estimation based on measurements with a distorted-timebase digitizer [J]. IEEE Transactions on Instrumentation and Measurement, 1994, 43(2): 210-215.
[40] Stenbakken G N, Deyst J P. Time-base nonlinearity determination using iterated sine-fit analysis [J]. IEEE Transactions on Instrumentation and Measurement, 1998, 47(5): 1056-1061.
[41] Wang C M, Hale P D, Coakley K J. Least-squares estimation of time-base distortion of sampling oscilloscopes [J]. IEEE Transactions on Instrumentation and Measurement, 1999, 48(6): 1324-1332.
[42] Jenq Y C. Digital spectra of nonuniformly sampled signals: fundamentals and high-speed waveform digitizers [J]. IEEE Transactions on Instrumentation and Measurement, 1988, 37(2): 245-251.
[43] Jenq Y C. Digital spectra of nonuniformly sampled signals. Ⅱ. Digital look-up tunable sinusoidal oscillators [J]. IEEE Transactions on Instrumentation and Measurement, 1988, 37(3): 358-362.
[44] Jenq Y C. Digital spectra of nonuniformly sampled signals: a robust sampling time offset estimation algorithm for ultra high-speed waveform digitizers using interleaving [J]. IEEE Transactions on Instrumentation and Measurement, 1990, 39(1): 71-75.
[45] 梁志国. 一种非均匀采样系统采样均匀性的评价新方法 [J]. 计量学报, 2006, 27(4): 384-387.

[46] Liang Z G, Ren D M, Sun J Y, et al. Fitting algorithm of sine wave with partial period waveforms and non-uniform sampling based on least-square method [C]// IOP Conf. Series: Journal of Physics: Conf. Series 1149 (2018) 012019, doi: 10.1088/1742-6596/1149/1/012019.

[47] Händel P . Amplitude estimation using IEEE-STD-1057 three-parameter sine wave fit: Statistical distribution, bias and variance[J]. Measurement, 2010, 43(6):766-770.

[48] 梁志国. 四参数正弦波组合式拟合算法 [J]. 计量学报, 2021, 42(12): 1559-1566.

[49] Negusse S, Händel P, Zetterberg P. IEEE-STD-1057 three parameter sine wave fit for SNR estimation: performance analysis and alternative estimators[J]. IEEE Transactions on Instrumentation & Measurement, 2014, 63(6):1514-1523.

[50] IEEE Std 1241-2010. IEEE standard for terminology and test methods for analog-to-digital converters [S].IEEE, 2010.

[51] 梁志国. 正弦波形同步采样条件的识别与判定 [J]. 计测技术, 2021, 41(4): 18-22.

[52] 梁志国. 数据采集系统非典型采样故障的特征识别与定量表征 [J]. 计测技术, 2021, 41(6): 17-22.

[53] IEEE Std 1057-2017. IEEE standard for digitizing waveform recorders[S]. IEEE. 2017.

[54] 梁志国, 刘渊, 何昭, 等. 复杂波形的事件分解合成及定位方法 [J]. 计量学报, 2021, 42(9): 1214-1219.

[55] IEC 62008-2005. Performance characteristics and calibration methods for digital data acquisition systems and relevant software[S].IEC, 2005.

[56] IEC 60748-4-3-2006. Interface integrated circuits — Dynamic criteria for analogue-digital converters (ADC) [S]. IEC, 2006.

[57] 梁志国. 非均匀采样条件下残周期正弦波形的最小二乘拟合算法 [J]. 计量学报, 2021, 42(3): 358-364.

[58] 梁志国, 武腾飞, 张大鹏, 等. 残周期正弦波拟合中信噪比影响的实验研究 [J]. 计量学报, 2013, 34(5): 474-479.

[59] JJF 1048-1995. 数据采集系统校准规范 [S]. 中国国家计量技术规范. 北京: 中国计量出版社, 1995.

[60] JJF 1057-1998. 数字存储示波器校准规范 [S]. 中国国家计量技术规范. 北京: 中国计量出版社, 1998.

[61] 朱仕银, 曾涛, 龙腾. 改进的数据采集系统性能测试的正弦拟合法 [J]. 北京理工大学学报, 2000, 20(6):757-761.

[62] 许化龙, 袁晓峰, 陈淑红. 正弦信号波形参数拟合求解的混合优化算法 [J]. 电子测量与仪器学报, 2004, 18(4):1-5.

[63] 袁晓峰, 许化龙, 陈淑红. 基于单纯形法正弦信号波形参数求解方法 [J]. 电子测量技术, 2004, 27(1):13-14.

[64] Fonseca da Silva M , Ramos P M , Serra A C . A new four parameter sine fitting technique[J]. Measurement, 2004, 35(2):131-137.

[65] 吴义华, 杨俊峰, 程敬原, 等. 正弦信号四参数的高精度估计算法 [J]. 中国科学技术大学学报, 2006, 36(6):625-629.

[66] 苏德伦, 王仕成, 张安京. 基于遗传算法的正弦波四参数曲线拟合 [J]. 计测技术, 2005, 25(6):18-20.

[67] Trees H, Bell K L. Single Tone Parameter Estimation from Discrete Time Observations[M]. New York: Wiley-IEEE Press, 2009.

[68] Chen K F. Estimating parameters of a sine wave by separable nonlinear least squares fitting[J]. IEEE Transactions on Instrumentation & Measurement, 2010, 59(12): 3214-3217.

[69] 梁志国. 四参数正弦曲线拟合的快速算法 [J]. 计量学报，2024, 45(4): 586-593.

[70] 梁志国. 一种四参数正弦参量估计算法的改进及实验分析 [J]. 计量学报, 2017, 38(4): 492-498.

[71] Renczes B, Kollár I, Moschitta A, et al. Numerical optimization problems of sine-wave fitting algorithms in the presence of roundoff errors[J]. IEEE Transactions on Instrumentation & Measurement, 2016, 65(8):1785-1795.

[72] Belega D, Petri D. Cramer-Rao lower bound for unbiased estimators of sampled noisy sine-wave parameters[J]. IEEE Transactions on Instrumentation and Measurement, 2021, (70-): 1010809-1-1010809-9.

第 5 章　正弦波形序列的抖动分析及单频滤波

本章所述的问题主要来源于美国国家标准技术研究院 (NIST) 科学家的研究，其研究结果表明，正弦采样序列波形的抖动是其参数估计的不确定度来源之一，并以定量的仿真数据对其规律和量值进行了表征。其主要问题在于，即使人们了解了正弦波形序列的抖动来源和影响，那么在正弦波形采样序列中，人们如何定义抖动？又如何分离和定量评定抖动？这并未能被同时给出。若不能寻找到恰当方法和手段，其他一切都是枉然。同样，噪声、谐波失真等也将给正弦波采样序列的参数估计带来误差和不确定度，如何降低它们的影响也一直是人们重点关注的。显而易见的一种方式是进行波形滤波，而任何滤波器的特性都不是理想的，在对噪声、谐波等进行滤除的过程中，将给待估计的正弦参数带来多大的影响，并不能轻易定量给出，它是否会得不偿失？这也是人们所极为关切的。本章后续内容，将主要涉及这两方面内容：首先，提出一种单频数字滤波器，在不影响模型参数的情况下实现谐波和噪声的滤除，以降低拟合结果的不确定度；然后，介绍一种方法，用以定量评估正弦波形采样序列四个模型参数的抖动量值，以便给四参数正弦曲线拟合结果的不确定度评定创造条件。

5.1　正弦波形序列的单频滤波

正弦波四参数最小二乘拟合作为一种成熟的模型化测量方法，被广泛应用在数据采集系统、数字示波器、瞬态波形记录仪以及 A/D 变换器的指标性能评价之中 [1−6]。其过程是使用最小二乘拟合法，获得正弦波采样序列的幅度、频率、初始相位和直流分量以及采样序列与拟合曲线间的误差均方根值五个参量的精确值，通过这五个参量与实际采集测量系统指标间的关系来获得测量系统相应指标的评价结果。它具有过程简便易行、稳定、复现性好，物理意义明确，可评价的指标参量多、准确度高等众多优点，可同时用于评价动态有效位数、采集速率、交流增益、直流偏移和通道间延迟时间差等。

实际使用中的正弦信号源都不可避免地具有一定程度的谐波失真，在较低频率下可以很小，例如 100kHz 以下可达到 −100dB，但是在较高频率下，例如几兆赫兹至几千兆赫兹之间则低到 −30dB 左右。另外，测量过程本身均经过 A/D 量化过程，量化噪声和非线性误差等也不可避免，这无疑给用正弦波拟合法评价获得的指标准确度带来了限制 [7,8]。

单频正弦曲线谐波及噪声失真的滤除，是解决这一问题所采取的措施之一。其通过数字滤波等手段，将正弦测量序列中的信号源谐波及噪声失真、测量系统的量化噪声和非线性误差等造成的失真进行有效滤除，以提高正弦波四个参数的拟合准确度，从而提高采集速率、交流增益、直流偏移和通道间延迟时间差等几个指标的评价准确度。由于是用于精密测量过程，则对这一滤波器的基本要求是不能带来附加误差和失真。本节所涉及的内容，就是设计实现一种时域滤波器，以实现对单频正弦曲线谐波及噪声失真的有效滤除，同时保证不带来附加误差和失真。

5.1.1　基本思想

正弦波序列的完整表示方式为

$$x(t,\omega_0)=A_0\cdot\sin(\omega_0\cdot t+\varphi_0)+d_0 \tag{5-1}$$

通常，实际存在的正弦波形曲线并不理想，会含有噪声、谐波等各种失真，如图 5-1 所示。它包含 4 个独立的参量：幅度 A_0、数字角频率 ω_0、初始相位 φ_0 和直流分量 d_0。测量结果分别为 A、ω、φ 和 d。误差分别为 ΔA、$\Delta\omega$、$\Delta\varphi$ 和 Δd。

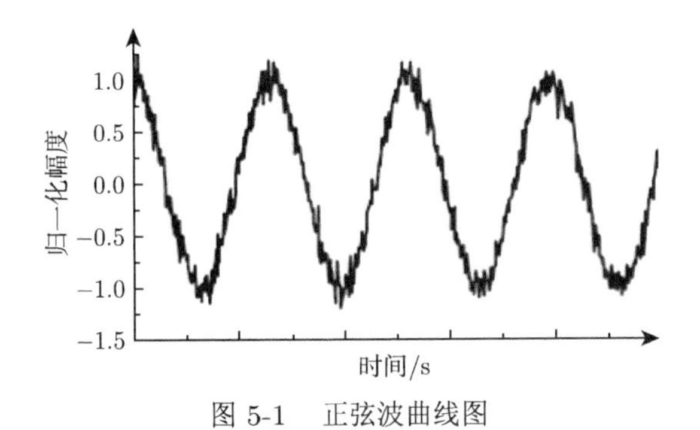

图 5-1　正弦波曲线图

正弦波形序列单频滤波的基本思想，来源于时域方波脉冲及其频域变换函数 Sa(t) 函数等间隔零值特性的应用。

设有矩形脉冲信号波形 $g(t)$，脉冲宽度为 τ，幅度为 h，如图 5-2(a) 所示。其表达式为

$$g(t)=\begin{cases}h, & |t|<\tau/2\\ 0, & |t|\geqslant\tau/2\end{cases} \tag{5-2}$$

其傅里叶变换为

$$G(\omega)=\mathbf{F}[g(t)]=\int_{-\infty}^{\infty}g(t)\mathrm{e}^{-\mathrm{j}\omega t}\mathrm{d}t=\int_{-\tau/2}^{\tau/2}h\mathrm{e}^{-\mathrm{j}\omega t}\mathrm{d}t=\frac{2h}{\omega}\sin\frac{\omega\tau}{2}=h\tau\cdot\mathrm{Sa}\left(\frac{\omega\tau}{2}\right) \tag{5-3}$$

其曲线图形如图 5-2(b) 所示。

从图 5-2 可见，时域脉宽为 τ、幅度为 h、面积为 $h\tau$ 的矩形对称脉冲，其傅里叶变换到频域的特性是一个幅度为 $h\tau$、在 $2\pi/\tau$ 的整数倍量值点上均为零点的取样脉冲函数，且频域各个零点之间的间隔均相等。故可以尝试调整方波脉宽并与正弦波形曲线序列进行卷积运算，相当于滑动平均滤波，使得在正弦曲线的基波频率上保持幅度参数不变，但令方波频域零点落在各个谐波频率点上，达到滤除谐波的目的，同时，保证基波参数不变。以下滤波过程，即是该思想的具体实现。

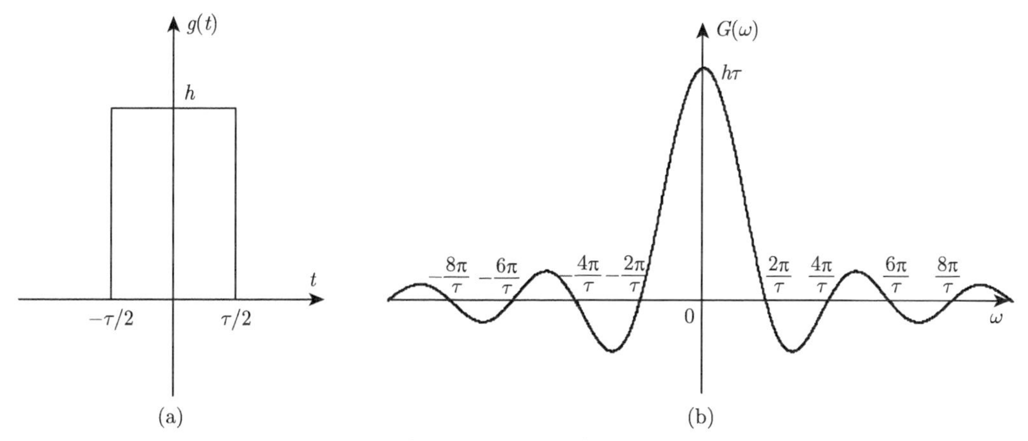

图 5-2　方波脉冲 $g(t)$ 及其傅里叶变换 $G(\omega)$

5.1.2　时域滤波的实现

为方便起见，不失一般性，这里将正弦波的滤波分为 $d_0 = 0$ 和 $d_0 \neq 0$ 两种情况分别阐述。

1. $d_0 = 0$ 情况

设正弦波测量序列表述的波形为

$$x(t, \omega_0) = A_0 \cdot \sin(\omega_0 \cdot t + \varphi_0) \tag{5-4}$$

$$\omega_0 = \frac{2\pi}{T_0} \tag{5-5}$$

则其滤波过程为

$$\begin{aligned} y(t, \omega_0) &= \int_{t-T}^{t+T} h \cdot x(\tau, \omega_0) \mathrm{d}\tau = \int_{t-T}^{t+T} h \cdot A_0 \cdot \sin(\omega_0 \tau + \varphi_0) \mathrm{d}\tau \\ &= \frac{2 \cdot h \cdot \sin(\omega_0 T)}{\omega_0} A_0 \cdot \sin(\omega_0 t + \varphi_0) = \frac{2 \cdot h \cdot \sin(\omega_0 T)}{\omega_0} x(t, \omega_0) \end{aligned} \tag{5-6}$$

令

$$y(t, \omega_0) = x(t, \omega_0) \tag{5-7}$$

则有

$$h = \frac{\omega_0}{2 \cdot \sin(\omega_0 T)} \tag{5-8}$$

式中，T 为滤波窗的半区间；h 为待定参数。$x(t, \omega_0)$ 经过时域滤波后获得的波形为 $y(t, \omega_0)$。

(1) 当 $\omega_0 T = \pi/2 + n\pi$，$n$ 为整数或者为 0，即 $T = (1/4 + n/2) \cdot T_0 \equiv T_2$ 时，则 $h = (-1)^n \cdot \omega_0/2 \equiv h_2$，有

$$T \equiv T_2 = \left(\frac{1}{4} + \frac{n}{2}\right) \cdot T_0 \quad (n\ \text{为整数或者为0}) \tag{5-9}$$

$$h \equiv h_2 = \frac{(-1)^n}{2} \cdot \omega_0 \quad (n\ \text{为整数或者为0}) \tag{5-10}$$

$$y(t, \omega_0) = x(t, \omega_0), \quad \text{基波信号保持不变} \tag{5-11}$$

$$y(t, 2m \cdot \omega_0) = 0, \quad m\text{为整数时，偶次谐波已被滤除} \tag{5-12}$$

(2) 当 k 为奇数, $k\omega_0 T = n\pi$, n 为非零整数且不为 k 的整数倍, 即 $T = n \cdot T_0/(2k) \equiv T_k$ 时，则

$$T \equiv T_k = \frac{n}{2k} \cdot T_0 \quad (k\text{为奇数}) \tag{5-13}$$

$$h \equiv h_k = \frac{\omega_0}{2 \cdot \sin(n\pi/k)} \quad (k\text{为奇数}) \tag{5-14}$$

有

$$y(t, \omega_0) = x(t, \omega_0), \quad \text{基波信号保持不变} \tag{5-15}$$

$$y(t, k \cdot \omega_0) = 0, \quad k\ \text{次谐波已被滤除} \tag{5-16}$$

正确选取参数 h_k 及 T 和执行积分，对 $x(t, \omega_0)$ 进行处理获得 $y(t, \omega_0)$ 的上述全过程，即是单频正弦曲线谐波及噪声失真的滤波过程，其数学表述，即是单频正弦曲线谐波的滤波器。

特别需要说明的是，由于所采用的滤波器的结构特点，则通过 T_k 的选取，不仅滤除了第 k 次谐波，连同 k 的整数次谐波也可以被一并滤除。即

当 $k = 3$ 时，滤除的将是第 3，6，9，12，15，18，21，$\cdots$，$3m$，$\cdots$ 次谐波。

当 $k = 5$ 时，滤除的将是第 5，10，15，20，25，30，35，$\cdots$，$5m$，$\cdots$ 次谐波。

当 $k = 7$ 时，滤除的将是第 7，14，21，28，35，42，49，$\cdots$，$7m$，$\cdots$ 次谐波。

当 $k = 11$ 时，滤除的将是第 11，22，33，44，55，66，77，$\cdots$，$11m$，$\cdots$ 次谐波。

显然，k 只需要选取为质数，即可保证对于质数 k 本身级次谐波和以它们为因子的各次谐波 kn 的滤除。滤波前的序列为 $x(t, \omega_0)$，滤波后的序列为 $y(t, \omega_0)$。

2. $d_0 \neq 0$ 情况

实际正弦波拟合中，多数情况下 $d_0 \neq 0$，这样，为保障滤波前后的直流分量值不发生原理性变化，在式 (5-7) 满足的情况下，则其滤波过程为

$$\begin{aligned} y(t, \omega_0) &= \int_{t-T}^{t+T} h \cdot x(\tau, \omega_0) \mathrm{d}\tau - (2h \cdot T - 1) \cdot d_0 \\ &= \int_{t-T}^{t+T} h \cdot [A_0 \cdot \sin(\omega_0 \tau + \varphi_0) + d_0] \mathrm{d}\tau - (2h \cdot T - 1) \cdot d_0 \\ &= \frac{2 \cdot h \cdot \sin(\omega_0 T)}{\omega_0} A_0 \cdot \sin(\omega_0 t + \varphi_0) + d_0 \equiv x(t, \omega_0) \end{aligned} \tag{5-17}$$

由 (5-17) 式描述的滤波过程，将使正弦波采样序列的四个参数在滤波过程中均保持不变，这样就满足了精密测量的要求。

5.1.3 单频滤波器的频域表示

1. $d_0=0$ 情况

设 $x(t,\omega_0)$ 的傅里叶变换为

$$\mathbf{F}[x(t,\omega_0)]=X(\omega) \tag{5-18}$$

由上述表达式 (5-6)，$y(t,\omega_0)=\int_{t-T}^{t+T}h\cdot x(\tau,\omega_0)\mathrm{d}\tau$ 取傅里叶变换得

$$\begin{aligned}
Y(\omega)=\mathbf{F}[y(t,\omega_0)]&=\int_{-\infty}^{+\infty}y(t,\omega_0)\cdot \mathrm{e}^{-\mathrm{j}\omega t}\mathrm{d}t=\int_{-\infty}^{+\infty}\int_{t-T}^{t+T}h\cdot x(\tau,\omega_0)\mathrm{d}\tau\cdot \mathrm{e}^{-\mathrm{j}\omega t}\mathrm{d}t\\
&=\int_{-\infty}^{+\infty}\left[\int_{-\infty}^{t+T}h\cdot x(\tau,\omega_0)\mathrm{d}\tau-\int_{-\infty}^{t-T}h\cdot x(\tau,\omega_0)\mathrm{d}\tau\right]\cdot \mathrm{e}^{-\mathrm{j}\omega t}\mathrm{d}t\\
&=\int_{-\infty}^{+\infty}\int_{-\infty}^{t+T}h\cdot x(\tau,\omega_0)\cdot\mathrm{d}\tau\cdot \mathrm{e}^{-\mathrm{j}\omega(t+T)}\cdot \mathrm{e}^{\mathrm{j}\omega T}\mathrm{d}(t+T)\\
&\quad-\int_{-\infty}^{+\infty}\int_{-\infty}^{t-T}h\cdot x(\tau,\omega_0)\mathrm{d}\tau\cdot \mathrm{e}^{-\mathrm{j}\omega(t-T)}\cdot \mathrm{e}^{-\mathrm{j}\omega T}\cdot\mathrm{d}t\\
&=\frac{h\cdot X(\omega)}{\mathrm{j}\omega}\cdot \mathrm{e}^{\mathrm{j}\omega T}-\frac{h\cdot X(\omega)}{\mathrm{j}\omega}\cdot \mathrm{e}^{-\mathrm{j}\omega T}=\frac{h\cdot 2\sin(\omega T)}{\omega}\cdot X(\omega)
\end{aligned}$$

令 $Y(\omega_0)=X(\omega_0)$，则

$$\frac{h\cdot 2\sin(\omega_0 T)}{\omega_0}=1 \tag{5-19}$$

$$h=\frac{\omega_0}{2\sin(\omega_0 T)} \tag{5-20}$$

则 $H_0(\omega)$ 即为本节所使用的单级滤波器的频域表达式：

$$H_0(\omega)=\frac{h\cdot 2\sin(\omega T)}{\omega}=\frac{\omega_0}{\sin(\omega_0 T)}\cdot\frac{\sin(\omega T)}{\omega} \tag{5-21}$$

(1) 当 $\omega_0 T=\pi/2+n\pi$, n 为整数, 即 $T=(1/4+n/2)\cdot T_0\equiv T_2$ 时, 则 $h=(-1)^n\cdot\omega_0/2\equiv h_2$，由 $H_0(\omega)$ 得滤除偶次谐波的滤波器 $H_2(\omega)$：

$$H_2(\omega)=(-1)^n\cdot\frac{\sin(\omega T_2)}{\omega/\omega_0} \tag{5-22}$$

(2) 当 k 为奇数, $k\omega_0 T=n\pi$, n 为非 0 整数且不为 k 的整数倍, 即 $T=n\cdot T_0/(2k)\equiv T_k$ 时，则 $h=\dfrac{\omega_0}{2\cdot\sin(n\pi/k)}\equiv h_k$，由 $H_0(\omega)$ 得滤除 k 次谐波的滤波器 $H_k(\omega)$：

$$H_k(\omega)=\frac{\omega_0}{\sin(n\pi/k)}\cdot\frac{\sin(\omega T_k)}{\omega} \tag{5-23}$$

(3) 当要求滤除所有偶次谐波以及 3 次，5 次，$\cdots$ 直至质数 k 次谐波时，将上述滤波器 $H_2(\omega), H_3(\omega), H_5(\omega), \cdots, H_k(\omega)$ 级联即可实现，得到能滤除单频正弦曲线谐波失真的滤波器 $H(\omega)$：

$$H(\omega) = H_2(\omega) \cdot H_3(\omega) \cdot H_5(\omega) \cdot \cdots \cdot H_k(\omega) \tag{5-24}$$

$H(\omega)$ 就是本节所述的单频正弦曲线谐波及噪声失真的滤波器，理论上，它可以滤除全部偶次谐波和直至 k 次的奇次谐波。

其中，n 的取值不同，则滤波器的形状可以是低通或带通。n 的取值对谐波滤除效果影响不大，但是将影响滤波器的噪声滤除效果，从其表达式和滤波过程来看，n 的绝对值越大，则滤波后的每一个数值将是更多的原始数据点参与平均的结果，滤波器对噪声的滤除效果越好，则同时也将加大边缘效应的作用范围。

如选取最短的时域滤波窗宽度，除了偶次谐波外，奇次谐波滤除 3 次，5 次，7 次，9 次，11 次谐波，则有滤波器特性波形如图 5-3 所示。

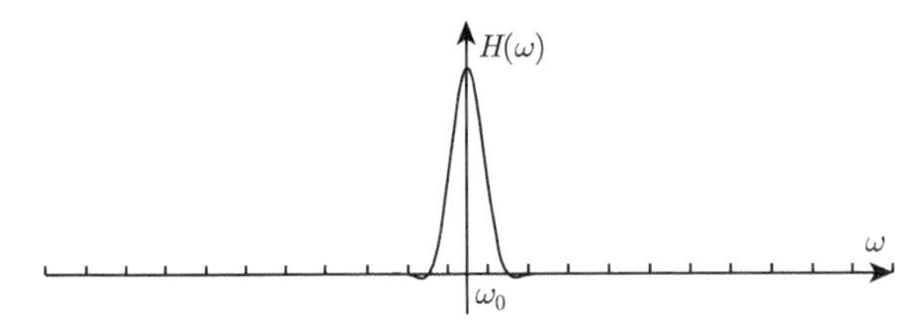

图 5-3　单频正弦曲线谐波失真的滤波器 $H(\omega)$ 频率特性

从图 5-3 可见，单频正弦曲线谐波失真的滤波器 $H(\omega)$ 频率特性在频域范围内虽然存在波动，但确实在各个谐波频率上的幅度增益均为 0，即对各次谐波具有极强的滤除作用。

2. $d_0 \neq 0$ 情况

$d_0 \neq 0$ 情况与 $d_0 = 0$ 情况的唯一区别是在上述 $H_k(\omega)$ 中加入 d_0 带来的影响。此时，正弦波序列的完整表示方式 $x(t, \omega_0)$ 如式 (5-1) 所示。由式 (5-17) 两边取傅里叶变换得

$$\begin{aligned}
Y(\omega) &= \mathbf{F}[y(t,\omega_0)] = \int_{-\infty}^{+\infty} y(t,\omega_0) \cdot \mathrm{e}^{-\mathrm{j}\omega t}\mathrm{d}t \\
&= \int_{-\infty}^{+\infty} \left[\int_{t-T}^{t+T} h \cdot x(\tau,\omega_0)\mathrm{d}\tau - (2h \cdot T - 1) \cdot d_0\right] \cdot \mathrm{e}^{-\mathrm{j}\omega t}\mathrm{d}t \\
&= \frac{h \cdot 2\sin(\omega T)}{\omega} \cdot X(\omega) - (2h \cdot T - 1) \cdot d_0 \cdot 2\pi \cdot \delta(\omega) = H_0(\omega) \cdot X(\omega)
\end{aligned} \tag{5-25}$$

$$H_0(\omega) = \frac{h \cdot 2\sin(\omega T)}{\omega} - \frac{(2h \cdot T - 1) \cdot d_0 \cdot 2\pi \cdot \delta(\omega)}{X(\omega)} = \frac{h \cdot 2\sin(\omega T)}{\omega} - (2h \cdot T - 1) \cdot 2\pi \cdot \delta(\omega) \tag{5-26}$$

其中，$h = \dfrac{\omega_0}{2\sin(\omega_0 T)}$，而 $X(0) = d_0$

$$h = \frac{\omega_0}{2\sin(\omega_0 T)} \tag{5-27}$$

$$X(0) = d_0 \tag{5-28}$$

(1) 当 $\omega_0 T = \pi/2+n\pi$, n 为整数, 即 $T = (1/4+n/2)\cdot T_0 \equiv T_2$ 时, 则 $h = (-1)^n\cdot\omega_0/2 \equiv h_2$，由 $H_0(\omega)$ 得滤除偶次谐波的滤波器 $H_2(\omega)$：

$$T \equiv T_2 = \left(\frac{1}{4}+\frac{n}{2}\right)\cdot T_0 \quad (n\text{为整数或者为}0) \tag{5-29}$$

$$h \equiv h_2 = \frac{(-1)^n}{2}\cdot\omega_0 \quad (n\text{为整数或者为}0) \tag{5-30}$$

$$H_2(\omega) = (-1)^n\cdot\frac{\sin(\omega T_2)}{\omega/\omega_0} - (2h_2\cdot T_2 - 1)\cdot 2\pi\cdot\delta(\omega) \tag{5-31}$$

(2) 当 k 为奇数, $k\omega_0 T = n\pi$, n 为非 0 整数且不为 k 的整数倍, 即 $T = n\cdot T_0/(2k) \equiv T_k$ 时，则 $h = \dfrac{\omega_0}{2\cdot\sin(n\pi/k)} \equiv h_k$，由 $H_0(\omega)$ 得滤除 k 次谐波的滤波器 $H_k(\omega)$：

$$T \equiv T_k = \frac{n}{2k}\cdot T_0 \quad (k\text{为奇数}) \tag{5-32}$$

$$h \equiv h_k = \frac{\omega_0}{2\cdot\sin(n\pi/k)} \quad (k\text{为奇数}) \tag{5-33}$$

$$H_k(\omega) = \frac{\omega_0}{\sin(n\pi/k)}\cdot\frac{\sin(\omega T_k)}{\omega} - (2h_k\cdot T_k - 1)\cdot 2\pi\cdot\delta(\omega) \tag{5-34}$$

(3) 当要求滤除所有偶次谐波以及 3 次，5 次，$\cdots$ 直至质数 k 次谐波时，我们有滤波器 $H(\omega)$：

$$H(\omega) = H_2(\omega)\cdot H_3(\omega)\cdot H_5(\omega)\cdot\cdots\cdot H_k(\omega) \tag{5-35}$$

$H(\omega)$ 是本节所述的单频正弦曲线谐波及噪声失真的滤波器的通用表达式。

考虑到各个 $H_k(\omega)$ 的自身特性情况，k 只需要选取为质数，而无须选取合数即可完成式 (5-35) 滤波效能，即有质数滤波器 $H_s(\omega)$：

$$H_s(\omega) = H_2(\omega)\cdot H_3(\omega)\cdot H_5(\omega)\cdot H_7(\omega)\cdot H_{11}(\omega)\cdot\cdots\cdot H_k(\omega) \quad (k\text{为质数}) \tag{5-36}$$

5.1.4 边缘效应及其消除

任何数字滤波器都是对有限长序列实施滤波，都有边缘效应存在。即在靠近序列起始点和终止点附近, 由于有限长度的限制, 所以滤波效果不如中间部分, 本节所述滤波器也不例外。由于本节所述正弦波拟合法是一种模型化精密测量方法，从而边缘效应将降低拟合参数的估计准确度，并可能使滤波效果变得得不偿失。由于本节所涉及的序列曲线是已知数学模型的正弦波，所以这种情况下的边缘效应消除方法变得简单容易。可在首次滤波之前对正弦序列的参数进行一次预先估计，在对边缘附近的点进行实际滤波运算处理时，滤波所需的超出序列以外的样本点，使用预先估计参数计算获得，从而可将滤波器的边缘效应基本上消除。

5.1.5 仿真验证

用已知的正弦序列叠加上已知的谐波失真获得的序列 $x(t)$，经过上述滤波器 $H(\omega)$ 滤波后获得序列 $y(t)$，将 $y(t)$ 与 $x(t)$ 的失真度相比较即可看出滤波效果，详见表 5-1 和表 5-2。

表 5-1 为三次谐波的滤波结果，其试验参数为：量程 ±10V，输入幅度 8V，频率 110Hz，采集速率 10kSa/s，数据个数 1009，直流偏移 0V，额定失真度 −20dB，谐波不变，基波的初始相位在 $0 \sim 360°$ 均匀变化。表 5-2 为二次谐波的滤波结果，其他参数设置同表 5-1。

表 5-1　三次谐波正弦失真的滤除效果

滤波前			滤波后		
$\Delta\omega/\omega_0$	$\Delta d/A_0$	失真度/dB	$\Delta\omega/\omega_0$	$\Delta d/A_0$	失真度/dB
-7.69×10^{-5}	4.49×10^{-4}	−21.9	9.62×10^{-6}	-2.47×10^{-4}	−52.3
-7.69×10^{-5}	4.49×10^{-4}	−21.9	9.62×10^{-6}	-2.47×10^{-4}	−52.3
-8.95×10^{-5}	4.58×10^{-4}	−21.9	1.12×10^{-6}	-2.46×10^{-4}	−52.1
-9.91×10^{-5}	4.57×10^{-4}	−21.9	-8.81×10^{-6}	-2.38×10^{-4}	−51.9
-1.06×10^{-4}	4.53×10^{-4}	−21.9	-1.86×10^{-5}	-2.40×10^{-4}	−51.8
-1.09×10^{-4}	4.36×10^{-4}	−21.9	-2.67×10^{-5}	-2.21×10^{-4}	−51.8
-1.09×10^{-4}	4.22×10^{-4}	−21.9	-3.50×10^{-5}	-2.17×10^{-4}	−51.8
-1.05×10^{-4}	3.66×10^{-4}	−21.9	-3.95×10^{-5}	-1.65×10^{-4}	−52.0
-9.97×10^{-5}	3.82×10^{-4}	−21.9	-4.33×10^{-5}	-2.00×10^{-4}	−52.2
9.13×10^{-5}	3.68×10^{-4}	−21.9	-4.57×10^{-5}	-1.98×10^{-4}	−52.4

表 5-2　二次谐波正弦失真的滤除效果

滤波前			滤波后		
$\Delta\omega/\omega_0$	$\Delta d/A_0$	失真度/dB	$\Delta\omega/\omega_0$	$\Delta d/A_0$	失真度/dB
-2.02×10^{-4}	8.12×10^{-4}	−21.9	-2.85×10^{-5}	-8.08×10^{-4}	−48.6
-2.19×10^{-4}	8.12×10^{-4}	−21.9	-4.38×10^{-5}	-7.99×10^{-4}	−48.4
-2.28×10^{-4}	7.98×10^{-4}	−21.9	-5.89×10^{-5}	-7.83×10^{-4}	−48.2
-2.30×10^{-4}	7.62×10^{-4}	−21.9	-7.32×10^{-5}	-7.61×10^{-4}	−48.1
-2.25×10^{-4}	7.34×10^{-4}	−21.9	-8.34×10^{-5}	-7.49×10^{-4}	−48.1
-1.98×10^{-4}	6.61×10^{-4}	−21.9	-9.41×10^{-5}	-7.37×10^{-4}	−48.3
-1.76×10^{-4}	6.28×10^{-4}	−21.9	-9.34×10^{-5}	-7.34×10^{-4}	−48.4
-1.18×10^{-4}	5.89×10^{-4}	−21.9	-7.91×10^{-5}	-7.33×10^{-4}	−48.8
2.30×10^{-4}	7.96×10^{-4}	−21.9	5.84×10^{-5}	-7.68×10^{-4}	−48.2
2.32×10^{-4}	7.69×10^{-4}	−21.9	7.20×10^{-5}	-7.54×10^{-4}	−48.1

从表中可以看出，使用本节所述方法进行数字滤波，对单频正弦波序列的总失真度 (谐波失真和噪声) 是有显著作用的。在本节所述条件下，其失真度下降了 20 多分贝，同时可以看出，其频率拟合准确度和直流偏移拟合准确度均有显著改善。另外可以看出，低次谐波失真对拟合参数的影响要高于高次谐波的影响，这也提醒人们将注意力主要集中到低次谐波的失真影响上来。

5.1.6 结论

在高频正弦信号源和射频信号源中，非谐波失真较小 (可优于 −80dB)，谐波失真一直占据主导 (为 $-20 \sim -30$dB)。它们极大地影响了四参数正弦波拟合的不确定度，这使得单频正弦波序列的滤波在模型化测量中变得更加重要。本节所述的时域滤波器的特点是，理论上不对正弦波序列带来任何附加失真，在正弦波的各次谐波点上的滤波特性极好，理论上为全部滤除。虽然是非因果系统，但因为是非实时操作，又是针对已知信号模型——正弦波，故数学上可以实现，且仿真实验证实了边缘效应也易消除，因此其是一种对单频正弦波序列的谐波及噪声非常有效的数字滤波器。

5.2　正弦波形序列的抖动分析

5.2.1　概述

抖动，是周期信号发生器一种固有的技术特征，正在逐步获得足够的重视。通常认为，抖动是信号在时间上相对于其理想位置的短期变动 [9−11]。在此含义下的抖动，包括信号的周期、频率、初始相位、占空比等时间参数的短期不稳定因素评价，都可以用抖动指标给出，它也涉及多个连续信号周期的稍长一段时间内的稳定性评价 [12−20]，而更长的时间里的稳定性，则常用漂移参数评价。

抖动的分类，按其统计特性，分为随机性抖动和确定性抖动两大类；其起源，主要有随机噪声、干扰调制、串扰、供电源系统的波动影响，另外，使用数字合成技术时，抽样间隔误差及其波动、序列长度不是信号周期的整数倍等也会造成抖动。

通常，抖动测量使用数字化波形测量仪器进行，具体指标主要有三种：

(1) 每一个信号周期的波形参数与理想值间的差异；

(2) 相邻信号周期波形参数间的差异；

(3) 多个信号周期波形参数的累积与理想值间的差异。

它们都是抖动特性的定量表述形式，实践中使用哪一种，则需要具体问题具体分析。从这三种测量指标及其定义、起源等也可以看出，抖动的单次测量值，并没有特别大的实际意义；则必须对足够多的信号周期内的众多抖动值进行信号分析，才具有真正的实用意义和价值。对于非随机抖动为主的确定性抖动信号，可使用波形分析方法测量；而对于其他情况，则用统计分析方法，找出其方差、极限值等统计参数。同时，人们也一直希望测量序列每移动一个测量点所发生的抖动都能够被有效分辨和测量。

抖动的真正内涵，不仅是波形局部位置的变动，也包括模型参数的变动。

实际上，人们提到抖动时，往往是有一定的模型化思想因素在起作用。例如，针对数字化通信中使用的脉冲波形串的抖动，人们多数情况下使用“眼图”模型来定量衡量其量值大小。使用数字示波器或信号分析仪屏幕上的眼图开合程度来定量考核其抖动量值。显然，眼图张开得越大，则抖动越小。

而上述抖动的定义，本质上是在“信号是由一系列有确定时序位置的脉冲串组成的”这一基本假设前提下确立的，由此也就确立了抖动测量的基本方法：“脉冲间隔计点测量法”结合“统计分析方法”。脉冲间隔的测量误差显然取决于采样间隔，人们在这方面的努力是尽量提高采样速率，以减小脉冲间隔的测量误差，目前的数字示波器已经可以达到 40GSa/s 的采样速率；在提高采样速率的前提下，要保持足够的信号长度，则必然需要增大测量仪器的存储深度，目前已经有了存储深度高达 28 兆采样点数的数字示波器，并在通用周期信号的抖动测量中获得了良好的应用。

尽管如此，问题依然存在，上述抖动测量仅是将抖动简单归结为测量判据 (上升沿和下降沿) 的变化所引起的，实际上，多数抖动可能是判据之间的信号点的变化所造成的；而该类测量方法不具备小于判据测量间隔的测量分辨力，想确切找出抖动的起始点是几乎不可能的，从而也限制了抖动抑制技术的进展。

另外，人们总希望能用少一点的存储深度、低一点的采样速率，获得尽可能高的测量分辨力和测量准确度。在通用周期信号的抖动测量中，这也是一种奢望，但是，如果是正弦信号波形的抖动测量，情况就完全不同了，完全可以用较少的存储深度和较低的采样速率，获得相当高的抖动测量分辨力和测量准确度。本节将主要讨论这一方法和过程。

为方便起见，这里将抖动定义为：具有确定模型的信号，其模型参数在短期内随时间变化产生的变动。具体到对于正弦信号，其模型就是正弦曲线波形。这样一来，抖动就不仅仅是信号模型在时序上位置的变化了，也将包括幅度及其他方面因素的变化情况。

5.2.2　模型滑动拟合法评价正弦波形的抖动

本节对于正弦信号的抖动，使用四参数正弦曲线拟合法进行。对于抖动测量，越少的信号点数将能越真实地反映抖动的实际状况；过多的信号点将因为平均滤波效应而降低抖动的测量灵敏度；但信号点数的减少，同时将使模型参数的拟合误差增大，也将影响测量准确度。

在抖动分析时，设定正弦波序列的完整表示方式为

$$x(t) = A \cdot \sin(2\pi f \cdot t + \theta) + D \tag{5-37}$$

关于抖动的测量，就是统计分析该正弦波形参数中幅度 A、频率 f、初始相位 θ 和直流分量 D 的抖动情况，包括各个参数抖动的最大值和抖动的实验标准偏差。

通常，使用一个周期左右的信号点数被认为是比较好的选择。本节使用如下滑动模型法进行 [9]：

(1) 首先，对第 1 个信号点开始的约一个周期的信号波形段的模型参数进行估计；

(2) 然后，以该组估计参数为初始值，对第 2 个信号点开始的约一个周期的信号波形段的模型参数进行估计；

(3) 依次类推，直至最后一个完整的信号周期的信号波形段，结束估计；

(4) 之后，对众多信号周期的信号波形段模型参数进行波形分析和统计分析，获得它们的抖动特性参数。

其中，正弦波形的参数估计使用 4.4 节的有关算法进行，这里不再赘述。

5.2.3　仿真结果

图 5-4(a) 为调幅信号，载波正弦波峰值为 1V，频率为 110Hz；调制信号为方波，峰值幅度为 0.5V，频率为 5.5Hz；采样速率为 8kSa/s。图 5-4(b)~(f) 为经使用本节所述方法获得的抖动测量情况。

从图 5-4(a) 可见，这是一种幅度存在阶跃跳变而其他参数无变化的方波调幅信号，图 5-4(b)~(f) 分别是每一个测量点开始的一个信号周期的信号波形段的幅度、频率、相位偏差 (实测相位与无抖动时的理论值之差)、直流分量、有效位数的波动情况。其中，有效位

数的变化情况反映本节方法拟合情况的优劣，有效位数越高，则拟合越好，误差越小。用抖动测量方法可以看到，其幅度随时间的抖动实际上就是幅度调制信号包络的形状，其对幅度抖动的分辨力和测量准确度相当高，可达 10^{-5} 量级，由于幅度的阶跃抖动，也影响并造成了频率、相位、直流分量等其他参数的抖动。同时可以看出，在幅度跳变处，有效位数指标将严重下降，说明在该处的各个参数测量准确度下降，但它们的抖动也非常剧烈，这是一个非常矛盾的问题。

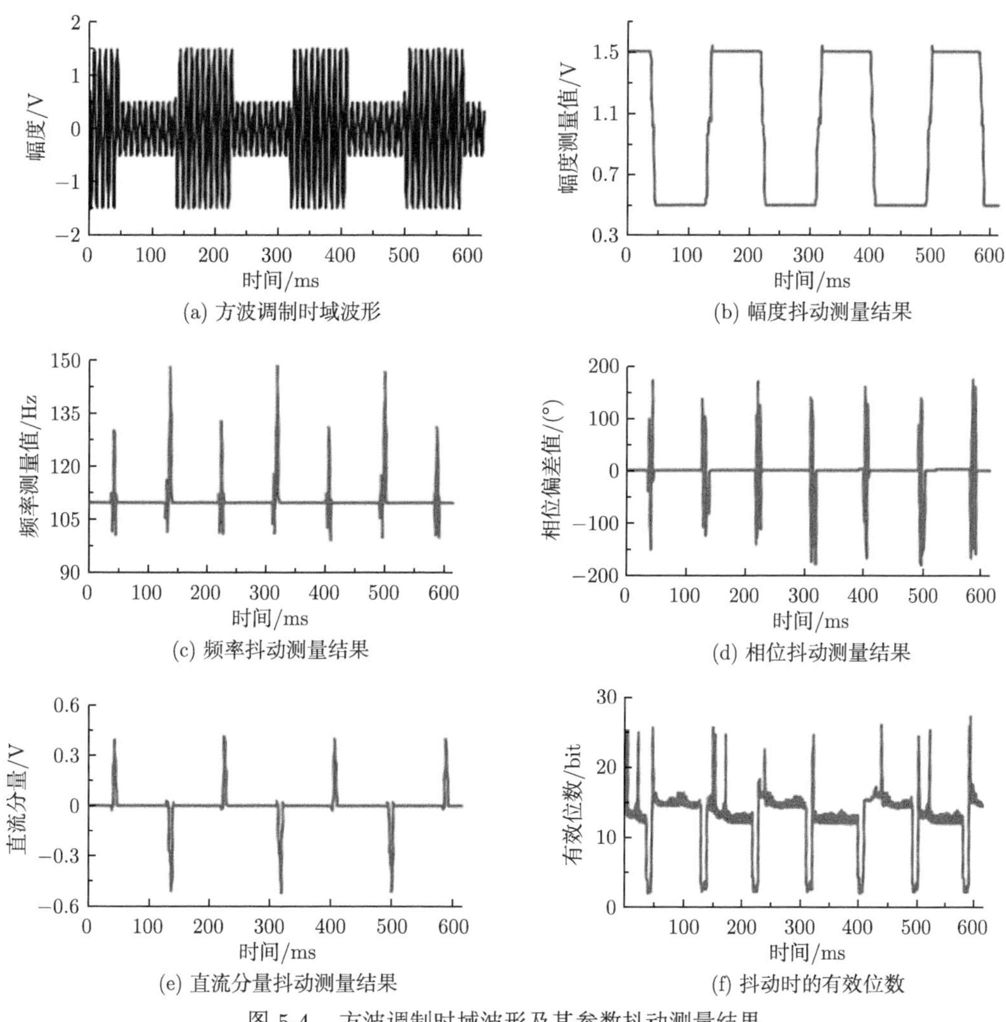

(a) 方波调制时域波形　(b) 幅度抖动测量结果

(c) 频率抖动测量结果　(d) 相位抖动测量结果

(e) 直流分量抖动测量结果　(f) 抖动时的有效位数

图 5-4　方波调制时域波形及其参数抖动测量结果

图 5-5(a) 为正弦波峰值幅度 1V，频率 110Hz，在第 100、300、500、700、900、1100 点处存在相位跳变的情况的波形，跳变分别为 4.95°、−4.95°、−9.9°、9.9°、14.85°、−14.85°，采样速率为 8kSa/s；图 5-5(b)~(f) 为经使用本节所述方法获得的抖动测量情况。

这是一种相位存在阶跃跳变而其他参数无变化的正弦波信号，从图 5-5(a) 根本看不出该相位跳变；图 5-5(b)~(f) 分别是每一个测量点开始的一个信号周期的信号波形段的幅度、频率、相位偏差、直流分量、有效位数的波动情况。用抖动测量方法可以看到，由于相位的阶跃抖动，也影响并造成了幅度、频率、相位、直流分量所有参数的抖动，并且相位阶跃幅度越大，各参数的抖动也越剧烈。同时，从图 5-5 及数据中可以看出，各参数抖动的结束点正是在第 101、301、501、701、901、1101 点处，说明本节所述抖动测量方法的抖动分辨力较高，可对抖动的起止点进行良好追踪。

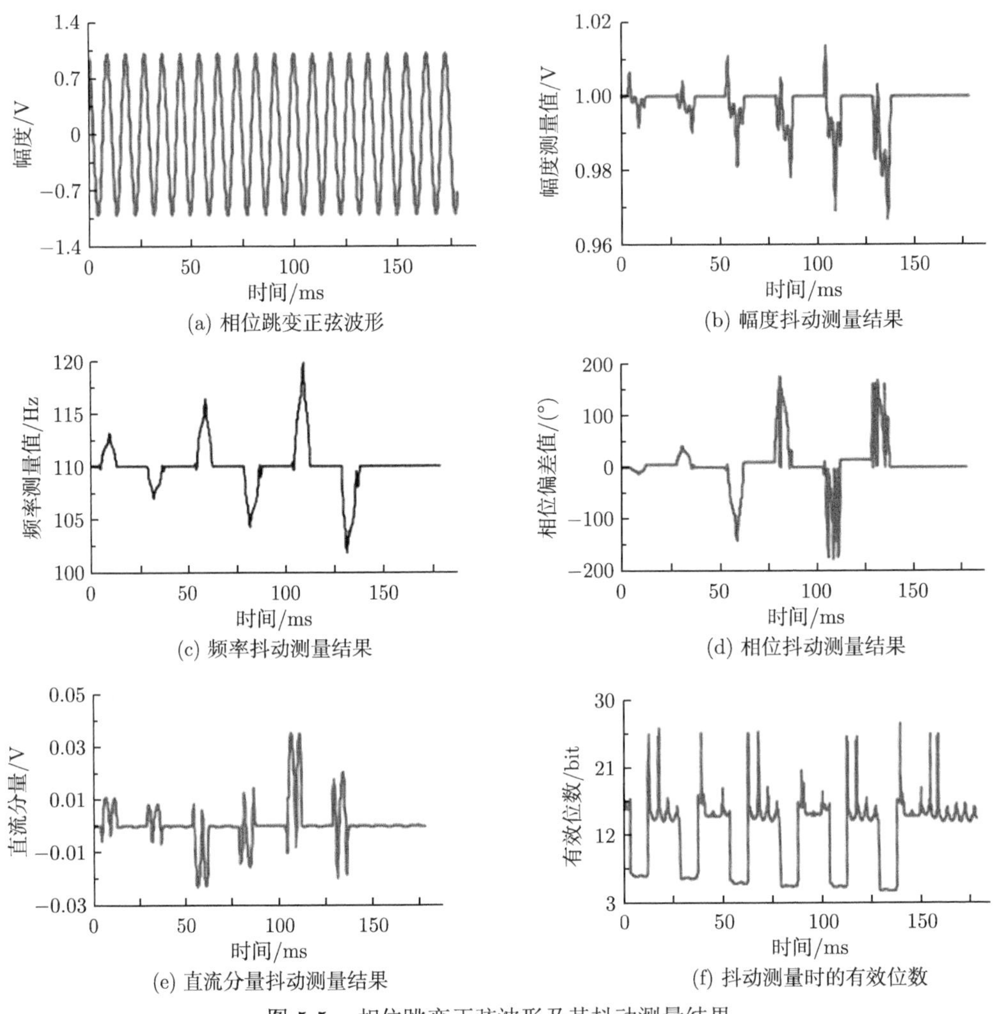

图 5-5　相位跳变正弦波形及其抖动测量结果

图 5-6(a) 为直流分量按方波规律跳动的正弦信号，正弦波峰值 1V，频率 110Hz；直流分量信号为方波，峰值幅度 0.5V，频率为 5.5Hz；采样速率为 8kSa/s。图 5-6(b)～(f) 为经使用本节所述方法获得的抖动测量情况。

从图 5-6(a) 可见，这是一种直流分量存在阶跃跳变而其他参数无变化的正弦信号，图 5-6(b)～(f) 分别是每一个测量点开始的一个信号周期的信号波形段的幅度、频率、相位偏差、直流分量、有效位数的波动情况。用抖动测量方法可以看到，由于直流分量的阶跃抖动，同时影响并造成了幅度、频率、相位、直流分量所有参数的抖动。同时，从图 5-6 及数据中可以看出，各参数抖动的结束点正是在直流分量的跳变点处，说明本节方法在直流分量抖动时，抖动测量的分辨力也较高，可对抖动的起止点进行良好追踪。另外，直流分量抖动的测量结果本身，对其变化波形具有良好的追踪作用，该特点可以用于正弦波形与其他叠加信号间的波形分离。

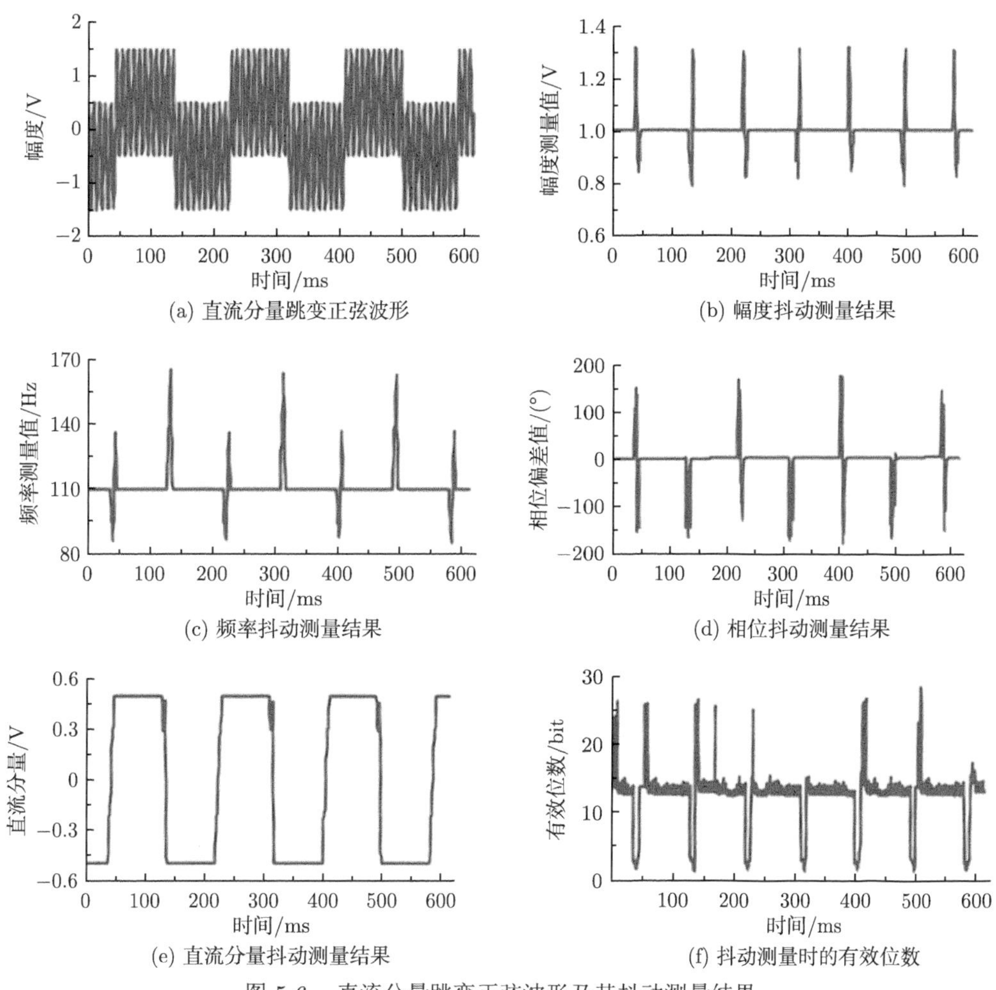

(a) 直流分量跳变正弦波形　(b) 幅度抖动测量结果

(c) 频率抖动测量结果　(d) 相位抖动测量结果

(e) 直流分量抖动测量结果　(f) 抖动测量时的有效位数

图 5-6　直流分量跳变正弦波形及其抖动测量结果

图 5-7(a) 为频率按方波规律跳动的正弦信号，正弦波峰值 1V，频率为 110Hz 和 220Hz；频率跳变周期为 2/11 秒 (5.5Hz)；采样速率为 8kSa/s。图 5-7(b)～(f) 为经使用本节所述方法获得的抖动测量情况。

从图 5-7(a) 可见，这是一种信号频率存在阶跃跳变而其他参数无变化的正弦信号，图 5-7(b)～(f) 分别是每一个测量点开始的一个信号周期的信号波形段的幅度、频率、相位偏差、直流分量、有效位数的波动情况。用抖动测量方法可以看到，由于信号频率的阶跃抖动，同时影响并造成了幅度、频率、相位、直流分量参数的抖动。并且，从图 5-7 及数据中可以看出，各参数抖动的结束点也正是在信号频率的跳变点处，说明本节方法在信号频率抖动时，抖动测量的分辨力也较高，可对抖动的起止点进行良好追踪。

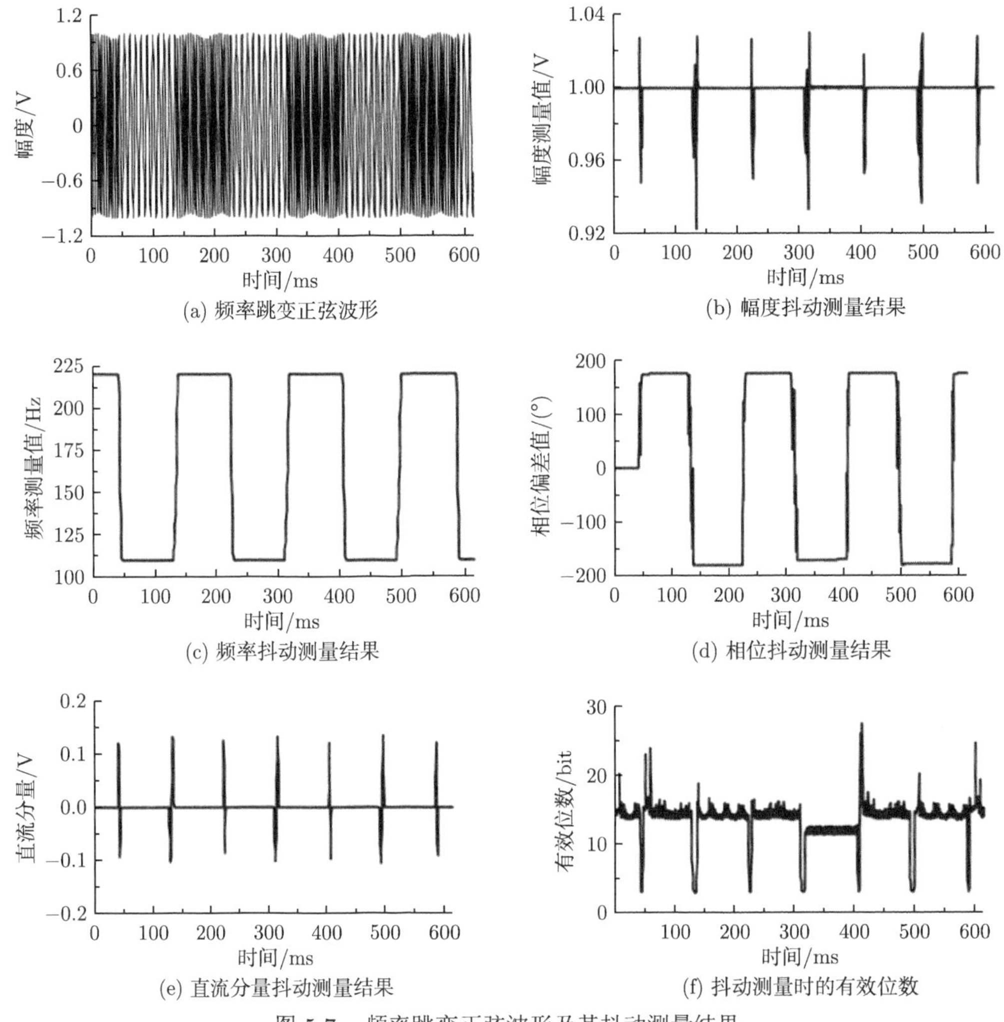

图 5-7　频率跳变正弦波形及其抖动测量结果

关于抖动测量的误差及不确定度问题，也是抖动测量所非常关心的问题，由于已经有人作了大量卓有成效的工作 [7]，可以直接参考和引用，则这里不再赘述。

5.2.4　实验例证

图 5-8(a) 是使用 SC-26 型数据采集系统，对于美国惠普公司的 33120A 型合成信号源进行测量获得的正弦信号波形；其 A/D 位数 12bit，测量范围 $-2.5\sim2.5$V，采集速率 100kSa/s，采样点数 $n_0 = 1024$；信号峰值 1.5V，频率 2.2kHz。图 5-8(b)~(f) 分别为按照本节上述方法所做的抖动测量结果的波形曲线图。

从图 5-8(a) 中，人们用肉眼根本看不出该波形有何缺陷，但抖动分析结果表明，它的幅度 $A_i(i=0,\cdots,n-1)$、频率 f_i、相位 θ_i、直流分量 D_i 均存在抖动现象，使用统计分析手段可得

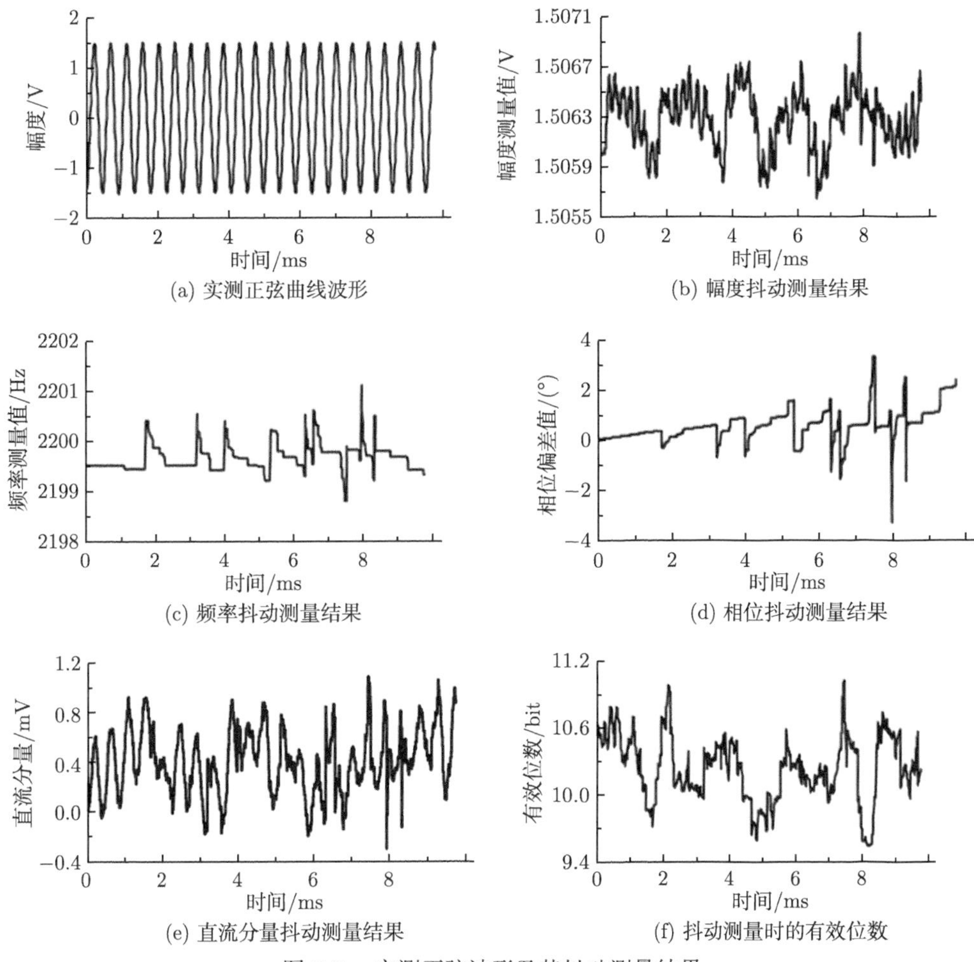

图 5-8 实测正弦波形及其抖动测量结果

幅度抖动的实验标准偏差 s_A:

$$s_A = \sqrt{\frac{1}{n-1}\sum_{i=0}^{n-1}(A_i - \bar{A})^2} = 0.23\text{mV}$$

$$\bar{A} = \frac{1}{n}\sum_{i=0}^{n-1} A_i = 1.50627\text{V}$$

幅度抖动最大值:

$$\lambda_A = \max\{A_i - A_j\} = 1.5069 - 1.5056 = 1.3\text{mV}, \quad i \neq j; i,j \in \{0,\cdots,n-1\}$$

频率抖动的实验标准偏差 s_f:

$$s_f = \sqrt{\frac{1}{n-1}\sum_{i=0}^{n-1}(f_i - \bar{f})^2} = 0.27\text{Hz}$$

$$\bar{f} = \frac{1}{n}\sum_{i=0}^{n-1} f_i = 2199.66\text{Hz}$$

频率抖动最大值：

$$\lambda_f = \max\{f_i - f_j\} = 2201.13 - 2198.81 = 2.32\text{Hz}, \quad i \neq j; i,j \in \{0,\cdots,n-1\}$$

相位抖动的实验标准偏差 s_θ：

$$s_\theta = \sqrt{\frac{1}{n-1}\sum_{i=0}^{n-1}(\theta_i - \bar{\theta})^2} = 0.67^\circ$$

$$\bar{\theta} = \frac{1}{n}\sum_{i=0}^{n-1}\theta_i = 0.55^\circ$$

相位抖动最大值：

$$\lambda_\theta = \max\{\theta_i - \theta_j\} = 3.3 - (-3.3) = 6.6^\circ, \quad i \neq j; i,j \in \{0,\cdots,n-1\}$$

直流分量抖动的实验标准偏差：

$$s_D = \sqrt{\frac{1}{n-1}\sum_{i=0}^{n-1}(D_i - \bar{D})^2} = 0.26\text{mV}$$

$$\bar{D} = \frac{1}{n}\sum_{i=0}^{n-1} D_i = 0.41\text{mV}$$

直流分量抖动最大值：

$$\lambda_D = \max\{D_i - D_j\} = 1.1 - (-0.3) = 1.4\text{mV}, \quad i \neq j; i,j \in \{0,\cdots,n-1\}$$

图 5-9(a) 是使用中国铁道科学研究院的 SCO232 型数据采集系统，对于 FLUKE5700A 型信号源进行测量获得的正弦信号波形；其 A/D 位数 12bit，测量范围 $-5\sim5$V，采集速率 2kSa/s，采样点数 $n_0 = 1800$；信号峰值 4.5V，频率 11Hz。图 5-9(b)~(f) 分别为按照本节上述方法所做的抖动测量结果的波形曲线图。

从图 5-9(a) 中，仍然很难发现什么异常，但从图 5-9(b)~(f) 的抖动分析中，将很容易发现该波形的中部存在明显异常；而且，使用本节上述抖动分析方法，依然可以得到抖动统计参数值。

幅度抖动的实验标准偏差：$s_A = 4.5\text{mV}$；

幅度抖动最大值：$\lambda_A = 23.7\text{mV}$。

频率抖动的实验标准偏差：$s_f = 0.030\text{Hz}$；

频率抖动最大值：$\lambda_f = 0.13\text{Hz}$。

相位抖动的实验标准偏差：$s_\theta = 5.3°$；
相位抖动最大值：$\lambda_\theta = 25.1°$。
直流分量抖动的实验标准偏差：$s_D = 8.6\text{mV}$；
直流分量抖动最大值：$\lambda_D = 44.5\text{mV}$。

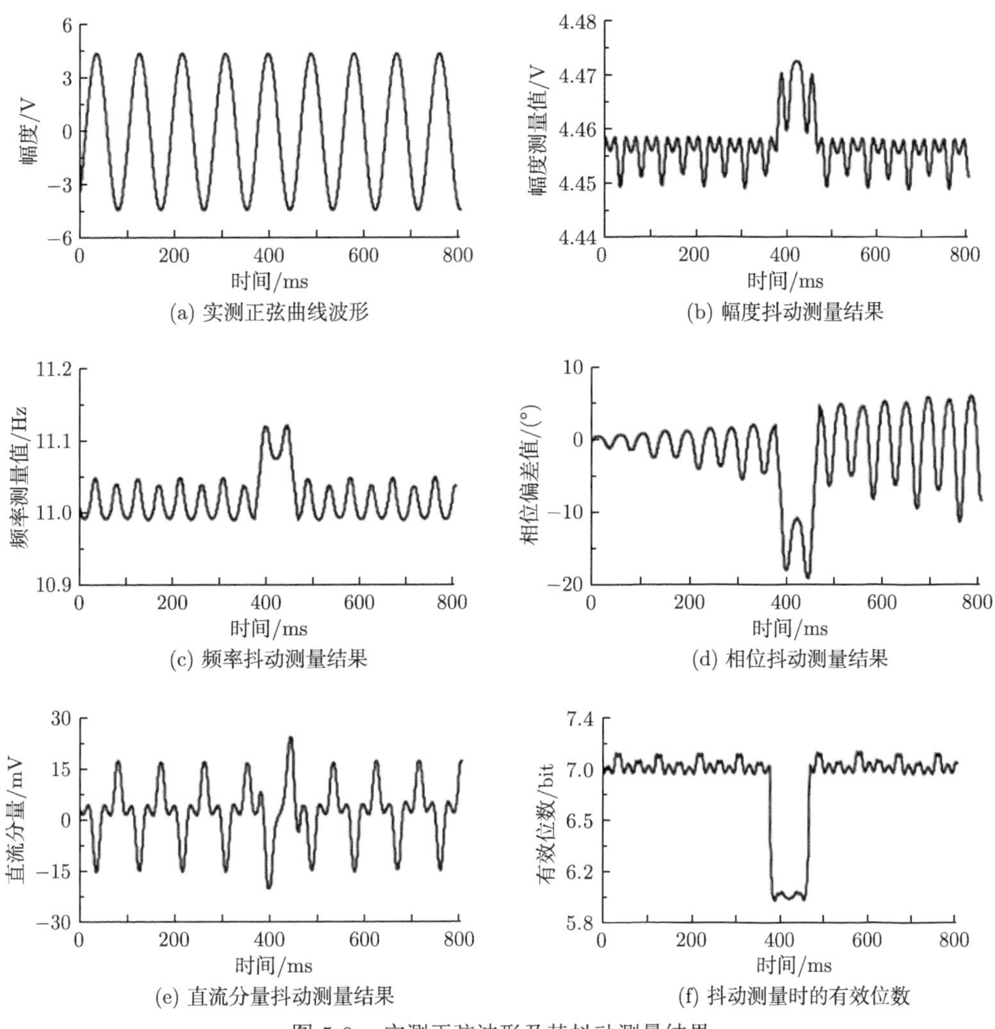

(a) 实测正弦曲线波形
(b) 幅度抖动测量结果
(c) 频率抖动测量结果
(d) 相位抖动测量结果
(e) 直流分量抖动测量结果
(f) 抖动测量时的有效位数

图 5-9 实测正弦波形及其抖动测量结果

5.2.5 结论

综上所述可见，抖动测量属于波形特性的深入分析和特征分析方法，它可以获得通常时域波形中很难简单获得的波形特征。而本节所述方法在进行正弦波的四个参数的抖动测量时，同时具有准确度高、分辨力高、收敛性好、参数评价全面，且可以使用有效位数同时考察模型拟合的效果是否良好，具有脉冲串模型等其他抖动测量方法无法比拟的优越性。尤其是使用本节方法可以直接进行以正弦波为载波的调幅信号的数字化解调，也可以在某些情况下对于叠加在正弦波上的其他波形，进行与正弦波形的数字化分离，准确度高且效果优越。

应该完全可以使用本节方法进行调频和调相信号的数字化解调。但特别需要指出的是，仿真表明，直接使用本节方法进行理想调频和调相信号的数字化解调，效果并不好，究其原因，应该是此两种信号根本不是正弦波的缘故。但是，对于实际调频和调相信号源产生的相应调制信号进行的解调结果，确实相当好；这是由实际调制波形没有理想波形中的尖峰跳变点造成的，这类跳变点含有极高的信号频率分量。这同时说明了理想与实际通常具有很大的差异，该差异使得本节方法可以应用于实际调频和调相信号的精确解调。

另外，也正是由于使用了四参数拟合法，使得本节所述方法不具有良好的实时性，这无疑也限制了其本身的应用范围。

参考文献

[1] IEEE Std 1057-1994. IEEE standard for digitizing waveform recorders[S]. IEEE, 1994.

[2] JJF 1048—1995. 数据采集系统校准规范 [S]. 中国国家计量技术规范. 北京: 中国计量出版社, 1995.

[3] JJF 1057—1998. 数字示波器校准规范 [S]. 中国国家计量技术规范. 北京: 中国计量出版社, 1998.

[4] Jenq Y C, Crosby P B. Sinewave parameter estimation algorithm with application to waveform digitizer effective bits measurement[J]. IEEE Transactions on Instrumentation & Measurement, 1988, 37(4): 529-532.

[5] 梁志国, 周艳丽, 沈文. 正弦波拟合法评价数据采集系统通道采集速率 [J]. 数据采集与处理, 1997, 12(4): 328-333.

[6] 梁志国, 沈文. 用正弦波拟合法评价数据采集系统的通道间延时 [J]. 测试技术学报, 1997, 11(2): 13-19.

[7] Deyst J P, Souders T M, Solomon O M. Bounds on least-squares four-parameter sine-fit errors due to harmonic distortion and noise[J]. IEEE Transactions on Instrumentation & Measurement, 1995, 44(3): 637-642.

[8] Liang Z G, Zhu J J, Shen W. Effect of signal source distortion on the evaluation of the dynamic effective bit of waveform recorders[J]. Journal of Nanjing University of Aeronautics & Astronautics, 1997, 14(2): 198-202.

[9] 梁志国, 孙璟宇, 盛晓岩. 正弦信号发生器波形抖动的一种精确测量方法 [J]. 仪器仪表学报, 2004, 25(1): 23-29.

[10] Souders T M, Flach D R, Hagwood C, et al. The effects of timing jitter in sampling systems[J]. IEEE Transactions on Instrumentation and Measurement, 1990, 39(1): 80-85.

[11] Wagdy M F, Awad S S. Effect of sampling jitter on some sine wave measurements[J]. IEEE Transactions on Instrumentation and Measurement, 1990, 39(1): 86-89.

[12] Schoukens J, Louage F, Rolain Y. Study of the influence of clock instabilities in synchronized data acquisition systems[J]. IEEE Transactions on Instrumentation and Measurement, 1996, 45(2): 601-604.

[13] Stenbakken G N, Liu D, Starzyk J A, et al. Nonrandom quantization errors in timebases[J]. IEEE Transactions on Instrumentation and Measurement, 2001, 50(4): 888-892.

[14] Verspecht J. Accurate spectral estimation based on measurements with a distorted-timebase digitizer[J]. IEEE Transactions on Instrumentation and Measurement, 1994, 43(2): 210-215.

[15] Stenbakken G N, Deyst J P. Time-base nonlinearity determination using iterated sine-fit analysis[J]. IEEE Transactions on Instrumentation and Measurement, 1998, 47(5): 1056-1061.

[16] Wang C M, Hale P D, Coakley K J. Least-squares estimation of time-base distortion of sampling oscilloscopes[J]. IEEE Transactions on Instrumentation and Measurement, 1999, 48(6): 1324-1332.

[17] Jenq Y C. Digital spectra of nonuniformly sampled signals: fundamentals and high-speed waveform digitizers[J]. IEEE Transactions on Instrumentation and Measurement, 1988, 37(2): 245-251.

[18] Jenq Y C. Digital spectra of nonuniformly sampled signals. II. Digital look-up tunable sinusoidal oscillators[J]. IEEE Transactions on Instrumentation and Measurement, 1988, 37(3): 358-362.

[19] Jenq Y C. Digital spectra of nonuniformly sampled signals: a robust sampling time offset estimation algorithm for ultra high-speed waveform digitizers using interleaving[J]. IEEE Transactions on Instrumentation and Measurement, 1990, 39(1): 71-75.

[20] 梁志国. 一种非均匀采样系统采样均匀性的评价新方法 [J]. 计量学报, 2006, 27(4): 384-387.

第 6 章　周期信号的谐波分析

6.1　概　　述

信号测量的基本问题之一是信号的表述，傅里叶分解及其引出的傅里叶变换是表述测量结果的经典手段之一，也是到目前为止应用最为广泛的信号分析与表述手段。由于三角函数基是一组完备正交基，而正弦波信号源又是最为普及的经典信号源，所以傅里叶分解在测量领域里具有了不可替代的地位和作用。由此引出的频域测量与频域分析，以及信号的频谱分析、谐波分析、功率谱、互谱等一系列频域测量、变换及逆变换技术，为人们研究、了解信号及其测量，提供了强有力的基础手段。很难说后来的变换域分析、时频分析等不是来源于这些传统方法的引申和拓展。

尽管傅里叶分析和变换应用如此之广，引入离散傅里叶变换 (DFT) 和快速傅里叶变换 (FFT) 后，更显得如日中天，而模拟式频谱分析仪的更新换代产品——基于 FFT 原理的计算式频谱分析仪的推出和使用，又加剧了它的影响和扩大了它的应用范围，但仍然有一些基本问题极容易被人们所忽视，在人们对周期信号进行谐波分析时，带来了不良影响。

目前，信号波形的所有测量分析手段，都是建立在离散化抽样测量的基础之上的采样序列的分析与处理，前已说明，对抽样测量序列本身进行傅里叶变换分析类数据处理的直接结果，通常导致的是以整个抽样序列为“1 个完整波形周期”的信号波形的“周期延拓”效果。当该抽样序列是对某一周期信号波形的采样测量序列，而抽样序列长度并未“恰好”包含整数个被测量信号波形周期时，“周期延拓”后的序列波形，将与被测量原始波形存在明确差异，基波及各次谐波频率点上没有对应的离散化谱线，产生栅栏效应；测量序列的起始点和末尾点量值及变化趋势不相同时，将导致频谱泄漏问题，这些因素都将导致周期延拓后的数字信号频谱与被测量信号波形的频谱之间的明确差异。

为了降低离散化抽样导致的“周期延拓”所造成的频谱泄漏问题，人们分别从软件技术和硬件技术两个方面采取了不同措施。

硬件技术主要是硬件同步采样技术，即通过控制采样速率为被测信号周期的整数倍、控制触发时间阈值的开启与停止等，同步硬件手段使得采样测量序列中“恰好”包含整数个信号周期，以此避免周期延拓后所造成的频谱泄漏。称为“同步采样”技术，即主要是采样速率为被测信号基波频率的整数倍条件下的整周期采样技术。硬件同步法有其优越性，也有先天的弱点，除了技术复杂、适应性不高，以及多周期采样后新息不再增加了以外，若使用 FFT 法进行傅里叶分解，则通常需要序列长度为 2 的整数次幂，如此，更加增大了硬件同步测量的难度和挑战性。因而，除了电力系统这种只针对一个工频信号进行大量分析的领域外，这种技术使用场所较少。较多应用的是软件技术。

软件技术主要分为两种。一种是在采样序列基本包含整数个被测波形周期，但有较小差异，例如 10%个信号周期以内的差异。此时，可以在频谱分析时，对非同步采样序列的分析结果使用补偿措施和手段，获取基波及各次谐波谱线上的幅度值，以便降低频谱泄漏等所造成的影响，使得周期延拓后获得的频谱基本上与被测信号频谱相同。另外一种是进行时域加窗后再进行分析处理，原则上，它可以适用于任何非同步采样波形序列，但需要测量序列中包含比较多的被测信号波形周期，由于窗函数的边缘效应的存在，则过少的信号波形周期在加窗处理后将产生较大误差。比较著名的有汉宁窗、汉明窗等，由于窗函数的形状特征，从而无论原始采集测量波形序列的初始结果为何，加窗处理后获得的序列波形的前后边缘部分幅度基本上渐进趋近于 0。由此导致其再进行“周期延拓”后，拓展周期之间的衔接部分幅度趋近于相等，不会再因为“周期延拓”产生额外的“阶跃突跳”而造成频谱泄漏。另外，时域窗函数在频域属于低通滤波器性质，它会滤除通带以外的信号频谱，以便降低周期延拓所造成的频谱泄漏。

针对周期信号的谐波分析中的频谱泄漏问题，本章采取的主要措施为软件同步法，即通过在过零点处以软件截取整数个周期的方式进行预处理；然后，再进行傅里叶分析，以达到降低周期延拓所造成的频谱泄漏影响。之所以选取过零点处进行整周期截取，主要是因为，在非同步采样条件下，截取获得的整数个周期测量序列一直是“近似”整数个周期，其序列起始点及结束点，很难恰好是量值相等的点，在这种情况下，测量序列微小的起始点和结束点将使得“周期延拓”所造成的频谱泄漏效应最小，从而达到降低频谱泄漏效应的目的。

6.1.1 周期信号的傅里叶分解

一个周期函数 $f(t)=f(t+T)$，只要满足狄利克雷条件 (在一个周期中有有限个极值，并且或者处处连续，或者有有限个第 1 类间断点)，则可用傅里叶级数来表示该函数 [1]：

$$f(t)=A_0+\sum_{m=1}^{\infty}A_m\cos(m\omega t)+\sum_{m=1}^{\infty}B_m\sin(m\omega t)=A_0+\sum_{m=1}^{\infty}C_m\cos(m\omega t+\varphi_m) \tag{6-1}$$

$$C_m=\sqrt{A_m^2+B_m^2} \tag{6-2}$$

$$\varphi_m=\begin{cases}\arctan\left(\dfrac{-B_m}{A_m}\right), & A_m\geqslant 0\\[2ex] \arctan\left(\dfrac{-B_m}{A_m}\right)+\pi, & A_m<0\end{cases} \tag{6-3}$$

$$\omega=\frac{2\pi}{T} \tag{6-4}$$

$$A_0=\frac{1}{T}\int_{-T/2}^{T/2}f(t)\mathrm{d}t \tag{6-5}$$

$$A_m=\frac{2}{T}\int_{-T/2}^{T/2}f(t)\cos(m\omega t)\mathrm{d}t \tag{6-6}$$

$$B_m=\frac{2}{T}\int_{-T/2}^{T/2}f(t)\sin(m\omega t)\mathrm{d}t \tag{6-7}$$

而 $f(t)$ 的傅里叶变换 $F(\omega)$ 定义为 [2]：

$$F(\omega)=\mathbf{F}\left[f(t)\right]=\int_{-\infty}^{+\infty} f(t)\mathrm{e}^{-\mathrm{j}\omega t}\mathrm{d}t \tag{6-8}$$

其 $F(\omega)$ 的逆变换为

$$f(t)=\mathbf{F}^{-1}\left[F(\omega)\right]=\frac{1}{2\pi}\int_{-\infty}^{+\infty} F(\omega)\mathrm{e}^{\mathrm{j}\omega t}\mathrm{d}\omega \tag{6-9}$$

实际上，求取 A_0、A_m、B_m $(m=1,2,\cdots)$ 并用它们来表示 $f(t)$ 的过程，就是周期信号的傅里叶分解过程，也是其谐波分析过程或频谱分析过程。

工程应用中，人们通常得到的是信号 $f(t)$ 的离散采样值 $f(\Delta t\cdot n)(n=0,1,\cdots,N-1)$，如何通过该离散采样值序列准确获得参数 A_0、A_m、B_m，便成为人们所关心的问题。业已证明 [3]，只要满足第 m 次谐波周期内能采样两个以上信号点，且 N 个采样点中恰好采集了整数个信号周期，则他们便能准确计算

$$\omega=\frac{2\pi}{T}=\frac{2\pi}{N\cdot\Delta t} \tag{6-10}$$

$$A_0=\frac{1}{N}\sum_{n=0}^{N-1} f(\Delta t\cdot n) \tag{6-11}$$

$$A_m=\frac{2}{N}\sum_{n=0}^{N-1} f(\Delta t\cdot n)\cos\left(\frac{2mn\pi}{N}\right) \tag{6-12}$$

$$B_m=\frac{2}{N}\sum_{n=0}^{N-1} f(\Delta t\cdot n)\sin\left(\frac{2mn\pi}{N}\right) \tag{6-13}$$

令 $W_N=\mathrm{e}^{-\mathrm{j}2\pi/N}$，则有限长序列 $f(\Delta t\cdot n)$ 的离散傅里叶变换 (DFT) 被定义为

$$F(k\omega)=\sum_{n=0}^{N-1} f(\Delta t\cdot n)\cdot W_N^{kn}\quad (k=0,1,\cdots,N-1) \tag{6-14}$$

简记为

$$F(k)=\sum_{n=0}^{N-1} f(n)\cdot W_N^{kn} \tag{6-15}$$

其离散傅里叶逆变换 (IDFT) 为

$$f(n\cdot\Delta t)=\sum_{k=0}^{N-1} F(k\omega)\cdot W_N^{-kn}\quad (k=0,1,\cdots,N-1) \tag{6-16}$$

简记为

$$f(n)=\sum_{k=0}^{N-1} F(k)\cdot W_N^{-kn} \tag{6-17}$$

由此可见，A_m 与 B_m 分别为 $F(m\cdot\omega)$ 的实部和虚部，即可以用 DFT 算法来计算 A_m 和 B_m。在 N 为 2 的整数次幂情况下，可以使用人们广泛应用的著名的 FFT 算法来完成 DFT 运算。

6.1.2 傅里叶分析中的几个问题

上述过程，既是计算法对信号 $f(t)$ 进行傅里叶频谱分析的过程，也是周期信号谐波分析的基本过程，二者似乎没有什么差别，大多数情况下也都在使用 FFT 算法执行。但实际中还是存在着应用上的一些问题，应引起特别注意。

(1) 谐波分析及频谱分析中最容易忽视的问题是，上述过程获得的频谱实际上是以序列 $\{f(\Delta t\cdot n)\}(n=0,1,\cdots,N-1)$ 为周期的周期信号的频谱，包括它的基波、2 次谐波、3 次谐波等，直到 $N/2$ 次谐波，即通常所说的周期延拓效应。当 N 个采样点恰好采集了整数个信号周期时，人们可以用上述方法计算出实际周期信号的基波及各次谐波，进行正确的谐波分析；否则，将由于泄漏效应而无法获得准确的谐波参数值。尽管为了降低泄漏效应，人们采取了多种措施，例如使采样序列中含有多个信号周期 (增加频谱分辨力)、加窗函数以降低周期延拓后边缘效应的影响等，但那实际上将改变谐波参数，造成一定的误差及不良影响。

(2) 实际测量中，通常采样间隔 Δt 可以是精确已知的，而被测量信号的周期是未知的，并且也是变化的，并不容易做到 N 个采样点中恰好含有整数个信号周期。因此，实际信号的谐波分析中的一个重要问题是首先要测量确定信号的周期，并通过取舍变化采样点数 N，使得 N 个采样点中含有整数个信号周期，这称为同步采样；然后进行 DFT 运算，获得准确的谐波参数值，如果此时 N 不是 2 的整数次幂 (多数情况下如此)，则在精确测量情况下不宜使用 FFT 法计算。

(3) 实际上，同步采样的条件在实际中很难严格满足。戴先中博士于 1984 年提出了在同步采样条件不满足情况下的测量方法——称准同步采样法 [4]，通过迭代运算，以矩形法或梯形法求面积和代替离散求和，不需要使用信号周期值，以牺牲时间换取精度，可获得谐波参数值，并将其运用到周期信号功率参数的采样测量中。1989 年，他又将其用到谐波分析中 [5]，其核心内涵是不用考虑信号周期的参数值，就可以获得其基波及各次谐波的幅度和相位信息，并且，其结果误差 ε 与迭代次数 p 间呈幂指数规律下降，$\varepsilon\propto\gamma^p$；而在同步采样法中则成反比下降，$\varepsilon\propto\gamma/p$。1992 年，他又对算法进行了改进，使测量准确度获得了进一步提高 [6]。同时期，林在荣则对泄漏效应的消除进行了较深入的研究 [7]，考虑到加窗减弱泄漏会带来信号有效频带的变宽、变模糊等不良后果，则使用硬件同步电路方法来实现同步采样，走的是另外一条道路。潘文博士于 1990 年对 “准同步采样补偿法” 及误差进行了分析与估计 [8]，将补偿算法引入，分支为准同步采样的另一个方向。张建秋博士等于 1995 年又提出了一种非整周期采样方法应用于周期信号的谐波分析中 [9]，并推导出了非常明确且良好的结论，这也是一种补偿算法，但是，它也有信号周期必须已知这样的前提。

(4) 实际上，量化误差等对谐波分析结果也有影响。孙成明于 1988 年证明了 DFT 对量化噪声有抑制削弱作用 [10]，且该作用和采样点数 N 成正比。而赵新民教授等于 1992 年也对量化效应进行了相应研究，并进行了相应推导，也获得了与戴先中博士相似的结

论 [11]。至于随机误差以及其他因素的影响，尚未有特别的结论。

综上所述可见，同步采样法用于周期信号的谐波分析，具有过程简捷明了、易操作等特点，但因同步技术比较复杂，严格的同步在原理上是极少存在的，从而具有局限性；准同步采样方法无须知道信号周期即可计算出谐波参数，用一个复杂的迭代收敛过程获得足够的测量准确度，除了实时性不好外，确有不少优势，但因不测量信号周期，则频率特性只具有相对意义，无法在该方法中给出精确值。准同步采样补偿法 [8] 也不要求与信号采样同步，但要求取信号周期，并且每种不同的补偿法的最佳补偿条件也不相同，其过程也比较复杂。在良好解决 (或精确已知) 信号周期值的前提下，非整周期采样方法 [9] 则是一种适应性良好的谐波分析方法。

实际测量中，可在准确获得信号周期的情况下，使用准同步采样方式或采样补偿法进行谐波分析，如果对准确度没有过高的要求，下述方法不失为一种简捷明确的测量手段。

6.1.3　周期信号的谐波测量

对于周期信号 $f(t)$ 的离散采样值序列 $f(\Delta t\cdot n)(n=0,1,\cdots,N_0)$，其谐波分析时可按下列步骤进行：

(1) 使用周期计点法 [12] 获得信号的周期 T；

(2) 对采样序列进行判读截取，从尾部截去不足一个信号周期的部分，使序列仅剩恰好含有整数个信号周期的数据 $f(\Delta t\cdot n)(n=0,1,\cdots,N-1)$。

(3) 用上述式 (6-2)、式 (6-3)、式 (6-5)～式 (6-7) 计算出 A_m、B_m、C_m 和 φ_m，获得周期信号的谐波测量结果。

可称其为软件同步采样方法。它的基本思想就是通过软件运算对被测周期信号的周期进行预先估计，然后通过舍去多余测量点的方法，使得将要进行谐波分析的数据个数内尽量含有整数个信号周期，从而可以获得与同步采样相同的高精度效果和结论。恰好含有整数个信号周期很难达到，但误差小于 1 个采样间隔是容易实现的。

6.2　周期信号的谐波分析

6.2.1　问题的提出

周期信号的谐波分析是一个经典的变换域测量技术，广泛用于信号波形的解析与重构、频谱分析、函数表述、电能质量评价等领域和场合。

理论上，一个周期函数 $f(t)=f(t+T)$，只要满足狄利克雷条件 (在一个周期中有有限个极值，并且或者处处连续，或者有有限个第 1 类间断点)，则可用傅里叶级数来表示该函数，如式 (6-1)～式 (6-7) 所示。

实际上，求取 A_0、A_m、$B_m(m=1,2,\cdots)$，并用它们来表示 $f(t)$ 的过程，就是周期信号 $f(t)$ 的傅里叶分解过程，也是其谐波分析过程或频谱分析过程。

工程应用中，人们通常得到的是信号 $f(t)$ 的离散采样值 $f(\Delta t\cdot i)(i=0,1,\cdots,N-1)$，如何通过该离散采样值序列准确获得参数 A_0、A_m、B_m，便成为人们所关心的问题。业已证明 [3]，只要满足对第 m 次谐波在一个信号周期内能采样两个以上信号点，且 N 个采样点中恰好采集了整数个信号周期，则可按式 (6-11)～式 (6-13) 计算获得参数 A_0、A_m、B_m。

这个过程及其条件和方法称为同步采样 [3]。在多数情况下，同步采样也特指信号周期是采样间隔的整数倍的采样状态。

实际上，N 个采样点恰好含有整数个信号周期这种情况是很难严格实现的，因而上述式 (6-11)~ 式 (6-13) 直接用于谐波测量分析时会产生测量误差。由此引出了一系列以迭代收敛运算为特征的准同步采样方法 [4−6]，以及以信号周期已知为条件的补偿性方法 [8,9]，均被用于谐波分析。

准同步采样方法的优点是不需要已知信号周期，只通过收敛的迭代运算获得谐波参数。而补偿性方法的特点是必须已知信号周期和采样间隔的精确比例关系，才能通过补偿法获得谐波参数。两者的共同优点是都不需要整周期的同步采样条件。

这些方法各有千秋，共同的缺点是运算比较复杂，不容易获得精确结果；误差关系更加复杂，很难简单明确表述。本节所述内容，试图从傅里叶分解的最基本关系出发，寻找出一种足够简单且精确的周期信号谐波测量分析方法。

6.2.2 测量思想及原理方法

由式 (6-10) 可见，当 N 个采样点中不是恰好含有整数个信号周期时，同步采样条件不被满足，则式 (6-12) 和 (6-13) 实际上是在进行周期为 $T' = \Delta t \cdot N$ 的信号的谐波分析，而不是周期为 T 的信号的谐波分析。以前者代替后者，将产生测量误差；另一方面，它也不满足式 (6-5)~ 式 (6-7) 的条件约定，直接使用式 (6-12) 和式 (6-13) 仍将带来测量误差。

鉴于上述原因，人们实际上可以在进行谐波分析之前，首先对被分析信号的周期 T 进行精确测量，并获得精确的 N_0(通常不是整数)；然后，通过判定过均值点截取首尾皆处于均值点附近、含有整数个信号周期的 N 个信号采集点 $f(\Delta t \cdot i)(i = 0, 1, \cdots, N-1)$，并进行谐波分析，获得信号 $f(t)$ 的各次谐波参数。其过程如下所述。

(1) 以采样间隔 Δt 对周期信号 $f(t)$ 进行波形采样，获得采样序列 $f(\Delta t \cdot i)(i = 0, 1, \cdots, n-1)$。

(2) 在上述样本中，截取含有整数个信号周期的 N 个样本 (误差极限为 ±1) 点 $f(\Delta t \cdot i)(i = 0, 1, \cdots, N-1)$；用式 (6-11) 计算波形均值 A_0；同时获得序列 $f_0(\Delta t \cdot i) = f(\Delta t \cdot i) - A_0(i = 0, 1, \cdots, n-1)$。

(3) 使用周期精确测量方法 [13] 获得信号周期 T，计算 $N_0 = T/\Delta t$。

(4) 通过判定过零点，从序列 $f_0(\Delta t \cdot i)$ 中截取首尾值皆处于零附近，含有整数个信号周期的信号样本点 $f_0(\Delta t \cdot i)(i = 0, 1, \cdots, N-1)$，以 N_0 代替 N，按式 (6-18)~ 式 (6-19) 计算获得周期信号 $f(t)$ 的谐波分量参数 A_m、$B_m(m = 1, 2, \cdots)$。

$$A_m = \frac{2}{N} \sum_{i=0}^{N-1} f_0(\Delta t \cdot i) \cos\left(\frac{2mi\pi}{N_0}\right) \tag{6-18}$$

$$B_m = \frac{2}{N} \sum_{i=0}^{N-1} f_0(\Delta t \cdot i) \sin\left(\frac{2mi\pi}{N_0}\right) \tag{6-19}$$

(5) 进而通过式 (6-2)、式 (6-3) 获得相应的幅度 C_m 和相位 φ_m：

$$C_m = \sqrt{A_m^2 + B_m^2}$$

$$\varphi_m = \begin{cases} \arctan\left(\dfrac{-B_m}{A_m}\right), & A_m \geqslant 0 \\ \arctan\left(\dfrac{-B_m}{A_m}\right) + \pi, & A_m < 0 \end{cases}$$

用 dBV 量纲表述 C_m 时有

$$C_{md} = 20\lg(C_m/1\text{V})$$

(6) 谐波分析结束后，通过选取最高谐波次数 M，可使用式 (6-20)、式 (6-21) 对信号 $f(t)$ 进行近似的函数表示：

$$\begin{aligned} f(\Delta t \cdot i) \approx \hat{f}(i \cdot \Delta t) &= A_0 + \sum_{m=1}^{M}\left[A_m \cos\left(\frac{2mi\pi}{N_0}\right) + B_m \sin\left(\frac{2mi\pi}{N_0}\right)\right] \\ &= A_0 + \sum_{m=1}^{M} C_m \cos\left(\frac{2mi\pi}{N_0} + \varphi_m\right) \end{aligned} \tag{6-20}$$

$$\begin{aligned} f(t) \approx \hat{f}(t) &= A_0 + \sum_{m=1}^{M}\left[A_m \cos\left(\frac{2m\pi t}{N_0 \Delta t}\right) + B_m \sin\left(\frac{2m\pi t}{N_0 \Delta t}\right)\right] \\ &= A_0 + \sum_{m=1}^{M} C_m \cos\left(\frac{2m\pi t}{N_0 \cdot \Delta t} + \varphi_m\right) \end{aligned} \tag{6-21}$$

6.2.3 误差分析

设信号 $f(t)$ 在过均值点附近连续、导数 $f'(t)$ 存在且接近于常值，约为 $f'(0)$ 或 $f'[(N-1)\Delta t]$；可以估算为

$$f'(0) \approx \frac{f(1) - f(-1)}{2\Delta t} \approx \frac{\hat{f}(1) - \hat{f}(-1)}{2\Delta t}$$

$$f'[(N-1)\cdot\Delta t] \approx \frac{f(N+1) - f(N-1)}{2\Delta t} \approx \frac{\hat{f}(N+1) - \hat{f}(N-1)}{2\Delta t}$$

$$f' = 0.5[f'(0) + f'(N-1)]$$

设 $f_p = \max|f(t) - A_0|$，则当不采取从均值点处开始截取整数个信号周期时，执行式 (6-11) 进行均值 A_0 的估算，给 A_0 带来的最大误差约为

$$\Delta A_0 = \pm\frac{|A_0| + f_p}{N} \tag{6-22}$$

而当采取从均值点处开始截取整数个信号周期时，执行式 (6-11) 进行均值 A_0 的估算，给 A_0 带来的最大误差约为

$$\Delta A_0 = \pm\frac{|A_0| + |f' \cdot \Delta t|}{N} \approx \pm\frac{|A_0|}{N} \tag{6-23}$$

在本节上述方法中，若采样序列 N 个点中不恰好含有整数个信号周期 (周期长度为 N_0)，则在式 (6-18)、式 (6-19) 中给累加和所造成的最大误差约为 $\pm f'\cdot\Delta t$，给 A_m 和 B_m 造成的最大误差约为

$$\Delta A_m = \pm\frac{2}{N}\cdot f'\cdot\Delta t\cdot\cos\left(\frac{2m\pi}{N_0}\right)\leqslant\pm\frac{2}{N}\cdot f'\cdot\Delta t \tag{6-24}$$

$$\Delta B_m = \pm\frac{2}{N}\cdot f'\cdot\Delta t\cdot\sin\left(\frac{2m\pi}{N_0}\right)\leqslant\pm\frac{2}{N}\cdot f'\cdot\Delta t \tag{6-25}$$

由于 A_m 和 B_m 具有正交性，则 ΔA_m 和 ΔB_m 可以认为不相关，该因素给 C_m 带来的最大误差 ΔC_m 约为

$$\Delta C_m = \pm\sqrt{\Delta A_m^2+\Delta B_m^2} = \pm\frac{2}{N}\cdot f'\cdot\Delta t \tag{6-26}$$

由式 (6-3) 可以导出相应的相位误差：

$$\begin{aligned}\Delta\varphi_m &= \frac{-1}{A_m}\left(\Delta B_m\cos^2\varphi_m-\Delta A_m\sin\varphi_m\cos\varphi_m\right)\\ &= \frac{-1}{C_m}\left(\Delta B_m\cos\varphi_m-\Delta A_m\sin\varphi_m\right)\end{aligned} \tag{6-27}$$

一般说来，对于具体的周期信号 $f(t)$，其导数 f' 是确定不变的，则从式 (6-24) 和式 (6-25) 可见，谐波分析误差与谐波阶次有关，而且误差具有共同的上界；相对而言，其对高阶次谐波的影响要大于低阶次谐波；增大序列样本数 N 可以降低谐波分析的误差 ΔA_m 和 ΔB_m，降低采样间隔 Δt(增高采样速率) 同样可以降低谐波分析的误差。

当信号 $f(t)$ 在过均值点附近不连续且出现巨大跳变时，如方波和锯齿波中的情况，设跳变增量为 $\pm f_p$(方波或锯齿波峰值)，则本节上述方法中，由于采样序列 N 个点中不恰好含有整数个信号周期 (长度为 N_0)，在式 (6-12)、式 (6-13) 中给累加和所造成的最大误差约为 $\pm f_p$，给 A_m 和 B_m 造成的最大误差约为

$$\Delta A_m = \pm\frac{2}{N}\cdot f_p\cos\left(\frac{2m\pi}{N_0}\right)\leqslant\pm\frac{2}{N}\cdot f_p \tag{6-28}$$

$$\Delta B_m = \pm\frac{2}{N}\cdot f_p\sin\left(\frac{2m\pi}{N_0}\right)\leqslant\pm\frac{2}{N}\cdot f_p \tag{6-29}$$

此时，增大序列样本数 N 可以降低谐波分析的误差 ΔA_m 和 ΔB_m，降低采样间隔 Δt 对降低谐波分析的误差没有明显作用。

通常，每个信号周期至少有 2 个 “过均值点”，多数时候这两个点处的导数有明显差异，由式 (6-23)~ 式 (6-27) 可见，选取导数存在且导数绝对值最小的 “过均值点” 进行样本截取，然后执行谐波分析，将有利于获得更加良好的误差效果。

特别需要指出的是，本节中的周期信号的谐波分析，主要目标是分析周期信号各次谐波分量的量值，以及各次谐波之间的相互关系。其重点是周期信号。因此，可以使用过零点

截取法进行整周期截取后再进行分析。反之，若主要目标是采样序列的谐波测量，如 6.1.3 节所述，则不能以过零点截取的方式进行整周期截取，而只能进行单纯的整周期尾部截取。因为，过零点整周期截取，将改变基波以及各次谐波分析结果的初始相位，使得频谱测量结果出现偏差。

6.2.4 仿真验证

为了仿真验证上述周期信号谐波分析测量方法的可行性，不失一般性，这里选取一种由指数规律上升沿和下降沿两段波形组成的幅度为 A、周期为 T、时间常数为 B 的周期信号波形作为仿真对象：

$$y(t)=\begin{cases} y_1(t)=\dfrac{2A(1-\mathrm{e}^{-t/B})}{1-\mathrm{e}^{-T_1/B}}-A, & 0\leqslant t+\tau<T_1 \\ y_2(t)=A-\dfrac{2A(1-\mathrm{e}^{-t/B})}{1-\mathrm{e}^{-T_2/B}}, & T_1\leqslant t+\tau<T \\ \cdots & \cdots \end{cases}$$

选取 $B=5\text{ms}$，$A=4\text{V}$，$T=1/34\text{s}$，$T_1/T=0.2$，$T_2/T=0.8$，则 $T_1=1/170\text{s}$，$T_2=2/85\text{s}$；取 $\tau=1.5T/2\pi$，按采样间隔 $\Delta t=50\mu\text{s}$ 对 $f(t)$ 进行抽样，序列长度 $n=16000$；生成采样波形序列 $\{f(i)\}(i=0,\cdots,n-1)$。

对该波形序列 $\{f(i)\}(i=0,\cdots,n-1)$ 进行整形、滤波、拟合后，获得其信号周期 [13]$T=1/34.0000052$。进而获得含有整数个信号周期的采样点数应为 $N=15882$，每个信号周期的测量点数 $N_0=588.2352$。通过判定过均值点，从序列 $\{f(\Delta t\cdot i)\}$ 中截取首尾值皆处于均值附近，含有整数个信号周期的信号样本点 $f(\Delta t\cdot i)(i=0,1,\cdots,N-1)$，如图 6-1 所示的 $y(t)$。减去均值后获得 $f_0(\Delta t\cdot i)(i=0,1,\cdots,N-1)$，以 N_0 代替 N，用上述傅里叶分解法获得波形 $f(t)$ 的谐波序列如图 6-2 和图 6-3 所示，谐波分析至 294 次。

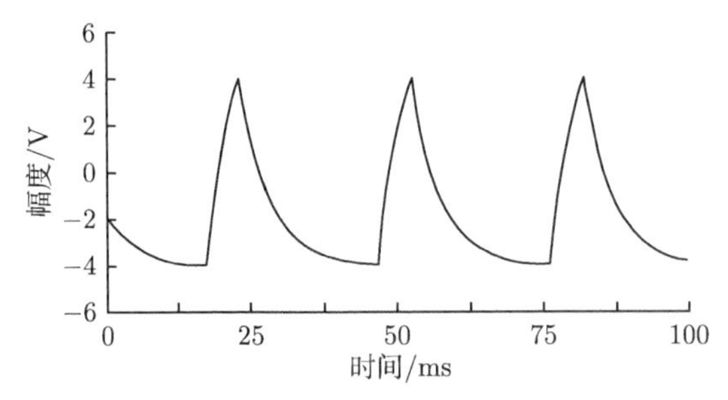

图 6-1 $f(t)$ 与 $\hat{f}(t)$ 曲线波形 ($M=294$)

当使用 $M=294$ 次谐波表述 $\hat{f}(t)$ 时，曲线 $\hat{f}(t)$ 如图 6-1 所示，基本上与 $f(t)$ 重合，两者之差的波形曲线如图 6-4 所示。两者之差的有效值与 $f(t)$ 的交流有效值之比为 1.5×10^{-4}。

本实验中，$f(t)$ 的交流有效值为 2.97115V；偏差 $f(t)-\hat{f}(t)$ 的有效值为 0.437mV；$f'(0)=-461.280$，$y'(N)=-472.262$，$f'=-466.771$；$\Delta C_m=2.94\mu\text{V}$。

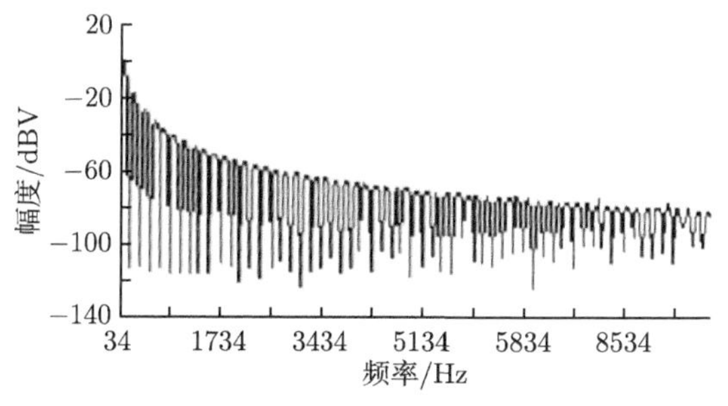

图 6-2 波形曲线 $f(t)$ 的幅度频谱 C_{md}

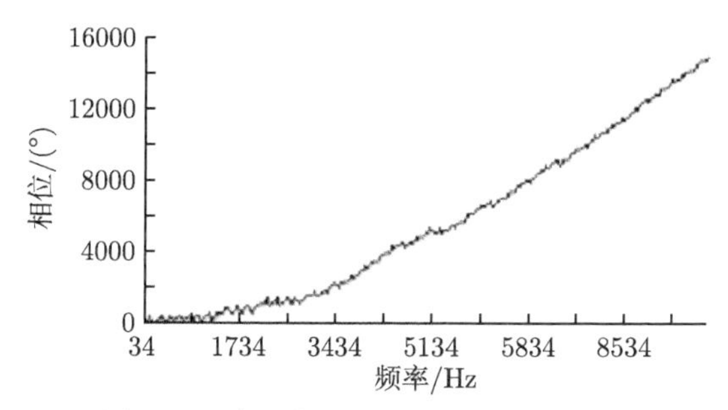

图 6-3 波形曲线 $f(t)$ 的相位频谱 φ_m

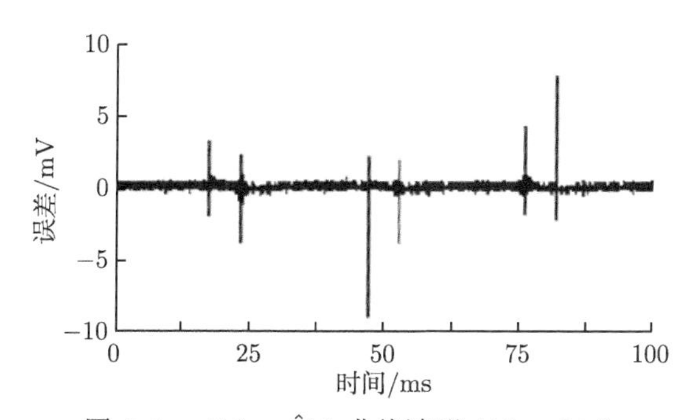

图 6-4 $f(t)-\hat{f}(t)$ 曲线波形 $(M=294)$

当使用 $M=20$ 次谐波表述 $\hat{f}(t)$ 时，曲线 $\hat{f}(t)$ 与 $f(t)$ 两者之差的波形曲线如图 6-5 所示。两者之差的有效值与 $f(t)$ 的交流有效值之比为 7.4×10^{-3}。

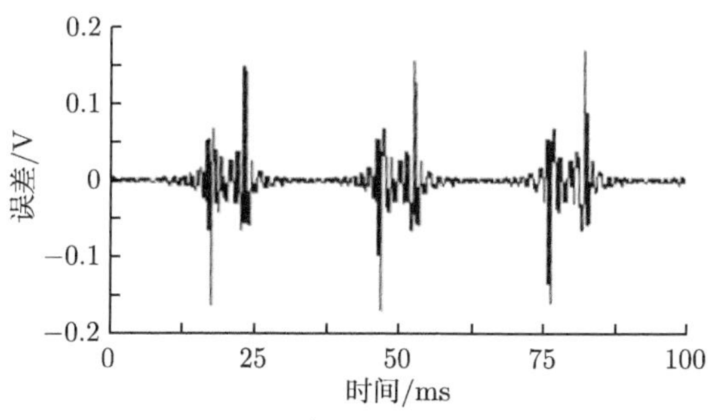

图 6-5 $f(t)-\hat{f}(t)$ 曲线波形 $(M=20)$

当使用 $M = 10$ 次谐波表述 $\hat{f}(t)$ 时，曲线 $f(t)$ 与 $\hat{f}(t)$ 两者之差的波形曲线如图 6-6 所示。两者之差的有效值与 $f(t)$ 的交流有效值之比为 2.0×10^{-2}。

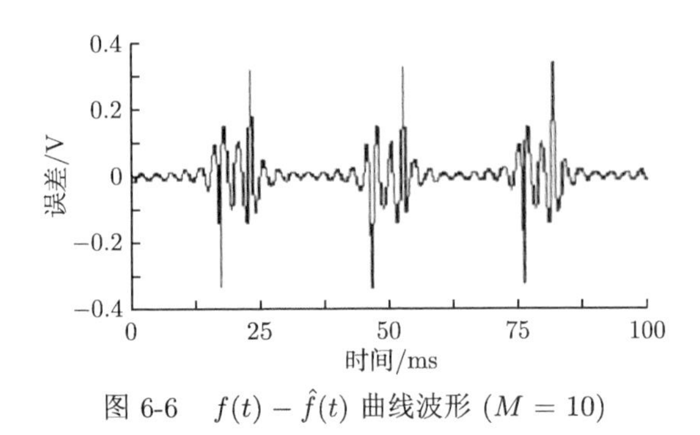

图 6-6　$f(t) - \hat{f}(t)$ 曲线波形 ($M = 10$)

6.2.5　实验验证

图 6-7 是使用中国铁道科学研究院研制的 SCO232 型数据采集系统，对于 FLUKE 5720A 型信号源进行测量获得的正弦信号波形；其 A/D 位数 BD = 12 bit，测量范围 $-5 \sim 5$V，采集速率 $v = 2$kSa/s，采样点数 $n_0 = 1800$；信号峰值 4.5V，频率 11Hz。则序列所含周波数 $N = 9$，$n = 1634$。

图 6-8 为其频谱曲线图，为详细观测谐波分量起见，将幅度刻度调小，截断了基波的

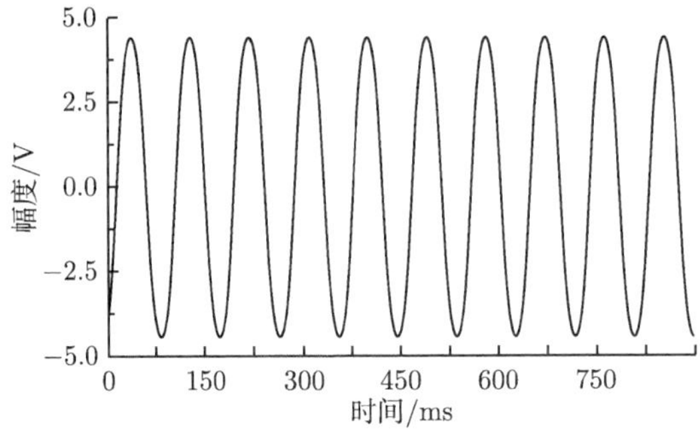

图 6-7　实测正弦曲线波形

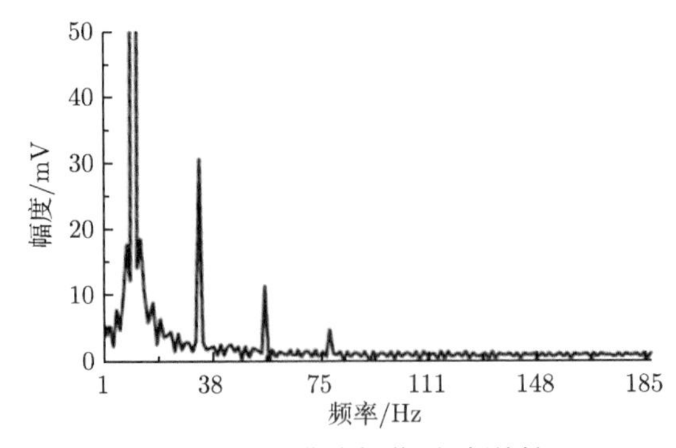

图 6-8　实测曲线频谱 (幅频特性)

大部分，从该曲线可见，该测量序列主要的谐波失真为 3 次、5 次、7 次谐波，其他谐波分量与噪声没有什么区别。各主要谐波分量列于表 6-1。

表 6-1　采集序列基波与各主要谐波参数值 [4]

波次	幅度 C_m/mV	相位 φ_m/(°)
基波	4459.168	219.586
2 次谐波	3.854	−41.100
3 次谐波	30.677	57.008
4 次谐波	2.679	−11.830
5 次谐波	11.486	−32.000
6 次谐波	1.818	27.335
7 次谐波	4.701	64.409

6.2.6　结论

从上述仿真实验验证可见，本节所述方法用于周期信号的谐波分析，具有足够高的测量准确度，其误差因素可被明确估计与控制，目前其他谐波分析方法尚不能提供如此具体的结论。这主要是由于本节所述方法采取了如下关键性措施，以减小谐波分析误差：① 使用了信号周期的精确测量技术，以 N_0 代替 N 进行分解运算，减少了谐波频率定值误差，以及所带来的运算误差；② 在函数序列的均值点附近开始截取近整数个信号周期的数据 N，执行谐波分析，减少了非同步采样带来的运算误差和方法误差；③ 从序列中减去均值分量 A_0 后进行谐波参数运算，减少了 A_0 对各谐波参数带来的影响。

这些措施采用后，并未出现对测量过程的特别要求，不要求序列恰好包含整数个周期的同步采样状态，实际上是处于非整周期采样状态，使得上述方法具有较广泛的适应性和简便易行性，因此，可望在计量测试和精确测量中有良好的应用前景。

近些年来，采样技术的发展带来了谐波分析技术的不断进步，并且仍然处于飞速发展之中，由于大多数信号的频谱能量是随着频率的上升呈衰减趋势，在高次谐波之中已经非常之小了。而到目前为止，戴先中博士和张建秋博士的结论是非同步谐波分析法中准确度较高的两种方法，当信号频谱随频率上升而衰减很快且低频能量与高频能量相差悬殊时，仍然要考虑到方法本身的复杂运算带来的误差影响可能大大制约了方法本身的优越性，因而也不一定总是最佳的选择。

本节介绍的软件同步法，特点是计算简单，不需要限定采样序列长度为 2 的整数次幂，另外，由于三角函数基的正交特性，使得从原理上，基波及各次谐波分量间是正交的，可以试图由低频到高频的分解中，将已经分解出来的谐波分量从采样序列中减去后，再进行高一次谐波的分解，应该更有利于降低谐波间的相互影响。需要进行周期信号频谱分析和谐波分析的人们不妨一试，以考察其效果和作用，并可以同时体会和比较不同方法的优劣和局限。

6.3　周期信号的次谐波分析

在傅里叶分析和谐波分析被应用了多年以后，出现了另外一种被称为次谐波分析的分析方式。其主要做法是在基波基础上进行其 $1/m$ 次 “谐波” 的谱分析，这里 m 为整数。

本质上，这类“次谐波”的提法、作用、展现的价值主要来源于周期信号波形的不完善，它被叠加到缓慢的趋势分量上面，而这种趋势分量与被测周期波形具有某种同源关系，故才具有次谐波特性。通过使用次谐波分析手段将其提取和分析出来。

经典的傅里叶分解与合成的信号分析理论基础认为，基波是被测周期波形里频率最低的分量部分，出现了“次谐波”以后，将破坏了该假设前提。这将导致基波定义的退化，并未出现任何新意，只不过使得以往的处于基础地位的基波成了周期信号的某一谐波了。

次谐波分析没有任何新的理论和技术出现，在基波周期或频率已知后，人们完全可以获得任意一个 $1/m$ 次的次谐波计算结果。但需要关注分析条件，分析 $1/m$ 次谐波，一定需要 $k\cdot m$ 个被测信号的周波。

因此，人们实际上可以在进行谐波分析之前，首先对被分析信号的周期 T 进行精确测量，并获得精确的 N_0(通常不是整数)；然后，通过判定过均值点截取首尾皆处于均值点附近、含有整数 $k\cdot m$ 个信号周期的 N 个信号采集点 $f(\Delta t\cdot i)(i=0,1,\cdots,N-1$；$k$ 与 m 为整数)，并进行次谐波分析，获得信号 $f(t)$ 的 $1/m$ 次谐波参数。其过程如下所述。

(1) 以采样间隔 Δt 对周期信号 $f(t)$ 进行波形采样，获得采样序列 $f(\Delta t\cdot i)(i=0,1,\cdots,n-1)$。

(2) 在上述样本中，截取含有整数 $k{\cdot}m$ 个信号周期的 N 个样本 (误差极限为 ±1) 点 $f(\Delta t\cdot i)(i=0,1,\cdots,N-1)$；用式 (6-11) 计算波形均值 A_0；同时获得序列 $f_0(\Delta t\cdot i)=f(\Delta t\cdot i)-A_0(i=0,\ 1,\ \cdots,\ n-1)$。

(3) 使用周期精确测量方法 [13] 获得信号周期 T，计算 $N_0=T/\Delta t$。

(4) 通过判定过零点，从序列 $f_0(\Delta t\cdot i)$ 中截取首尾值皆处于零附近，含有整数 $k\cdot m$ 个信号周期的信号样本点 $f_0(\Delta t\cdot i)(i=0,\ 1,\ \cdots,\ N-1)$，以 N_0 代替 N，按式 (6-30)～式 (6-31) 计算获得周期信号 $f(t)$ 的次谐波分量参数 $A_{1/m}$、$B_{1/m}(m=2,\ 3,\ \cdots)$：

$$A_{1/m}=\frac{2}{N}\sum_{i=0}^{N-1}f_0(\Delta t\cdot i)\cos\left(\frac{2i\pi}{mN_0}\right) \tag{6-30}$$

$$B_{1/m}=\frac{2}{N}\sum_{i=0}^{N-1}f_0(\Delta t\cdot i)\sin\left(\frac{2i\pi}{mN_0}\right) \tag{6-31}$$

(5) 进而通过式 (6-2)、式 (6-3) 获得相应的幅度 $C_{1/m}$ 和相位 $\varphi_{1/m}$：

$$C_{1/m}=\sqrt{A_{1/m}^2+B_{1/m}^2} \tag{6-32}$$

$$\varphi_{1/m}=\begin{cases}\arctan\left(\dfrac{-B_{1/m}}{A_{1/m}}\right), & A_{1/m}\geqslant 0\\[2ex] \arctan\left(\dfrac{-B_{1/m}}{A_{1/m}}\right)+\pi, & A_{1/m}<0\end{cases} \tag{6-33}$$

6.4 周期信号的相关分析

6.4.1 引言

信号波形的失真应该是实际波形与期望波形间的差异，它是衡量信号波形质量和信号发生器质量的基本尺度之一，也用来评价信号测量仪器的质量。由于失真的精确测量一般比较困难和复杂 [14−16]，则通常也可以使用相关性来衡量或评价实际波形与期望波形间的差异或相似性，相关性越强，则两者之间的差异越小，相似性越强；反之亦然。

关于这方面的典型应用例子很多，例如，任意波发生器是一种用途很广的信号波形发生装置，人们在使用过程中，通常希望它能够按照要求产生已知的波形信号，而生成信号的质量如何，是否符合预期要求，人们尤其关注，这也应该是任意波发生器最基本的性能之一。

如果有了任意形状的周期信号波形与期望波形相关性的定义及其评价方法，人们将不难解决类似问题。本节将主要讨论这一问题。

6.4.2 周期信号相关函数的定义

关于仪器设备所产生和测量的信号波形，多数情况下都有其期望波形或目标波形，实际波形与期望波形两者间总是存在差异或一致性、相似性的问题，也可称为相关性。若这些波形是单次信号波形，则其相关性定义和测量稍微困难和复杂一些，但对于周期信号波形，则截然不同，人们将能够更加容易地定义相关性和实施相似性的有效测量。

周期为 T 的信号的实际波形 $y(t)$ 与其定义波形 $x(t)$ 间的相关函数 $R(\tau)$ 定义为

$$R(\tau)=\frac{\int_0^T (x(t)-\bar{x})(y(t+\tau)-\bar{y})\mathrm{d}t}{\sqrt{\left[\int_0^T (x(t)-\bar{x})^2\mathrm{d}t\right]\left[\int_\tau^{\tau+T} (y(t)-\bar{y})^2\mathrm{d}t\right]}} \tag{6-34}$$

其中，$\bar{x}=\dfrac{1}{T}\displaystyle\int_0^T x(t)\mathrm{d}t$；$\bar{y}=\dfrac{1}{T}\displaystyle\int_0^T y(t)\mathrm{d}t$。

相关函数的极值为相关系数，正相关系数 $R_{\max}=\max\{R(t)\}$，负相关系数 $R_{\min}=\min\{R(t)\}$；令 $R_{\mathrm{M}}=\max\{|R_{\max}|,|R_{\min}|\}$。

将 $R_{\max}$ 作为波形 $y(t)$ 与其定义波形 $x(t)$ 的正相似系数，$R_{\min}$ 作为 $y(t)$ 与 $x(t)$ 的负相似系数，R_{M} 作为 $y(t)$ 与 $x(t)$ 的相似系数，用来定量评价和比较 $y(t)$ 与 $x(t)$ 的相似性。

显然，R_{M} 越大，则波形 $y(t)$ 与其定义波形 $x(t)$ 越相似，当 $R_{\mathrm{M}}=1$ 时，$y(t)$ 与 $x(t)$ 最相似，没有形状差异。

6.4.3 测量原理与方法

按照上述关于周期信号相关函数的定义，人们将可以实现对任意函数关系已知的周期信号波形相关函数的测量评价，其过程如下所述。

(1) 设已知信号 $x(t)$ 的周期为 T，每个周期由 m 段已知函数关系的曲线 $x_k(t)$ 组成：

$$x(t)=\begin{cases}\cdots & \cdots\\ x_1(t), & 0\leqslant t+\tau<T_1\\ x_2(t), & T_1\leqslant t+\tau<T_1+T_2\\ \cdots & \cdots\\ x_m(t), & T-T_m\leqslant t+\tau<T\\ \cdots & \cdots\end{cases}\tag{6-35}$$

各段曲线所占时间分别为 $T_k(k=1,\cdots,m)$，它们与周期 T 之比 $\eta_k=T_k/T$ 严格已知，且 $\sum\limits_{k=1}^{m}\eta_k\equiv 1$；$\tau$ 为一个实数，代表与 $t=0$ 时刻相对应的值在曲线函数中的位置。

(2) 对信号 $x(t)$ 的实际波形 $y(t)$ 以采样间隔 Δt 实施波形测量，获得测量序列 $y(i)(i=0,\cdots,n-1)$，不失一般性，设 n 个测量点恰好含有整数个信号周期 (误差极限为 ±1 个采样间隔)。

(3) 使用波形测量法或其他方法精确测量信号周期 [13]T，获得每个信号周期的测量点数 $M=T/\Delta t$。

(4) 按信号周期的测量值 T、采样间隔 Δt、各段函数所占据的时间比 η_k 和每周期采样点数 M，确定 $T_k=\eta_k\cdot T$，构造具有已知相位和幅度的标准函数 $x_0(t)$：

$$x_0(t)=x(t+\tau)=\begin{cases}\cdots & \cdots\\ x_1(t), & 0\leqslant t<T_1\\ x_2(t), & T_1\leqslant t<T_1+T_2\\ \cdots & \cdots\\ x_m(t), & T-T_m\leqslant t<T\\ \cdots & \cdots\end{cases}\tag{6-36}$$

获得标准函数的抽样值 $x_0(i)(i=0,\cdots,n-1)$。

(5) 按照下述公式计算相关函数 $R(\tau)$ 的序列为

$$R(k)=\frac{\sum\limits_{i=0}^{M-1}[x_0(i)-\bar{x}_0][y(i+k)-\bar{y}]}{\sqrt{\left\{\sum\limits_{i=0}^{M-1}[x_0(i)-\bar{x}_0]^2\right\}\left\{\sum\limits_{i=k}^{k+M-1}[y(i)-\bar{y}]^2\right\}}}\quad (k=0,1,\cdots,n-M)\tag{6-37}$$

其中，$\bar{x}_0=\dfrac{1}{n}\sum\limits_{i=0}^{n-1}x_0(i)$；$\bar{y}=\dfrac{1}{n}\sum\limits_{i=0}^{n-1}y(i)$；

$$R_{\max}=\max\{R(k)\}\quad (k=0,1,\cdots,n-M)\tag{6-38}$$

$$R_{\min}=\min\{R(k)\}\quad (k=0,1,\cdots,n-M)\tag{6-39}$$

计算 $R(k)$ 的极值 $R_{\max}$、$R_{\min}$ 和 R_M，作为 $y(t)$ 与 $x(t)$ 相似性的测量结果；也可用来评价比较 $y(t)$ 与 $x(t)$ 失真的大小。

6.4.4 实验验证

为了验证上述相关函数的定义在实际测量中的可行性，不失一般性，这里也选取一种由指数规律上升沿和下降沿两段波形组成的幅度为 A、周期为 T、时间常数为 B 的周期信号波形作为实验对象，即 $m=2$，

$$y(t)=\begin{cases} y_1(t)=\dfrac{2A(1-\mathrm{e}^{-t/B})}{1-\mathrm{e}^{-T_1/B}}-A, & 0\leqslant t+\tau<T_1 \\ y_2(t)=A-\dfrac{2A(1-\mathrm{e}^{-t/B})}{1-\mathrm{e}^{-T_2/B}}, & T_1\leqslant t+\tau<T \\ \cdots & \cdots \end{cases}$$

选取 $T=30\mu\text{s}$，$B=T/\ln(1000)=4.3429448\mu\text{s}$，$A=2\text{V}$，$\eta_1=0.3$，$\eta_2=0.7$，则 $T_1=9\mu\text{s}$，$T_2=21\mu\text{s}$。

取 $\tau=0$，按 D/A 取样间隔 10ns 对 $y(t)$ 进行抽样，产生 1 个信号周期的数据波形序列 $y_0(i)$(序列长度 3000点)；用 AWG2021 型任意波发生器按上述参数将该波形循环输出。

使用 TDS784D 型数字示波器，对于 AWG2021 型任意波发生器输出的波形执行测量。取高分辨力测量方式，其 A/D 位数等效为 13bit，测量范围 $-2.5\sim2.5\text{V}$，采样间隔 $\Delta t=100\text{ns}$，序列长度 $N=15000$；获得采样波形序列 $y(i)(i=0,\cdots,N-1)$。

对该波形序列进行整形、滤波、拟合后，获得其信号周期 $T=30.00003\mu\text{s}$[13]，进而获得含有整数个信号周期的采样点数应为 $n=14700$；每个信号周期的测量点数 $M=300.01035$。

按信号周期的测量值 $T=30.00003\mu\text{s}$、各段函数所占据的时间比 $\eta_1=0.3$ 和 $\eta_2=0.7$，确定 $T_1=\eta_1\cdot T=9.000009\mu\text{s}$，$T_2=\eta_2\cdot T=21.000021\mu\text{s}$，按 $B=4.3429448\mu\text{s}$ 构造具有已知相位和幅度 (不失一般性，假设幅度为 1V) 的标准函数 $x_0(t)$：

$$x_0(t)=\begin{cases} x_{01}(t)=\dfrac{2(1-\mathrm{e}^{-t/B})}{1-\mathrm{e}^{-T_1/B}}-1, & 0\leqslant t<T_1 \\ x_{02}(t)=1-\dfrac{2(1-\mathrm{e}^{-t/B})}{1-\mathrm{e}^{-T_2/B}}, & T_1\leqslant t<T \\ \cdots & \cdots \end{cases}$$

按采样间隔 $\Delta t=100\text{ns}$ 对 $x_0(t)$ 进行抽样，得标准函数采样序列 $x_0(i)(i=0,\cdots,n-1)$。

按上述定义获得相关函数序列 $R(k)(k=0,1,\cdots,n-M)$，如图 6-9 所示；并获得其相关函数的最大值 $R_{\max}=0.999986$ 和最小值 $R_{\min}=-0.73777$。

可以认为，任意波形 $y(t)$ 与 $x_0(t)$ 的正相似性为 $R_{\max}=0.999986$；负相似性为 $R_{\min}=-0.73777$。

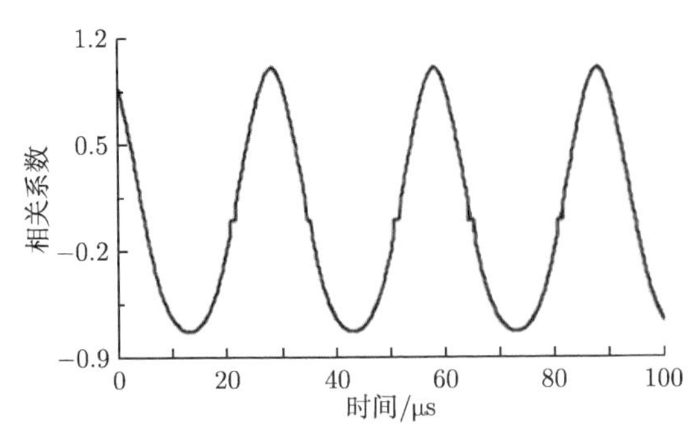

图 6-9　相关函数 $R_{xy}(t)$

它们中绝对值最大者代表了波形 $y(t)$ 与标准函数 $x_0(t)$ 的一致性或相似性，也即反映了波形 $y(t)$ 与目标波形 $x(t)$ 的一致性或相似性。

波形 $f(t)$ 和 $y(t)$ 的曲线如图 6-10 所示，从中可以看出两者的相似性和一致性。

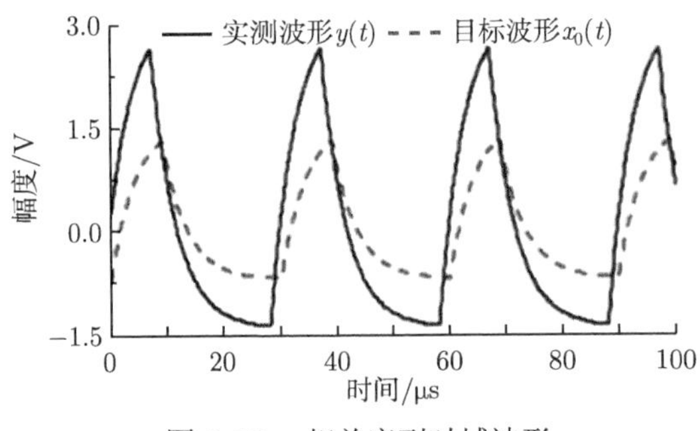

图 6-10　相关序列时域波形

6.4.5　仿真验证

在与上述实验设置相同的情况下，这里将量程范围设为 ±5V，给 $y(t)$ 分别加入 3~20 bit A/D(或 D/A) 的量化效应后执行采样，则产生波形的相关函数将发生变化，重复上述过程，可以获得如表 6-2 所示的评价结果。其中，量程范围 ±5V；$N = 16000$；$n = 15882$；$M = 588.2352$。图 6-11 为最大相关系数 $R_{\max}$ 随 A/D 量化位数变化曲线。

从表 6-2 的数据可见，A/D 位数从 3~20bit 变化时，量化后的波形 $y(t)$ 与目标波形 $x(t)$ 的差异单调减小，而其相关系数则呈增大趋势；相似性增强。

当 A/D 位数较低 (⩽15bit) 时，相关系数最大值 $R_{\max}$(可以有 9 位有效分辨位数) 呈单调上升，其趋势完全反映了 $y(t)$ 与目标波形 $x(t)$ 的相似趋势。

而当 A/D 位数较高 (>15bit) 时，相关系数最大值 $R_{\max}$ 呈波动状态，其趋势已经无法反映 $y(t)$ 与目标波形 $x(t)$ 的相似趋势。这是由单精度浮点数 (7 位有效位数) 表示测量数据序列所致，此时它只能有效分辨出 8~9 位有效数据，而通常不被人们所注意。使用双精度浮点数表述测量数据后，相关系数最大值 $R_{\max}$ 在更宽的范围内呈单调上升，其趋势便完全反映了 $y(t)$ 与目标波形 $x(t)$ 的相似趋势。

故相关性测量是一种比较精确的波形一致性和相似性测量分析方法，可以达到较高的准确度和分辨力；而由于该方法的简便易行性，可在工程中广泛应用。

表 6-2 相关系数最大值和最小值随 A/D(或 D/A) 位数变化仿真计算结果

(A/D)/bit	$(1/T)$/Hz	$R_{\max}$	$R_{\min}$
无	34.0000052	0.99999994525	−0.60351339492
3	33.9999562	0.99174663132	−0.62687575995
4	34.0000372	0.99747286308	−0.61723032071
5	33.9999733	0.99926736735	−0.60089054329
6	34.0000284	0.99981492207	−0.60412196027
7	33.9999986	0.99995682443	−0.60365676148
8	33.9999996	0.99998965572	−0.60372455774
9	34.0000030	0.99999725465	−0.60360989807
10	34.0000075	0.99999925319	−0.60359666894
11	34.0000042	0.99999978127	−0.60353424375
12	34.0000046	0.99999990743	−0.60352479530
13	34.0000061	0.99999993466	−0.60352108134
14	34.0000053	0.99999994072	−0.60351758816
15	34.0000059	0.99999994381	−0.60351488004
16	34.0000058	0.99999994361	−0.60351356543
17	34.0000057	0.99999994547	−0.60351380539
18	34.0000058	0.99999994564	−0.60351303183
19	34.0000057	0.99999994495	−0.60351334535
20	34.0000058	0.99999994559	−0.60351338795

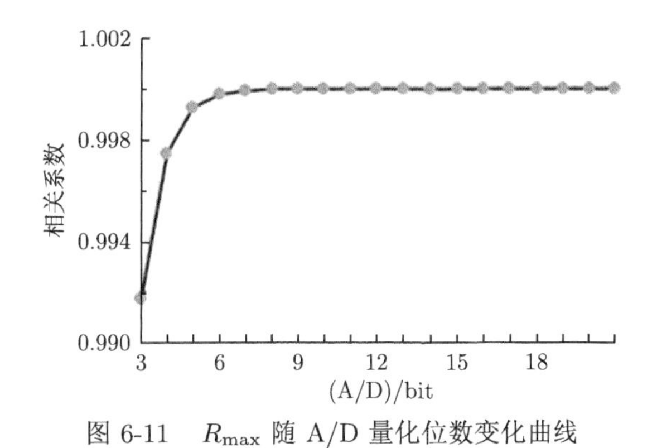

图 6-11 $R_{\max}$ 随 A/D 量化位数变化曲线

6.4.6 结论

综上所述，本节的结论对于任意波发生器产生的任意波形 $y(t)$ 与目标波形 $x(t)$ 一致性 (或相似性) 的评价，具有特殊的意义。它从概念上定义了任意波形 $y(t)$ 与目标波形 $x(t)$ 的相关函数，并且规定了一种切实可行的方法和过程，用以实现它的测量评价；基本解决了具有明确数学关系的周期性任意波形质量评价问题，对于任意波发生器相应指标的计量校准具有特别意义和价值。

本节所述方法和过程，由于使用了信号周期的精确测量方法，从而对任意波形的信号频率具有自适应性；使得相关系数测量结果的准确度和分辨力得到了保障。

6.5 信号周期的数字化测量

6.5.1 引言

周期信号是最基本的信号形态之一，用途极为广泛。常见的正弦波、方波、斜波、三角波、锯齿波、脉冲波等均属此类。而由于实现技术上的原因，一些非周期性的信号形态，例如阶跃信号、冲击信号、随机信号等，在以电信号形式产生和存在时，多数情况下也具有周期性模式下的“重复输出”状态，或者就是使用周期信号的一个周期内的信号特征来实现的。

关于周期信号，对其周期的精确测量一直有着非同寻常的意义和价值，它是许多其他测量的基础。

例如，与非周期信号不同，周期信号的频谱是离散谱，因而其频谱分析实际上是其谐波分析，如果能够在谐波分析之前精确已知信号的周期，在数字化测量时，就是采样间隔与信号周期之比精确已知，人们就可以使用同步采样方式来获得信号采样序列 [17]，其谐波分析将变得非常简单和精确。否则，将有基波和谐波频率定标不准而产生的运算误差，出现非整周期采样以及傅里叶变换中的能量泄漏所造成的误差，如果加窗处理，还会额外产生误差，如谱峰钝化等。

尽管有许多学者在研究不通过确定信号周期的方式而是以迭代进行谐波分析 [4,6,18]，但由于算法及过程非常复杂，其准确度依然无法令人满意。而在信号周期精确已知的情况下，即使处于非同步采样方式，也依然可以通过补偿来提高谐波分析的准确度 [8,9]，可见信号周期精确测量的重要性。尽管可以使用时间频率计数器来测量信号周期，同时对于波形测量系统的采集速率进行校准 [19]，但人们仍然希望能找到一种简捷方便的手段来直接测量其周期，而不必增加额外的设备与环节，本节将主要讨论这一问题。

6.5.2 信号周期的测量原理和方法

信号周期最简单的数字化测量方法应该是周期计数法 [12]，但它有不可避免的抽样量化误差，将对测量结果造成无法轻易克服的影响，减弱量化影响的最好方式是使用模型化测量方法。

根据信号分析理论，任何实际存在的周期信号 $x(t)$ 都可以表示成基波与谐波的合成形式：

$$x(t)=\sum_{k=1}^{M}[A_k\sin(k\omega_0 t+\varphi_k)]+d_0 \tag{6-40}$$

其中，ω_0 为基波角频率；$T_0=2\pi/\omega_0$ 为基波周期，也就是信号周期；d_0 为信号直流分量。

首先，对周期信号 $x(t)$ 进行波形采集，获得采集序列 $x(i)(i=0,\cdots,n-1)$；然后，使用周期计数方法 [12] 对其周期进行预估计，以预估计的周期值为初始条件，按照 5.1 节所述方法对采集序列 $x(i)$ 进行数字滤波 [20]，滤除基波以外的全部谐波，得基波序列 $x_1(i)$，使用正弦波拟合法对基波序列 $x_1(i)$ 进行最小二乘曲线拟合，获得其参数估计值，其频率 f_0 和周期 $T_0=1/f_0$，则 T_0 也是被测信号 $x(t)$ 的周期。

6.5.3 基波序列的最小二乘正弦曲线拟合

本节所述内容，是要从周期信号 $x(t)$ 的采样序列 $\{x(i)\}$ 经过滤波后，形成的基波 $x_1(t)$ 正弦数据序列 $\{x_1(i)\}$ 中，精确获得其波形参数，所用的是四参数最小二乘正弦波曲线拟合法，过程如下所述。

设正弦波形数据采集系统的量程为 $E_{\rm r}$，通道采集速率为 v；被评价的正弦波信号为

$$x_1(t) = A_0 \sin(2\pi \cdot f_0 t + \varphi_0) + d_0 \tag{6-41}$$

其中，$A_0 \leqslant E_{\rm r}/2$，$f_0 \leqslant v/3$。

$x_1(t)$ 的采集数据序列为 $x_i(i = 0, \cdots, n-1)$，按最小二乘法求出采集数据 x_i 的最佳拟合信号：

$$a(t) = A \cdot \sin(2\pi \cdot ft + \varphi) + d \tag{6-42}$$

由于实际的采集数据是一些离散化的值 x_i，对应地，其时间也是离散化的 t_i，$t_i = i/v$，这样，式 (6-42) 变成

$$a(t_i) = A \cdot \sin(2\pi \cdot ft_i + \varphi) + d \tag{6-43}$$

简记为

$$a_{(i)} = A \cdot \sin(\omega \cdot i + \varphi) + d \tag{6-44}$$

$$\omega = \frac{2\pi f_0}{v} \tag{6-45}$$

则拟合残差有效值 ρ 为

$$\rho = \sqrt{\frac{1}{n} \cdot \sum_{i=0}^{n-1} [x_i - A \cdot \sin(\omega \cdot i + \varphi) - d]^2} \tag{6-46}$$

当 ρ 最小时，可得式 (6-41) 的最小二乘意义下的拟合正弦波，如式 (6-44) 所示，此时，得到拟合结果 A、ω、φ、d 和 ρ[21,22]。则正弦波信号 $x_1(t)$ 的幅度为 A；初始相位为 φ；直流分量为 d；波形的总失真度 TD 为

$$\mathrm{TD} = \frac{\sqrt{2} \cdot \rho}{A} \tag{6-47}$$

由 ω 与采集速率 v 及正弦波信号 $x_1(t)$ 频率 f_0 的关系，可获得信号频率 f_0 和周期 T_0 的评价结果：

$$f_0 = \frac{v \cdot \omega}{2\pi} \tag{6-48}$$

$$T_0 = \frac{1}{f_0} = \frac{2\pi}{v \cdot \omega} \tag{6-49}$$

6.5.4　误差与不确定度分析

曲线拟合法评价正弦波形参数，误差因素复杂，详细数学导出极为困难，尚未解决；实际中常用仿真手段评价该过程的误差情况。在给定边界条件时，可搜索其误差界的变化情况。这个问题，Deyst 等曾做过较详细的研究，获得了很有实用价值的结论 [23]。

若 Δp 为信号周期数误差；ΔA_f 为信号幅度失真误差，$\Delta A_f=\sqrt{A^2-A_0^2}$；$\Delta\phi$ 为信号相位误差；Δ_{off} 为信号直流分量估计值误差；h 为谐波失真阶次 (正整数)，$h\geqslant 2$，$n\geqslant 2ph$；p 为记录中所含信号周期个数，$p=(\omega n)/(2\pi v)$；A_h 为信号第 h 次谐波幅度，则

$$\max|\Delta p|=\frac{0.90}{(ph)^{1.2}}\cdot\frac{A_h}{A} \tag{6-50}$$

$$\max\left|\frac{\Delta A_f}{A_0}\right|=\frac{1.00}{(ph)^{1.25}}\cdot\frac{A_h}{A_0} \tag{6-51}$$

$$\max|\Delta\varphi|=\frac{180^\circ}{(ph)^{1.25}}\cdot\frac{A_h}{A_0} \tag{6-52}$$

$$\max\left|\frac{\Delta_{\text{off}}}{A_0}\right|=\frac{0.61}{(ph)^{1.21}\cdot h^{1.1}}\cdot\frac{A_h}{A_0} \tag{6-53}$$

由此可见，正弦信号波形参数拟合误差，与 p、A_h、h 等因素有关；A_h 越小、h 越高、p 越多，则拟合参数的误差界越小，参数越精确。

为获得足够精确的正弦波形参数，可用调整采集速率 v、存储深度 n、使用数字滤波等手段，使得 p 增多、A_h 变小，从而降低拟合参数的误差，达到精确测量的目的。由式 (6-48) 可得正弦信号的频率评价误差：

$$\Delta f=\frac{\partial f}{\partial v}\cdot\Delta v+\frac{\partial f}{\partial\omega}\cdot\Delta\omega=\frac{\omega}{2\pi}\cdot\Delta v+\frac{v}{2\pi}\cdot\Delta\omega \tag{6-54}$$

$$\frac{\Delta f}{f}=\frac{\Delta v}{v}+\frac{\Delta\omega}{\omega} \tag{6-55}$$

由式 (6-55) 可见，用曲线拟合法对正弦波频率进行评价，误差主要来源于两部分：① 波形测量时的采集速率误差；② 拟合算法对 ω 运算所造成的误差。

可通过选取波形采集系统，使采集速率 v 足够准确，例如使 $\Delta v/v\leqslant 10^{-6}$。另外，由 $p=(\omega nT)/(2\pi)$，可得 $\Delta\omega/\omega=\Delta p/p$，可通过控制式 (6-50) 的条件来控制和计算 $\Delta\omega/\omega$。这样，用曲线拟合法可保证对正弦频率的精确评价。

6.5.5　仿真验证

图 6-12 为使用标准方波作为被测周期信号时的仿真曲线波形，其幅度为 4V，频率为 34Hz，占空比为 1:1。以采样速率 2048Sa/s 进行采样，采样序列长度为 2000 点。

图 6-13 为使用本节所述方法对图 6-12 所示波形进行滤波后获得的基波正弦曲线波形 [20]，从中可以使用最小二乘正弦波曲线拟合法获得其基波参数为：幅度 5.1069V，频率

$f_0 = 34.00071\text{Hz}$，初始相位 90.0309°，直流分量 1.499317mV，对应的信号总失真度 TD $= 3.65\%$。

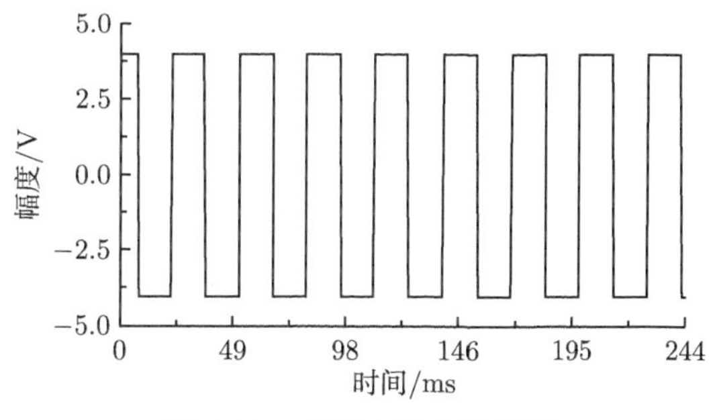

图 6-12 标准方波曲线波形

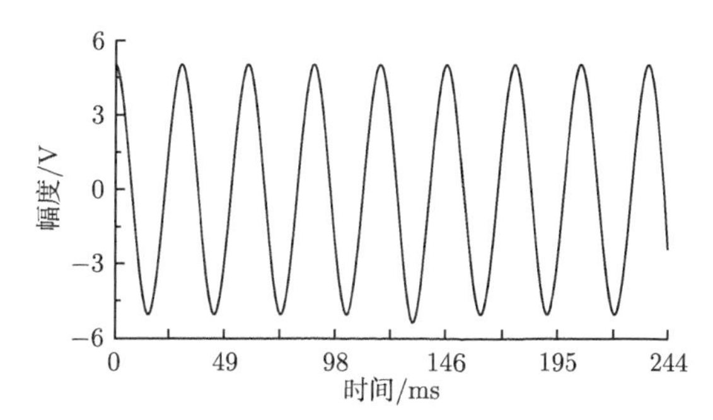

图 6-13 标准方波滤波后基波曲线波形

其周期为 $T_0 = 29.41115\text{ms}$，周期误差为 2.1×10^{-5}。

若使用周期计数法 [13]，则可得到基波频率为 34.01122Hz，信号周期为 29.402ms，周期误差为 3.3×10^{-4}。

图 6-14 为使用周期斜波作为被测周期信号时的仿真曲线波形，其幅度为 4V，频率为 34Hz，上升沿与下降沿时间比为 1:4。以采样速率 2048Sa/s 进行采样，采样序列长度为 2000 点。

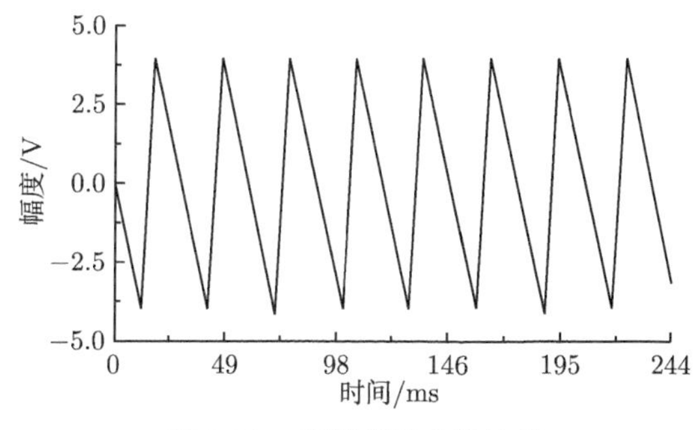

图 6-14 周期斜波曲线波形

图 6-15 为使用本节所述方法对图 6-14 所示波形进行滤波后获得的基波正弦曲线波形，

从中可以使用最小二乘正弦波曲线拟合法获得其基波参数为：幅度 2.98336V，频率 $f_0 = 33.99689\text{Hz}$，初始相位 89.6505°，直流分量 642.630mV，对应的信号总失真度 TD = 6.19%。

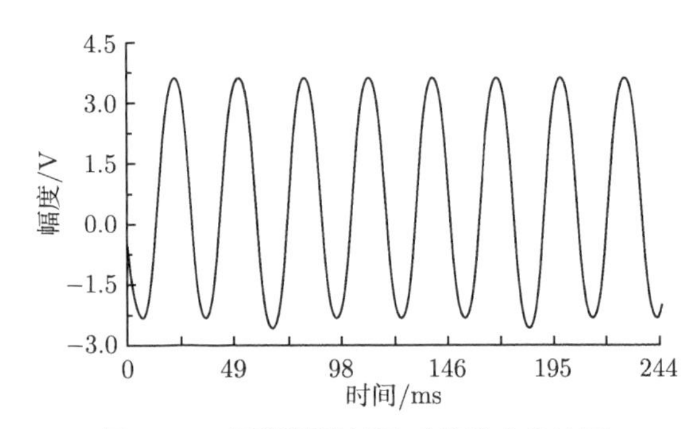

图 6-15　周期斜波滤波后基波曲线波形

其周期为 $T_0 = 29.41446\text{ms}$，周期误差为 -9.1×10^{-5}。

若使用周期计数法，则可得到基波频率为 33.9917Hz，信号周期为 29.419ms，周期误差为 2.4×10^{-4}。

6.5.6　结论

综上所述，本节所述方法和过程可实现对周期信号波形的周期和频率的精确评价，评价误差和不确定度与滤波后获得的基波信号波形参数有关，均可有效控制和估计，尤其是没有抽样量化所造成的计点误差，这是一个较大进步。仿真表明，对于实际中出现的基波能量较小和不规则的周期信号，直接滤波不易获得良好的基波信号波形，无法执行正弦波拟合，此时，可以首先对周期信号进行变换，将其变换成具有相同周期特征的方波或斜波信号，然后执行滤波，其仍然可以获得精确的周期参数测量值。其他条件不变时，基波波形失真度越小，所获得的周期不确定度越小。

参 考 文 献

[1] 潘士先. 电路分析 (下册)[M]. 北京: 国防工业出版社, 1979: 54-55.
[2] 潘维瀚. 信号和线性系统 [M]. 北京: 北京航空学院 206 教研室, 1980: 65.
[3] 何天祥. 周期信号各参数的离散采样测量法 [J]. 航空计测技术, 1997, 17(3): 3-4.
[4] 戴先中. 准同步采样及其在非正弦功率测量中的应用 [J]. 仪器仪表学报, 1984, 5(4): 55-61.
[5] 戴先中, 唐统一. 周期信号谐波分析的一种新方法 [J]. 仪器仪表学报, 1989, 10(3): 248-255.
[6] 戴先中. 进一步提高准同步采样谐波分析准确度的两种方法 [J]. 仪器仪表学报, 1992, 13(4): 350-357.
[7] 林在荣. 利用快速富里叶变换 (FFT) 技术实现对非正弦波形有效值的测试及泄漏效应的消除 [J]. 仪器仪表学报, 1985, 6(3): 308-313.
[8] 潘文. 准同步采样补偿方法及其误差估计 [J]. 仪器仪表学报, 1990, 11(2): 192-199.
[9] 张建秋, 陶然, 沈毅, 等. 非整周期采样应用于周期信号的谐波分析 [J]. 仪器仪表学报, 1995, 16(1): 1-7.
[10] 孙成明. DFT 过程对 A/D 转换量化噪声的削弱作用 [J]. 计量学报, 1988, 9(2): 157-160.
[11] 赵新民, 张寅. 离散傅里叶变换量化效应的研究 [J]. 计量学报, 1992, 13(3): 214-220.
[12] 梁志国, 周艳丽, 沈文. 数据采集系统通道采集速率评价中的几个问题 [J]. 航空计测技术, 1996, 16(3): 16-19.

[13] 梁志国, 孙璟宇. 信号周期的一种数字化测量方法 [J]. 仪器仪表学报, 2003, 24(增刊): 195-198.
[14] 苏皖生, 郭允晟. 关于正弦波失真表示方法的讨论 [J]. 计量学报, 1986, 7(2): 123-127.
[15] GB9317—1988. 脉冲信号发生器技术条件 [S]. 中华人民共和国国家标准. 北京: 电子工业出版社, 1990.
[16] 梁志国, 朱济杰. 量化误差对周期信号总失真度评价的影响及修正 [J]. 仪器仪表学报, 2000, 21(6): 640-643.
[17] 戴先中, 王勤. 一种用于周期信号谐波分析的快速算法 [J]. 仪器仪表学报, 1996, 17(5): 455-459.
[18] 潘文, 钱俞寿. 快速精密测量畸变电功率的一种新方法 [J]. 仪器仪表学报, 1991, 12(2): 149-155.
[19] 梁志国, 周艳丽, 沈文. 正弦波拟合法评价数据采集系统通道采集速率 [J]. 数据采集与处理, 1997, 12(4): 328-333.
[20] Liang Z G, Zhu J J. A digital filter for the single frequency sinusoid series[J]. Transaction of Nanjing University of Aeronautics & Astronautics, 1999, 16(2): 14-16.
[21] IEEE Std 1057-1994. IEEE standard for digitizing waveform recorders[S]. IEEE, 1994.
[22] JJF 1057—1998. 数字示波器校准规范 [J]. 中华人民共和国国家计量技术规范. 北京: 中国计量出版社, 1998.
[23] Deyst J P, Souders T M, Solomon O M. Bounds on least-squares four-parameter sine-fit errors due to harmonic distortion and noise[J]. IEEE Transactions on Instrumentation and Measurement, 1995, 44(3): 637-642.

第 7 章　正弦波形噪声及失真的数字化测量

7.1　概　　述

在波形测量中，失真是一种重要的波形质量指标，用来定量衡量表述实际波形与其理想模型间的差异，并以该差异值与波形幅度比的方式定量给出波形失真量值。直觉上，在时变波形表述中，失真是一种不折不扣的时域参量，而在空间形貌表述中，失真则理所当然地成为一种空间参量。理论上，每一种拥有确定模型的波形都有自己的失真 [1-3]，但实际上，由于定义、测量实现的问题，能够明确给出失真度指标且形成共识的只有正弦波形。

正弦信号源的失真通常分为三类 [4]：谐波失真 (harmonic distortion)、杂波失真 (spurious distortion) 和噪声失真 (noise distortion)。

谐波失真，主要是指基波的整数倍数频率上的失真。对于基波而言属于高频分量。通常所称的总谐波失真是指到某一次谐波以下的所有谐波失真之和，例如 11 次谐波失真以下的总谐波失真。

也有关注于基波的分数倍数上的频率的失真，称为次谐波失真，例如 1/3 次谐波失真，1/7 次谐波失真的参数出现。对于基波而言其属于低频趋势分量。

杂波失真，通常是指谐波频率以外的、量值明显高于噪声本底的高频频率分量上的失真。其可以是众多频率失真之和，或者是某一主导频率失真分量。

噪声失真，主要是指剔除了谐波、杂波、次谐波失真以外，剩余部分的频谱比较均匀平稳部分的高频失真分量的总和。相应地，除了噪声失真以外的谐波、杂波、次谐波等失真，一旦被单独提出，一定是其幅度分量明显高于噪声频谱的平均水平，体现出异常信息出现的客观状态。

总失真，是指除了基波分量以外的所有频率上的失真，包括谐波失真、杂波失真、噪声失真。

除此以外，由于时间频率的不稳定、采样间隔的不恒定等因素的影响，正弦波形还存在抖动现象，照理说，也存在由抖动引起的波形失真问题，但由于抖动直接影响的通常是基波周期，从而破坏了失真的定义基础——基波不变。因此，除非专门研究抖动本身的理论与方法，通常的失真测量与分析都不包含抖动分量的影响。

正弦波形的失真测量分析，其难点在于采样测量的量化误差不可避免，它将叠加到随机噪声中，并很难与随机噪声分量有效分离。另外，其谐波失真从原则上是指所有阶次谐波，而实际分析中只能分析到有限次谐波分量，不可能分析到无限多次。因而，总谐波失真的定义与实际值均是变化的。

最后，和基波相比，各次谐波失真、杂波失真、噪声失真的频谱分量量值较小，如何在测量分析中将基波成分有效剔除，降低过大的基波分量对各个较小的失真分量准确度的影响，这将是比较困难的问题。

描述失真一般使用失真幅度有效值与信号幅度有效值之比或功率之比，可以无量纲或以分贝表示，称为失真度。到目前为止，失真度测量有模拟法和数字化方法。较普遍采用的数字化方法是 FFT 法 [5-8]，所给出的失真多数为小于某次谐波的谐波失真，或同时含有谐波失真和噪声失真的“总失真度”。该方法的弱点和局限性非常明显：① 要求测量序列的长度为 2 的整数次幂；② FFT 法本身的“栅栏效应”“泄漏”等将给测量结果带来误差；③ 使用 FFT 法只能对有限次谐波 (如 19 次以下，99 次以下等) 进行计算，无法包括所有谐波分量和非谐波分量，其最适当的应用场合是评价某一次谐波的失真度；④ 测量设备本身的量化误差对测量结果的影响不可避免 [9]，因而很难实现对低失真度的精确评价，同时也限制了测量准确度。

模拟测量方法使用包括失真在内的信号总有效值代替基波有效值，使用陷波器滤除基波后的部分响应有效值作为“失真”有效值，用二者之比来获得总失真度。该方法的局限性在于：① 由于使用带阻滤波器而使频率范围较窄，一般为 5Hz~200kHz，无法完全满足需要；② 测量设备本身的误差对测量结果的影响也不可避免，当失真较小时，获得的失真度测量值主要是测量系统自身的影响，也很难实现对低失真度的精确评价；③ 当信号失真较大时，基波有效值本身确定误差较大，也将影响测量准确度。

目前失真度测量的准确度较低，一般可达 1%~10%；而对低失真度的测量，尚难达到这个准确度。

在数字示波器、数据采集系统等数字化测量设备的动态有效位数评价中，对正弦波信号源的总失真度的要求非常明确和严格，包括谐波、噪声、杂波，其频率范围远超出了目前大多数失真度测量设备的工作范围，且要求能精确测量低失真度，而现有的测量失真的方法和手段已很难完全满足要求。

本章将分别介绍使用曲线拟合方法、谐波分析法等精确评价正弦信号源波形总失真度的过程，并且，以正弦拟合方式对噪声失真进行定量评价，从原理上说，该方法基本上克服了以往模拟法和 FFT 法的上述弱点与不足。

另外，对于正弦波形的局部失真，以及不足一个周期的残周期正弦波形的失真，将从定义、测量评价方法等各个方面进行详细阐述，以便从各个角度阐述和理解正弦波形曲线的失真问题。

最后，定义周期信号波形的总失真度，将正弦波形总失真度的概念和测量方法推广应用到一般的模型已知的周期信号波形的失真度测量评价上。

7.2 参数拟合法总失真测量

7.2.1 总失真度及信噪比的定义

对于正弦信号源产生的波形来说，以 C_1 表示其基波有效值幅度，C_i $(i=2,\cdots,N)$ 表示其含有的谐波有效值幅度，C_n 表示其含有的噪声及非谐波分量的有效值幅度，则称该信号波形含有谐波失真和噪声 [6-9]，噪声其实也是一种失真。则该信号波形的总失真度 DI 和信噪比 SI 分别定义为

$$\mathrm{DI} = 10 \cdot \lg \frac{C_n^2 + \sum_{i=2}^{N} C_i^2}{C_1^2} \tag{7-1}$$

$$\mathrm{SI} = 10 \cdot \lg \frac{C_1^2}{C_n^2 + \sum_{i=2}^{N} C_i^2} = -\mathrm{DI} \tag{7-2}$$

广义上，对任一周期信号，设其有效值幅度为 AS，将其畸变与噪声均视作叠加到该周期信号波形之上的失真，并设失真有效值幅度为 AI，则该周期信号波形的总失真度 DI 和信噪比 SI 分别定义为

$$\mathrm{DI} = 20 \cdot \lg \left(\frac{\mathrm{AI}}{\mathrm{AS}}\right) \quad (\mathrm{dB}) \tag{7-3}$$

$$\mathrm{SI} = 20 \cdot \lg \left(\frac{\mathrm{AS}}{\mathrm{AI}}\right) = -\mathrm{DI} \quad (\mathrm{dB}) \tag{7-4}$$

以下讨论中的信噪比和总失真度，如无特别说明，均来源于上述总失真度和信噪比定义。

7.2.2　量化误差的有效值

设用于测量周期信号总失真度的数据采集系统量化电平为 Q，E_{r} 为通道量程，BD 为 A/D 位数，周期信号中任何一段随时间的变化率均不为 0 (不是方波、阶梯波等)，则

$$Q = \frac{E_{\mathrm{r}}}{2^{\mathrm{BD}}} \tag{7-5}$$

量化误差 e 可表示为 $-Q/2 < e \leqslant Q/2$ 或 $-Q < e \leqslant 0$，其概率分布 $p(e)$ 为

$$p(e) = \frac{1}{Q} \tag{7-6}$$

$$-Q/2 < e \leqslant Q/2 \quad (\text{或} \ -Q < e \leqslant 0)$$

可认为 e 为均匀分布随机变量。当 $-Q/2 < e \leqslant Q/2$ 时，使用期望值公式，则有量化噪声平均值：

$$\bar{e} = \mathbf{E}[e(x)] = \int_{-\infty}^{+\infty} e(x) \cdot p(x) \mathrm{d}x = \int_{-Q/2}^{Q/2} [(-x)/Q] \mathrm{d}x = 0 \tag{7-7}$$

$\boldsymbol{E}[\cdot]$ 为取平均值运算算子。因为量化噪声的方差与其平均功率成正比，故计算量化噪声 e 的方差 σ_e^2 如下：

$$\sigma_e^2 = \mathbf{E}[(e - \bar{e})^2] = \mathbf{E}[e^2] = \int_{-Q/2}^{Q/2} [(-x)^2/Q] \mathrm{d}x = \frac{Q^2}{12} \tag{7-8}$$

同理，当 $-Q < e \leqslant 0$ 时，也有

$$\bar{e} = \mathbf{E}[e(x)] = \int_{-\infty}^{+\infty} e(x) \cdot p(x)\mathrm{d}x = \int_{-Q}^{0} [(-x-Q)/Q]\mathrm{d}x = -\frac{Q}{2} \tag{7-9}$$

$$\sigma_e^2 = \mathbf{E}[(e-\bar{e})^2] = \mathbf{E}[(e+Q/2)^2] = \int_{-Q}^{0} [(-x-Q+Q/2)^2/Q]\mathrm{d}x = \frac{Q^2}{12} \tag{7-10}$$

量化误差的有效值为 σ_e。

7.2.3 量化误差对正弦信号源波形失真度评价的影响及修正

实际应用中，正弦信号源波形失真的评价结果中总含有量化误差的影响，量化误差在此将造成多大影响？如何将该影响剔除？所有这些，将是本节讨论的主要问题。

设正弦信号源波形的总失真度评价过程中，输入正弦信号功率为 PS，有效值幅度为 AS，峰峰值幅度为 $2E_{\mathrm{p}}$，$\xi = \mathrm{AS}/E_{\mathrm{p}}$；信号源 (失真) 噪声功率为 PI，噪声有效值幅度为 AI；信噪比为 SI；信号总失真度为 DI。

信号源噪声为 0 时，所使用的数据采集系统的噪声功率 (等效量化噪声) 为 PX，其自身等效噪声有效值幅度为 AX，其增益为 1 (不失一般性)，相对于输入信号幅度的信噪比为 SX，相对于量程的系统通道等效信噪比为 SD，系统的动态有效位数为 BD；量程为 E_{r}，$\eta = 2E_{\mathrm{p}}/E_{\mathrm{r}}$；测量数据的噪声功率为 PZ，测量数据的信噪比为 SZ，测量数据总失真度为 DZ。则

$$\xi = \frac{\mathrm{AS}}{E_{\mathrm{p}}} \tag{7-11}$$

$$\eta = \frac{2E_{\mathrm{p}}}{E_{\mathrm{r}}} \tag{7-12}$$

$$\mathrm{AS} = \xi \cdot E_{\mathrm{p}} = \frac{\xi \cdot \eta \cdot E_{\mathrm{r}}}{2} \tag{7-13}$$

$$\mathrm{SZ} = 10 \cdot \lg\left(\frac{\mathrm{PS}}{\mathrm{PZ}}\right) \tag{7-14}$$

$$\mathrm{SI} = 10 \cdot \lg\left(\frac{\mathrm{PS}}{\mathrm{PI}}\right) \tag{7-15}$$

$$\mathrm{SX} = 10 \cdot \lg\left(\frac{\mathrm{PS}}{\mathrm{PX}}\right) \tag{7-16}$$

$$\begin{aligned}\mathrm{SX} &= 20 \cdot \lg\frac{\mathrm{AS}}{\sigma_e} = 20 \cdot \lg\frac{\xi \cdot \eta \cdot E_{\mathrm{r}}/2}{(E_{\mathrm{r}}/2^{\mathrm{BD}})/\sqrt{12}} \\ &= 20 \cdot \mathrm{BD} \cdot \lg 2 + 10 \cdot \lg 3 + 20 \cdot \lg(\xi \cdot \eta)\end{aligned} \tag{7-17}$$

$$\mathrm{DZ} = 10 \cdot \lg\left(\frac{\mathrm{PZ}}{\mathrm{PS}}\right) = -\mathrm{SZ} \tag{7-18}$$

$$\mathrm{DI} = 10 \cdot \lg\left(\frac{\mathrm{PI}}{\mathrm{PS}}\right) = -\mathrm{SI} \tag{7-19}$$

$$\mathrm{PZ} = \mathrm{PI} + \mathrm{PX} \tag{7-20}$$

$$\frac{\mathrm{PS}}{\mathrm{PI}} = 10^{\mathrm{SI}/10}, \quad \frac{\mathrm{PS}}{\mathrm{PX}} = 10^{\mathrm{SX}/10}, \quad \frac{\mathrm{PS}}{\mathrm{PI}+\mathrm{PX}} = 10^{\mathrm{SZ}/10}, \quad 10^{-\mathrm{SI}/10} = 10^{-\mathrm{SZ}/10} - 10^{-\mathrm{SX}/10}$$

$$\begin{aligned}\mathrm{SI} &= -10 \cdot \lg(10^{-\mathrm{SZ}/10} - 10^{-\mathrm{SX}/10}) = -10 \cdot \lg(10^{-\mathrm{SZ}/10} - 10^{-[20\cdot\mathrm{BD}\cdot\lg 2 + 10\cdot\lg 3 + 20\cdot\lg(\xi\eta)]/10}) \\ &= -10 \cdot \lg\left(10^{-\mathrm{SZ}/10} - \frac{1}{2^{2\cdot\mathrm{BD}} \times 3\xi^2\eta^2}\right) = -10 \cdot \lg\left(10^{\mathrm{DZ}/10} - \frac{1}{2^{2\cdot\mathrm{BD}} \times 3\xi^2\eta^2}\right)\end{aligned} \tag{7-21}$$

$$\begin{aligned}\mathrm{DI} = -\mathrm{SI} &= 10 \cdot \lg\left(10^{-\mathrm{SZ}/10} - \frac{1}{2^{2\cdot\mathrm{BD}} \cdot 3\xi^2\eta^2}\right) \\ &= 10 \cdot \lg\left(10^{\mathrm{DZ}/10} - \frac{1}{2^{2\cdot\mathrm{BD}} \cdot 3\xi^2\eta^2}\right)\end{aligned} \tag{7-22}$$

对于正弦信号，

$$\xi = \frac{\mathrm{AS}}{E_{\mathrm{p}}} = \frac{\sqrt{2}}{2}$$

$$\begin{aligned}\mathrm{DI} = -\mathrm{SI} &= 10 \cdot \lg\left(10^{-\mathrm{SZ}/10} - \frac{1}{2^{2\cdot\mathrm{BD}-1} \cdot 3\eta^2}\right) \\ &= 10 \cdot \lg\left(10^{\mathrm{DZ}/10} - \frac{1}{2^{2\cdot\mathrm{BD}-1} \cdot 3\eta^2}\right) \quad (\mathrm{dB})\end{aligned} \tag{7-23}$$

上述公式 (7-23)，即为具有动态有效位数 BD 的测量系统的量化误差等对正弦信号源波形总失真度 DI 的影响及其修正关系。由式 (7-23) 可见，量化误差等带来的影响同动态有效位数有关，同信号幅度与量程之比有关，也同信号有效值与峰值之比有关。没有修正的情况下，通常使用测量数据的失真度 SZ 代替输入信号的失真度 DI，SZ 是 DI 的一个有误差的估计值。当 BD $\to \infty$ 时，SZ $\to$ DI。

7.2.4　正弦信号源波形总失真度的评价

本节所述正弦信号源波形总失真度的评价，基本思想是使用数据采集系统对被测信号进行波形数据采集，然后运用曲线拟合方法对采集数据进行正弦波拟合，评价出拟合曲线模型的幅度、频率、初始相位和直流分量 4 个参数，最终计算获得拟合正弦曲线，测量数据与拟合正弦曲线模型对应点的偏差值作为相应点波形失真测量值，则测量序列的失真有效值 ρ 可很容易计算，进而最终获得被测信号总失真度的测量值。具体作法如下所述。

首先对数据采集系统通道的动态有效位数进行标定，并令其为 BD；若使用等效采样方式，则还要对通道采集速率 v 进行精确评价。

设数据采集系统通道的量程为 E_{r}，额定增益为 $G_0(=1)$；给数据采集系统加载被测的正弦信号源输出波形，启动采集，获得一组采集数据 x_i $(i=0,\cdots,n-1)$，并使采集数据包含整数个信号周期；按最小二乘法求出采集数据 x_i $(i=0,\cdots,n-1)$ 的最佳拟合信号：

$$a(t)=C\cdot\sin(2\pi ft+\theta)+D \tag{7-24}$$

其中，$a(t)$ 为拟合信号的瞬时值；C 为拟合正弦波形的幅度；f 为拟合正弦波形的频率；θ 为拟合正弦波形的初始相位；D 为拟合信号的直流分量值。则实际失真有效值 ρ 为

$$\rho=\sqrt{\frac{1}{n}\sum_{i=0}^{n-1}(x_i-C\cdot\sin(2\pi ft_i+\theta)-D)^2} \tag{7-25}$$

式中，n 为每通道采集数据个数；t_i 为第 i 个测量点的时刻，$i=0,\cdots,n-1$。

通过 ρ 可以按式 (7-26) 和式 (7-27) 计算测量数据的信噪比 SZ 和失真度 DZ：

$$\mathrm{SZ}=20\cdot\lg\left(\frac{C/\sqrt{2}}{\rho}\right) \tag{7-26}$$

$$\mathrm{DZ}=20\cdot\lg\left(\frac{\rho}{C/\sqrt{2}}\right)=-\mathrm{SZ} \tag{7-27}$$

被测正弦信号源波形的总失真度 DI 由式 (7-28) 给出：

$$\mathrm{DI}=10\cdot\lg\left(\frac{\rho^2}{C^2/2}-\frac{1}{2^{2\cdot\mathrm{BD}-1}\cdot3\cdot\eta^2}\right) \tag{7-28}$$

用比例单位描述的各失真度表示公式如下所述。

测量系统量化误差带来的失真度：

$$\mathrm{TDX}=\frac{\mathrm{AX}}{\mathrm{AS}}=\frac{\sqrt{2}}{\eta\cdot2^{\mathrm{BD}}\cdot\sqrt{3}} \tag{7-29}$$

被测量信号失真度：

$$\mathrm{TDI}=\frac{\mathrm{AI}}{\mathrm{AS}}=\sqrt{\left|\frac{\rho^2}{C^2/2}-\frac{1}{2^{2\cdot\mathrm{BD}-1}\cdot3\cdot\eta^2}\right|} \tag{7-30}$$

测量数据失真度：

$$\mathrm{TDZ}=\frac{\sqrt{\mathrm{AI}^2+\mathrm{AX}^2}}{\mathrm{AS}}=\frac{\rho}{C/\sqrt{2}} \tag{7-31}$$

7.2.5 仿真验证

设定仿真条件，正弦波信号峰值为 8V，频率为 135.6Hz，相位为 2rad，2 次谐波失真，分别在失真度为 0、0.001%、0.01%、0.1%四种不同条件下；A/D 位数分别为 4、6、8、10、12、14、16、18、20(bit) 几种不同的量化误差情况下，量程范围 ±10V，采集速率 18kSa/s，数据个数 15000。

通过使用上述公式和结论，在计算机上进行仿真，获得结果如表 7-1 所示。通常，未考虑对量化误差等带来的影响进行修正时，均以测量数据失真度 TDZ (或 DZ) 代替输入信号失真度 TDI (或 DI)，实际上的输入信号失真度应该是 TDI (或 DI)，经过使用本节所述过程和公式，在已知测量系统动态有效位数 BD 的情况下可以很容易对测量数据失真度 TDZ 进行修正，以获得输入信号失真度的较准确评价值 TDI。表 7-1 验证了这一结论。

表 7-1 输入信号失真度的评价及其修正仿真实验结果

(A/D 位数)/bit	量化带来的失真度	额定失真度 TDI = 0		额定失真度 TDI = 0.001%		额定失真度 TDI = 0.01%		额定失真度 TDI = 0.1%	
	TDX	TDZ	TDI	TDZ	TDI	TDZ	TDI	TDZ	TDI
4	6.48×10^{-2}	6.28×10^{-2}	1.60×10^{-2}	6.28×10^{-2}	1.60×10^{-2}	6.28×10^{-2}	1.60×10^{-2}	6.28×10^{-2}	1.59×10^{-2}
6	1.59×10^{-2}	1.66×10^{-2}	4.69×10^{-3}	1.66×10^{-2}	4.69×10^{-3}	1.66×10^{-2}	4.69×10^{-3}	1.66×10^{-2}	4.81×10^{-3}
8	3.99×10^{-3}	3.98×10^{-3}	2.57×10^{-4}	3.98×10^{-3}	2.57×10^{-4}	3.98×10^{-3}	2.35×10^{-4}	4.10×10^{-3}	9.43×10^{-4}
10	9.97×10^{-4}	1.01×10^{-3}	1.43×10^{-4}	1.01×10^{-3}	1.44×10^{-4}	1.01×10^{-3}	1.75×10^{-4}	1.42×10^{-3}	1.01×10^{-3}
12	2.49×10^{-4}	2.49×10^{-4}	1.24×10^{-5}	2.49×10^{-4}	7.86×10^{-6}	2.68×10^{-4}	9.86×10^{-5}	1.03×10^{-3}	9.98×10^{-4}
14	6.23×10^{-5}	6.25×10^{-5}	4.79×10^{-6}	6.33×10^{-5}	1.11×10^{-5}	1.17×10^{-4}	9.95×10^{-5}	1.00×10^{-3}	1.00×10^{-3}
16	1.56×10^{-5}	1.54×10^{-5}	2.28×10^{-6}	1.83×10^{-5}	9.66×10^{-6}	1.01×10^{-4}	1.00×10^{-4}	1.00×10^{-3}	1.00×10^{-3}
18	3.89×10^{-6}	3.92×10^{-6}	4.90×10^{-7}	1.07×10^{-5}	9.96×10^{-6}	1.00×10^{-4}	1.00×10^{-4}	1.00×10^{-3}	1.00×10^{-3}
20	9.73×10^{-7}	9.83×10^{-7}	1.34×10^{-7}	1.01×10^{-5}	1.00×10^{-5}	1.00×10^{-4}	1.00×10^{-4}	1.00×10^{-3}	1.00×10^{-3}

从表 7-1 可见，A/D 位数对于失真度的评价具有较大影响，当其过低时，即使使用修正结果，也无法完全消除其影响，这表明实际应用中，在测量较小失真度和进行较精确的失真度测量时，需要选择动态有效位数足够大的测量系统。

7.2.6 误差分析

使用拟合法获得的总失真度评价结果与理论值相比，不可避免地存在误差，主要可归结为两方面因素：① 拟合程度的好坏；② 拟合参量的误差。

关于拟合程度，可以通过迭代结束判据来控制，与失真度本身的影响相比，可以将它带来的影响减少到可忽略的程度。

拟合参量的误差主要是由于波形失真 (谐波失真和噪声失真) 带来的拟合参数的不确定度部分，这里主要是失真对信号波形的基波幅度参数拟合结果带来的影响，对此，Deyst 等在“由谐波失真和噪声失真带来的四参数正弦波拟合结果的误差界 [10]”一文中已有明确研究结论。

设 C_0 为基波幅度；C 为基波幅度拟合值；p 为序列所含信号周期个数；n 为记录数据个数；h 为谐波阶次；C_h 为谐波失真幅度；σ_N 为噪声标准差；ΔC 为由失真带来的幅度评价误差；则 $\Delta C = C - C_0$，$\mathrm{AS} = C_0/\sqrt{2}$，$\mathrm{AI} = \sigma_N$。

1. 谐波失真的影响

谐波失真造成的幅度拟合评价误差为 [10]

$$\max\left|\frac{\Delta C}{C_0}\right| = \frac{1.00}{(ph)^{1.25}} \cdot \frac{C_h}{C_0} \tag{7-32}$$

此时失真度 (全是谐波) 理论值为

$$\mathrm{TDI}_0 = \frac{\mathrm{AI} \cdot \sqrt{2}}{C_0} = \frac{C_h}{C_0} \tag{7-33}$$

$$\begin{aligned} \mathrm{TDI} &= \frac{\mathrm{AI} \cdot \sqrt{2}}{C} = \frac{C_h}{C_0 - \Delta C} \\ &= \frac{C_h}{C_0(1 - \Delta C/C_0)} \approx \frac{C_h}{C_0} \cdot (1 + \Delta C/C_0) \end{aligned} \tag{7-34}$$

$$\begin{aligned} \Delta\mathrm{TDI} &= \mathrm{TDI} - \mathrm{TDI}_0 \approx \frac{C_h}{C_0} \cdot \frac{\Delta C}{C_0} \\ &= \frac{C_h}{C_0} \cdot \frac{1.00}{(ph)^{1.25}} \cdot \frac{C_h}{C_0} = \frac{1.00}{(ph)^{1.25}} \cdot \mathrm{TDI}_0^2 \end{aligned} \tag{7-35}$$

可见，若拟合序列中含有足够多的信号周期数 p，就可以让谐波失真度自身的评价误差 ΔTDI 足够小，而不论 TDI 本身是大还是小。

2. 噪声失真的影响

当 $p \geqslant 5$ 时，由噪声失真带来的幅度拟合评价误差为 [10]

$$\max\left|\frac{\Delta C}{C_0}\right| = \frac{\sigma_N^2}{C_0^2} \times \frac{100}{n} \times 20.5 \times 10^{-3} = \frac{\sigma_N^2}{C_0^2} \times \frac{2.05}{n} \tag{7-36}$$

此时失真度 (全是噪声) 理论值为

$$\mathrm{TDI}_0 = \frac{\mathrm{AI} \cdot \sqrt{2}}{C_0} = \frac{\sigma_N \cdot \sqrt{2}}{C_0} \tag{7-37}$$

$$\begin{aligned} \mathrm{TDI} &= \frac{\mathrm{AI} \cdot \sqrt{2}}{C} = \frac{\sigma_N \cdot \sqrt{2}}{C_0 - \Delta C} \\ &= \frac{\sigma_N \cdot \sqrt{2}}{C_0(1 - \Delta C/C_0)} \approx \frac{\sigma_N \cdot \sqrt{2}}{C_0} \cdot (1 + \Delta C/C_0) \end{aligned} \tag{7-38}$$

$$\begin{aligned} \Delta\mathrm{TDI} &= \mathrm{TDI} - \mathrm{TDI}_0 \approx \frac{\sigma_N \cdot \sqrt{2}}{C_0} \cdot \frac{\Delta C}{C_0} \\ &= \frac{\sigma_N \cdot \sqrt{2}}{C_0} \cdot \frac{\sigma_N^2}{C_0^2} \cdot \frac{2.05}{n} = \frac{2.05 \cdot \sqrt{2}}{n} \cdot \mathrm{TDI}_0^3 \end{aligned} \tag{7-39}$$

可见，只要选取足够长的序列数据数 n，就可以让噪声失真度自身的评价误差 ΔTDI 足够小，而不论 TDI 本身是大还是小。

3. 运算速度

关于正弦波形的曲线拟合法，人们通常比较关心的还有它的运算速度，本节所做实验，在 100MHz 主频、Pentium CPU 的个人计算机中，使用 QUICK BASIC 语言环境，对于 $n = 10000$ 个点的正弦信号波形测量数据序列进行总失真度评价运算，所用时间约为 21s；而对于 $n = 1000$ 个点的正弦信号波形测量数据序列进行总失真度评价运算，所用时间约为 2s；这在通常情况下是可以接受的速度。当计算机主频更高时，可望获得更快的运算速度。

7.2.7 结论

通过上述导出过程及仿真验证可见，本节的结论对于正弦信号源波形的失真度评价，具有特殊的意义。它可以基本上避免和克服 FFT 法及目前许多失真度测量设备的不足：① 使用最小二乘拟合信号基波有效值来计算获取失真度，更符合定义，也将获得更准确的结果；② 使用最小二乘拟合法获得失真有效值将使测量更准确和稳定；③ 不使用陷波法获得失真有效值，可以使得测量范围大为拓宽，还可以使用周期倍差法这一等效采样方式拓展其测量频率范围 [11]，原理上不存在频率上限；④ 测量设备本身的量化误差和非线性对测量结果的影响不可避免，可以被修正和补偿，因而可以实现低失真度的精确评价，同时也提高了测量准确度；⑤ 使用曲线拟合方法是一种时域方法，其失真评价结果在理论上包含了所有谐波、杂波和噪声分量，没有舍入误差，也没有 FFT 法本身的“栅栏效应”和“泄漏”等误差，失真度测量结果的准确度得到提高；⑥ 当正弦信号源波形失真比较大，如 TDI $\geqslant$ 50%时，可以采用单频正弦波滤波法对采样序列先行进行滤波 [12]，然后再进行拟合，其拟合效果以及基波幅度的不确定度将大为改善，这里不再赘述。

7.3 谐波分析法总失真测量

7.3.1 引言

对于正弦信号源产生的波形来说，以 C_1 表示其基波有效值幅度，C_i $(i = 2, \cdots, M)$ 表示其含有的谐波有效值幅度，C_n 表示其含有的噪声及非谐波分量 (不包括直流分量) 的有效值幅度，则称该信号波形含有失真和噪声，噪声其实也是一种失真。则该信号波形的总失真度 TD 定义为

$$\mathrm{TD} = \frac{\sqrt{C_n^2 + \sum_{i=2}^{M} C_i^2}}{C_1} \tag{7-40}$$

在超低频、高频及射频范围内，FFT 法是普遍采用的正弦波形失真度数字化测量方法，这里通过使用 FFT 获得基波和各次谐波分量，代入式 (7-40) 中，获得正弦波形的总谐波失真度。该方法的优点是简单快捷，尤其适合大失真下的测量。其弱点和局限性也非常明显：① 要求测量序列的长度为 2 的整数次幂；② 要求序列含有整数个信号周期，即满足同步采样条件；③ 当同步采样条件不满足时，FFT 法本身的“栅栏效应”“泄漏”等将给测量结果带来误差，尽管有准同步采样和补偿性方法在使用，但其高次谐波的测量准确度仍无法完全令人满意；④ 使用 FFT 法只能对有限次谐波 (如 19 次以下，57 次以下等) 进行

计算，无法包括所有谐波分量和非谐波分量，也未包含噪声分量；⑤ 测量设备本身的量化误差对测量结果的影响未予以考虑。所有这些因素，均限制了失真度的测量准确度。本节所述内容，将主要讨论一种基于傅里叶变换的失真度测量方法，其特点是可实现精确测量，并能避免上述弱点。

7.3.2 周期信号的傅里叶分解

一个周期函数 $y(t)=y(t+T)$，只要满足狄利克雷条件 (在一个周期中有有限个极值，并且或者处处连续，或者有有限个第 1 类间断点)，则可用傅里叶级数来表示该函数 [13]：

$$y(t)=A_0+\sum_{m=1}^{\infty}A_m\cos(m\omega t)+\sum_{m=1}^{\infty}B_m\sin(m\omega t)=A_0+\sum_{m=1}^{\infty}C_m\cos(m\omega t+\varphi_m) \quad (7\text{-}41)$$

$$C_m=\sqrt{A_m^2+B_m^2} \quad (7\text{-}42)$$

$$\varphi_m=\begin{cases}\arctan\left(\dfrac{-B_m}{A_m}\right), & A_m\geqslant 0\\ \arctan\left(\dfrac{-B_m}{A_m}\right)+\pi, & A_m<0\end{cases} \quad (7\text{-}43)$$

$$\omega=\frac{2\pi}{T}=\frac{2\pi}{N_0\cdot\Delta t} \quad (7\text{-}44)$$

其中，Δt 为信号采样间隔；N_0 为每个信号周期内含有的采样点数。

$$A_0=\frac{1}{T}\int_{-T/2}^{T/2}y(t)\mathrm{d}t \quad (7\text{-}45)$$

$$A_m=\frac{2}{T}\int_{-T/2}^{T/2}y(t)\cos(m\omega t)\mathrm{d}t \quad (7\text{-}46)$$

$$B_m=\frac{2}{T}\int_{-T/2}^{T/2}y(t)\sin(m\omega t)\mathrm{d}t \quad (7\text{-}47)$$

求取 A_0、A_m、B_m $(m=1,2,\cdots)$，并用它们来描述 $y(t)$，此过程就是周期信号 $y(t)$ 的傅里叶分解过程，也是其谐波分析过程或频谱分析过程。

通过信号 $y(t)$ 的离散采样值 $y(\Delta t\cdot i)$ $(i=0,1,\cdots,N-1)$，准确获得参数 A_0、A_m、B_m，一直是人们所关心的问题。业已证明 [14]，只要满足对第 m 次谐波在一个信号周期内能采样两个以上信号点，且 N 个采样点中恰好采集了整数个信号周期，则

$$A_0=\frac{1}{N}\sum_{i=0}^{N-1}y(\Delta t\cdot i) \quad (7\text{-}48)$$

$$A_m=\frac{2}{N}\sum_{i=0}^{N-1}y(\Delta t\cdot i)\cos\left(\frac{2mi\pi}{N}\right) \quad (7\text{-}49)$$

$$B_m = \frac{2}{N}\sum_{i=0}^{N-1} y(\Delta t \cdot i)\sin\left(\frac{2mi\pi}{N}\right) \tag{7-50}$$

这个过程及其条件和方法被称为同步采样 [8,14]。在多数情况下，同步采样也特指信号周期是采样间隔的整数倍的采样状态。

实际上，N 个采样点恰好含有整数个信号周期这种情况是很难严格实现的，因而上述式 (7-48)~ 式 (7-50) 直接用于谐波测量分析时会产生测量误差。由此引出了一系列以迭代收敛运算为特征的准同步采样方法 [6,15,16]，以及以信号周期已知为条件的补偿性方法 [17,18]，均被用于谐波分析。

这些方法共同的特点是运算比较复杂。本节下面所述内容，将试图从傅里叶分解的最基本关系出发，寻找出一种简单、精确的周期信号谐波测量分析方法，并用于正弦波形的失真度测量。

7.3.3 测量原理及方法

设正弦信号源产生的波形函数是周期函数 $y(t)$。则由式 (7-44) 可见，若 N 个采样点中不是恰好含有整数个信号周期，同步采样条件不被满足，则产生了三个方面的问题：其一，式 (7-49) 和式 (7-50) 实际上是在进行周期为 $T' = \Delta t \cdot N$ 的信号的谐波分析，而不是周期为 T 的信号的谐波分析，即两者的频谱含义是不一致的，以一个代替另外一个时必然产生误差；其二，由离散化频谱特性可知，在待测信号的真实周期 T 所对应的频率谱线及其谐波谱线上并无定义，从而在其表征原始待测信号频谱时产生了栅栏效应，用以代替待测信号的频谱量值时，将产生测量误差；其三，非整周期同步采样会导致采样序列起始点和末尾点的量值以及波形变化趋势不一致，从而在周期延拓过程中造成额外的频谱泄漏，由此造成直接计算时很难满足式 (7-45)~ 式 (7-47) 的条件约定，直接使用式 (7-49) 和式 (7-50) 时仍将带来测量误差。

鉴于上述原因，人们实际上可以在进行谐波分析之前，首先对被分析信号 $y(t)$ 的周期 T 进行精确测量，并获得精确的 N_0 (通常不是整数)；然后，通过判定过均值点截取首尾皆处于均值点附近、含有整数个信号周期的 N 个信号采集点 $y(\Delta t \cdot i)$ $(i = 0, 1, \cdots, N-1)$，再进行谐波分析，获得信号 $y(t)$ 的各次谐波参数。其过程如下所述。

(1) 以采样间隔 Δt 对周期信号 $y(t)$ 进行波形采样，获得采样序列 $y(\Delta t \cdot i)$ $(i = 0, 1, \cdots, n-1)$。

(2) 在上述样本中，截取含有整数个信号周期的 N 个样本 (误差极限为 ± 1) 点 $y(\Delta t \cdot i)$ $(i = 0, 1, \cdots, N-1)$；用式 (7-48) 计算波形均值 A_0；同时获得零均值序列 $y_0(\Delta t \cdot i)$：

$$y_0(\Delta t \cdot i) = y(\Delta t \cdot i) - A_0 \quad (i = 0, 1, \cdots, n-1) \tag{7-51}$$

(3) 使用周期精确测量方法 [19] 获得信号周期 T，计算

$$N_0 = \frac{T}{\Delta t} \tag{7-52}$$

(4) 通过判定过零点，从序列 $y_0(\Delta t \cdot i)$ 中截取首尾值皆处于零附近，含有整数个信号周期的信号样本点 $y_0(\Delta t \cdot i)$ $(i = 0, 1, \cdots, N-1)$，以 N_0 代替 N，按式 (7-53)~ 式 (7-54)

计算获得周期信号 $y(t)$ 的谐波分量参数 A_m、B_m $(m=1, 2, \cdots)$：

$$A_m = \frac{2}{N}\sum_{i=0}^{N-1} y_0(\Delta t \cdot i)\cos\left(\frac{2mi\pi}{N_0}\right) \tag{7-53}$$

$$B_m = \frac{2}{N}\sum_{i=0}^{N-1} y_0(\Delta t \cdot i)\sin\left(\frac{2mi\pi}{N_0}\right) \tag{7-54}$$

(5) 进而通过式 (7-55)、式 (7-56) 获得相应的幅度 C_m 和初始相位 φ_m：

$$C_m = \sqrt{A_m^2 + B_m^2} \tag{7-55}$$

$$\varphi_m = \begin{cases} \arctan\left(\dfrac{-B_m}{A_m}\right), & A_m \geqslant 0 \\ \arctan\left(\dfrac{-B_m}{A_m}\right) + \pi, & A_m < 0 \end{cases} \tag{7-56}$$

(6) 通过下式计算获得残差序列 $\varepsilon(\Delta t \cdot i)$：

$$\varepsilon(\Delta t \cdot i) = y_0(\Delta t \cdot i) - A_1\cos\left(\frac{2i\pi}{N_0}\right) - B_1\sin\left(\frac{2i\pi}{N_0}\right) \tag{7-57}$$

$$\varepsilon_{\max} = \max\left|\varepsilon(\Delta t \cdot i)\right| \quad (i = 0, 1, \cdots, N-1) \tag{7-58}$$

拟合残差有效值为

$$\rho = \sqrt{\frac{1}{N}\sum_{i=0}^{N-1}\varepsilon^2(\Delta t \cdot i)} \tag{7-59}$$

波形数据的总失真度 TDZ 为

$$\mathrm{TDZ} = \frac{\rho \cdot \sqrt{2}}{C_1} \tag{7-60}$$

若信号峰峰值与波形测量系统量程之比为 η，测量系统有效位数为 BD，则有测量系统量化误差带来的失真度 [20]：

$$\mathrm{TDX} = \frac{\sqrt{2}}{\eta \cdot 2^{\mathrm{BD}} \cdot \sqrt{3}} \tag{7-61}$$

被测量信号波形的失真度 [20]：

$$\mathrm{TD} = \sqrt{\left|\frac{2\rho^2}{C_1^2} - \frac{2}{3\eta^2 \cdot 4^{\mathrm{BD}}}\right|} \tag{7-62}$$

7.3.4　误差分析

由于使用了周期精确测量技术，则由周期带来的谐波分析误差可忽略不计；由式 (7-62) 的全微分，得失真度 TD 的误差为

$$\Delta\mathrm{TD} = \frac{2}{\mathrm{TD}}\left(\frac{\rho}{C_1^2}\cdot\Delta\rho - \frac{\rho^2}{C_1^3}\cdot\Delta C_1 + \frac{\ln 2}{3\eta^2 4^{\mathrm{BD}}}\cdot\Delta\mathrm{BD}\right) \tag{7-63}$$

其中，有效位数 BD 作为修正因子，其误差 ΔBD 约为 0.1bit，可参见有关文献从校准中获得 [21]。

设信号 $y(t)$ 在过均值点附近连续、导数 $y'(t)$ 存在且接近于常值，约为 $y'(0)$ 或 $y'((N-1)\cdot\Delta t)$，则可以估算为

$$y'(0) \approx \frac{y(1)-y(-1)}{2\Delta t} \approx \frac{\hat{y}(1)-\hat{y}(-1)}{2\Delta t} \tag{7-64}$$

$$y'[(N-1)\cdot\Delta t] \approx \frac{y(N+1)-y(N-1)}{2\Delta t} \approx \frac{\hat{y}(N+1)-\hat{y}(N-1)}{2\Delta t} \tag{7-65}$$

$$y' = 0.5[y'(0)+y'(N-1)] \tag{7-66}$$

设

$$y_p = \max|y(t)-A_0| \tag{7-67}$$

则当不采取从均值点处开始截取整数个信号周期时，执行式 (7-48) 进行均值 A_0 的估算，给 A_0 带来的最大误差约为

$$\Delta A_0 = \pm\frac{|A_0|+y_p}{N} \tag{7-68}$$

而当采取从均值点处开始截取整数个信号周期时，执行式 (7-48) 进行均值 A_0 的估算，给 A_0 带来的最大误差约为

$$\Delta A_0 = \pm\frac{|A_0|+|y'\cdot\Delta t|}{N} \approx \pm\frac{|A_0|}{N} \tag{7-69}$$

在本节上述方法中，若采样序列 N 个点中不恰好含有整数个信号周期 (周期长度为 N_0)，则在式 (7-49)、式 (7-50) 中给累加和造成的最大误差约为 $\pm y'\cdot\Delta t$，给 A_m 和 B_m 造成的最大误差约为

$$\Delta A_m = \pm\frac{2}{N}\cdot y'\cdot\Delta t\cdot\cos\left(\frac{2m\pi}{N_0}\right) \leqslant \pm\frac{2}{N}\cdot y'\cdot\Delta t \tag{7-70}$$

$$\Delta B_m = \pm\frac{2}{N}\cdot y'\cdot\Delta t\cdot\sin\left(\frac{2m\pi}{N_0}\right) \leqslant \pm\frac{2}{N}\cdot y'\cdot\Delta t \tag{7-71}$$

给 ρ 造成的最大误差为

$$\Delta\rho_{\max} = \sqrt{\rho^2 \pm \frac{\varepsilon_{\max}^2}{N}} - \rho \approx \pm\frac{\varepsilon_{\max}^2}{2N\rho} \tag{7-72}$$

由于 A_m 和 B_m 具有正交性，则 ΔA_m 和 ΔB_m 可以认为不相关，该因素给 C_m 带来的最大误差 ΔC_m 约为

$$\Delta C_m = \pm\sqrt{\Delta A_m^2 + \Delta B_m^2} = \pm\frac{2}{N}\cdot y'\cdot\Delta t \tag{7-73}$$

由式 (7-43) 可以导出相应的初始相位误差：

$$\begin{aligned}\Delta\varphi_m &= \frac{-1}{A_m}\left(\Delta A_m \sin\varphi_m \cos\varphi_m - \Delta B_m \cos^2\varphi_m\right)\\ &= \frac{-1}{C_m}\left(\Delta A_m \sin\varphi_m - \Delta B_m \cos\varphi_m\right)\end{aligned} \tag{7-74}$$

则由式 (7-63) 可得

$$\Delta\mathrm{TD} = \frac{2}{\mathrm{TD}}\left(\frac{\pm\varepsilon_{\max}^2}{2NC_1^2} \pm \frac{2\rho^2 y'\Delta t}{N\cdot C_1^3} \pm \frac{\ln 2\cdot\Delta\mathrm{BD}}{3\eta^2 4^{\mathrm{BD}}}\right) \tag{7-75}$$

一般说来，对于具体的周期信号 $y(t)$，y' 是确定不变的，则从式 (7-75) 可见，增大序列样本数 N 可以降低失真度分析的误差 $\Delta\mathrm{TD}$，降低采样间隔 Δt (增高采样速率) 也可以降低失真度分析的误差，采取从过均值点截取序列周期并经过剔除直流分量后进行分析，同样将减小失真度分析误差。

当信号 $y(t)$ 在过均值点附近不连续，且出现巨大跳变时，如方波和锯齿波中的情况，设跳变增量为 $\pm y_p$ (方波或锯齿波峰值)，则本节上述方法中由于采样序列 N 个点中不恰好含有整数个信号周期 (长度为 N_0) 而在式 (7-53)、式 (7-54) 中给累加和造成的最大误差约为 $\pm y_p$，给 A_m 和 B_m 造成的最大误差约为

$$\Delta A_m = \pm\frac{2}{N}\cdot y_p \cos\left(\frac{2m\pi}{N_0}\right) \leqslant \pm\frac{2}{N}\cdot y_p \tag{7-76}$$

$$\Delta B_m = \pm\frac{2}{N}\cdot y_p \sin\left(\frac{2m\pi}{N_0}\right) \leqslant \pm\frac{2}{N}\cdot y_p \tag{7-77}$$

$$\Delta C_m = \pm\frac{2}{N}\cdot y_p \tag{7-78}$$

$$\Delta\mathrm{TD} = \frac{2}{\mathrm{TD}}\left(\frac{\pm\varepsilon_{\max}^2}{2NC_1^2} \pm \frac{2\rho^2 y_p}{N\cdot C_1^3} \pm \frac{\ln 2\cdot\Delta\mathrm{BD}}{3\eta^2 4^{\mathrm{BD}}}\right) \tag{7-79}$$

此时，从式 (7-79) 可见，增大序列样本数 N 可以降低失真度分析误差，降低采样间隔 Δt 对降低失真度分析误差没有明显作用。

通常，每个信号周期至少有 2 个 “过均值点”，多数时候这两个点处的导数有明显差异，由式 (7-68)~ 式 (7-79) 可见，选取导数存在且导数绝对值最小的 “过均值点” 进行样本截取，然后执行谐波分析，将有利于获得更加良好的误差效果。由此将获得良好的失真度测量结果。

7.3.5　仿真验证

设定仿真条件，正弦波信号峰值为 8V，频率为 135.6Hz，相位为 2rad，2 次谐波失真，分别在失真度为 0、0.01%、40%三种不同条件下；A/D 位数分别为 4、6、8、10、12、14、16、18、20(bit) 几种不同的量化误差情况下，量限 ±10V，采集速率 18kSa/s，数据个数 $n=16000$，$N=15929$；取 $\Delta \mathrm{BD}=\pm 0.1\mathrm{bit}$。

用上述公式和结论，在计算机上进行仿真获得结果如表 7-2 所示。通常，未考虑对量化误差等带来的影响进行修正时，均以测量数据失真度 TDZ 代替输入信号失真度 TD，实际上的输入信号失真度应该是 TD。在已知测量系统动态有效位数 BD 的情况下，可对测量数据失真度 TDZ 进行修正，获得输入信号失真度的较准确评价值 TD。表 7-2 验证了这一结论。

从表 7-2 可见，A/D 位数对于失真度的评价具有较大影响，当其过低时，即使使用修正结果，也无法完全消除其影响，这表明实际应用中，在测量较小失真度和进行较精确的失真度测量时，需要选择动态有效位数足够大的测量系统。

表 7-2　输入信号失真度的评价及其修正仿真实验结果

(A/D 位数)/bit	TDX	设定失真度 TD = 0			设定失真度 TD = 0.01%			设定失真度 TD = 40%		
		TDZ	TD	ΔTD	TDZ	TD	ΔTD	TDZ	TD	ΔTD
4	6.48×10^{-2}	6.44×10^{-2}	8.85×10^{-3}	3.2×10^{-2}	6.44×10^{-2}	8.85×10^{-3}	3.2×10^{-2}	0.407785	0.402753	7.0×10^{-4}
6	1.59×10^{-2}	1.60×10^{-2}	1.12×10^{-3}	1.6×10^{-2}	1.60×10^{-2}	1.13×10^{-3}	1.6×10^{-2}	0.400090	0.399772	4.4×10^{-5}
8	3.99×10^{-3}	4.00×10^{-3}	3.55×10^{-4}	3.1×10^{-3}	4.00×10^{-3}	3.68×10^{-4}	3.0×10^{-3}	0.400034	0.400014	2.8×10^{-6}
10	9.97×10^{-4}	9.99×10^{-4}	6.67×10^{-5}	1.0×10^{-3}	1.00×10^{-3}	1.21×10^{-4}	5.7×10^{-4}	0.399997	0.399996	1.7×10^{-7}
12	2.49×10^{-4}	2.50×10^{-4}	2.53×10^{-5}	1.7×10^{-4}	2.70×10^{-4}	1.04×10^{-4}	4.2×10^{-5}	0.399997	0.399997	1.1×10^{-8}
14	6.23×10^{-5}	6.58×10^{-5}	2.10×10^{-5}	1.3×10^{-5}	1.19×10^{-4}	1.02×10^{-4}	2.6×10^{-6}	0.399996	0.399996	6.7×10^{-10}
16	1.56×10^{-5}	2.50×10^{-5}	1.96×10^{-5}	8.6×10^{-7}	1.03×10^{-4}	1.02×10^{-4}	1.6×10^{-7}	0.399997	0.399997	4.2×10^{-11}
18	3.89×10^{-6}	2.06×10^{-5}	2.03×10^{-5}	5.2×10^{-8}	1.02×10^{-4}	1.02×10^{-4}	1.0×10^{-8}	0.399997	0.399997	2.6×10^{-12}
20	9.73×10^{-7}	2.03×10^{-5}	2.02×10^{-5}	3.2×10^{-9}	1.02×10^{-4}	1.02×10^{-4}	6.4×10^{-10}	0.399997	0.399997	1.6×10^{-13}

7.3.6　结论

综上所述可见，本节所述失真度测量方法具有如下特点：① 直接从经典傅里叶变换定义出发执行运算，不使用 FFT 方法，因而不要求测量序列长度为 2 的整数次幂；② 不要求测量序列恰好含有整数个信号周期，即不要求满足同步采样条件；③ 只对基波分量参数进行分解变换，不涉及高次谐波，有利于提高测量准确度；④ 直接在时域使用信号与基波的残差来计算失真，属于软件陷波方法，其内涵包括了所有谐波、杂波及噪声失真，不存在方法原理上的缺陷；⑤ 通过已知的测量系统动态有效位数，可以对测量仪器本底噪声带来的影响进行修正，从而进一步提高测量准确度 [21]；⑥ 测量误差因素可以明确估计与控制。目前其他 FFT 分析方法尚未提供如此具体的结论。

从上述仿真实验验证可见，本节所述方法用于正弦波形的失真度测量时，具有足够高的测量准确度，尤其是对于大失真度情况。这主要是由于本节所述方法采取了如下关键性措施减小谐波分析误差：① 使用了信号周期的精确测量技术，以 N_0 代替 N 进行分解运算，减小了谐波频率定值误差以及所带来的运算误差；② 在函数序列的均值点附近开始截取近整数个信号周期的数据 N，执行谐波分析，减少了非同步采样带来的运算误差和方法误差；③ 从序列中减去均值分量 A_0 后进行谐波参数运算，减少了 A_0 对各谐波参数带来的影响。

采用这些措施后，并未出现对测量过程的特别要求，不要求同步采样状态，实际上是处于非整周期采样状态，使得上述方法具有较广泛的适应性和简便易行性，因此，可望在计量测试和精确测量中有良好的应用前景。

7.4 局域失真测量

7.4.1 引言

正弦波形的失真度是影响其应用质量的重要指标参数，其重要性仅次于其幅度和频率，随着人们对测量准确度要求的不断提高，以及正弦波应用场合的日益扩大，在许多计量测试场合，都对正弦波形的失真度提出了特别要求，例如动态力校准领域和微纳米计量领域。

目前的正弦波形失真定义，是一种频率域上的功率或能量比值描述 [4,20,22]，表述的主要是频域信息而非时域信息；给出的结果是正弦波形周期内失真的平均效果，而非最大值，并且对于每一个正弦波形周期内各个小部分波形处的失真分布情况无法明确给出。

频域失真定义，其优势主要体现在对失真特征的频域描述比较详细与深入，在进行时域正弦信号的滤波、放大等处理操作时，频带宽度等匹配参数选取方便。但是，若想从时域物理机理和机电结构等方面控制和降低失真，则该方式无法给出明确的技术参考和技术指导依据。

在动态压力和动态力的激励源研究中，已经有人使用凸轮、活塞等机电结构产生正弦压力和正弦力波形，并以精确控制凸轮轮廓曲线形状方式控制正弦压力等信号波形的失真 [23,24]。在失真度不理想的情况下，人们需要知道在凸轮的哪些地方的形状变异制约了正弦压力的波形失真度，但一直没有进行深入细致的研究和解决该问题，而仅仅使用总失真度进行最终评估。

在微纳米研究领域，也已经有人通过研制和刻蚀截面形状为正弦规律的标准掩模版 [25]，以作为微纳米尺度的实物标准，其失真度的控制与测量，是该实物标准的关键因素。目前也没有良好方法控制和改进正弦规律的标准掩模版的刻蚀工艺等，人们也在期望通过失真的控制改善和强化正弦规律特征。

在上述诸如正弦压力、微纳米正弦掩模版的失真控制之类工作中，目前的失真度定义及测量显现出明显不足。失真度测量与分析结果不能对失真进行明确的时空物理定位，从而无法直接用于降低失真和控制失真。

本节后续内容，将主要讨论和介绍一种正弦波局域失真的定义及测量方法，可以以相位坐标为定位尺度，定量给出正弦波形每一个特征点处的失真量值，以更加深入和细致地表述失真信息，并对时域手段和方法降低波形失真提供指导和技术支持。

本节所述定义及方法，将可用于上述问题的解决，它首先可用来进行局域失真的测量和展示，并能进行极限失真点的物理定位，以便为进一步采取措施提供技术支持。

7.4.2　几种失真的讨论

关于正弦波形失真，目前主要有总谐波失真、总失真、谐波失真、杂波失真、噪声失真几种定义及表述方式。正弦波失真概念的理论基础是傅里叶分析与变换理论，以及三角函数基是一种完备正交基，在满足狄利克雷条件下，可以用来无限逼近物理上可实现的任意周期性函数波形。

所有的失真定义均基于理想的正弦波形在时域是一简单的正弦模型，而在频域是一条单一的谱线的理念。

设含有失真的正弦波形函数表达式为 $F(t)$，其第 k 次谐波表达式为

$$F_k(t) = C_k \sin(2\pi fkt + \varphi_k) \quad (k = 2, 3, \cdots) \tag{7-80}$$

其目标函数为 $F_1(t)$。

总谐波失真 D_{TH} 是一种频域失真定义形式，并不给出失真的时域分布信息，它是以基波幅度为参考，将二次及以上所有谐波幅度的方和根作为谐波失真分量定义的。其本意体现的是一种失真功率幅度与信号功率幅度的比值：

$$D_{\mathrm{TH}} = \frac{\sqrt{\sum_{k=2}^{\infty} C_k^2}}{C_1} \tag{7-81}$$

从定义上，给出的是所有谐波分量的平均效果作为失真，但在实际的实现上，则只能计算到有限次谐波，是一种物理实现上有缺陷和近似的失真定义。它也不包括噪声带来的失真部分，主要体现的理念为失真是一种确定性的周期性缺陷信息，而非周期性的随机噪声是由其他因素造成的，不应属于正弦波形自身的形状失真。而形状失真才是波形失真要描述的本质特征。

谐波失真 D_{H_k} 是正弦失真在频域上的细化和细分。它表述的是第 k 次谐波幅度分量与基波幅度之比值：

$$D_{\mathrm{H}_k} = \frac{C_k}{C_1} \tag{7-82}$$

在一些特殊的应用场合，如齿轮变速箱的振动分析，不同变比的齿轮组合对应不同的阶次，从基波某一次谐波失真分量的量值上，可以从物理机理上协助定位和估计该失真的起因与程度，即哪个齿轮有伤，以及损伤程度。

杂波失真也是一种频域失真定义方式，它主要指那些出现在基波的非整数次谐波频率点上的高次项波形幅度分量的方和根与基波幅度之比。对周期信号而言，完整的数学表达式中并没有杂波失真存在的余地和空间，这主要是由一些外来的非同步周期性干扰因素、信号合成与产生时硬件系统的不完善和不均匀等因素造成的。它在数学表达式上应该是除去谐波分量以外的非谐波频率位置上出现的明显高于噪声水平的高频信号幅度的合成。它是谐波失真的一种补充，是频域失真定义的一种完善。

噪声失真也属于频域失真的定义方式，之所以使用频域定义方式，是因为该方式容易实现物理测量与复现。它主要是指正弦波形失真剔除了谐波失真部分和杂波失真后的剩余

部分，在频域同样体现出了没有特别占优势的失真分量，具有宽带、广谱的平稳性与随机性特征。

与总谐波失真相比，总失真的表述更加全面，它是一种将全部谐波、杂波、噪声分量均计入失真的一种失真定义方式。它既有频域定义方式 [22]，又有时域定义方式 [20]。体现的理念是，只要是与理想模型存在差异，即将其视为失真。而不论它是确定因素带来的还是随机因素带来的，也不论它是本质特征造成的还是测量过程及干扰带来的。这是一种覆盖因素全面但理念趋于保守的失真定义方式，物理上比较容易实现定义和测量，它给出的结果也属于多个正弦波形失真信息的平均效果，并不能给出失真功率在正弦波形中的位置信息以及分布状况。

上述所有失真定义，都要用到正弦信号基波的幅度值。在频域定义的失真度表述中，它主要通过频谱分析、谐波分析等手段获得。而在时域定义的失真度表述中，它主要是通过波形测量和曲线拟合方式获得。在一些准确度要求不太高以及失真较小的场合，也有以被测信号波形的幅度代替基波幅度而实现某些失真度的测量与表述的。

从这些不同的失真定义及表述情况可见，尽管正弦信号的失真是一种时域波形特征，但人们为了物理实现方便以及某些工程实际的需要，多数情况下使用了频域定义与实现方式。在频域它被细分为谐波失真、杂波失真、噪声失真，以及合成为总谐波失真和总失真。其表述完整、彻底、清晰。在人们以频域方式发现、控制、降低正弦波形失真的过程中，可以给出多方面的指导依据和评价手段，主要是频域滤波手段，包括低通、高通、带通、带阻等滤波方式，是一套完整的频域失真分布信息。

反观时域情况，则仅仅可以给出总失真度这一笼统的、总体的、明显带有平均意味及合成意味的失真参数。人们无法像在频域那样，从时域确切判知失真的时域分布情况，因而无法给出以时域方式和手段降低正弦波失真的技术指导依据和深入评价手段。

7.4.3 局域失真的定义及测量实现

1. 局域失真的定义

定义：对于目标函数为 $F_0(t)=C\cdot\sin(2\pi ft+\varphi_0)+d$ 的正弦波形 $F(t)$，有偏差函数 $\zeta(t)$

$$\zeta(t)=F(t)-F_0(t) \tag{7-83}$$

表述成相位坐标形式为 $\zeta\left(\dfrac{\varphi}{2\pi f}\right)$，对于任一相位 φ 及其邻域区间 $[\varphi-\theta/2,\varphi+\theta/2]$，有

$$\zeta\left(\frac{\varphi}{2\pi f}\right)=\zeta(t) \tag{7-84}$$

$$\bar{\zeta}(\varphi,\theta)=\frac{1}{\theta}\int_{\varphi-\theta/2}^{\varphi+\theta/2}\zeta\left(\frac{\varphi}{2\pi f}\right)\mathrm{d}\varphi \tag{7-85}$$

局域共模失真：

$$D_{\mathrm{c}}(\varphi,\theta)=\frac{\bar{\zeta}(\varphi,\theta)}{C/\sqrt{2}} \tag{7-86}$$

局域差模失真：

$$D_{\mathrm{d}}(\varphi,\theta)=\frac{\sqrt{\dfrac{1}{\theta}\displaystyle\int_{\varphi-\theta/2}^{\varphi+\theta/2}\left[\zeta\left(\dfrac{\varphi}{2\pi f}\right)-\bar{\zeta}(\varphi,\theta)\right]^2\mathrm{d}\varphi}}{C/\sqrt{2}} \tag{7-87}$$

局域总失真：

$$D_{\mathrm{t}}(\varphi,\theta)=\frac{\sqrt{\dfrac{1}{\theta}\displaystyle\int_{\varphi-\theta/2}^{\varphi+\theta/2}\zeta^2\left(\dfrac{\varphi}{2\pi f}\right)\mathrm{d}\varphi}}{C/\sqrt{2}} \tag{7-88}$$

则称 $D_{\mathrm{c}}(\varphi,\theta)$ 为正弦波形在区间 $[\varphi-\theta/2,\varphi+\theta/2]$ 内的局域共模失真；称 $D_{\mathrm{d}}(\varphi,\theta)$ 为正弦波形在区间 $[\varphi-\theta/2,\varphi+\theta/2]$ 内的局域差模失真；称 $D_{\mathrm{t}}(\varphi,\theta)$ 为正弦波形在区间 $[\varphi-\theta/2,\varphi+\theta/2]$ 内的局域总失真。

它们均为时域各个失真分量的有效值与基波有效值之比，与频域以谐波和基波峰值之比定义的失真分量具有相容性，通过改变窗口 θ 的大小可以改变局域失真的分辨力。

使用该定义，人们可以定量描述任意相位区间正弦波形的失真状况，并能通过局域共模失真表述其确定性波形局域失真，通过局域差模失真表述其非确定性、波动性、随机性波形局域失真，通过局域总失真表述其波形局域总体失真；并能使用该定义手段比较不同波形周期失真的差异状况，在前述正弦压力源研究以及微纳米正弦掩模版的研制中，使用本节所述局域失真的定义及评价手段，可以对其最大的波形失真进行物理定位，进而控制降低或增大波形失真；也可以在特定的物理位置上设定和构造波形失真，达到随心所欲地控制和掌握时域和空间失真的状况。

2. 局域失真的测量实现

设正弦波形的测量采样序列为 x_i $(i=0,\cdots,n-1)$。其采样速率为 v，采样间隔为 Δt。则通过对序列的四参数正弦曲线拟合，获得其拟合目标函数 $F_0\left(\Delta t\cdot i\right)=C\cdot\sin(\omega\cdot i+\varphi_0)+d$，偏差序列 ζ_i：

$$\zeta_i=x_i-F_0(\Delta t\cdot i) \tag{7-89}$$

与偏差序列对应的目标函数相位序列 φ_i：

$$\varphi_i=\omega\cdot i+\varphi_0\quad(i=0,\cdots,n-1) \tag{7-90}$$

令区间宽度 θ

$$\theta=(2m+1)\cdot\omega \tag{7-91}$$

则有，区间 $[\varphi_i-\theta/2,\varphi_i+\theta/2]$ 内的局域共模失真：

$$D_{\mathrm{c}}(\varphi_i,\theta)=\frac{\bar{\zeta}(\varphi_i,\theta)}{C/\sqrt{2}} \tag{7-92}$$

$$\bar{\zeta}(\varphi_i,\theta)=\frac{1}{2m+1}\sum_{k=i-m}^{i+m}\zeta_k \tag{7-93}$$

区间 $[\varphi_i-\theta/2,\varphi_i+\theta/2]$ 内的局域差模失真：

$$D_{\mathrm{d}}(\varphi_i,\theta)=\frac{\sqrt{\dfrac{1}{2m+1}\displaystyle\sum_{k=i-m}^{i+m}[\zeta_k-\bar{\zeta}(\varphi_i,\theta)]^2}}{C/\sqrt{2}} \tag{7-94}$$

区间 $[\varphi_i-\theta/2,\varphi_i+\theta/2]$ 内的局域总失真：

$$D_{\mathrm{t}}(\varphi_i,\theta)=\frac{\sqrt{\dfrac{1}{2m+1}\displaystyle\sum_{k=i-m}^{i+m}\zeta_k^2}}{C/\sqrt{2}} \tag{7-95}$$

局域失真随相位而变化的曲线揭示了正弦波形不同位置的失真分布状况，该分布状况可用于正弦波形失真的时域控制和时空定位。

7.4.4 实验验证

这里使用超低频振动标准装置输出频率 0.050000Hz、位移幅度 36.32mm 的正弦振动，激励 ASQ-1CA 型位移传感器，用 NI PXI-6281 型数据采集系统采集获得如图 7-1 所示的时域振动测量波形。其 A/D 位数 18bit，通道最高采集速率 500kSa/s，通道量程为 ±0.1～±10V，采样速率 200Sa/s，数据个数 8000 点。

按照传统的总失真度定义计算 [20]，可以获得该波形的总失真度为 6.36%。

对采样序列进行正弦波拟合 [26,27]，获得拟合曲线及其偏差曲线，如图 7-2 所示。其横坐标为以正弦波相位为尺度时，可以考察偏差与相位的关系，接近重合的两条曲线为正弦波采样序列及其拟合曲线，曲线在 0 值附近波动者为偏差曲线。从曲线数据可以看出，在波谷周围相位值为 260° 附近区域波形失真比较突出。

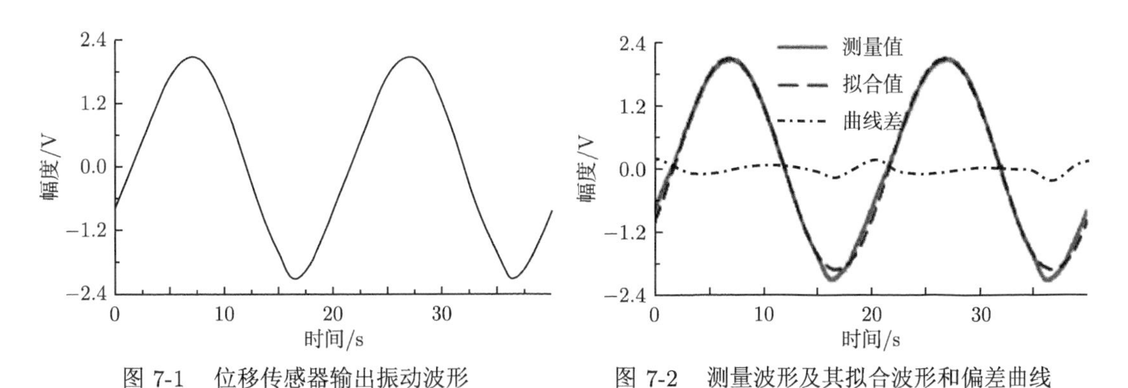

图 7-1 位移传感器输出振动波形　　图 7-2 测量波形及其拟合波形和偏差曲线

使用本节上述方法进行局域失真评价，获得结果如图 7-3～ 图 7-6 所示。

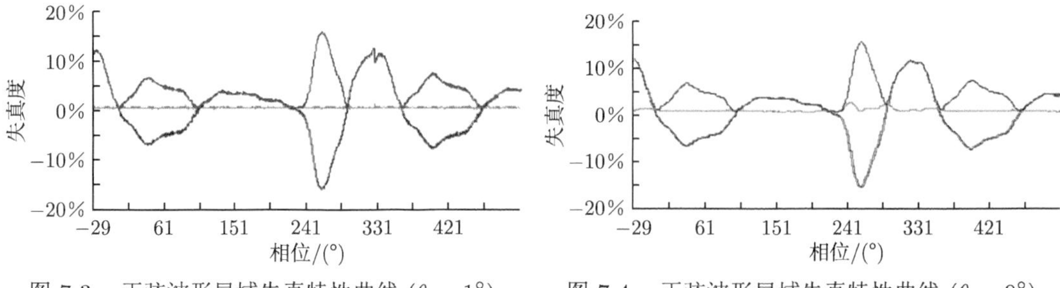

图 7-3　正弦波形局域失真特性曲线 ($\theta = 1°$)　　图 7-4　正弦波形局域失真特性曲线 ($\theta = 9°$)

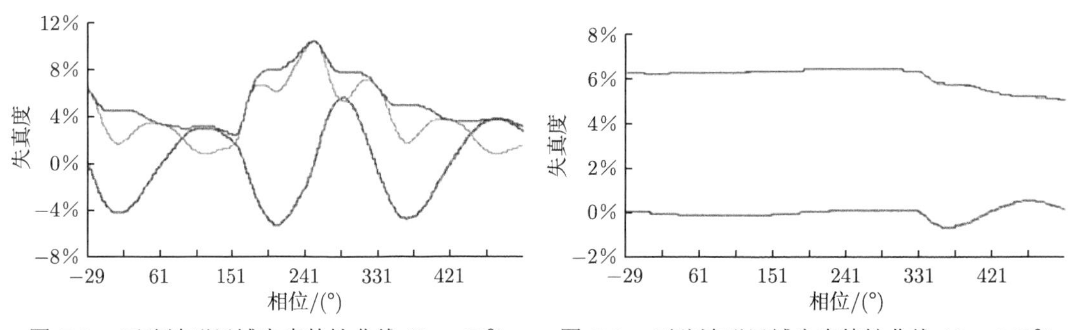

图 7-5　正弦波形局域失真特性曲线 ($\theta = 90°$)　　图 7-6　正弦波形局域失真特性曲线 ($\theta = 360°$)

图 7-3 为窗口区间宽度为 $\theta = 1°$ 时的局域失真随相位变化情况，从中可见，此时，局域差模失真较小，其绿色曲线在 0 值附近波动，局域共模失真占据主导地位，它是一条有正负号的量值随相位而变化的红色曲线，在 260° 附近区域波形失真达到最大，且达到远高于传统方式获得量值的两倍多，即 15.6%。蓝色曲线的局域总失真是局域共模失真和局域差模失真共同作用的结果，相当于两者的功率叠加，是一个永远的正值函数。图 7-4 为窗口区间宽度为 $\theta = 9°$ 时的局域失真随相位变化情况，与窗口区间宽度为 $\theta = 1°$ 时相比变化不大。

图 7-5 为窗口区间宽度为 $\theta = 90°$ 时的局域失真随相位变化情况，与窗口区间宽度为 $\theta = 1°$ 时相比变化较大。此时局域共模失真是由于窗口加大后的平均效应量值降低，而局域差模失真则明显加大，局域总失真的最大值也由于平均效应而明显降低。

图 7-6 为窗口区间宽度为 $\theta = 360°$ 时的局域失真随相位变化情况，与窗口区间宽度为 $\theta = 1°$ 时相比已经面目全非。此时红色局域共模失真由于窗口加大后的平均效应，量值变成在 0 值附近波动的弱小分量，而绿色局域差模失真则明显增大到成为主要失真分量，与蓝色局域总失真曲线基本重合。局域总失真的最大值也由于平均效应而进一步降低，其量值 6.40%接近传统方法计算获得的波形的总失真度 6.36%。

7.4.5　讨论

从实验结果可见，正弦波形失真具有典型的时空域非平稳性和不均匀性，从图 7-2 中测量曲线与其拟合曲线间的差异来看，在不同的波形位置处失真表现的差异还是较大的，以往的失真度定义与测量方法，只能给出其时域平均效果，而无法对其时域分布情况予以详细展示。由于是平均效果，其量值显然较实际失真差异的峰值要低很多，这也是其特别的局限之处。

从图 7-3～ 图 7-6 的区间窗口变化情况可见，当区间窗口较小时，局域差模失真体现出良好的平稳性特征，显现出随机噪声影响占主流因素。此时的局域共模失真则占据主导地位，其分布显然描述了波形失真特征。而此时的局域总失真主要是局域共模失真的绝对值。

当区间窗口逐渐加大时，局域差模失真的平稳性特征变差，显现出局域波形畸变影响比例增加的特征。此时的局域共模失真则渐渐被平均效应所弱化，其分布描述波形失真特征能力减弱。而此时的局域总失真是局域共模失真与局域差模失真的合成。

当区间窗口进一步加大到一定程度时，局域差模失真分量将超过局域共模失真分量，此时局域差模失真和局域共模失真均已经不能真实描述其局域失真特性。其量值幅度、位置等均与实际状况有很大不同。

当区间窗口加大到一个波形周期时，局域差模失真体现出良好的平稳性特征，量值在局域总失真中占据主导地位，并且与经典的正弦波总失真度相一致。而局域共模失真则弱化成在 0 值附近波动的一条曲线而已，近似可以忽略其影响。

综上所述，使用本节所述的局域失真定义以及评价方法描述正弦波形失真时，可以对失真进行时域定位，通过变换区间窗口，可以分别考察局域共模失真、局域差模失真和局域总失真。

7.4.6 结论

本节主要内容是阐述了正弦波形局域失真的概念，并给出了相应的测量评价方法，用于在时域或者空间域上给正弦波形失真进行定位，以便为降低、控制正弦波形失真度提供理论和方法支持。本节所述内容将对以机电手段产生的正弦波形进行失真定位、失真分析和失真控制提供支持，并且在空间正弦形貌的研究、测量、加工、控制中也有其应用价值和意义。

需要特别指出的是，本节所定义的局域共模失真、局域差模失真、局域总失真均是使用不同的局域残差有效值与基波幅度有效值之比定义的，与目前世界上的正弦波失真度定义具有相容性。当局域失真定义窗口增大到基波周期的整数倍时，局域总失真度与目前的正弦波形总失真度定义完全一致。可以认为，本节所定义的正弦波形局域失真是目前正弦波失真度定义的推广和拓展。

7.5 残周期失真测量

7.5.1 引言

在复杂通信信号的时频参数计量评价中，人们通常更加关注于能体现其各方面特性的“全波形”测量分析手段及结果。到目前为止，人们对于其信号带宽、频谱、功率等给予了极大关注 [28-32]，因为它们事关信道宽度、容量等频谱资源的利用与分配。对于时域特征，由于其“复杂性”表述，并未形成统一一致的共识。

实际上，目前的复杂通信信号，均不是任意波形信号，而是属于有确定载波的各种已调制信号，通常是正弦载波下的各种已调制信号。通过载波正弦信号的幅度、频率、相位等随时间的连续变化产生模拟调制效果；通过载波正弦信号的幅度、频率、相位等随时间的离散变化产生数字调制效果。

在参数连续变化为特征的模拟调制类已调信号中，复杂通信信号可以看作是一个正弦载波的周波信号参数中幅度、频率、相位等随时间在连续变化而产生的结果。

在参数离散变化为特征的数字调制类已调信号中，复杂通信信号可以看作是一段段正弦载波的周波信号阶跃跳变到下一个正弦载波的周波信号而产生的结果，即由不同的稳定正弦周波信号和它们之间的阶跃跳变而产生的过渡过程相拼接而成的过程结果。

由此可见，复杂通信信号的时域特征分析，可以归结为参量变化过程中的正弦周波特征分析和阶跃过渡过程的特征分析。在进行一段段正弦周波特征分析时，人们除了对其幅度、频率、相位、直流分量及其变化规律等予以特别关注外，其失真度或信噪比也是人们所尤其关注的波形质量特征。它们通常包含了波形的畸变、噪声、内外电路和空间场产生的各种电磁干扰等，例如多径干扰、相邻信道窜扰。有单次干扰、周期性干扰、随机性干扰等不同种类。在复杂通信信号全波形测量分析中，人们尤其关注每一个单独周波以及少于一个周波的残周期正弦周波的失真状态。另外，在一些与低频、超低频测量和控制有关的场合，由于时间因素、成本因素、失真反馈控制因素等要求，也需要在残周期条件下获得其失真度特性。

正弦波形失真有多种定义 [20,22,33-35]，包括单一谐波分量的谐波失真、能谱比较均衡平稳的噪声失真、能谱明显高于噪声能谱但不属于谐波分量的杂波失真，以及包含全部谐波、杂波、噪声因素的总失真。它们通常都是在频域定义及实现的，需要使用谐波分析的手段和方法。这些方法，在残周期条件下很难实现，因其无法进行有效的谐波分析，故只能借助于时域方法对其进行失真分析。

残周期正弦曲线拟合使解决该问题迎来契机 [27]，使得残周期正弦曲线失真的评价成为可能。本节后续内容，将主要讨论少于一个周波的残周期正弦波总失真度的测量评价，并试图找到一种技术解决之道。

7.5.2 基本原理和方法

1. 残周期正弦波总失真度

设带有谐波失真的正弦波形 $y(t)$ 为

$$y(t) = A_0 + \sum_{m=1}^{\infty} A_m \cos(m\omega t) + \sum_{m=1}^{\infty} B_m \sin(m\omega t) = A_0 + \sum_{m=1}^{\infty} C_m \cos(m\omega t + \varphi_m) \tag{7-96}$$

$$C_m = \sqrt{A_m^2 + B_m^2} \tag{7-97}$$

$$\varphi_m = \begin{cases} \arctan\left(\dfrac{-B_m}{A_m}\right), & A_m \geqslant 0 \\ \arctan\left(\dfrac{-B_m}{A_m}\right) + \pi, & A_m < 0 \end{cases} \tag{7-98}$$

$$\omega = \frac{2\pi}{T} = \frac{2\pi}{N_0 \cdot \Delta t} = 2\pi f \tag{7-99}$$

式中，Δt 为信号采样间隔；N_0 为每个信号周期内含有的采样点数；T 为基波周期；f 为基波频率。

数据记录序列为已知时刻 $t_0, t_1, \cdots, t_{n-1}$ 的 $y(t)$ 的采集样本 $y_0, y_1, \cdots, y_{n-1}$。四参数正弦曲线拟合过程，即为选取或寻找 C_1，f，φ_1，A_0，使式 (7-100) 所述残差平方和 ε 最小：

$$\varepsilon = \sum_{i=0}^{n-1} \left[y_i - C_1 \cos\left(2\pi f t_i + \varphi_1\right) - A_0\right]^2 \tag{7-100}$$

由式 (7-100) 的 ε 最小，可得拟合函数为

$$\hat{y}(i) = C_1 \cos\left(2\pi f t_i + \varphi_1\right) + A_0 \tag{7-101}$$

拟合残差有效值为

$$\rho = \sqrt{\frac{\varepsilon}{n}} \tag{7-102}$$

针对上述正弦波采样序列 $y_0, y_1, \cdots, y_{n-1}$，使用第 4 章的残周期正弦曲线拟合法 [27]，获得拟合参数 C_1，f，φ_1，A_0，并计算拟合残差有效值 ρ。则有测量数据总失真度 [20]

$$T_{\mathrm{dz}} = \frac{\rho}{C_1/\sqrt{2}} \tag{7-103}$$

若无过高的准确度要求，则可以使用 T_{dz} 表述被测残周期正弦信号的总失真度；若需要对测量系统带来的影响予以修正和补偿，则可以按照式 (7-104) 计算获得被测残周期输入信号的总失真度 T_{di}。

被测量输入信号总失真度为 [20]

$$T_{\mathrm{di}} = \sqrt{\left|\frac{\rho^2}{C_1^2/2} - \frac{1}{2^{2\cdot \mathrm{BD}-1}\cdot 3\cdot \eta^2}\right|} \tag{7-104}$$

式中，BD 为测量系统的动态有效位数；η 为被测信号幅度范围与测量仪器量程范围的比值。

2. 残周期正弦波的谐波失真

在上述残周期四参数正弦波拟合基础上，按照式 (7-99) 可以计算出在已知采样间隔 Δt 下，每个基波中所包含的样本点数 N_0。而实际的采样序列 $\{y_i, i = 0, \cdots, n-1\}$ 为少于一个波形周期的残周期序列，则有：

按式 (7-105)，式 (7-106) 计算获得周期信号 $y(t)$ 的谐波分量参数 A_m 和 B_m $(m = 1, 2, \cdots)$：

$$A_m = \frac{2}{n}\sum_{i=0}^{n-1} y_i \cos\left(\frac{2mi\pi}{N_0}\right) \tag{7-105}$$

$$B_m = \frac{2}{n}\sum_{i=0}^{n-1} y_i \sin\left(\frac{2mi\pi}{N_0}\right) \tag{7-106}$$

按式 (7-97)，式 (7-98) 计算谐波幅度 C_m 和相位 φ_m。

设定最高谐波阶次为 M，则有信号 $y(t)$ 的总谐波失真度为 T_{dh}[22,33]：

$$T_{\mathrm{dh}}=\frac{\sqrt{\sum_{i=2}^{M}C_i^2}}{C_1} \tag{7-107}$$

7.5.3 实验验证

试验装置构成为 [34]

(1) 0.5 m 大振幅、频率范围 10 mHz～20 Hz 的超低频振动标准装置；

(2) A/D 位数 18 bit、最高通道采集速率 500 kSa/s、通道量程为 ±0.1～ ±10V 的 NI PXI-6281 型数据采集系统；

(3) ASQ-1CA 型位移传感器。

这里使用超低频振动标准装置，输出频率为 50.000 mHz、位移幅度为 3.632 cm 的正弦振动波形，激励位移传感器，设定数据采集系统的量程为 ±2.5 V，采样速率为 200 Sa/s，数据样本点个数 8000 点。用数据采集系统执行采集，获得如图 7-7 所示的振动波形。

执行四参数正弦波拟合 [36]，拟合效果如图 7-8 所示，其中包含测量曲线、拟合曲线，以及测量曲线与拟合曲线之间的差异值曲线。获得拟合参数为：拟合幅度 2011.88 mV；频率 50.047 mHz；初始相位 −32.93°；直流分量 100.26m V；残差有效值 89.71 mV。

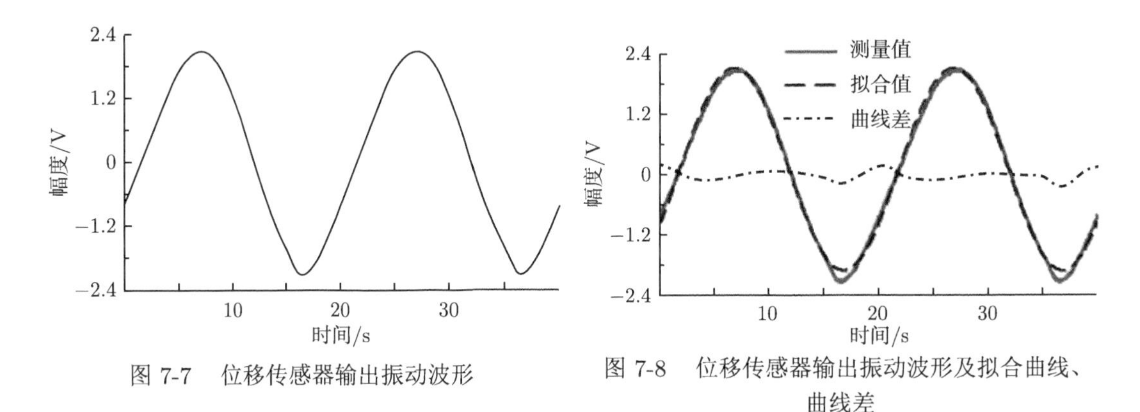

图 7-7　位移传感器输出振动波形

图 7-8　位移传感器输出振动波形及拟合曲线、曲线差

按照式 (7-103) 的总失真度定义计算，获得该波形的总失真度为 $T_{\mathrm{DZ}}=6.3\%$。按照式 (7-104) 计算 $T_{\mathrm{DI}}\approx T_{\mathrm{DZ}}$。

从上述图 7-7 中截取不足一个波形周期的残周期正弦曲线，如图 7-9 所示。

执行残周期四参数正弦波拟合 [27]，拟合效果如图 7-10 所示，其中包含测量曲线、拟合曲线，以及测量曲线与拟合曲线之间的差异值曲线。

获得拟合参数为：拟合幅度 1746.778 mV；频率 60.777 mHz；初始相位 124.67°；直流分量 −279.4766 mV；残差有效值 50.03 mV。

按照式 (7-103) 的总失真度定义计算，获得该波形的总失真度为 $T_{\mathrm{DZ}}=3.5\%$。按照式 (7-104) 计算 $T_{\mathrm{DI}}\approx T_{\mathrm{DZ}}$。

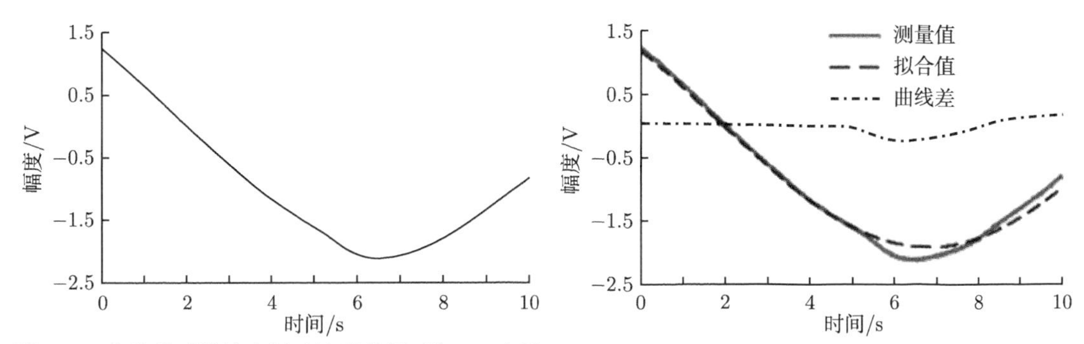

图 7-9 位移传感器输出振动波形残部 (约 0.6 个波形周期)

图 7-10 位移传感器输出振动波形残周期拟合结果

从多周期失真度和残周期失真度评价结果比较情况看，两者的量值存在差异，主要体现在局域拟合与总体拟合存在波形参数调控差异、波形失真分布不均所造成的差异，它们都可能导致结果差异。两者的差异不够明显时，将表明正弦曲线失真分布比较均衡。另外，残周期拟合时，幅度值和直流偏移的强相关性，可能导致拟合幅度与多周期时有较大差异，这也将给残周期拟合失真带来不确定性。只有当直流分量明确已知，例如明确为 0 时，可以将拟合幅度与直流分量合成后作为信号幅度，方可降低两者差异。

本节所述方法具有稳定性与可行性，从图 7-8 和图 7-10 的曲线波形及差异的均衡性也说明了这一点。

7.5.4 讨论

综上所述，以残周期正弦拟合法为基础，用时域方式，可获得残周期正弦波形的总失真度评价结果，也可确定其某一谐波的失真情况。进行谐波失真分析时，难点在于基波频率参数的估计，即每周期采样点数 N_0 的确定，该问题使用残周期正弦拟合可获得解决。当噪声失真占比较大，且分布比较均匀、随机性明显时，人们往往希望将噪声失真部分剔除，只评价谐波、杂波等畸变类失真，应用本节方法，可以获得谐波分析结果，但由于是残周期状态，其谐波分析误差较大，各次谐波失真结果之合成远大于总失真度评价结果，两者差异巨大，很难实际应用。其原因主要是，残周期拟合获得的基波频率相比于多周期情况，误差较大；其次是，残周期因为信息不全，谐波之间正交性被破坏，导致各次谐波分量很难完全独立，你中有我，我中有你，重复部分导致合成结果变大。

此外，也可使用局域失真的定义及评价方法处理残周期正弦波形失真 [34]，即将波形按小邻域进行细分，再将小邻域内的波形失真细分为差模失真和共模失真，其差模失真的平均值，可视为噪声失真的平均值的一种估计。在能量守恒的前提下，从总失真中剔除差模失真部分，将获得只包含谐波、杂波类畸变失真的一种估计。相应的细节问题，有待后续研究予以解决。

7.5.5 结论

本节所述内容，主要是以残周期正弦拟合方法为基础，用时域方式定义并实现了残周期正弦波形总失真度的定量评估。并且经实验证实，在此残周期波形的基础上，使用谐波分析方法，很难获得其谐波失真的准确评价结果。

当残周期逐步扩展成完整周期后，残周期正弦失真的定义与评价方法与现有的正弦波形总失真度的定义完全相符合。这属于提供了一种全新的波形参数定义、分析方法和技术手段，丰富和拓展了正弦波形失真的定义范畴。

本节所述方法，在以正弦波为载波的复杂通信信号全波形深入分析和超低频振动等波形局部特征分析中，均有广泛的价值和良好的应用前景。

7.6　正弦序列噪声测量

7.6.1　引言

众所周知，数据采集系统在测量动态信号时，其准确度要比测量静态信号时低许多。导致这种现象的原因历来众说纷纭。有的说是动态过程下的频带“不平”造成的，有的归结为“失真”加剧，还有的仿照静态特性中“线性度”的概念，又提出了一种不同于静态特性中的线性度的“动态线性度”概念，少数人仿照传感器中灵敏度的概念，将传递函数模型用泰勒级数展开，正如曾将一次项系数称为“灵敏度”(实为增益) 一样，而将二次项系数称为“动态灵敏度”，并试图从这许多种概念、意义下去寻找和解释数据采集系统动态测量下的准确度下降的原因 [37-39]。而最为多见的观点，是将其归结为动态噪声，即数据采集系统动态测量下的噪声变大所致 [10,26]。如何定义并且如何评价该动态噪声，以及如何将其与非噪声因素分离开来，一直是一个比较困难的问题。本节在正弦信号激励响应条件下，使用正弦波拟合方法，定义并描述了动态噪声及其评价方法，以模型化方法将动态噪声序列激励并提取出来，以便利用数理统计和信号处理等一系列方法和手段，对其开展进一步研究。

7.6.2　正弦波拟合法评价动态噪声

动态噪声，是测量动态信号时的噪声或动态工作情况下的噪声，它不像静态测量下的噪声那样，很容易用均值法将噪声和输入信号分离出来。动态测量状态下的噪声与信号本身互相分离是比较困难的，解决这一困难的方案是使用具有特定模型的动态输入信号模式，采用模型化测量方法，应用波形拟合技术，对测量序列进行拟合；然后再使用将采集序列中的信号部分除去的方法，获得动态噪声的测量序列，可称其为时域分析方法；另外，也可以将其变换到频域，通过检测基波、谐波和杂波，并将它们分别提取出来后，剩余的本底噪声频谱，对应的时域分量部分作为噪声，属于频域分析方法。

本节使用正弦波模型和最小二乘正弦拟合法，评价其动态噪声特性，它属于时域方法，具体过程如下所述。

设数据采集系统通道的量程为 E_{r}，双极性对称输入方式，通道采集速率为 v。

给数据采集系统加载一个低失真正弦波信号：

$$e(t) = E_{\mathrm{p}} \sin(2\pi \cdot f_0 t + \varphi_0) \tag{7-108}$$

$$E_{\mathrm{p}} \leqslant \frac{E_{\mathrm{r}}}{2} \tag{7-109}$$

$$f_0 \leqslant \frac{v}{3} \quad \left(\text{推荐取 } f_0 = \frac{N \cdot v}{n}\right) \tag{7-110}$$

其中，n 为通道采集数据个数；N 为通道采集的信号整周期个数；这里，n 与 N 不能有公共因子。启动采集，获得一组采集数据 x_i $(i=0,\cdots,n-1)$，按最小二乘法求出采集数据的最佳拟合信号：

$$a(t)=A\cdot\sin(2\pi\cdot ft+\varphi)+d \tag{7-111}$$

其中，$a(t)$ 为拟合信号的瞬时值；A 为拟合正弦信号的幅度；f 为拟合正弦信号的频率；φ 为拟合正弦信号的初始相位；d 为拟合信号的直流分量值。

由于实际的采集数据是一些离散化的值 x_i，对应地，其时间也是离散化的 t_i，其中，

$$t_i=\frac{i}{v}\quad(i=0,\cdots,n-1) \tag{7-112}$$

这样，式 (7-111) 变成

$$a(t_i)=A\cdot\sin(2\pi\cdot ft_i+\varphi)+d \tag{7-113}$$

简记为

$$a(i)=A\cdot\sin(\omega\cdot i+\varphi)+d \tag{7-114}$$

$$\omega=\frac{2\pi\cdot f_0}{v} \tag{7-115}$$

则拟合残差有效值 ρ_{r} 为

$$\rho_{\mathrm{r}}=\sqrt{\frac{1}{n}\cdot\sum_{i=0}^{n-1}[x_i-A\cdot\sin(\omega\cdot i+\varphi)-d]^2} \tag{7-116}$$

式中，t_i 为第 i 个测量点的时刻，$i=0,\cdots,n-1$。

当拟合残差有效值 ρ_{r} 最小时，可获得式 (7-108) 的最小二乘意义下的拟合正弦波信号式 (7-114)，此时，可得到拟合结果 A、ω、φ 和 d。由测量序列 x_i $(i=0,\cdots,n-1)$，以及 x_i 与该拟合结果决定的对应点拟合值之差可最终获得数据采集系统动态测量噪声序列 γ_i $(i=0,\cdots,n-1)$：

$$\gamma_i=x_i-A\cdot\sin(\omega\cdot i+\varphi)-d\quad(i=0,\cdots,n-1) \tag{7-117}$$

其中，γ_i 即为数据采集系统在采集速率 v 之下，对频率为 f_0 的正弦信号的动态测量噪声，其均值估计值为

$$\bar{\gamma}=\frac{1}{n}\cdot\sum_{i=0}^{n-1}\gamma_i \tag{7-118}$$

其标准差估计值为

$$s_\gamma=\sqrt{\frac{1}{n-1}\cdot\sum_{i=0}^{n-1}(\gamma_i-\bar{\gamma})^2} \tag{7-119}$$

7.6.3　动态噪声评价中的几个问题

动态噪声评价中最主要的问题是将其成功激励出来，并有效地与动态激励信号相分离，这在上述过程中已获得了解决。此外，所获得的噪声序列可能是非平稳过程，并含有趋势分量和周期性分量。更精确的噪声评价应将其趋势分量和周期性分量剔除，以获得只有随机成分的真正的平稳噪声序列。在信号处理中有很多剔除趋势分量的方法可以借鉴采用，而周期性分量部分的剔除，可通过单频滤波的方法，将其从随机噪声序列中消去。当动态噪声评价所使用的正弦信号源是低噪声信号源时，所评价的噪声特性主要是数据采集系统的噪声；同时，信号源应是低失真的，因为其谐波失真将使测量噪声序列周期性分量增加，给噪声评价带来不必要的麻烦。最后，需要特别说明的是，由于“真实的”正弦波测量序列是无法确知的，故本节所述的噪声及定义，实际上是一种数学含义明确的等效噪声；虽然它与物理上真正的实际噪声稍有区别，属于随机噪声过程的一种抽样序列，但由于具有相同的统计特性，从而并不影响其有效性和实用性。

7.6.4　实验验证

这里使用上述方法和过程在一种数字示波器 HP54501A 上进行试验验证，获得结果如图 7-11 和图 7-12 所示。

图 7-11 为数据采集系统动态噪声序列测量结果，其均值为 0.166mV，标准差为 1.01mV，与幅度之比的相对均值为 8.45×10^{-3}，与幅度之比的相对标准差为 5.11%。该图中的曲线充分说明，使用本节所述方法评价数据采集系统动态噪声是行之有效的。

图 7-12 则是获得这一动态噪声的正弦波曲线测量序列。由图 7-12 可知，若不采用模型化测量方法，则根本无法获得动态噪声测量序列，更无法对动态噪声进行确切评价。而从图 7-11 可见，用上述方法和过程获得的动态噪声序列含有周期性分量，这多是由信号源的谐波失真，以及数据采集系统的非线性所产生的谐波失真造成的。由此可见，数据采集系统的非线性所产生的谐波失真应是其动态测量准确度下降的原因之一，因为在静态测量情况下，多为点测量，而非波形测量，非线性所产生的准确度下降并没有表现得这么严重和集中。

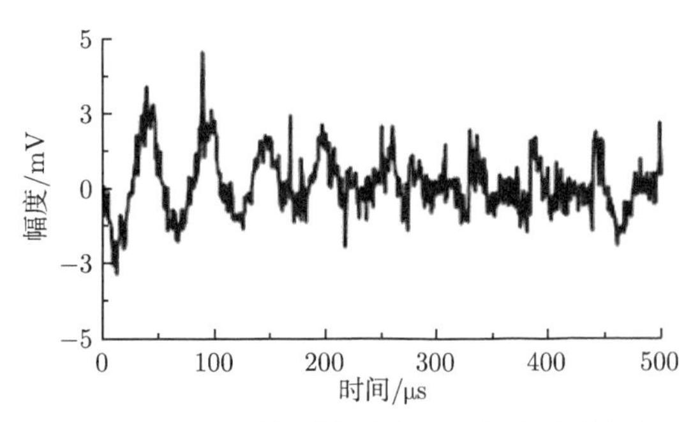

图 7-11　数据采集系统动态噪声序列测量结果

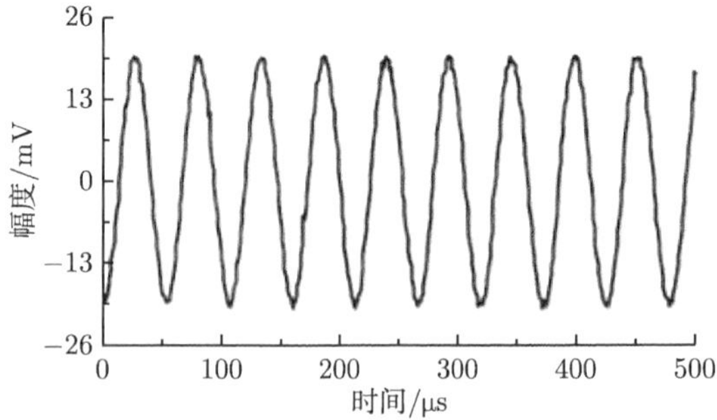

图 7-12　数据采集系统正弦波测量序列

7.6.5　结论

综上所述，使用本节所述方法和过程，可有效获得数据采集系统动态噪声测量序列，并进而获得其均值和方差等一些统计特性，这使得数据采集系统的动态噪声获得了可靠评价。

另外，由于使用本节所述方法和过程时，输入信号为单频正弦波，则变换信号频率，重复上述评价过程，可以很容易地获得噪声及其统计特征随信号频率变化的关系，即频率特性。对确定的数据采集系统的进一步研究，可以确定噪声是否为其动态测量准确度比静态测量准确度下降的原因。

7.7 周期信号的总失真度测量

广义而言，信号波形的失真应该是实际波形与期望波形间的差异，它是衡量信号波形质量的基本尺度之一。到目前为止，人们提到信号波形失真的绝大多数场合是指正弦波形及其失真 [4]，多数仪器设备和技术均如此。在某些文献中，脉冲信号的失真被定义和提及 [1]，而对于其他众多的信号波形，一直没有形成失真的定义，更未讨论其测量评价方法，本节将主要讨论这一问题。

7.7.1 周期波形总失真度的定义

关于仪器设备所产生和测量的信号波形，多数情况下都有其期望波形或目标波形，实际波形与期望波形间总存在差异，人们将这些差异统称为波形失真、噪声或误差。如果这些波形是单次信号波形，则其失真很难定义和测量，但对于周期信号波形则截然不同，人们将能够定义失真和实施有效测量。

定义：周期信号实际波形与其最优期望波形间残差的有效值和最优期望波形交流分量有效值之比为其总失真度。

也就是说，对于周期为 T 的已知信号 $x(t)$，其实际波形函数为 $y(t)$，存在 G、Q、$t_0 \in \mathbf{R}$，且

$$f(t) = G \cdot x(t - t_0) + Q \tag{7-120}$$

使得

$$\rho = \sqrt{\frac{1}{T}\int_0^T [y(t) - f(t)]^2 \mathrm{d}t} = \sqrt{\frac{1}{T}\int_0^T [y(t) - G \cdot x(t) - Q]^2 \mathrm{d}t} = \min \tag{7-121}$$

若

$$\bar{f} = \frac{1}{T}\int_0^T f(t)\mathrm{d}t \tag{7-122}$$

$$f_{\mathrm{r}} = \sqrt{\frac{1}{T}\int_0^T [f(t) - \bar{f}]^2 \mathrm{d}t} \tag{7-123}$$

则 $y(t)$ 相对于其最优期望波形的总失真度 TD 定义为

$$\mathrm{TD} = \rho / f_{\mathrm{r}} \tag{7-124}$$

其中，t_0 是 $y(t)$ 与 $x(t)$ 之间的时间延迟；G 为波形比例因子；Q 为波形位置偏移量；$x(t)$ 为期望波形；$f(t)$ 为最优期望波形；$\bar{f}$ 为最优期望波形的均值；f_{r} 为最优期望波形交流分量的有效值；ρ 是 $y(t)$ 与 $f(t)$ 之间残差的有效值，表述波形失真。

7.7.2 测量原理与方法

按照上述关于周期信号总失真度的定义，人们将可以实现任意函数关系已知的周期信号波形失真的测量评价，其过程如下所述。

(1) 设已知信号 $x(t)$ 的周期为 T，每个周期由 m 段已知函数关系的曲线 $x_k(t)$ 组成：

$$x(t)=\begin{cases}\cdots & \cdots \\ x_1(t) & 0\leqslant t+\tau<T_1 \\ x_2(t) & T_1\leqslant t+\tau<T_1+T_2 \\ \cdots & \cdots \\ x_m(t) & T-T_m\leqslant t+\tau<T \\ \cdots & \cdots\end{cases} \tag{7-125}$$

各段曲线所占时间分别为 T_k $(k=1,\cdots,m)$，它们与周期 T 之比 $\eta_k=T_k/T$ 严格已知，且 $\sum\limits_{k=1}^{m}\eta_k\equiv 1$；$\tau$ 为一个实数，代表与 $t=0$ 时刻相对应的值在曲线函数中的位置。

(2) 对信号 $x(t)$ 的实际波形 $y(t)$，以采样间隔 Δt 实施波形测量，获得测量序列 $y(i)$ $(i=0,\cdots,n-1)$，不失一般性，设 n 个测量点恰好含有整数个信号周期 (误差极限为 ± 1 个采样间隔)。

(3) 用波形测量法 [19] 或其他方法精确测量信号周期 T，得每个信号周期的测量点数 $M=T/\Delta t$；用傅里叶分解法获得波形 $y(t)$ 的基波幅度 C_y 和基波相位 φ_y：

$$A_y=\frac{2}{n}\sum_{i=0}^{n-1}y(i)\cdot\cos\left(\frac{2\pi i}{M}\right) \tag{7-126}$$

$$B_y=\frac{2}{n}\sum_{i=0}^{n-1}y(i)\cdot\sin\left(\frac{2\pi i}{M}\right) \tag{7-127}$$

$$C_y=\sqrt{A_y^2+B_y^2} \tag{7-128}$$

$$\varphi_y=\begin{cases}\arctan\left(\dfrac{-B_y}{A_y}\right), & A_y>0 \\ \pi+\arctan\left(\dfrac{-B_y}{A_y}\right), & A_y<0\end{cases} \tag{7-129}$$

(4) 按信号周期的测量值 T、采样间隔 Δt、各段函数所占据的时间比 η_k 和每周期采样点数 M，确定 $T_k=\eta_k\cdot T$，构造具有已知相位和幅度的标准函数 $x_0(t)$：

$$x_0(t)=x(t+\tau)=\begin{cases}\cdots & \cdots \\ x_1(t) & 0\leqslant t<T_1 \\ x_2(t) & T_1\leqslant t<T_1+T_2 \\ \cdots & \cdots \\ x_m(t) & T-T_m\leqslant t<T \\ \cdots & \cdots\end{cases} \tag{7-130}$$

获得标准函数的抽样值 $x_0(i)$ $(i=0,\cdots,n-1)$。

(5) 用傅里叶分解法获得波形 $x_0(t)$ 的基波幅度 C_{x0} 和基波初始相位 φ_{x0}:

$$A_{x0}=\frac{2}{n}\sum_{i=0}^{n-1}x_0(i)\cdot\cos\left(\frac{2\pi i}{M}\right) \tag{7-131}$$

$$B_{x0}=\frac{2}{n}\sum_{i=0}^{n-1}x_0(i)\cdot\sin\left(\frac{2\pi i}{M}\right) \tag{7-132}$$

$$C_{x0}=\sqrt{A_{x0}^2+B_{x0}^2} \tag{7-133}$$

$$\varphi_{x0}=\begin{cases}\arctan\left(\dfrac{-B_{x0}}{A_{x0}}\right), & A_{x0}>0 \\ \pi+\arctan\left(\dfrac{-B_{x0}}{A_{x0}}\right), & A_{x0}<0\end{cases} \tag{7-134}$$

(6) 计算得到标准函数 $x_0(t)$ 与实际波形 $y(t)$ 基波初始相位间的相位差,$\Delta\varphi=\varphi_y-\varphi_{x0}$,$0\leqslant\Delta\varphi<2\pi$,则

$$\tau=\frac{\Delta\varphi}{2\pi}\cdot T \tag{7-135}$$

(7) 将标准函数波形平移时间 τ 后,得到与测量波形 $y(t)$ 同相位的函数波形,$x(t)=x_0(t-\tau)$。

(8) 令与测量波形 $y(t)$ 最小二乘最优的期望函数为 $f(t)=G\cdot x(t)+Q$,即选取合适的 G 与 Q,使得

$$\rho=\sqrt{\frac{1}{n}\sum_{i=0}^{n-1}[y(i)-f(i)]^2}=\sqrt{\frac{1}{n}\sum_{i=0}^{n-1}[y(i)-G\cdot x(i)-Q]^2}=\min \tag{7-136}$$

则有

$$\begin{cases}\dfrac{\partial\rho}{\partial G}=0 \\ \dfrac{\partial\rho}{\partial Q}=0\end{cases} \tag{7-137}$$

$$\begin{cases} \dfrac{1}{n}\sum_{i=0}^{n-1}(y(i)-G\cdot x(i)-Q)\cdot x(i)=0 \\ \dfrac{1}{n}\sum_{i=0}^{n-1}(y(i)-G\cdot x(i)-Q)=0 \end{cases} \tag{7-138}$$

$$G=\frac{\sum_{i=0}^{n-1}x(i)\cdot\sum_{k=0}^{n-1}y(k)-n\cdot\sum_{i=0}^{n-1}x(i)\cdot y(i)}{\left(\sum_{i=0}^{n-1}x(i)\right)^2-n\cdot\sum_{i=0}^{n-1}x^2(i)} \tag{7-139}$$

$$Q=\frac{1}{n}\cdot\sum_{i=0}^{n-1}y(i)-\frac{G}{n}\cdot\sum_{i=0}^{n-1}x(i) \tag{7-140}$$

$$\bar{f}=\frac{1}{n}\sum_{i=0}^{n-1}f(i)=\frac{1}{n}\sum_{i=0}^{n-1}[G\cdot x(i)+Q] \tag{7-141}$$

$$f_{\mathrm{r}}=\sqrt{\frac{1}{n}\sum_{i=0}^{n-1}[f(i)-\bar{f}]^2} \tag{7-142}$$

测量数据的总失真度：

$$\mathrm{TD_s}=\frac{\rho}{f_{\mathrm{r}}} \tag{7-143}$$

修正掉测量设备的 A/D 位数 BD 的影响后，则信号 $y(t)$ 的总失真度为 [21]

$$\mathrm{TD}=\sqrt{\left|\frac{\rho^2}{f_{\mathrm{r}}^2}-\frac{1}{2^{2\cdot\mathrm{BD}}\cdot 3\xi^2\eta^2}\right|} \tag{7-144}$$

式中，ξ 为周期信号交流有效值和峰值之比；η 为周期信号峰峰值与波形采集系统量程之比。

7.7.3 仿真验证

为了仿真验证上述总失真度的定义以及实际测量的可行性，不失一般性，这里选取一种由指数规律上升沿和下降沿两段波形组成的幅度为 A、周期为 T、时间常数为 B 的周期信号波形作为仿真对象，即 $m=2$，

$$y(t)=\begin{cases} y_1(t)=\dfrac{2A(1-\mathrm{e}^{-t/B})}{1-\mathrm{e}^{-T_1/B}}-A, & 0\leqslant t+\tau<T_1 \\ y_2(t)=A-\dfrac{2A(1-\mathrm{e}^{-t/B})}{1-\mathrm{e}^{-T_2/B}}, & T_1\leqslant t+\tau<T \\ \cdots & \cdots \end{cases} \tag{7-145}$$

选取 $B=5\mathrm{ms}$，$A=4\mathrm{V}$，$T=1/34\mathrm{s}$，$\eta_1=0.2$，$\eta_2=0.8$，则 $T_1=1/170\mathrm{s}$，$T_2=2/85\mathrm{s}$。

取 $\tau = 1.5T/2\pi$，按采样间隔 $\Delta t = 50\mu s$ 对 $y(t)$ 进行抽样，序列长度 $N = 16000$；生成采样波形序列 $y(i)$ $(i = 0, \cdots, N-1)$；对该波形序列进行整形、滤波成正弦波、拟合后 [19]，获得其信号周期 $T = 1/34.0000052$，进而获得含有整数个信号周期的采样点数应为 $n = 15882$；每个信号周期的测量点数 $M = 588.2352$；用傅里叶分解法获得波形 $y(t)$ 的基波初始相位 $\varphi_y = 0.05333502\text{rad}$。

按信号周期的测量值 $T = 1/34.0000052$、各段函数所占据的时间比 $\eta_1 = 0.2$ 和 $\eta_2 = 0.8$，确定 $T_1 = \eta_1 \cdot T = 1/170.000026$，$T_2 = \eta_2 \cdot T = 1/42.500007$，按 $B = 5\text{ms}$ 构造具有已知相位和幅度的标准函数 $x_0(t)$：

$$x_0(t) = \begin{cases} x_{01}(t) = \dfrac{2(1 - \mathrm{e}^{-t/B})}{1 - \mathrm{e}^{-T_1/B}} - 1, & 0 \leqslant t < T_1 \\ x_{02}(t) = 1 - \dfrac{2(1 - \mathrm{e}^{-t/B})}{1 - \mathrm{e}^{-T_2/B}}, & T_1 \leqslant t < T \\ \cdots & \cdots \end{cases} \tag{7-146}$$

按采样间隔 $\Delta t = 50\mu s$ 对 $x_0(t)$ 进行抽样，得标准函数采样序列 $x_0(i)$ $(i = 0, \cdots, n-1)$；用傅里叶分解法获得波形 $x(t)$ 的基波初始相位 $\varphi_{x0} = -1.446595\text{rad}$。标准函数 $x_0(t)$ 与实际波形 $y(t)$ 基波初始相位间的相位差 $\Delta\varphi = 1.49993\text{rad}$，则 $\tau = 7.0212119\text{ms}$。

将标准函数波形平移时间 τ 后，得到与测量波形 $y(t)$ 同相位的函数波形 $x(t) = x_0(t-\tau)$，抽样得其采样序列 $x(i)$ $(i = 0, \cdots, n-1)$；按式 (7-139)~ 式 (7-143) 计算获得 $G = 4.000015$，$Q = 9.179115\mu V$，$\rho = 0.2145243\text{mV}$；$f_r = 2.418181\text{V}$；$\text{TD}_s = 8.87131 \times 10^{-5}$。

波形 $x(t)$ 和 $y(t)$ 的符合情况如图 7-13 所示，从中可以看出，两者基本重合，一致性良好；而两者之差异如图 7-14 所示，从中可见，其差异峰值在 1mV 以内。

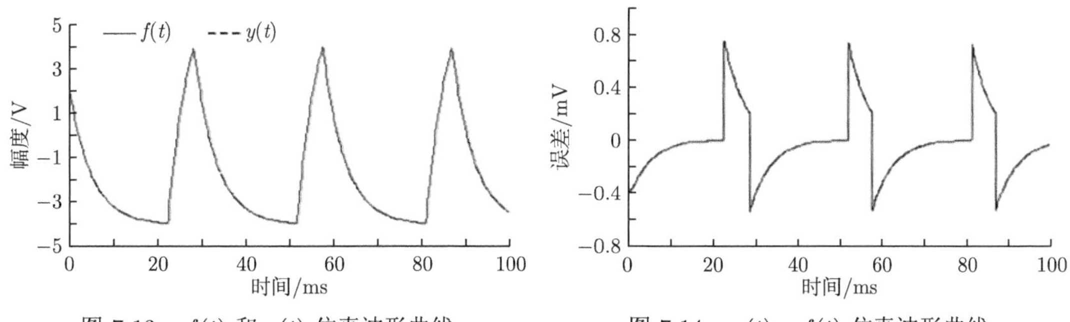

图 7-13 $f(t)$ 和 $y(t)$ 仿真波形曲线

图 7-14 $y(t) - f(t)$ 仿真波形曲线

相同的情况下，将量程范围设为 ±5V，给 $y(t)$ 分别加入 3~20bit A/D (或 D/A) 的量化效应后执行采样，则产生波形的总失真度将发生变化，重复上述过程，可以获得如表 7-3 所示的评价结果，其中，$n = 15882$，$\varphi_{x0} = -1.446595\text{rad}$。

失真度的理想值 TD_0 为量化误差有效值 $\text{LSB}/\sqrt{12}$ 与信号有效值 f_r 之比；TD_s 为测量数据的总失真度，而其修正值 TD 则为修正掉 A/D 量化误差后的测量评价结果。

从表 7-3 的数据可见，A/D 位数从 3~12bit 变化时，TD_s 与 TD_0 的一致性良好，说明使用本节所述方法和定义评价任意波形的总失真度，在该条件下是可行的；当无量化效应时，TD_0 应该为 0，TD_s 仍然有值 8.871×10^{-5}，说明此时软件运算误差就是该值，使用该软件程序，无法实现接近该值 (或比该值还小) 的失真度的测量。当 D/A 位数大于 14bit 时，其对应的失真度 TD_0 小于软件运算误差 8.871×10^{-5}，无法再用该软件执行总失真度的测量运算。

表 7-3　总失真度随 A/D (或 D/A) 位数变化仿真计算结果

(A/D)/bit	$(1/T)$/Hz	G/1	Q/μV	$\Delta\varphi$/rad	τ/ms	ρ/μV	f_r/V	TD_s	TD_0	TD
无	34.0000052	4.000015	9.179	1.499930	7.021	214.52	2.418181	8.871×10^{-5}	0	8.871×10^{-5}
3	33.9999562	3.978453	6651	1.527766	7.151	327045.3	2.405153	0.1360	0.1492	6.136×10^{-2}
4	34.0000372	3.944664	6851	1.522351	7.126	188148	2.384725	7.890×10^{-2}	7.461×10^{-2}	2.566×10^{-2}
5	33.9999733	4.011259	−1705	1.494639	6.996	95181.03	2.424978	3.925×10^{-2}	3.731×10^{-2}	1.219×10^{-2}
6	34.0000284	3.997689	200.4	1.500772	7.025	46567.99	2.416782	1.927×10^{-2}	1.865×10^{-2}	4.849×10^{-3}
7	33.9999986	4.000489	116.0	1.499846	7.021	22203.22	2.418467	9.181×10^{-3}	9.326×10^{-3}	1.638×10^{-3}
8	33.9999996	3.999704	5.126	1.500041	7.022	11202.02	2.417992	4.633×10^{-3}	4.663×10^{-3}	5.281×10^{-4}
9	34.0000030	3.999946	−80.82	1.499911	7.021	5673.59	2.418139	2.346×10^{-3}	2.332×10^{-3}	2.559×10^{-4}
10	34.0000075	3.999996	−6.080	1.499917	7.021	2835.65	2.418168	1.173×10^{-3}	1.166×10^{-3}	1.280×10^{-4}
11	34.0000042	3.999999	−6.318	1.499936	7.021	1420.03	2.418170	5.872×10^{-4}	5.829×10^{-4}	7.093×10^{-5}
12	34.0000046	3.999981	−7.629	1.499933	7.021	735.86	2.418159	3.043×10^{-4}	2.914×10^{-4}	8.766×10^{-5}
13	34.0000061	3.999991	−1.311	1.499928	7.021	414.26	2.418165	1.713×10^{-4}	1.457×10^{-4}	9.008×10^{-5}
14	34.0000053	4.000005	−1.073	1.499930	7.021	276.10	2.418174	1.142×10^{-4}	7.286×10^{-5}	8.794×10^{-5}
15	34.0000059	4.000010	4.292	1.499928	7.021	231.11	2.418178	9.557×10^{-5}	3.643×10^{-5}	8.835×10^{-5}
16	34.0000058	4.000017	10.85	1.499928	7.021	220.12	2.418182	9.103×10^{-5}	1.822×10^{-5}	8.919×10^{-5}
17	34.0000057	4.000014	9.775	1.499929	7.021	216.10	2.418180	8.936×10^{-5}	9.108×10^{-6}	8.889×10^{-5}
18	34.0000058	4.000011	6.080	1.499929	7.021	214.53	2.418178	8.872×10^{-5}	4.554×10^{-6}	8.860×10^{-5}
19	34.0000057	4.000014	8.345	1.499928	7.021	215.12	2.418180	8.896×10^{-5}	2.277×10^{-6}	8.893×10^{-5}
20	34.0000058	4.000015	9.418	1.499928	7.021	215.28	2.418181	8.902×10^{-5}	1.138×10^{-6}	8.901×10^{-5}

已知 A/D 位数时，对其影响进行修正后，可以得到比修正前更加准确的波形总失真度的测量值 TD，它是对测量不完善的一种补偿，但修正的范围是有限度的，较适合比波形失真小一些的测量误差的修正，而过大的测量误差，即使修正也无法获得精确的测量结果。

7.7.4　实验验证

为了验证上述总失真度的定义在实际测量中的可行性，不失一般性，这里也选取一种由指数规律上升沿和下降沿两段波形组成的幅度为 A、周期为 T、时间常数为 B 的周期信号波形作为实验对象，即 $m=2$，

$$y(t)=\begin{cases}y_1(t)=\dfrac{2A(1-\mathrm{e}^{-t/B})}{1-\mathrm{e}^{-T_1/B}}-A, & 0\leqslant t+\tau<T_1\\ y_2(t)=A-\dfrac{2A(1-\mathrm{e}^{-t/B})}{1-\mathrm{e}^{-T_2/B}}, & T_1\leqslant t+\tau<T\\ \cdots & \cdots\end{cases}\tag{7-147}$$

选取 $T=30\mu\mathrm{s}$，$B=T/\ln(1000)=4.3429448\mu\mathrm{s}$，$A=2\mathrm{V}$，$\eta_1=0.3$，$\eta_2=0.7$，则 $T_1=9\mu\mathrm{s}$，$T_2=21\mu\mathrm{s}$。

取 $\tau = 0$，按 D/A 取样间隔 10ns 对 $y(t)$ 进行抽样，产生 1 个信号周期的数据波形序列 $y_0(i)$ (序列长度 3000 点)；使用 AWG2021 型任意波发生器按上述参数将该波形循环输出。

使用 TDS784D 型数字示波器，对于 AWG2021 型任意波发生器输出的波形执行测量。取高分辨力测量方式，其 A/D 位数等效为 13bit，测量范围 $-2.5\sim2.5$V，采样间隔 $\Delta t = 100$ns，序列长度 $N = 15000$；获得采样波形序列 $y(i)$ $(i = 0,\cdots,N-1)$；

对该波形序列进行整形、滤波成正弦波、拟合后，获得其信号周期 $T = 30.00003$μs，进而获得含有整数个信号周期的采样点数应为 $n = 14700$；每个信号周期的测量点数 $M = 300.01035$；用傅里叶分解法获得波形 $y(t)$ 的基波初始相位 $\varphi_y = -1.272364$rad。

按信号周期的测量值 $T = 30.00003$μs、各段函数所占据的时间比 $\eta_1 = 0.3$ 和 $\eta_2 = 0.7$，确定 $T_1 = \eta_1 \cdot T = 9.000009$μs，$T_2 = \eta_2 \cdot T = 21.000021$μs，按 $B = 4.3429448$μs 构造具有已知初始相位和幅度的标准函数 $x_0(t)$：

$$x_0(t) = \begin{cases} x_{01}(t) = \dfrac{2(1-\mathrm{e}^{-t/B})}{1-\mathrm{e}^{-T_1/B}} - 1, & 0 \leqslant t < T_1 \\ x_{02}(t) = 1 - \dfrac{2(1-\mathrm{e}^{-t/B})}{1-\mathrm{e}^{-T_2/B}}, & T_1 \leqslant t < T \\ \cdots & \cdots \end{cases} \tag{7-148}$$

按采样间隔 $\Delta t = 10$ns 对 $x_0(t)$ 进行抽样，得标准函数采样序列 $x_0(i)$ $(i = 0,\cdots,n-1)$；用傅里叶分解法获得 $x_0(t)$ 的基波初始相位 $\varphi_{x0} = 4.602701$rad，标准函数波形 $x_0(t)$ 与实际波形 $y(t)$ 基波初始相位间的相位差 $\Delta\varphi = 0.4081209$rad，则 $\tau = 1.94870$μs。

将标准函数波形平移时间 τ 后，得到与测量波形 $y(t)$ 同相位的函数波形 $x(t) = x_0(t-\tau)$，抽样得其采样序列 $x(i)$ $(i = 0,\cdots,n-1)$；按式 (7-139)～式 (7-144) 计算获得 $G = 2.012586$，$Q = -5.15830$mV，$\rho = 7.540$mV；$f_\mathrm{r} = 1.346749$V；TD $= 0.56\%$。

波形 $f(t)$ 和 $y(t)$ 的符合情况如图 7-15 所示，从中可见，两者基本重合，一致性良好；而两者之差异如图 7-16 所示，从中可见，其差异峰值在 0.015V 以内。

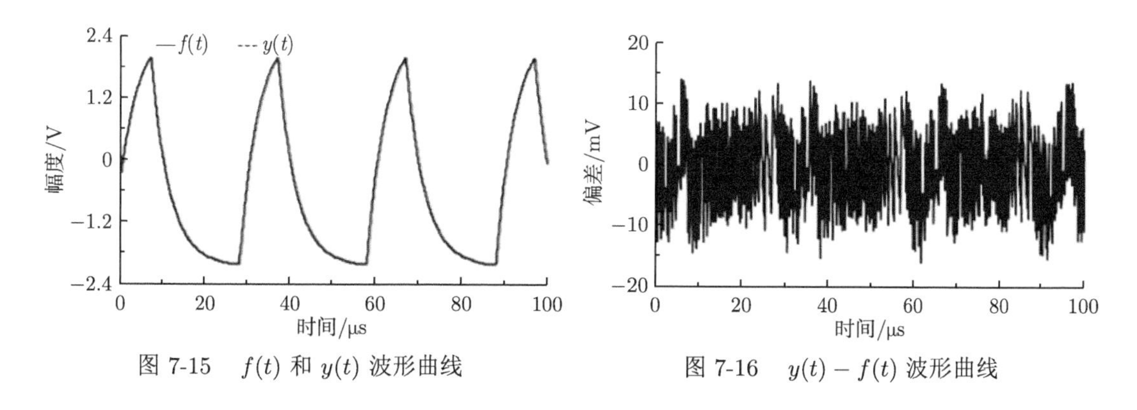

图 7-15 $f(t)$ 和 $y(t)$ 波形曲线

图 7-16 $y(t) - f(t)$ 波形曲线

7.7.5 结论

通过上述的数学过程、仿真和实验验证可见，本节的结论对于任意波发生器所产生的任意波形的总失真度评价，具有特殊的意义。它从概念上定义了任意波形的总失真度，并且规定了一种切实可行的方法和过程，用以实现该总失真度的测量评价；基本解决了具有明确数学关系的周期性任意波形质量评价问题，同时，可对任意波发生器的相应指标进行计量评价。

本节所述方法和过程，① 使用了信号周期的精确测量方法评价信号周期，对任意波形的信号频率具有自适应性；② 使用 DFT 方法评价并平移测量波形与目标波形的相位关系，具有相位自适应性；③ 使用最小二乘拟合法获得测量序列的最优波形并计算总失真度，将使测量更准确和稳定；④ 测量设备本身的量化误差和非线性对测量结果的影响不可避免，被予以修正和补偿，因而可实现较低失真度的精确评价，同时也提高了测量准确度；⑤ 本节所使用的曲线拟合方法是一种时域方法，其失真评价结果在理论上包含了所有谐波、杂波和噪声频率分量，没有舍入误差，失真度测量结果的准确度得到了保障。

本节所述方法可实现任意波形总失真度的测量评价，它也是正弦信号总失真度定义和概念的一种推广，尤其是对于任意波发生器的计量校准具有特别意义和价值。

7.8　序列已知的周期信号总失真度测量

7.8.1　引言

信号波形的失真是实际波形与期望波形间的形状差异，它是衡量信号波形质量的基本尺度之一。当人们关注信号波形的失真特性时，多数情况下已知信号波形的函数关系。此时，人们对于正弦波、方波或任意周期性波形，可以很容易定义其失真度并进行测量 [1,2,4,20,22]。但有些情况下，人们是通过任意波发生器将未知函数关系的测量序列循环输出而产生周期波形，这些序列称为目标波形序列，它们或者表述的是极为复杂的函数波形，或者是在已知函数关系的波形基础上迭加了噪声、毛刺，进行改造所产生的变异序列的波形，也可能是使用波形测量仪器获得的实际测量序列的波形等，此时，人们仍希望了解任意波发生器输出的波形与目标序列波形间的差异，获得失真参量。若仍然将波形序列表述为函数关系形式，将极为复杂烦琐，几乎无法快速顺利完成目标，当然，若以波形测量序列与目标序列之间的相关分析为手段 [40]，也能定性给出波形失真的信息。而以波形测量序列与目标序列间形状差异表述的失真参数，将能以简洁的方式和手段，定量给出两者间差异的一种描述，用以表征波形测量序列的失真，本节将主要讨论这一问题。

7.8.2　基于序列的周期波形总失真度的计算

如前所述，周期信号实际波形与其最优期望波形间残差的有效值同最优期望波形交流分量的有效值之比定义为其总失真度 [2]，即对于周期为 T 的已知信号 $x(t)$，其实际波形函数为 $y(t)$，存在 G、Q、$t_0 \in \mathbf{R}$，且 $f(t) = G \cdot x(t-t_0) + Q$，使得

$$\rho = \sqrt{\frac{1}{T}\int_0^T [y(t)-f(t)]^2 \mathrm{d}t} = \sqrt{\frac{1}{T}\int_0^T [y(t)-Gx(t-t_0)-Q]^2 \mathrm{d}t} = \min \tag{7-149}$$

若

$$\bar{f} = \frac{1}{T}\int_0^T f(t)\mathrm{d}t \tag{7-150}$$

$$f_{\mathrm{r}}=\sqrt{\frac{1}{T}\int_0^T(f(t)-\bar{f})^2\mathrm{d}t} \tag{7-151}$$

则 $y(t)$ 相对于其最优期望波形的总失真度 TD 为

$$\mathrm{TD}=\frac{\rho}{f_{\mathrm{r}}} \tag{7-152}$$

其中，t_0 是 $y(t)$ 与 $x(t)$ 之间的时间延迟；G 为波形比例因子；Q 为波形位置偏移量；$x(t)$ 为期望波形；$f(t)$ 为最优期望波形；$\bar{f}$ 为最优期望波形的均值；f_{r} 为最优期望波形交流分量的有效值；ρ 是 $y(t)$ 与 $f(t)$ 之间残差的有效值，表述波形失真。

当期望波形为取样间隔等于 ΔT 的离散目标波形序列 $x(i)$ $(i=0,\cdots,m-1)$ 时，令 $t_0=q\cdot\Delta T$，则式 (7-149)～ 式 (7-151) 表述成离散形式为

$$\rho=\sqrt{\frac{1}{m}\sum_{i=0}^{m-1}[y(i+q)-f(i+q)]^2}=\sqrt{\frac{1}{m}\sum_{i=0}^{m-1}[y(i+q)-Gx(i)-Q]^2}=\min \tag{7-153}$$

$$\bar{f}=\frac{1}{m}\sum_{i=0}^{m-1}f(i) \tag{7-154}$$

$$f_{\mathrm{r}}=\sqrt{\frac{1}{m}\sum_{i=0}^{m-1}[f(i)-\bar{f}]^2} \tag{7-155}$$

其中，$y(i+q)$ $(i=0,\cdots,n-1)$ 为与目标序列 $x(i)$ 具有相同采样间隔和相同起始点的测量序列，m 个采样点恰好含有整数个信号周期。

7.8.3　测量原理与方法

按照上述关于周期信号总失真度的定义，人们将可以实现对任意目标序列已知的周期信号波形总失真度的测量评价，其过程如下所述。

(1) 设已知目标波形序列 $x(i)$ $(i=0,\cdots,m-1)$ 被循环输出，对应于信号 $x(t)$ 的取样间隔为 ΔT。

(2) 对信号 $x(t)$ 的实际波形 $y(t)$，以等间隔采样实施波形测量，获得测量序列 $y(k)$ $(k=0,1,2,\cdots)$。

(3) 对目标波形序列 $x(i)$ 和其波形测量序列 $y(k)$ 用插值等方法进行采样间隔预处理，归到统一的采样间隔 Δt (可以与 ΔT 相同或不同) 上，获得测量序列 $y(i)$ $(i=0,\cdots,n-1)$ 及对应的目标波形序列 $x(i)$ $(i=0,\cdots,m-1)$，每个信号周期含有 m 个采样点，$n>2m$。

(4) 对 $x(i)$ 和 $y(i)$ 进行相关分析 [40]，用相关系数最大原则，在 $y(i)$ 序列中找出与 $x(i)$ 序列起始点 $i=0$ 相对应的点 $i=q$。

(5) 令与测量波形 $y(i)$ 最小二乘最优的期望函数为 $f(i)=G\cdot x(i-q)+Q$。选取合适的 G 与 Q，使得

$$\rho=\sqrt{\frac{1}{m}\sum_{i=0}^{m-1}[y(i+q)-f(i+q)]^2}=\sqrt{\frac{1}{m}\sum_{i=0}^{m-1}[y(i+q)-G\cdot x(i)-Q]^2}=\min \tag{7-156}$$

则有

$$\begin{cases} \dfrac{\partial \rho}{\partial G} = 0 \\ \dfrac{\partial \rho}{\partial Q} = 0 \end{cases} \tag{7-157}$$

$$\begin{cases} \dfrac{1}{m}\sum\limits_{i=0}^{m-1}[y(i+q) - G \cdot x(i) - Q] \cdot x(i) = 0 \\ \dfrac{1}{m}\sum\limits_{i=0}^{m-1}[y(i+q) - G \cdot x(i) - Q] = 0 \end{cases} \tag{7-158}$$

$$G = \frac{\sum\limits_{i=0}^{m-1} x(i) \sum\limits_{k=0}^{m-1} y(k+q) - m\sum\limits_{i=0}^{m-1} x(i)y(i+q)}{\left[\sum\limits_{i=0}^{m-1} x(i)\right]^2 - m \cdot \sum\limits_{i=0}^{m-1} x^2(i)} \tag{7-159}$$

$$Q = \frac{1}{m} \cdot \sum_{i=0}^{m-1} y(i+q) - \frac{G}{m} \cdot \sum_{i=0}^{m-1} x(i) \tag{7-160}$$

$$\bar{f} = \frac{1}{m}\sum_{i=0}^{m-1} f(i) = \frac{1}{m}\sum_{i=0}^{m-1}[G \cdot x(i) + Q] \tag{7-161}$$

$$f_{\mathrm{r}} = \sqrt{\frac{1}{m}\sum_{i=0}^{m-1}[f(i) - \bar{f}]^2} \tag{7-162}$$

测量数据的总失真度:

$$\mathrm{TD_s} = \frac{\rho}{f_{\mathrm{r}}} \tag{7-163}$$

修正掉测量设备的 A/D 位数 BD 的影响后，则信号 $y(t)$ 的总失真度为 [21]

$$\mathrm{TD} = \sqrt{\left|\frac{\rho^2}{f_{\mathrm{r}}^2} - \frac{1}{2^{2\cdot \mathrm{BD}} \cdot 3\xi^2\eta^2}\right|} \tag{7-164}$$

式中，ξ 为周期信号交流有效值与峰值之比；η 为周期信号峰峰值与波形采集系统量程之比。

7.8.4 仿真实验验证

为了仿真验证上述总失真度的定义及实际测量的可行性，不失一般性，这里选取一种由指数规律上升沿和下降沿两段波形组成的幅度为 A_0、周期为 T、时间常数为 B 的周期信号波形作为仿真对象。

按信号周期 $T = T_1 + T_2$，各段函数所占据的时间比确定为 $T_1/T_2 = 147/588$，$B = 5\text{ms}$，构造具有初始时刻 0 和幅度 $A_0 = 1\text{V}$ 的标准函数 $x(t)$：

$$x(t) = \begin{cases} x_1(t) = \dfrac{2A_0(1-\mathrm{e}^{-t/B})}{1-\mathrm{e}^{-T_1/B}} - 1, & 0 \leqslant t < T_1 \\ x_2(t) = 1 - \dfrac{2A_0(1-\mathrm{e}^{-t/B})}{1-\mathrm{e}^{-T_2/B}}, & T_1 \leqslant t < T \\ \cdots & \cdots \end{cases} \tag{7-165}$$

按采样间隔 $\Delta t = 50\mu\text{s}$ 对 $x(t)$ 进行抽样，并且用 12bit 的 D/A 进行量化，$\pm 5\text{V}$ 量程范围，得目标波形采样序列 $x(i)$ $(i = 0, \cdots, m-1)$，如图 7-17 所示。其中，$m = 735$，$T = m \times \Delta t = 36.75\text{ms}$，$T_1 = 0.2T$ =7.35ms，$T_2 = 0.8T$ =29.4ms。

波形 $y(t)$ 的参数为：$B = 5\text{ms}$；$A = 4\text{V}$，$T = 29.4\text{ms}$，$T_1/T_2 = 1/4$；取 $\tau = 2T/\pi$，(即 $q = 735 - 467.916 = 267.084$)。

按采样间隔 $\Delta t = 50\mu\text{s}$ 对 $y(t)$ 进行抽样，其 A/D 量化位数也选作 12bit，$\pm 5\text{V}$ 量程范围，序列长度 $N = 5000$；生成采样波形序列 $y(i)$ $(i = 0, \cdots, N-1)$，如图 7-17 所示。

$$y(t) = \begin{cases} y_1(t) = \dfrac{2A(1-\mathrm{e}^{-t/B})}{1-\mathrm{e}^{-T_1/B}} - A, & 0 \leqslant t+\tau < T_1 \\ y_2(t) = A - \dfrac{2A(1-\mathrm{e}^{-t/B})}{1-\mathrm{e}^{-T_2/B}}, & T_1 \leqslant t+\tau < T \\ \cdots & \cdots \end{cases} \tag{7-166}$$

由于目标序列和测量序列的采样间隔已经一致，可以对目标序列 $x(k)$ $(k = 0, \cdots, m-1)$ 和序列 $y(i)$ $(i = 0, \cdots, N-1)$ 直接进行相关分析 [40]，获得相关系数曲线，如图 7-18 所示。在 $y(i)$ 序列中找出与 $x(i)$ 序列起始点 $i = 0$ 相对应的点 $i = q$，计算得：$q = 267$，最大相关系数 $R_{\max} = 0.9999989$，出现点 $i = 267$，最小相关系数 $R_{\min} = -0.5608132$，出现点 $i = 635$。

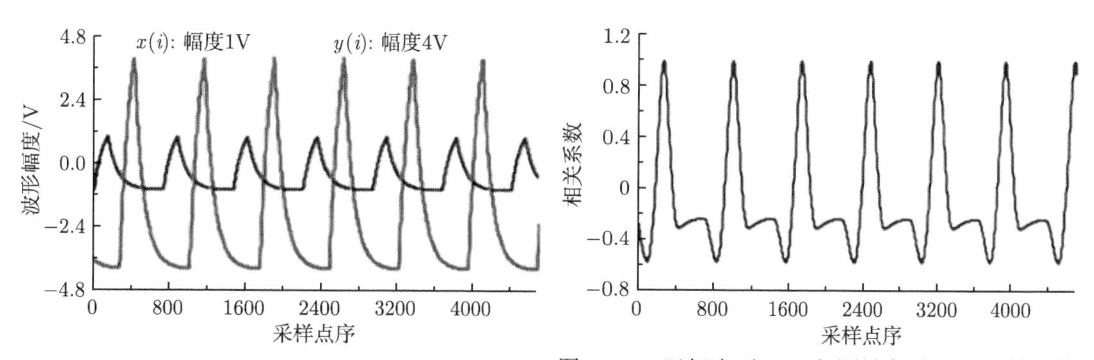

图 7-17 目标序列 $x(i)$ 与测量序列 $y(i)$ 曲线图

图 7-18 目标序列 $x(i)$ 与测量序列 $y(i)$ 相关函数曲线图

按式 (7-159)～式 (7-164) 计算获得 $G = 4.000118, Q = -2.384186\mu\text{V}, \rho = 4.076196\text{mV}$；$f_{\mathrm{r}} = 2.453334\text{V}$；$\text{TD}_{\mathrm{s}} = 0.166\%$。

波形 $f(i)$ 和 $y(i+q)$ 的符合情况如图 7-19 所示，从中可以看出，两者基本重合，具有良好的一致性；而两者之差异如图 7-20 所示，从中可见，其差异峰值在 10mV 以内，且分布均匀，体现了拟合的有效性与合理性。

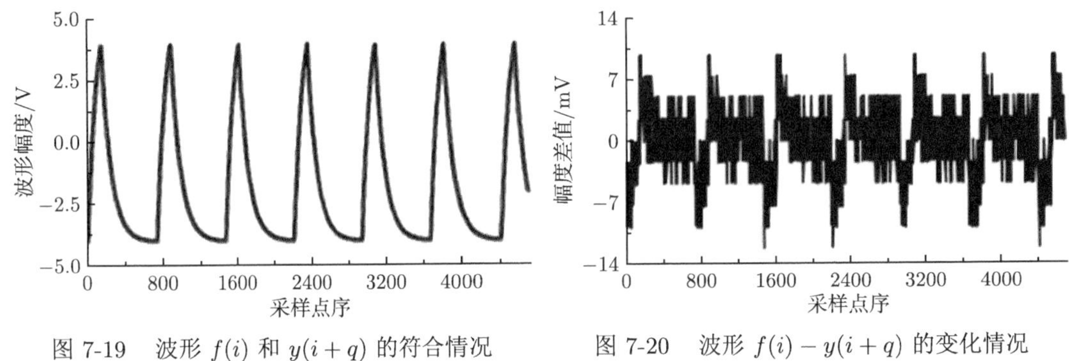

图 7-19 波形 $f(i)$ 和 $y(i+q)$ 的符合情况

图 7-20 波形 $f(i)-y(i+q)$ 的变化情况

相同的情况下，将量程范围设为 ±5V，以 D/A 位数 12bit 输出信号，给 $y(t)$ 分别加入 3~20 位 A/D 的量化效应后执行采样，则产生波形的总失真度将发生变化，重复上述过程，可以获得如表 7-4 所示评价结果。

表 7-4 总失真度随 A/D 位数变化仿真计算结果 (D/A 位数 12bit)

(A/D)/bit	$G/1$	$Q/\mu V$	$q/1$	ρ/mV	f_r/V	$\mathrm{TD_s}/\%$	$\mathrm{TD_0}/1$	TD/%
无	4.000126	15.97404	267	4.032321	2.453338	0.1644	0	0.1644
3	3.955014	18690.71	267	296.8697	2.425668	12.24	0.1492	8.455
4	3.930616	18761.52	267	167.2764	2.410704	6.939	7.461×10^{-2}	6.806
5	4.019936	−2115.488	267	92.45880	2.465482	3.750	3.731×10^{-2}	0.8213
6	3.997434	−487.3276	267	48.46070	2.451682	1.977	1.865×10^{-2}	0.7237
7	4.000401	−323.534	267	21.87663	2.453505	0.8916	9.326×10^{-3}	0.2236
8	4.000325	170.8269	267	12.11238	2.453461	0.4937	4.663×10^{-3}	0.1803
9	4.000113	−11.32488	267	7.194545	2.453331	0.2933	2.332×10^{-3}	0.1822
10	4.000085	−11.92093	267	4.200092	2.453307	0.1712	1.166×10^{-3}	0.1269
11	4.000182	114.9178	267	4.380689	2.453371	0.1786	5.829×10^{-4}	0.1691
12	4.000118	−2.384186	267	4.076196	2.453334	0.1661	2.914×10^{-4}	0.1636
13	4.000115	7.629395	267	4.046666	2.453331	0.1649	1.457×10^{-4}	0.1643
14	4.000109	0.7152557	267	4.037973	2.453328	0.1646	7.286×10^{-5}	0.1644
15	4.000124	16.57009	267	4.040672	2.453337	0.1647	3.643×10^{-5}	0.1647
16	4.000125	15.61642	267	4.032113	2.453337	0.1644	1.822×10^{-5}	0.1644
17	4.00013	17.16614	267	4.031240	2.453339	0.1643	9.108×10^{-6}	0.1643
18	4.000128	17.40456	267	4.032201	2.453338	0.1644	4.554×10^{-6}	0.1644
19	4.000126	16.92772	267	4.032779	2.453338	0.1644	2.277×10^{-6}	0.1644
20	4.000128	17.40456	267	4.032503	2.453338	0.1644	1.138×10^{-6}	0.1644

失真度的理想值 $\mathrm{TD_0}$ 为量化误差有效值 $\mathrm{LSB}/\sqrt{12}$ 与信号有效值 f_r 之比；$\mathrm{TD_s}$ 为测量数据的总失真度，而其修正值 TD 则为修正掉 A/D 量化误差后的测量评价结果。

从表 7-4 的数据可见，仅由 D/A 量化带来的失真约为 0.1644%，是信号的真正失真度，而 $\mathrm{TD_0}$ 为仅由 A/D 量化带来的失真影响，两者可认为不相关，A/D 位数从 3~12bit

变化时，TD_0 是从大到小变化的。TD_s 为仅从采集数据计算获得的失真度，同时包含 D/A 量化和 A/D 量化共同的作用，当对 A/D 量化的影响进行修正后，获得的 TD 要比 TD_s 更接近于真实的失真度。可见，使用本节所述方法和定义评价任意波形的总失真度，在该条件下是可行的；当无 A/D 量化效应时，TD_0 应该为 0，TD_s 仍然有值 0.1644%，说明此时的信号失真就是该值，当然，它包含软件运算带来的影响以及 D/A 取样时刻以及 A/D 采样时刻不一致所带来的影响。

已知 A/D 位数时，对其影响进行修正后，可以得到比修正前更加准确的波形总失真度的测量值 TD，它是对测量不完善的一种补偿，但修正的范围是有限度的，较适合比波形失真小一些的测量误差的修正，而过大的测量误差，即使修正也无法获得精确的测量结果。

7.8.5 实验验证

为了验证上述总失真度的定义在实际测量中的可行性，不失一般性，这里也选取一种由指数规律上升沿和下降沿两段波形组成的幅度为 A、周期为 T、时间常数为 B 的周期信号波形作为实验对象，即 $m=2$，

$$y(t)=\begin{cases} y_1(t)=\dfrac{2A(1-\mathrm{e}^{-t/B})}{1-\mathrm{e}^{-T_1/B}}-A, & 0\leqslant t+\tau<T_1 \\ y_2(t)=A-\dfrac{2A(1-\mathrm{e}^{-t/B})}{1-\mathrm{e}^{-T_2/B}}, & T_1\leqslant t+\tau<T \\ \cdots & \cdots \end{cases} \tag{7-167}$$

选取 $T=30\mu s$，$B=T/\ln(1000)=4.3429448\mu s$，$A=2V$，则 $T_1=9\mu s$，$T_2=21\mu s$。

取 $\tau=0$，按 D/A 取样间隔 10ns 对 $y(t)$ 进行抽样，产生 1 个信号周期的数据波形序列 $y_0(i)$ (序列长度 $m_0=3000$ 点)；使用 AWG2021 型任意波发生器按上述参数将该波形循环输出。

使用 TDS784D 型数字示波器，对于 AWG2021 型任意波发生器输出的波形执行测量。取高分辨力测量方式，其 A/D 位数等效为 13bit，测量范围 −2.5~2.5V，采样间隔 $\Delta t=100\text{ns}$，序列长度 $N=15000$；获得采样波形序列 $y(i)$ $(i=0,\cdots,N-1)$。

按采样间隔 $\Delta t=100\text{ns}$ 对目标波形序列和测量序列进行采样间隔归一化，得目标波形采样序列 $x(i)$ $(i=0,\cdots,m-1)$；红色曲线 $y(i)$ 与黑色曲线 $x(i)$ 如图 7-21 所示，从图中可见，两条曲线间存在由信号生成和采样不同步带来的延迟。

对目标序列 $x(i)$ $(i=0,\cdots,m-1)$ 和序列 $y(i)$ $(i=0,\cdots,N-1)$ 直接进行相关分析[40]，其相关系数曲线如图 7-22 所示，从中可以看到周期性的峰谷波形，波峰处代表着两条曲线延迟后相符合得较好的情况，是计算失真度参数时应选取的延迟。在 $y(i)$ 序列中找出与 $x(i)$ 序列起始点 $i=1$ 相对应的点 $i=q$。计算得：$q=9281$；最大相关系数 $R_{\max}=0.9999865$，出现点 $i=9281$；最小相关系数 $R_{\min}=-0.7377437$，出现点 $i=7331$。

按式 (7-159)~ 式 (7-164) 计算获得 $G=1.00622, Q=-5.146325\text{mV}, \rho=7.356555\text{mV}$；$f_{\mathrm{r}}=1.348923\text{V}$；$\text{TD}=0.55\%$。

波形 $f(i)$ 和 $y(i+q)$ 的符合情况如图 7-23 所示，从中可见，两者基本重合，一致性良好；而两者之差异如图 7-24 所示，从中可见，其差异峰值在 20mV 以内，与另一种已知

函数关系的失真度测量方法相比 [2]，获得的结果具有一致性，从而也间接证明了本节方法的可行性与合理性。

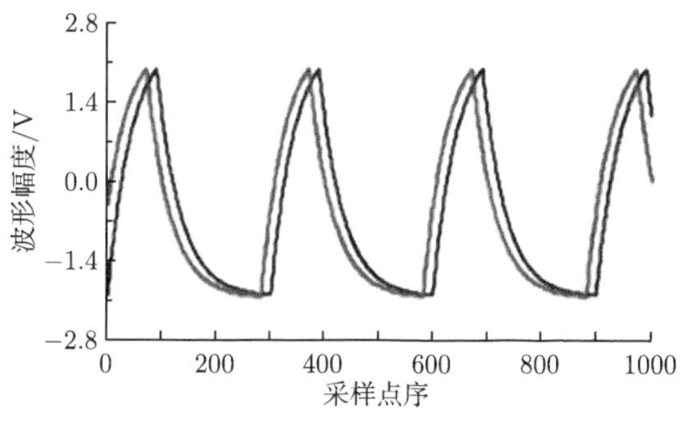

图 7-21　实测波形 $y(i)$ 与目标波形 $x(i)$

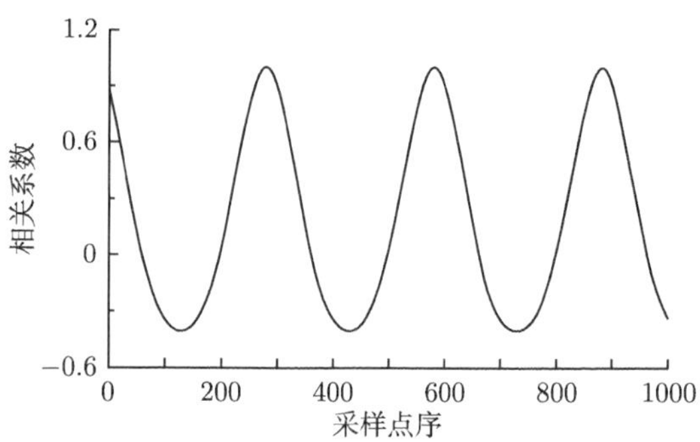

图 7-22　实测波形 $y(i)$ 与目标波形 $x(i)$ 相关系数曲线

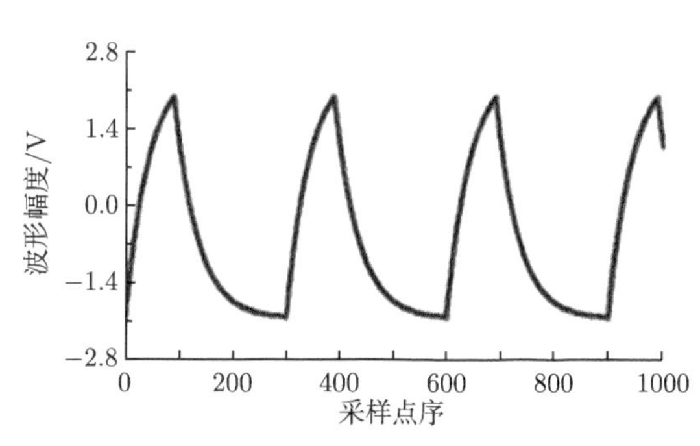

图 7-23　实测波形与目标波形符合情况

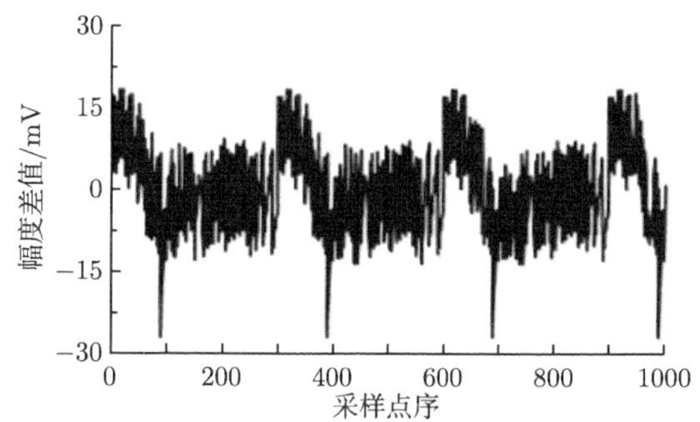

图 7-24　实测波形与目标波形差值变化情况

7.8.6　结论

通过上述的数学过程、仿真和实验验证可见，本节的结论对于已知目标波形序列时，任意波发生器所产生的任意波形的总失真度评价，具有特殊的意义。它从概念上符合任意波形的总失真度的定义 [2]，并且规定了一种切实可行的方法和过程，用以实现该总失真度的测量评价；基本实现了已知目标波形序列的周期性任意波形质量评价，同时，可对于任意波发生器的相应参数进行计量评价。

本节所述方法和过程，① 使用了已知波形测量仪器与任意波发生器的采样间隔的前提条件；若两者不是精确已知，需要使用波形测量仪器对任意波发生器的采样间隔进行测量 [42]，以确定两个采样间隔间的精确比例关系 [19,41]，可获得频率自适应性；② 使用相关分析方法评价并平移测量波形与目标波形的相位关系，具有相位自适应性 [40]；③ 使用最小二乘拟合法获得测量序列的最优波形并计算总失真度，将使测量更准确和稳定；④ 测量设备本身的量化误差和非线性对测量结果的影响不可避免，被予以修正和补偿，因而可以实现较低失真度的测量评价，同时也提高了测量准确度 [21]；⑤ 本节所使用的测量序列拟合方法是一种时域方法，其失真评价结果在理论上包含了所有谐波、杂波和噪声频率分量，没有舍入误差，失真度测量结果的准确度得到了保障。

本节所述方法可以实现对已知波形序列的任意波形总失真度的测量评价，它也是正弦信号总失真度定义和概念的一种推广，尤其是对于复杂波形的质量控制以及其计量校准具有一定意义和价值。

参 考 文 献

[1] GB9317—1988. 脉冲信号发生器技术条件 [S]. 中华人民共和国国家标准. 北京: 电子工业出版社, 1990.

[2] 梁志国, 孙璟宇. 周期性任意波形总失真度的精确评价 [J]. 计量学报, 2005, 26(2): 176-180.

[3] 梁志国, 孙璟宇, 孟晓风. 目标序列已知的周期波形总失真度的测量 [J]. 计量学报, 2008, 29(2): 172-177.

[4] 苏皖生, 郭允晟. 关于正弦波失真表示方法的讨论 [J]. 计量学报, 1986, 7(2): 123-127.

[5] 张建秋, 赵新民, 洪文学. 畸变电功率的模型化测量方法 [J]. 仪器仪表学报, 1996, 17(5): 449-454.

[6] 戴先中, 唐统一. 周期信号谐波分析的一种新方法 [J]. 仪器仪表学报, 1989, 10(3): 248-255.

[7] 潘文, 钱俞寿. 快速精密测量畸变电功率的一种新方法 [J]. 仪器仪表学报, 1991, 12(2): 149-155.

[8] 周军, 李孝文, 盛艳. 双速率同步采样法在电力系统谐波测量中的应用 [J]. 计量学报, 1999, 20(2): 151-155.

[9] 赵新民, 张寅. A/D 转换器量化误差对采样计算式仪表准确度的影响 [J]. 计量学报, 1989, 10(4): 316-320.

[10] Deyst J P, Souders T M, Solomon O M. Bounds on least-squares four-parameter sine-fit errors due to harmonic distortion and noise[J]. IEEE Transactions on Instrumentation and Measurement, 1995, 44(3): 637-642.

[11] 梁志国, 朱济杰. 用周期倍差法评价数据采集系统的动态特性 [J]. 计量学报, 1999, 20(2): 156-160.

[12] Liang Z G, Zhu J J. A digital filter for the single frequency sinusoid series[J]. Transaction of Nanjing University of Aeronautics & Astronautics, 1999, 16(2): 14-16.

[13] 潘士先. 电路分析 (下册)[M]. 北京: 国防工业出版社, 1979: 54-55.

[14] 何天祥. 周期信号各参数的离散采样测量法 [J]. 航空计测技术, 1997, 17(3): 3-4.

[15] 戴先中. 准同步采样及其在非正弦功率测量中的应用 [J]. 仪器仪表学报, 1984, 5(4): 55-61.

[16] 戴先中. 进一步提高准同步采样谐波分析准确度的两种方法 [J]. 仪器仪表学报, 1992, 13(4): 350-357.

[17] 潘文. 准同步采样补偿方法及其误差估计 [J]. 仪器仪表学报, 1990, 11(2): 192-199.

[18] 张建秋, 陶然, 沈毅, 等. 非整周期采样应用于周期信号的谐波分析 [J]. 仪器仪表学报, 1995, 16(1): 1-7.

[19] 梁志国, 孙璟宇. 信号周期的一种数字化测量方法 [J]. 仪器仪表学报, 2003, 24 (增刊): 195-198.

[20] 梁志国, 朱济杰, 孙璟宇. 正弦信号源波形失真的一种精确评价方法 [J]. 计量学报, 2003, 24(2): 144-148.

[21] 梁志国. 动态有效位数的测量不确定度 [J]. 工业计量, 2002, 12(6): 46-49.

[22] 梁志国, 耿书雅. 基于傅里叶变换的正弦信号源波形失真评价方法 [J]. 计量学报, 2004, 25(4): 357-361.

[23] 张训文, 方继明, 韩伟峰. 宽频带正弦压力校准装置实验研究 [C]//全国压力计量测试技术年会技术论文集, 中国计量测试学会压力专业委员会, 2006: 116-119.

[24] 张力, 李程, 李欣. 动态压力校准技术的发展 [C]//全国压力计量测试技术年会技术论文集, 中国计量测试学会压力专业委员会, 2006: 1-8.

[25] Feng J J, Zhou C H, Cao H C, et al. Deep-etched sinusoidal polarizing beam splitter grating[J]. Applied Optics, 2010, 49(10): 1739-1743.

[26] IEEE Std 1057-1994. IEEE standard for digitizing waveform recorders[S]. IEEE, 1994.

[27] 梁志国, 孟晓风. 残周期正弦波形的四参数拟合 [J]. 计量学报, 2009, 30(3): 245-249.
[28] Pavlov A N, Pavlova O N, Abdurashitov A S, et al. Characterizing scaling properties of complex signals with missed data segments using the multifractal analysis [J]. Chaos, 2018, 28(1): 013124.
[29] Sharma R R, Pachori R B. Eigenvalue decomposition of Hankel matrix-based time-frequency representation for complex signals[J]. Circuits, Systems, & Signal Processing, 2018, 37: 3313-3329.
[30] Jin J, Shi J. Automatic feature extraction of waveform signals for in-process diagnostic performance improvement[J]. Journal of Intelligent Manufacturing, 2001, 12(3): 257-268.
[31] Henning G B. Detectability of interaural delay in high -frequency complex waveforms [J]. The Journal of the Acoustical Society of America, 1974, 55(1): 84-90.
[32] Yanovsky F J, Rudiakova A N, Sinitsyn R B, et al. Copula analysis of full polarimetric weather radar complex signals[C]//Radar Conference. IEEE, 2017.
[33] 梁志国, 张力. 周期信号谐波分析的一种新方法 [J]. 仪器仪表学报, 2005, 26(5): 469-472.
[34] 梁志国, 朱振宇, 邵新慧, 等. 正弦波形局域失真及相变分析 [J]. 振动与冲击, 2013, 32(18): 179-182.
[35] 梁志国, 朱济杰. 数据采集系统动态噪声的评价方法 [J]. 现代计量测试, 1999, 7(3): 23-26.
[36] 梁志国, 朱济杰, 孟晓风. 四参数正弦曲线拟合的一种收敛算法 [J]. 仪器仪表学报, 2006, 27(11): 1513-1519.
[37] Linnenbrink T E. Effective bits: is that all there is[J]? IEEE Transactions on Instrumentation and Measurement, 1984, 33(3): 184-187.
[38] JJG 1048—1995. 数据采集系统校准规范 [S]. 中华人民共和国国家计量技术规范. 国家技术监督局, 1995.
[39] 梁志国, 周艳丽, 沈文. 数据采集系统动态准确度的一种评价方法 [J]. 航空计测技术, 1997, 17(2): 18-20.
[40] 梁志国, 朱济杰. 量化误差对周期信号总失真度评价的影响及修正 [J]. 仪器仪表学报, 2000, 21(6): 640-643.
[41] 梁志国, 孙璟宇, 何懿才. 周期性任意波形的相关分析 [J]. 仪器仪表学报, 2004, 25 (增刊): 1-3.
[42] 梁志国, 周艳丽, 沈文. 正弦波拟合法评价数据采集系统通道采集速率 [J]. 数据采集与处理, 1997, 12(4): 328-333.

第 8 章　正弦波最小二乘拟合参数的误差界

8.1　概　　述

在正弦波形参数拟合中，人们最关心的是拟合参数的不确定度或误差状况，其过程复杂，影响因素众多，并不能简单获得各个原始影响因素量值与拟合结果误差之间的解析表达式。由此，人们开始了仿真模拟搜索等一系列寻找拟合误差界的工作，希望能够对拟合应用以及其不确定度评估带来帮助和指导，并能够对拟合结果给出明确的误差或不确定度量值。

理想正弦信号可用下述四参数表达式表示：

$$y(t) = A_0 \cos(\varpi_0 t) + B_0 \sin(\varpi_0 t) + C_0 \tag{8-1}$$

或

$$y(t) = A_f \cos(\varpi_0 t + \phi) + C \tag{8-2}$$

用指定参数的正弦波作为数据采集系统的输入，得到一组数据记录。通过改变拟合正弦信号的初始相位、幅度、直流分量和频率，使拟合结果和输入记录序列各点的残差平方和最小，这个过程称为最小二乘正弦波拟合算法，它以估计出四个参数 (幅度、频率、初始相位和直流分量) 来最佳拟合给定的有限长离散采样序列，该序列被假定为可能含有谐波失真和噪声干扰。由于记录是有限长的 (即有限个采样点数和有限个信号周期)，则随机噪声及抖动带来的附加干扰将使得估计出的参数值是与这些噪声相关的随机变量。另外，谐波失真、杂波失真等也将给估计参数带来偏离真值的偏差。

四参数正弦拟合中，只有三个参数是线性迭代，对频率则是非线性的。因而正弦拟合算法从不同的初始值开始迭代，可能收敛于不同的局部极小点上，产生不同的估计值。这里均假设所述正弦拟合算法是最终收敛于全局最小二乘解上。

本节主要讨论四参数最小二乘正弦拟合算法由噪声及抖动、谐波失真在采样序列中出现而造成的估计参数误差的误差界 [1-10]。关于这个问题，NIST 的 J. P. Deyst 等业已做了深入细致的工作 [1]，并获得了许多很有价值和意义的结论，由于该结论非常重要，并且本书后续章节还要使用它们，这里将其简要归纳介绍如下。

Deyst 等的研究表明，四参数最小二乘正弦波拟合中，四个参数的估计误差主要受下列因素影响：

(1) 采集正弦序列的随机噪声；

(2) 正弦信号序列的抖动；

(3) 谐波失真及谐波信号的阶次；

(4) 基波信号及谐波失真的幅度、初始相位；

(5) (有限长采样序列所含基波) 信号周期个数；
(6) 采样记录序列的长度 (即记录数据个数)；
(7) 当采样速率小于谐波频率的二倍时，将出现频率混叠，不能应用上述结论。

8.2　四个拟合正弦参数的误差界

8.2.1　谐波失真带来的参数估计误差

到目前为止，所有企图导出以基波信号参数以及谐波失真参数为变量的、关于谐波失真造成的四参数正弦拟合的参数估计误差的完整表达式的努力均未获得成功。但是这四个参数估计误差的误差界，可以通过变动基波信号及谐波失真的各参数来搜索、研究。然而，搜索有两个致命的弱点：① 该搜索结果将受算法和所选定的初始条件的影响；② 该变参数的搜索过程需要很长的时间，从实际应用来说这也许是更为严重的问题。由此，使用线性化方法对函数关系进行估计的替代方法应运而生，并提供了误差表达式的更为卓越的描述结果，也使得计算误差界的工作更易进行。另外，应用该线性化模型，不同阶次谐波的误差分量可以叠加。从该线性化模型导出的误差界可用四参数蒙特卡罗 (Monte Carlo) 搜索法来确定。

1. 线性化

设 M 点带谐波失真的正弦波均匀采样序列由式 (8-3) 给出：

$$y[i]=y_f[i]+y_h[i]=A_0\cdot\cos(\omega_0\cdot i\cdot T)+B_0\cdot\sin(\omega_0\cdot i\cdot T)+C_0+y_h(i\cdot T)\tag{8-3}$$

其中，T 为采样间隔；$\omega_0=2\pi f$ 为信号角频率；f 为信号频率；C_0 为直流分量；下标 h 指谐波失真部分参数；下标 0 指基波信号部分参数；$i=0,\cdots,M-1$。

这样，任意幅度、频率、初始相位和直流分量的正弦波均可由 $y_f[i]$ 表示。则线性化过程如下所述。

设正弦波拟合迭代最终给出一个拟合正弦波 $y_{\mathrm{e}}[i]$ 与残差之和，且由下式所述形式给出：

$$y[i]=y_{\mathrm{e}}[i]+r[i]=A\cdot\cos(\omega\cdot i\cdot T)+B\cdot\sin(\omega\cdot i\cdot T)+C+r[i\cdot T]\tag{8-4}$$

其中，$r[i\cdot T]$ 为拟合残差。

由式 (8-4) 给出的拟合正弦波可在式 (8-3) 所述基波频率的正弦波上进行泰勒级数展开如下：

$$y[i]=y_f[i]+\frac{\mathrm{d}y_f[i]}{\mathrm{d}A_0}\cdot\Delta A+\frac{\mathrm{d}y_f[i]}{\mathrm{d}B_0}\cdot\Delta B+\frac{\mathrm{d}y_f[i]}{\mathrm{d}C_0}\cdot\Delta C+\frac{\mathrm{d}y_f[i]}{\mathrm{d}\omega_0}\cdot\Delta\omega+\mathrm{HOT}[i]+r[i]\tag{8-5}$$

这里，HOT $[i]$ 描述二阶以及更高阶的展开式部分，且

$$\Delta A=A-A_0,\quad \Delta B=B-B_0,\quad \Delta C=C-C_0,\quad \Delta\omega=\omega-\omega_0$$

联立式 (8-3)、式 (8-5) 且重新排列，可得

$$y_h[i]=y[i]-y_f[i]=\frac{\mathrm{d}y_f[i]}{\mathrm{d}A_0}\cdot\Delta A+\frac{\mathrm{d}y_f[i]}{\mathrm{d}B_0}\cdot\Delta B+\frac{\mathrm{d}y_f[i]}{\mathrm{d}C_0}\cdot\Delta C+\frac{\mathrm{d}y_f[i]}{\mathrm{d}\omega_0}\cdot\Delta\omega+\mathrm{HOT}[i]+r[i]\tag{8-6}$$

或以矩阵形式标记为

$$\boldsymbol{y}_h = \underline{\boldsymbol{D}} \cdot \boldsymbol{x} + \boldsymbol{\varepsilon} \tag{8-7}$$

这里，

$$\underline{\boldsymbol{D}} = \begin{pmatrix} \dfrac{\mathrm{d}y_f[0]}{\mathrm{d}A_0} & \dfrac{\mathrm{d}y_f[0]}{\mathrm{d}B_0} & \dfrac{\mathrm{d}y_f[0]}{\mathrm{d}C_0} & \dfrac{\mathrm{d}y_f[0]}{\mathrm{d}\omega_0} \\ \dfrac{\mathrm{d}y_f[1]}{\mathrm{d}A_0} & \dfrac{\mathrm{d}y_f[1]}{\mathrm{d}B_0} & \dfrac{\mathrm{d}y_f[1]}{\mathrm{d}C_0} & \dfrac{\mathrm{d}y_f[1]}{\mathrm{d}\omega_0} \\ \vdots & \vdots & \vdots & \vdots \\ \dfrac{\mathrm{d}y_f[M-1]}{\mathrm{d}A_0} & \dfrac{\mathrm{d}y_f[M-1]}{\mathrm{d}B_0} & \dfrac{\mathrm{d}y_f[M-1]}{\mathrm{d}C_0} & \dfrac{\mathrm{d}y_f[M-1]}{\mathrm{d}\omega_0} \end{pmatrix} \tag{8-8}$$

$$\boldsymbol{\varepsilon} = (\mathrm{HOT}[0] + r[0] \quad \mathrm{HOT}[1] + r[1] \quad \cdots \quad \mathrm{HOT}[M-1] + r[M-1])^{\mathrm{T}} \tag{8-9}$$

$$\hat{\boldsymbol{x}} = (\Delta A \quad \Delta B \quad \Delta C \quad \Delta\omega)^{\mathrm{T}} \tag{8-10}$$

$\boldsymbol{x}$ 的最小二乘估计 $\hat{\boldsymbol{x}}$ 由下式给出：

$$\hat{\boldsymbol{x}} = \left(\underline{\boldsymbol{D}}^{\mathrm{T}} \underline{\boldsymbol{D}}\right)^{-1} \underline{\boldsymbol{D}}^{\mathrm{T}} \boldsymbol{y}_h \tag{8-11}$$

这一估计使 $\boldsymbol{\varepsilon}$ 的 2 范数 $\|\boldsymbol{\varepsilon}\|$ 最小，当高阶分量 HOT[i] 足够小时，它也使 $\boldsymbol{r}$ 的 2 范数 $\|\boldsymbol{r}\|$ 最小。所以，式 (8-11) 给出了由式 (8-3) 所描述的采样序列的最小二乘正弦波拟合参数误差向量的一阶逼近。

2. 误差界的搜索

尽管式 (8-11) 给出了 $\boldsymbol{x}$ 的最小二乘估计一阶近似的分析表达式，但对于实际应用的人们来说，其用途极受限制。这是因为，式 (8-11) 需要在每一种状况下构造矩阵 $\underline{\boldsymbol{D}}$ 和解正规方程；另外，误差 $\hat{\boldsymbol{x}}$ 的大小明显依赖于信号及失真的参数，而这些都未必已知。最好能有一个简单的函数关系式，用来描述一下参数误差的误差界与可预知或可以假定的参数条件间的关系。

图 8-1 和图 8-2 给出了由式 (8-11) 确定的依赖相关性的两个例子。

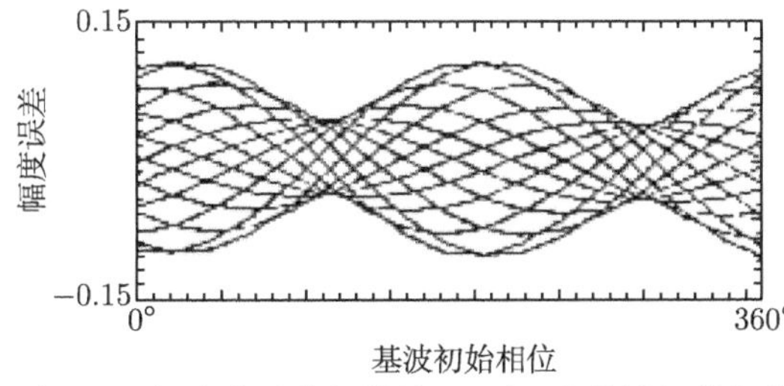

图 8-1 幅度估计值与谐波 (二次) 和基波初始相位的复杂函数关系

不同的曲线对应不同的基波初始相位

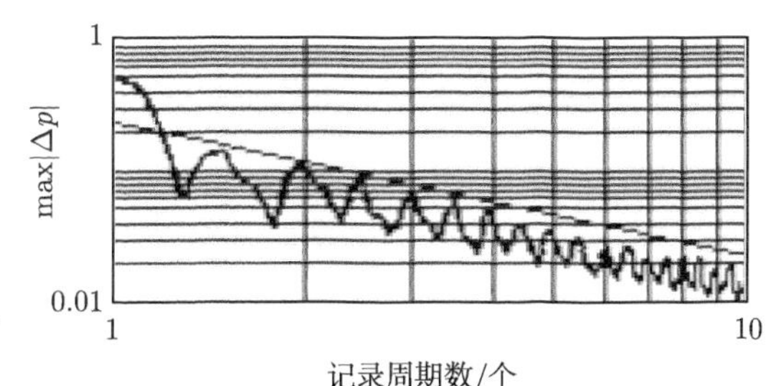

图 8-2 周期估计的最大误差与数据记录中所含周期数的关系

相对单位幅度基波信号，谐波失真幅度为 1/3，直线为误差界

图 8-1 描述了幅度估计值误差随信号及谐波失真相位的变化情况，这里选定的谐波阶次为 2，全部数据记录包含 2.2 个信号周期。当然，当谐波阶次及信号周期数变化时，对于相应的信号和谐波相位来说，最大值的位置也将变化，若要得到该最大值的界，则需要进行广泛的搜索。图 8-2 描述了所有信号及谐波相位情况下，估计相位的误差随信号周期个数 p 的变化情况；作为 p 的函数，这里，对于单位幅度信号来说，谐波幅度为 1/3，且 p 正比于信号频率，图 8-2 中的直线则是按下列所述过程确定的运算得到的参数估计误差的上界。

参数估计误差的上界依式 (8-11) 按下述程序进行：

(1) 在分别变动信号周期个数、谐波阶次、信号相位和谐波相位的情况下，累积众多不同的采样序列的估计参数误差；

(2) 搜索估计参数误差的最大值；

(3) 用回归方式拟合这些误差的最大值，并产生其误差界的表达式。该误差界以二元指数函数方式逼近所有信号和谐波相位下的参数估计误差的最大值，并以信号周期个数和谐波阶次为变量。

仿真模拟是在较低的谐波阶次下 ($h = 2$，3，4，5，7，10) 进行的，这是由于，这些是 ADC 和数据采集系统最主要的失真分量；记录长度 $M = 200$，1000，2000 和 4000，每一个谐波及其结果均是分别独立作出的。

3. 结论

误差界的指数表达式给出了其依信号周期个数和谐波阶次的变化而变化的一个较好的拟合结果。该结果中，估计参数误差的误差界如下：若 Δp 为信号周期数误差，ΔA_f 为信号幅度误差，

$$\Delta A_f = \sqrt{(A+\Delta A)^2 + (B+\Delta B)^2} - \sqrt{A^2+B^2} \tag{8-12}$$

$\Delta\phi$ 为信号相位误差，

$$\Delta\phi = \arctan\left(\frac{B+\Delta B}{A+\Delta A}\right) - \arctan\left(\frac{B}{A}\right) \tag{8-13}$$

Δ_{off} 为信号直流分量估计值误差，

$$\Delta_{\text{off}} = \Delta C \tag{8-14}$$

M 为记录数据个数，p 为记录中所含信号周期个数，

$$p = \frac{\omega MT}{2\pi} \tag{8-15}$$

h 为谐波失真阶次 (正整数)，A_f 为输入信号幅度，A_h 为输入信号的 h 次谐波幅度，则有

$$\max|\Delta p| = \frac{0.90}{(ph)^{1.2}} \cdot \frac{A_h}{A_f}, \quad p \geqslant 2.0, M \geqslant 2ph \tag{8-16}$$

$$\max\left|\frac{\Delta A_f}{A_f}\right| = \frac{1.00}{(ph)^{1.25}} \cdot \frac{A_h}{A_f}, \quad p \geqslant 2.0, M \geqslant 2ph \tag{8-17}$$

$$\max|\Delta\phi| = \frac{180^\circ}{(ph)^{1.25}} \cdot \frac{A_h}{A_f}, \quad p \geqslant 2.0, M \geqslant 2ph \tag{8-18}$$

$$\max\left|\frac{\Delta_{\text{off}}}{A_f}\right| = \frac{0.61}{(ph)^{1.21} \cdot h^{1.1}} \cdot \frac{A_h}{A_f}, \quad p \geqslant 2.0, M \geqslant 2ph \tag{8-19}$$

作为比率 A_h/A_f 的函数，几个谐波阶次和几个信号周期情况下的式 (8-16)~ 式 (8-19) 如图 8-3 所示。

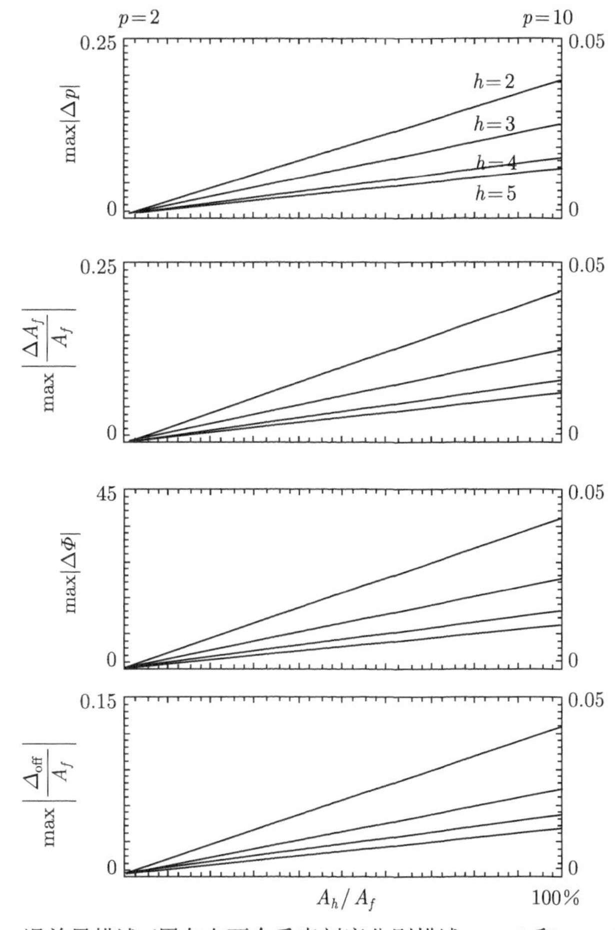

图 8-3 误差界描述 (用左右两个垂直刻度分别描述 $p=2$ 和 $p=10$ 情况)

当 $p \geqslant 2.0$ 时，估计值误差最大幅度与上述误差界符合得非常好。相反，$p < 2$ 时，估计值误差最大幅度超出了上述误差界，尤其在较低频率的谐波 (二次、三次) 上，信号周期 p 估计误差 Δp 随 p 变化情况如图 8-2 所示。

注意，误差界是应用在 $M \geqslant 2ph$ 情况下，也就是说，误差界应用在谐波分量被高于奈奎斯特 (Nyquist) 速率进行采样的情况下，即对于所研究的谐波分量也满足采样定理。若

$M < 2ph$，则谐波将混叠进入相邻频带内，这些混叠频率分量可以非常接近或等于信号频率，这时，混叠后的谐波能量并入信号能量的估计中，上述误差界将被破坏。在 $M \geqslant 2ph$ 时，误差界与 M 的相关性可以忽略。

p 与 h 的指数为非整数的原因尚不清楚，对于更快捷但更保守的逼近来说，p 与 h 的指数可近似为 1。实验表明，$p \geqslant 2.0$ 且超出 A_h/A_f 线性逼近线，有效位数估计拟合误差的影响非常小，仅产生 0.1 位或更小的有效位数误差。

4. 线性模型化分析方法的有效区域

一个需要特别注意的问题是，当谐波与信号幅度比增大到一定程度后，这里给出的一阶逼近正弦拟合误差将失去效力。这时，高阶项的作用不容忽略。这些误差界的有效区域，已在蒙特卡罗采样搜索方式下，使用全四参数最小二乘正弦波拟合法进行了详细研究，结果如图 8-4 所示。对于 15 个谐波失真值，其归一化最大误差被描述，它们是从 1000 个试验中获得的，在这里，信号与谐波的相位和周期个数 (2~10) 在每一个试验中均是随机选取。可见，甚至失真度高到 30%时，四个参数的误差界没有一个大于 4%。该曲线是在二次谐波情况下获得的，而更高阶次的谐波给出的结论类似。

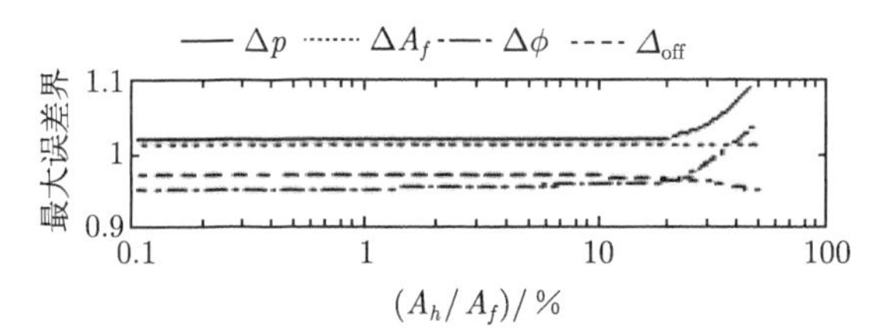

图 8-4　式 (8-16)~ 式 (8-19) 中给出的误差界的蒙特卡罗搜索结果

谐波阶次为 2, 每个失真水平上试验次数是 1000

8.2.2　由噪声和抖动造成的误差

当噪声和抖动存在时，仍然可以使用线性化模型来计算四个估计参数的方差和协方差，为消除上述表达式中 A_0 与 B_0 的合成问题，我们将正弦波描述如下：

$$y[i] = y_f[i] + e[i] = Z_0 \cos(\omega_0 \cdot i \cdot T + \phi_0) + C_0 + e(i \cdot T) \tag{8-20}$$

$$Z_0 = \sqrt{A_0^2 + B_0^2} \tag{8-21}$$

这里，e 表示叠加的噪声；Z_0 为正弦信号幅度；ω_0 为正弦信号角频率；ϕ_0 为正弦信号初始相位；如前所述线性化，但用噪声取代了谐波分量，类似于前述，可以得到

$$\boldsymbol{e} = \underline{\boldsymbol{D}} \cdot \boldsymbol{x} + \boldsymbol{\varepsilon} \tag{8-22}$$

这里，$\underline{\boldsymbol{D}}$ 与上述相同，但以对 Z、ϕ、C、ω 的导数代替对 A、B、C、ω 的导数；$\boldsymbol{e}$ 为随机变量，零均值、独立，但不要求同分布；$\boldsymbol{\varepsilon}$ 为最小二乘解的残差，假定高阶导数误差量可忽略不计；

$$\boldsymbol{x} = (\Delta Z \quad \Delta\phi \quad \Delta C \quad \Delta\omega)^{\mathrm{T}} \tag{8-23}$$

据文献 [11] 的研究结论，可知

$$\mathbf{E}[\hat{\boldsymbol{x}}]=\mathbf{E}[\boldsymbol{x}]=\mathbf{0}$$

这里，$\mathbf{E}[*]$ 表示 $*$ 的数学期望；$\hat{x}$ 是 $\boldsymbol{x}$ 的最小二乘估计；进而，$\hat{x}$ 的方差及协方差矩阵由下式给出：

$$\sum(\hat{\boldsymbol{x}})=\sigma^2\cdot(\underline{\boldsymbol{D}}^{\mathrm{T}}\underline{\boldsymbol{D}})^{-1}\cdot\underline{\boldsymbol{D}}^{\mathrm{T}}\cdot\underline{\boldsymbol{W}\boldsymbol{W}}^{\mathrm{T}}\cdot\underline{\boldsymbol{D}}(\underline{\boldsymbol{D}}^{\mathrm{T}}\underline{\boldsymbol{D}})^{-1} \tag{8-24}$$

这里，$\sum(\hat{\boldsymbol{x}})$ 表示 $\hat{\boldsymbol{x}}$ 的协方差矩阵；$\underline{\boldsymbol{W}}$ 为一个对角权值矩阵，以便 $\boldsymbol{e}=\underline{\boldsymbol{W}}\boldsymbol{e}'$，而 $\boldsymbol{e}'$ 是独立同分布 (i.i.d.) 的正态噪声 **i.i.d.** $(0,\sigma^2)$。

1. 噪声造成的误差 [1]

在随机噪声状态下，$\boldsymbol{e}$ 的元素可假设为独立同分布，所以 $\underline{\boldsymbol{W}}=\underline{\boldsymbol{I}}$ (单位矩阵)，则式 (8-24) 简化成

$$\sum(\hat{\boldsymbol{x}})=\sigma^2\cdot(\underline{\boldsymbol{D}}^{\mathrm{T}}\underline{\boldsymbol{D}})^{-1} \tag{8-25}$$

这里，σ^2 为噪声方差。

正弦波最小二乘拟合四个参数的方差 σ_p^2 由式 (8-24) 或式 (8-25) 中协方差矩阵对角元给出：

$$\boldsymbol{\sigma}_p^2=\begin{pmatrix}\sigma_Z^2 & \sigma_\phi^2 & \sigma_C^2 & \sigma_\omega^2\end{pmatrix}^{\mathrm{T}}=\mathrm{diag}\{\,*\,\} \tag{8-26}$$

这里，$\{*\}$ 是式 (8-24) 或式 (8-25) 中协方差矩阵；参数的协方差由非对角元素给出。

σ_Z^2/σ^2、$\sigma_\phi^2 Z^2/\sigma^2$、$\sigma_C^2/\sigma^2$ 以及 $\sigma_\omega^2 Z^2/(\omega^2\sigma^2)$ 的描述如图 8-5 所示，给出了在 36 个等间距信号初始相位上对应的误差界随信号周期数的变化情况，这里，$M=100$，各描述值均与 M 成反比。

幅度、直流分量和频率的方差表示成比例方差的形式 (如 σ_Z^2/Z^2、σ_C^2/Z^2 和 σ_ω^2/ω^2) 通常更为实用。这些比例方差可以从图 8-5 按下述方式确定：

(1) 对比例方差 σ_Z^2/Z^2，从图 8-5(a) 中找出幅度估计方差与周期数关系的确切位置，用相应的噪声比例方差 σ^2/Z^2 以及 $100/M$ 连乘；

(2) 对于直流分量与相应正弦幅度 Z 的比例方差 σ_C^2/Z^2，从图 8-5(c) 中找出直流分量估计方差，再乘以 $100\sigma^2/(MZ^2)$；

(3) 由图 8-5(d) 求取比例方差 σ_ω^2/ω^2，找出其相应信号频率估计方差，最后乘以 $100\sigma^2/(MZ^2)$ 即可；

(4) 初始相位的直接方差 σ_ϕ^2，可以从图 8-5(b) 中的初始相位估计方差中找到，用 $100\sigma^2/(MZ^2)$ 乘后获得。

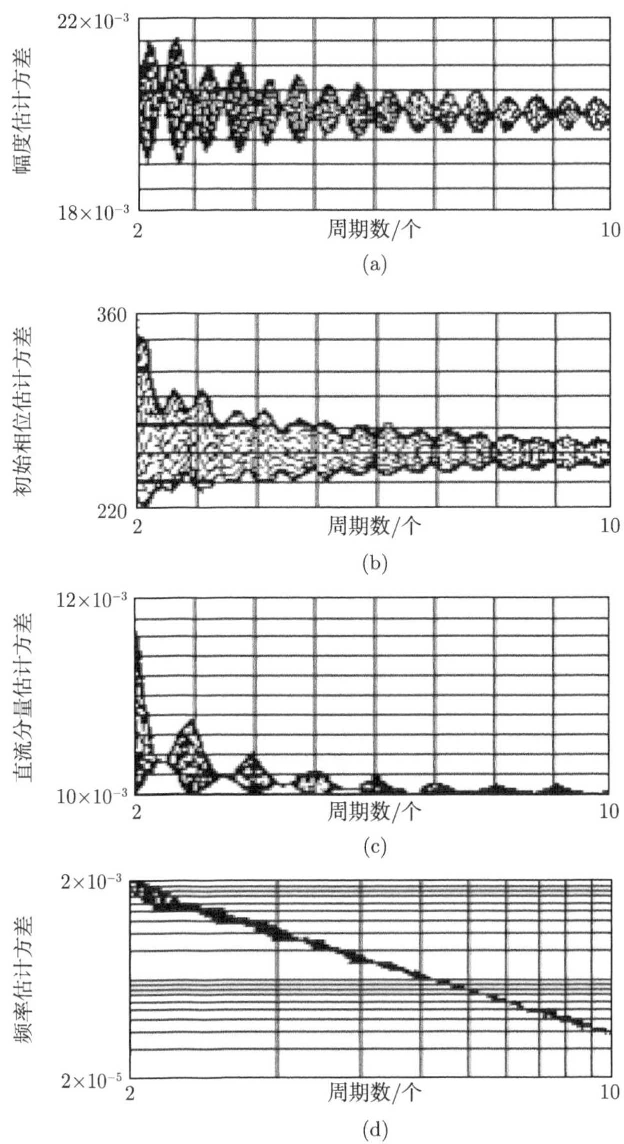

图 8-5　在 36 个均匀分布的相位点上，规范化参数估计方差 (由噪声引起的) 与周期数的函数关系描述

(a) 幅度估计方差 σ_Z^2/σ^2；(b) 初始相位估计方差 $\sigma_\phi^2 Z^2/\sigma^2$；(c) 直流分量估计方差 σ_C^2/σ^2；(d) 频率估计方差 $\sigma_\omega^2 Z^2/(\omega^2\sigma^2)$

2. 抖动造成的误差

在抖动情况下，由抖动造成一个按输入信号时间导数分布的恒定方差，所以式 (8-24) 中的加权矩阵的第 (i, j) 个元素为

$$w_{i,j}=\begin{cases}\dfrac{\mathrm{d}y_f(i)}{\mathrm{d}t}, & i=j\\ 0, & i\neq j\end{cases}\tag{8-27}$$

而且，式 (8-24) 中的 σ^2 由抖动方差 σ_j^2 取代，且具有时间单位。

对式 (8-27) 来说，几个前提条件是必须的：① 高阶导数项的影响可忽略；② 任何谐波失真都足够小，以至于它对导数的影响可忽略；③ 抖动误差的均值为 0，尽管这并不严格真实 [11]；④ 每一采样点的抖动独立于其他点。

由抖动误差所引起的归一化方差 $\sigma_Z^2/(\omega^2\sigma_j^2)$、$\sigma_\phi^2 Z^2/(\omega^2\sigma_j^2)$、$\sigma_C^2/(\omega^2\sigma_j^2)$ 以及 $\sigma_\omega^2 Z^2/(\omega^4\sigma_j^2)$ 的描述如图 8-6 所示，这里，为 36 个等间距信号初相位上，上述归一化方差随周期数变化的情况。数据由式 (8-24) 和式 (8-27) 算出，记录长度 $M = 100$。将这些归一化

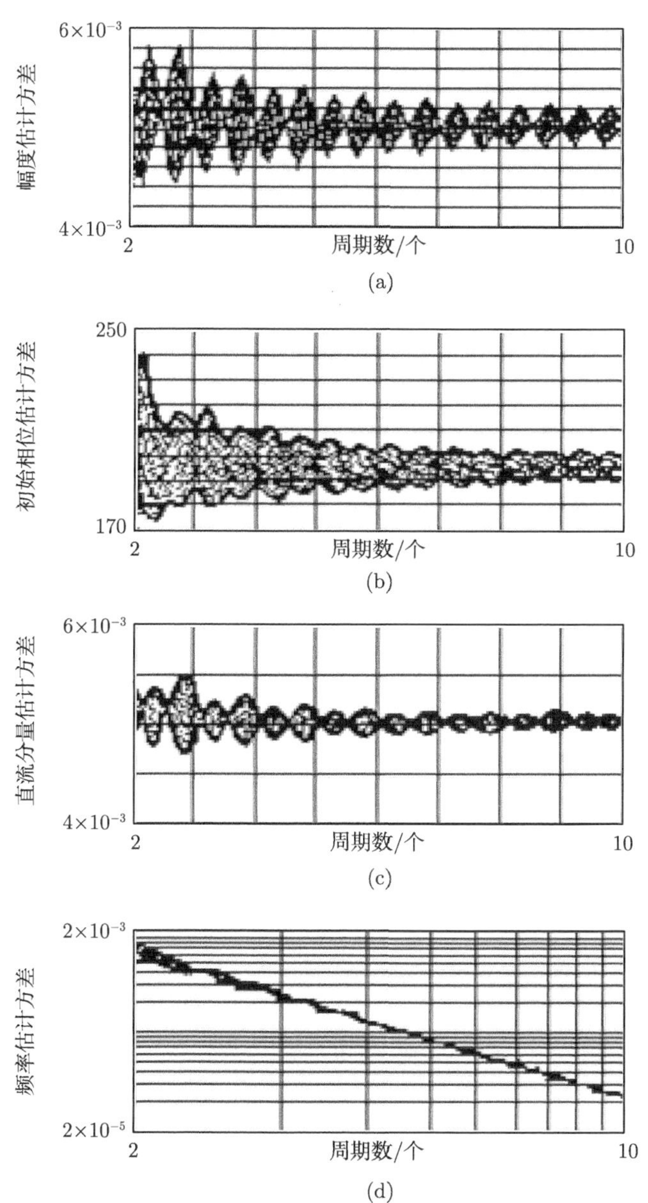

图 8-6 在 36 个均匀分布的相位点上, 规范化参数估计方差 (由抖动引起的) 与周期个数的函数关系描述
(a) 幅度估计方差 $\sigma_Z^2/(\omega^2\sigma_j^2)$；(b) 初始相位估计方差 $\sigma_\phi^2 Z^2/(\omega^2\sigma_j^2)$；(c) 直流分量估计方差 $\sigma_C^2/(\omega^2\sigma_j^2)$；(d) 频率估计方差 $\sigma_\omega^2 Z^2/(\omega^4\sigma_j^2)$

方差与相应的由抖动所产生的误差的比例方差 $(\omega^2\sigma_j^2/Z^2)$ 相乘，再乘以 $100/M$，将得到幅度比例方差 σ_Z^2/Z^2；直流分量比例方差 σ_C^2/Z^2；以及频率比例方差 σ_ω^2/ω^2；并给出初始相位方差 σ_ϕ^2。

8.2.3　结论

当输入信号为受谐波和噪声影响的单频正弦波采样序列时，四参数最小二乘拟合适用于同时存在系统误差和随机误差时的参数估计。在谐波失真状况下，误差界可以用简单的公式限定，即近似与谐波阶次和信号周期数成反比，与谐波失真及信号幅度比成正比。这些界限是在数据序列至少包含两个以上信号周期且具有较大的信噪比的情况下适用；但在谐波分量出现频率混叠情况下便失效。当信号被噪声或抖动干扰时，参数估计值的方差是信号初始相位及周期数的函数。

8.3　量化误差影响的误差界

8.3.1　基理分析

如前所述，正弦现象是自然界中的基本物理现象之一，涉及振动、摆动、波动的多数现象，均可以归结为正弦现象。因而，正弦波成为仪器仪表和计量测试行业中应用最广的曲线波形 [12-16]。以正弦波形采样序列为基础的四参数最小二乘曲线拟合算法，成为估计正弦波形的幅度、频率、初始相位、直流偏移四个基本参数的优良方法，应用广泛 [17-20]。它可适用于单周期、多周期、残周期、均匀采样、非均匀采样等多种不同的测量条件 [13,14,18,19,21-23]。不仅如此，它还在 A/D 的有效位数评价中，成为必不可少的基本方法 [17,20,24-26]。在调制信号的数字化解调，以及其他许多相关问题的解决中，均有重要应用。

在正弦波形参数拟合中，人们最关心拟合参数的不确定度或误差状况 [1,8,25-30]。针对这一问题，NIST 的 Deyst 等进行了非常细致的先期研究 [1]，其主要涉及的因素包括谐波、抖动、信噪比、初始相位、序列所包含的周波数、序列长度等，以及它们对幅度、频率、初始相位、直流分量四个拟合参数的影响。并以经验公式、仿真曲线方式，给出了这些因素产生影响的误差界。该研究对实际工作具有较大的指导和借鉴价值，意义重大，然而，对量化误差的影响并未予以特别关注。实际上，正弦波采样序列多是通过 A/D 转换器以模数转换实现模拟信号向数字量的转化的。目前，已有的模数转换器技术产品，A/D 位数已经覆盖了 8~32bit 分辨力的全部范围。但是，大多数数字示波器的 A/D 位数仍然使用 8bit 分辨力的 A/D，因此，量化误差的影响不容忽视。

量化误差并非随机误差，在周期性波形的测量中，它是兼具系统误差和噪声误差特性的周期性误差因素。首先，它会给幅度拟合带来随幅值变化的影响，并间接影响到其他参数的拟合结果。

另外，即使是同一幅度的正弦信号，由于叠加在其上的直流分量 (直流偏移) 不同，也会使量化后的采样序列量化误差产生变化。

最后，在确定的 A/D 位数基础上，信号幅度、频率、初始相位，以及采样速率、序列长度、序列所含的周波数等因素发生变化时，它们将给正弦波拟合参数带来怎样的变化，这些状况，尚未予以系统揭示。

实际上，在许多场合下，与谐波、随机噪声等因素相比，A/D 量化误差、信号量程、采样速率、序列长度等测量条件起到了主导作用。但每一次测量，所面临的波形参数、所使用的测量条件等又具有非固定的特征。在这种情况下，人们更为关心的是，存在 A/D 量化误差的情况下，每一种不同的测量条件下四参数正弦曲线拟合参量的误差界变化情况，以便指导测量仪器系统的选用，构建测量条件，从而达到预期的测量目的。本节后续内容，将主要讨论量化误差带来的拟合参量的误差界问题，并试图以仿真计算方式，针对几种具体 A/D 的情况，将每一种组合方式的误差界揭示出来。

量化误差对正弦拟合参数误差的影响，有多方面因素，其起因归结为以下几个方面的问题。

1. 峰值量化码问题

数据采集过程，实质上是一种针对被测波形的时域抽样和幅度量化过程，并以抽样量化后的数据序列表征被测量的波形。其中，若采集量程为 E，所用 A/D 的位数为 b，则全量程范围内的所有量值被分成 2^b 个均匀的小区间，称为 2^b 个量化码值。每个量化小区间的宽度用 LSB (least bit) 表示，$1\text{LSB} = E/2^b$。任何一个被测量值都可由其所落在区间的量化码值定量表征。被测量值与表征其所用量化码值所代表的理论值之间的差，称为量化误差。

曲线拟合是用含有量化误差的采样序列逼近并复现原始信号波形的过程，各个抽样点量化误差的大小、出现概率等均会对拟合参数的误差造成影响。

当被测信号为正弦波时，其最大的问题是，它并非一个值域上等概率密度的函数波形，峰值附近的概率密度最大。因而，在量化后，其峰值和谷值码在理论上可以有远高于其他码值的出现概率。若其峰值幅度为 A，则当其恰好覆盖全量程时，峰值码 (谷值码) 出现的概率为

$$p_{\text{峰}} = \frac{\arccos\left(1 - 2^{-b}\right)}{\pi} \tag{8-28}$$

零值码出现的概率为

$$p_{\text{零}} = \frac{\arcsin\left(1 - 2^{-b}\right)}{2\pi} \tag{8-29}$$

由此可见，峰值码出现的概率远大于其他码值出现的概率，这导致峰值码在曲线拟合中的权重远大于其他码值。

通常，被测正弦波不可能恰好覆盖全量程范围，由此导致实际使用的量化码数少于 2^b 个，而且，峰值码和谷值码均有可能不完整，即其宽度低于理论值，使得其码宽度、量化误差值的分布、在曲线拟合中的权重都会产生变化，由此对曲线拟合参数误差的影响产生波动。

由于正弦波幅度和直流分量的变化，均能造成峰值码和谷值码的量化宽度的变化，所以，会对波形拟合误差造成影响。这就需要通过在量化码量级细度上的扫描搜索，以定量呈现该影响。

2. 初始相位的影响问题

任何一个用于曲线拟合的测量序列，都是有限长采样序列，以只含有一个周期的正弦波采样序列为例，在任何其他因素不变的情况下，仅仅是由于初始相位发生变化，所呈现

的波形序列，就可以呈现出“中心对称性波形”“中心反称性波形”和一般波形等情况；而含有量化误差的测量序列，其在“中心对称性波形”和“中心反称性波形”等不同状态下，拟合误差将产生明显变化。因而，初始相位的变化对曲线拟合将造成明显的影响，需要通过深度相位扫描方式予以定量表征。

3. 波形陡峭度问题

正弦波形数据采集中，信号频率的变化和采样速率的变化，最终归结为每个周波内采样点数的变化问题。每个周波采样点数越少，则信号序列的陡峭程度越高，其他条件不变时，波形的陡峭程度将对参数拟合误差造成影响。本节中，以其他条件不变时，序列中含有的信号周波数来表征该陡峭程度，周波数越多，则陡峭程度越高。本节所述研究，以 1~21 个周波为研究对象。

4. 序列长度问题

正弦波采集中，序列长度的变化将主要从两个方面对拟合误差造成影响。当与量化码个数相比，序列长度很短时，由于采样量化误差不能达到依理论概率分布呈现的状态，则不同的采样条件将给参数拟合造成较大波动。此时，单点测量值的权重较大，则峰值码宽度不完整等因素和量化误差的变动，将给参数拟合结果造成较大影响。

当序列长度到达一定长度以上后，量化误差分布更加趋近于理论分布，单点测量值在整体中的权重下降，导致其变化时对参数拟合误差造成的影响降低，拟合将更加稳定。本节所述研究，序列长度选取范围为 100~16000 点。

5. 整周期问题

实际工作中的数据采集序列很少是整周期采样序列，其拟合参数的误差规律也更加复杂和多样。为降低工作量，并使过程更加稳定，则通过截取序列方式可保证其近似工作在整数个周期的状况下。本节所述研究，以 1~21 个周波为研究对象。

6. 幅度变化问题

对于波形采样序列而言，在其不能覆盖全量程的条件下，将导致量化阶梯使用数量的减少。一般地，对于量程为 E，A/D 位数为 b 的采集系统而言，半量程到满量程的幅度区间是主要考察对象区间，属于 b 位 A/D 的应用范畴，而在四分之一量程至半量程的幅度区间，应该是量程为 $E/2$ 的 $b-1$ 位 A/D 的系统的考察区间。因而，过低幅度的误差特征在实际应用中并无太大实际意义和价值。

本节后续研究的目标，主要是定量展示上述各种条件要素变化时，正弦参数拟合误差的变化情况。

8.3.2　基本思想

1. 测量条件

在波形数据采集中，测量条件通常涉及主观条件和客观条件两种。客观条件一般指被测波形的参量条件，包括幅度、频率谱等信息。对于正弦信号，则指其幅度、频率、直流分量、初始相位等波形参量；更进一步细化，将包括其抖动、失真、谐波、噪声等参量；它们是不以人的意志为转移的客观存在，很难被干预和变动。主观条件，则特指可以通过自主选择而变化的测量条件，包括测量仪器系统的幅度量程、A/D 位数、采样速率、存储深度、模拟带宽、幅度测量误差、线性度、采样速率误差等。

在正弦波形的采样测量中，采样速率与信号频率是相关联的，两者的比值是每个周波的采样点数，可通过选择不同的采样速率而改变该比值；当其固定后，采样序列的长短决定了其所包含周波数的多少。通过选取量程范围，可改变被测信号幅度与量程的占比；通过选择不同 A/D 位数的测量仪器和系统，可改变量化误差的大小。最终，用于改变正弦波拟合参数的误差界。

综合考虑各方面因素，选出的具有相互独立性和系统完备性的左右量化误差影响的测量条件为：

(1) A/D 位数，用于确定量化水平及影响；

(2) 采样序列包含周波数，确定周波数的影响；

(3) 序列样本点数，确定存储深度的影响；

(4) 信号幅度，确定幅度变动的影响；

(5) 初始相位，确定信号相位变化带来的影响；

(6) 直流分量，确定直流分量变化带来的影响。

经过四参数正弦曲线拟合后，获得的指标特征参量如下所述。

(1) 有效位数误差界：以 bit 表述；有效位数通常用以表述拟合曲线和实际测量序列之间的拟合残差的平均效应，是假定其在整个信号量程范围内均匀分布，按照纯量化误差规律折合成的 A/D 位数；理想状况下，有效位数的量值应该与测量序列所用的 A/D 位数相等。它的误差界应该是有效位数不确定度的波动边界。

(2) 拟合幅度误差界：以最小量化阶梯宽度 LSB 表述。

(3) 拟合频率误差界：以相对误差表述。

(4) 拟合相位误差界：以度 (°) 表述。

(5) 拟合直流分量误差界：以最小量化阶梯宽度 LSB 表述。

LSB (least bit) 称为最小量化阶梯宽度；当 A/D 位数为 b、幅度量程为 E 时，有

$$1\text{LSB} = \frac{E}{2^b} \tag{8-30}$$

2. *误差界搜索*

正弦参数拟合的误差界，是在上述六项测量条件下，固定其中的五项，变化一项，从而搜索出该条件变化时，四参数正弦拟合所获得的有效位数、幅度、频率、初始相位、直流分量等五项指标的误差界。

8.3.3 仿真实验及数据处理——8bit A/D

仿真使用计算机进行，按照数学关系产生理想正弦数据，然后再设定量程，按照仿真的 A/D 位数进行量化，生成理想仿真序列；将该具有已知参量的仿真序列在选定的正弦波拟合软件中进行数据处理，获得拟合参数。

仿真参数按照已知规律变化，获得变化条件下的拟合参数变化规律，并以此搜索各个拟合参数的误差界。

1. 仿真实验条件

为方便参数调控，不失一般性，下面设定包含六项测量条件的仿真实验条件。

(1) A/D 位数：基本参量为 8bit。

(2) 采样序列包含周波数：未特别说明时，为 20 个周波；作为主变化因素时，变化范围为 0.90~21.00 个周波，0.01 周波步进；作为辅助变化量时，变化范围为 2~20 个周波，1 周波步进。

实际仿真过程中，通过使用归一化频率 1Hz 来调整采样速率，结合样本点数，最终构建周波数。

(3) 序列样本点数：未特别说明时，序列样本点数为 16000 点；作为主变化因素时，变化范围为 100~16000 点，1 点步进；作为辅助变化量时，变化范围为 1000~16000 点，1000 点步进。

(4) 信号幅度：使用归一化幅度 1；未特别说明时，幅度为 82.03125%× 量程，并以此设定量程范围；作为主变化因素时，幅度宏观变化范围为量程的 7.8%~100%，0.005LSB 步进；作为辅助变化量时，在 82.03125%× 量程点处，其微观变化范围为 −0.5LSB~ 0.5LSB，0.05LSB 步进。

(5) 初始相位：未特别说明时，初始相位为 0°；作为主变化因素时，变化范围为 −180° ~ 180°，1° 步进；作为辅助变化量时，范围不变，10° 步进。

(6) 直流分量：未特别说明时，直流分量为 0；作为主变化因素时，变化范围为 −1LSB~ 1LSB，0.01LSB 步进；作为辅助变化量时，变化范围为 −0.5LSB~0.5LSB，0.05LSB 步进。

2. 仿真实验结果

按照上述仿真实验条件，分别以一种参量为主变化因素、一种参量为辅助变化因素生成实际的仿真条件，考察各指标要素的误差变化情况。

1) 幅度作为主变化因素

(1) 周波数作为辅助变化量，获得如图 8-7 所示的误差变化曲线波形。

(2) 初始相位作为辅助变化量，获得如图 8-8 所示的误差变化曲线波形。

(3) 直流分量作为辅助变化量，获得如图 8-9 所示的误差变化曲线波形。

(4) 数据点数作为辅助变化量，获得如图 8-10 所示的误差变化曲线波形。

2) 周波数作为主变化因素

(1) 幅度作为辅助变化量，获得如图 8-11 所示的误差变化曲线波形。

(2) 初始相位作为辅助变化量，获得如图 8-12 所示的误差变化曲线波形。

(3) 直流分量作为辅助变化量，获得如图 8-13 所示的误差变化曲线波形。

(4) 数据点数作为辅助变化量，获得如图 8-14 所示的误差变化曲线波形。

3) 初始相位作为主变化因素

(1) 幅度作为辅助变化量，获得如图 8-15 所示的误差变化曲线波形。

(2) 周波数作为辅助变化量，获得如图 8-16 所示的误差变化曲线波形。

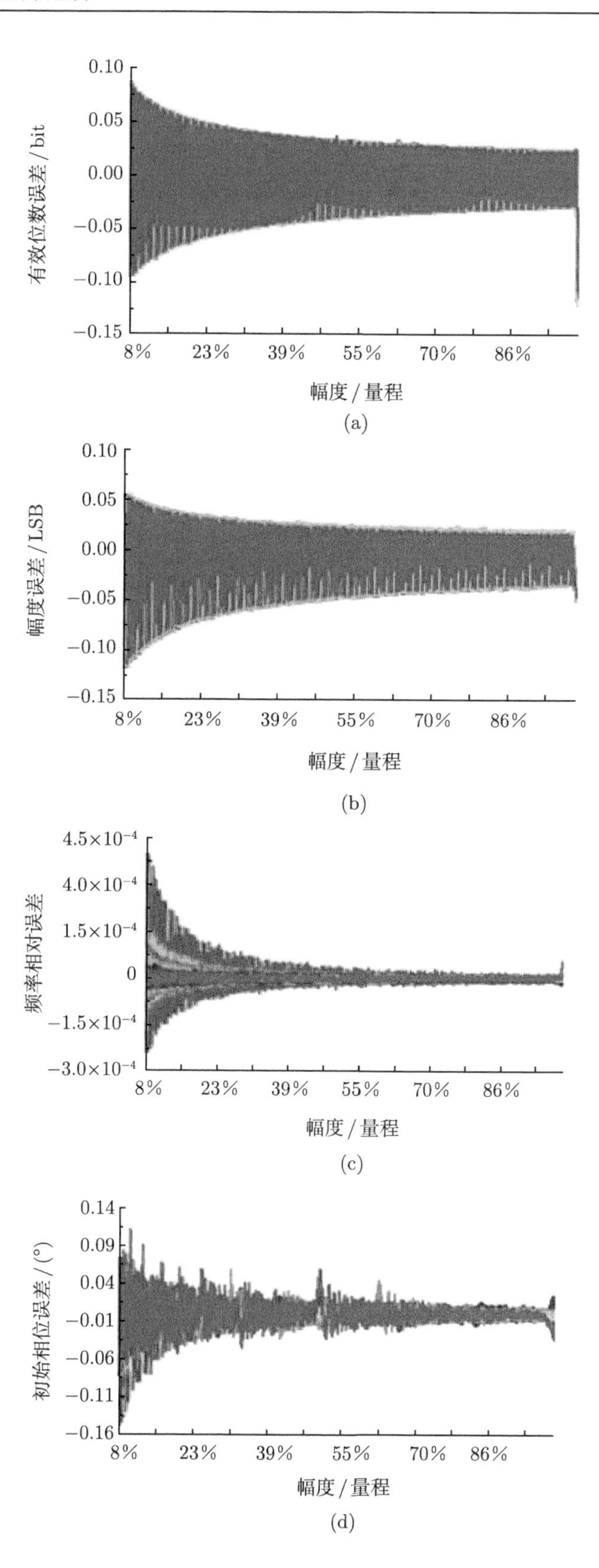
0.10
0.05
0.00
−0.05
−0.10
−0.15
有效位数误差 / bit
8%
23%
39%
55%
70%
86%
幅度 / 量程
(a)
0.10
0.05
0.00
−0.05
−0.10
−0.15
幅度误差 / LSB
8%
23%
39%
55%
70%
86%
幅度 / 量程
(b)
4.5×10⁻⁴
4.0×10⁻⁴
1.5×10⁻⁴
0
−1.5×10⁻⁴
−3.0×10⁻⁴
频率相对误差
8%
23%
39%
55%
70%
86%
幅度 / 量程
(c)
0.14
0.09
0.04
−0.01
−0.06
−0.11
−0.16
初始相位误差 / (°)
8%
23%
39%
55%
70%
86%
幅度 / 量程
(d)

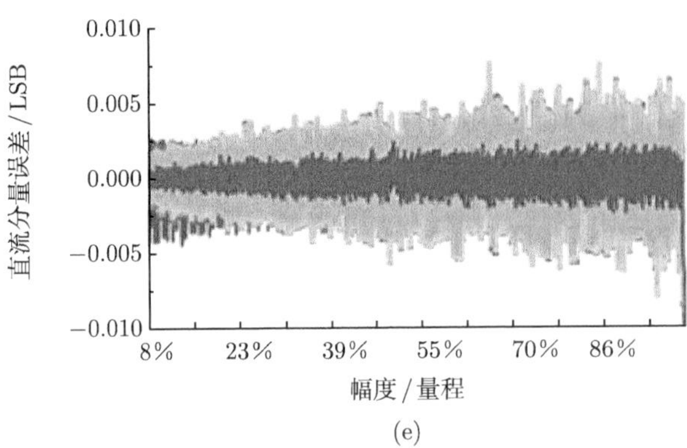

(e)

图 8-7　幅度与周波数同时变化时的参数拟合误差界

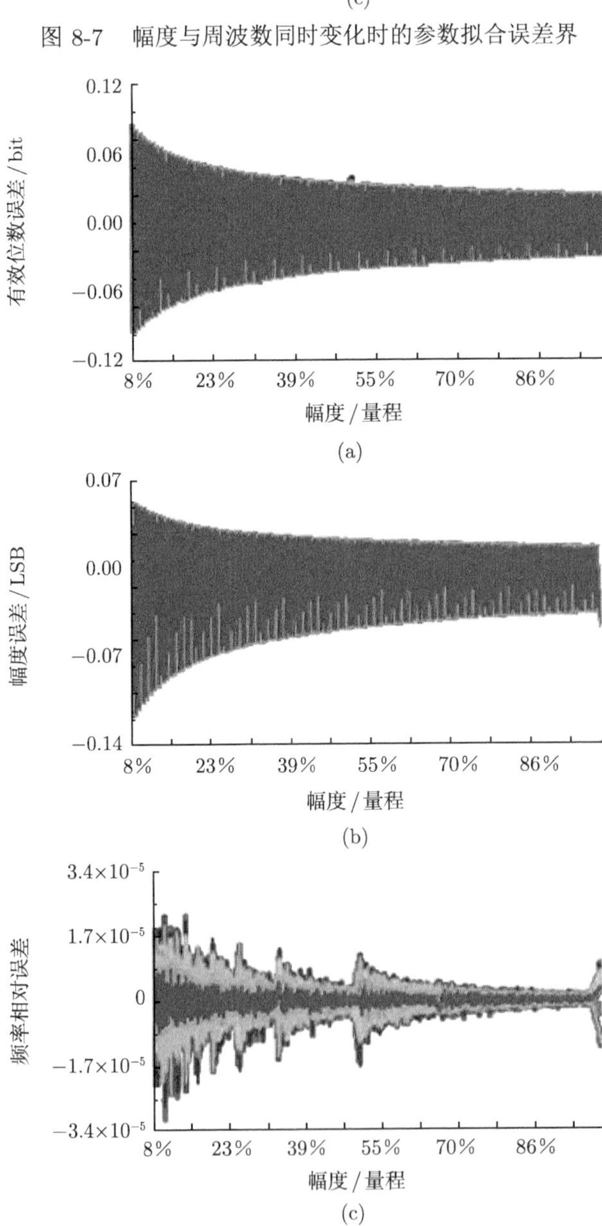

(c)

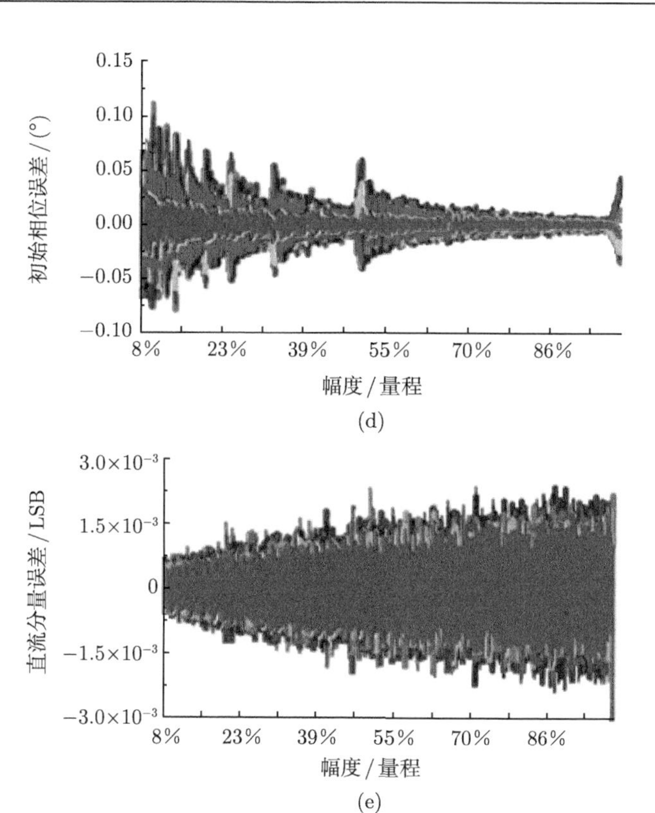

(d)

(e)

图 8-8 幅度与初始相位同时变化时的参数拟合误差界

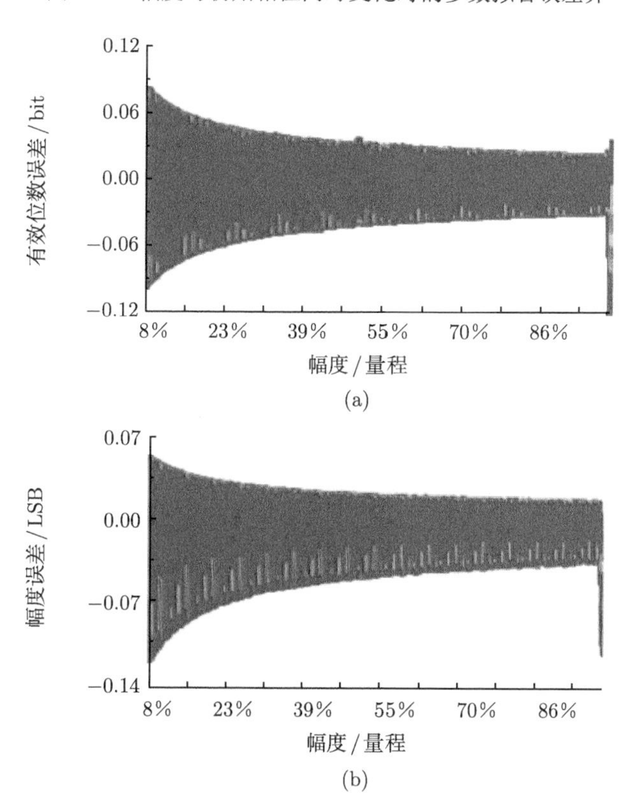

(a)

(b)

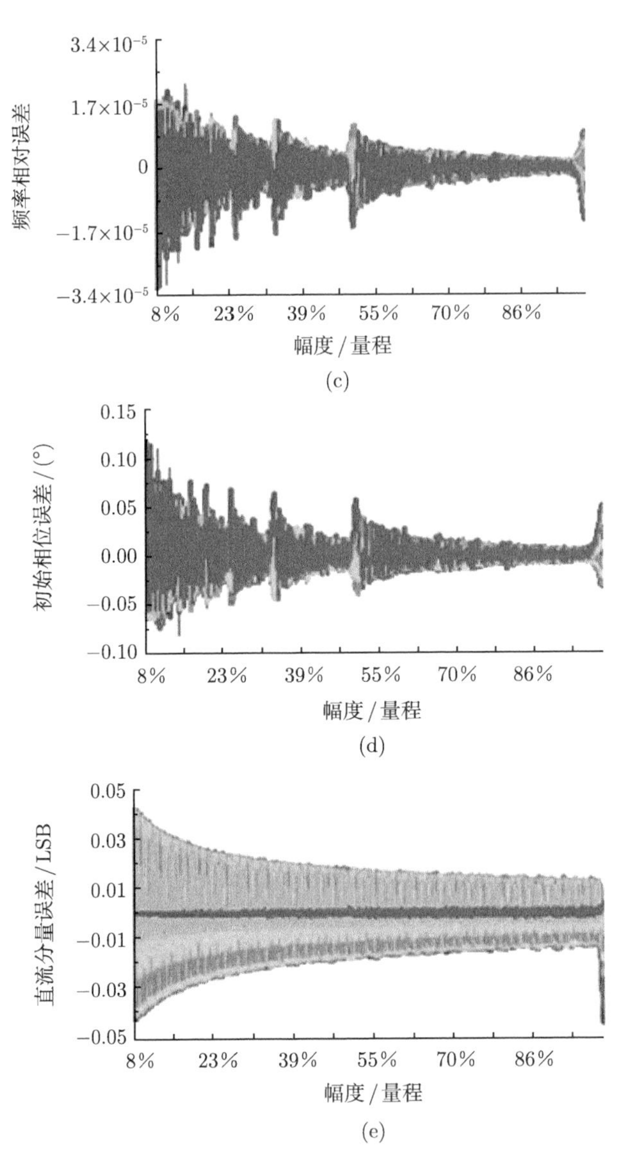

图 8-9　幅度与直流分量同时变化时的参数拟合误差界

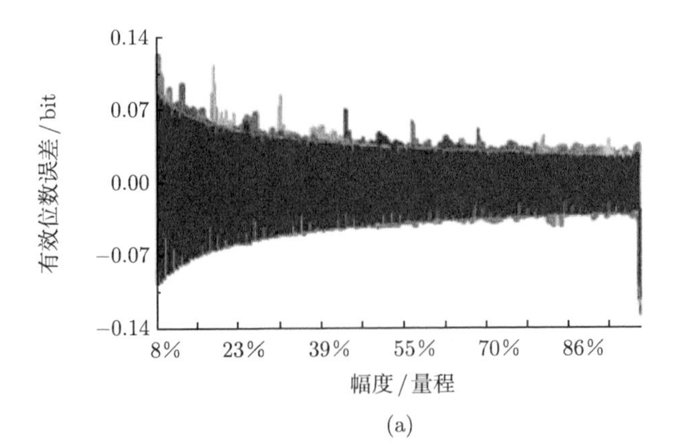

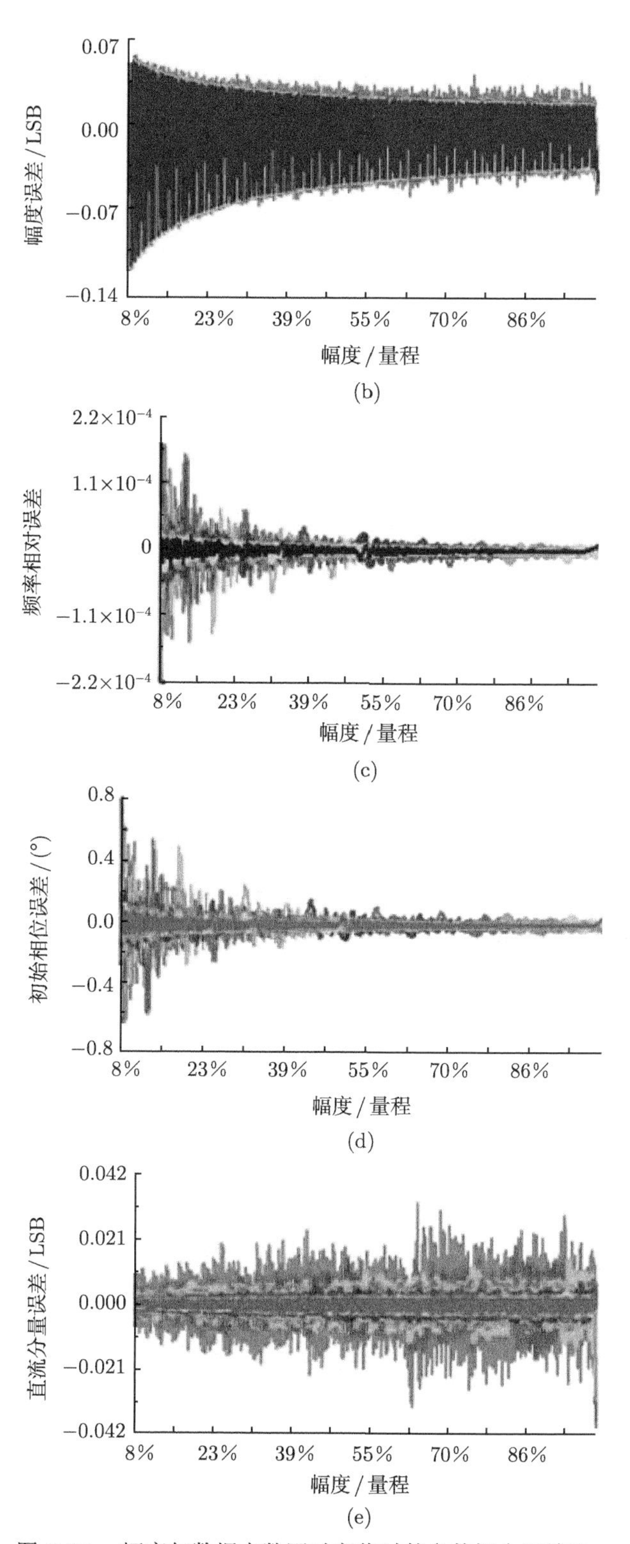

图 8-10　幅度与数据点数同时变化时的参数拟合误差界

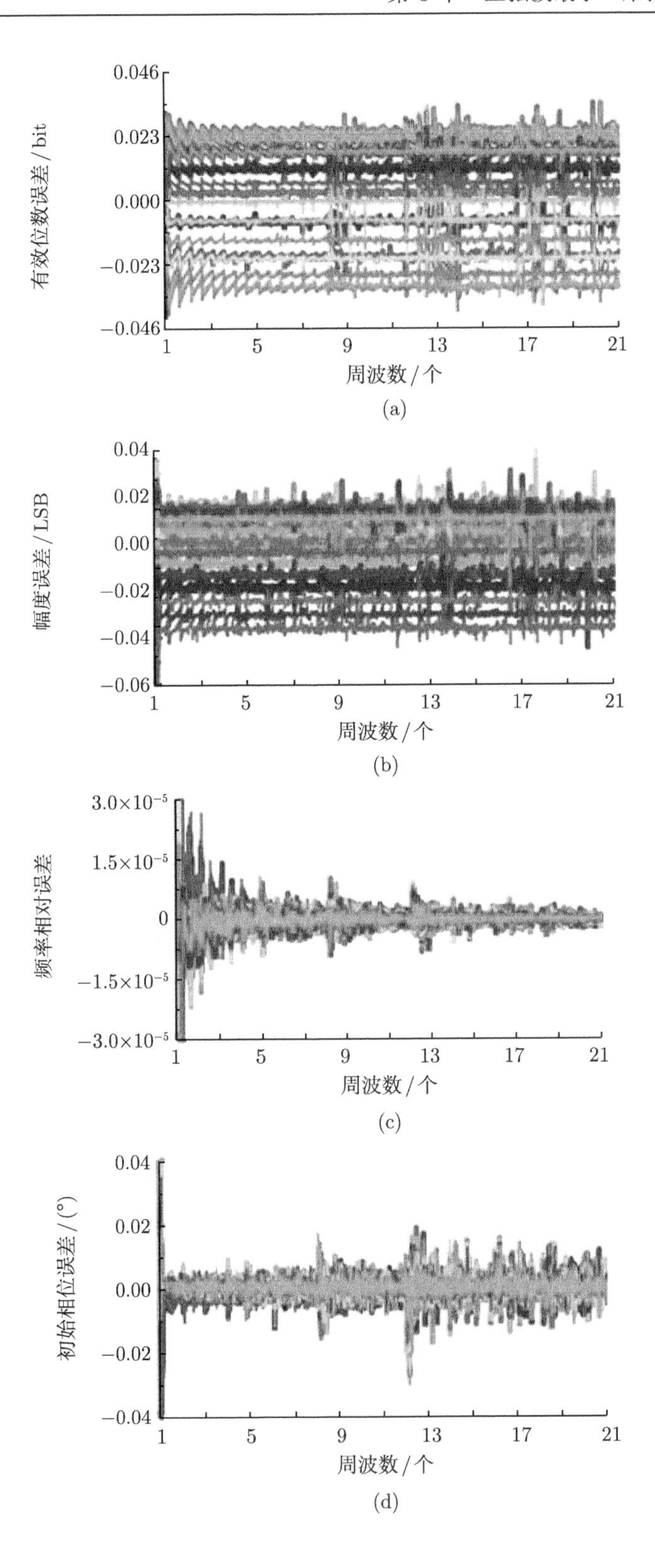
0.046
0.023
0.000
−0.023
−0.046
有效位数误差 / bit
1
5
9
13
17
21
周波数 / 个
(a)
0.04
0.02
0.00
−0.02
−0.04
−0.06
幅度误差 / LSB
周波数 / 个
(b)
3.0×10⁻⁵
1.5×10⁻⁵
0
−1.5×10⁻⁵
−3.0×10⁻⁵
频率相对误差
周波数 / 个
(c)
0.04
0.02
0.00
−0.02
−0.04
初始相位误差 / (°)
周波数 / 个
(d)

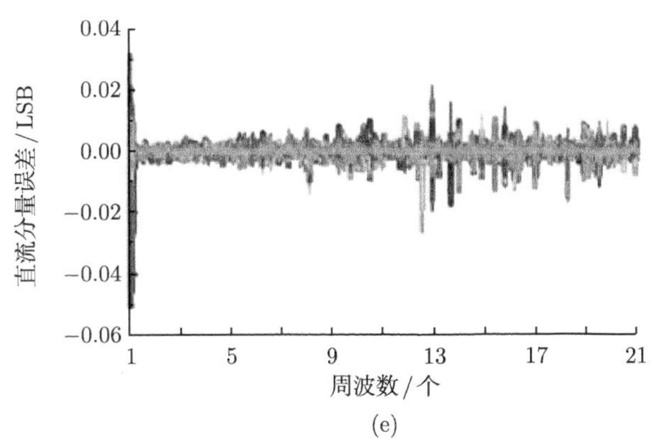

(e)

图 8-11 周波数与幅度同时变化时的参数拟合误差界

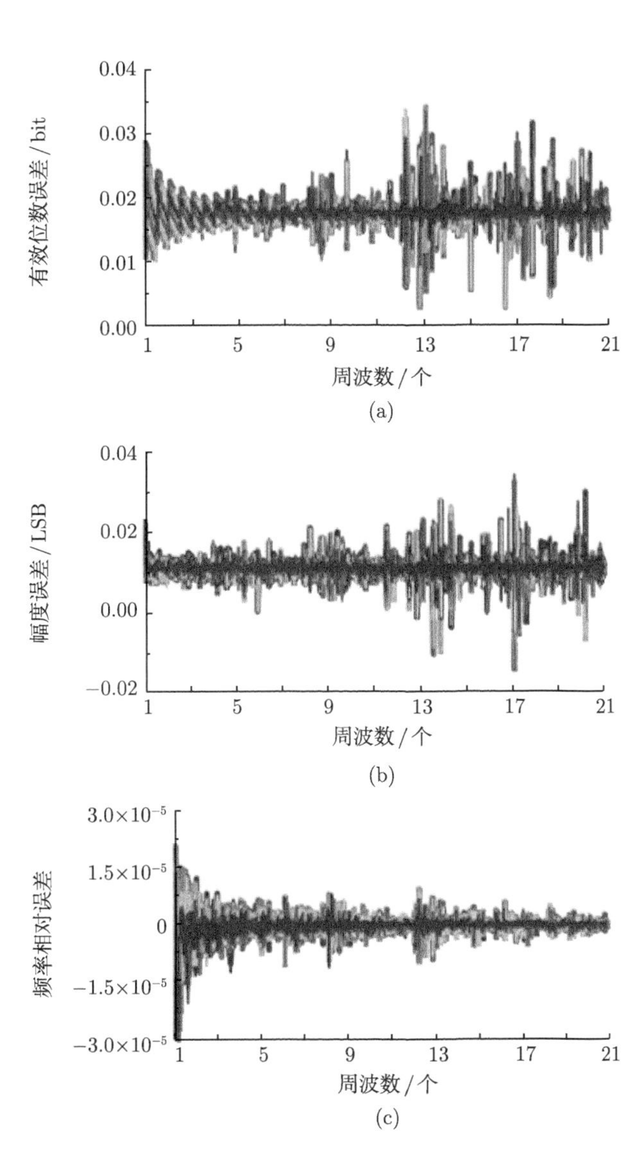

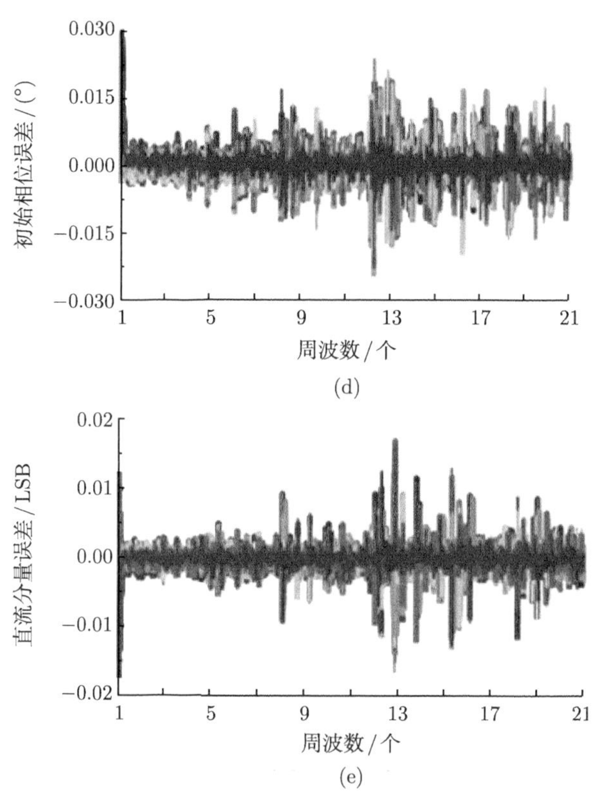

图 8-12　周波数与初始相位同时变化时的参数拟合误差界

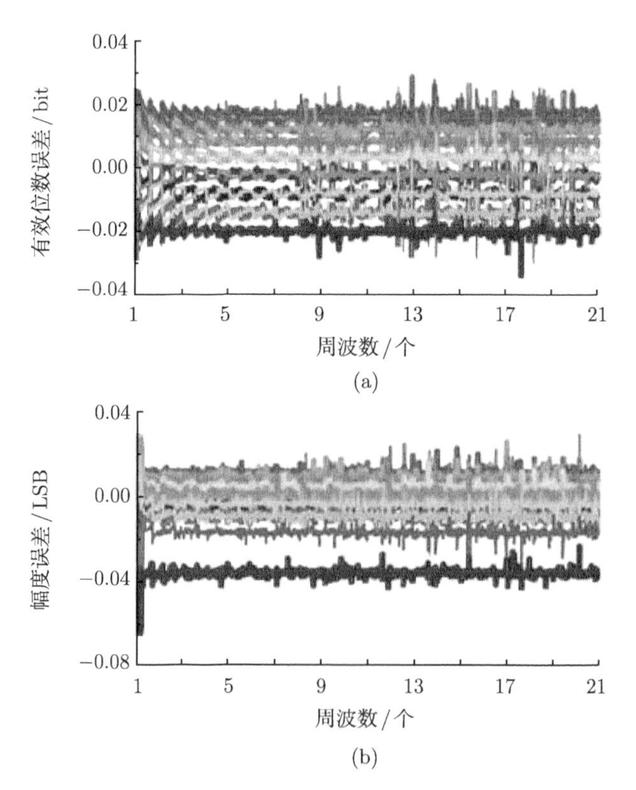

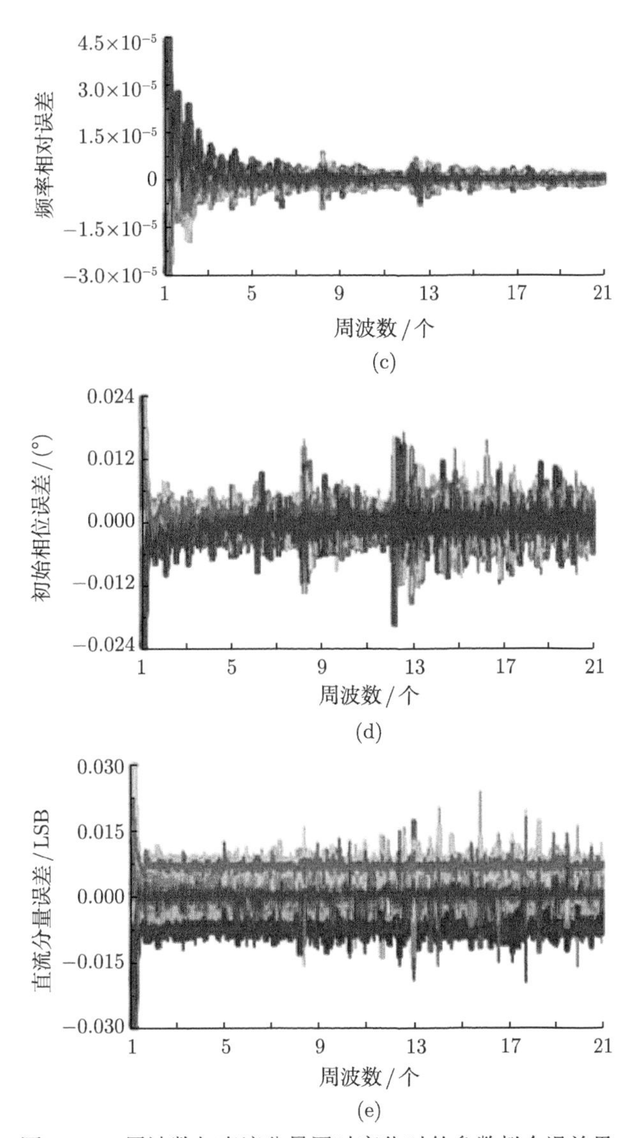

图 8-13 周波数与直流分量同时变化时的参数拟合误差界

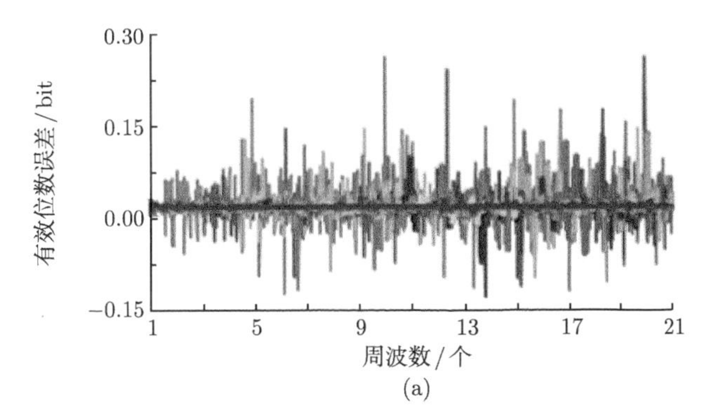

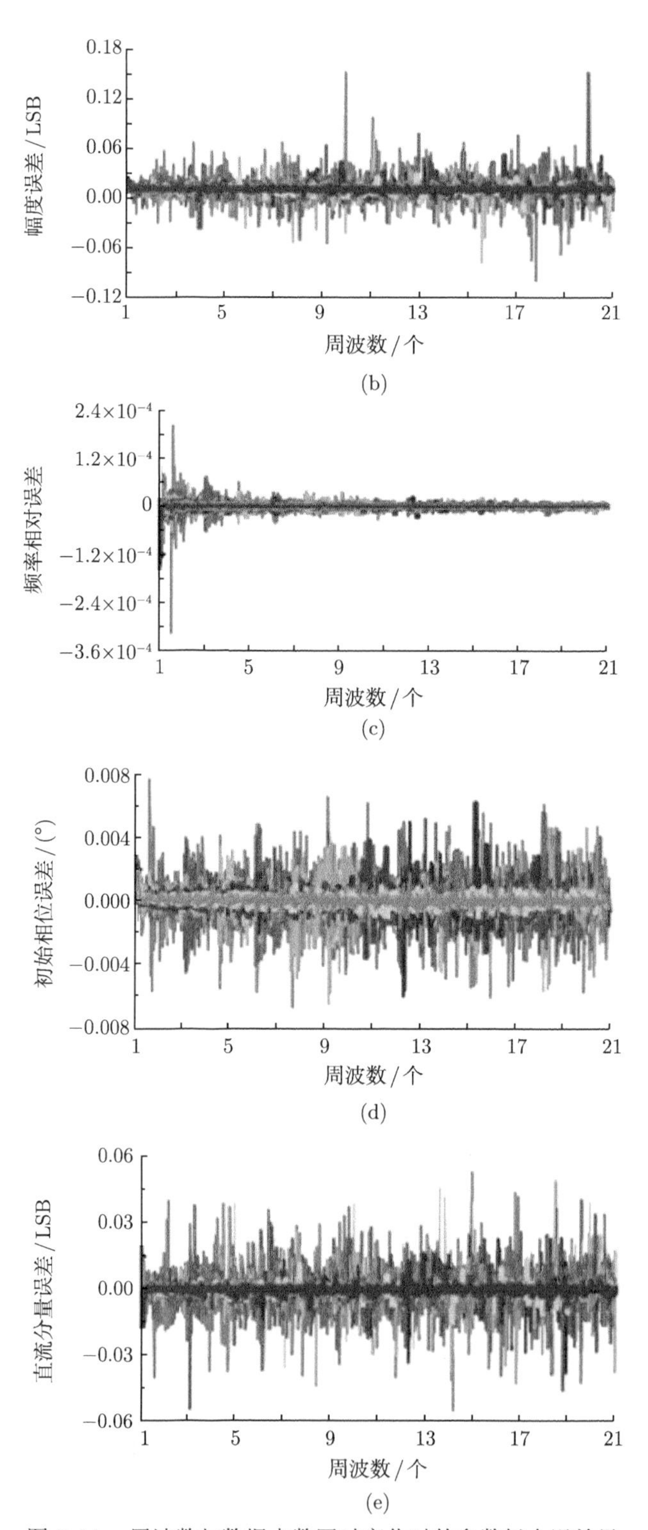

图 8-14　周波数与数据点数同时变化时的参数拟合误差界

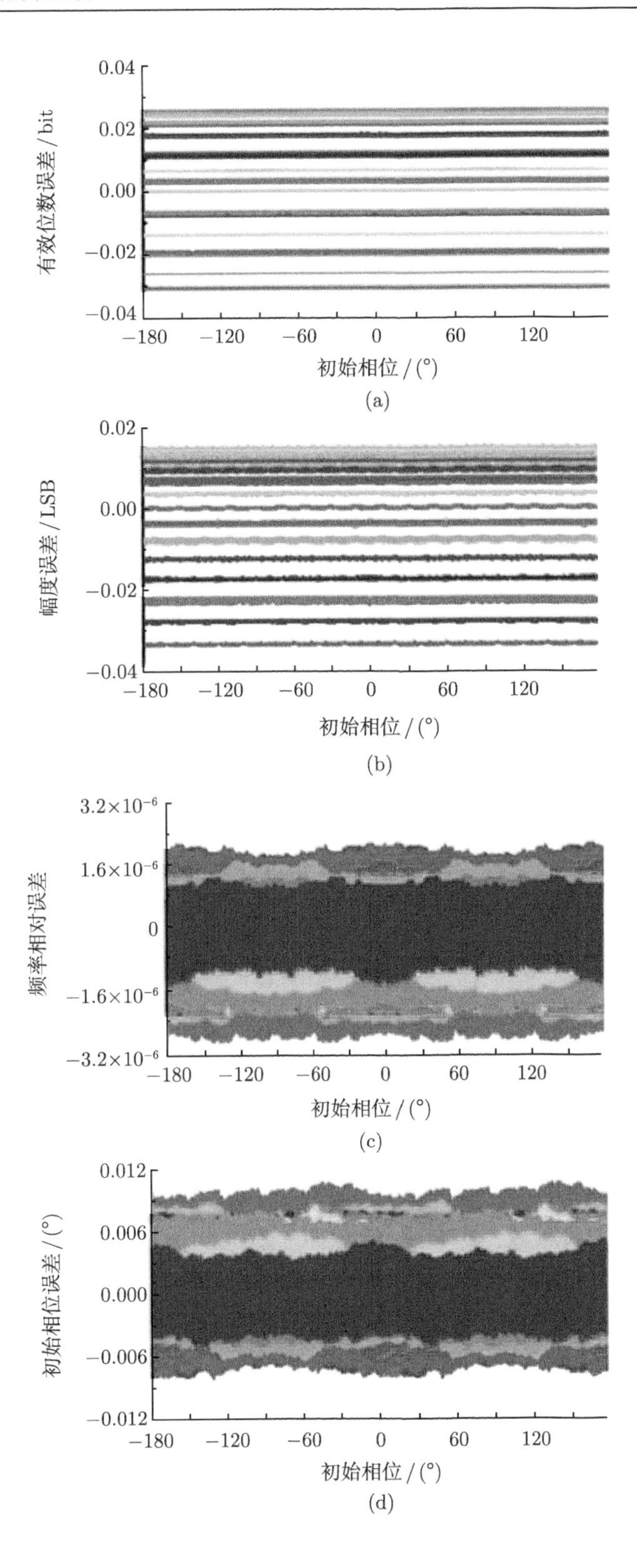

0.04
0.02
0.00
−0.02
−0.04
有效位数误差 / bit
−180
−120
−60
0
60
120
初始相位 / (°)
(a)
0.02
0.00
−0.02
−0.04
幅度误差 / LSB
初始相位 / (°)
(b)
3.2×10⁻⁶
1.6×10⁻⁶
0
−1.6×10⁻⁶
−3.2×10⁻⁶
频率相对误差
初始相位 / (°)
(c)
0.012
0.006
0.000
−0.006
−0.012
初始相位误差 / (°)
初始相位 / (°)
(d)

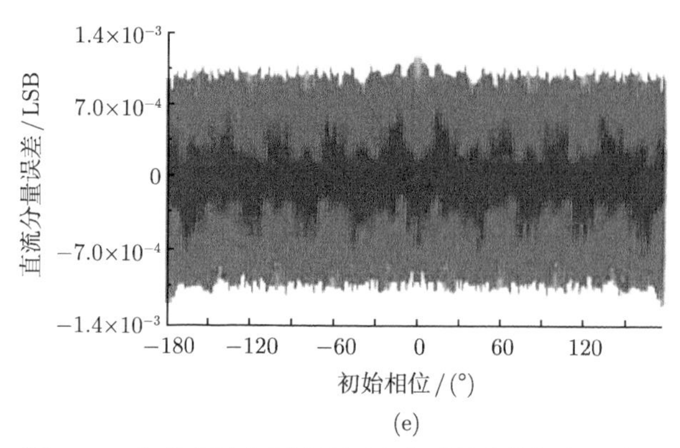

(e)

图 8-15　初始相位与幅度同时变化时的参数拟合误差界

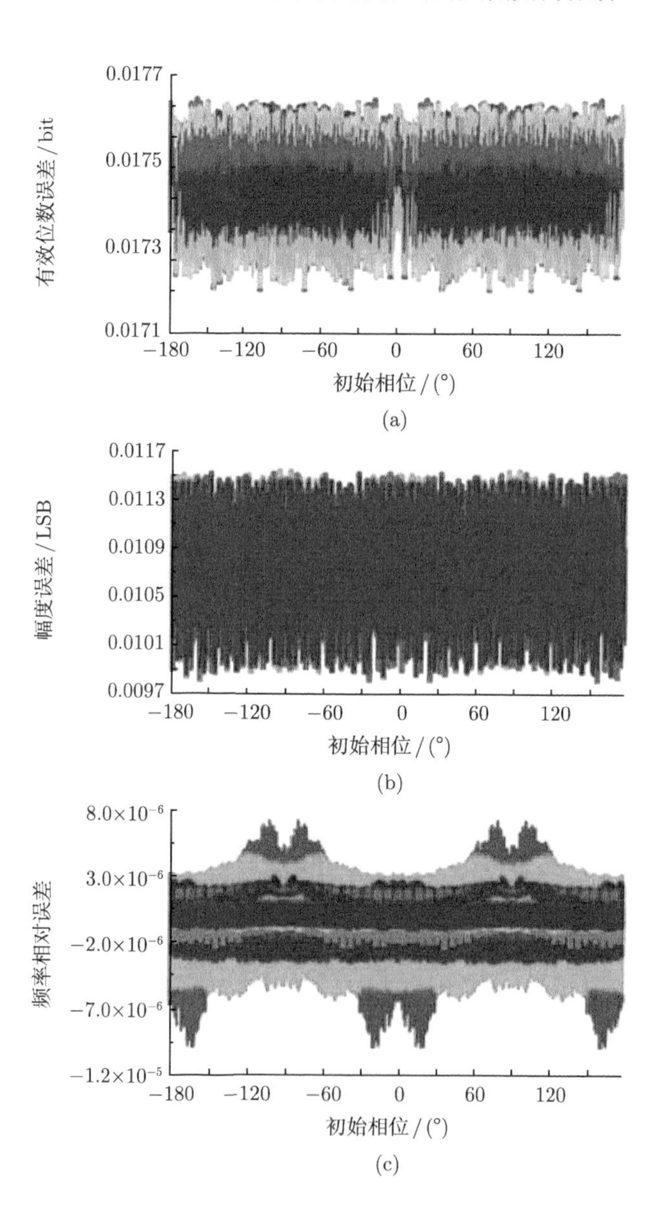

(c)

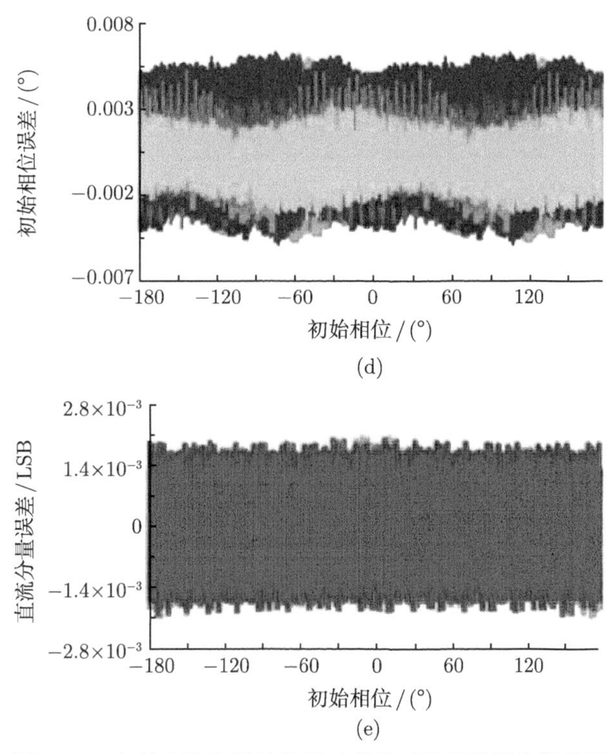

(d)

(e)

图 8-16 初始相位与周波数同时变化时的参数拟合误差界

(3) 直流分量作为辅助变化量，获得如图 8-17 所示的误差变化曲线波形。

(4) 数据点数作为辅助变化量，获得如图 8-18 所示的误差变化曲线波形。

4) 直流分量作为主变化因素

(1) 幅度作为辅助变化量，获得如图 8-19 所示的误差变化曲线波形。

(2) 周波数作为辅助变化量，获得如图 8-20 所示的误差变化曲线波形。

(3) 初始相位作为辅助变化量，获得如图 8-21 所示的误差变化曲线波形。

(4) 数据点数作为辅助变化量，获得如图 8-22 所示的误差变化曲线波形。

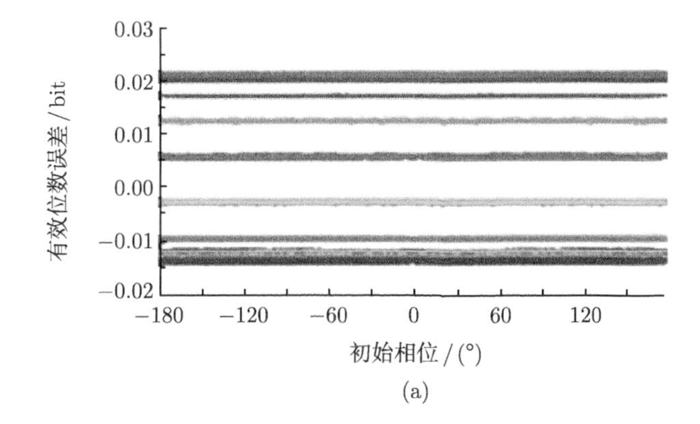

(a)

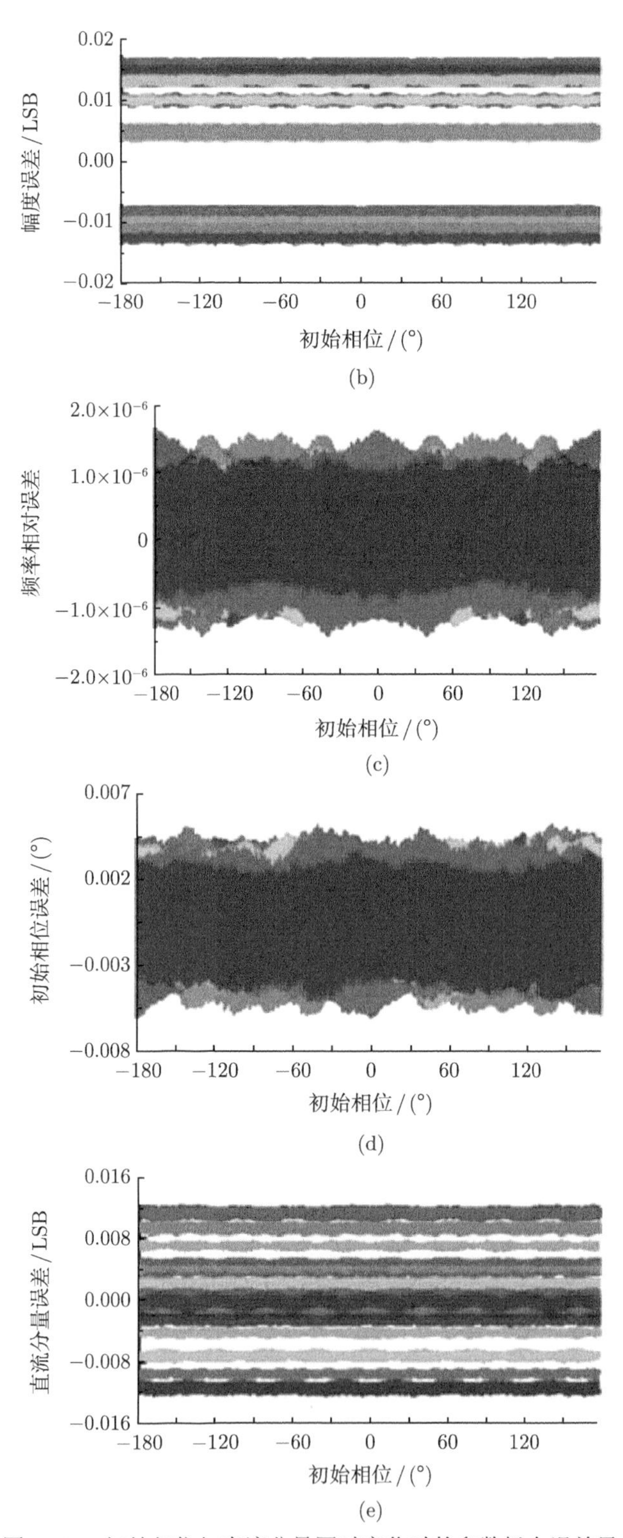

图 8-17　初始相位与直流分量同时变化时的参数拟合误差界

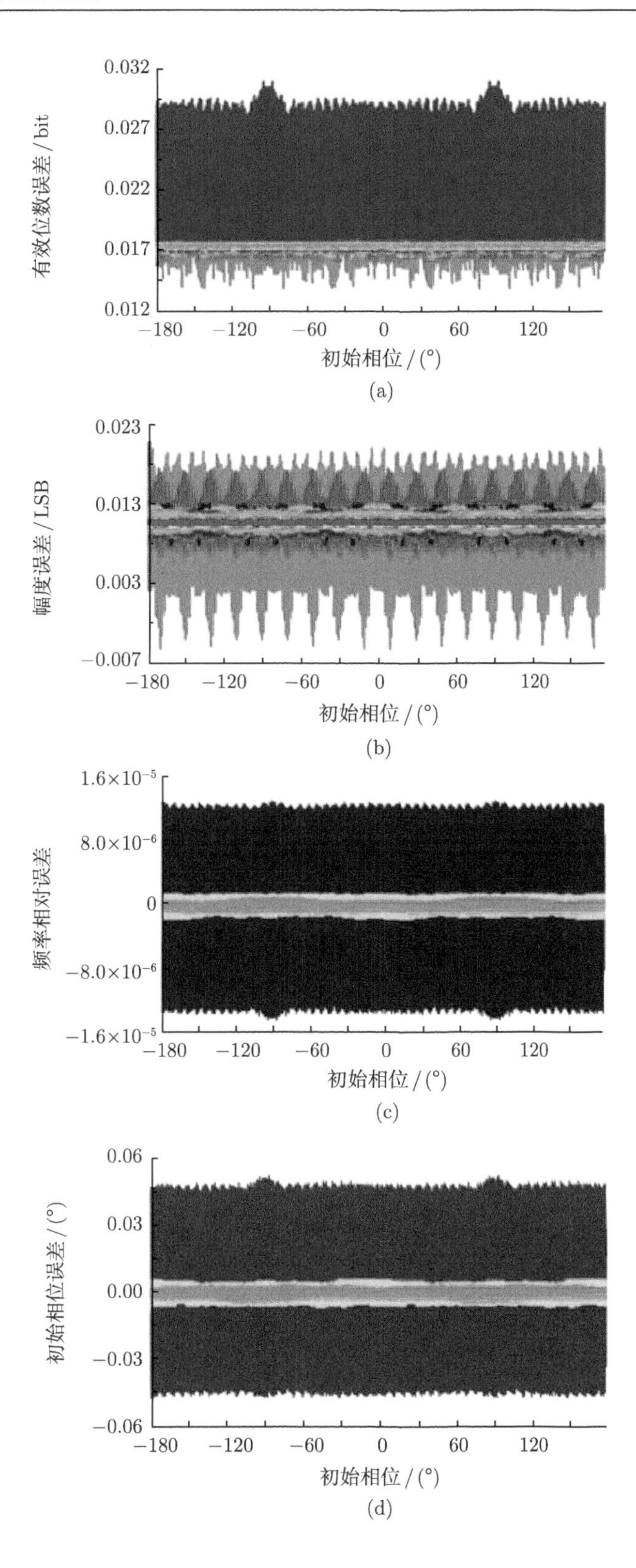
0.032
0.027
0.022
0.017
0.012
有效位数误差 / bit
−180
−120
−60
0
60
120
初始相位 / (°)
(a)
0.023
0.013
0.003
−0.007
幅度误差 / LSB
−180
−120
−60
0
60
120
初始相位 / (°)
(b)
1.6×10⁻⁵
8.0×10⁻⁶
0
−8.0×10⁻⁶
−1.6×10⁻⁵
频率相对误差
−180
−120
−60
0
60
120
初始相位 / (°)
(c)
0.06
0.03
0.00
−0.03
−0.06
初始相位误差 / (°)
−180
−120
−60
0
60
120
初始相位 / (°)
(d)

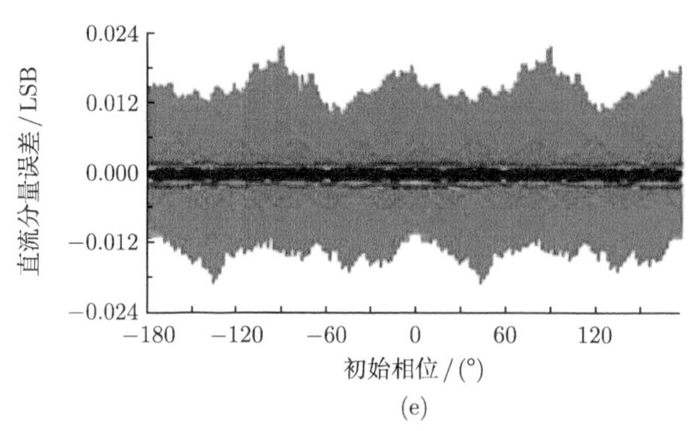

(e)

图 8-18 初始相位与数据点数同时变化时的参数拟合误差界

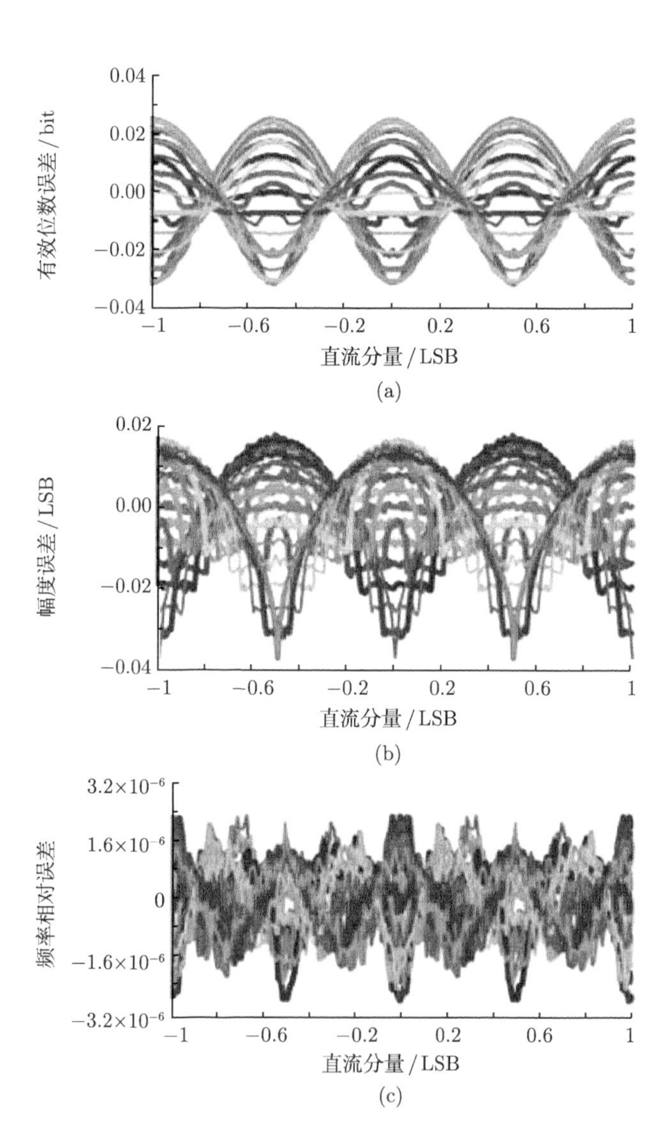

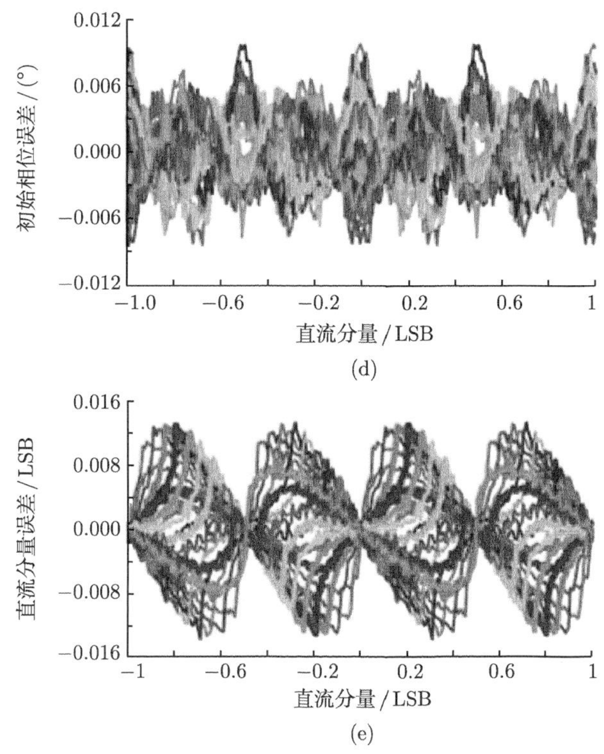

图 8-19 直流分量与幅度同时变化时的参数拟合误差界

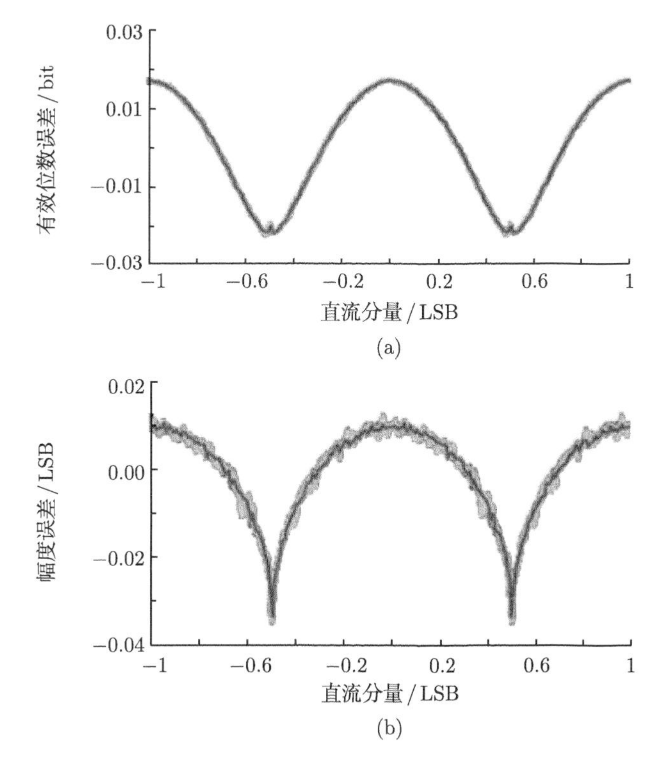

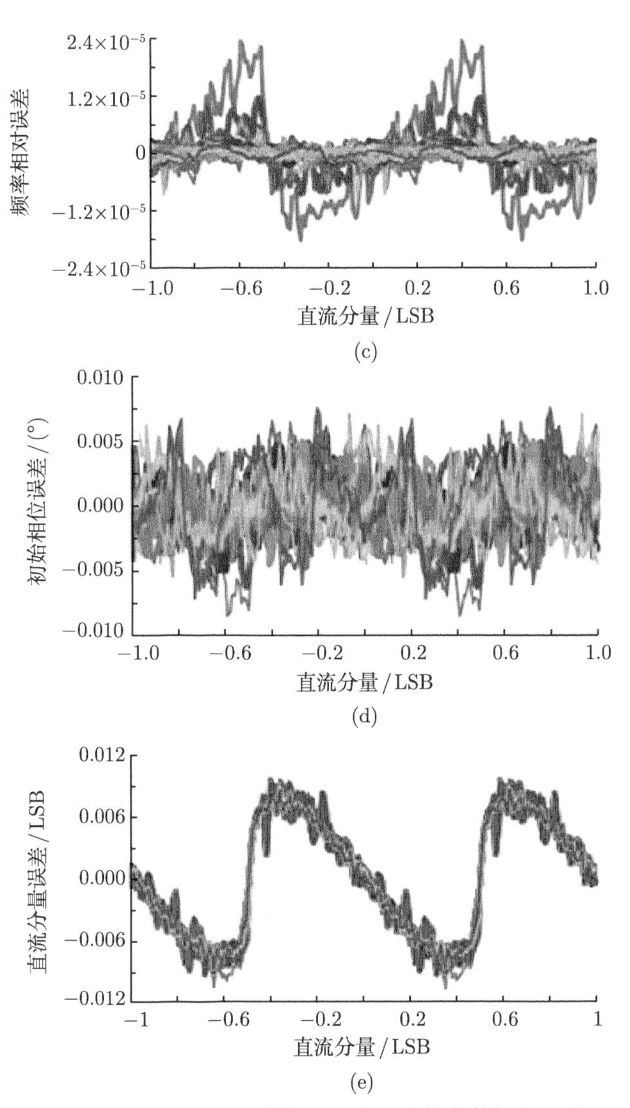

图 8-20　直流分量与周波数同时变化时的参数拟合误差界

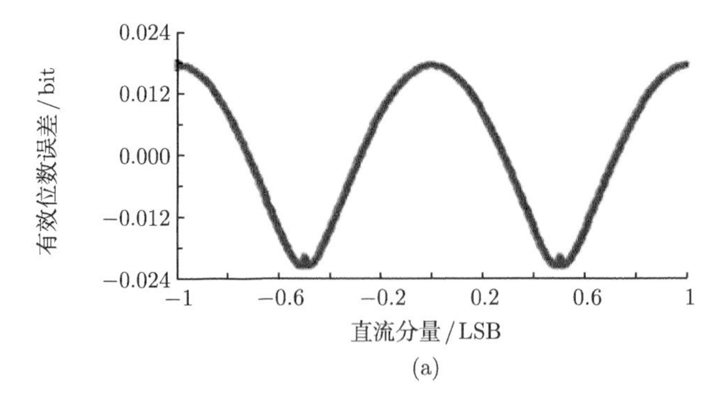

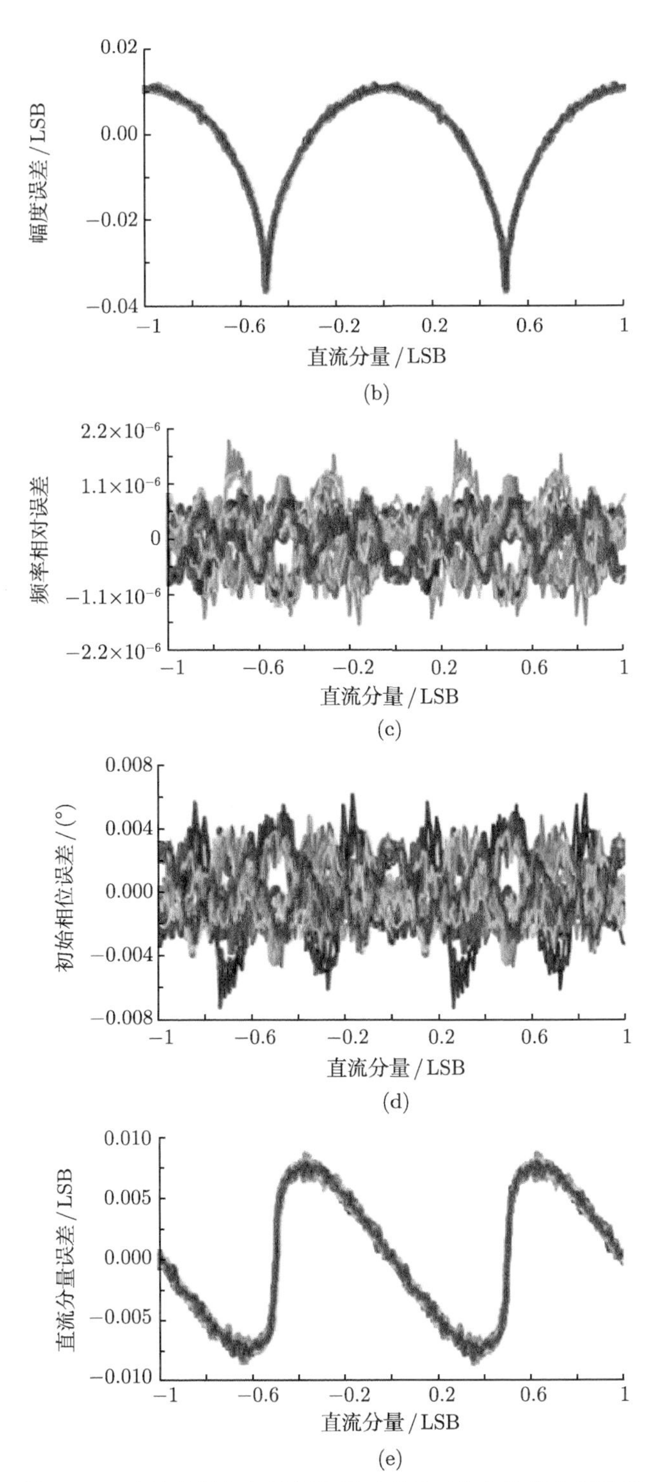

图 8-21 直流分量与初始相位同时变化时的参数拟合误差界

5) 数据点数作为主变化因素

(1) 幅度作为辅助变化量，获得如图 8-23 所示的误差变化曲线波形。

(2) 周波数作为辅助变化量，获得如图 8-24 所示的误差变化曲线波形。

(3) 初始相位作为辅助变化量，获得如图 8-25 所示的误差变化曲线波形。

(4) 直流分量作为辅助变化量，获得如图 8-26 所示的误差变化曲线波形。

图 8-7～ 图 8-26 中，各个拟合参数实际误差的上界和下界被整理归纳如表 8-1 所示。

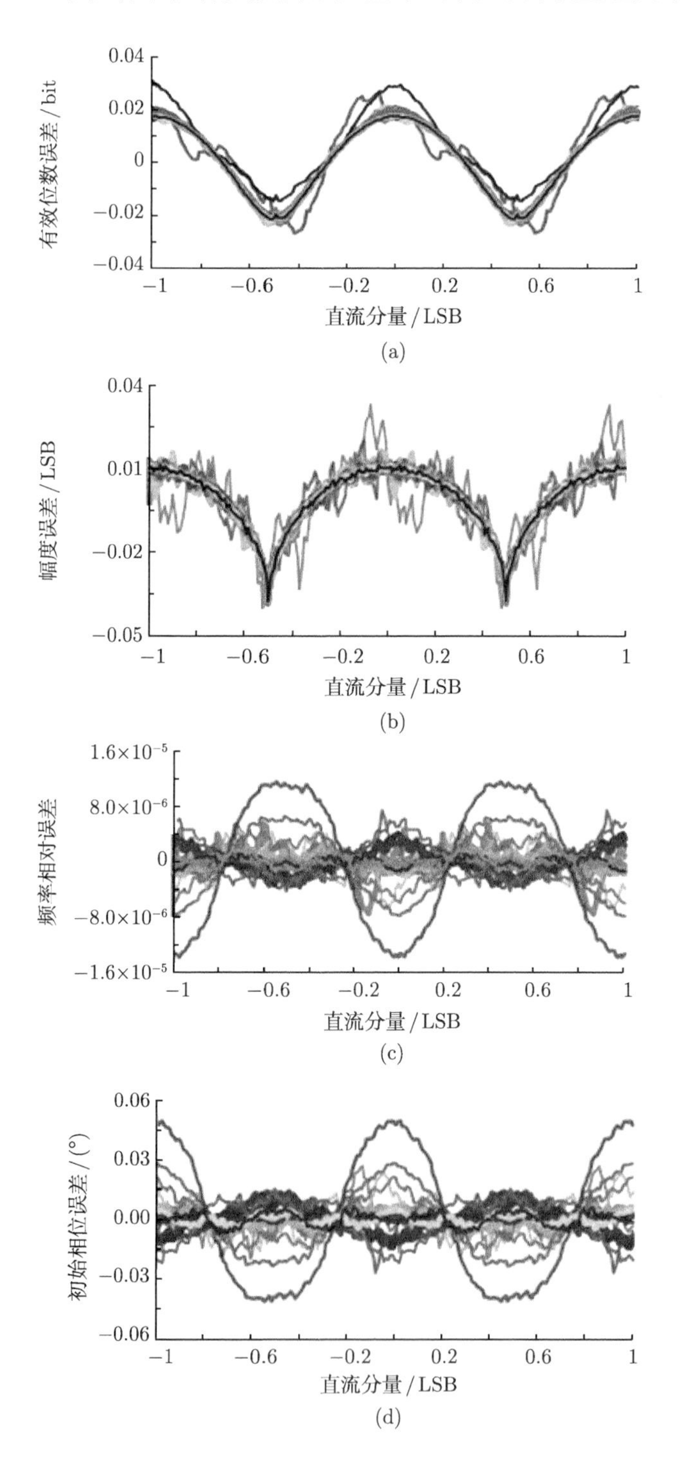

(a)

(b)

(c)

(d)

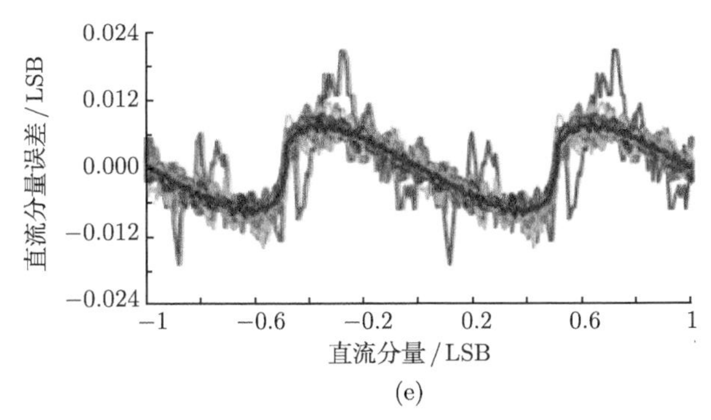

(e)

图 8-22　直流分量与数据点数同时变化时的参数拟合误差界

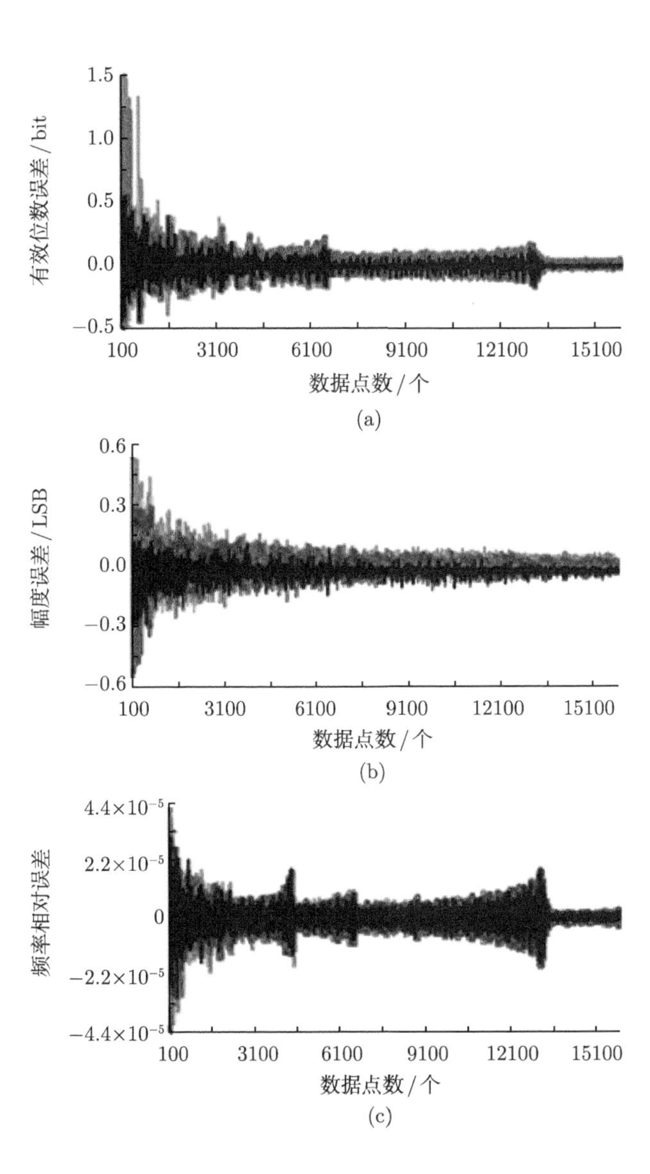

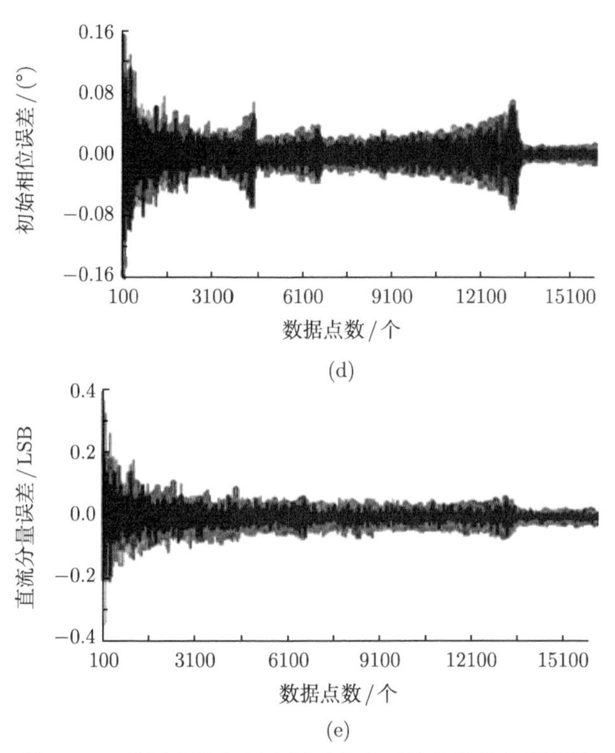

图 8-23　数据点数与幅度同时变化时的参数拟合误差界

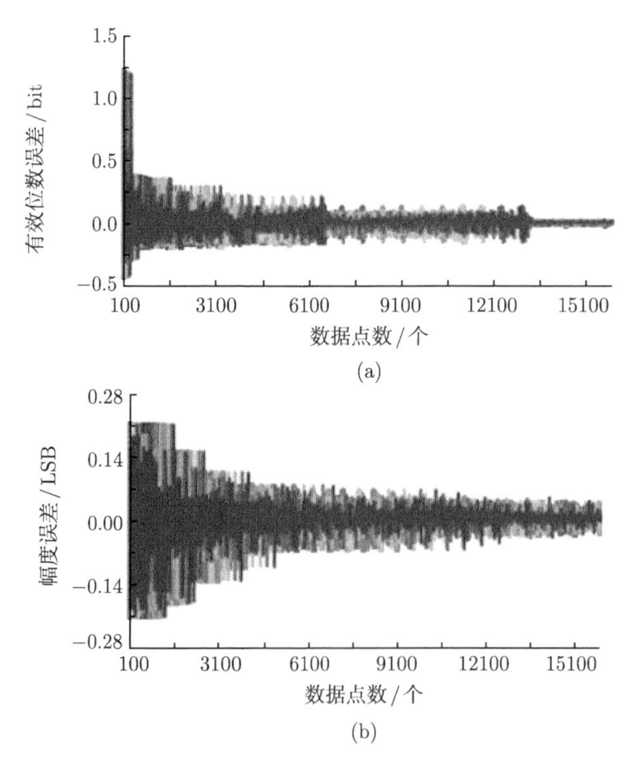

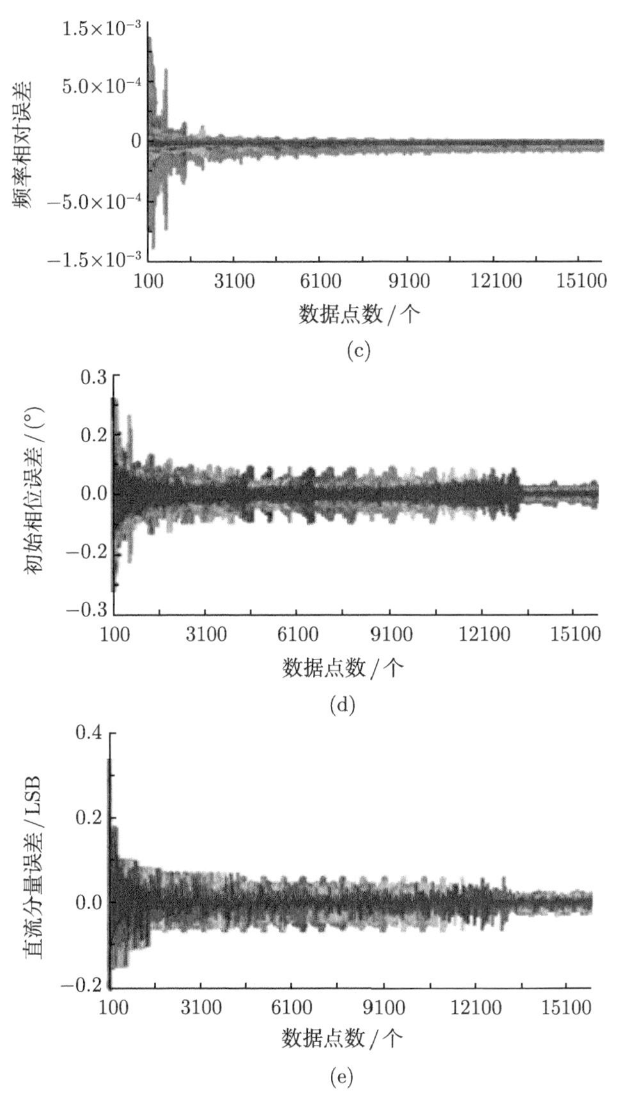

图 8-24 数据点数与周波数同时变化时的参数拟合误差界

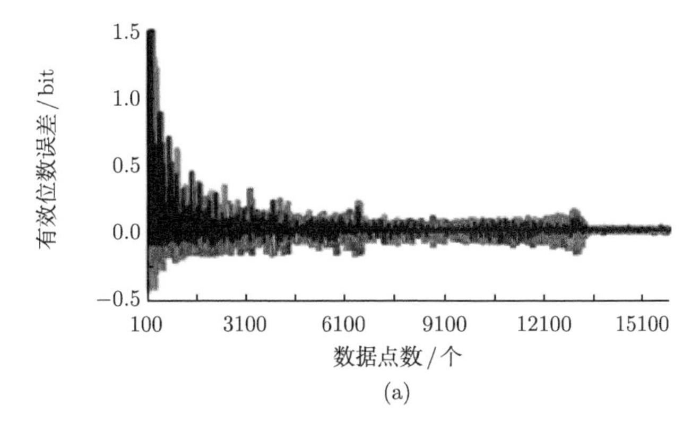

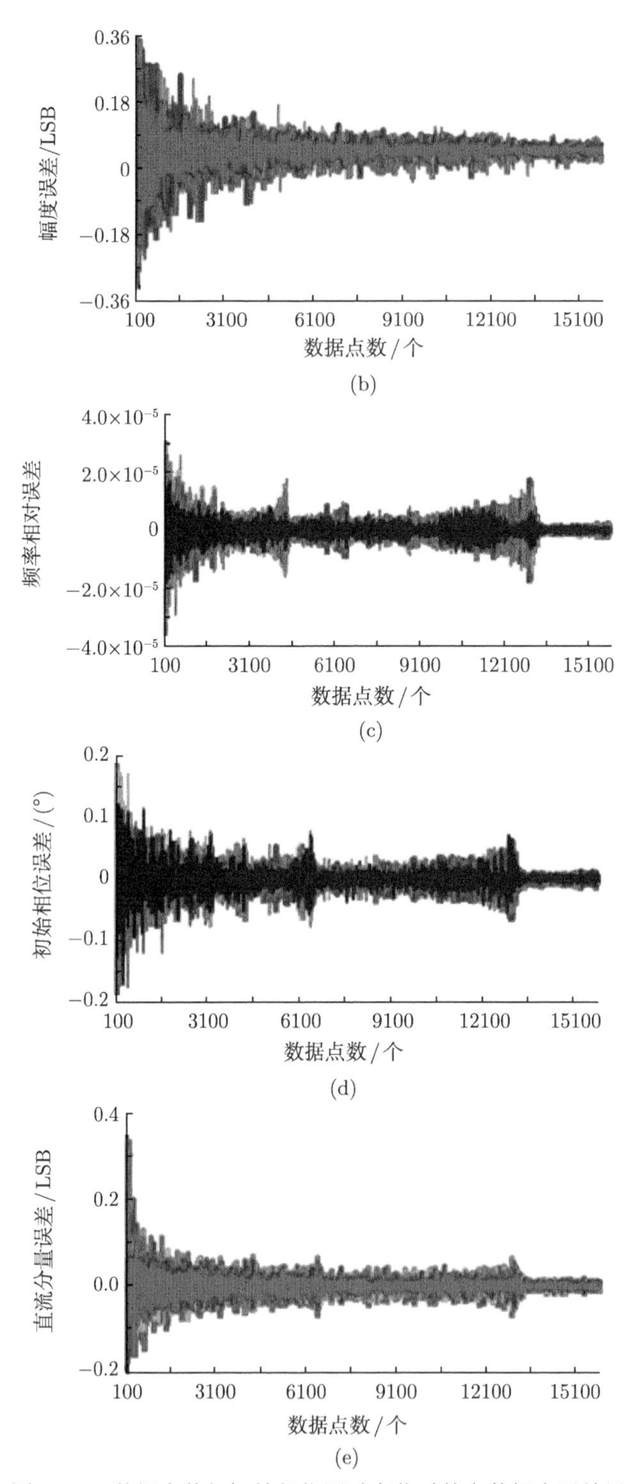

图 8-25　数据点数与初始相位同时变化时的参数拟合误差界

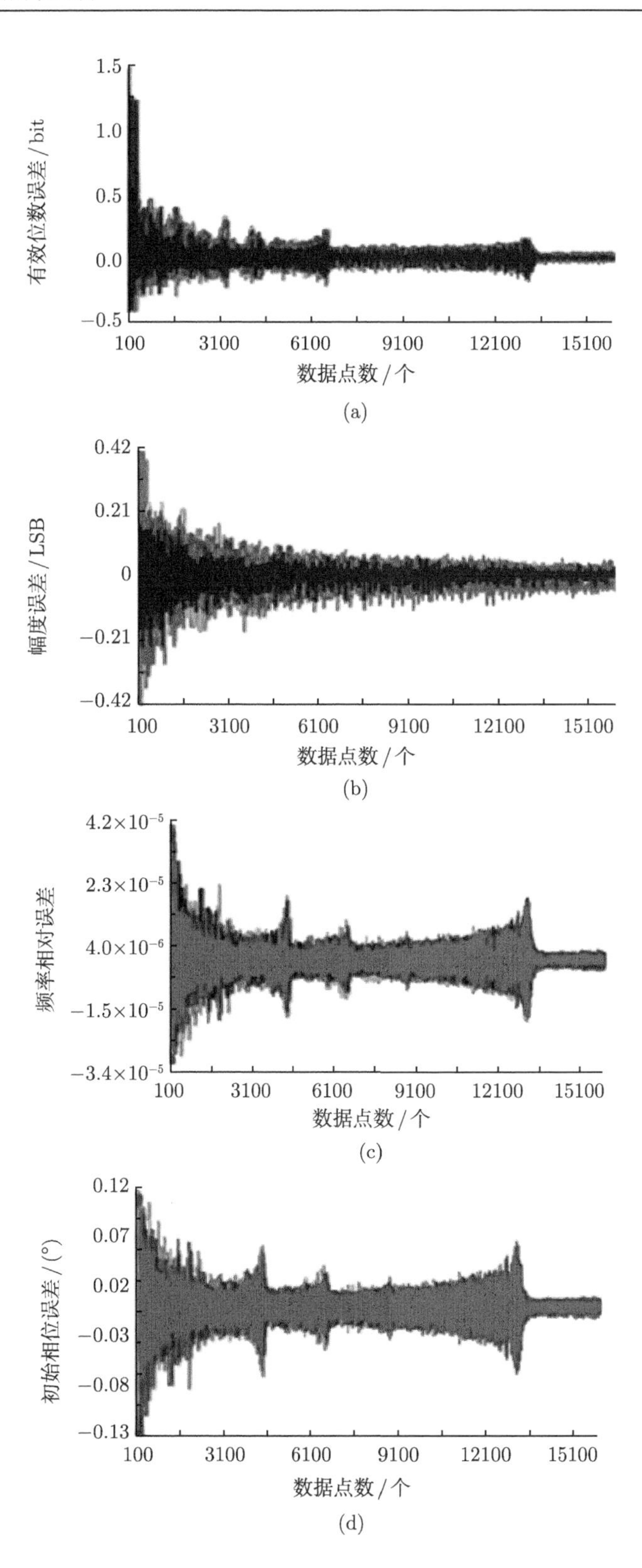
有效位数误差 / bit
1.5
1.0
0.5
0.0
−0.5
100
3100
6100
9100
12100
15100
数据点数 / 个
(a)
幅度误差 / LSB
0.42
0.21
0
−0.21
−0.42
100
3100
6100
9100
12100
15100
数据点数 / 个
(b)
频率相对误差
4.2×10⁻⁵
2.3×10⁻⁵
4.0×10⁻⁶
−1.5×10⁻⁵
−3.4×10⁻⁵
100
3100
6100
9100
12100
15100
数据点数 / 个
(c)
初始相位误差 / (°)
0.12
0.07
0.02
−0.03
−0.08
−0.13
100
3100
6100
9100
12100
15100
数据点数 / 个
(d)

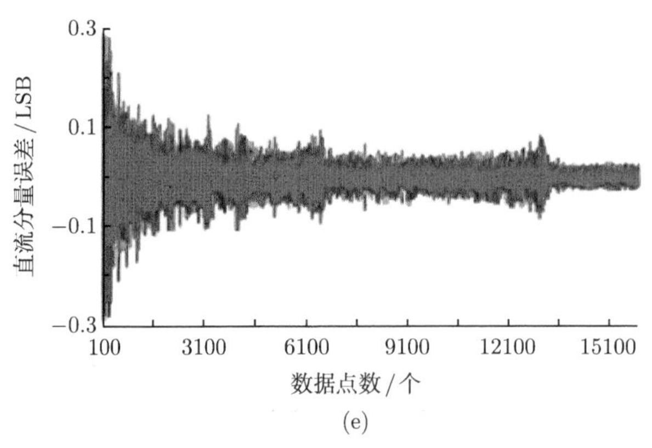

图 8-26 数据点数与直流分量同时变化时参数拟合误差界

表 8-1 正弦拟合参数的条件误差界 (8bit A/D)

有效位数误差/bit		幅度误差/LSB		频率相对误差		相位误差/(°)		直流分量误差/LSB		备注
下界	上界	下界	上界	下界	上界	下界	上界	下界	上界	变动条件
−0.1	0.1	−0.12	0.06	-2.6×10^{-4}	4.0×10^{-4}	−0.15	0.12	-1.0×10^{-2}	8.0×10^{-3}	幅度、周波数；图 8-7，去除边缘部分
−0.1	0.1	−0.12	0.06	-3.2×10^{-5}	2.2×10^{-5}	−0.08	0.12	-2.4×10^{-3}	2.4×10^{-3}	幅度、初始相位；图 8-8，去除边缘部分
−0.1	0.1	−0.12	0.06	-3.2×10^{-5}	2.3×10^{-5}	−0.08	0.11	-4.4×10^{-2}	4.4×10^{-2}	幅度、直流分量；图 8-9
−0.1	0.12	−0.12	0.06	-2.6×10^{-4}	1.7×10^{-4}	−0.62	0.92	-4.0×10^{-2}	3.3×10^{-2}	幅度、数据点数；图 8-10，去除边缘部分
−0.04	0.04	−0.07	0.04	-2.5×10^{-5}	2.7×10^{-5}	−0.03	0.02	-5.0×10^{-2}	3.0×10^{-2}	周波数、幅度；图 8-11，去除边缘部分
0.0034	0.035	−0.014	0.035	-3.0×10^{-5}	2.0×10^{-5}	−0.024	0.024	-1.7×10^{-2}	1.7×10^{-2}	周波数、初始相位；图 8-12，去除边缘部分
−0.035	0.029	−0.066	0.03	-2.0×10^{-5}	3.0×10^{-5}	−0.02	0.015	-2.0×10^{-2}	2.4×10^{-2}	周波数、直流分量；图 8-13，去除边缘部分
−0.14	0.27	−0.1	0.16	-3.2×10^{-4}	2.0×10^{-4}	−0.067	0.077	-5.5×10^{-2}	5.5×10^{-2}	周波数、数据点数；图 8-14
−0.031	0.025	−0.037	0.016	-3.0×10^{-6}	2.0×10^{-6}	−0.008	0.012	-1.1×10^{-3}	1.1×10^{-3}	初始相位、幅度；图 8-15
0.0172	0.0176	0.0098	0.0115	-9.8×10^{-6}	7.3×10^{-6}	−0.005	0.006	-2.0×10^{-3}	2.0×10^{-3}	初始相位、周波数；图 8-16
−0.014	0.021	−0.014	0.016	-1.5×10^{-6}	1.7×10^{-6}	−0.006	0.005	-1.2×10^{-2}	1.2×10^{-2}	初始相位、直流分量；图 8-17
−0.014	0.031	−0.005	0.020	-1.5×10^{-5}	1.3×10^{-5}	−0.050	0.052	-2.0×10^{-2}	2.3×10^{-2}	初始相位、数据点数；图 8-18
−0.030	0.025	−0.04	0.02	-3.0×10^{-6}	2.5×10^{-6}	−0.008	0.010	-1.4×10^{-2}	1.4×10^{-2}	直流分量、幅度；图 8-19
−0.022	0.018	−0.037	0.012	-1.8×10^{-5}	2.4×10^{-5}	−0.009	0.008	-1.1×10^{-2}	1.0×10^{-2}	直流分量、周波数；图 8-20
−0.022	0.018	−0.037	0.012	-1.8×10^{-5}	2.0×10^{-5}	−0.008	0.007	-8.3×10^{-3}	8.1×10^{-3}	直流分量、初始相位；图 8-21
−0.027	0.030	−0.040	0.034	-1.4×10^{-5}	1.2×10^{-5}	−0.05	0.05	-1.7×10^{-2}	2.2×10^{-2}	直流分量、数据点数；图 8-22
−0.5	2	−0.53	0.52	-4.3×10^{-5}	4.0×10^{-5}	−0.16	0.16	−0.33	0.40	数据点数、幅度；图 8-23，去除边缘部分
−0.4	1.2	−0.22	0.22	-1.3×10^{-3}	1.3×10^{-3}	−0.24	0.24	−0.15	0.33	数据点数、周波数；图 8-24
−0.4	2.4	−0.46	0.31	-3.6×10^{-5}	2.6×10^{-5}	−0.17	0.17	−0.20	0.34	数据点数、初始相位；图 8-25，去除边缘部分
−0.4	1.0	−0.5	0.4	-3.1×10^{-5}	3.9×10^{-5}	−0.14	0.11	0.28	0.33	数据点数、直流分量；图 8-26，去除边缘部分

3. 仿真实验结果分析

1) 有效位数误差界

从图 8-7(a)～ 图 8-26(a) 可以看出如下规律。

(1) 数据点数是影响有效位数误差界 (误差包络线) 的最重要因素，总体而言，数据点数的增大，可以导致有效位数误差界的变窄，但并非单调变窄。500 点以上的数据点数，可以获得有效位数误差界下界 −0.5bit，上界 0.5bit；更窄的误差界需要更多的数据点数。

(2) 当幅度在量程范围内大尺度变化时，有效位数误差界随幅度增加呈缓慢下降趋势；当幅度量程比在 7.8%以上时，其误差下界 −0.1bit，上界 0.1bit。

幅度在 LSB 量值尺度的微观范围进行变化时，有效位数误差随幅度变化呈局部周期性变化，幅度周期为 1LSB；在满量程附近会出现削波影响所导致的有效位数误差增大现象。

(3) 有效位数误差随周波数的增加呈振荡衰减变化，其波动的误差下界 −0.01bit，上界 0.01bit。

(4) 初始相位因素对有效位数误差的影响可以忽略。其波动的误差下界 −0.0003bit，上界 0.0003bit。

(5) 直流分量在 LSB 量值尺度的微观范围进行变化时，有效位数误差随其变化呈周期性变化，幅度周期为 1LSB；其波动的误差下界 −0.022bit，上界 0.018bit。

2) 幅度误差界

从图 8-7(b)～ 图 8-26(b) 可以看出如下规律。

(1) 数据点数是影响幅度误差界的最重要因素，数据点数的增大，可以导致幅度误差界的单调变窄。其误差界下界 −0.53LSB，上界 0.52LSB；更窄的误差界需要更多的数据点数。

(2) 幅度误差界随幅度增加呈缓慢下降趋势，下界 −0.12LSB，上界 0.06LSB。

幅度在 LSB 量值尺度的微观范围进行变化时，幅度误差随幅度而呈局部周期性变化，变化周期为 1LSB；不同幅度将改变幅度误差的量值。

(3) 周波数为 2 及以上时，周波变化给幅度误差界带来的影响可以忽略。当周波数为 1 时，和多周波情况相比，幅度误差界有显著性增大 (下界 −0.15LSB，上界 0.07LSB)。

(4) 和其他因素的影响相比，初始相位因素的影响可以忽略。

(5) 幅度误差界随直流分量的变化呈周期变化，周期为 1LSB，其下界 −0.037LSB，上界 0.012LSB。

3) 频率误差界

从图 8-7(c)～ 图 8-26(c) 可以看出如下规律。

(1) 数据点数与周波数的结合，是影响频率误差界的最重要因素，数据点数的增大，可以导致频率误差界的变窄，但并非单调变窄。100 点以上的数据点数，可以获得频率误差界下界 -1.3×10^{-3}，上界 1.3×10^{-3}；更窄的误差界需要更多的数据点数。

(2) 频率误差随幅度增加呈衰减下降趋势，但不单调下降，主要由幅度、周波数的变化确定，下界 -2.6×10^{-4}，上界 4.0×10^{-4}；

(3) 周波数增大时，频率误差随周波数增加呈振荡衰减趋势，但并不一直单调下降，频率误差下界 -3.2×10^{-4}，上界 2.0×10^{-4}；

(4) 和其他因素的影响相比，初始相位、直流分量因素的影响可以忽略。

4) 初始相位误差界

从图 8-7(d)～ 图 8-26(d) 可以看出以下规律。

(1) 数据点数与周波数的结合，是影响初始相位误差界的最重要因素，数据点数的增大，可导致初始相位误差界的变窄，但并非单调变窄。其误差界下界 $-0.24°$，上界 $0.24°$；更窄的误差界需要更多的数据点数。

(2) 初始相位误差随幅度增加呈衰减下降趋势，但不单调下降，主要由幅度、周波数的变化确定，下界 $-0.10°$，上界 $0.12°$。

(3) 当周波数为 1.4 以上后，初始相位误差界比较平稳，下界 $-0.067°$，上界 $0.077°$；在周波数较低时，会有较大跳变。

(4) 初始相位误差界，随初始相位本身、直流分量等各种因素影响而变化的规律均为平稳。下界 $-0.005°$，上界 $0.005°$。

5) 直流分量误差界

从图 8-7(e)～ 图 8-26(e) 可以看出以下规律。

(1) 数据点数是影响直流分量误差界的重要因素之一，数据点数的增大，可导致直流分量误差界的变窄，但并非单调变窄。其误差界下界 −0.33LSB，上界 0.40LSB；更窄的误差界需要更多的数据点数。

(2) 0 值的直流分量误差界随幅度增加呈缓慢上升趋势，主要是由幅度上升后，接近 0 值的直流分量与其相差悬殊，运算舍入误差造成的；下界 −0.0024LSB，上界 0.0024LSB。

非 0 值的直流分量误差界量值由幅度、直流分量组合变化确定，下界 −0.044LSB，上界 0.044LSB；且随着幅度大尺度上升，误差界呈振荡衰减变化。

在满量程附近出现的削波影响也有导致直流分量误差增大现象。

(3) 同一周波数，直流分量误差界变化的规律为随幅度增加呈缓慢上升趋势；而不同周波数时直流分量误差界有显著不同，并无单调趋势。

特例，当周波数为 1 时，和多周波相比，幅度直流分量误差界有显著性增大 (下界 −0.080LSB，上界 0.044LSB)；且误差界变化的规律为随幅度增加呈缓慢下降趋势。

(4) 初始相位因素对直流分量误差的影响可以忽略。其下界 −0.002LSB，上界 0.002LSB，远小于其他因素的影响。

(5) 直流分量在 LSB 尺度的微观变化将导致其自身误差的较大变化，局部具有周期性特征，以 1 LSB 为周期，下界 −0.0083LSB，上界 0.0081LSB。

4. 问题讨论

本节上述过程，是提取出幅度、周波数、初始相位、直流分量和数据点数作为变动参量，使用有效位数误差、幅度误差、频率相对误差、初始相位误差和直流分量误差作为正弦拟合结果的指标参量；并以其中每一参量作为主变动因素，其他四项参量作为辅助变量的情况进行了二维搜索，揭示了双变量组合变化情况下的各个指标参量误差界的变化情况，获得了不同组合实验条件下的误差界测量曲线。结果表明以下几点。

(1) 拟合序列的数据点数仍然是最重要的测量条件；也是影响拟合结果的误差界的主导条件，若想获得更高准确度的拟合结果，通常需要更多的数据点数；就本节所述的有 20 个周波的测量序列而言，13500 点以上的数据点数可以获得最良好的拟合结果，深入分析详见后续 8.4 节序列长度的影响部分。

对于随机噪声的影响而言，拟合序列数据点数的增加，可导致拟合结果误差界的单调下降，而本节实验表明，对于量化误差的影响而言，并未完全呈现出同样的单调规律，具体原因详见 8.4 节。

(2) 波形幅度是指其相对量程范围的占比而言，实验表明，幅度量程比为 1/2、1/3、1/4、1/5、1/6、1/7、1/8、1/9、1/10、1/12 的幅值点附近，拟合频率误差和拟合相位误差均较大；原因不明，需要进一步研究予以解决。

超过半量程以后幅度的信号波形，其拟合误差界趋于平稳。故测量活动应尽量选择半量程以上覆盖率的幅值进行。

(3) 周波数的影响实际上体现的是采样速率和信号频率比的影响，实验表明，只有频率拟合误差随周波数的增加呈振荡衰减趋势，并且周波数越小，变化趋势越显著；在 10 个周波以后的变化趋势趋于平稳。深入分析详见后续 8.6 节。

非整数的周波数变化，会给有效位数误差带来小幅波动；其他参量随周波数没有明显趋势性变化。

若想获得较小的拟合误差，则应适当提高拟合序列周波数，至少应为 2 个周波以上；和多周波条件相比，1.3 个以下的周波数将使得拟合误差显著升高。

(4) 初始相位的变化，对每一个参量拟合的影响都处于可以忽略的微小状况，且误差带平稳。其对有效位数误差带的影响约为 ± 0.00025bit；对幅度拟合误差带的影响约为 ± 0.001LSB；对初始相位拟合误差带的影响约为 $\pm 0.006^{\circ}$；对直流分量拟合误差带的影响约为 ± 0.002LSB。

(5) 直流分量的变化，本节只关注到了 LSB 量值范围的变化带来的影响。在该尺度上，它的变化给每一个参量的误差带均带来周期性影响。给其他参量误差带的影响均呈现明显的对称性，而给直流分量自己的误差带的影响则具有反称性特征。

(6) 本节实验开始时，曾经试图通过选取信号幅度寻找出幅度误差为 0 的幅度点，从幅度与直流分量联合变换获得的幅度误差带曲线可见，不存在误差界宽度为 0 的幅值与直流分量组合点存在。只要幅度和直流分量出现一个量不可控，就无法保证获得的采集波形幅度误差为 0。从实验方案中试图构建幅度误差为 0 的测量条件是不可能的。

(7) 如果在实际工作中，并不需要获得全部上述 5 个参量，而仅仅需要其中某一个参量的高精度结果，例如有效位数，则可以根据该参量的影响因素显著程度，只注意调控和构建所需要的影响量条件即可，其他可以自由选取，不必全盘考虑，这将使得实验设计更加容易些。

5. 结论

综上所述，本节通过大量仿真实验，对使用 8bit A/D 转换器的测量系统所得的正弦测量序列，在波形拟合中获得的幅度、频率、初始相位、直流分量和有效位数 5 个参数的拟合误差界进行了搜索研究，给出了误差界随波形幅度、周波数、初始相位、直流分量、数据点数等不同组合条件而变化的曲线，揭示出其变化规律，例如拟合误差随幅度的宏观上升变化而呈现出的总体下降趋势，随幅度和直流分量在 LSB 尺度的微观变化而呈现出的周期性变化规律；随周波数、数据点数的上升而呈现出的总体下降趋势；并发现了误差规律随幅度、周波数、数据点数上升过程中的非单调现象，后续章节中将对此现象进行深层揭示；总结出了显著影响量和非显著影响量。这对正弦拟合参量的不确定度评估和误差界定具有重要意义和价值。另外，对于拟合参数误差有明确要求的场合，可以通过构筑相适应的测量条件获得预期结果。

由于绝大多数数字示波器为使用 8bit A/D 转换器，正弦拟合越来越成为高精度测量分析的重要手段，从而，本节所获得的结论将拥有最广泛的实际应用前景。

8.3.4　仿真实验及数据处理——12bit A/D

1. 仿真实验条件

在 12bit A/D 情况下，为方便参数调控，不失一般性，这里设定包含六项测量条件的仿真实验条件。

(1) A/D 位数：基本参量为 12bit。

(2) 采样序列包含周波数：未特别说明时，为 20 个周波；作为主变化因素时，变化范围为 0.90~21.00 个周波，0.01 周波步进；作为辅助变化量时，变化范围为 2~20 个周波，1 周波步进。

(3) 序列样本点数：未特别说明时，序列样本点数为 16000 点；作为主变化因素时，变化范围为 100~16000 点，1 点步进；作为辅助变化量时，变化范围为 1000~16000 点，1000 点步进。

(4) 信号幅度：未特别说明时，幅度为 85.4494%× 量程；作为主变化因素时，幅度宏观变化范围为量程的 4.883%~100%，0.1LSB 步进；作为辅助变化量时，在 85.4494%× 量程点处，其微观变化范围为 −0.5LSB~0.5LSB，0.1LSB 步进。

(5) 初始相位：未特别说明时，初始相位为 0°；作为主变化因素时，变化范围为 −180° ~ 180°，0.1° 步进；作为辅助变化量时，范围不变，20° 步进。

(6) 直流分量：未特别说明时，直流分量为 0；作为主变化因素时，变化范围为 −1LSB~1LSB，0.01LSB 步进；作为辅助变化量时，变化范围为 −0.5LSB~0.5LSB，0.1LSB 步进。

2. 仿真实验结果

按照上述仿真实验条件，分别以一种参量为主变化因素、一种参量为辅助变化因素生成实际的仿真条件，考察各指标要素的误差变化情况。

1) 幅度作为主变化因素

(1) 周波数作为辅助变化量，获得如图 8-27 所述的误差变化曲线波形。

(2) 初始相位作为辅助变化量，获得如图 8-28 所述的误差变化曲线波形。

(3) 直流分量作为辅助变化量，获得如图 8-29 所述的误差变化曲线波形。

(4) 数据点数作为辅助变化量，获得如图 8-30 所述的误差变化曲线波形。

2) 周波数作为主变化因素

(1) 幅度作为辅助变化量，获得如图 8-31 所述的误差变化曲线波形。

(2) 初始相位作为辅助变化量，获得如图 8-32 所述的误差变化曲线波形。
(3) 直流分量作为辅助变化量，获得如图 8-33 所述的误差变化曲线波形。
(4) 数据点数作为辅助变化量，获得如图 8-34 所述的误差变化曲线波形。
3) 初始相位作为主变化因素
(1) 幅度作为辅助变化量，获得如图 8-35 所述的误差变化曲线波形。
(2) 周波数作为辅助变化量，获得如图 8-36 所述的误差变化曲线波形。
(3) 直流分量作为辅助变化量，获得如图 8-37 所述的误差变化曲线波形。
(4) 数据点数作为辅助变化量，获得如图 8-38 所述的误差变化曲线波形。
4) 直流分量作为主变化因素
(1) 幅度作为辅助变化量，获得如图 8-39 所述的误差变化曲线波形。
(2) 周波数作为辅助变化量，获得如图 8-40 所述的误差变化曲线波形。
(3) 初始相位作为辅助变化量，获得如图 8-41 所述的误差变化曲线波形。
(4) 数据点数作为辅助变化量，获得如图 8-42 所述的误差变化曲线波形。
5) 数据点数作为主变化因素
(1) 幅度作为辅助变化量，获得如图 8-43 所述的误差变化曲线波形。
(2) 周波数作为辅助变化量，获得如图 8-44 所述的误差变化曲线波形。
(3) 初始相位作为辅助变化量，获得如图 8-45 所述的误差变化曲线波形。
(4) 直流分量作为辅助变化量，获得如图 8-46 所述的误差变化曲线波形。
图 8-27～ 图 8-46 中，各个拟合参数实际误差的上界和下界被整理归纳如表 8-2 所示。

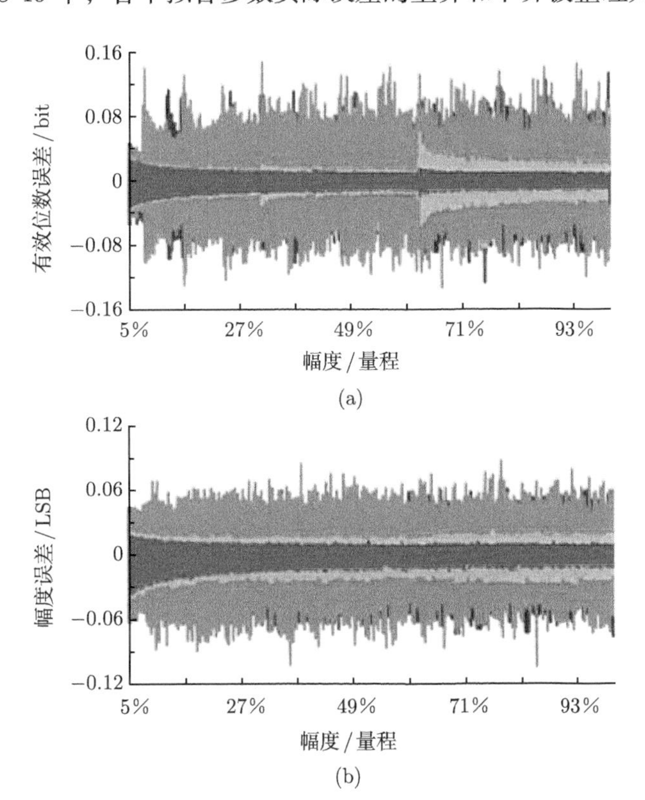

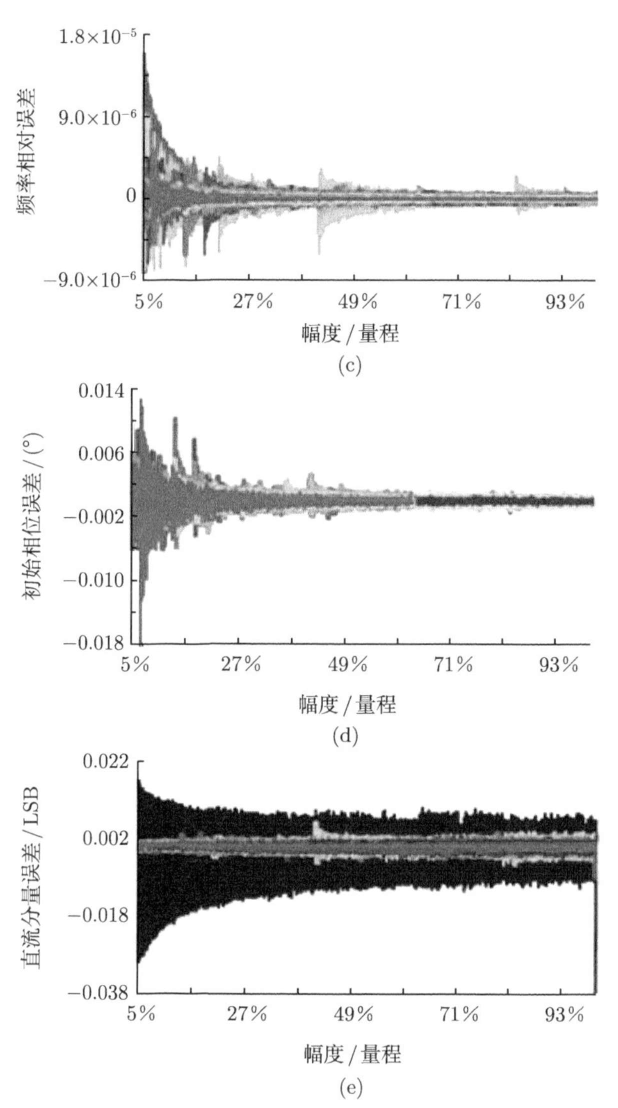

图 8-27　幅度与周波数同时变化时的参数拟合误差界

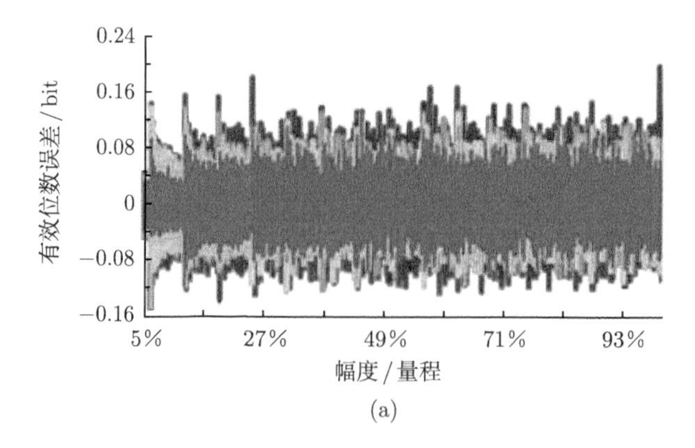

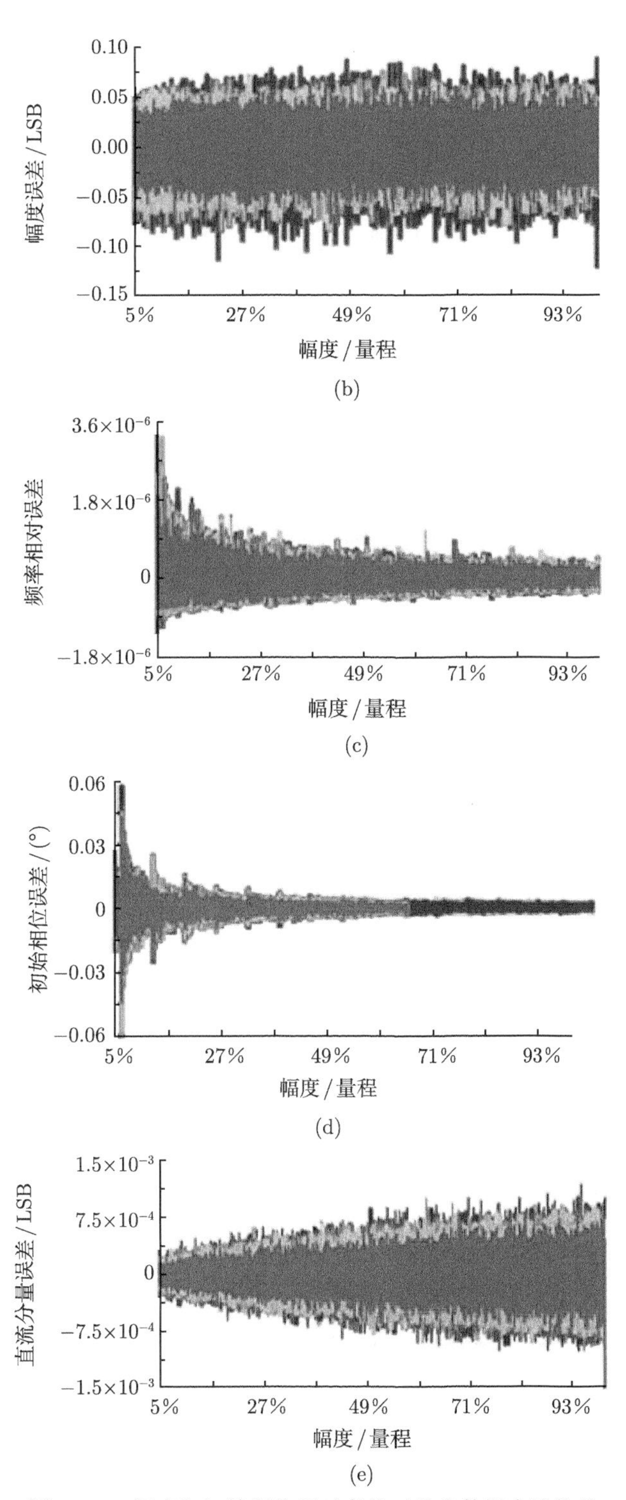

图 8-28 幅度与初始相位同时变化时的参数拟合误差界

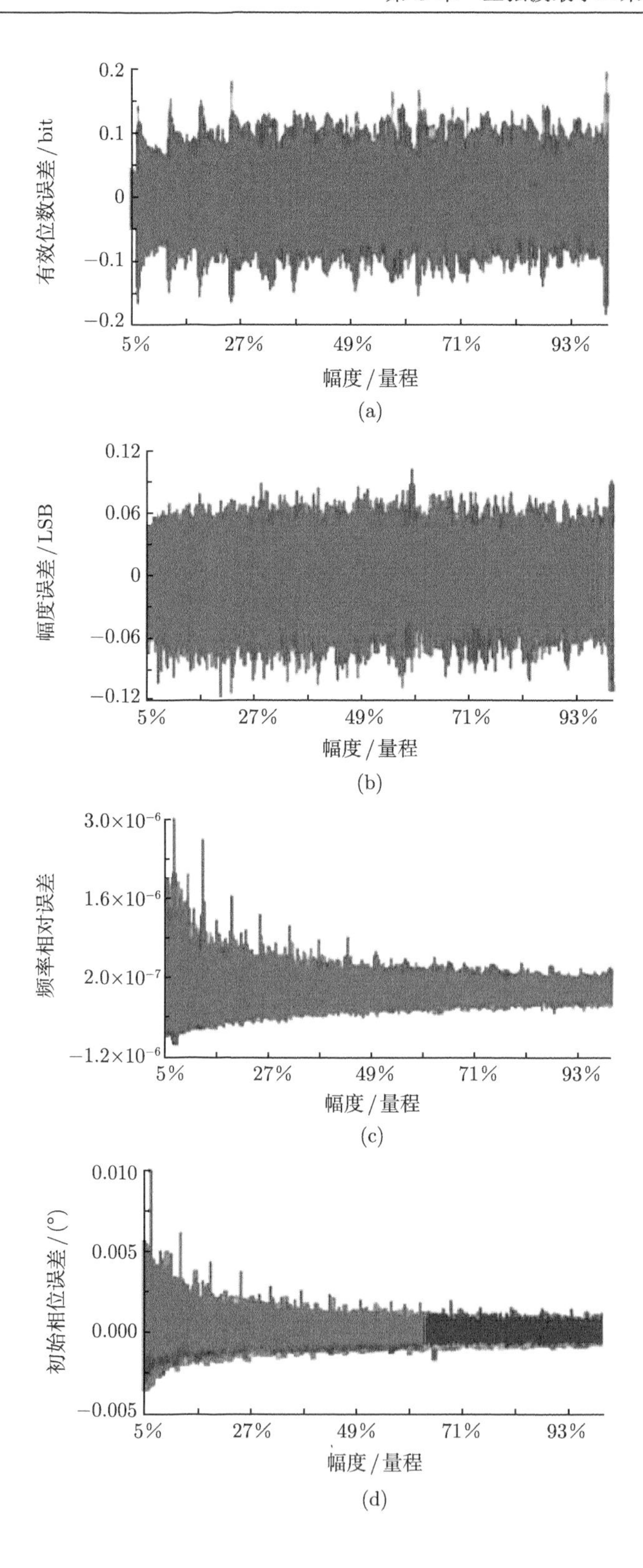

0.2
0.1
0
−0.1
−0.2
有效位数误差 / bit
5%
27%
49%
71%
93%
幅度 / 量程
(a)
0.12
0.06
0
−0.06
−0.12
幅度误差 / LSB
5%
27%
49%
71%
93%
幅度 / 量程
(b)
3.0×10⁻⁶
1.6×10⁻⁶
2.0×10⁻⁷
−1.2×10⁻⁶
频率相对误差
5%
27%
49%
71%
93%
幅度 / 量程
(c)
0.010
0.005
0.000
−0.005
初始相位误差 / (°)
5%
27%
49%
71%
93%
幅度 / 量程
(d)

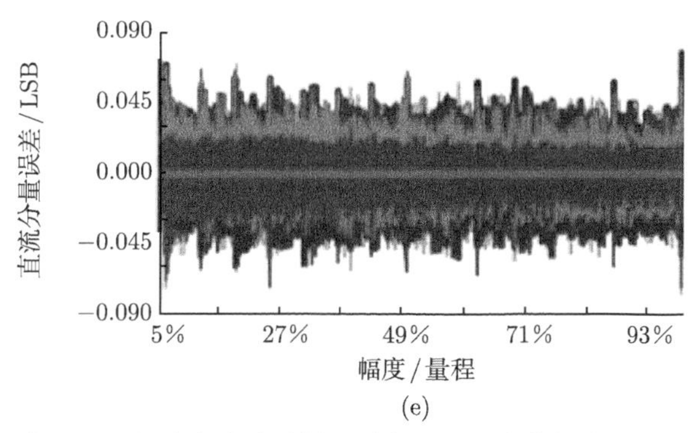

(e)

图 8-29 幅度与直流分量同时变化时的参数拟合误差界

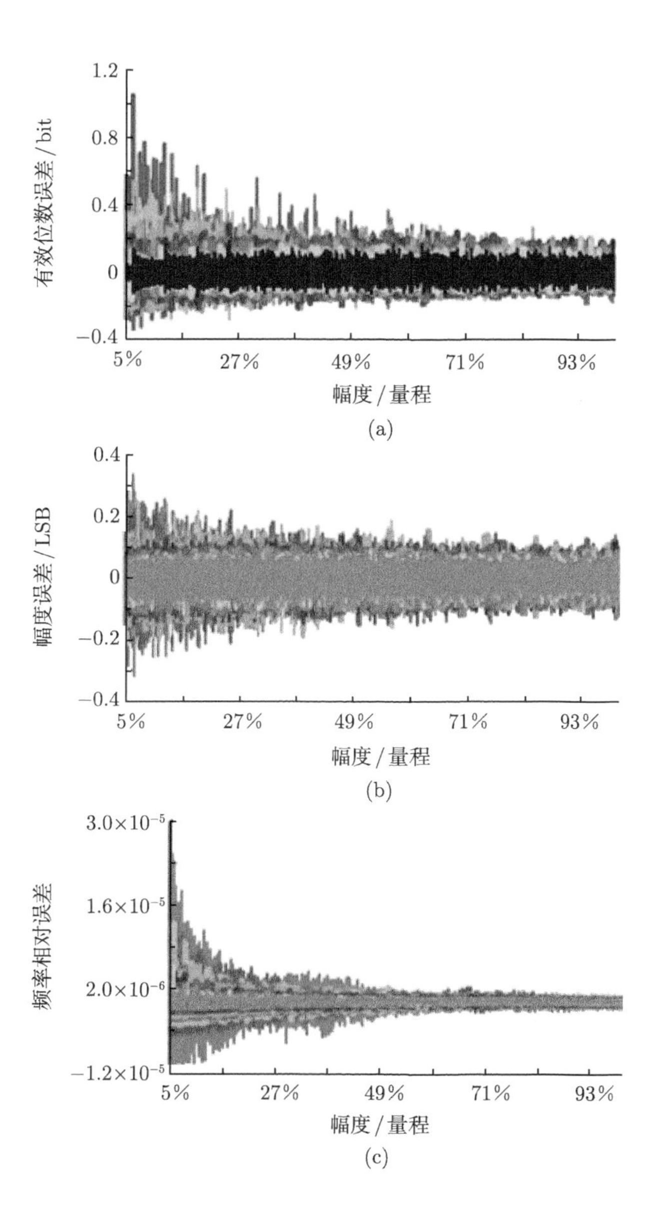

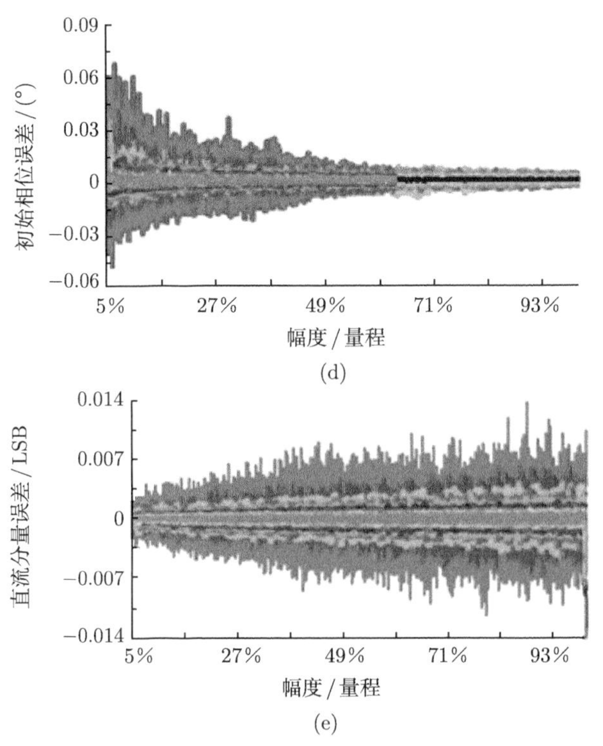

图 8-30　幅度与数据点数同时变化时的参数拟合误差界

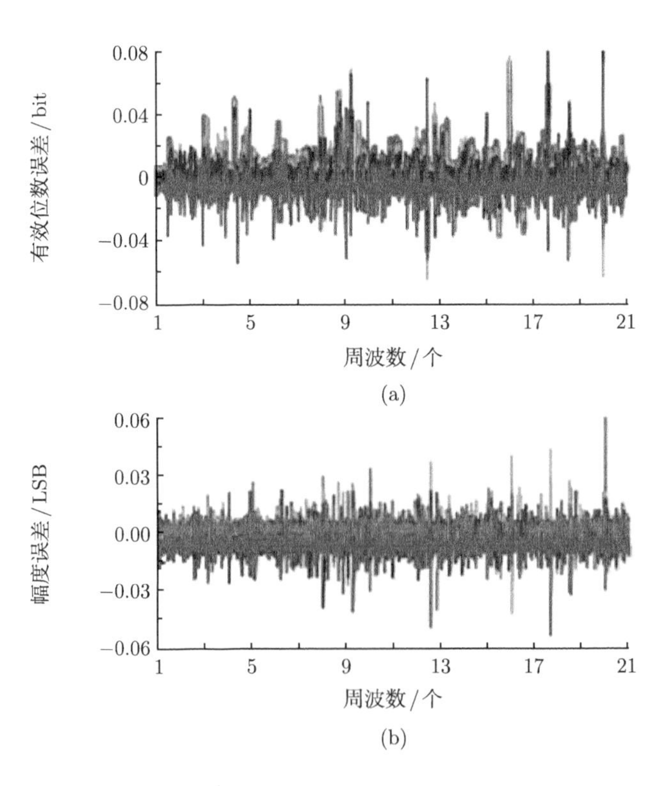

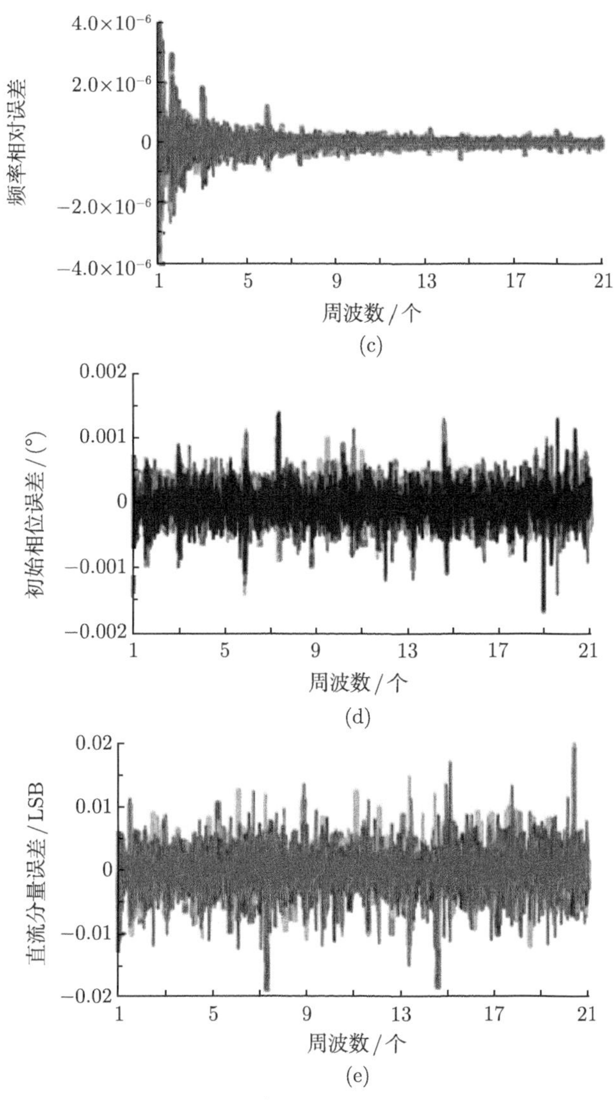

(c)

(d)

(e)

图 8-31 周波数与幅度同时变化时的参数拟合误差界

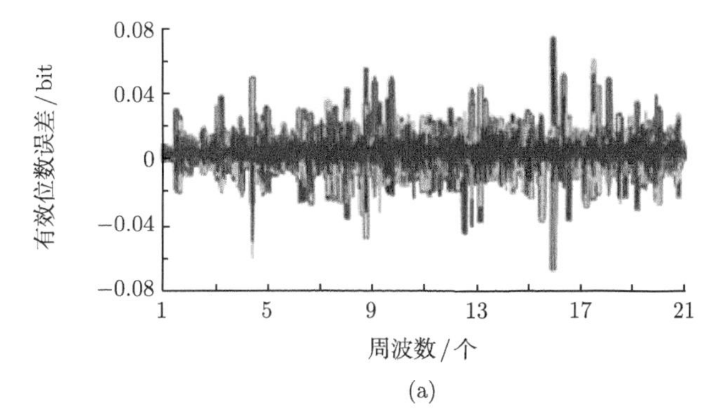

(a)

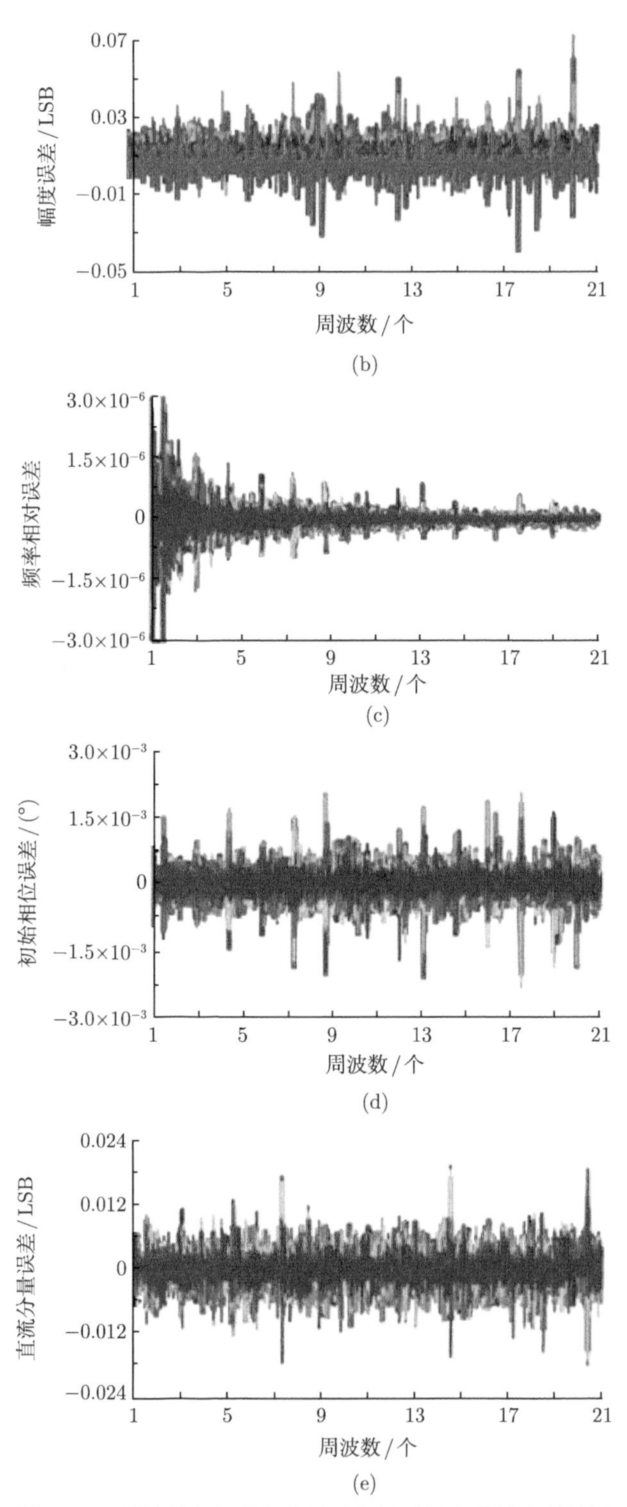

图 8-32　周波数与初始相位同时变化时的参数拟合误差界

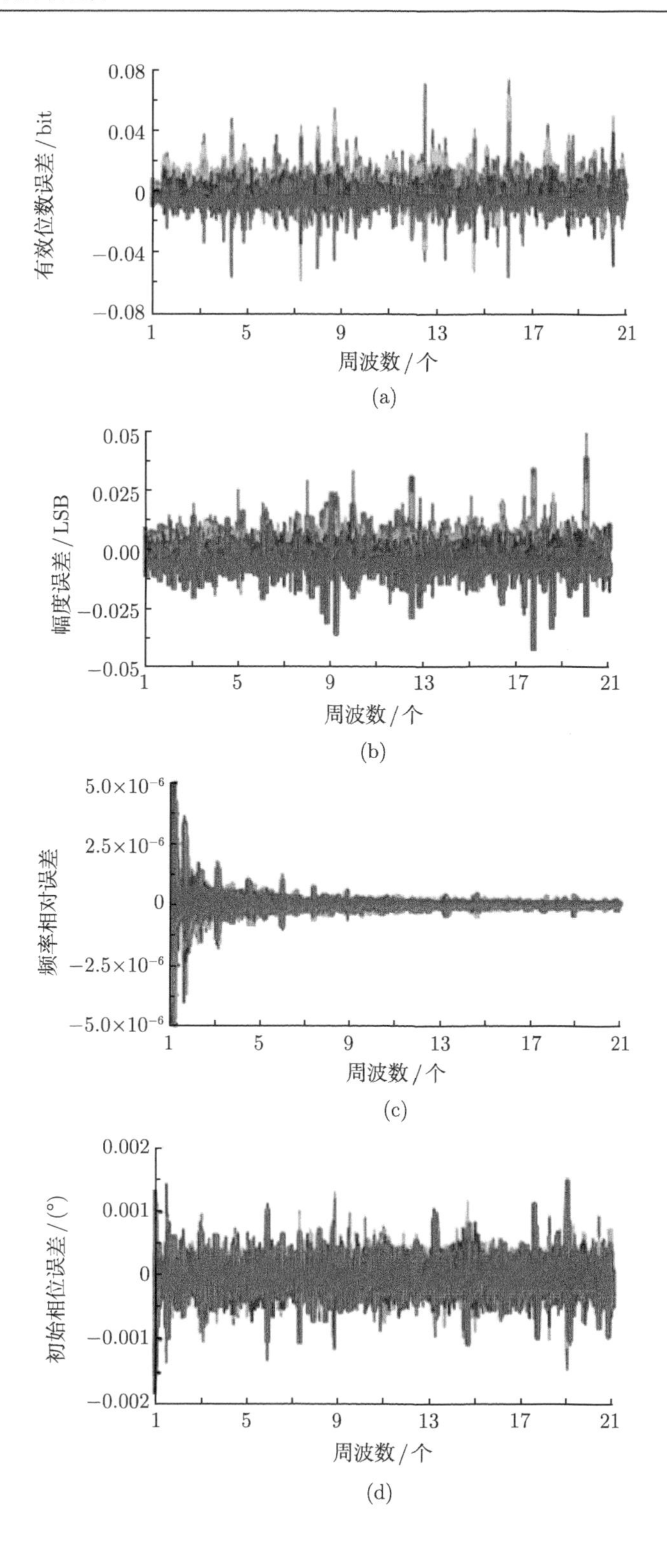
0.08
0.04
0
−0.04
−0.08
有效位数误差 / bit
1
5
9
13
17
21
周波数 / 个
0.05
0.025
0.00
−0.025
−0.05
幅度误差 / LSB
周波数 / 个
5.0×10⁻⁶
2.5×10⁻⁶
0
−2.5×10⁻⁶
−5.0×10⁻⁶
频率相对误差
周波数 / 个
0.002
0.001
0
−0.001
−0.002
初始相位误差 / (°)
周波数 / 个
(a)

(b)

(c)

(d)

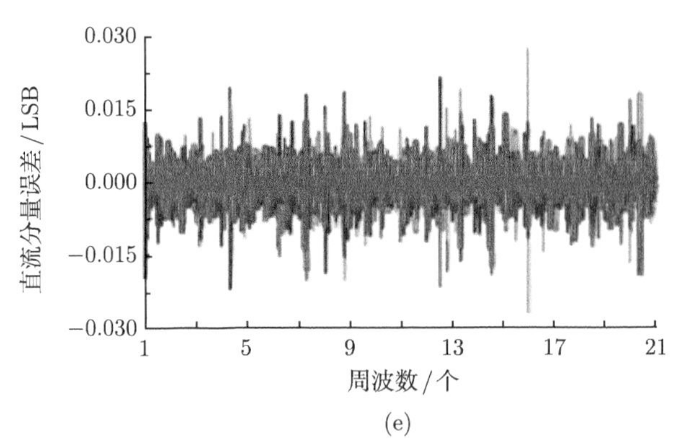

(e)

图 8-33　周波数与直流分量同时变化时的参数拟合误差界

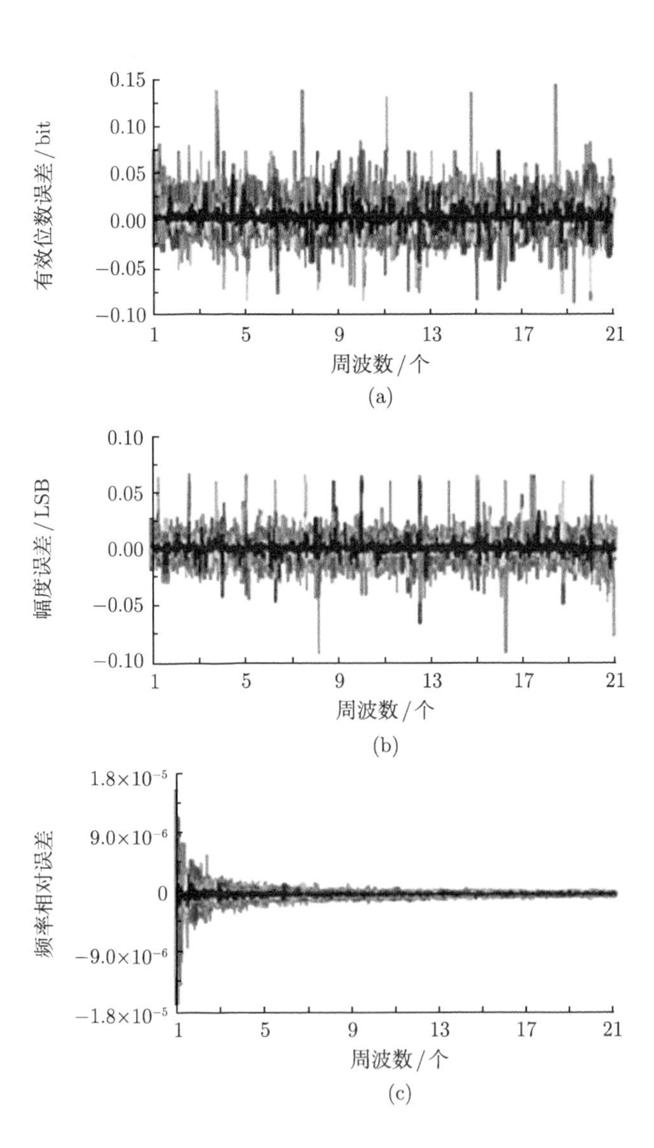

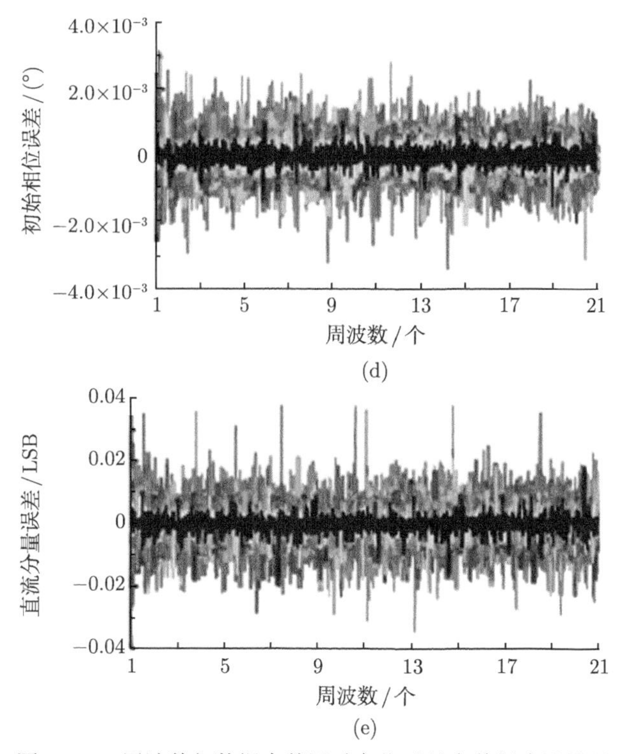

图 8-34 周波数与数据点数同时变化时的参数拟合误差界

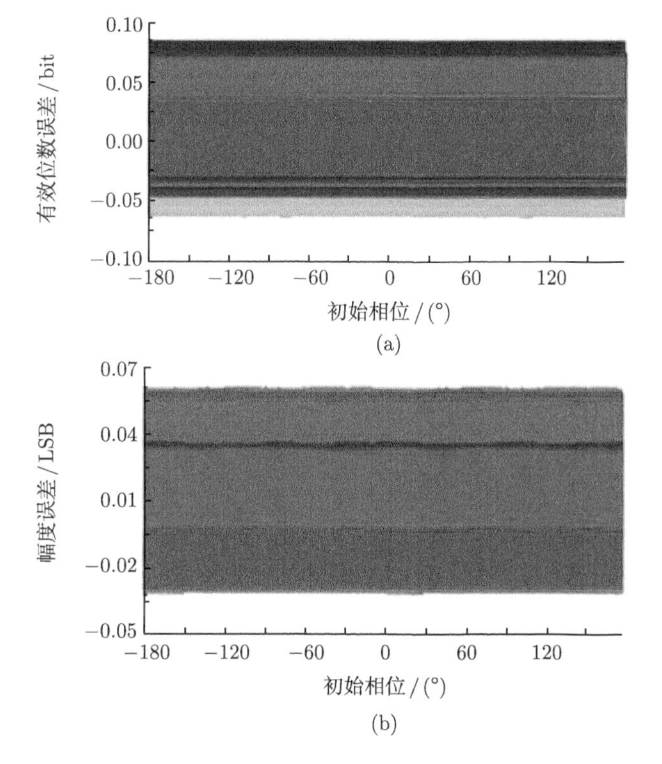

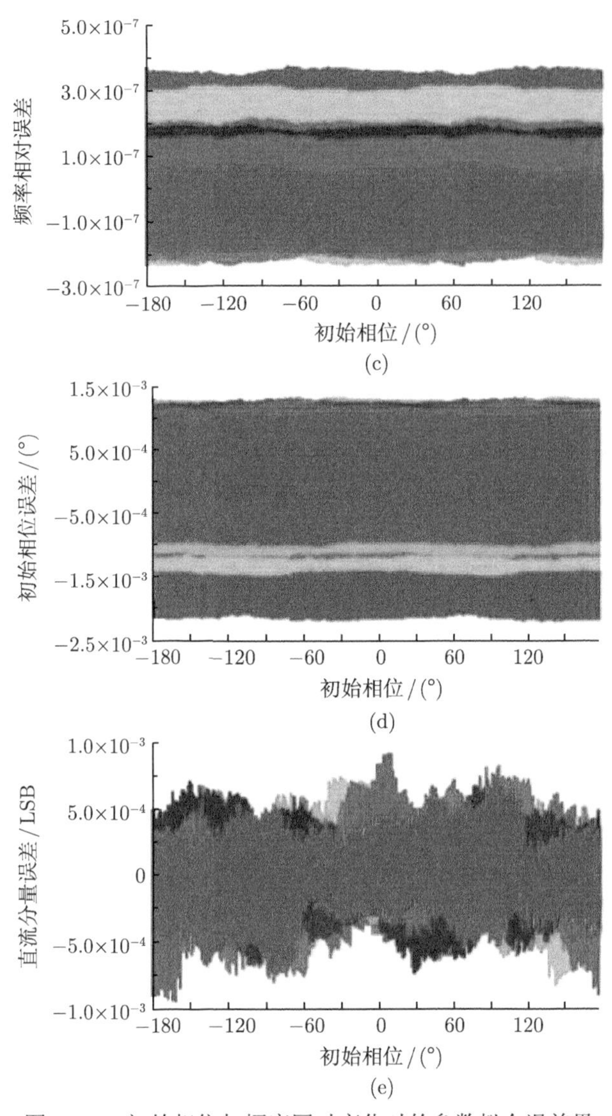

图 8-35　初始相位与幅度同时变化时的参数拟合误差界

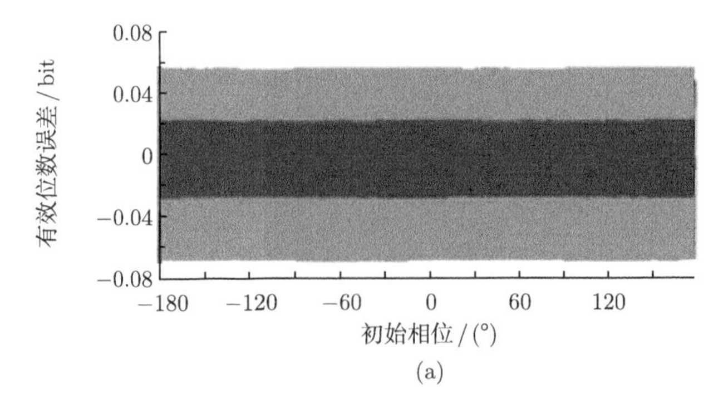

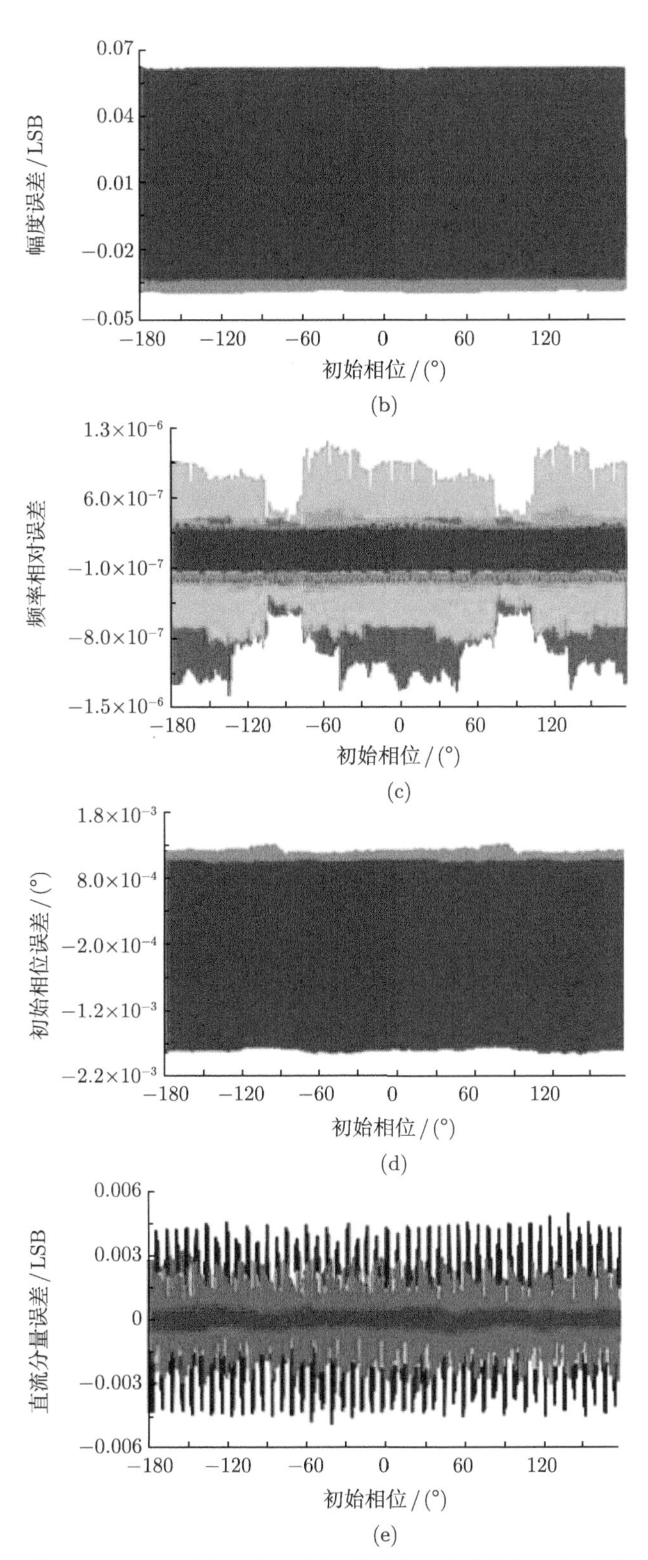

图 8-36 初始相位与周波数同时变化时的参数拟合误差界

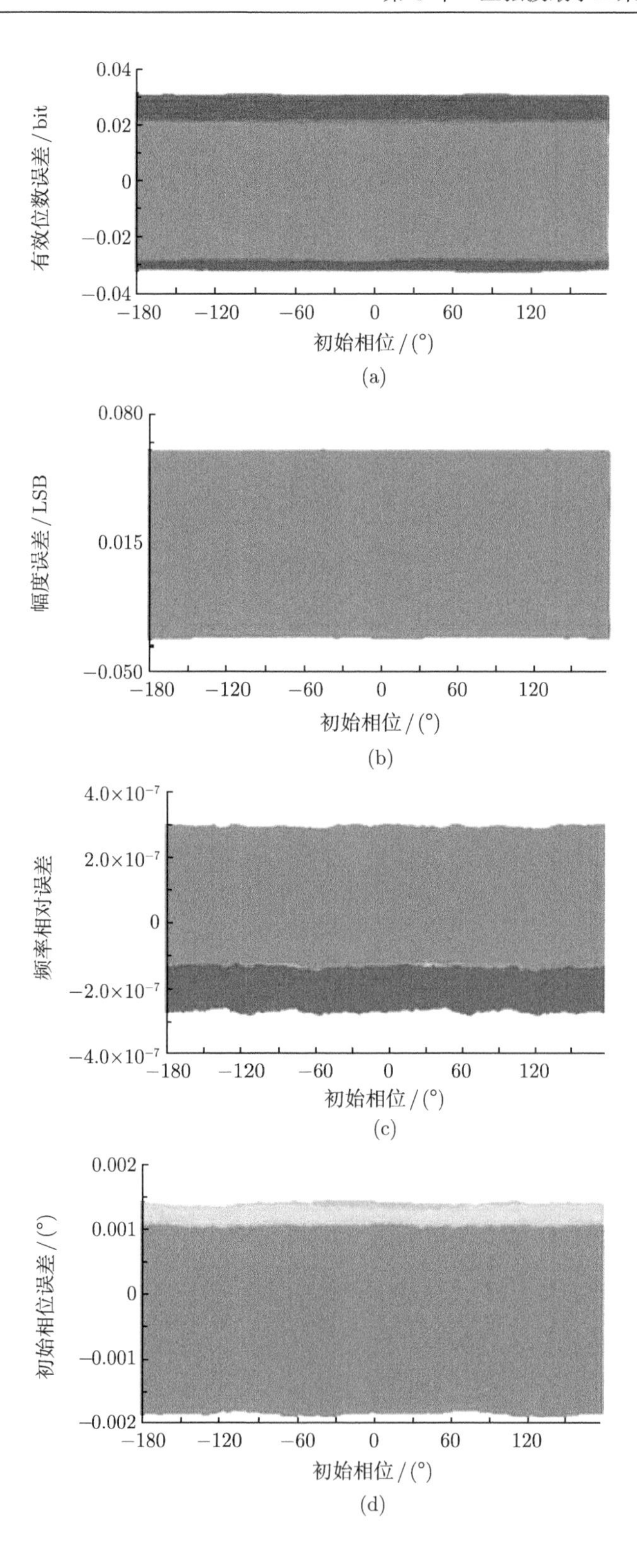
0.04
0.02
0
−0.02
−0.04
有效位数误差 / bit
−180
−120
−60
0
60
120
初始相位 / (°)
(a)
0.080
0.015
−0.050
幅度误差 / LSB
−180
−120
−60
0
60
120
初始相位 / (°)
(b)
4.0×10−7
2.0×10−7
0
−2.0×10−7
−4.0×10−7
频率相对误差
−180
−120
−60
0
60
120
初始相位 / (°)
(c)
0.002
0.001
0
−0.001
−0.002
初始相位误差 / (°)
−180
−120
−60
0
60
120
初始相位 / (°)
(d)

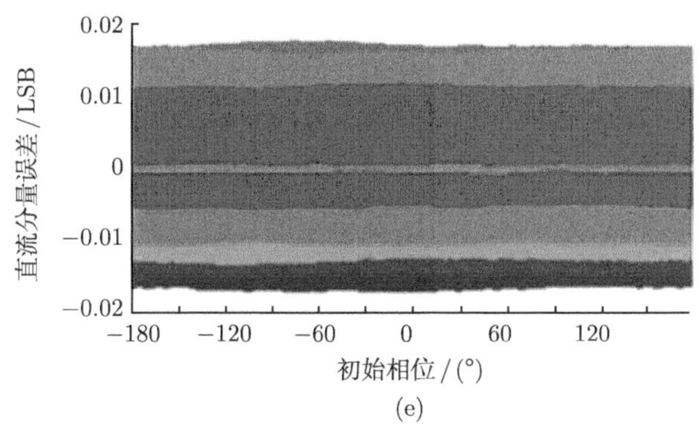

(e)

图 8-37 初始相位与直流分量同时变化时的参数拟合误差界

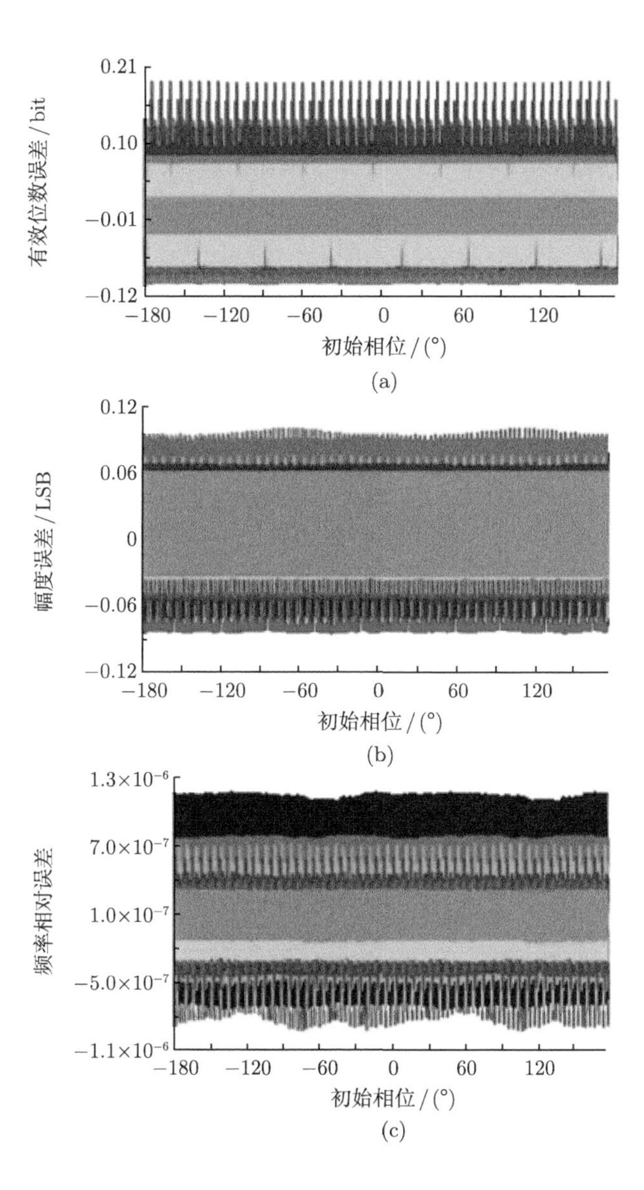

(c)

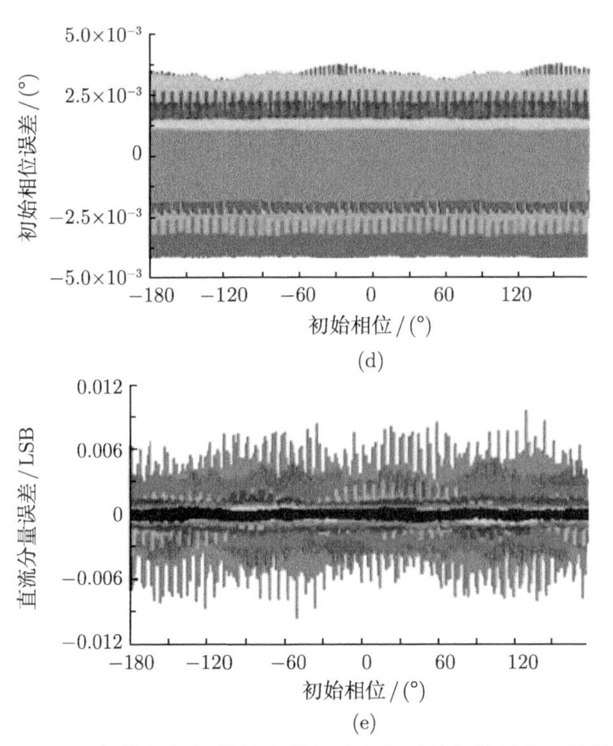

(d)

(e)

图 8-38　初始相位与数据点数同时变化时的参数拟合误差界

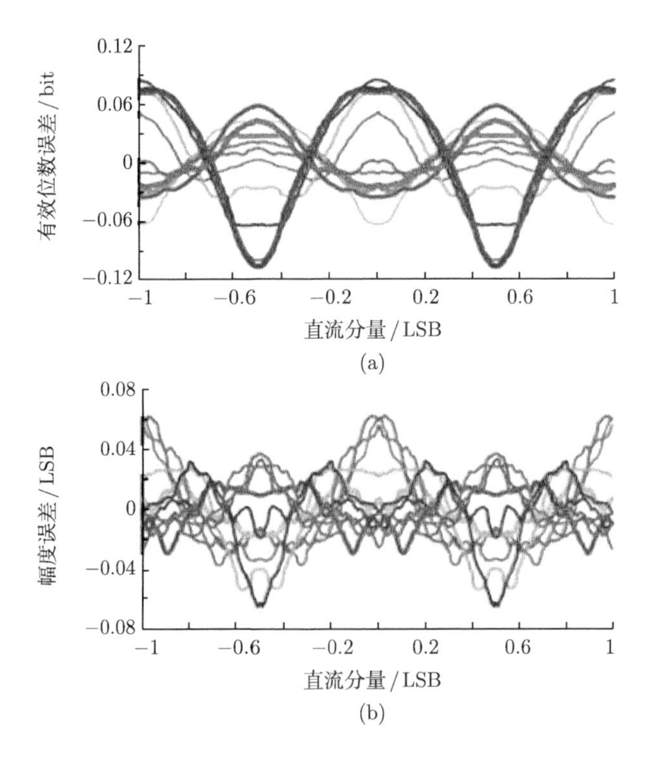

(a)

(b)

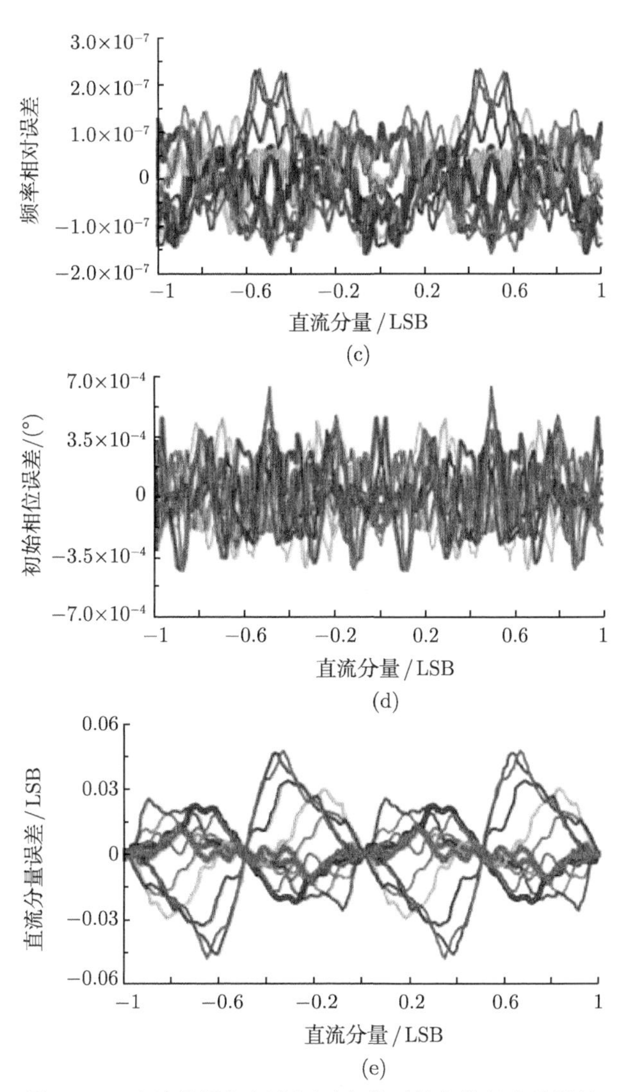

(c)

(d)

(e)

图 8-39 直流分量与幅度同时变化时的参数拟合误差界

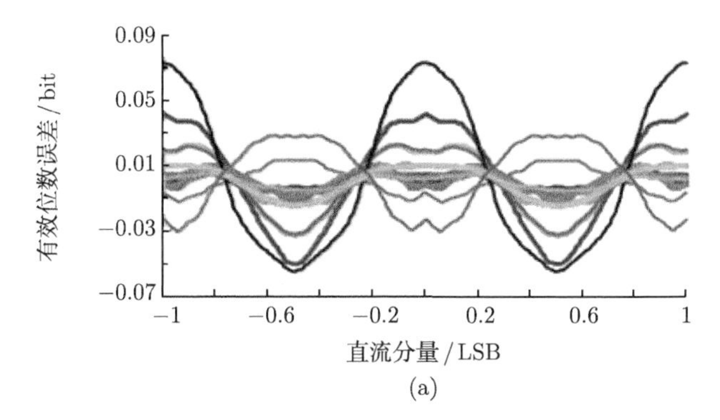

(a)

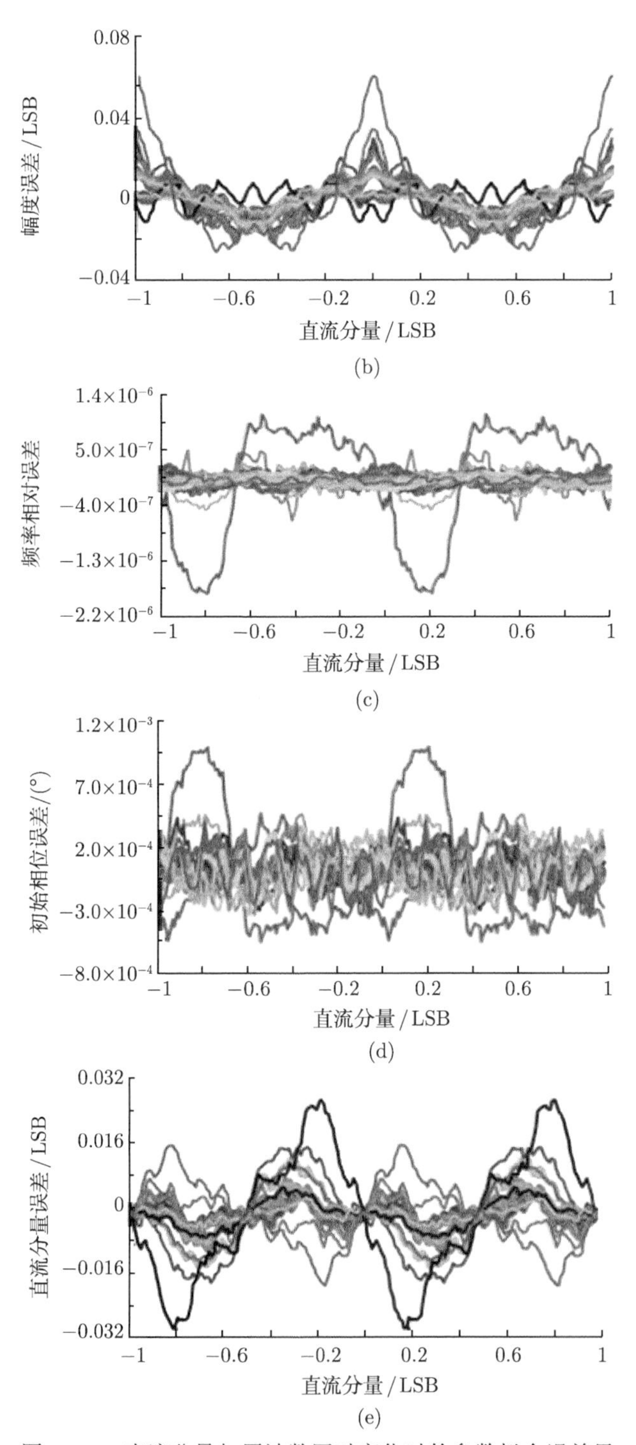

图 8-40　直流分量与周波数同时变化时的参数拟合误差界

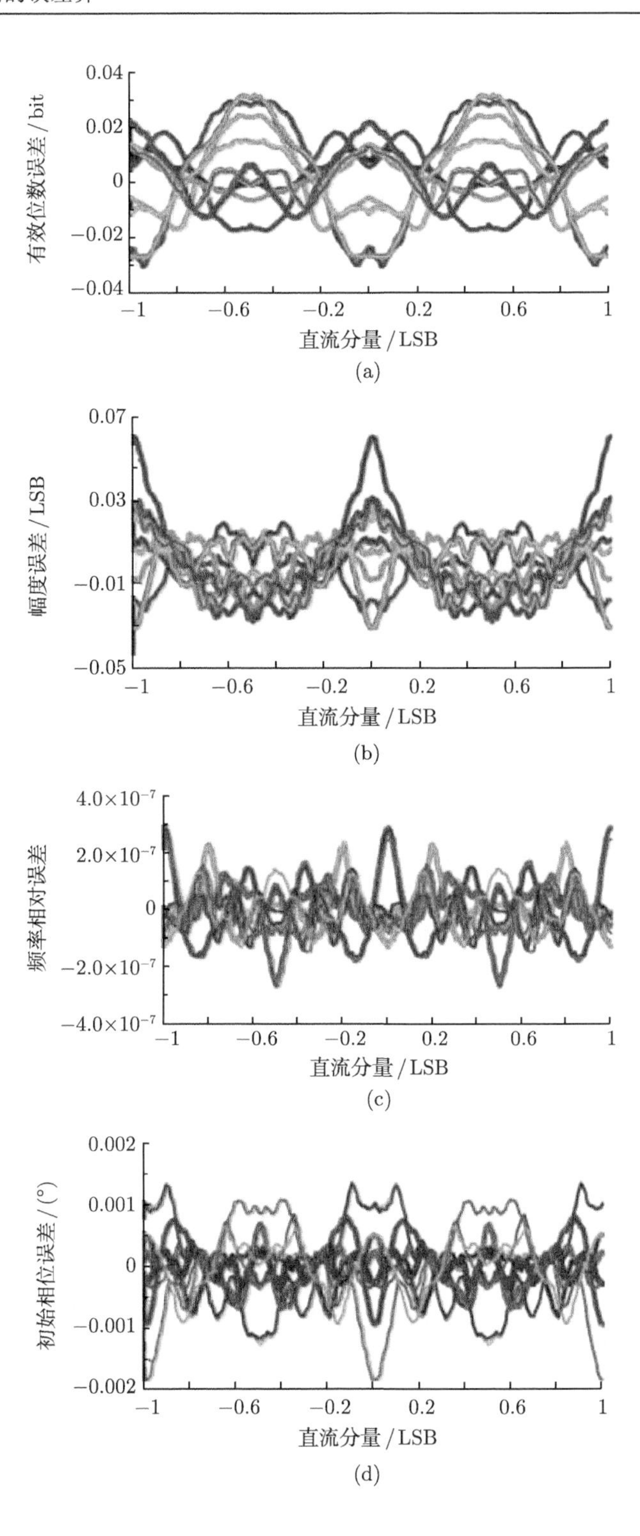

0.04
0.02
0
−0.02
−0.04
有效位数误差 / bit
−1
−0.6
−0.2
0.2
0.6
1
直流分量 / LSB
0.07
0.03
−0.01
−0.05
幅度误差 / LSB
直流分量 / LSB
4.0×10⁻⁷
2.0×10⁻⁷
0
−2.0×10⁻⁷
−4.0×10⁻⁷
频率相对误差
直流分量 / LSB
0.002
0.001
0
−0.001
−0.002
初始相位误差 / (°)
直流分量 / LSB

(a)

(b)

(c)

(d)

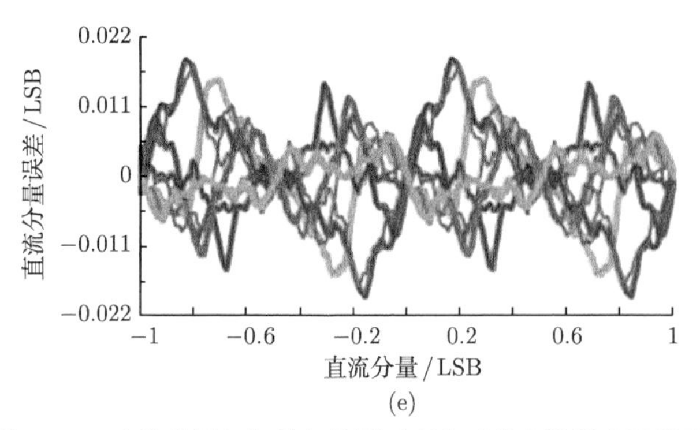

(e)

图 8-41　直流分量与初始相位同时变化时的参数拟合误差界

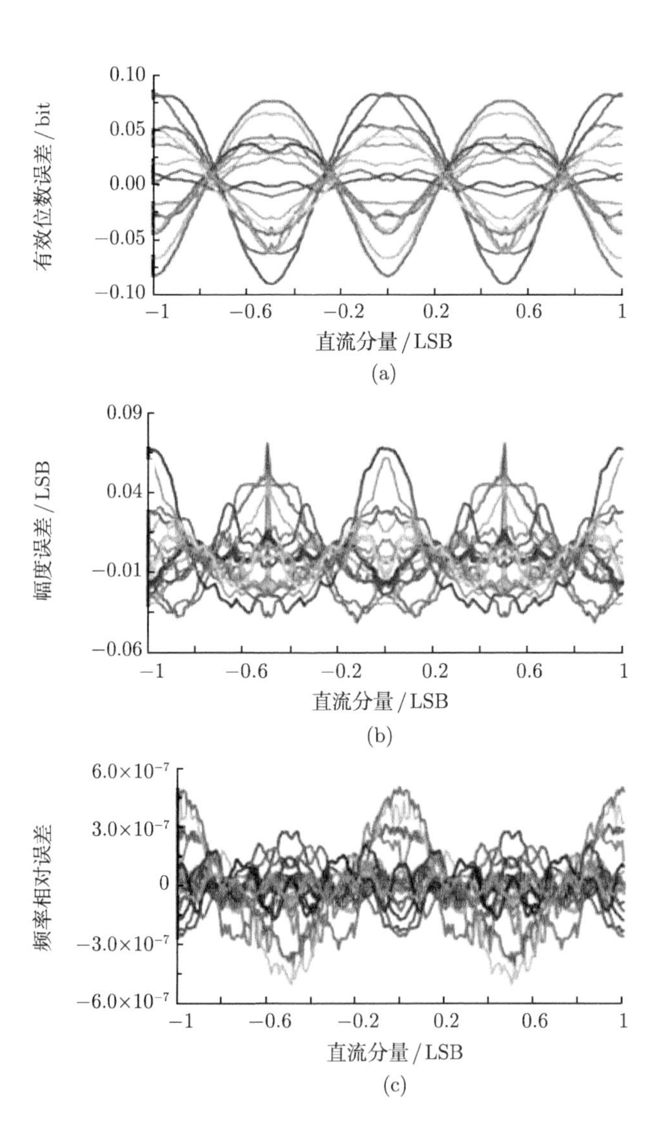

(c)

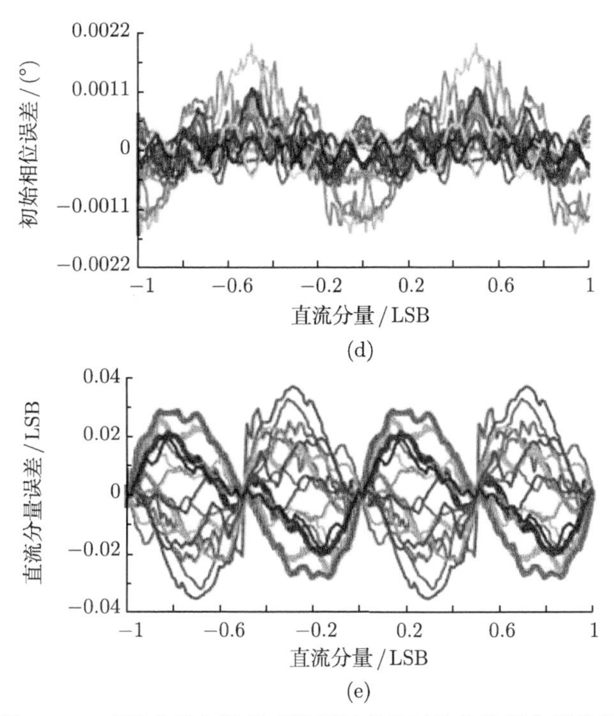

(d)

0.04
0.02
0
−0.02
−0.04
直流分量误差 / LSB
−1
−0.6
−0.2
0.2
0.6
1
直流分量 / LSB

(e)

图 8-42　直流分量与数据点数同时变化时的参数拟合误差界

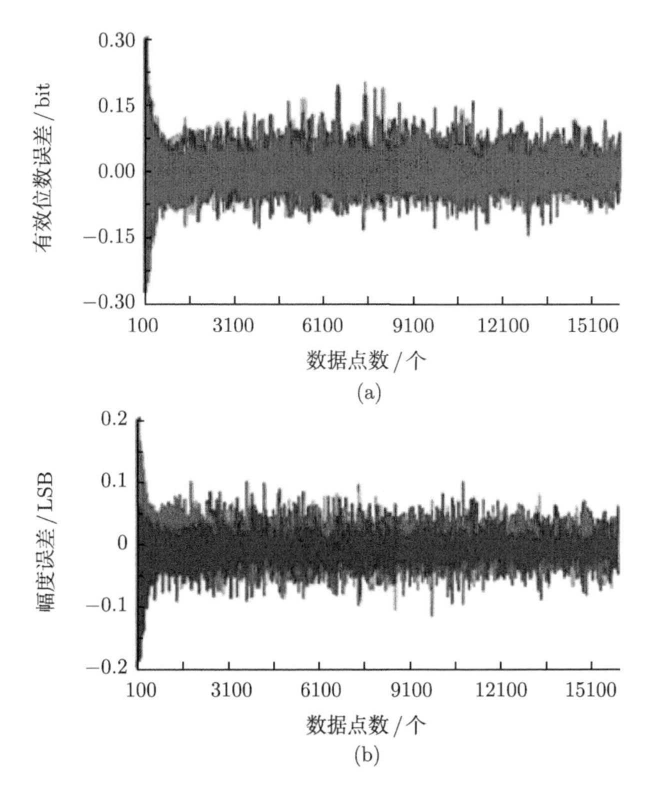

(a)

0.2
0.1
0
−0.1
−0.2
幅度误差 / LSB
100
3100
6100
9100
12100
15100
数据点数 / 个

(b)

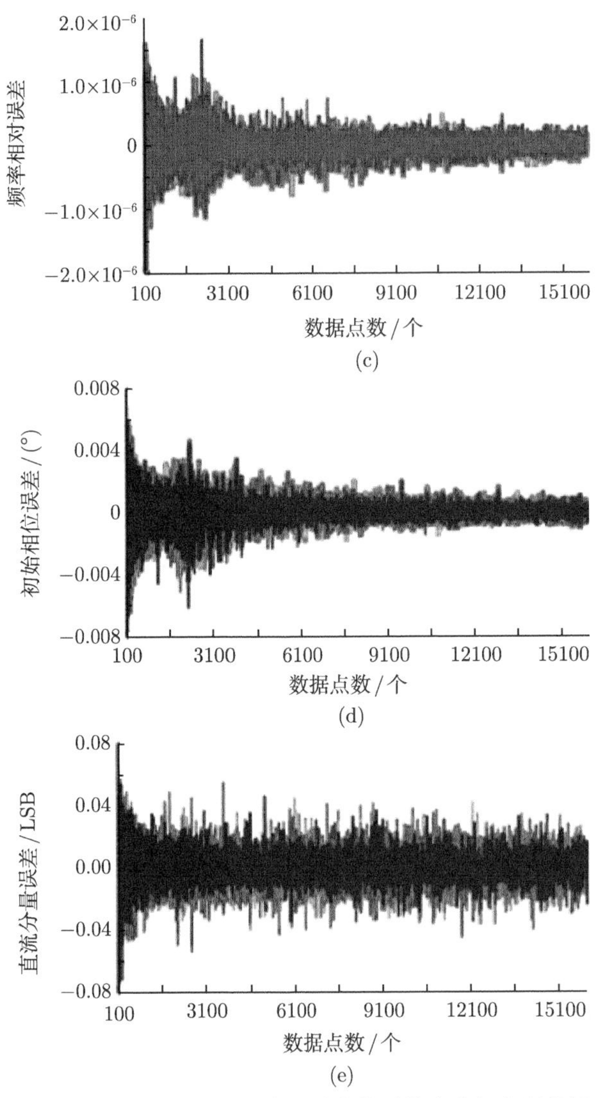

(c)

(d)

(e)

图 8-43　数据点数与幅度同时变化时的参数拟合误差界

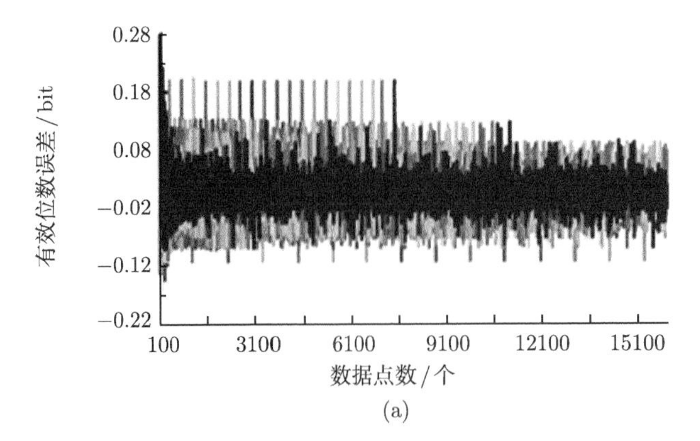

(a)

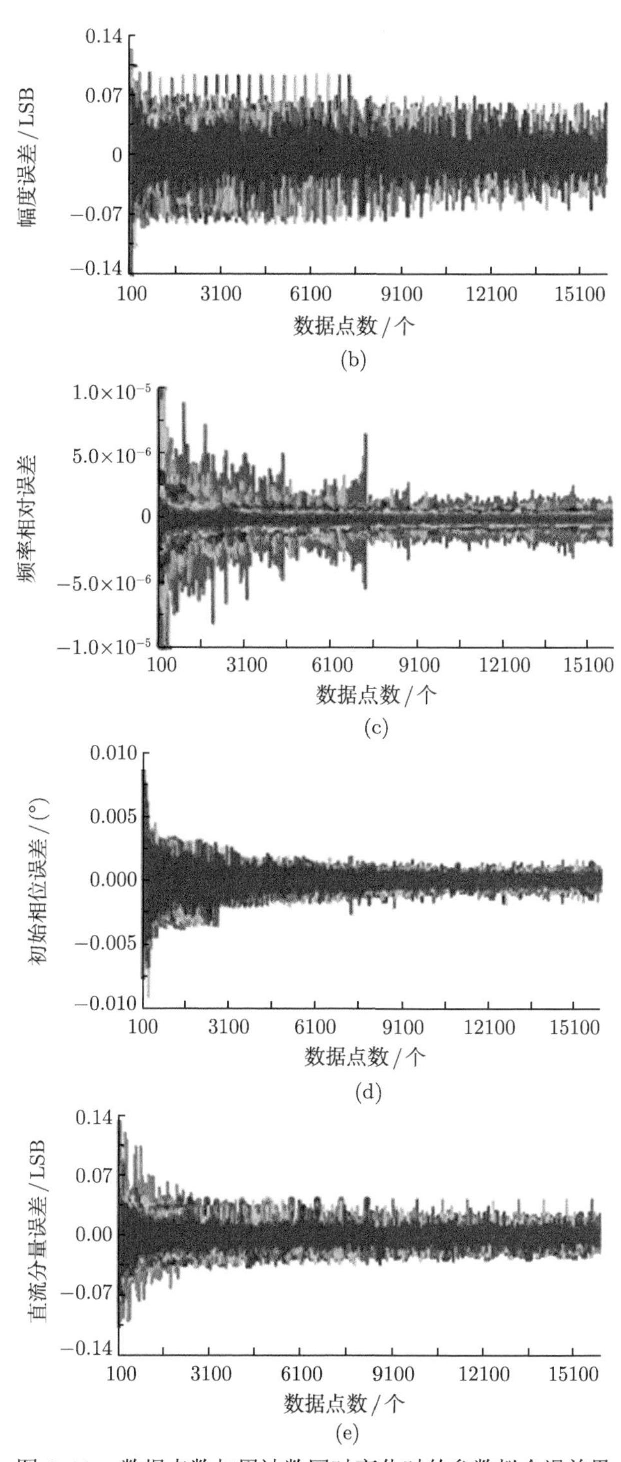

图 8-44 数据点数与周波数同时变化时的参数拟合误差界

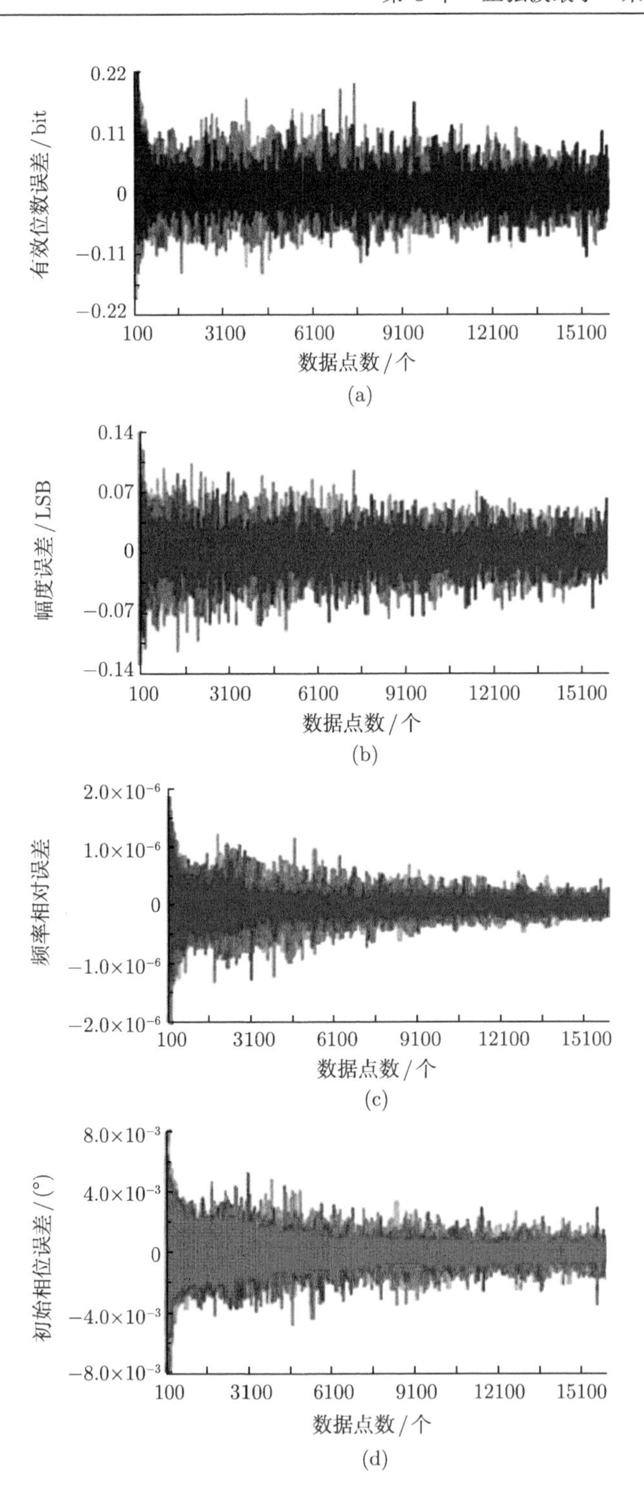

有效位数误差 / bit
0.22
0.11
0
−0.11
−0.22
100
3100
6100
9100
12100
15100
数据点数 / 个
(a)
幅度误差 / LSB
0.14
0.07
0
−0.07
−0.14
100
3100
6100
9100
12100
15100
数据点数 / 个
(b)
频率相对误差
2.0×10^-6
1.0×10^-6
0
−1.0×10^-6
−2.0×10^-6
100
3100
6100
9100
12100
15100
数据点数 / 个
(c)
初始相位误差 / (°)
8.0×10^-3
4.0×10^-3
0
−4.0×10^-3
−8.0×10^-3
100
3100
6100
9100
12100
15100
数据点数 / 个
(d)

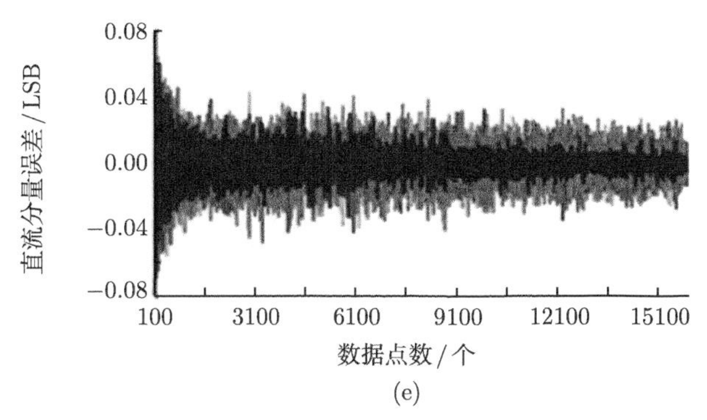

(e)

图 8-45 数据点数与初始相位同时变化时的参数拟合误差界

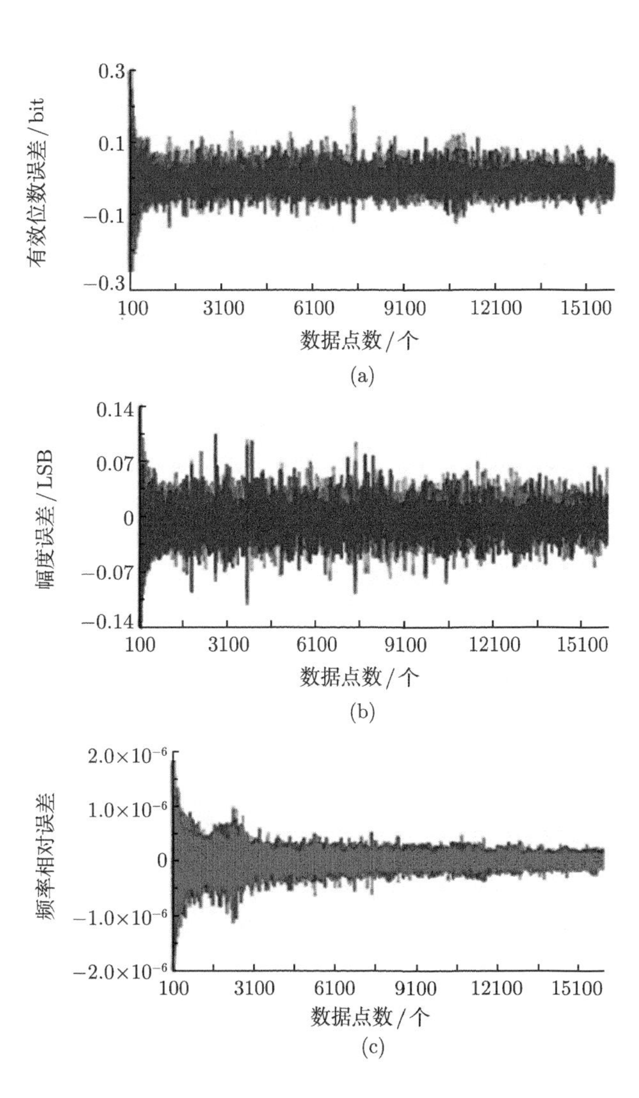

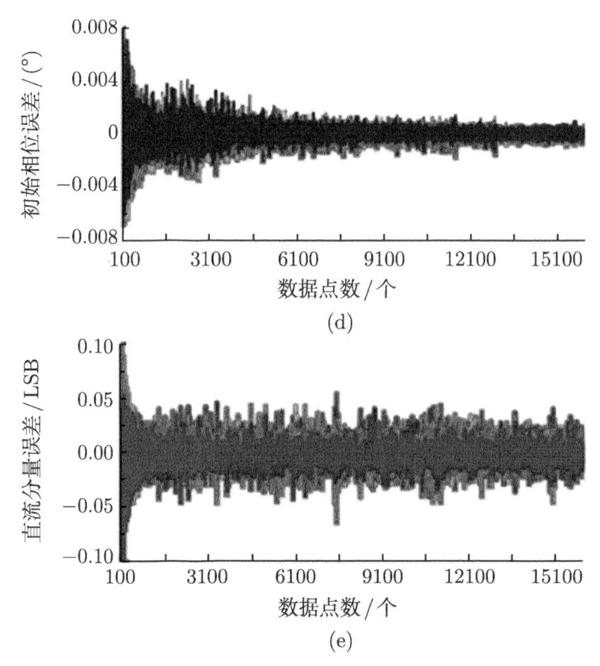

图 8-46　数据点数与直流分量同时变化时的参数拟合误差界

3. 仿真实验结果分析

从这些误差界曲线可见，12 bit A/D 与 8 bit A/D 的参数误差界既有相似之处，也存在明显不同。不仅仅是参数本身，更主要体现在它们的变化规律上。

1) 有效位数误差界

从图 8-27(a)～ 图 8-46(a) 可以看出如下规律。

(1) 数据点数是影响有效位数误差界的最重要因素，总体而言，在 1000 点以下，数据点数的增大，可导致有效位数误差界的单调变窄。1000 点以上的数据点数，误差带比较平稳，没有明显的总体变化趋势，此时，可获得有效位数误差界下界 −0.2bit，上界 0.5bit。

(2) 当幅度在量程范围内大尺度变化时，在半量程以下，且数据点数较少时 (例如几千点以下)，有效位数误差界随幅度增加呈缓慢下降趋势；当幅度量程比在 50%以上时，误差界趋于平稳，其误差下界 −0.21bit，上界 0.25bit；此时若数据点数达到 9000 点以上，可以导致其误差下界 −0.2bit，上界 0.2bit；幅度在 LSB 量值尺度的微观范围进行变化时，有效位数误差随幅度而呈局部周期性变化，幅度周期为 1LSB。

(3) 有效位数误差没有随周波数的变化而变化的趋势，其误差带平稳，且存在个别跳动点，误差带下界 −0.08bit，上界 0.08bit。

(4) 初始相位因素对有效位数影响的误差带波动平稳，但是，其他因素，例如幅度、周波数、直流分量等会影响误差带宽度和位置。其波动的误差下界 −0.1bit，上界 0.2bit。

(5) 直流分量在 LSB 量值尺度的微观范围进行变化时，有效位数误差随其而呈周期性变化，幅度周期为 1LSB；其波动的误差下界 −0.1bit，上界 0.085bit。在直流分量变化时，其他因素的变化对误差界也有影响，按照影响由大到小，它们依次为幅度、数据个数、周

表 8-2 正弦拟合参数的条件误差界 (12bit A/D)

有效位数误差/bit		幅度误差/LSB		频率相对误差		相位误差/(°)		直流分量误差/LSB		备注
下界	上界	下界	上界	下界	上界	下界	上界	下界	上界	变动条件
−0.14	0.15	−0.11	0.09	-7.1×10^{-6}	1.6×10^{-5}	-1.8×10^{-2}	1.3×10^{-2}	-3.0×10^{-2}	1.5×10^{-2}	幅度、周波数；图 8-27，去除边缘部分
−0.15	0.20	−0.12	0.087	-1.1×10^{-6}	3.2×10^{-6}	-6.0×10^{-2}	5.7×10^{-2}	-1.0×10^{-3}	1.2×10^{-3}	幅度、初始相位；图 8-28，去除边缘部分
−0.18	0.18	−0.12	0.10	-7.5×10^{-7}	3.0×10^{-6}	-4.0×10^{-3}	1.0×10^{-2}	-7.6×10^{-2}	7.7×10^{-2}	幅度、直流分量；图 8-29
−0.33	0.86	−0.31	0.33	-1.0×10^{-5}	3.1×10^{-5}	-5.8×10^{-2}	6.2×10^{-2}	-1.2×10^{-2}	1.4×10^{-2}	幅度、数据点数；图 8-30，去除边缘部分
−0.06	0.08	−0.056	0.053	-2.4×10^{-6}	3.0×10^{-6}	-1.6×10^{-3}	1.4×10^{-3}	-2.0×10^{-2}	2.1×10^{-2}	周波数、幅度；图 8-31，去除边缘部分
−0.070	0.073	−0.037	0.061	-3.0×10^{-6}	3.0×10^{-6}	-2.4×10^{-3}	2.0×10^{-3}	-1.8×10^{-2}	1.8×10^{-2}	周波数、初始相位；图 8-32，去除边缘部分
−0.058	0.074	−0.05	0.05	-4.1×10^{-6}	3.3×10^{-6}	-1.5×10^{-3}	1.5×10^{-3}	-2.7×10^{-2}	2.8×10^{-2}	周波数、直流分量；图 8-33，去除边缘部分
−0.086	0.14	−0.091	0.062	-1.7×10^{-5}	1.6×10^{-5}	-3.4×10^{-3}	3.2×10^{-3}	-3.5×10^{-2}	4.0×10^{-2}	周波数、数据点数；图 8-34
−0.063	0.085	−0.030	0.059	-2.4×10^{-7}	3.8×10^{-7}	-2.2×10^{-3}	1.1×10^{-3}	-9.4×10^{-4}	9.1×10^{-4}	初始相位、幅度；图 8-35
−0.067	0.056	−0.037	0.062	-1.4×10^{-6}	1.2×10^{-6}	-1.9×10^{-3}	1.3×10^{-3}	-4.9×10^{-3}	4.9×10^{-3}	初始相位、周波数；图 8-36
−0.031	0.031	−0.031	0.061	-2.8×10^{-7}	3.0×10^{-7}	-1.9×10^{-3}	1.4×10^{-3}	-1.7×10^{-2}	1.8×10^{-2}	初始相位、直流分量；图 8-37
−0.10	0.19	−0.083	0.092	-9.2×10^{-7}	1.2×10^{-6}	-4.2×10^{-3}	3.8×10^{-3}	-9.6×10^{-3}	9.6×10^{-3}	初始相位、数据点数；图 8-38
−0.10	0.085	−0.066	0.056	-1.6×10^{-7}	2.3×10^{-7}	-4.5×10^{-4}	6.5×10^{-4}	-4.9×10^{-2}	4.6×10^{-2}	直流分量、幅度；图 8-39
−0.055	0.074	−0.026	0.061	-1.9×10^{-6}	9.9×10^{-7}	-5.7×10^{-4}	1.0×10^{-3}	-3.1×10^{-2}	3.1×10^{-2}	直流分量、周波数；图 8-40
−0.031	0.032	−0.032	0.060	-2.6×10^{-7}	2.8×10^{-7}	-1.9×10^{-3}	1.4×10^{-3}	-1.9×10^{-2}	1.8×10^{-2}	直流分量、初始相位；图 8-41
−0.092	0.082	−0.042	0.070	-5.1×10^{-7}	5.0×10^{-7}	-1.6×10^{-3}	2.0×10^{-3}	-3.6×10^{-2}	3.7×10^{-2}	直流分量、数据点数；图 8-42
−0.13	0.20	−0.011	0.011	-1.1×10^{-6}	1.7×10^{-6}	-6.7×10^{-3}	5.0×10^{-3}	-5.3×10^{-2}	5.4×10^{-2}	数据点数、幅度；图 8-43，去除边缘部分
−0.15	0.20	−0.076	0.093	-8.0×10^{-6}	8.9×10^{-6}	-9.1×10^{-3}	8.5×10^{-3}	-1.0×10^{-2}	1.3×10^{-2}	数据点数、周波数；图 8-44
−0.14	0.20	−0.13	0.18	-1.5×10^{-6}	1.7×10^{-6}	-7.8×10^{-3}	6.2×10^{-3}	-7.9×10^{-2}	8.3×10^{-2}	数据点数、初始相位；图 8-45，去除边缘部分
−0.25	0.30	−0.16	0.16	-1.6×10^{-6}	1.6×10^{-6}	-6.1×10^{-3}	6.9×10^{-3}	-6.3×10^{-2}	5.6×10^{-2}	数据点数、直流分量；图 8-46，去除边缘部分

波数、初始相位。

2) 幅度误差界

从图 8-27(b)～ 图 8-46(b) 可以看出如下规律。

(1) 数据点数是影响幅度误差界的重要因素，在 1000 点以下时，数据点数的增大，可以导致幅度误差界的单调变窄。

当超过 1000 点后，其误差界趋于平稳，误差界下界约 −0.1LSB，上界约 0.1LSB。

(2) 在量程范围内大尺度变化时，幅度误差界随幅度增加呈平稳趋势，下界 −0.2LSB，上界 0.2LSB；其他对其影响的因素按重要性排列依次为数据个数、直流分量、初始相位、周波数。

幅度在 LSB 量值尺度的微观范围进行变化时，幅度误差随幅度而呈局部周期性变化，下界 −0.07LSB，上界 0.06LSB；变化周期为 1LSB；不同幅度将改变幅度误差的量值。

(3) 同一周波数的其他条件变化给幅度误差界带来的影响比较平稳, 下界约 −0.06LSB，上界约 0.06LSB，但不同的周波数的误差界差异可能较大。

(4) 初始相位因素的影响处于平稳波动状态，不同初始相位的波动带可能有明显的宽窄和位置差异，其下界 −0.08LSB，上界 0.09LSB。

(5) 幅度误差界随直流分量而呈周期变化，周期为 1LSB，其下界 −0.07LSB，上界 0.06LSB。

3) 频率误差界

从图 8-27(c)～ 图 8-46(c) 可以看出如下规律。

(1) 数据点数与周波数的结合，是影响频率误差界的最重要因素，数据点数的增大，可导致频率误差界的变窄，但并非单调变窄。1000 点以上的数据点数，1/4 量程以上的幅度，可获得频率误差界下界 -1.0×10^{-5}，上界 1.0×10^{-5}；更窄的误差界需要更多的数据点数。

(2) 频率误差随幅度增加呈衰减下降趋势，但不单调下降，主要由幅度、周波数的变化确定，半量程幅度以后，其频率误差下界 -1.8×10^{-6}，上界 2.6×10^{-6}。

(3) 周波数增大时，频率误差随周波数增加呈振荡衰减趋势，但并不一直单调下降，其中，与初始相位结合的影响比其他因素显著，4 个周波以上时，频率误差下界 -1.5×10^{-5}，上界 1.5×10^{-5}。

(4) 与其他因素相比，初始相位、直流分量因素的影响可以忽略。

4) 初始相位误差界

从图 8-27(d)～ 图 8-46(d) 可以看出如下规律。

(1) 数据点数与周波数的结合，是影响初始相位误差界的最重要因素，数据点数的增大，可导致初始相位误差界的变窄，但并非单调变窄。1000 点以上的数据点数，其误差界下界 −0.06°，上界 0.06°；更窄的误差界需要更多的数据点数。

(2) 初始相位误差随幅度增加呈衰减下降趋势，但不单调下降，主要由幅度、周波数的变化确定，下界 −0.018°，上界 0.014°；半量程以上的幅度，可以降为下界 −0.001°，上界 0.001°。

(3) 当周波数变化时，初始相位误差界比较平稳，下界 −0.001°，上界 0.001°；在数据个数较低时，会有较大跳变，下界 −0.0025°，上界 0.0025°。

(4) 初始相位误差界，随初始相位本身、直流分量等各种因素影响而变化的规律均为平稳，下界 $-0.002°$，上界 $0.002°$；当数据个数较少时，会有所增加，下界可达 $-0.005°$，上界可达 $0.005°$；

5) 直流分量误差界

从图 8-27(e)~ 图 8-46(e) 可以看出如下规律。

(1) 数据点数是影响直流分量误差界的重要因素之一，在 1000 点以下，数据点数的增大，可导致直流分量误差界的变窄。1000 点以上，其误差界比较平稳，下界 −0.05LSB，上界 0.05LSB。

(2) 0 值的直流分量误差界随幅度增加呈缓慢上升趋势，主要是由幅度上升后，接近 0 值的直流分量与其相差悬殊，运算舍入误差造成的；下界 −0.014LSB，上界 0.014LSB。

非 0 值的直流分量误差界量值由幅度、直流分量组合变化确定，幅度大尺度剧烈变化时，误差界比较平稳，下界 −0.08LSB，上界 0.08LSB；随着直流分量的不同，误差界宽度与位置呈较多的变化。

(3) 周波数为 2 及以上，同一周波数时，直流分量误差界随幅度增加呈缓慢增加的规律性变化；而不同周波数时直流分量误差界有显著不同，并无单调趋势；

特例，当周波数为 1 时，与多周波相比，直流分量误差界有显著性增大，且误差界变化的规律为随幅度增加呈缓慢下降趋势。

(4) 初始相位因素对直流分量误差的影响可以忽略。下界 −0.005LSB，上界 0.005LSB。

(5) 直流分量在 LSB 尺度的微观变化将导致其自身误差较大变化，局部具有周期性特征，以 1LSB 为周期，下界 −0.02LSB，上界 0.02LSB。

4. 问题讨论

本节上述过程，是提取出幅度、周波数、初始相位、直流分量和数据点数作为变动参量，使用有效位数误差、幅度误差、频率相对误差、初始相位误差和直流分量误差作为正弦拟合结果的指标参量；并以其中每一参量作为主变动因素，其他四项参量作为辅助变量的情况进行了二维搜索，揭示了双变量组合变化情况下的各个指标参量误差界的变化情况，获得了不同组合实验条件下的误差界测量曲线。结果表明以下几点。

(1) 拟合序列的数据点数仍然是最重要的测量条件；也是影响拟合结果的误差界的主导条件，若想获得更高准确度的拟合结果，通常需要更多的数据点数；就本节所述的有 20 个周波的测量序列而言，8000 点以上的数据点数可以获得更良好的拟合结果。

对于随机噪声的影响而言，拟合序列的数据点数的增加，可以导致拟合结果误差界的单调下降，而本节的实验表明，对于量化误差的影响而言，并未完全呈现出同样的单调规律，具体原因需要将来进一步研究予以解决。

(2) 波形幅度是指其相对量程范围的占比而言，实验表明，一些幅度量值，相对于相邻幅度，拟合频率误差和拟合初始相位误差均较大，并且这样的幅度现象出现的原因不明，需要进一步研究予以解决。

超过半量程以后幅度的信号波形，其拟合误差界趋于平稳。故测量活动应尽量选择半量程以上覆盖率的幅值进行。

(3) 周波数的影响实际上体现的是采样速率和信号频率比的影响，实验表明，只有频率拟合误差随周波数的增加呈振荡衰减趋势，并且周波数越小，变化趋势越显著；在 10 个周波以后的变化趋势趋于平稳。某些周波点上，误差界会有突然增大的现象，具体原因需要进一步研究。

若想获得较小的拟合误差，则应适当提高拟合序列周波数，至少应为 2 个周波以上；和多周波条件相比，2 个以下的周波数将使得拟合误差显著升高。

对于频率以外的其他参数，非整数的周波数变化，会给误差界带来小幅波动；但误差带的总体趋势平稳，随周波数变动没有明显趋势性变化。

(4) 初始相位的变化，对每一个参量拟合的影响都处于变化状况，当其他因素固定时，仅由初始相位变化导致的各个参数误差带波动平稳。但其他因素变化后，由初始相位变化导致的各个参数误差带宽度和位置可以有较大变化。

其对有效位数误差带的影响约为 ±0.1bit；对幅度拟合误差带的影响约为 ±0.1LSB；对频率拟合误差带的影响约为 $\pm1.0\times10^{-6}$；对初始相位拟合误差带的影响约为 ±0.0042°；对直流分量拟合误差带的影响约为 ±0.01LSB。

(5) 直流分量的变化，本节只关注到了 LSB 量值范围的变化带来的影响。在该尺度上，它的变化给每一个参量的误差带均带来周期性影响。对其他参量误差带的影响均呈现明显的对称性，而对直流分量自己的误差带的影响则具有反称性特征。

配合其他因素的变动，直流分量的微观变化可对有效位数造成的误差带的影响约为 ±0.1bit；对幅度拟合误差带的影响约为 ±0.1LSB；对频率拟合误差带的影响约为 $\pm5.0\times10^{-7}$；对初始相位拟合误差带的影响约为 ±0.002°；对直流分量拟合误差带的影响约为 ±0.05LSB。

(6) 如果在实际工作中，并不需要获得全部上述 5 个参量，而仅仅需要其中某一个参量的高精度结果，例如有效位数，则可根据该参量的影响因素显著程度，只注意调控和构建所需要的影响量条件即可，其他可以自由选取，不必全盘考虑，将使得实验设计更加容易些。

通过和 8bit A/D 量化的仿真数据相比，12bit 量化的误差界有着很多不同的特征。其中，最大特征是幅度变化和直流分量变化对误差界的影响占比变弱，而初始相位变化对误差界影响的占比增强，并且，误差界的变化趋势更趋平稳，误差界的量值也有很大差异，尚无普适性规律，很难使用一个代替另外一个，需要分别搜索和应用。

5. 结论

综上所述，本节通过仿真实验，对使用 12bit A/D 转换器的测量系统所得的正弦测量序列，在波形拟合中获得的幅度、频率、初始相位、直流分量和有效位数 5 个参数的拟合误差界进行了搜索研究，给出了误差界随波形幅度、周波数、初始相位、直流分量、数据点数等不同组合条件而变化的曲线，揭示出其变化规律。

例如，频率拟合误差界随幅度的宏观上升变化而呈现出的总体下降趋势；随幅度和直流分量在 LSB 尺度的微观变化而呈现出的周期性变化规律；随周波数、数据点数的上升而呈现出的总体下降趋势；并发现了误差规律随幅度、周波数、数据点数上升过程中的非单调现象。

总结出了显著影响量和非显著影响量。这对正弦拟合参量的不确定度评估和误差界估计具有重要意义和价值。另外，对于拟合参数误差有明确要求的场合，可以通过构筑相适应的测量条件获得预期结果。

8.3.5 仿真实验及数据处理——16bit A/D

1. 仿真实验条件

在 16bit A/D 情况下，为方便参数调控，不失一般性，下面仍然设定包含六项测量条件的仿真实验条件。

(1) A/D 位数为 16bit。

(2) 信号幅度：未特别说明时，幅度为 95.00%× 量程。

作为主变化因素时，幅度宏观变化范围为量程的 3.052%~99.99%，1.977LSB 步进。

作为辅助变化量时，在 95.00%× 量程点处，其微观变化范围 −0.5LSB~0.5LSB，0.1LSB 步进。

(3) 采样序列包含周波数：未特别说明时，为 20 个周波。

作为主变化因素时，变化范围为 0.90~21.00 个周波，0.01 周波步进。

作为辅助变化量时，变化范围为 1~20 个周波，1 周波步进。

(4) 初始相位：未特别说明时，初始相位为 0°。

作为主变化因素时，变化范围为 −180°~180°，0.1° 步进。

作为辅助变化量时，范围不变，20° 步进。

(5) 直流分量：未特别说明时，直流分量为 0。

作为主变化因素时，变化范围为 −1LSB~1LSB，0.01LSB 步进。

作为辅助变化量时，变化范围为 −0.5LSB~ 0.5LSB，0.1LSB 步进。

(6) 序列样本点数；未特别说明时，序列样本点数为 16000 点。

作为主变化因素时，变化范围为 100~16000 点，1 点步进。

作为辅助变化量时，变化范围为 1000~16000 点，1000 点步进。

2. 仿真实验结果

按照上述仿真实验条件，这里分别以一种参量为主变化因素、一种参量为辅助变化因素生成实际的仿真条件，考察各指标要素的误差变化情况。

1) 幅度作为主变化因素

(1) 周波数作为辅助变化量，获得误差变化曲线波形如图 8-47 所示。均为 1~20 个周波 (步进 1 个周波) 的测量曲线相重合所形成误差的包络。

(2) 初始相位作为辅助变化量，获得误差变化曲线波形如图 8-48 所示。均为初始相位在 −180°~180°(步进 20°) 范围内的测量曲线相重合所形成误差的包络。

(3) 直流分量作为辅助变化量，获得误差变化曲线波形如图 8-49 所示。均为直流分量变化范围为 −0.5LSB~0.5LSB (步进 0.1LSB) 的测量曲线相重合所形成误差的包络。

(4) 数据点数作为辅助变化量，获得误差变化曲线波形如图 8-50 所示。均为 1000~16000 个数据点数 (步进 1000 点) 的测量曲线相重合所形成误差的包络。

由图 8-47~ 图 8-50 可见，不同条件下各个拟合参数的误差界均有随着信号幅度增加而降低的趋势。其原因主要是，量化误差峰值恒定，随着幅度的增加，其在拟合中与幅度的占比呈下降趋势。其中，半量程以上的误差带呈缓慢收窄趋势。

2) 周波数作为主变化因素

(1) 幅度作为辅助变化量，获得误差变化曲线波形如图 8-51 所示。均为幅度在 95.00%×量程点处、微观波动范围为 −0.5LSB~0.5LSB (步进 0.1LSB) 的测量曲线相重合所形成误差的包络。

(2) 初始相位作为辅助变化量，获得误差变化曲线波形如图 8-52 所示。均为初始相位在 −180°~180° (步进 20°) 范围内的测量曲线相重合所形成误差的包络。

(3) 直流分量作为辅助变化量，获得误差变化曲线波形如图 8-53 所示。均为直流分量变化范围为 −0.5LSB~0.5LSB (步进 0.1LSB) 的测量曲线相重合所形成误差的包络。

(4) 数据点数作为辅助变化量，获得误差变化曲线波形如图 8-54 所示。均为 1000~16000 个数据点数 (步进 1000 点) 的测量曲线相重合所形成误差的包络。

从图 8-51~ 图 8-54 可见，除了频率误差以外，其他各个参数的拟合误差界随周波数的变化呈平稳状态，唯有频率拟合误差随周波数的增加呈反比下降趋势。其原因应该是，拟合估计波形长度误差与其他参数一样，误差界平稳，而随着周波数的增加，相当于数据模型频率的增大，则相同的模型误差分配给每一个小周波的误差带变窄。

3) 初始相位作为主变化因素

(1) 幅度作为辅助变化量，获得误差变化曲线波形如图 8-55 所示。均为幅度在 95.00%×量程点处、微观波动范围为 −0.5LSB~0.5LSB (步进 0.1LSB) 的测量曲线相重合所形成误差的包络。

(2) 周波数作为辅助变化量，获得误差变化曲线波形如图 8-56 所示。均为 1~20 个周波 (步进 1 个周波) 的测量曲线相重合所形成误差的包络。

(3) 直流分量作为辅助变化量，获得误差变化曲线波形如图 8-57 所示。均为直流分量变化范围为 −0.5LSB~0.5LSB (步进 0.1LSB) 的测量曲线相重合所形成误差的包络。

(4) 数据点数作为辅助变化量，获得误差变化曲线波形如图 8-58 所示。均为 1000~16000 个数据点数 (步进 1000 点) 的测量曲线相重合所形成误差的包络。

从图 8-55~ 图 8-58 可见，各个参数的拟合误差界随初始相位的变化与波形所含周波数有关，单周波时其拟合频率误差界波动较大，随着周波数达 2 个以上后，各个拟合参数误差界呈平稳状态。其原因应该是单周波时，初始相位的变化影响到波形的对称和反称状态，从而给频率拟合带来更大的影响。

4) 直流分量作为主变化因素

(1) 幅度作为辅助变化量，获得误差变化曲线波形如图 8-59 所示。均为幅度在 95.00%×量程点处、微观波动范围为 −0.5LSB~0.5LSB (步进 0.1LSB) 的测量曲线相重合所形成误差的包络。

(2) 周波数作为辅助变化量，获得误差变化曲线波形如图 8-60 所示。均为 1~20 个周波 (步进 1 个周波) 的测量曲线相重合所形成误差的包络。

(3) 初始相位作为辅助变化量，获得误差变化曲线波形如图 8-61 所示。均为初始相位

在 $-180^\circ \sim 180^\circ$ (步进 20°) 范围内的测量曲线相重合所形成误差的包络。

(4) 数据点数作为辅助变化量,获得误差变化曲线波形如图 8-62 所示。均为 1000~16000 个数据点数 (步进 1000 点) 的测量曲线相重合所形成误差的包络。

从图 8-59~ 图 8-62 可见，各个参数的拟合误差界随直流分量的变化呈周期性特征，其各个拟合参数的误差界或呈对称、反称特征，其波动较大，但波动范围稳定，可以认定各个拟合参数误差界呈平稳状态。其原因应该是，直流分量在量化误差尺度变化时，对峰值码和谷值码的完整性产生周期性影响造成了各个拟合参数误差界的周期性特征。

5) 数据点数作为主变化因素

(1) 幅度作为辅助变化量,获得误差变化曲线波形如图 8-63 所示。均为幅度在 95.00%× 量程点处、微观波动范围为 −0.5LSB~0.5LSB (步进 0.1LSB) 的测量曲线相重合所形成误差的包络。

(2) 周波数作为辅助变化量，获得误差变化曲线波形如图 8-64 所示。均为 1~20 个周波 (步进 1 个周波) 的测量曲线相重合所形成误差的包络。

(3) 初始相位作为辅助变化量，获得误差变化曲线波形如图 8-65 所示。均为初始相位在 $-180^\circ \sim 180^\circ$ (步进 20°) 范围内的测量曲线相重合所形成误差的包络。

(4) 直流分量作为辅助变化量，获得误差变化曲线波形如图 8-66 所示。均为直流分量变化范围为 −0.5LSB~0.5LSB (步进 0.1LSB) 的测量曲线相重合所形成误差的包络。

从图 8-63~ 图 8-66 可见，各个参数的拟合误差界随数据点数的增加呈降低趋势。其原因应该是数据点数增加时，每一采样点的拟合权重在降低，导致单点量化误差在曲线拟合中的影响降低，拟合模型值更趋于稳定。

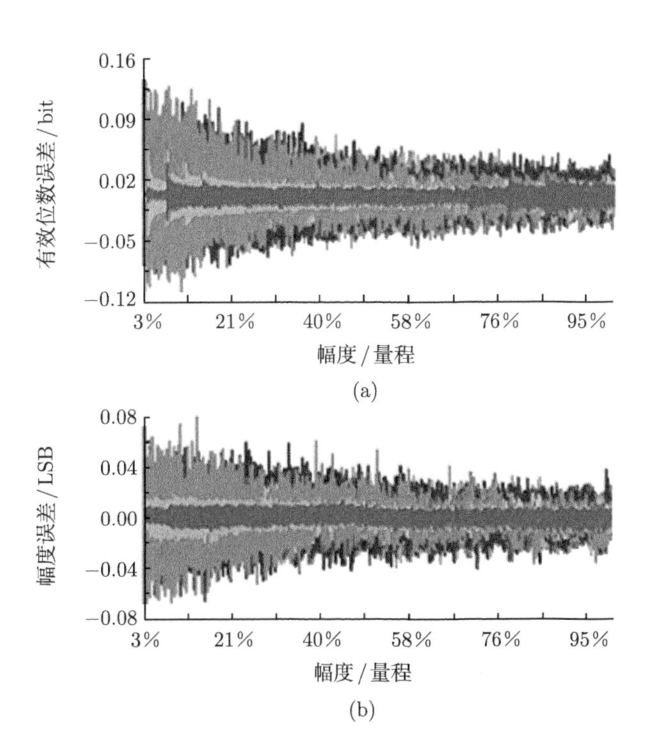

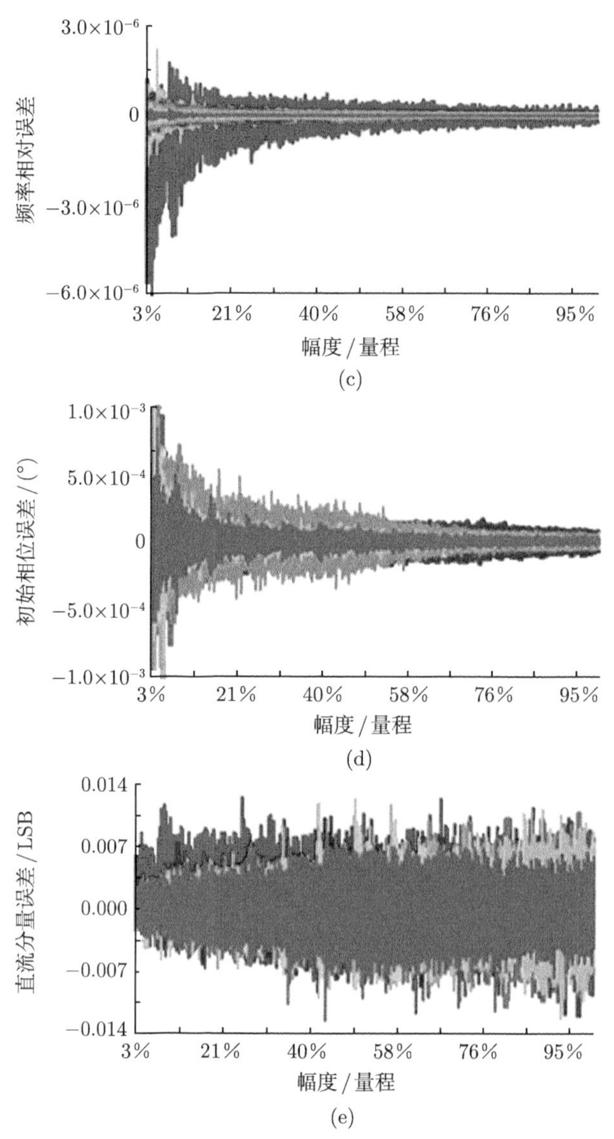

(c)

(d)

(e)

图 8-47　幅度与周波数同时变化时的参数拟合误差界

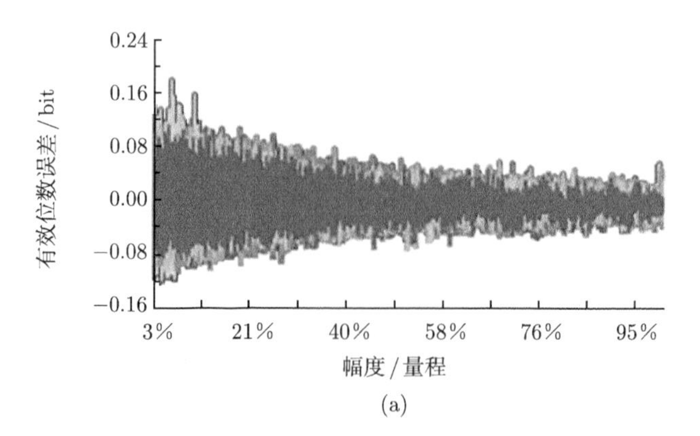

(a)

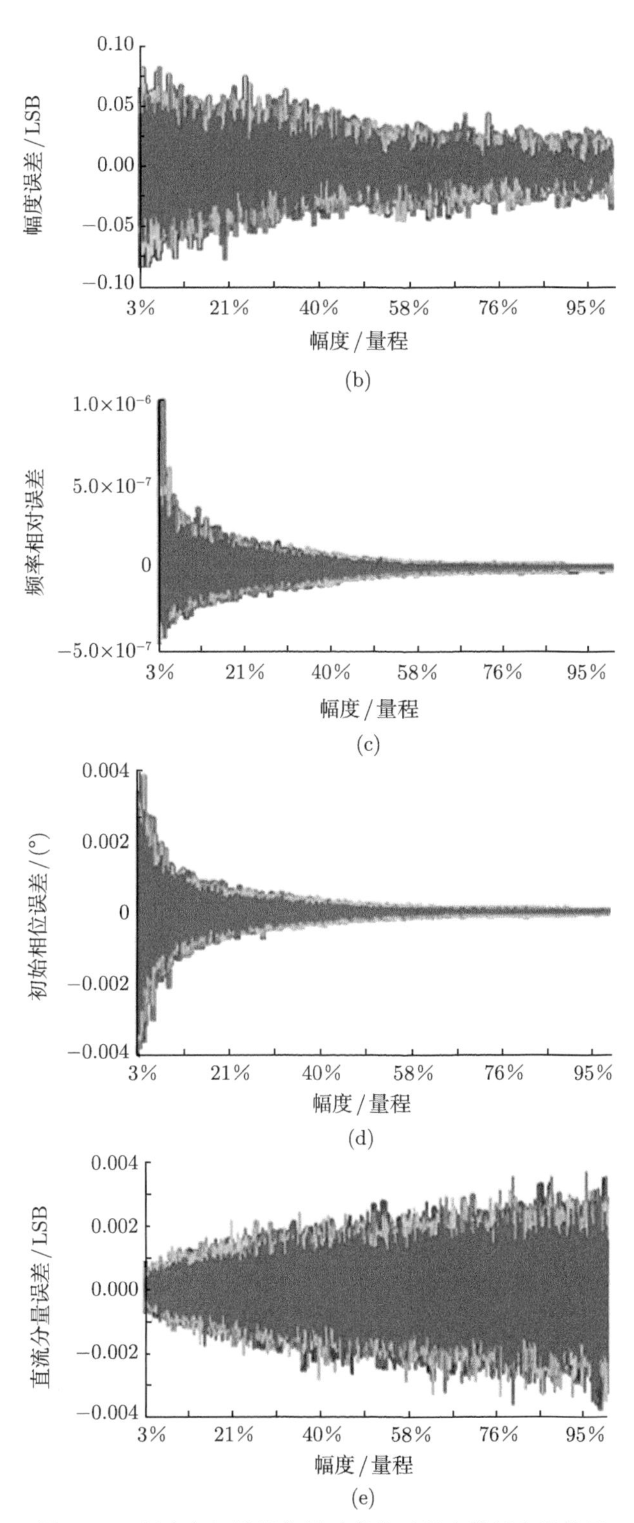

图 8-48 幅度与初始相位同时变化时的参数拟合误差界

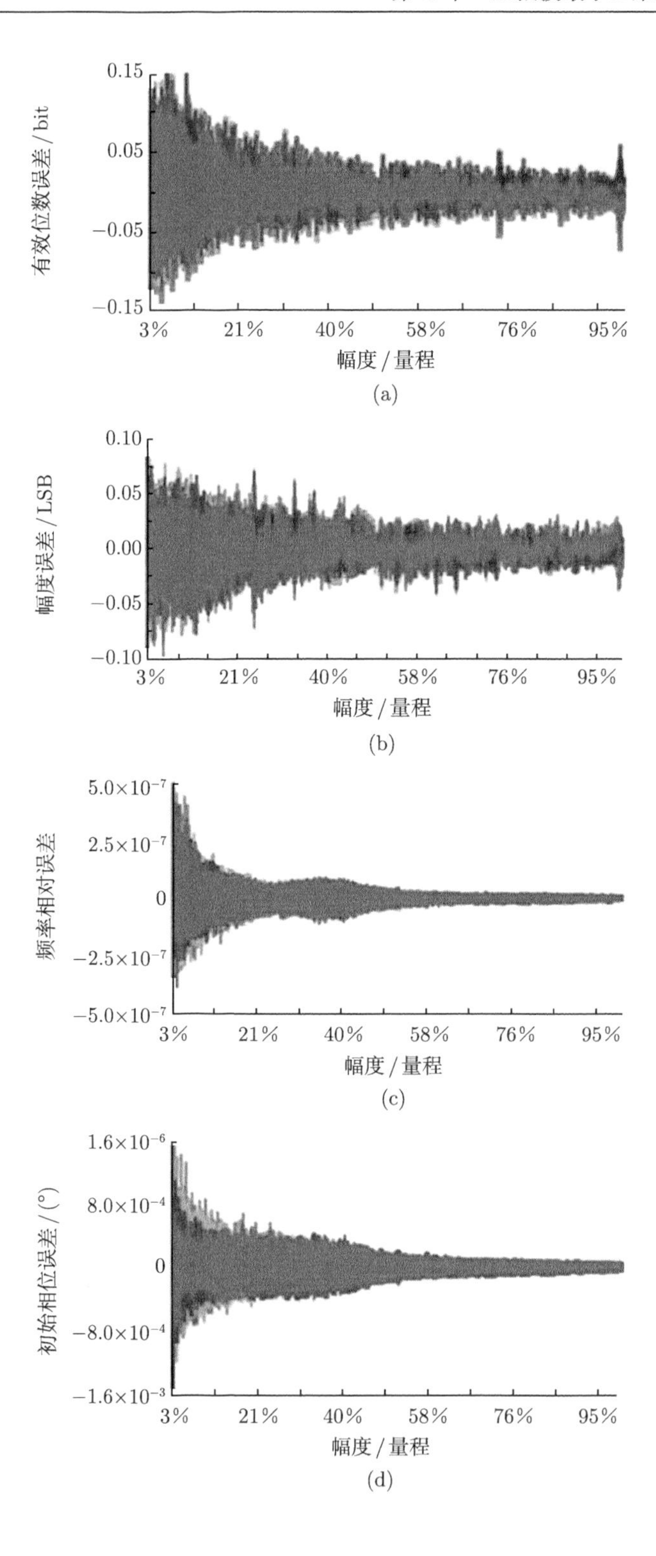
0.15
0.05
−0.05
−0.15
有效位数误差 / bit
3%
21%
40%
58%
76%
95%
幅度 / 量程
(a)
0.10
0.05
0.00
−0.05
−0.10
幅度误差 / LSB
3%
21%
40%
58%
76%
95%
幅度 / 量程
(b)
5.0×10⁻⁷
2.5×10⁻⁷
0
−2.5×10⁻⁷
−5.0×10⁻⁷
频率相对误差
3%
21%
40%
58%
76%
95%
幅度 / 量程
(c)
1.6×10⁻⁶
8.0×10⁻⁴
0
−8.0×10⁻⁴
−1.6×10⁻³
初始相位误差 / (°)
3%
21%
40%
58%
76%
95%
幅度 / 量程
(d)

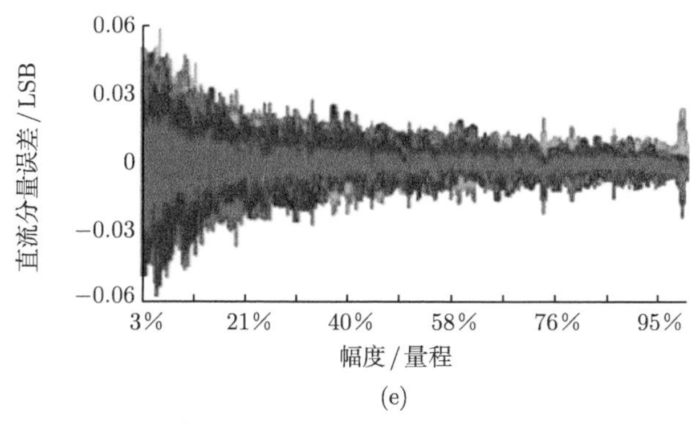

(e)

图 8-49 幅度与直流分量同时变化时的参数拟合误差界

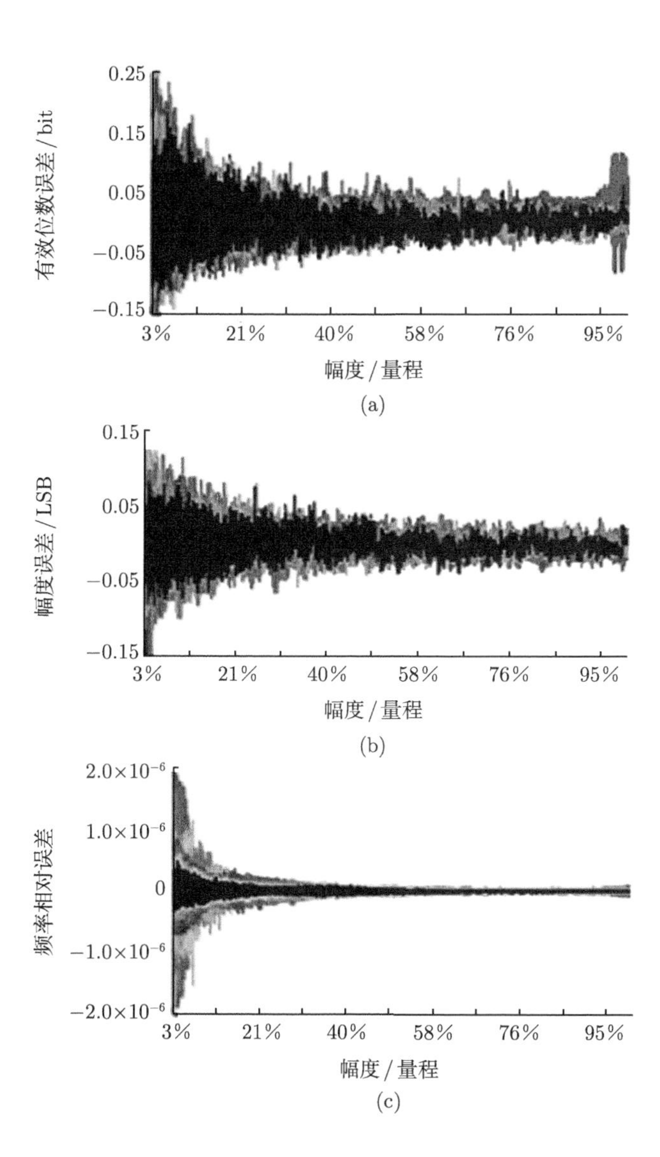

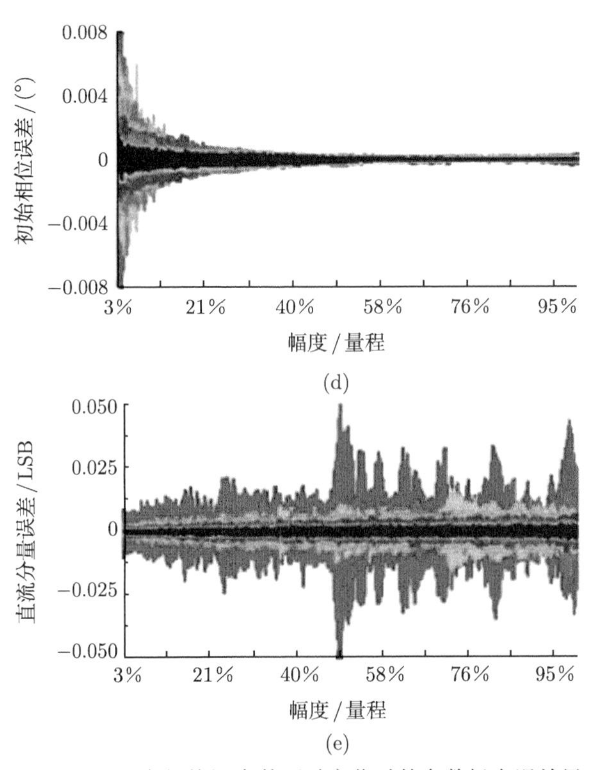

图 8-50　幅度与数据点数同时变化时的参数拟合误差界

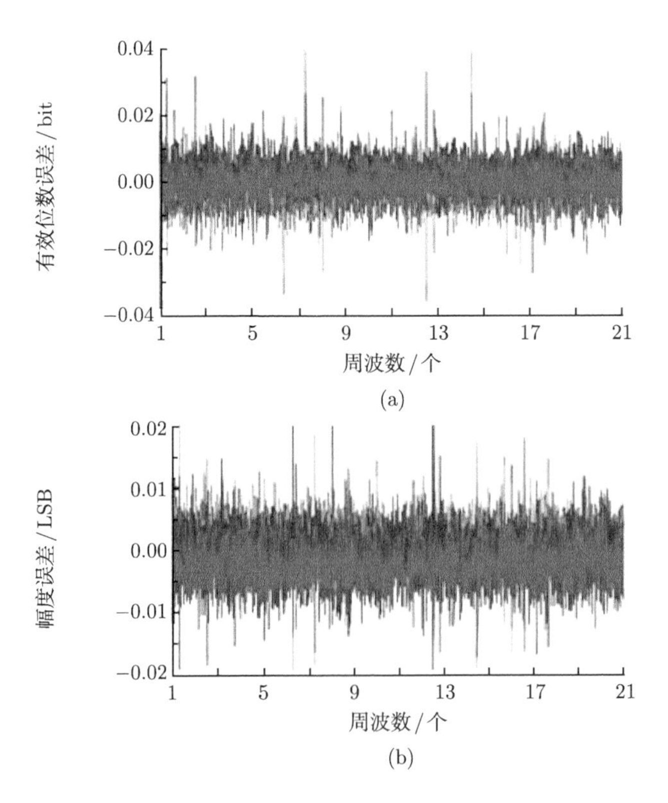

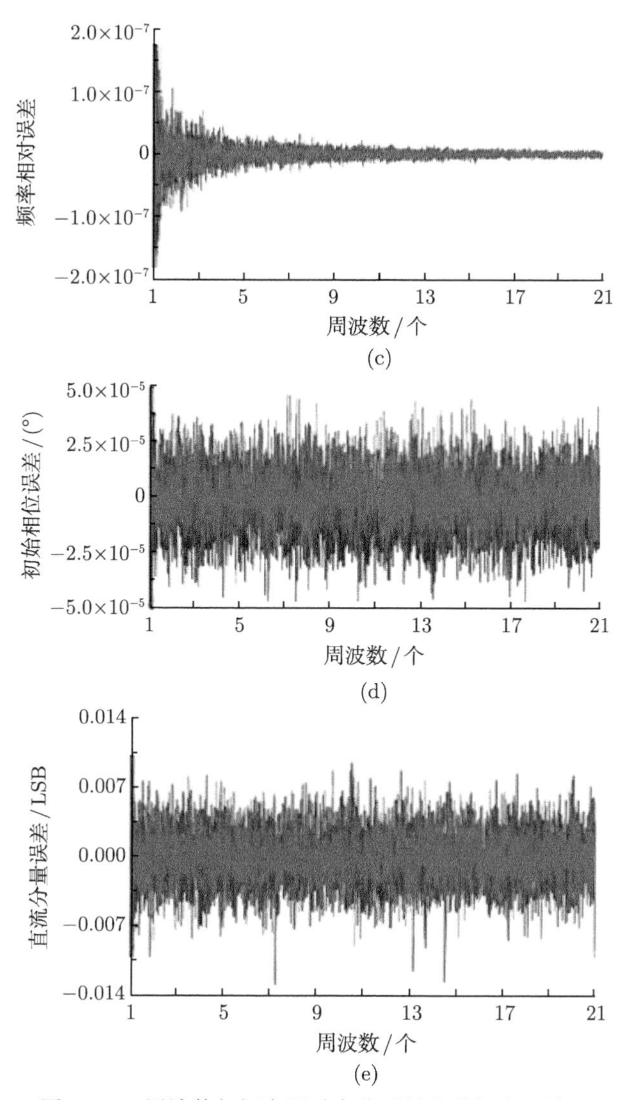

图 8-51 周波数与幅度同时变化时的参数拟合误差界

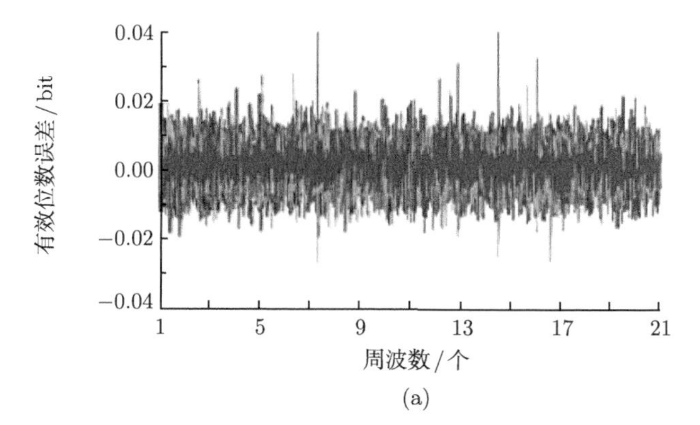

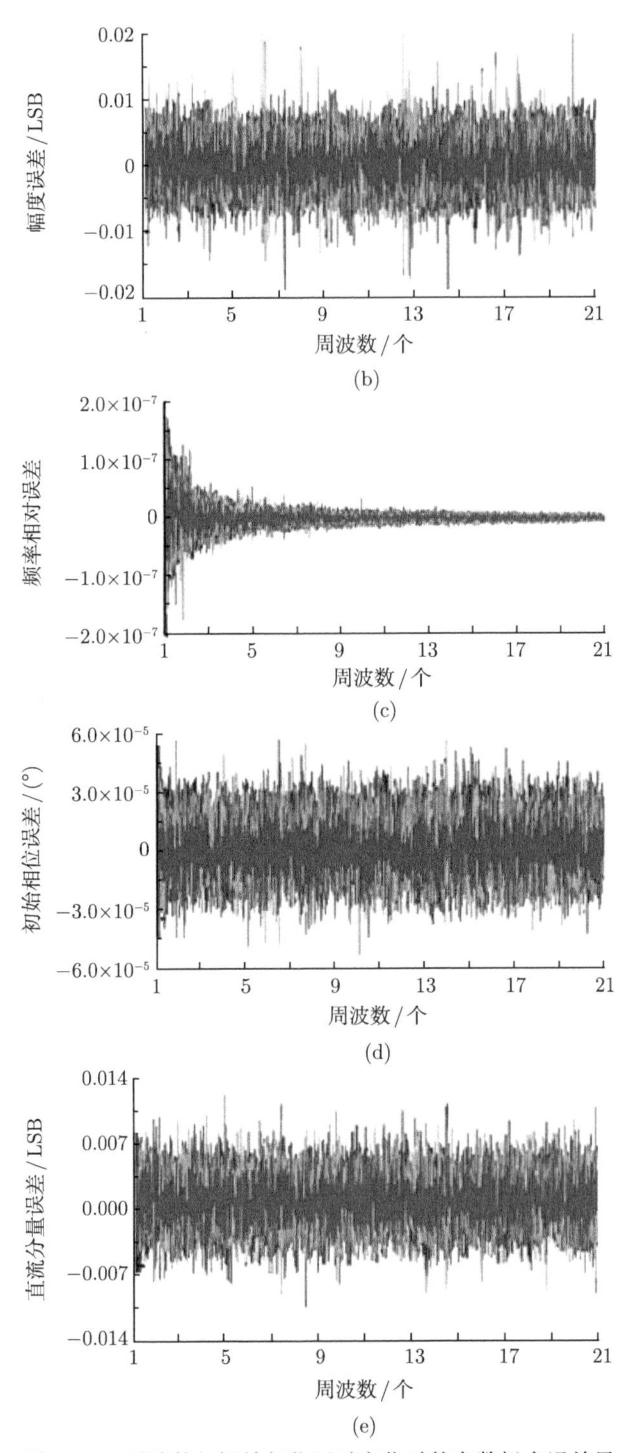

图 8-52　周波数与初始相位同时变化时的参数拟合误差界

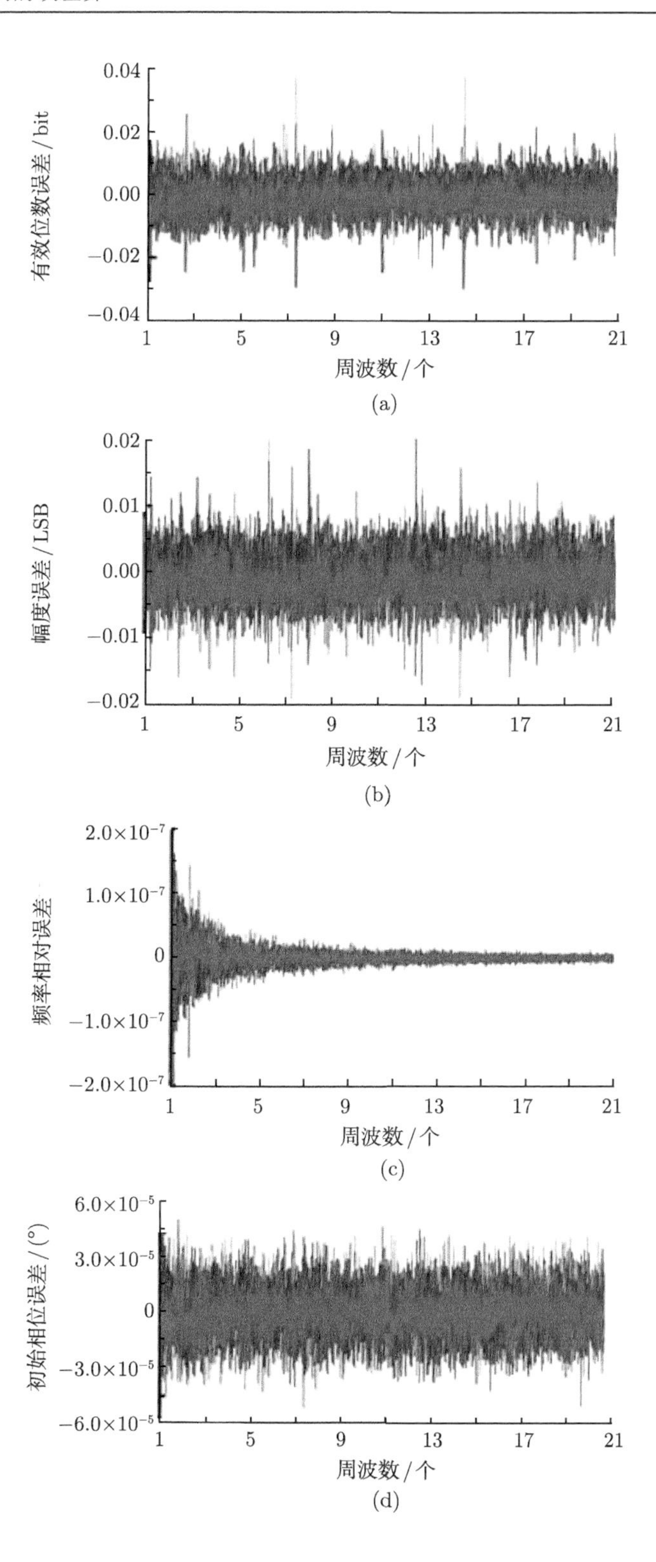

0.04
0.02
0.00
−0.02
−0.04
有效位数误差 / bit
1
5
9
13
17
21
周波数 / 个
(a)
0.02
0.01
0.00
−0.01
−0.02
幅度误差 / LSB
周波数 / 个
(b)
2.0×10⁻⁷
1.0×10⁻⁷
0
−1.0×10⁻⁷
−2.0×10⁻⁷
频率相对误差
周波数 / 个
(c)
6.0×10⁻⁵
3.0×10⁻⁵
0
−3.0×10⁻⁵
−6.0×10⁻⁵
初始相位误差 / (°)
周波数 / 个
(d)

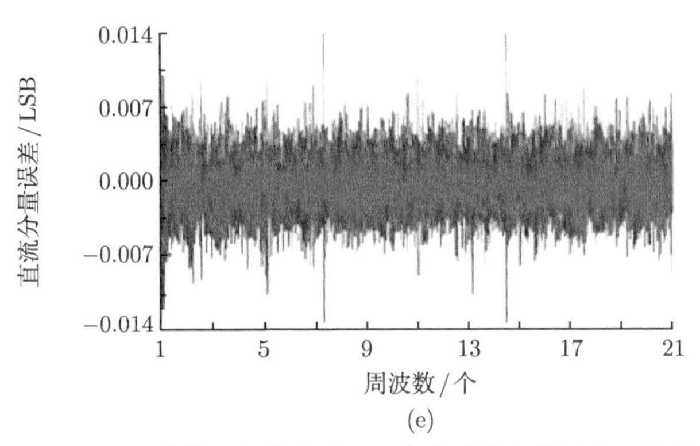

(e)

图 8-53　周波数与直流分量同时变化时的参数拟合误差界

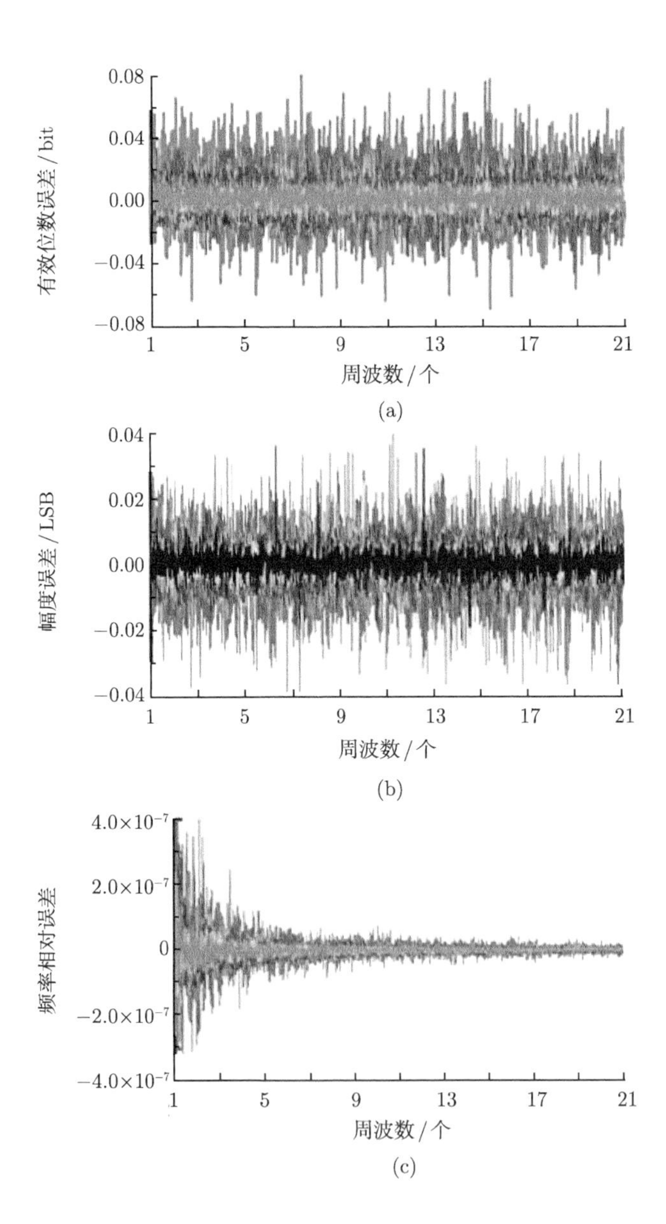

(c)

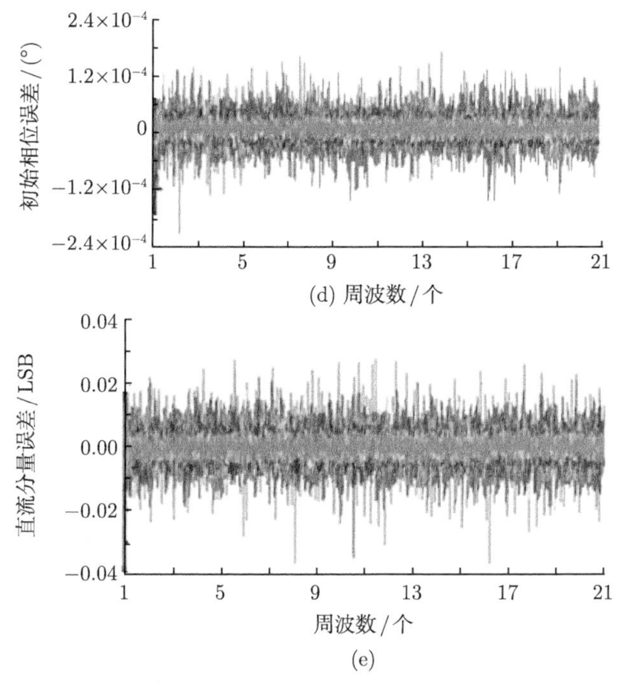

图 8-54 周波数与数据点数同时变化时的参数拟合误差界

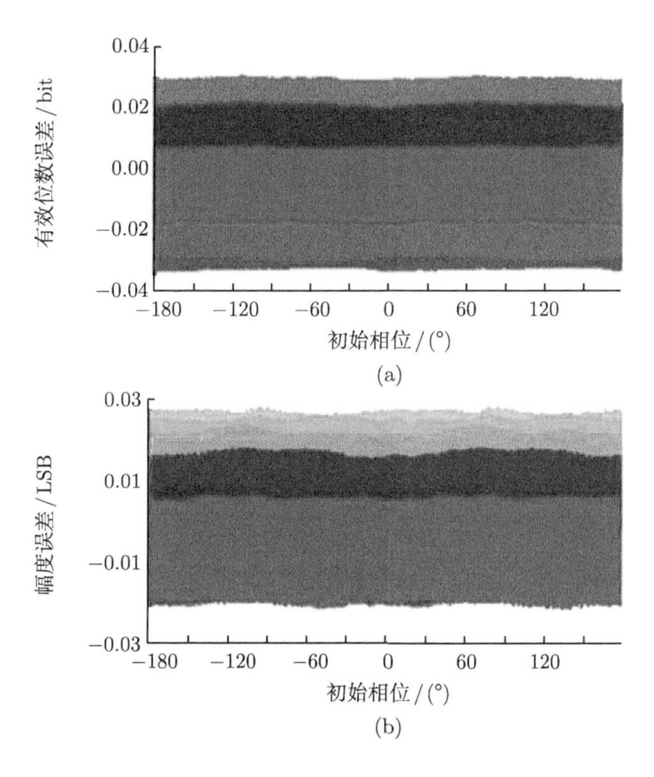

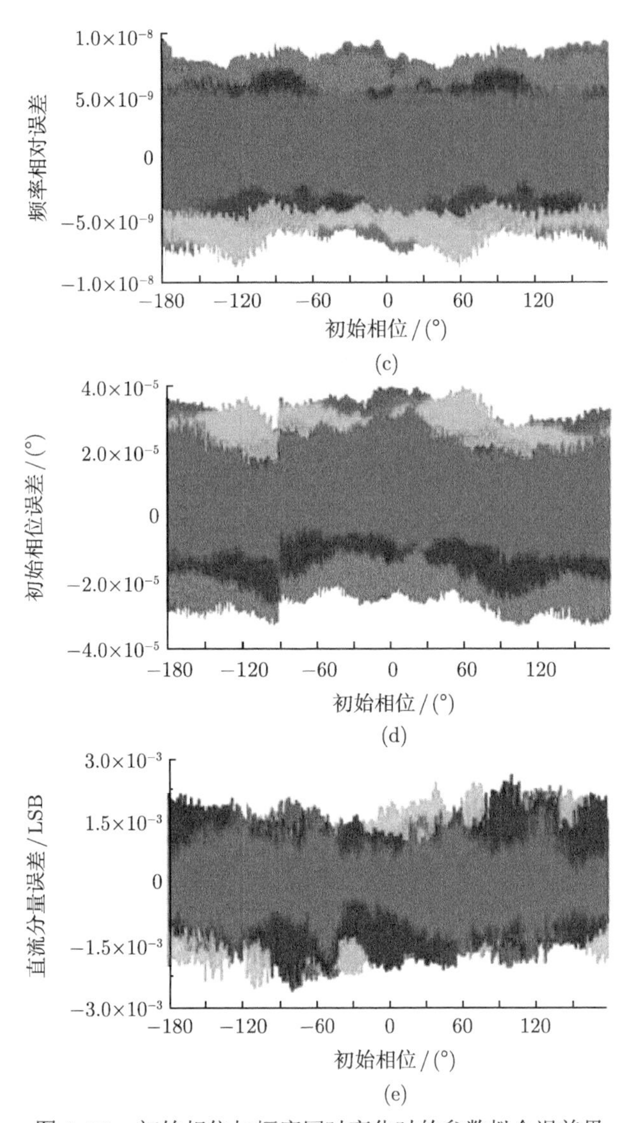

(c)

(d)

(e)

图 8-55　初始相位与幅度同时变化时的参数拟合误差界

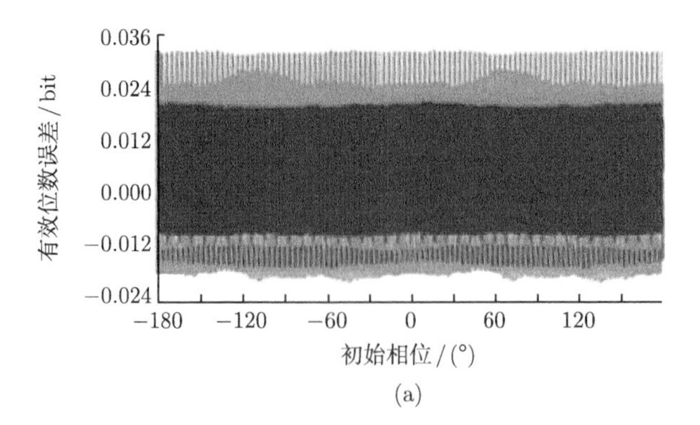

(a)

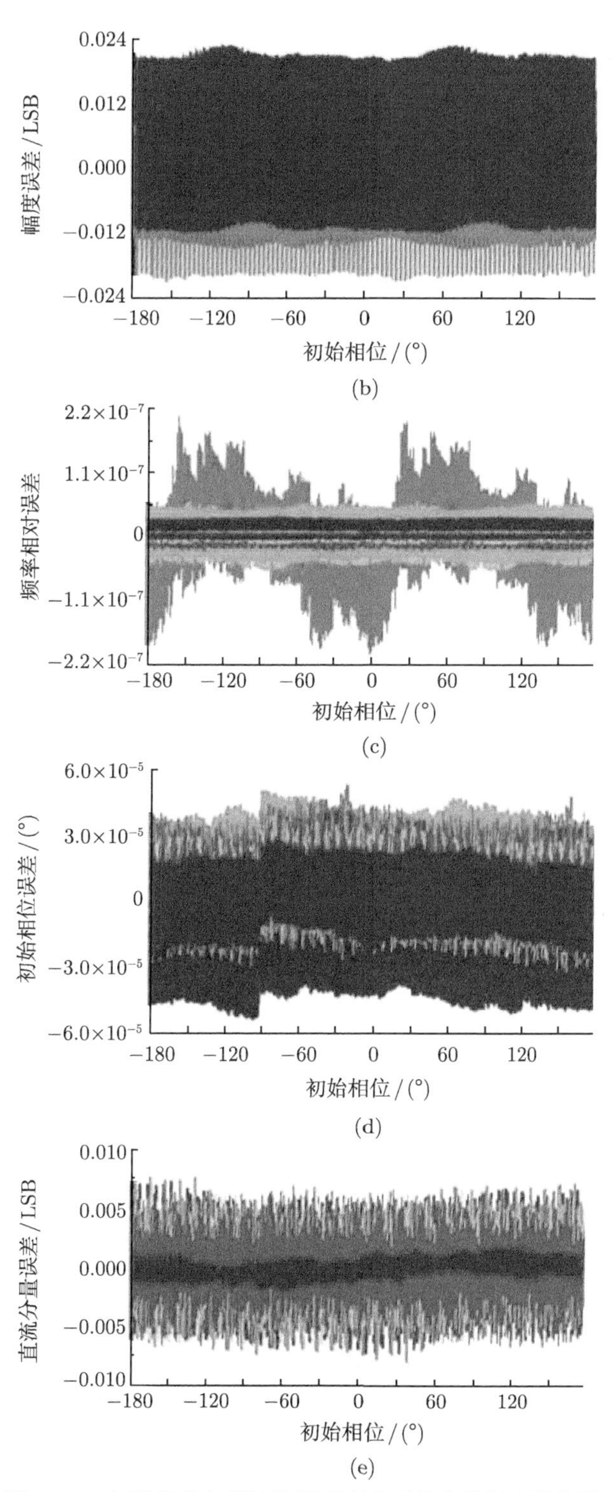

图 8-56 初始相位与周波数同时变化时的参数拟合误差界

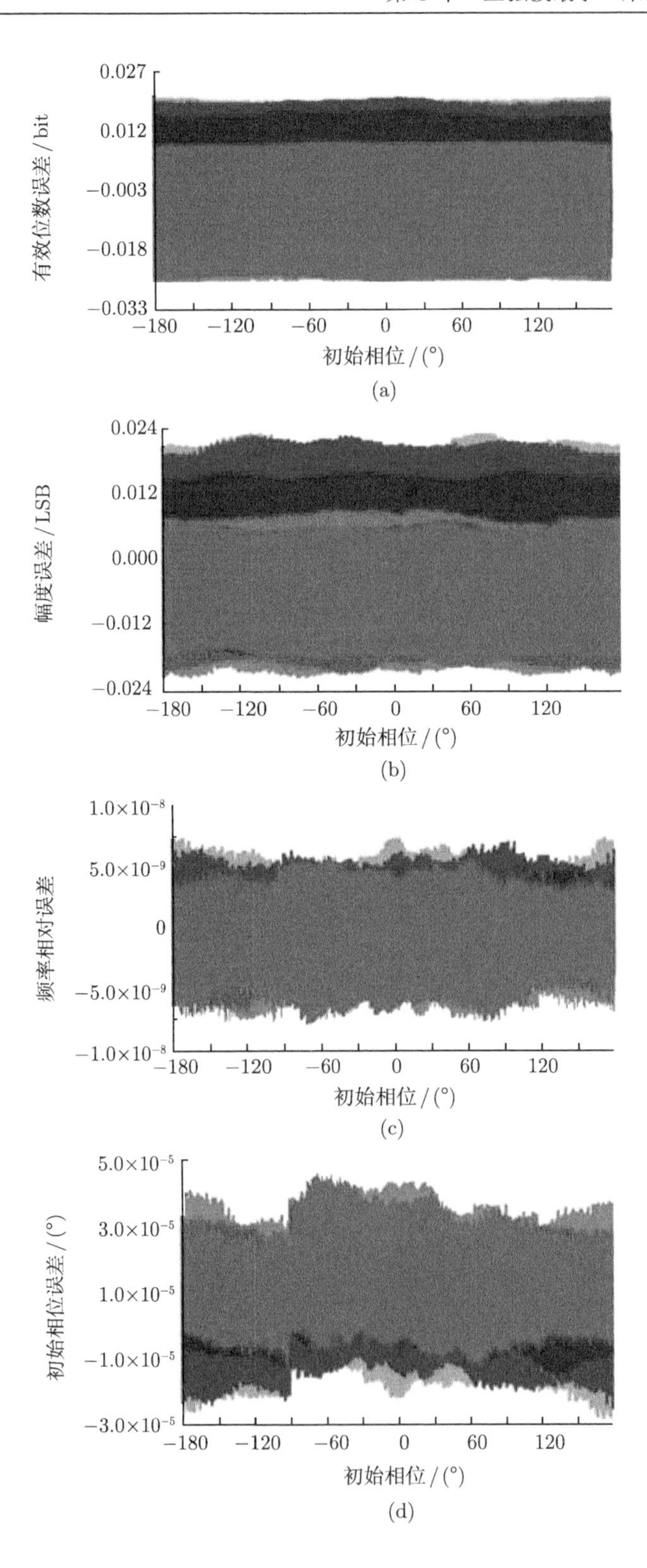
0.027
0.012
−0.003
−0.018
−0.033
有效位数误差 / bit
−180
−120
−60
0
60
120
初始相位 / (°)
(a)
0.024
0.012
0.000
−0.012
−0.024
幅度误差 / LSB
−180
−120
−60
0
60
120
初始相位 / (°)
(b)
1.0×10⁻⁸
5.0×10⁻⁹
0
−5.0×10⁻⁹
−1.0×10⁻⁸
频率相对误差
−180
−120
−60
0
60
120
初始相位 / (°)
(c)
5.0×10⁻⁵
3.0×10⁻⁵
1.0×10⁻⁵
−1.0×10⁻⁵
−3.0×10⁻⁵
初始相位误差 / (°)
−180
−120
−60
0
60
120
初始相位 / (°)
(d)

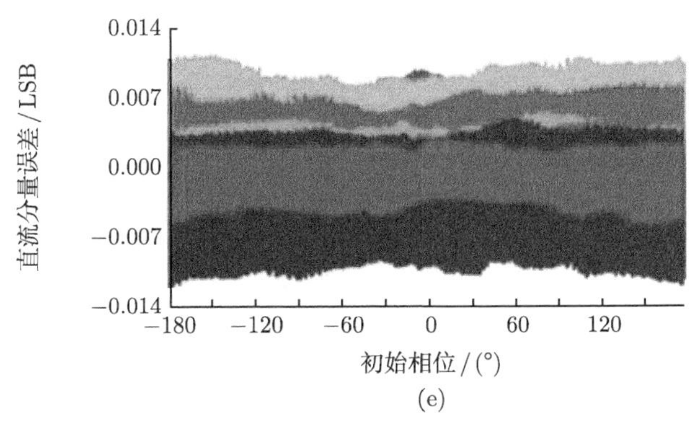

(e)

图 8-57 初始相位与直流分量同时变化时的参数拟合误差界

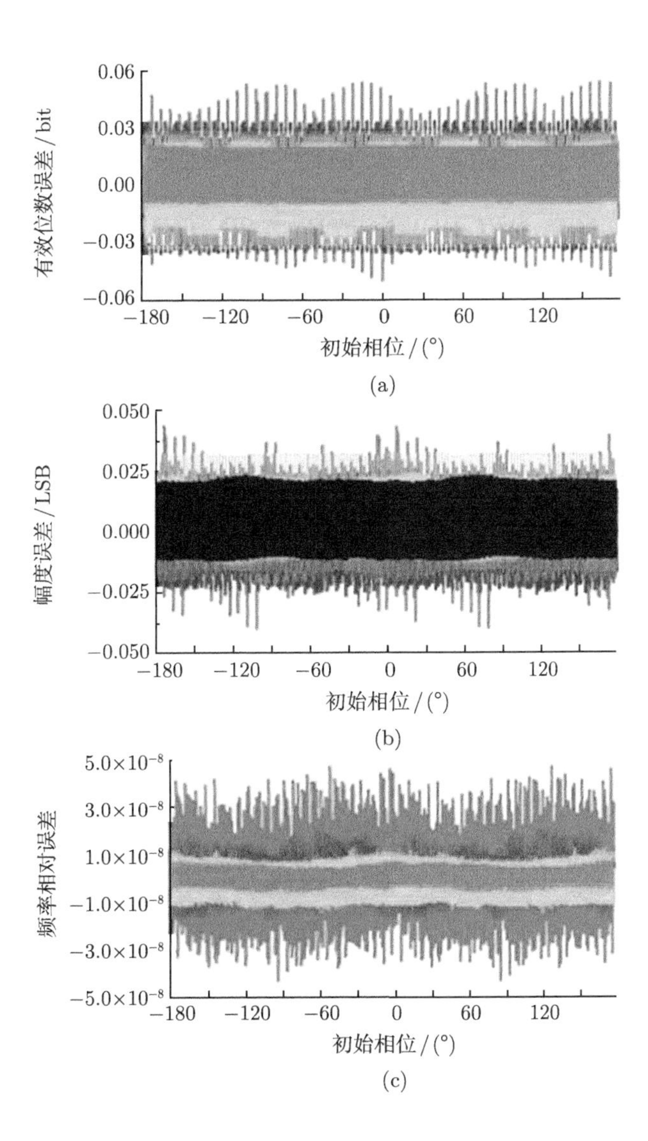

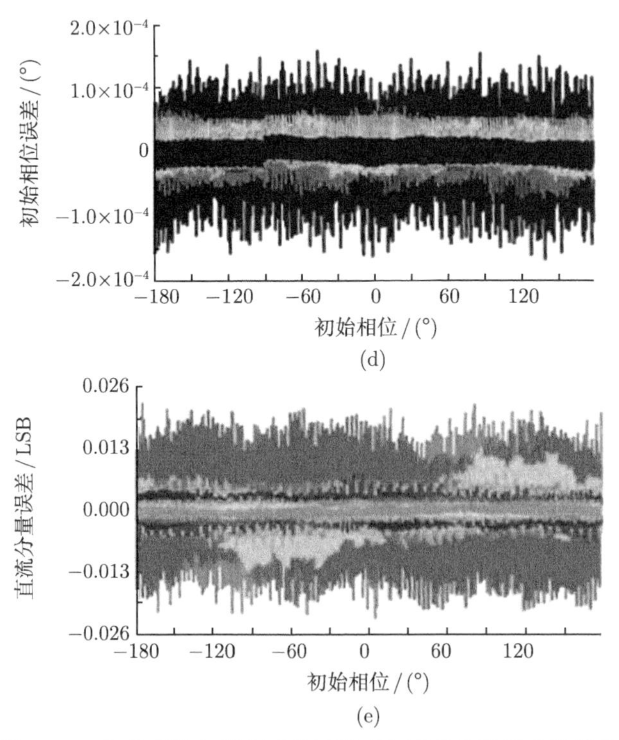

(d)

(e)

图 8-58　初始相位与数据点数同时变化时的参数拟合误差界

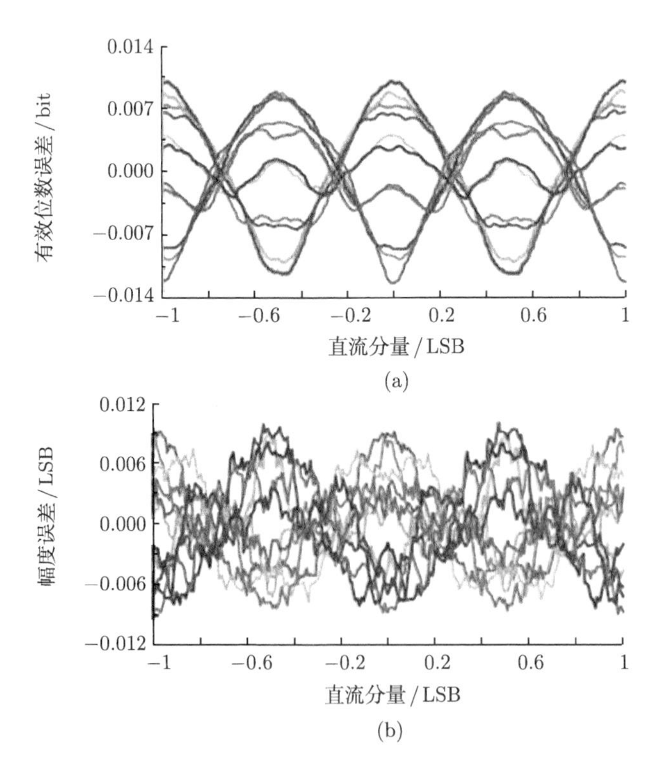

(a)

(b)

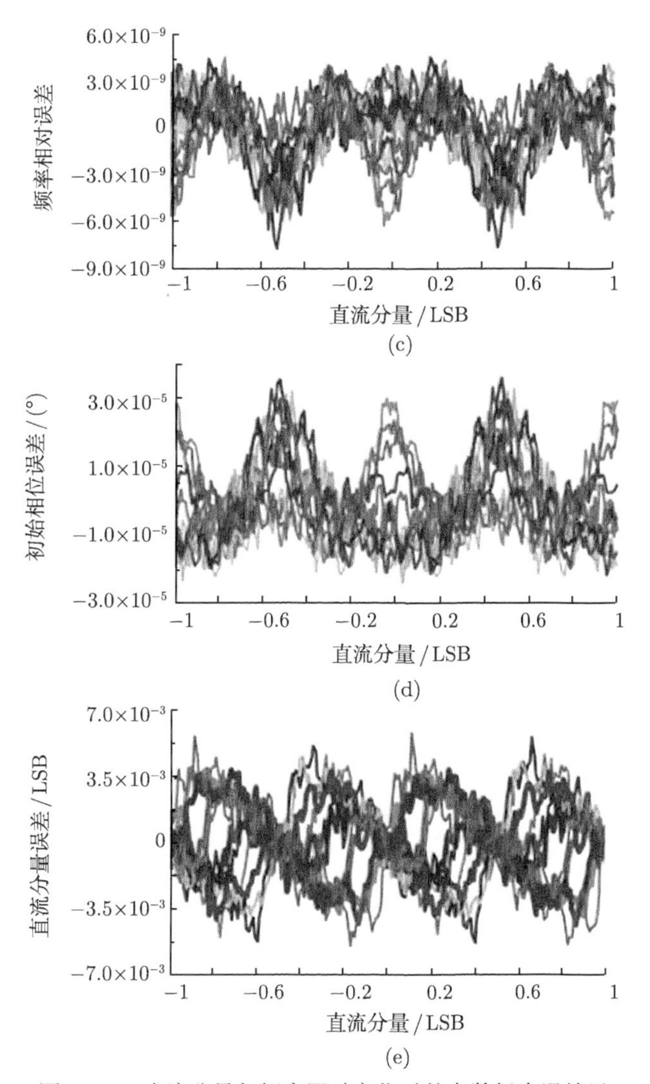

(c)

(d)

(e)

图 8-59　直流分量与幅度同时变化时的参数拟合误差界

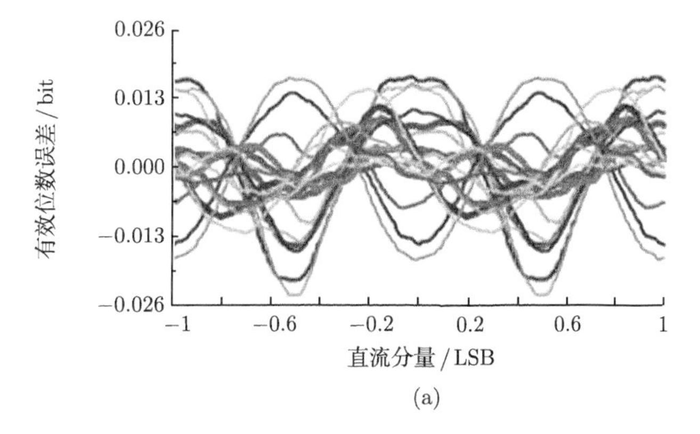

(a)

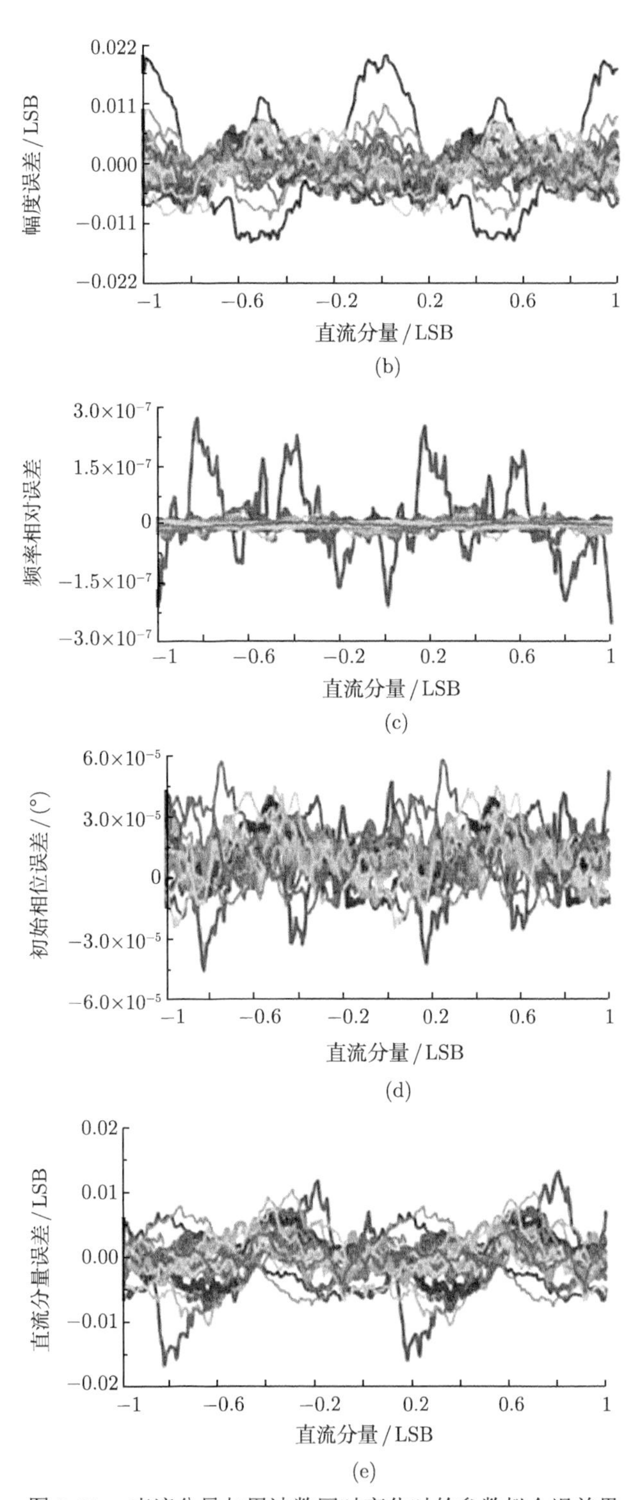

图 8-60　直流分量与周波数同时变化时的参数拟合误差界

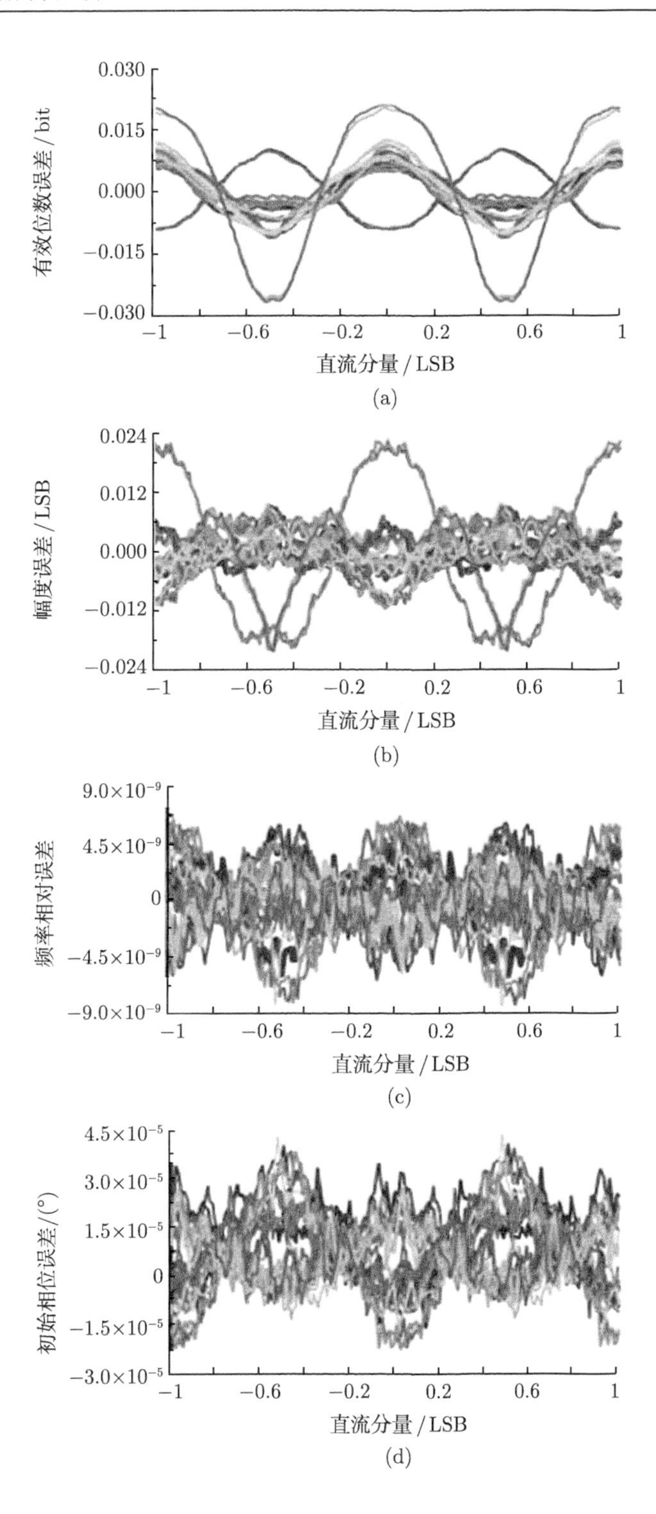
0.030
0.015
0.000
−0.015
−0.030
有效位数误差 / bit
−1
−0.6
−0.2
0.2
0.6
1
直流分量 / LSB
(a)
0.024
0.012
0.000
−0.012
−0.024
幅度误差 / LSB
直流分量 / LSB
(b)
9.0×10⁻⁹
4.5×10⁻⁹
0
−4.5×10⁻⁹
−9.0×10⁻⁹
频率相对误差
直流分量 / LSB
(c)
4.5×10⁻⁵
3.0×10⁻⁵
1.5×10⁻⁵
0
−1.5×10⁻⁵
−3.0×10⁻⁵
初始相位误差/(°)
直流分量 / LSB
(d)

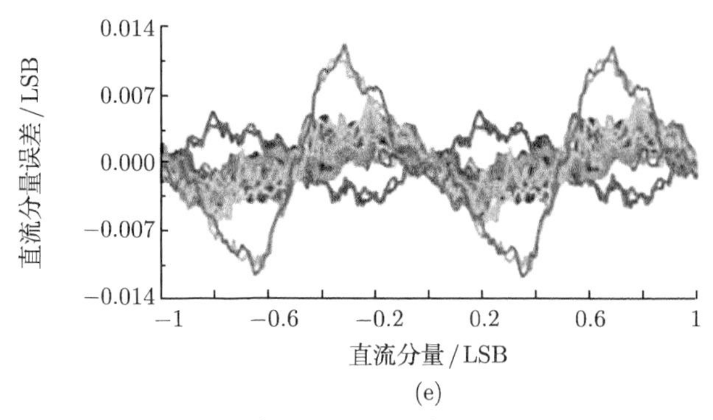

图 8-61　直流分量与初始相位同时变化时的参数拟合误差界

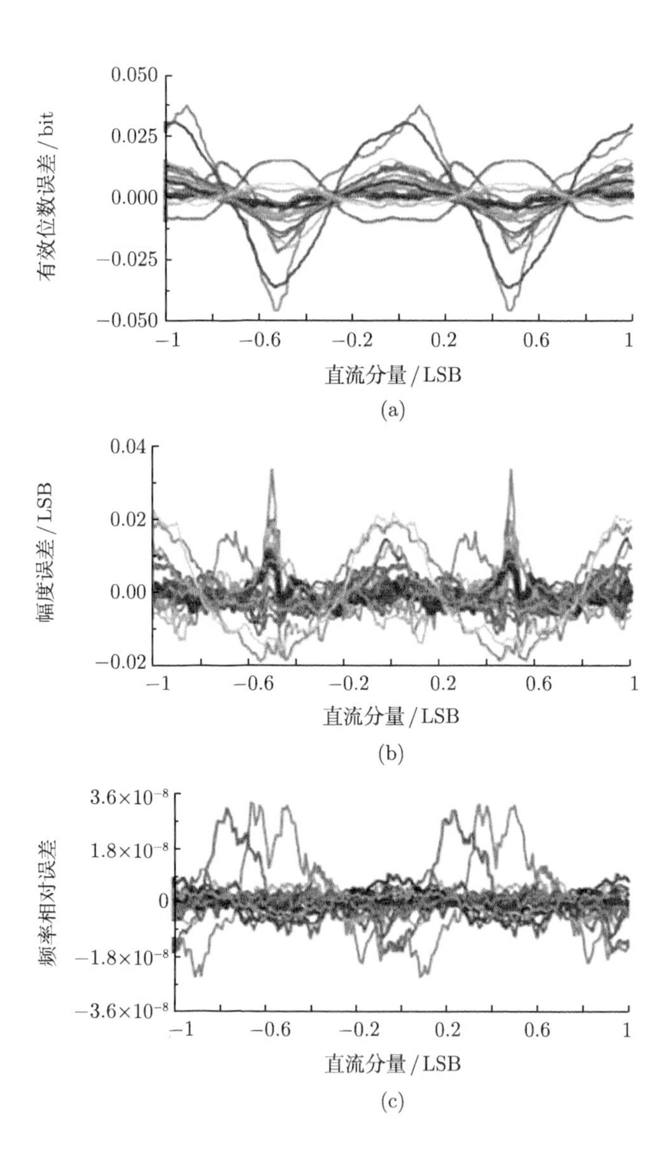

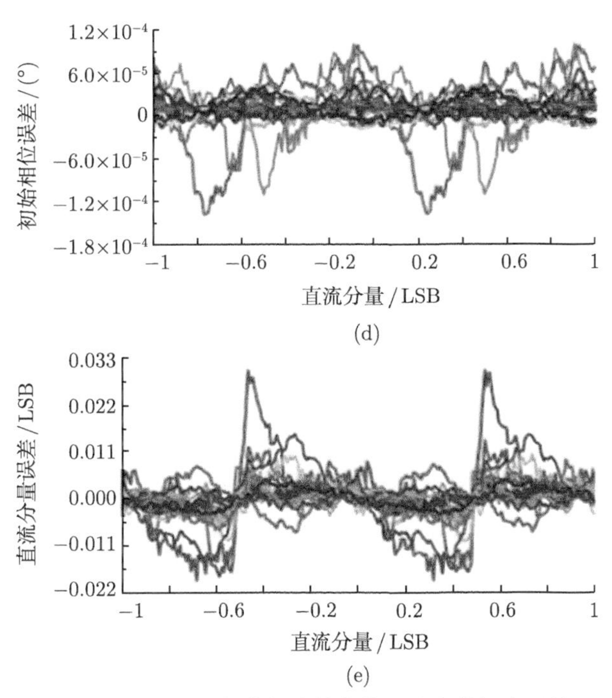

(d)

(e)

图 8-62 直流分量与数据点数变化时的参数拟合误差界

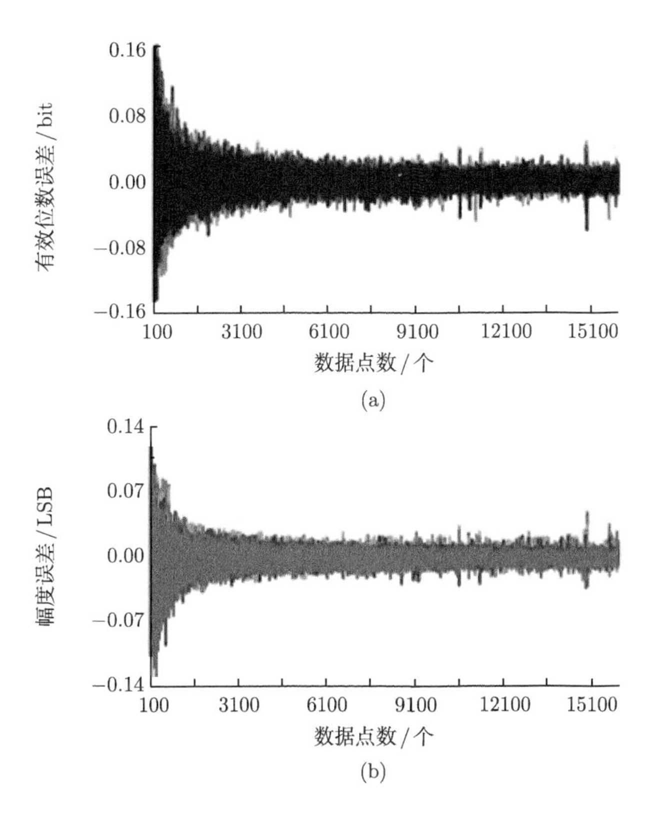

(a)

(b)

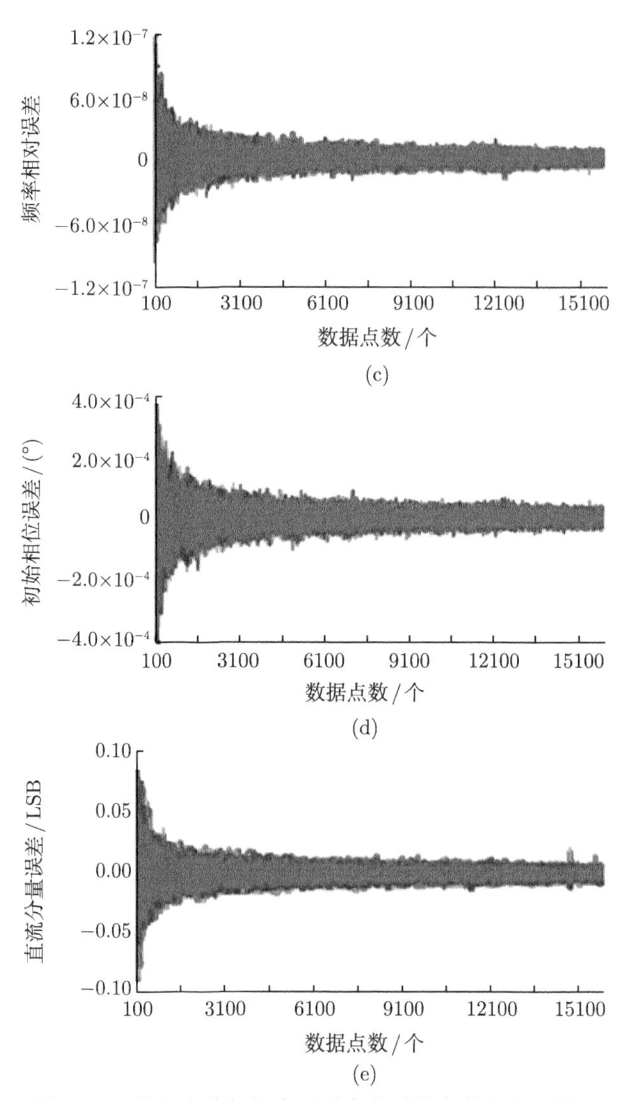

图 8-63　数据点数与幅度同时变化时的参数拟合误差界

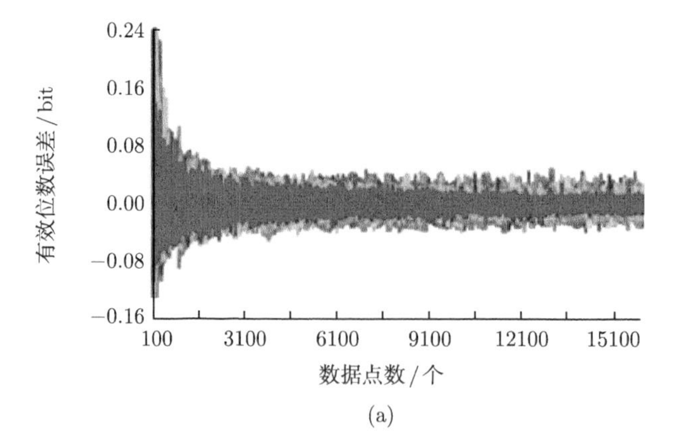

(a)

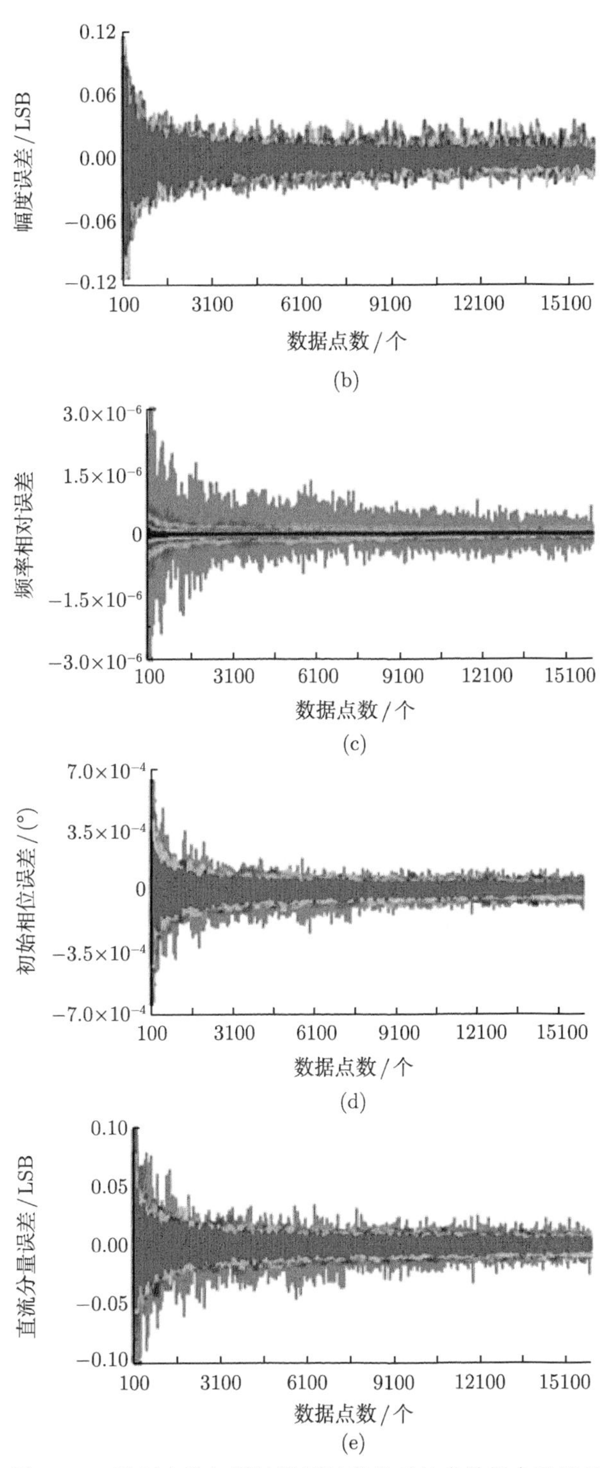

图 8-64 数据点数与周波数同时变化时的参数拟合误差界

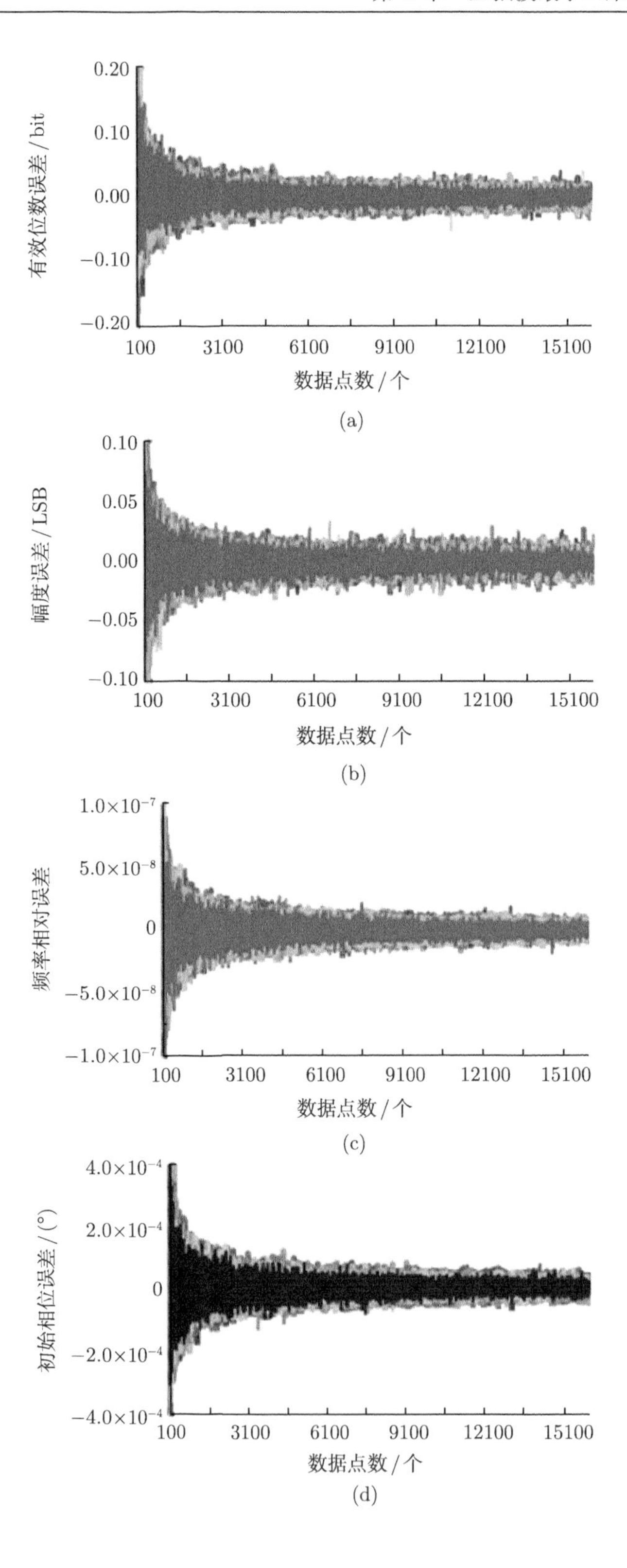
0.20
0.10
0.00
−0.10
−0.20
有效位数误差 / bit
100
3100
6100
9100
12100
15100
数据点数 / 个
(a)
0.10
0.05
0.00
−0.05
−0.10
幅度误差 / LSB
100
3100
6100
9100
12100
15100
数据点数 / 个
(b)
1.0×10⁻⁷
5.0×10⁻⁸
0
−5.0×10⁻⁸
−1.0×10⁻⁷
频率相对误差
100
3100
6100
9100
12100
15100
数据点数 / 个
(c)
4.0×10⁻⁴
2.0×10⁻⁴
0
−2.0×10⁻⁴
−4.0×10⁻⁴
初始相位误差 / (°)
100
3100
6100
9100
12100
15100
数据点数 / 个
(d)

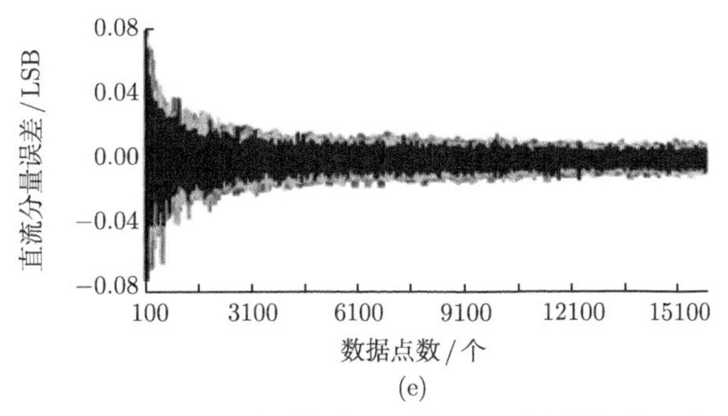

(e)

图 8-65 数据点数与初始相位同时变化时的参数拟合误差界

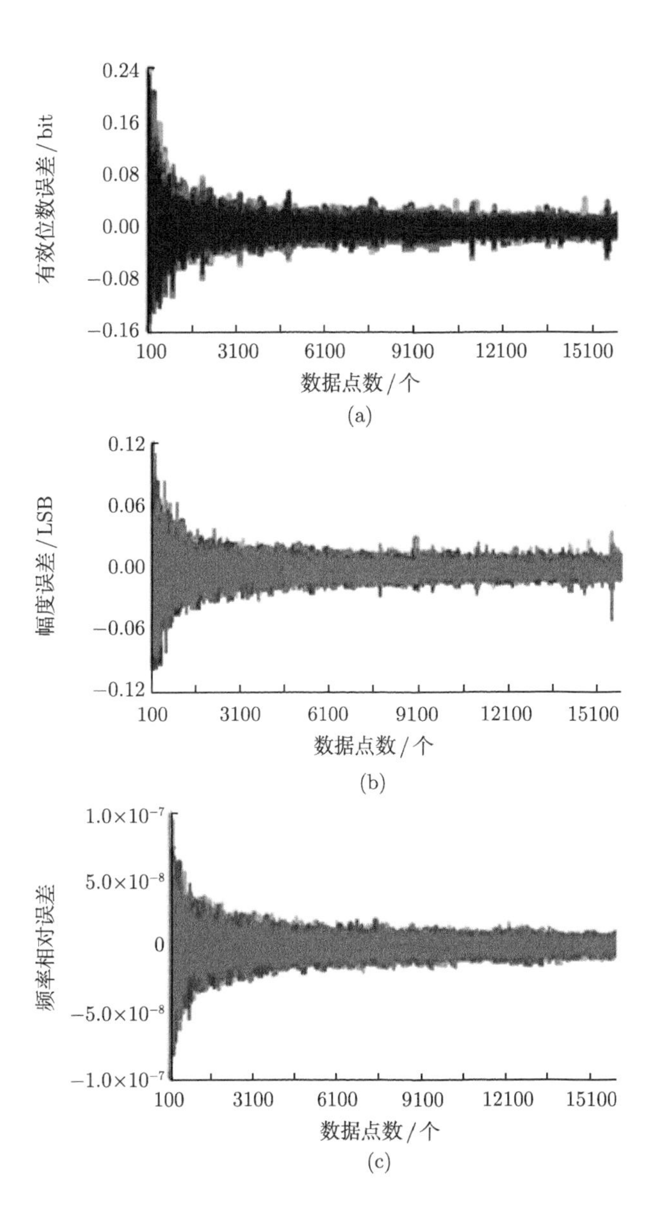

(a)

(b)

(c)

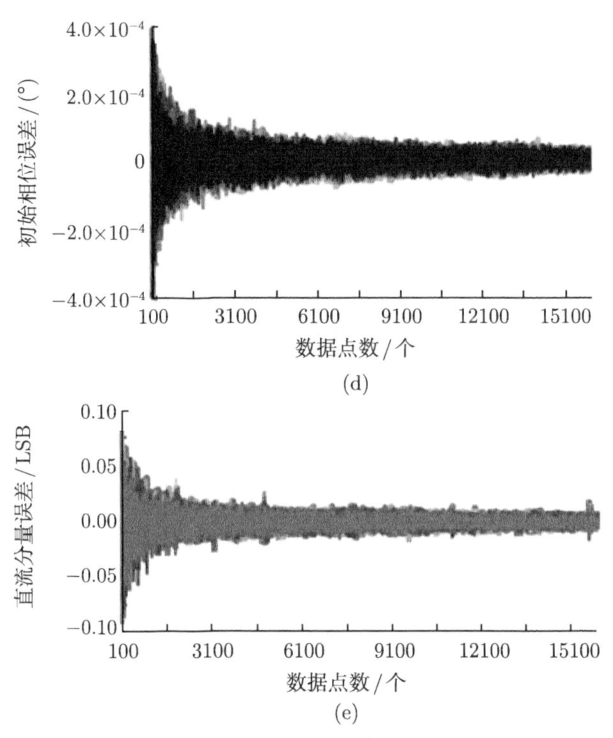

图 8-66 数据点数与直流分量同时变化时的参数拟合误差界

3. 仿真实验结果分析

将图 8-47~ 图 8-66 中各个拟合参数误差界整理归纳，形成表 8-3 所示的量值及测量条件。每一个拟合参数都可以选取其误差界最大者进行误差估计和使用。

1) 有效位数误差界

从图 8-47(a)~ 图 8-66(a) 可以看出如下规律。

(1) 数据点数是影响有效位数误差界 (误差包络线) 的最重要因素，总体而言，在 6000 点以下，数据点数的增大，可以导致有效位数误差界的单调变窄。6000 点以上的数据点数，误差带比较平稳，没有明显的总体变化趋势，此时，可以获得有效位数误差界下界 −0.05bit，上界 0.05bit。

(2) 当幅度在量程范围内大尺度变化时，有效位数误差界随幅度增加呈缓慢下降趋势，由 ±0.1bit 下降到 ±0.05bit；

当幅度量程比在 50%以上时，误差界趋于平稳，其误差下界 −0.05bit，上界 0.05bit；

幅度在 LSB 量值尺度的微观范围进行变化时，有效位数误差随幅度而呈局部周期性变化，变化范围 ±0.01bit，变化周期为 1LSB。

(3) 有效位数误差没有随周波数的变化而变化的趋势，其误差带平稳，但存在离散跳动点，误差带下界 −0.02bit，上界 0.02bit；少数离散跳动范围 ±0.04bit。

(4) 初始相位因素对有效位数影响的误差带波动平稳，但是，其他因素，例如幅度、周波数、直流分量等会影响误差带宽度和位置。其波动的误差下界 −0.04bit，上界 0.04bit。

表 8-3 正弦拟合参数的条件误差界 (16bit A/D)

有效位数误差/bit		幅度误差/LSB		频率相对误差		相位误差/(°)		直流分量误差/LSB		备注
下界	上界	下界	上界	下界	上界	下界	上界	下界	上界	变动条件
−0.1	0.1	−0.07	0.07	-1×10^{-6}	1×10^{-6}	-1×10^{-3}	1×10^{-3}	-1.4×10^{-2}	1.4×10^{-2}	幅度、周波数；图 8-47，周波数 2 个及以上，幅度 1/4 量程以上
−0.1	0.1	−0.10	0.10	-5×10^{-7}	5×10^{-7}	-1×10^{-3}	1×10^{-3}	-4×10^{-3}	4×10^{-3}	幅度、初始相位；图 8-48，幅度 1/4 量程以上
−0.1	0.1	−0.07	0.07	-1.2×10^{-7}	1.2×10^{-7}	-5×10^{-4}	5×10^{-4}	-3×10^{-2}	3×10^{-2}	幅度、直流分量；图 8-49，幅度 1/4 量程以上
−0.1	0.1	−0.1	0.1	-5×10^{-7}	5×10^{-7}	-1×10^{-3}	1×10^{-3}	-5×10^{-2}	5×10^{-2}	幅度、数据点数；图 8-50，幅度 1/4 量程以上
−0.04	0.04	−0.02	0.04	-5×10^{-8}	5×10^{-8}	-5×10^{-5}	5×10^{-5}	-1×10^{-2}	1×10^{-2}	周波数、幅度；图 8-51，周波数 5 个及以上
−0.03	0.04	−0.02	0.04	-5×10^{-8}	5×10^{-8}	-6×10^{-5}	6×10^{-5}	-1.2×10^{-2}	1.2×10^{-2}	周波数、初始相位；图 8-52，周波数 5 个及以上
−0.04	0.04	−0.02	0.04	-5×10^{-8}	5×10^{-8}	-6×10^{-5}	6×10^{-5}	-1.4×10^{-2}	1.4×10^{-2}	周波数、直流分量；图 8-53，周波数 5 个及以上
−0.08	0.08	−0.04	0.04	-1×10^{-7}	1×10^{-7}	-1.8×10^{-4}	1.8×10^{-4}	-4×10^{-2}	4×10^{-2}	周波数、数据点数；图 8-54
−0.04	0.04	−0.03	0.03	-1×10^{-8}	1×10^{-8}	-4×10^{-5}	4×10^{-5}	-3×10^{-3}	3×10^{-3}	初始相位、幅度；图 8-55
−0.024	0.036	−0.024	0.024	-5×10^{-8}	5×10^{-8}	-6×10^{-5}	6×10^{-5}	-8×10^{-3}	8×10^{-3}	初始相位、周波数；图 8-56，周波数 2 个及以上
−0.03	0.03	−0.024	0.024	-8×10^{-8}	8×10^{-8}	-4×10^{-5}	5×10^{-5}	-1.4×10^{-2}	1.4×10^{-2}	初始相位、直流分量；图 8-57
−0.06	0.06	−0.05	0.05	-5×10^{-8}	5×10^{-8}	-2×10^{-4}	2×10^{-4}	-2.6×10^{-2}	2.6×10^{-2}	初始相位、数据点数；图 8-58
−0.015	0.012	−0.015	0.015	-8×10^{-9}	6×10^{-9}	-2×10^{-5}	5×10^{-5}	-6×10^{-3}	6×10^{-3}	直流分量、幅度；图 8-59
−0.026	0.026	−0.022	0.022	-1.5×10^{-8}	1.5×10^{-8}	-6×10^{-5}	6×10^{-5}	-1.2×10^{-2}	1.2×10^{-2}	直流分量、周波图 8-60，周波数 2 个及以上
−0.03	0.03	−0.024	0.024	-9×10^{-9}	9×10^{-9}	-4.5×10^{-5}	4.5×10^{-5}	-1.4×10^{-2}	1.4×10^{-2}	直流分量、初始相位；图 8-61
−0.05	0.05	−0.02	0.04	-3.0×10^{-8}	3.6×10^{-8}	-1.5×10^{-4}	1.2×10^{-4}	-2.4×10^{-2}	3.2×10^{-2}	直流分量、数据点数；图 8-62
−0.1	0.1	−0.07	0.07	-5×10^{-8}	5×10^{-8}	-1.5×10^{-4}	1.5×10^{-4}	-3×10^{-2}	3×10^{-2}	数据点数、幅度；图 8-63，数据点数 1000 以上
−0.1	0.1	−0.05	0.05	-5×10^{-7}	5×10^{-7}	-2×10^{-4}	2×10^{-4}	-3×10^{-2}	3×10^{-2}	数据点数、周波数；图 8-64，数据点数 1000 以上，周波数 2 个及以上
−0.1	0.1	−0.05	0.05	-5×10^{-8}	5×10^{-8}	-2×10^{-4}	2×10^{-4}	-4×10^{-2}	4×10^{-2}	数据点数、初始相位；图 8-65，数据点数 1000 以上
−0.1	0.1	−0.05	0.05	-5×10^{-8}	5×10^{-8}	-2×10^{-4}	2×10^{-4}	-4×10^{-2}	4×10^{-2}	数据点数、直流分量；图 8-66，数据点数 1000 以上

(5) 直流分量在 LSB 量值尺度的微观范围进行变化时，有效位数误差随其呈周期性变化，幅度周期为 1LSB；其波动的误差下界 −0.03bit，上界 0.03bit。在直流分量变化时，其他因素的变化对误差界也有影响，按照影响由大到小，它们依次为数据个数、初始相位、周波数、幅度。

2) 幅度误差界

从图 8-47(b)∼ 图 8-66(b) 可以看出如下规律。

(1) 数据点数是影响幅度误差界的重要因素，在 5000 点以下时，数据点数的增大，可以导致幅度误差界的单调变窄。

当周波数为 2 以上，超过 5000 点后，其误差界趋于平稳，误差界下界约 −0.04LSB，上界约 0.04LSB。

(2) 在量程范围内大尺度变化时，幅度误差界随幅度增加呈平稳趋势，下界 −0.05LSB，上界 0.05LSB；其他对其影响的因素按重要性排列依次为数据个数、直流分量、初始相位、周波数。

幅度在 LSB 量值尺度的微观范围进行变化时，幅度误差随幅度而呈局部周期性变化，下界 −0.022LSB，上界 0.04LSB；变化周期为 1LSB；不同幅度将改变幅度误差的量值。

(3) 周波变化给幅度误差界带来的影响比较平稳，下界约 −0.01LSB，上界约 0.01LSB。

(4) 初始相位因素的影响处于平稳波动状态，不同初始相位的波动带可能有明显的宽窄和位置差异，其下界 −0.024LSB，上界 0.03LSB。

(5) 幅度误差界随直流分量而呈周期变化，周期为 1LSB，其下界 −0.024LSB，上界 0.024LSB。

3) 频率误差界

从图 8-47(c)∼ 图 8-66(c) 可以看出如下规律。

(1) 数据点数与周波数的结合，是影响频率误差界的最重要因素，数据点数的增大，可以导致频率误差界的变窄，但并非单调变窄。6000 点以上的数据点数，1/2 量程以上的幅度，2 个以上的周波数，可以获得频率误差界下界 -1.0×10^{-7}，上界 1.0×10^{-7}；更窄的误差界需要更多的数据点数，以及更多的周波数。

(2) 频率误差随幅度增加呈衰减下降趋势，但不单调下降，主要由幅度、周波数的变化确定，半量程幅度以后，其频率误差下界 -1×10^{-7}，上界 1×10^{-7}。

(3) 周波数增大时，频率误差随周波数增加呈衰减趋势，其中，与初始相位结合的影响比其他因素显著，10 个周波以上时，频率误差下界 -2×10^{-8}，上界 2×10^{-8}。

(4) 周波数大于 2 时，初始相位、直流分量因素的影响小于 1×10^{-8}，可以忽略。

4) 初始相位误差界

从图 8-47(d)∼ 图 8-66(d) 可以看出如下规律。

(1) 数据点数与周波数的结合，是影响初始相位误差界的最重要因素，数据点数的增大，可以导致初始相位误差界的变窄，但并非单调变窄。2 个周波以上的波形，5000 点以上的数据点数，其误差界下界 $-1.5\times10^{-4}(^\circ)$，上界 $1.5\times10^{-4}(^\circ)$；更窄的误差界需要更多的数据点数。

(2) 初始相位误差随幅度增加呈衰减下降趋势，但不单调下降，主要由幅度、周波数的变化确定，半量程以上幅度，下界 $-1.5\times10^{-4}(°)$，上界 $1.5\times10^{-4}(°)$；

(3) 当周波数变化时，初始相位误差界比较平稳，下界 $-5\times10^{-5}(°)$，上界 $5\times10^{-5}(°)$；

在数据个数较低时，会有较大跳变，下界 $-4\times10^{-4}(°)$，上界 $4\times10^{-4}(°)$。

(4) 初始相位误差界，随初始相位本身、直流分量等各种因素影响而变化的规律均为平稳。下界 $-6\times10^{-5}(°)$，上界 $6\times10^{-5}(°)$；

当数据个数较少时，会有增加，可达下界 $-4\times10^{-4}(°)$，上界 $4\times10^{-4}(°)$。

5) 直流分量误差界

从图 8-47(e)～ 图 8-66(e) 可以看出如下规律。

(1) 数据点数是影响直流分量误差界的重要因素之一，在 4000 点以下，数据点数的增大，可以导致直流分量误差界的变窄。4000 点以上，其误差界比较平稳，下界 −0.02LSB，上界 0.02LSB。

(2) 0 值的直流分量误差界随幅度增加呈缓慢上升趋势，主要是由幅度上升后，接近 0 值的直流分量与其相差悬殊，运算舍入误差造成的；下界 −0.014LSB，上界 0.014LSB。

非 0 值的直流分量误差界量值由幅度、直流分量组合变化确定，幅度大尺度剧烈变化时，误差界呈平稳下降趋势，下界 −0.06LSB，上界 0.06LSB；随着直流分量的不同，误差界宽度与位置呈较多的变化。

(3) 周波数变化时，直流分量误差界随周波数增加呈平稳趋势。

(4) 初始相位因素对直流分量误差的影响可以忽略。下界 -5×10^{-5} LSB，上界 5×10^{-5}LSB。

(5) 直流分量在 LSB 尺度的微观变化将导致其自身误差的较大变化，局部具有周期性特征，以 1LSB 为周期，下界 −0.014LSB，上界 0.014LSB。

4. 问题讨论

本节上述过程，是以幅度、周波数、初始相位、直流分量和数据点数 5 个条件作为变动条件参量，用有效位数误差、幅度误差、频率相对误差、初始相位误差和直流分量误差作正弦拟合结果的指针参量。

以一个参量作为主变动条件因素，其他四项参量作为辅助变量的情况进行二维搜索，揭示其在双变量组合变化情况下的各个指针参量误差界的变化情况，获得不同组合实验条件下的误差界测量曲线。结果表明以下几点。

(1) 拟合序列的数据点数是最重要的测量条件；也是影响拟合结果的误差界的主导条件，若想获得更高准确度的拟合结果，通常需要更多的数据点数。

(2) 波形幅度是指其相对量程范围的占比而言，实验表明，超过半量程以后幅度的信号波形，其拟合误差界趋于平稳。故测量活动，应尽量选择半量程以上覆盖率的幅值，至少是覆盖四分之一量程以上的幅度值进行测量。

(3) 周波数的影响实际上体现的是采样速率和信号频率比的影响，实验表明，只有频率拟合误差界随周波数的增加呈衰减趋势，并且周波数越小，变化趋势越显著；在 10 个周波以后的变化趋势趋于平稳。若想获得较小的拟合误差，则应适当提高拟合序列周波数，至少应为 2 个周波以上；和多周波条件相比，2 个周波以下时拟合误差显著升高。

对于频率以外的其他指针参量，误差带的总体趋势平稳，没有随周波数变动的明显趋势性变化。

(4) 初始相位变化时，当其他因素固定时，仅由初始相位变化导致的各个参数误差带波动平稳。

但其他因素变化后，由初始相位与其他因素联动变化导致的各个参数误差带宽度和位置可以有较大变化。

其对于有效位数误差带的影响约为 ±0.04bit；对于幅度拟合误差带的影响约为 ±0.03LSB；当周波数 2 个以上时，对于初始相位拟合误差带的影响约为 $\pm6\times10^{-5}(^\circ)$；对于直流分量拟合误差带的影响约为 ±0.026LSB；当周波数 10 个以上时，对于频率拟合误差带的影响约为 $\pm2.0\times10^{-8}$。

(5) 直流分量的变化，本节只关注到了 LSB 量值范围的变化带来的影响。在该尺度上，它的变化给每一个参量的误差带均带来周期性影响。对其他参量误差带的影响均呈现明显的对称性，而对直流分量自身的误差带的影响则具有反称性特征。

配合其他因素的变动，直流分量的微观变化可对有效位数造成的误差带的影响约为 ±0.05bit；对于幅度拟合误差带的影响约为 ±0.04LSB；对于初始相位拟合误差带的影响约为 $\pm0.00015^\circ$；对于直流分量拟合误差带的影响约为 ±0.032LSB。当周波数 2 个以上时，对于频率拟合误差带的影响约为 $\pm3.6\times10^{-8}$。

(6) 在实际工作中，如果并不需要获得全部上述 5 个参量，而仅仅需要其中某一个参量的高精度结果，例如有效位数，则可根据该参量的影响因素显著程度，只注意调控和构建所需要的影响量条件即可，其他可自由选取，不必全盘考虑，这将使得实验设计更加容易些。

5. 结论

综上所述，本节通过仿真，对使用 16bit A/D 转换器的测量系统所得正弦测量序列，在波形拟合中获得的幅度、频率、初始相位、直流分量和有效位数 5 个参数的拟合误差界进行了搜索研究，给出了误差界随波形幅度、周波数、初始相位、直流分量、数据点数等不同组合条件而变化的曲线，揭示出其变化规律。

例如，频率拟合误差界随幅度的宏观上升变化而呈现出的总体下降趋势；随幅度和直流分量在 LSB 尺度的微观范围变化而呈现出的周期性变化规律；随周波数、数据点数的上升而呈现出的总体下降趋势。

总结出了显著影响量和非显著影响量。这对正弦拟合参量的不确定度评估和误差界定具有重要意义和价值。另外，对于拟合参数误差有明确要求的场合，可以通过构筑相适应的测量条件获得预期结果。

8.3.6 仿真实验及数据处理——24bit A/D

1. 仿真实验条件

在 24bit A/D 情况下，为方便参数调控，不失一般性，下面仍然设定包含六项测量条件的仿真实验条件。

(1) A/D 位数：基本参量为 24bit。

(2) 采样序列包含周波数：未特别说明时，为 20 个周波；作为主变化因素时，变化范围为 0.90~21.00 个周波，0.01 周波步进；作为辅助变化量时，变化范围为 1~20 个周波，1 周波步进。

(3) 序列样本点数：未特别说明时，序列样本点数为 8000 点；作为主变化因素时，变化范围为 100~8000 点，1 点步进；作为辅助变化量时，变化范围为 1000~8000 点，1000 点步进。

(4) 信号幅度：未特别说明时，幅度为 95.57%× 满度值；作为主变化因素时，幅度宏观变化范围为量程的 1.1%~99.54%，993.967LSB 步进；作为辅助变化量时，在 95.5696%× 满度点处，其微观变化范围 −0.5LSB~0.5LSB，0.1LSB 步进。

(5) 初始相位：未特别说明时，初始相位为 0°；作为主变化因素时，变化范围为 −180°~180°，0.1° 步进；作为辅助变化量时，范围不变，20° 步进。

(6) 直流分量；未特别说明时，直流分量为 0。作为主变化因素时，变化范围为 −1LSB~1LSB，0.01LSB 步进；作为辅助变化量时，变化范围为 −0.5LSB~0.5LSB，0.1LSB 步进。

2. 仿真实验结果

按上述仿真实验条件，这里分别以一个参量为主变化因素、一个参量为辅助变化因素生成实际的仿真条件，考察各指标要素的误差变化情况。

1) 幅度作为主变化因素

(1) 周波数作为辅助变化量，获得误差变化曲线波形如图 8-67 所示。

(2) 初始相位作为辅助变化量，获得误差变化曲线波形如图 8-68 所示。

(3) 直流分量作为辅助变化量，获得误差变化曲线波形如图 8-69 所示。

(4) 数据点数作为辅助变化量，获得误差变化曲线波形如图 8-70 所示。

2) 周波数作为主变化因素

(1) 幅度作为辅助变化量，获得误差变化曲线波形如图 8-71 所示。

(2) 初始相位作为辅助变化量，获得误差变化曲线波形如图 8-72 所示。

(3) 直流分量作为辅助变化量，获得误差变化曲线波形如图 8-73 所示。

(4) 数据点数作为辅助变化量，获得误差变化曲线波形如图 8-74 所示。

3) 初始相位作为主变化因素

(1) 幅度作为辅助变化量，获得误差变化曲线波形如图 8-75 所示。

(2) 周波数作为辅助变化量，获得误差变化曲线波形如图 8-76 所示。

(3) 直流分量作为辅助变化量，获得误差变化曲线波形如图 8-77 所示。

(4) 数据点数作为辅助变化量，获得误差变化曲线波形如图 8-78 所示。

4) 直流分量作为主变化因素

(1) 幅度作为辅助变化量，获得误差变化曲线波形如图 8-79 所示。

(2) 周波数作为辅助变化量，获得误差变化曲线波形如图 8-80 所示。

(3) 初始相位作为辅助变化量，获得误差变化曲线波形如图 8-81 所示。

(4) 数据点数作为辅助变化量，获得误差变化曲线波形如图 8-82 所示。

5) 数据点数作为主变化因素

(1) 幅度作为辅助变化量，获得误差变化曲线波形如图 8-83 所示。

(2) 周波数作为辅助变化量，获得误差变化曲线波形如图 8-84 所示。

(3) 初始相位作为辅助变化量，获得误差变化曲线波形如图 8-85 所示。

(4) 直流分量作为辅助变化量，获得误差变化曲线波形如图 8-86 所示。

图 8-67～图 8-86 中，各个拟合参数实际误差的上界和下界被整理归纳如表 8-4 所示。

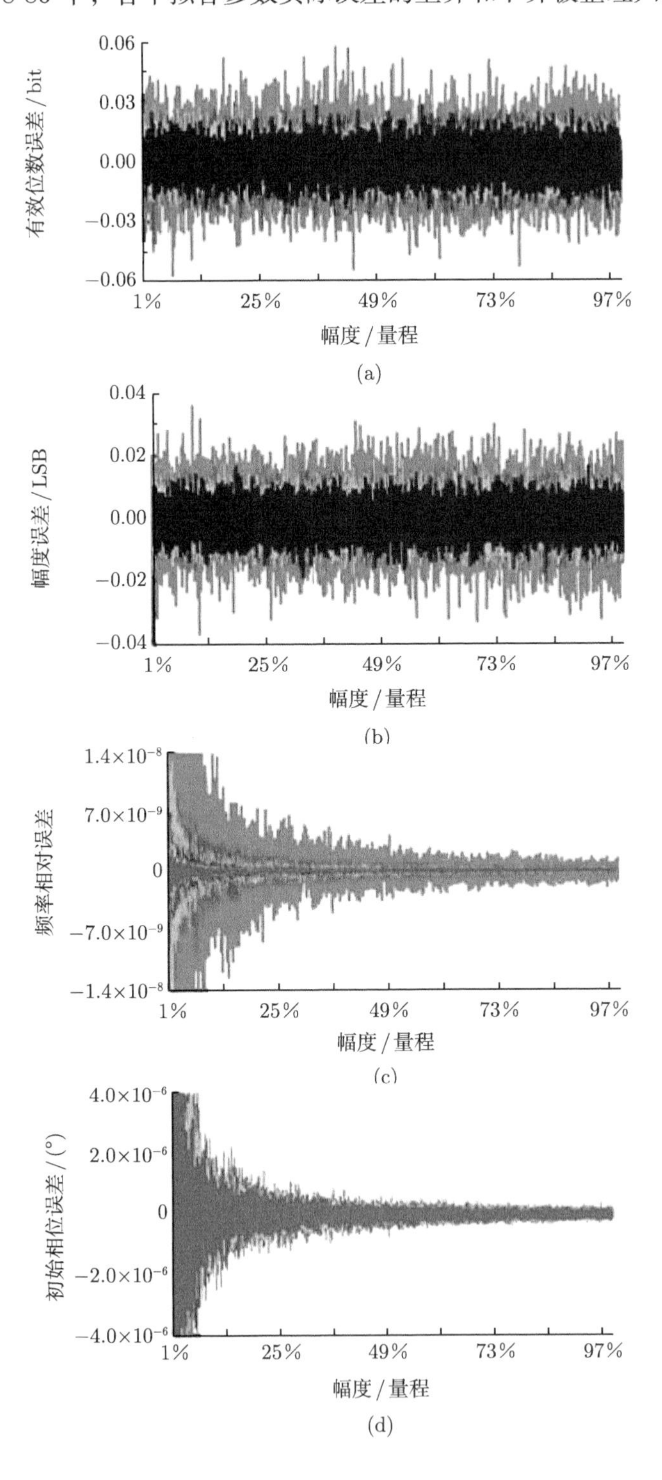

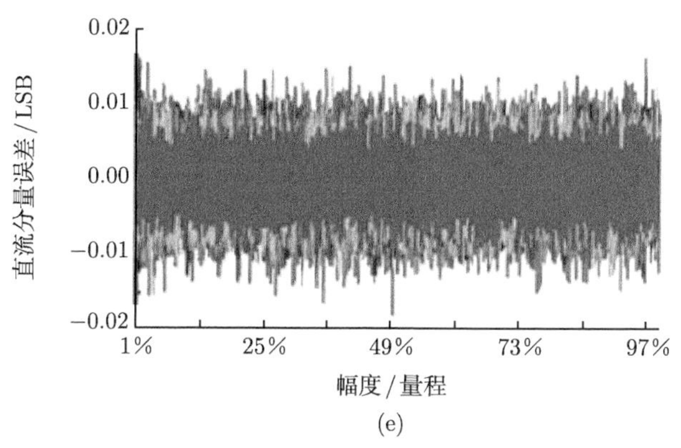

(e)

图 8-67 幅度与周波数同时变化时的参数拟合误差界

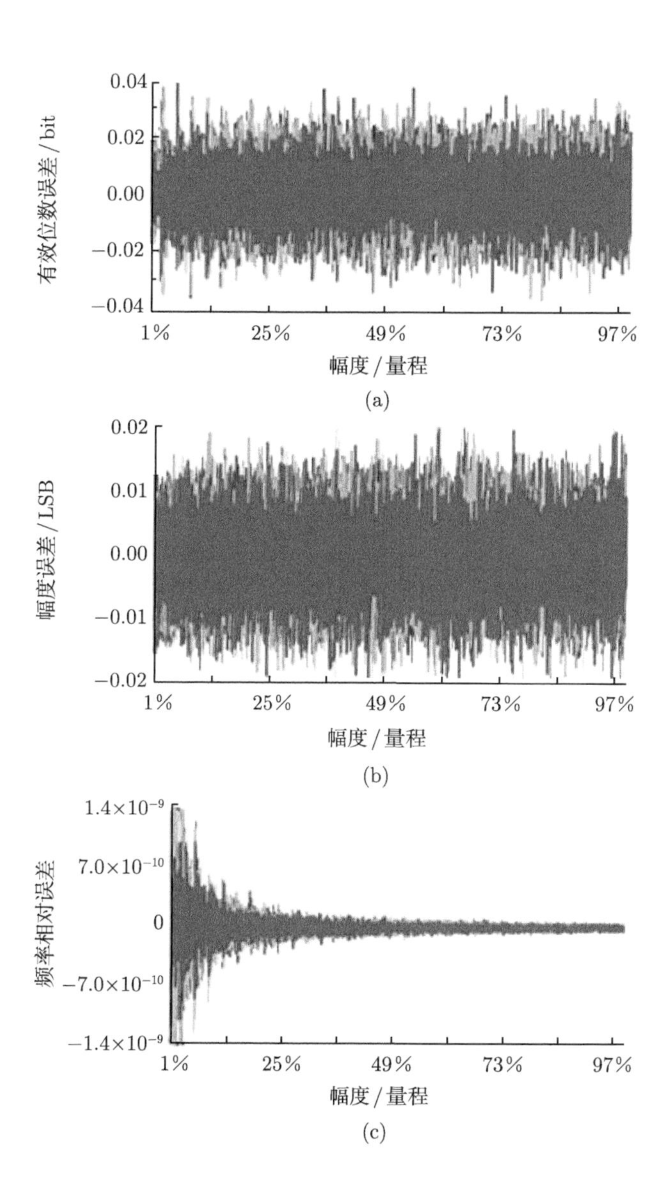

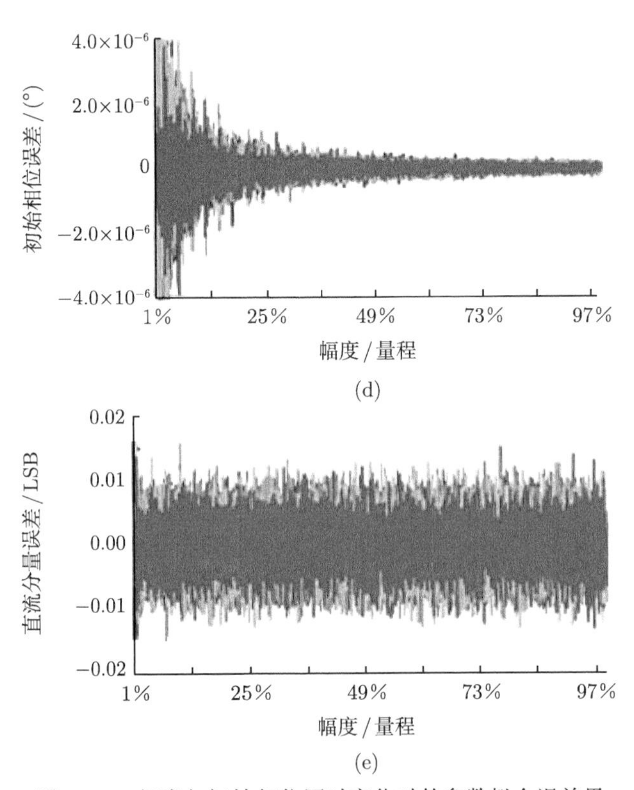

图 8-68 幅度与初始相位同时变化时的参数拟合误差界

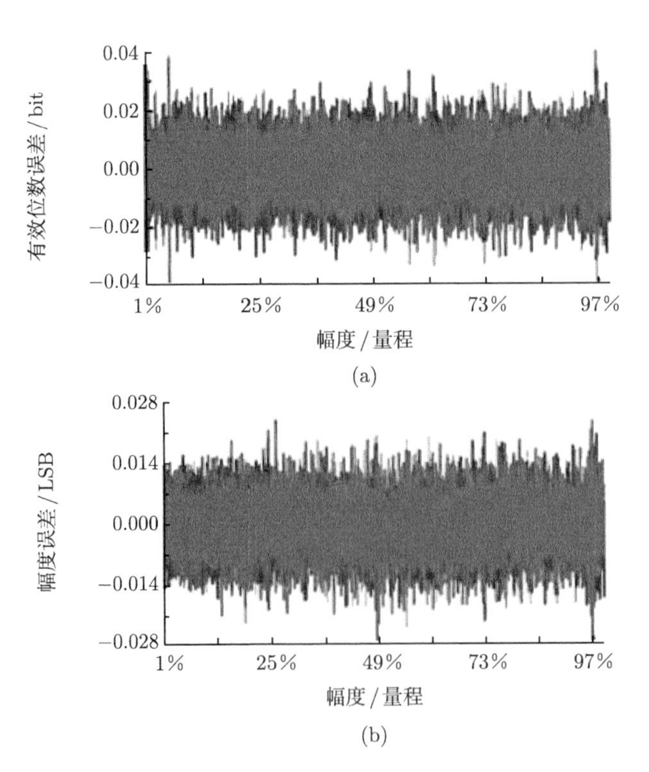

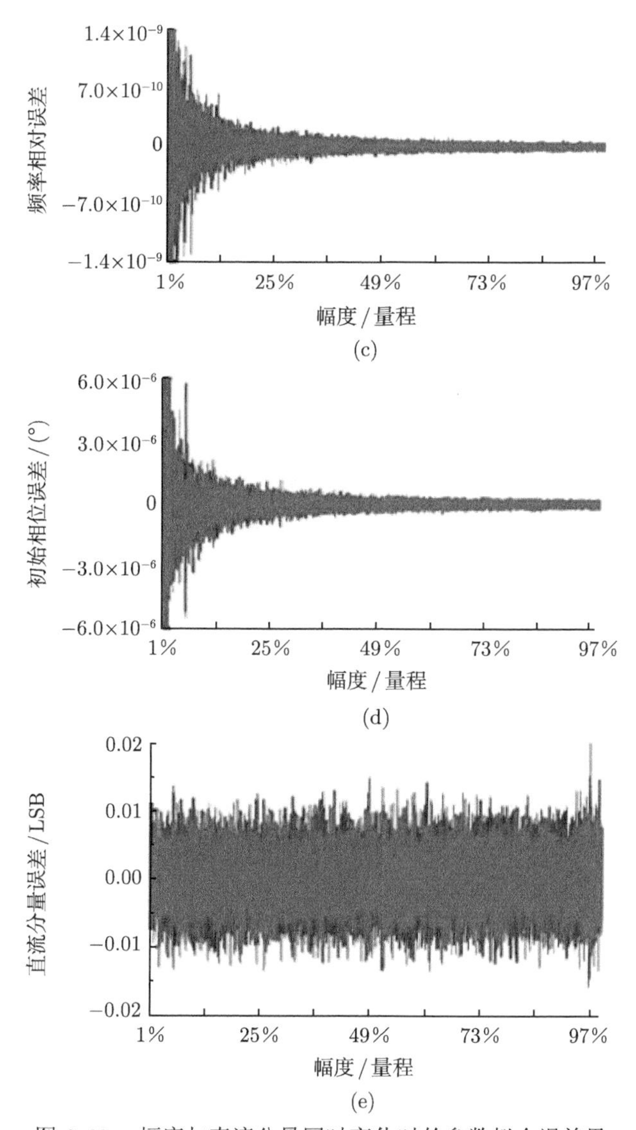

图 8-69 幅度与直流分量同时变化时的参数拟合误差界

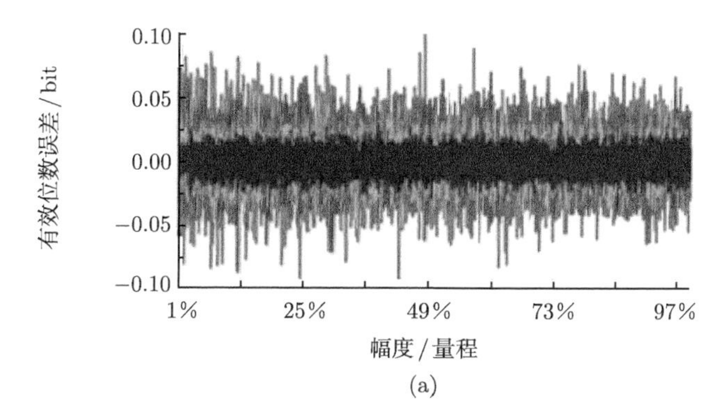

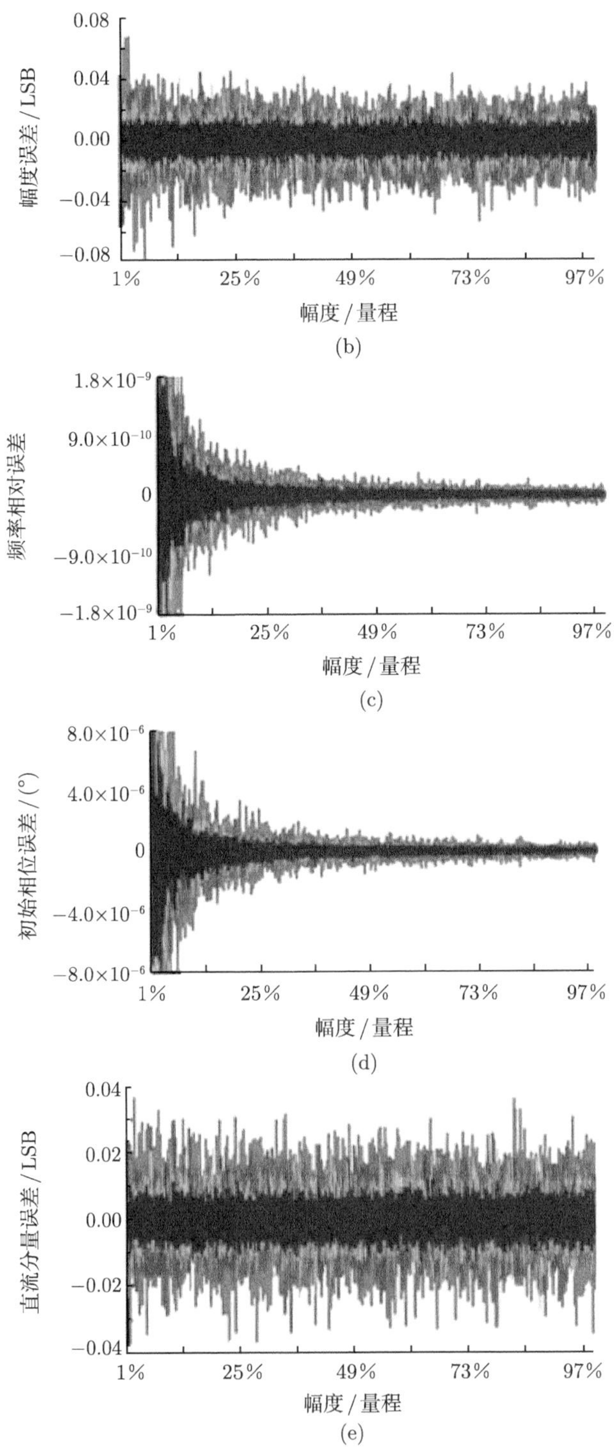

图 8-70　幅度与数据点数同时变化时的参数拟合误差界

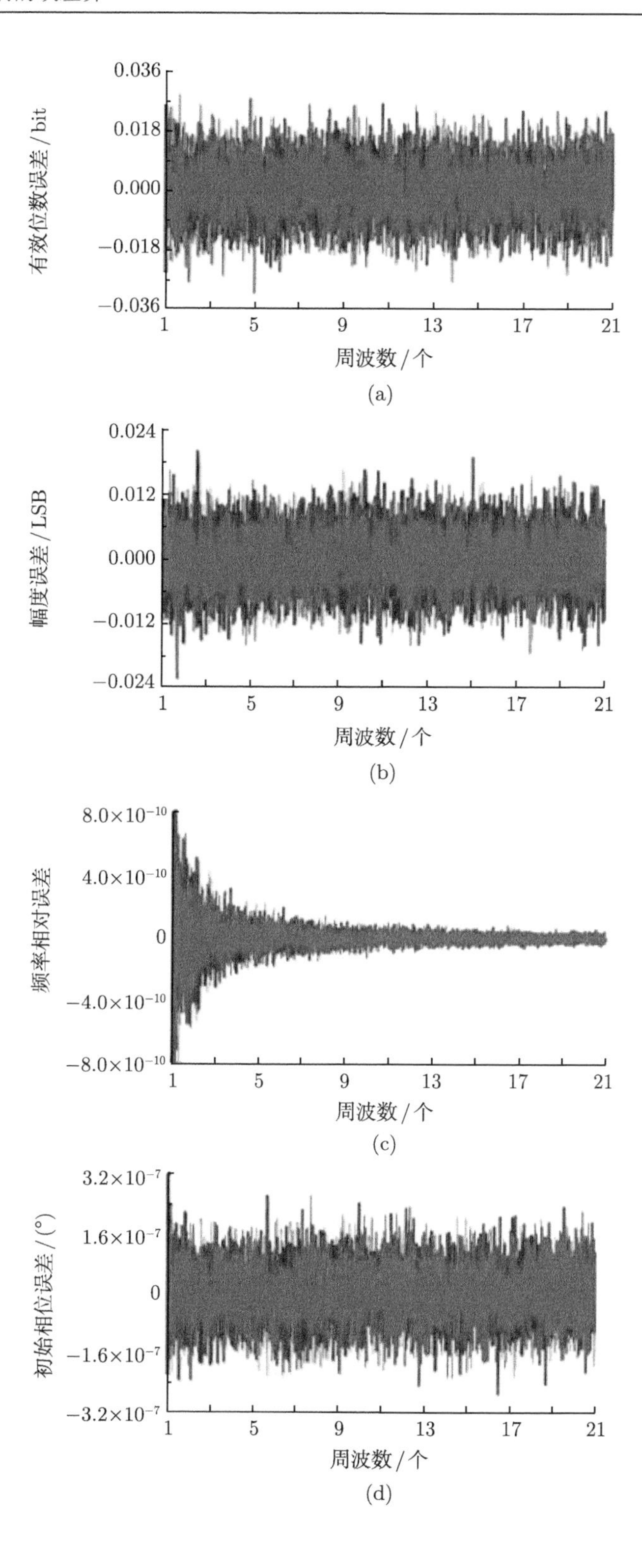

0.036
0.018
0.000
−0.018
−0.036
有效位数误差 / bit
1
5
9
13
17
21
周波数 / 个
(a)
0.024
0.012
0.000
−0.012
−0.024
幅度误差 / LSB
周波数 / 个
(b)
8.0×10⁻¹⁰
4.0×10⁻¹⁰
0
−4.0×10⁻¹⁰
−8.0×10⁻¹⁰
频率相对误差
周波数 / 个
(c)
3.2×10⁻⁷
1.6×10⁻⁷
0
−1.6×10⁻⁷
−3.2×10⁻⁷
初始相位误差 / (°)
周波数 / 个
(d)

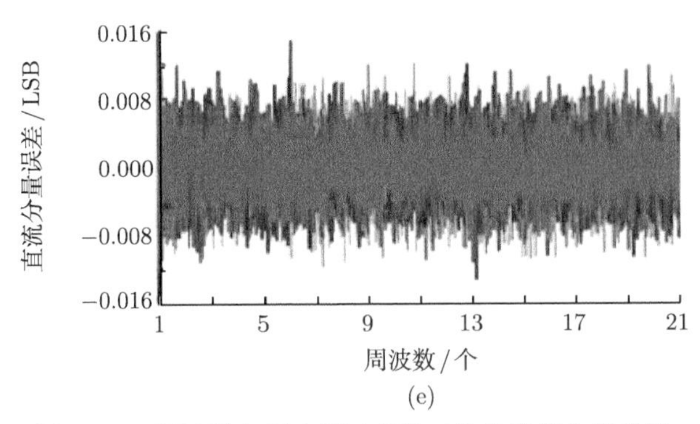

(e)

图 8-71　周波数与幅度同时变化时的参数拟合误差界

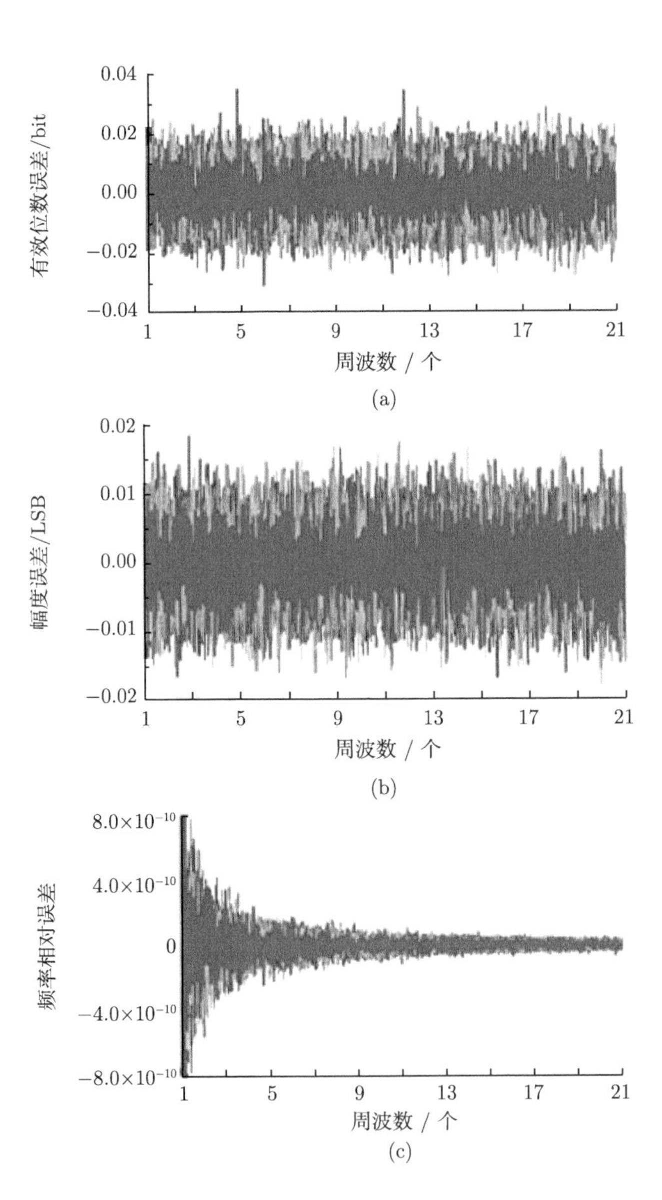

(a)

(b)

(c)

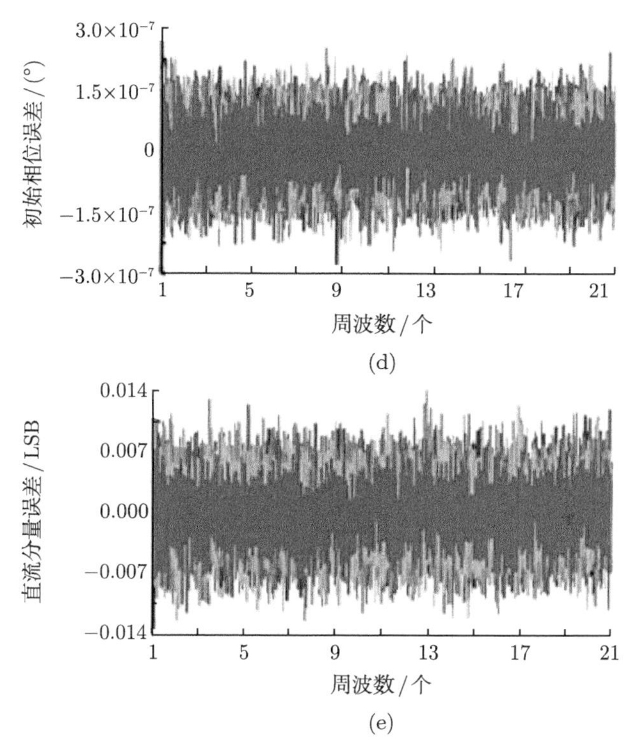

图 8-72 周波数与初始相位同时变化时的参数拟合误差界

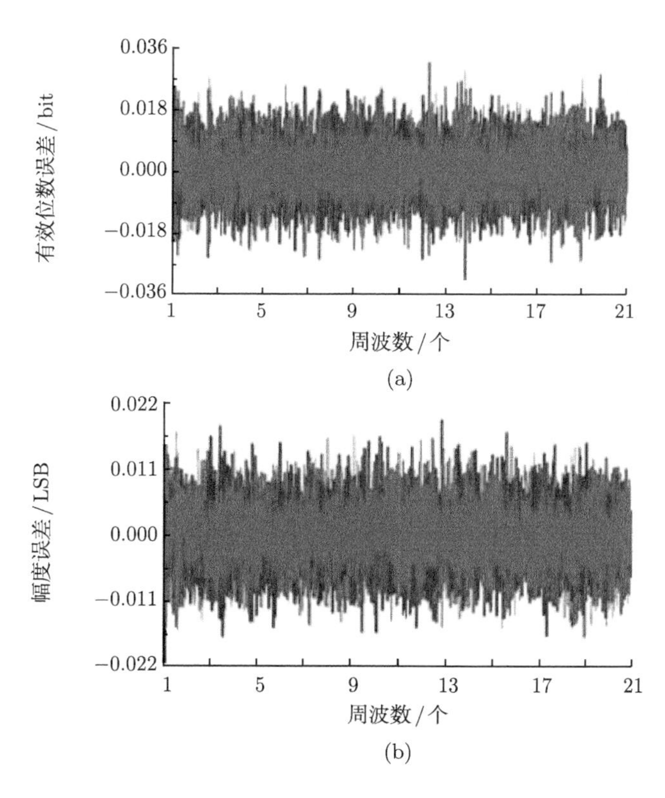

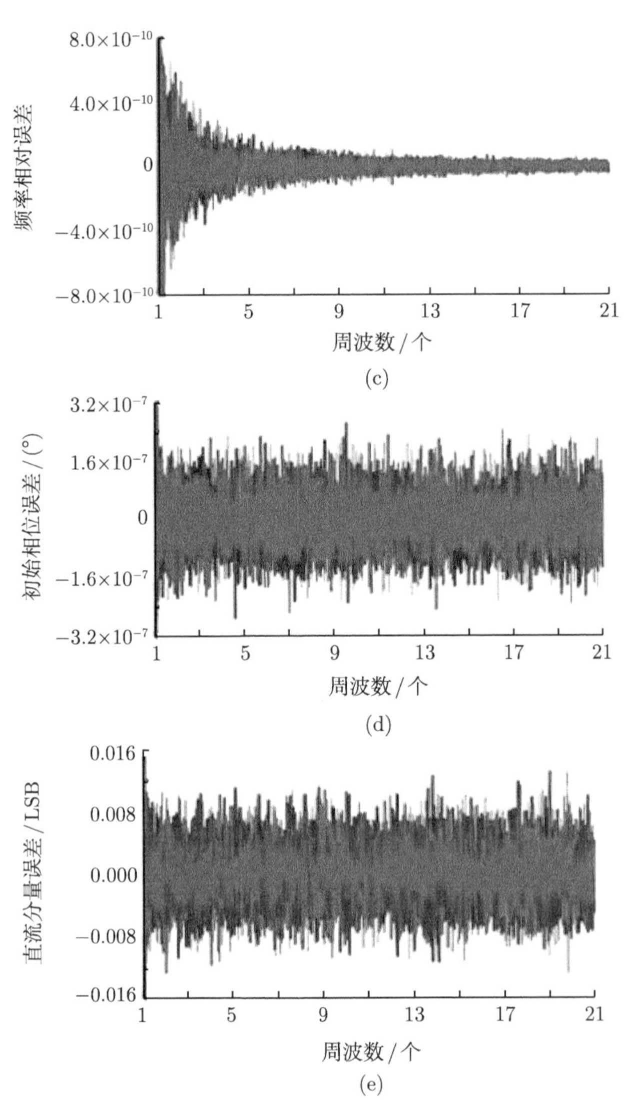

图 8-73　周波数与直流分量同时变化时的参数拟合误差界

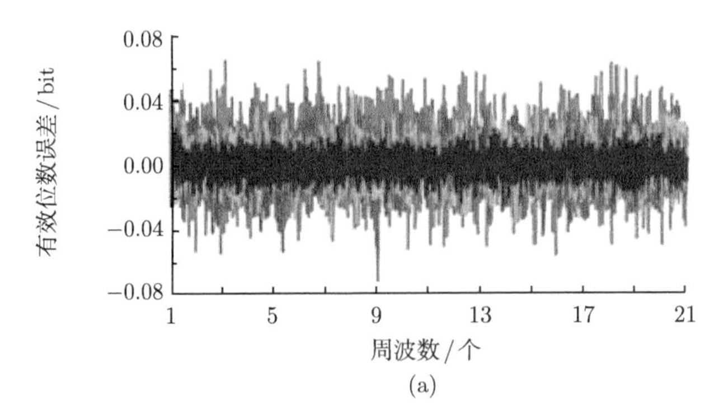

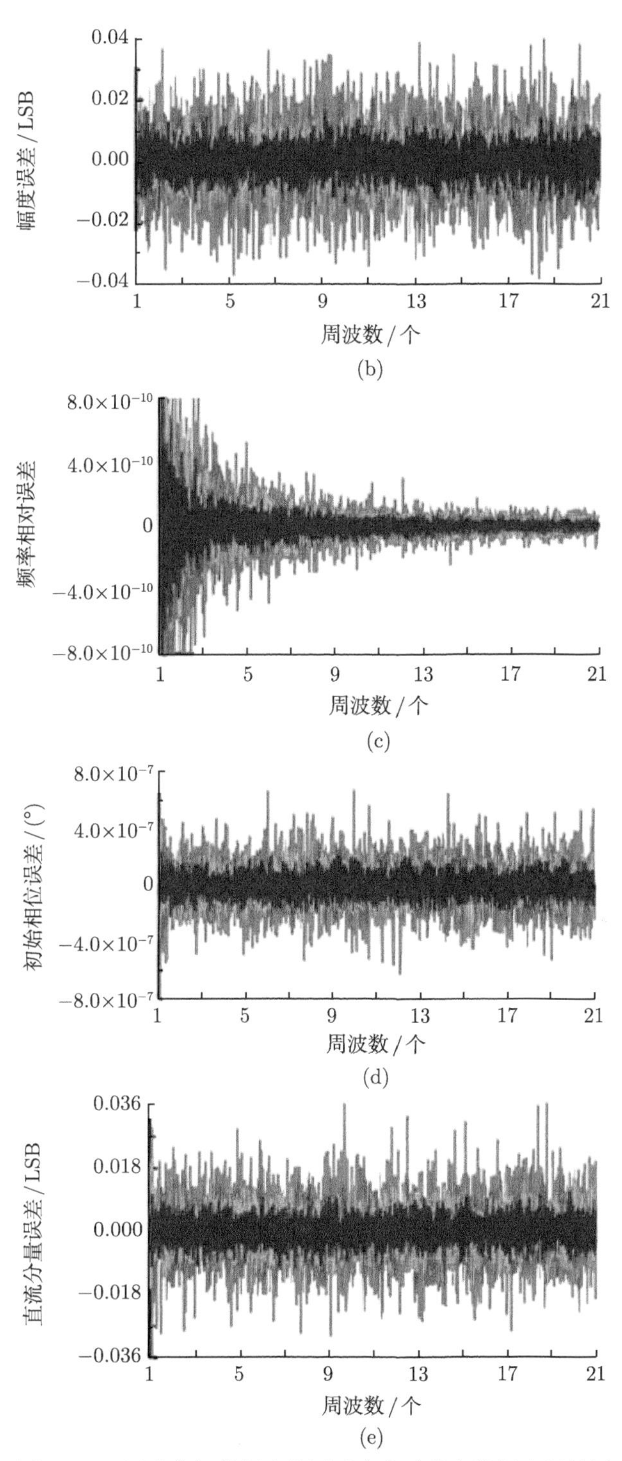

图 8-74 周波数与数据点数同时变化时的参数拟合误差界

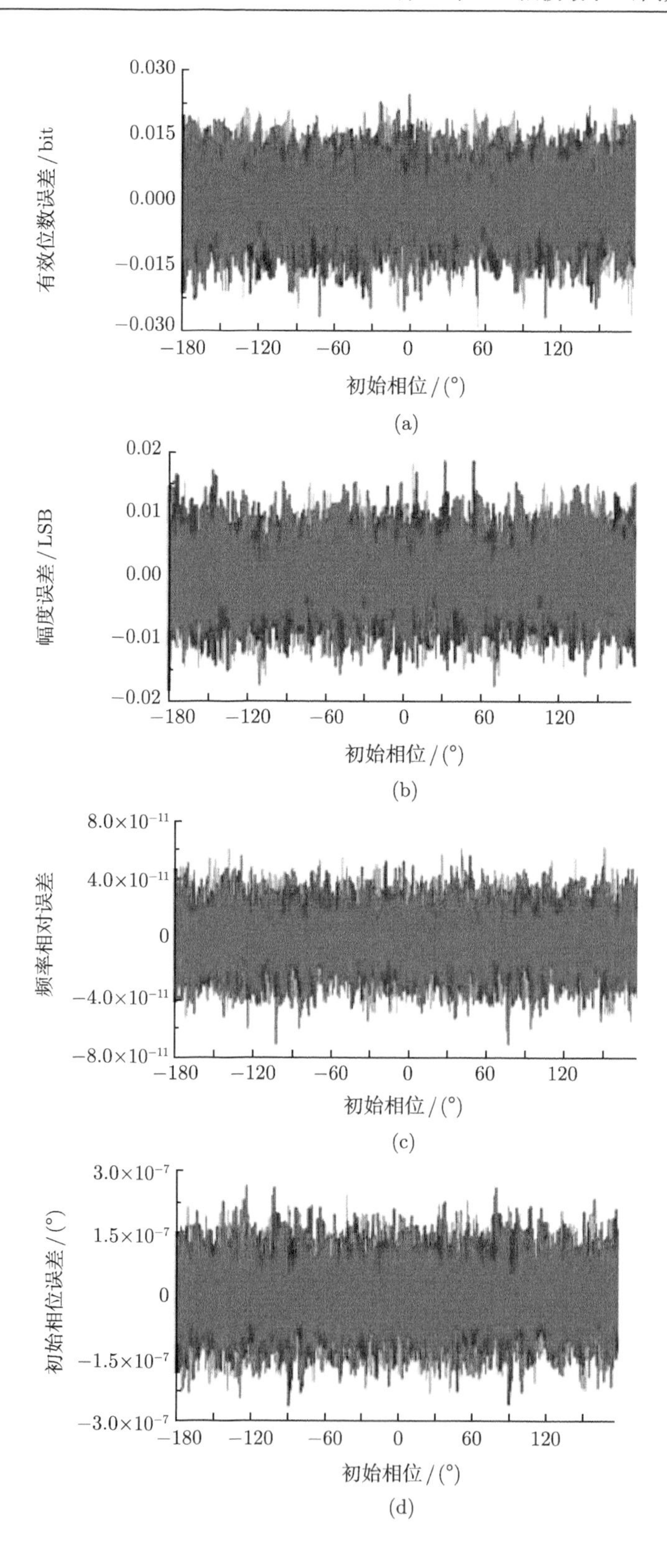

0.030
0.015
0.000
−0.015
−0.030
有效位数误差 / bit
−180
−120
−60
0
60
120
初始相位 / (°)
(a)
0.02
0.01
0.00
−0.01
−0.02
幅度误差 / LSB
初始相位 / (°)
(b)
8.0×10^−11
4.0×10^−11
−4.0×10^−11
−8.0×10^−11
频率相对误差
初始相位 / (°)
(c)
3.0×10^−7
1.5×10^−7
−1.5×10^−7
−3.0×10^−7
初始相位误差 / (°)
初始相位 / (°)
(d)

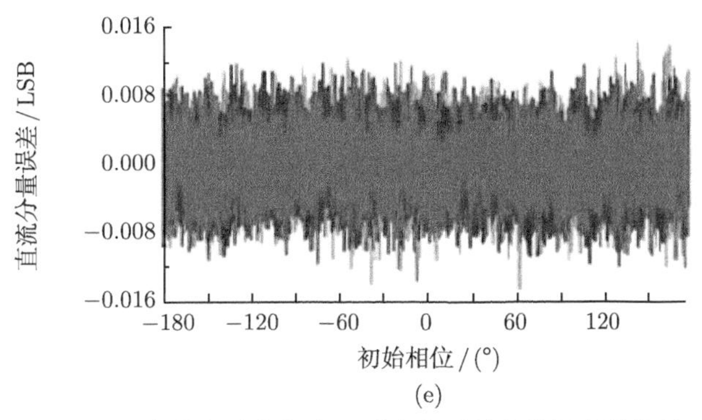

(e)

图 8-75 初始相位与幅度同时变化时的参数拟合误差界

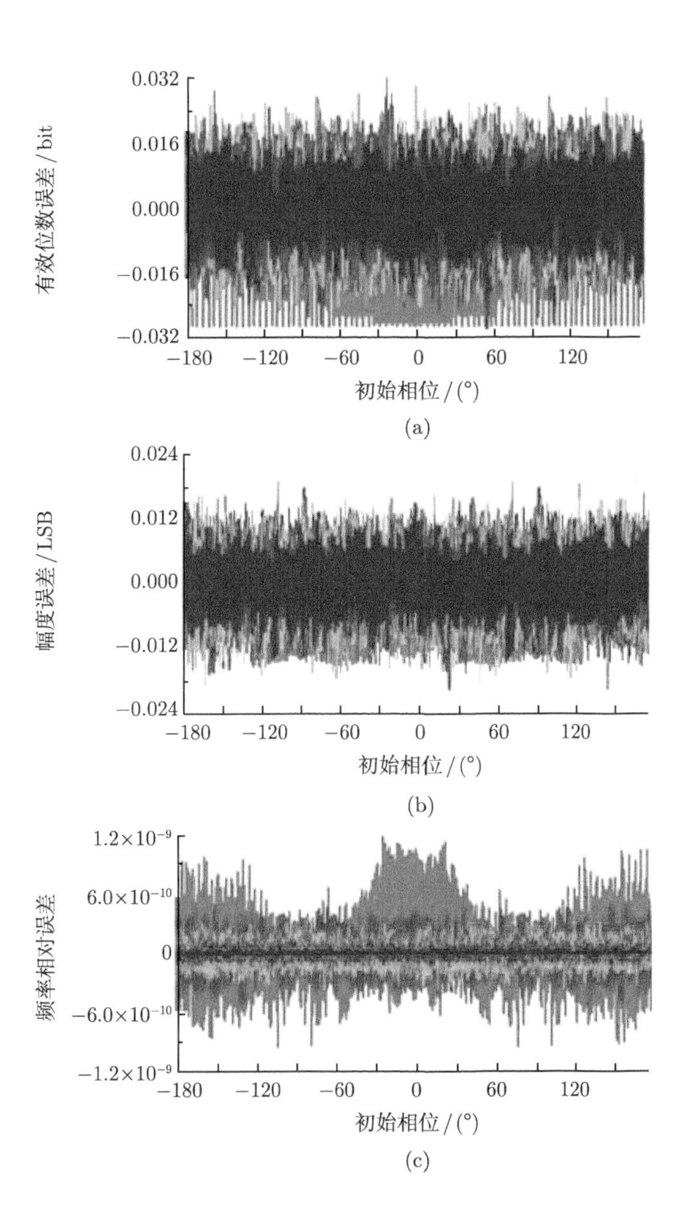

(a)

(b)

(c)

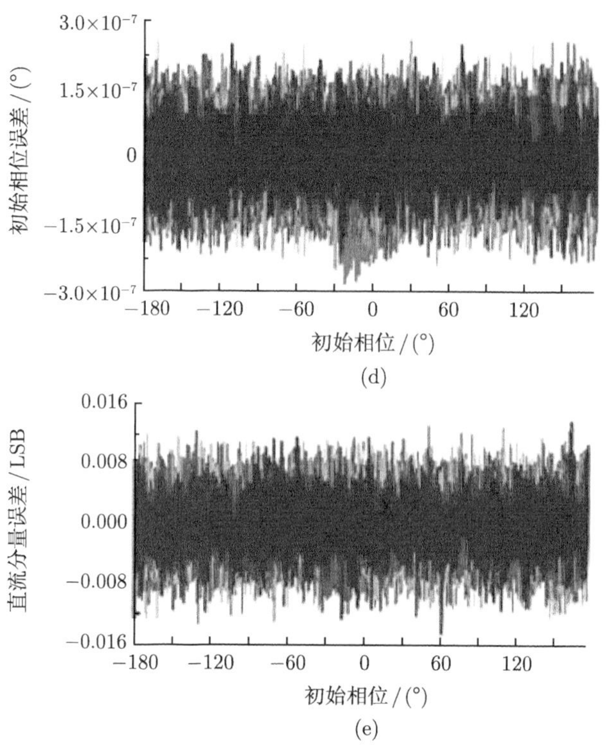

图 8-76　初始相位与周波数同时变化时的参数拟合误差界

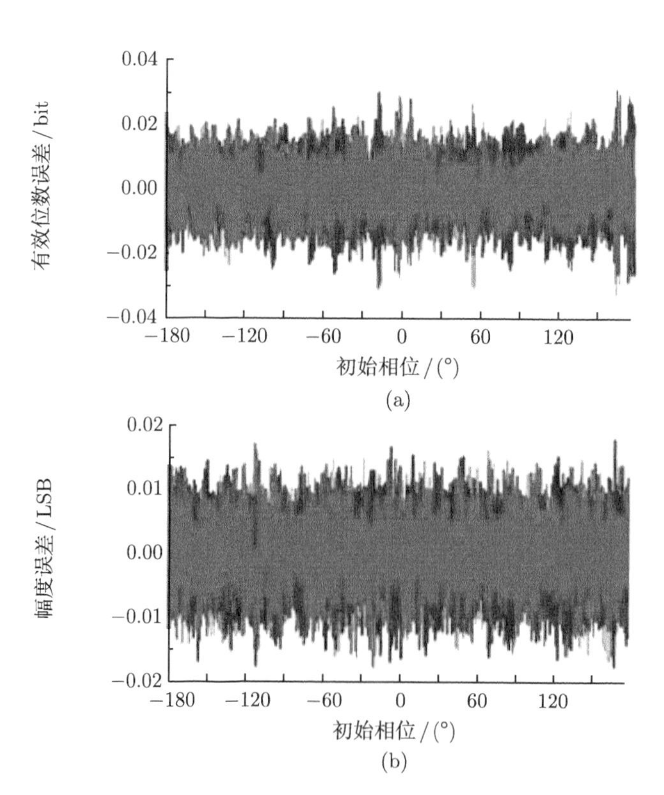

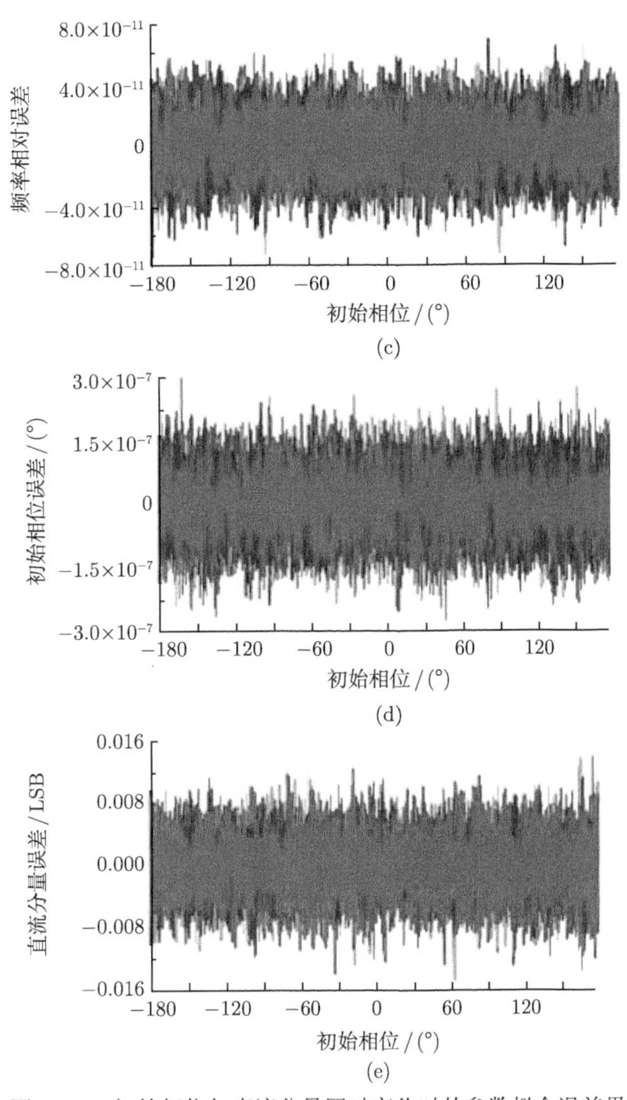

(c)

(d)

(e)

图 8-77 初始相位与直流分量同时变化时的参数拟合误差界

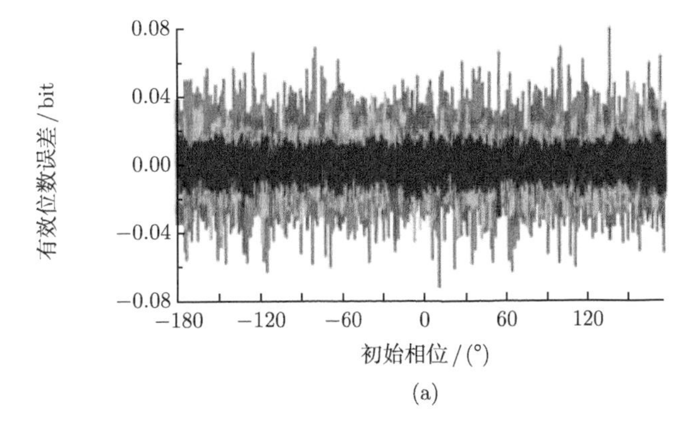

(a)

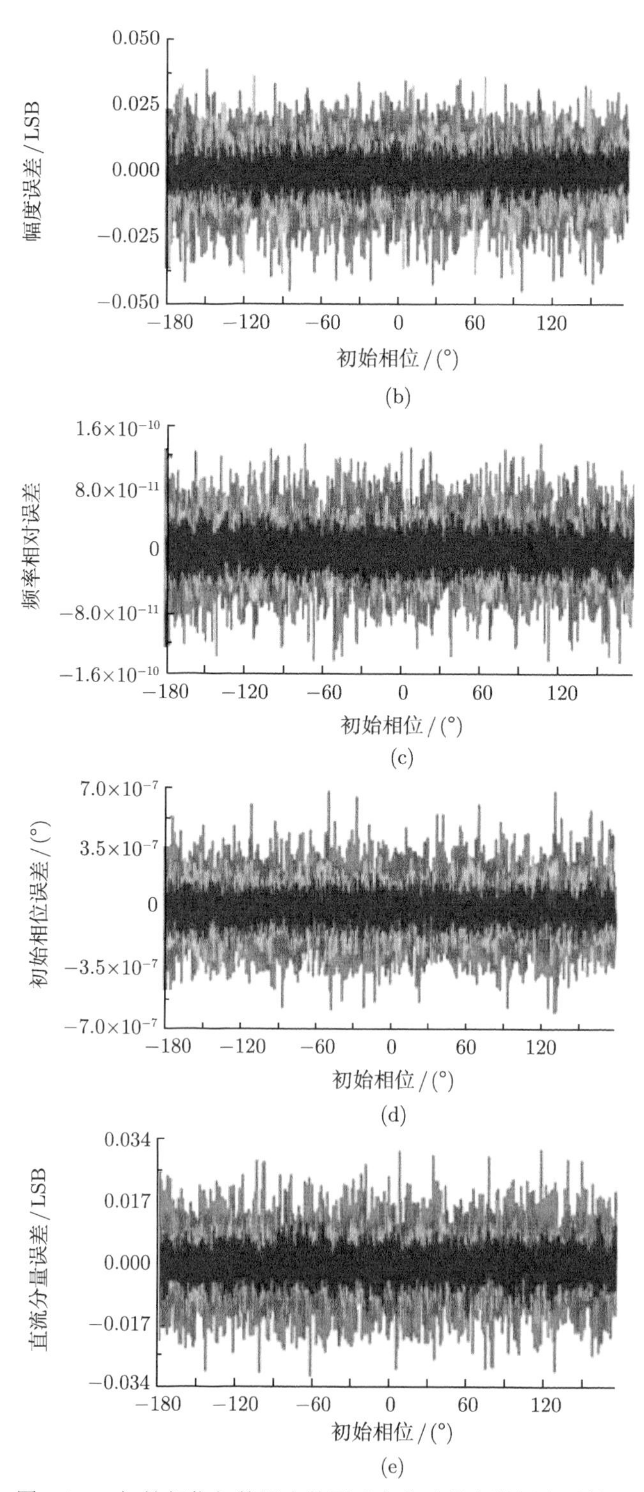

图 8-78　初始相位与数据点数同时变化时的参数拟合误差界

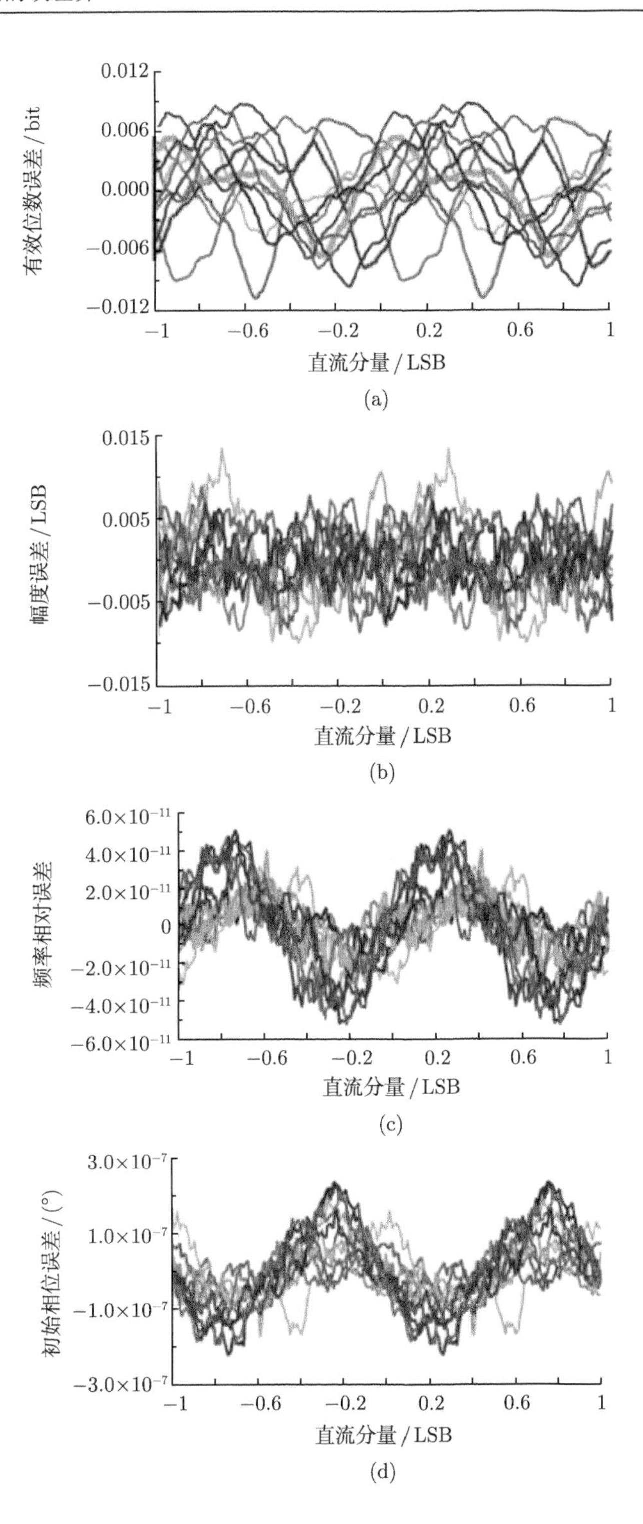

有效位数误差 / bit
0.012
0.006
0.000
−0.006
−0.012
−1
−0.6
−0.2
0.2
0.6
1
直流分量 / LSB
(a)
幅度误差 / LSB
0.015
0.005
−0.005
−0.015
直流分量 / LSB
(b)
频率相对误差
6.0×10⁻¹¹
4.0×10⁻¹¹
2.0×10⁻¹¹
0
−2.0×10⁻¹¹
−4.0×10⁻¹¹
−6.0×10⁻¹¹
直流分量 / LSB
(c)
初始相位误差 / (°)
3.0×10⁻⁷
1.0×10⁻⁷
−1.0×10⁻⁷
−3.0×10⁻⁷
直流分量 / LSB
(d)

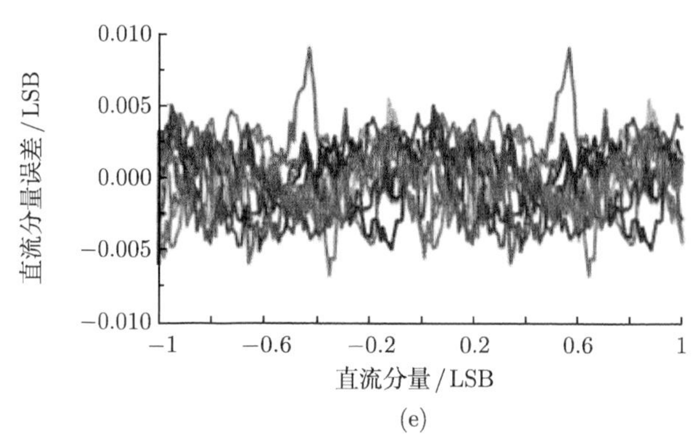

(e)

图 8-79　直流分量与幅度同时变化时的参数拟合误差界

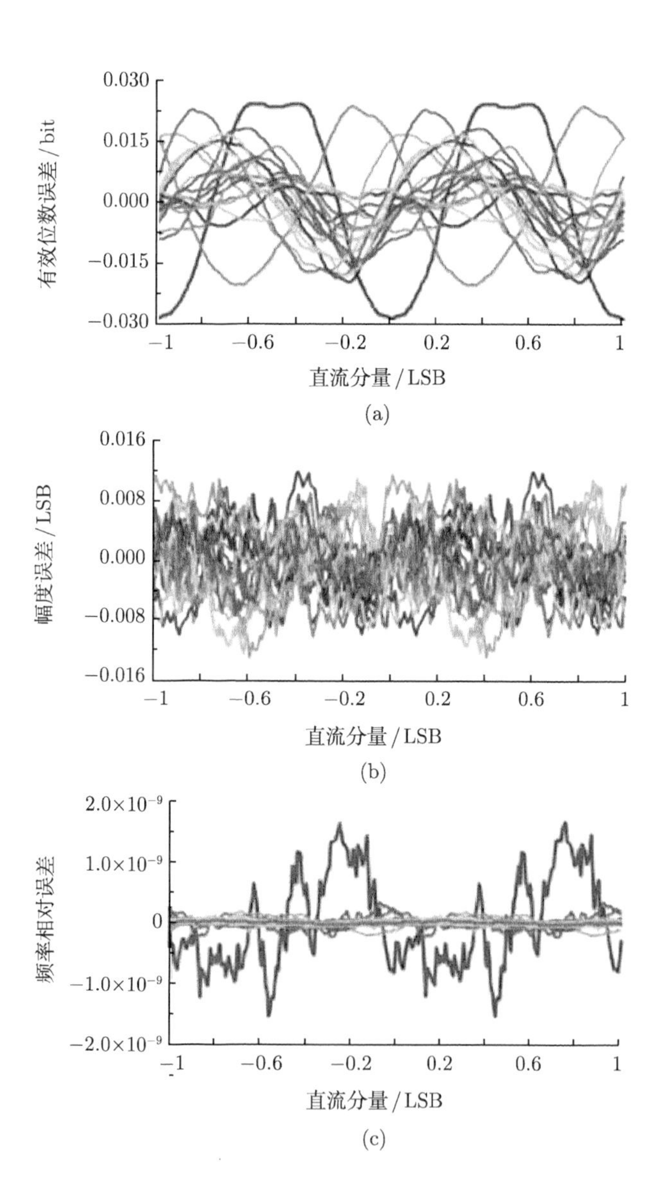

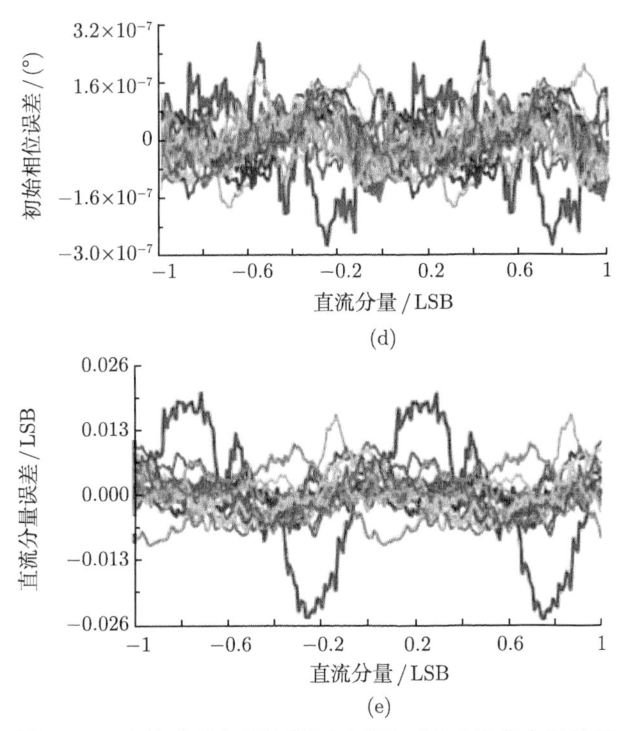

图 8-80 直流分量与周波数同时变化时的参数拟合误差界

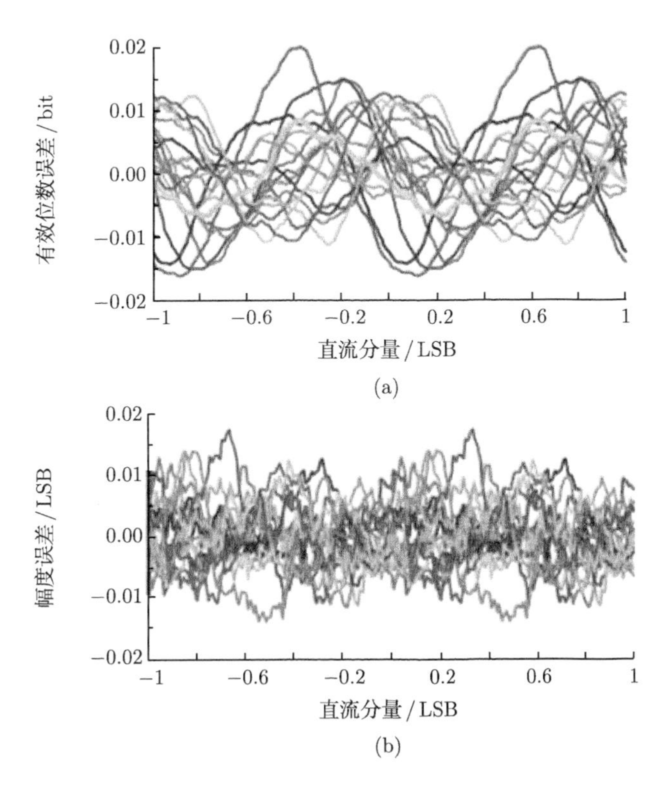

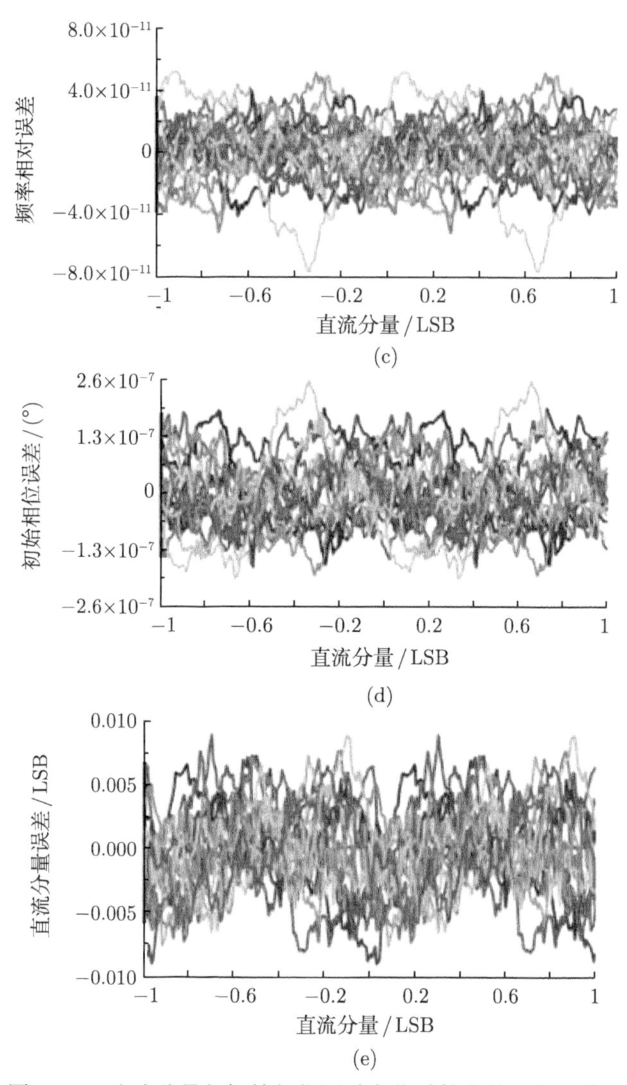

图 8-81　直流分量与初始相位同时变化时的参数拟合误差界

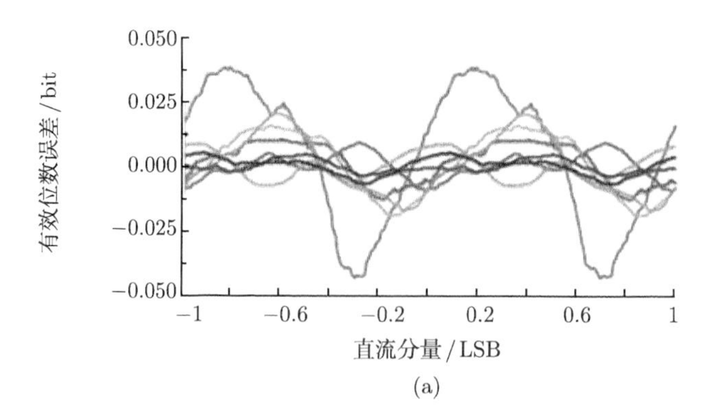

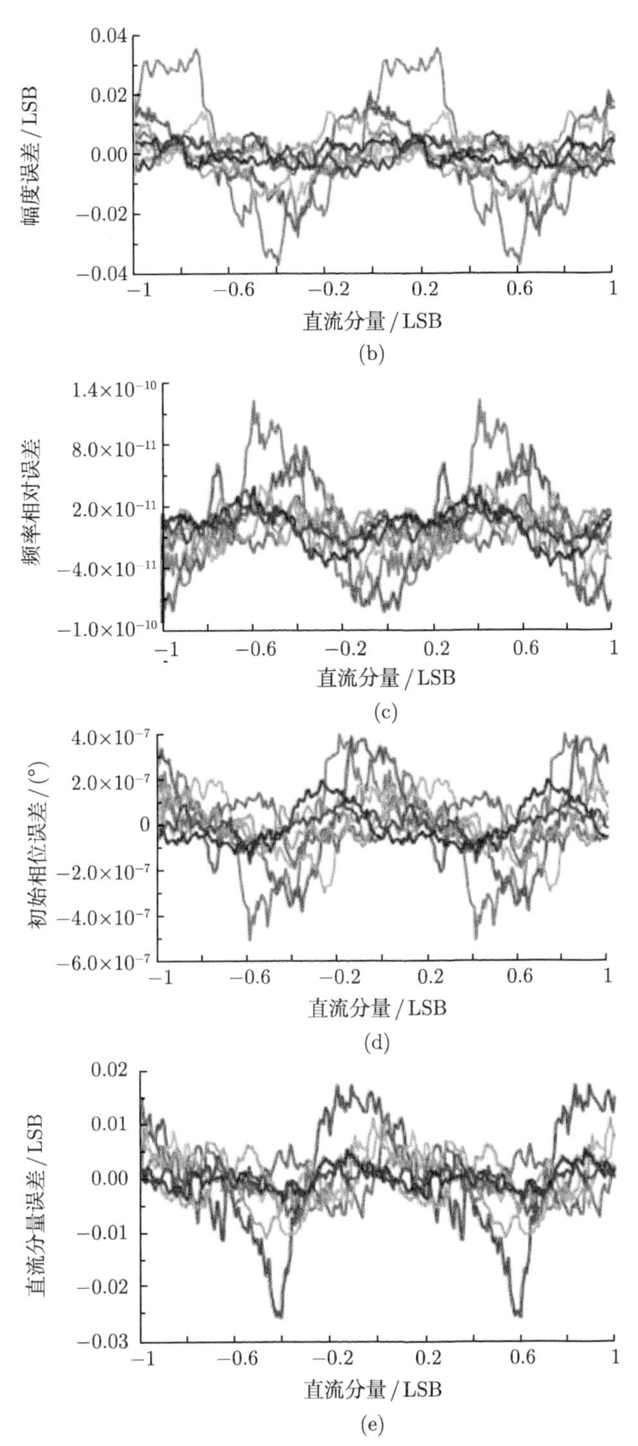

图 8-82 直流分量与数据点数同时变化时的参数拟合误差界

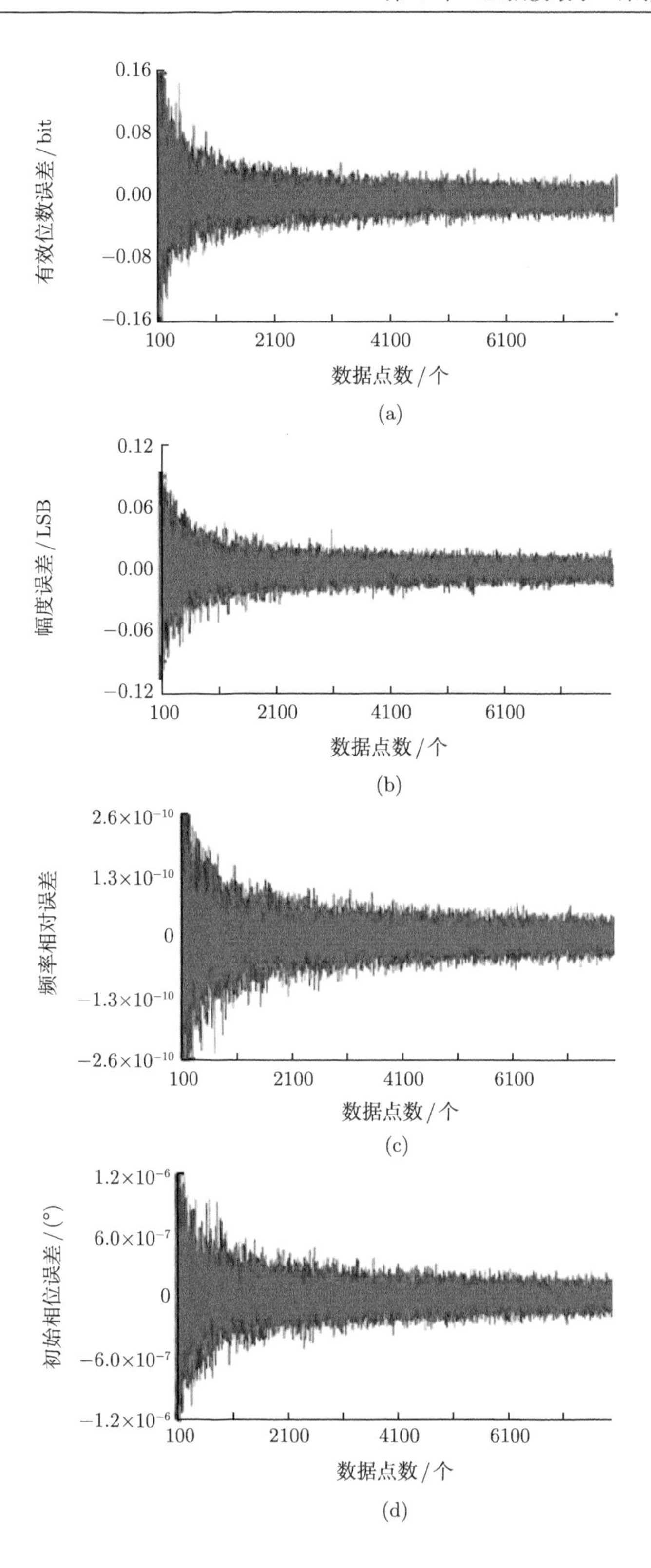

有效位数误差/bit
0.16
0.08
0.00
−0.08
−0.16
100
2100
4100
6100
数据点数/个
(a)
幅度误差/LSB
0.12
0.06
0.00
−0.06
−0.12
100
2100
4100
6100
数据点数/个
(b)
频率相对误差
2.6×10⁻¹⁰
1.3×10⁻¹⁰
0
−1.3×10⁻¹⁰
−2.6×10⁻¹⁰
100
2100
4100
6100
数据点数/个
(c)
初始相位误差/(°)
1.2×10⁻⁶
6.0×10⁻⁷
0
−6.0×10⁻⁷
−1.2×10⁻⁶
100
2100
4100
6100
数据点数/个
(d)

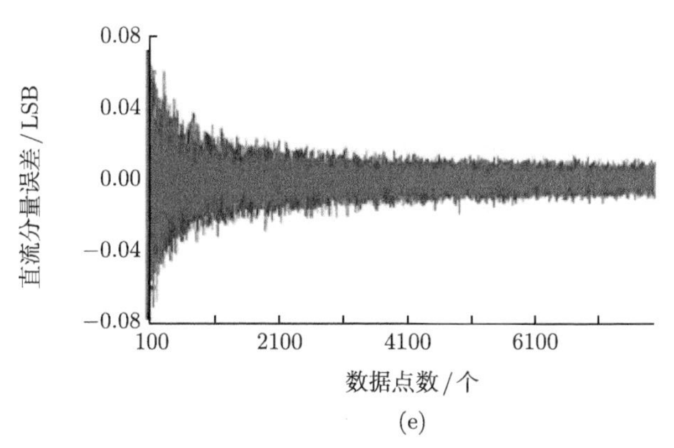

(e)

图 8-83　数据点数与幅度同时变化时的参数拟合误差界

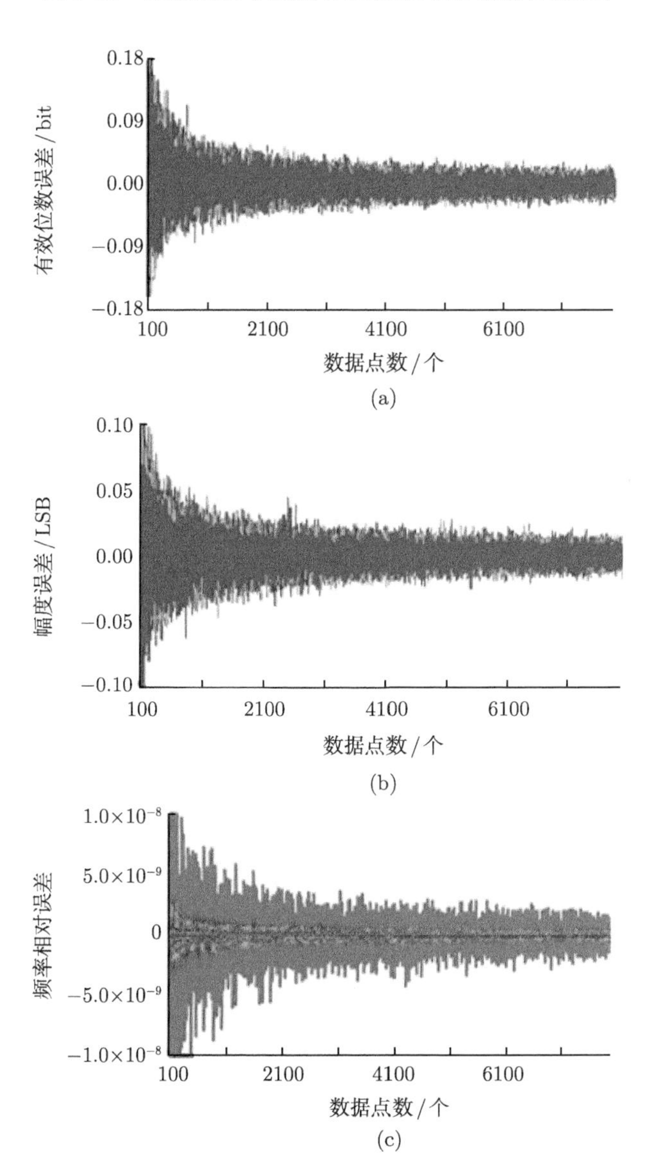

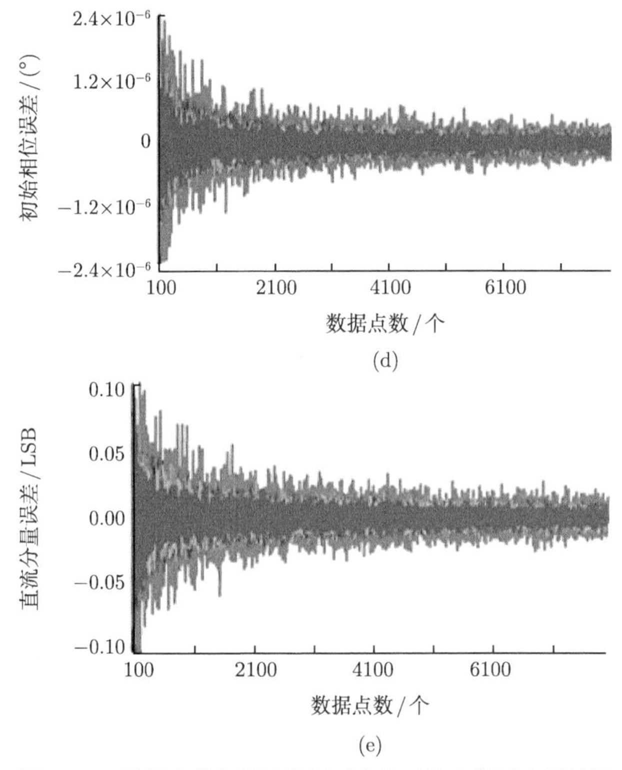

(d)

(e)

图 8-84　数据点数与周波数同时变化时的参数拟合误差界

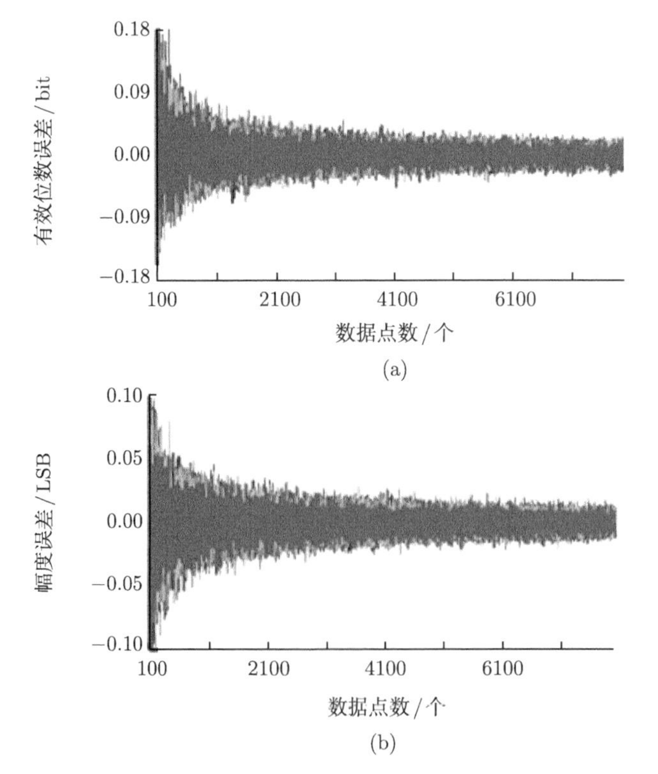

(a)

(b)

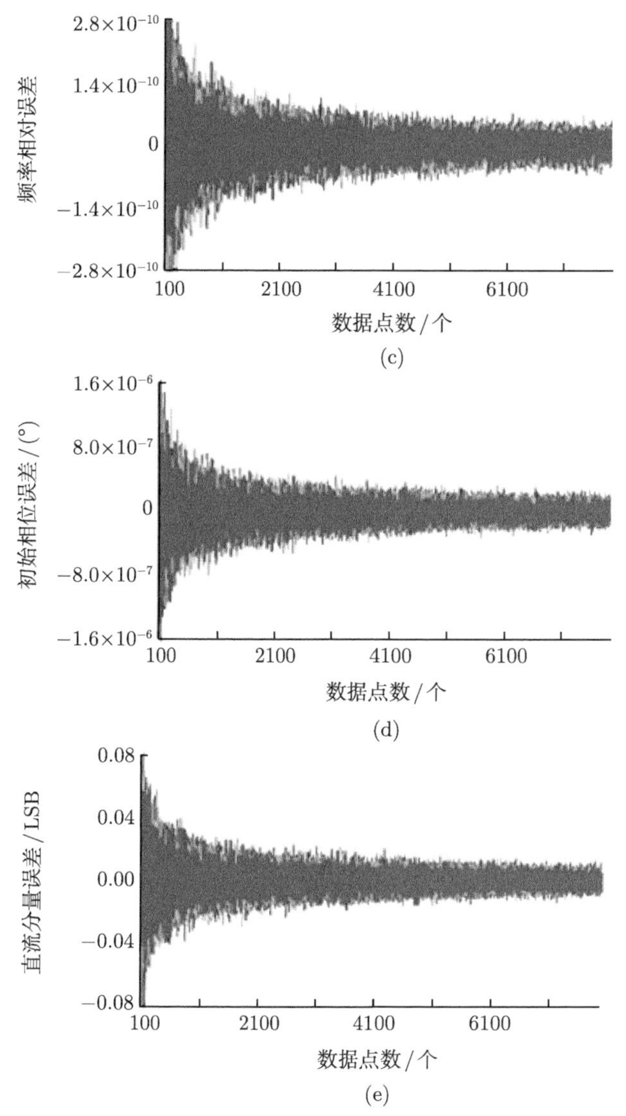

(c)

(d)

(e)

图 8-85 数据点数与初始相位同时变化时的参数拟合误差界

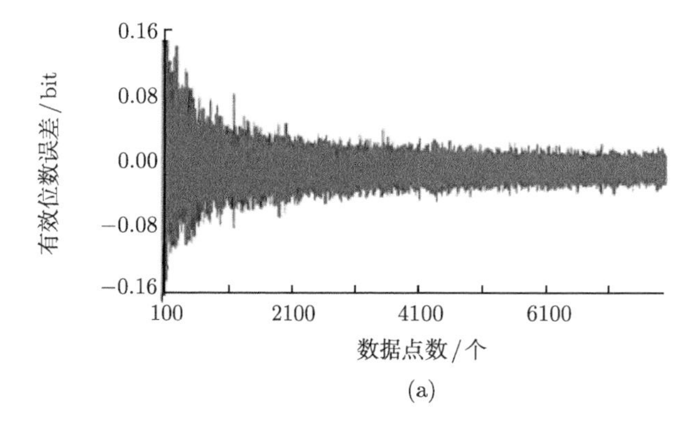

(a)

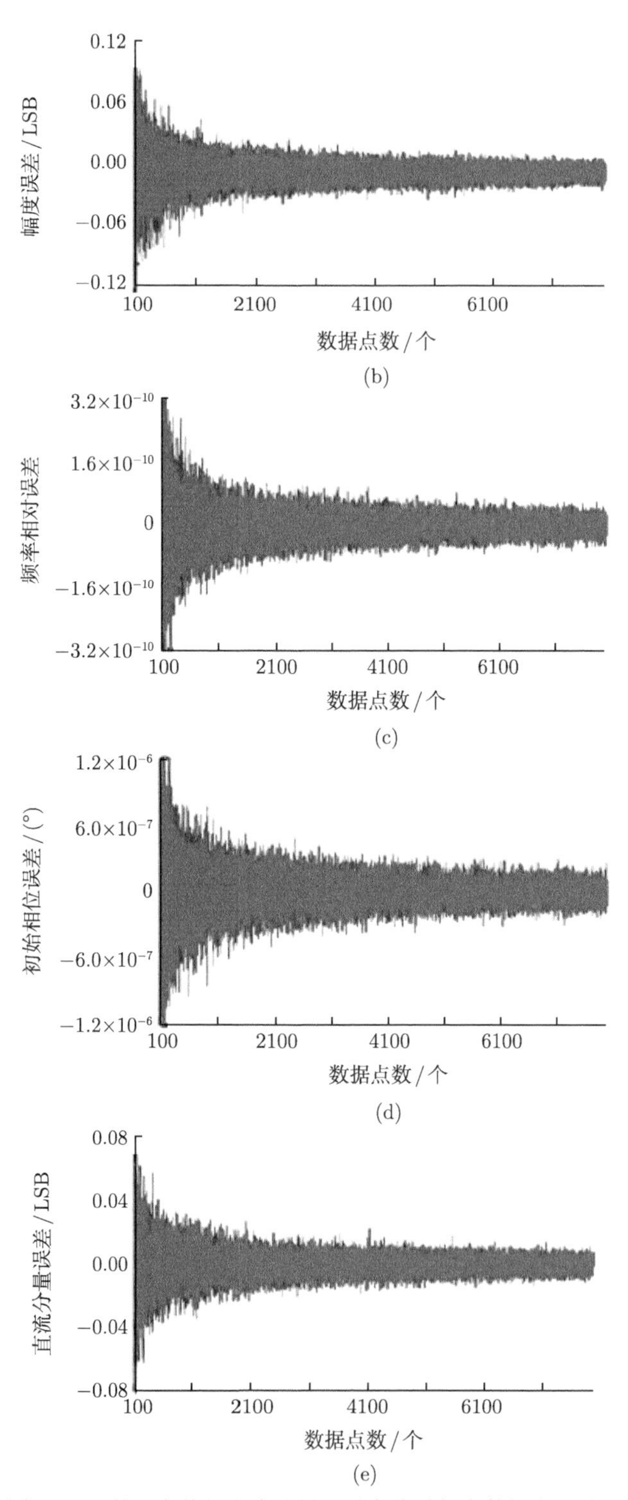

图 8-86　数据点数与直流分量同时变化时的参数拟合误差界

表 8-4 正弦拟合参数的条件误差界 (24bit A/D)

有效位数误差/bit		幅度误差/LSB		频率相对误差		相位误差/(°)		直流分量误差/LSB		备注
下界	上界	下界	上界	下界	上界	下界	上界	下界	上界	变动条件
−0.06	0.06	−0.04	0.04	-2×10^{-9}	2×10^{-9}	-1×10^{-6}	1×10^{-6}	-1.5×10^{-2}	1.5×10^{-2}	幅度、周波数；图 8-67，幅度覆盖 1/4 以上量程，周波数 2 个以上
−0.04	0.04	−0.02	0.02	-3×10^{-10}	3×10^{-10}	-1×10^{-6}	1×10^{-6}	-1.5×10^{-2}	1.5×10^{-2}	幅度、初始相位；图 8-68，幅度覆盖 1/4 以上量程
−0.04	0.04	−0.028	0.028	-3×10^{-10}	3×10^{-10}	-1.1×10^{-6}	1.1×10^{-6}	-1.5×10^{-2}	1.5×10^{-2}	幅度、直流分量；图 8-69，幅度覆盖 1/4 以上量程
−0.1	0.1	−0.05	0.05	-5×10^{-10}	5×10^{-10}	-4×10^{-6}	4×10^{-6}	-4×10^{-2}	4×10^{-2}	幅度、数据点数；图 8-70，幅度覆盖 1/4 以上量程
−0.036	0.036	−0.024	0.024	-2×10^{-10}	2×10^{-10}	-3×10^{-7}	3×10^{-7}	-1.6×10^{-2}	1.6×10^{-2}	周波数、幅度；图 8-71，周波数 4 个以上
−0.03	0.03	−0.02	0.02	-2×10^{-10}	2×10^{-10}	-3×10^{-7}	3×10^{-7}	-1.4×10^{-2}	1.4×10^{-2}	周波数、初始相位；图 8-72，周波数 4 个以上
−0.036	0.036	−0.02	0.02	-2×10^{-10}	2×10^{-10}	-3×10^{-7}	3×10^{-7}	-1.5×10^{-2}	1.5×10^{-2}	周波数、直流分量；图 8-73，周波数 4 个以上
−0.08	0.08	−0.04	0.04	-4×10^{-10}	4×10^{-10}	-8×10^{-7}	8×10^{-7}	-3.6×10^{-2}	3.6×10^{-2}	周波数、数据点数；图 8-74，周波数 4 个以上
−0.03	0.03	−0.02	0.02	-8×10^{-11}	8×10^{-11}	-3×10^{-7}	3×10^{-7}	-1.5×10^{-2}	1.5×10^{-2}	初始相位、幅度；图 8-75
−0.032	0.032	−0.022	0.022	-5×10^{-10}	5×10^{-10}	-3×10^{-7}	3×10^{-7}	-1.6×10^{-2}	1.6×10^{-2}	初始相位、周波数；图 8-76，周波数 2 个以上
−0.03	0.03	−0.02	0.02	-8×10^{-11}	8×10^{-11}	-3×10^{-7}	3×10^{-7}	-1.6×10^{-2}	1.6×10^{-2}	初始相位、直流分量；图 8-77
−0.08	0.08	−0.05	0.05	-1.6×10^{-10}	1.6×10^{-10}	-6×10^{-7}	7×10^{-7}	-3.4×10^{-2}	3.4×10^{-2}	初始相位、数据点数；图 8-78
−0.012	0.012	−0.010	0.015	-6×10^{-11}	6×10^{-11}	-3×10^{-7}	3×10^{-7}	-1×10^{-2}	1×10^{-2}	直流分量、幅度；图 8-79
−0.03	0.03	−0.022	0.022	-3×10^{-10}	3.5×10^{-10}	-3×10^{-7}	3×10^{-7}	-1×10^{-2}	2×10^{-2}	直流分量、周波数；图 8-80，周波数 2 个以上
−0.02	0.02	−0.015	0.02	-8×10^{-11}	6×10^{-11}	-2×10^{-7}	3×10^{-7}	-1×10^{-2}	1×10^{-2}	直流分量、初始相位；图 8-81
−0.05	0.05	−0.04	0.04	-9×10^{-11}	1.4×10^{-10}	-6×10^{-7}	5×10^{-7}	-3×10^{-2}	2×10^{-2}	直流分量、数据点数；图 8-82
−0.08	0.08	−0.06	0.06	-1.3×10^{-10}	1.3×10^{-10}	-6×10^{-7}	6×10^{-7}	-3×10^{-2}	3×10^{-2}	数据点数、幅度；图 8-83，数据点数 1000 以上
−0.09	0.09	−0.05	0.05	-8×10^{-10}	8×10^{-10}	-5×10^{-7}	5×10^{-7}	-2×10^{-2}	2×10^{-2}	数据点数、周波数；图 8-84，周波数 2 个以上，数据点 2000 以上
−0.08	0.08	−0.05	0.05	-1.4×10^{-10}	1.4×10^{-10}	-8×10^{-7}	8×10^{-7}	-3×10^{-2}	3×10^{-2}	数据点数、初始相位；图 8-85，数据点数 1000 以上
−0.08	0.08	−0.06	0.06	-1.3×10^{-10}	1.3×10^{-10}	-6×10^{-7}	6×10^{-7}	-4×10^{-2}	4×10^{-2}	数据点数、直流分量；图 8-86，数据点数 1000 以上

3. 仿真实验结果分析

1) 有效位数误差界

从图 8-67(a)~ 图 8-86(a) 可以看出以下规律。

(1) 数据点数是影响有效位数误差界 (误差包络线) 的最重要因素，100 点以上的数据点数，误差界为 ±0.16bit。总体而言，在 1000 点以下，数据点数的增大，可以导致有效位数误差界的单调变窄。1000 点以上的数据点数，误差带比较平稳，没有明显的总体变化趋势，此时，可以获得有效位数误差界下界为 −0.08bit，上界为 0.08bit。

(2) 当幅度在量程范围内变化时，误差界趋于平稳，其误差下界为 −0.06bit，上界为 0.06bit。

(3) 有效位数误差没有随周波数的变化而变化的趋势，其误差带平稳，且存在个别跳动点，误差带下界为 −0.03bit，上界为 0.03bit。

(4) 初始相位因素对有效位数影响的误差带波动平稳，但是，其他因素，例如幅度、周波数、直流分量等会影响误差带宽度和位置。其波动的误差下界为 −0.032bit，上界为 0.032bit。

(5) 直流分量在 LSB 量值尺度的微观范围进行变化时，有效位数误差随其变化呈周期性变化，幅度周期为 1LSB；其波动的误差下界为 −0.05bit，上界为 0.05bit。2000 点以上的数据点数，误差带下界为 −0.02bit，上界为 0.02bit。在直流分量变化时，其他因素的变化对误差界也有影响，按照影响由大到小，它们依次为数据个数、幅度、周波数、初始相位。

2) 幅度误差界

从图 8-67(b)~ 图 8-86(b) 可以看出以下规律。

(1) 数据点数是影响幅度误差界的重要因素，数据点数的增大，可以导致幅度误差界的单调变窄。100 点以上的数据点数，误差界为 ±0.11bit。

当超过 2000 点后，其误差界趋于平稳，误差界下界约为 −0.03LSB，上界约为 0.03LSB。

(2) 在量程范围内大尺度变化时，幅度误差界随幅度增加呈平稳趋势，下界为 −0.04LSB，上界为 0.04LSB；其他对其影响的因素，按重要性排列依次为数据个数、周波数、直流分量、初始相位。

(3) 周波数变化给幅度误差界带来的影响比较平稳，下界约为 −0.04LSB，上界约为 0.04LSB，但不同的周波数的误差界差异可能较大。

(4) 初始相位因素的影响处于平稳波动状态，不同初始相位的波动带可能有明显的宽窄和位置差异，其下界为 −0.02LSB，上界为 0.02LSB。

(5) 幅度误差界随直流分量呈周期变化，周期为 1LSB，其下界为 −0.015LSB，上界为 0.015LSB。

3) 频率误差界

从图 8-67(c)~ 图 8-86(c) 可以看出以下规律。

(1) 数据点数与周波数的结合，是影响频率误差界的最重要因素，数据点数的增大，可以导致频率误差界的变窄，但并非单调变窄。2000 点以上的数据点数，2 个以上的周波数，可以获得频率误差界下界为 -9×10^{-10}，上界为 9×10^{-10}；更窄的误差界需要更多的数据点数。

(2) 频率误差随幅度增加呈衰减下降趋势，但不单调下降，主要由幅度、周波数的变化确定，半量程幅度以上，3 个周波以上，其频率误差下界为 -1×10^{-9}，上界为 1×10^{-9}；更窄的误差界需要更多的周波数。

(3) 周波数增大时，频率误差随周波数增加呈振荡衰减趋势，但并不一直单调下降，其中，与初始相位结合的影响比其他因素显著，4 个周波以上时，频率误差下界为 -2×10^{-10}，上界为 2×10^{-10}。

(4) 初始相位影响的误差界约为 $\pm4\times10^{-11}$；直流分量因素的影响误差界约为 $\pm6\times10^{-11}$；可以忽略。

4) 初始相位误差界

从图 8-67(d)～ 图 8-86(d) 可以看出以下规律。

(1) 数据点数与周波数的结合，是影响初始相位误差界的最重要因素，数据点数的增大，可以导致初始相位误差界的变窄，但并非单调变窄。2000 点以上的数据点数，2 个周波以上时，其误差界下界为 $-5\times10^{-7}(°)$，上界为 $5\times10^{-7}(°)$；更窄的误差界需要更多的数据点数。

(2) 初始相位误差随幅度增加呈衰减下降趋势，但不单调下降，主要由幅度、周波数的变化确定；1/4 量程以上的幅度，下界为 $-1\times10^{-6}(°)$，上界为 $1\times10^{-6}(°)$。

(3) 当周波数变化时，初始相位误差界比较平稳，下界为 $-3\times10^{-7}(°)$，上界为 $3\times10^{-7}(°)$。

在数据个数较低时，会有较大跳变。

(4) 初始相位误差界，随初始相位本身、直流分量等各种因素影响而变化的规律均为平稳。下界为 $-2\times10^{-7}(°)$，上界为 $2\times10^{-7}(°)$；

当数据个数较少时，初始相位误差界宽度会有所增加。

5) 直流分量误差界

从图 8-67(e)～ 图 8-86(e) 可以看出以下规律。

(1) 数据点数是影响直流分量误差界的重要因素之一，数据点数的增大，可以导致直流分量误差界的变窄。

周波数 2 个以上时，在 300 点以上，误差界下界为 −0.08LSB，上界为 0.08LSB；2000 点以上，其误差界比较平稳，下界为 −0.02LSB，上界为 0.02LSB。

(2) 直流分量误差界随幅度增加保持稳定，下界为 −0.02LSB，上界为 0.02LSB。

(3) 同一周波数，直流分量误差界随其他因素变化平稳；不同周波数时直流分量误差界有显著不同，并无单调趋势。

(4) 不同初始相位因素对直流分量误差的影响误差带有所不同，但同一初始相位的误差界保持平稳。下界为 −0.016LSB，上界为 0.016LSB。

(5) 直流分量在 LSB 尺度的微观变化将导致其自身误差的明显变化，局部具有周期性特征，以 1LSB 为周期，下界为 −0.03LSB，上界为 0.02LSB。

6) 幅度变化的影响

由图 8-67～ 图 8-70 可见如下规律。

当其他条件不变，仅信号幅度发生变化时，设幅度与量程比为 η，且 $0<\eta<1$，则有：① 拟合频率误差界与 η 成反比；② 拟合相位误差界与 η 成反比；③ 有效位数误差界、拟合幅度误差界、拟合直流分量误差界不随 η 变化。

7) 周波数变化的影响

由图 8-71~ 图 8-74 可见如下规律。

当其他条件不变，仅拟合序列所含周波数 N 发生变化时，则有：① 拟合频率误差界与 N 成反比；② 有效位数误差界、拟合幅度误差界、拟合相位误差界、拟合直流分量误差界不随周波数 N 变化。

8) 初始相位变化的影响

由图 8-75~ 图 8-78 可见如下规律。

当其他条件不变，仅初始相位发生变化时，则有：有效位数误差界、拟合幅度误差界、拟合频率误差界、拟合相位误差界、拟合直流分量误差界均不随初始相位变化。

9) 直流分量变化的影响

由图 8-79~ 图 8-82 可见如下规律。

当其他条件不变，仅直流分量发生变化时，则有：有效位数误差界、拟合幅度误差界、拟合频率误差界、拟合相位误差界、拟合直流分量误差界均有随直流分量呈周期变化的趋势，周期为 1LSB。

10) 序列长度变化的影响

有关序列长度变化对各个参数拟合误差界的影响，后续 8.4 节已经获得了其符合等间隔阶梯性变化的明确结论。但是在同一阶梯内认定其近似平稳。实际上，在第 1 个误差阶梯内，呈马鞍形变化，其前半阶梯中，拟合参数误差界随着序列长度增加呈单调下降趋势，而后半个阶梯内，拟合参数误差界随着序列长度增加呈稳中略增的趋势变化。其误差阶梯宽度 w 为 [31]

$$w = \eta \cdot N \cdot 2^b \cdot \pi$$

其中，η 为正弦信号峰峰值覆盖量程的百分比；N 为拟合序列所包含的正弦信号周波数；b 为所使用的 A/D 转换器的位数。

对于 24bit A/D 位数而言，w 太大，使得本节所述实验条件中的序列长度 n 远小于 $0.5w$。故符合拟合参数误差随序列长度增加而单调下降的规律。

由图 8-83~ 图 8-86 可见如下规律。

当其他条件不变，仅序列长度发生变化时，则有：有效位数误差界、拟合幅度误差界、拟合频率误差界、拟合相位误差界、拟合直流分量误差界均有随序列长度 n 增加而呈单调下降的趋势。深入研究表明，它们与序列长度 n 的线性函数 m 成反比，即

$$m = k \cdot n + d$$

其中，k 为比例因子；d 为平移系数。

4. 问题讨论

本节上述过程，是以幅度、周波数、初始相位、直流分量和数据点数作为变动参量，使用有效位数误差、幅度误差、频率相对误差、相位误差和直流分量误差作为正弦拟合结果的指针参量。

选择其中一个参量作为主变动因素，其他四项参量作为辅助变量的情况进行二维搜索，揭示双变量组合变化情况下各个指针参量误差界的变化情况，获得不同组合条件下的误差界测量曲线。结果表明如下几点。

(1) 拟合序列的数据点数是最重要的测量条件；也是影响拟合结果的误差界的主导条件，拟合序列的数据点数的增加，可以导致拟合结果误差界的单调下降，若想获得更高准确度的拟合结果，通常需要更多的数据点数；具体为，当序列长度 n 小于误差阶梯 w 的一半时，拟合参数误差界与序列长度 n 的线性函数 m 成反比；近似为与序列长度 n 成反比。

(2) 波形幅度是指其相对量程范围的占比 η 而言，具体为拟合误差界与 η 成反比。实验表明，超过半量程以后幅度的信号波形，其拟合误差界趋于平稳。故测量活动应尽量选择半量程以上覆盖率的幅值进行。而半量程以下的量程覆盖率，相当于 A/D 位数的降低。

(3) 周波数的影响实际上体现的是采样速率和信号频率比的影响，实验表明，只有频率拟合误差随周波数 N 的增加呈振荡衰减趋势，与周波数 N 成反比。并且周波数越小，则变化趋势越显著；在 10 个周波以后的变化趋势趋于平稳。若想获得较小的拟合误差，则应适当提高拟合序列周波数，至少应为 2 个周波以上；和多周波条件相比，2 个以下的周波数将使得拟合误差显著升高。

对于频率以外的其他参数，其误差带随周波数变动没有明显趋势性变化，总体趋势平稳。

(4) 初始相位的变化，对每一个参量拟合的影响都处于平稳变化状况，当其他因素固定时，仅由初始相位变化导致的各个参数误差带波动平稳。

但周波数、数据个数等其他因素变化后，由初始相位变化导致的各个参数误差带宽度和位置可以有较大变化。

其对于有效位数误差带的影响约为 ±0.03bit；对于幅度拟合误差带的影响约为 ±0.02LSB；当周波数为 3 以上时，对于频率拟合误差带的影响约为 $\pm3\times10^{-10}$；对于初始相位拟合误差带的影响约为 $\pm3\times10^{-7}(^\circ)$；对于直流分量拟合误差带的影响约为 ±0.012LSB。

(5) 直流分量的变化，本节只关注到了 LSB 量值范围的变化带来的影响。在该尺度上，它的变化给每一个参量的误差带均带来周期性影响。对其他参量误差带的影响均呈现明显的对称性，而对直流分量自身的误差带的影响则具有反称性特征。

配合其他因素的变动，直流分量的微观变化对有效位数误差带的影响约为 ±0.05bit；对幅度拟合误差带的影响约为 ±0.04LSB；当周波数为 3 以上时，对频率拟合误差带的影响约为 $\pm2\times10^{-10}$；对初始相位拟合误差带的影响约为 $\pm3\times10^{-7}(^\circ)$；当周波数为 2 以上时，对直流分量拟合误差带的影响约为 ±0.02LSB。

(6) 如果在实际工作中，并不需要获得全部上述 5 个参量，而仅仅需要其中某一个参量的高精度结果，例如有效位数，则可以根据该参量的影响因素显著程度，只注意调控和构建所需要的影响量条件即可，其他参量可以自由选取，不必全盘考虑，这将使得实验设计更加容易些。

通过与 8bit 及 12bit A/D 量化的仿真数据相比，24bit 量化的误差界有着很多不同的特征。其中，最大特征是幅度变化和直流分量变化对误差界的影响占比变弱，而初始相位变化对误差界影响的占比增强，并且，误差界的变化趋势更趋平稳，更加接近于随机误差的影响。

5. 结论

综上所述，本节通过仿真，对使用 24bit A/D 转换器的测量系统所得的正弦测量序列，在波形拟合中获得的幅度、频率、初始相位、直流分量和有效位数 5 个参数的拟合误差界进行了搜索研究，给出了误差界随波形幅度、周波数、初始相位、直流分量、数据点数等不同组合条件而变化的曲线，揭示了其变化规律。

例如，频率拟合误差界随幅度宏观上升变化而呈现出的总体下降趋势；随幅度和直流分量在 LSB 尺度的微观变化呈现出的周期性变化规律；总结出了显著影响量和非显著影响量。这对正弦拟合参量的不确定度评估和误差界定具有重要意义和价值。另外，对于拟合参数误差有明确要求的场合，可通过构筑相适应的测量条件获得预期结果。

8.3.7 仿真实验及数据处理——32bit A/D

1. 仿真实验条件

在 32bit A/D 情况下，不失一般性，且为方便参数调控比较，依然设定如下的仿真实验基本条件。

(1) A/D 位数为 32bit。

(2) 信号幅度：依据与量程占比确定，基本幅度为 95.0086%× 满度值。

在幅度作主变化要素时，宏观变化范围为满度值的 9.3%～ 98.9%，按 29103.53LSB 步进。

作辅助变化要素时，在 95.0086%× 满度点处，微观变化范围 −0.5LSB～ 0.5LSB，按 0.1LSB 步进。

(3) 信号频率：取归一化频率 1Hz。

(4) 初始相位：无特别说明时基本值为 0°。

在初始相位作主变化要素时，变化范围 $-180^\circ \sim 180^\circ$，按 0.1° 步进；作辅助变化要素时，范围 $-180^\circ \sim 180^\circ$，$20^\circ$ 步进。

(5) 直流分量：无特别说明时基本值为 0。

在直流分量作主变化要素时，变化范围为 −1LSB～1LSB，0.01LSB 步进；作辅助变化要素时，变化范围为 −0.5LSB～ 0.5 LSB，0.1LSB 步进。

(6) 序列所含周波数：基本值为 20 个周波；

周波数作主变化要素时，变化范围 0.90～21.00，0.01 步进；作辅助变化要素时，变化范围 1～20，按 1 步进。

(7) 序列长度：序列样本点数基本值为 8000 点。

序列长度作主变化要素时，变化范围 100～8000 点，按 1 点步进；作辅助变化要素时，变化范围 1000～ 8000 点，按 1000 点步进。

2. 仿真实验结果

依据上述仿真条件，依次以 1 个参量为主变化要素、另外 1 个参量为辅助变化要素进行仿真数据生成，然后执行拟合计算，考察幅度、频率、初始相位、直流分量、有效位数等指标要素的误差变化情况。

1) 主变化要素为幅度

(1) 辅助变化要素为周波数时，获得各拟合参数误差变化曲线如图 8-87。

(2) 辅助变化要素为初始相位时，获得各拟合参数误差变化曲线如图 8-88。

(3) 辅助变化要素为直流分量时，获得各拟合参数误差变化曲线如图 8-89。

(4) 辅助变化要素为序列长度时，获得各拟合参数误差变化曲线如图 8-90。

2) 主变化要素为周波数

(1) 辅助变化要素为幅度时，获得各拟合参数误差变化曲线如图 8-91。

(2) 辅助变化要素为初始相位时，获得各拟合参数误差变化曲线如图 8-92。

(3) 辅助变化要素为直流分量时，获得各拟合参数误差变化曲线如图 8-93。

(4) 辅助变化要素为序列长度时，获得各拟合参数误差变化曲线如图 8-94。

3) 主变化要素为初始相位

(1) 辅助变化要素为幅度时，获得各拟合参数误差变化曲线如图 8-95。

(2) 辅助变化要素为周波数时，获得各拟合参数误差变化曲线如图 8-96。

(3) 辅助变化要素为直流分量时，获得各拟合参数误差变化曲线如图 8-97。

(4) 辅助变化要素为序列长度时，获得各拟合参数误差变化曲线如图 8-98。

4) 主变化要素为直流分量

(1) 辅助变化要素为幅度时，获得各拟合参数误差变化曲线如图 8-99。

(2) 辅助变化要素为周波数时，获得各拟合参数误差变化曲线如图 8-100。

(3) 辅助变化要素为初始相位时，获得各拟合参数误差变化曲线如图 8-101。

(4) 辅助变化要素为序列长度时，获得各拟合参数误差变化曲线如图 8-102。

5) 主变化要素为序列长度

(1) 辅助变化要素为幅度时，获得各拟合参数误差变化曲线如图 8-103。

(2) 辅助变化要素为周波数时，获得各拟合参数误差变化曲线如图 8-104。

(3) 辅助变化要素为初始相位时，获得各拟合参数误差变化曲线如图 8-105。

(4) 辅助变化要素为直流分量时，获得各拟合参数误差变化曲线如图 8-106。

图 8-87~ 图 8-106 中，各个拟合参数实际误差的上界和下界被整理归纳如表 8-5 所示。

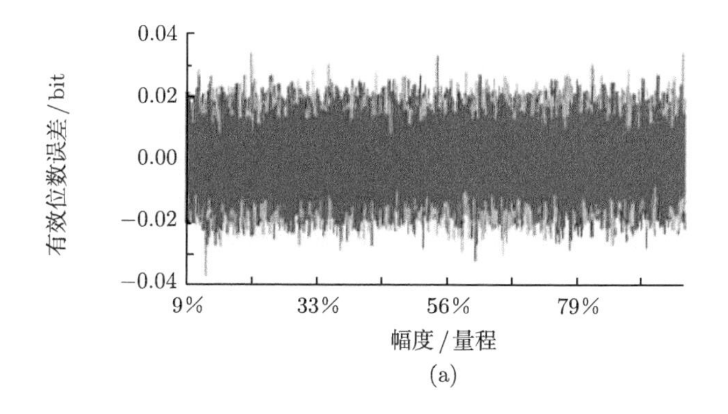

(a)

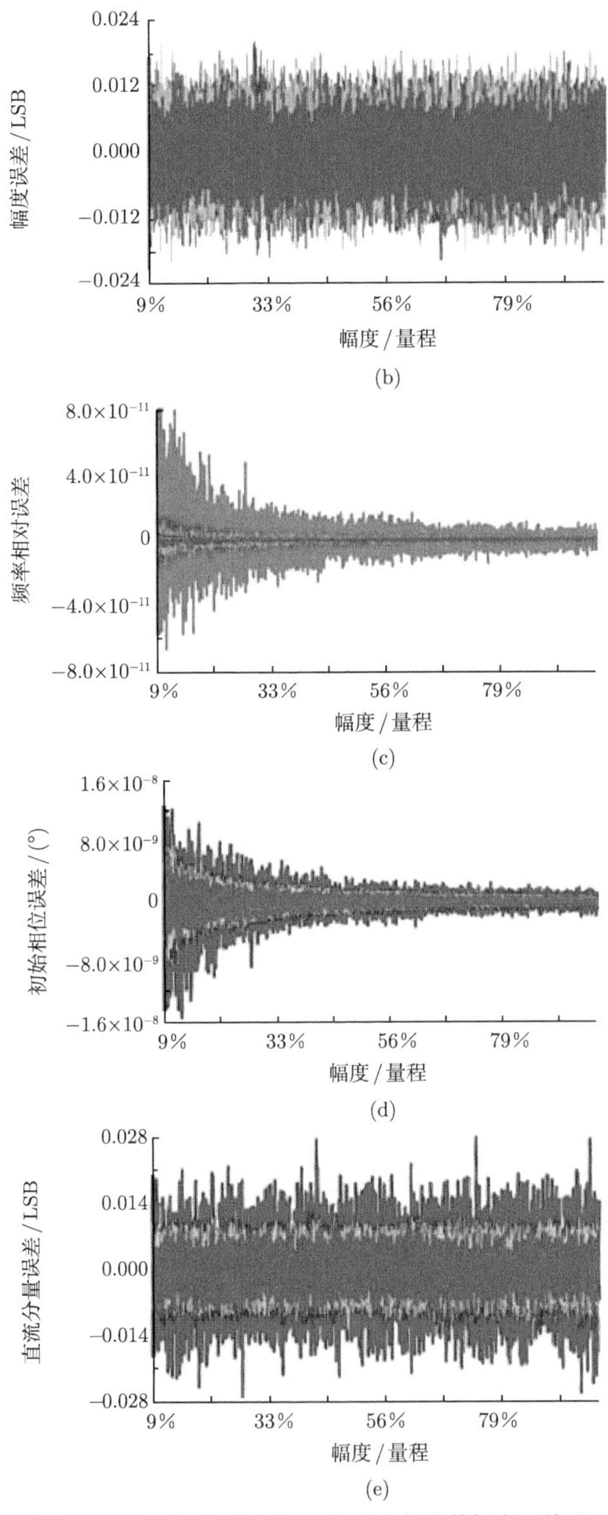

图 8-87　幅度与周波数同时变化时的参数拟合误差界

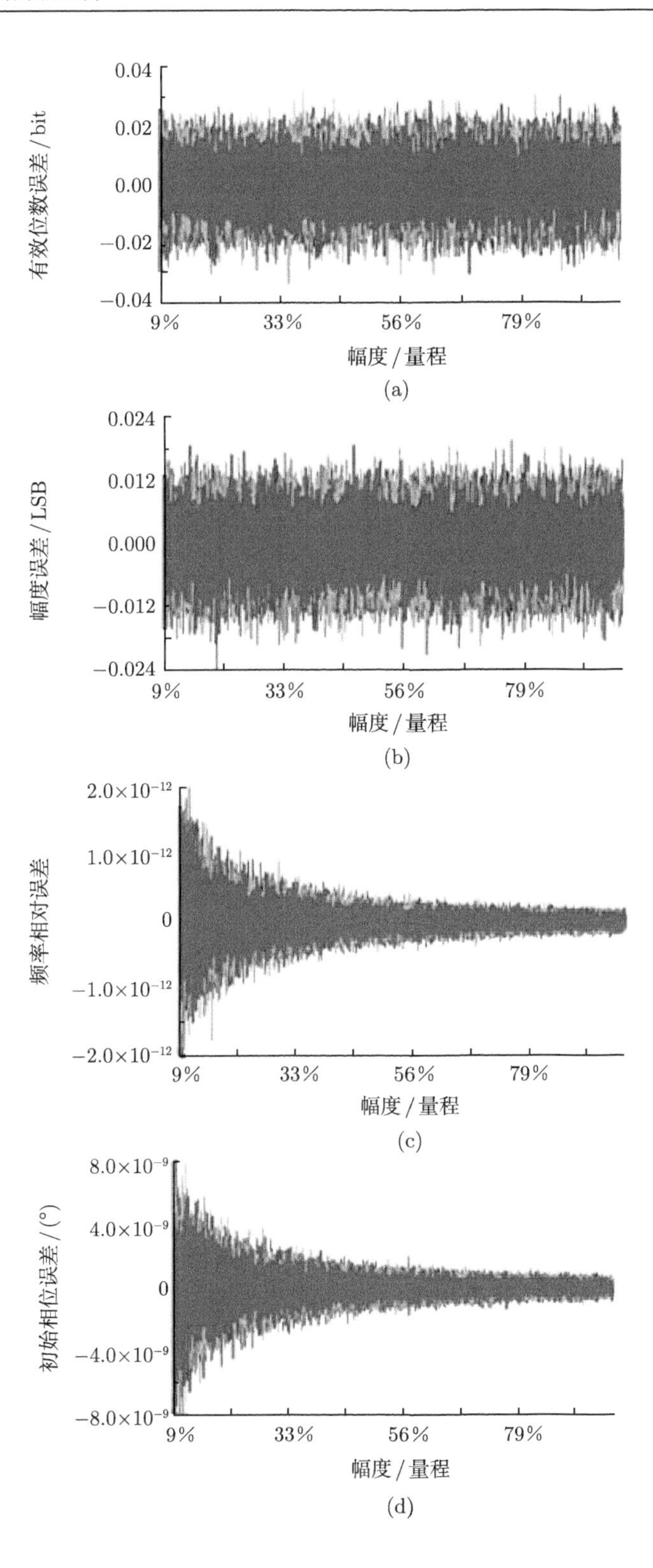

0.04
0.02
0.00
−0.02
−0.04
有效位数误差 / bit
9%
33%
56%
79%
幅度 / 量程
(a)
0.024
0.012
0.000
−0.012
−0.024
幅度误差 / LSB
9%
33%
56%
79%
幅度 / 量程
(b)
2.0×10⁻¹²
1.0×10⁻¹²
0
−1.0×10⁻¹²
−2.0×10⁻¹²
频率相对误差
9%
33%
56%
79%
幅度 / 量程
(c)
8.0×10⁻⁹
4.0×10⁻⁹
0
−4.0×10⁻⁹
−8.0×10⁻⁹
初始相位误差 / (°)
9%
33%
56%
79%
幅度 / 量程
(d)

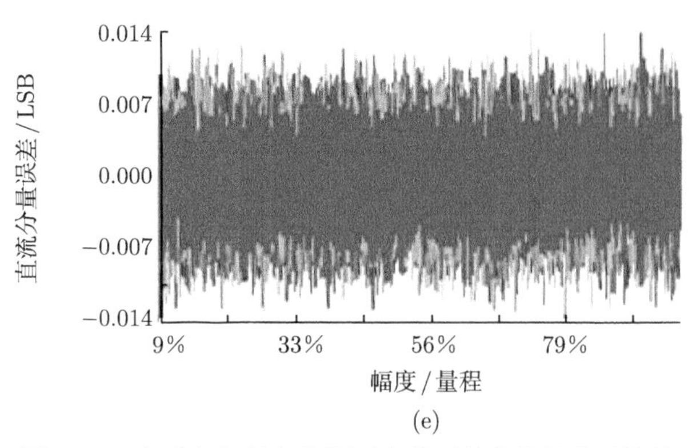

(e)

图 8-88　幅度与初始相位同时变化时的参数拟合误差界

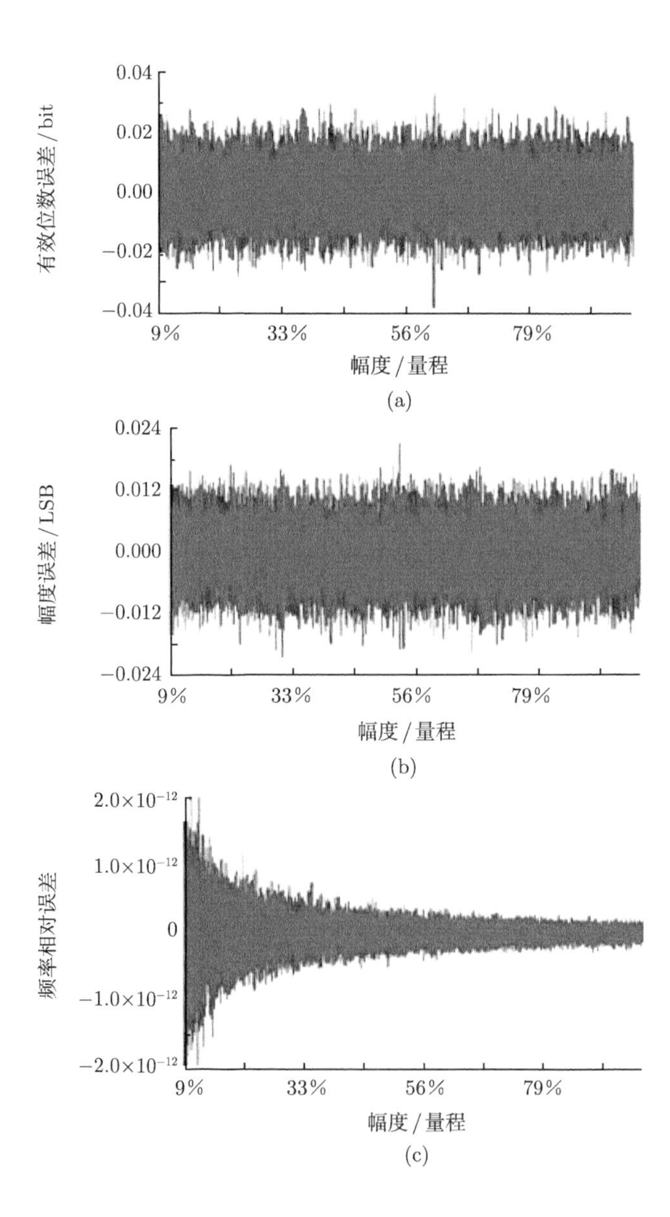

(a)

(b)

(c)

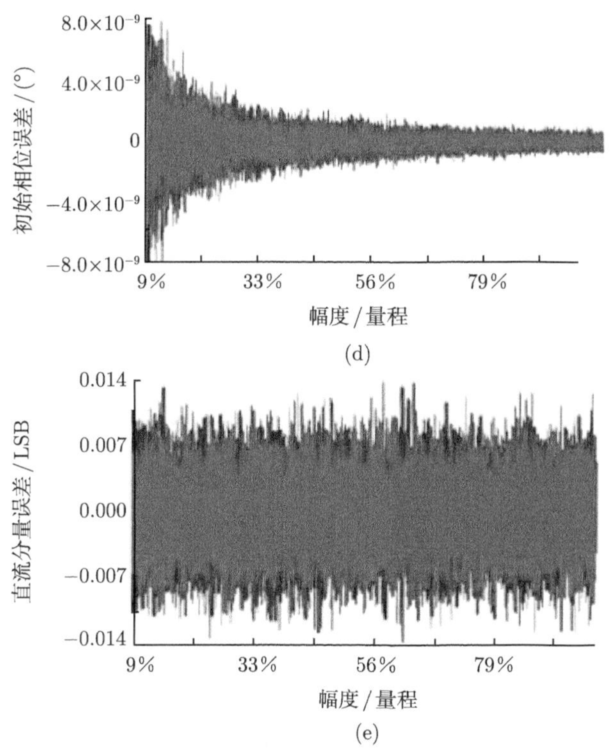

图 8-89 幅度与直流分量同时变化时的参数拟合误差界

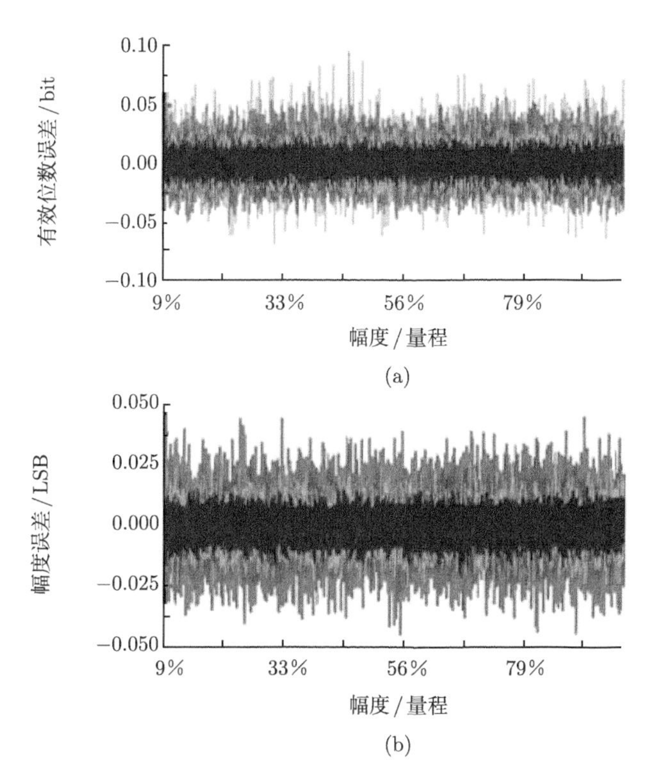

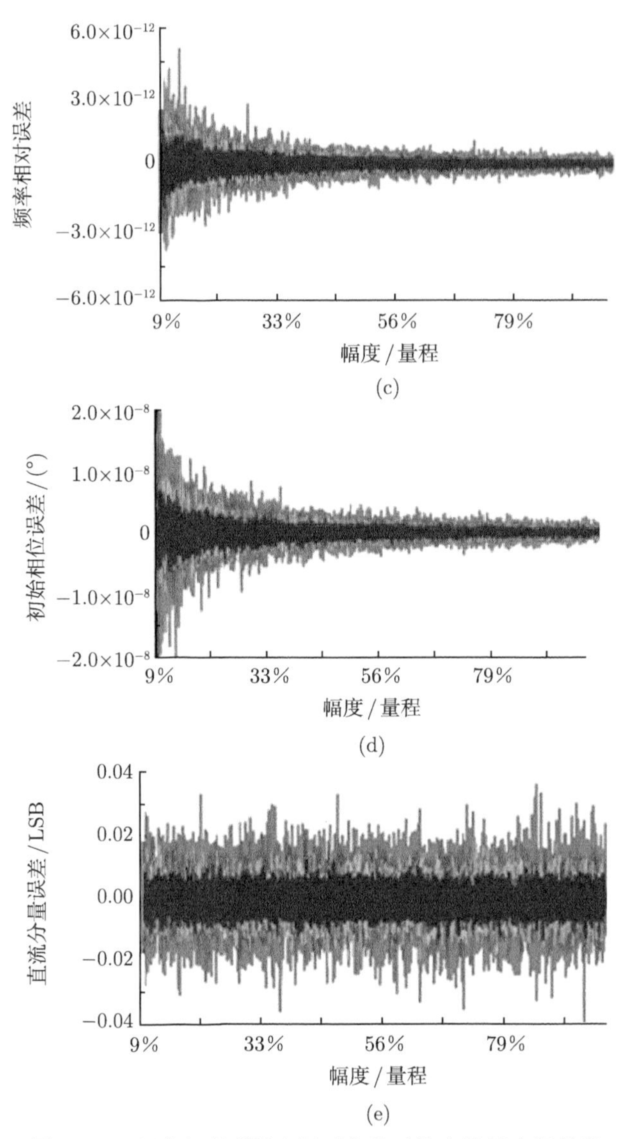

(c)

(d)

(e)

图 8-90　幅度与序列长度同时变化时的参数拟合误差界

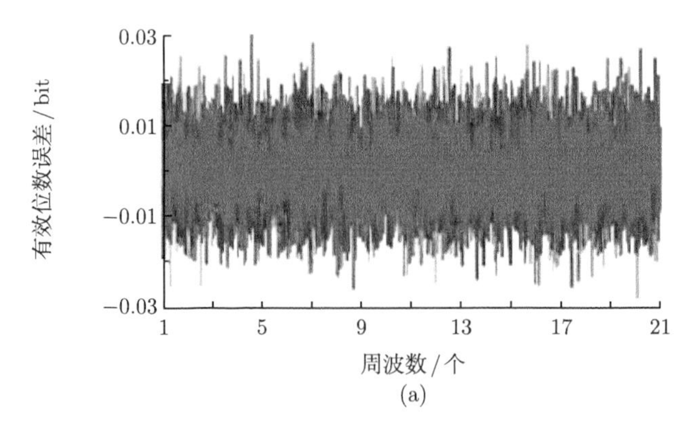

(a)

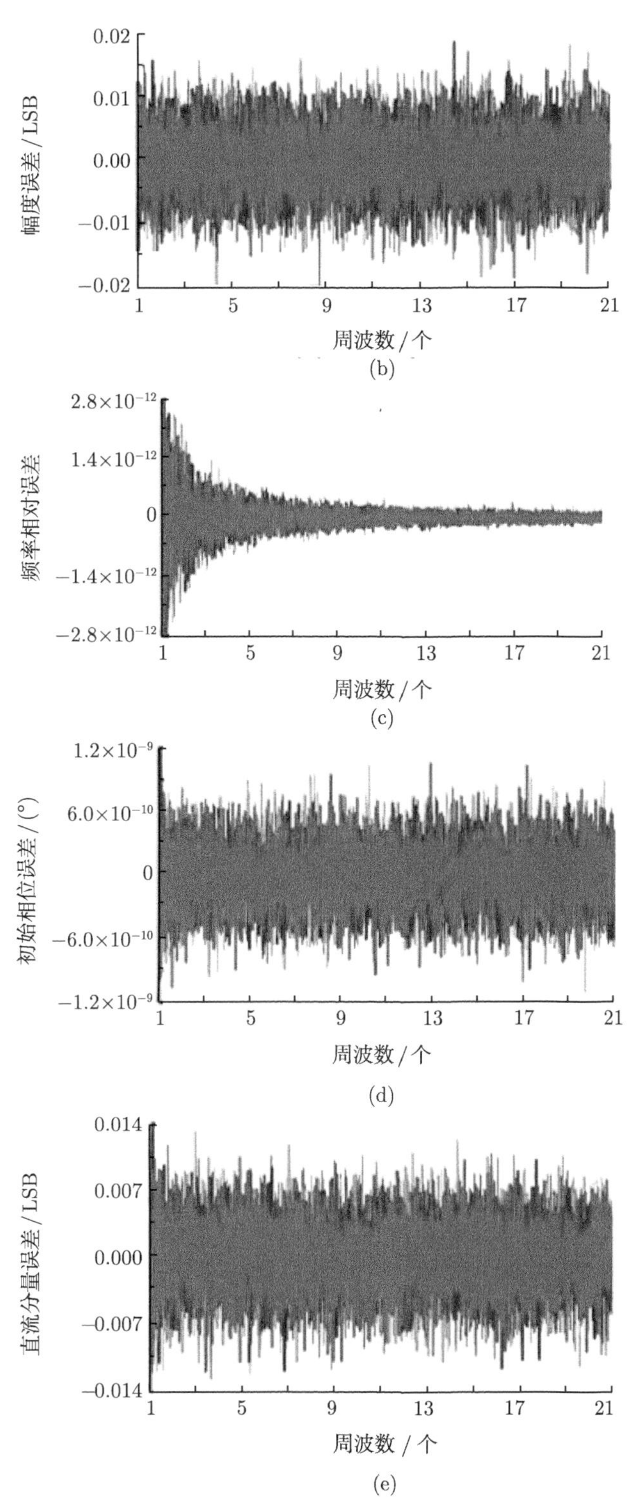

图 8-91 周波数与幅度同时变化时的参数拟合误差界

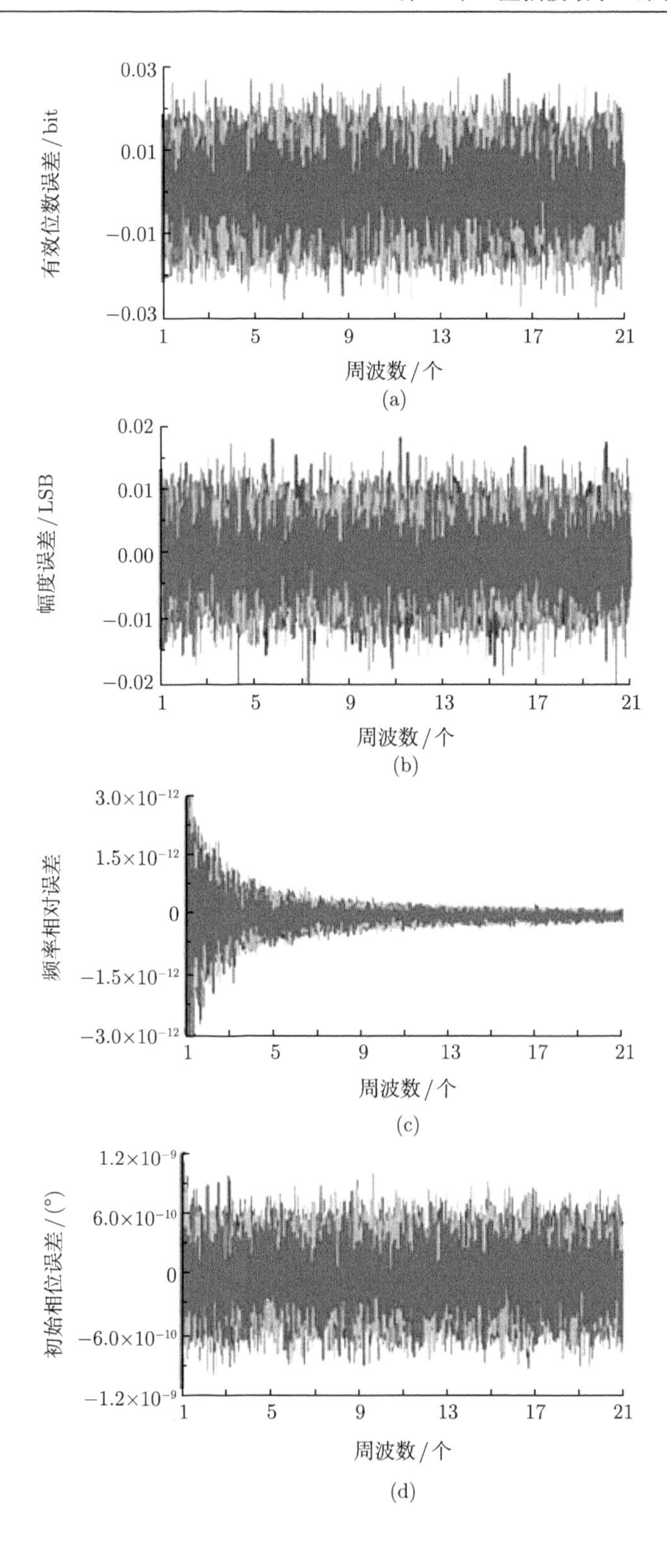
0.03
0.01
−0.01
−0.03
有效位数误差 / bit
1
5
9
13
17
21
周波数 / 个
(a)
0.02
0.01
0.00
−0.01
−0.02
幅度误差 / LSB
周波数 / 个
(b)
3.0×10^−12
1.5×10^−12
0
−1.5×10^−12
−3.0×10^−12
频率相对误差
周波数 / 个
(c)
1.2×10^−9
6.0×10^−10
0
−6.0×10^−10
−1.2×10^−9
初始相位误差 / (°)
周波数 / 个
(d)

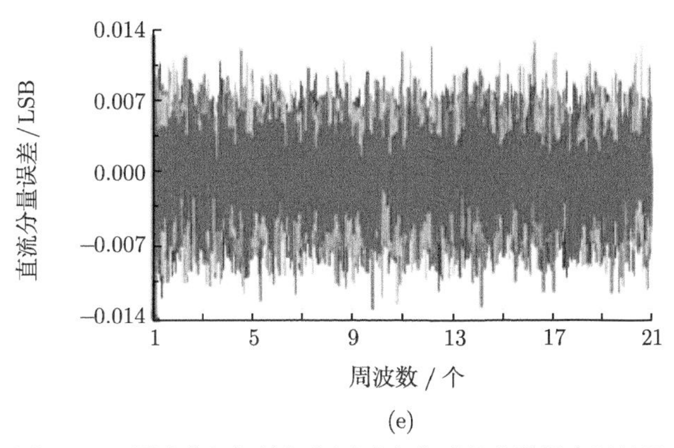

(e)

图 8-92 周波数与初始相位同时变化时的参数拟合误差界

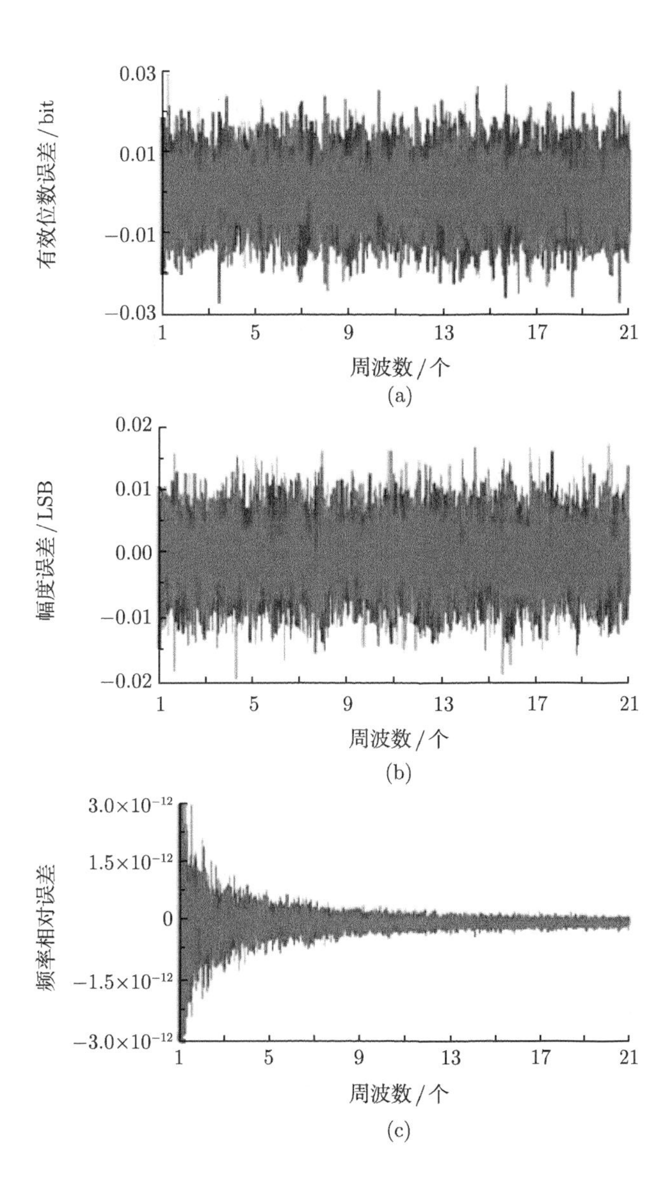

(c)

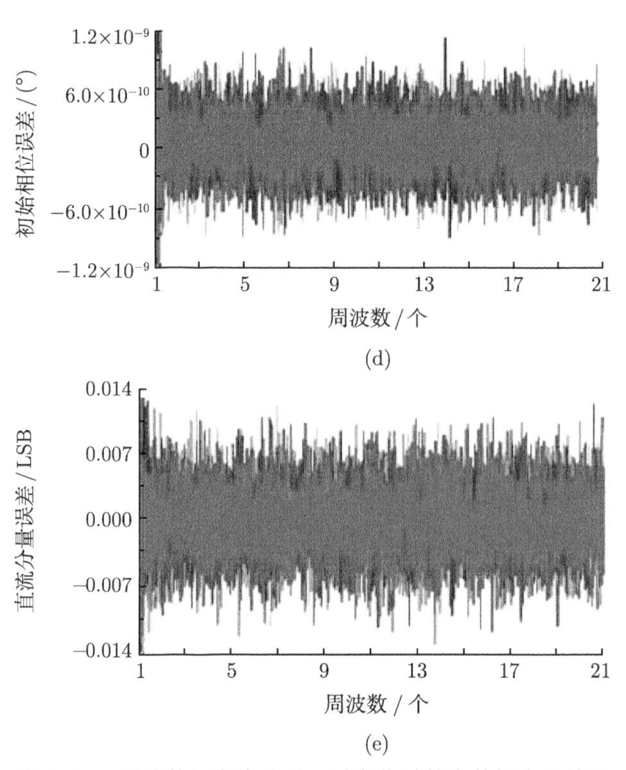

(d)

(e)

图 8-93　周波数与直流分量同时变化时的参数拟合误差界

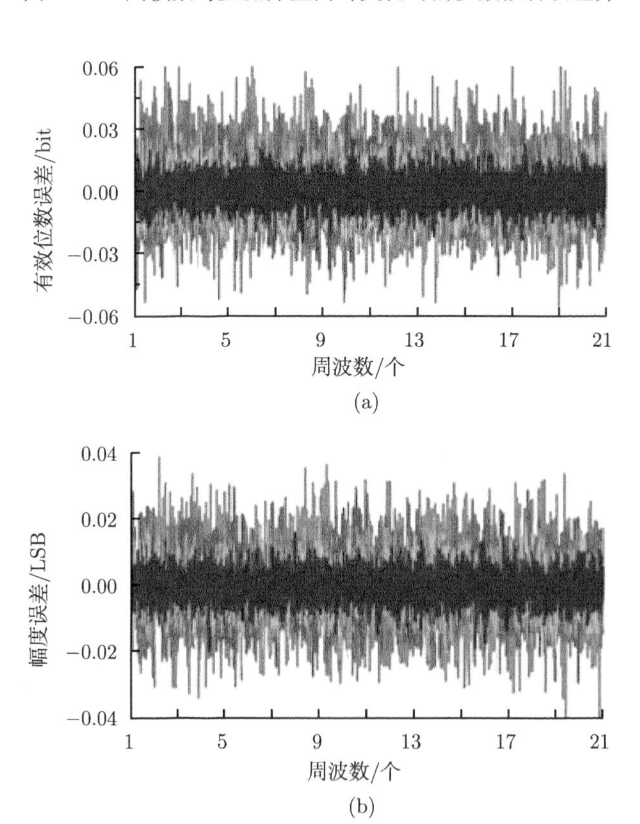

(a)

(b)

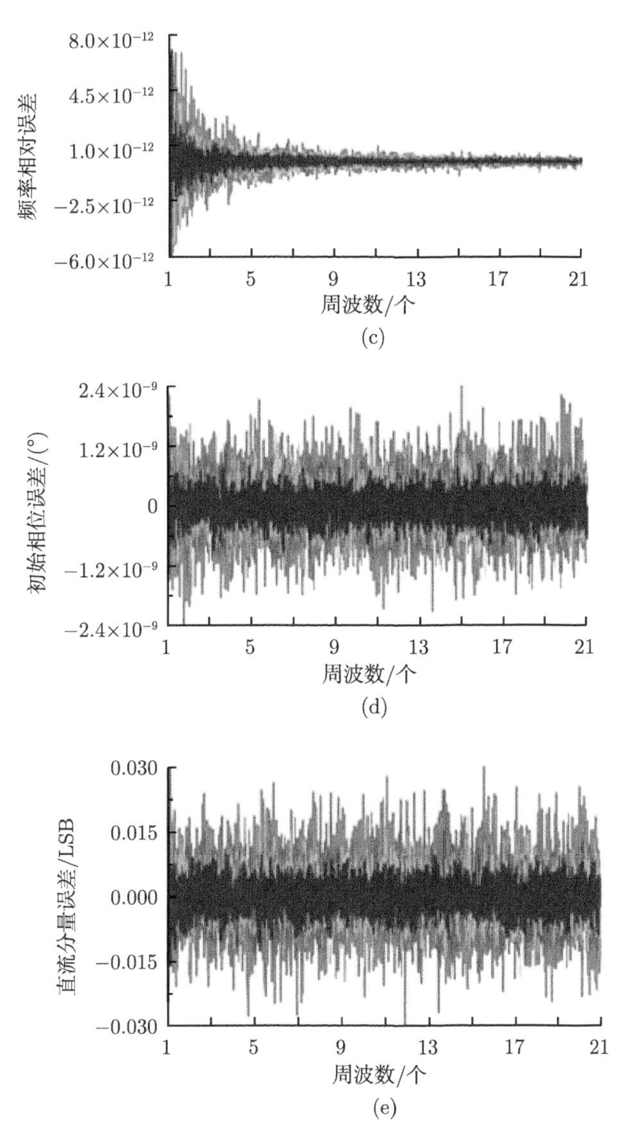

图 8-94 周波数与序列长度同时变化时的参数拟合误差界

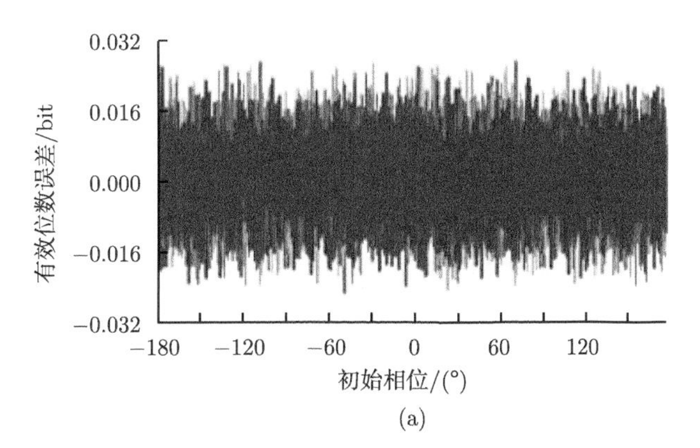

(a)

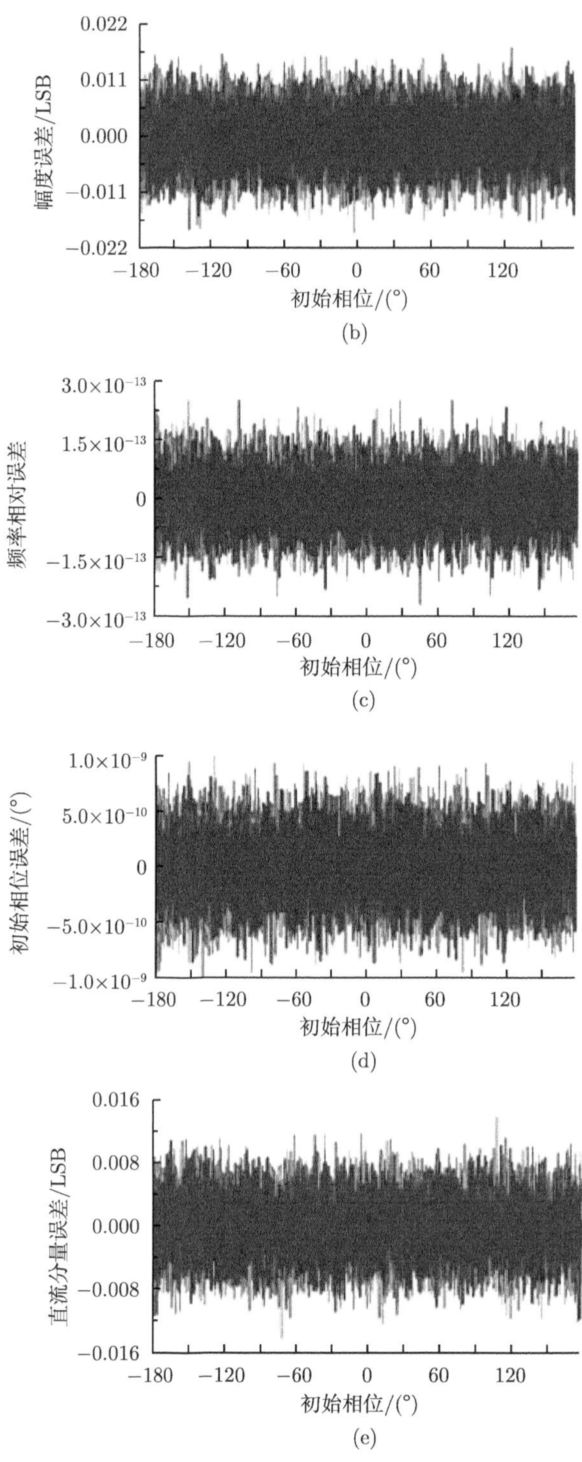

图 8-95　初始相位与幅度同时变化时的参数拟合误差界

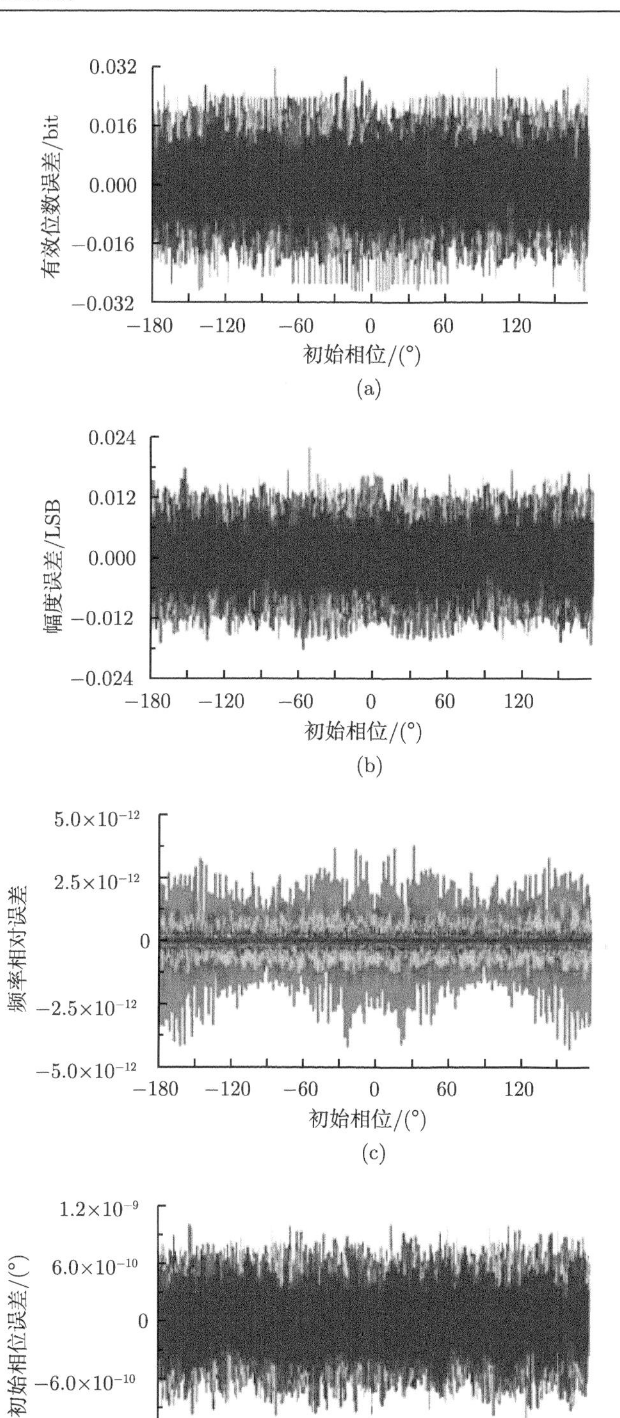

0.032
0.016
0.000
−0.016
−0.032
有效位数误差/bit
−180 −120 −60 0 60 120
初始相位/(°)
(a)
0.024
0.012
0.000
−0.012
−0.024
幅度误差/LSB
−180 −120 −60 0 60 120
初始相位/(°)
(b)
5.0×10⁻¹²
2.5×10⁻¹²
0
−2.5×10⁻¹²
−5.0×10⁻¹²
频率相对误差
−180 −120 −60 0 60 120
初始相位/(°)
(c)
1.2×10⁻⁹
6.0×10⁻¹⁰
0
−6.0×10⁻¹⁰
−1.2×10⁻⁹
初始相位误差/(°)
−180 −120 −60 0 60 120
初始相位/(°)
(d)

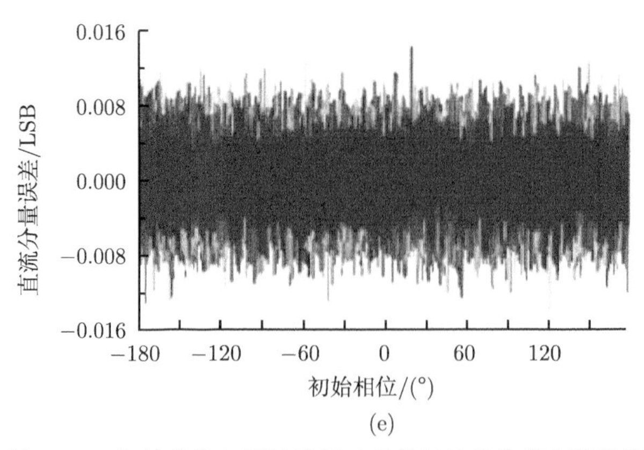

(e)

图 8-96　初始相位与周波数同时变化时的参数拟合误差界

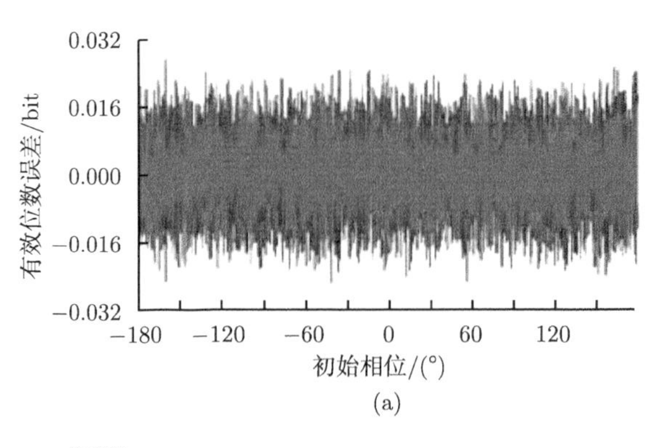

(a)

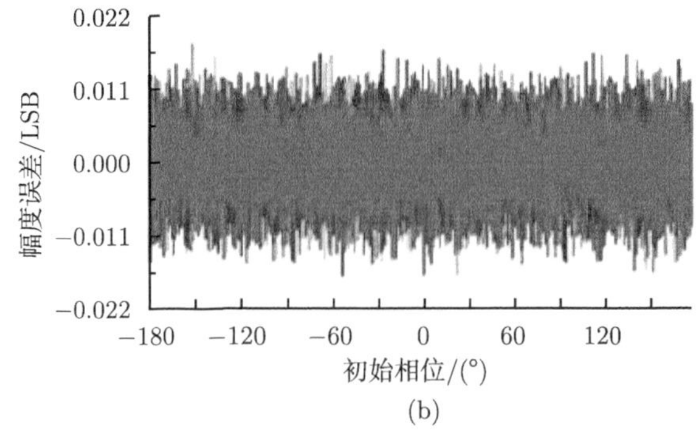

(b)

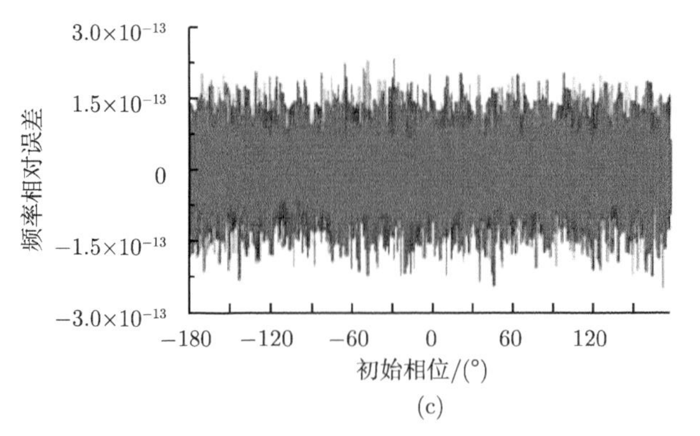

(c)

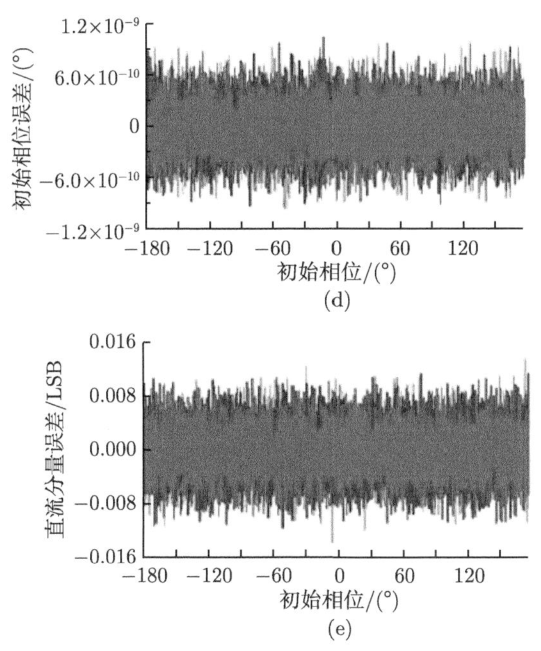

(d)

(e)

图 8-97 初始相位与直流分量变化时的参数拟合误差界

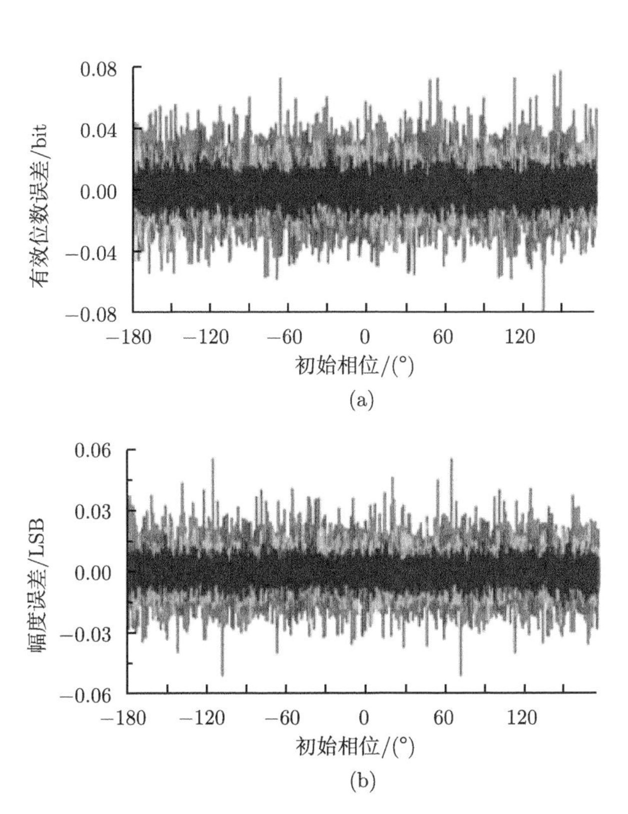

(a)

(b)

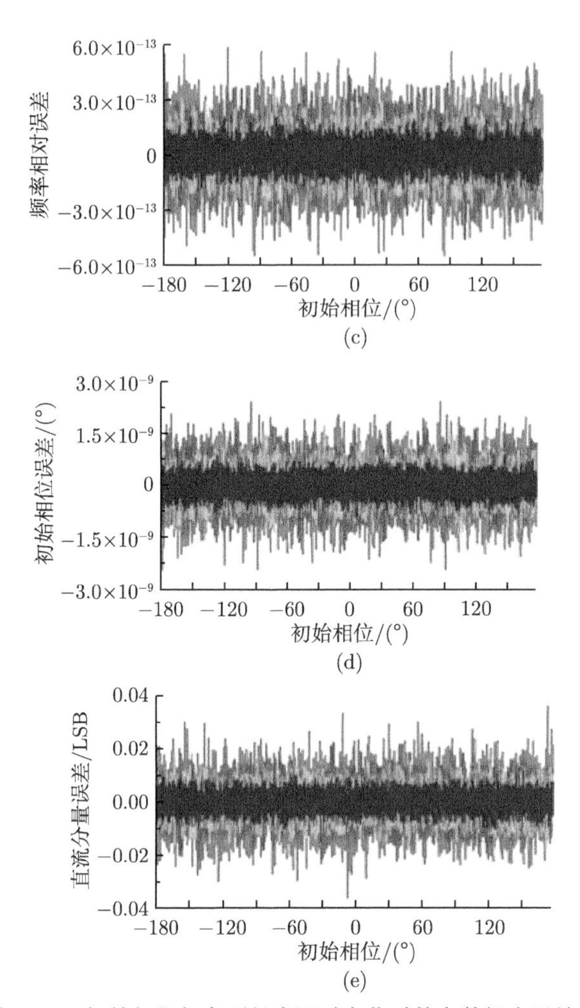

(c)

(d)

(e)

图 8-98　初始相位与序列长度同时变化时的参数拟合误差界

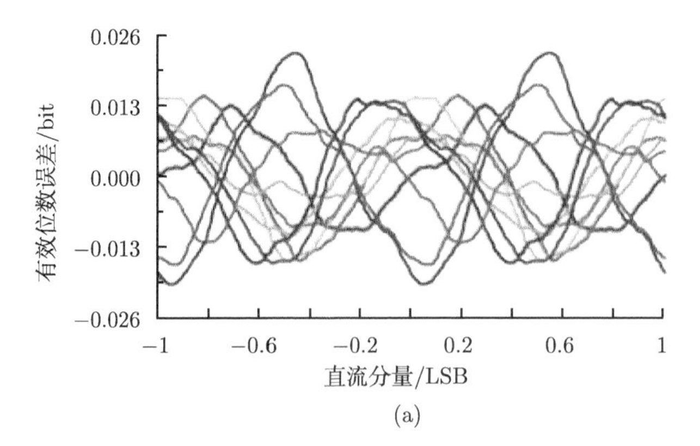

(a)

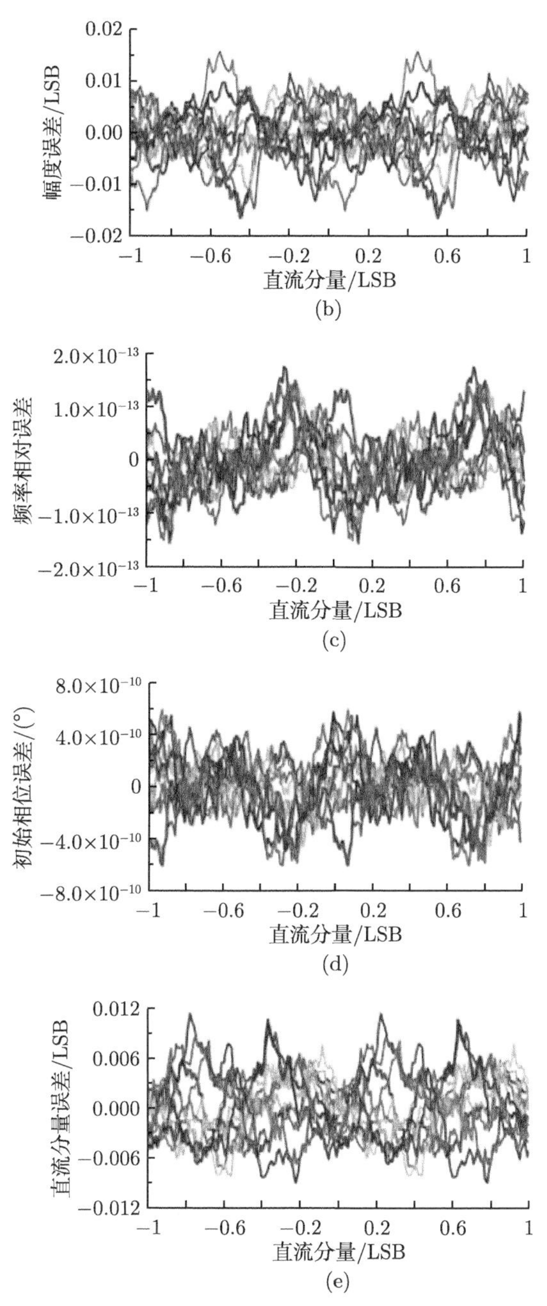

图 8-99 直流分量与幅度同时变化时的参数拟合误差界

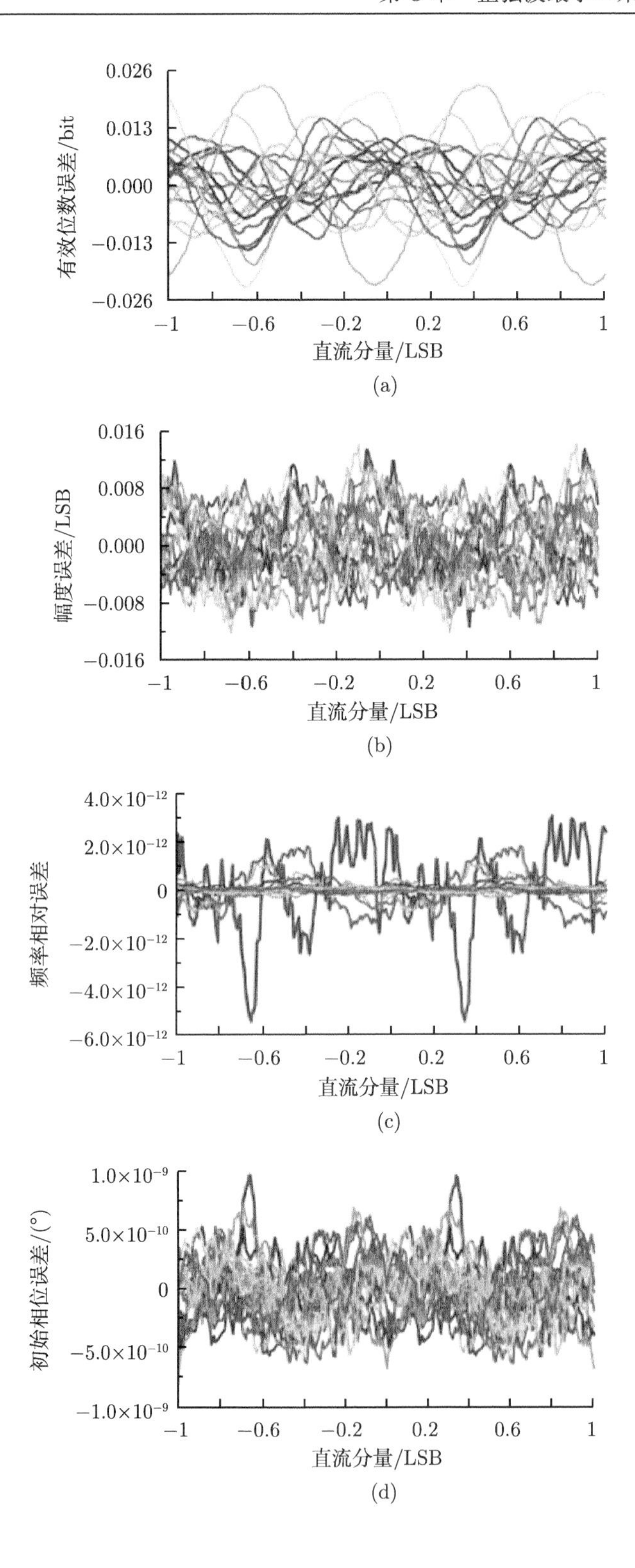

0.026
0.013
0.000
−0.013
−0.026
有效位数误差/bit
−1
−0.6
−0.2
0.2
0.6
1
直流分量/LSB
(a)
0.016
0.008
0.000
−0.008
−0.016
幅度误差/LSB
−1
−0.6
−0.2
0.2
0.6
1
直流分量/LSB
(b)
4.0×10⁻¹²
2.0×10⁻¹²
0
−2.0×10⁻¹²
−4.0×10⁻¹²
−6.0×10⁻¹²
频率相对误差
−1
−0.6
−0.2
0.2
0.6
1
直流分量/LSB
(c)
1.0×10⁻⁹
5.0×10⁻¹⁰
0
−5.0×10⁻¹⁰
−1.0×10⁻⁹
初始相位误差/(°)
−1
−0.6
−0.2
0.2
0.6
1
直流分量/LSB
(d)

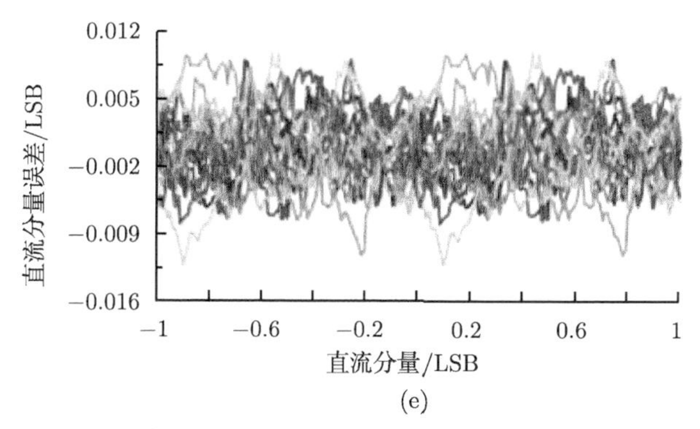

(e)

图 8-100 直流分量与周波数同时变化时的参数拟合误差界

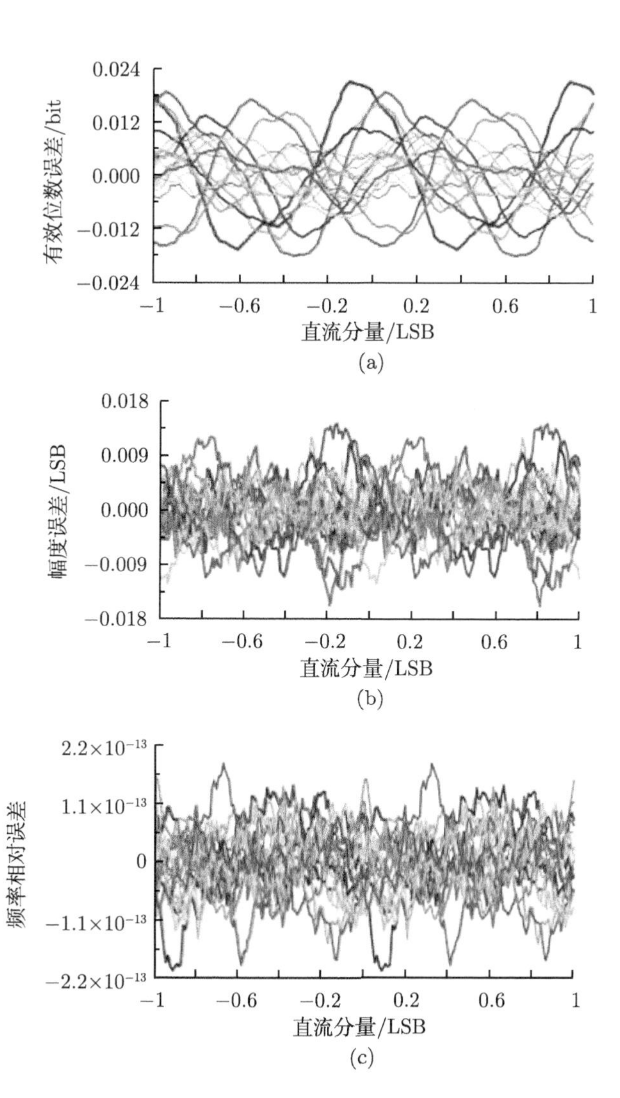

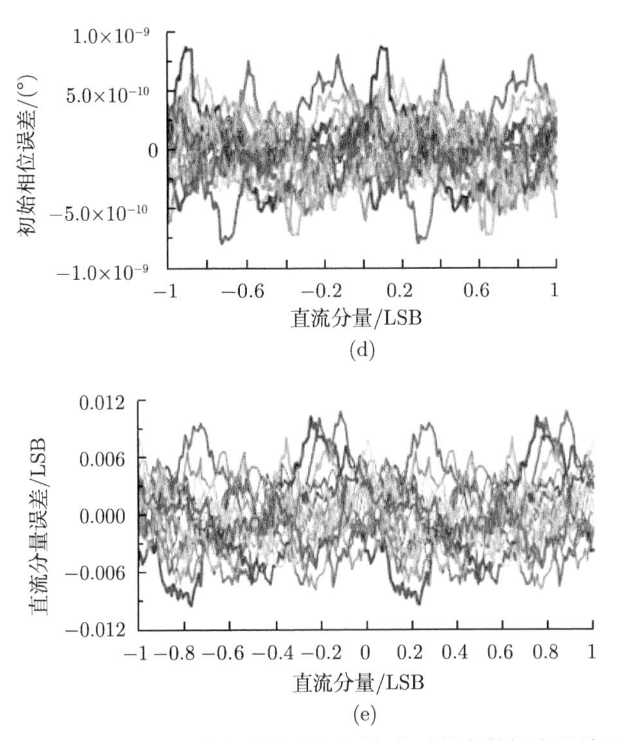

图 8-101　直流分量与初始相位同时变化时的参数拟合误差界

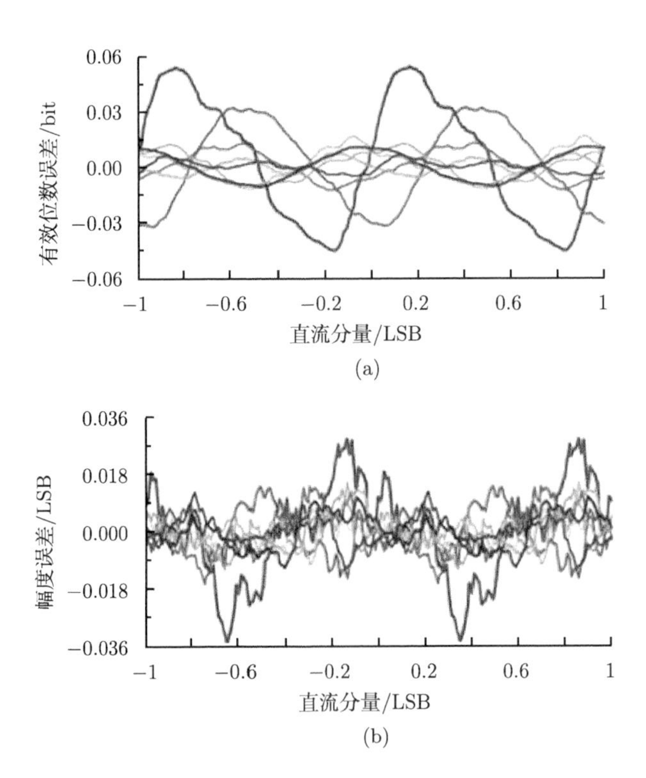

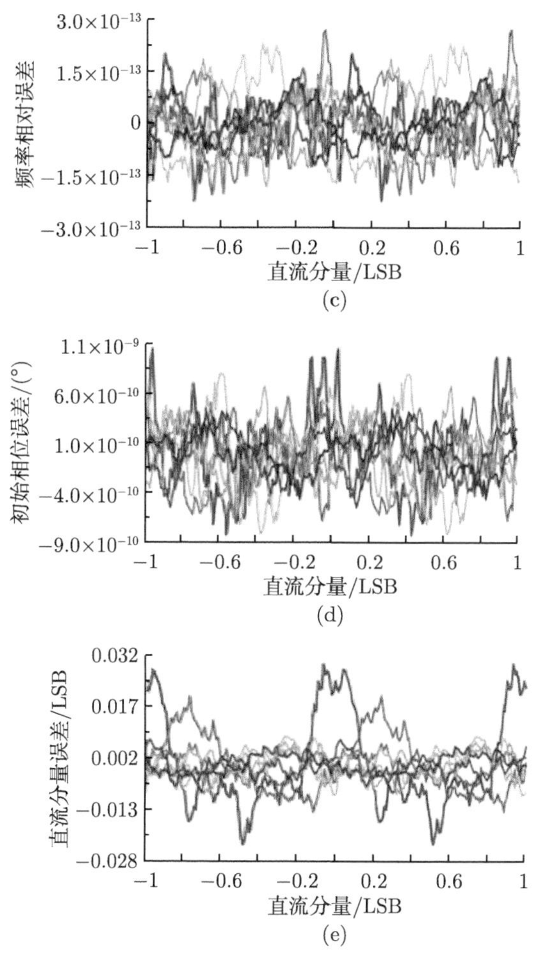

(c)

(d)

(e)

图 8-102 直流分量与序列长度同时变化时的参数拟合误差界

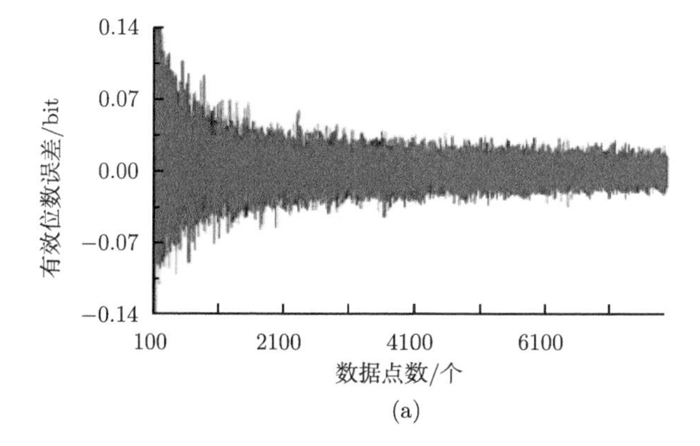

(a)

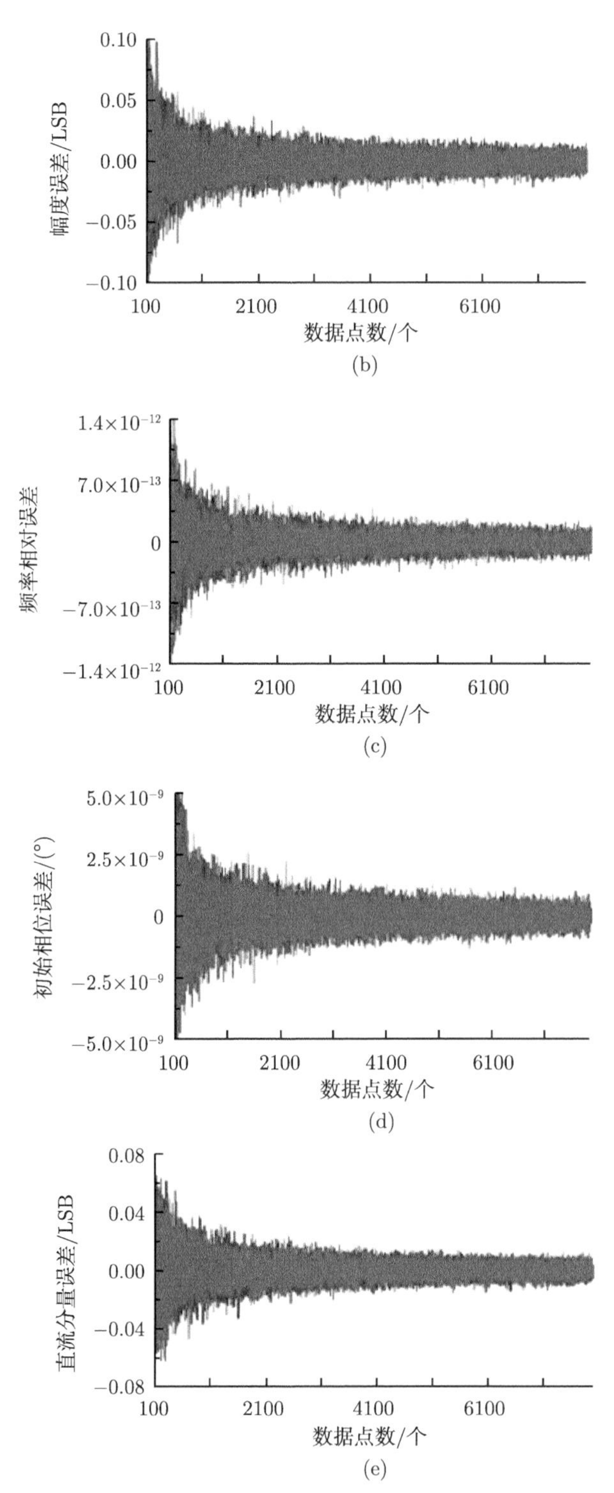

图 8-103　序列长度与幅度同时变化时的参数拟合误差界

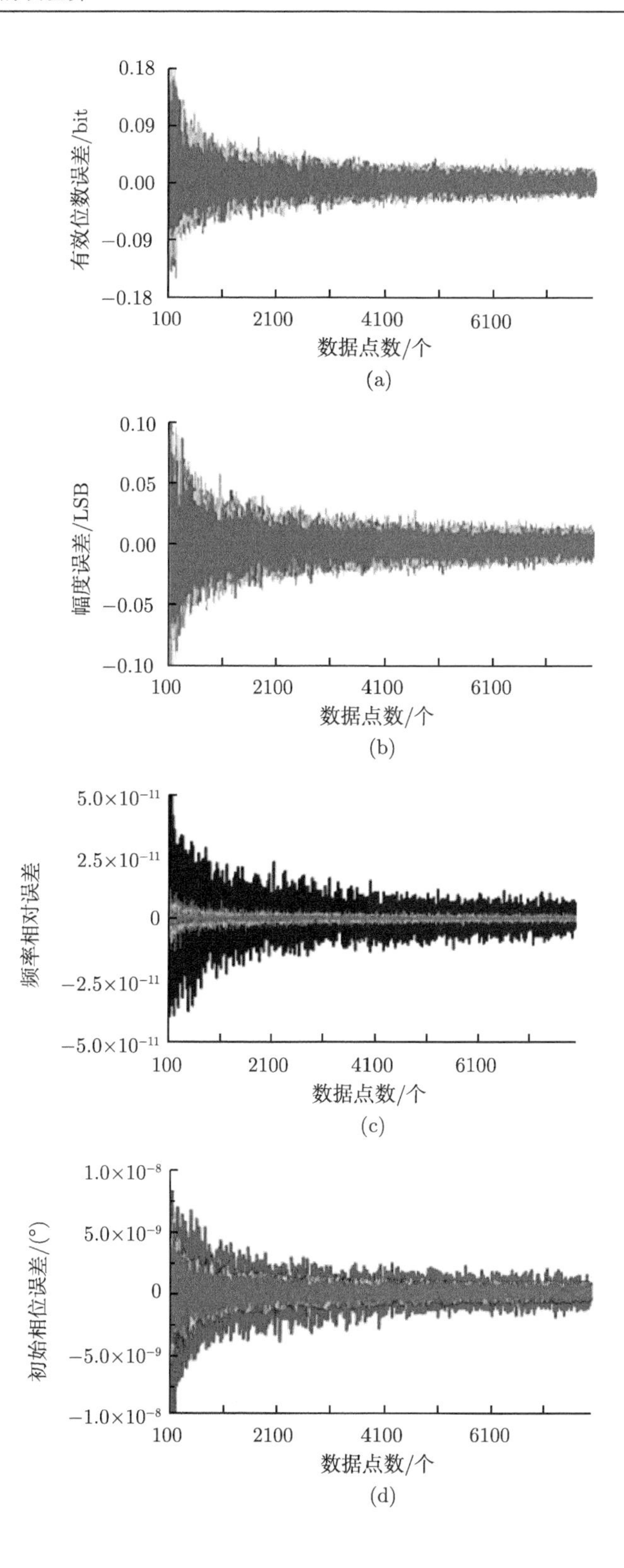

有效位数误差/bit
0.18
0.09
0.00
−0.09
−0.18
100
2100
4100
6100
数据点数/个
幅度误差/LSB
0.10
0.05
0.00
−0.05
−0.10
100
2100
4100
6100
数据点数/个
频率相对误差
5.0×10−11
2.5×10−11
0
−2.5×10−11
−5.0×10−11
100
2100
4100
6100
数据点数/个
初始相位误差/(°)
1.0×10−8
5.0×10−9
0
−5.0×10−9
−1.0×10−8
100
2100
4100
6100
数据点数/个

(a) (b) (c) (d)

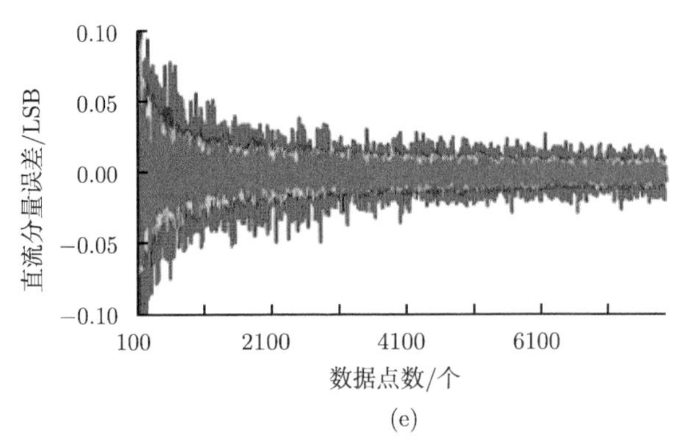

(e)

图 8-104　序列长度与周波数同时变化时的参数拟合误差界

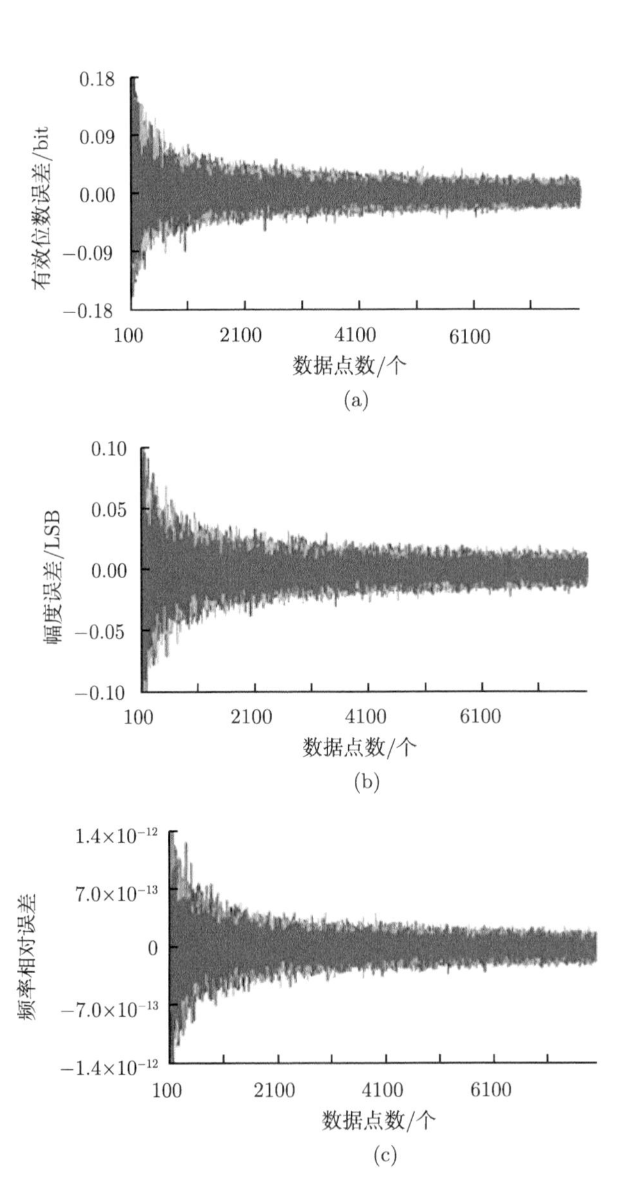

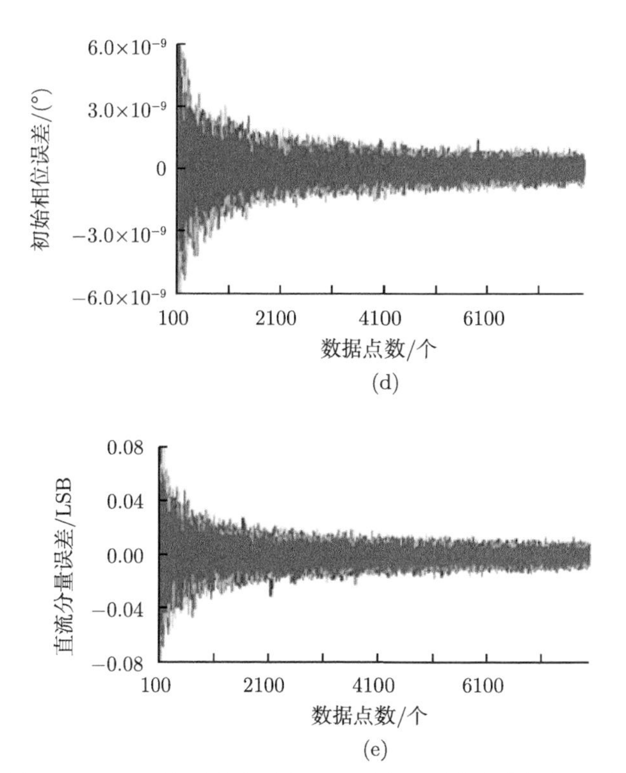

(d)

(e)

图 8-105 序列长度与初始相位同时变化时的参数拟合误差界

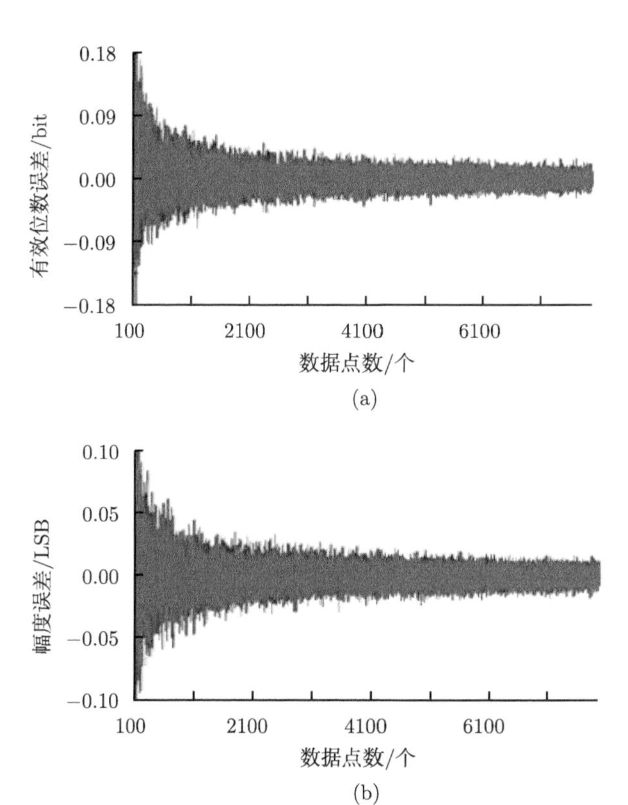

(a)

(b)

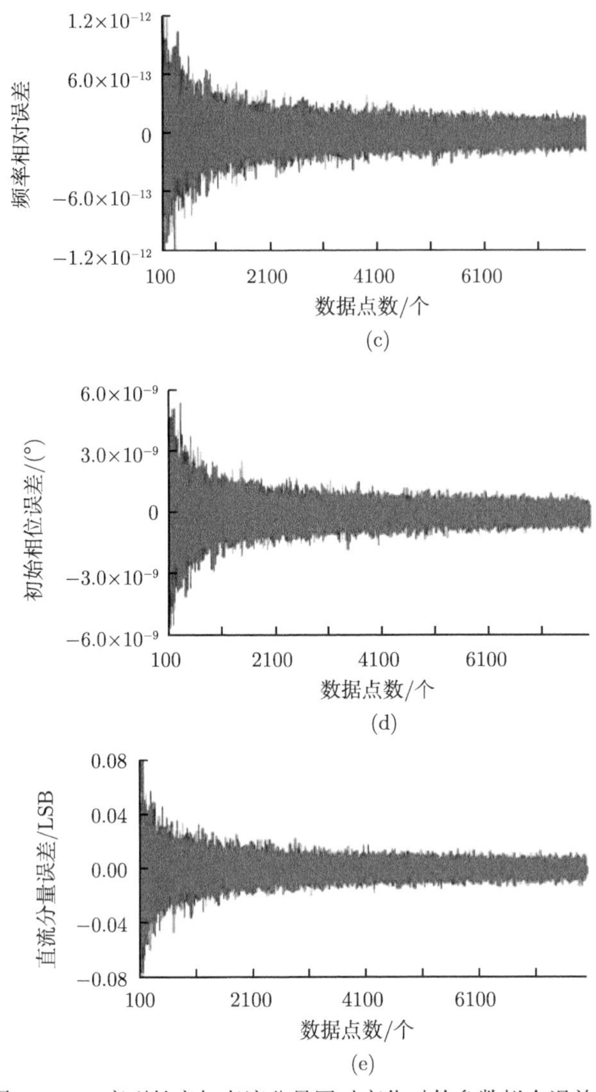

图 8-106　序列长度与直流分量同时变化时的参数拟合误差界

3. 仿真实验结果分析

1) 有效位数误差界

由图 8-87(a)～ 图 8-106(a) 可见如下规律。

(1) 序列长度是影响有效位数误差界的最重要因素，序列长度的增大，将导致有效位数误差界的单调变窄。序列长度 100 点以上时，有效位数误差界下界为 −0.2bit，上界为 0.2bit。序列长度 1000 点以上时，有效位数误差带趋于平稳，此时，可获得有效位数误差界下界为 −0.08bit，上界为 0.08bit。

(2) 幅度变化对有效位数误差界没有明显影响，误差带平稳，其误差下界为 −0.03bit，上界为 0.03bit。

表 8-5 拟合正弦参数的误差界 (32bit A/D)

有效位数误差/bit		幅度误差/LSB		频率相对误差		相位误差/(°)		直流分量误差/LSB		备注
下界	上界	下界	上界	下界	上界	下界	上界	下界	上界	变动条件
−0.03	0.03	−0.022	0.022	-1×10^{-11}	1×10^{-11}	-5×10^{-9}	5×10^{-9}	−0.028	0.028	幅度、周波数；图 8-87，幅度覆盖 1/4 以上量程，周波数 2 个以上
−0.03	0.03	−0.022	0.022	-1×10^{-12}	1×10^{-12}	-4×10^{-9}	4×10^{-9}	−0.014	0.014	幅度、初始相位；图 8-88，幅度覆盖 1/4 以上量程
−0.03	0.03	−0.022	0.022	-1×10^{-12}	1×10^{-12}	-4×10^{-9}	4×10^{-9}	−0.014	0.014	幅度、直流分量；图 8-89，幅度覆盖 1/4 以上量程
−0.1	0.1	−0.05	0.05	-3×10^{-12}	3×10^{-12}	-1×10^{-8}	1×10^{-8}	−0.040	0.040	幅度、序列长度；图 8-90，幅度覆盖 1/4 以上量程
−0.03	0.03	−0.02	0.02	-1.5×10^{-12}	1.5×10^{-12}	-9×10^{-10}	9×10^{-10}	−0.014	0.014	周波数、幅度；图 8-91，周波数 2 个以上
−0.03	0.03	−0.02	0.02	-1.5×10^{-12}	1.5×10^{-12}	-9×10^{-10}	9×10^{-10}	−0.014	0.014	周波数、初始相位；图 8-92，周波数 3 个以上
−0.03	0.03	−0.02	0.02	-1.5×10^{-12}	1.5×10^{-12}	-9×10^{-10}	9×10^{-10}	−0.014	0.014	周波数、直流分量；图 8-93，周波数 3 个以上
−0.06	0.06	−0.04	0.04	-3×10^{-12}	3×10^{-12}	-2.4×10^{-9}	2.4×10^{-9}	−0.030	0.030	周波数、序列长度；图 8-94，周波数 3 个以上
−0.03	0.03	−0.02	0.02	-3×10^{-13}	3×10^{-13}	-1×10^{-9}	1×10^{-9}	−0.015	0.015	初始相位、幅度；图 8-95
−0.032	0.032	−0.02	0.02	-4×10^{-12}	4×10^{-12}	-1×10^{-9}	1×10^{-9}	−0.015	0.015	初始相位、周波数；图 8-96
−0.03	0.03	−0.02	0.02	-2.5×10^{-13}	2.5×10^{-13}	-1×10^{-9}	1×10^{-9}	−0.015	0.015	初始相位、直流分量图 8-97
−0.08	0.08	−0.05	0.05	-6×10^{-13}	6×10^{-13}	-2.5×10^{-9}	2.5×10^{-9}	−0.040	0.040	初始相位、序列长度；图 8-98
−0.026	0.026	−0.02	0.02	-2×10^{-13}	2×10^{-13}	-7×10^{-10}	7×10^{-10}	−0.012	0.012	直流分量、幅度；图 8-99
−0.026	0.026	−0.013	0.013	-3×10^{-12}	3×10^{-12}	-8×10^{-10}	8×10^{-10}	−0.012	0.012	直流分量、周波数；图 8-100，周波数 2 个以上
−0.025	0.025	−0.015	0.015	-2.2×10^{-13}	2.2×10^{-13}	-9×10^{-10}	9×10^{-10}	−0.010	0.010	直流分量、初始相位；图 8-101
−0.06	0.06	−0.035	0.035	-3×10^{-13}	3×10^{-13}	-1×10^{-9}	1×10^{-9}	−0.022	0.022	直流分量、序列长度；图 8-102
−0.07	0.07	−0.05	0.05	-5×10^{-13}	5×10^{-13}	-3×10^{-9}	3×10^{-9}	−0.030	0.030	序列长度、幅度；图 8-103，序列长度 1000 以上
−0.07	0.07	−0.05	0.05	-6×10^{-12}	6×10^{-12}	-3×10^{-9}	3×10^{-9}	−0.050	0.050	序列长度、周波数；图 8-104，周波数 2 个以上，序列长度 1000 以上
−0.08	0.08	−0.05	0.05	-7×10^{-13}	7×10^{-13}	-2.5×10^{-9}	2.5×10^{-9}	−0.030	0.030	序列长度、初始相位；图 8-105，序列长度 1000 以上
−0.08	0.08	−0.05	0.05	-6×10^{-13}	6×10^{-13}	-3×10^{-9}	3×10^{-9}	−0.040	0.040	序列长度、直流分量；图 8-106，序列长度 1000 以上

(3) 序列周波数对有效位数误差界没有明显影响，其误差带平稳中存在个别跳动点，误差带下界为 −0.02bit，上界为 0.02bit。

(4) 初始相位对有效位数误差带没有明显影响，其误差带平稳，但是，幅度、周波数、直流分量等要素的不同会影响误差带的宽度和位置。其波动的误差带下界为 −0.03bit，上界为 0.03bit。

(5) 在 LSB 量值的微观尺度上，直流分量变化时，有效位数误差随直流分量呈周期性变化，周期为 1LSB；其误差界下界为 −0.025bit，上界为 0.025bit。序列长度 1000 点以上时，误差界下界为 −0.025bit，上界为 0.025bit。

直流分量变化时，其他因素变化对有效位数误差界也有影响，按影响由大到小排序，它们依次为序列长度、信号幅度、序列周波数、信号初始相位。

2) 幅度误差界

由图 8-87(b)∼ 图 8-106(b) 可见如下规律。

(1) 序列长度是影响幅度误差界的最重要因素，幅度误差界随序列长度的增大而单调变窄，然后趋于平稳。序列长度 100 点以上时，幅度误差界为 ±0.1bit。

当序列长度超过 1000 点后，其幅度误差界趋于平稳，误差界下界约为 −0.05LSB，上界约为 0.05LSB。

(2) 幅度误差界并不随幅度变化，其误差带平稳，下界为 −0.022LSB，上界为 0.022 LSB；其他对幅度误差有影响的因素按重要性由大到小排列，依次为序列长度、周波数、直流分量和初始相位。

(3) 幅度误差界并不随周波数变化，其误差带比较平稳, 下界约为 −0.02LSB，上界约为 0.02LSB。

(4) 幅度误差界并不随初始相位而显著变化，其下界为 −0.02LSB，上界为 0.02LSB。

(5) 幅度误差界随直流分量呈周期变化，周期为 1LSB，其下界为 −0.02LSB，上界为 0.02LSB。

3) 频率误差界

由图 8-87(c)∼ 图 8-106(c) 可见如下规律。

(1) 序列长度和周波数，都是影响频率误差界的重要因素，频率误差界随序列长度的增大而变窄。序列长度 1000 点以上，周波数 2 以上时，其频率误差界下界为 -6×10^{-13}，上界为 6×10^{-13}；更窄的误差界需要更长的序列长度。

(2) 频率误差随幅度增加呈缓慢下降趋势，另外还受周波数的变化影响，1/4 量程幅度以上，2 个周波以上，其频率误差下界为 -1×10^{-11}，上界为 1×10^{-11}；更窄的误差界需要更多的周波数。

(3) 频率误差界随序列周波数增加呈单调衰减趋势，周波数 3 个以上时，频率误差下界为 -1×10^{-12}，上界为 1×10^{-12}。

(4) 频率误差不随初始相位和直流分量变化，两者变化时，频率误差的误差带平稳，初始相位影响的误差界约为 $\pm4\times10^{-12}$；直流分量因素的影响误差界约为 $\pm3\times10^{-12}$。

4) 初始相位误差界

由图 8-87(d)∼ 图 8-106(d) 可见如下规律。

(1) 序列长度和周波数，都是影响初始相位误差界的重要因素，初始相位误差界随序列长度的增大而单调变窄。序列长度 1000 点以上，周波数 2 以上时，其初始相位误差界下界为 $-3\times10^{-9}(°)$，上界为 $3\times10^{-9}(°)$；更窄的误差界需要更长的序列长度。

(2) 初始相位误差随幅度增加呈单调下降趋势，另外还受幅度、周波数的变化影响，1/4 量程幅度以上，2 个周波以上，初始相位误差下界为 $-5\times10^{-9}(°)$，上界为 $5\times10^{-9}(°)$。

(3) 初始相位误差界没有随序列周波数而变化的明显趋势，此时，其误差界比较平稳，下界为 $-9\times10^{-10}(°)$，上界为 $9\times10^{-10}(°)$。

(4) 初始相位误差不随初始相位和直流分量变化，两者变化对初始相位误差的影响稳定，误差带平稳，初始相位影响的误差界约为 $\pm1\times10^{-9}(°)$；直流分量因素的影响误差界约为 $\pm1\times10^{-9}(°)$。

5) 直流分量误差界

由图 8-87(e)~ 图 8-106(e) 可见如下规律。

(1) 序列长度是影响直流分量误差界的重要因素，直流分量误差界随序列长度的增大单调变窄，然后趋于平稳。

2 个以上周波数，300 点以上序列长度，误差界下界为 −0.08LSB，上界为 0.08LSB；1000 点以上序列长度，其误差带比较平稳，下界为 −0.05LSB，上界为 0.05LSB。

(2) 直流分量误差界不随幅度变化，此时，其下界为 −0.03LSB，上界为 0.03LSB。

(3) 同一周波数，直流分量误差界不随其他因素而明显变化；不同周波数时直流分量误差界有显著不同，并无单调趋势。

(4) 直流分量误差带不随初始相位而明显变化，此时，其误差界保持平稳。下界为 −0.015LSB，上界为 0.015LSB。

(5) 在 LSB 微观尺度上，直流分量的变化将导致其自身误差的明显变化，具有周期性特征，以 1LSB 为周期，下界为 −0.012LSB，上界为 0.012LSB。

6) 幅度变化的影响

由图 8-87~ 图 8-90 可见如下规律。

当其他条件不变，仅信号幅度发生变化时，设幅度与量程比为 η，且 $0<\eta<1$，则有：① 拟合频率误差界与 η 成反比；② 拟合相位误差界与 η 成反比；③ 有效位数误差界、拟合幅度误差界、拟合直流分量误差界不随 η 而变化。

7) 周波数变化的影响

由图 8-91~ 图 8-94 可见如下规律。

当其他条件不变，仅拟合序列所含周波数 N 发生变化时，则有：① 拟合频率误差界与 N 成反比；② 有效位数误差界、拟合幅度误差界、拟合相位误差界、拟合直流分量误差界不随周波数 N 而变化。

8) 初始相位变化的影响

由图 8-95~ 图 8-98 可见如下规律。

当其他条件不变，仅初始相位发生变化时，则有：有效位数误差界、拟合幅度误差界、拟合频率误差界、拟合相位误差界、拟合直流分量误差界均不随初始相位而变化。

9) 直流分量变化的影响

由图 8-99～ 图 8-102 可见如下规律。

当其他条件不变，仅直流分量发生变化时，则有：有效位数误差界、拟合幅度误差界、拟合频率误差界、拟合相位误差界、拟合直流分量误差界均有随直流分量而呈周期变化的趋势，周期为 1LSB。

10) 序列长度变化的影响

有关序列长度变化对各个参数拟合误差界的影响，后续 8.4 节已经获得了其符合阶梯性变化的明确结论。但是在同一阶梯内认定其近似平稳。实际上，在第 1 个误差阶梯内，各拟合误差界近似马鞍形状，其前半阶梯中，拟合参数误差界随着序列长度增加呈单调下降趋势，而后半个阶梯内，拟合参数误差界随着序列长度增加呈稳中略增的趋势变化。其误差阶梯宽度 w 为 [31]

$$w = \eta \cdot N \cdot 2^b \cdot \pi$$

其中，η 为正弦信号峰峰值覆盖量程的百分比；N 为拟合序列所包含的正弦信号周波数；b 为所使用的 A/D 转换器的位数。

对于 32Bit A/D 位数而言，w 太大，使得本节所述实验条件中的序列长度 n 远小于 $0.5w$。符合拟合参数误差随序列长度增加而单调下降的规律。

由图 8-103～ 图 8-106 可见如下规律。

当其他条件不变，仅序列长度发生变化时，则有：有效位数误差界、拟合幅度误差界、拟合频率误差界、拟合相位误差界、拟合直流分量误差界均有随序列长度 n 增加而呈单调下降的趋势。深入研究表明，它们与序列长度 n 的线性函数 m 成反比，即

$$m = k \cdot n + d$$

其中，k 为比例因子，d 为平移系数。

4. 问题讨论

本节上述过程，以幅度、周波数、初始相位、直流分量和序列长度作为变量，用幅度、频率、初始相位、直流分量和有效位数分别作为正弦拟合结果的指针，考察它们各自的拟合误差随每一变量而变化的规律。

结果表明如下几点。

(1) 拟合序列长度是最重要的测量条件；各拟合参数的误差界随拟合序列长度的增加呈单调下降规律变化，具体为，当序列长度 n 小于误差阶梯 w 的一半时 [31]，拟合参数误差界与序列长度 n 的线性函数成反比；近似为与序列长度 n 成反比。

(2) 波形幅度超过半量程以后，各个拟合参数的误差界趋于平稳，具体为与幅度量程比 η 成反比。

(3) 周波数的影响，体现在只有拟合频率误差随周波数 N 的增加呈振荡衰减趋势，与周波数 N 成反比。对于频率以外的其他参数，其误差带不随周波数 N 变动，总体趋势平稳。

(4) 各个参数的误差带均无随初始相位变化的趋势。

初始相位的变化对拟合幅度误差带的影响约为 ±0.02LSB；对拟合频率误差带的影响约为 $\pm4\times10^{-12}$；对拟合初始相位误差带的影响约为 $\pm1\times10^{-9}(°)$；对拟合直流分量误差带的影响约为 ±0.015LSB；对有效位数误差带的影响约为 ±0.03bit。

(5) 各个拟合参数误差界随直流分量呈周期性变化，其周期为 1LSB。其中，直流分量的变化对其他参量误差带的影响均呈现明显的对称性，而对直流分量自身误差带的影响则具有反称性特征。

直流分量的变化对拟合幅度误差带的影响约为 ±0.02LSB；当周波数为 2 以上时，对拟合频率误差带的影响约为 $\pm3\times10^{-12}$；对拟合初始相位误差带的影响约为 $\pm1\times10^{-9}(°)$；当周波数为 2 以上时，对拟合直流分量误差带的影响约为 ±0.012LSB。

直流分量的变化对有效位数造成的误差带的影响约为 ±0.026bit。

通过上述结果可见，正弦曲线拟合的参数误差来源及影响因素复杂而多变，实际应用时，需要结合数据采集系统的硬件和软件资源，综合考虑各个影响因素和测量条件，考查各个影响要素在误差分量中的占比，才能获得最佳效果。简单而随意地选取测量条件，尽管也能获得结果，但对于误差和不确定度来说，未必是最佳状态。

5. 结论

本节通过系统性仿真研究，对 32bit A/D 转换器数据采集系统的正弦采集序列，在四参数波形拟合中获得的拟合幅度、拟合频率、拟合初始相位、拟合直流分量和有效位数 5 个参数的误差界进行了搜索研究，给出了各个参数误差界随波形幅度、周波数、初始相位、直流分量、序列长度等不同组合条件而变化的曲线规律。结果表明，32 bit A/D 误差界的变化规律与 24 bit A/D 误差界有些相似。实践中，它们也都需要使用双精度浮点数存储和运算，目前，在计算机上，就 A/D 有效位数而言，双精度浮点数表征及运算也只能做到 44 bit 以下 A/D 位数的精度，超出该范围的精度，则需要另外的更高精度运算手段。

鉴于使用 32 bit A/D 转换器的数据采集系统属于日趋普及的高端精密测量设备，四参数正弦曲线拟合日趋成为高精度测量的重要手段，则本节获得的结论具有良好的实用前景和重要的参考借鉴价值。

8.4 序列长度对正弦参数拟合误差界的影响

8.4.1 引言

在正弦波形参数测量中，采样序列长度及序列所包含的周波数对测量及后续的曲线拟合有影响，这是有目共睹的，且已达成了一些共识。

通常，人们普遍认为，采样序列长度越长，将可以获得更高的测量准确度。在测量误差呈零均值随机分布的情况下，这无疑是正确的。Deyst 等对正弦曲线拟合误差界的研究，依然延续了这一结论，并且给出了拟合误差界与序列长度成反比的明确结论 [1]。然而，采样测量序列的误差分布规律很复杂，并不能简单认定为符合零均值随机分布。至少，它们均需要通过 A/D 转换环节，而 A/D 引入的量化误差并不完全呈现随机性，也很难属于零均值，因而，由正弦波采样序列拟合所获得的模型参数与采样序列长度之间的关系是否仍然符合上述共识，需要进一步研究予以确认。

关于采样序列所包含的周波数带来的影响，Deyst 等给出的结论是，其拟合误差界随着周波数的增加呈振荡衰减趋势[1]，并以仿真曲线方式给出了定量的结果，即随着周波数的增加，可以获得更高的拟合精度。实践证明，该结论是有条件的，并且对于正弦波的四个参数，其影响是有显著不同的。

本节后续内容，将针对采样序列长度和序列包含的信号周波数对正弦参数拟合误差界的影响展开仿真研究，同时，针对 A/D 位数的变化带来的影响也将进行仿真，其变化相当于序列信噪比发生了变化，也一定会给曲线拟合带来影响，希望通过研究获得具有一定规律性的结论。

8.4.2　基本思想及条件设定

1. 基本思想

在波形数据采集中，测量条件通常涉及主观和客观两种条件。客观条件一般是指被测量值的波形参量条件，包括幅度、频谱、噪声等信息；对于正弦信号，则是指其幅度、频率、直流分量、失真等波形参量；它们不以人的意志为转移，很难被干预和变动。主观条件，则是指可以通过自主选择而变化的测量条件，包括测量系统的量程、A/D 位数、采样速率、存储深度、模拟带宽、幅度测量误差、采样速率误差等。

正弦波形采样测量中，采样速率与信号频率是相关联量，两者之比是每个周波的采样点数，通过选择不同的采样速率可改变该比值；当采样速率固定后，采样序列的长短决定了其所包含周波数的多少。通过选取量程范围，可改变被测信号幅度与量程的占比；通过选择不同 A/D 位数的测量仪器和系统，可改变量化误差的大小；最终，改变正弦波拟合参数的误差界。

关于正弦曲线拟合，在大多数应用场合下，其采样序列长度在几十点到几千点之间，序列所含的信号周波数为几个至十几个周波。所用的采样系统 A/D 位数主要有 8bit、12bit、16bit、24bit、32bit 几种。

其中，绝大多数数字示波器所用的 A/D 位数为 8bit，并且，在序列长度变化过程中，其他信号参数，例如幅度、直流分量、初始相位等，也将处于变化之中，它们共同作用的结果，将揭示拟合误差的实际变化情况。

2. 仿真条件和指针设定

综合考虑各方面因素，选出具有相互独立性和系统完备性的左右量化误差影响的测量条件为：

(1) A/D 位数，用于确定量化水平及影响；

(2) 采样序列包含周波数，确定周波数的影响；

(3) 采样序列长度，即序列包含的样本点数，确定采样序列长度的影响；

(4) 信号幅度，确定幅度变动的影响；

(5) 初始相位，确定信号初始相位变化带来的影响；

(6) 直流分量，确定直流分量变化带来的影响。

经过四参数正弦曲线拟合后，获得的指标特征参量为：

(1) 有效位数误差界，以 bit 表述；

(2) 拟合幅度误差界，以 LSB 表述；

(3) 拟合频率误差界，以相对误差表述；

(4) 拟合初始相位误差界，以度 (°) 表述；

(5) 拟合直流分量误差界，以 LSB 表述；

(6) 拟合残差有效值 ρ，以 LSB 表述。

LSB 称为最小量化阶梯宽度，当 A/D 位数为 b、幅度量程为 E 时，有

$$1\text{LSB} = \frac{E}{2^b} \tag{8-31}$$

理论上，

$$\rho = \frac{1}{\sqrt{12}} \quad (\text{LSB}) \tag{8-32}$$

3. 误差界搜索

正弦参数拟合的误差界，是在上述六项测量条件下，固定其中的五项，变化一项，搜索出该条件变化时，四参数正弦拟合所获得的有效位数、幅度、频率、初始相位、直流分量等五项指标的误差界。

在考察序列长度的影响时，则主要变化序列长度，辅助调整其他测量条件，着重分析出序列长度作为主导因素时，将给上述五项指标的拟合误差界带来影响的规律。

8.4.3 仿真实验及数据处理

这里使用电子计算机按照数学关系产生理想正弦数据，然后设定量程，按仿真的 A/D 位数进行量化，生成理想仿真序列。将该具有已知参量的仿真序列在选定的正弦波拟合软件中进行数据处理，获得拟合参数。

令仿真参数按照已知规律变化，获得变化条件下的拟合参数变化规律，并以此搜索各拟合参数的误差界。

1. 仿真实验条件

为方便参数调控，不失一般性，设定如下包含六项测量条件的仿真实验条件。

(1) A/D 位数：基本参量为 8bit。

(2) 序列样本点数：作为主变化因素时，变化范围为 100~16000 点，1 点步进；未特别说明时，序列样本点数为 16000 点。

(3) 采样序列包含周波数：作为辅助变化量时，变化范围为 1~20 个周波，1 周波步进；未特别说明时，为 20 个周波。

由于正弦波采样测量序列拟合中，采样速率与信号频率两者是相关联的，构成每周波采样点数 1 个变量参数，故设定信号频率为 1Hz，称为归一化频率。采样速率因素作为变量。

实际仿真过程中，通过使用归一化频率 1Hz 来调整采样速率，结合样本点数，最终构建周波数。

(4) 信号幅度：使用归一化幅度 1；作为辅助变化量时，在 0.8203125× 量程点处，其微观变化范围 −0.5LSB～ 0.5LSB，0.05LSB 步进。

未特别说明时，幅度为 0.8203125× 量程；并以此设定量程范围。

(5) 初始相位：作为辅助变化量时，变化范围为 $-180° \sim 180°$，10° 步进；未特别说明时，初始相位为 0°。

(6) 直流分量：作为辅助变化量时，变化范围为 −0.5LSB～ 0.5 LSB，0.05LSB 步进；未特别说明时，直流分量为 0。

2. 仿真实验结果及分析

按照上述仿真实验条件，用数据点数参量为主变化因素，分别以幅度、周波数、初始相位、直流分量等参量为辅助变化因素，生成实际的仿真条件，考察各指标要素的误差随序列长度和其他因素而变化的情况。其中，

(1) 幅度作为辅助变化量，获得如图 8-107 所述的误差界变化曲线波形；

(2) 周波数作为辅助变化量，获得如图 8-108 所述的误差界变化曲线波形；

(3) 初始相位作为辅助变化量，获得如图 8-109 所述的误差界变化曲线波形；

(4) 直流分量作为辅助变化量，获得如图 8-110 所述的误差界变化曲线波形。

从图 8-107～ 图 8-110 可见，当其他辅助条件完全相同时，随着序列长度由小到大，各个指针参数的误差界指标总体上呈下降趋势。但并非单调下降，而是呈现出某种具有量化台阶式的量化特征。

经过对上述图 8-107、图 8-109、图 8-110 曲线波形的全面关联性规律分析发现，当信号周波数不变时，各个参数的误差界随序列长度和其他因素而变化的特征近似一致，即信号幅度和直流分量在量化码范畴微观变化，以及信号初始相位变化时，对各个参数的误差界影响较小，可以近似认为其变化不显著。

图 8-108 中各个参数的误差界变化趋势与其他图中的差异较大。从图 8-108 可见，信号序列内包含的周波数与序列长度组合变化时，其误差量化台阶规律特征明显。并且，有效位数拟合误差、频率拟合误差、初始相位拟合误差、直流分量拟合误差量化台阶的规律基本一致，而幅度拟合误差则规律特征不显著。其中，幅度拟合误差仍然可以认定为近似呈单调下降趋势。

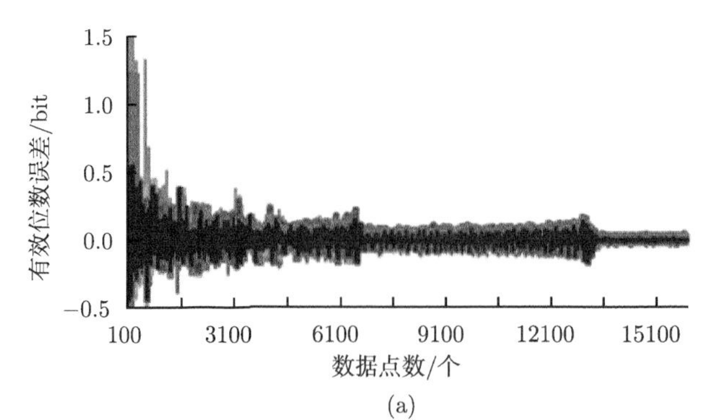

(a)

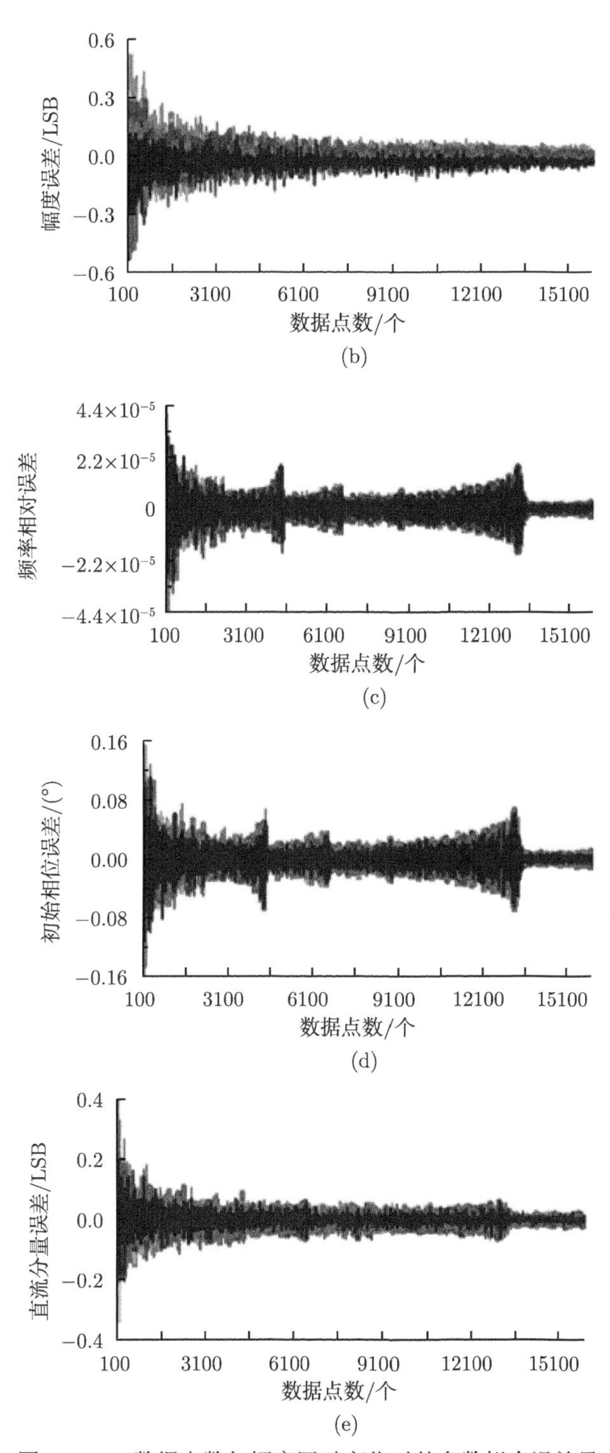

图 8-107 数据点数与幅度同时变化时的参数拟合误差界

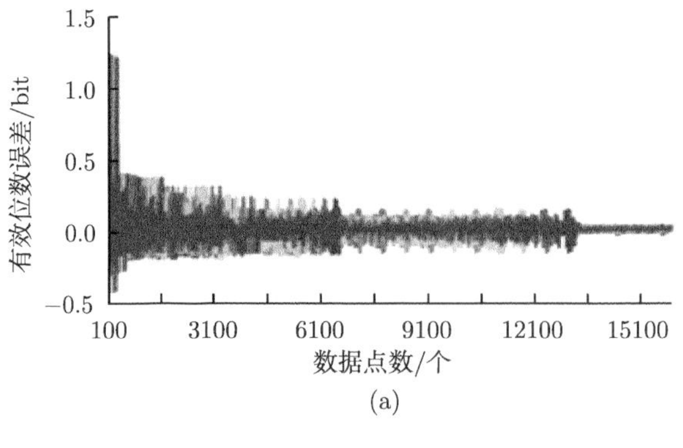

1.5
1.0
0.5
0.0
−0.5
有效位数误差/bit
100
3100
6100
9100
12100
15100
数据点数/个

(a)

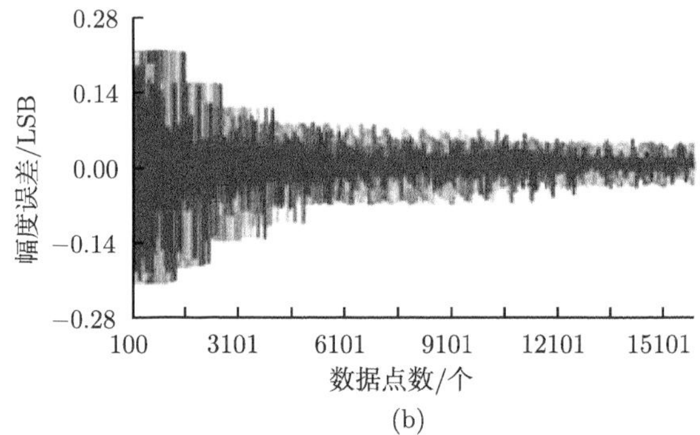

0.28
0.14
0.00
−0.14
−0.28
幅度误差/LSB
100
3101
6101
9101
12101
15101
数据点数/个

(b)

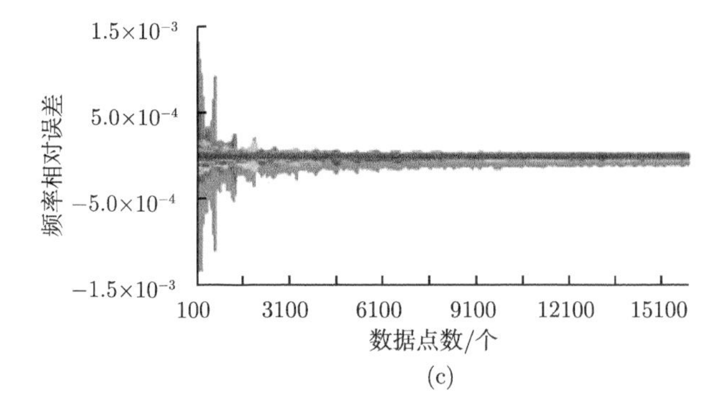

1.5×10−3
5.0×10−4
−5.0×10−4
−1.5×10−3
频率相对误差
100
3100
6100
9100
12100
15100
数据点数/个

(c)

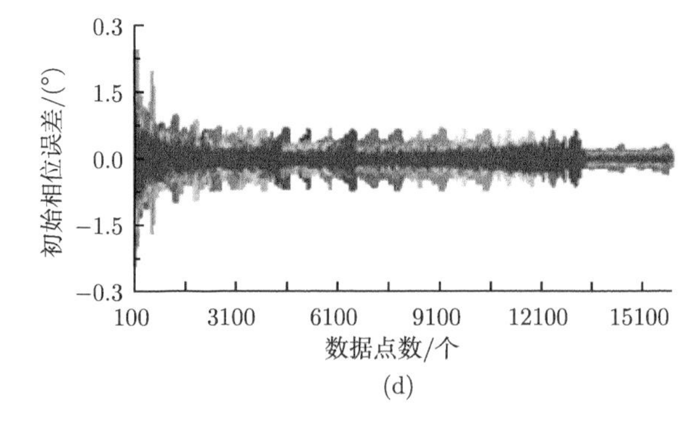

0.3
1.5
0.0
−1.5
−0.3
初始相位误差/(°)
100
3100
6100
9100
12100
15100
数据点数/个

(d)

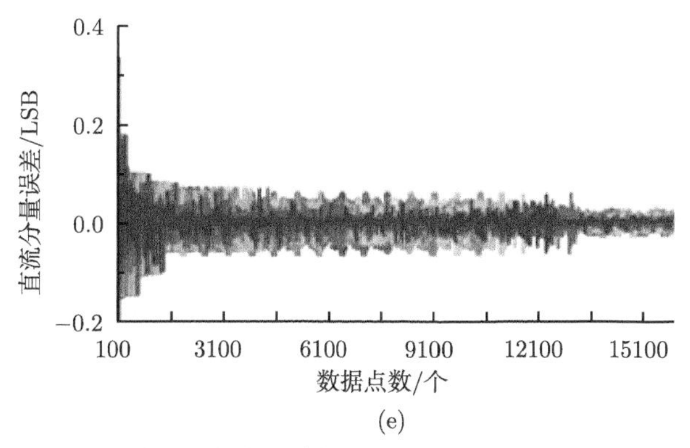

(e)

图 8-108 数据点数与周波数同时变化时的参数拟合误差界

而其他几项指标参量的误差，如频率误差、初始相位误差、直流分量误差、有效位数误差等，由于受到序列长度和序列内所含信号周波数的双重影响，均呈现有不同规则的量化台阶式降低规律。其中，

(1) 图 8-108 (a) 为有效位数误差随序列长度及周波数而变化的曲线波形；

(2) 图 8-108 (b) 为幅度误差随序列长度及周波数而变化的曲线波形；

(3) 图 8-108 (c) 为频率相对误差随序列长度及周波数而变化的曲线波形；

(4) 图 8-108 (d) 为初始相位误差随序列长度及周波数而变化的曲线波形；

(5) 图 8-108 (e) 为直流分量误差随序列长度及周波数而变化的曲线波形。

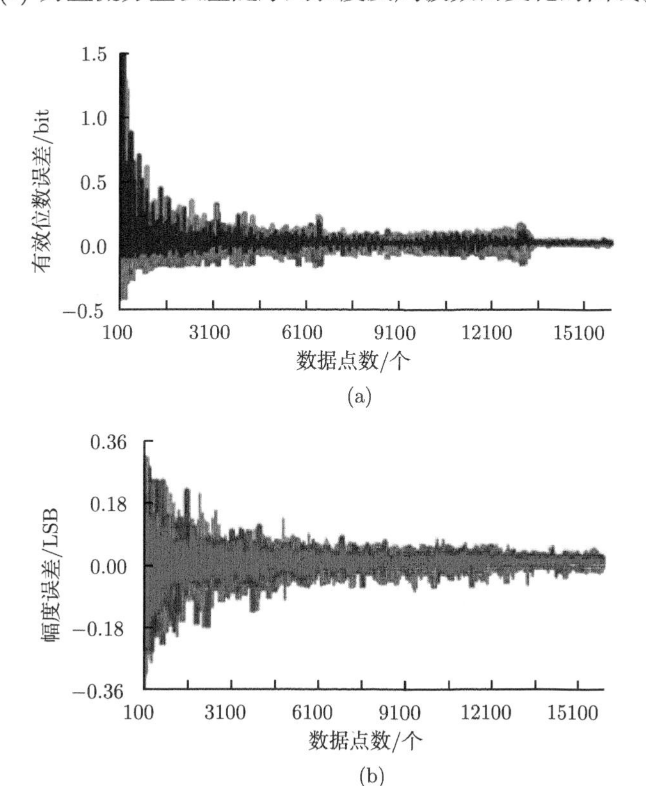

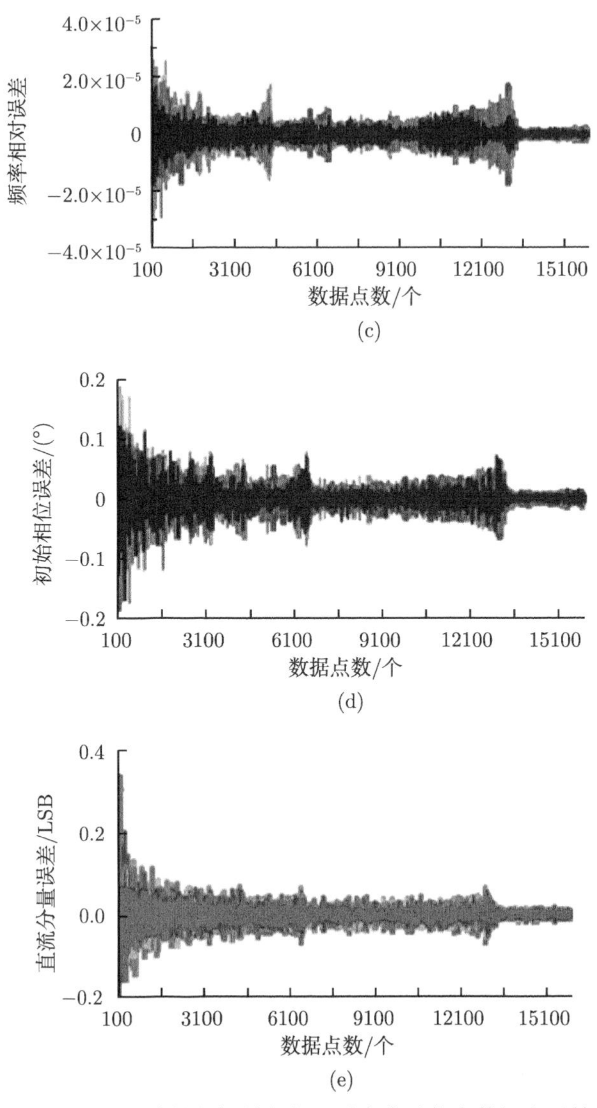

图 8-109　数据点数与初始相位同时变化时的参数拟合误差界

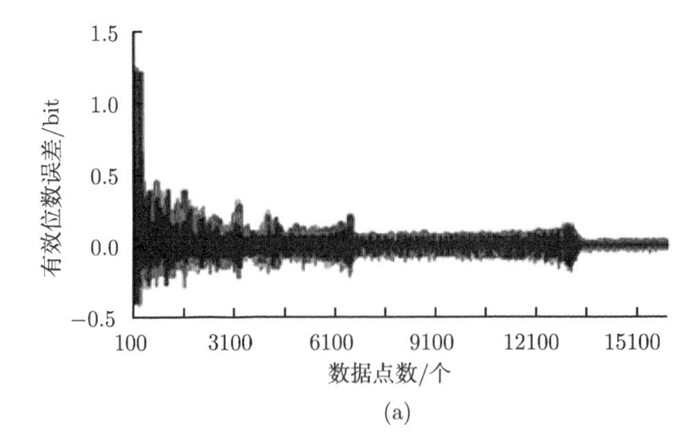

(a)

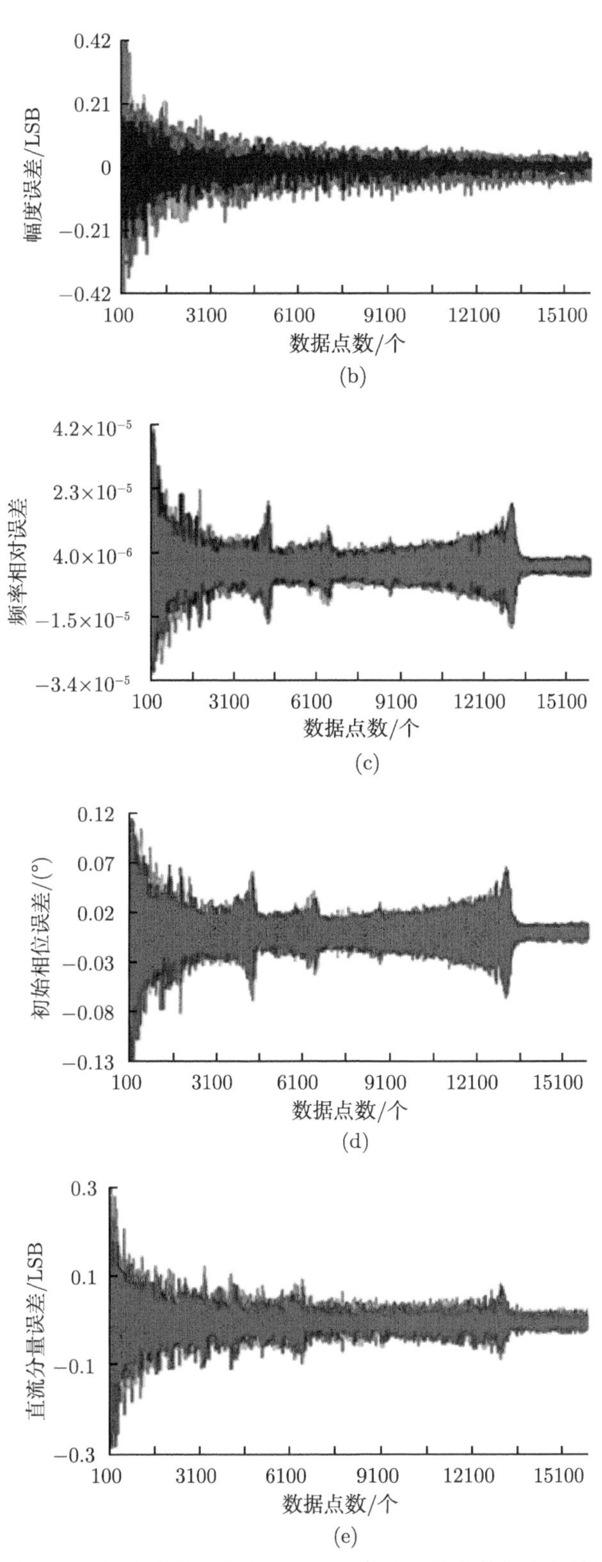

图 8-110 数据点数与直流分量同时变化时的参数拟合误差界

不失一般性，以图 8-108 (d) 的初始相位误差曲线为例，当周波数固定时，序列长度从小到大变化时，初始相位误差曲线呈等间隔量子化阶梯式减小；如图 8-111～ 图 8-114 所示。其中，图 8-111 为单周波序列，图 8-112 为双周波序列，图 8-113 为四周波序列，图 8-114 为八周波序列。

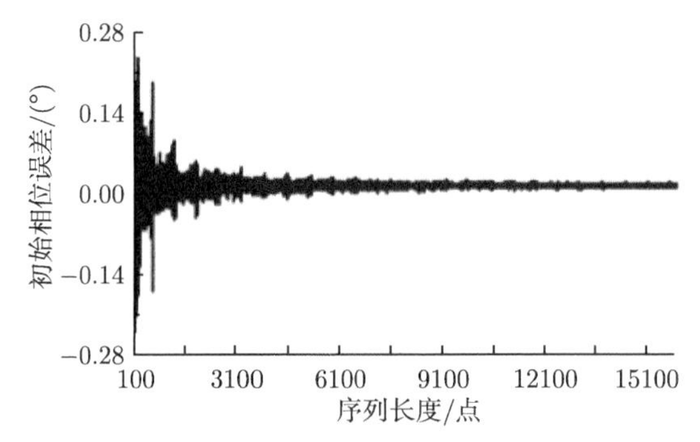

图 8-111　初始相位误差随序列长度及周波数变化情况 (单周波序列)

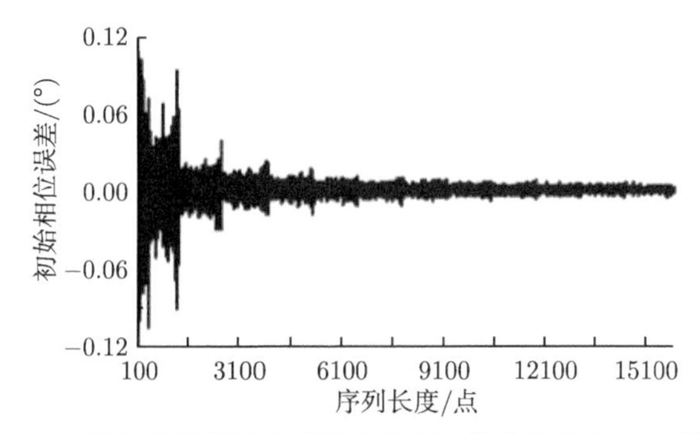

图 8-112　初始相位误差随序列长度及周波数变化情况 (双周波序列)

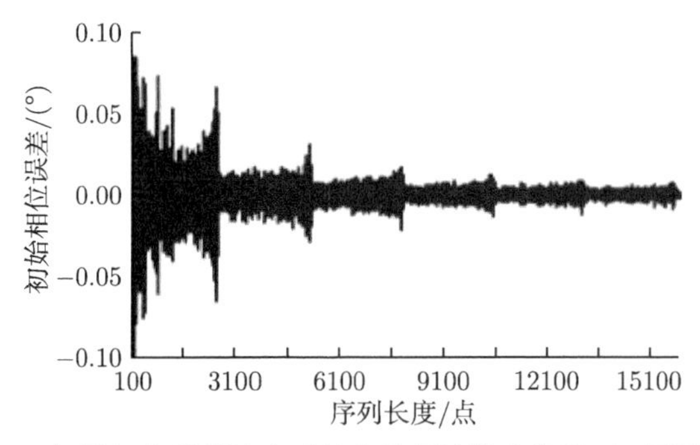

图 8-113　初始相位误差随序列长度及周波数变化情况 (四周波序列)

我们称每一个量子化误差阶梯宽度为台阶宽度。

在周波数相同时，量子化误差阶梯的每一个台阶宽度近似相等。

不同台阶的量值阶跃特征明显，其中，第 1 个误差台阶误差界高度最高，且属于台阶中间部分误差幅度较小、头尾部分误差幅度较大的马鞍形状。

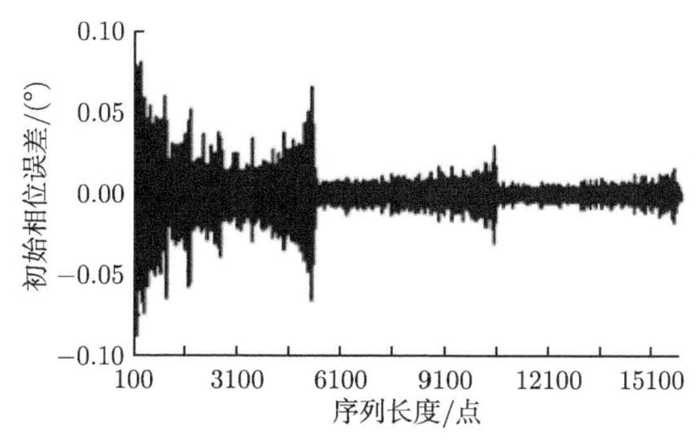

图 8-114 初始相位误差随序列长度及周波数变化情况 (八周波序列)

从第 2 个台阶开始的后续台阶规律趋于一致。基本上是同一台阶内，误差有随着序列长度增加而缓慢增加或近似保持平稳趋势。

量子化误差阶梯宽度与序列中含有的周波数呈线性比例关系，序列所含的信号周波越多，则拟合误差阶梯宽度越宽。并且，仿真计算结果及变化规律表明，宽阶梯近似于窄阶梯的线性拉伸。在拉伸延展过程中，同一阶梯误差带基本保持稳定，可以近似看作仅仅是长度展宽。观察分析周波数相邻的几条误差曲线，很容易发现该规律。

另外，特别需要说明的是，周波数为 1 时，幅度、频率、初始相位和直流分量的拟合误差界明显要比周波数为 2 以及以上时大很多，其原因主要是周波数为 1 或更小时，所获得的采样序列波形很难出现幅度对称分布，因而在拟合时，能产生更大的回归误差。当周波数为 2 以及以上时，情况趋于稳定和一致。

以初始相位误差曲线量子化阶梯末端跳变峰值来寻找各级量子化误差阶梯末端点，结果如表 8-6 所示。

表 8-6 相位误差阶梯末端点实测表 (8 位 A/D)

周波数	阶梯										
	1 末端点	2 末端点	3 末端点	4 末端点	5 末端点	6 末端点	7 末端点	8 末端点	9 末端点	10 末端点	11 末端点
1	652	1310	1964	2622	3280	3938	4556	5262	5920	6544	7206
2	1310	2634	3950	5258	6582	7898	9230	10546	11846	13178	14520
3	1964	3938	5924	7922	9872	11846	13844	15806			
4	2618	5266	7898	10530	13162	15794					
5	3292	6583	9873	13162							
6	3926	7898	11846	15794							
7	4608	9214	13820								
8	5234	10530	15794								
9	5888	11844									
10	6542	13162									
11	7240	14478									
12	7898	15794									
13	8556										
14	9214										
15	9873										
16	10531										
17	11189										
18	11775										
19	12504										
20	13162										

令含 N 个周波的序列的第 i 个量子化误差阶梯的末端点为 $t_{i,N}$，则：
N 不变时，通过相同周波数据 $t_{i,N}$ 的最小二乘线性拟合，得直线方程：

$$t_{i,N} = G_{*,N} \times i + T_{*,N} \tag{8-33}$$

i 不变时，通过相同序号阶梯数据 $t_{i,N}$ 的最小二乘线性拟合，得直线方程：

$$t_{i,N} = G_{i,*} \times N + T_{i,*} \tag{8-34}$$

对上述表 8-6 中的误差阶梯末端点数据进行相同周波横向最小二乘拟合，结果如表 8-7 所示；进行相同序号误差阶梯纵向最小二乘拟合，结果如表 8-8 所示。

用最小二乘直线拟合得，$G_{*,N}$ 的平均间隔为 $\overline{\Delta G}_{*,N} = 659.4104$。

用最小二乘直线拟合得，$G_{i,*}$ 的平均间隔为 $\overline{\Delta G}_{i,*} = 660.9998$。

表 8-7　N 个周波不同误差阶梯数据最小二乘拟合结果

周波 N	$G_{*,N}$	$T_{*,N}$
1	655.7273	−2.181885
2	1319.436	−11.89111
3	1977.857	−10.85742
4	2634.286	−8.666992
5	3290	2
6	3955.2	−22
7	4606	2
8	5280	−40.66699

表 8-8　第 i 误差阶梯不同周波数据最小二乘拟合结果

阶梯 i	$G_{i,*}$	$T_{i,*}$
1	658.1263	−11.52686
2	1316.556	−3.363281
3	1975.012	−3.928711
4	2633.714	−3.333008
5	3293.6	−10
6	3951.6	−10
7	4644	−78
8	5272	−6

从表 8-7 和表 8-8 可见，每一个误差阶梯内的误差规律比较均衡，即按照 $G_{*,j}$ 值判定和确认量子化误差阶梯具有合理性和客观性。

综合各个方面的因素，可以获得取整后的量子化误差阶梯常数为 G_z：

$$G_z = 660 \approx \overline{\Delta G}_{*,N} \approx \overline{\Delta G}_{i,*} \tag{8-35}$$

G_z 是一个核心，对于 8 位 A/D 而言，含 N 个周波的序列的量子化误差阶梯宽度为 $G_z \times N$ 个采样点。对于含 N 个周波的序列的第 i 个量子化误差阶梯末端点 $t_{i,N}$，有

$$t_{i,N} = G_z \times N \times i \tag{8-36}$$

3. A/D 位数变化时仿真实验结果分析

其他仿真条件保持不变，调整 A/D 位数分别为 7bit、9bit、10bit，获得有效位数误差特性曲线，以误差曲线阶梯末端跳变峰值来寻找各级误差阶梯末端点，经过与上述 8 位 A/D 情况相同的处理过程，获得如表 8-9 所述计算结果。

表 8-9 相位误差阶梯参数

A/D	1 个周波时不同阶梯宽度/数据点数	阶梯 1 相邻周波数跳变宽度/数据点数	估值选点/数据点数
7 bit	330.3928	329.8973	330
8 bit	659.4104	660.9998	660
9 bit	1323.558	1318.852	1320
10 bit	2627.000	2638.515	2640

由表 8-9 的仿真计算结果可见，相同周波条件下，初始相位拟合误差随序列长度增加而呈等间隔量子化阶梯分布，依次为第 1 阶梯、第 2 阶梯，等等。不同阶梯的误差界随阶梯数增高呈量子化特征下降趋势，降到一定程度后误差界趋于平稳。

相位拟合误差阶梯宽度与 A/D 位数、序列所包含的周波数等均有线性关系。

在相同 A/D 位数情况下，初始相位误差阶梯宽度与序列所包含的周波数呈线性关系；在不同 A/D 位数情况下，同一周波数的同一序号误差阶梯宽度与 A/D 位数成正比。

综合各个方面的因素，可以获得对于 8 位以及以上位数的 b 位 A/D 而言，含 N 个周波的序列的误差阶梯宽度为 $G_z \times (b-7) \times N$ 个采样点。对于含 N 个周波的序列的第 i 个误差阶梯末端点 $t_{i,N,b}$，有

$$t_{i,N,b} = G_z \times (b-7) \times N \times i \tag{8-37}$$

对于 8 位以下位数的 b 位 A/D 而言，含 N 个周波的序列的误差阶梯宽度为 $G_z \div (9-b) \times N$ 个采样点。对于含 N 个周波的序列的第 i 个误差阶梯末端点 $t_{i,N,b}$，有

$$t_{i,N,b} = G_z \div (9-b) \times N \times i \tag{8-38}$$

式 (8-37)、式 (8-38) 可用于估计所述测量条件下相位误差阶梯末端点位置，以便进行相位误差评定和不确定度的控制。

4. 拓展实验

相比于相位误差规律曲线的图 8-111～图 8-114，我们获得相同条件下频率、直流分量、幅度等参数拟合误差曲线，如图 8-115～图 8-126 所示。

从图 8-115～图 8-126 可见，与初始相位误差相类似，频率误差、直流分量误差也表现出优美的等间隔量子化阶梯特征，并且它们的量子化阶梯宽度基本一致。而唯独幅度误差未能展现明显的量子化阶梯特征。

随着序列内包含的信号周波数的增加，各个参数的量子化阶梯具有展宽特征，幅度误差虽然没有量子化阶梯特征，但其误差带展宽特征与其他参数是一致的。

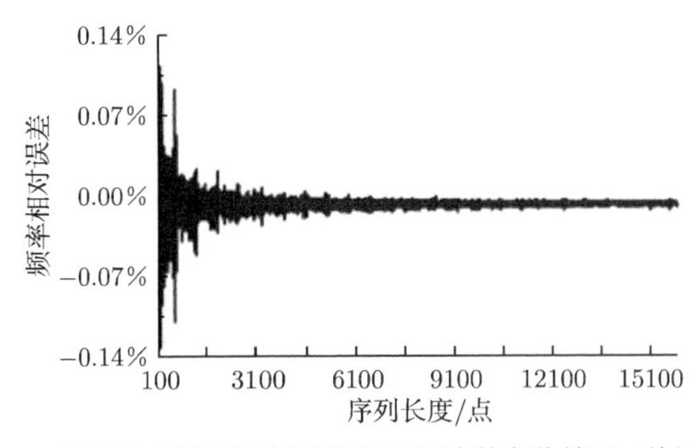

图 8-115　频率相对误差随序列长度及周波数变化情况 (单周波序列)

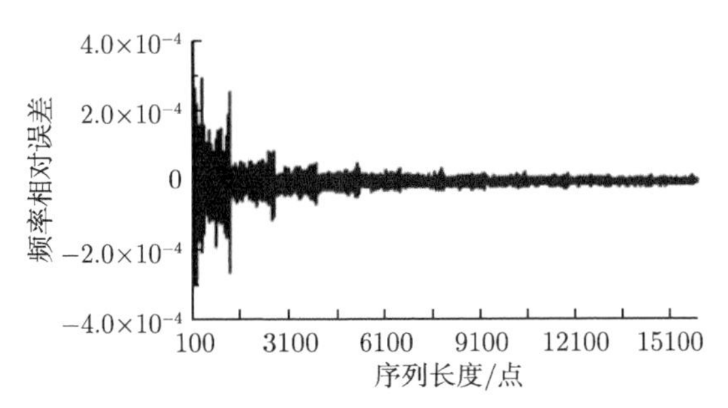

图 8-116　频率相对误差随序列长度及周波数变化情况 (双周波序列)

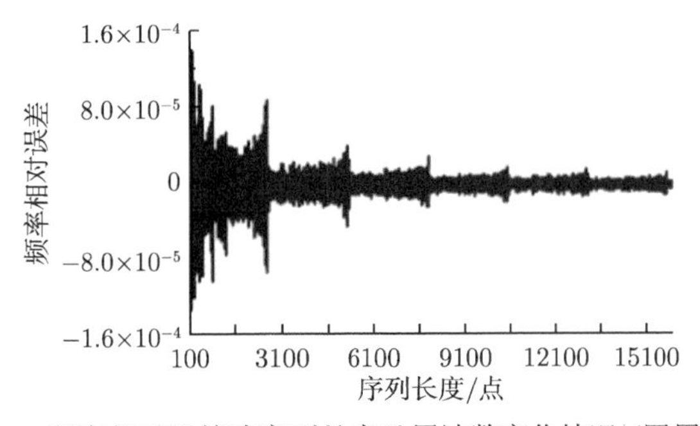

图 8-117　频率相对误差随序列长度及周波数变化情况 (四周波序列)

随着序列包含信号周波数的增加，对于频率参数，量子化误差阶梯展宽的同时，伴随着误差带高度的缩窄，体现了两者的共同作用；对于直流分量参数，主要是量子化误差阶梯展宽，不同阶梯误差带高度的缩窄变化不明显；对于幅度参数，也体现了单调衰减的误差带的直接展宽，衰减变化特征较弱，可按其他参数的量子化误差阶梯规律选择测量条件。

因而，单就拟合误差而言，在其他条件相同时，序列所含的信号周波数在大于 2 的情况下，越少越好。周波数越少，参数拟合误差将越小。

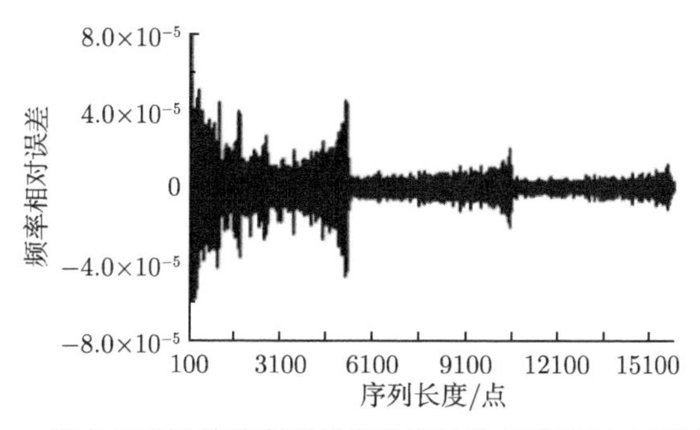

图 8-118 频率相对误差随序列长度及周波数变化情况 (八周波序列)

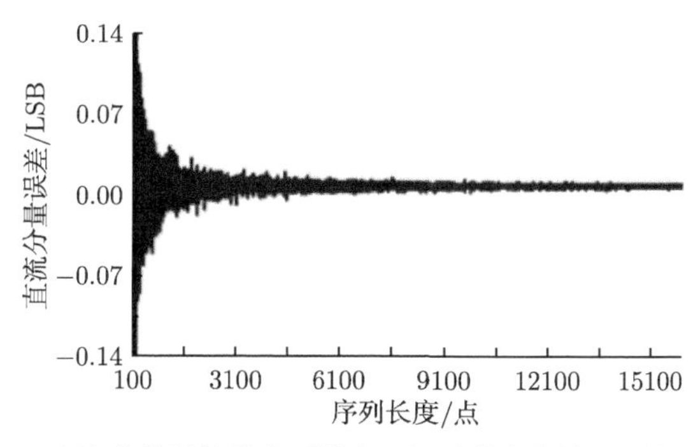

图 8-119 直流分量误差随序列长度及周波数变化情况 (单周波序列)

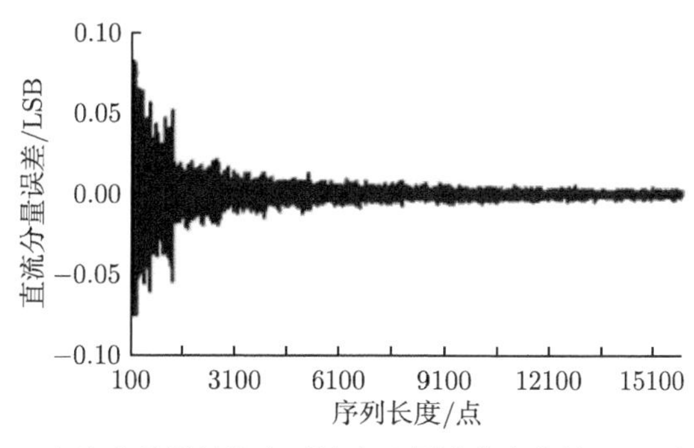

图 8-120 直流分量误差随序列长度及周波数变化情况 (双周波序列)

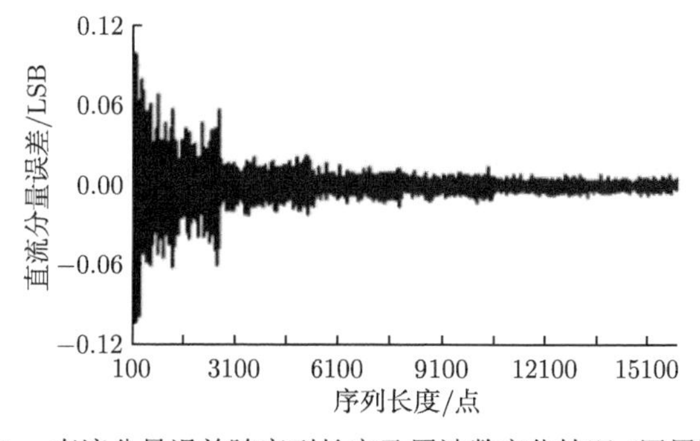

图 8-121 直流分量误差随序列长度及周波数变化情况 (四周波序列)

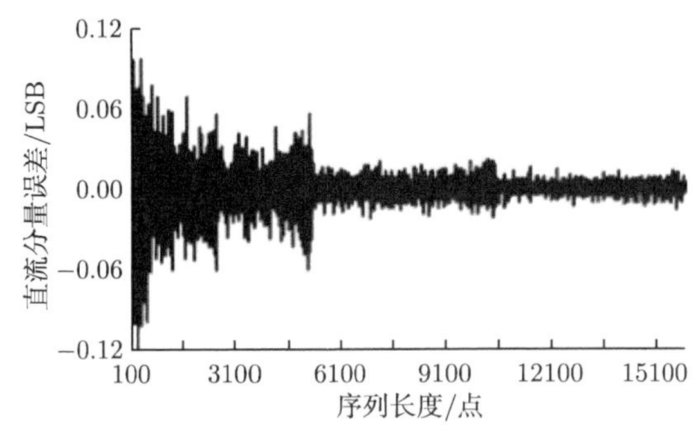

图 8-122　直流分量误差随序列长度及周波数变化情况 (八周波序列)

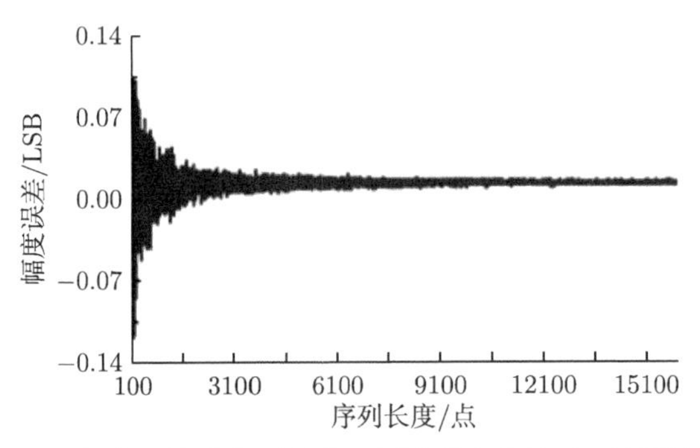

图 8-123　幅度误差随序列长度及周波数变化情况 (单周波序列)

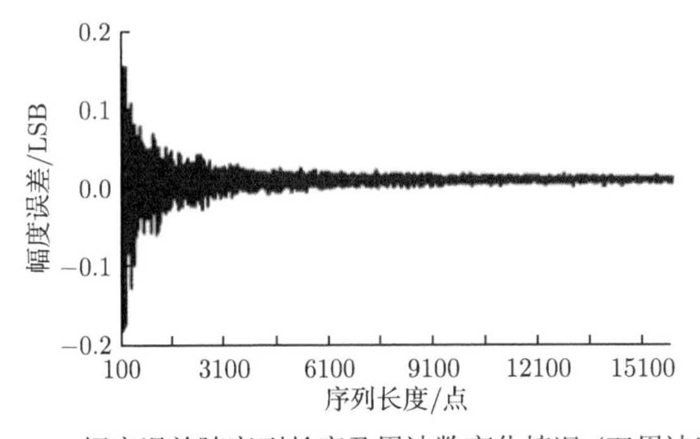

图 8-124　幅度误差随序列长度及周波数变化情况 (双周波序列)

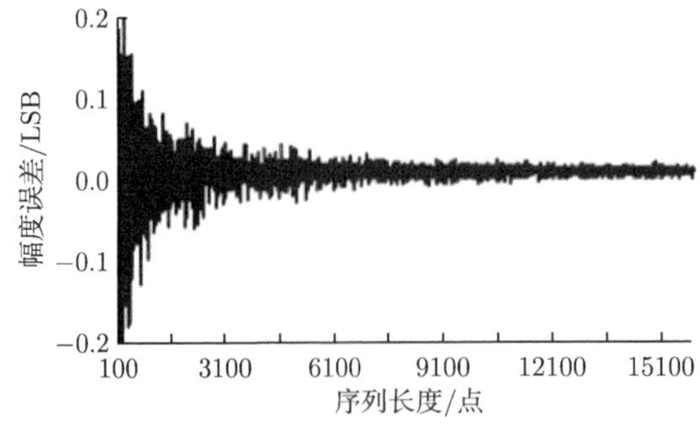

图 8-125　幅度误差随序列长度及周波数变化情况 (四周波序列)

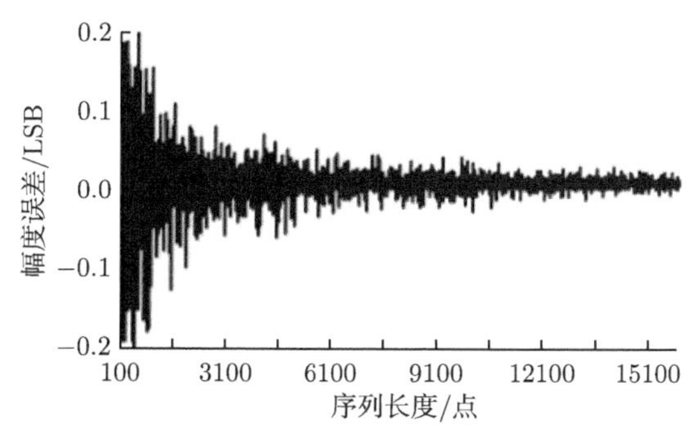

图 8-126 幅度误差随序列长度及周波数变化情况 (八周波序列)

进一步的实验研究表明，动态有效位数误差，也存在和相位误差相一致的量子化阶梯误差规律，限于篇幅，这里不再赘述。

8.4.4 机理分析及讨论

这里选取 8bit A/D 的单周波序列拟合残差有效值与数据点数关系曲线，如图 8-127 所示。

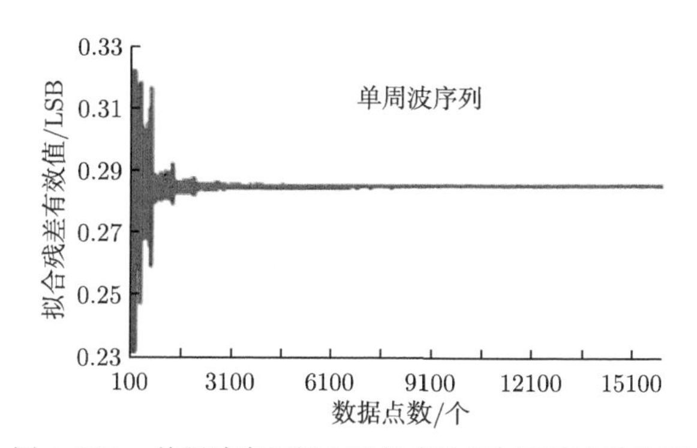

图 8-127 单周波序列拟合残差有效值与序列点数关系

由图 8-127 可见，拟合残差有效值随着序列点数的增加逐渐收敛于由式 (8-32) 所述的理论值上。其过程呈量子化阶梯特征变化，并与其他正弦参数拟合误差界的变化特征和规律具有一致性。

对于等间隔采样造成的 A/D 量化误差而言，它是一种具有随机性特征的系统误差，其值域特征尽管被近似为均匀分布，但由于正弦函数曲线并非是幅度等概率密度分布的曲线波形，从而，采样量化后的正弦波曲线，其 A/D 量化误差的值域统计特征并不完全是等概率密度均匀分布的。

正弦波曲线各个参数拟合误差界表现出的优美的等间隔量子化阶梯特征，主要是来源于正弦波形周期的大周期性、采样量化造成的量化误差的局部小周期性相结合，再经过采样序列包含的不完整的采样间隔的变化造成的误差周期性特征的一种表现形式。

当拟合序列所包含的点数少于波形所包含的 A/D 量化台阶数时，其抽样后 A/D 量化误差的分布与理论分布差异较大，由此导致拟合残差有效值与式 (8-32) 所述的理论值差异较大，进而使得各个拟合参数的拟合误差离散性较大，拟合参数误差界变高。当数据点数逐渐增多，达到远高于波形所含的 A/D 量化台阶个数时，A/D 量化误差的分布逐渐稳定并接近理论分布，最终在理论分布附近波动。

仿真搜索表明，对于包含确定周波数的正弦采样序列拟合误差界而言，客观上存在依赖于序列点数的周期性，由此确定了其拟合误差界的量子化阶梯宽度。深入分析表明，它与序列所包含的 A/D 量化台阶个数密切相关，而每个 A/D 量化台阶范围内需要采集 $i \cdot \pi$ 个点，这里 i 为正整数。

而序列所包含的 A/D 量化台阶个数与所使用的 A/D 位数 b、正弦波形实际所覆盖的测量范围与量程之比值 η、序列所包含的周波个数 N 均有关系。对于含 N 个周波的序列的第 i 个量子化误差阶梯末端点 $t_{i,N,b}$，总结出公式如下：

$$t_{i,N,b} = \eta \cdot i \cdot N \cdot 2^b \cdot \pi \tag{8-39}$$

其中，$0 < \eta \leqslant 1$；N 为拟合序列所包含的正弦周波个数，N 可以不是整数；i 为正整数。

量子化误差阶梯宽度 $\Delta T_{N,b}$ 为

$$\Delta T_{N,b} = \eta \cdot N \cdot 2^b \cdot \pi \tag{8-40}$$

式 (8-40) 为序列长度对正弦参数拟合误差界影响的量子化阶梯宽度公式。它与式 (8-39) 均可用于估计各个测量条件下正弦拟合量子化误差阶梯末端点位置，以便进行误差评定和不确定度的控制。

对于上述 8 位 A/D 的实验条件，$b = 8$，$\eta = 82.03125\%$，$N = 1$，当 $i = 1$ 时，第 1 个量子化误差阶梯末端点 $t_{i,N,b}$ 计算可得

$$t_{1,1,8} = 0.8203125 \times 1 \times 1 \times 2^8 \cdot \pi \approx 660$$

本节选取了 A/D 位数、序列长度、幅度、周波数、初始相位、直流分量六个条件作为仿真研究要素，以序列长度作为主变化要素，其他作为辅助变化要素，并以幅度误差、频率相对误差、初始相位误差、直流分量误差四个变量误差作为拟合效果的指针，综合考察它们随六个条件而变化的情况。并以相位误差为事例，深入研究了其拟合误差受 A/D 位数、序列长度、序列包含信号的周波数影响情况，获得了一些明确的规律。

实验表明，初始相位、频率、直流分量的估计误差随序列样本长度的变化均呈量子化阶梯状跳变规律；并对阶梯宽度随样本长度、样本内所含周波数、A/D 位数等要素的变化进行了定量分析，获得了上述参数估计误差界随各个因素而变化的经验公式；可用于估计任意一款 A/D 采样序列的正弦参数评价时的量子化误差阶梯边界点；进而用于指导测量条件的选择和确定。

仿真结果表明，相同 A/D 位数条件下，含有不同周波数的正弦参数测量结果，其相同序号的量子化误差阶梯末边界点的误差界波动较小，可认为近似相同；并且，随着 A/D 位数的增高而呈缓慢下降趋势。这也充分体现了量子化误差阶梯序号的实际意义和价值。

另外，需要说明的是，由于量子化误差阶梯边界是使用误差峰值点识别获得的，从而，实际上若以误差界水平定义本误差阶梯的宽度，则要略宽于该峰值边界点才更为合理可行，

即使用量子化误差阶梯条件时，应尽量避免在量子化误差阶梯边界点附近使用，应该在比边界点多 10%～20%的误差阶梯宽度以上使用，才可确保误差界落到下一个误差阶梯内。实际应用中应予以注意。

最后，需要特别说明的是，该结论和规律是在仅存在 A/D 量化误差的仿真条件下获得的结论。没有任何随机误差因素参与其中。实际工作中，很难出现这样理想的测量状况，总会有随机因素误差出现在实际信号中，特别是小信号和微弱信号的采集测量中，随机误差可能占据主导地位。那时，本节上述结论将不再适用，但在未知噪声影响是否占据主导地位的情况下，参照上述规律设定测量条件，将没有任何害处。

8.4.5　结论

综上所述，本节通过大量仿真实验，对使用理想 A/D 转换器的仿真正弦测量序列在波形拟合中获得的正弦参数的拟合误差界进行了搜索研究，给出了幅度误差以外的其他参数误差界随波形周波数、数据点数、A/D 位数等不同条件而呈现等间隔量子化阶梯状变化的规律，并以经验公式方式给出了其量子化误差阶梯宽度随波形周波数、数据点数、A/D 位数呈线性变化规律的估计式，以量子化误差阶梯宽度 $\Delta T_{N,b}$ 方式定量揭示出了其变化规律。

具体为，同一量子化误差阶梯内，参数拟合误差处于近似同一水平，数据点越少越好，不同量子化误差阶梯的误差界水平有显著不同，应优先选择误差界水平低的量子化误差阶梯测量条件。

该规律对于正弦参数的精确测量及误差和不确定度控制具有重要意义和价值。

8.5　序列长度对有效位数拟合误差界的影响

8.5.1　引言

动态有效位数是 A/D 转换器的一项重要指标，用于表征其动态测量总体误差，也常被用于评价以 A/D 转换为核心的数字化测量仪器和设备的动态特性。例如，数据采集系统、数字波形记录仪、瞬态记录仪、数字示波器等。

关于动态有效位数的测量评价，有多种不同的方式方法。从信号源角度，有三角波激励法和正弦波激励法；从数据处理方法角度，有波形拟合法、直方图统计分析法、频谱分析法、失真测量法等多种方法。这些方法均可以获得动态有效位数的评价结果。而其中应用最广、影响力最大的是正弦波激励下的波形拟合法，业已被列入多个标准文件中，作为推荐性评价方法。

与其他许多指标特性不同，动态有效位数虽然具有一定的稳定性和规律性，但仍然被认为是一种条件参数指标，即伴随着测量条件的不同会有所不同。因而，通常的 A/D 转换器或数字示波器等，在给出动态有效位数的指标参数时，总会伴随着其测量条件，如信号频率及幅度值。实际上的测量条件则远不止这些，其他如初始相位、直流分量，以及采集速率、波形序列长度、波形序列所包含的信号周波数等的影响如何，以及这些条件变化时，对动态有效位数及评价误差的影响有多大，均无明确结论。唯一有明确结论的规律是，伴随着信号频率的增加，动态有效位数评价结果会呈单调下降的趋势 [32]。

本节后续内容，将对正弦信号激励下，上述测量条件及变化给动态有效位数带来的测量误差变化进行仿真研究，并试图获得明确可用的定量结论。

8.5.2　基本思想及条件设定

1. 基本思想

A/D 量化误差是一种有确定模型的系统误差，作为量化误差一种动态表征形式的动态有效位数也应该如此。而正弦波形在值域里是一种非等概率密度函数波形，其量化后的峰值码和谷值码出现的概率远大于其他部分量值量化码出现的概率。因而，测量条件变动时，其有限长序列样本点的时间分布特性和统计特性均会产生变化。相应地，以正弦激励进行测量时，信号幅度变化，将对幅度范围内是否包含整数个量化误差区间以及区间分布产生影响；在幅度确定后，直流分量的变化，也将对幅度范围内量化误差区间以及区间分布产生影响，从而影响动态有效位数的评价结果。

另外，样本序列的长度，以及序列内所包含的信号周波数的变化是否会影响有效位数的评价，均需要研究确定。基于此，这里选取上述可能会带来影响的测量条件作为研究对象，选取有效位数误差作为指标参数，以仿真理想数据方式，在各个测量条件分别变化时，考察动态有效位数误差的变化情况。

正弦波采样测量中，采样速率与信号频率是关联量，两者之比是每个周波的采样点数，通过选择不同的采样速率可改变该比值；当采样速率固定后，采样序列的长短决定了其所包含周波数的多少。通过选取量程范围，改变被测信号幅度与量程的占比；通过选择不同 A/D 位数的测量仪器和系统，改变量化误差。最终，改变正弦波拟合参数的误差界。

关于正弦拟合，在大多数应用中，其采样序列长度在几十点到几千点之间，序列所含的信号周波数为几个至十几个周波。所用的采样系统 A/D 位数主要有 8bit、12bit、16bit、24bit、32bit 几种。

在序列长度变化过程中，其他信号参数，例如幅度、直流分量、初始相位等，也将处于变化之中，它们共同作用的结果，将揭示拟合误差的实际变化情况。

2. 仿真条件和指针设定

综合考虑各方面因素，选出具有相互独立性和系统完备性的左右动态有效位数测量误差的测量条件为：

(1) A/D 位数，用于确定量化水平及影响，并提供动态有效位数的额定标准值；

(2) 采样序列包含周波数，确定周波数的影响；

(3) 采样序列长度，即序列包含的样本点数，确定采样序列长度的影响；

(4) 信号幅度，确定幅度变动的影响；

(5) 初始相位，确定信号初始相位变化带来的影响；

(6) 直流分量，确定直流分量变化带来的影响。

经过四参数正弦曲线拟合后，获得动态有效位数的误差界，以 bit(位) 表述；有效位数通常用以表述拟合曲线和实际测量序列之间的拟合残差，即假定其在整个信号量程范围内均匀分布，按照纯量化误差规律折合成的 A/D 位数 [30]；理想状况下，有效位数的量值应该与测量序列所用的 A/D 位数相等。它的误差界，应该是有效位数不确定度的波动边界。LSB 称为 A/D 的最小量化阶梯宽度。

3. 误差界搜索

动态有效位数的误差界，是在上述六项测量条件下，固定其中的五项，变化一项，搜索出该条件变化时，四参数正弦拟合所获得的动态有效位数指标的误差界。

在考察序列长度的影响时，则主要变化序列长度，辅助调整其他测量条件，着重分析出序列长度作为主导因素时，给动态有效位数指标的拟合误差带来的影响规律。

8.5.3 仿真实验及数据处理

使用计算机按照数学关系产生理想正弦数据，以仿真 A/D 位数进行量化，生成理想仿真序列。将该具有已知参量的仿真序列在选定的正弦波拟合软件中进行数据处理，获得拟合参数。

令仿真参数按照已知规律变化，获得变化条件下的拟合参数变化规律，并以此搜索动态有效位数的误差界。

1. 仿真实验条件

为方便参数调控，不失一般性，设定如下包含六项测量条件的仿真实验条件。

(1) A/D 位数：基本参量为 8bit。

(2) 采样序列包含周波数：未特别说明时，为 20 个周波；作为主变化因素时，变化范围为 0.90~21.00 个周波，0.01 周波步进；作为辅助变化量时，变化范围为 1~20 个周波，1 周波步进。

实际仿真过程中，通过使用归一化频率 1Hz 来调整采样速率，结合样本点数，最终构建周波数。

(3) 序列样本点数：未特别说明时，序列样本点数为 16000 点；作为主变化因素时，变化范围为 100~16000 点，1 点步进；作为辅助变化量时，变化范围为 1000~ 16000 点，1000 点步进。

(4) 信号幅度：使用归一化幅度 1；未特别说明时，幅度为 82.03125%× 量程，并以此设定量程范围；作为主变化因素时，幅度宏观变化范围为量程的 7.8%~ 100%，0.005LSB 步进；作为辅助变化量时，在 82.03125%× 量程点处，其微观变化范围 −0.5LSB~ 0.5LSB，0.05LSB 步进。

(5) 初始相位：未特别说明时，初始相位为 0°；作为主变化因素时，变化范围为 −180° ~ 180°，1° 步进；作为辅助变化量时，范围不变，10° 步进。

(6) 直流分量：未特别说明时，直流分量为 0；作为主变化因素时，变化范围为 −1LSB~ 1LSB，0.01LSB 步进；作为辅助变化量时，变化范围为 −0.5LSB~ 0.5 LSB，0.05LSB 步进。

2. 仿真实验结果及分析

按上述仿真条件，获得如图 8-128~ 图 8-147 所述的随着不同条件而变化的动态有效位数误差曲线波形。

其中，图 8-128、图 8-137、图 8-141、图 8-145 中的辅助变量周波数变化范围为 1~20，步进值 1；每图均为 20 条曲线共同结果。

图 8-129、图 8-133、图 8-142、图 8-146 中的辅助变量初始相位变化范围为 −180° ~180°，10° 步进；每图均为 37 条曲线共同结果。

图 8-130、图 8-134、图 8-138、图 8-147 中的辅助变量直流分量变化范围为 −0.5LSB~0.5 LSB，0.05LSB 步进；每图均为 21 条曲线共同结果。

图 8-131、图 8-135、图 8-139、图 8-143 中的辅助变量序列长度变化范围为 1000~16000 点，1000 点步进；每图均为 16 条曲线共同结果。

图 8-132、图 8-136、图 8-140、图 8-144 中的辅助变量幅度为 82.03125%× 半量程，其变化范围为 −0.5LSB~ 0.5LSB，0.05LSB 步进；每图均为 21 条曲线共同结果。

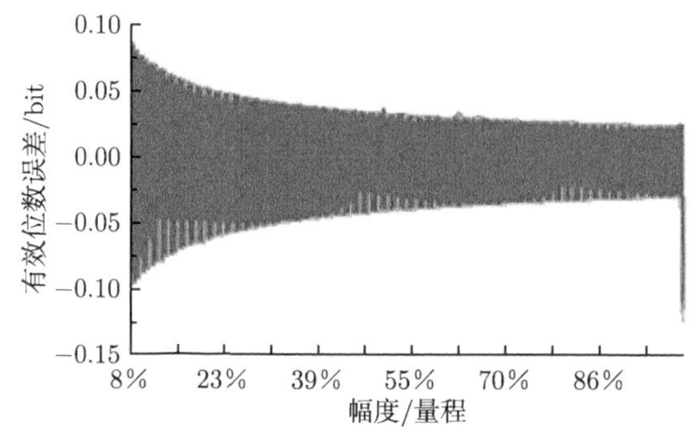

图 8-128 幅度与周波数变化时的有效位数误差

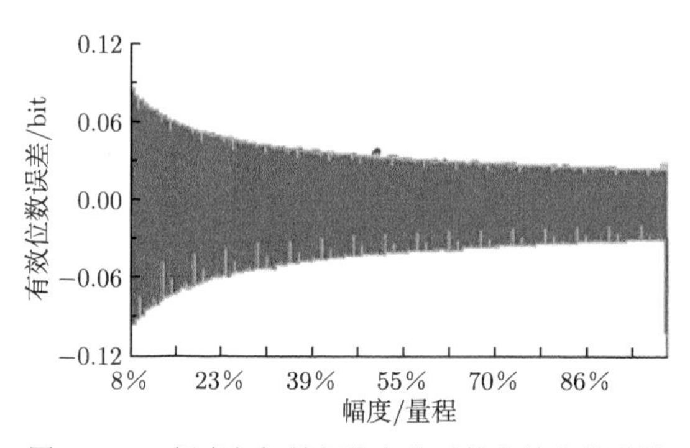

图 8-129 幅度与初始相位变化时的有效位数误差

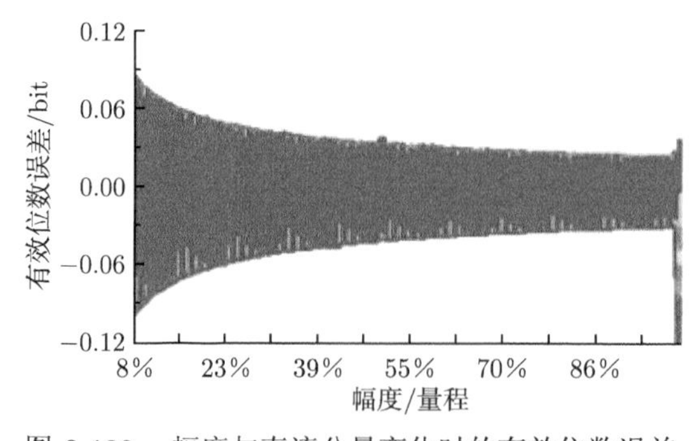

图 8-130 幅度与直流分量变化时的有效位数误差

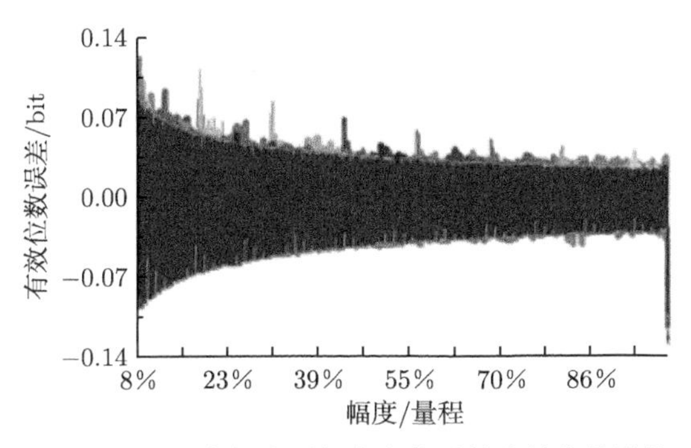

图 8-131 幅度与序列长度变化时的有效位数误差

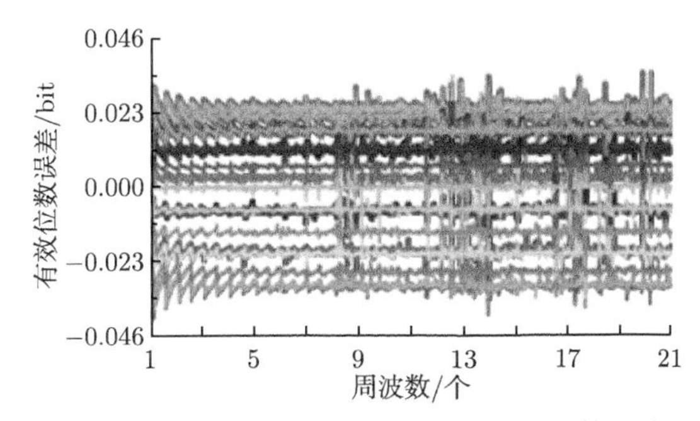

图 8-132 周波数与幅度变化时的有效位数误差

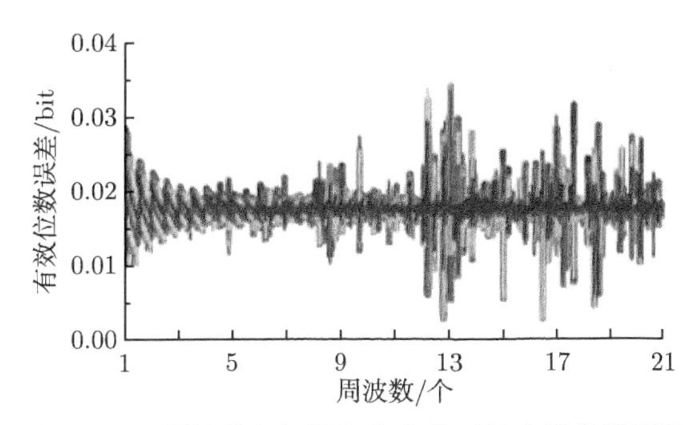

图 8-133 周波数与初始相位变化时的有效位数误差

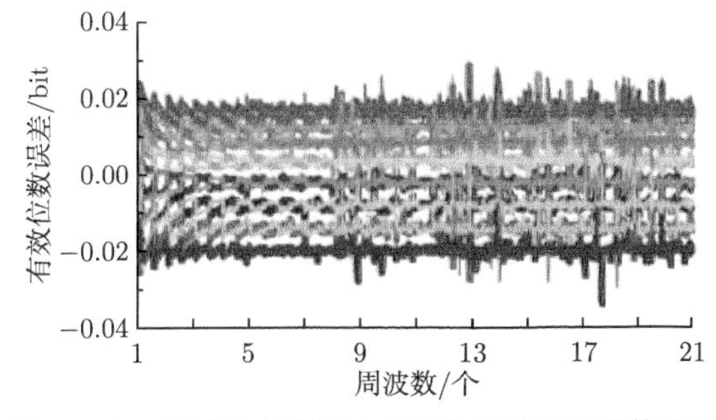

图 8-134 周波数与直流分量变化时的有效位数误差

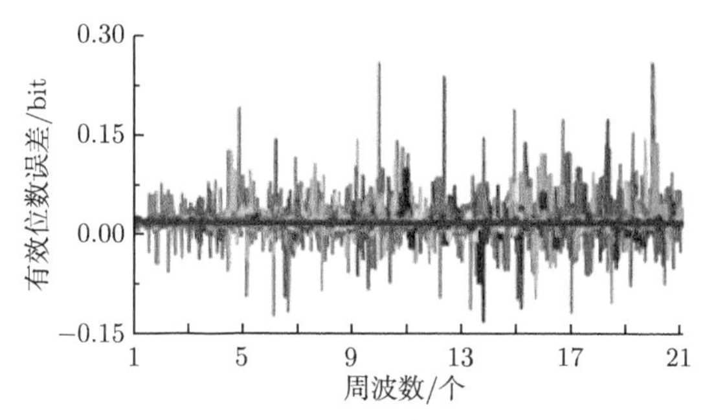

图 8-135　周波数与数据点数变化时的有效位数误差

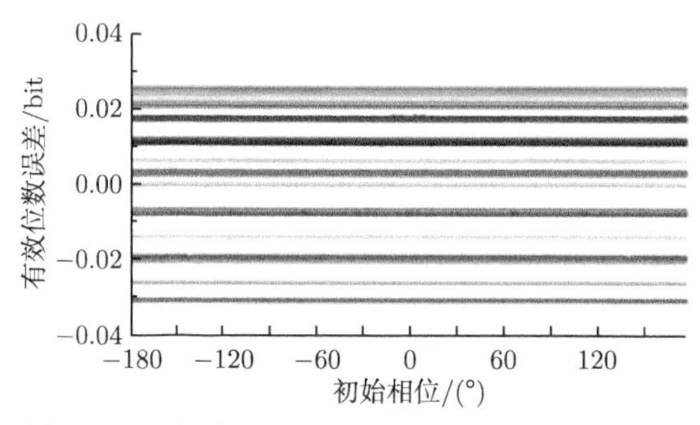

图 8-136　初始相位与幅度变化时的有效位数误差

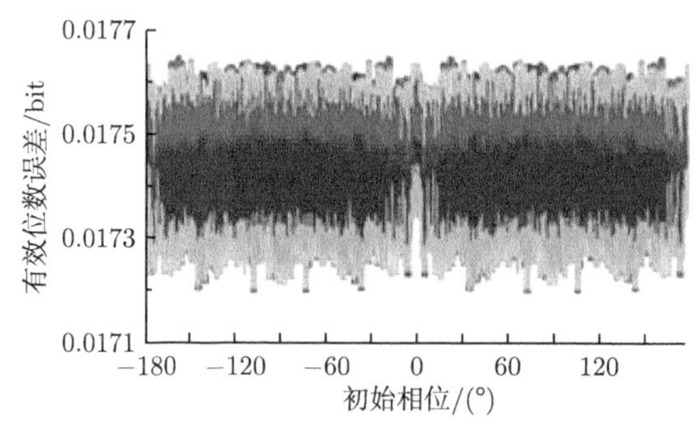

图 8-137　初始相位与周波数变化时的有效位数误差

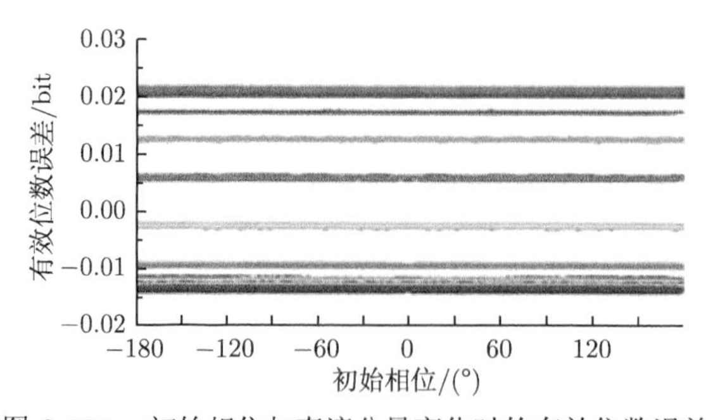

图 8-138　初始相位与直流分量变化时的有效位数误差

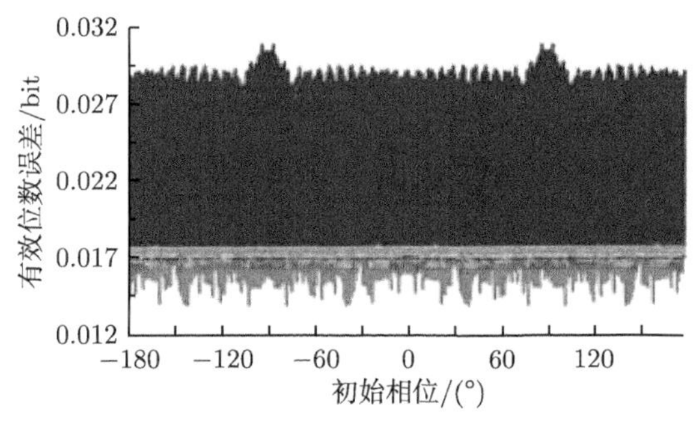

图 8-139 初始相位与数据点数变化时的有效位数误差

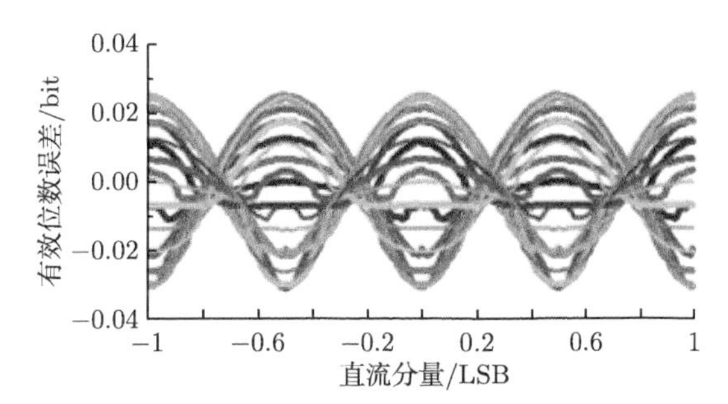

图 8-140 直流分量与幅度变化时的有效位数误差

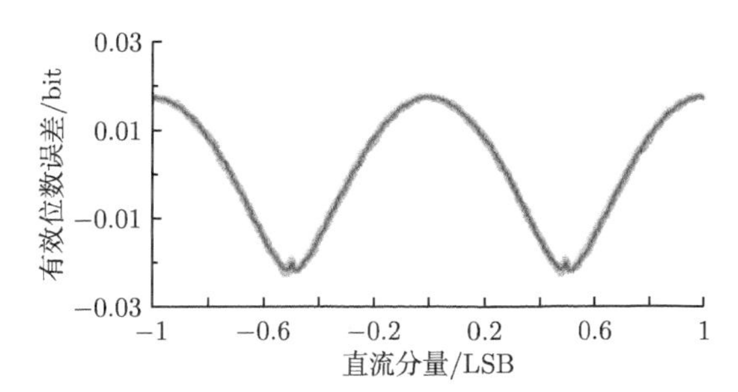

图 8-141 直流分量与周波数变化时的有效位数误差

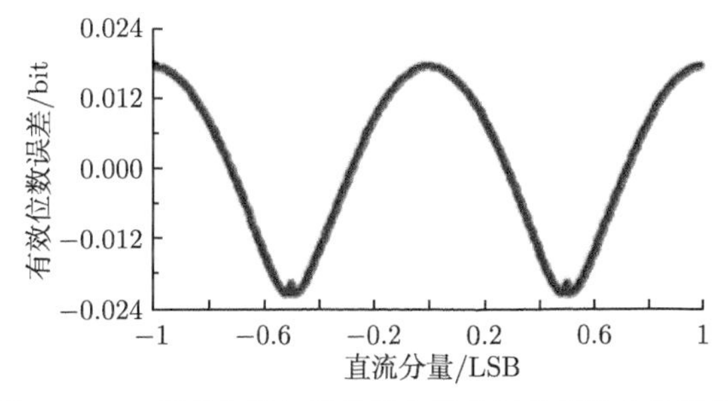

图 8-142 直流分量与初始相位变化时的有效位数误差

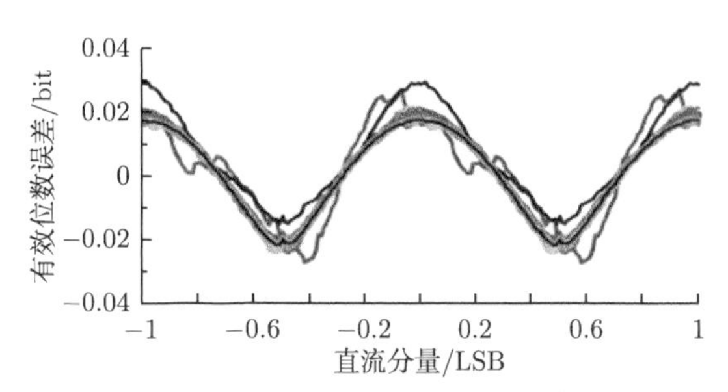

图 8-143　直流分量与数据点数变化时的有效位数误差

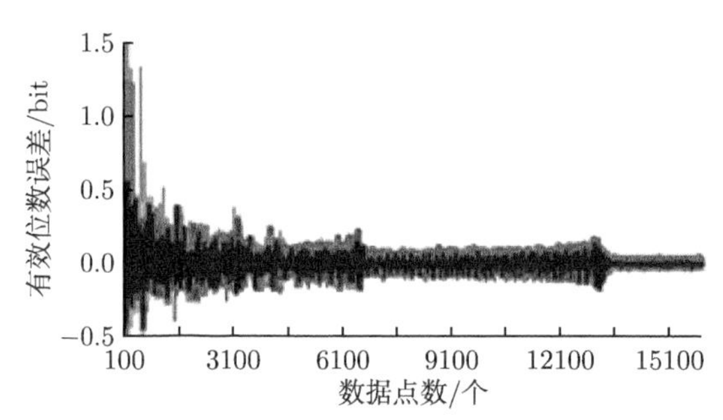

图 8-144　数据点数与幅度变化时的有效位数误差

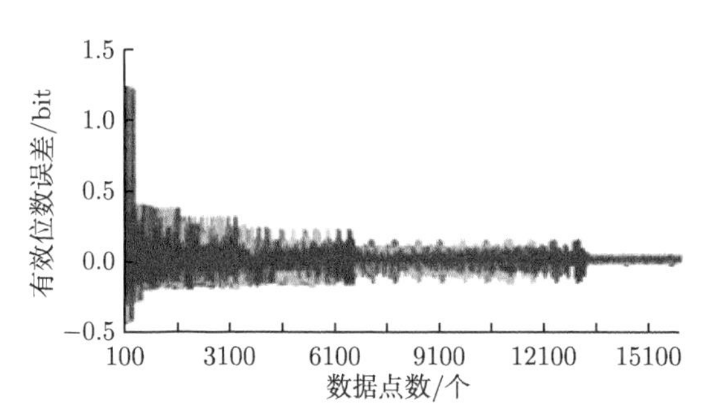

图 8-145　数据点数与周波数变化时的有效位数误差

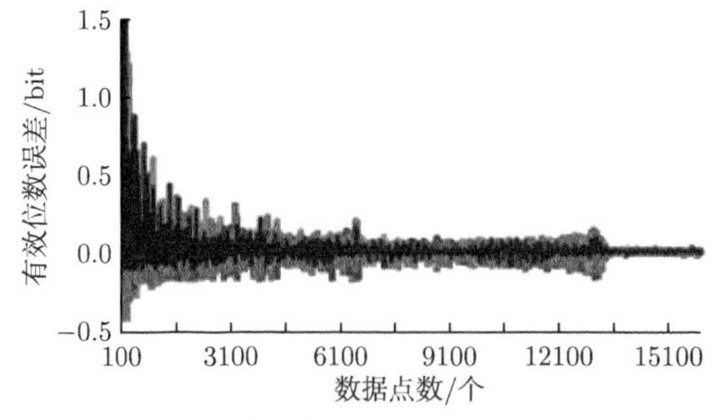

图 8-146　数据点数与初始相位变化时的有效位数误差

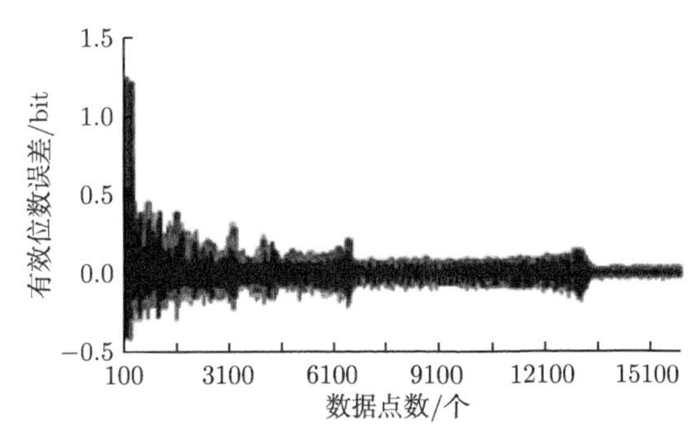

图 8-147 数据点数与直流分量变化时的有效位数误差

从图 8-128~ 图 8-131 可见，信号幅度由小变大时，有效位数的误差界将由大变小，其变化最大时可以导致 ±0.1bit 的有效位数误差，当信号幅度在半量程以上时，有效位数误差界可以在 ±0.03bit 以内。

从图 8-140~ 图 8-143 可见，直流分量变化时，有效位数的误差界将产生变化，其变化最大时可以导致 ±0.03bit 的有效位数误差。

从图 8-129，图 8-136~ 图 8-139，图 8-142、图 8-146 可见，与幅度变化及直流分量变化带来的影响相比，初始相位变化对有效位数的影响处于次要地位，可以忽略。

从图 8-132~ 图 8-134，图 8-137 可见，周波数的变化对有效位数的误差界影响小于幅度变化和直流分量变化带来的影响，但也不可忽略，需要深入研究。

从图 8-144~ 图 8-147 可见，序列长度较小时，将带来显著误差，而序列长度增加，将使得其对有效位数的误差贡献降低，但也不是单调降低，其变化规律需要进一步研究。

3. 序列长度变化时仿真实验结果分析

在 8bit A/D 情况下，按上述条件，用序列长度参量作为主变化因素，分别以幅度、周波数、初始相位、直流分量为辅助变化因素生成的仿真数据，计算获得的动态有效位数估计误差随着各因素而变化的情况，如图 8-144~ 图 8-147 所示。

(1) 幅度作为辅助变量，获得如图 8-144 所述动态有效位数误差变化曲线波形。

(2) 周波数作为辅助变量，获得如图 8-145 所述动态有效位数误差变化曲线波形。

(3) 初始相位作为辅助变量，获得如图 8-146 所述动态有效位数误差变化曲线波形。

(4) 直流分量作为辅助变量，获得如图 8-147 所述动态有效位数误差变化曲线波形。

从图 8-144~ 图 8-147 可见，当其他辅助条件完全相同时，随着序列长度由小到大，动态有效位数的误差界总体上呈下降趋势。但并非单调下降，而是呈现出某种具有量子化阶梯式的台阶跳变特征。

经过对上述图 8-144~ 图 8-147 曲线波形的全面关联性规律分析，发现信号序列内包含的周波数与序列长度组合变化时，其动态有效位数误差量子化阶梯跳变规律特征明显。

不失一般性，令序列所含信号周波数从 1~20 范围内变化，令序列长度从 100~16000 变化，则获得仿真计算结果：

当周波数固定时，序列长度从小到大变化时，有效位数误差界呈等间隔阶梯式减小；如图 8-148~ 图 8-153 所示。其中，图 8-148 为单周波序列，图 8-149 为双周波序列，图 8-150

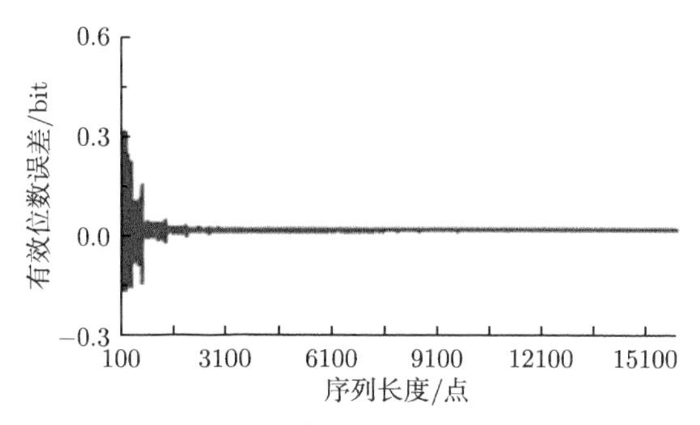

图 8-148　有效位数误差随序列长度变化情况 (单周波序列)

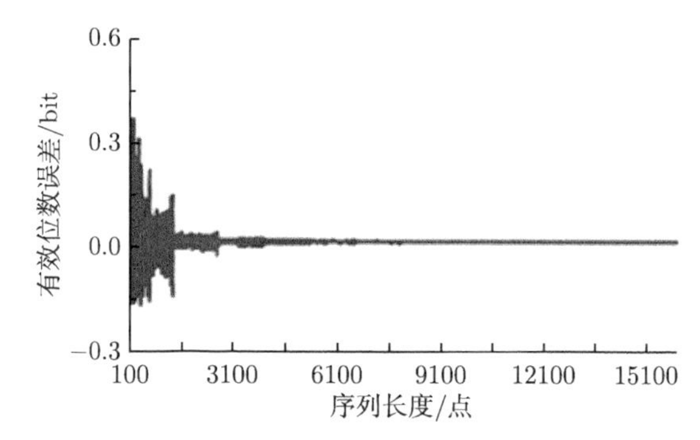

图 8-149　有效位数误差随序列长度变化情况 (双周波序列)

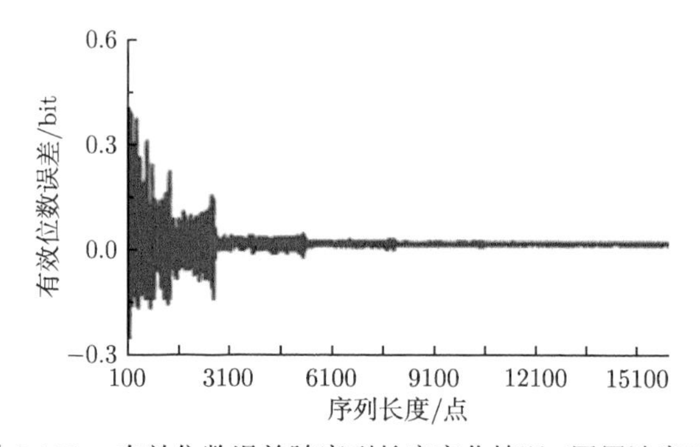

图 8-150　有效位数误差随序列长度变化情况 (四周波序列)

为四周波序列，图 8-151 为八周波序列，图 8-152 为 19 周波序列，图 8-153 为 20 周波序列情况。

仿真试验表明如下规律。

(1) 在 A/D 位数相同时，动态有效位数误差随着波形序列长度和序列所含周波数不同，呈有规律的量子化阶梯变化趋势。

(2) 周波数相同时，不同的量子化误差阶梯近似等长度，误差界的范围跳变很大，且随序列长度增加呈快速递减规律；而在同一个量子化误差阶梯上，误差界随序列长度增加呈平稳而缓慢增大趋势。

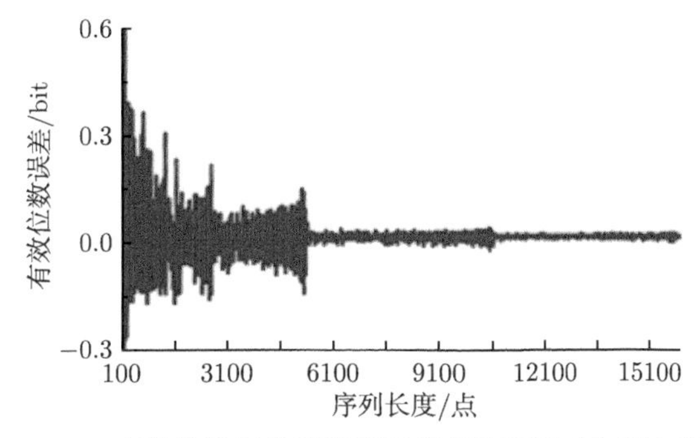

图 8-151 有效位数误差随序列长度变化情况 (八周波序列)

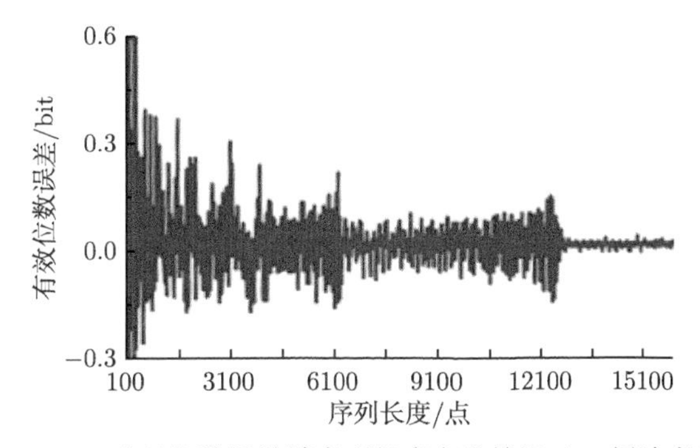

图 8-152 有效位数误差随序列长度变化情况 (19 周波序列)

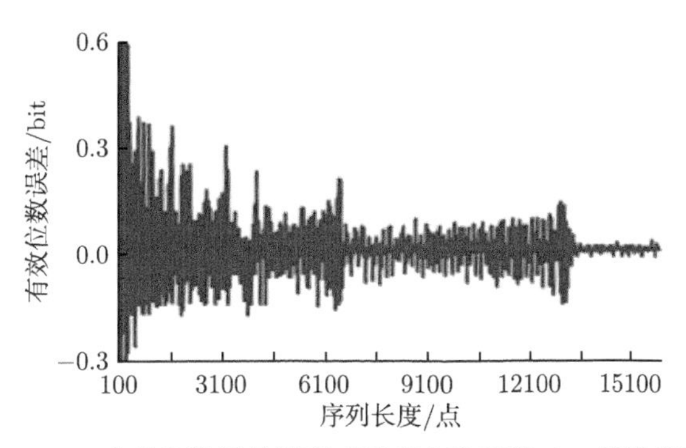

图 8-153 有效位数误差随序列长度变化情况 (20 周波序列)

但第 1 个量子化误差阶梯除外，它的变化规律复杂，是一个中间低两头高的马鞍型误差阶梯。

(3) 不同周波数的量子化误差阶梯的宽度与周波数成正比。

在实际测量时，应尽量使得测量条件落到高序号量子化误差阶梯之内，至少是第 2 个误差阶梯上。尽量避免测量条件落入第 1 个误差阶梯上。

我们称每一个量子化误差阶梯宽度为阶梯宽度。

(4) 从仿真计算结果曲线及变化规律可见，宽阶梯的形状近似于窄阶梯的线性拉伸。

在拉伸延展过程中，同一阶梯的误差带基本保持稳定，可以近似看作仅仅是长度展宽。如图 8-148～ 图 8-153 所示。

如图 8-152 和图 8-153 所示，两者均只有第一个完整阶梯和第二个阶梯的一部分。观察分析周波数相邻的几条误差曲线，如图 8-148～ 图 8-151 很容易发现该规律。

以误差曲线阶梯末端跳变峰值来寻找各级误差阶梯末端点，并将其列表，如表 8-10 所示。

表 8-10　有效位数误差阶梯末端点实测表 (8 位 A/D)

周波数	阶梯								
	1 末端点	2 末端点	3 末端点	4 末端点	5 末端点	6 末端点	7 末端点	8 末端点	9 末端点
1	656	1318	1976	2634	3288	3962	4616	5274	5932
2	1314	2630	3954	5266	6590	7922	9230	10546	11862
3	1964	3974	5924	7898	9908	11918	13844	15830	
4	2618	5266	7898	10530	13210	15842			
5	3272	6582	9872	13162					
6	3926	7898	11846	15794					
7	4580	9214	13820						
8	5266	10530	15794						
9	5888	11846							
10	6542	13162							
11	7196	14478							
12	7850	15842							
13	8504								
14	9158								
15	9812								
16	10466								
17	11120								
18	11774								
19	12428								
20	13162								

令含 N 个周波的序列的第 i 个量子化误差阶梯的末端点为 $t_{i,N}$，通过相同周波数据最小二乘线性拟合，得直线方程：

$$t_{i,N} = G_{*,N} \times i + T_{*,N} \tag{8-41}$$

通过相同序号误差阶梯末端点的最小二乘线性拟合，得直线方程：

$$t_{i,N} = G_{i,*} \times N + T_{i,*} \tag{8-42}$$

对上述表 8-10 中的误差阶梯末端点进行相同周波数据横向最小二乘拟合，结果如表 8-11 所示；进行相同序号误差阶梯末端点纵向最小二乘拟合，结果如表 8-12 所示。

针对表 8-11 数据，继续用最小二乘直线拟合得，相邻周波误差阶梯宽度 $G_{*,N}$ 之间的平均跳跃间隔为 $\overline{\Delta G_{*,N}} = 658.4287$，与 1 个周波时的误差阶梯宽度近似相等。

表 8-11 N 个周波不同误差阶梯末端点最小二乘拟合结果

周波 N	$G_{*,N}$	$T_{*,N}$
1	659.6667	−3.2224
2	1319.133	−5.2222
3	1981	−7
4	2645.257	−31.0664
5	3296	−18
6	3955.2	−22
7	4620	−35.333
8	5264	−2

表 8-12 第 i 个阶梯不同周波数据最小二乘拟合结果

阶梯 i	$G_{i,*}$	$T_{i,*}$
1	654.9715	−2.4009
2	1317.385	−1.332
3	1973.762	3.5713
4	2632	2
5	3308.4	−22
6	3963.6	2
7	4614	2
8	5278	−6

针对表 8-12 数据，继续用最小二乘直线拟合得，相邻的误差阶梯 $G_{i,*}$ 之间的平均宽度差为 $\overline{\Delta G_{i,*}} = 660.5975$，与 1 个周波时的误差阶梯宽度近似相等。

综合各个方面的因素可以获得，对于 8 位 A/D 而言，$G_{i,*} = 660$ 是一个核心结果，含 N 个周波的序列的台阶宽度约为 $660 \times N$ 个采样点。

令量子化常数 $G_z = 660$，对于含 N 个周波的序列的第 i 个误差阶梯末端点 $t_{i,N}$，有

$$t_{i,N} = G_z \times N \times i \tag{8-43}$$

4. A/D 位数变化时仿真实验结果分析

其他仿真条件保持不变，这里调整 A/D 位数分别为 7bit、9bit、10bit，获得有效位数误差特性曲线，以误差曲线台阶末端跳变峰值来寻找各级误差台阶末端点，并将其列表，如表 8-13~ 表 8-15 所示。

经过与上述 8 位 A/D 相同的处理过程，获得如表 8-16 所述计算结果。

由表 8-16 的仿真计算结果可见，相同周波条件下，动态有效位数误差随序列长度增加而呈等间隔阶梯分布，依次为第 1 阶梯、第 2 阶梯，等等。不同阶梯的误差界随阶梯序号增高呈下降趋势，降到一定程度后误差界趋于平稳。

动态有效位数误差阶梯宽度与 A/D 位数、序列所包含的周波数等均有线性关系。

在相同 A/D 位数情况下，误差阶梯宽度与序列所包含的周波数呈线性关系；在不同 A/D 位数情况下，同一周波数的同一序号误差阶梯宽度与 A/D 位数成正比。

表 8-13 有效位数误差台阶末端点实测表 (7 位 A/D)

周波数	阶梯			
	1 末端点	2 末端点	3 末端点	4 末端点
1	326	656	964	1316
2	652	1312	1929	2633
3	979	1969	2893	3949
4	1305	2625	3857	5265
5	1631	3281	4911	6581
6	1957	3937	5893	7897
7	2283	4593	6875	9213
8	2609	5249		
9	2935	5905		
10	3261	6561		
11	3587	7217		
12	3913	7873		
13	4239	8529		
14	4565	9185		
15	4891	9841		
16	5217	10497		
17	5543	11153		
18	5869	11809		
19	6195	12465		
20	6521	13121		

表 8-14 有效位数误差台阶末端点实测表 (9 位 A/D)

周波数	阶梯											
	1 末端点	2 末端点	3 末端点	4 末端点	5 末端点	6 末端点	7 末端点	8 末端点	9 末端点	10 末端点	11 末端点	12 末端点
1	1315	2637	3951	5269	6587	7913	9235	10541	11879	13173	14499	15825
2	2629	5273	7901	10537	13173	15825						
3	3943	7909	11851	15805								
4	5257	10545	15801									
5	6571	13181										
6	7885	15817										
7	9199											
8	10513											
9	11827											
10	13141											
11	14455											
12	15769											

表 8-15 有效位数误差台阶末端点实测表 (10 位 A/D)

周波数	阶梯					
	1 末端点	2 末端点	3 末端点	4 末端点	5 末端点	6 末端点
1	2635	5273	7907	10549	13191	15825
2	5269	10545	15813			
3	7903	15817				
4	10537					
5	13171					

表 8-16 有效位数误差阶梯参数

A/D	1 个周波时不同阶梯宽度 /数据点数	阶梯 1 相邻周波数跳变宽度 /数据点数	估值选点 /数据点数
7 bit	330.2143	330.2748	330
8 bit	658.4287	660.5975	660
9 bit	1317.5020	1317.6000	1320
10 bit	2633.5430	2638.0000	2640

综合各个方面的因素，可以获得对于 8 位及以上位数的 b 位 A/D 而言，含 N 个周波的序列的误差阶梯宽度为 $G_z \times (b-7) \times N$ 个采样点。对于含 N 个周波的序列的第 i 个误差阶梯末端点 $t_{i,N,b}$，有

$$t_{i,N,b} = G_z \times (b-7) \times N \times i \tag{8-44}$$

对于 8 位以下位数的 b 位 A/D 而言，含 N 个周波的序列的误差阶梯宽度为 $\Delta T_{N,b} = G_z \div (9-b) \times N$ 个采样点。对于含 N 个周波的序列，其第 i 个误差阶梯末端点 $t_{i,N,b}$，有

$$t_{i,N,b} = G_z \div (9-b) \times N \times i \tag{8-45}$$

式 (8-44)、式 (8-45) 可用于估计各个测量条件下动态有效位数误差阶梯末端点位置，以便进行动态有效位数评定误差和不确定度的控制。其量子化误差阶梯宽度 $\Delta T_{N,b}$ 为

$$\Delta T_{N,b} = G_z \div (9-b) \times N \tag{8-46}$$

进一步研究表明，序列所包含的 A/D 量化台阶个数，与所使用的 A/D 位数 b、正弦波形实际所覆盖的测量范围与量程之比值 η、序列所包含的周波个数 N 均有关，且含 N 个周波的序列的第 i 个量子化误差阶梯末端点 $t_{i,N,b}$ 符合式 (8-39)，量子化误差阶梯宽度 $\Delta T_{N,b}$ 符合式 (8-40)，即动态有效位数的误差界随序列长度而变化的规律，与幅度、频率、初始相位、直流分量四个正弦参数误差界的变化规律完全相同。

8.5.4 讨论

本节选取了六个条件作为仿真研究要素，对动态有效位数估计误差随各个条件的变化情况进行了仿真研究。实验表明，动态有效位数的估计误差随序列样本长度呈阶梯状量化跳变规律变化。并对阶梯宽度随样本长度、样本内所含周波数、A/D 位数等要素的变化进行了定量分析，获得了动态有效位数估计误差界随各个因素而变化的经验公式；可用于估计任意一款 A/D 采样序列的有效位数评价时的误差阶梯边界点；进而用于指导测量条件的选择和确定。

仿真结果表明，相同 A/D 位数条件下，含有不同周波数的有效位数测量结果，其相同序号的误差阶梯的末边界点的误差界波动较小，可认为近似相同。并且，随着 A/D 位数的增高而呈缓慢下降趋势。这也充分体现了误差界阶梯序号的实际意义和价值。通常，应该尽量避免使用第 1 个误差阶梯的测量条件。

另外，需要说明的是，由于误差阶梯边界是使用误差峰值点识别获得的，从而，实际上若以误差界水平定义本误差阶梯的宽度，则要略宽于该峰值边界点才更为合理可行，即使用

误差阶梯条件时，应尽量避免在误差阶梯边界点附近使用，应该在比边界点多 10%～20% 的误差阶梯宽度以上使用，才可确保误差界落到下一个误差阶梯内。实际应用中应予以注意。

最后，需要特别说明的是，该结论和规律是在仅存在量化误差的仿真条件下获得的结论，没有任何随机误差因素参与其中。实际工作中，很难出现这样理想的测量状况，总会有随机因素误差出现在实际信号中，特别是小信号和微弱信号的采集测量中，随机误差可能占据主导地位。那时，本节上述结论将不再适用，但在噪声影响是否占据主导地位未知的情况下，参照上述规律设定测量条件，将没有任何害处。

8.5.5　结论

综上所述，本节通过大量仿真实验，对使用理想 A/D 转换器的仿真正弦测量序列，在波形拟合中获得的动态有效位数参数的拟合误差界进行了搜索研究，给出了误差界随波形幅度、周波数、初始相位、直流分量、数据点数等不同组合条件而变化的曲线，揭示出其变化规律。

特别是动态有效位数参数的拟合误差界具有幅值不同的量子化阶梯特征，并且量子化阶梯宽度随 A/D 位数、序列长度、序列包含周波数而线性变化的规律，与拟合频率、拟合相位、拟合直流分量等误差具有相同的等间隔量子化阶梯特征，这对于动态有效位数的精确测量以及误差和不确定度控制具有重要意义和价值。

8.6　量化导致的拟合正弦参数误差界的条件规律

8.6.1　引言

正弦现象是自然界中的一种常见现象，由此导致人们对正弦及规律研究很早就已经开展，并使得正弦信号波形在人类的生产、生活、研究、探索中大量应用。通常，在相同测量条件下，最小二乘正弦拟合可以获得非常高的参数准确度，因此使其具有重要的意义和价值，而拟合正弦参数误差及其规律的研究也具有特殊的意义和价值。

此前已经指出，有关拟合正弦参数的误差问题，NIST 的研究最具有代表性，它全面而系统地揭示了幅度、频率、相位、直流偏移的拟合结果的误差界与各个变化中的测量条件的定量关系，包括谐波、噪声、抖动、拟合序列长度、拟合序列中所包含的正弦周波数等因素。但并未特别提及量化误差在其中的影响和作用，主要是将其视作随机噪声的影响，且体现在噪声特性的影响规律中；并认为随机噪声对四参数正弦最小二乘拟合中拟合参数误差界的影响，与所使用的拟合序列长度呈反比关系 [1]。

由于 A/D 转换的量化误差是数字化测量中不可避免的误差来源，在很多情况下是最主要的误差来源，因此，量化对拟合正弦参数误差的影响也是人们所尤其关注的问题之一。

8.4 节和 8.5 节分别对不同条件变化情况下的拟合正弦参数误差界进行了搜索研究，发现了其误差界随拟合长度而变化所呈现的等间隔分段跳变的量子化阶梯效应和规律，并给出了量子化阶梯宽度及边界点的计算公式。本节后续内容，是该方向研究的延续，并试图以定量方式揭示各个量子化阶梯高度的变化规律。

8.6.2 基本思想及条件设定

关于量化误差对拟合正弦参数误差界的影响，此前人们已进行了多方面的仿真探索研究。对于拟合所获得的正弦幅度、频率、相位、直流偏移，以及所用 A/D 有效位数共 5 个拟合参量的误差，随各条件因素变化而变化的规律，进行了系统性展示。

获得的结果是，正弦采样序列的幅度、信号周波数、序列长度、A/D 转换位数等，均会对各个拟合参数的误差界造成影响，其最后结论可以总结归纳如下。

正弦曲线四参数最小二乘拟合所获得的正弦幅度、频率、相位、直流偏移，以及所用 A/D 有效位数共 5 个拟合参量的误差界，随着拟合序列长度的增加，呈等间隔量子化阶梯规律递减变化，其阶梯宽度 w 由拟合信号序列所包含的 A/D 采样量化台阶数目唯一确定，是拟合序列所包含的 A/D 转换采样量化台阶数目的 $\pi/2$ 倍，表示成公式为

$$w = \eta \cdot N \cdot 2^b \cdot \pi \tag{8-47}$$

其中，η 为正弦信号峰峰值覆盖量程的百分比；N 为拟合序列所包含的正弦信号周波数；b 为所使用的 A/D 转换器的位数。

在全量程范围内，共有 2^b 个 A/D 量化阶梯，若正弦波刚好覆盖全量程范围，其 N 个波形周期最多将有 $2{\cdot}N{\cdot}2^b$ 个 A/D 量化阶梯，若量程覆盖率为 η，则其 N 个波形周期最多将有 $2\eta \cdot N \cdot 2^b$ 个 A/D 量化阶梯。

上述公式 (8-47) 对于正弦参数拟合误差的量子化阶梯宽度，获得了非常简捷实用的明确结论，但是，针对量子化阶梯高度所呈现的规律并无明确结论。

本节中，将使用两种方式进行该方面研究：

其一，在序列所含周波数不变，仅仅序列长度变化时，针对每一个量子化阶梯内各残差的有效值，作为本阶梯误差界的幅度有效值，然后，绘制不同量子化阶梯误差界的幅度有效值随阶梯序号而变化的曲线，展示并研究其变化规律；

其二，量子化阶梯号 m 不变，针对第一个量子化阶梯内 $(m = 1)$ 各残差的绝对值，比较选取其最大者作为本阶梯误差界的幅度最大值，然后，绘制本量子化阶梯误差界的幅度最大值随周波数而变化的曲线，展示并研究其变化规律。

8.6.3 仿真实验结果及数据处理

由于是延续性研究，本节将使用 8.5 节所述的仿真实验思想、条件及数据进行后续研究。

1. 仿真实验条件

为方便参数调控，不失一般性，设定如下包含六项测量条件的仿真实验条件。

(1) A/D 位数：基本参量为 8bit、9bit、10bit。

(2) 序列长度：作为主变化因素：变化范围为 100~16000 点，1 点步进。

(3) 采样序列包含周波数：作为辅助变量，变化范围为 1~20 个周波，1 周波步进；实际仿真过程中，通过使用归一化频率 1Hz 来调整采样速率，结合样本点数，最终构建周波数。

(4) 信号幅度：作为辅助变量，取值为覆盖 82.03125%× 量程；量程覆盖率 η=82.03125%。

(5) 初始相位：作为辅助变量，取值为 0°。

(6) 直流偏移：作为辅助变量，取值为 0。

由 8.3 节的仿真实验可见，初始相位、直流偏移的变化均不改变拟合序列所含量化台阶数目，依据公式 (8-47) 规律，它们将不会对量子化阶梯参数产生重要影响。故不将初始相位、直流偏移作为搜索变量对待，两者均取恒定值 0。

2. 周波数固定时仿真实验结果及分析

按照上述仿真实验条件，这里用序列长度作为主变化因素，以周波数为辅助变化因素生成实际的仿真条件，考察各指标要素的误差随着序列长度和周波数因素而变化的情况，获得了相同的变化规律。当 A/D 位数为 8bit，周波数为 2 时，其各个参数误差界变化情况如图 8-154～ 图 8-158 所示。

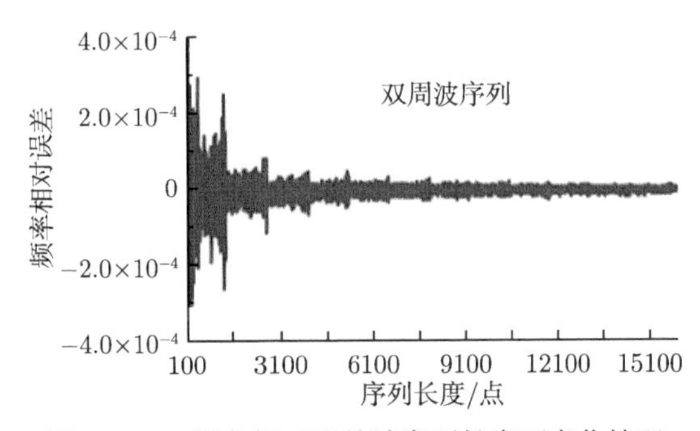

图 8-154　频率相对误差随序列长度而变化情况

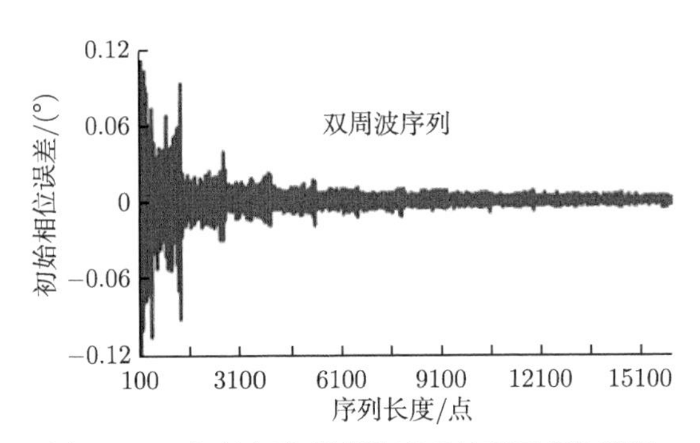

图 8-155　初始相位误差随序列长度而变化情况

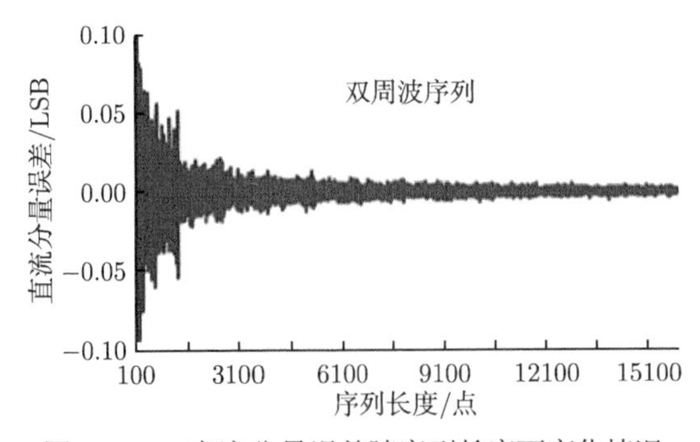

图 8-156　直流分量误差随序列长度而变化情况

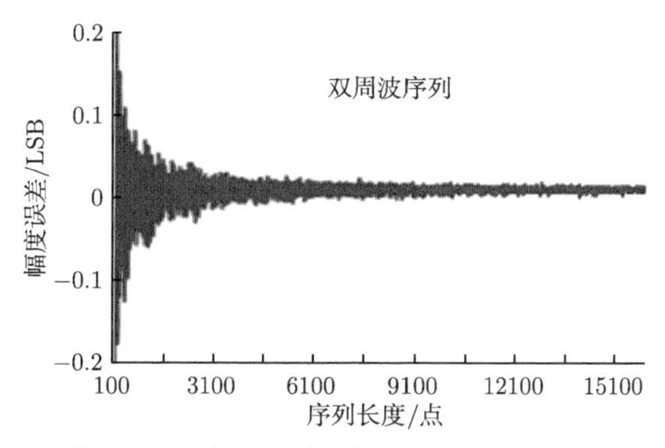

图 8-157 幅度误差随序列长度而变化情况

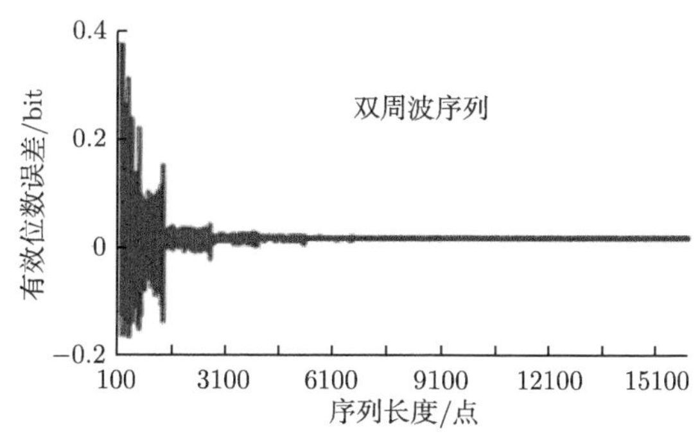

图 8-158 有效位数误差随序列长度而变化情况

从图中可见，正弦参数拟合所获得的 5 个参数误差曲线中，随着拟合序列长度的增加，频率、初始相位、直流偏移、有效位数的拟合误差均呈现等间隔量子化阶梯性下降规律。

其中，幅度误差的量子化阶梯特征不明显，但误差幅度仍然呈下降趋势。其主要原因是，四参数正弦波最小二乘拟合是以拟合残差均方值最小为目标，迭代过程中，以幅度残差平方和为其收敛判据，由此导致幅度在迭代过程中呈准连续变化，而其他几项参数，包括频率、初始相位、直流分量等，没有被作为直接的收敛判据，会在误差规律变化中的某些条件下出现阶跃跳变。反之，若使用其他参数作为收敛判据，则作为判据直接相关的参数误差变化规律将呈现准连续特征，而幅度误差与另外几个不被作为收敛判据的参数误差也会呈现相同的阶跃跳变规律。

此前的研究业已表明，量子化阶梯宽度符合公式 (8-47) 所述规律。

如图 8-154～ 图 8-158 所示，每一项参数误差带的高度，在同一量子化阶梯号内呈现基本平稳的缓慢连续变化趋势，而在不同量子化阶梯之间，则随着拟合误差的量子化阶梯号的增加而呈下降趋势，在下降到一定程度后，呈现平稳趋势，并不能下降到 0 高度。

为了研究各个参数拟合误差的量子化阶梯高度的变化规律，在上述曲线中，按式 (8-47) 计算获得 w=1319.4689；并以 $m \cdot w$ 划分各个量子化阶梯边界，m 为拟合参数误差量子化阶梯号，$m = 1, 2, \cdots$；截取各个阶梯内的样本点；设第 m 个量子化阶梯样本数据为 $x_{mi}(i = 0, 1, \cdots, w - 1)$，则其拟合参数误差量子化阶梯幅度有效值为 A_m，拟合参数误差量子化阶梯幅度最大值为 $A_{\mathrm{p}m}$：

$$A_m = \sqrt{\frac{1}{w-1}\sum_{i=0}^{w-1}(x_{mi} - \bar{x}_m)^2} \tag{8-48}$$

$$\bar{x}_m = \frac{1}{w}\sum_{i=0}^{w-1} x_{mi} \tag{8-49}$$

$$A_{\mathrm{pm}} = \max\{x_{mi}\}\big|_{i=0}^{w-1} \tag{8-50}$$

由此得到本量子化误差阶梯的幅度有效值 A_m 和峰值 A_{pm}。

将各个量子化误差阶梯 m 的幅度有效值 A_m 排序，得到序列 $\{A_m\}(m=1,2,\cdots)$。

将各个量子化误差阶梯的幅度最大值排序，得到序列 $\{A_{\mathrm{pm}}\}(m=1,2,\cdots)$；令

$$B_m = \frac{A_1 - A_0}{m^2} + A_0 \tag{8-51}$$

$$B_{\mathrm{pm}} = \frac{A_{\mathrm{p1}} - A_{\mathrm{p0}}}{m^2} + A_{\mathrm{p0}} \tag{8-52}$$

其中，A_0 为序列 $\{A_m\}$ 的最终趋于稳定的误差带高度包络值；A_{p0} 为序列 $\{A_{\mathrm{pm}}\}$ 的最终趋于稳定的误差带高度包络值，$m=1,2,\cdots$。

将量子化误差阶梯有效值序列 $\{A_m\}$ 和 $\{B_m\}$ 绘制在同一张图上，得到各量子化误差阶梯有效值序列 $\{A_m\}$ 与二次曲线 $\{B_m\}$ 的比较图。如图 8-159、图 8-161、图 8-163、图 8-165、图 8-167 所示，其中，黑色实线为序列 $\{A_m\}$，红色虚线为序列 $\{B_m\}$。

将量子化误差阶梯最大值序列 $\{A_{\mathrm{pm}}\}$ 和 $\{B_{\mathrm{pm}}\}$ 绘制在同一张图上，得到各量子化误差阶梯最大值序列 $\{A_{\mathrm{pm}}\}$ 与二次曲线 $\{B_{\mathrm{pm}}\}$ 的比较图。如图 8-160、图 8-162、图 8-164、图 8-166、图 8-168 所示，其中，黑色实线为序列 $\{A_{\mathrm{pm}}\}$，红色虚线为序列 $\{B_{\mathrm{pm}}\}$。

从图 8-159 和图 8-160 可见，各阶梯频率误差有效值随阶梯号 m 的变化规律，与误差最大值随阶梯号 m 的变化规律基本相同，均符合按 $1/m^2$ 规律衰减。

初始相位误差、直流偏移误差、幅度误差、有效位数误差等其他参数随阶梯号 m 的变化也具有相同的按 $1/m^2$ 规律衰减特征，如图 8-161～ 图 8-168 所示。

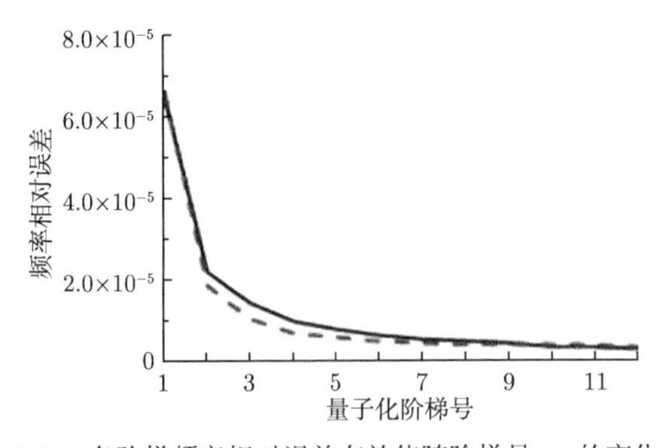

图 8-159　各阶梯频率相对误差有效值随阶梯号 m 的变化情况

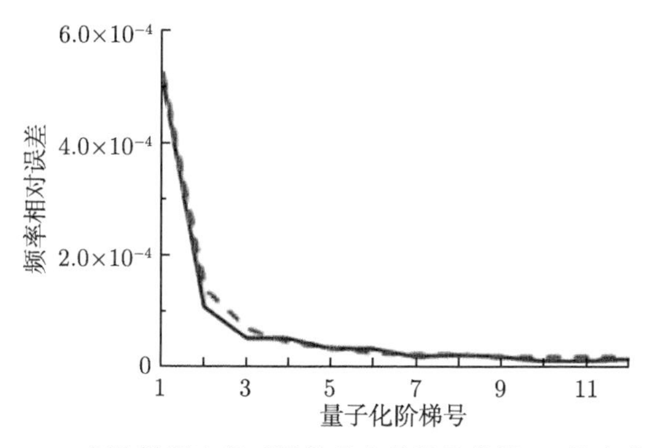

图 8-160 各阶梯频率相对误差最大值随阶梯号 m 的变化情况

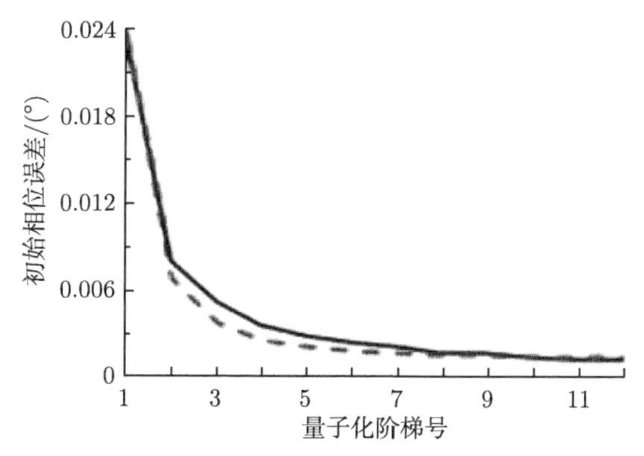

图 8-161 各阶梯初始相位误差有效值随阶梯号 m 的变化情况

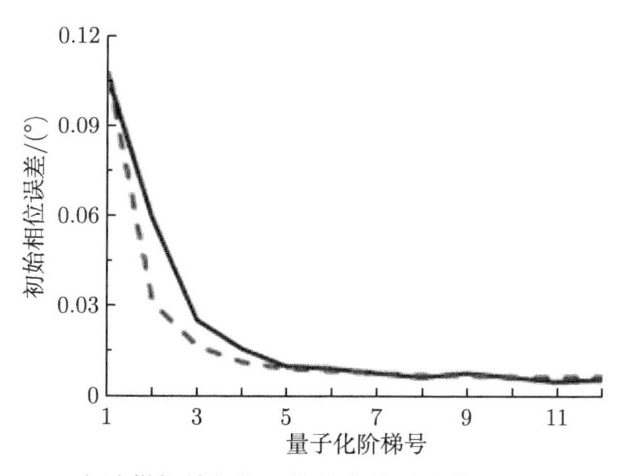

图 8-162 各阶梯初始相位误差最大值随阶梯号 m 的变化情况

3. 第一阶梯仿真实验结果及分析

前已讨论了不同量子化误差阶梯时各个阶梯内参数误差有效值和最大值随阶梯号 m 的变化规律，在同一阶梯内，其变化规律认定为“基本平稳”，只是相对于不同阶梯之间的比较，但并不真正平稳。

由于采样序列的长度总是有限的，由此导致在 A/D 位数比较小时，例如 8 bit、10 bit、12 bit，可以出现不同误差阶梯情况，但在 A/D 位数比较大时，例如 24 bit、32 bit，其误差阶梯宽度非常巨大，由于数据采集系统存储深度的限制，则很难出现第二阶梯及后续阶梯被使用的情况，因此，对第一阶梯内的参数误差变化规律的研究与掌握非常具有实用价值。

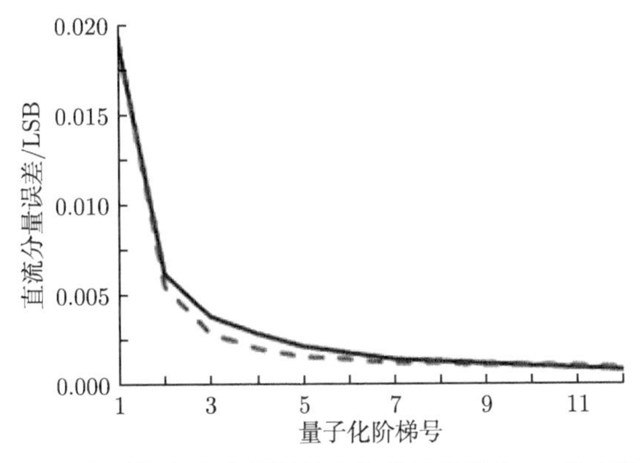

图 8-163　各阶梯直流分量误差有效值随阶梯号 m 的变化情况

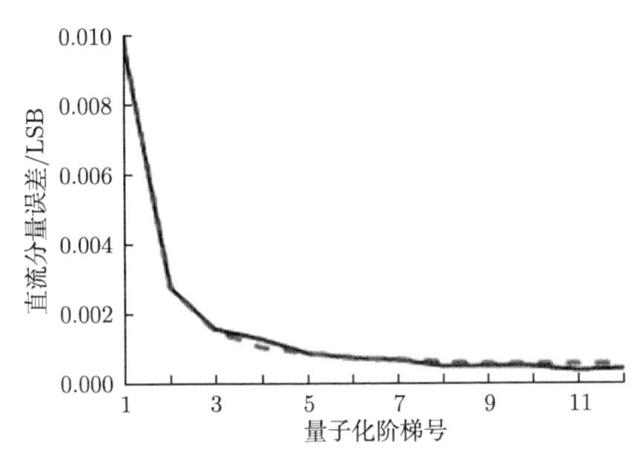

图 8-164　各阶梯直流分量误差最大值随阶梯号 m 的变化情况

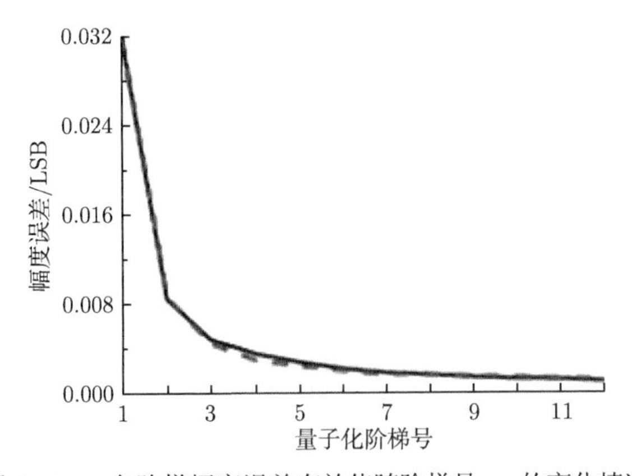

图 8-165　各阶梯幅度误差有效值随阶梯号 m 的变化情况

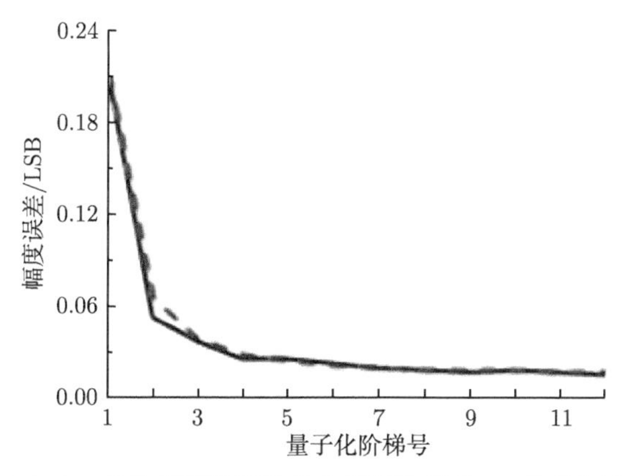

图 8-166 各阶梯幅度误差最大值随阶梯号 m 的变化情况

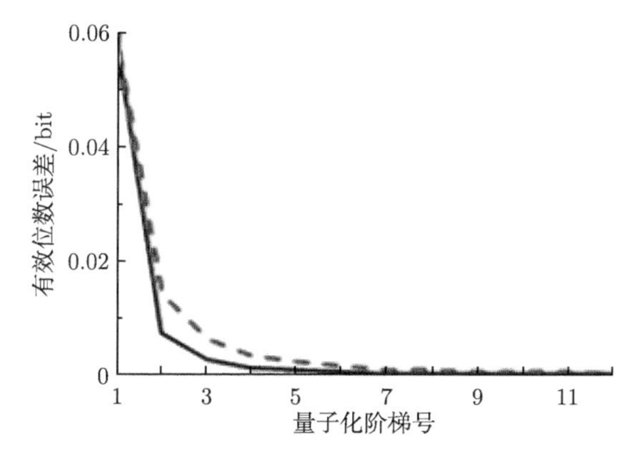

图 8-167 各阶梯有效位数误差有效值随阶梯号 m 的变化情况

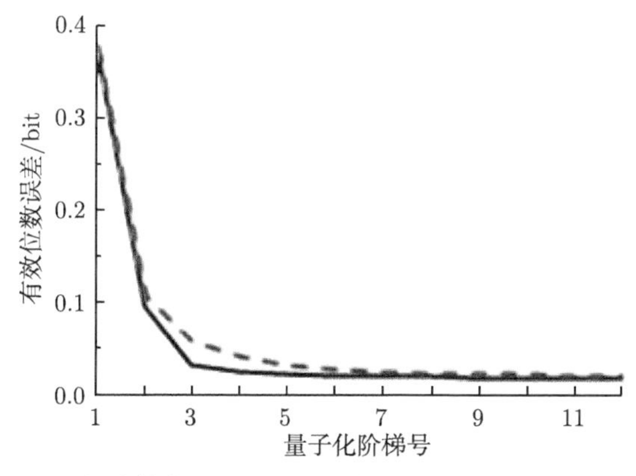

图 8-168 各阶梯有效位数误差最大值随阶梯号 m 的变化情况

在上述仿真条件下，这里将量子化误差阶梯号固定为 1，变化拟合序列所包含的信号周波数目。选取不同周波采样序列在第 1 误差阶梯内的各个参数拟合误差数据，获得其随序列所含周波数的变化曲线规律，如图 8-169～图 8-178 所示。

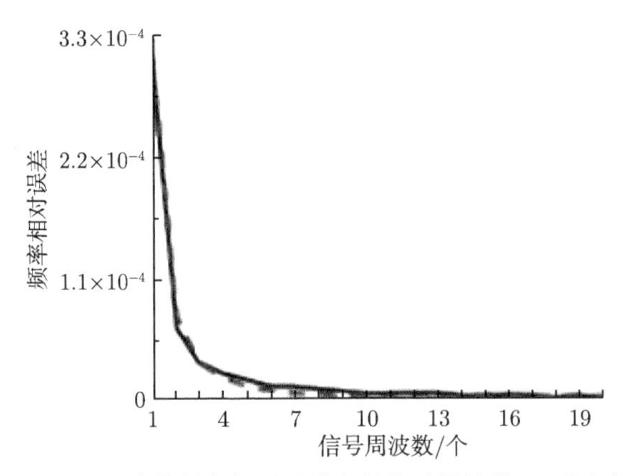

图 8-169　第 1 阶梯频率相对误差有效值随周波数 N 的变化情况

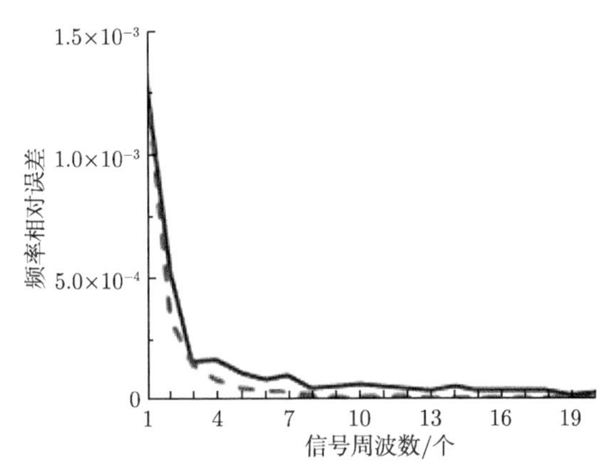

图 8-170　第 1 阶梯频率相对误差最大值随周波数 N 的变化情况

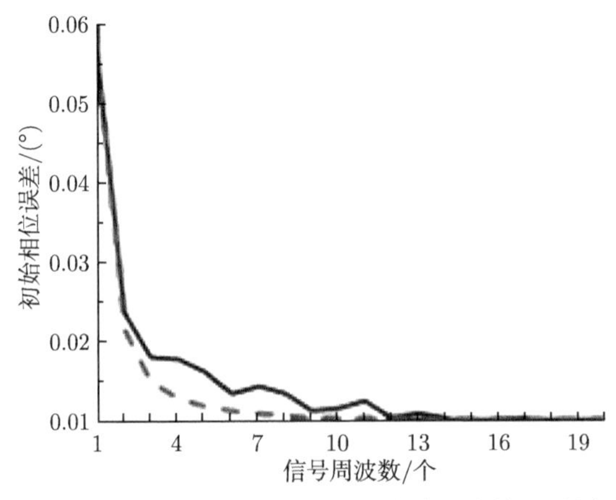

图 8-171　第 1 阶梯初始相位误差有效值随周波数 N 的变化情况

图 8-169 中，实线为频率相对误差在第 1 误差阶梯内按式 (8-48) 计算获得的有效值序列 $\{A_N\}$ 随信号序列周波数 N 变化的曲线，虚线为按式 (8-51) 计算获得的二次曲线波形

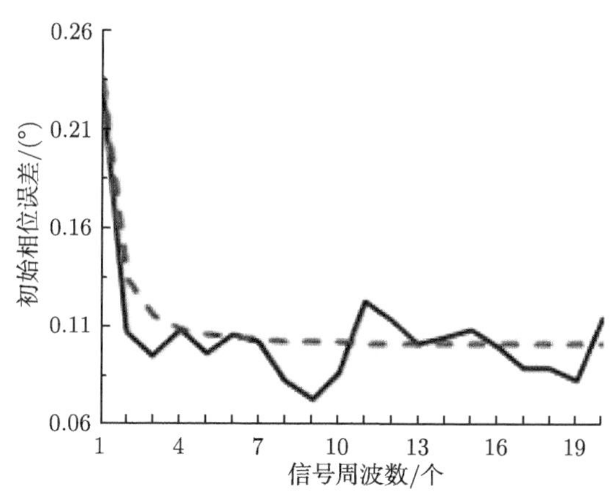

图 8-172 第 1 阶梯初始相位误差最大值随周波数 N 的变化情况

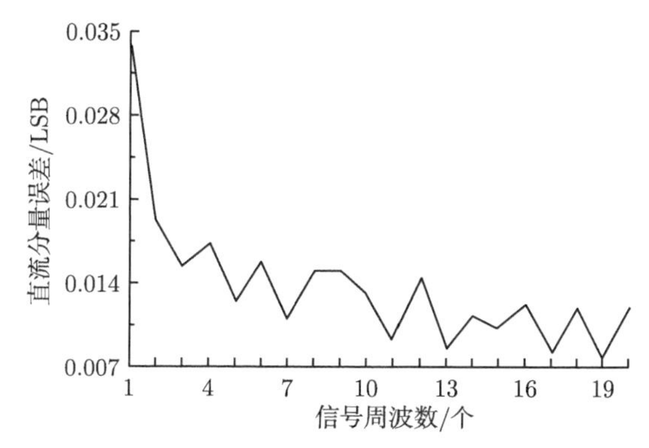

图 8-173 第 1 阶梯直流分量误差有效值随周波数 N 的变化情况

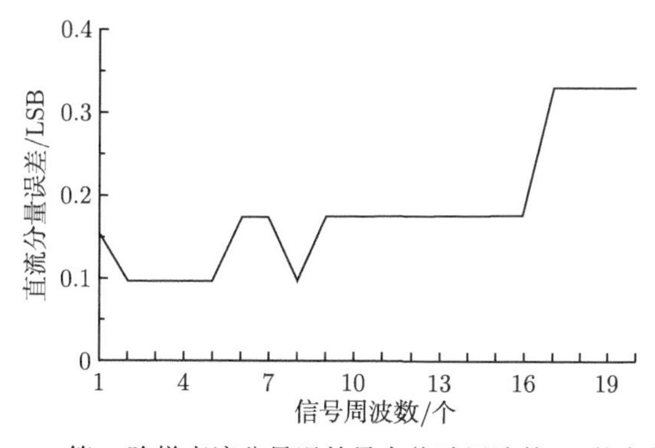

图 8-174 第 1 阶梯直流分量误差最大值随周波数 N 的变化情况

序列 $\{B_N\}$。从中可见，频率相对误差在第 1 误差阶梯内的有效值 $\{A_N\}$ 随信号序列周波数 N 呈 $1/N^2$ 规律变化。

图 8-170 中，实线为频率相对误差在第 1 误差阶梯内按式 (8-50) 计算获得的最大值信号序列 $\{A_{pN}\}$ 随周波数 N 变化的曲线，虚线为按式 (8-52) 计算获得的二次曲线波形序列

$\{B_{\mathrm{p}N}\}$。从中可见频率相对误差在第 1 误差阶梯内的最大值 $\{A_{\mathrm{p}N}\}$ 随信号序列周波数 N 呈 $1/N^2$ 规律变化。

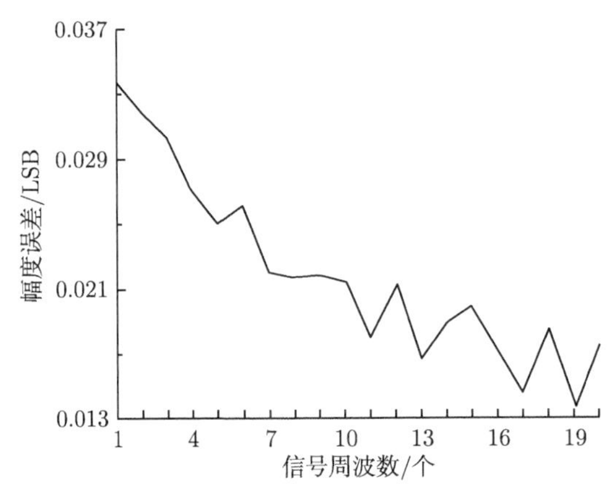

图 8-175　第 1 阶梯幅度误差有效值随周波数 N 的变化情况

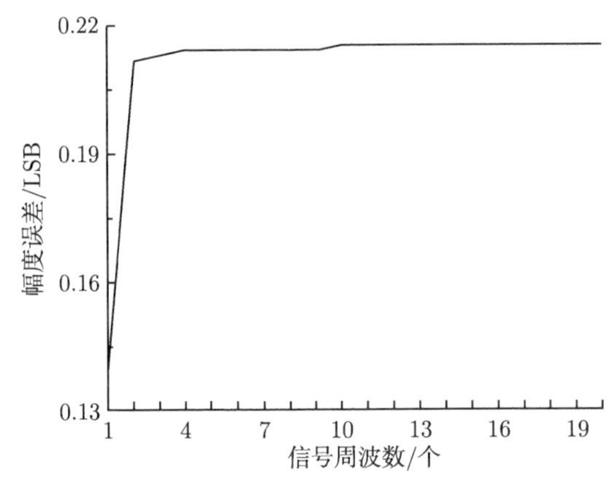

图 8-176　第 1 阶梯幅度误差最大值随周波数 N 的变化情况

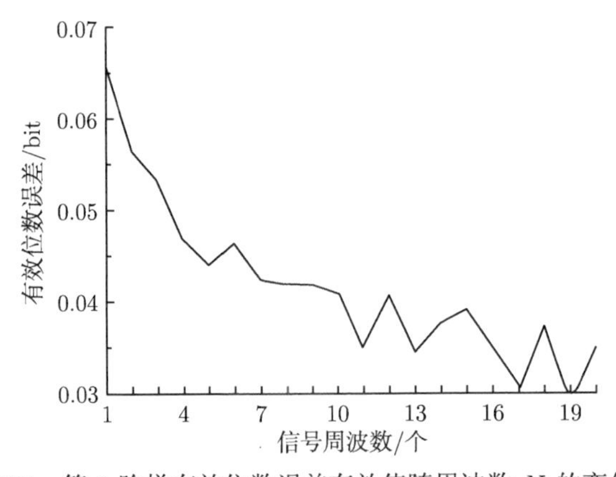

图 8-177　第 1 阶梯有效位数误差有效值随周波数 N 的变化情况

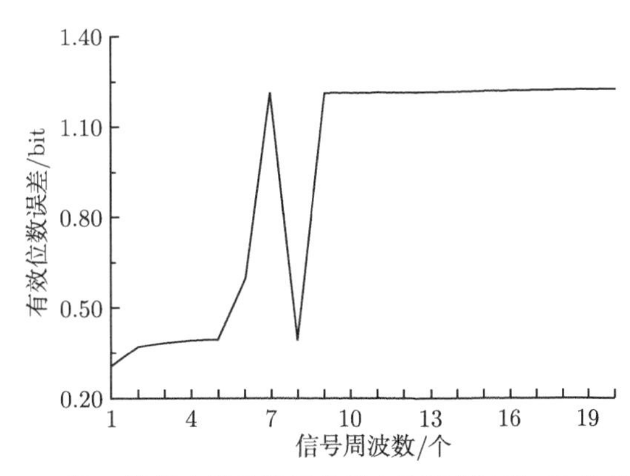

图 8-178 第 1 阶梯有效位数误差最大值随周波数 N 的变化情况

由此可判定，拟合信号频率误差在第 1 误差阶梯内随信号序列周波数 N 呈 $1/N^2$ 规律变化。

同理，由图 8-171、图 8-172 可见，拟合初始相位误差在第 1 误差阶梯内随信号序列周波数 N 呈 $1/N^2$ 规律变化。

图 8-173 为直流分量误差在第 1 误差阶梯内按式 (8-48) 计算获得的有效值 $\{A_N\}$ 随信号序列周波数 N 变化的曲线，从中可见，直流分量误差在第 1 误差阶梯内的有效值 $\{A_N\}$ 随信号序列周波数 N 增加而呈缓慢线性下降规律变化。当信号周波数 $N \geqslant 2$ 时，直流分量误差界在同一误差阶梯内的有效值幅度随 N 增加呈线性下降规律变化。

图 8-174 为直流分量误差在第 1 误差阶梯内按式 (8-50) 计算获得的最大值 $\{A_{\mathrm{p}N}\}$ 随信号序列周波数 N 变化的曲线，从中可见，直流分量误差在第 1 误差阶梯内的最大值 $\{A_{\mathrm{p}N}\}$ 随信号序列周波数 N 的变化基本保持平稳。

由此可判定，拟合直流分量误差在第 1 误差阶梯内随信号序列周波数 N 的增加呈缓慢线性下降规律变化。

同理，由图 8-175、图 8-176 可见，拟合幅度误差在第 1 误差阶梯内随信号序列周波数 N 的增加呈缓慢线性下降规律变化。由图 8-177、图 8-178 可见，有效位数误差在第 1 误差阶梯内随信号序列周波数 N 的增加呈缓慢线性下降规律变化。

8.6.4 正弦参数拟合误差定律——北航定律

变换 A/D 位数，在 7bit、9bit、10bit 等其他 A/D 位数情况下，以及在序列包含不同周波时，均可以得到与 8bit A/D 相同的规律。由此可见，上述规律具有普遍性。与公式 (8-47) 的结论相结合，我们有：

正弦参数拟合误差定律——北航定律

四参数正弦波最小二乘拟合中，所用数据序列均属于通过 A/D 转换获得的采样量化波形序列，其幅度、频率、初始相位、直流分量、A/D 有效位数等参数的拟合误差界均随拟合序列长度的增加呈等宽度间隔量子化阶梯状下降规律变化。

(1) 其误差界的量子化阶梯宽度 w 由拟合序列所包含的 A/D 采样量化台阶数目唯一确定，是该拟合序列所包含的 A/D 采样量化台阶数目的 $\pi/2$ 倍。量子化阶梯宽度 w 由公式计算：

$$w = \eta \cdot N \cdot 2^b \cdot \pi \tag{8-53}$$

其中，η 为正弦信号峰峰值覆盖量程的百分比；N 为拟合序列所包含的正弦信号周波数；b 为所使用的 A/D 转换器的位数。

(2) 对于相同周波数的拟合序列，在量子化误差阶梯号 m 不同时，其各个参数的量子化误差阶梯高度随着阶梯号 m 的增大呈 $1/m^2$ 规律衰减，至最终的平稳状态。

(3) 在同一个量子化阶梯内时，其第 1 个量子化误差阶梯内，误差带呈中间低两头高的马鞍形状规律变化，粗略估算时，可近似认为平稳；第 2 个量子化误差阶梯及后续阶梯，在同一个阶梯内部的各个拟合参数误差带呈基本平稳状态，随着拟合序列长度 n 的增加而略有增高。

(4) 在第 1 个量子化误差阶梯内，拟合信号频率误差和拟合信号初始相位误差均有随信号序列周波数 N 的增加呈 $1/N^2$ 规律衰减趋势。

在第 1 个量子化误差阶梯内，拟合幅度误差、拟合直流分量误差、A/D 有效位数误差均有随信号序列周波数 N 的增加呈缓慢线性下降规律变化趋势。

8.6.5 讨论

通常，人们普遍认为采样序列长度越长，将可以获得更高的测量准确度以及更低的测量误差。Deyst 等对正弦曲线拟合误差界的研究，延续了这一观点，并给出了拟合误差界与序列长度成反比的确切结论 [1]。

综上所述可见，A/D 量化误差对正弦拟合参数误差的影响，与以往的认知有较大差异。

首先，随着拟合序列的增长，各个参数的误差界呈量子化阶梯跳变特征，而不是缓慢的连续变化特征，阶梯宽度可由上述公式 (8-53) 定量精确确定；其中，幅度、频率、初始相位、直流分量、A/D 有效位数五个拟合参量中，其频率、初始相位、直流分量、A/D 有效位数 4 个参量误差的量子化阶梯效应均异常鲜明，仅有幅度误差的量子化阶梯效应不够明显，但按量子化阶梯方式进行误差分析后获得的变化规律相同。

当序列所含信号周波数 N 确定时，在第 1 个量子化误差阶梯内，它在基本平稳中略呈典型的中间低两边高的马鞍形状；对于后续的量子化误差阶梯，在同一个量子化误差阶梯内，拟合参数的误差界 (阶梯高度) 随序列长度 n 的增大呈平稳略有增大的趋势变化。

由此造成，人们选取拟合序列长度 n 时，只要不是选取第 1 个误差阶梯内的点，则在同一阶梯内的样本点数 n 并非越大越好，而是越小越好，如图 8-154~ 图 8-156 所示。

另外，当量子化误差阶梯序号 m 足够高以后，各个误差阶梯高度最终趋于平稳和一致，但并不能变成 0。因而，不能指望靠增加拟合序列长度让各个参数拟合误差趋于 0。

其次，各个量子化误差阶梯的幅度随着阶梯号 m 的上升呈 $1/m^2$ 规律下降，而不是通常认为的 $1/m$ 规律下降，阶梯幅度最后会下降到最终的平稳误差带上，而不能任意逼近 0。当然，该规律是综合各个参数、各种 A/D 位数、各种周波数、各种序列长度的仿真实验结果的一个近似规律，并无严格证明。

由此可见，在第 1 个量子化误差阶梯内的序列长度，由 A/D 量化误差导致的参数拟合误差最大，后续拟合参数的量子化误差阶梯内，该拟合误差幅度会呈平方规律迅速衰减，第 3 个阶梯以后，将衰减一个数量级以上，因而，只要有可能，则尽量避免使用第 1 个量子化误差阶梯内的序列长度值。

针对序列所含信号周波数 N 对正弦拟合参数误差的影响，这里特别针对第一个量子化误差阶梯内的情况进行仿真研究，可以发现两个规律：

(1) 拟合频率误差与拟合初始相位误差均有随序列周波数 N 增加呈 $1/N^2$ 衰减的规律。

(2) 拟合幅度误差、拟合直流分量误差、A/D 有效位数误差，均有随序列周波数 N 增加呈缓慢降低的变化规律。由于随着周波数 N 的增加，相应拟合参数误差降低的速度非常缓慢，则也可以粗略认为它们不随信号周波数 N 而显著变化。

一个周波情况下进行拟合获得的误差要明显大于多周波情况，实际工作中应选择 2 个周波以上的采集序列进行参数拟合，尽量避免出现一个周波的情况。

这些内容，就是上述正弦参数拟合误差定律所体现的核心内涵。通过该定律，人们对于由量化误差造成的正弦拟合参数的误差及其变化规律将有更加深入确切的理解。应用该误差定律选取拟合序列长度，使其坐落到明确的误差阶梯内，可获得明确的最佳测量方案。在资源有限的情况下，这可以指导人们通过调整拟合序列长度来降低拟合误差。

有关正弦拟合参数误差的量子化阶梯现象的机理，我们可以用示例方式作如下说明。

不失一般性，选取 A/D 位数为 3bit，量程范围 ±10V，正弦频率为 1Hz，幅度为 8V，采样速率为 360Sa/s；序列长度 721，则可以获得其理想正弦波形 $x(t)$、采样量化正弦序列 $\{x_i\}(i=0,1,n-1)$、最小二乘拟合曲线波形 $\{x_{(i)}\}$ 如图 8-179 所示。其中，蓝色曲线为理想正弦波形 $x(t)$，黑色阶梯波形为 $x(t)$ 的采样量化序列 $\{x_i\}$ 结果，而红色曲线为用最小二乘拟合法由黑色阶梯波形获得的拟合曲线波形 $\{x_{(i)}\}$。

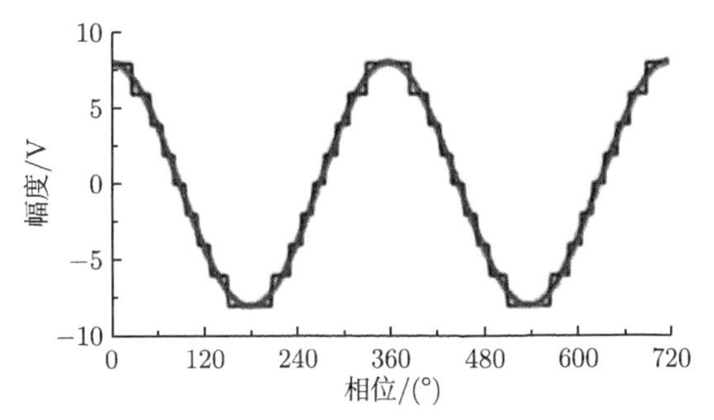

图 8-179 正弦曲线 $x(t)$ 及量化 $\{x_i\}$ 和拟合波形 $\{x_{(i)}\}$

理想正弦波形 $x(t)$ 与采样量化波形 $\{x_i\}$ 的黑色差值曲线 $\Delta x(t)=x(t)-x_i$ 以及拟合正弦波形 $\{x_{(i)}\}$ 与采样量化波形的红色差值曲线 $\Delta x_i = x_{(i)} - x_i$ 如图 8-180 所示。

由图 8-179、图 8-180 可见，理想正弦曲线 $x(t)$ 与最小二乘拟合波形 $\{x_{(i)}\}$ 近似重合，而量化误差曲线 $\Delta x(t)$ 与拟合误差曲线 Δx_i 近似重合。

由于理想正弦波形 $x(t)$ 为周期信号波形，相位周期为 2π，故其采样量化正弦序列 $\{x_i\}$ 波形、最小二乘拟合波形 $\{x_{(i)}\}$、量化误差曲线 $\Delta x(t)$、拟合误差曲线 Δx_i 也都是周期波

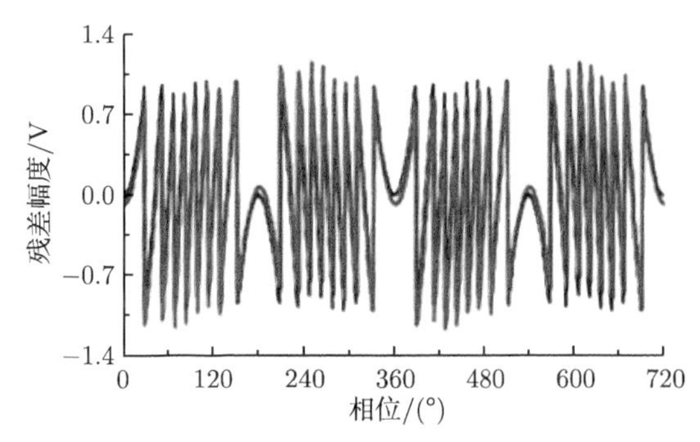

图 8-180　正弦量化误差 $\Delta x(t)$ 及拟合误差 Δx_i 曲线

形，且周期都应该含有 2π 因子。

由图 8-180 可见，量化误差曲线 $\Delta x(t)$、拟合误差曲线 Δx_i 的形状近似相等，拥有与被测理想正弦波形相同的循环周期，在同一周期内，除了峰值码与谷值码外，都是近似为拥有尖峰的不等宽锯齿斜波簇形状，具有等概率密度波形特征。若其被等间隔采样，则其量化误差与采样峰峰值具有相同幅度的三角波有相同的幅值等概率密度分布的统计特征，因而，完整的采样序列应该是确保采到其量化误差峰值幅度的采样序列，即符合上述式 (8-47) 关系的采样序列。它揭示的是拟合误差量子化台阶的边沿处误差最大的原因。

由于图 8-180 所示的量化误差的近似等概率密度特征，从而除了量化误差峰值被有效采集到的条件苛刻外，其他量化误差幅度出现的概率是相同的。因此，在量化误差峰值未被采集到时，其他采集序列条件下的误差幅度具有等概率特征，这也是拟合误差量子化台阶边沿外的部分误差台阶比较平稳的原因。

上述机理特征导致，对于图 8-179 的正弦信号的采样序列而言，考虑量化误差时，相当于对图 8-180 的量化误差进行采样，因而，当每一个量化码均可以依概率采集到时，对于有限长度的等间隔采样序列而言，只有当采样间隔与被测正弦信号周期恰好同步情况下，即符合前述公式 (8-47) 的条件成立时，才能依概率采样到量化误差各个锯齿的峰值，导致残差量值最大。若脱离公式 (8-47) 所述同步条件，则将降低量化误差各个锯齿的峰值被采集到的概率，表现为残差量值降低，导致了总体展现阶梯形状。拟合残差量值的变化，将直接影响到各个拟合参数误差量值的变化，如图 8-154～ 图 8-156、图 8-158 中第 2 个量子化拟合误差阶梯及后续阶梯所示。

当采样数据点数过少，不足公式 (8-47) 所述的一个量子化阶梯时，等间隔采样序列不能依概率采样图 8-180 所述的各个锯齿波峰值点，由此导致拟合误差量值的波动变大，如图 8-154～ 图 8-156、图 8-158 中第 1 个量子化拟合误差阶梯所示。

目前，本节仍然遗留的问题是，所述的正弦拟合误差定律仅仅是从数据仿真分析中总结出来的 (1)、(2)、(3) 条规律和结论，尚未从数学上予以证明，而量子化误差阶梯幅度随着阶梯序号 m 的增加呈 $1/m^2$ 规律变化也有待数学上的证明。

虽然没有获得数学上的证明，但丝毫不会影响上述规律的实际应用。因为物理上可实现的 A/D 转换位数是局限在有限的范围内，目前常用的仅仅在 8 ～32 bit 范围内，多数都在单精度浮点数可表征的 23 bit 范围内，可以预见的未来，很难超过双精度浮点数可表征的 44 bit 的范围。完全可以使用穷举法将所能够使用的范围全部进行仿真搜索研究，以验证上述规律的正确性与可行性。

8.6.6 结论

综上所述，本节通过仿真实验，对使用理想 A/D 转换器的仿真正弦测量序列在波形拟合中获得的正弦参数的拟合误差界的量子化阶梯幅度进行了探索研究，结合以往文献给出的结论，介绍了表征该量子化阶梯宽度与幅度变化特征的正弦参数拟合误差规律——北航定律。其对实际工作具有理论指导意义，可在实际正弦问题的解决中予以应用。

8.7 正弦参数拟合的不确定度评估

8.7.1 引言

正弦波形是工程技术领域里获得最广泛应用的波形，在力学、声学、电学、无线电等学科领域应用甚广。许多基本的物理现象，如振动、波动、摆动、摇动、转动等，均可以归结为正弦问题。因而，正弦波形参数的精确测量及不确定度评定一直是正弦波形应用中的基本问题。

通过正弦波形采样序列的最小二乘拟合获得的四个波形参数，包括幅度、频率、初始相位、直流分量，具有准确度高、分辨力高、稳定性好、对噪声失真抑制性强等优点，应用广泛。但是，关于拟合参数的不确定度，尽管已有一些研究 [1-6,8-10]，依然存在不少问题，本节将主要针对这些问题进行分析讨论，并介绍一种方法，试图解决正弦拟合参数的不确定度评估问题。

8.7.2 正弦波形最小二乘拟合

理想的正弦波形曲线方程为

$$y_0(t) = A_0 \cdot \cos(2\pi ft + \varphi_0) + d_0 \tag{8-54}$$

实际的正弦波形曲线方程为

$$y(t) = A_0 \cdot \cos(2\pi ft + \varphi_0) + d_0 + A_h(t) + A_z(t) \tag{8-55}$$

其中，$A_h(t)$ 为叠加在标准波形上的谐波失真；$A_z(t)$ 为叠加在标准波形上的噪声失真。

实际正弦波形的等间隔均匀采样序列为 $x_0, x_1, \cdots, x_{n-1}$，由该序列获得其最小二乘拟合曲线为

$$\hat{y}(i) = A \cdot \cos(\omega \cdot i + \varphi) + d \tag{8-56}$$

$$\omega = 2\pi f \cdot \tau \tag{8-57}$$

$$f = \frac{\omega}{2\pi \cdot \tau} \tag{8-58}$$

拟合残差有效值为

$$\rho = \sqrt{\frac{1}{n}\sum_{i=0}^{n-1}[\hat{y}(i) - x_i]^2} \tag{8-59}$$

式中，A 为正弦波形的幅度拟合值；ω 为正弦波形的角频率拟合值；φ 为正弦波形的初始相位拟合值；d 为正弦波形的直流分量拟合值；ρ 为正弦波形的拟合残差有效值；τ 为采样间隔。

可以认为，在采样序列仅含有噪声误差时，ρ 表示叠加在正弦波形之上的噪声实验标准偏差。

8.7.3　拟合参数的误差界

关于正弦波形参数拟合误差，到目前为止，最为系统的结论出自 NIST 的 Deyst 等的仿真研究 [1]，其研究表明，四参数最小二乘正弦波拟合中，参数估计误差主要受下列因素影响：

(1) 采集正弦序列的随机噪声；
(2) 正弦信号序列的抖动；
(3) 谐波失真及谐波信号的阶次；
(4) 基波信号的幅度及误差；
(5) 信号周期个数；
(6) 采样记录序列的长度。

当采样速率小于谐波频率的二倍时，将出现频率混叠，不能应用上述结论。

1. 关于谐波失真

对于谐波失真的影响，文献 [1] 使用误差界的指数表达式给出了其依信号周期个数和谐波阶次的变化趋势的一个较好的拟合结果。

该结果中，Δp 为信号周期数误差，p 为记录中所含信号周期个数 $(\omega n\tau)/(2\pi)$；ΔA 为信号幅度误差，A_0 为输入信号幅度；A_h 为输入谐波失真幅度，h 为谐波失真阶次；$\Delta\varphi$ 为信号初始相位误差；Δd 为信号直流分量估计值误差；n 为记录数据个数；τ 为采样间隔。

则估计参数的误差界如下：

$$\max|\Delta p| = \frac{0.90}{(ph)^{1.2}}\cdot\frac{A_h}{A_0}\quad (p\geqslant 2.0, n\geqslant 2ph) \tag{8-60}$$

$$\max\left|\frac{\Delta A}{A_0}\right| = \frac{1.00}{(ph)^{1.25}}\cdot\frac{A_h}{A_0}\quad (p\geqslant 2.0, n\geqslant 2ph) \tag{8-61}$$

$$\max|\Delta\varphi| = \frac{180^\circ}{(ph)^{1.25}}\cdot\frac{A_h}{A_0}\quad (p\geqslant 2.0, n\geqslant 2ph) \tag{8-62}$$

$$\max\left|\frac{\Delta d}{A_0}\right| = \frac{0.61}{(ph)^{1.21}h^{1.1}}\cdot\frac{A_h}{A_0}\quad (p\geqslant 2.0, n\geqslant 2ph) \tag{8-63}$$

这 4 个经验公式为泰勒展开后，一阶线性化逼近的近似公式。由公式可见，相同的失真条件下，失真阶次 h 越高、序列所含周期个数 p 越多，则带来的不确定度越小。

研究表明，当拟合序列含有 2 个以上波形周期，且波形失真度不能太高 (30%以下)，数据个数 $n\geqslant 2ph$ 时，上式的误差界近似成立。

此时，对于谐波分量也符合采样定理，数据个数变化的影响可以忽略。失真度没有太高，使得误差表达式泰勒展开的高阶项可以忽略，其高阶导数的影响也近似可以忽略。

2. 关于噪声失真

对于噪声失真的影响，文献 [1] 中并未获得解析公式表述的规律，而是提出了测量序列中的随机噪声对拟合参数误差的影响与拟合序列长度成反比的规律，并提供了以曲线图方式表述的拟合参数误差随信号波形周期数变化的规律曲线，如图 8-181 所示。

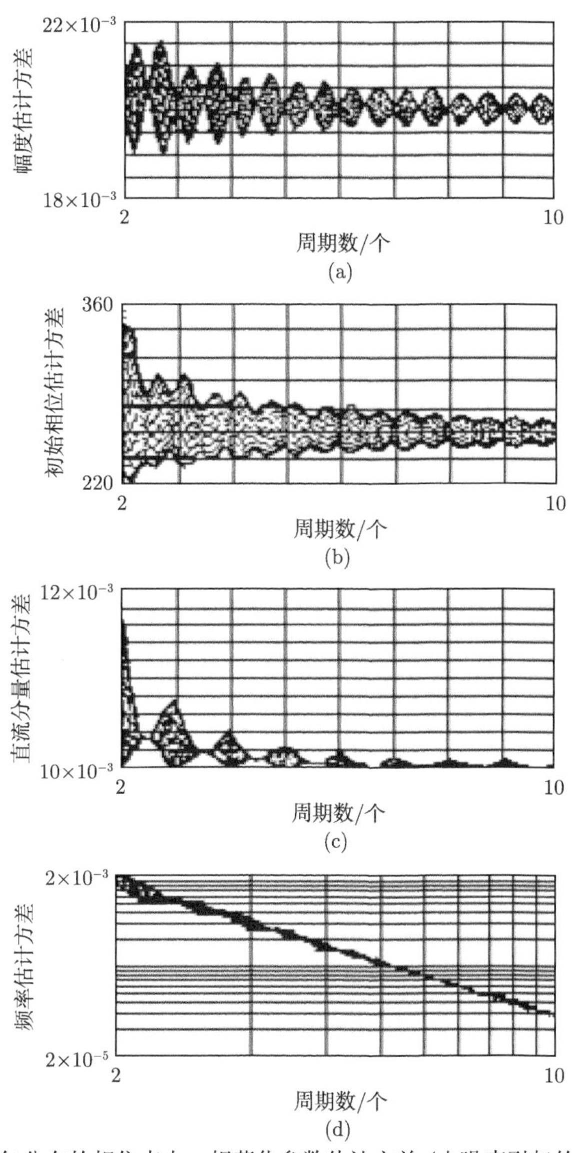

图 8-181 在 36 个均匀分布的相位点上，规范化参数估计方差 (由噪声引起的) 与周期个数的函数关系描述

(a) 幅度估计方差 s_A^2/ρ^2；(b) 初始相位估计方差 $s_\varphi^2 A^2/\rho^2$；(c) 直流分量估计方差 s_d^2/ρ^2；(d) 频率估计方差 $s_\omega^2 A^2/(\omega^2\rho^2)$

在随机噪声状态下，ρ^2 为噪声方差，正弦波最小二乘拟合四个参数的方差分别为 s_A^2、s_ω^2、s_φ^2、s_d^2，则 s_A^2/ρ^2、$s_\varphi^2 A^2/\rho^2$、s_d^2/ρ^2 以及 $s_\omega^2 A^2/(\omega^2\rho^2)$ 的描述如图 8-181 所示，给出

了在 36 个等间距信号初相位上对应的误差界随信号周期数的变化情况。这里，$n_0 = 100$，各描述值均与 n 成反比。

幅度、直流分量和频率的方差表示成比例方差的形式 (如 s_A^2/A^2、s_d^2/A^2 和 s_ω^2/ω^2) 通常更为实用。这些比例方差可以从图 8-181 按下述方式确定：① 对比例方差 s_A^2/A^2，从图 8-181(a) 中找出幅度估计方差与周期个数关系的确切位置，用相应的噪声比例方差 ρ^2/A^2 以及 $100/n$ 连乘即得；② 对于直流分量与相应正弦幅度 A 的比例方差 s_d^2/A^2，从图 8-181 (c) 中找出直流分量估计方差，再乘以 $100\rho^2/(nA^2)$ 可得；③ 对于 s_ω^2/ω^2，在图 8-181 (d) 中，找出频率估计方差，最后乘以 $100\rho^2/(nA^2)$ 即可获得；④ 初始相位的直接方差 s_φ^2，可以从图 8-181 (b) 中的初始相位估计方差中找到，用 $100\rho^2/(nA^2)$ 乘后获得。

3. 关于波形抖动失真的影响

对于波形抖动的影响，与噪声失真的效果相类似，文献 [1] 中也未给出解析公式表述的规律，而是提出了测量序列中的波形抖动对拟合参数误差的影响与拟合序列长度成反比的规律，并提供了以曲线图方式表述的拟合参数误差随信号波形周期数变化的规律曲线。

8.7.4　误差界应用中存在的问题

1. 问题的提出

正弦波形参数拟合中误差界的研究，有其独特的意义和价值，并为人们进行拟合参数不确定度的评估奠定了基础。其主要价值在于让人们了解了正弦参数拟合不确定度都与哪些因素有关，并以经验公式、图表曲线等方式，给出了这些影响因素与相应影响量的定量关系。但是，这些关系在应用中仍然面临着许多实际问题。

首先，在仿真中，每次运算时可以仅存在一种明确已知的影响因素，或者谐波，或者噪声，或者抖动，其他因素可以忽略或处于理想状态。这在数据仿真中很容易实现。而实际工作中，每一个实际的正弦波形会同时存在有谐波、噪声、抖动等影响因素。如何将这些不同的因素分离提取出来，以便应用文献 [1] 所述的规律与公式，是必须解决的问题。

其次，尽管人们获得了谐波失真与拟合参数误差界的定量关系，但只是单次谐波作用下的关系，并且，也仅仅适用于 2 个以上信号周期的情况。实际上，会存在多个谐波共同作用的情况，它们共同作用的影响并不能简单认定为是不同单次作用影响的线性合成。故此，文献 [1] 作了一些假设，假设谐波失真小于 30%，且各次谐波分量的影响符合线性叠加原则。另外，那些以杂波方式出现的非谐波分量的影响并未提及，更未能给出定量的关系。

再次，有关噪声的影响仅仅是涉及的零均值正态噪声，实际采样序列中，量化噪声占比很大，在很多情况下占据主导，它们往往具有非零均值、非随机性的特征，是否还能适用于正态噪声同样的已知关系，并不明确。

最后，对抖动参量如何定义、提取、计算，以及表述它所带来的拟合参数的不确定度，面临着更大的问题。因为通常的抖动，均特指时间轴上的波动，如脉宽抖动、周期抖动、升降沿抖动等；并且，每一种抖动又有相对于相邻值抖动，相对于理想位置抖动，相对于平均位置抖动等不同的定义及内涵。如何评估它们，以及如何将其转化为四个正弦拟合参量的抖动，并无统一规定，也无明确定义。

上述这些问题若不解决，将无法使用拟合参数误差界中所述的规律与结论进行不确定度评估。

2. 误差因素分离

有关正弦波形中各个影响因素的分离，实际上是正弦波形采样序列中各个影响因素的有效分离。首先，可使用滤波加曲线拟合方式，对正弦采样序列描述的正弦信号频率进行精确估计 [7]。在此基础上，进行采样序列的谐波分解与分析 [33,34]，获得其基波、各次谐波和杂波分量。这里，仅将那些幅值明显高于本底平均噪声水平的谐波与杂波单独提取出来，其他一律作噪声处理。

其次，从原始采样序列中剔除各次谐波和杂波分量后再进行拟合，获得无谐波与杂波影响的基波拟合参数，以及采集序列对应的噪声序列 [35]。至此，即完成了基波、谐波、杂波、噪声各部分分量从正弦波原始采样序列中的有效分离。

3. 谐波与杂波失真的处理

与噪声等其他随机性因素造成的影响不同，正弦波采样序列中的谐波与杂波分量，实际上带来的是“确定”误差，而不是“不确定度”。文献 [1] 从误差界搜索的角度给出的误差界的经验公式，从描述误差规律来说，有其特别的价值，但仅仅在单次谐波的情况下才比较适用。若非如此，则公式给出的量值界限与实际情况并不符合，导致公式可能无法真正实用。更精细的做法应该是，在对正弦波采样序列进行滤波分解后，已经获得了基波、各次谐波和杂波分量，以仿真方式生成理想基波与各次谐波和杂波的合成波形，进行正弦曲线拟合，理想基波参量与合成波形的拟合参量之差，即是原始采样序列中谐波与杂波带来的拟合误差。它们的影响如此确切与固定，可以与其他因素的不确定度直接代数合成，或者直接从测量结果中予以修正。

4. 抖动影响的分析处理 [36]

抖动，是周期信号发生器一种固有的技术特征，通常认为，抖动是信号在时间上相对其理想位置的短期变动。在此含义下，包括信号的周期、频率、初始相位、占空比等时间参数的短期不稳定因素，都可以用抖动指标给出。抖动的真正内涵，不仅仅是波形位置的变动，也是模型参数的变动。

实际上，任何被谈及的抖动都存在一个本体，它小到一个点，大到一个结构，一个模型或一段数据。本体不同，相同的环境条件与激励因素，造成的抖动效果是完全不一样的。恰如同样是漂浮在海浪上，一片树叶、一只小船和一条巨轮产生的抖动有着天壤之别。并且，所有的抖动都是相对的，相互参照，不存在一个绝对静止不动的参照物。这恰是正弦波形采样序列抖动测量与估计的难点所在。

这里，将参与曲线拟合的全体序列样本点作为抖动本体，其长度固定。它是从实际采样序列中截取的比实际序列少一个正弦波形周期的子序列。

对该子序列进行曲线拟合，获得幅度、频率、初始相位、直流分量参数分别为 A_0、f_0、φ_0、d_0。

将该子序列向后平移一个采样点，即舍去首个采样点，末尾增补一个采样点，保持长度不变，进行曲线拟合，获得幅度、频率、初始相位、直流分量等 4 个拟合参数分别为 A_1、

f_1、φ_1、d_1。

如此循环往复，直至抖动本体平移一个波形周期后，获得 4 个拟合序列 [36]：$A_0, A_1, \cdots, A_{m-1}$；$f_0, f_1, \cdots, f_{m-1}$；$\varphi_0, \varphi_1, \cdots, \varphi_{m-1}$；$d_0, d_1, \cdots, d_{m-1}$，计算得

$$\bar{A} = \frac{1}{m}\sum_{k=0}^{m-1} A_k \tag{8-64}$$

$$s(A) = \sqrt{\frac{1}{m-1}\sum_{k=0}^{m-1}(A_k - \bar{A})^2} \tag{8-65}$$

$$\bar{f} = \frac{1}{m}\sum_{k=0}^{m-1} f_k \tag{8-66}$$

$$s(f) = \sqrt{\frac{1}{m-1}\sum_{k=0}^{m-1}(f_k - \bar{f})^2} \tag{8-67}$$

$$\bar{d} = \frac{1}{m}\sum_{k=0}^{m-1} d_k \tag{8-68}$$

$$s(d) = \sqrt{\frac{1}{m-1}\sum_{k=0}^{m-1}(d_k - \bar{d})^2} \tag{8-69}$$

对序列 $\varphi_0, \varphi_1, \cdots, \varphi_{m-1}$ 相位展开符合线性规律后进行最小二乘直线拟合，获得拟合直线为

$$\varphi(k) = a \cdot k + \varphi_0 \tag{8-70}$$

其中，a 为拟合直线斜率；φ_0 为拟合直线截距。

$$s(\varphi) = \sqrt{\frac{1}{m-1}\sum_{k=0}^{m-1}[\varphi_k - \varphi(k)]^2} \tag{8-71}$$

则抖动对拟合参数 A、f、φ、d 造成的不确定度分别为

$$u_J(A) = s(A) \tag{8-72}$$

$$u_J(f) = s(f) \tag{8-73}$$

$$u_J(\varphi) = s(\varphi) \tag{8-74}$$

$$u_J(d) = s(d) \tag{8-75}$$

8.7.5 拟合参数的不确定度评定过程

综上所述，可以认为，等间隔正弦波形采样序列参数拟合不确定度主要来源于：

(1) 采集正弦序列的随机噪声；

(2) 正弦信号序列的抖动；

(3) 谐波失真及杂波失真；

(4) A/D 采样量化误差；

(5) 软件计算误差；

(6) 正弦信号源的参数误差。

可形成等间隔正弦波形采样序列参数拟合不确定度评定过程如下：

(1) 对原始采样序列进行精确的频率估计 [33]，同时获得每个波形周期采样数据点数。

(2) 对采样序列进行整数周期截取，确定实际拟合本体长度为比原始采样序列小一个波形周期的点数 n。

(3) 对截取后的采样序列进行谐波分析与提取，获得基波参数、各次谐波参数、杂波参数 [34]，以及剔除基波、谐波和杂波后的噪声序列 $A_z(i)(i=0,1,\cdots,n-1)$，以及噪声方差 $\rho^2(A_z)$：

$$\bar{A}_z=\frac{1}{n}\sum_{i=0}^{n-1}A_z(i) \tag{8-76}$$

$$\rho^2(A_z)=\frac{1}{n-1}\sum_{i=0}^{n-1}[A_z(i)-\bar{A}_z]^2 \tag{8-77}$$

由噪声方差 $\rho^2(A_z)$，按照图 8-181 所示规律可得，由噪声带来的正弦波最小二乘拟合四个参数的方差分别为 $s_{A_z}^2(A)=s_A^2$、$s_{A_z}^2(\omega)=s_\omega^2$、$s_{A_z}^2(\varphi)=s_\varphi^2$、$s_{A_z}^2(d)=s_d^2$；不确定度分别为

$$u_z(A)=s_{A_z}(A)=s_A \tag{8-78}$$

$$u_z(\omega)=s_{A_z}(\omega)=s_\omega \tag{8-79}$$

$$u_z(f)=\frac{u_z(\omega)}{2\pi}=\frac{s_{A_z}(\omega)}{2\pi}=\frac{s_\omega}{2\pi} \tag{8-80}$$

$$u_z(\varphi)=s_{A_z}(\varphi)=s_\varphi \tag{8-81}$$

$$u_z(d)=s_{A_z}(d)=s_d \tag{8-82}$$

(4) 使用基波、各次谐波、杂波参数合成仿真序列，并对该仿真序列进行正弦波拟合，获得拟合参数，它们与基波参数的差异，作为谐波、杂波等带来的拟合误差，记为 ΔA_h、Δf_h、$\Delta\varphi_h$、Δd_h。其相应的不确定度为

$$U_h(A)=|\Delta A_h| \tag{8-83}$$

$$U_h(f)=|\Delta f_h| \tag{8-84}$$

$$U_h(\varphi)=|\Delta\varphi_h| \tag{8-85}$$

$$U_h(d) = |\Delta d_h| \tag{8-86}$$

(5) 使用基波、各次谐波、杂波参数合成的仿真序列，按 8.7.4 节 4. 所述方法进行抖动分析与处理，按式 (8-72)~(8-75) 计算获得抖动带来的不确定度 $u_J(A)$、$u_J(f)$、$u_J(\varphi)$、$u_J(d)$。

(6) 实际上，采样序列是由确定位数的 A/D 采样系统获得的，A/D 位数不同，则由拟合软件带来的影响也是不同的 [4]，将其结合在一起考虑，则软件算法给幅度、频率、初始相位、直流分量带来的不确定度分别为 $u_2(A)$、$u_2(f)$、$u_2(\varphi)$、$u_2(d)$。

(7) 标准信号源的幅度、频率、直流分量，以及采集触发带来的不确定度也会对估计结果产生影响。设 $u_1(A)$ 为标准信号源幅度不稳带来的幅度估计不确定度；$u_1(f)$ 为标准信号源频率不稳带来的频率估计不确定度；$u_1(\varphi)$ 为测量触发不稳带来的初始相位估计不确定度；$u_1(d)$ 为测量系统直流偏移不稳或信号源直流分量不稳带来的偏移估计不确定度。

(8) 可以认为抖动和随机噪声对正弦波拟合参数带来的影响是随机性的，标准信号及触发不稳的影响均按随机影响处理。而每一次测量所获得的谐波及杂波所带来的影响是确定性的，并且各个量值是相互独立的分量。故取扩展因子为 $k=2$，可得正弦波拟合参数的扩展不确定度分别为

$$U(A) = k \times \sqrt{u_1^2(A) + u_2^2(A) + u_z^2(A) + u_J^2(A)} + U_h(A) \tag{8-87}$$

$$U(f) = k \times \sqrt{u_1^2(f) + u_2^2(f) + u_z^2(f) + u_J^2(f)} + U_h(f) \tag{8-88}$$

$$U(\varphi) = k \times \sqrt{u_1^2(\varphi) + u_2^2(\varphi) + u_z^2(\varphi) + u_J^2(\varphi)} + U_h(\varphi) \tag{8-89}$$

$$U(d) = k \times \sqrt{u_1^2(d) + u_2^2(d) + u_z^2(d) + u_J^2(d)} + U_h(d) \tag{8-90}$$

8.7.6 评定示例

图 8-182 是用 SCO232 型数据采集系统，对 5720A 型信号源测量获得的正弦波形；其 A/D 位数为 12 bit，测量范围为 -5 ~5V，采集速率 $v=2$kSa/s，采样点数 $n_0=1800$；信号峰值为 4.5V，频率为 11Hz。则序列所含周波数 $N=9$，$n=1634$，经四参数正弦拟合得 [12]：幅度 $A=4459.388$mV；拟合残差有效值 $\rho=37.009$ mV。

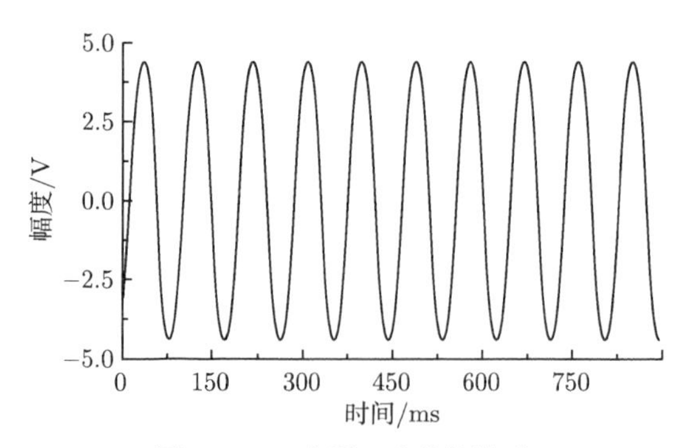

图 8-182　实测正弦曲线波形

图 8-183 为其谐波分析后的频谱曲线，从该曲线可见，测量序列主要的谐波失真为 3 次、5 次、7 次谐波，其他谐波分量与噪声没有什么区别，故不确定度分量 $U_h(A)$ 中仅需计算 2∼ 7 次谐波的影响即可，各主要谐波分量如表 8-17。

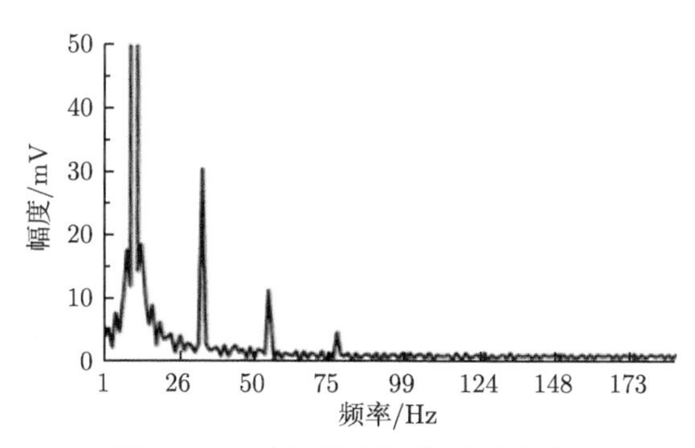

图 8-183 实测曲线频谱 (幅频特性)

表 8-17 采集序列基波与各主要谐波幅度值 [34]

波次	A_h/mV	$\varphi_h/(^\circ)$
基波	4459.168	219.586
2 次谐波	3.854	−41.100
3 次谐波	30.677	57.008
4 次谐波	2.679	−11.830
5 次谐波	11.486	−32.000
6 次谐波	1.818	27.335
7 次谐波	4.701	64.409

由这些谐波分量与基波合成获得的序列，经正弦拟合得：幅度 $A = 4459.036\text{mV}$；拟合残差有效值 $\rho = 23.740\text{mV}$。

其对拟合幅度的不确定度为

$$U_h(A) = |4459.036 - 4459.168| = 0.132\text{mV}$$

则从采集序列中减去上述已被 $U_h(A)$ 计入的谐波分量后，重新进行四参数正弦拟合得：幅度 $A = 4459.381\text{mV}$；拟合残差有效值 $\rho = 29.479\text{mV}$。

由 $N = 9$，$n = 1634$，$\rho = 29.479\text{mV}$，从图 8-181(a) 中查得：$n_0 = 100$ 点时的幅度规范化方差 $\sigma_A^2 = s_A^2/\rho^2 = 0.02$，则本节中

$$u_z(A) = s_A = \sqrt{\frac{\sigma_A^2 \cdot n_0 \cdot \rho^2}{n}} = 1.031\text{mV}$$

在实际情况下，始终存在波形抖动，它将造成拟合幅度的抖动并产生不确定度。由抖动误差所引起的标准偏差可以估计。

图 8-184 为图 8-182 所示波形的幅度抖动测量结果曲线图 [36]。从该曲线可得幅度抖动的实验标准偏差 $s_A = 0.462\text{mV}$；幅度抖动最大值 $\lambda_A = 1.319\text{mV}$。它是由 $m_0 = 166$ 组值实测获得，每组 $N = 9$，$n = 1634$。则 $u_J(A) = s_A = 0.462\text{mV}$。

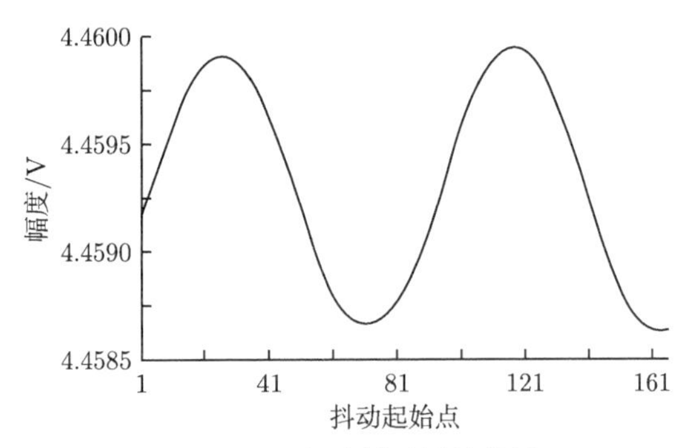

图 8-184　幅度抖动测量结果

由信号峰值 4.5V 和说明书得 [37]，正弦信号源幅度误差限为：±0.0240%读值 ±400μV=±1.48mV；设信号幅度 E 的误差在该范围内服从均匀分布，则其不确定度 $u_1(A) = 1.48/3^{1/2} = 0.845\text{mV}$。

数据处理软件带来的不确定度 u_2，由幅度已知的仿真数据使用数据处理软件处理的结果，当 $n = n_i = 1009$ 时，按 A 类不确定度评价方法获得 [4]，如表 8-18 所示。

表 8-18　校准软件带来的幅度 A 测量不确定度 $u_{2i}(n = n_i = 1009)$

(A/D)/bit	U_{2i}	(A/D)/bit	U_{2i}
4	$1.1\times10^{-2}A$	11	$1.9\times10^{-5}A$
5	$7.7\times10^{-4}A$	12	$5.8\times10^{-6}A$
6	$1.5\times10^{-3}A$	13	$5.3\times10^{-6}A$
7	$3.1\times10^{-4}A$	14	$2.5\times10^{-6}A$
8	$9.2\times10^{-5}A$	15	$1.0\times10^{-6}A$
9	$9.4\times10^{-5}A$	16	$6.8\times10^{-7}A$
10	$6.5\times10^{-5}A$	17	$2.9\times10^{-7}A$

由于拟合误差与序列长度成反比，A/D 位数为 12bit，故有 $u_2 = u_{2i} \times n_i/n = 5.8 \times 10^{-6} \times 4.5 \times 1009/1634\text{V} = 16\mu\text{V}$。

取包含因子 $k = 2$，将上述各个分量代入式 (8-87) 可得，正弦波幅度拟合不确定度为

$$
\begin{aligned}
U_{\mathrm{c}}(A) &= k \times \sqrt{u_1^2(A) + u_2^2(A) + u_z^2(A) + u_J^2(A)} + U_h(A) \\
&= 2 \times \sqrt{0.845^2 + 0.016^2 + 1.031^2 + 0.462^2} + 0.132 \\
&= 3.0\text{mV}
\end{aligned}
$$

正弦波拟合法获得的正弦波幅度为

$$
A_0 = A \pm U_{\mathrm{c}}(A) = (4459.4 \pm 3.0)\text{mV} \quad (k = 2)
$$

其中，“±” 后面是扩展不确定度，其包含因子 $k = 2$。

本节这里只评定了拟合幅度一个参数，其他参数的评定过程与此类似。

8.7.7 讨论

正弦波形是一种周期性信号波形，其各次谐波以及抖动等亦有相同的周期性，在完整的一个正弦波形周期内，应当完整地体现了各种影响的综合作用结果；若包含了不完整的波形周期，则由于失真、抖动等的不均匀性，将造成不同条件下的拟合结果波动增大，为了降低这种离散性，应截取整数个波形周期进行参数拟合。由于非同步采样的普遍现象，则很难恰好截取到整数个波形周期，但相差 ±1 个采样间隔造成的影响在很多情况下可以忽略。从文献 [1] 中可以看到，整数个波形周期时拟合结果更好些。

针对于谐波带来的拟合误差，尽管对于只有单一谐波情况可以使用文献 [1] 的经验公式计算误差界，但同时存在多个谐波的情况很普遍，此时，经验公式显然失去了作用。使用本节上述仿真计算法，由于仿真参数直接来源于实测数据的分析结果，从而更具有针对性和真实性，且无论是存在单一谐波，还是多个谐波，以及杂波，都可以适用；并且直接获得它们共同作用后所带来的误差，该误差既可以用来对拟合结果进行修正，也可以作为一项不确定度分量。

针对抖动带来的拟合误差问题，这里采用了将全体参与拟合数据作为一个抖动本体，其长度设定为本体的固定长度，用多采一个波形周期的数据作为获得抖动影响的辅助数据，将抖动本体逐步平移一个波形周期，获得一个周期内抖动的完整表现，并可以从中获得抖动带来的各个拟合参数的实验标准偏差。以滑动正弦波形段的模型参数的波动衡量抖动带来的影响，以此解决了以往的抖动量值只针对时间量值，而无其他量值的问题。并且，时间量值转换成其他量值时，还需要寻求转换关系。它往往需要获得被拟合曲线各个变量对时间的偏导数。另外，所设定的抖动本体及规模，并不适用于实际情况。

文献 [1] 最有意义的是向人们展示了正弦曲线拟合参数的几个误差来源，并对其规律性进行了较系统的研究。除此以外，其最具参考性的工作是获得了噪声、抖动带来的影响均与拟合序列长度成反比这一规律。另外，以图表曲线方式给出了归一化拟合方差与序列所含正弦波形周期之间的关系。这可以直接供人们进行拟合误差界估计时使用。

本节工作中，只使用了其中的噪声因素带来的影响规律。实际上，该规律是通过正态噪声仿真搜索获得的结论。在考虑了量化误差之后，以及量化误差占据主导地位时，其规律是否仍然成立，以及是否有变化，尚需要进一步研究探索。

从上述过程可以看出，所有可能的情况均已列入考虑，因而，在系统比较稳定的情况下，可以认为重复性带来的影响已经予以考虑。若在实际工作中，重复测量造成的重复性波动大于上述波动，则可以认为测量系统或被测正弦波形尚不够稳定。此时，还需要增加一项重复性因素带来的影响。

8.7.8 结论

综上所述，通过本节提供的方法和流程，可以给出正弦波形采样序列拟合参数的不确定度；并且，进一步可用于对正弦波拟合法获得的其他量值的不确定度评定。其中多数环节的依据来源于实际测量的实验数据，只有噪声因素的影响使用了文献 [1] 的曲线规律。本节所述方法与流程，可供正弦波拟合为核心的参数估计的不确定度评定时参考和使用。

参 考 文 献

[1] Deyst J P, Souders T M, Solomon O M. Bounds on least-squares four-parameter sine-fit errors due to harmonic distortion and noise[J]. IEEE Transactions on Instrumentation & Measurement, 1995, 44 (3): 637-642.

[2] Andersson T, Handel P. IEEE standard 1057, Cramer-Rao bound and the parsimony principle [J]. IEEE Transactions on Instrumentation and Measurement, 2006, 55(1): 44-53.

[3] Moschitta A, Carbone P. Cramer-Rao lower bound for parametric estimation of quantized sinewaves [J]. IEEE Transactions on Instrumentation and Measurement, 2007, 56(3): 975-982.

[4] Liang Z G, Lu K J, Sun J Y. Evaluation of software of four-parameter sine wave curve-fit [J]. Transactions of Nanjing University of Aeronautics & Astronautics, 2000, 17(1): 100-106.

[5] 梁志国. 12bit 量化误差对正弦参数拟合影响的误差界 [J]. 计测技术，2020，40(5)：1-9.

[6] 梁志国. 正弦波拟合参数的不确定度评定 [J]. 计量学报，2018，39(6)：888-894.

[7] Liang Z G, Zhu J J. A digital filter for the single frequency sinusoid series [J]. Transaction of Nanjing University of Aeronautics & Astronautics, 1999, 16(2): 204-209.

[8] Chiorboli G, Franco G, Morandi C. Uncertainties in quantization-noise estimates for analog-to-digital converters [J]. IEEE Transactions on Instrumentation and Measurement, 1997, 46(1): 56-60.

[9] Verspecht J. Quantifying the maximum phase-distortion error introduced by signal samplers [J]. IEEE Transactions on Instrumentation and Measurement, 1997, 46(3): 660-666.

[10] Souders T M, Flach D R, Hagwood C, et al. The effects of timing jitter in sampling systems [J]. IEEE Transactions on Instrumentation and Measurement, 1990, 39(1): 80-85.

[11] Jenq Y C, Crosby P B. Sinewave parameter estimation algorithm with application to waveform digitizer effective bits measurement[J]. IEEE Transactions on Instrumentation and Measurement, 1988, 37(4): 529-532.

[12] IEEE Std 1057-1994. IEEE standard for digitizing waveform recorders[S]. IEEE, 1994.

[13] 梁志国, 孙璟宇. 正弦波模型化测量方法及应用 [J]. 计测技术, 2001, 21(6): 3-7, 16.

[14] 梁志国. 残周期正弦波形参数拟合及其应用 [J]. 计测技术, 2015, 35(5): 19-23.

[15] 齐国清, 吕健. 正弦曲线拟合若干问题探讨 [J]. 计算机工程与设计, 2008，29(14): 3677-3680.

[16] 王慧. HHT 方法及其若干应用研究 [D]. 合肥: 合肥工业大学. 2009.

[17] 桑龙, 陈静. 基于正弦曲线拟合算法的 ADC 测试改进方法 [J]. 电讯技术, 2010, 50(2):69-72.

[18] 梁志国, 王雅婷, 吴娅辉. 基于四参数正弦拟合的放大器延迟时间的精确测量 [J]. 计量学报, 2019, 40(6): 1101-1106.

[19] 梁志国, 邵新慧. 基于残周期正弦拟合的振动参数测量 [J]. 振动与冲击, 2013, 32(18): 91-94.

[20] 林俊武. 高速 A/D 转换的动态精度研究 [D]. 福州: 福州大学, 2005.

[21] 梁志国, 武腾飞, 张大鹏, 等. 残周期正弦波拟合中信噪比影响的实验研究 [J]. 计量学报, 2013, 34(5):474-479.

[22] Handel P. Properties of the IEEE-STD-1057 four-parameter sine wave fit algorithm [J]. IEEE Transactions on Instrumentation and Measurement, 2000, 49(6): 1189-1193.

[23] 梁志国，朱振宇. 非均匀采样正弦波形的最小二乘拟合算法 [J]. 计量学报，2014，35(5): 494-499.

[24] IEEE Std 1241-2010. IEEE Standard for Terminology and Test Methods for Analog-to-Digital Converters [S]. IEEE, 2010.

[25] 梁志国. 正弦波形参量对 ADC 有效位数评价的影响 [J]. 计量学报, 2017，38(1) : 91-97.

[26] 张智慧. ADC 的测量不确定度评估方法研究 [D]. 西安: 陕西科技大学, 2015.

[27] 梁志国. 采样序列长度及周波数对正弦参数拟合的影响 [J]. 计量学报, 2022, 43(8): 989-1000.

[28] 陈淑红, 袁晓峰, 余维荣, 等. 曲线拟合法失真度测量的不确定度分析 [J]. 计算机测量与控制, 2005, 13(4):317-320.
[29] 梁志国, 孙璟宇. 动态有效位数评价结果的不确定度 [J]. 计量技术, 2000, (5):49-51.
[30] 梁志国, 朱济杰. 量化误差对周期信号总失真度评价的影响及修正 [J]. 仪器仪表学报, 2000, 21 (6): 640-643.
[31] 梁志国. 测量条件对 A/D 动态有效位数评价的影响 [J]. 计量学报，2022，43 (4): 526-535.
[32] 梁志国，孙璟宇. 评价动态有效位数的述评 [J]. 计量学报，2001，22(2)：152-155.
[33] 梁志国，孙璟宇. 信号周期的一种数字化测量方法 [J]. 仪器仪表学报，2003，24(增刊)：195-198.
[34] 梁志国，张力. 周期信号谐波分析的一种新方法 [J]. 仪器仪表学报，2005，26(5)：469-472.
[35] 梁志国，朱济杰. 数据采集系统动态噪声的评价方法 [J]. 现代计量测试，1999，7(3)：23-26.
[36] 梁志国，孙璟宇，盛晓岩. 正弦信号发生器波形抖动的一种精确测量方法 [J]. 仪器仪表学报，2004，25(1)：23-29.
[37] 5700A/5720A Series II Multifunction Calibrator Service Manual[Z]. Fluke Corporation, 1996: 1-15-1-39.

第 9 章　正弦载波的调制信号解调

9.1　概　　述

人们在分析利用信号波形时，通常涉及时域、频域、值域、调制域等不同维度的手段和方法。

在时域，人们使用波形采集记录，直接进行测量比较、分析，获取时域参数；主要是带时间定位的幅值和时间参量、相位参数等。

将时域波形通过傅里叶变换，映射到频域，获得其频域参数；主要是带频率定位的功率能量参量和相位谱参量。

对时域波形进行统计分析，获得其值域参数；主要是以幅值区间定位的出现概率值——概率密度函数曲线。

时域、频域和值域的计量问题均已解决，而调制域则不同。调制域的已调信号，通常是在选定的周期性载波基础上，以调制信号控制载波的某一参量，让受控参量随时间变化的规律与调制信号相一致而获得。目前最常用的载波信号是正弦波，其幅度、频率、相位分别按调制信号波形规律变化时，获得的已调信号波形分别称为调幅 (AM)、调频 (FM)、调相 (PM) 信号。

最初，人们发明调制技术主要是用来将低频信号通过调制加载到高频载波信号之上，使其可以通过电磁发射手段传向远方，其后，再使用解调技术将低频信息从接收到的信号中解调出来，以供使用。通过调制解调技术，可以用无线方式进行信息传输，并可以有效利用更高的无线电频谱资源。时至今日，通过调制解调技术手段，人们已经能够有效使用光频资源。

另外，人们发现，有相对运动的物体之间存在的多普勒效应，是一种广泛存在的物理现象，其本身导致各种声波、光波、电磁波，在有相对运动的物体之间收发时存在调频效应，通过对其实施解调，可以用来估计和测量物体之间的相对运动速度、加速度等。由此可见调制解调技术在计量测试行业的基础地位和重要价值。本章后续内容，将主要介绍正弦载波的 AM、FM、PM 信号的数字化解调方法，以期用于计量行业中广泛存在的各种调制信号的数字化解调。

9.2　AM 信号解调

9.2.1　引言

调幅信号，也称 AM 信号，是一种应用很广的信号模式，主要由用于搭载有用信息的较高频率的载波信号，和含有用信息的较低频率的载波幅度调制信号组成。广泛应用于广播电视、无线通信等领域。广义说来，尽管载波信号可以是任何一种周期信号，早期邮电系统中曾用方波，但目前绝大多数情况下使用正弦波，故以下只讨论正弦波为载波的情况。

调幅信号的解调，多数是使用硬件设备，用峰值检波方法完成的，其特点是实时性好，但是需要结构复杂的专用设备执行解调，解调失真较大。随着数字化波形测量技术的发展，人们已经可以使用数字化方法实现解调过程，但其实时性较差，时间分辨力和解调失真受载波信号周期的限制。

另外，关于调幅信号源和解调设备的计量，多年以来都是在两者之间进行的，通常用性能指标较高的一方计量测试性能指标较低的另一方，致使对它们之中性能指标最高者无法进行有效计量。对于这两种设备来说，通用波形测量设备的性能指标要高得多，因而人们一直希望能使用通用波形测量设备，借助于数字化测量手段，找到一种足够精确的调幅信号数字化解调方法，从而在根本上解决调幅信号源以及解调设备的计量问题，本节将主要讨论这一问题。

9.2.2 用模型滑动拟合法解调正弦载波的调幅信号

对于正弦载波调幅信号的解调，本节使用四参数正弦曲线拟合法进行。这里认为，调幅信号由一段段幅度随调制信号变化的正弦波组成，通过滑动正弦波模型，对每一段正弦波幅度、时间进行估计，获得解调的调制信号。

对于解调测量，越少的信号点数将能越真实地反映调制信号幅度的实际状况，而过多的信号点将因为平均滤波效应而降低解调的测量灵敏度；但信号点数的减少，同时将使模型参数的拟合误差增大，也将影响测量准确度；另外，两个相邻估计幅度的时间间隔，将决定解调信号的时间分辨力，人们也希望它越短越好。通常，使用一个周期左右的信号点数被认为是比较好的选择；详细过程如下所述 [1]。

(1) 首先，使用 4.4 节所述方法，对第 1 个信号点开始的约一个周期的信号的模型参数进行四参数正弦估计，将它作为该段数据中心点的模型参数；提取出幅度参数，作为数据中心点的幅度解调结果。

(2) 然后，以该组估计参数为初始值，对中心点后面一点为中心的约一个周期的信号的模型参数进行四参数正弦估计；提取出幅度参数，作为数据中心点后面一点的幅度解调结果。

(3) 依次类推，直至最后一个完整的信号周期，结束估计。

(4) 之后，对众多信号周期的模型参数进行波形分析，获得它们的幅度调制信号。

9.2.3 仿真验证

图 9-1(a) 为按照已知参数构造的理想调幅信号 [2]，载波正弦波峰值为 1V，频率为 110Hz；调制信号为方波，峰值幅度为 0.5V，频率为 5.5Hz；采样速率为 8kSa/s，量程为 4V，序列长 $n = 5000$，A/D 位数为 24 bit。图 9-1(b) 为使用上述方法获得的幅度解调波形结果。

图 9-1(c)~(f) 分别为按本节方法幅度解调过程中滑动模型的频率、相位偏移、直流分量、有效位数变动情况。其中，有效位数的变化情况反映拟合情况的优劣，有效位数越高，则拟合越好，误差越小。

从图 9-1(b) 及解调数据可见，本节方法对幅度解调的幅度分辨力和测量准确度良好，可达 10^{-5} 量级；时间分辨力也非常高，与采样间隔相同。由于方波调制存在幅度的阶跃跳变，也影响并造成了频率、直流分量等其他参数的波动。同时可以看出，在幅度跳变处，有效位数指标将严重下降，说明在该处的各个参数测量准确度的下降。

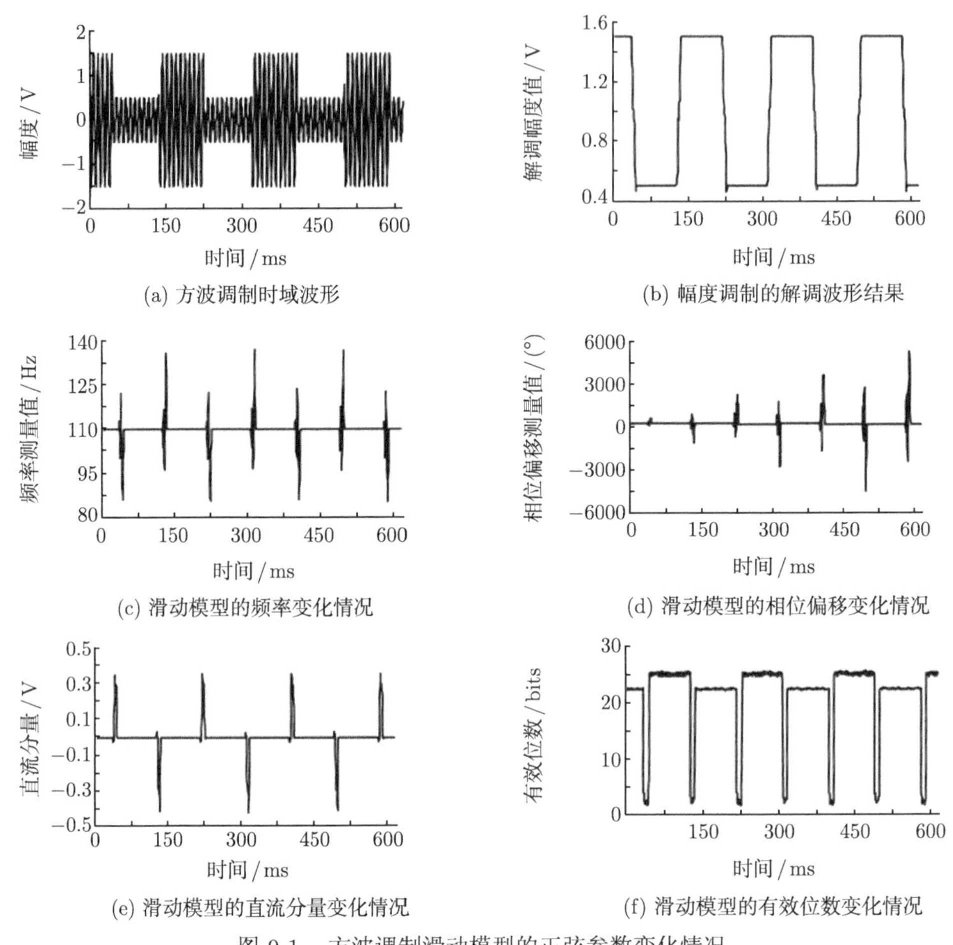

(a) 方波调制时域波形　(b) 幅度调制的解调波形结果

(c) 滑动模型的频率变化情况　(d) 滑动模型的相位偏移变化情况

(e) 滑动模型的直流分量变化情况　(f) 滑动模型的有效位数变化情况

图 9-1　方波调制滑动模型的正弦参数变化情况

图 9-2(a) 为按照已知参数构造的理想调幅信号 [2]，载波正弦波峰值为 1V，频率为 100Hz；调制信号为正弦波，调制度为 95%，频率为 5.5Hz；量程为 4V，采样速率为 8kSa/s，$n = 5000$。

图 9-2(b) 为使用本节方法获得的图 9-2(a) 波形的解调信号。图 9-2(c)~(f) 分别为幅度解调过程中滑动模型的频率、相位偏移、直流分量、有效位数变动情况。

将图 9-2(a) 所示的调幅信号序列的其他参数不变，仅调制度变为 0.01%，则得图 9-3(a) 所示的调幅信号波形。图 9-3(b) 为使用本节方法获得的图 9-3(a) 波形的解调信号。图 9-3(c)~(f) 分别为幅度解调过程中滑动模型的频率、相位偏移、直流分量、有效位数变动情况。

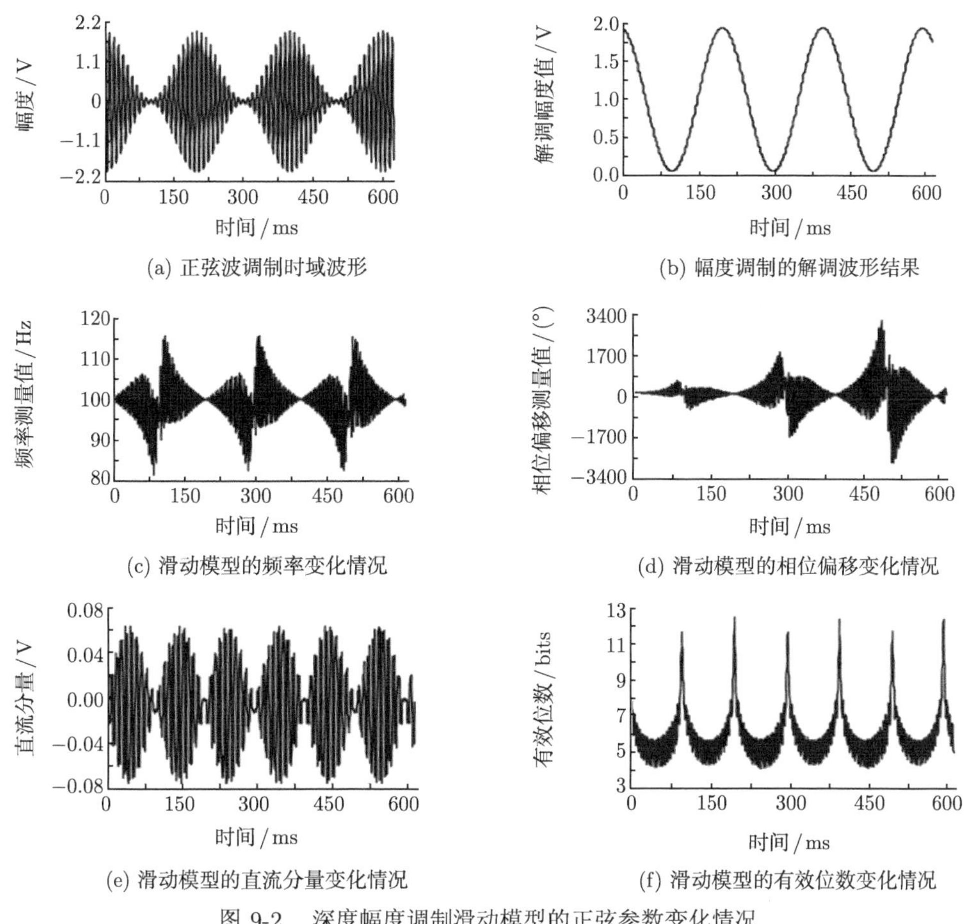

(a) 正弦波调制时域波形　　(b) 幅度调制的解调波形结果

(c) 滑动模型的频率变化情况　　(d) 滑动模型的相位偏移变化情况

(e) 滑动模型的直流分量变化情况　　(f) 滑动模型的有效位数变化情况

图 9-2　深度幅度调制滑动模型的正弦参数变化情况

由图 9-2(b) 幅度调制解调波形数据可得调制幅度为 0.9462V，误差为 -0.4%；调制频率 [3] 为 4.999999Hz，误差为 -2.0×10^{-7}；失真度 [4] 为 2.36%。可见，用本节方法获得了非常满意的解调效果，其调制幅度误差、调制频率误差都很小。尤其是时间分辨力与采样间隔相同 (0.125ms)，这是目前任何其他解调方法所无法达到的。

解调过程中，载波频率测量值、直流分量值、有效位数都存在较大波动，这说明调制后的波形并不是严格的正弦波，使用正弦波模型滑动拟合，必然有误差；并随调制信号的变化速率增减而增减。

详细分析解调波形还可发现，存在微小的载波频率的 2 次谐波叠加在解调波形上，这主要是由本节的滑动拟合方法造成的，可使用滑动平均法滤除。

从图 9-3(a) 中，人们用肉眼将很难发现它是调幅信号，但由图 9-3(b) 的幅度调制解调波形数据，可得解调正弦波形的幅度为 99.56μV，误差 -0.44%；频率为 4.99675Hz，误差 -0.065%；失真度为 2.52%。与图 9-2(b) 的解调波形参数相比，其误差、失真都略有变化，到目前为止，所有其他的解调方法对万分之一调制度的调幅信号解调都是无能为力的，因此，本节方法尤其在微小调制度解调上，有突出的优越性。

另外，通过比较图 9-2(a) 和图 9-3(a) 的解调参数可见，调制度越低，则载波信号越接近正弦波，用滑动拟合法获得的参数值 (如幅度、频率、直流分量等) 越准确。这使得用本节方法解调微小调制度的调幅信号具有更大的优越性，也是其他方法所不具备的特点。

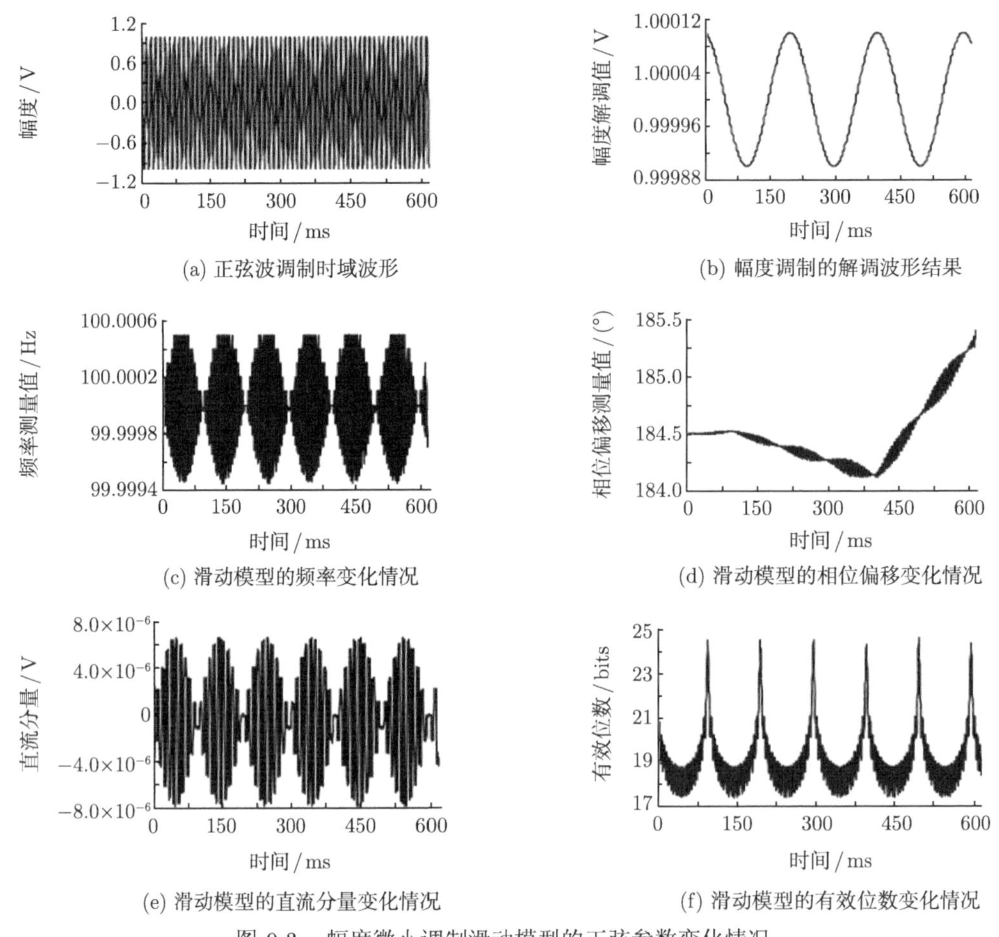

图 9-3　幅度微小调制滑动模型的正弦参数变化情况

关于测量的误差及不确定度问题，也是解调所非常关心的问题，其可以直接参考正弦拟合的误差及不确定度，由于已经有人做了大量卓有成效的工作 [5−7]，可以直接参考和引用，这里不再赘述。

9.2.4　实验例证

图 9-4(a) 是使用 Tektronix 公司 TDS784D 型数字示波器，对于 RS 公司的 SMT03 型射频信号源的调幅正弦信号进行测量获得的时域波形；其 A/D 位数为 8 bit，测量范围为 −4 ~4V，采集速率为 25MSa/s，采样点数 $n = 5000$；信号峰值为 848.53mV，频率为 300kHz，调制度为 20.0%，调制频率为 15kHz。图 9-4(b) 为使用本节方法获得的图 9-4(a) 波形的解调信号。图 9-4(c)~(f) 分别为幅度解调过程中滑动模型的频率、相位偏移、直流分量、有效位数变动情况。

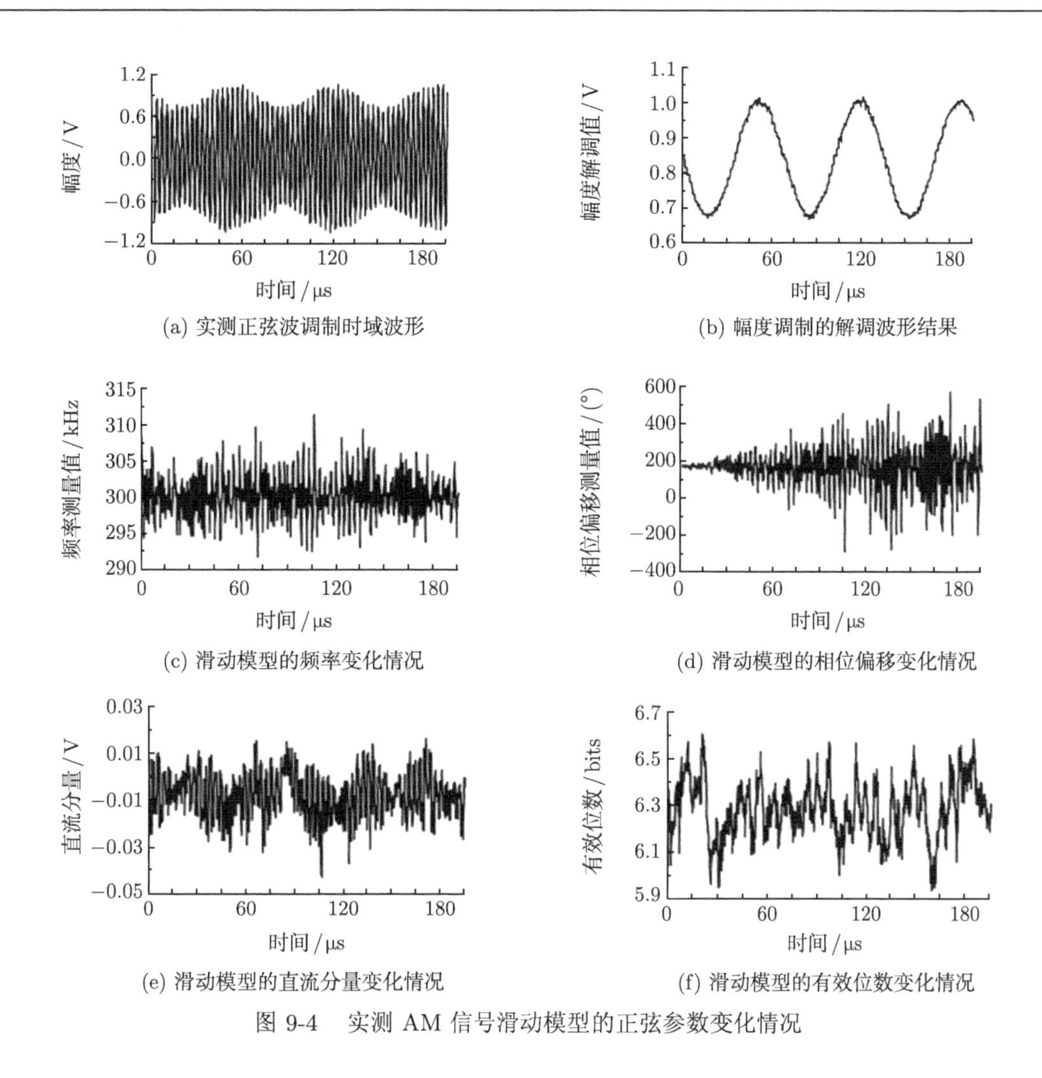

(a) 实测正弦波调制时域波形　(b) 幅度调制的解调波形结果

(c) 滑动模型的频率变化情况　(d) 滑动模型的相位偏移变化情况

(e) 滑动模型的直流分量变化情况　(f) 滑动模型的有效位数变化情况

图 9-4　实测 AM 信号滑动模型的正弦参数变化情况

由图 9-4(b) 幅度调制解调波形数据可得，载波幅度为 844.455mV，调制幅度为 164.32mV，调制度为 19.46%，误差为 2.7%；调制频率为 14.729kHz，误差为 1.81%；失真度为 5.4%。

9.2.5 结论

综上所述可见，本节所述方法，使用了绝对收敛的四参数正弦拟合方法进行 AM 信号解调，同时具有准确度高、分辨力高、收敛性好的特点，且可以使用有效位数同时考察模型拟合的效果是否良好。因此，使用本节方法进行正弦波为载波的调幅信号的数字化解调，准确度高且效果优越。

另外，也正是由于使用了四参数拟合法，使得本节所述方法的实时性受到限制，这无疑也限制了其本身的应用范围。

9.3 滑动模型法 FM 信号解调

9.3.1 引言

调频信号，也称为 FM 信号，是一种通用、标准的信号模式，主要由用于搭载有用信息的较高频率的载波信号，和含有用信息的较低频率的载波频率调制信号组成，应用很广。其广泛应用于广播电视、雷达、导航、无线通信等领域。广义说来，尽管载波信号可以是任何一种周期信号，但目前绝大多数情况下使用正弦波，故以下只讨论正弦波为载波的情况。

调频信号的解调，多数使用硬件设备 [8]，例如使用鉴频器，将 FM 信号转化成 AM 信号，然后再按 AM 信号方式予以解调。其特点是实时性好，但是需要结构复杂的专用设备进行，解调失真较大。随着数字化波形测量技术的发展，人们已经可以使用数字化方法实现解调过程，例如希尔伯特变换方法，但实时性较差，解调误差较大，解调时间分辨力和解调失真受载波信号周期的限制。

另外，关于调频信号源和解调设备的计量，一直都是在两者之间进行的，通常用性能指标较高的一方计量测试性能指标较低的另一方，致使对它们之中性能指标最高者无法进行有效计量。对于这两种设备来说，通用波形测量设备的性能指标要高一些，因而人们一直希望能使用通用波形测量设备，借助于数字化测量手段，找到一种足够精确的调频信号数字化解调方法，从而根本上解决调频信号源以及解调设备的计量问题，本节将主要讨论这一问题。

9.3.2 用模型滑动拟合法解调正弦载波的调频信号

对于正弦载波调频信号的解调，本节使用四参数正弦曲线拟合法进行。这里认为，调频信号是由一段段频率随调制信号变化的正弦波组成的，通过滑动正弦波模型，对每一段正弦波频率进行估计，获得解调的调制信号。正弦拟合有三参数和四参数之分，由于使用幅度、频率、相位和直流分量四个参数即可以构成完整的正弦波模型，故四参数正弦拟合是具有广泛适应性的参数拟合方法，但它是一个非线性迭代过程，收敛区间一直没有明确结论，且很容易迭代发散。而三参数拟合则通常是特指已知信号频率下的正弦拟合，它是一个明确的闭合代数运算过程，没有收敛性和收敛区间问题，但运算效果受信号频率是否准确等因素影响极大，故它是一种适应性受到很大限制的简单的拟合算法。由此可见，解决了收敛性的四参数正弦拟合法可用于 FM 信号解调。本节使用频率迭代法执行 FM 解调。

关于解调测量，越少的信号点数将能越真实地反映调制信号幅度的实际状况，但过少的点数将会影响解调准确度，而过多的信号点将因为平均滤波效应而降低解调灵敏度；通常，使用一个周期左右的信号点数被认为是兼顾灵敏度、适应性和收敛性的比较好的选择；详细过程如下所述 [9]。

(1) 首先，使用 4.4 节所述方法，对第 1 个信号点开始的约一个周期的信号的模型参数进行四参数正弦估计，将它作为该段数据中心点的模型参数；提取出频率参数，作为数据中心点的频率解调结果。

(2) 然后，以该组估计参数为初始值，对中心点后面一点为中心的约一个周期的信号的模型参数进行四参数正弦估计；提取出频率参数，作为数据中心点后面一点的频率解调结果。

(3) 依次类推，直至最后一个完整的信号周期，结束估计。

(4) 之后，对众多信号周期的模型参数进行波形分析，获得它们的频率调制信号。

9.3.3 仿真验证

图 9-5(a) 为频率按方波规律跳动的正弦信号，正弦波峰值为 1V，频率为 110Hz 和 220Hz；频率跳变周期为 2/11 s(5.5Hz)；采样速率为 8kSa/s，采集数据个数为 15000，A/D 位数为 24 bit。

图 9-5(b) 为使用 4.4 节所述频率迭代法获得的频率解调波形结果。此时，解调窗口宽度 $m=36$，选取迭代收敛判据 $h_{\mathrm{e}}=10^{-19}$，初始窗口序列宽度值 $n=m=36$，$p=1$。$\varpi_0=2\pi/m=0.174533$，迭代左边界 $\omega_{\mathrm{L}}^{(0)}=\varpi_0-\pi/n=0.08727$，迭代右边界 $\omega_{\mathrm{R}}^{(0)}=\varpi_0+\pi/n=0.2618$。其频率解调误差为 1.8×10^{-6}。

从图 9-5(a) 可见，这是一种信号频率存在阶跃跳变而其他参数无变化的正弦信号。图 9-5(c)~(f) 分别为频率解调过程中滑动模型的幅度、相位偏移、直流分量、拟合残差的变动情况，分别是每一个测量点开始的一个信号周期的幅度、相位偏移、直流分量、拟合残差的波动情况。其中，残差有效值的变化情况反映本节方法拟合情况的优劣，残差有效值越小，则拟合越好。

可以看到，由于信号频率的阶跃跳变，则同时影响并造成了频率、幅度、相位、直流分量参数的变化。并且，从图 9-5(b)~(f) 及数据中可以看出，各参数变动的结束点也正是在信号频率的跳变点处，说明本节方法在信号频率变动时，频率解调的时间分辨力较高，与采样间隔相同。同时可见，在频率跳变处，拟合残差有效值较大，在该处的各个参数测量准确度较差。

关于参数测量误差及不确定度，属于正弦拟合的误差及不确定度，这里不再赘述。

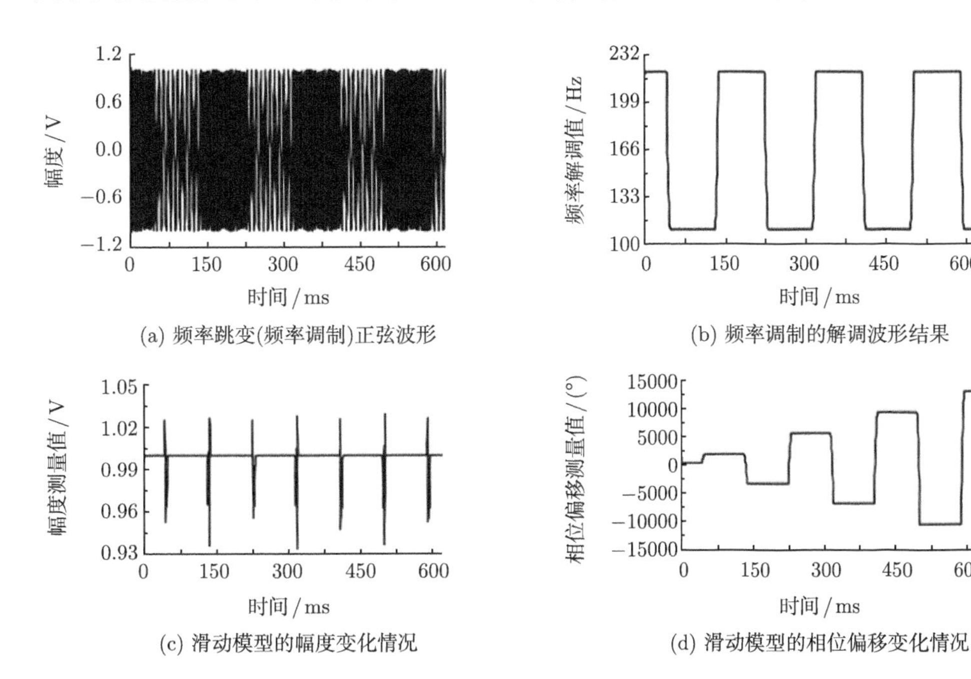

(a) 频率跳变(频率调制)正弦波形

(b) 频率调制的解调波形结果

(c) 滑动模型的幅度变化情况

(d) 滑动模型的相位偏移变化情况

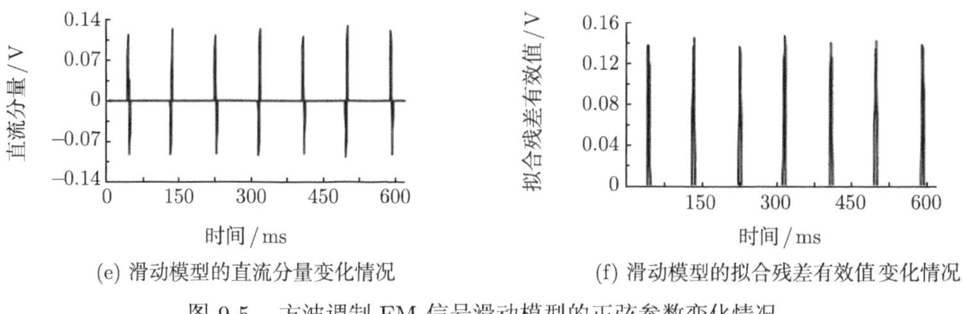

(e) 滑动模型的直流分量变化情况 (f) 滑动模型的拟合残差有效值变化情况

图 9-5 方波调制 FM 信号滑动模型的正弦参数变化情况

9.3.4 实验例证

图 9-6(a) 是使用 Tektronix 公司 TDS784D 型数字示波器，对于 RS 公司的 SMT03 型射频信号源的调频正弦信号进行测量获得的时域波形；其 A/D 位数为 8 bit，测量范围为 −4 ~4V，采集速率为 25MSa/s，采样点数 $n = 5000$；载波信号峰值为 1.414V，载波

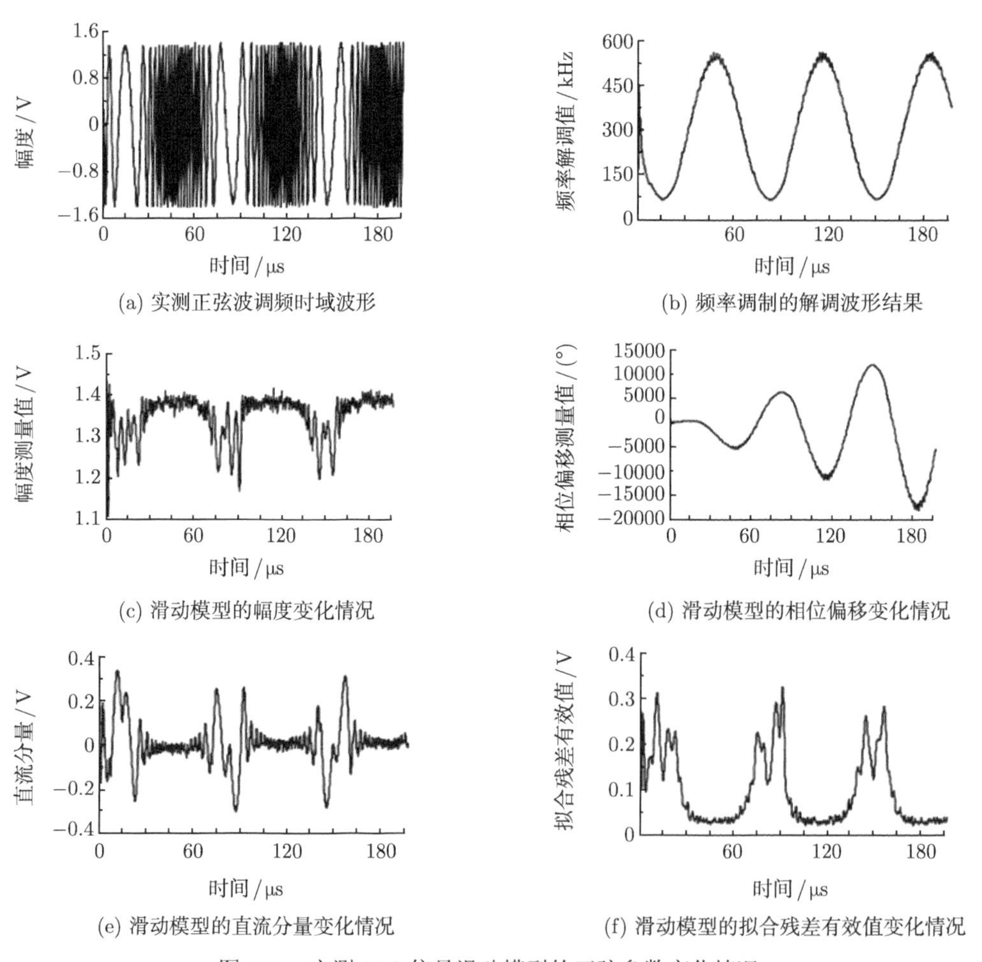

(a) 实测正弦波调频时域波形 (b) 频率调制的解调波形结果

(c) 滑动模型的幅度变化情况 (d) 滑动模型的相位偏移变化情况

(e) 滑动模型的直流分量变化情况 (f) 滑动模型的拟合残差有效值变化情况

图 9-6 实测 FM 信号滑动模型的正弦参数变化情况

频率为 300kHz；调制频偏为 250kHz，调制频率为 15kHz。图 9-6(b) 为使用本节方法获得的图 9-6(a) 波形的解调信号。图 9-6(c)~(f) 分别为频率解调过程中滑动模型的幅度、相位偏移、直流分量、拟合残差的变动情况。

由图 9-6(b) 频率调制解调波形数据可得，载波频率为 313624Hz，误差为 4.54%；调制频偏为 244968Hz，误差为 −2.01%；调频指数为 $M = 78.11\%$，误差为 −6.3%；调制频率为 15021.558Hz，误差为 0.144%。调制信号的总失真度 [4] 为 6.9%。

9.3.5 结论

综上所述，本节所述方法，使用了绝对收敛的四参数正弦拟合方法进行 FM 信号解调，同时具有准确度高、分辨力高、收敛性好的特点，且可以使用拟合残差有效值同时考察模型拟合的效果是否良好。因此，可用于进行正弦波为载波的调频信号的数字化解调。

目前，激光多普勒测速技术，被广泛应用于加速度计校准、振动测量、流速测量等很多领域和方向，其中的频率精确解调问题一直是一个难点，目前的解算方法，几乎都是判断周期间隔，其准确度及分辨力均受到很大制约和影响，使用本节所述方法，将可轻而易举地解决该问题，获得高得多的准确度和解调分辨力。但是，由于使用了四参数拟合法，使得本节所述方法的实时性受到限制，这也限制了其本身的应用范围。

9.4 希尔伯特变换法 FM 信号解调

9.4.1 引言

频率调制及解调作为一种应用极为广泛的技术手段，除了无线通信系统以及广播电视中的典型应用以外，各种以多普勒效应为基础的测量过程中，其作用更加突出，如激光、微波、超声等波动的多普勒效应等。由于这些应用，发展出了各种从频率调制 (FM) 信号中解调出调制信息波形的理论、方法和技术 [9,21]。其中，希尔伯特 (Hilbert) 变换以其过程简捷、明了，无需特别先验知识而成为一种应用广泛的工程数学方法。该方法在 FM 信号解调中需要用到微分运算，导致实际过程中直接计算无法获得正确结果。这就需要进行信号调理和滤波等操作，而数字滤波器的使用又往往缺乏像硬件滤波器那样明确的性能参量。一旦未能合理使用，将导致千差万别的处理结果。本节主要针对这类工程实践中经常出现的实际问题，提供一种切实可行的处理方式，并试图获得稳定可信的解调结果。

9.4.2 基本原理

1. 频率解调基本原理

时间函数 $x(t)$ 的 Hilbert 变换为 $\tilde{x}(t)$，则有

$$\tilde{x}(t) = \frac{1}{\pi}\int_{-\infty}^{+\infty}\frac{x(\tau)}{t-\tau}\mathrm{d}\tau = x(t) * \frac{1}{\pi t} \tag{9-1}$$

$$x(t) = -\frac{1}{\pi}\int_{-\infty}^{+\infty}\frac{\tilde{x}(\tau)}{t-\tau}\mathrm{d}\tau = -\tilde{x}(t) * \frac{1}{\pi t} \tag{9-2}$$

$x(t)$ 的瞬时振幅：

$$a(t) = \sqrt{x^2(t) + \tilde{x}^2(t)} \tag{9-3}$$

$x(t)$ 的瞬时相位：

$$\phi(t) = \arctan\left[\frac{\tilde{x}(t)}{x(t)}\right] \tag{9-4}$$

$x(t)$ 的瞬时频率：

$$f(t) = \frac{1}{2\pi} \cdot \frac{\mathrm{d}\phi(t)}{\mathrm{d}t} \tag{9-5}$$

以上公式为用 Hilbert 变换进行频率解调的基本理论基础。若将 Hilbert 变换视为一个具有明确激励响应特性的变换器模块，则其单位冲击响应为

$$h(t) = \frac{1}{\pi t} \tag{9-6}$$

其傅里叶变换：

$$H(\mathrm{j}\omega) = \mathrm{jsgn}(\omega) = \begin{cases} -\mathrm{j}, & 0 \leqslant \omega < \pi \\ \mathrm{j}, & -\pi \leqslant \omega < 0 \end{cases} \tag{9-7}$$

$\mathrm{j} \cdot h(t)$ 的傅里叶变换是符号函数 $\mathrm{sgn}(\omega)$。

由此可见，Hilbert 变换器对各次谐波均有 90° 的移相。函数 $x(t)$ 的 Hilbert 变换可看作是其通过了一个增益为 1 的全通滤波器输出，经变换后，负频率成分作 90° 的移相，而正频率成分作 −90° 的移相。

其具有很多优良特性，如变换的可逆性、线性叠加性、时移不变性、能量守恒特性、周期性、变换与原函数的正交特性、变换与原函数的同域性等。特别需要指出，该滤波器要求零频率响应为 0，即没有直流分量。

上述定义是连续波形的模拟量定义模式，而实际进行运算则是使用离散数据序列形式，因而主要使用两种方式进行。

2. 用 DFT 运算求解 Hilbert 变换

用 DFT 运算求解 Hilbert 变换的步骤如下：

(1) 对 $x(t)$ 的离散采样序列 $x(n)$ 作 DFT 运算，获得变换结果 $X(k)(k = 0, 1, \cdots, N-1)$；

(2) 计算 $Z(k)$：

$$Z(k) = \begin{cases} X(k), & k = 0 \\ 2X(k), & k = 1, \cdots, 0.5N - 1 \\ 0, & k = 0.5N, \cdots, N-1 \end{cases} \tag{9-8}$$

(3) 对 $Z(k)$ 作逆 DFT 运算，得 $x(n)$ 的解析函数 $z(n)$；

(4) 由 $\tilde{x}(n) = \mathrm{IDFT}[-\mathrm{j}(Z(k) - X(k))]$ 得

$$\tilde{x}(n) = \mathrm{IDFT}\{-\mathrm{j}[Z(k) - X(k)]\} \tag{9-9}$$

$$\tilde{x}(n) = -\mathrm{j}[z(n) - x(n)] \tag{9-10}$$

由于实际上 FM 解调序列 $x(n)$ 长度可能有几十万点至上百万点，从而，使用 DFT 及其逆变换 IDFT 的快速算法受到制约，使得在长序列 FM 波形解调情况下较少使用该方法，而替代以直接计算方法。

3. 用直接卷积运算求解 Hilbert 变换

由式 (9-7) 的傅里叶逆变换得，Hilbert 变换器的单位抽样响应 $h(n)$ 为

$$h(n) = \frac{1-(-1)^n}{n\pi} = \begin{cases} 0, & n\text{为偶数} \\ \dfrac{2}{n\pi}, & n\text{为奇数} \end{cases} \tag{9-11}$$

$$\tilde{x}(n) = x(n) * h(n) = \frac{2}{\pi}\sum_{m=-\infty}^{\infty}\frac{x(n-2m-1)}{2m+1} \tag{9-12}$$

有了 $\tilde{x}(n)$ 和 $x(n)$ 后，即可按照式 (9-4) 和式 (9-5) 进行计算获得实时频率值，得到频率解调结果。

式 (9-12) 的卷积区间是无限长的，而在实际运算中，将选择有限长的卷积窗进行如式 (9-12) 所示运算。由于与信号 $x(n)$ 进行卷积运算的 Hilbert 算子是一个如式 (9-6) 所示的双曲函数，从而选取有限长卷积窗所带来的影响可以用数值计算法简单估计。公式为

$$q_k = \sum_{i=1}^{M}\frac{1}{M\times k+i} \tag{9-13}$$

其中，q_0 为卷积窗权值；q_k 为第 k 个舍去的卷积窗的权值。

假设卷积窗长度为载波周期长度数据点个数，值为 M，当 M 由小变大时，各个权值均缓慢增加且趋于平稳，当 M 由 10 变化到 50000 时，q_0 由 2.9 缓慢增加至 11.4，但其他舍去窗内的窗权值基本趋于稳定不变。表 9-1 所示为不同卷积窗长度时的权值计算结果。当 M 变化时，后续舍去的第 2、3、4、5、6 个数据窗长度数据的理论权值如图 9-7 所示。其中，曲线 a、b、c、d、e、f 分别对应权值序列 q_0、q_1、q_2、q_3、q_4、q_5。

表 9-1 不同卷积窗长度时窗权值计算结果

卷积窗长 M	窗权值 q_0	窗权值 q_1	窗权值 q_2	窗权值 q_3	窗权值 q_4	窗权值 q_5
10	2.928968	0.668771	0.397248	0.283556	0.220662	0.180665
100	5.187378	0.690654	0.404633	0.287266	0.222894	0.182155
500	6.792824	0.692647	0.405299	0.287599	0.223094	0.182288
1000	7.485478	0.692897	0.405382	0.28764	0.223119	0.182305
5000	9.094514	0.693098	0.405448	0.287674	0.223139	0.182318
10000	9.787613	0.693122	0.405457	0.287678	0.223141	0.18232
20000	10.48076	0.693135	0.405461	0.28768	0.223142	0.182321
30000	10.88616	0.69314	0.405462	0.287681	0.223143	0.182321
40000	11.17385	0.69314	0.405463	0.287681	0.223144	0.182322
50000	11.39692	0.693139	0.405464	0.287682	0.223144	0.182322

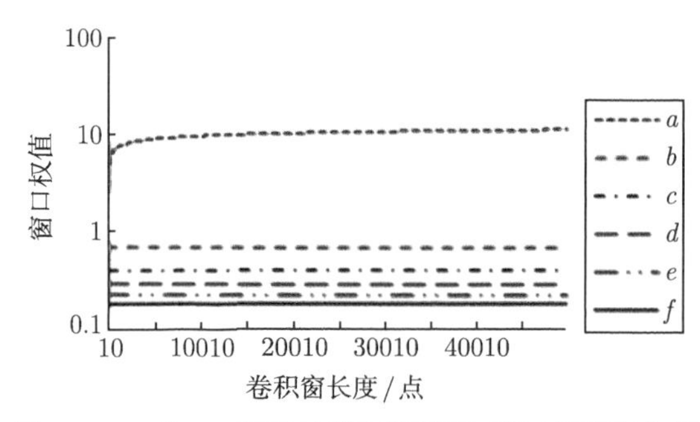

图 9-7　Hilbert 变换的卷积窗长度–窗口权值变化图

9.4.3　Hilbert 变换用于 FM 解调中的几个问题

1. DFT 方法计算 Hilbert 变换

从原理上看，人们可以使用 DFT 方法获取信号的 Hilbert 变换，过程简捷明了，无需过多的编程和参量控制。但是，由于测量序列通常较大，动辄几十万个数据，从而很难用快速算法实现 DFT 和 IDFT 过程。故在这类超长数据序列处理时，多数情况下都是直接使用卷积方式。

但直接使用卷积计算 Hilbert 变换的公式 (9-12) 是一个上下积分限均趋近于无穷大的理论公式，不能直接工程应用。这就需要截取有限的正负对称的卷积区间进行计算，体现出该变换系统的非因果性。好在与信号 $x(n)$ 直接进行卷积运算的 Hilbert 变换器是一个与时间 t 成反比的单调衰减算子，故可以认为，$m > 100$ 及 $m < -100$ 以后的部分，对卷积的量值贡献很小，多数情况下可以忽略。

2. 直接公式计算求解瞬时频率

从式 (9-4)、式 (9-5) 可见，若使用 $y(x) = \arctan(x)$ 的导数公式，则很容易获得

$$y'(x) = \frac{1}{1+x^2} \tag{9-14}$$

用式 (9-14) 进行瞬时频率的计算，将避免微分运算。而实际上，由 (9-14) 式计算瞬时频率将获得错误结果。主要原因是函数 $y(x) = \arctan(x)$ 在 $\pm 90°$、$\pm 270°$ 等一系列离散点处导数不存在，从而无法用公式进行简单计算获取结果。

3. 微分及滤波

直接使用公式不能计算出实时频率的正确结果，导致以 Hilbert 变换进行频率解调需要使用如式 (9-5) 所示的微分运算。而实际上，直接使用式 (9-4) 获得的相位并非是实际的量值单调相位波形，而是每隔一段时间即自行减去一个 π 所形成的类似周期波形的伪周期波形，这就需要人为进行位相展开，补充上散失的每一个 π 而形成连续、单调上升的相位波形，再使用式 (9-5) 进行差分运算获得实时频率。

直接使用式 (9-4) 获得的相位的另外一个问题是计算公式的适应性问题。在某些数据点上，采样数据量值是 0，由此将导致式 (9-4) 无法进行正常的计算而产生错误。本节采取

的方式是将该 0 值使用一个足够小但非 0 的微小量代替，例如用 1×10^{-30} 代替 0，以获得近似的计算结果，其在后续的微分运算中并不影响计算的整体结果。

在使用式 (9-5) 进行差分运算时，又会遇到信噪比较低、直接差分无法获得正确频率的问题。这里使用多点差分以提高信噪比。

使用直接差分和多点差分时均会遇到的问题是，相比于调制信号分量，式 (9-5) 所用到的相位量值极其巨大，相位波形中，调制信息是一个“微小量”叠加到一个线性增加的“巨大量”上而形成的已调波形，导致量化、舍入误差在结果中的比重较大，相位量值的运算舍入误差极大地影响了差分获得的瞬时频率的准确度。这里经过分析发现，由于调制信息在其中只占一小部分，则该相位波形从整体上看，近似一条直线，从而，使用端基直线方法将该相位波形中的线性趋势分量直接减去，然后进行单点或多点差分计算，最后再将直线变化的趋势分量部分贡献叠加进来，可获得更加准确的实时频率计算结果。

用滤波器在微分运算前进行滤波是必要的，但在哪一个环节进行滤波，以及滤波参数如何选取，这也是一个十分困扰人的问题。曾经有人使用 Hilbert 变换进行 FM 信号解调，用于激光干涉法冲击加速度计算，在以直接 FM 信号进行解调获得冲击速度波形后，用巴特沃思滤波器进行滤波，然后微分进行冲击加速度波形解算；发现滤波参数的调整会导致计算获得的结果千差万别，从而得到不可靠的结果，即是由滤波参数选择不当引起的。

9.4.4　数据处理方式

鉴于 Hilbert 变换在实际 FM 解调中出现的问题，这里采取如下数据处理方式，以获取最终解调结果。

(1) 选取 Hilbert 变换的卷积窗长度为 $M=2L+1$(推荐为大于载波周期长度的奇数)；必要时，选择一种窗函数 $w(n)(n=1,\cdots,2L+1)$，如汉宁窗、汉明窗、布莱克曼窗等，以增进数据的稳定性。

(2) 按式 (9-15) 计算 Hilbert 变换序列；

$$\tilde{x}(n)=\frac{2}{\pi}\sum_{m=-L}^{L}\frac{x(n-2m-1)}{2m+1}\cdot w(m+L+1) \tag{9-15}$$

(3) 按式 (9-4) 计算瞬时相位，并对序列中的相差约 π 的相位间断点叠加整数个 π，以保证相位曲线的单调上升和波形连续，恢复其单调增加且连续的相位变化特征，完成位相展开工作。

(4) 对位相展开后的相位序列 $\phi_1,\phi_2,\cdots,\phi_n$, 用端基直线法获得参数 G_0 和 ϕ_0:

$$G_0=\frac{\phi_n-\phi_1}{n-1} \tag{9-16}$$

$$\phi_0=\phi_1-G_0\cdot 1 \tag{9-17}$$

计算获得用于多点差分偏差相位序列 φ_i:

$$\varphi_i=\phi_i-G_0\cdot i-\phi_0\quad (i=1,\cdots,n) \tag{9-18}$$

(5) 选取差分点数 $2M+1$，进行滑动平均方式的多点差分，计算获得瞬时频率 $f_i(i=1,\cdots,n)$：

$$f_i=\frac{1}{2\pi\cdot\Delta t}\left(\frac{\varphi_B-\varphi_A}{M^2}+G_0\right) \tag{9-19}$$

其中，Δt 为采样序列的采样间隔：

$$\varphi_A=\sum_{k=1}^{M}\varphi_{i-k} \tag{9-20}$$

$$\varphi_B=\sum_{k=1}^{M}\varphi_{i+k} \tag{9-21}$$

9.4.5 实验验证

这里选取量程 ±5V，A/D 位数 8bit，采样速率 $v=600$ Sa/s，采样点数 $n=12000$。对于峰值幅度为 4.8V、载波频率为 6Hz、直流偏移为 0.2V、调制频偏为 0.6Hz、调制频率为 1.2Hz 的 FM 信号波形，执行波形采集，获得波形局部如图 9-8 所示。

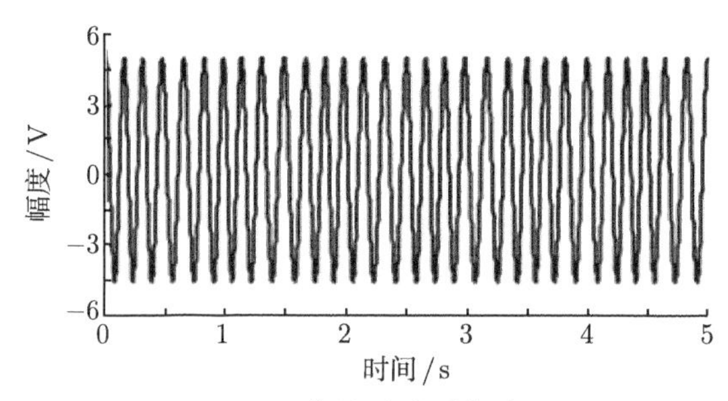

图 9-8 FM 信号时域采集波形 $x(t)$

选取 Hilbert 变换的卷积窗长度为 $M=2L+1=101$，窗函数选取汉宁窗：

$$w(n)=0.5\left(1-\cos\frac{2\pi n}{M+1}\right),\quad 1\leqslant n\leqslant M \tag{9-22}$$

按式 (9-12) 执行 Hilbert 变换，获得如图 9-9(a) 所示的变换结果 $\tilde{x}(t)$。

由式 (9-3) 计算，获得如图 9-9(b) 所示的包络峰值波形 $a(t)$；按式 (9-4) 计算，获得如图 9-9(c) 所示的瞬时相位波形，位相展开后获得图 9-9(d) 所示的连续相位波形 $\phi(t)$。

将图 9-9(d) 所示相位波形按照上述端基直线法获得参数 G_0 和 ϕ_0，剔除趋势分量后获得如图 9-9(e) 所示的相位波动波形 $\varphi(t)$。按照式 (9-19) 计算，获得实时频率解调结果如图 9-9(f) 所示。

其调制频偏为 0.536Hz，与标称值相比存在 −10.7%的偏差，调制频率为 1.2000Hz，与标称值相比误差为 1×10^{-7}；解调波形失真为 0.9%[4]。

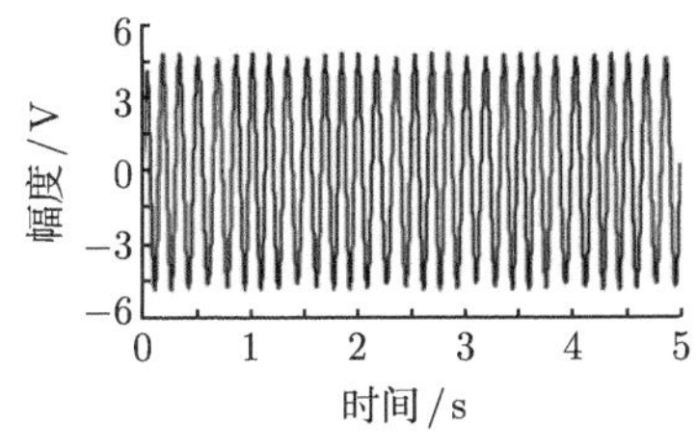

(a) FM信号 Hilbert 变换波形$\bar{x}(t)$

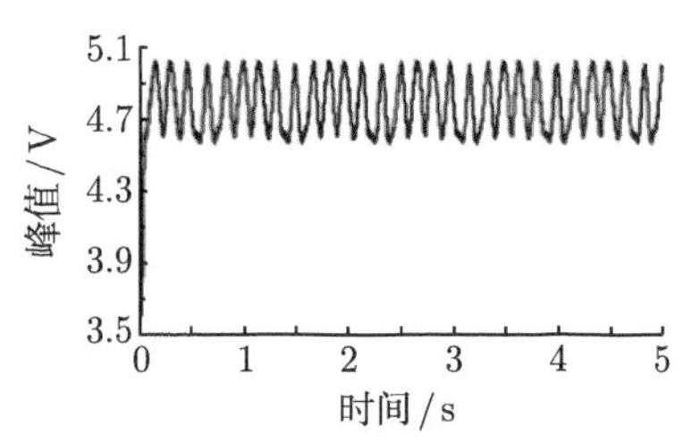

(b) FM信号 Hilbert 变换后的包络峰值波形 $a(t)$

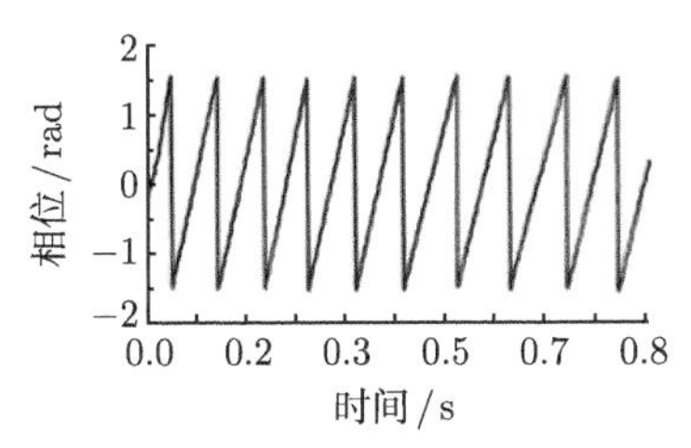

(c) FM 信号 Hilbert 变换后的相位波形 (局部)

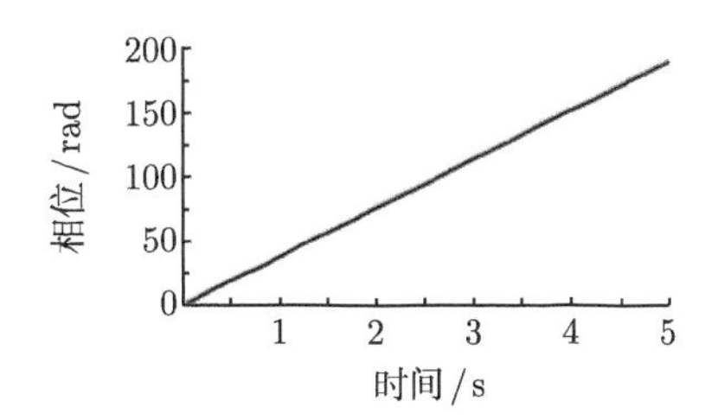

(d) Hilbert 变换且位相展开后的相位波形$\phi(t)$

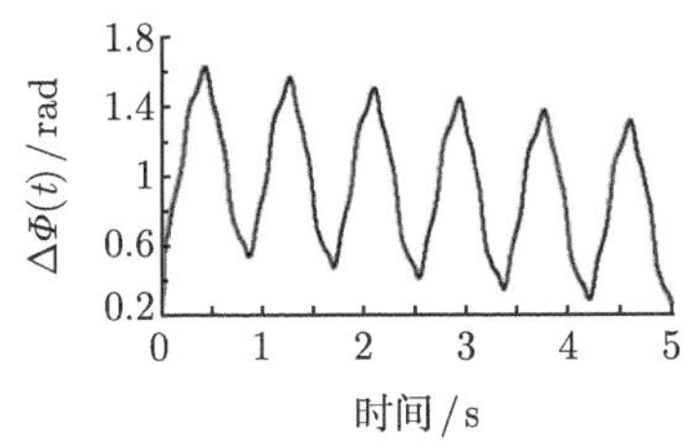

(e) 剔除趋势分量后的相位波形$\varphi(t)$

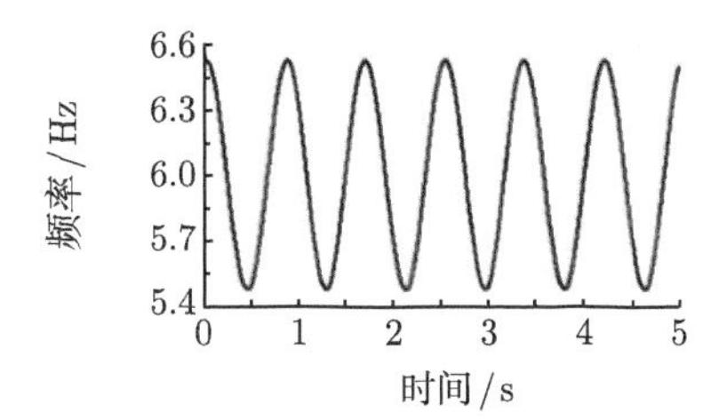

(f) Hilbert 变换解调的实时频率波形$f(t)$

图 9-9 Hilbert 变换法解调过程曲线

9.4.6 结论

综上所述可见，本节针对用 Hilbert 变换解调 FM 信号过程中遇到的问题进行了实验研究和详细阐述；并在一个具有已知参数量值的 FM 采样量化波形序列上，进行了解调实验验证，获得了实时频率波形。过程表明，Hilbert 变换的卷积窗口长度会影响其变换效果和解调波形量值，当数据个数大于 100，且窗口宽度宽于载波周期时，变换获得的结果比较稳定可靠；否则，将造成较大误差，甚至获得错误结果。

研究表明，对于有限长卷积窗口的 Hilbert 变换而言，其所用窗口的权值随着窗口长度的增加而缓慢增加，但被舍弃的后续窗口中，每一个窗口的权值基本保持不变，且呈单调递减规律变化。由于对载波信号而言，FM 信号波形可以近似看作周期波形，故可以看出无限增大 Hilbert 变换的卷积窗口带来的优势很有限，且可能得不偿失。

实验表明，由于计算舍入误差等的影响，直接将位相展开后的单调上升的连续相位波形进行微分运算，通常也不能获得良好的频率解调结果。本节提出的进行趋势分量剔除后再微分的做法，将会极大改善计算的准确度。

9.5 直接鉴相法 PM 信号解调

9.5.1 引言

调相信号，又称为 PM 信号，也是一种通用、标准的信号模式，其由用于搭载有用信息的较高频率的载波信号，和含有用信息的较低频率的载波相位调制信号组成，虽然用途不如调幅、调频信号广泛，但在一些专用测量场合，也具有独到的作用。通常，它的载波信号都是正弦波，故本节只讨论正弦波为载波的情况。

调相信号的解调，多数使用硬件设备 [8]，例如使用鉴相器，将其转变成 AM 信号，然后再按 AM 信号解调方式获得解调结果。其特点是实时性好，但是需要结构复杂的专用设备进行，解调失真较大。随着数字化波形测量技术的发展，人们已经可以使用数字化方法实现数字化解调过程，但其实时性较差，解调误差较大，解调时间分辨力和解调失真受载波信号周期的限制。

另外，调相信号源和解调设备的计量，多年来都是在这两种设备之间进行的，通常用性能指标较高的一方计量测试性能指标较低的另一方，致使对它们之中性能指标最高者无法进行有效计量。对于这两种设备来说，通用波形测量设备的性能指标要高得多，因而人们一直希望能使用通用波形测量设备，借助于数字化测量手段，找到一种足够精确的调相信号数字化解调方法，从而在根本上解决调相信号源以及解调设备的计量问题，本节将主要讨论这一问题。

9.5.2 用模型滑动拟合法解调正弦载波的调相信号

1. 正弦曲线拟合 [22,23]

首先，简介一下四参数正弦曲线拟合算法。设理想正弦信号为

$$y(t) = A_0\cos(2\pi ft) + B_0\sin(2\pi ft) + D_0 = C_0\cos(2\pi ft + \theta_0) + D_0 \tag{9-23}$$

数据记录序列为时刻 $t_0, t_1, \cdots, t_{n-1}$ 的采集样本 $y_0, y_1, \cdots, y_{n-1}$，采集速率 v 已知，采样间隔为 Δt，$t_i = i \times \Delta t = i/v(i = 0, \cdots, n-1)$，数字角频率 $\omega = 2\pi f/v$，则式 (9-23) 可表示成下列离散形式：

$$y(i) = A_0\cos(\omega \cdot i) + B_0\sin(\omega \cdot i) + D_0 \tag{9-24}$$

四参数正弦曲线拟合过程，即寻找 A、B、ω、D，使下式所述残差平方和最小：

$$\varepsilon = \varepsilon(\omega) = \sum_{i=0}^{n-1}[y_i - A\cos(\omega \cdot i) - B\sin(\omega \cdot i) - D]^2 \tag{9-25}$$

则参数 A、B、D 即为 A_0、B_0、D_0 的最小二乘拟合值。

拟合函数如下：

$$\hat{y}(i) = A\cos(\omega \cdot i) + B\sin(\omega \cdot i) + D \tag{9-26}$$

其幅度和相位表达形式为

$$\hat{y}(i) = C\cos(\omega \cdot i + \theta) + D \tag{9-27}$$

其中，

$$C = \sqrt{A^2 + B^2} \tag{9-28}$$

$$\theta = \begin{cases} \arctan\left(\dfrac{-B}{A}\right), & A \geqslant 0 \\ \arctan\left(\dfrac{-B}{A}\right) + \pi, & A < 0 \end{cases} \tag{9-29}$$

拟合残差有效值为

$$\varepsilon_{\text{rms}} = \sqrt{\frac{\varepsilon}{n}} \tag{9-30}$$

其中，

$$\varepsilon = \sum_{i=0}^{n-1} [y_i - \hat{y}(i)]^2 \tag{9-31}$$

2. 用模型滑动拟合法解调正弦载波的调相信号

对于正弦载波调相信号的解调，本节使用四参数正弦曲线拟合法进行 [24]。这里认为，调相信号是由一段段相位随调制信号变化的正弦波组成的，通过滑动正弦波模型，对每一段正弦波的初始相位参数进行估计，获得有用的相位信息，但其不仅限于载波相位部分信息，也包含调制波形的相位信息；由于正弦拟合法获得的相位信息只能在 0° ~360° 或 ±180° 之间变化，而实际的相位调制范围，肯定不受该范围的限制，故需要对实际情况进行进一步的分析和整理，才能获得真实的相位调制信息。

首先，当没有调制信息的纯正弦波使用滑动模型拟合时，其相位信息 $\varphi(i)$ 是随着时间变量 i 的增加而线性增加的：

$$\varphi(i) = \varphi(0) + \omega \times i \tag{9-32}$$

由于波形测量中必须满足采样定理，即每个信号周期中的采样点数 $n \geqslant 2$，则

$$\varphi(i) - \varphi(i-1) = \frac{360^\circ}{n} \leqslant 180^\circ \tag{9-33}$$

当存在相位调制 $\theta(i)$ 时，滑动模型拟合相位信息：

$$\phi(i) = \varphi(i) + \theta(i) = \omega \times i + \theta(i) \tag{9-34}$$

由于调制频率 ω_{P} 远小于载波频率 ω，所以，由调制效应带来的相位变化 (增加或减小)$\theta(i) - \theta(i-1)$ 的绝对值总小于由载波带来的相位增加 $\varphi(i) - \varphi(i-1)$，则滑动模型获得的相位信息将永远是单调增加的，即

$$\phi(i) - \phi(i-1) > 0^\circ \tag{9-35}$$

同样，在存在调制的情况下，波形测量中也必须满足采样定理，即每个信号周期中的采样点数 $n \geqslant 2$，则

$$0° < \phi(i) - \phi(i-1) = \frac{360°}{n} \leqslant 180° \tag{9-36}$$

这样一来，人们可以在获得的初始相位 $\phi(0)$(不失一般性，可令 $0° \leqslant \phi(0) < 360°$) 后，按照式 (9-36) 的规则确定滑动模型相位 $\phi(i)$ 的范围，根据正弦信号相位变化的周期性，由滑动正弦波模型的拟合相位加上整数个半周期相位值 $k \times 180°$ 使曲线连续，最终确定实际相位值 $\phi(i)(i = 0, 1, 2, \cdots)$。

由于相位值 $\phi(i)$ 中不仅含有相位调制值 $\theta(i)$，而且含有由载波频率带来的趋势分量 $\varphi(i)$，则当已知载波频率时，可以由载波频率和采集速率获得数字角频率 ω，将该趋势分量剔除，最终获得相位解调信号 $\theta(i)$。

多数情况下，调制信号都是周期信号，并且测量波形中应含有一个以上调制信号周期，可以使用整周期信号的均值相等的原则，在序列前部和后部，运用周期性特征，提取出两组整周期调制信号的均值，使用直线拟合方式将该趋势分量 $\varphi(i)$ 剔除，获得相位解调信号 $\theta(i)$。

通常，由于周期性的相位调制量 $\theta(i)$ 具有均值恒定 (或为 0) 的特点，并且与 $\theta(i)$ 相比，趋势分量 $\varphi(i)$ 是绝对的占优势的线性分量，近似估计时，也可以将波形采集序列等分为两部分，经过前半部分的均值点和后半部分的均值点的直线，可以认为是其趋势分量 $\varphi(i)$ 的表述，相位值 $\phi(i)$ 减去 $\varphi(i)$ 后即是相位解调分量 $\theta(i)$。

通常，使用一个周期左右的信号点数执行解调，详细过程如下所述 [24]。

(1) 首先，对第 1 个信号点开始的约一个周期的信号的模型参数进行四参数正弦估计，将它作为该段数据的模型参数；提取出相位参数，作为第 1 个数据点的相位解调结果。

(2) 然后，以该组估计参数为初始值，对第 2 个信号点开始的约一个周期的信号的模型参数进行四参数正弦估计；提取出相位参数，作为第 2 个信号点的相位解调结果。

(3) 依次类推，对第 k 个信号点开始的约一个周期的信号的模型参数进行四参数正弦估计；提取出相位参数，作为第 k 个信号点的相位解调结果；直至最后一个完整的信号周期，结束估计。

(4) 之后，对众多信号周期的模型参数进行波形分析，剔除实时相位信息中载波频率所造成的相位线性累积分量，获得它们的相位调制信号。

特别需要指出的是，本节所述方法在获得相位解调波形方面没有任何问题，但是，在确定初始相位点 $\phi(0)$ 的量值方面，存在一定问题。通常，该初始值仅是一个载波相位的初始参考点，并不是真正调制信号的初始相位，则调制信号的初始相位需要另外确定。并且，若无其他条件，则人们并不能真正获得调制信号的初相位，仅能获得载波信号的初始相位。

正弦曲线相位参数作用的周期性特征，使得其符合要求的初始相位 $\phi(0)$ 具有多值性特点，不能由拟合序列唯一确定。这就需要使用其他判据确定 $\phi(0)$ 的具体值域范围。例如，解调信号 $\theta(t)$ 为零均值周期函数波形，或有明确值域范围的周期波形，则 $\phi(0)$ 方可唯一确定；否则，将面临多值选择。

9.5.3 仿真验证

图 9-10(a) 为正弦波峰值幅度 1V，频率 110Hz；在第 100、300、500、700、900、1100 点处存在相位跳变的情况的波形，跳变分别为 4.95°、−4.95°、−9.9°、9.9°、14.85°、−14.85°；采样速率为 8kSa/s。

图 9-10(b) 为经使用本节所述方法获得的解调相位变化情况。仿真数据是理想方波 (阶跃跳变) 情况，在相位跳变处的实际解调值与设定值差异非常大；图 9-10(g) 所示的拟合残差也揭示了这一现象，当相位变化远离阶跃状态点，或是连续变化时，拟合残差可以非常小，相位解调误差也非常之小。

图 9-10(c)～(h) 为使用本节所述方法解调相位时，其他参数测量的波动情况。

这是一种相位存在阶跃跳变而其他参数无变化的正弦信号，从图 9-10(a) 用肉眼根本看不出该相位跳变；图 9-10(b)～(h) 分别是每一个测量点开始的一个信号周期的调制相位 $\theta(t)$、幅度、频率、相位 $\phi(t)$、直流分量、拟合残差有效值、有效位数的波动情况。其中，拟合残差有效值的变化反映本节方法拟合情况的优劣，拟合残差有效值越小，则拟合越好。

从中可以看到，由于相位 $\theta(t)$ 的阶跃跳动，也影响并造成了幅度、频率、相位 $\phi(t)$、直流分量等所有参数的波动，并且相位阶跃幅度越大，则各参数的波动也越剧烈。在相位跳变处，拟合残差有效值较大，在该处的各个参数测量准确度较差。同时，从图 9-10(b)～(h) 及数据中可以看出，各参数波动的结束点正是在第 101、301、501、701、901、1101 点处，说明本节所述测量方法的分辨力较高，可对波动的起止点进行良好追踪。

关于测量的误差及不确定度问题，可以直接参考正弦拟合的误差及不确定度，这里不再赘述。

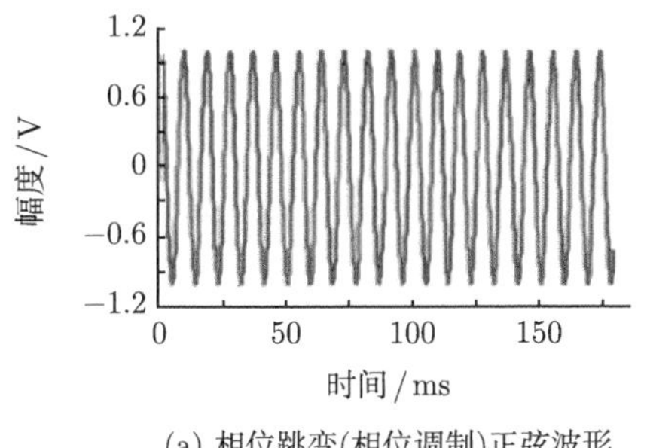

(a) 相位跳变(相位调制)正弦波形

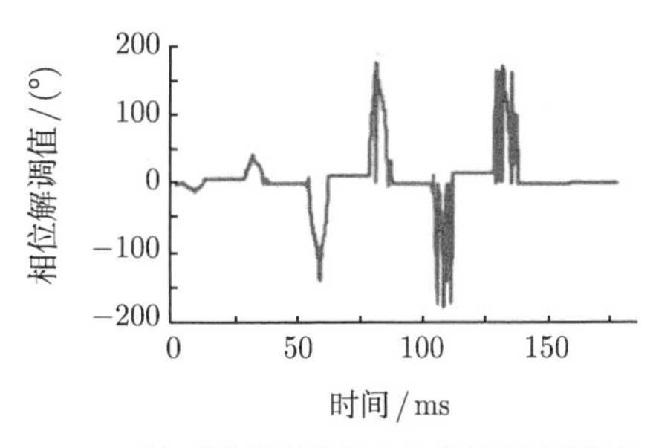

(b) 相位调制信号 $\theta(t)$ 的解调波形结果

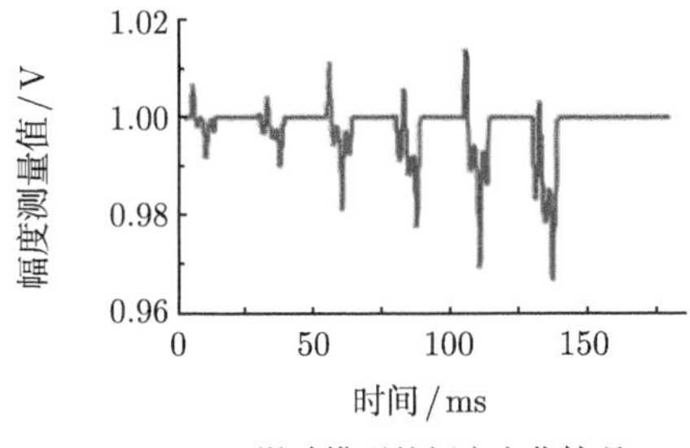

(c) 滑动模型的幅度变化情况

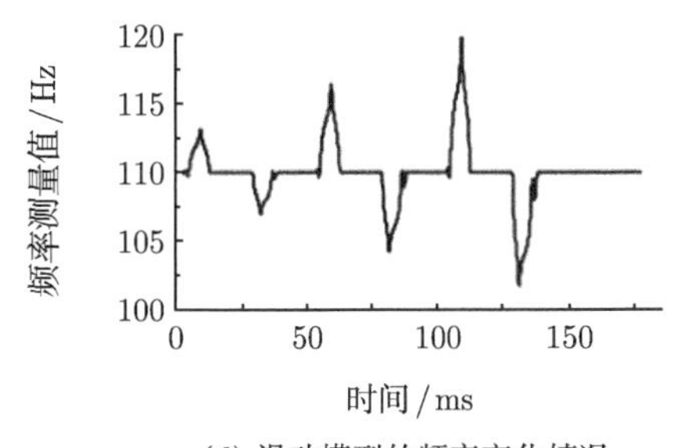

(d) 滑动模型的频率变化情况

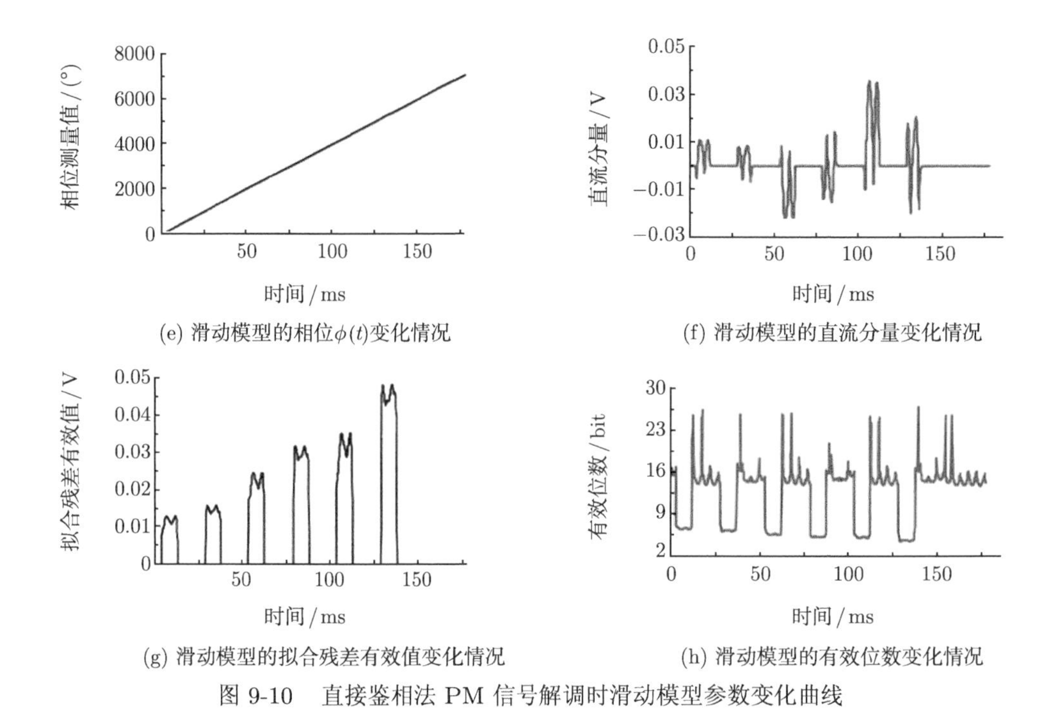

(e) 滑动模型的相位$\phi(t)$变化情况　(f) 滑动模型的直流分量变化情况

(g) 滑动模型的拟合残差有效值变化情况　(h) 滑动模型的有效位数变化情况

图 9-10　直接鉴相法 PM 信号解调时滑动模型参数变化曲线

9.5.4　实验例证

图 9-11(a) 是使用 Tektronix 公司 TDS784D 型数字示波器，对于 RS 公司的 SMT03 型射频信号源的调相正弦信号进行测量获得的时域波形；其 A/D 位数为 8 bit，测量范围为 $-4\sim 4$V，采集速率为 5MSa/s，采样点数 $n=3000$；载波信号峰值为 1.414V，载波频率为 100kHz；调制相位偏移为 1.00rad(57.2958°)，调制频率为 3kHz，调相带宽为 2MHz。图 9-11(b) 为使用本节方法获得的图 9-11(a) 波形的相位解调信号。图 9-11(c)~(h) 分别为相位解调过程中滑动模型的幅度、频率、相位 $\phi(t)$、直流分量、拟合残差有效值、有效位数的变动情况。

由图 9-11(b) 相位调制解调波形数据可得，调制相位偏移为 57.3571°，误差为 0.11%；调制频率 [3] 为 2997.744Hz，误差为 -0.0752%；解调失真为 [4,25]3.54%。

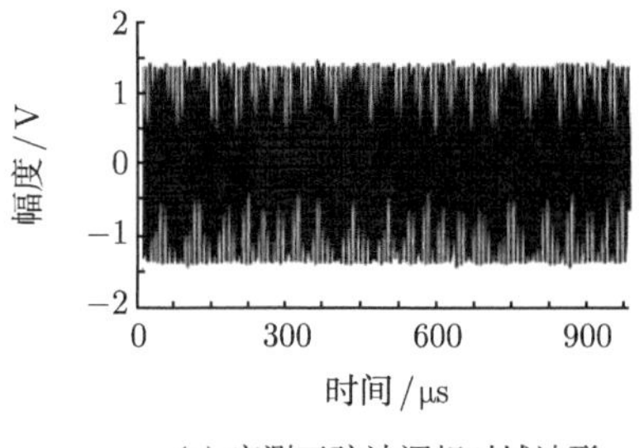

(a) 实测正弦波调相时域波形

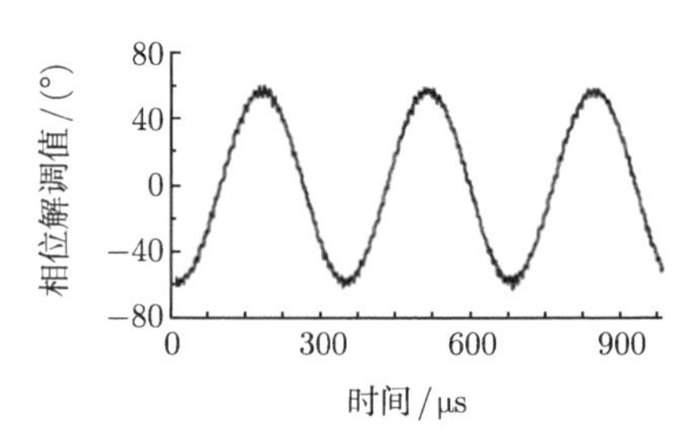

(b) 相位调制信号$\theta(t)$ 的解调波形结果

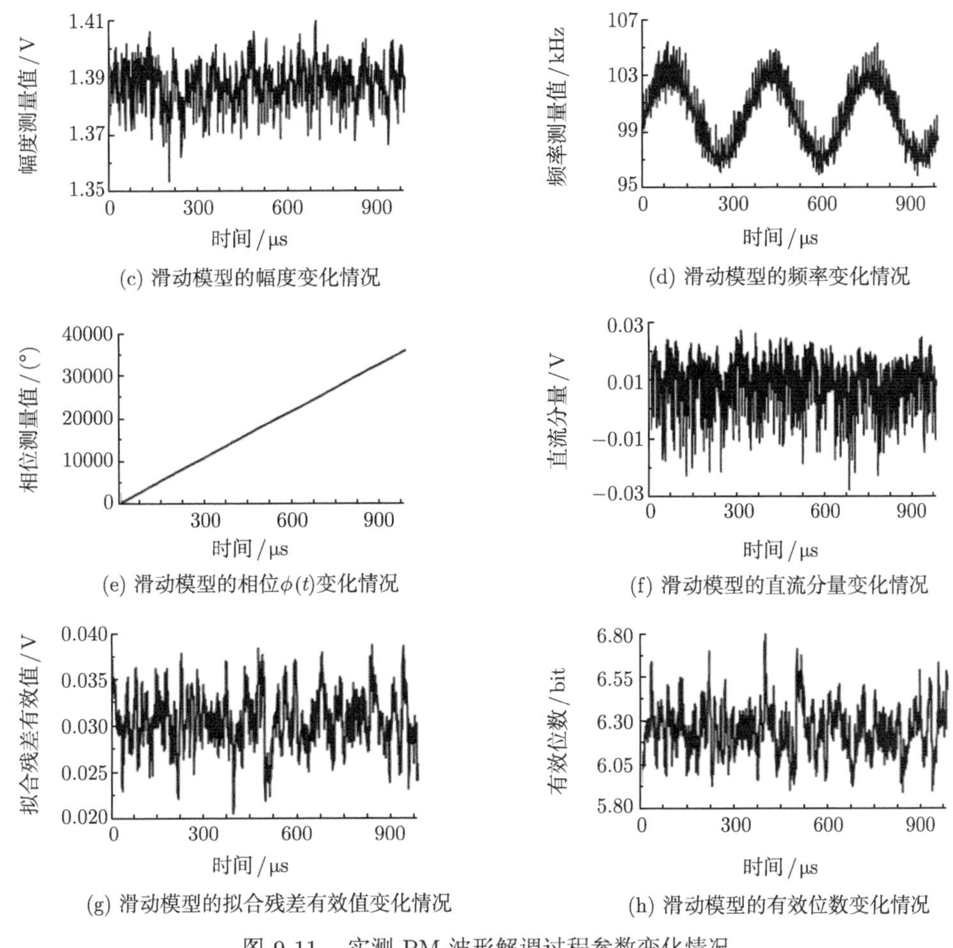

(c) 滑动模型的幅度变化情况

(d) 滑动模型的频率变化情况

(e) 滑动模型的相位$\phi(t)$变化情况

(f) 滑动模型的直流分量变化情况

(g) 滑动模型的拟合残差有效值变化情况

(h) 滑动模型的有效位数变化情况

图 9-11 实测 PM 波形解调过程参数变化情况

实测实验表明，对于小到 0.1rad 和大到 30rad 的调制相位偏移，使用本节所述方法依然可以获得有效的相位解调波形，尤其是对于大相位偏移，解调似乎没有限制；但对于特别小的相位偏移，如 10mrad，由于解调失真，尚无法有效解调出来。限于篇幅，这里不再赘述。

9.5.5 结论

综上所述可见，本节所述方法，使用了绝对收敛的四参数正弦拟合方法进行 PM 信号解调，同时具有算法简捷、收敛性好的特点，且可以使用拟合残差有效值同时考察模型拟合的效果是否良好。

9.6 频率积分法 PM 信号解调

9.6.1 引言

调相 (PM) 信号的解调作为基础测量技术之一，9.5 节讨论了直接相位解调方法，相位解调准确度相比频率解调准确度要低，本节所述的方法将使用频率解调方式代替相位解

调 [26]。其具体思想是在频率解调技术下，使用增量积分获得相位解调结果，以期获得更高的解调准确度；同时，提供另外一种替代的相位解调方案。当然，其算法也需要用到比较复杂的趋势剔除运算。但对于周期性调制波形的情况例外，可以不必使用趋势剔除方式即能获得解调结果。对于大多数仪器设备而言，技术状态正是如此，都是周期性调制信号在起作用。

9.6.2 用模型滑动拟合法解调正弦载波的调相信号

1. 测量方法

设理想正弦信号为

$$\begin{aligned} y(t) &= A_0\cos(2\pi ft) + B_0\sin(2\pi ft) + D_0 = C_0\cos(2\pi ft + \theta_0) + D_0 \\ &= C_0\cos[\phi(t)] + D_0 \end{aligned} \tag{9-37}$$

对其进行抽样、量化和数据采集后，获得数据记录序列为时刻 $t_0, t_1, \cdots, t_{n-1}$ 的采集样本 $y_0, y_1, \cdots, y_{n-1}$，采集速率 v 已知，采样间隔为 Δt，$t_i = i \times \Delta t = i/v(i = 0, \cdots, n-1)$，数字角频率 $\omega = 2\pi f/v$，则式 (9-37) 可表示成下列离散形式：

$$\begin{aligned} y(i) &= A_0\cos(\omega i) + B_0\sin(\omega i) + D_0 = C_0\cos(\omega \cdot i + \theta_0) + D_0 \\ &= C_0\cos[\phi(i)] + D_0 \end{aligned} \tag{9-38}$$

对于调相信号，本节将其视为相位随调制信号而变化的理想正弦信号。因而，对于其测量序列进行分段正弦拟合，获得的相位信息，将含有所需要的调制信息。

对于正弦载波调相信号的解调，本节使用文献 [9] 所采用的四参数正弦曲线拟合法，即 9.3 节所述方法，解调出其瞬时频率 ω_k；并认为，调相信号是由一段段频率 ω 随调制信号变化的正弦波组成的，波形上任何一点 k 的相位 $\phi(k)$ 是前一点 $k-1$ 的相位 $\phi(k-1)$ 与该点的实时频率 ω_k 累积的结果：

$$\phi(k) = \phi(k-1) + \omega_k \times 1 = \phi(0) + \sum_{i=1}^{k}\omega_i \quad (k = 1, \cdots, n-1) \tag{9-39}$$

通过滑动正弦波模型，用式 (9-39) 对每一段正弦波的相位参数进行估计，获得有用的相位调制信息。

由于调制信号的实时频率 ω_k 永远是正值，故由式 (9-39) 可见，调相信号测量序列各采样点的实时相位 $\phi(k)$ 随 k 的增加永远是单调增加的。

$$\phi(k) - \phi(k-1) > 0^\circ \tag{9-40}$$

首先，当没有调制信息的纯正弦波使用滑动模型拟合时，其相位信息 $\varphi(k)$ 是随着时间变量 k 的增加而线性增加的：

$$\varphi(k) = \varphi(0) + \omega \times k \tag{9-41}$$

当存在相位调制 $\theta(k)$ 时，调相信号测量序列各采样点的实时相位即是滑动模型的解调相位信息：

$$\phi(k) = \varphi(k) + \theta(k) = \omega \times k + \theta(k) \tag{9-42}$$

由于调制频率 ω_{P} 远小于载波频率 ω，所以，由调制效应带来的相位变化 (增加或减小) 的绝对值总小于由载波带来的相位增加 $\varphi(k) - \varphi(k-1)$，即滑动模型获得的相位信息将永远是单调增加的；并且，依载波信号频率而直线上升的趋势规律远强于相位调制信息变化规律，即相位变化的主体是近似直线上升的。

由于相位值 $\phi(k)$ 中不仅含有相位调制值 $\theta(k)$，而且含有由载波频率带来的趋势分量 $\varphi(k)$，则当已知载波频率 f 时 (也可以用频率解调结果的平均值代替)，由载波频率和采集速率获得数字角频率 ω，将该趋势分量剔除，最终获得相位解调信号 $\theta(k)$。

多数情况下，调制信号都是周期信号，并且测量波形中应含有一个以上调制信号周期，可以使用整周期信号的均值相等的原则，在序列前部和后部，运用周期性特征，提取出两组整周期调制信号的均值，使用直线拟合方式将该趋势分量 $\varphi(k)$ 剔除，获得相位解调信号 $\theta(k)$，如 9.5 节所述。

通常，由于周期性的相位调制量 $\theta(k)$ 具有均值恒定 (或为 0) 的特点，并且与 $\theta(k)$ 相比，趋势分量 $\varphi(k)$ 是占绝对优势的线性分量，近似估计时，也可以将波形采集序列等分为两部分，经过前半部分的均值点和后半部分的均值点的直线，可以认为是其趋势分量 $\varphi(k)$ 的表述，相位值 $\phi(k)$ 减去 $\varphi(k)$ 后即是相位解调分量 $\theta(k)$。

通常，使用一个周期左右的信号点数执行解调，过程如下：

首先，对第 1 个信号点开始的约一个周期的信号的模型参数进行估计，获得参数估计值 C_0、ω_0、θ_0、D_0、ε_0，$\phi(0) = \theta_0$。

然后，以该组估计参数为初始值，对第 2 个信号点开始的约一个周期信号的模型参数进行估计，获得参数估计值 C_1、ω_1、θ_1、D_1、ε_1，按式 (9-39) 计算相位 $\phi(1)$。

依次类推，对第 k+1 个信号点开始的约一个周期信号的模型参数进行估计，获得参数估计值 C_k、ω_k、θ_k、D_k、ε_k，按式 (9-39) 计算相位 $\phi(k)$，直至最后一个完整的信号周期，结束估计。

之后，对众多信号周期的模型参数进行波形分析，剔除趋势分量，按中值为 0 或平均值为 0 的原则平移解调序列后，获得相位调制信号 $\theta(k)$。

2. 特例：当调制信号也符合正弦规律时

当调制信号与载波都符合正弦规律时，其相位解调变得简单了。

首先，对第 1 个信号点开始的约一个周期的信号的模型参数进行估计，获得参数估计值 C_0、ω_0、θ_0、D_0、ε_0。

然后，以该组估计参数为初始值，对第 2 个信号点开始的约一个周期信号的模型参数进行估计，获得参数估计值 C_1、ω_1、θ_1、D_1、ε_1。

依次类推，对第 $k+1$ 个信号点开始的约一个周期信号的模型参数进行估计，获得参数估计值 C_k、ω_k、θ_k、D_k、ε_k，直至最后一个完整的信号周期，结束估计。获得数字角频率序列：$\omega_k(k=0,1,\cdots,m-1)$。之后，对数字角频率序列 ω_k 进行正弦波曲线拟合，获得拟合模型：

$$\hat{\omega}(k)=\omega_{\text{peak}}\cos(\Omega\cdot k+\varphi_{\text{f}})+\omega_{\text{dc}} \tag{9-43}$$

其中，$\hat{\omega}(k)$ 为数字角频率序列拟合信号波形的瞬时值；ω_{peak} 为拟合波形的峰值，也对应最大调制频偏；Ω 为拟合波形的数字角频率，也是调制信号的数字角频率；φ_{f} 为拟合波形的初始相位；ω_{dc} 为拟合波形的直流分量，也是载波信号的数字角频率。

则可获得相位调制信号 $\theta(k)$：

$$\theta(k)=\theta(k-1)+\omega_k-\omega_{\text{dc}} \tag{9-44}$$

$$\theta(0)=\omega_0-\omega_{\text{dc}}+\frac{\omega_{\text{peak}}}{\Omega}\sin\varphi_{\text{f}} \tag{9-45}$$

其中，$\theta(k)$ 为相位调制信号波形的瞬时值；$\theta(0)$ 为相位调制信号波形的初始值。

该相位调制信号 $\theta(k)$ 的峰值幅度为 $\omega_{\text{peak}}/\Omega(\text{rad})$，数字角频率为 $\Omega(\text{rad/次})$，频率为 $\Omega\cdot v_a/(2\pi)(\text{Hz})$。相位调制信号的峰值幅度也是调相信号的最大相位偏移。

9.6.3 仿真验证

图 9-12(a) 为正弦波峰值幅度 1V，频率 110Hz；在第 100、300、500、700、900、1100 点处存在相位跳变的情况的波形，跳变分别为 4.95°、−4.95°、−9.9°、9.9°、14.85°、−14.85°；采样速率为 8kSa/s；这是一种相位存在阶跃跳变而其他参数无变化的正弦信号。图 9-12(b) 为经使用本节所述方法获得的解调相位变化情况，可见效果良好。仿真数据是阶跃跳变情况，在相位跳变处的实际解调值与设定值差异较大，体现了阶跃响应的过渡过程特性；图 9-12(g) 所示的拟合残差也揭示了这一现象，当相位变化远离阶跃状态点，或是连续变化时，拟合残差可以非常小，相位解调误差也非常之小。

图 9-12(c)~(h) 为使用本节所述方法解调相位时，其他参数测量的波动情况。

从图 9-12(a) 用肉眼根本看不出该相位跳变；图 9-12(b)~(h) 分别是以每一个测量点为中心的一个信号周期的相位 $\theta(t)$、幅度、频率、相位 $\phi(t)$、直流分量、拟合残差有效值、有效位数的波动情况。其中拟合残差有效值的变化反映本节方法拟合情况的优劣，拟合残差有效值越小，则拟合越好。

从中可以看到，由于相位 $\theta(t)$ 的阶跃跳动，也影响并造成了幅度、频率、相位 $\phi(t)$、直流偏移所有参数的波动，并且相位阶跃幅度越大，则各参数的波动也越剧烈。在相位跳变处，拟合残差有效值较大，在该处的各个参数测量准确度较差。同时，从图 9-12(b)~(h) 及数据中可以看出，各参数波动的结束点正是在第 101、301、501、701、901、1101 点处，说明本节所述测量方法的分辨力较高，可对波动的起止点进行良好追踪。

关于测量的误差及不确定度，可直接参考正弦拟合的误差及不确定度，这里不再赘述。

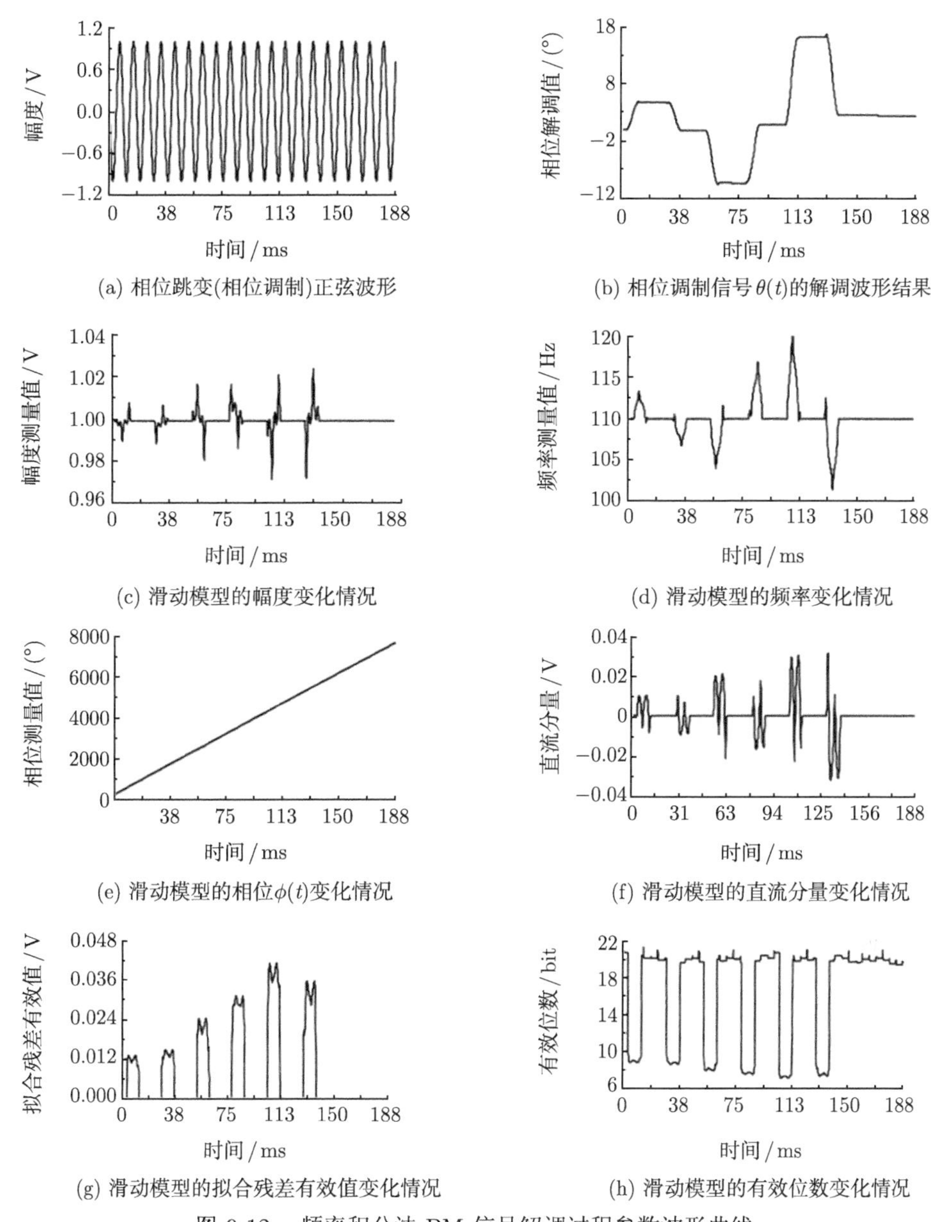

(a) 相位跳变(相位调制)正弦波形　　(b) 相位调制信号 $\theta(t)$ 的解调波形结果

(c) 滑动模型的幅度变化情况　　(d) 滑动模型的频率变化情况

(e) 滑动模型的相位 $\phi(t)$ 变化情况　　(f) 滑动模型的直流分量变化情况

(g) 滑动模型的拟合残差有效值变化情况　　(h) 滑动模型的有效位数变化情况

图 9-12　频率积分法 PM 信号解调过程参数波形曲线

9.6.4 实验例证

图 9-13(a) 是使用 Tektronix 公司 TDS784D 型数字示波器，对于 RS 公司的 SMT03 型射频信号源的调相正弦信号进行测量获得的时域波形；其 A/D 位数为 8bit，测量范围为 −4 ~4V，采集速率为 5MSa/s，采样点数 $n = 3000$；载波信号峰值为 1.414V，载波频率为 100kHz；调制相位偏移为 1.00rad(57.2958°)，调制频率为 3kHz，调相带宽为 2MHz。图 9-13(b) 为使用本节方法获得的图 9-13(a) 波形的相位解调信号。图 9-13(c)~(h) 分别为相位解调过程中滑动模型的幅度、频率、相位 $\phi(t)$、直流分量、拟合残差有效值、有效位

数的变动情况。

由图 9-13(b) 相位调制解调波形数据可得，调制相位偏移为 57.4176°，误差为 0.21%；调制频率 [3] 为 2997.488Hz，误差为 −0.0837%；解调失真 [4] 为 1.37%。

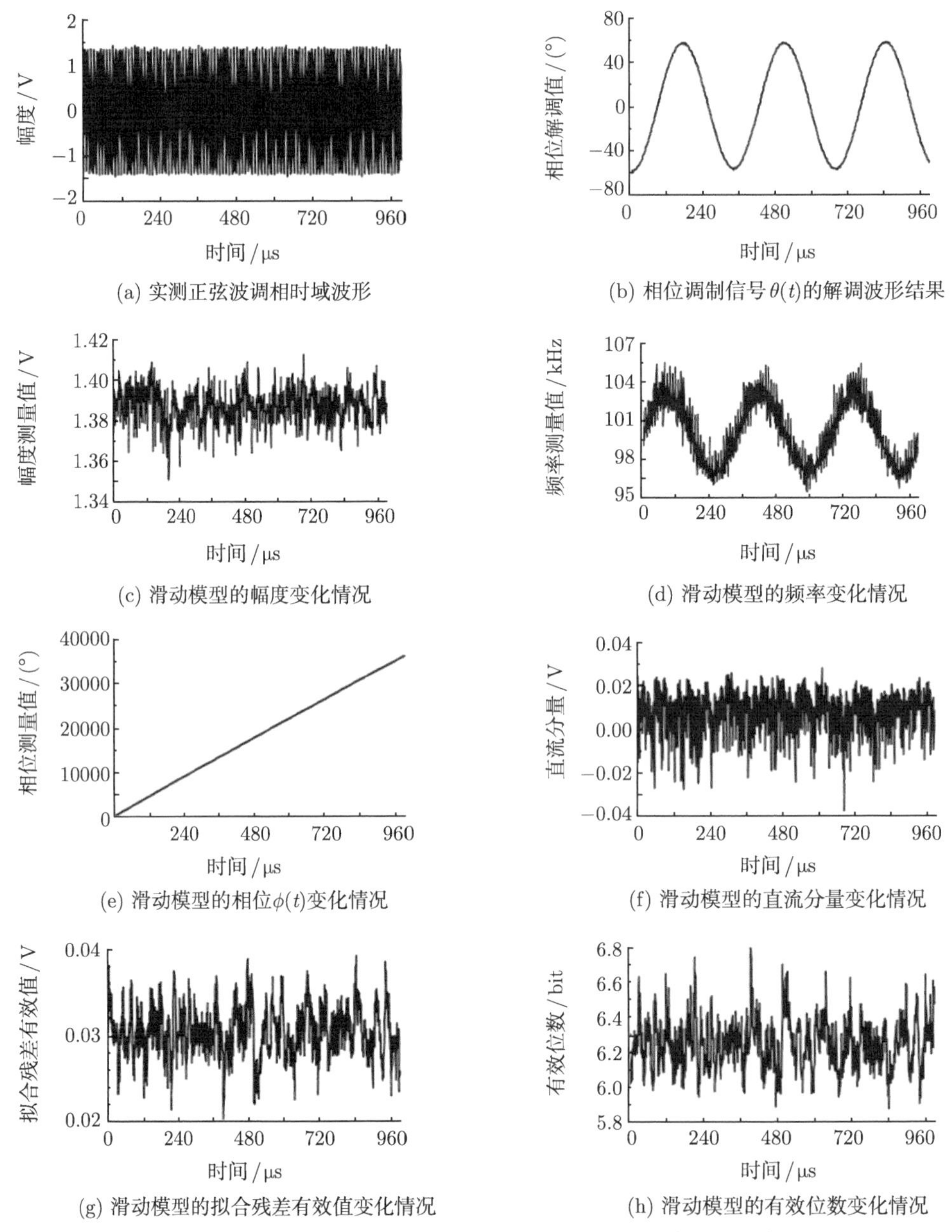

(a) 实测正弦波调相时域波形

(b) 相位调制信号 $\theta(t)$的解调波形结果

(c) 滑动模型的幅度变化情况

(d) 滑动模型的频率变化情况

(e) 滑动模型的相位$\phi(t)$变化情况

(f) 滑动模型的直流分量变化情况

(g) 滑动模型的拟合残差有效值变化情况

(h) 滑动模型的有效位数变化情况

图 9-13 频率积分法实测 PM 信号解调过程参数波形曲线

实测实验表明，对于小到 0.1rad 和大到 30rad 的调制相位偏移，使用本节所述方法依然可以获得有效的相位解调波形，尤其是对于大相位偏移，解调似乎没有限制；但对于特别小的相位偏移，如 10mrad，由于解调失真，尚无法有效解调出来。限于篇幅，这里不再赘述。

9.6.5 结论

综上所述可见，本节所述 PM 信号的数字化解调方法，由于使用了四参数拟合法，则同时具有较高的准确度、较好的分辨力以及良好的收敛性等特点，且可以使用拟合残差有效值同时考察模型拟合的效果是否良好。

9.7 调制度测量仪校准

9.7.1 引言

调制度计量校准一直是用测量接收机进行的；反过来，测量接收机的检定校准，则需要高精度的调制信号源，一直如此。曾经，Agilent 8902 系列测量接收机属于指标最高的调制信号解调设备，但它的计量校准问题并没有很好地解决，多数情况下仍然采用多台“比对法”进行。实际上，其调频 (FM) 信号解调准确度最佳时才达 1%，调幅 (AM) 信号解调准确度最佳时才达 1%，且调相 (PM) 信号解调准确度最佳时才达 3%；而正弦信号源的幅度和频率准确度很容易优于 1%，如果能够通过某种手段，将调制度参数以及测量接收机的技术参数，直接溯源到正弦信号源的幅度和频率这些准确度更高也更加基本和通用的量值上来，将有助于从根本上解决它们的校准和溯源问题，也将大大提高这些调制参数的测量水平。

调制度测量仪，也是能从 AM、FM、PM 信号中解调出调制波形，并获得调制参数的仪器。由于其技术指标高于已调信号的指标，使其计量校准一直未能获得完全解决。相应的国家计量技术规范 [8]，是使用“标准调制度测量仪”来校准“被校调制度测量仪”。而标准调制域测量仪的计量一直无解。

本节后续内容，将主要讨论该问题，并试图找到一种方法，解决调制度测量仪的计量校准难题。

9.7.2 基本原理

所有 AM、FM、PM 信号源及调制度测量仪的共同点 [27]，是载波频率通常远高于调制信号频率和调制产生的频偏，属于高频载波下的窄带调制信号波形，即窄带宽的带限信号。因此，与载波相比，其参数随调制信号而变化的过程“非常缓慢”。载波周波在被调制后，仍然可以局部近似为正弦波。调制过程，即是正弦载波波形参数的缓慢变化过程。

由此，可使用前几节的方式，用一个或少于一个载波的局部波形，以正弦波滑动拟合方式，提取出其幅度、频率、相位随时间变化的曲线规律，实现 AM、FM、PM 信号的解调。校准相应信号源和调制度测量仪的量值。过程如下所述。

如图 9-14 所示，信号发生器产生的已调信号通过功率分配器分为两路，一路到调制度测量仪进行调制分析测量；一路到数字示波器进行采集测量。

设已调信号为 $y(t)$，其瞬时幅度为 $C(t)$，瞬时频率为 $f(t)$，瞬时相位为 $\theta(t)$。对 $y(t)$ 进行采样、量化和数据采集后，获得数据记录序列为时刻 $t_0, t_1, \cdots, t_{n-1}$ 的采集样本 $y_0, y_1, \cdots, y_{n-1}$，采集速率为 v，采样间隔为 Δt，$t_i = i \times \Delta t = i/v (i = 0, \cdots, n-1)$。

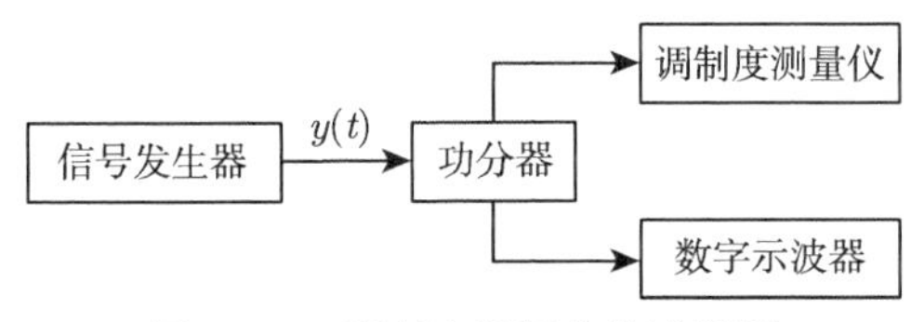

图 9-14　调制度测量仪校准框图

1. AM 信号解调

若 $y(t)$ 是 AM 信号，则按 9.2 节所述对采集样本 $y_0, y_1, \cdots, y_{n-1}$ 解调，获得幅度 $C(t)$ 解调序列 $C_0, C_1, \cdots, C_{n-1}$。

通常，用信号发生器产生的 AM 信号，其调制信号为幅度 ΔC、频率 Ω_a 的正弦波。对解调序列 $C_0, C_1, \cdots, C_{n-1}$ 使用四参数正弦拟合法处理 [22]，获得拟合幅度为 ΔC、频率为 Ω_a、直流分量为 C 的估计值。

其四参数正弦拟合过程如下所述。

当采集序列中任意一个波形段 $\{y_i, y_{i+1}, \cdots, y_{i+m}\}$ 被近似认为是正弦波 $y(t)$ 时，则

$$y(t) = E\cos(2\pi Ft + \Phi) + Q \tag{9-46}$$

若频率 F 已知，可通过三参数最小二乘拟合 [22]，由 $\{y_i, y_{i+1}, \cdots, y_{i+m}\}$ 直接计算，获得参数 E、Φ、Q 的拟合值 C、θ、D。

当频率 F 未知，但可通过波形判定其存在的区间 $[F_{\min}, F_{\max}]$ 时，可以通过对 F 在该区间内的一维搜索，获得频率 F 的拟合值 f，完成四参数拟合 [22]，即

$$\hat{y}(t_i) = C\cos(2\pi f \cdot t_i + \theta) + D \tag{9-47}$$

拟合残差有效值为

$$\rho = \sqrt{\frac{1}{m+1}\sum_{k=i}^{i+m}[y_k - \hat{y}(t_k)]^2} \tag{9-48}$$

测量数据段的总失真度 [4] 为

$$\mathrm{TD}_Z = \frac{\rho}{C/\sqrt{2}} \tag{9-49}$$

当波形段 $\{y_i, y_{i+1}, \cdots, y_{i+m}\}$ 由起始点 y_0 至终点 y_{n-1} 滑动时，获得不同的局域拟合值序列 $\{C_i$、f_i、θ_i、$D_i\}$。其中，$\{C_i\}$ 是幅度解调序列；$\{f_i\}(i = 0, \cdots, n-1)$ 为频率解调序列。并可计算解调波形的失真度 [4]。

经波形拟合计算则可得调制幅度 ΔC、调制频率 Ω_a、载波幅度 C。调幅度为 $\Delta C/C$。以这些参数量值作为标准值，可校准调制度测量仪的 AM 解调参数。

2. FM 信号解调

若 $y(t)$ 是 FM 信号，则按 9.3 节所述对采集样本 $y_0, y_1, \cdots, y_{n-1}$ 解调，获得频率 $f(t)$ 解调序列 $f_0, f_1, \cdots, f_{n-1}$。

信号发生器产生的 FM 信号，调制信号为调制频偏为 Δf、频率为 Ω_f 的正弦波。对解调序列 $f_0, f_1, \cdots, f_{n-1}$ 使用四参数正弦拟合法处理 [22]，获得拟合幅度为 Δf、频率为 Ω_f、直流分量为 f_c 的估计值。则得调制频偏 Δf、调制频率 Ω_f、载波频率 f_c。以这些参数量值作为标准值，可校准调制度测量仪的 FM 解调参数。

3. PM 信号解调

若 $y(t)$ 是 PM 信号，则按 9.6 节所述对采集样本 $y_0, y_1, \cdots, y_{n-1}$ 解调，获得相位 $\theta(t)$ 解调序列 $\theta_0, \theta_1, \cdots, \theta_{n-1}$，载波频率 f_c。

信号发生器产生的 PM 信号，调制信号为调制相偏为 $\Delta\theta$、频率为 Ω_p 的正弦波。对解调序列 $\theta_0, \theta_1, \cdots, \theta_{n-1}$ 使用四参数正弦拟合法处理 [22]，获得拟合幅度为 $\Delta\theta$、频率为 Ω_p、直流分量为 θ_c 的估计值。则可得调制相偏 $\Delta\theta$、调制频率 Ω_p。以这些参数量值作为标准值，可校准调制度测量仪的 PM 解调参数。

9.7.3 宽带调制度分析仪的校准

按上述方法，以正弦波滑动拟合实施解调，则对测量误差、噪声等具有一定抑制作用，可获得优于其他方法的解调准确度。具体效果还和波形信噪比等因素有关。通常，要求每个载波周波具有几十个以上的采样点才能获得足够理想的解调结果。

通常，已调信号的载波频率范围很宽，从千赫兹量级到几十吉赫兹。而调制产生的信号频宽多在几百千赫兹以下。因此，对低频载波的已调信号的调制度测量部分，可用上述方法直接测量校准。

而对于高频载波部分，很难用上述方法直接测量校准。一则，对数字示波器的采样率、频带宽度、存储深度均带来巨大压力；二则，即使能够实现直接测量校准，则为同时保证每个载波周期至少有几十个以上的采样点，以及获得一个以上调制信号周期的时长，也将导致采样点数极为巨大，后续处理及运算需要消耗超长的时间，效率较低。

专门针对各种调制类带限信号的调制解调而发展起来的变频技术，是无线电工程里一项成熟的基本技术。其最大特点是，理论和实践均已证明，以上变频和下变频处理的各种已调带限信号，如 AM、FM、PM 信号，在满足某些基本条件后，变频前后的波形，仅仅是载波频率发生了变化，原理上，各自的调制信号特性并未发生变化。由此，我们有如图 9-15 所示的针对高频载波、已调窄带宽、带限信号波形的计量解决方案。

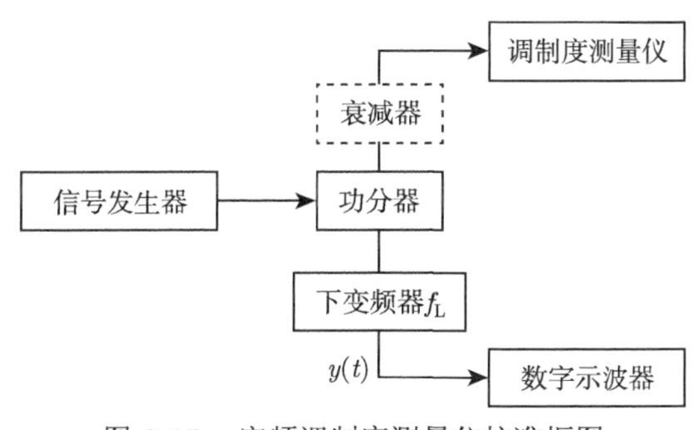

图 9-15 宽频调制度测量仪校准框图

如图 9-15 所示，信号发生器产生的已调信号通过功率分配器分为两路：一路接到调制度测量仪进行调制度参数分析测量；另一路通过下变频器，将载波向下移频 f_{L}、滤波、放大后，接到数字示波器采集测量。获得数据记录序列为时刻 $t_0, t_1, \cdots, t_{n-1}$ 的采集样本 $y_0, y_1, \cdots, y_{n-1}$，采集速率为 v，采样间隔为 Δt，$t_i = i \times \Delta t = i/v(i = 0, \cdots, n-1)$。

1. AM 信号解调

AM 信号下变频测量后，按 9.2 节所述获得解调参数，以校准调制度测量仪的 AM 解调参数。

2. FM 信号解调

FM 信号下变频测量后，按 9.3、9.4 节所述获得调制频偏 Δf、调制频率 Ω_f；其载波频率为 $f_c + f_{\mathrm{L}}$。以校准调制度测量仪的 FM 解调参数。

3. PM 信号解调

PM 信号下变频测量后，按 9.6、9.5 节所述获得调制相偏 $\Delta\theta$、调制频率 Ω_p；其载波频率为 $f_c + f_{\mathrm{L}}$。以校准调制度测量仪的 PM 解调参数。

9.7.4 实验验证

这里用 FSMR-26 型测量接收机作为被校准的调制度测量仪，其频率范围为 20Hz~26.5 GHz，幅度量程为 −130 ~10dBm；其中，

AM 信号解调能力：

调幅度量程 0~100%；误差范围 ±0.5%~ ±1.5%；调制频率范围 50Hz~100kHz；解调失真 0.1%。

FM 信号解调能力：

最大频偏 500kHz；误差范围 ±1%~ ±3%；调制频率范围 50Hz~ 200 kHz；解调失真 0.1%。

PM 信号解调能力：

最大相偏 10krad；误差 ±1%；解调失真 0.1%。

用 DPO71254B 型数字示波器作为标准仪器，其 A/D 位数为 8bit；频带宽度为 12.5GHz，最高采样速率为 50GSa/s，最大存储深度为 31 兆点。

用 E4432C 型矢量信号源作为信号发生器，其频率范围为 250kHz~6GHz，幅度范围为 −136 ~ 10dBm；误差范围为 ±0.6dB~ ±1.5dB；其中，

AM 信号参数：

调制度范围 0~100%，分辨力 0.1%；调制频率范围 0Hz~10kHz(宽带调制范围为 400Hz~40MHz)；调制失真 <1.5%。

FM 信号参数：

最大频偏 64MHz，分辨力 0.1%；调制频率范围 0Hz~ 100 kHz(3dB 带宽时 0Hz~10MHz)；调制失真 <1%。

PM 信号参数：

最大相偏 640rad；误差 ±0.1%±0.01rad；调制失真 <1%。

1. AM 信号解调校准

按图 9-14 所示接线，信号发生器 E4432C 输出幅度 0.00dBm、载波频率 100MHz、调幅度 30%、调制频率 100kHz 的 AM 信号，经过功分器一分为二，一路直接输入被校准的调制度测量仪 FSMR-26，经其分析后获得参数如下。

射频幅度 −6.550dBm，载波频率 100.0000000MHz；调制频率 100.0000kHz，正峰 26.708%，负峰 −26.735%，调幅度 26.722%。

另外一路接入数字示波器 DPO71254B，其采样速率为 3.125GSa/s，存储深度为 125000 点。采集数据如图 9-16 所示。按 9.7.3 节 1. 所述方法，得解调波形如图 9-17 所示。

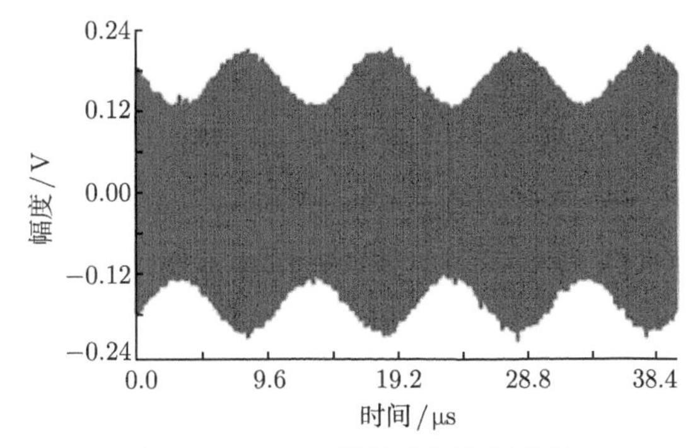

图 9-16 AM 信号采集数据波形

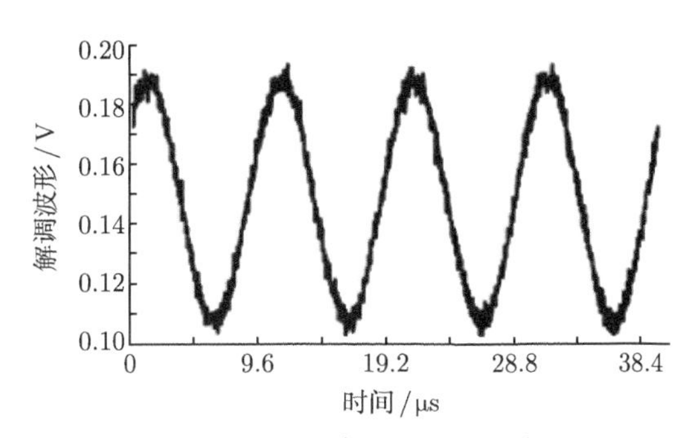

图 9-17 AM 信号解调数据波形

同时，获得解调幅度为 $\Delta A = 39.712\text{mV}$，其标准偏差为 70.143μV；调制频率 $\Omega_a = 100.1038\,\text{kHz}$，其标准偏差为 210.350Hz；载波幅度 $C = 269.681\text{mV}$，其标准偏差为 3.147mV。调幅度为 $\Delta A/C = 26.97\%$，其绝对标准偏差为 0.315%。

2. FM 信号解调校准

按图 9-14 所示接线，信号发生器 E4432C 输出幅度为 0.00dBm、载波频率为 250kHz、调制频偏为 25kHz、调制频率为 1kHz 的 FM 信号，经过功分器一分为二，一路直接输入被校准的调制度测量仪 FSMR-26，经其分析后获得参数如下。

调制频率 999.9999Hz，正峰 25.02kHz，负峰 −25.01kHz，调制频偏 25.02kHz。

另外一路接入数字示波器 DPO71254B，其采样速率为 625MSa/s，存储深度 1250000 点。采集数据局部如图 9-18 所示。按 9.7.3 节 2. 所述方法，所得解调波形如图 9-19 所示。

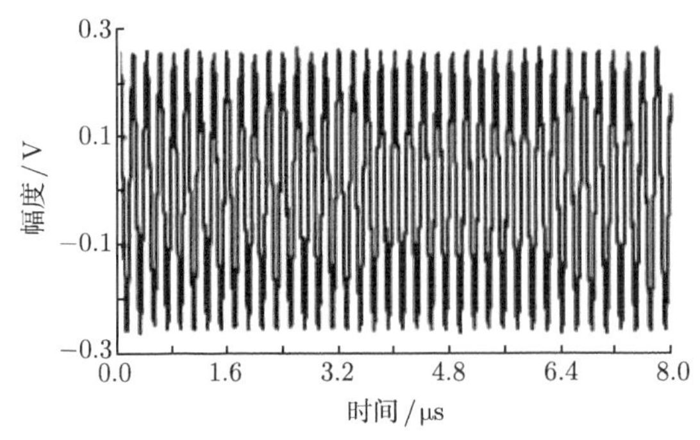

图 9-18　FM 信号采集数据波形 (局部)

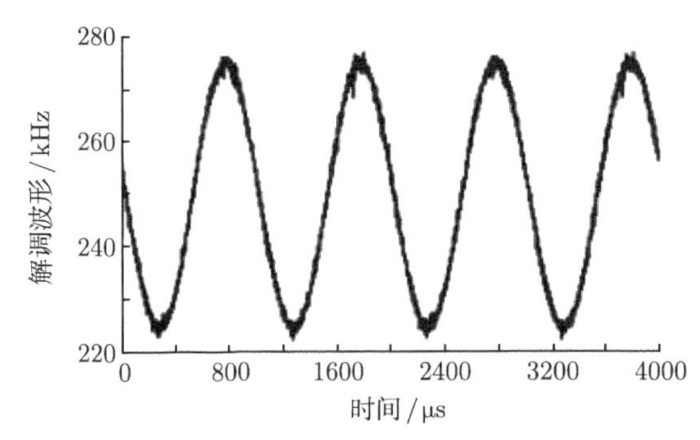

图 9-19　FM 信号解调数据波形

同时，获得调制频偏 $\Delta f = 24.99636\text{kHz}$，其标准偏差为 21.32Hz；调制频率 $\Omega_f = 999.2153\text{Hz}$，其标准偏差为 1.4324Hz；载波频率 $f_c = 249.6495\text{kHz}$，其标准偏差为 433.6Hz。

3. PM 信号解调校准

按图 9-14 所示接线，信号发生器 E4432C 输出幅度为 0.00dBm、载波频率为 250kHz、调制相偏为 10rad、调制频率为 10kHz 的 PM 信号，经过功分器一分为二，一路直接输入被校准的调制度测量仪 FSMR26，经其分析后获得参数如下。

调制频率 10.00000kHz，正峰 9.968 rad，负峰 −10.12 rad，调制相偏 10.04rad。

另外一路接入数字示波器 DPO71254B，其采样速率为 3.125GSa/s，存储深度为 625000 点。采集数据如图 9-20 所示。按 9.7.3 节 3. 所述方法，得解调波形如图 9-21 所示。

同时，获得调制相偏 $\Delta\theta = 10.023874\text{rad}$，其标准偏差为 0.00545rad；调制频率 $\Omega_p = 10022.2\text{Hz}$，其标准偏差为 72.3Hz。

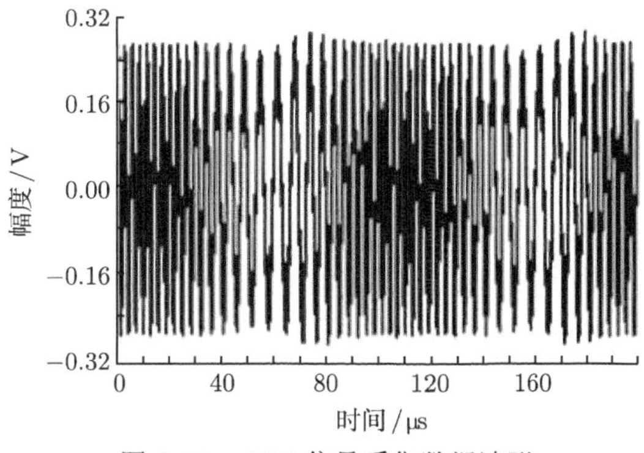

图 9-20 PM 信号采集数据波形

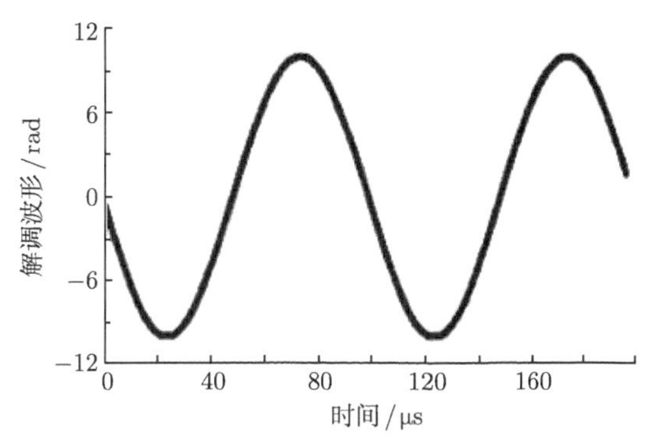

图 9-21 PM 信号解调数据波形

9.7.5 讨论

无线电工程中，已有的 AM、FM、PM 信号均属于高频载波下的窄带调制信号，即调制产生的附加带宽远小于载波频率，而调制度测量仪的指标参数具有同样特点，这使得正弦拟合法可以用于解调，并且，下变频技术可直接应用于调制域分析中。

对于 AM 信号波形，人们最为关注的并非其绝对幅度值和绝对频率，而是稳定的载波幅度随调制波形而变化的变化量部分，即调制幅度与载波幅度之比，以及其随时间变化的规律，即幅度调制规律。

对于 FM 信号波形，人们最关注的也并非其绝对频率和绝对幅度，而是稳定的载波频率随调制波形而变化的变化量部分，以及变化的频率，即频率调制规律。

PM 信号波形的状况与 FM 波形相似。

通常，射频信号的上变频，主要是通过非线性器件的倍频效应，再经滤波放大实现；微波信号的下变频，主要是通过非线性器件与本地振荡器的频率进行混频，再滤波放大来实现。

对于高频载波下的窄带调制信号，无论是上变频还是下变频，都能够获得理想的频率平移效果。其主要局限为变频前后信号波形除了频率被平移以外，其变频前后的幅度会有较明显变化。

对于三种已调模拟信号波形而言，其绝对幅度和绝对频率的关注度并不很高。其中，AM 信号只关心在窄带范围内，变频器的幅频特性保持恒定即可。对于 FM、PM 信号，变频器的幅频特性保持恒定的要求还要弱些。现有技术下的变频器，尽管在宽频率范围，其幅频特性不够平坦，但在较窄的频段里，总能选择到幅频特性基本平坦的变频器。实现本节所述的精确解调过程。

本节所述方法中，要使用正弦波模型拟合载波数据，而被调制后的载波，虽然形状上与正弦波相像，但本质上已不是严格意义的正弦波，因此，为保证拟合收敛，不宜用多周期波形段拟合，只能使用一个周波左右或少于一个周波的波形段进行曲线拟合。客观上要求采集测量序列在一个载波周期内有足够多的采样点。通常，每周期少于 20 个点时不易获得良好的拟合精度，每周期 100 点以上时可望获得稳定的拟合结果。

实际采集测量获得的波形曲线序列，往往在起始端部分由于噪声干扰、初始相位状态的周期截取等，会产生不收敛问题。使用残周期拟合方法进行初始部分的第一段波形参数估计 [19]，将可以获得良好的收敛效果。

正弦拟合法用于调制域分析，是有边缘效应的。很显然，由于需要通过模型方式获得解调参数，所以，最边沿的测量点无法获得良好的解调效果，应予以删除，或以近似替代的方式给出边沿附近点的解调结果的估计值。

对于 AM 信号波形的解调，最终的调制度是调制带来的幅度变化 ΔA 和未调制时的幅度 A 之比值。因而，影响 AM 波形解调误差的因素，除了软件算法以外，数字示波器的影响主要体现在其幅度测量线性关系是否稳定一致上，其线性度是否优良至关重要。在线性度理想的情况下，幅度增益的整体变大或变小，对于本身就是幅度比的调幅度测量结果基本没有影响。

对于 FM 信号波形的解调，最终的载波频率、调制频偏、调制频率等的计算，均直接依赖于采样速率，因而，采样速率本身的误差，将直接影响 FM 信号波形的解调结果，造成波形参数误差，采样间隔的不均匀，也将造成额外的解调波形失真等。幅度测量误差对其影响则处于次要地位。可以认为，FM 信号波形的解调参数，直接溯源到数字示波器的采样速率或时基上。

对于 PM 信号波形的解调，可以认为是按 FM 信号解调获得的波形的再积分结果。因此，其误差来源与特点有很大一部分与 FM 信号波形的解调相同，均主要来源于波形采样速率误差和采样间隔的均匀性。另外一部分，则取决于初始相位的定值上。

关于鉴相，需要指明的是，首先，载波信号的相位在均匀采样序列中，是与载波频率有关的逐点线性增加的一条直线，而相位调制信息是叠加在该直线上的叠加波形，在鉴相解调中应该将载波造成的线性趋势剔除 [24]。另外，其最大的难点是其值域的确定和初始值的选取。若无任何先验知识，则很难正确选取它们。对于本节所采用的积分法鉴相来说，尤其如此。最后，需要说明的是，由于积分法的特点，则每一个瞬时频率测量值的误差都会在积分中被累积。

对这些问题，本节采取的是模型化解决方式。针对 PM 信号源产生的是周期性振荡信号的特征 (多为正弦振荡信号)，对 PM 波形的调制信号的值域或特征预先有一个粗略的估计。例如，零均值振荡特征，或者正负对称型值域特征 (零中值特征)。首先，选取鉴相时的初始值为 0 rad 或任意一个固定值，在完成积分鉴相过程之后，按照零均值特征或零中值的正负对称特征进行波形平移，获得最终的解调结果 [24]。

目前，宽频调制度测量仪的频率范围，已经与数字示波器的频带宽度相近，对于不能实现以数字示波器直接测量与解调的高频载波的已调信号，直接使用下变频技术，将其移频转换成低载波频率的已调信号，再用数字示波器进行解调分析与处理，将是一种有效的校准方式。但每经过一次变换环节，都将引入额外的误差或不确定度，相应的影响，需要专门研究予以定量评估 [5]。

目前的技术条件下，调制度测量仪的幅度测量范围，要宽于数字示波器，主要体现在示波器多用于毫伏级以上的幅度信号波形测量与分析，更微小的信号则超出了其测量分辨力的能力范围，而调制度测量仪可以测量分析小得多的信号波形。在计量校准中，可以将较大幅值的信号直接提供给数字示波器，而衰减器衰减后的微小幅度信号，则用以提供给调制度测量仪进行测量分析，以达到用大幅度信号校准小幅度量程的目的；也可以使用放大器对已调信号进行放大后再提供给数字示波器，以达到相同的目的。

由于使用了滑动拟合方式实现解调，所以本节方法所需数据量较大，分析运算花费的时间成本也较大。如何提高效率，减少数据量，还有待后续研究解决。

9.7.6 结论

综上所述，调制度测量仪校准的难度，主要在于其包含了调制和解调之间的转换环节。任何以硬件技术实现的、以信号为依托的调制与解调过程或环节，其最后关头总要面临同样的难题，即指标最高者很难直接校准溯源。

本节所用的方法，其解调部分是在通用数据采集平台下，以软件算法实现的。软件算法面向的并非是物理信号的波形，而是数据序列，自然会有理想仿真数据，自然可以完整表述其特性，包括误差特性、失真特性、延迟特性等。加上通用采集平台已经能够校准溯源，因而可以用于对调制度测量仪进行校准溯源，本节所用方法的实验验证，也恰好证实了这一结论。

9.8 任意函数波形的数字化生成方法

在测试与测量技术过程里，常用到已知函数波形的数字化生成，它在许多与测量有关的领域和方向上有着不可替代的作用。例如，数字化仿真，常被用于算法研究、模型研究、系统辨识，或以蒙特卡罗法搜索模型与算法的边界和误差界 [5]，进而可以进行不确定度的分析与评定。

任意波发生器的出现，给人们提供的不仅仅是一个通用的基础技术平台，而且在人们面前打开了通往无限宽广空间的一扇门，使得人们对于信号波形的掌握与应用再也不必局限于简单的正弦波、方波等几种有限的波形了，从原理上讲，它可以按照人们提供的测量序列产生出几乎任意形状的连续波形信号。

其核心，仍然是任意波形的数字化生成。

在多数情况下，已知函数关系的任意波形的数字化生成是简单的和轻而易举的；而另一些情况下，则有所不同，人们很容易产生一些错误波形，并长时间找不到错误的原因，因而也限制了它们的产生、合成与应用。本节即是针对这一类情况，试图推荐一种已知函数关系的任意波形的数字化合成方法，可以完全正确地产生这些信号波形。

9.8.1　问题的提出

到目前为止，人们所需要产生的已知函数波形可表示成一般形式 $y(c_1,\cdots,c_m,t)$，在多数情况下，其各个参数 $c_1,\cdots,c_m$ 均是恒定不变的，唯一变化的是时间 t，这时，产生 $y(c_1,\cdots,c_m,t)$ 的数字化波形序列非常简单，使用 $y_i=y(c_1,\cdots,c_m,t_i)$ 即可。

例如，正弦函数可以认为有四个独立参数：幅度 A、频率 f、相位 φ 和直流分量 d，其完整的表达式为

$$y(A,f,\varphi,d,t)=A\cdot\sin(2\pi ft+\varphi)+d \tag{9-50}$$

由于 A、f、φ、d 是恒定不变的参数，故其数字化生成方法可以简单表述为

$$y_i=y(A,f,\varphi,d,t_i)=A\cdot\sin(2\pi ft_i+\varphi)+d \tag{9-51}$$

它产生出了函数 $y(A,f,\varphi,d,t)$ 的数字化波形序列 $y_i(i=0,\cdots,n-1)$。

当函数 $y(c_1,\cdots,c_m,t)$ 的参数 $c_1,\cdots,c_m$ 是时变参数时，人们也依然习惯性地用上述关系来产生其数字化序列波形，并一直认为它们“绝对正确无误”，虽然有时波形与期望形状很不一致，但也很难寻找出确切原因，从而不了了之。

例如，人们需要产生一个载波是正弦信号 $x(A,f,\varphi,0,t)$，而调制信号也是正弦波形 $z(B,\varOmega,\theta,0,t)$ 的调频信号波形 $y(A,f,\varphi,B,\varOmega,\theta,t)$，其中的函数为

$x(A,f,\varphi,0,t)=A\cdot\sin(2\pi ft+\varphi)=8\times\sin(2\pi\times 100\times t)$

$z(B,\varOmega,\theta,0,t)=B\cdot\sin(2\pi\varOmega t+\theta)=50\times\sin(2\pi\times 10\times t)$

$y(A,f,\varphi,B,\varOmega,\theta,t)=8\times\sin\{2\pi\times[100+50\times\sin(2\pi\times 10\times t)]\times t\}$

式中，载波信号参数 $A=8\mathrm{V}$，$f=100\mathrm{Hz}$，$\varphi=0^\circ$，$d=0\mathrm{V}$；调制信号参数 $B=50\mathrm{Hz}$，$\varOmega=10\mathrm{Hz}$，$\theta=0^\circ$。

以采样间隔 $\Delta t=0.1\mathrm{ms}$，序列长度 $n=10000$，对上述调频波形 $y(A,f,\varphi,B,\varOmega,\theta,t)$ 进行数字化抽样，产生波形序列 $y_i(i=0,\cdots,n-1)$。

以 BASIC 语言为例，人们很容易编制如下程序，并生成出如图 9-22 所示波形序列 $y_i(i=0,\cdots,n-1)$。

```
10     DIM Y(10000)
20     A=8
30     F=100
40     PI2=3.1415926535*2
50     DT=0.0001
60     B=50
70     OM=10
80     FOR I=0 TO 9999
90     F=F+50*SIN(PI2*OM*DT*I)
100     Y(I)=A*SIN(PI2*F*DT*I)
```

```
110    NEXT I
120    END
```

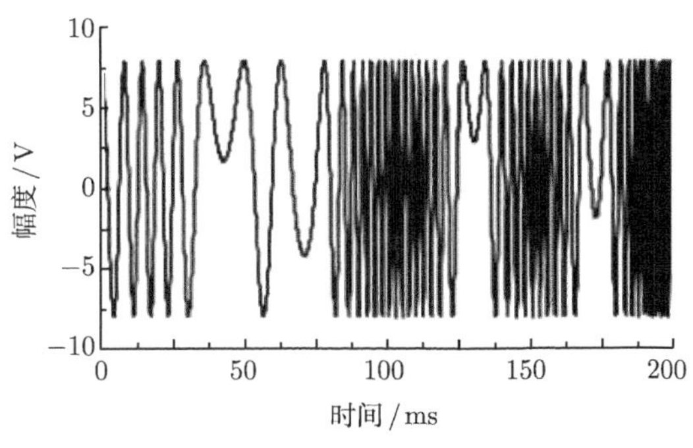

图 9-22　错误调频波形

对于图 9-22 所示的波形，主观感觉是频率变化量要远超出预期，而上述语言中的公式和逻辑并无异常。但是，对图 9-22 所示的波形进行数字化解调后 [9]，可以得到图 9-23 所示的调制信号波形，显然，它不是一个正弦信号，从而也证明了对于上述调频函数关系而言，图 9-22 是一个错误的波形，这也是实际工作中经常出现的错误形式。

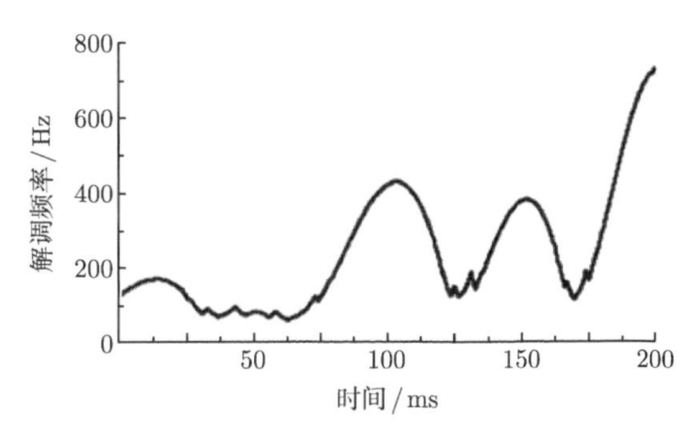

图 9-23　错误调频波形的频率解调结果

9.8.2　任意函数波形的数字化生成方法

经分析发现，上述 9.8.1 节中的调频波形不正确源于其函数波形参数是时变的，且该变化又被时间累积所致，若该参数为时不变，则它被时间累积通常仅表现出简单的乘积关系，若时变参数的影响又被时间累积，则不能使用简单的乘积关系公式！也就是说，对于任意非初始时刻 t，调频信号的数学公式表述的仅是该信号随时间变化的规律，而不是该信号的瞬时值。由此，可以获得对于时变参数的函数 $y(c_1,\cdots,c_m,t)$ 在任意时刻 t_i 的实际值 $y(c_1(t_i),\cdots,c_m(t_i),t_i)$ 的生成方法为

$$y(c_1(t_i),\cdots,c_m(t_i),t_i)=y(c_1(t_{i-1})+\Delta c_1(t_{i-1},t_i),\cdots,c_m(t_{i-1})+\Delta c_m(t_{i-1},t_i),t_i)$$

它可以正确地产生波形序列 $y_i(i=0,\cdots,n-1)$，其中，$\Delta c_m(t_{i-1},t_i)$ 为 $t_{i-1}\sim t_i$ 时间范围内 $c_m(t)$ 的增量。

这是任意函数波形的数字化生成方法的一般关系式，它是以累积的形式表述参数的变化及其带来的影响，符合实际信号变化过程和规律，因此，它可以普遍适用于时变参数和非时变参数的任何函数波形序列的生成。

用该原则处理 9.8.1 节中的调频信号 $y(A, f, \varphi, B, \Omega, \theta, t)$ 的数字化生成问题，有以下 BASIC 语言的程序：

```
10    DIM Y(10000)
20    A=8
30    F=100
40    PI2=3.1415926535*2
50    DT=0.0001
60    B=50
70    OM=10
80    FI=0
90    FOR I=0 TO 9999
100    F=F+50*SIN(PI2*OM*DT*I)
110    FI=FI+PI2*F*DT
120    Y(I)=A*SIN(FI)
130    NEXT I
140    END
```

由该程序产生出如图 9-24 所示波形序列 $y_i(i = 0, \cdots, n-1)$，其调频信号解调波形如图 9-25 所示 [9]。对比图 9-25 所示的波形参数和前节所述的调制信号参数，可见，它是一个很理想的结果，显然，它与图 9-23 的错误结果截然不同。

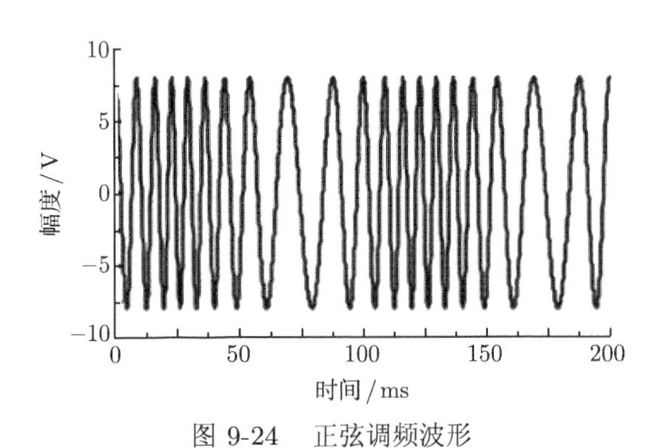

图 9-24　正弦调频波形

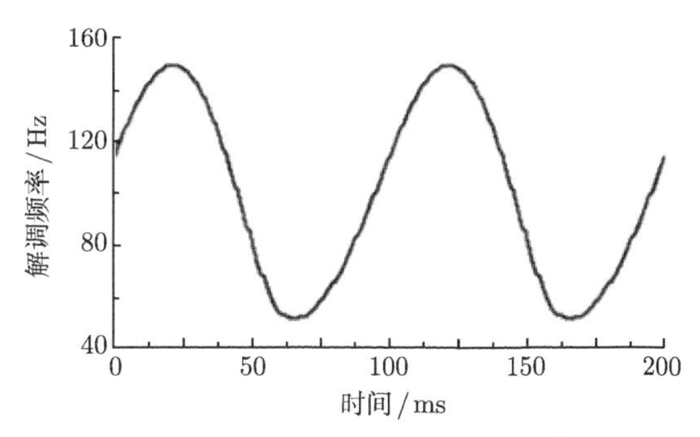

图 9-25 正弦调频波形频率解调结果

9.8.3 用任意波发生器产生所需信号波形

上述讨论，仅限于使用电子计算机，按已知函数关系产生所需要的函数波形序列。要产生实际信号波形则还需要通过硬件设备——任意波发生器，这时，只需要注意几个关键的边界问题：① 上升时间应满足实际波形的跳变速度需求；② 存储深度通常并不是连续变化的，只能选择某些值 (如某些型号的任意波发生器必须为 8 的倍数等)；③ 任意波发生器的 D/A 取样速率也不是连续变化的，只能选择有限个档级，它与存储深度一起决定了波形长度和时间细节；④ 任意波发生器的 D/A 位数与信号范围表述了可产生波形的幅度与垂直分辨力。

如果是产生单次信号波形，则关注这些边界问题就可以达到实际目的；若需要产生周期信号波形，则还应注意整个波形存储深度内要恰好含有整数个信号波形周期!

9.8.4 结论

通过上述讨论可知，任意函数波形的数字化生成，虽然是很简单的事情，但也存在一些极容易产生错误的地方，而使用本节所述的规范性方法生成已知函数的数字化波形序列，可以避免错误，顺利生成正确波形。

参 考 文 献

[1] 梁志国，孙璟宇. 调幅信号的数字化解调 [J]. 测控技术，2004，23 (10): 17-20.

[2] 梁志国，孙璟宇. 任意函数波形的数字化生成方法 [J]. 电测与仪表，2004，41(7): 38-40.

[3] 梁志国，孙璟宇. 超低频正弦波信号波形参数的精确评价 [J]. 仪器仪表学报，2001，22(增刊)，34-36.

[4] 梁志国，朱济杰，孙璟宇. 正弦信号源波形失真的一种精确评价方法 [J]. 计量学报，2003，24(2): 144-148.

[5] Deyst J P, Souders T M, Solomon O M. Bounds on least-squares four-parameter sine-fit errors due to harmonic distortion and noise [J]. IEEE Transactions on Instrumentation & Measurement, 1995, 44(3):637-642.

[6] Jenq Y C. High-precision sinusoidal frequency estimator based on weighted least square method [J]. IEEE Transactions on Instrumentation & Measurement, 1987, 36(1): 124-127.

[7] Jenq Y C, Crosby P B. Sinewave parameter estimation algorithm with application to waveform digitizer effective bits measurement [J]. IEEE Transactions on Instrumentation & Measurement, 1988, 37(5): 529-532.

[8] JJF 1111-2003. 调制度测量仪校准规范 [S]. 中华人民共和国国家计量技术规范. 北京：中国计量出版社，2004.
[9] 梁志国，孙璟宇. 调频信号的数字化解调 [J]. 测试技术学报，2005，19(2)：190-194.
[10] Hancke G P. The optimal frequency estimation of a noisy sinusoidal signal [J]. IEEE Transactions on Instrumentation and Measurement, 1990, 39(6): 843-846.
[11] Hocaoglu A K, Devaney M J. Using bilinear and quadratic forms for frequency estimation [J]. IEEE Transactions on Instrumentation and Measurement, 1996, 45(4): 787-792.
[12] 黄建人. 余弦信号相位和频率测量的迭代算法 [J]. 电子测量与仪器学报，1997，11(1)：34-41.
[13] Lobos T, Rezmer J. Real time determination of power system frequency [J]. IEEE Transactions on Instrumentation and Measurement, 1997, 46 (4): 877-881.
[14] Dash P K, Panda G, Pradhan A K, et al. An extended complex Kalman filter for frequency measurement of distorted signals [J]. IEEE Transactions on Instrumentation and Measurement, 2000, 49(4): 746-753.
[15] Angrisani L, D'Arco M. A measurement method based on a modified version of the chirplet transform for instantaneous frequency estimation [J]. IEEE Transactions on Instrumentation and Measurement, 2002, 51(4): 704-711.
[16] Routray A, Pradhan A K, Rao K P. A novel Kalman filter for frequency estimation of distorted signals in Power Systems [J]. IEEE Transactions on Instrumentation and Measurement, 2002, 51(3): 469-479.
[17] 王肖芬，徐科军. 基于小波变换的基波提取和频率测量 [J]. 仪器仪表学报，2005，26(2)：146-151.
[18] Offelli C, Petri D. A frequency-domain procedure for accurate real-time signal parameter measurement [J]. IEEE Transactions on Instrumentation and Measurement, 1990, 39(2): 363-368.
[19] 梁志国，孟晓风. 残周期正弦波形的四参数拟合 [J]. 计量学报，2009，30(3)：245-249.
[20] Bilau T Z, Megyeri T, Sárhegyi A, et al. Four-parameter fitting of sine wave testing result: Iteration and convergence[J]. Computer Standards and Interfaces, 2004, 26(1): 51-56.
[21] Chen K F . Estimating parameters of a sine wave by separable nonlinear least squares fitting[J]. IEEE Transactions on Instrumentation & Measurement, 2010, 59(12): 3214-3217.
[22] 梁志国，朱济杰，孟晓风. 四参数正弦曲线拟合的一种收敛算法 [J]. 仪器仪表学报，2006，27(11)：1513-1519.
[23] IEEE Std 1057-1994. IEEE standard for digitizing waveform recorders[S]. IEEE, 1994.
[24] 梁志国，孙璟宇. 调相信号的数字化解调 [J]. 测试技术学报，2007，21(1)：44-48.
[25] 梁志国，朱济杰. 量化误差对周期信号总失真度评价的影响及修正 [J]. 仪器仪表学报，2000，21(6)，640-643.
[26] 梁志国，朱济杰. 调相信号的一种数字化精确解调方法 [J]. 计量学报，2003，24(4)：325-329.
[27] Test & Measurement Catalog[Z]. Agilent Company, 2001:231.

第 10 章　测量不确定度评定

10.1　概　　述

测量与估计结果的误差与不确定度，是任何定量描述与表征中人们所最为关心的问题。四参数正弦拟合可以直接给出 5 个拟合参数：幅度、频率、初始相位、直流分量和拟合残差有效值，因而，至少有 5 个参数的不确定度需要定量评估。它们均不仅与测量仪器设备、评价估计方法、评价估计所使用的条件有关，也与激励信号源的参数质量等密切相关。

通常，幅度、频率、初始相位、直流分量这 4 个参数既可以独立使用，也可以用来评价其他相关的众多参数量值，例如，增益、衰减、延迟、周期、漂移、模拟带宽、采样速率、同步、正交等。

拟合残差有效值则主要用于评价估计噪声、失真、A/D 转换器的有效位数，尤其是在有效位数测量中，其具有不可替代的作用。

本章主要内容是以示例方式分别给出上述几个参数的不确定度评定结果。

10.2　有效位数测量

10.2.1　信号源失真对有效位数的影响及修正 [1]

1. 引言

数据采集系统、A/D 转换器、数字示波器，以及其他一些具有模数转换等量化特征输出的测量设备，在其动态特性指标评价时，广泛采用动态有效模数转换位数 (也叫有效位数，或动态有效位数) 的概念及评价方法 [2−4]。因其指标物理意义明确、实用，校准评价简便易行，工作量小，从而正在越来越广的范围内获得认可和应用。

然而，使用动态有效位数评价数据采集系统及其他测量设备时，并不是没有任何问题存在，动态有效位数评价需要用到低失真正弦信号源，到目前为止，各种文献、方法，在描述动态有效位数评价时，均假设所采用的输入信号源是无噪声无失真的，或对于所评价的动态有效位数而言，其噪声及失真可忽略。但是，信号源的噪声及失真小到什么程度才可忽略，以及当信号源噪声失真不能忽略时，其影响有多大？是否可以补偿？一直没有明确的结论。这些问题，使得对有效位数的评价结果无法真正进行量值溯源，严重妨碍了对其进行计量评价。本节将集中讨论这个问题。

2. 动态有效位数的评价

理想的模数转换器在数据采集中只引入与其转换位数相对应的量化误差。在满足采样定理的条件下，实际的数据采集系统对单频正弦交流信号执行数据采集后，根据采集到的数据求得相应的拟合正弦曲线，将采集数据与该拟合曲线之间的有效值误差归结为动态采集下的量化误差，与此动态量化误差相对应的模数转换位数称为系统的动态有效位数。

动态有效位数的评价，基本思想是通过数据采集系统对一个单频正弦信号的采集数据，运用曲线拟合的方法，评价出其在此频率点上的动态采集准确度。具体作法如下所述。

设数据采集系统通道的量程为 E_{r}，双极性对称输入方式，通道采集速率为 v，额定增益为 $G_0(=1)$。

给数据采集系统加载一个低噪声失真正弦信号：

$$e(t)=E_{\mathrm{p}}\cdot\sin(2\pi f\cdot t+\psi) \tag{10-1}$$

启动采集，获得一组采集数据 $\{x_i\}(i=0,\cdots,n-1)$，按最小二乘法求出采集数据 $\{x_i\}$ 的最佳拟合信号：

$$a(t)=A\cdot\sin(2\pi ft+\theta)+d \tag{10-2}$$

其中，$a(t)$ 为拟合信号的瞬时值；A 为拟合正弦信号的幅度；f 为拟合正弦信号的频率，θ 为拟合正弦信号的初始相位；d 为拟合信号的直流分量值。

则拟合残差有效值 ρ 为

$$\rho=\sqrt{\frac{1}{n}\sum_{i=0}^{n-1}[x_i-A\cdot\sin(2\pi ft_i+\theta)-d]^2} \tag{10-3}$$

式中，n 为每通道采集数据个数；t_i 为第 i 个测量点的时刻，$i=0,\cdots,n-1$。

通过 ρ 可以按式 (10-4) 和式 (10-5) 计算被校系统模数转换的动态有效位数 BD 和信噪比 SD：

$$\mathrm{BD}=\log_2\left(\frac{E_{\mathrm{r}}}{\rho\times\sqrt{12}}\right)\quad(\mathrm{bit}) \tag{10-4}$$

$$\mathrm{SD}=6.02\cdot\mathrm{BD}+1.76\quad(\mathrm{dB}) \tag{10-5}$$

3. 信噪比 SD 的导出过程

设数据采集系统量化电平用 Q 表示，E_{r} 为通道量程，b 为 A/D 位数，则

$$Q=\frac{E_{\mathrm{r}}}{2^b} \tag{10-6}$$

量化误差 e 可表示为 $-Q/2<e<Q/2$；或 $-Q<e<0$，其概率分布 $p(e)$ 为

$$p(e)=\frac{1}{Q},\quad -Q/2<e<Q/2(\text{或}-Q<e<0) \tag{10-7}$$

可认为 e 为均匀分布随机变量。当 $-Q/2<e<Q/2$ 时，使用期望值公式，则有量化噪声平均值：

$$\bar{e}=\boldsymbol{E}[e(x)]=\int_{-\infty}^{+\infty}e(x)\cdot p(x)\mathrm{d}x=\int_{-Q/2}^{Q/2}\frac{-x}{Q}\mathrm{d}x=0 \tag{10-8}$$

因为量化噪声的方差与其平均功率成正比，故计算量化噪声 e 的方差 σ_e^2 如下：

$$\sigma_e^2 = \boldsymbol{E}[(e-\bar{e})^2] = E[e^2] = \int_{-Q/2}^{Q/2} \frac{(-x)^2}{Q}\mathrm{d}x = \frac{Q^2}{12} \tag{10-9}$$

同理，当 $-Q < e < 0$ 时，也有

$$\bar{e} = \boldsymbol{E}[e(x)] = \int_{-\infty}^{+\infty} e(x)\cdot p(x)\mathrm{d}x = \int_{-Q}^{0} \frac{-x-Q}{Q}\mathrm{d}x = -\frac{Q}{2} \tag{10-10}$$

$$\sigma_e^2 = \boldsymbol{E}[(e-\bar{e})^2] = E[(e+Q/2)^2] = \int_{-Q}^{0} \frac{(-x-Q+Q/2)^2}{Q}\mathrm{d}x = \frac{Q^2}{12} \tag{10-11}$$

设 η 为输入正弦峰峰值与量程之比，即

$$\eta = \frac{2E_{\mathrm{p}}}{E_{\mathrm{r}}} \tag{10-12}$$

对于正弦输入信号，有理想量化误差时的信噪比：

$$\begin{aligned}\mathrm{SX} &= 10\cdot\lg\frac{(E_{\mathrm{p}}/\sqrt{2})^2}{(E_{\mathrm{r}}/2^b)^2/12} = 10\cdot\lg\frac{3\cdot 2^{2b}}{2} + 20\cdot\lg(\eta)\\ &= 10\cdot\lg\frac{3}{2} + 10\cdot\lg 2^{2b} + 20\cdot\lg\eta = 1.76 + 6.02b + 20\cdot\lg\eta\end{aligned} \tag{10-13}$$

当信号恰好覆盖全量程，即 $\eta = 1$(或 $E_{\mathrm{p}} = E_{\mathrm{r}}/2$) 时的信噪比 SX 即定义为数据采集系统通道的信噪比，记为 SD：

$$\mathrm{SD} \equiv \mathrm{SX}|_{\eta=1} = 1.76 + 6.02b \tag{10-14}$$

$$\mathrm{SX} = \mathrm{SD} + 20\cdot\lg\eta$$

4. 信号源噪声失真对动态有效位数评价的影响

假设上述动态有效位数评价过程中：

输入正弦信号功率为 PS，有效值幅度为 AS($= E_{\mathrm{p}}/2^{1/2}$)。

信号源噪声 (含失真) 功率为 PI，噪声有效值幅度为 AI，信噪比为 SI。

信号源噪声为 0 时，被评价的数据采集系统自身的噪声功率为 PX，其自身等效噪声有效值幅度为 AX，其增益为 1(不失一般性)，相对于输入信号幅度的信噪比为 SX，相对于量程的系统通道等效信噪比为 SD，系统的动态有效位数为 BD。

测量数据的噪声功率为 PZ，测量数据的信噪比为 SZ，相对于量程的系统通道等效信噪比为 SR，对应的有效位数为 BR；则

$$\mathrm{PZ} = \mathrm{PI} + \mathrm{PX} \tag{10-15}$$

$$\mathrm{SD} = 6.02\cdot\mathrm{BD} + 1.76 \tag{10-16}$$

$$\mathrm{SR}=6.02\cdot\mathrm{BR}+1.76 \tag{10-17}$$

$$\mathrm{SX}=\mathrm{SD}+20\lg\eta \tag{10-18}$$

$$\mathrm{SZ}=\mathrm{SR}+20\lg\eta \tag{10-19}$$

$$\mathrm{SI}=10\cdot\lg\left(\frac{\mathrm{PS}}{\mathrm{PI}}\right)=20\cdot\lg\left(\frac{\mathrm{AS}}{\mathrm{AI}}\right) \tag{10-20}$$

$$\mathrm{SX}=10\cdot\lg\left(\frac{\mathrm{PS}}{\mathrm{PX}}\right)=20\cdot\lg\left(\frac{\mathrm{AS}}{\mathrm{AX}}\right) \tag{10-21}$$

$$\mathrm{SZ}=10\cdot\lg\left(\frac{\mathrm{PS}}{\mathrm{PZ}}\right)=10\cdot\lg\left(\frac{\mathrm{PS}}{\mathrm{PI}+\mathrm{PX}}\right) \tag{10-22}$$

$$\frac{\mathrm{PS}}{\mathrm{PI}}=10^{\mathrm{SI}/10} \tag{10-23}$$

$$\frac{\mathrm{PS}}{\mathrm{PX}}=10^{\mathrm{SX}/10} \tag{10-24}$$

$$\frac{\mathrm{PS}}{\mathrm{PI}+\mathrm{PX}}=10^{\mathrm{SZ}/10} \tag{10-25}$$

$$10^{-\mathrm{SI}/10}+10^{-\mathrm{SX}/10}=10^{-\mathrm{SZ}/10} \tag{10-26}$$

$$\mathrm{SX}=-10\cdot\lg(10^{-\mathrm{SZ}/10}-10^{-\mathrm{SI}/10})=-10\cdot\lg(10^{-\mathrm{SR}/10}-\eta^2\cdot 10^{-\mathrm{SI}/10})+20\lg\eta \tag{10-27}$$

$$\begin{aligned}\mathrm{SD}&=\mathrm{SX}-20\lg\eta=-10\cdot\lg(10^{-\mathrm{SR}/10}-\eta^2\cdot 10^{-\mathrm{SI}/10})\\&=-10\cdot\lg[10^{-(6.02\cdot\mathrm{BR}+1.76)/10}-\eta^2\cdot 10^{-\mathrm{SI}/10}]\end{aligned} \tag{10-28}$$

$$\begin{aligned}\mathrm{BD}&=\frac{\mathrm{SD}-1.76}{6.02}=\frac{-10\cdot\lg(10^{-\mathrm{SR}/10}-\eta^2\cdot 10^{-\mathrm{SI}/10})-1.76}{6.02}\\&=\frac{-10\cdot\lg[10^{-(6.02\cdot\mathrm{BR}+1.76)/10}-\eta^2\cdot 10^{-\mathrm{SI}/10}]-1.76}{6.02}\\&=\frac{-10\cdot\lg[10^{-(6.02\cdot\mathrm{BR}+1.76)/10}-\eta^2\cdot(\mathrm{AI}\div\mathrm{AS})^2]-1.76}{6.02}\end{aligned} \tag{10-29}$$

$$\begin{aligned}\mathrm{SZ}&=-10\cdot\lg(10^{-\mathrm{SI}/10}+10^{-\mathrm{SX}/10})=-10\cdot\lg(10^{-\mathrm{SI}/10}+\eta^2\cdot 10^{-\mathrm{SD}/10})\\&=-10\cdot\lg(10^{-\mathrm{SD}/10}+\eta^2\cdot 10^{-\mathrm{SI}/10})+20\cdot\lg\eta\end{aligned} \tag{10-30}$$

$$\begin{aligned}\mathrm{SR}&=\mathrm{SZ}-20\cdot\lg\eta=-10\cdot\lg(10^{-\mathrm{SD}/10}+\eta^2\cdot 10^{-\mathrm{SI}/10})\\&=-10\cdot\lg 10^{-\mathrm{SD}/10}-10\cdot\lg[1+\eta^2\cdot 10^{-(\mathrm{SI}-\mathrm{SD})/10}]\\&=\mathrm{SD}-10\cdot\lg[1+\eta^2\cdot 10^{-(\mathrm{SI}-\mathrm{SD})/10}]\end{aligned} \tag{10-31}$$

$$\Delta B = \mathrm{BD} - \mathrm{BR} = \frac{\mathrm{SD} - \mathrm{SR}}{6.02} = \frac{10 \cdot \lg[1 + \eta^2 \cdot 10^{-(\mathrm{SI}-\mathrm{SD})/10}]}{6.02} \tag{10-32}$$

$$\begin{aligned} \Delta B = \mathrm{BD} - \mathrm{BR} &= \frac{-10 \cdot \lg(10^{-\mathrm{SR}/10} - \eta^2 \cdot 10^{-\mathrm{SI}/10}) - 1.76}{6.02} - \frac{\mathrm{SR} - 1.76}{6.02} \\ &= \frac{-10 \cdot \lg(10^{-\mathrm{SR}/10} - \eta^2 \cdot 10^{-\mathrm{SI}/10})}{6.02} - \frac{\mathrm{SR}}{6.02} = \frac{-10 \cdot \lg[1 - \eta^2 \cdot 10^{-(\mathrm{SI}-\mathrm{SR})/10}]}{6.02} \end{aligned} \tag{10-33}$$

$$\begin{aligned} \mathrm{SI} &= \mathrm{SD} + 20 \cdot \lg\eta - 10 \cdot \lg[10^{6.02 \cdot (\mathrm{BD}-\mathrm{BR})/10} - 1] \\ &= \mathrm{SD} + 20 \cdot \lg\eta - 10 \cdot \lg(10^{6.02 \cdot \Delta B/10} - 1) \end{aligned} \tag{10-34}$$

式 (10-28) 即是已知输入信号源的信噪比 SI，根据采集数据处理结果计算被校数据采集系统自身等效信噪比 SD 的公式；式 (10-29) 是已知输入信号源的信噪比 SI(或 AS/AI)，根据采集数据处理结果计算被校数据采集系统自身动态有效位数 BD 的公式；它提供了对输入信号源的失真及噪声误差所造成的动态有效位数评价误差补偿的理论依据。

式 (10-30) 描述了信号源信噪比对测量数据结果的影响，可从理论上计算该影响，将对实际被校系统的分析和评价结果提供有力的证明。

式 (10-32) 和式 (10-33) 均描述了输入信号源的信噪比 SI 对动态有效位数评价结果的影响 ΔB(即 BD−BR)，为信号源噪声对动态有效位数带来的影响的有效估计、控制等提供了理论依据。

式 (10-34) 为信号源的信噪比 SI 和动态有效位数误差 ΔB 的关系式，通过它可在已知 BD 评价误差 ΔB 的情况下，选取信号源的信噪比的下限；这将为计量评价提供可靠的理论基础，从而解决正弦拟合法评价数据采集系统动态有效位数中的信号源误差的传递分析问题。

5. 实验验证

这里通过计算机仿真，使用高斯噪声对上述过程及结论进行了验证，详见表 10-1，表中为理想 A/D 位数 BD=12 bit 的数据采集系统 (其理想信噪比 SD=74.00dB)，对具有高斯噪声且信噪比 SI 的正弦波输入时，其动态有效位数评价值 BR 及修正值 BD 的仿真结果，即信号源失真信噪比为 SI 时，数据采集系统动态有效位数的评价结果。量程为 −4096 ~4096mV，采集速率为 9999.9Sa/s，采集数据个数为 4000；理想 A/D 位数为 12bit；信号幅度为 4090mV；频率为 5Hz。

由表 10-1 可见，在输入信号的信噪比不是理想状况时，按本节的结论对动态有效位数 BR 进行修正是非常必要的，能获得比不修正时更好的结果。尤其是当信号源的信噪比比数据采集系统的信噪比低许多时，更是如此。仿真结果验证了本节结论的正确性及有效性。另外，在仿真结果中，修正后的有效位数 BD 并不完全等于其理想值 12 bit，这主要是因为，本节所研究的对象是噪声特性，输入信号的噪声经过量化后、在有限长序列中具有离散性造成了该现象。该现象如何消除及避免，将有待于进一步研究。

表 10-1　动态有效位数评价值 BR 及修正值 BD 的仿真结果

有效位数 BR /bit	有效位数 BD /bit	信噪比 SR /dB	信噪比 SI /dB	信噪比 SD /dB
12.02	12.02	74.12	∞	74.12
11.98	11.98	73.90	∞	73.90
12.00	12.00	74.02	∞	74.02
12.00	12.04	74.02	87.35	74.22
12.00	12.15	74.02	81.25	74.90
12.00	12.15	73.98	81.14	74.90
12.00	12.19	73.99	80.34	75.14
11.71	12.22	72.28	75.25	75.32
11.69	12.17	72.11	75.22	75.01
11.51	11.98	71.04	74.21	73.88
11.19	11.77	69.10	71.65	72.61
10.89	11.61	67.31	69.31	71.65
10.86	11.54	67.14	69.27	71.23
10.77	11.59	66.58	68.25	71.53
10.42	11.43	64.49	65.71	70.57
10.29	11.43	63.70	64.71	70.57
10.11	11.54	62.65	63.30	71.23
9.971	11.52	61.78	62.32	71.01

6. 结论

通过上述导出过程及仿真验证可见，本节的结论对于数据采集系统的动态有效位数评价具有特殊的意义。因为任何一个正弦信号源，都将具有噪声和失真，其信噪比都不可能无限大，并且是可以准确测量的。应用本节的结论，将可以对信号源噪声带来的有效位数评价误差进行确切估计。进而可以在给定的评价误差限度内，对信号源噪声和失真进行限定。最终，可在存在较大信号源噪声和失真的情况下，对动态有效位数进行评价。

10.2.2　有效位数不确定度评定 [5]

在数字示波器、瞬态记录仪器以及数据采集系统等几种数字化波形测量仪器设备中，动态有效位数是比较重要的动态特性指标，可以依其定义使用 FFT 分析法，按照频谱分析原理在频域中获得评价，也可以使用四参数最小二乘正弦拟合法在时域中获得评价 [6]。本节将主要讨论和介绍使用正弦拟合法评价动态有效位数时，其测量不确定度的评定。

1. 测量原理与方法

如前所述，动态有效位数的评价，基本思想是通过测量系统对一个单频正弦信号的采集数据，运用曲线拟合的方法，评价出其在此频率点上的动态测量准确度。具体作法如下所述。

设测量系统通道的量程为 E_{r}，双极性对称输入方式，通道采集速率为 v，则

$$E_{\mathrm{p}} \leqslant \frac{E_{\mathrm{r}}}{2} \tag{10-35}$$

$$f_0 \leqslant \frac{v}{3} \tag{10-36}$$

推荐取

$$f_0 = \frac{N \cdot v}{n} \tag{10-37}$$

给测量系统加载一个低失真正弦信号:

$$e(t) = E_{\mathrm{p}} \sin(2\pi \cdot f_0 t + \varphi_0) \tag{10-38}$$

其中, n 为通道采集数据个数; N 为通道采集的信号整周期个数; n 与 N 不能有公共因子。

启动采集, 获得一组采集数据 $x_i(i = 0, \cdots, n-1)$, 按最小二乘法求出采集数据的最佳拟合信号:

$$a(t) = A \cdot \sin(2\pi \cdot ft + \varphi) + d \tag{10-39}$$

其中, $a(t)$ 为拟合信号的瞬时值; A 为拟合正弦波形的幅度; f 为拟合正弦波形的频率; φ 为拟合正弦波形的初相位; d 为拟合信号的直流分量值。

由于实际的采集数据是一些离散化的值 x_i, 对应地, 其时间也是离散化的 t_i, 其中, $t_i = i/v(i = 0, \cdots, n-1)$; 这样, 式 (10-39) 变成

$$a(t_i) = A \cdot \sin(2\pi \cdot ft_i + \varphi) + d \tag{10-40}$$

简记为

$$a(i) = A \cdot \sin(\omega \cdot i + \varphi) + d \tag{10-41}$$

$$\omega = \frac{2\pi f_0}{v} \tag{10-42}$$

则拟合残差有效值 ρ 为

$$\rho = \sqrt{\frac{1}{n} \cdot \sum_{i=0}^{n-1} [x_i - A \cdot \sin(\omega \cdot i + \varphi) - d]^2} \tag{10-43}$$

式中, t_i 为第 i 个测量点的时刻, $i = 0, \cdots, n-1$。

当拟合残差有效值 ρ 最小时, 可获得式 (10-38) 的最小二乘意义下的拟合正弦信号式 (10-41)。

设动态有效位数评价过程中, 信号源信噪比 (总失真度的另一种表示方式) 为 SI 分贝, 信号源噪声为 0 时, 被评价的测量系统自身的噪声相对于量程的等效信噪比为 SD 分贝, 系统的动态有效位数为 BD, 测量数据的噪声相对于量程的等效信噪比为 SR 分贝, 对应的有效位数为 BR, η 为信号峰峰值与通道量程之比。此时, 通过 ρ 可以按式 (10-44) 和式 (10-45) 计算 [1]BR 和 SR:

$$\mathrm{BR} = \log_2\left(\frac{E_{\mathrm{r}}}{\rho \times \sqrt{12}}\right) \quad (\mathrm{bit}) \tag{10-44}$$

$$\mathrm{SR} = 6.02 \cdot \mathrm{BR} + 1.76 \quad (\mathrm{dB}) \tag{10-45}$$

$$\mathrm{BD}=\frac{-10\cdot\lg(10^{-\mathrm{SR}/10}-\eta^2\cdot 10^{-\mathrm{SI}/10})-1.76}{6.02} \tag{10-46}$$

$$\mathrm{SD}=6.02\cdot\mathrm{BD}+1.76 \tag{10-47}$$

实际工作中，通常不对信号源的总失真度 (或信噪比) 进行测量和修正，而是使用 BR 值来作为动态有效位数 BD 的测量结果。

2. 测量不确定度模型

由上述过程和式 (10-44)、式 (10-47) 可见，动态有效位数校准评价的不确定度 $u(\mathrm{BR})$，主要来源于：

(1) 校准用信号源波形失真和噪声 SI 带来的不确定度 $u_1(\mathrm{BR})$；

(2) 校准软件带来的不确定度 $u_2(\mathrm{BR}_b)$，它与系统所用 A/D 位数 BR_b 有关；

(3) 被校准的测量设备重复性带来的不确定度 $u_3(\mathrm{BR})$。显然，可以认为它们之间互不相关，有 [7]

$$u_{\mathrm{c}}(\mathrm{BR})=\sqrt{u_1^2(\mathrm{BR})+u_2^2(\mathrm{BR}_b)+u_3^2(\mathrm{BR})} \tag{10-48}$$

3. 测量数据及处理

由式 (10-44)、式 (10-46) 可得，SI 给有效位数 BD 的测量带来的误差极限为 [1]

$$\begin{aligned}\Delta\mathrm{BR}=\mathrm{BD}-\mathrm{BR}&=\frac{10\cdot\lg[1+\eta^2\cdot 10^{-(\mathrm{SI}-\mathrm{SD})/10}]}{6.02}\\&=\frac{-10\cdot\lg(10^{-\mathrm{SR}/10}-\eta^2\cdot 10^{-\mathrm{SI}/10})-1.76}{6.02}-\mathrm{BR}\end{aligned} \tag{10-49}$$

设由信号源失真带来的有效位数误差在 $(0,\Delta\mathrm{BR})$ 范围内均匀分布，则其不确定度 $u_1(\mathrm{BR})$ 按 B 类方法获得

$$u_1(\mathrm{BR})=\frac{\Delta\mathrm{BR}}{\sqrt{12}} \tag{10-50}$$

其自由度 $\nu_1(\mathrm{BR})=\infty$。

本次测量实验中，使用 Tektronix 公司的 SG5010 型低失真正弦振荡器作为标准信号源 [8]，信号源信噪比 SI⩾ 100dB；使用的 SC-26 型数据采集系统作为被测设备 [9]，其 A/D 位数为 $b=12$ bit。当信号覆盖全量程，即 $\eta=1$ 时，使用该信号源评价被校设备的动态有效位数，在不同的动态有效位数时的不确定度 $u_1(\mathrm{BR})$ 如表 10-2 所示。

数据处理软件带来的不确定度 $u_2(\mathrm{BR}_b)$，由 A/D 位数 b 已知 (这时它应与 BD 相同：$\mathrm{BD}=\mathrm{BR}_b=b$) 的理想仿真数据，使用数据处理软件处理的结果 (取 11 个信号周期，$n_0=1000$ 个数据点，一周期内取 $m_0=360$ 个等间隔初始相位状态文件，直流分量 $d=0$，幅度覆盖量程 95%)，按 A 类不确定度评价方法获得，如表 10-2 所示，则其自由度 $\nu_2(\mathrm{BR}_b)=m_0-1=359$。

当被测设备为理想设备时，可得仅由校准系统带来的动态有效位数的测量不确定度 $u_{\mathrm{c0}}(\mathrm{BR})$：

$$u_{\mathrm{c0}}(\mathrm{BR})=\sqrt{u_1^2(\mathrm{BR})+u_2^2(\mathrm{BR}_b)} \tag{10-51}$$

表 10-2 有效位数评价的不确定度 [1,9]

BD /bit	ΔBR /bit	u_1(BR) /bit	u_2(BR) /bit	u_{c0}(BR) /bit	ν_{eff0}	k	U_0(BR) /bit
4	2.8×10^{-8}	8.1×10^{-9}	0.11	0.11	359	1.960	0.22
5	1.1×10^{-7}	3.2×10^{-8}	6.7×10^{-2}	6.7×10^{-2}	359	1.960	0.13
6	4.4×10^{-7}	1.3×10^{-7}	1.1×10^{-2}	1.1×10^{-2}	359	1.960	0.022
7	1.8×10^{-6}	5.2×10^{-7}	8.3×10^{-3}	8.3×10^{-3}	359	1.960	0.016
8	7.1×10^{-6}	2.0×10^{-6}	2.8×10^{-2}	2.8×10^{-2}	359	1.960	0.055
9	2.8×10^{-5}	8.1×10^{-6}	2.2×10^{-2}	2.2×10^{-2}	359	1.960	0.043
10	1.1×10^{-4}	3.2×10^{-5}	3.9×10^{-2}	3.9×10^{-2}	359	1.960	0.076
11	4.5×10^{-4}	1.3×10^{-4}	1.3×10^{-2}	1.3×10^{-2}	359	1.960	0.025
12	1.8×10^{-3}	5.2×10^{-4}	2.7×10^{-2}	2.7×10^{-2}	359	1.960	0.053
13	7.2×10^{-3}	2.1×10^{-3}	2.1×10^{-2}	2.1×10^{-2}	359	1.960	0.041
14	2.8×10^{-2}	8.1×10^{-3}	3.2×10^{-2}	3.3×10^{-2}	406	1.960	0.065
15	0.11	3.2×10^{-2}	2.5×10^{-2}	4.0×10^{-2}	2352	1.960	0.078
16	0.36	0.10	2.7×10^{-2}	0.11	98903	1.960	0.22
17	0.92	0.27	3.1×10^{-2}	0.27	2×10^{6}	1.960	0.53

其有效自由度为

$$\nu_{\text{eff0}}(\text{BR}) = \frac{u_{\text{c0}}^4(\text{BR})}{\dfrac{u_1^4(\text{BR})}{\nu_1(\text{BR})} + \dfrac{u_2^4(\text{BR}_b)}{\nu_2(\text{BR}_b)}} \tag{10-52}$$

令置信概率 $P = 95\%$，由 $\nu_{\text{eff0}}(\text{BR})$，经 t 分布表查得包含因子 $k(\text{BR})$。由包含因子 $k(\text{BR})$，可得其相应的扩展不确定度为

$$U_0(\text{BR}) = k(\text{BR}) \times u_{\text{c0}}(\text{BR}) \tag{10-53}$$

具体数值参见表 10-2。

选取信号幅度为 $E_{\text{p}} = 2.4\text{V}$，频率 $f = 21\text{kHz}$，测量设备量程 $E_{\text{r}} = 5\text{V}$，采集速率 $v = 1\text{MSa/s}$，数据个数 $n = 1000$。则 $\eta = 0.96$，由 10.2.2 节 1. 的过程执行 $m = 15$ 次测量，获得 m 个动态有效位数测量值 $\text{BR}_j(j = 1, \cdots, m)$，如表 10-3 所示，由式 (10-49)、式 (10-50) 可得相应的测量误差极限 ΔBR_j 和 $u_1(\text{BR}_j)$，如表 10-3 所示，其自由度 $\nu_1(\text{BR}_j) = \infty$。

由表 10-3 的数据可获得

均值：

$$\overline{\text{BR}} = \frac{1}{m}\sum_{j=1}^{m}\text{BR}_j = 10.087 \quad (\text{bit})$$

实验标准偏差：

$$s(\text{BR}_j) = \sqrt{\frac{1}{m-1}\sum_{j=1}^{m}(\text{BR}_j - \overline{\text{BR}})^2} = 8.066 \times 10^{-2} \quad (\text{bit})$$

则 $u_3(\text{BR}_j) = s(\text{BR}_j) = 8.066 \times 10^{-2}(\text{bit})$，其自由度 $\nu_3(\text{BR}_j) = n - 5 = 995$；由于 A/D 位数为 $b = 12$ bit，由表 10-2 的 $\text{BR}_b = b = 12$ bit 查得 $u_2(\text{BR}_b) = 2.7 \times 10^{-2}(\text{bit})$。

表 10-3　动态有效位数测量结果

j	BR_j /bit	SR_j /dB	$\Delta\mathrm{BR}_j$ /bit	$u_1(\mathrm{BR}_j)$ /bit	$u_\mathrm{c}(\mathrm{BR}_j)$ /bit	$U(\mathrm{BR}_j)$ /bit
1	10.17	63.00	2.89×10^{-3}	8.34×10^{-4}	0.0851	0.17
2	10.19	63.17	0.0111	3.21×10^{-3}	0.0851	0.17
3	10.02	62.14	1.00×10^{-2}	2.89×10^{-3}	0.0851	0.17
4	10.07	62.42	6.53×10^{-3}	1.88×10^{-3}	0.0851	0.17
5	10.19	63.14	6.15×10^{-3}	1.78×10^{-3}	0.0851	0.17
6	10.12	62.71	4.71×10^{-3}	1.36×10^{-3}	0.0851	0.17
7	10.10	62.63	1.14×10^{-2}	3.30×10^{-3}	0.0851	0.17
8	9.974	61.84	6.17×10^{-3}	1.78×10^{-3}	0.0851	0.17
9	9.939	61.63	6.28×10^{-3}	1.81×10^{-3}	0.0851	0.17
10	10.11	62.65	4.74×10^{-3}	1.37×10^{-3}	0.0851	0.17
11	10.15	62.88	2.95×10^{-3}	8.53×10^{-4}	0.0851	0.17
12	10.05	62.32	9.91×10^{-3}	2.86×10^{-3}	0.0851	0.17
13	9.982	61.89	6.48×10^{-3}	1.87×10^{-3}	0.0851	0.17
14	10.08	62.50	9.82×10^{-3}	2.84×10^{-3}	0.0851	0.17
15	10.16	62.97	7.91×10^{-3}	2.28×10^{-3}	0.0851	0.17

4. 合成标准不确定度

将各个不确定度分量概算汇总，列于表 10-4。

表 10-4　动态有效位数测量不确定度分量汇总表

序号	影响量 X_i	估计值 x_i	标准不确定度 $u(x_i)$	概率分布	灵敏系数 c_i	不确定度分量 u_i
1	信号源噪声与失真	−100dB	5.2×10^{-4}bit	正态	1	5.2×10^{-4}bit
2	软件运算误差	0	2.7×10^{-2}bit	正态	1	2.7×10^{-2}bit
3	重复性误差	0	8.07×10^{-2}bit	正态	1	8.07×10^{-2}bit

由表 10-4 可知，测量重复性所引入的不确定度分量是占优势分量，而由于其满足正态分布，所以可判定动态有效位数的不确定度也满足正态分布。

由表 10-3 的数据及式 (10-48) 可得动态有效位数 BR_j 的合成不确定度：

$$u_\mathrm{c}(\mathrm{BR}_j)=\sqrt{u_1^2(\mathrm{BR}_j)+u_2^2(\mathrm{BR}_b)+u_3^2(\mathrm{BR}_j)}$$

数据列入表 10-3 中；其有效自由度为

$$\nu_\mathrm{eff}(\mathrm{BR}_j)=\frac{u_\mathrm{c}^4(\mathrm{BR}_j)}{\dfrac{u_1^4(\mathrm{BR}_j)}{\nu_1(\mathrm{BR}_j)}+\dfrac{u_2^4(\mathrm{BR}_b)}{\nu_2(\mathrm{BR}_b)}+\dfrac{u_3^4(\mathrm{BR}_j)}{\nu_3(\mathrm{BR}_j)}}=\frac{0.0851^4}{\dfrac{u_1^4(\mathrm{BR}_j)}{\infty}+\dfrac{0.027^4}{359}+\dfrac{0.08066^4}{995}}=1191.4$$

由式 (10-49) 得

$$\Delta\overline{\mathrm{BR}}=\mathrm{BD}-\overline{\mathrm{BR}}=1.17\times10^{-4}\quad(\mathrm{bit})$$

$$u_1(\overline{BR})=\frac{\Delta\overline{BR}}{\sqrt{12}}=3.39\times10^{-5}\quad(\mathrm{bit})$$

其自由度 $\nu_1(\overline{\mathrm{BR}})=\infty$；而

$$u_3(\overline{\mathrm{BR}})=s(\overline{\mathrm{BR}})=\frac{s(\mathrm{BR}_j)}{\sqrt{m}}=2.08\times10^{-2}\quad(\mathrm{bit})$$

其自由度 $\nu_3(\overline{\mathrm{BR}})=m-1=14$。

动态有效位数 $\overline{\mathrm{BR}}$ 的合成不确定度为

$$u_\mathrm{c}(\overline{\mathrm{BR}})=\sqrt{u_1^2(\overline{\mathrm{BR}})+u_2^2(\mathrm{BR}_b)+u_3^2(\overline{\mathrm{BR}})}=3.4\times10^{-2}\quad(\mathrm{bit})$$

其有效自由度为

$$\nu_\mathrm{eff}(\overline{\mathrm{BR}})=\frac{u_\mathrm{c}^4(\overline{\mathrm{BR}})}{\dfrac{u_1^4(\overline{\mathrm{BR}})}{\nu_1(\overline{\mathrm{BR}})}+\dfrac{u_2^4(\mathrm{BR}_b)}{\nu_2(\mathrm{BR}_b)}+\dfrac{u_3^4(\overline{\mathrm{BR}})}{\nu_3(\overline{\mathrm{BR}})}}=\frac{0.034^4}{\dfrac{(3.39\times10^{-5})^4}{\infty}+\dfrac{0.027^4}{359}+\dfrac{0.0208^4}{14}}=90$$

5. 扩展不确定度

选取置信概率 $P=95\%$，由 $u_\mathrm{c}(\mathrm{BR}_j)$ 的有效自由度 $\nu_\mathrm{eff}(\mathrm{BR}_j)$，经 t 分布表查得包含因子 $k(\mathrm{BR}_j)=1.960$，则动态有效位数测量结果 BR_j 的扩展不确定度为

$$U(\mathrm{BR}_j)=k(\mathrm{BR}_j)\times u_\mathrm{c}(\mathrm{BR}_j)=1.960\times u_\mathrm{c}(\mathrm{BR}_j)$$

选取置信概率 $P=95\%$，由 $u_\mathrm{c}(\overline{\mathrm{BR}})$ 的有效自由度 $\nu_\mathrm{eff}(\overline{\mathrm{BR}})$，经 t 分布表查得包含因子 $k(\overline{\mathrm{BR}})=1.970$。则动态有效位数测量结果 $\overline{\mathrm{BR}}$ 的扩展不确定度为

$$U(\overline{\mathrm{BR}})=k(\overline{\mathrm{BR}})\times u_\mathrm{c}(\overline{\mathrm{BR}})=6.7\times10^{-2}\quad(\mathrm{bit})$$

6. 测量结果的最终表述

如果以单次测量结果进行表述，则动态有效位数 BD 的最终测量结果为

$$\mathrm{BD}=\mathrm{BR}_j\pm U(\mathrm{BR}_j)\quad(k=1.960,P=95\%)$$

其中，$\pm$ 的后面是扩展不确定度，它的包含因子为 $k(\mathrm{BR}_j)=1.960$，置信概率为 $P=95\%$，具体值见表 10-3。

如果以测量结果的平均值进行表述，则动态有效位数 BD 的最终测量结果为

$$\mathrm{BD}=\overline{\mathrm{BR}}+U(\overline{\mathrm{BR}})=\left(10.087\pm6.7\times10^{-2}\right)\quad(\mathrm{bit})\quad(k=1.970,P=95\%)$$

其中，$\pm$ 的后面是扩展不确定度，它的包含因子为 $k(\overline{\mathrm{BR}})=1.970$，置信概率为 $P=95\%$。

7. 结论

综上所述可见，在使用模型化测量方法评价仪器设备的动态有效位数指标时，其测量不确定度影响因素主要涉及信号失真度、校准软件和测量重复性带来的不确定度，另外需要注意的是，正弦拟合法评价仪器系统指标时，采集序列长度和信号周期数对其不确定度也有影响，具体规律参见 8.5 节。一般说来，其他条件不变时，增加采集序列长度和增加信号周期数均可降低评价不确定度。

10.3　交流增益和信号幅度测量 [10]

交流增益，通常是指单频正弦信号通过线性系统时，其输出幅度与输入幅度之比。其测量结果的不确定度，与评价设备、评价方法、评价条件以及被评价设备的指标均有关系。尤其是评价方法，往往起着决定性的作用，在许多精密测量过程中均如此。实际上，交流增益的精确评价，主要是交流信号幅度的精确评价，以往多采用峰值检测法、平均值法、有效值法等进行，评价结果或受噪声、量化误差等影响较大，或需要取整数个信号周期，不容易做到十分精确。近年来，在数字示波器、瞬态记录仪器等设备的交流增益校准评价中广泛使用的正弦拟合法 [6]，是一种受噪声及量化影响较小的、不一定要求整数个信号周期的模型化测量方法，也是一种比较稳定的、具有较小不确定度的交流增益评价方法。在这种总体最优的模型化测量方法中，影响测量不确定度的因素较多，本节将主要讨论和介绍使用四参数正弦拟合法评价交流增益时的测量不确定度问题。

10.3.1　测量原理与方法 [6]

交流增益评价的基本思想是通过测量系统对一个单频正弦信号的采集数据，运用曲线拟合的方法，计算出该正弦信号的幅度值作为输入信号幅度测量值，从而获取交流增益值。具体作法如下所述。

设测量系统通道的量程为 $E_{\rm r}$，双极性对称输入方式，通道采集速率为 v；$E \leqslant E_{\rm r}/2$，$f_0 \leqslant v/3$(推荐取 $f_0 = N \cdot v/n$)。给测量系统加载一个正弦信号：

$$e(t) = E\sin(2\pi \cdot f_0 t + \varphi_0) \tag{10-54}$$

其中，n 为通道采集数据个数；N 为通道采集的信号整周期个数；n 与 N 不能有公共因子。

启动采集，得一组采集数据 $x_i(i = 0, \cdots, n-1)$，按最小二乘法求出采集数据的最佳拟合信号：

$$a(t) = A \cdot \sin(2\pi \cdot ft + \varphi) + d \tag{10-55}$$

其中，$a(t)$ 为拟合信号的瞬时值；A 为拟合正弦波形的幅度；f 为拟合正弦波形的频率；φ 为拟合正弦波形的初始相位；d 为拟合信号的直流分量值。

由于采集数据是一些离散化的值 x_i，对应地，其时间也是离散化的 t_i，其中，$t_i = i/v$ 为第 i 个测量点的时刻，$i = 0, \cdots, n-1$；这样，式 (10-55) 变成

$$a(t_i) = A \cdot \sin(2\pi \cdot ft_i + \varphi) + d \tag{10-56}$$

简记为

$$a_{(i)} = A \cdot \sin(\omega \cdot i + \varphi) + d \tag{10-57}$$

其中，

$$\omega = \frac{2\pi f_0}{v}$$

则拟合残差有效值 ρ 为

$$\rho = \sqrt{\frac{1}{n} \cdot \sum_{i=0}^{n-1} [x_i - A \cdot \sin(\omega \cdot i + \varphi) - d]^2} \tag{10-58}$$

当拟合残差有效值 ρ 最小时，可获得式 (10-54) 的最小二乘意义下的拟合正弦信号式 (10-57)，其中拟合信号的幅度 A 为输入信号幅度测量值。交流增益为

$$G = \frac{A}{E} \tag{10-59}$$

10.3.2　测量不确定度模型

由式 (10-59) 可见，交流增益 G 与信号峰值 E 以及拟合幅度 A 均有关，而采集正弦波序列的谐波失真、杂波和噪声、量化误差、抖动、序列长度，以及序列中所含信号周期个数均将给拟合幅度带来影响 [11]，因此，可以列出交流增益 G 测量不确定度的主要来源。

(1) 信号源幅度的误差，它带来的正弦交流信号峰值 E 的不确定度为 $u_1 = u(E)$。

(2) 采样序列的谐波失真，主要是由信号的谐波失真、采集系统的非线性误差等因素造成的。它带来的幅度 A 测量不确定度为 u_2。

(3) 采样序列的噪声及非谐波失真，主要是由信号的随机噪声、杂波失真，采集系统的量化误差等因素造成的；实际也包含没有在第 (2) 项的谐波失真中被计入的高次谐波失真分量和微弱的较低次谐波失真分量的影响。它带来的幅度 A 的测量不确定度为 u_3。

(4) 采样序列的抖动，主要是由信号周期不稳定以及采样间隔不稳定带来的测量序列的信号周期性变动造成的。它带来的幅度 A 的测量不确定度为 u_4。

(5) 四参数正弦拟合软件误差，主要是由软件收敛判据、舍入误差、累积误差等造成的。它带来的幅度 A 的测量不确定度为 u_5。

(6) 另外，采集序列长度的变化、序列中所含信号周期个数的变化，也将给交流增益的测量带来影响，它们将体现在上述各项不确定度的分量中，这里不单独列出。

由式 (10-59) 可得

$$\mathrm{d}G = \frac{\partial G}{\partial A}\mathrm{d}A + \frac{\partial G}{\partial E}\mathrm{d}E = \frac{1}{E}\mathrm{d}A - \frac{A}{E^2}\mathrm{d}E \tag{10-60}$$

灵敏系数为

$$c(A) = \frac{\partial G}{\partial A} = \frac{1}{E} \tag{10-61}$$

$$c(E) = \frac{\partial G}{\partial E} = -\frac{A}{E^2} \tag{10-62}$$

由测量值 $y = f(x_1, x_2, \cdots, x_N)$，对于输入 X_i 的测量值 $x_i(i \neq j$，则 $X_i \neq X_j)$ 的不确定度传递公式为 [7]

$$u_{\mathrm{c}}(y) = \sqrt{\sum_{i=1}^{N}\left(\frac{\partial y}{\partial x_i}\right)^2 u^2(x_i) + 2\sum_{i=1}^{N-1}\sum_{j=i+1}^{N}\left(\frac{\partial y}{\partial x_i}\right)\left(\frac{\partial y}{\partial x_j}\right)u(x_i, x_j)} \tag{10-63}$$

$$u(x_i, x_j) = r(x_i, x_j) \cdot u(x_i) \cdot u(x_j) \tag{10-64}$$

式中，x_i 为输入 X_i 的测量值，x_j 为输入 X_j 的测量值，$i \neq j$，则 $X_i \neq X_j$；$u(x_i)$ 为 x_i 的标准不确定度，$u(x_j)$ 为 x_j 的标准不确定度，$i \neq j$；$u(x_i,x_j)$ 为 x_i、x_j 的协方差估计值，$i \neq j$；$r(x_i,x_j)$ 为 x_i、x_j 的相关系数估计值，$i \neq j$；

本测量过程中，显然可以认为：幅度 A 不同的不确定度分量之间不相关，则幅度 A 的合成标准不确定度 $u_{\mathrm{c}}(A)$ 为

$$u_{\mathrm{c}}(A) = \sqrt{u_2^2 + u_3^2 + u_4^2 + u_5^2} \tag{10-65}$$

交流增益 G 的不确定度分量中，可以认为 $u(E)$ 与 $u(A)$ 不相关，则其合成标准不确定度 $u_{\mathrm{c}}(G)$ 为

$$u_{\mathrm{c}}(G) = \sqrt{c^2(E) \cdot u^2(E) + c^2(A) \cdot u_{\mathrm{c}}^2(A)} = \sqrt{\frac{A^2 u_1^2}{E^4} + \frac{u_2^2 + u_3^2 + u_4^2 + u_5^2}{E^2}} \tag{10-66}$$

四参数正弦拟合中，误差界的指数表达式给出了其依信号周期个数和谐波阶次的变化趋势的一个较好拟合结果。该结果中，若 ΔN 为信号周期数误差，ΔA 为信号拟合幅度误差，$\Delta\varphi$ 为信号拟合相位误差，Δd 为信号直流分量估计值误差，n 为记录数据个数 ($n \geqslant 2Nh$)，N 为记录中所含信号周期个数 $(\omega nT)/(2\pi)$，h 为谐波阶次，A_h 为谐波幅度，则估计参数误差的误差界如下 [11]：

$$\max|\Delta N| = \frac{0.90}{(Nh)^{1.2}} \cdot \frac{A_h}{A} \tag{10-67}$$

$$\max\left|\frac{\Delta A}{A}\right| = \frac{1.00}{(Nh)^{1.25}} \cdot \frac{A_h}{A} \tag{10-68}$$

$$\max|\Delta\varphi| = \frac{180^\circ}{(Nh)^{1.25}} \cdot \frac{A_h}{A} \tag{10-69}$$

$$\max\left|\frac{\Delta d}{A}\right| = \frac{0.61}{(Nh)^{1.21} \cdot h^{1.1}} \cdot \frac{A_h}{A} \tag{10-70}$$

假设由 h 次谐波幅度 A_h 造成的幅度测量误差 ΔA 在其误差界内服从均匀分布，则 A_h 给 A 带来的测量不确定度 $u_{A_h}(A)$ 由式 (10-68) 可得

$$u_{A_h}(A) = \frac{1.00}{(Nh)^{1.25}} \cdot \frac{A_h}{\sqrt{3}} \tag{10-71}$$

由于三角函数基的正交性，显然，不同谐波之间互不相关，则由所有谐波给 A 带来的测量不确定度为

$$u_2 = \sqrt{\sum_{h \geqslant 2} u_{A_h}^2(A)} = \sqrt{\sum_{h \geqslant 2} \frac{A_h^2}{3 \cdot (Nh)^{2.5}}} \tag{10-72}$$

10.3.3 测量数据及处理

图 10-1 是使用中国铁道科学研究院研制的 SCO232 型数据采集系统，对于 FLUKE 5720A 型信号源进行测量获得的正弦信号波形；其 A/D 位数 BD=12 bit，测量范围 $-5\sim5$V，采集速率 $v=2$kSa/s，采样点数 $n_0=1800$；信号峰值 4.5V，频率 11Hz。则序列所含周波数 $N=9$，$n=1634$，经过四参数拟合得

$A=4459.388$mV；$\omega=0.03459784$ rad；$\varphi=219.544°$；$d=3.985$mV；$\rho=37.00925$mV；有效位数 = 6.29bit。

则由式 (10-59) 得，交流增益为 $G=A/E=4.459388/4.5=0.990975$。

图 10-2 为其频谱曲线，为详细观测谐波分量起见，这里将幅度刻度调小，截断了基波的大部分，从该曲线可见，测量序列主要的谐波失真为 3 次、5 次、7 次谐波，其他谐波分量与噪声没有什么区别，故不确定度分量 u_2 中仅需计算 2 次 $\sim$7 次谐波的影响即可，各主要谐波分量及其对拟合幅度的不确定度 $u_A(A_h)$ 列于表 10-5。

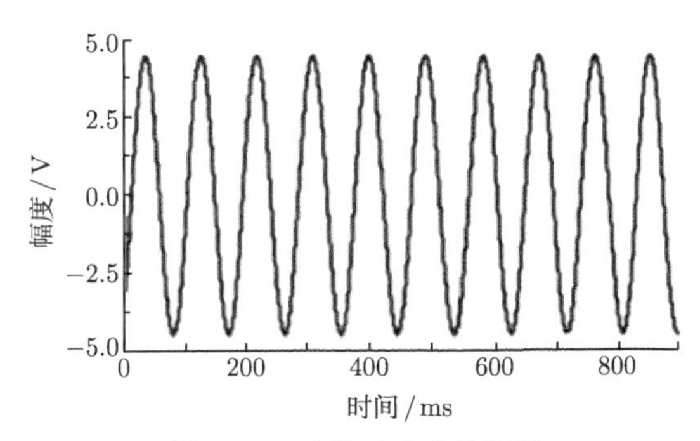

图 10-1 实测正弦曲线波形

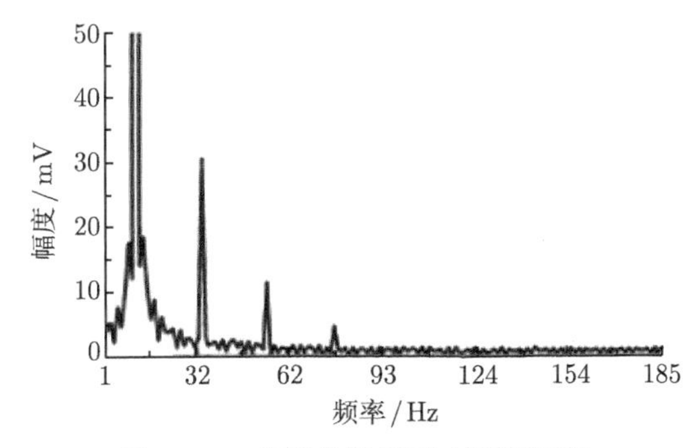

图 10-2 实测曲线频谱 (幅频特性)

表 10-5 采集序列基波与各主要谐波幅度值 [12]

波次	A_h/mV	φ_h/(°)	$u_{A_h}(A)$/mV
基波	4459.168	219.586	—
2 次谐波	3.854437	−41.100	0.06000
3 次谐波	30.67696	57.008	0.2878
4 次谐波	2.679193	−11.830	0.01754
5 次谐波	11.48631	−32.000	0.05690
6 次谐波	1.8175	27.335	0.007168
7 次谐波	4.701	64.409	0.01529

则 $u_2 = 0.30041\text{mV}$，自由度 $\nu_2 = \infty$；从采集序列中减去上述已被 u_2 计入的谐波分量后，重新进行四参数拟合得

$A = 4459.381\text{mV}$；$\omega = 0.03459782\ \text{rad}$；$\varphi = 219.550°$；$d = 3.953\text{mV}$；$\rho = 29.479\text{mV}$；有效位数 =6.61bit。

在随机噪声状态下，ρ^2 为噪声方差 (剔除谐波因素后的拟合方差)。正弦波最小二乘拟合四个参数的方差分别为 S_A^2、S_φ^2、S_d^2、S_ω^2，则 S_A^2/ρ^2、$S_\varphi^2 A^2/\rho^2$、S_d^2/ρ^2 以及 $S_\omega^2 A^2/(\omega^2\rho^2)$ 的描述如图 10-3 所示。即在 36 个等间距信号初相位上对应的误差界，随信号周期数的变化情况 [11]。这里，$n_0 = 100$，各描述值均与 n 成反比。

幅度、直流分量和频率的方差表示成比例方差的形式 (如 S_A^2/A^2、S_d^2/A^2 和 S_ω^2/ω^2) 更为实用。这些比例方差可以从图 10-3 按下述方式确定：① 对比例方差 S_A^2/A^2，从图 10-3(a) 中找出幅度估计方差与周期个数关系的确切位置，用相应的噪声比例方差 ρ^2/A^2 以及 $100/n$ 连乘即得；② 对于直流分量与相应正弦幅度 A 的比例方差 S_d^2/A^2，从图 10-3 (c) 中找直流分量估计方差，再乘以 $100\rho^2/(nA^2)$ 可得；③ 对于 S_ω^2/ω^2，在图 10-3 (d) 中，找出相应信号周期数的频率估计方差，最后乘以 $100\rho^2/(nA^2)$ 即可获得；④ 初始相位的直接方差 S_φ^2，可以从图 10-3 (b) 中的初始相位估计方差中找到，用 $100\rho^2/(nA^2)$ 乘后获得。

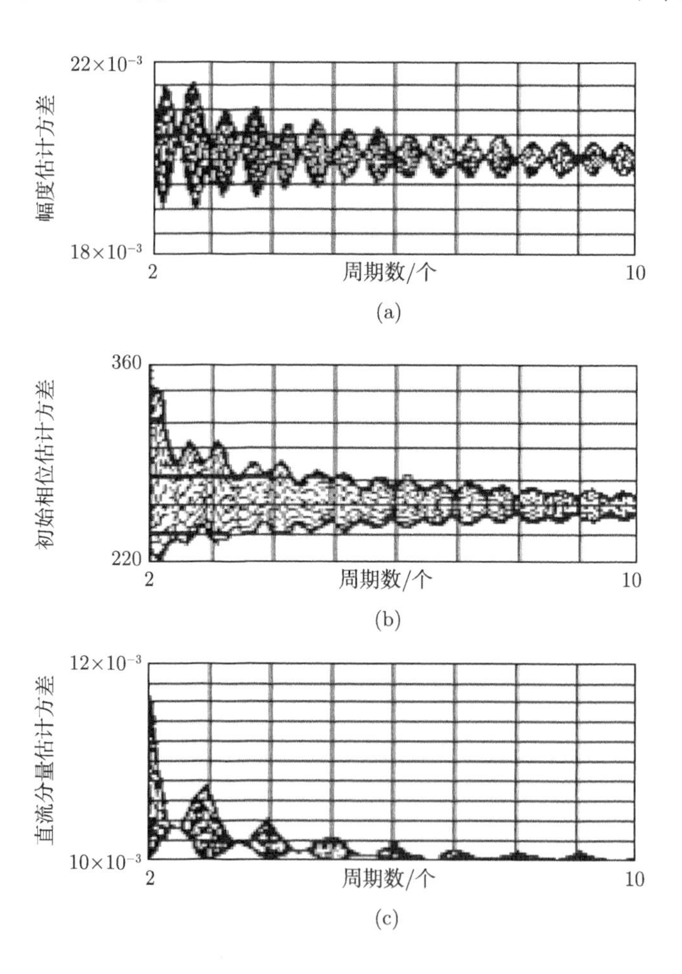

(a)

(b)

(c)

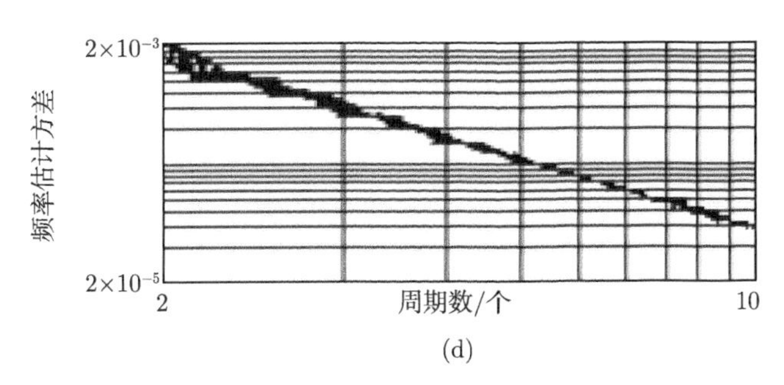

图 10-3 在 36 个均匀分布的相位点上, 规范化参数估计方差 (由噪声引起的) 与周期数的函数关系描述

(a) 幅度估计方差 S_A^2/ρ^2; (b) 初始相位估计方差 $S_\varphi^2 A^2/\rho^2$; (c) 直流分量估计方差 S_d^2/ρ^2; (d) 频率估计方差 $S_\omega^2 A^2/(\omega^2\rho^2)$

由 $N=9$，$n=1634$，$\rho=29.479\text{mV}$，从图 10-3(a) 中查得：$n_0=100$ 点时的幅度估计方差 $\sigma_A^2=S_A^2/\rho^2=0.02$，则本节中

$$u_3=S_A=\sqrt{\frac{\sigma_A^2\cdot n_0\cdot\rho^2}{n}}=1.031\text{mV}$$

其自由度 $\nu_3=n_0-4=96$。

在实际情况下，始终存在波形抖动，它将造成拟合幅度的抖动并产生不确定度。若存在如下几个前提条件：① 抖动的高阶导数项的影响可忽略；② 任何谐波失真都足够小，以至于它对导数的影响可忽略；③ 抖动误差的均值为 0，尽管这并不严格真实 [11,13]；④ 每一采样点的抖动与其他点独立，则由抖动误差所引起的标准偏差可以估计。

图 10-4 为图 10-1 所示波形的幅度抖动测量结果曲线图 [14]。从该曲线可得：幅度抖动的实验标准偏差 $s_A=0.4615$ mV；幅度抖动最大值 $\lambda_A=1.3188\text{mV}$。它是由 $m_0=166$ 组值实测获得，每组 $N=9$，$n=1634$。则

$$u_4=s_A=0.4615\text{mV}$$

其自由度 $\nu_4=m_0-1=165$。

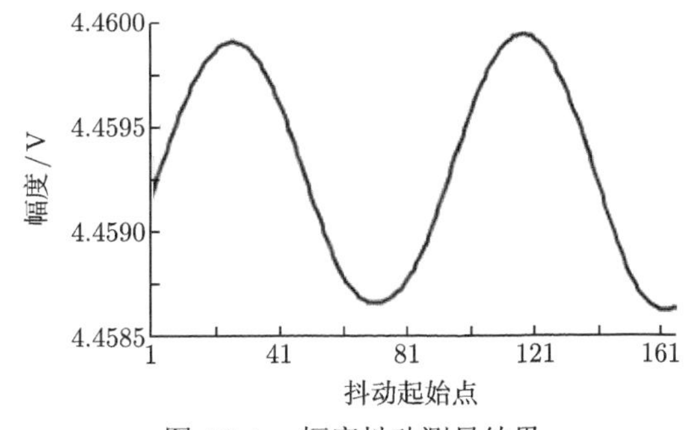

图 10-4 幅度抖动测量结果

由信号峰值 4.5V 和说明书得 [15]，正弦信号源幅度误差限为：±0.0240%读值 $\pm 400\mu V = \pm 1.48$mV；设信号幅度 E 的误差在该范围内服从均匀分布，则其不确定度为

$$u_1 = u(E) = 1.48/3^{1/2} = 0.8448\text{mV}$$

自由度 $\nu_1 = \infty$。

数据处理软件带来的不确定度 u_5，由幅度已知的仿真数据使用数据处理软件处理的结果，当 $n = n_i = 1009$ 时，按 A 类不确定度评价方法获得 [16]，如表 10-6 所示。

表 10-6　校准软件带来的幅度 E 测量不确定度 $u_{5i}(n = n_i = 1009)$

BD/bit	u_{5i}	BD/bit	u_{5i}
4	$1.1\times10^{-2}E$	11	$1.9\times10^{-5}E$
5	$7.7\times10^{-4}E$	12	$5.8\times10^{-6}E$
6	$1.5\times10^{-3}E$	13	$5.3\times10^{-6}E$
7	$3.1\times10^{-4}E$	14	$2.5\times10^{-6}E$
8	$9.2\times10^{-5}E$	15	$1.0\times10^{-6}E$
9	$9.4\times10^{-5}E$	16	$6.8\times10^{-7}E$
10	$6.5\times10^{-5}E$	17	$2.9\times10^{-7}E$

由于拟合误差与序列长度成反比，A/D 位数 BD=12 bit，故有 $u_5 = u_{5i} \times n_i/n = 5.8 \times 10^{-6} \times 4.5 \times 1009/1634\text{V} = 16\mu\text{V}$，其自由度 $\nu_5 = n_i - 4 = 1009 - 4 = 1005$。

10.3.4　合成不确定度计算

这里将交流增益的各个不确定度分量概算汇总，列于表 10-7。

表 10-7　交流增益测量不确定度分量汇总表

序号	影响量 X_i	估计值 x_i	标准不确定度 $u(x_i)$	概率分布	灵敏系数 c_i	不确定度分量 u_i
1	信号源幅度误差	4459.381mV	0.8448mV	矩形	1/4500	1.966×10^{-4}
2	序列的谐波	0	0.30041mV	正态	1/4500	6.676×10^{-5}
3	序列的噪声	0	1.031mV	正态	1/4500	2.291×10^{-4}
4	抖动	0	0.4615mV	正态	1/4500	1.026×10^{-4}
5	软件运算误差	0	16μV	正态	1/4500	3.556×10^{-6}

由表 10-7 可知，没有不确定度分量是绝对占优势分量，因此可判定交流增益的不确定度应满足正态分布。

交流增益 G 的合成标准不确定度 $u_c(G)$ 为

$$u_c(G) = \sqrt{\frac{A^2u_1^2}{E^4} + \frac{u_2^2 + u_3^2 + u_4^2 + u_5^2}{E^2}} = 3.20 \times 10^{-4}$$

其有效自由度 [7] $\nu_{\text{eff}}(G)$ 为

$$\nu_{\text{eff}}(G) = \frac{u_c^4}{\displaystyle\sum_{i=1}^{5}\frac{c_i^4u_i^4}{\nu_i}} = \frac{u_c^4(G)}{\dfrac{A^4u_1^4}{\nu_1E^8} + \dfrac{1}{E^4}\cdot\left(\dfrac{u_2^4}{\nu_2} + \dfrac{u_3^4}{\nu_3} + \dfrac{u_4^4}{\nu_4} + \dfrac{u_5^4}{\nu_5}\right)} = 354.8$$

幅度 A 的合成标准不确定度 $u_{\mathrm{c}}(A)$ 为

$$u_{\mathrm{c}}(A)=\sqrt{u_2^2+u_3^2+u_4^2+u_5^2}=1.17\mathrm{mV}$$

其有效自由度 $\nu_{\mathrm{eff}}(A)$ 为

$$\nu_{\mathrm{eff}}(A)=\frac{u_{\mathrm{c}}^4(A)}{\sum\limits_{i=2}^{5}\frac{c_i^4u_i^4}{\nu_i}}=155$$

10.3.5　扩展不确定度

令置信概率 $P=95\%$，由有效自由度 $\nu_{\mathrm{eff}}(G)=354$，查 t 分布表得，包含因子 $k=t_P[\nu_{\mathrm{eff}}(G)]=1.96$，则扩展不确定度为

$$U(G)=k\times u_{\mathrm{c}}(G)=1.96\times 3.20\times 10^{-4}=6.3\times 10^{-4}$$

令置信概率 $P=95\%$，由有效自由度 $\nu_{\mathrm{eff}}(A)=155$，查 t 分布表得，包含因子 $k=t_P[\nu_{\mathrm{eff}}(A)]=1.96$，则扩展不确定度为

$$U(A)=k\times u_{\mathrm{c}}(A)=1.96\times 1.17=2.3\mathrm{mV}$$

10.3.6　测量结果的最终表述

正弦拟合法获得的交流增益为

$$G_0=G\pm U(G)=0.99098\pm 0.00063\quad (k=1.96,P=95\%)$$

其中，“±”后面是扩展不确定度，其包含因子 $k=1.96$，由置信概率 $P=95\%$、有效自由度 $\nu_{\mathrm{eff}}(G)=354$，查 t 分布表获得。

正弦拟合法获得的正弦波幅度为

$$A_0=A\pm U(A)=(4459.4\pm 2.3)\mathrm{mV}\quad (k=1.96,P=95\%)$$

其中，“±”后面是扩展不确定度，其包含因子 $k=1.96$，由置信概率 $P=95\%$、有效自由度 $\nu_{\mathrm{eff}}(A)=155$，查 t 分布表获得。

10.3.7　结论

综上所述，在使用模型化测量方法评价仪器设备的交流增益指标时，其测量不确定度分析较为复杂，影响评价结果的因素较多，涉及信号源幅度不确定度、采集序列的谐波失真、随机误差、频率抖动、信号周期个数、采样点数和软件计算误差等多项因素，一般说来，其他条件不变时，增加采集序列长度和增加信号周期个数，均可降低交流增益的评价不确定度。如果需要进一步降低测量不确定度，则数字滤波器是一种有效的手段[17]。

10.4　采集速率测量 [18]

通道采集速率是指数据采集通道在单位时间内所采集的数据个数。在数据采集系统等线性数字化测量仪器设备中，其是一项基本指标。采集速率有很多评价方法，如标准周期计数法 [19,20]、正弦拟合法 [6,21] 等。它们各有优缺点，但如果想用少量采样点达到很高的测量准确度，则无疑正弦拟合法拥有巨大优势，它是一种受噪声及量化误差影响较小的、不一定要求整数个信号周期的模型化测量方法，也是一种比较稳定的、具有较小不确定度的测量方法，因而在进行采集速率的精确测量时，经常被采用。本节将主要讨论和介绍使用正弦拟合法评价数据采集系统等线性数字化测量系统的通道采集速率时，其测量不确定度的评价问题。

10.4.1　测量原理与方法 [6,21]

采集速率评价的基本思想，是通过测量系统对一个单频正弦信号的采集数据，使用曲线拟合方法，用拟合的正弦采样序列的离散角频率和信号频率经运算获得采集速率测量值。具体作法如下所述。

设测量系统通道的量程为 E_{r}，双极性对称输入方式，通道采集速率为 v；输入信号幅度 $E \leqslant E_{\mathrm{r}}/2$，输入信号的频率 $f_0 \leqslant v/3$，(推荐取 $f_0 = N \cdot v/n$)；给测量系统加载一个低失真正弦信号：

$$e(t) = E\sin(2\pi \cdot f_0 t + \varphi_0) + d_0 \tag{10-73}$$

其中，d_0 为信号的直流分量值，不失一般性，选取 $d_0 = 0$；n 为通道采集数据个数，N 为通道采集的信号整周期个数；n 与 N 不能有公共因子。

启动采集，获得采集数据 $x_i(i = 0, \cdots, n-1)$，按最小二乘法求出采集数据的最佳拟合信号：

$$a(t) = A\cdot \sin(2\pi \cdot ft + \varphi) + d \tag{10-74}$$

其中，$a(t)$ 为拟合信号的瞬时值；A 为拟合正弦波形的幅度；f 为拟合正弦波形的频率；φ 为拟合正弦波形的初始相位；d 为拟合信号的直流分量值。

实际的采集数据是一些离散化的值 x_i，对应地，其时间也是离散化的 t_i。其中，在采样速率恒定的等间隔采样过程中，$t_i = i/v$ 为第 i 个测量点的时刻，$i = 0, \cdots, n-1$；这样，式 (10-74) 变成

$$a(t_i) = A\cdot \sin(2\pi \cdot ft_i + \varphi) + d \tag{10-75}$$

简记为

$$a_{(i)} = A\cdot \sin(\omega \cdot i + \varphi) + d \tag{10-76}$$

其中，

$$\omega = \frac{2\pi f_0}{v} \tag{10-77}$$

则拟合残差有效值为

$$\rho = \sqrt{\frac{1}{n} \cdot \sum_{i=0}^{n-1} [x_i - A \cdot \sin(\omega \cdot i + \varphi) - d]^2} \tag{10-78}$$

当拟合残差有效值 ρ 最小时，可获得式 (10-73) 的最小二乘意义下的拟合正弦信号式 (10-76)，即实际上获得的 4 个拟合参数结果分别为幅度 A、离散角频率 ω、初相位 φ、直流分量 d。则通道采集速率值为

$$v = \frac{2\pi f_0}{\omega} \tag{10-79}$$

式 (10-79) 是一个由等间隔采样条件导出的非常理想的关系式，通过它，人们可以实现采样速率和信号频率的互导。既可以在已知信号频率时获得采样速率，也可以在已知采样速率时获得信号频率。这里没有计数方法中常见的 ± 1 个计点误差。

10.4.2 测量不确定度模型

由式 (10-79) 可见，采集速率 v 与信号频率 f_0 以及采集序列 $x_i(i = 0, \cdots, n-1)$ 的离散角频率 ω 均有关，而采集正弦波序列的谐波失真、杂波和噪声、量化误差、抖动、序列长度，以及序列中所含信号周期个数均将给采集速率 v 带来影响 [11]，因此，可列出采集速率 v 测量不确定度的主要来源。

(1) 正弦交流标准信号频率 f_0 的不确定度 $u_1 = u(f_0)$，它主要是由信号源频率的误差造成的。

(2) 采样序列的谐波失真带来的离散角频率 ω 的测量不确定度 u_2，它主要是由信号的谐波失真、波形采集系统的非线性误差等因素造成的，可能包含 2 次、3 次等多次谐波分量的影响。

(3) 采样序列的噪声及非谐波失真带来的离散角频率 ω 的测量不确定度 u_3，它主要是由信号的随机噪声、杂波失真，以及波形采集系统的量化误差等因素造成的；实际中，也包含没有在第 (2) 项的谐波失真中被计入的高次谐波失真分量和微弱的较低次谐波失真分量的影响。

(4) 采样序列的抖动带来的离散角频率 ω 的测量不确定度 u_4，它主要是由输入正弦信号周期不稳定，以及波形采集系统的采样间隔不稳定带来的测量序列的信号周期性变动造成的。

(5) 四参数正弦拟合软件造成的离散角频率 ω 的测量不确定度 u_5，主要是由软件收敛判据、舍入误差、累积误差等造成的。

(6) 另外，采集序列长度的变化、采集序列中所含信号的周期个数的变化，也将给采集速率的测量带来影响，它们将体现在上述各项不确定度的分量中，这里不单独列出。

由式 (10-79) 可得

$$\mathrm{d}v = \frac{\partial v}{\partial f_0}\mathrm{d}f_0 + \frac{\partial v}{\partial \omega}\mathrm{d}\omega = \frac{2\pi}{\omega}\mathrm{d}f_0 - \frac{2\pi f_0}{\omega^2}\mathrm{d}\omega \tag{10-80}$$

灵敏系数为

$$c(\omega)=\frac{\partial v}{\partial \omega}=-\frac{2\pi f_0}{\omega^2} \tag{10-81}$$

$$c(f_0)=\frac{\partial v}{\partial f_0}=\frac{2\pi}{\omega} \tag{10-82}$$

由测量值 $y=f(x_1,x_2,\cdots,x_N)$，对于输入 X_i 的测量值 $x_i(i\neq j$，则 $X_i\neq X_j)$ 的不确定度传递公式为 [7]

$$u_c(y)=\sqrt{\sum_{i=1}^{N}\left(\frac{\partial y}{\partial x_i}\right)^2 u^2(x_i)+2\sum_{i=1}^{N-1}\sum_{j=i+1}^{N}\left(\frac{\partial y}{\partial x_i}\right)\left(\frac{\partial y}{\partial x_j}\right)u(x_i,x_j)} \tag{10-83}$$

$$u(x_i,x_j)=r(x_i,x_j)\cdot u(x_i)\cdot u(x_j) \tag{10-84}$$

式中，x_i 为输入 X_i 的测量值，x_j 为输入 X_j 的测量值，$i\neq j$，则 $X_i\neq X_j$；$u(x_i)$ 为 x_i 的标准不确定度，$u(x_j)$ 为 x_j 的标准不确定度，$i\neq j$；$u(x_i,x_j)$ 为 x_i、x_j 的协方差估计值，$i\neq j$；$r(x_i,x_j)$ 为 x_i、x_j 的相关系数估计值，$i\neq j$。

本测量过程中，显然可以认为，离散角频率不同的不确定度分量之间不相关，则它的合成标准不确定度 $u_c(\omega)$ 为

$$u_c(\omega)=\sqrt{u_2^2+u_3^2+u_4^2+u_5^2} \tag{10-85}$$

采集速率 v 的不确定度分量中，可以认为，$u(f_0)$ 与 $u_c(\omega)$ 不相关，则其合成标准不确定度 $u_c(v)$ 为

$$\begin{aligned}u_c(v)&=\sqrt{c^2(f_0)u^2(f_0)+c^2(\omega)u_c^2(\omega)}\\&=\sqrt{\frac{4\pi^2}{\omega^2}u_1^2+\frac{v^2}{\omega^2}u_c^2(\omega)}=\sqrt{\frac{4\pi^2u_1^2+v^2(u_2^2+u_3^2+u_4^2+u_5^2)}{\omega^2}}\end{aligned} \tag{10-86}$$

四参数正弦拟合中，误差界的指数表达式给出了其依信号周期个数和谐波阶次的变化趋势的一个较好拟合结果。该结果中，若 ΔN 为信号周期数误差，ΔA 为信号拟合幅度误差，$\Delta\varphi$ 为信号拟合初始相位误差，Δd 为信号直流分量估计值误差，n 为记录数据个数 $(n\geqslant 2Nh)$，N 为记录中所含信号周期个数 $(\omega nT)/(2\pi)$，h 为谐波阶次，A_h 为谐波幅度，则估计参数误差的误差界如下 [11]：

$$\max|\Delta N|=\frac{0.90}{(Nh)^{1.2}}\cdot\frac{A_h}{A} \tag{10-87}$$

$$\max\left|\frac{\Delta A}{A}\right|=\frac{1.00}{(Nh)^{1.25}}\cdot\frac{A_h}{A} \tag{10-88}$$

$$\max|\Delta\varphi|=\frac{180^\circ}{(Nh)^{1.25}}\cdot\frac{A_h}{A} \tag{10-89}$$

$$\max\left|\frac{\Delta d}{A}\right| = \frac{0.61}{(Nh)^{1.21}\cdot h^{1.1}}\cdot\frac{A_h}{A} \tag{10-90}$$

显然，

$$\omega = \frac{2\pi N}{n} \tag{10-91}$$

$$\Delta\omega = \frac{2\pi}{n}\Delta N \tag{10-92}$$

假设由 h 次谐波幅度 A_h 造成的 ω 的测量误差在其误差界内服从均匀分布，则 A_h 给 ω 带来的测量不确定度 $u_{A_h}(\omega)$ 由式 (10-87) 和式 (10-92) 可得

$$u_{A_h}(\omega) = \frac{\Delta\omega}{\sqrt{3}} = \frac{1.8\pi}{(Nh)^{1.2}\cdot n}\cdot\frac{A_h}{A\sqrt{3}} \tag{10-93}$$

由于三角函数基的正交性，显然，不同谐波之间互不相关，则由所有谐波给 ω 带来的测量不确定度为

$$u_2 = \sqrt{\sum_{h\geqslant 2} u^2_{A_h}(\omega)} = \sqrt{\sum_{h\geqslant 2}\frac{10.659A_h^2}{(Nh)^{2.4}\cdot n^2A^2}} \tag{10-94}$$

10.4.3 测量数据及处理

图 10-5 是使用中国铁道科学研究院研制的 SCO232 型数据采集系统，对于 FLUKE 5720A 型信号源进行测量获得的正弦信号波形；其 A/D 位数 BD=12 bit，测量范围 −5～5V，采集速率 $v = 2\text{kSa/s}$，采样点数 $n_0 = 1800$；信号峰值 4.5V，频率 11Hz。则序列所含周波数 $N = 9$，$n = 1634$，经过四参数拟合得

$A = 4459.1683\text{mV}$；$\omega = 0.03459784$ rad；$\varphi = -138.431°$；$d = 3.98505\text{mV}$；$\rho = 37.00925\text{mV}$；有效位数 =6.29 bit。

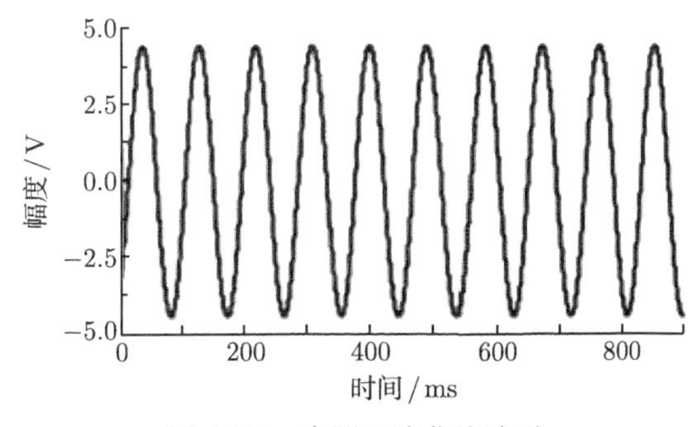

图 10-5 实测正弦曲线波形

图 10-6 为其频谱曲线图，为详细观测谐波分量起见，将幅度刻度调小，截断了基波的大部分，从该曲线可见，该测量序列主要的谐波失真为 3 次、5 次、7 次谐波，其他谐波分量与噪声没有什么区别，故不确定度分量 u_2 中仅需计算 2 次 ~7 次谐波的影响即可，各主要谐波分量及其给拟合离散角频率 ω 造成的不确定度 $u_{A_h}(\omega)$ 如表 10-8 所示。

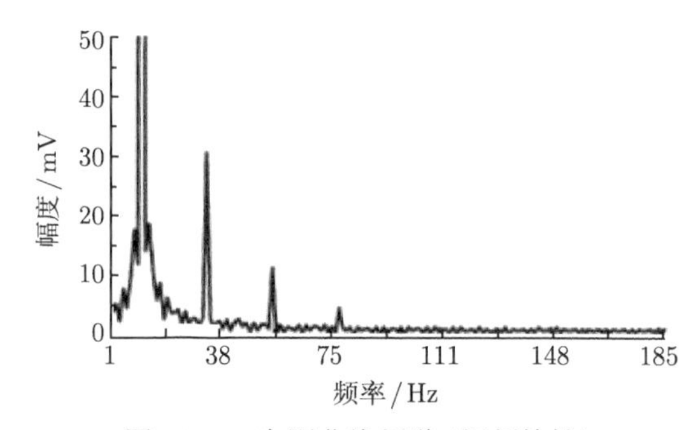

图 10-6　实测曲线频谱 (幅频特性)

表 10-8　采集序列基波与各主要谐波幅度值 [12]

波次	A_h/mV	φ_h/(°)	$u_{A_h}(\omega)$/rad
基波	4459.168	−138.431	—
2 次谐波	3.854437	−41.100	5.3816×10^{-8}
3 次谐波	30.67696	57.008	2.6330×10^{-7}
4 次谐波	2.679193	−11.830	1.6282×10^{-8}
5 次谐波	11.48631	−32.000	5.4328×10^{-8}
6 次谐波	1.8175	27.335	6.7901×10^{-9}
7 次谐波	4.701	64.409	1.4597×10^{-8}

则 $u_2 = 2.75\times10^{-7}$rad；从采集序列中减去上述已经被 u_2 计入的谐波分量后，重新进行四参数拟合得

$A = 4459.214$mV；$\omega = 0.03459782$ rad；$\varphi = -136.448°$；$d = 3.9533$mV；$\rho = 29.479$mV；有效位数 =6.61 bit。

在随机噪声状态下，ρ^2 为噪声方差 (剔除谐波因素后的拟合方差)。正弦波最小二乘拟合四个参数的方差分别为 S_A^2、S_φ^2、S_d^2、S_ω^2，则 S_A^2/ρ^2、$S_\varphi^2 A^2/\rho^2$、S_d^2/ρ^2 以及 $S_\omega^2 A^2/(\omega^2\rho^2)$ 的描述如图 10-7 所示，即在 36 个等间距信号初相位上对应的误差界，随信号周期数的变化情况 [11]。这里，$n_0 = 100$，各描述值均与 n 成反比。

幅度、直流分量和频率的方差表示成比例方差的形式 (如 S_A^2/A^2、S_d^2/A^2 和 S_ω^2/ω^2) 通常更为实用。这些比例方差可以从图 10-7 按下述方式确定：① 对比例方差 S_A^2/A^2，从图 10-7 (a) 中找出幅度估计方差与周期个数关系的确切位置，用相应的噪声比例方差 ρ^2/A^2 以及 $100/n$ 连乘即得；② 对于直流分量与相应正弦幅度 A 的比例方差 S_d^2/A^2，从图 10-7 (c) 中找出直流分量估计方差，再乘以 $100\rho^2/(nA^2)$ 可得；③ 对于 S_ω^2/ω^2，在图 10-7 (d) 中，找出相应信号周期数的频率估计方差，最后乘以 $100\rho^2/(nA^2)$ 即可获得；④ 初始相位的直接方差 S_φ^2，可以从图 10-7 (b) 中的初始相位估计方差中找到，用 $100\rho^2/(nA^2)$ 乘后获得。

由 $N = 9$，$n = 1634$，$\rho = 29.479$mV，从图 10-7(d) 中查得：$n_0 = 100$ 点时离散角频率 ω 的频率估计方差 $\sigma_\omega^2 = S_\omega^2/\rho^2 = 2.2\times10^{-5}$，则本节中，

$$u_3 = S_\omega = \sqrt{\frac{\sigma_\omega^2\cdot\omega^2\rho^2\cdot n_0}{A^2 n}} = 3.79\times10^{-8}\text{rad}$$

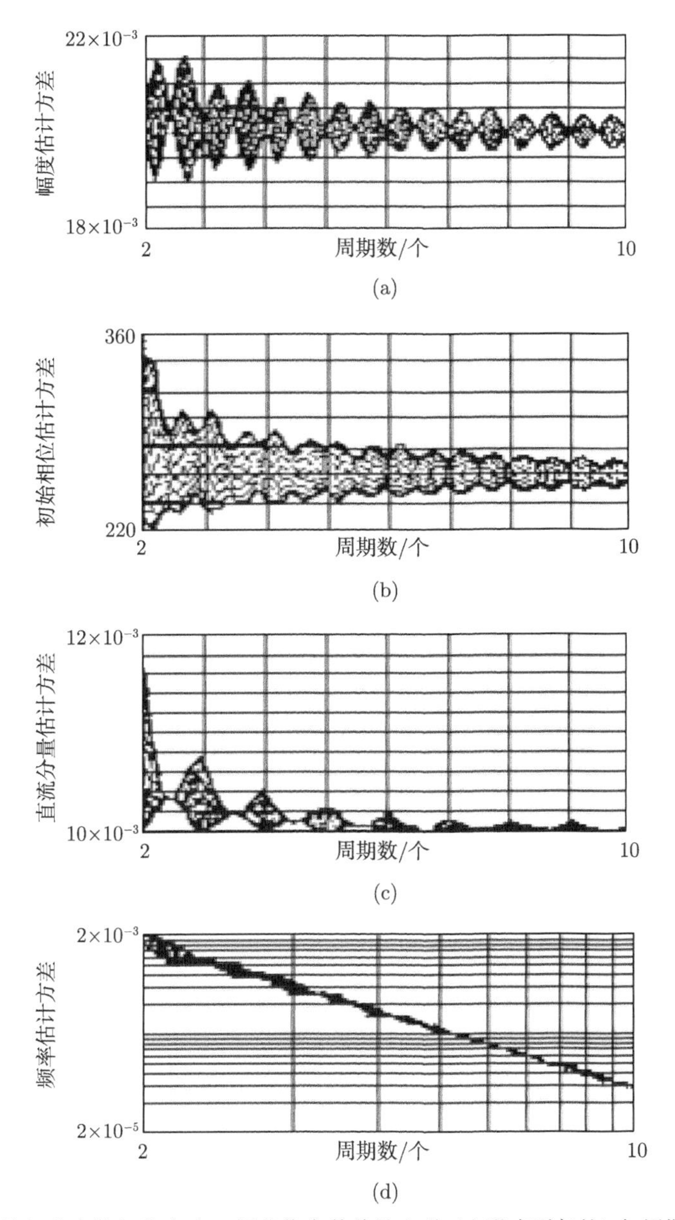

图 10-7 在 36 个均匀分布的相位点上，规范化参数估计方差 (由噪声引起的) 与周期数的函数关系描述
(a) 幅度估计方差 S_A^2/ρ^2; (b) 初始相位估计方差 $S_\varphi^2 A^2/\rho^2$; (c) 直流分量估计方差 S_d^2/ρ^2; (d) 频率估计方差 $S_\omega^2 A^2/(\omega^2\rho^2)$

在实际情况下，始终存在波形抖动，它将造成拟合离散角频率的抖动并产生采集速率不确定度。若存在如下几个前提条件：① 抖动的高阶导数项的影响可忽略；② 任何谐波失真都足够小，以至于它对导数的影响可忽略；③ 抖动误差的均值为 0，尽管这并不严格真实 [13]；④ 每一采样点的抖动与其他点独立，则由抖动误差所引起的标准偏差可以估计。

图 10-8 为图 10-5 曲线波形的离散角频率 ω 的抖动测量结果曲线图 [14]。从该曲线图可得，离散角频率 ω 的均值 $\bar{\omega}=0.034598341\text{rad}$，离散角频率 ω 抖动的实验标准偏

差 $s_\omega = 4.72673 \times 10^{-7}$rad，离散角频率 ω 抖动的最大值 $\lambda_\omega = 1.42 \times 10^{-6}$rad。它是由 $m_0 = 166$ 组值实测获得，每组 $N = 9$，$n = 1634$。则本节中，$u_4 = s_\omega = 4.72673 \times 10^{-7}$rad。

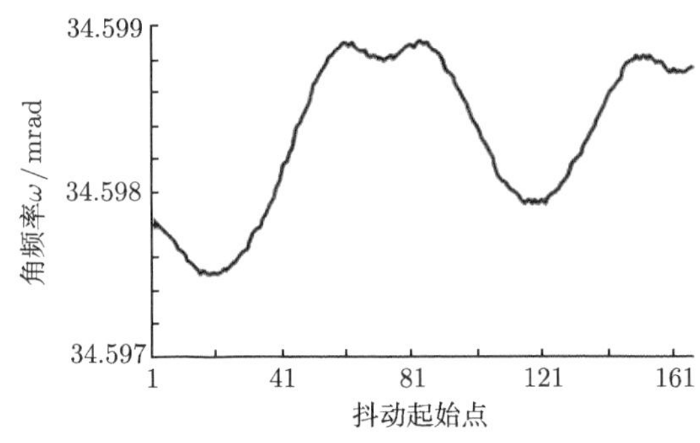

图 10-8　离散角频率 ω 抖动测量结果

则由式 (10-79) 得，采集速率为 $v = 2\pi \cdot f_0/\omega = 1997.6402446$ Sa/s。

由信号频率 11Hz 和说明书得 [15]，正弦信号源频率误差限为±0.01%读值 =±0.0011Hz；设信号频率 f_0 的误差在该范围内服从均匀分布，则其不确定度 $u_1 = u(f_0) = 0.0011/3^{1/2} = 6.35 \times 10^{-4}$Hz。

数据处理软件带来的不确定度 u_5，由参数已知的仿真数据用数据处理软件计算的结果，当 $n_0 = 1009$ 时，按 A 类不确定度评价方法获得 [16]，如表 10-9 所示。

表 10-9　校准软件带来的离散角频率 ω 的测量不确定度 $u_{5i}(n = 1009)$

BD/bit	u_{5i}	BD/bit	u_{5i}
4	$4.6\times10^{-5}\omega$	11	$5.0\times10^{-7}\omega$
5	$4.2\times10^{-5}\omega$	12	$2.7\times10^{-7}\omega$
6	$2.5\times10^{-5}\omega$	13	$1.4\times10^{-7}\omega$
7	$8.6\times10^{-6}\omega$	14	$5.6\times10^{-8}\omega$
8	$3.3\times10^{-6}\omega$	15	$2.5\times10^{-8}\omega$
9	$1.5\times10^{-6}\omega$	16	$1.5\times10^{-8}\omega$
10	$7.8\times10^{-7}\omega$	17	$8.1\times10^{-9}\omega$

由于拟合误差与序列长度成反比，A/D 位数 BD=12bit，故有

$$u_5 = u_{5\mathrm{i}} \times n_0/n = 2.7 \times 10^{-7} \times 0.034598341 \times 1009/1634\mathrm{rad} = 5.77 \times 10^{-9}\mathrm{rad}$$

10.4.4　合成不确定度计算

这里将采集速率的各个不确定度分量概算汇总，列于表 10-10。

表 10-10　采集速率测量不确定度分量汇总表

序号	影响量 X_i	估计值 x_i	标准不确定度 $u(x_i)$	概率分布	灵敏系数 c_i	不确定度分量 u_i
1	信号源频率误差	±0.0011Hz	6.35×10^{-4}Hz	矩形	181.60366	0.1153 Sa/s
2	序列的谐波	0	2.75×10^{-7}rad	正态	57738.03	0.016 Sa/s
3	序列的噪声	0	3.79×10^{-8} rad	正态	57738.03	0.002 Sa/s
4	抖动	0	4.73×10^{-7}rad	正态	57738.03	0.027 Sa/s
5	软件运算误差	0	5.77×10^{-9} rad	正态	57738.03	0.0003 Sa/s

由表 10-10 可知，信号源频率误差的不确定度分量是绝对占优势分量，因此可判定，采集速率的不确定度应满足矩形分布。

采集速率 v 的合成标准不确定度为

$$u_{\mathrm{c}}(v)=\sqrt{\frac{4\pi^2u_1^2+v^2(u_2^2+u_3^2+u_4^2+u_5^2)}{\omega^2}}=0.120\mathrm{Sa/s}$$

$$u_{\mathrm{cr}}(v)=\frac{u_{\mathrm{c}}(v)}{v}=6.0\times10^{-5}$$

10.4.5 扩展不确定度

由矩形分布，可得包含因子 $k=1.732$，则采集速率 v 的扩展不确定度为

$$U(v)=k\times u_{\mathrm{c}}(v)=1.732\times0.120\mathrm{Sa/s}=0.21\mathrm{Sa/s}$$

10.4.6 测量结果的最终表述

正弦拟合法获得的采集速率为

$$v_0=v\pm U(v)=(1977.64\pm0.21)\mathrm{Sa/s}\quad(k=1.732)$$

其中，“±” 后面是扩展不确定度，其包含因子 $k=1.732$。

10.4.7 结论

综上所述可见，在使用模型化测量方法评价仪器设备的采集速率指标时，其测量不确定度分析较为复杂，影响评价结果的因素较多，涉及信号源频率不确定度、采集序列的谐波失真、随机误差、抖动、信号周期个数、采样点数和软件计算误差等多项因素，如需进一步降低测量不确定度，则数字滤波器是一种有效的手段 [17]。一般说来，其他条件不变时，增加采集序列长度和增加信号周期个数，均可降低采集速率的评价不确定度。

10.5 正弦信号频率测量 [22]

10.5.1 引言

正弦信号频率有很多测量方法，例如直接使用频率计进行测量，或使用数字化方法从采集序列中直接提取信号频率信息。数字化方法中，也有简单的闸门信号法 (统计确定的闸门间隔内正弦波形周期数)、周期计数法 [20](统计一个或多个正弦波形周期内采样点数)、正弦拟合法 [21] 等。它们各有优缺点，但如果想用少量采样点达到很高的测量准确度，则无疑正弦拟合法拥有巨大优势，它是一种受噪声及量化误差影响较小的、不一定要求整数个信号周期的模型化测量方法，也是一种比较稳定的、具有较小不确定度的测量方法，甚至可使用不足一个信号周期的部分波形估计其信号频率参数 [24]，因而在进行正弦信号频率的数字化精确测量时，经常被采用。本节将主要讨论和介绍使用曲线拟合法估计正弦信号频率时，其测量不确定度的评定问题。

10.5.2 测量原理与方法 [21,23]

曲线拟合法正弦信号频率评价的基本思想，是通过正弦信号的波形采集序列，使用曲线拟合方法，用拟合正弦波的离散角频率和采样速率经运算获得正弦信号频率测量值。过程如下所述。

设测量系统通道的量程为 E_{r}，双极性对称输入方式，通道采集速率为 v；输入波形幅度 $E \leqslant E_{\mathrm{r}}/2$，输入信号的频率 $f_0 \leqslant v/3$，推荐取 $f_0 = N \cdot v/n$；给测量系统加载正弦信号：

$$e(t) = E\sin(2\pi \cdot f_0 t + \varphi_0) + d_0 \tag{10-95}$$

其中，d_0 为信号的直流偏置值，不失一般性，选取 $d_0 = 0$；n 为通道采集数据个数，N 为通道采集的信号整周期个数；n 与 N 不能有公共因子。

启动采集，获得采集数据序列 $\{x_i\}(i = 0, \cdots, n-1)$，按最小二乘法求出采集数据序列 $\{x_i\}$ 的最佳拟合信号：

$$a(t) = A\cdot \sin(2\pi \cdot ft + \varphi) + d \tag{10-96}$$

其中，$a(t)$ 为拟合信号的瞬时值；A 为拟合正弦波形的幅度；f 为拟合正弦波形的频率；φ 为拟合正弦波形的初始相位；d 为拟合信号的直流分量值。

实际的采集数据是一些离散化的值 x_i，对应地，其时间也是离散化的 t_i，其中，$t_i = i/v$ 为第 i 个测量点的时刻，$i = 0, \cdots, n-1$；这样，式 (10-96) 变成

$$a(t_i) = A\cdot \sin(2\pi \cdot ft_i + \varphi) + d \tag{10-97}$$

简记为

$$a_{(i)} = A\cdot \sin(\omega \cdot i + \varphi) + d \tag{10-98}$$

其中，

$$\omega = \frac{2\pi f_0}{v} \tag{10-99}$$

则拟合残差有效值 ρ 为

$$\rho = \sqrt{\frac{1}{n} \cdot \sum_{i=0}^{n-1} [x_i - A \cdot \sin(\omega \cdot i + \varphi) - d]^2} \tag{10-100}$$

当拟合残差有效值 ρ 最小时，可获得式 (10-95) 的最小二乘意义下的拟合正弦信号式 (10-98)，拟合信号的离散角频率值 ω，则正弦信号频率值 f 为

$$f = \frac{v\omega}{2\pi} \tag{10-101}$$

10.5.3 测量不确定度模型

由式 (10-114) 可见，信号频率 f 与采集速率 v 以及采集序列 $\{x_i\}$ $(i = 0, \cdots, n-1)$ 的离散角频率 ω 均有关，而采集正弦波序列的谐波失真、杂波和噪声、量化误差、抖动、

序列长度，以及序列中所含信号周期个数均将给正弦信号频率 f 带来影响 [11]，因此，可列出正弦信号频率 f 测量不确定度的主要来源。

(1) 采集速率 v 的不确定度 $u_1 = u(v)$，它主要是由采集速率的误差造成的。

(2) 采样序列的谐波失真带来的离散角频率 ω 的测量不确定度 u_2，它主要是由信号的谐波失真、波形采集系统的非线性误差等因素造成的，可能包含 2 次、3 次等多次谐波分量的影响。

(3) 采样序列的噪声及非谐波失真带来的离散角频率 ω 的测量不确定度 u_3，它主要是由信号的随机噪声、杂波失真，波形采集系统的量化误差等因素造成的；实际中，也包含没有在第 (2) 项的谐波失真中被计入的高次谐波失真分量和微弱的较低次谐波失真分量的影响。

(4) 采样序列的抖动带来的离散角频率 ω 的测量不确定度 u_4，它主要是由输入正弦信号周期不稳定，以及波形采集系统的采样间隔不稳定带来的测量序列的信号周期性变动造成的。

(5) 四参数正弦拟合软件带来的离散角频率 ω 的测量不确定度 u_5，主要是由软件收敛判据、舍入误差、累积误差等造成的。

(6) 另外，采集序列长度的变化、采集序列中所含信号的周期个数的变化，也将给正弦信号频率的测量带来影响，它们将体现在上述各项不确定度的分量中，这里不单独列出。

由式 (10-101) 可得

$$\mathrm{d}f = \frac{\partial f}{\partial v}\mathrm{d}v + \frac{\partial f}{\partial \omega}\mathrm{d}\omega = \frac{\omega}{2\pi}\mathrm{d}v + \frac{v}{2\pi}\mathrm{d}\omega \tag{10-102}$$

灵敏系数为

$$c(\omega) = \frac{\partial f}{\partial \omega} = \frac{v}{2\pi} \tag{10-103}$$

$$c(v) = \frac{\partial f}{\partial v} = \frac{\omega}{2\pi} \tag{10-104}$$

由测量值 $y = f(x_1, x_2, \cdots, x_N)$，对于输入 X_i 的测量值 $x_i(i \neq j$，则 $X_i \neq X_j)$ 的不确定度传递公式为 [7]

$$u_{\mathrm{c}}(y) = \sqrt{\sum_{i=1}^{N}\left(\frac{\partial y}{\partial x_i}\right)^2 u^2(x_i) + 2\sum_{i=1}^{N-1}\sum_{j=i+1}^{N}\left(\frac{\partial y}{\partial x_i}\right)\left(\frac{\partial y}{\partial x_j}\right)u(x_i, x_j)} \tag{10-105}$$

$$u(x_i, x_j) = r(x_i, x_j)\cdot u(x_i)\cdot u(x_j) \tag{10-106}$$

式中，x_i 为输入 X_i 的测量值，x_j 为输入 X_j 的测量值，$i \neq j$，则 $X_i \neq X_j$；$u(x_i)$ 为 x_i 的标准不确定度，$u(x_j)$ 为 x_j 的标准不确定度，$i \neq j$；$u(x_i,x_j)$ 为 x_i、x_j 的协方差估计值，$i \neq j$；$r(x_i,x_j)$ 为 x_i、x_j 的相关系数估计值，$i \neq j$。

本测量过程中，显然可以认为，离散角频率不同的不确定度分量之间不相关，则它的合成标准不确定度 $u(\omega)$ 为

$$u(\omega) = \sqrt{u_2^2 + u_3^2 + u_4^2 + u_5^2} \tag{10-107}$$

正弦信号频率 f 的不确定度分量中，可以认为，$u(v)$ 与 $u(\omega)$ 不相关，则其合成标准不确定度 $u_c(f)$ 为

$$u_c(f) = \sqrt{c^2(v)u^2(v) + c^2(\omega)u^2(\omega)}$$

$$= \sqrt{\frac{\omega^2}{4\pi^2}u_1^2 + \frac{v^2}{4\pi^2}u^2(\omega)} = \frac{\sqrt{\omega^2 u_1^2 + v^2(u_2^2 + u_3^2 + u_4^2 + u_5^2)}}{2\pi} \tag{10-108}$$

四参数正弦拟合中，误差界的指数表达式给出了其依信号周期个数和谐波阶次的变化趋势的一个较好拟合结果。该结果中，若 ΔN 为信号周期数误差，ΔA 为基波信号拟合幅度误差，$\Delta\varphi$ 为信号拟合初始相位误差，Δd 为信号直流分量估计值误差，n 为记录数据个数 $(n \geqslant 2Nh)$，N 为记录中所含信号周期个数 $(\omega nT)/(2\pi)$，h 为谐波阶次，A_h 为第 h 次谐波信号幅度，A 为基波信号拟合幅度，则估计参数误差的误差界如下 [11]：

$$\max|\Delta N| = \frac{0.90}{(Nh)^{1.2}} \cdot \frac{A_h}{A} \tag{10-109}$$

$$\max\left|\frac{\Delta A}{A}\right| = \frac{1.00}{(Nh)^{1.25}} \cdot \frac{A_h}{A} \tag{10-110}$$

$$\max|\Delta\varphi| = \frac{180^\circ}{(Nh)^{1.25}} \cdot \frac{A_h}{A} \tag{10-111}$$

$$\max\left|\frac{\Delta d}{A}\right| = \frac{0.61}{(Nh)^{1.21} \cdot h^{1.1}} \cdot \frac{A_h}{A} \tag{10-112}$$

显然，

$$\omega = \frac{2\pi N}{n} \tag{10-113}$$

$$\Delta\omega = \frac{2\pi}{n}\Delta N \tag{10-114}$$

假设由 h 次谐波幅度 A_h 造成的 ω 的测量误差在其误差界内服从均匀分布，则 A_h 给 ω 带来的测量不确定度 $u_{A_h}(\omega)$ 由式 (10-109) 和式 (10-114) 可得

$$u_{A_h}(\omega) = \frac{\Delta\omega}{\sqrt{3}} = \frac{1.8\pi}{(Nh)^{1.2} \cdot n} \cdot \frac{A_h}{A\sqrt{3}} \tag{10-115}$$

由于三角函数基的正交性，显然，不同谐波之间互不相关，则由所有谐波给 ω 带来的测量不确定度为

$$u_2 = \sqrt{\sum_{h\geqslant 2} u_{A_h}^2(\omega)} = \sqrt{\sum_{h\geqslant 2} \frac{10.659 A_h^2}{(Nh)^{2.4} \cdot n^2 A^2}} \tag{10-116}$$

10.5.4 测量数据及处理

图 10-9 是使用中国铁道科学研究院研制的 SCO232 型数据采集系统，对于 FLUKE 5720A 型信号源进行测量获得的正弦信号波形；其 A/D 位数 BD=12 bit，测量范围 −5~5V，采集速率 v=2kSa/s，采样点数 n_0=1800；信号峰值 4.5V，频率 11Hz。则序列所含周波数 N=9，n=1634，经过四参数拟合得 [23]

A=4459.1683mV；ω=0.03459784 rad；φ=−138.431°；d=3.98505mV；ρ=37.00925mV。

图 10-10 为其频谱曲线图，为详细观测谐波分量起见，将幅度刻度调小，截断了基波的大部分，从该曲线可见，该测量序列主要的谐波失真为 3 次、5 次、7 次谐波，其他谐波分量与噪声没有什么区别，故不确定度分量 u_2 中仅需计算 2 次 ~7 次谐波的影响即可，各主要谐波分量及其给拟合离散角频率 ω 造成的不确定度 $u_{A_h}(\omega)$ 如表 10-11 所示。

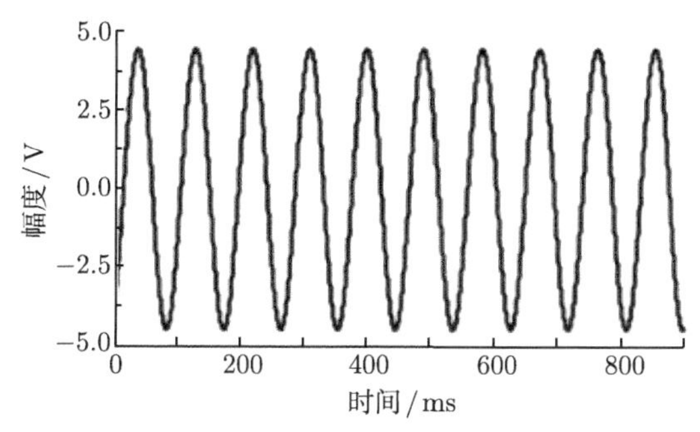

图 10-9 实测正弦曲线波形

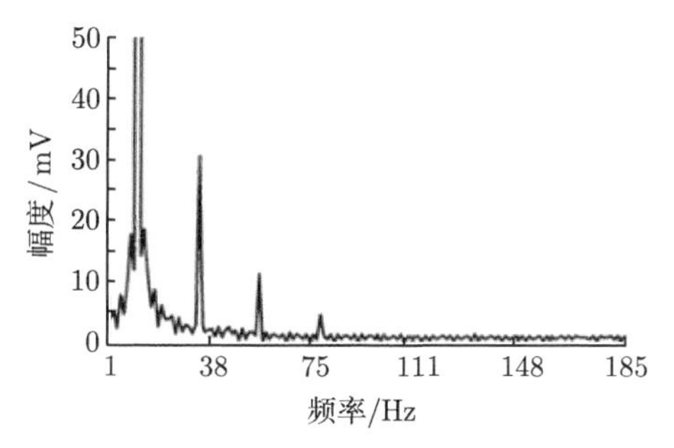

图 10-10 实测曲线频谱 (幅频特性)

表 10-11 采集序列基波与各主要谐波幅度值 [25]

波次	A_h/mV	φ_h/(°)	$u_{A_h}(\omega)$/rad
基波	4459.168	−138.431	—
2 次谐波	3.854437	−41.100	5.3816×10^{-8}
3 次谐波	30.67696	57.008	2.6330×10^{-7}
4 次谐波	2.679193	−11.830	1.6282×10^{-8}
5 次谐波	11.48631	−32.000	5.4328×10^{-8}
6 次谐波	1.8175	27.335	6.7901×10^{-9}
7 次谐波	4.701	64.409	1.4597×10^{-8}

则 u_2=2.75×10^{-7}rad；从采集序列中减去上述已经被 u_2 计入的谐波分量后，重新进行四参数拟合得

A=4459.214mV；ω=0.03459782 rad；φ= −136.448°；d=3.9533mV；ρ=29.479mV。

在随机噪声状态下，ρ^2 为噪声方差 (剔除谐波因素后的拟合方差)。正弦波最小二乘拟合四个参数的方差分别为 S_A^2、S_φ^2、S_d^2、S_ω^2，则 S_A^2/ρ^2、$S_\varphi^2A^2/\rho^2$、S_d^2/ρ^2 以及 $S_\omega^2A^2/(\omega^2\rho^2)$ 的描述如图 10-11 所示，即在 36 个等间距信号初相位上对应的误差界，随信号周期数的变化情况 [11]。这里，n_0=100，各描述值均与 n 成反比。

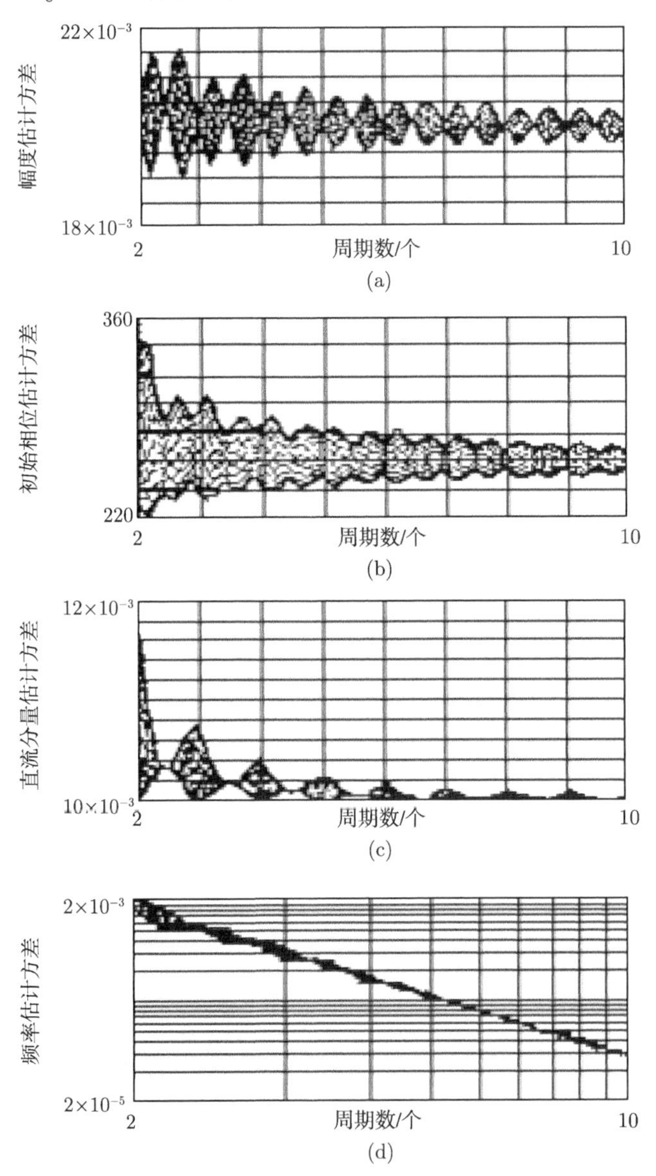

图 10-11　在 36 个均匀分布的相位点上, 规范化参数估计方差 (由噪声引起的) 与周期数的函数关系描述

(a) 幅度估计方差 S_A^2/ρ^2; (b) 初始相位估计方差 $S_\varphi^2A^2/\rho^2$; (c) 直流分量估计方差 S_d^2/ρ^2; (d) 频率估计方差 $S_\omega^2A^2/(\omega^2\rho^2)$

幅度、直流分量和频率的方差表示成比例方差的形式 (如 S_A^2/A^2、S_d^2/A^2 和 S_ω^2/ω^2) 通常更为实用。这些比例方差可以从图 10-11 按下述方式确定：①对比例方差 S_A^2/A^2，从图 10-11 (a) 中找出幅度估计方差与周期个数关系的确切位置，用相应的噪声比例方差 ρ^2/A^2 以及 $100/n$ 连乘即得；②对于直流分量与相应正弦幅度 A 的比例方差 S_d^2/A^2，从图 10-11 (c) 中找直流分量估计方差，再乘以 $100\rho^2/(nA^2)$ 可得；③对于 S_ω^2/ω^2，在图 10-11 (d) 中，找出相应信号周期数的频率估计方差，最后乘以 $100\rho^2/(nA^2)$ 即可获得；④初相位的直接方差 S_φ^2，可以从图 10-11 (b) 中的初始相位估计方差中找到，用 $100\rho^2/(nA^2)$ 乘后获得。

由 N=9，n=1634，ρ=29.479mV，从图 10-11 (d) 中查得：n_0=100 点时离散角频率 ω 的频率估计方差 $\sigma_\omega^2 = S_\omega^2/\rho^2$=2.2×10^{-5}，则本节中，

$$u_3 = S_\omega = \sqrt{\frac{\sigma_\omega^2 \cdot \omega^2\rho^2 \cdot n_0}{A^2 n}} = 2.65 \times 10^{-7}\text{rad}$$

在实际情况下，始终存在波形抖动，它将造成拟合离散角频率的抖动并产生正弦信号频率不确定度。若存在如下几个前提条件：①抖动的高阶导数项的影响可忽略；②任何谐波失真都足够小，以至于它对导数的影响可忽略；③抖动误差的均值为 0，尽管这并不严格真实 [13]；④每一采样点的抖动与其他点独立，则由抖动误差所引起的标准偏差可以估计。

图 10-12 为图 10-9 曲线波形的离散角频率 ω 的抖动测量结果曲线图 [14]。从该曲线图可得，离散角频率 ω 的均值 $\bar{\omega}$=0.034598341rad，离散角频率 ω 抖动的实验标准偏差 s_ω=4.72673×10^{-7}rad，离散角频率 ω 抖动的最大值 λ_ω=1.42×10^{-6}rad。它是由 m_0=166 组值实测获得，每组 N=9，n=1634。则本节中，

$$u_4 = s_\omega = 4.72673 \times 10^{-7}\text{rad}$$

则由式 (10-101) 得正弦信号频率为

$$f = \frac{v\omega}{2\pi} = 11.0128\text{Hz}$$

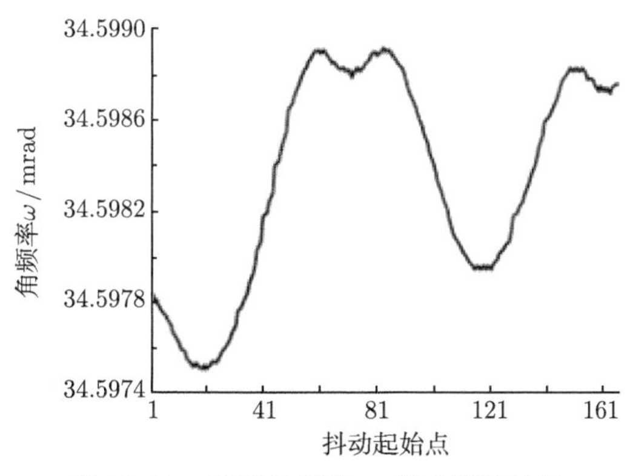

图 10-12 离散角频率 ω 抖动测量结果

由采集速率 2kSa/s 和 SCO232 数据采集系统说明书得，采集速率的最大允许误差为 ±0.1%读值 =±2Sa/s；设采集速率 v 的误差在该范围内服从均匀分布，则其不确定度 $u_1 = u(v)$=2/3$^{1/2}$=1.1547Sa/s。

数据处理软件带来的不确定度 u_5，由参数已知的仿真数据用数据处理软件计算的结果，当 n_0= 1009 时，按 A 类不确定度评价方法 [16] 获得，如表 10-12 所示。

表 10-12　校准软件带来的离散角频率 ω 的测量不确定度 $u_{5i}(n_0 = n = 1009)$

BD/bit	u_{5i}	BD/bit	u_{5i}
4	$4.6\times10^{-5}\omega$	11	$5.0\times10^{-7}\omega$
5	$4.2\times10^{-5}\omega$	12	$2.7\times10^{-7}\omega$
6	$2.5\times10^{-5}\omega$	13	$1.4\times10^{-7}\omega$
7	$8.6\times10^{-6}\omega$	14	$5.6\times10^{-8}\omega$
8	$3.3\times10^{-6}\omega$	15	$2.5\times10^{-8}\omega$
9	$1.5\times10^{-6}\omega$	16	$1.5\times10^{-8}\omega$
10	$7.8\times10^{-7}\omega$	17	$8.1\times10^{-9}\omega$

由于拟合误差与序列长度成反比，A/D 位数 BD=12bit，故有

$$u_5 = u_{5i} \times n_0/n = 2.7 \times 10^{-7} \times 0.034598341 \times 1009/1634\text{rad} = 5.77 \times 10^{-9}\text{rad}$$

10.5.5　合成不确定度计算

这里将正弦频率测量的各个不确定度分量概算汇总，列于表 10-13。

表 10-13　正弦频率测量不确定度分量汇总表

序号	影响量 X_i	估计值 x_i	标准不确定度 $u(x_i)$	概率分布	灵敏系数 c_i	不确定度分量 u_i
1	采集速率误差	±2Sa/s	1.1547Sa/s	矩形	5.506×10^{-3}	0.00636 Hz
2	序列的谐波	0	2.75×10^{-7}rad	正态	318.31	8.75×10^{-5} Hz
3	序列的噪声	0	3.79×10^{-8} rad	正态	318.31	1.21×10^{-5} Hz
4	抖动	0	4.73×10^{-7}rad	正态	318.31	1.51×10^{-4} Hz
5	软件运算误差	0	5.77×10^{-9} rad	正态	318.31	1.86×10^{-6} Hz

由表 10-13 可知，采集速率误差的不确定度分量是绝对占优势分量，因此可判定，正弦频率的不确定度应满足矩形分布。

正弦信号频率 f 的合成标准不确定度为

$$u_{\text{c}}(f) = \frac{\sqrt{\omega^2 u_1^2 + v^2(u_2^2 + u_3^2 + u_4^2 + u_5^2)}}{2\pi} = 0.0064\text{Hz}$$

$$u_{\text{cr}}(f) = \frac{u_{\text{c}}(f)}{f} = 5.8 \times 10^{-4}$$

10.5.6　扩展不确定度

由于是矩形分布，可令包含因子 k=1.732，则正弦信号频率 f 的扩展不确定度为

$$U(f) = k \times u_{\text{c}}(f) = 1.732 \times 0.0064\text{Hz} = 0.011\text{Hz}$$

10.5.7　测量结果的最终表述

正弦拟合法获得的正弦信号频率为

$$f_0 = f \pm U(f) = (11.013 \pm 0.011)\text{Hz} \quad (k = 1.732)$$

其中，“±” 后面是扩展不确定度，其包含因子 k=1.732，由矩形分布假设获得。

10.5.8 结论

综上所述可见，在使用模型化测量方法评价正弦信号频率时，其测量不确定度分析较为复杂，影响评价结果的因素较多，涉及采集速率不确定度、采集序列的谐波失真、随机误差、抖动、信号周期个数、采样点数和软件计算误差等多项因素，如需进一步降低测量不确定度，则数字滤波器是一种有效的手段 [17]。

10.6 相位差测量 [26]

相位差，通常是指两个同频率正弦信号波形间的相位之差。其评价一般使用相位计进行，实现的方法有多种。以正弦曲线拟合法为基础的数字化测量方法，具有较为突出的特点 [27]：① 评价过程简便易行；②可实现精确测量；③可进行小相位差的评价；④ 考虑了通道间延迟时间差的影响；⑤可进行残周期下的相位测量。因而该方法在计量行业具有较好的应用前景，本节将主要讨论使用正弦拟合法评价正弦信号源的相位差时，其不确定度的评价问题。

10.6.1 测量原理与方法 [27]

相位差评价的基本思想，是选一个通道间延迟时间差 τ_0 已知的波形数据采集系统作测量设备 [28]，让被评价的两路同频正弦波分别输入通道间延迟时间差 τ_0 恒定且已知的两个测量通道，对波形测量设备的采集数据运用曲线拟合的方法，计算出每一通道第一个采集数据在拟合正弦波中所对应的初始相位 φ，不同采集通道初始相位值间的相位差减去测量设备通道间延迟时间差 τ_0 所对应的相位差以后的部分，即是所要获得的相位差 $\Delta\varphi$。过程如下所述。

设波形测量设备通道 m 和 k 的量程分别为 $E_{\mathrm{r}m}$ 和 $E_{\mathrm{r}k}$，采集速率分别为 v_m、v_k。

如图 10-13 所示，将正弦波发生器通道 α 和 β 分别接入波形测量设备测量通道 m 和 k，令正弦波发生器通道 α 和 β 分别输出正弦信号：

$$e_\alpha(t) = E_{\mathrm{p}\alpha}\sin(2\pi \cdot f_0 t + \varphi_\alpha) + d_\alpha \tag{10-117}$$

$$e_\beta(t) = E_{\mathrm{p}\beta}\sin(2\pi \cdot f_0 t + \varphi_\beta) + d_\beta \tag{10-118}$$

不失一般性，可令 $v_m = v_k = v$，$E_{\mathrm{p}\alpha} \leqslant E_{\mathrm{r}m}/2$，$E_{\mathrm{p}\beta} \leqslant E_{\mathrm{r}k}/2$，

$$f_0 \leqslant \frac{v}{3} \quad (\text{推荐取} f_0 = N \cdot v/n) \tag{10-119}$$

其中，n 为测量通道 (m 和 k) 采集的数据个数；N 为测量通道 (m 和 k) 采集的信号整周期个数；这里，n 与 N 没有公共因子。

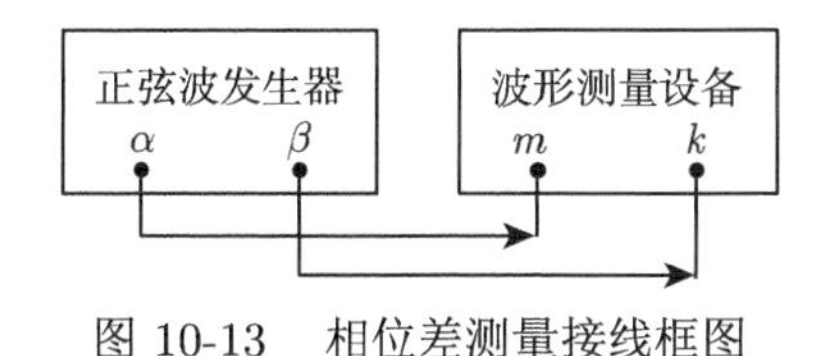

图 10-13 相位差测量接线框图

启动波形采集，获得通道 m 的采集数据序列 $\{x_{mi}\}$，以及通道 k 的采集数据序列 $\{x_{ki}\}$，$i=0$，$\cdots$，$n-1$。

对通道 m，按最小二乘法求出采集数据序列 $\{x_{mi}\}$ 的最佳拟合信号：

$$a_m(t) = A_m \cdot \sin(2\pi \cdot f_m t + \varphi_m) + d_m \tag{10-120}$$

其中，$a_m(t)$ 为拟合信号的瞬时值；A_m 为拟合正弦信号幅度；f_m 为拟合正弦信号频率；φ_m 为拟合正弦信号初始相位；d_m 为拟合信号直流分量值。

由于采集数据是一些离散化的值 x_{mi}，对应地，其时间也是离散化的 t_{mi}，其中，$t_{mi} = i/v_m$ 为第 i 个测量点的时刻，$i=0$，$\cdots$，$n-1$，这样，式 (10-120) 变成

$$a_m(t_{mi}) = A_m \cdot \sin(2\pi \cdot f_m t_{mi} + \varphi_m) + d_m = A_m \cdot \sin(\omega_m \cdot v_m t_{mi} + \varphi_m) + d_m \tag{10-121}$$

简记为

$$a_{m(i)} = A_m \cdot \sin(\omega_m \cdot i + \varphi_m) + d_m \tag{10-122}$$

$$\omega_m = \frac{2\pi f_m}{v_m} \tag{10-123}$$

则拟合残差有效值 ρ_m 为

$$\rho_m = \sqrt{\frac{1}{n}\sum_{i=0}^{n-1}[x_{mi} - A_m \sin(\omega_m i + \varphi_m) - d_m]^2} \tag{10-124}$$

当 ρ_m 最小时，可得通道 m 对式 (10-117) 所示通道 α 信号测量值的最小二乘意义下的拟合正弦信号式 (10-122)。此时，可得初始相位 $\varphi_m(0 \leqslant \varphi_m < 2\pi)$ 及离散角频率 ω_m 拟合结果。

对于通道 k，同理可得 φ_k、ω_k。$(\varphi_m - \varphi_0 - \pi < \varphi_k \leqslant \varphi_m - \varphi_0 + \pi)$，显然

$$f_m = f_k = f_0 \tag{10-125}$$

而

$$v_m = v_k = v \tag{10-126}$$

故应有

$$\omega_k = \omega_m = \omega \tag{10-127}$$

通道 m 和 k 间延迟时间差 τ_0 对应的相位差 φ_0 为

$$\varphi_0 = 2\pi f_0 \tau_0 = \omega_m \cdot v_m \tau_0 = \omega_k \cdot v_k \tau_0 = \omega \cdot v\tau_0 \tag{10-128}$$

通道 m 和通道 k 各自的初始相位 φ_m 和 φ_k 之差，去掉波形测量设备通道间延迟时间差 τ_0 对应的相位差 φ_0 后，即是 α 和 β 两个通道正弦波的相位差 $\varphi_{\alpha\beta}$：

$$\varphi_{\alpha\beta} = \varphi_\alpha - \varphi_\beta = \varphi_m - \varphi_k - \varphi_0 = \varphi_m - \varphi_k - \omega_m \cdot v_m \tau_0 = \varphi_m - \varphi_k - \omega \cdot v\tau_0 \tag{10-129}$$

10.6.2 测量不确定度模型

由式 (10-129) 可见，相位差 $\varphi_{\alpha\beta}$ 与波形采集速率 v、通道间延迟时间差 τ_0、采集序列的拟合数字角频率 ω_m、ω_k、拟合初始相位 φ_m 和 φ_k 均有关，而采集正弦波序列的谐波失真、杂波和噪声、量化误差、抖动、序列长度，以及采集序列中所含信号的周期个数，均将给拟合数字角频率及拟合初始相位值带来影响 [11]，因此，可列出正弦波相位差 $\varphi_{\alpha\beta}$ 测量不确定度的主要来源。

(1) 波形采集速率 v 的不确定度 $u_1 = u(v)$。

(2) 波形测量通道间延迟时间差 τ_0 的不确定度 $u_2 = u(\tau_0)$。

(3) 采样序列的谐波失真，主要是由信号的谐波失真、波形采集系统的非线性误差等因素造成的。它给拟合离散角频率 ω_m、ω_k 带来的不确定度为 u_{3m}、u_{3k}；给拟合初始相位 φ_m 和 φ_k 带来的不确定度为 u_{4m}、u_{4k}。

(4) 采样序列的噪声及非谐波失真，主要是由信号的随机噪声、杂波失真，波形采集系统的量化误差等因素造成的；也包含没有在第 (3) 项的谐波失真中被计入的高次谐波失真分量和微弱的较低次谐波失真分量的影响。它带来的 ω_m、ω_k 的不确定度为 u_{5m} 和 u_{5k}；带来的 φ_m 和 φ_k 的测量不确定度为 u_{6m} 和 u_{6k}。

(5) 采样序列的抖动，主要是由正弦信号周期不稳定、波形采样间隔不稳定带来的测量序列的信号周期性变动造成的。它给 ω_m、ω_k 带来的不确定度为 u_{7m}、u_{7k}；给 φ_m 和 φ_k 带来的不确定度为 u_{8m}、u_{8k}。

(6) 四参数正弦拟合软件误差，主要是由软件收敛判据、舍入误差、累积误差等造成的。它带来的 ω_m、ω_k 的不确定度为 u_{9m} 和 u_{9k}；带来的 φ_m 和 φ_k 的不确定度分别为 u_{10m} 和 u_{10k}。

(7) 另外，采集序列长度的变化、采集序列中所含信号的周期个数的变化，也将给正弦波相位差和离散角频率等的测量带来影响，它们将体现在上述各项不确定度的分量中，这里不单独列出。

由式 (10-129) 可得

$$\begin{aligned}\mathrm{d}\varphi_{\alpha\beta} &= \frac{\partial\varphi_{\alpha\beta}}{\partial\omega_m}\mathrm{d}\omega_m + \frac{\partial\varphi_{\alpha\beta}}{\partial v_m}\mathrm{d}v_m + \frac{\partial\varphi_{\alpha\beta}}{\partial\tau_0}\mathrm{d}\tau_0 + \frac{\partial\varphi_{\alpha\beta}}{\partial\varphi_m}\mathrm{d}\varphi_m + \frac{\partial\varphi_{\alpha\beta}}{\partial\varphi_k}\mathrm{d}\varphi_k \\ &= -v_m\tau_0\mathrm{d}\omega_m - \omega_m\tau_0\mathrm{d}v_m - \omega_m v_m\mathrm{d}\tau_0 + \mathrm{d}\varphi_m - \mathrm{d}\varphi_k \end{aligned} \tag{10-130}$$

灵敏系数为

$$c(\omega_m) = \frac{\partial\varphi_{\alpha\beta}}{\partial\omega_m} = -v_m\tau_0 \tag{10-131}$$

$$c(v_m) = \frac{\partial\varphi_{\alpha\beta}}{\partial v_m} = -\omega_m\tau_0 \tag{10-132}$$

$$c(\varphi_m) = \frac{\partial\varphi_{\alpha\beta}}{\partial\varphi_m} = 1 \tag{10-133}$$

$$c(\tau_0) = \frac{\partial\varphi_{\alpha\beta}}{\partial\tau_0} = -v_m\omega_m \tag{10-134}$$

$$c(\varphi_k) = \frac{\partial\varphi_{\alpha\beta}}{\partial\varphi_k} = -1 \tag{10-135}$$

由测量值 $y=f(x_1,x_2,\cdots,x_N)$，对于输入 X_i 的测量值 $x_i(i\neq j$，则 $X_i\neq X_j)$ 的不确定度传递公式为 [7]

$$u_{\mathrm{c}}(y)=\sqrt{\sum_{i=1}^{N}\left(\frac{\partial y}{\partial x_i}\right)^2u^2(x_i)+2\sum_{i=1}^{N-1}\sum_{j=i+1}^{N}\left(\frac{\partial y}{\partial x_i}\right)\left(\frac{\partial y}{\partial x_j}\right)u(x_i,x_j)} \tag{10-136}$$

$$u(x_i,x_j)=r(x_i,x_j)\cdot u(x_i)\cdot u(x_j) \tag{10-137}$$

式中，x_i 为输入 X_i 的测量值，x_j 为输入 X_j 的测量值，$i\neq j$，则 $X_i\neq X_j$；$u(x_i)$ 为 x_i 的标准不确定度，$u(x_j)$ 为 x_j 的标准不确定度，$i\neq j$；$u(x_i,x_j)$ 为 x_i、x_j 的协方差估计值，$i\neq j$；$r(x_i,x_j)$ 为 x_i、x_j 的相关系数估计值，$i\neq j$。

本测量过程中，显然可以认为，ω_m 的不确定度分量之间不相关，ω_k、φ_m、φ_k 各自的不确定度分量之间也不相关，则它们的合成标准不确定度 $u_{\mathrm{c}}(\omega_m)$、$u_{\mathrm{c}}(\omega_k)$、$u_{\mathrm{c}}(\varphi_m)$ 与 $u_{\mathrm{c}}(\varphi_k)$ 分别为

$$u_{\mathrm{c}}(\omega_m)=\sqrt{u_{3m}^2+u_{5m}^2+u_{7m}^2+u_{9m}^2} \tag{10-138}$$

$$u_{\mathrm{c}}(\omega_k)=\sqrt{u_{3k}^2+u_{5k}^2+u_{7k}^2+u_{9k}^2} \tag{10-139}$$

$$u_{\mathrm{c}}(\varphi_m)=\sqrt{u_{4m}^2+u_{6m}^2+u_{8m}^2+u_{10m}^2} \tag{10-140}$$

$$u_{\mathrm{c}}(\varphi_k)=\sqrt{u_{4k}^2+u_{6k}^2+u_{8k}^2+u_{10k}^2} \tag{10-141}$$

相位差 $\varphi_{\alpha\beta}$ 的不确定度分量中，可以认为，$u_{\mathrm{c}}(\omega_m)$、$u_{\mathrm{c}}(\omega_k)$、$u_{\mathrm{c}}(\varphi_m)$、$u_{\mathrm{c}}(\varphi_k)$、$u_1$、$u_2$ 分量之间互不相关，则由式 (10-130) 得其合成标准不确定度 $u_{\mathrm{c}}(\varphi_{\alpha\beta})$：

$$\begin{aligned}&u_{\mathrm{c}}(\varphi_{\alpha\beta})\\&=\left[c^2(\omega_m)u_{\mathrm{c}}^2(\omega_m)+c^2(v_m)u_{\mathrm{c}}^2(v_m)+c^2(\tau_0)u_{\mathrm{c}}^2(\tau_0)+c^2(\varphi_m)u_{\mathrm{c}}^2(\varphi_m)+c^2(\varphi_k)\cdot u_{\mathrm{c}}^2(\varphi_k)\right]^{1/2}\\&=\left[u_{\mathrm{c}}^2(\varphi_m)+u_{\mathrm{c}}^2(\varphi_k)+v_m^2\tau_0^2u_{\mathrm{c}}^2(\omega_m)+\omega_m^2\tau_0^2u_{\mathrm{c}}^2(v_m)+\omega_m^2v_m^2u_{\mathrm{c}}^2(\tau_0)\right]^{1/2}\end{aligned} \tag{10-142}$$

四参数正弦拟合中，误差界的指数表达式给出了各参数依信号周期个数和谐波阶次的变化趋势的一个较好拟合结果。

若 ΔN 为信号周期数误差，ΔA 为信号拟合幅度误差，$\Delta\varphi$ 为信号拟合初始相位误差，Δd 为信号直流分量估计值误差，n 为记录数据个数 $(n\geqslant 2Nh)$，N 为记录中所含信号周期个数 $(\omega nT)/(2\pi)$,h 为谐波阶次，A_h 为谐波幅度，则该结果中，估计参数误差的误差界如下 [11]：

$$\max|\Delta N|=\frac{0.90}{(Nh)^{1.2}}\cdot\frac{A_h}{A} \tag{10-143}$$

$$\max\left|\frac{\Delta A}{A}\right|=\frac{1.00}{(Nh)^{1.25}}\cdot\frac{A_h}{A} \tag{10-144}$$

$$\max|\Delta\varphi|=\frac{180^\circ}{(Nh)^{1.25}}\cdot\frac{A_h}{A} \tag{10-145}$$

$$\max\left|\frac{\Delta d}{A}\right|=\frac{0.61}{(Nh)^{1.21}\cdot h^{1.1}}\cdot\frac{A_h}{A} \tag{10-146}$$

假设由谐波 A_h 造成的拟合初始相位 φ_m 的测量误差在其误差界内服从均匀分布，则 A_h 给 φ_m 带来的测量不确定度 $u_{A_h}(\varphi_m)$ 由式 (10-145) 可得

$$u_{A_h}(\varphi_m) = \frac{\Delta\varphi_m}{\sqrt{3}} = \frac{180°}{(Nh)^{1.25}} \cdot \frac{A_h}{A\sqrt{3}} \tag{10-147}$$

由于三角函数基的正交性，显然，不同谐波之间互不相关，则由所有谐波给 φ_m 带来的测量不确定度为

$$u_{4m} = \sqrt{\sum_{h\geqslant 2} u_{A_h}^2(\varphi_m)} = \sqrt{\sum_{h\geqslant 2} \frac{10800A_h^2}{(Nh)^{2.5} \cdot A^2}} \tag{10-148}$$

同理，对于通道 k，有

$$u_{4k} = \sqrt{\sum_{h\geqslant 2} u_{A_h}^2(\varphi_k)} \tag{10-149}$$

显然，

$$\omega_m = \frac{2\pi N}{n} \tag{10-150}$$

$$\Delta\omega_m = \frac{2\pi}{n}\Delta N \tag{10-151}$$

假设由谐波 A_h 造成的拟合离散角频率 ω_m 的测量误差在其误差界内服从均匀分布，则 A_h 给 ω_m 带来的测量不确定度 $u_{A_h}(\omega_m)$ 由式 (10-143)、式 (10-151) 可得

$$u_{A_h}(\omega_m) = \frac{\Delta\omega_m}{\sqrt{3}} = \frac{1.8\pi}{(Nh)^{1.2} \cdot n} \cdot \frac{A_h}{A\sqrt{3}} \tag{10-152}$$

显然，不同谐波之间互不相关，由所有谐波给 ω_m 带来的测量不确定度为

$$u_{3m} = \sqrt{\sum_{h\geqslant 2} u_{A_h}^2(\omega_m)} = \sqrt{\sum_{h\geqslant 2} \frac{10.659A_h^2}{(Nh)^{2.4}n^2A^2}} \tag{10-153}$$

同理，对于通道 k，有

$$u_{3k} = \sqrt{\sum_{h\geqslant 2} u_{A_h}^2(\omega_m)} \tag{10-154}$$

10.6.3 测量数据及处理

图 10-14 是使用 Tektronix 公司的 TDS784D 型数字示波器通道 m 和 k,对于 AWG2021 型任意波发生器通道 α 和 β 输出的两个正弦波形测量结果。示波器的通道采集速率 v=250MSa/s，采样点数 n_0=2500，A/D 位数 8 bit，通道 m 测量范围 −4~4V，通道 k 测量范围 −2~2V，任意波发生器通道 α 信号峰值 2.4000V，通道 β 信号峰值 0.5000V，信号频率 2.499MHz，两通道 α、β 间相位差 180°。

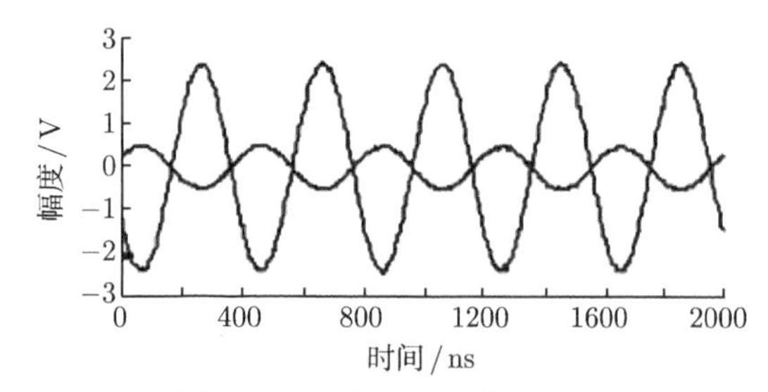

图 10-14　实测正弦曲线波形

选取序列周波数 N=9，n=900，经四参数拟合，

得通道 m 的参数：

$A_m = 2.382523\text{V}$；$\omega_m = 0.06281214\ \text{rad}$；$\varphi_m = 332.2439°$；$d_m = -10.3188\text{mV}$；$\rho_m = 30.5906\text{mV}$；有效位数 =6.238bit。

得通道 k 的参数：

$A_k = 0.4929019\text{V}$；$\omega_k = 0.06280211\text{rad}$；$\varphi_k = 152.6786°$；$d_k = -2.76595\text{mV}$；$\rho_k = 15.7861\text{mV}$；有效位数 =6.193 bit。

图 10-15 为通道 m 实测曲线的频谱图，为详细观测谐波分量起见，将幅度刻度调小，截断了基波的大部分，从该曲线可见，该测量序列主要的谐波失真为 2 次、3 次谐波，其他谐波分量与噪声没有什么区别，故不确定度分量 u_{2m} 中仅需计算 2 次、3 次谐波的影响即可，各主要谐波分量及其给拟合初始相位 φ_m 以及 ω_m 造成的不确定度 $u_{A_h}(\varphi_m)$ 和 $u_{A_h}(\omega_m)$ 见表 10-14。

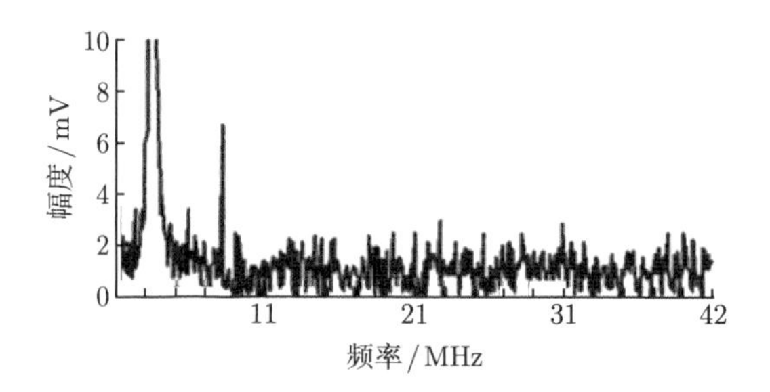

图 10-15　通道 m 实测曲线频谱 (幅频特性)

表 10-14　采集序列 1 基波与各主要谐波幅度值 [25]

波次	A_h/V	$u_{A_h}(\omega_m)$/rad	$u_{A_h}(\varphi_m)/(°)$
基波	2.381235	—	—
2 次谐波	3.394×10^{-3}	1.611×10^{-7}	3.995×10^{-3}
3 次谐波	6.707×10^{-3}	1.958×10^{-7}	4.756×10^{-3}

则 u_{3m}=2.536×10^{-7} rad，自由度 ν_{3m}=∞；u_{4m}= 0.006211°，自由度 ν_{4m}=∞；从采集序列中减去上述已被 u_{3m} 计入的谐波分量，重新进行四参数拟合得

A_m=2.382504V;ω_m=0.06281219 rad;φ_m= 331.5782°;d_m=−10.5816mV;ρ_m=30.2522mV;有效位数 =6.254bit。

在随机噪声状态下，ρ^2 为噪声方差 (剔除谐波后波形的拟合方差)。正弦波最小二乘拟合四个参数的方差分别为 S_A^2、S_φ^2、S_d^2、S_ω^2，则 S_A^2/ρ^2、$S_\varphi^2 A^2/\rho^2$、S_d^2/ρ^2 及 $S_\omega^2 A^2/(\omega^2\rho^2)$ 的描述如图 10-16 所示，即在 36 个等间距信号初始相位上对应的误差界，随信号周期数的变化情况 [11]。这里，n_0=100，各描述值均与 n 成反比。

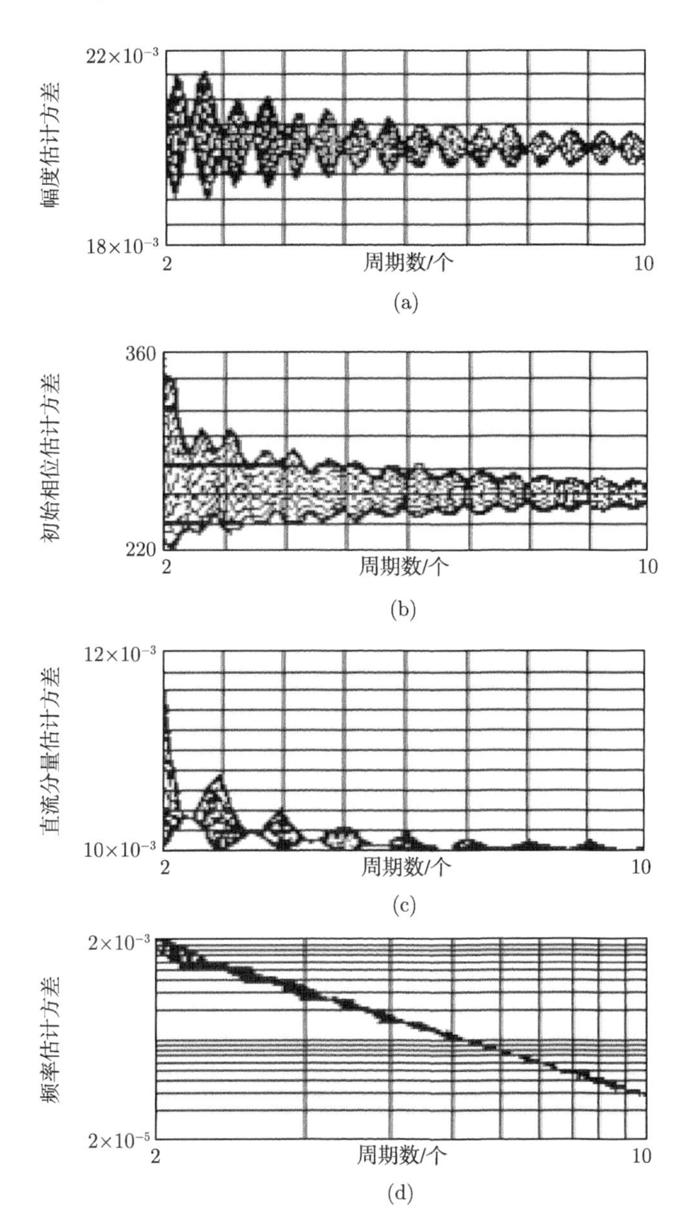

图 10-16 在 36 个均匀分布的相位点上, 规范化参数估计方差 (由噪声引起的) 与周期数的函数关系描述

(a) 幅度估计方差 S_A^2/ρ^2; (b) 初始相位估计方差 $S_\varphi^2 A^2/\rho^2$; (c) 直流分量估计方差 S_d^2/ρ^2; (d) 频率估计方差 $S_\omega^2 A^2/(\omega^2\rho^2)$

幅度、直流分量和频率的方差表示成比例方差形式 (如 S_A^2/A^2、S_d^2/A^2 和 S_ω^2/ω^2) 通

常更实用。这些比例方差可从图 10-16 按下述方式确定：①对比例方差 S_A^2/A^2，从图 10-16 (a) 中找出幅度估计方差与周期个数关系的确切位置，用相应的噪声比例方差 ρ^2/A^2 以及 $100/n$ 连乘即得；②对于直流分量与相应正弦幅度 A 的比例方差 S_d^2/A^2，从图 10-16 (c) 中找出直流分量估计方差，再乘以 $100\rho^2/(nA^2)$ 可得；③对于 S_ω^2/ω^2，在图 10-16 (d) 中，找出相应信号周期数的频率估计方差，最后乘以 $100\rho^2/(nA^2)$ 即可获得；④初相位的直接方差 S_φ^2，可从图 10-16 (b) 中的初始相位估计方差中找到，用 $100\rho^2/(nA^2)$ 乘后获得。

由 N=9，n=900，ρ_m=30.2522mV，从图 10-16 (d) 中查得：n_0=100 点时离散角频率 ω_m 的频率估计方差 $\sigma_\omega^2= S_\omega^2A^2/(\omega^2\rho^2)$=2.2×10^{-5}，则

$$u_{5m}=S_\omega=\sqrt{\frac{\sigma_\omega^2\rho^2\omega^2n_0}{A^2n}}=1.247\times10^{-6}\text{rad}$$

其自由度 $\nu_{5m}=n_0-4=96$。

从图 10-16 (b) 中查得,n_0=100 点时相位 φ_m 的初始相位估计方差 $\sigma_\varphi^2=S_\varphi^2A^2/\rho^2$=270°，则本节中，

$$u_{6m}=S_\varphi=\sqrt{\frac{\sigma_\varphi^2\rho^2n_0}{A^2n}}=0.06955^\circ$$

其自由度 $\nu_{6m}=n_0-4=96$。

图 10-17 为通道 k 实测曲线的频谱图，为详细观测谐波分量起见，将幅度刻度调小，截断了基波的大部分，从该曲线可见，该测量序列主要的谐波失真为 3 次谐波，其他谐波分量与噪声没有什么区别，故不确定度分量 u_{3k} 中仅需计算 3 次谐波的影响即可，各主要谐波分量及其给拟合初始相位 φ_k 以及 ω_k 造成的不确定度 $u_{A_h}(\varphi_m)$ 和 $u_{A_h}(\omega_k)$ 见表 10-15。

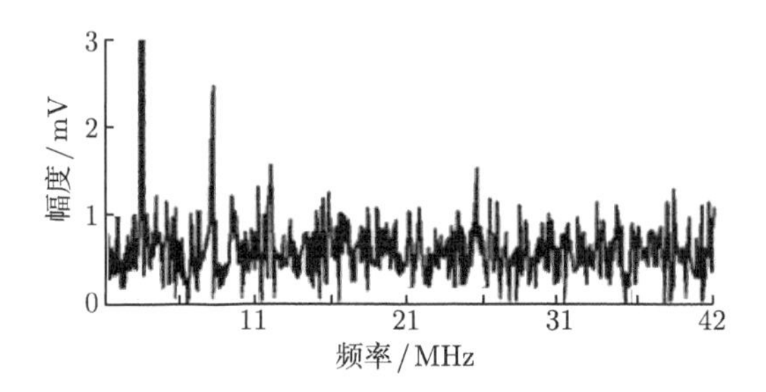

图 10-17　通道 k 实测曲线频谱 (幅频特性)

表 10-15　采集序列 2 基波与各主要谐波幅度值 [25]

波次	A_h /V	$u_{A_h}(\omega_k)$/rad	$u_{A_h}(\varphi_m)/(^\circ)$
基波	0.4932366	—	—
2 次谐波	8.058×10^{-4}	1.847×10^{-7}	9.485×10^{-4}
3 次谐波	2.490×10^{-3}	3.508×10^{-7}	1.766×10^{-3}

则 u_{3k}=3.965×10^{-7} rad，自由度 $\nu_{3k}=\infty$；u_{4k}= 0.0020046°，自由度 $\nu_{4k}=\infty$；从采集序列中减去上述已被 u_{3k} 计入的谐波分量，重新进行四参数拟合得

A_k=0.4928633V;ω_k=0.06280085 rad;φ_k= 152.66896°;d_k=−3.4979mV;ρ_k=15.5787mV;有效位数 =6.212bit。

由 N=9，n=900，ρ_k=15.5787mV，从图 10-16 (d) 中查得，n_0=100 点时离散角频率 ω_m 的频率估计方差 $\sigma_\omega^2 = S_\omega^2 A^2/(\omega^2\rho^2)=2.2\times10^{-5}$，则

$$u_{5k} = S_\omega = \sqrt{\frac{\sigma_\omega^2\rho^2\omega^2 n_0}{A^2 n}} = 3.104\times10^{-6}\text{rad}$$

其自由度 $\nu_{5k} = n_0 - 4$=96。

从图 10-16 (b) 中查得,n_0=100 点时相位 φ_k 的初始相位估计方差 $\sigma_\varphi^2 = S_\varphi^2 A^2/\rho^2$=270°，则本节中，

$$u_{6k} = S_\varphi = \sqrt{\frac{\sigma_\varphi^2\rho^2 n_0}{A^2 n}} = 0.1731°$$

其自由度 $\nu_{6k} = n_0 - 4 = 96$。

实际情况下，始终存在波形抖动，它将造成拟合相位的抖动并产生相位不确定度。若存在如下几个前提条件：①抖动的高阶导数项的影响可忽略；②任何谐波失真都足够小，以至于它对导数的影响可忽略；③抖动误差的均值为 0，尽管这并不严格真实 [13]；④每一采样点的抖动与其他点独立，则由抖动所引起的标准偏差可以估计。

图 10-18 为图 10-14 中通道 m 波形初始相位 φ_m 的抖动测量结果曲线 [14]。其初始相位 φ_m 的均值 $\bar{\varphi}_m$=332.1219°，初始相位 φ_m 抖动的实验标准偏差 $s_{\varphi m}$=0.1141°，初始相位 φ_{m0} 抖动的最大值 $\lambda_{\varphi m}$=0.4733°。它是由 M_0=1599 组值实测获得，每组 N=9，n=900。则本节中，$u_{8m} = s_{\varphi m}$=0.1141°；其自由度 $\nu_{8m} = M_0 - 1$=1598。

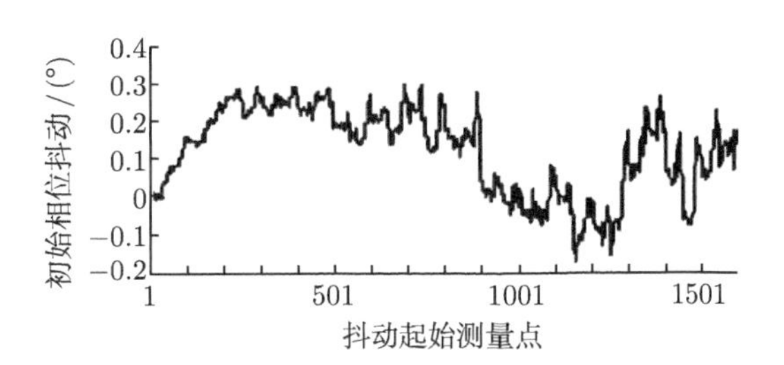

图 10-18 通道 m 初始相位抖动测量结果

图 10-19 为图 10-14 中通道 m 波形离散角频率 ω_m 的抖动测量结果曲线 [14]。其均值 $\bar{\omega}_m$=0.0628068852 rad，ω_m 抖动的实验标准偏差 $s_{\omega m}=1.79597\times10^{-6}$ rad；ω_m 抖动的最大值 $\lambda_{\omega m}=8.806586\times10^{-6}$ rad。它是由 M_0= 1599 组值实测获得，每组 N=9，n=900。则 $u_{7m} = s_{\omega m}$= 1.79597×10^{-6} rad；其自由度 $\nu_{7m} = M_0 - 1$=1598。

图 10-20 为图 10-14 中通道 k 波形初始相位 φ_k 的抖动测量结果曲线 [14]。其初始相位 φ_k 的均值 $\bar{\varphi}_k$=152.9970°，初始相位 φ_k 抖动的实验标准偏差 $s_{\varphi k}$=0.2711°，初始相位 φ_k 抖动的最大值 $\lambda_{\varphi k}$=1.2444°。它是由 M_0=1599 组值实测获得，每组 N=9，n=900。则本节中，$u_{8k} = s_{\varphi k}$=0.2711°；其自由度 $\nu_{8k} = M_0 - 1$=1598。

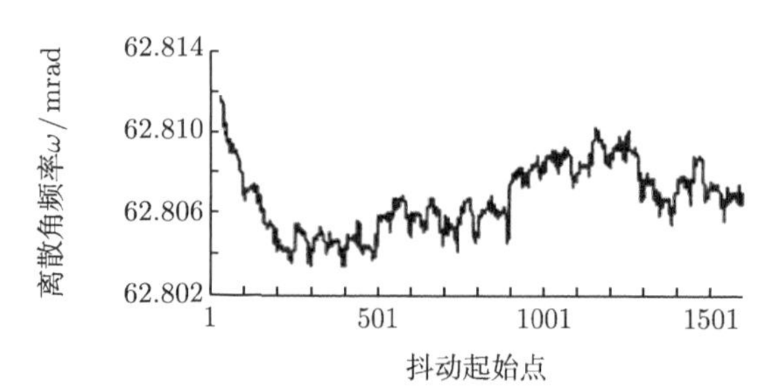

图 10-19　通道 m 离散角频率 ω 抖动测量结果

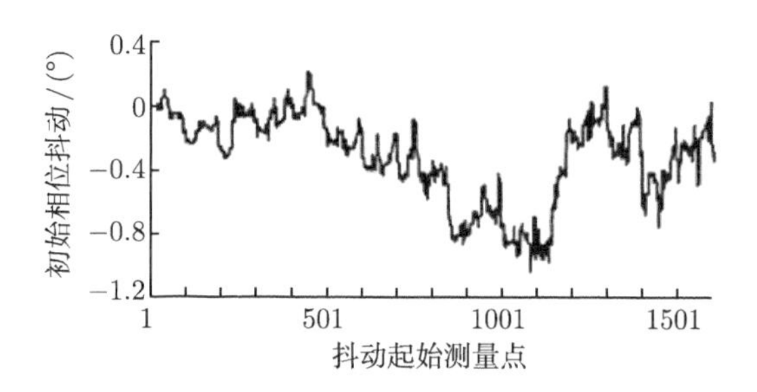

图 10-20　通道 k 初始相位抖动测量结果

图 10-21 为图 10-14 中通道 k 波形离散角频率 ω_m 的抖动测量结果曲线 [14]。其均值 $\bar{\omega}_k$=0.06280724326 rad，ω_k 抖动的实验标准偏差 $s_{\omega k}$=3.9955×10^{-6} rad，ω_k 抖动的最大值 $\lambda_{\omega k}$=1.8403×10^{-5} rad。它是由 M_0= 1599 组值实测获得，每组 N=9，n=900。则 $u_{7k}=s_{\omega k}$=3.9955×10^{-6} rad；其自由度 $\nu_{7k}=M_0-1$=1598。

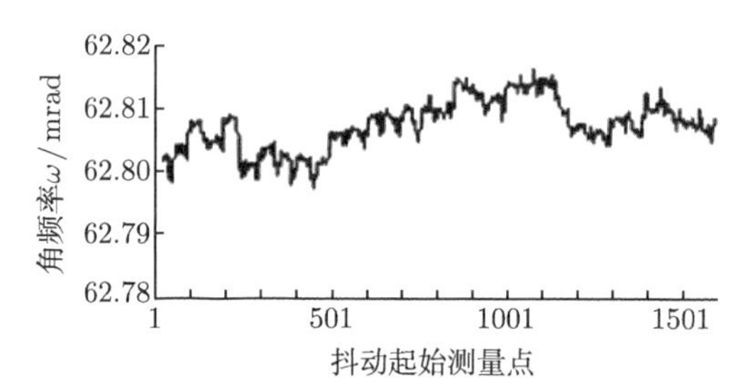

图 10-21　通道 k 数字角频率 ω 抖动测量结果

数字示波器通道 m、k 间延迟时间差为

$$\tau_0 = T_{mk} \pm U(\tau_0) = (1.25\times10^{-10} \pm 9.2\times10^{-11})\text{s} \quad (k=1.96, P=95\%)$$

则

$$u_2 = \frac{U(\tau_0)}{k} = \frac{9.2\times10^{-11}}{1.96} = 4.694\times10^{-11}\text{s}$$

其自由度 ν_2=2496。

则由公式 (10-129) 得正弦波相位差为

$$\varphi_{\alpha\beta} = \varphi_m - \varphi_k - \omega_m\cdot v_m\tau_0 = 332.2439 - 152.6786 - 2.5\times10^8\times1.25\times10^{-10} = 179.5340°$$

由采集速率 v=250MSa/s 和 TDS784D 的说明书得 [29]，采集速率 v 的误差限为 $\pm25\times10^{-6}$ 读值 = ±6250Sa/s；设采集速率 v 的误差在该范围内服从均匀分布，则其不确定度为

$$u_1 = u(v) = 6250/3^{1/2} = 3608.4392\text{Sa/s}$$

其自由度 $\nu_1=\infty$。

数据处理软件带来的不确定度，由参数已知的仿真数据使用数据处理软件处理的结果给出，当 n_0=1009 时，按 A 类不确定度评价方法获得对 2π 角度的归一化标准偏差为 [16]：$s_\varphi/(2\pi)=2.1\times10^{-7}$；对 ω 运算的归一化标准偏差为

$$\frac{s_\omega}{\omega} = 9.0\times10^{-7}$$

由于拟合误差与序列长度成反比，故

$$u_{10m} = u_{10k} = \sigma_\varphi \times 360^\circ \times n_0/n = 2.1\times10^{-7}\times360^\circ\times1009/900 = 8.48\times10^{-5}(^\circ)$$

其自由度 $\nu_{10m} = \nu_{10k} = n_0-4=1009-4=1005$。有

$$u_{9m} = (s_\omega/\omega)\times\omega_m\times n_0/n = 9.0\times10^{-7}\times0.06281214\times1009/900 = 6.338\times10^{-8}\text{rad}$$

其自由度 $\nu_{9m} = n_0-4=1009-4=1005$。

$$u_{9k} = (s_\omega/\omega)\times\omega_k\times n_0/n = 9.0\times10^{-7}\times0.06280211\times1009/900 = 6.337\times10^{-8}\text{rad}$$

其自由度 $\nu_{9k} = n_0-4=1009-4=1005$。

10.6.4 合成不确定度计算

这里将相位差测量的各个不确定度分量概算汇总，列于表 10-16。

表 10-16 相位差测量不确定度分量汇总表

序号	影响量 X_i	估计值 x_i	标准不确定度 $u(x_i)$	概率分布	灵敏系数 c_i	不确定度分量 u_i
1	采集速率误差	±6250Sa/s	3608.4392 Sa/s	矩形	-7.85×10^{-12}	$2.83\times10^{-8}(^\circ)$
2	通道间延迟时间差	0	4.694×10^{-11}s	正态	−15703035	$7.37\times10^{-4}(^\circ)$
3m	序列 m 谐波–频率	0	2.536×10^{-7} rad	正态	−0.03125	$7.92\times10^{-9}(^\circ)$
3k	序列 k 谐波–频率	0	3.965×10^{-7} rad	正态	−0.03125	$1.24\times10^{-8}(^\circ)$
4m	序列 m 谐波–相位	0	0.006211°	正态	1	0.006211°
4k	序列 k 谐波–相位	0	0.0020046°	正态	1	0.0020046°
5m	序列 m 噪声–频率	0	1.247×10^{-6}rad	正态	57.296	$7.14\times10^{-5}(^\circ)$
5k	序列 k 噪声–频率	0	3.104×10^{-6} rad	正态	57.296	$1.78\times10^{-4}(^\circ)$
6m	序列 m 噪声–相位	0	0.06955°	正态	1	0.06955°
6k	序列 k 噪声–相位	0	0.1731°	正态	1	0.1731°
7m	序列 m 频率抖动	0	1.79597×10^{-6} rad	正态	57.296	$1.03\times10^{-4}(^\circ)$
7k	序列 k 频率抖动	0	3.9955×10^{-6} rad	正态	57.296	$2.29\times10^{-4}(^\circ)$
8m	序列 m 相位抖动	0	0.1141°	正态	1	0.1141°
8k	序列 k 相位抖动	0	0.2711°	正态	1	0.2711°
9m	序列 m 频率运算误差	0	6.338×10^{-8} rad	正态	57.296	$3.63\times10^{-6}(^\circ)$
9k	序列 k 频率运算误差	0	6.337×10^{-8} rad	正态	57.296	$3.63\times10^{-6}(^\circ)$
10m	序列 m 相位运算误差	0	$8.48\times10^{-5}(^\circ)$	正态	1	$8.48\times10^{-5}(^\circ)$
10k	序列 k 相位运算误差	0	$8.48\times10^{-5}(^\circ)$	正态	1	$8.48\times10^{-5}(^\circ)$

由表 10-16 可知，相位差测量的不确定度分量中，没有绝对占优势分量，因此可判定，相位差测量的不确定度应满足正态分布。

初始相位的合成标准不确定度 $u_{\mathrm{c}}(\varphi_m)$ 与 $u_{\mathrm{c}}(\varphi_k)$：

$$u_{\mathrm{c}}(\varphi_m) = \sqrt{u_{4m}^2 + u_{6m}^2 + u_{8m}^2 + u_{10m}^2} = 0.1338^\circ = 0.002335\mathrm{rad}$$

$$u_{\mathrm{c}}(\varphi_k) = \sqrt{u_{4k}^2 + u_{6k}^2 + u_{8k}^2 + u_{10k}^2} = 0.3217^\circ = 0.005614\mathrm{rad}$$

$$u_{\mathrm{c}}(\omega_m) = \sqrt{u_{3m}^2 + u_{5m}^2 + u_{7m}^2 + u_{9m}^2} = 2.201 \times 10^{-6}\mathrm{rad}$$

$$u_{\mathrm{c}}(\omega_k) = \sqrt{u_{3k}^2 + u_{5k}^2 + u_{7k}^2 + u_{9k}^2} = 5.075 \times 10^{-6}\mathrm{rad}$$

$$c(\omega_m) = -v_m\tau_0 = -0.03125$$

$$c(v_m) = -\omega_m\tau_0 = -7.852 \times 10^{-12}$$

$$c(\tau_0) = -\omega_m v_m = -1.57 \times 10^7$$

由式 (10-142) 得，正弦波相位差 $\varphi_{\alpha\beta}$ 的合成标准不确定度为

$$u(\varphi_{\alpha\beta}) = 0.35^\circ$$

其有效自由度 [7]$\nu_{\mathrm{eff}}(\varphi_{\alpha\beta})$ 为

$$\nu_{\mathrm{eff}}(\varphi_{\alpha\beta}) = \frac{u_{\mathrm{c}}^4(\varphi_{\alpha\beta})}{\sum\limits_i \frac{c_i^4 u_i^4}{\nu_i}} = 1159.4$$

10.6.5　扩展不确定度

令置信概率 P=95%，由有效自由度 $\nu_{\mathrm{eff}}(\varphi_{\alpha\beta})$= 1159，查 t 分布表得包含因子 $k_P = t_P(\nu_{\mathrm{eff}})$=1.96，则正弦波相位差 $\varphi_{\alpha\beta}$ 的扩展不确定度：

$$U(\varphi_{\alpha\beta}) = k_P \times u_{\mathrm{c}}(\varphi_{\alpha\beta}) = 1.96 \times 0.35 = 0.69^\circ$$

10.6.6　测量结果的最终表述

正弦拟合法获得的正弦波相位差：

$$\varphi_{\alpha\beta 0} = \varphi_{\alpha\beta} \pm U(\varphi_{\alpha\beta}) = (179.53 \pm 0.69)^\circ \quad (k = 1.96, P = 95\%)$$

其中，“±” 后面是扩展不确定度，其包含因子 k=1.96，由置信概率 P=95%、有效自由度 ν_{eff}=1159，查 t 分布表获得。

10.6.7 结论

综上所述可见，在使用模型化测量方法评价正弦波相位差指标时，测量不确定度的分析较为复杂，影响评价结果的因素较多，涉及采集速率不确定度、采集序列的谐波失真、随机误差、抖动、信号周期个数、采样点数和软件计算误差等多项因素。其中，采集速率的影响、拟合频率的影响等属于微小量，可以在不确定度评定中予以忽略。而其他条件不变时，增加采集序列长度和增加信号周期个数均可降低正弦波相位差的评价不确定度。如果需要进一步降低测量不确定度，则数字滤波器是一种有效的手段 [17]。

10.7 直流偏移测量

直流偏移 [30]，通常是指线性系统在 0 输入时的稳定输出值，有时也指叠加到确定信号上的直流分量值。它的精确测量，在评价系统的零点漂移特性 (稳定性)、系统调零等场合有着众多应用。

直流偏移的测量，有交流和直流两种方法 [6,19]，直流法的分辨力受随机噪声、量化误差等因素的制约很大，不易实现微小偏移的精确测量；而交流法则可以克服这些局限。尤其是近年来，在数字示波器、瞬态记录仪器等设备的直流偏移校准评价中广泛使用的正弦拟合法 [6]，是一种受噪声及量化误差影响较小的、不一定要求整数个信号周期的模型化测量方法；也是一种比较稳定的、具有较小不确定度的直流偏移评价方法，同时还可用于其他指标的评价。

由于正弦拟合是一种总体最优的模型化测量方法，从而影响其测量不确定度的因素较多，本节将主要讨论和介绍使用四参数正弦拟合法评价直流偏移时的测量不确定度问题。

10.7.1 测量原理与方法 [6]

直流偏移评价的基本思想是，通过测量系统对正弦信号的采集数据，运用曲线拟合的方法，将拟合出的该正弦信号的直流分量值与标称值之差作为直流偏移测量值。具体作法如下所述。

设测量系统通道的量程为 $E_{\rm r}$，双极性对称输入方式，通道采集速率为 v；信号幅度 $E \leqslant E_{\rm r}/2$，$f_0 \leqslant v/3$(推荐取 $f_0 = N \cdot v/n$)；给测量系统加载一个低失真正弦信号：

$$e(t) = E\sin(2\pi \cdot f_0 t + \varphi_0) + d_0 \tag{10-155}$$

其中，d_0 为信号的直流分量值，不失一般性，选取 d_0=0；n 为通道采集数据个数；N 为通道采集的信号整周期个数；n 与 N 不能有公共因子。

启动采集，得采集数据序列 $\{x_i\}$(i=0，$\cdots$ ，$n-1$)，按最小二乘法求出采集数据序列的最佳拟合信号：

$$a(t) = A \cdot \sin(2\pi \cdot ft + \varphi) + d \tag{10-156}$$

其中，$a(t)$ 为拟合信号的瞬时值；A 为拟合正弦波幅度；f 为拟合正弦波频率；φ 为拟合正弦波初始相位；d 为拟合信号的直流分量值。

实际的采集数据是一些离散化的值 x_i，对应地，其时间也是离散化的 t_i，其中，$t_i=i/v$ 为第 i 个测量点的时刻，$i=0$，$\cdots$，$n-1$；这样，式 (10-156) 变成

$$a(t_i) = A \cdot \sin(2\pi \cdot f t_i + \varphi) + d$$

简记为

$$a_{(i)} = A \cdot \sin(\omega \cdot i + \varphi) + d \tag{10-157}$$

其中，$\omega=2\pi \cdot f_0/v$；则拟合残差有效值 ρ 为

$$\rho = \sqrt{\frac{1}{n} \cdot \sum_{i=0}^{n-1} [x_i - A \cdot \sin(\omega \cdot i + \varphi) - d]^2} \tag{10-158}$$

当拟合残差有效值 ρ 最小时，得式 (10-155) 的最小二乘意义下的拟合正弦波形式 (10-157)，其拟合波形的直流分量值 d 与输入信号直流分量值 d_0 之差为直流偏移 D：

$$D = d - d_0 \tag{10-159}$$

10.7.2　测量不确定度模型

由式 (10-159) 可见，直流偏移 D 与信号直流分量值 d_0 以及采集序列 $\{x_i\}$ 均有关，而采集正弦波序列的谐波失真、杂波和噪声、量化误差、抖动、采集序列长度，以及采集序列中所含信号的周期个数均将给直流偏移 D 带来影响 [11]，因此，可列出直流偏移 D 测量不确定度的主要来源。

(1) 正弦交流标准信号直流偏置 d_0 的不确定度 $u_1 = u(d_0)$，它主要是由信号源幅度误差造成的。

(2) 采样序列的谐波失真带来的直流分量值 d 的测量不确定度 u_2，它主要是由信号的谐波失真、波形采集系统的非线性误差等因素造成的，可能包含 2 次、3 次等多次谐波分量的影响。

(3) 采样序列的噪声及非谐波失真带来的直流分量值 d 的测量不确定度 u_3，它主要是由信号的随机噪声、杂波失真，波形采集系统的量化误差等因素造成的；实际中，也包含没有在第 (2) 项的谐波失真中被计入的高次谐波失真分量和微弱的较低次谐波失真分量的影响。

(4) 采样序列的抖动带来的直流分量值 d 的测量不确定度 u_4，它主要是由输入正弦信号周期不稳定，以及波形采集系统的采样间隔抖动带来的测量序列的信号周期性变动造成的。

(5) 四参数正弦拟合软件带来的直流分量值 d 的测量不确定度 u_5，主要是由软件收敛判据、舍入误差、累积误差等造成的。

(6) 另外，采集序列长度的变化、采集序列中所含信号的周期个数的变化，也将给直流偏移的测量带来影响，它们将体现在上述各项不确定度的分量中，这里不单独列出。

由式 (10-159) 可得

$$\Delta D = \frac{\partial D}{\partial d}\Delta d + \frac{\partial D}{\partial d_0}\Delta d_0 = \Delta d - \Delta d_0 \tag{10-160}$$

灵敏系数为

$$c(d)=\frac{\partial D}{\partial d}=1,\quad c(d_0)=\frac{\partial D}{\partial d_0}=-1$$

由测量值 $y=f(x_1,x_2,\cdots,x_N)$，对于输入 X_i 的测量值 $x_i(i\neq j$，则 $X_i\neq X_j)$ 的不确定度传递公式为 [7]

$$u_{\rm c}(y)=\sqrt{\sum_{i=1}^{N}\left(\frac{\partial y}{\partial x_i}\right)^2u^2(x_i)+2\sum_{i=1}^{N-1}\sum_{j=i+1}^{N}\left(\frac{\partial y}{\partial x_i}\right)\left(\frac{\partial y}{\partial x_j}\right)u(x_i,x_j)}\tag{10-161}$$

$$u(x_i,x_j)=r(x_i,x_j)\cdot u(x_i)\cdot u(x_j)\tag{10-162}$$

式中，x_i 为输入 X_i 的测量值，x_j 为输入 X_j 的测量值，$i\neq j$，则 $X_i\neq X_j$；$u(x_i)$ 为 x_i 的标准不确定度，$u(x_j)$ 为 x_j 的标准不确定度，$i\neq j$；$u(x_i,x_j)$ 为 x_i、x_j 的协方差估计值，$i\neq j$；$r(x_i,x_j)$ 为 x_i、x_j 的相关系数估计值，$i\neq j$。

本测量过程中，显然可以认为，直流分量 d 不同的不确定度分量之间不相关，则它的合成标准不确定度 $u_{\rm c}(d)$ 为

$$u_{\rm c}(d)=\sqrt{u_2^2+u_3^2+u_4^2+u_5^2}\tag{10-163}$$

直流偏移 D 的不确定度分量中，可以认为，$u(d_0)$ 与 $u(d)$ 不相关，则其合成标准不确定度 $u_{\rm c}(D)$ 为

$$u_{\rm c}(D)=\sqrt{c^2(d_0)\cdot u^2(d_0)+c^2(d)\cdot u^2(d)}=\sqrt{u_1^2+u_2^2+u_3^2+u_4^2+u_5^2}\tag{10-164}$$

四参数正弦拟合中，误差界的指数表达式给出了其依信号周期个数和谐波阶次的变化趋势的一个较好拟合结果。该结果中，若 ΔN 为信号周期数误差，ΔA 为信号拟合幅度误差，$\Delta\varphi$ 为信号拟合初始相位误差，Δd 为信号直流分量估计值误差，n 为记录数据个数 $(n\geqslant 2Nh)$，N 为记录中所含信号周期个数 $(\omega nT)/(2\pi)$，h 为谐波阶次 (正整数)，A_h 为谐波幅度，则估计参数误差的误差界如下 [11]：

$$\max|\Delta N|=\frac{0.90}{(Nh)^{1.2}}\cdot\frac{A_h}{A}\tag{10-165}$$

$$\max\left|\frac{\Delta A}{A}\right|=\frac{1.00}{(Nh)^{1.25}}\cdot\frac{A_h}{A}\tag{10-166}$$

$$\max|\Delta\varphi|=\frac{180^\circ}{(Nh)^{1.25}}\cdot\frac{A_h}{A}\tag{10-167}$$

$$\max\left|\frac{\Delta d}{A}\right|=\frac{0.61}{(Nh)^{1.21}\cdot h^{1.1}}\cdot\frac{A_h}{A}\tag{10-168}$$

假设由谐波 A_h 造成的直流分量 d 的测量误差在其误差界内服从均匀分布，则 A_h 给 d 带来的测量不确定度 $u_d(A_h)$ 由式 (10-168) 可得

$$u_d(A_h)=\frac{0.61}{(Nh)^{1.21}h^{1.1}}\cdot\frac{A_h}{\sqrt{3}}\tag{10-169}$$

由于三角函数基的正交性，显然，不同谐波之间互不相关，则由所有谐波给 A 带来的测量不确定度为

$$u_2 = \sqrt{\sum_{h \geqslant 2} u_A^2(A_h)} = \sqrt{\sum_{h \geqslant 2} \frac{0.124 A_h^2}{(Nh)^{2.42} h^{2.2}}} \tag{10-170}$$

10.7.3 测量数据及处理

图 10-22 是使用中国铁道科学研究院研制的 SCO232 型数据采集系统，对于 FLUKE 5720A 型信号源进行测量获得的正弦信号波形；其 A/D 位数 BD=12 bit，测量范围 −5～5V，采集速率 v=2kSa/s，采样点数 n_0=1800；信号峰值 4.5V，频率 11Hz。则序列所含周波数 N=9，n=1634，经过四参数拟合得

A=4459.388mV；$\omega = 0.03459784$rad；φ=219.544°；d=3.985mV；ρ=37.00925mV；有效位数 =6.29bit。

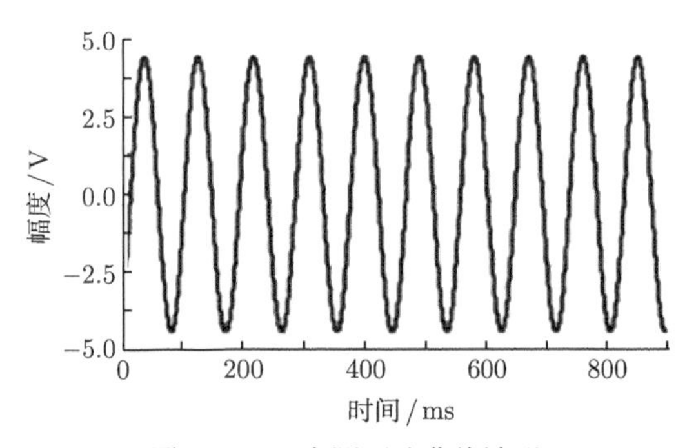

图 10-22 实测正弦曲线波形

图 10-23 为其频谱曲线图，为详细观测谐波分量起见，将幅度刻度调小，截断了基波的大部分，从该曲线可见，该测量序列主要的谐波失真为 3 次、5 次、7 次谐波，其他谐波分量与噪声没有什么区别，故不确定度分量 u_2 中仅需计算 2 次～7 次谐波的影响即可，各主要谐波分量及其给拟合直流分量 d 造成的不确定度 $u_d(A_h)$ 如表 10-17 所示。

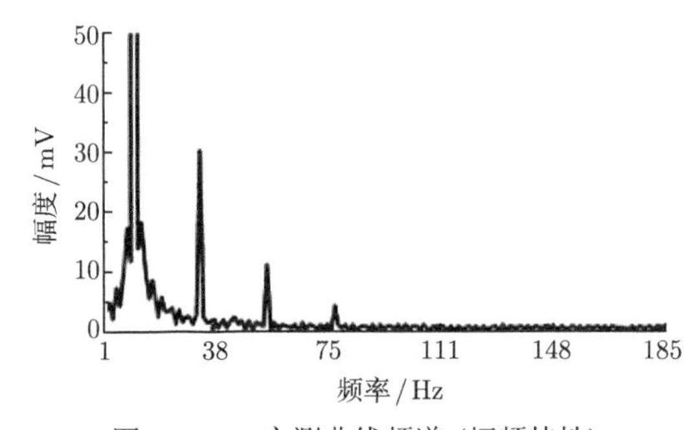

图 10-23 实测曲线频谱 (幅频特性)

则 u_2=0.00400mV，自由度 $\nu_2=\infty$；从采集序列中减去上述已经被 u_2 计入的谐波分量后，重新进行四参数拟合得

A=4459.381mV；$\omega = 0.03459782$rad；φ=219.550°；d= 3.953mV；ρ=29.479mV；有效位数 =6.61bit。

表 10-17 采集序列基波与各主要谐波幅度值 [25]

波次	A_h/mV	φ_h/(°)	$u_d(A_h)$/mV
基波	4459.168	219.586	—
2 次谐波	3.854437	−41.100	0.019174
3 次谐波	30.67696	57.008	0.059813
4 次谐波	2.679193	−11.830	0.0026877
5 次谐波	11.48631	−32.000	0.0068817
6 次谐波	1.8175	27.335	0.00071463
7 次谐波	4.701	64.409	0.0012946

在随机噪声状态下，ρ^2 为噪声方差 (剔除谐波因素后的拟合方差)。正弦波最小二乘拟合四个参数的方差分别为 S_A^2、S_φ^2、S_d^2、S_ω^2，则 S_A^2/ρ^2、$S_\varphi^2 A^2/\rho^2$、S_d^2/ρ^2 以及 $S_\omega^2 A^2/(\omega^2\rho^2)$ 的描述如图 10-24 所示，即在 36 个等间距信号初相位上对应的误差界，随信号周期数的变化情况 [11]。这里，n_0=100，各描述值均与 n 成反比。

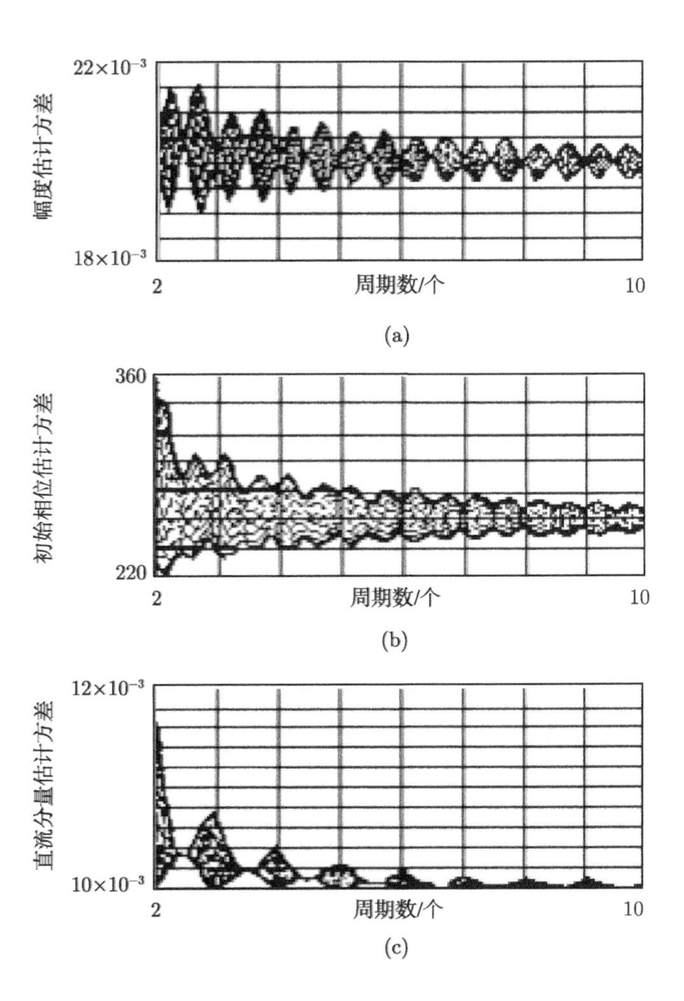

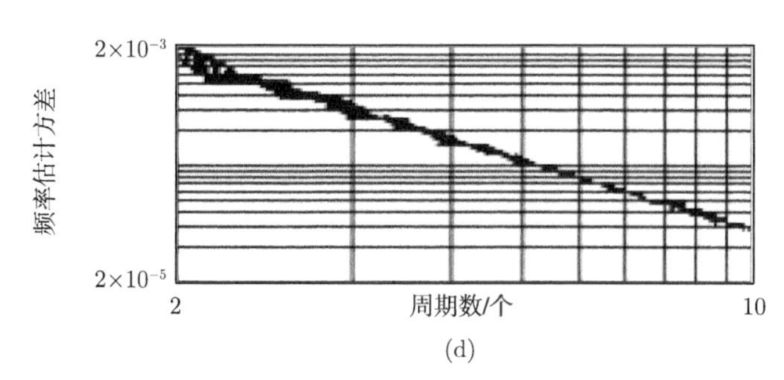

(d)

图 10-24 在 36 个均匀分布的相位点上, 规范化参数估计方差 (由噪声引起的) 与周期数的函数关系描述

(a) 幅度估计方差 S_A^2/ρ^2; (b) 初始相位估计方差 $S_\varphi^2 A^2/\rho^2$; (c) 直流分量估计方差 S_d^2/ρ^2; (d) 频率估计方差 $S_\omega^2 A^2/(\omega^2\rho^2)$

幅度、直流分量和频率的方差表示成比例方差的形式 (如 S_A^2/A^2、S_d^2/A^2 和 S_ω^2/ω^2) 通常更为实用。这些比例方差可以从图 10-24 按下述方式确定：①对比例方差 S_A^2/A^2，从图 10-24 (a) 中找出幅度估计方差与周期数关系的确切位置，用相应的噪声比例方差 ρ^2/A^2 以及 $100/n$ 连乘即得；②对于直流分量与相应正弦幅度 A 的比例方差 S_d^2/A^2，从图 10-24 (c) 中找出直流分量估计方差，再乘以 $100\rho^2/(nA^2)$ 可得；③对于 S_ω^2/ω^2，在图 10-24 (d) 中，找出相应信号周期数的比例方差，最后乘以 $100\rho^2/(nA^2)$ 即可获得；④初始相位的直接方差 S_φ^2，可以从图 10-24 (b) 中的初始相位估计方差中找到，用 $100\rho^2/(nA^2)$ 乘后获得。

由 N=9，n=1634，ρ=29.479mV，从图 10-24 (c) 中查得：n_0=100 点时的直流分量估计方差 $\sigma_d^2 = S_d^2/\rho^2$= 0.0101，则本节中，

$$u_3 = S_d = \sqrt{\frac{\sigma_d^2 \cdot n_0 \cdot \rho^2}{n}} = 0.731\text{mV}$$

其自由度 $\nu_3 = n_0 - 4 = 96$。

实际情况下，始终存在波形抖动，它将造成拟合直流偏移的抖动并产生不确定度。若存在如下几个前提条件：①抖动的高阶导数项的影响可忽略；②任何谐波失真都足够小，以至于它对导数的影响可忽略；③抖动误差的均值为 0，尽管这并不严格真实 [13]；④每一采样点的抖动与其他点独立，则由抖动误差所引起的标准偏差可以估计。

图 10-25 为图 10-22 所示波形的直流偏移抖动测量结果曲线图 [14]。从该曲线图可得直流偏移的均值 $\bar{d}$= 2.895mV，直流偏移抖动的实验标准偏差 s_d= 0.9417mV，直流偏移抖动最大值 λ_d=2.764mV。它是由 m_0=166 组值实测获得，每组 N=9，n=1634。则本节中，$u_4 = s_d$=0.9417mV；其自由度 $\nu_4 = m_0 - 1 = 165$。

由式 (10-159) 得直流偏移为

$$D = \bar{d} - d_0 = 2.895\text{mV}$$

由信号峰值 4.5V、频率 11Hz 和说明书得 [15]，正弦标准信号源幅度误差限为：±0.0240% 读值 ±400μV= ±1.48mV；直流分量 d_0 的误差限则是其幅度为 0 时的量值，即 ±0.400mV；

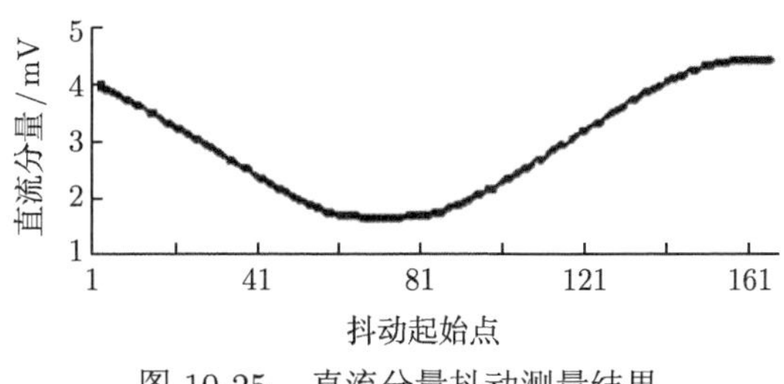

图 10-25 直流分量抖动测量结果

设直流分量 d_0 的误差在该范围内服从均匀分布，则其不确定度为

$$u_1 = u(d_0) = 0.4/3^{1/2} = 0.231\text{mV}$$

其自由度 $\nu_1 = \infty$。

数据处理软件带来的不确定度 u_5，由幅度已知的仿真数据用数据处理软件计算的结果，当 $n_0 = 1009$ 时，按 A 类不确定度评价方法 [16] 获得，如表 10-18 所示。

表 10-18 校准软件带来的直流分量 d 的测量不确定度 $u_{5i}(n = 1009$，幅度 $E)$

BD/bit	u_{5i}	BD/bit	u_{5i}
4	$3.2\times10^{-3}E$	11	$1.8\times10^{-7}E$
5	$1.4\times10^{-5}E$	12	$1.5\times10^{-7}E$
6	$7.7\times10^{-6}E$	13	$4.9\times10^{-8}E$
7	$2.9\times10^{-6}E$	14	$5.3\times10^{-8}E$
8	$1.1\times10^{-6}E$	15	$4.6\times10^{-8}E$
9	$5.6\times10^{-7}E$	16	$5.0\times10^{-9}E$
10	$2.8\times10^{-7}E$	17	$1.7\times10^{-8}E$

由于拟合误差与序列长度成反比，A/D 位数 BD=12 bit，故有

$$u_5 = u_{5i} \times n_0/n = 1.5 \times 10^{-7} \times 4.5 \times 1009/1634\text{V} = 0.417\mu\text{V}$$

其自由度 $\nu_5 = n_0 - 4 = 1009 - 4 = 1005$。

10.7.4 合成不确定度计算

这里将直流偏移的各个不确定度分量概算汇总，列于表 10-19。

表 10-19 直流偏移测量不确定度分量汇总表

序号	影响量 X_i	估计值 x_i	标准不确定度 $u(x_i)$	概率分布	灵敏系数 c_i	不确定度分量 u_i
1	信号源幅度直流偏置	±1.48mV	0.231mV	矩形	1	0.231mV
2	序列的谐波	0	0.00400mV	正态	1	0.00400mV
3	序列的噪声	0	0.731mV	正态	1	0.731mV
4	抖动	0	0.9417mV	正态	1	0.9417mV
5	软件运算误差	0	0.417μV	正态	1	0.417μV

由表 10-19 可知，没有不确定度分量是绝对占优势分量，因此可判定，直流偏移的不确定度应满足正态分布。

直流分量 d 的合成标准不确定度 $u_{\mathrm{c}}(d)$ 为

$$u_{\mathrm{c}}(d)=\sqrt{u_2^2+u_3^2+u_4^2+u_5^2}=1.192\mathrm{mV}$$

其有效自由度 [7]$\nu_{\mathrm{eff}}(d)$ 为

$$\nu_{\mathrm{eff}}(d)=\frac{u_{\mathrm{c}}^4}{\sum\limits_{i=2}^{5}\frac{c_i^4u_i^4}{\nu_i}}=\frac{u_{\mathrm{c}}^4(d)}{\frac{u_2^4}{\nu_2}+\frac{u_3^4}{\nu_3}+\frac{u_4^4}{\nu_4}+\frac{u_5^4}{\nu_5}}=260.8$$

直流偏移 D 的合成标准不确定度 $u_{\mathrm{c}}(D)$ 为

$$u_{\mathrm{c}}(D)=\sqrt{u_1^2+u_2^2+u_3^2+u_4^2+u_5^2}=1.214\mathrm{mV}$$

其有效自由度 [7]$\nu_{\mathrm{eff}}(D)$ 为

$$\nu_{\mathrm{eff}}(D)=\frac{u_{\mathrm{c}}^4}{\sum\limits_{i=1}^{5}\frac{c_i^4u_i^4}{\nu_i}}=\frac{u_{\mathrm{c}}^4(D)}{\frac{u_1^4}{\nu_1}+\frac{u_2^4}{\nu_2}+\frac{u_3^4}{\nu_3}+\frac{u_4^4}{\nu_4}+\frac{u_5^4}{\nu_5}}=280.6$$

10.7.5 扩展不确定度

令置信概率 P=95%，由有效自由度 $\nu_{\mathrm{eff}}(D)$=280，查 t 分布表得包含因子 $k_P=t_P(\nu_{\mathrm{eff}})$=1.96，则直流偏移 D 的扩展不确定度为

$$U_{95}(D)=k_P\times u_{\mathrm{c}}(D)=1.96\times1.214\mathrm{mV}=2.4\mathrm{mV}$$

令置信概率 P=95%，由有效自由度 $\nu_{\mathrm{eff}}(d)$=260，查 t 分布表得包含因子 $k_P=t_P(\nu_{\mathrm{eff}})$ =1.96，则直流分量 d 的扩展不确定度为

$$U_{95}(d)=k_P\times u_{\mathrm{c}}(d)=1.96\times1.192\mathrm{mV}=2.3\mathrm{mV}$$

10.7.6 测量结果的最终表述

正弦拟合法获得的直流偏移为

$$\underline{D}_0=D\pm U_{95}(D)=(2.9\pm2.4)\mathrm{mV}\quad(k=1.96,P=95\%)$$

其中，“±”后面是扩展不确定度，其包含因子 k=1.96，由置信概率 P=95%、有效自由度 ν_{eff}=280，查 t 分布表获得。

正弦拟合法获得的直流分量为

$$\underline{d}_0=d\pm U_{95}(d)=(2.9\pm2.3)\mathrm{mV}\quad(k=1.96,P=95\%)$$

其中，“±”后面是扩展不确定度，其包含因子 k=1.96，由置信概率 P=95%、有效自由度 ν_{eff}=260，查 t 分布表获得。

10.7.7 结论

综上所述可见，在使用模型化测量方法评价仪器设备的直流偏移指标时，其测量不确定度的分析较为复杂，影响评价结果的因素较多，涉及信号源幅度不确定度、采集序列的谐波失真、随机误差、频率抖动、信号周期个数、采样点数和软件计算误差等多项因素，一般说来，其他条件不变时，增加采集序列长度和增加信号周期个数均可降低直流偏移的评价不确定度。如果需要进一步降低测量不确定度，则数字滤波器是一种有效的手段 [17]。

参 考 文 献

[1] Liang Z G, Zhu J J, Shen W. Influence and correction of signal source distortion to evaluation of effective bit of waveform recorders [J]. Transaction of Nanjing University of Aeronautics & Astronautics, 1997, 14(2): 198-202.
[2] Doerfler D W. Dynamic testing of a slow sample rate, high-resolution data acquisition system [J]. IEEE Transactions on Instrumentation and Measurement, 1986, 35(4): 477-482.
[3] Peetz B E. Dynamic testing of waveform recorders [J]. IEEE Transactions on Instrumentation and Measurement, 1983, 32(1): 12-17.
[4] Linnenbrink T E. Effective bits: is that all there is? [J]. IEEE Transaction on Instrumentation and Measurement, 1984, 33(3): 184-187.
[5] 梁志国. 动态有效位数的测量不确定度 [J]. 工业计量，2002，12(6)：46-49.
[6] JJF1057—1998. 数字存储示波器校准规范 [S]. 中华人民共和国国家计量技术规范. 北京: 中国计量出版社，1999.
[7] 叶德培，宋振国，汪贤至. GJB 3756—1999. 测量不确定度的表示及评定 [S]. 北京：中国人民解放军总装备部军标出版发行部，1999.
[8] SG5010 型低失真正弦振荡器使用说明书 [Z]. Tektronix 公司.
[9] SC-26 型数据采集系统使用说明书 [Z]. 北京 AD/DA 公司.
[10] 梁志国. 交流增益的测量不确定度 [J]，计量学报，2004，25(2)：162-166.
[11] Deyst J P, Souders T M, Solomon O M. Bounds on least-squares four-parameter sine-fit errors due to harmonic distortion and noise[J]. IEEE Transactions on Instrumentation & Measurement, 1995, 44 (3): 637-642.
[12] 梁志国. 周期信号的谐波分析述评 [J]. 计量技术，2003，2：3-5.
[13] Souders T M, Flach D R, Hagwood C, et al. The effects of timing jitter in sampling systems [J]. IEEE Transactions on Instrumentation and Measurement, 1990, 39(1): 80-85.
[14] 梁志国，孙璟宇，盛晓岩. 正弦信号发生器波形抖动的一种精确测量方法 [J]. 仪器仪表学报，2004，25 (1)：23-29.
[15] 5700A/5720A Series II Multifunction Calibrator Service Manual[Z]. Fluke Corporation, 1996: 1-15~1-39.
[16] Liang Z G, Lu K J, Sun J Y. Evaluation of software of four-parameter sine wave curve-fit[J]. Transactions of Nanjing University of Aeronautics & Astronautics, 2000, 17(1): 100-106.
[17] Liang Z G, Zhu J J. A digital filter for the single frequency sinusoid series[J]. Transaction of Nanjing University of Aeronautics & Astronautics, 1999, 16(2): 14-16.
[18] 梁志国. 采集速率的测量不确定度 [J]. 仪器仪表学报，2005，26(7)：741-745.
[19] JJG 1048—1995. 数据采集系统校准规范 [S]. 中华人民共和国国家计量技术规范. 北京：中国计量出版社，1995：5-7.

[20] 梁志国，周艳丽，沈文. 数据采集系统通道采集速率评价中的几个问题 [J]. 航空计测技术，1996，16(3): 16-19.

[21] 梁志国，周艳丽，沈文. 正弦波拟合法评价数据采集系统通道采集速率 [J]. 数据采集与处理，1997，12 (4): 328-333.

[22] 梁志国，孟晓风. 拟合测量正弦信号频率的不确定度 [J]. 计量学报，2009，30(4)：358-362.

[23] JJF 1152-2006. 任意波发生器校准规范 [S]. 中华人民共和国国家计量技术规范. 北京：中国计量出版社，2006：11-12.

[24] 梁志国，孟晓风. 残周期正弦波形的四参数拟合 [J]. 计量学报，2009，30(3)：245-249.

[25] 梁志国，张力. 周期信号谐波分析的一种新方法 [J]. 仪器仪表学报，2005，26(5): 469-472.

[26] 梁志国，孟晓风. 正弦波相位差的测量不确定度 [J]. 仪器仪表学报，2007，28(9)：1646-1653.

[27] 梁志国，孙璟宇，朱济杰. 正弦波相位差的一种精确评价方法 [J]. 计量学报，2002，23(3)：224-228.

[28] 梁志国. 通道间延迟时间差的测量不确定度 [J]. 计量学报，2005，26(4)：354-359.

[29] Technical Reference, TDS 500D, TDS600C, TDS700D & TDS714L Digitizing Oscilloscope Performance Verification and Specifications [Z]. Tektronix Corporation Ltd., 2000, 2-19-2-27.

[30] 梁志国. 直流偏移的测量不确定度 [J]. 测试技术学报，2004，18(3)：253-258.

第 11 章　应 用 示 例

11.1　概　　述

正弦波模型化测量方法有许多应用实例，包括正弦问题本身，以及变异正弦问题、引申正弦问题、类正弦问题。前几章中已经涉及一些应用，包括有效位数测量、相位差测量等，若想穷举所有实例显然是不可能的。本章从计量测试角度选取几个典型实例，以供参考，它们或许并不足以反映正弦波模型化测量的优美以及强大的功能，唯其希望对其他应用者有所启迪和帮助。如果恰好遇到相同问题，则能提供一种解决方案，权且抛砖引玉。

11.2　延 迟 测 量

11.2.1　放大器延迟

1. 引言

在放大器的众多技术参数中，延迟时间一直处于被忽视的状态，各个生产厂家甚至没有将其列为性能指标。在其影响特别大的应用场合，如相位测量、延迟时间测量，均使用系统标定与修正方式，将其影响放到测量系统中总体考虑。通常并未对其进行单独要求。但在系统辨识中，这明显遭遇了瓶颈。通常，系统的输入会呈现出复杂多样的物理量值，如应变、应力、速度、加速度、压力、温度、位移等。由传感器将这些被测物理量转换成的比例线性关系的电信号强度往往十分微弱，需要用到放大器和滤波器等信号调理环节，因而不可避免地造成各种大小不同的时间延迟。这些延迟若不以纯延迟环节进行估计、赋值和单独考虑，将使得系统辨识模型阶次上升许多，导致模型参数复杂化，给系统修正与补偿带来额外困难 [1]。而许多系统辨识方法简单地将系统认定为没有延迟的线性系统，靠人为设定和“对齐”激励响应起始点的方式获得的较低阶次的系统模型，则一直是不完整的、存在隐患的模型，其客观性存在问题。

因而，在放大器或滤波器的测量应用中，一方面，均应对其延迟时间进行测量标定，并纳入指标体系；另一方面，需要弄清不同频率、不同幅度、不同波形下，其延迟时间是否具有一致性。若存在一致性，才能将正弦激励获得的延迟时间用到阶跃、冲击等其他激励响应的时序估算中。对延迟时间的测量，尽管已有文献进行过研究 [2-4]，但仍然不时出现粗大误差的现象，究其本质，是由正弦拟合过程中的相位周期性造成的，人工干预和处理会及时修正错误情况，但对于自动测量与处理则很难适应。

本节后续内容，将主要讨论放大器延迟时间的测量相关问题，并给出一种精确测量的完整解决方式，以便其顺利用于系统辨识的环节延迟估计。

2. 原理方法

本质上，放大器延迟时间测量与相位差测量使用相同原理，但又有其特殊性。由于相位的周期性特征，电路中某点 A 的信号相位超前于另外一点 B 的信号相位 90°，与点 B 的信号相位超前点 A 的相位 270° 具有相同的含义。但对于时间延迟而言，点 A 处的时间超前于另外的一点 B 的时间 1/4 个信号周期，这与点 B 处的时间超前于点 A 处的时间 3/4 个信号周期的含义是截然不同的。

另外，其困难之处还在于放大器的增益通常大于 1，可能达到成百上千，因而其激励和响应信号波形幅度可能相差几个数量级，通常很难寻找到合适的相位计用于放大器延迟时间的测量。这需要使用同步高速数据采集技术，以及数字信号处理方法予以解决。

本节所述放大器延迟时间测量方法具有如下特点：①用正弦波作激励，简便易行，条件要求低；②可在任意幅度下实现；③大小延迟均能测量，准确度高；④可实现测量自动化。

其基本思想是将一个正弦波加载到被测放大器，对其输入和输出同时进行数据采集；然后运用曲线拟合，分别评价出激励序列的初始相位 φ_{in}，以及响应序列的初始相位 φ_{out}，两者的相位差 $\Delta\varphi$ 反映的时间差 $\Delta\tau$，即是所要获得的被测放大器的延迟时间 [5-9]。具体作法如下所述。

根据待测放大器的延迟时间的预估量值范围，按确保该延迟时间小于 1 个波形周期选取所用正弦信号频率 f_0。根据放大器的输入–输出信号幅度范围选择激励正弦信号幅度 E_{a}。

选取具有 2 个以上同步采集通道的数据采集系统，其频带宽度大于放大器频带宽度的 5 倍以上，各采集通道的幅度量程能独立调节设置；通道采集速率 v 能够保证每个波形周期采集 20 个点以上；n 为通道采集数据个数。

如图 11-1 所示，给放大器加载一个低失真正弦波激励信号 $x(t)$，其响应信号为 $y(t)$：

$$x(t) = E_a \cdot \sin(2\pi \cdot f_0 t + \varphi_a) \tag{11-1}$$

$$y(t) = E_b \cdot \sin(2\pi \cdot f_0 t + \varphi_b) \tag{11-2}$$

将信号 $x(t)$ 与 $y(t)$ 分别接到数据采集通道 a 与 b。启动采集，获得 $x(t)$、$y(t)$ 的采集数据序列 $\{x_i, y_i\}(i=0,\ \cdots,\ n-1)$。按最小二乘法求出序列 $\{x_i\}$ 的拟合信号 [5-9]：

$$x_a(t) = A_a \cdot \sin(2\pi \cdot ft + \varphi_a) + d_a \tag{11-3}$$

其中，$x_a(t)$ 为拟合信号的瞬时值；$A_a>0$ 为拟合正弦信号幅度；f 为拟合正弦信号频率；φ_a 为拟合正弦信号初始相位；d_a 为拟合信号的直流分量值。

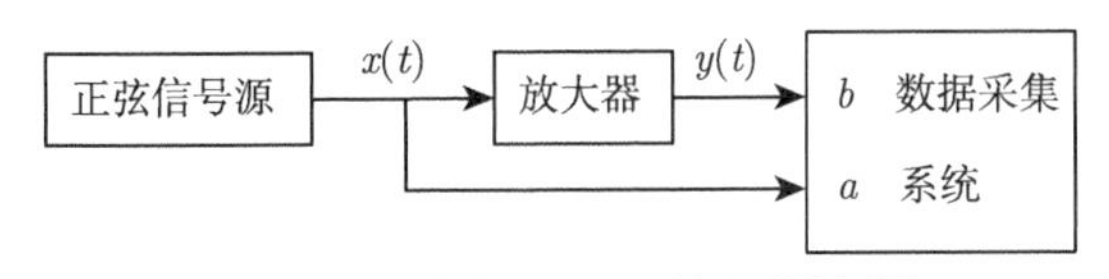

图 11-1　放大器延迟时间测量框图

由于采集数据是离散值 x_i，对应时间也是离散的 t_i，其 $t_i = i/v(i=0,\ \cdots\ ,\ n-1)$。这样，式 (11-3) 变成

$$x_a(t_i) = A_a \cdot \sin(2\pi \cdot ft_i + \varphi_a) + d_a \tag{11-4}$$

简记为

$$x_a(i) = A_a \cdot \sin(\omega \cdot i + \varphi_a) + d_a \tag{11-5}$$

$$\omega = \frac{2\pi f_0}{v} \tag{11-6}$$

则拟合残差有效值 ρ_{ra} 为

$$\rho_{\mathrm{ra}} = \sqrt{\frac{1}{n} \cdot \sum_{i=0}^{n-1} [x_i - A_a \cdot \sin(\omega \cdot i + \varphi_a) - d_a]^2} \tag{11-7}$$

式中，t_i 为第 i 个测量点的时刻，i=0，$\cdots$，$n-1$。

当 ρ_{ra} 最小时，获得式 (11-1) 的拟合正弦信号式 (11-5)，得到拟合结果 φ_a。φ_a 所对应的初始时刻 t_a 为

$$t_a = \frac{\varphi_a}{2\pi f_0} \tag{11-8}$$

同理，按最小二乘法求出序列 $\{y_i\}$ 的拟合信号 $y_b(i)$(i=0，$\cdots$ ，$n-1$)。

$$y_b(i) = A_b \cdot \sin(\omega \cdot i + \varphi_b) + d_b \tag{11-9}$$

得到拟合结果 φ_b。对 φ_a 的值域区间没有要求，但对 φ_b 的值域区间需要进行调整：

(1) 如果 $\varphi_b<\varphi_a$，则 φ_b 的取值范围为 $\varphi_a - 2\pi \leqslant \varphi_b<\varphi_a$；

(2) 如果 $\varphi_b \geqslant \varphi_a$，则需要通过将 φ_b 减去整数个 2π，使得其取值范围为 $\varphi_a - 2\pi \leqslant \varphi_b<\varphi_a$。

φ_b 所对应的初始时刻 t_b 为

$$t_b = \frac{\varphi_b}{2\pi f_0} \tag{11-10}$$

获得时间差值：

$$\tau = t_b - t_a = \frac{\varphi_b - \varphi_a}{2\pi f_0} \tag{11-11}$$

移除放大器，使用原电缆将正弦信号直接连接到数据采集系统的通道 a 和通道 b 上，执行上述过程，分别获得通道 a 和通道 b 的拟合信号：

$$x_{a0}(i) = A_{a0} \cdot \sin(\omega \cdot i + \varphi_{a0}) + d_{a0} \tag{11-12}$$

$$y_{b0}(i) = A_{b0} \cdot \sin(\omega \cdot i + \varphi_{b0}) + d_{b0} \tag{11-13}$$

对 φ_{a0} 的值域区间没有要求，但 φ_{b0} 的值域区间为

$$\varphi_{a0} - \pi \leqslant \varphi_{b0} < \varphi_{a0} + \pi \tag{11-14}$$

若 φ_{b0} 的值不在区间 $[\varphi_{a0} - \pi, \varphi_{a0}+\pi]$ 内，则需要对 φ_{b0} 的值域区间进行调整：

(1) 若 $\varphi_{b0}<\varphi_{a0}$，则需要通过将 φ_{b0} 加上整数个 2π，使得 $\varphi_{b0} \in[\varphi_{a0} - \pi, \varphi_{a0}+\pi]$；

(2) 若 $\varphi_{b0}>\varphi_{a0}$，则需要通过将 φ_{b0} 减去整数个 2π，使得 $\varphi_{b0} \in[\varphi_{a0} - \pi, \varphi_{a0}+\pi]$。

通道 b 相对于通道 a 的延迟时间差值为

$$\tau_0 = t_{b0} - t_{a0} = \frac{\varphi_{b0} - \varphi_{a0}}{2\pi f_0} \tag{11-15}$$

则放大器的延迟时间 $\Delta\tau$ 为

$$\Delta\tau = \tau - \tau_0 = \frac{(\varphi_b - \varphi_a) - (\varphi_{b0} - \varphi_{a0})}{2\pi f_0} \tag{11-16}$$

3. 不确定度分析

由放大器的延迟时间 $\Delta\tau$ 的计算公式 (11-16)，可得

$$\begin{aligned}\mathrm{d}(\Delta\tau) &= \mathrm{d}\tau - \mathrm{d}\tau_0 = \frac{\partial\tau}{\partial\varphi_b}\cdot\mathrm{d}\varphi_b + \frac{\partial\tau}{\partial\varphi_a}\cdot\mathrm{d}\varphi_a \\ &\quad + \frac{\partial\tau}{\partial f_0}\cdot\mathrm{d}f_0 + \frac{\partial\tau_0}{\partial\varphi_{b0}}\cdot\mathrm{d}\varphi_{b0} + \frac{\partial\tau_0}{\partial\varphi_{a0}}\cdot\mathrm{d}\varphi_{a0} + \frac{\partial\tau_0}{\partial f_0}\cdot\mathrm{d}f_0 \\ &= \frac{\mathrm{d}\varphi_b - \mathrm{d}\varphi_a - \mathrm{d}\varphi_{b0} + \mathrm{d}\varphi_{a0}}{2\pi\cdot f_0} - \frac{\Delta\tau\cdot\mathrm{d}f_0}{f_0}\end{aligned} \tag{11-17}$$

可见，$\Delta\tau$ 的不确定度 $u_{\mathrm{c}}(\Delta\tau)$ 来源包括 φ_b、φ_a、φ_{b0}、φ_{a0}、f_0 几项。假设它们互不相关，则有

$$u_{\mathrm{c}}(\Delta\tau) = \left\{c_1^2[u^2(\varphi_b) + u^2(\varphi_a) + u^2(\varphi_{b0}) + u^2(\varphi_{a0})] + c_2^2 u^2(f_0)\right\}^{1/2} \tag{11-18}$$

其中，$c_1 = \dfrac{1}{2\pi\cdot f_0}$，$c_2 = -\dfrac{\Delta\tau}{f_0}$。

信号频率误差 $\Delta f_0/f_0$ 越小，则 $u_{\mathrm{c}}(\Delta\tau)$ 越小；测量时通道间相位差 $(\varphi_b - \varphi_a)$ 越大，则 $u_{\mathrm{c}}(\Delta\tau)$ 越小；通道拟合相位误差越小，则 $u_{\mathrm{c}}(\Delta\tau)$ 越小。

频率误差 $\Delta f_0/f_0$ 可通过选择信号源来控制，目前很容易达到 $10^{-6}\sim10^{-9}$ 量级，通常可将其忽略。

在放大器延迟时间 $\Delta\tau$ 确定不变时，可在满足采样定理及有效拟合情况下，尽量提高信号频率 f_0，用增加相位差 $(\varphi_b - \varphi_a)$ 的方法来减小 $u_{\mathrm{c}}(\Delta\tau)$。

关于信号初始相位的拟合值 φ_b、φ_a、φ_{b0}、φ_{a0} 的不确定度，10.6 节已有详细分析 [10-12]，本节不再赘述。其结论是：①正弦波序列的谐波失真将增大 $\Delta\varphi$；②序列所含信号周期个数 N 的增加将减小 $\Delta\varphi$；③采集数据个数 n 的增加将减小 $\Delta\varphi$；④噪声的增加将增大 $\Delta\varphi$；⑤输入信号幅度的增大将减小 $\Delta\varphi$。若想进一步降低测量不确定度，则可使用单频滤波方式对拟合前的采集序列进行滤波处理 [13]。

4. 实验验证

对放大器延迟时间 $\Delta\tau$ 精确测量方法的实验验证，是用 CDV-900A 型应变放大器进行的，其频带宽度为 500kHz，增益为 200 倍。用 Agilent 公司的 81160A 型合成信号源提供

正弦信号激励，用普源精电科技股份有限公司 (RIGOL) 的 DS1104 型数字示波器进行数据采集，其 A/D 位数为 8bit，带宽 100MHz，最高通道采样速率为 1GSa/s，有 4 个独立测量通道。

用合成信号源 81160A 给应变放大器 CDV- 900A 加载幅度 50mV、频率 100010Hz 的正弦波激励，其输出为幅度 10V 的正弦波。用数字示波器 DS1104 的通道 1 和通道 3 分别对放大器的输入和输出进行同步采集。其通道 1 的量程为 20mV/div；其通道 3 的量程为 4V/div；通道采样速率 500MSa/s，通道采集数据个数 n=15000。按上述过程处理，获得如表 11-1 所示的时间差 τ。

表 11-1　放大器延迟时间 τ 测量结果

通道号	参比通道	信号频率/Hz	通道速率/(MSa/s)	数据个数	时间差 τ/μs
3	1	100010	500	15000	−1.093
3	1	100010	500	15000	−1.172
3	1	100010	500	15000	−1.199
3	1	100010	500	15000	−1.138
3	1	100010	500	15000	−1.021
3	1	100010	500	15000	−1.159

移除放大器，将正弦信号幅度变为 5V，其他均保持不变，重复上述过程，获得如表 11-2 所示的数字示波器自身通道间延迟时间差 τ_0。

表 11-2　示波器通道间延迟时间 τ_0 测量结果

通道号	参比通道	信号频率/Hz	通道速率/(MSa/s)	数据个数	时间差 τ_0/ns
3	1	100010	500	15000	−2.61
3	1	100010	500	15000	−2.91
3	1	100010	500	15000	−3.03
3	1	100010	500	15000	−2.98
3	1	100010	500	15000	−2.72
3	1	100010	500	15000	−2.47

有了表 11-1 和表 11-2 的数据，按式 (11-16) 可以计算出放大器延迟时间 $\Delta\tau$。由于 $\tau_0 \ll \tau$，则τ_0 的影响可以忽略，本项测量放大器延迟时间近似为τ。

放大器延迟时间测量曲线如图 11-2 所示。由于两个通道信号波形幅度相差悬殊，则图 11-2 中的激励曲线 (通道 1) 是放大 200 倍后的归一化结果，响应曲线是放大器输出曲线 (通道 3)。

变化信号频率和采集速率后，获得的放大器延迟时间如表 11-3 所示。其部分频点的幅频响应曲线如图 11-3 所示。

实验表明，本节所述方法可用于放大器时间延迟的精确测量。并且，放大器的延迟时间基本上不随激励信号频率和幅度而变化，甚至在频带以外幅度变化很大的情况下依然如此。由此，可将正弦激励获得的时间延迟用于其他复杂波形的测量延迟估计中，即可用在系统辨识的延迟时间估计中。

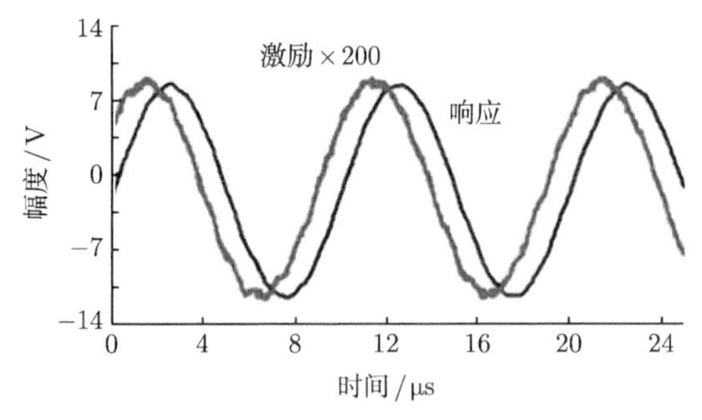

图 11-2　放大器延迟时间测量曲线

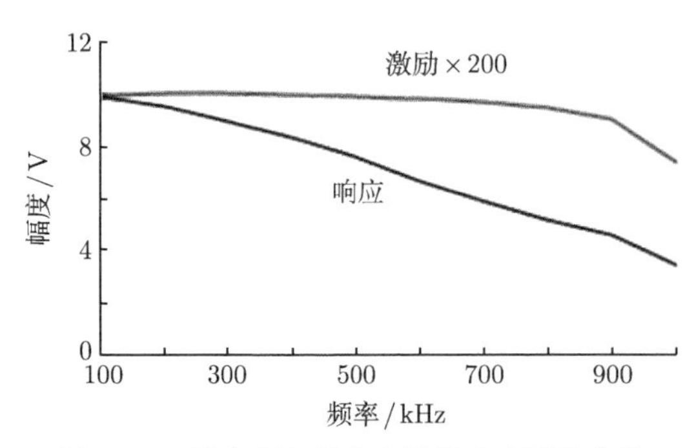

图 11-3　放大器各频率点激励响应测量曲线

表 11-3　放大器延迟时间 τ 测量结果

通道号	参比通道	信号频率/kHz	通道速率 /(MSa/s)	数据个数	时间差 τ/μs
3	1	40	50	6000	−1.001
3	1	50	50	6000	−1.160
3	1	60	50	6000	−1.005
3	1	70	50	6000	−1.090
3	1	80	50	6000	−1.078
3	1	90	50	6000	−1.100
3	1	100	50	6000	−1.121
3	1	120	50	6000	−1.096
3	1	150	125	6000	−1.076
3	1	200	125	6000	−1.090
3	1	300	125	6000	−1.084
3	1	400	250	6000	−1.070
3	1	500	250	6000	−1.064
3	1	600	250	6000	−1.071
3	1	700	250	6000	−1.050
3	1	800	500	6000	−1.045
3	1	900	500	6000	−1.018
3	1	1000	500	6000	−1.020

5. 问题讨论

通过实验可见，用上述方法可进行放大器传输延迟时间的测量，但仍有一些问题需要注意。

(1) 正弦拟合获得的四个参数中，幅度通常都是正数，而某些情况下，幅度拟合结果出现负值，此时的初始相位拟合值与真实的相位相差角度 π，这就需要叠加 π 变成正确的相位值，幅度取正回归正常。

(2) 由于相位的周期性特征，四参数拟合算法获得的初始相位值具有周期性，超过周期的部分将被自动归回其值域范围，从而，存在两个测量序列被按不同方式对待，使所获得的时间差出现错误的状况，此时将导致时间差计算错误。处理方式有两条，其一是针对明确的两者差异较大，且时间的先后顺序明确的情况 (如放大器延迟)，延迟后的序列初始相位 φ_b 应该是小于延迟前的序列初始相位 φ_a 的，即 $\varphi_a - 2\pi \leqslant \varphi_b < \varphi_a$，不在此区间的 φ_b 应该予以修正到该区间；其二是针对两者差异较小 (在 $\pm\pi$ 以内)，且先后顺序不明确的情况 (如示波器两个通道的延迟时间差)，此时一个相位应该在另外一个相位的 $\pm\pi$ 邻域区间，即 $\varphi_a - \pi \leqslant \varphi_b < \varphi_a + \pi$，或 $\varphi_b - \pi \leqslant \varphi_a < \varphi_b + \pi$。以一个初始相位为参考，另外一个初始相位应修正到该区间。

(3) 采集系统自身的通道间延迟会对放大器时间延迟测量造成影响，则可以按上述方式对其进行修正。但是，修正后的量值多了 3 个不确定度分量，它们造成的影响通常可能使不确定度增大 1 倍。若修正后不确定度恶化程度与修正差值相差不多时，则不必进行修正计算。

(4) 放大器的激励与响应序列幅度值差异可能达到几个数量级，在参数拟合中，可以先对它们进行幅度归一化，然后再进行参数拟合。

(5) 由于放大器的延迟通常比较固定，故按上述方法进行测量时，应尽量使得它所对应的相位差足够大，如此才能获得足够高的测量准确度。因此，在可能的情况下，应尽量提高激励信号的频率和通道采集速率，而不必局限于在其频带范围内进行测量。必要时可以使用残周期拟合方式进行尝试 [14]。

(6) 尽管本节是针对放大器的延迟时间测量，但所用方法可推广到滤波器、衰减器、延时器等众多线性器件与环节的延迟时间测量，具有普适性。

6. 结论

综上所述，通过本节提供的方法和流程，可以实现对放大器的延迟时间测量，并对其测量过程中的相位修正、延迟补偿、幅度归一、不确定度评定等各种问题进行了针对性讨论，给出了相应处理方法。

实验结果表明，放大器的延迟时间是一个相对稳定的内在参数，与激励信号的频率、幅度、波形等均无关系，可以通过在一个频率和幅度下获得的延迟时间替代所有频率和幅度激励下的延迟时间，进而，可以用一种波形激励条件下的延迟替代所有波形激励条件下的延迟，而不必每种情况下均进行烦琐而重复的测量活动。

所述方法对衰减器、滤波器、延迟环节等其他线性电路和器件的延迟时间，也能广为适用。特别是对于系统辨识应用中，通道放大器、信号调理器等的延迟，可以给出精确测量结果，这对于以较低阶次进行系统辨识，提供了技术基础。

11.2.2 触发延迟——量子化测量法[3]

1. 引言

人们所处的物质世界是以基本的时空来确定与衡量的，三维空间和一维时间所描述的四维世界定义和表述了大千世界。因而，时间差的量值至关重要。一些仪器设备，如高度表、雷达、测距机、声呐等，借助于物理原理，利用电磁波、光波、声波等，将空间距离转换成时间差进行测量，更加凸显了时间差精确测量与校准的意义与价值[15-23]。

在时间差测量与校准中，数字示波器的触发延迟具有独一无二的作用。实际上，从诞生起，数字示波器获得广泛应用的原因主要有两点，一是高速宽带的波形测量能力，二是丰富多彩且功能强大的触发功能。其主要特征是：①具有明确可靠的事件条件捕捉能力；②与其他绝大多数仪器设备的触发是开启物理动作不同，数字示波器在开机后实际上一直处于测量并循环记录的工作状态，其触发实际上是结束测量的指令，因而，其触发延迟时间可以是正值 (落后于触发条件)，也可以是负值 (超前于触发条件)；③拥有超长延迟能力，触发延迟时间可以从 0 秒至几百秒任意可调，具有极高的时间分辨力，可达纳秒量级。

数字示波器触发延迟的计量校准，可使用外接硬件延时器方式进行。其难点主要是，固定延时器有较高准确度，但只能计量校准一些离散点，很难实现宽范围任意时间间隔的计量校准。而间隔可调的延时器，准确度和分辨力较难满足校准要求。

另外一种触发延迟时间的计量校准方法，是使用正弦波条件下的相位差测量方式进行的[24-26]，也可获得足够的测量准确度，但其前提条件是延迟时间小于一个正弦波形周期。当其大于所用正弦波形周期时，由于相位差的多值性和周期性，则很难直接用来进行触发延迟时间差的精确测量与评价。

本节所指的大触发延迟时间差，即是延迟时间大于激励信号波形周期的条件和情况。由此可见，大触发延迟的精确测量与校准是一个尚待进一步研究解决的问题。

本节后续内容，主要是针对数字示波器大触发延迟时间的精确测量与校准问题展开讨论，提出了累积时间法和量子化法两种测量校准方法，其特征是直接使用高精度正弦信号源，用正弦信号的周期作为尺度标准，直接实现对大触发延迟时间的精确测量与校准；具有宽广的测量范围和几乎连续的时间分辨力，无须使用外接的延时器，可实现对任意触发时间延迟的测量与校准。

2. 测量原理

大触发延迟累积法测量的基本思想是，针对大触发延迟时间 τ，使用周期为 T(频率 f=1/T) 的正弦波形作为触发激励信号，用正弦激励信号的周期 T 作为测量触发延迟的尺子。为适应大时间延迟 τ 的测量，则触发延迟时间将由整数个信号周期部分和小数个信号周期部分的两部分合成。

其中，小数个信号周期部分的延迟使用同频率下相位差测量原理进行测量、拟合、运算处理获得。

关于整数部分的确定，首先，通过将大于激励信号周期 T 的大触发延迟时间 τ 分割成多个小于激励信号周期的小触发延迟增量 $\Delta\tau_i(\Delta\tau_i \leqslant T/2)$ 之和；然后，用相位差法分别求得这些小触发延迟增量；最后，通过累加获得大触发延迟的初步测量结果，由此初步测量结果可以获得准确的触发延迟所包含的激励信号周期个数 m。

将整数部分延迟与小数部分延迟进行叠加合成，获得大触发延迟测量结果。

对于固定的延迟 τ 时间而言，其所对应的完整的信号相位差 ϕ 与频率 f 的关系为 $\phi=2\pi f\cdot\tau$。

正弦波的周期性，导致相位差的多值性，具有典型的量子化特征，即人们测量获得的相位差 φ，其值域范围为 $\varphi\in[0,2\pi\}$。ϕ 与 φ 的关系有

$$\phi=2\pi f\cdot\tau=\varphi+2\pi\cdot m \tag{11-19}$$

$$\tau=\frac{m}{f}+\frac{\varphi}{2\pi f}=m\cdot T+\frac{\varphi\cdot T}{2\pi} \tag{11-20}$$

其中，m 为非负整数。

所述整数个信号周期部分整数 m 的确定，是将待校准延迟时间 τ 拆分为多个延迟增量 $\Delta\tau_i$，且使得

$$\Delta\tau_i\leqslant\frac{T}{2} \tag{11-21}$$

$$\tau_0=0 \tag{11-22}$$

$$\tau_i=\tau_{i-1}+\Delta\tau_i\quad(i=1,2,\cdots,q) \tag{11-23}$$

$$\tau=\tau_q \tag{11-24}$$

$$m=\mathrm{int}\left[\frac{\tau_q}{T}\right] \tag{11-25}$$

其中，int[*] 为取整数运算。

对于被校准的大延迟时间 τ，在将其拆分成多个不同的延迟增量 $\Delta\tau_i$ 时，$\Delta\tau_i$ 对应的相位差 $\Delta\varphi_i$，其值域范围为 $\Delta\varphi_i\in[0,\pi)$，以确保对整数 m 的确定不会出现错误。其过程如下所述。

(1) 如图 11-4 所示，设定被测量数字示波器的触发条件，根据被测量数字示波器触发信号的幅度范围和触发信号频率范围，选取正弦信号源的信号幅度，信号频率为 f，通过三通将正弦信号同时加载到数字示波器的测量通道和触发输入端。

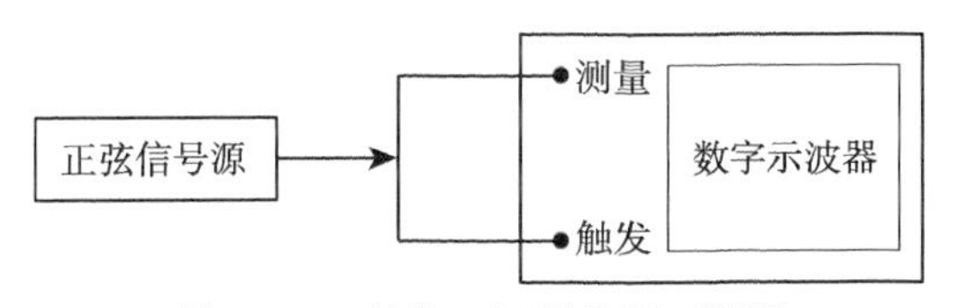

图 11-4 触发延迟测量原理框图

设定触发延迟为 τ_0=0，触发测量并记录采样波形序列，获得采样时间点 $t_{0,0},t_{0,1},\cdots,t_{0,n-1}$ 上的等间隔采样序列为 $x_{0,0},x_{0,1},\cdots,x_{0,n-1}$。用四参数正弦拟合方法进行最小二乘波形拟合 [27,28]，其函数表达式为

$$y_0(t_{0,i})=A_0\cdot\cos(2\pi\hat{f}_0\cdot t_{0,i}+\varphi_0)+D_0\quad(i=0,1,\cdots,n-1) \tag{11-26}$$

拟合残差均方根值为

$$\rho_0 = \sqrt{\frac{1}{n}\sum_{i=0}^{n-1}[y_0(t_{0,i}) - x_{0,i}]^2} \tag{11-27}$$

其中，A_0 为拟合正弦波形幅度；$\hat{f}_0$ 为拟合正弦波频率；φ_0 为拟合正弦波初始相位，$-\pi \leqslant \varphi_0 < \pi$；$D_0$ 为拟合波形直流分量；ρ_0 为拟合残差均方根值。

(2) 其他条件不变，设定触发延迟为$\tau_1 = \tau_0 + \Delta\tau_1$，$\Delta\tau_1 \leqslant T/2$，触发测量并记录采样波形序列，获得采样时间点 $t_{1,0}, t_{1,1}, \cdots, t_{1,n-1}$ 上的等间隔采样序列为 $x_{1,0}, x_{1,1}, \cdots, x_{1,n-1}$。用四参数正弦拟合方法进行最小二乘拟合，其拟合曲线的函数表达式为

$$y_1(t_{1,i}) = A_1 \cdot \cos(2\pi\hat{f}_1 \cdot t_{1,i} + \varphi_1) + D_1 \quad (i = 0, 1, \ldots, n-1) \tag{11-28}$$

拟合残差均方根值为

$$\rho_1 = \sqrt{\frac{1}{n}\sum_{i=0}^{n-1}[y_1(t_{1,i}) - x_{1,i}]^2} \tag{11-29}$$

其中，A_1 为拟合正弦波形幅度；$\hat{f}_1$ 为拟合正弦波频率；φ_1 为拟合正弦波初始相位，$0 \leqslant \varphi_1 - \varphi_0 < 2\pi$；$D_1$ 为拟合波形直流分量；ρ_1 为拟合残差均方根值。

则待测触发延迟 $\Delta\tau_1$ 对应的相位差 $\Delta\varphi_1$ 为

$$\Delta\varphi_1 = 2\pi \cdot f \cdot \Delta\tau_1 = \varphi_1 - \varphi_0 \tag{11-30}$$

$$\Delta\tau_1 = \frac{\Delta\varphi_1}{2\pi \cdot f} = \frac{\varphi_1 - \varphi_0}{2\pi \cdot f} \tag{11-31}$$

(3) 其他条件不变，设定触发延迟为$\tau_2 = \tau_1 + \Delta\tau_2$，$\Delta\tau_2 \leqslant T/2$，触发测量并记录采样波形序列，获得采样时间点 $t_{2,0}, t_{2,1}, \cdots, t_{2,n-1}$ 上的等间隔采样序列为 $x_{2,0}, x_{2,1}, \cdots, x_{2,n-1}$。用四参数正弦拟合方法进行最小二乘拟合，其拟合曲线的函数表达式为

$$y_2(t_{2,i}) = A_2 \cdot \cos(2\pi\hat{f}_2 \cdot t_{2,i} + \varphi_2) + D_2 \quad (i = 0, 1, \ldots, n-1) \tag{11-32}$$

拟合残差均方根值为

$$\rho_2 = \sqrt{\frac{1}{n}\sum_{i=0}^{n-1}[y_2(t_{2,i}) - x_{2,i}]^2} \tag{11-33}$$

其中，A_2 为拟合正弦波形幅度；$\hat{f}_2$ 为拟合正弦波频率；φ_2 为拟合正弦波初始相位，$0 \leqslant \varphi_2 - \varphi_1 < 2\pi$；$D_2$ 为拟合波形直流分量；ρ_2 为拟合残差均方根值。

则待测触发延迟 $\Delta\tau_2$ 对应的相位差 $\Delta\varphi_2$ 为

$$\Delta\varphi_2 = 2\pi \cdot f \cdot \Delta\tau_2 = \varphi_2 - \varphi_1 \tag{11-34}$$

$$\Delta\tau_2 = \frac{\Delta\varphi_2}{2\pi \cdot f} = \frac{\varphi_2 - \varphi_1}{2\pi \cdot f} \tag{11-35}$$

(4) 在新的延迟增量上重复上述 (3) 的过程，依次获得 $\Delta\tau_3, \Delta\tau_4, \cdots, \Delta\tau_q$，$\tau=\tau_q$。

即其他条件不变，设定触发延迟为$\tau_k=\tau_{k-1}+\Delta\tau_k, \Delta\tau_k\leqslant T/2$，触发测量并记录采样波形序列，获得采样时间点 $t_{k,0}, t_{k,1}, \cdots, t_{k,n-1}$ 上的等间隔采样序列为 $x_{k,0}, x_{k,1}, \cdots, x_{k,n-1}$。用四参数正弦拟合方法进行最小二乘拟合，其拟合曲线的函数表达式为

$$y_k(t_{k,i})=A_k\cdot\cos(2\pi\hat{f}_k\cdot t_{k,i}+\varphi_k)+D_k \quad (i=0,1,\cdots,n-1) \tag{11-36}$$

拟合残差均方根值为

$$\rho_k=\sqrt{\frac{1}{n}\sum_{i=0}^{n-1}[y_k(t_{k,i})-x_{k,i}]^2} \tag{11-37}$$

其中，A_k 为拟合正弦波形幅度；$\hat{f}_k$ 为拟合正弦波频率；φ_k 为拟合正弦波初始相位，$0\leqslant\varphi_k-\varphi_{k-1}<2\pi$；$D_k$ 为拟合波形直流分量；ρ_k 为拟合残差均方根值。

则待测触发延迟 $\Delta\tau_k$ 对应的相位差 $\Delta\varphi_k$ 为

$$\Delta\varphi_k=2\pi\cdot f\cdot\Delta\tau_k=\varphi_k-\varphi_{k-1} \tag{11-38}$$

$$\Delta\tau_k=\frac{\Delta\varphi_k}{2\pi\cdot f}=\frac{\varphi_k-\varphi_{k-1}}{2\pi\cdot f} \tag{11-39}$$

(5) 按式 (11-40) 计算延迟时间累加值τ_q，按式 (11-25) 计算 m 值，按式 (11-41) 计算延迟时间差值 $\hat{\tau}$ 即为所求的测量结果：

$$\hat{\tau}_q=\sum_{i=1}^{q}\Delta\tau_i \tag{11-40}$$

$$\hat{\tau}=\frac{m}{f}+\frac{\varphi_q-\varphi_0}{2\pi f}=m\cdot T+\frac{(\varphi_q-\varphi_0)\cdot T}{2\pi} \tag{11-41}$$

3. 实验验证

接线如图 11-4 所示，使用 DSO8104 型数字示波器作为被测对象，其 A/D 位数为 8bit，频带宽度为 1GHz，存储深度为 16 兆，共 4 个测量通道，用通道 3 作为测量通道。

设置其幅度量程为 ±1.2V(300mV/div)，直流偏置 offset=−2mV，采集速率 v=10kSa/s (100ms/div)，通道采集数据个数 n=20022，触发电平为 202mV, 上升沿触发，待测的触发延迟 τ=1.1s。

用 HP3325B 合成信号源产生的正弦信号波形作为标准激励 [29]，根据待测触发延迟，选取等间隔延迟增量 $\Delta\tau_i$=0.05s，激励正弦波形周期 $T>\Delta\tau_i$，频率为 9Hz，峰值幅度 0.5V。

执行上述步骤 (1)~(5)，获得 $\Delta\tau_i$ 实测值为 [25]

0.0499s, 0.0501s, 0.0501s, 0.0499s, 0.0501s, 0.0500s, 0.0500s, 0.0496s, 0.0504s, 0.0501s, 0.0499s, 0.0500s, 0.0502s, 0.0500s, 0.0499s, 0.0500s, 0.0501s, 0.0497s, 0.0498s, 0.0507s, 0.0498s, 0.0500s。

其中，取 τ_0、τ_1、τ_2、τ_3 四条曲线的局部显示如图 11-5 所示，可见，相邻曲线之间的相位延迟略小于 180°。

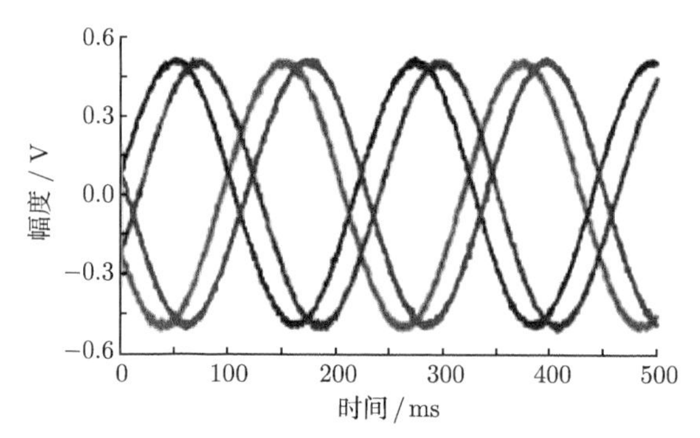

图 11-5　四条不同触发延迟曲线时序关系

按式 (11-40) 计算得 $\hat{\tau}_q$=1.1002s。

T=1/9s，按式 (11-25) 计算得 m=9。

由直接相位差法计算得小数部分延迟：

$$\frac{\varphi_q-\varphi_0}{2\pi f}=0.099531\text{s}$$

则由式 (11-41) 可得大触发延迟测量结果为

$$\hat{\tau}=\frac{m}{f}+\frac{\varphi_q-\varphi_0}{2\pi f}=1.0995\text{s}$$

4. 不确定度分析

直接使用相位差法进行触发延迟时间差的测量时，其不确定度评定可参照 11.2.4 节执行，本节不再赘述。获得的参考结论是，其通常仅有 2~3 位有效数字。

上述过程中，实际上有两种方式均可以获得大触发延迟时间的测量结果，一种是直接使用式 (11-40) 的直接累加方法获得的 $\hat{\tau}_q$，另外一种方式是按式 (11-41) 计算的延迟时间差值 $\hat{\tau}$。

对于 $\hat{\tau}_q$ 而言，由于其本身是由众多小延迟时间差直接累加而得，从而，其最终结果的有效位数与这些小延迟时间差相一致，不会增加有效位数，即通常仅有 2~3 位有效位数，由此也限制了该种方法的不确定度水平。

对于 $\hat{\tau}$ 而言，由于将大延迟时间差分成整数个周期部分和小数个周期部分两部分，其整数个周期部分，时间量值为 1s，对于所用信号源，其周期相对误差为 $\pm2\times10^{-6}$，因而其相对不确定度也为 2×10^{-6} 量级，绝对不确定度在微秒量级。而小数个周期部分，时间量值为 99.5 ms，其不确定度在亚毫秒量级，与小数个周期部分相比，本节中整数个周期部分的不确定度可以忽略。因而，使用本节上述方法，可以保证 $\hat{\tau}$ 有 5 位有效数字，远多于 $\hat{\tau}_q$。在实际测量中，应使用 $\hat{\tau}$ 表述大延迟时间差测量结果。

5. 讨论

本节所述方法，可以实现对数字示波器的大触发延迟的测量，其溯源渠道为正弦信号频率，其优点是可以实现对未知的任意量值的触发延迟时间差的精确测量。其不足之处主要体现在，为了应对大延迟时间差问题，需要将大延迟时间分割成众多小延迟增量之和，因而造成测量工作量较大。当触发延迟时间非常大时，尤其如此。例如延迟时间为上百秒时，需要数百次触发测量才能实现最终结果。其中最主要的目的仅仅是准确判定整数个激励波形周期 m 而已。解决之道是选取尽量低的激励信号频率和尽量大的触发延迟增量，只要能保证 m 值确定不出错即可，从而降低工作量。

在计量校准工作中，通常的大延迟时间差是拥有足够准确度的已知量值，人们仅仅是需要通过计量校准工作确定其实际值与标称值之间的差异而已。此时，通常人们可以不必将其分割成众多微小延迟的累积，而是在承认其拥有足够准确度的基础上对其进行计量溯源；可以使用其给定的标称值 τ_q 直接使用式 (11-25) 计算获得 m 值，然后，直接使用 0 延迟时间的采样序列和 τ_q 延迟时间的采样序列之间的相位差获得延迟时间差的小数部分，用式 (11-41) 计算合成被测量的大触发延迟即可。由此可望极大降低计量校准的工作量。

特别需要注意的是，应仔细调整激励信号频率 f，使得其 $\hat{\tau}$ 值约为 $mT+0.5T$，且触发延迟标称值的准确度优于 $0.5T$，以避免由 $\hat{\tau}$ 值临近整数 T 而导致 m 值计算出现粗大误差。

另外需要注意的一点是，本节所述的大触发延迟，是与 0 触发延迟相比较而产生的增量延迟，并非是与定义触发点相比的绝对延迟，有关绝对延迟的测量实际上是要参照本节方法获得的延迟，结合 0 延迟时其实际相对于定义触发点的绝对延迟合成而得，本章 11.6 节给出了 0 延迟时其相对于定义触发点的绝对延迟的测量方法，本节不再赘述。

6. 结论

综上所述可见，大触发延迟时间测量中，该被测量的大延迟时间与使用直接相位差测量法获得的时间差相比，一定相差整数个激励波形周期，本节所述方法主要是针对这一量子化特征，尝试以累积方法判定该整数值，然后与用直接相位测量法获得的时间差相合成，最终获得数字示波器大触发延迟的测量结果。该方法可将触发延迟时间差溯源到激励正弦信号的频率量值上，其无须使用外接硬件延时器，尤其适合于计量部门和用户对数字示波器大触发延迟量值实现精确测量与校准。

11.2.3 触发延迟——变频测量法 [4]

1. 引言

针对大触发延迟的精确测量，11.2.2 节内容阐述了一种基于时间累积及量子化周期特征的单频率测量方法，可以实现任意触发延迟的精确测量。但该方法的不足之处体现在，需要将大触发延迟分割成众多小触发延迟的增量累加，因而大触发延迟时的测量工作量巨大。针对这一问题，本节介绍一种变频率测量方法，试图以较小的工作量实现对大触发延迟的精确测量。

2. 测量原理

变频法测量数字示波器大触发延迟的基本思想是，直接用相位差法测量数字示波器的触发延迟 τ 时，所获得的时间差仅是大触发延迟中小于一个激励正弦波形周期 T 的部分

延迟 τ_0，则真正的大触发延迟 τ 是该部分时间差 τ_0 迭加整数个正弦周期，即

$$\tau = \tau_0 + m \cdot T \tag{11-42}$$

其中，m 为非负整数，m=0, 1, 2, $\cdots$, M，这里 M 为由延迟时间的上限值和激励信号周期 T 确定的整数，即 $\tau<MT$ 一定成立。

由式 (11-42) 可见，在周期 T(频率 f=1/T) 的正弦信号激励下获得时间差 τ_0 后，可以判定其真正的大延迟时间一定是在如式 (11-42) 所示的 M+1 个离散时间点上。

将激励正弦信号周期变化到 T_a(频率 f_a=1/T_a) 上，直接测量获得延迟时间差 τ_{a0}，有

$$\tau = \tau_{a0} + k \cdot T_a \tag{11-43}$$

其中，k 为非负整数，k=0, 1, 2, $\cdots$, K，这里 K 为由延迟时间的上限值和激励信号周期 T_a 确定的整数，即 $\tau<KT_a$ 一定成立。

若在如式 (11-42) 所示的离散时间点上能够找到使式 (11-43) 成立的唯一点 k，所确定的 τ 值即为所求。

若 k 值不唯一，则是由 K 选取过大造成的。则通常这些不唯一的 k 值呈等差级数排列，其余的值均是最小的 k 值的整数倍，而最小的 k 值即为所求。

此时，需要将激励正弦信号周期调整到 T_b(频率 f_b=1/T_b) 上，直接测量获得延迟时间差 [25]τ_{b0}，有

$$\tau = \tau_{b0} + q \cdot T_b \tag{11-44}$$

其中，q 为非负整数，q=0, 1, 2, $\cdots$, Q，这里 Q 为由延迟时间的上限值和激励信号周期 T_b 确定的整数，即 $\tau<QT_b$ 一定成立。

在上述式 (11-42) 和式 (11-43) 同时满足的离散点上寻找使式 (11-44) 成立的点 q，所确定的 τ 值即为所求。

若 q 仍然不唯一，则最小值点 q 所确定的 τ 值即为所求。具体过程如下所述。

(1) 如图 11-6 所示接线，根据被测量数字示波器触发信号的幅度范围和触发信号频率范围，选取正弦信号源的信号频率 f、信号幅度，用三通将正弦信号同时加载到数字示波器的测量通道和触发输入端。

设定被测量数字示波器的触发条件，令触发延迟为 0，触发测量并记录采样波形序列，获得采样时间点 $t_{0,0}, t_{0,1}, \cdots, t_{0,n-1}$ 上的等间隔采样序列为 $x_{0,0}, x_{0,1}, \cdots, x_{0,n-1}$。

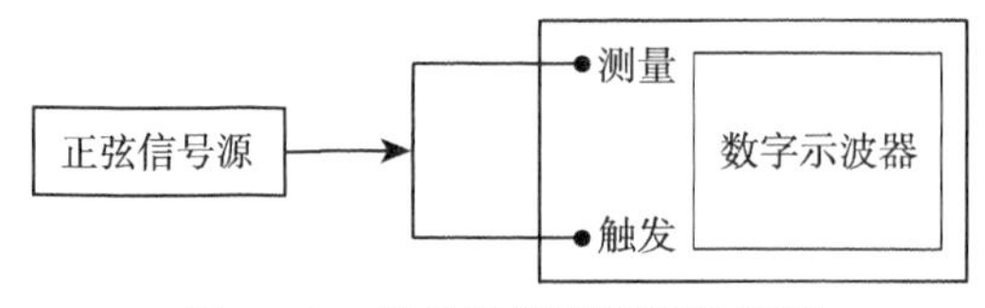

图 11-6　触发延迟测量原理框图

用四参数正弦拟合方法进行最小二乘波形拟合，其波形最小二乘拟合曲线的函数表达式为

$$y_0(t_{0,i}) = A_0 \cdot \cos(2\pi\hat{f}_0 \cdot t_{0,i} + \varphi_0) + D_0 \quad (i = 0, 1, \cdots, n-1) \tag{11-45}$$

拟合残差均方根值为

$$\rho_0 = \sqrt{\frac{1}{n}\sum_{i=0}^{n-1}[y_0(t_{0,i}) - x_{0,i}]^2} \tag{11-46}$$

其中，A_0 为拟合正弦波形幅度；$\hat{f}_0$ 为拟合正弦波频率；φ_0 为拟合正弦波形初始相位，$-\pi \leqslant \varphi_0 < \pi$；$D_0$ 为拟合正弦波形直流分量；ρ_0 为拟合残差均方根值。

(2) 其他条件不变，设定触发延迟为τ，触发测量并记录采样波形序列，获得采样时间点 $t_{1,0}, t_{1,1}, \cdots, t_{1,n-1}$ 上的等间隔采样序列为 $x_{1,0}, x_{1,1}, \cdots, x_{1,n-1}$。

用四参数正弦拟合方法进行最小二乘波形拟合 [27,28]，其波形最小二乘拟合曲线的函数表达式为

$$y_1(t_{1,i}) = A_1 \cdot \cos(2\pi\hat{f}_1 \cdot t_{1,i} + \varphi_1) + D_1 \quad (i = 0, 1, \cdots, n-1) \tag{11-47}$$

拟合残差均方根值为

$$\rho_1 = \sqrt{\frac{1}{n}\sum_{i=0}^{n-1}[y_1(t_{1,i}) - x_{1,i}]^2} \tag{11-48}$$

其中，A_1 为拟合正弦波形幅度；$\hat{f}_1$ 为拟合正弦波频率；φ_1 为拟合正弦波形初始相位，$0 \leqslant \varphi_1 - \varphi_0 < 2\pi$；$D_1$ 为拟合正弦波形直流分量；ρ_1 为拟合残差均方根值。

则直接测量获得的触发延迟 τ_0 对应的相位差 $\Delta\varphi_1$ 可以表示为

$$\Delta\varphi_1 = 2\pi \cdot f \cdot \tau_0 = \varphi_1 - \varphi_0 \tag{11-49}$$

$$\tau_0 = \frac{\Delta\varphi_1}{2\pi \cdot f} = \frac{\varphi_1 - \varphi_0}{2\pi \cdot f} \tag{11-50}$$

τ_0 与大触发延迟 τ 之间符合式 (11-42) 所示的量子化关系。

(3) 其他条件不变，仅仅将激励正弦信号的周期变为 T_a(频率 $f_a=1/T_a$) 上，按照上述 (1) 和 (2) 所述过程直接测量获得延迟时间差 τ_{a0}，则 τ_{a0} 与大触发延迟 τ 之间符合式 (11-43) 所示的量子化关系。

在式 (11-42) 所示的离散时间点上寻找使得式 (11-43) 成立的唯一 k 值点，其按式 (11-43) 所确定的 τ 值即为所求。若 k 不唯一，则由于采样的周期性关系，后续的 k 值均应分别为第 1 个值的 2，3，4，$\cdots$ 倍数关系，由此判定最小的 k 值所确定的 τ 值即为所求。

继续变化正弦信号频率，在同时符合式 (11-42) 和式 (11-43) 要求的离散时间点上，重新寻找同时满足式 (11-42) ~ 式 (11-44) 的唯一整数值点 q，其按式 (11-44) 所确定的 τ 值即为所求。

若 q 不唯一，则由于采样的周期性关系，后续的 q 值均应分别为第 1 个值的 2，3，4$\cdots$ 倍数关系，由此判定最小的 q 值所确定的 τ 值即为所求。

3. 实验验证

如图 11-6 所示接线，使用 Agilent 公司的 DSO8104 型数字示波器作为被测量仪器，其 A/D 位数为 8bit，频带宽度为 1GHz，存储深度为 16 兆，共有 4 个测量通道，使用其通道 3 为测量通道。

设置其幅度量程为 ±1.2V(300mV/div)，直流偏置 offset=−2mV，采集速率 v=2GSa/s (500ns/div)，通道采集数据个数 n=20022，触发电平为 202mV, 上升沿触发，待测的触发延迟 τ=1.1s;

用 HP 公司的 HP3325B 合成信号源产生的正弦信号波形作为标准激励 [29]，激励正弦波形峰值幅度为 0.5V，频率分别取为 f=9.000000Hz，f_a=10.000000Hz，f_b=11.000000Hz。

则通过执行上述过程，获得相对应的直接测量结果分别为

$$\tau_0 = 99.53\text{ms}$$

$$\tau_{a0} = 99.84\text{ms}$$

$$\tau_{b0} = 87.79\text{ms}$$

设最大延迟时间值为 2s，则可得 M=19，推定 $m = 0, 1, 2, \cdots, 19$。

针对不同的 m 值，通过调整 k 值，使得式 (11-43) 和式 (11-42) 两者之差的绝对值最小的两个延迟偏差为

$$\Delta\tau_{ma} = \tau_0 + m \cdot T - \tau_{a0} - k \cdot T_a \tag{11-51}$$

同理，针对不同的 m 值，通过调整 q 值，使得式 (11-44) 和式 (11-42) 两者之差的绝对值最小的两个延迟偏差为

$$\Delta\tau_{mb} = \tau_0 + m \cdot T - \tau_{b0} - q \cdot T_b \tag{11-52}$$

式 (11-51) 和式 (11-52) 两式所计算的延迟偏差曲线如图 11-7 所示。

从图中可见，对于每个频率而言，获得的延迟偏差曲线为非均匀的锯齿波形状，具有近似的周期性，最小周期为公共近似 “0” 点。

通过对比两个序列最接近 0 值所对应的最小 m 值即可判定，其所对应的延迟时间差即为所求。

从图 11-7 可知，两条偏差曲线在 m=9 和 m=18 处最接近 0 值。

m=9 时，有 $\Delta\tau_{ma}$=−10.00μs；$\Delta\tau_{mb}$=12.7μs。

m=18 时，有 $\Delta\tau_{ma}$=−10.00μs；$\Delta\tau_{mb}$=12.7μs。

尽管 m=18 时延迟偏差的绝对值较 m=9 时更小，但都属于在测量与计算误差的波动范围之内，可认为两者均符合式 (11-43) 要求，不能简单据以区分 m 点位置。

由于 18 是 9 的 2 倍，则可以判定，m=9 取最小值即为所求。此时，由式 (11-42) 计算获得的触发延迟时间差为

$$\tau = 1.09953\text{s}$$

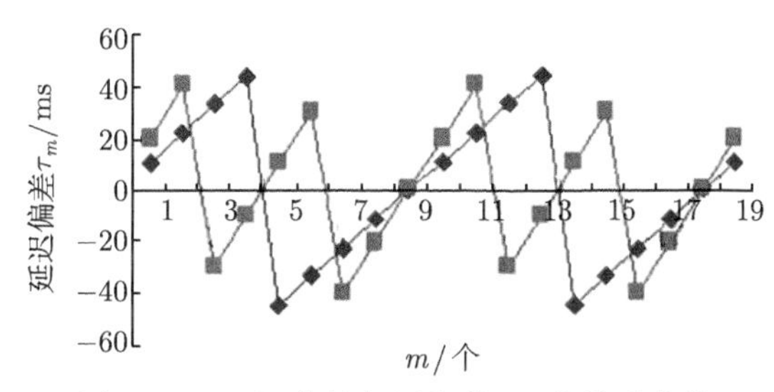

图 11-7 延迟偏差与周期数 m 的关系曲线

4. 不确定度分析

对于 τ 而言，大延迟时间差由整数个周期部分和小数个周期部分两部分组成，其整数个周期部分，时间量值为 1s，对于所用信号源，其周期相对误差为 [29]$\pm2\times10^{-6}$，因而其相对不确定度也为 2×10^{-6} 量级，绝对不确定度在微秒量级；而小数个周期部分，时间量值为 99.53 ms，其不确定度在亚毫秒量级，与小数个周期部分相比，本节中整数个周期部分的不确定度可以忽略。因而，使用本节上述方法，可以保证 τ 有 5 位有效数字。

直接使用相位差法进行触发延迟时间差的测量时，其不确定度评定可参照 11.2.4 节执行，本节不再赘述。获得的参考结论是，其通常仅有 2~3 位有效数字。

5. 讨论

从上述过程可见，本节所述方法以 3 个不同频率上的延迟时间差的直接测量，经过一番运算和判定，可以实现对大延迟时间差的直接测量与校准。与此前的累积法相比，其实验工作量大幅降低，仅需要测量 3 组数据。但是，其比较运算的工作量仍然比较大，其与 M 值基本上成正比，这是本节方法的缺点。避免该缺点的方法主要有两点，其一是触发延迟时间的估计上限不要太大，尽量低于实际值的 2 倍；其二是选取尽量低的激励信号频率，由此导致 M 值较小，从而降低比较运算的工作量。

另外，本节方法的局限性还在于使用了式 (11-43) 和式 (11-44) 进行相等判定，以确定 m、k、q 等的取值，这在实际工作中是非常困难的。由于测量误差、运算误差等的存在，工程上真正的相等是很难出现的状况。则需要预先估计方法本身的误差或不确定度，设置恰当阈值，当式 (11-43) 及式 (11-44) 所示的时间差与式 (11-42) 所示的时间差之间的差异小于设定阈值后，即初步认为该点可能符合要求，然后再通过符合要求的点具有周期性，且不同频率下的周期性相同，判定其 m、k、q 等的正确取值。

从式 (11-51) 和式 (11-52) 所述的延迟偏差曲线可见，每一个频率下的延迟偏差均是具有周期性的多齿形近似锯齿波形状，不同频率下的延迟偏差具有公共周期，其最小公共周期所确定的 m 即为所求的正确值。实际工作中需要据此特性在多值条件下判定正确的 m 值。

由于本节选取最大触发延迟时间为 2s，近似其标称值的 2 倍，因而出现了 9 和 18 两个符合要求的 m 值。实验已经证明，若选取更大的触发延迟范围极限时，则 m 将在 27，36，45，$\cdots$，$9n$，$\cdots$ 的后续 9 的倍数处出现符合要求的情况。

另外需要注意的一点是，本节所述的大触发延迟，是与 0 触发延迟相比较而产生的增量延迟，并非是与定义触发点相比的绝对延迟，有关绝对延迟的测量实际上是要参照本节方法获得的延迟，结合 0 延迟时其实际相对于定义触发点的绝对延迟合成而得，11.6 节给出了 0 延迟时其相对于定义触发点的绝对延迟的测量方法，本节不再赘述。

6. 结论

综上所述可见，大触发延迟时间测量中，该被测量的大延迟时间与使用直接相位差测量法获得的时间差相比，一定相差整数个激励波形周期，本节所述方法主要是针对这一量子化特征，尝试以不同频率下的测量结果之间具有公共周期性这一本质特征寻找出其公共周期，从而实现对大触发延迟中所包含的正弦信号周期个数 m 的正确判定。

然后，将 m 个周期所代表的时间差与用直接相位测量法获得的时间差相合成，最终获得数字示波器大触发延迟的测量结果。与累积法相比，该方法的实验工作量可大大降低，但其计算工作量则大幅提高。

该方法可将触发延迟时间差溯源到激励正弦信号的频率量值上，其无须使用外接硬件延时器，适合于计量部门和用户对数字示波器大触发延迟量值实现精确测量与校准。

11.2.4　通道间延迟时间差 [12]

1. 引言

通道间延迟时间差，是测量设备两个不同通道的第一个采集数据采集时刻之间的时间差，也即是同一信号同相加载到不同采集通道后，两组采集数据序列第一点在信号波形上反映出的时间差。

对通道间延迟时间差的评价有很多方法，在通用示波器等仪器检定中广泛使用的脉冲沿法 [30,31]，简单、方便、直观，但对于微小延迟的测量无法获得较高准确度；使用正弦拟合法 [28,32]，则可以克服脉冲沿法的局限，尤其对于数字化测量系统，它可以在任意采集速率、任意信号幅度下，对任意时间差进行精确评价。本节主要讨论和介绍使用正弦拟合法评价数据采集系统、数字示波器以及瞬态记录仪器等数字化线性测量系统的通道间延迟时间差的问题，以及其不确定度的评价。

2. 测量原理与方法 [28,32]

通道间延迟时间差评价的基本思想是，将一个正弦信号同相加载到数据采集系统的不同通道上，通过运用曲线拟合的方法，对数据采集系统的采集数据进行处理运算，计算出每一通道第一个采集数据在拟合正弦波中所对应的初始相位 φ，不同通道初始相位间的相位差 $\Delta\varphi$ 反映的时间差 Δt，即是所要获得的数据采集系统的通道间延迟时间差。过程如下所述。

设数据采集系统通道的量程为 E_{r}，采用双极性对称输入方式，通道采集速率为 v；给采集系统通道 m 和通道 k 加载一个低失真正弦信号 $e(t)$，其中纯正弦波部分的幅度为 $E \leqslant E_{\mathrm{r}}/2$，且频率 $f_0 \leqslant v/3$，具体地，

$$e(t) = E\cdot\sin(2\pi \cdot f_0 t + \varphi_0) + d_0 \tag{11-53}$$

其中，φ_0 为初始相位；d_0 为信号的直流分量值，不失一般性，选取 d_0=0。设 n 为通道采

集数据个数，N 为通道采集的信号整周期个数，n 与 N 不能有公共因子；推荐选取

$$f_0 = \frac{N \cdot v}{n} \tag{11-54}$$

启动采集，获得通道 m 和通道 k 采集数据序列 $\{x_{mi}, x_{ki}\}(i = 0, \cdots, n-1)$，对通道 m，按最小二乘法求出采集数据序列 $\{x_{mi}\}$ 的最佳拟合信号：

$$a_m(t) = A_m \cdot \sin(2\pi \cdot f_m t + \varphi_m) + d_m \tag{11-55}$$

其中，$a_m(t)$ 为拟合信号的瞬时值；A_m 为拟合正弦信号的幅度；f_m 为拟合正弦信号的频率；φ_m 为拟合正弦信号的初始相位；d_m 为拟合信号的直流分量值。

由于实际的采集数据是一些离散化的值序列 $\{x_{mi}\}$，对应地，其时间也是离散化的序列 $\{t_i\}$，其中 $t_i = i/v$，为第 i 个测量点的时刻，i=0,$\cdots$,$n-1$；这样，式 (11-55) 变成

$$a_m(t_i) = A_m \cdot \sin(2\pi \cdot f_m t_i + \varphi_m) + d_m \quad (i = 0, 1, \cdots, n-1) \tag{11-56}$$

简记为

$$a_{m(i)} = A_m \cdot \sin(\omega_m \cdot i + \varphi_m) + d_m \quad (i = 0, 1, \cdots, n-1) \tag{11-57}$$

其中，

$$\omega_m = \frac{2\pi f_m}{v} \tag{11-58}$$

则拟合残差的有效值 ρ_m 为

$$\rho_m = \sqrt{\frac{1}{n} \cdot \sum_{i=0}^{n-1} [x_i - A_m \cdot \sin(\omega_m \cdot i + \varphi_m) - d_m]^2} \tag{11-59}$$

当 ρ_m 最小时，可得式 (11-53) 的最小二乘意义下的拟合正弦信号式 (11-57)。此时，可得初始相位拟合结果 $\varphi_m(0 \leqslant \varphi_m < 2\pi)$；$\varphi_m$ 所对应的初始时刻 t_m 为

$$t_m = \frac{\varphi_m}{2\pi f_m} \tag{11-60}$$

同理，对于通道 k，有 φ_k 所对应的初始时刻 t_k 为

$$t_k = \frac{\varphi_k}{2\pi f_k}$$

设通道 m 和通道 k 各自的初始相位为 φ_{m0} 和 φ_{k0}，则其对应的初始时刻 t_{m0} 和 t_{k0} 之差，即是通道 m 和通道 k 的通道间延迟时间差 T_{mk}：

$$t_{m0} = \frac{\varphi_{m0}}{2\pi f_0} \quad (0 \leqslant \varphi_{m0} < 2\pi) \tag{11-61}$$

$$t_{k0} = \frac{\varphi_{k0}}{2\pi f_0} \quad (\varphi_{m0} - 2\pi < \varphi_{k0} < \varphi_{m0}) \tag{11-62}$$

$$T_{mk} = t_{m0} - t_{k0} = \frac{\varphi_{m0} - \varphi_{k0}}{2\pi f_0} = \frac{\varphi_{mk}}{2\pi f_0} \tag{11-63}$$

3. 测量不确定度模型

由式 (11-63) 可见，通道间延迟时间差 T_{mk} 与信号频率 f_0、采集序列 $\{x_{mi}, x_{ki}\}$ 的初始相位 φ_{m0} 和 φ_{k0} 均有关，而采集正弦波序列的谐波失真、杂波和噪声、量化误差、抖动、序列长度，以及序列中所含信号周期个数，均将给拟合初始相位值带来影响 [10]，因此，可列出 T_{mk} 测量不确定度的主要来源。

(1) 正弦信号源频率误差，它带来正弦信号频率 f_0 的不确定度 $u_1 = u(f_0)$。

(2) 采样序列的谐波失真，主要是由信号的谐波失真、波形采集系统的非线性误差等因素造成的，可包含多次谐波分量的影响。它带来的拟合初始相位 φ_{m0} 和 φ_{k0} 的测量不确定度分别为 u_{2m} 和 u_{2k}。

(3) 采样序列的噪声及非谐波失真，主要是由信号随机噪声、杂波失真，采集系统的量化误差等因素造成的；也包含在第 (2) 项的谐波失真中未被计入的高次谐波失真分量和微弱的较低次谐波失真分量的影响。它带来的拟合初始相位 φ_{m0} 和 φ_{k0} 的测量不确定度分别为 u_{3m} 和 u_{3k}。

(4) 采样序列的抖动，主要是由正弦信号周期不稳定、波形采集系统的采样间隔不稳定带来的测量序列的信号周期性变动造成的。它带来的拟合初始相位 φ_{m0} 和 φ_{k0} 的测量不确定度分别为 u_{4m} 和 u_{4k}。

(5) 正弦拟合软件误差，主要是由软件收敛判据、舍入误差、累积误差等造成的。它带来的拟合初始相位 φ_{m0} 和 φ_{k0} 的测量不确定度分别为 u_{5m} 和 u_{5k}。

(6) 另外，采集序列长度的变化、序列中所含信号周期个数的变化，也将给通道间延迟时间差的测量带来影响，它们将体现在上述各项不确定度的分量中，这里不单独列出。

由式 (11-63) 可得

$$\mathrm{d}T_{mk} = \frac{\partial T_{mk}}{\partial f_0}\mathrm{d}f_0 + \frac{\partial T_{mk}}{\partial \varphi_{m0}}\mathrm{d}\varphi_{m0} + \frac{\partial T_{mk}}{\partial \varphi_{k0}}\mathrm{d}\varphi_{k0} = \frac{\varphi_{m0} - \varphi_{k0}}{-2\pi f_0^2}\mathrm{d}f_0 + \frac{\mathrm{d}\varphi_{m0}}{2\pi f_0} - \frac{\mathrm{d}\varphi_{k0}}{2\pi f_0} \quad (11\text{-}64)$$

灵敏系数为

$$c(f_0) = \frac{\partial T_{mk}}{\partial f_0} = -\frac{\varphi_{m0} - \varphi_{k0}}{2\pi f_0^2}, \quad c(\varphi_{m0}) = \frac{\partial T_{mk}}{\partial \varphi_{m0}} = \frac{1}{2\pi f_0}, \quad c(\varphi_{k0}) = \frac{\partial T_{mk}}{\partial \varphi_{k0}} = -\frac{1}{2\pi f_0}$$

由测量值 $y = f(x_1, x_2, \cdots, x_N)$，对于输入 X_i 的测量值 $x_i(i \neq j$，则 $X_i \neq X_j)$ 的不确定度传递公式为 [33]

$$u_{\mathrm{c}}(y) = \sqrt{\sum_{i=1}^{N}\left(\frac{\partial y}{\partial x_i}\right)^2 u^2(x_i) + 2\sum_{i=1}^{N-1}\sum_{j=i+1}^{N}\left(\frac{\partial y}{\partial x_i}\right)\left(\frac{\partial y}{\partial x_j}\right)u(x_i, x_j)} \quad (11\text{-}65)$$

$$u(x_i, x_j) = r(x_i, x_j) \cdot u(x_i) \cdot u(x_j) \quad (11\text{-}66)$$

式中，x_i 为输入 X_i 的测量值，x_j 为输入 X_j 的测量值，$i \neq j$，则 $X_i \neq X_j$；$u(x_i)$ 为 x_i 的标准不确定度，$u(x_j)$ 为 x_j 的标准不确定度，$i \neq j$；$u(x_i,x_j)$ 为 x_i、x_j 的协方差估计值，$i \neq j$；$r(x_i,x_j)$ 为 x_i、x_j 的相关系数估计值，$i \neq j$。

本测量过程中，显然可以认为，拟合初始相位 φ_{m0} 不同的不确定度分量之间不相关，拟合初始相位 φ_{k0} 不同的不确定度分量之间不相关，则它们的合成标准不确定度 $u_{\mathrm{c}}(\varphi_{m0})$ 与 $u_{\mathrm{c}}(\varphi_{k0})$ 分别为

$$u_{\mathrm{c}}(\varphi_{m0})=\sqrt{u_{2m}^2+u_{3m}^2+u_{4m}^2+u_{5m}^2} \tag{11-67}$$

$$u_{\mathrm{c}}(\varphi_{k0})=\sqrt{u_{2k}^2+u_{3k}^2+u_{4k}^2+u_{5k}^2} \tag{11-68}$$

通道间延迟时间差 T_{mk} 的不确定度分量中，可以认为，$u_{\mathrm{c}}(\varphi_{m0})$、$u_{\mathrm{c}}(\varphi_{k0})$、$u_1$ 分量之间互不相关，则其合成标准不确定度 $u_{\mathrm{c}}(T_{mk})$ 为

$$\begin{aligned}u_{\mathrm{c}}(T_{mk})&=\left[c^2(f_0)\cdot u_1^2(f_0)+c^2(\varphi_{m0})\cdot u_{\mathrm{c}}^2(\varphi_{m0})+c^2(\varphi_{k0})\cdot u_{\mathrm{c}}^2(\varphi_{k0})\right]^{1/2}\\&=\sqrt{\frac{T_{mk}^2}{f_0^2}u_1^2+\frac{u_{\mathrm{c}}^2(\varphi_{m0})+u_{\mathrm{c}}^2(\varphi_{k0})}{4\pi^2 f_0^2}}\end{aligned} \tag{11-69}$$

四参数正弦拟合中，误差界的指数表达式给出了其依信号周期个数和谐波阶次的变化趋势的一个较好拟合结果。

若 ΔN 为信号周期数误差，ΔA 为信号拟合幅度误差，$\Delta\varphi$ 为信号拟合初始相位误差，Δd 为信号直流分量估计值误差，n 为记录数据个数 ($n\geqslant 2Nh$)，N 为记录中所含信号周期个数 $(\omega nT)/(2\pi)$，h 为谐波阶次，A_h 为 h 次谐波的谐波幅度，则该结果中，估计参数误差的误差界如下 [10]：

$$\max|\Delta N|=\frac{0.90}{(Nh)^{1.2}}\cdot\frac{A_h}{A} \tag{11-70}$$

$$\max\left|\frac{\Delta A}{A}\right|=\frac{1.00}{(Nh)^{1.25}}\cdot\frac{A_h}{A} \tag{11-71}$$

$$\max|\Delta\varphi|=\frac{180^\circ}{(Nh)^{1.25}}\cdot\frac{A_h}{A} \tag{11-72}$$

$$\max\left|\frac{\Delta d}{A}\right|=\frac{0.61}{(Nh)^{1.21}\cdot h^{1.1}}\cdot\frac{A_h}{A} \tag{11-73}$$

假设由谐波 A_h 造成的拟合初始相位 φ_{m0} 的测量误差在其误差界内服从均匀分布，则 A_h 给 φ_{m0} 带来的测量不确定度 $u_{A_h}(\varphi_m)$ 由式 (11-72) 可得

$$u_{A_h}(\varphi_m)=\frac{\Delta\varphi_{m0}}{\sqrt{3}}=\frac{180^\circ}{(Nh)^{1.25}}\cdot\frac{A_h}{A\sqrt{3}} \tag{11-74}$$

由于三角函数基的正交性，显然，不同谐波之间互不相关，则由所有谐波给 φ_{m0} 带来的测量不确定度为

$$u_{2m}=\sqrt{\sum_{h\geqslant 2}u_{A_h}^2(\varphi_m)}=\sqrt{\sum_{h\geqslant 2}\frac{10800A_h^2}{(Nh)^{2.5}\cdot A^2}} \tag{11-75}$$

同理，对于通道 k，有

$$u_{2k} = \sqrt{\sum_{h\geqslant 2} u_{A_h}^2(\varphi_k)} \tag{11-76}$$

4. 测量数据及处理

图 11-8 是使用 Tektronix 公司的 TDS784D 型数字示波器的通道 1 和通道 2，同时对于 HP 3325B 型信号源进行测量获得的两个正弦信号波形的局部。其 A/D 位数 BD=8bit，测量范围 $-0.5\sim0.5$V，通道采集速率 v=2GSa/s，采样点数 n_0=2500；信号峰值 0.5V，频率 19.9990000MHz。

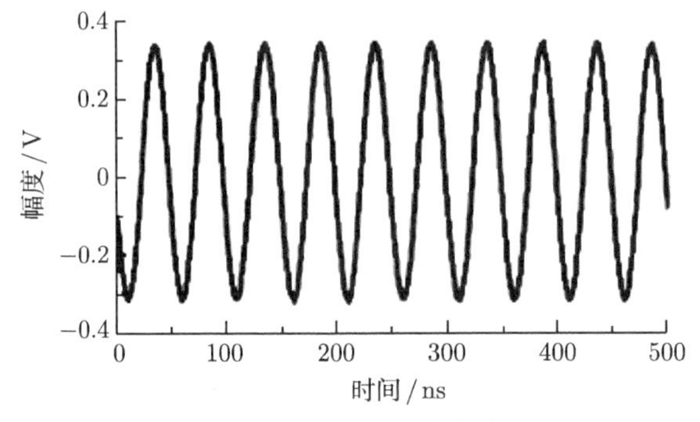

图 11-8　实测正弦曲线波形

从图 11-8 可见，两个通道的波形基本重合，用肉眼根本看不出通道间的延迟时间。

选取序列周波数 N=9，n=900，经四参数拟合，得通道 1(设为 m) 的参数：A_m=0.32536565V；ω_m=0.0628325343rad；φ_{m0}= 77.7402°；d_m=−0.9089015mV；ρ_m=3.49466mV；有效位数 =6.368bit。

得通道 2(设为 k) 的参数：A_k=0.32615036V；ω_k=0.0628279031rad；φ_{k0}= 76.7217°；d_k=−0.06200369mV；ρ_k=3.52142mV；有效位数 =6.357 bit。

图 11-9 为通道 1 实测曲线的频谱图，这里为详细观测谐波分量起见，已将幅度刻度调小，并截断了基波的大部分。从该曲线可见，该测量序列主要的谐波失真为 2 次、3 次谐波，其他谐波分量与噪声没有什么区别，故不确定度分量 u_{2m} 中仅需计算 2 次、3 次谐波的影响即可，各主要谐波分量 A_h 及其给拟合相位 φ_{m0} 造成的不确定度 $u_{A_h}(\varphi_{m0})$ 如表 11-4 所示。

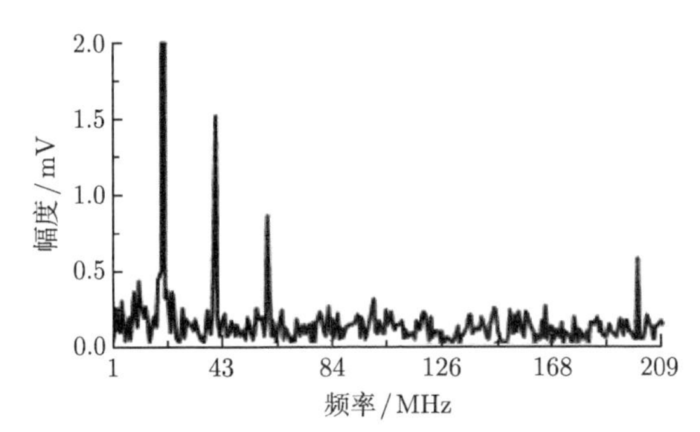

图 11-9　通道 1 实测曲线频谱 (幅频特性)

表 11-4 采集序列 1 的基波与各主要谐波幅度值 [34]

波次	A_h/V	$\varphi_{m0}/(^\circ)$	$u_{A_h}(\varphi_{m0})/(^\circ)$
基波	0.325232	77.884	—
2 次谐波	1.449×10^{-3}	−42.386	0.01249
3 次谐波	1.126×10^{-3}	−43.663	0.005846
4 次谐波	2.019×10^{-4}	26.575	0.00073

则 u_{2m}=0.05240°，自由度 $\nu_{2m}=\infty$，从采集序列中减去上述已经被 u_{2m} 计入的谐波分量后，重新进行四参数拟合得

A_m =0.3252772V; ω_m =0.06282936rad; φ_m = 77.6907°; d_m =0.319mV; ρ_m =3.2338mV; 有效位数 =6.48 bit。

在随机噪声状态下，ρ^2 为噪声方差 (剔除谐波因素后的拟合方差)。正弦波最小二乘拟合四个参数的方差分别为 S_A^2、S_φ^2、S_d^2、S_ω^2，则 S_A^2/ρ^2、$S_\varphi^2A^2/\rho^2$、S_d^2/ρ^2 以及 $S_\omega^2A^2/(\omega^2\rho^2)$ 的描述如图 11-10 所示，它给出了在 36 个等间距信号初相位上对应的误差界随信号周期数的变化情况 [10]。这里，n_0=100，各描述值均与 n 成反比。

幅度、直流分量和频率的方差表示成比例方差的形式 (如 S_A^2/A^2、S_d^2/A^2 和 S_ω^2/ω^2) 通常更为实用。这些比例方差可以从图 11-10 按下述方式确定：① 对比例方差 S_A^2/A^2，从图 11-10 (a) 中找出幅度估计方差与周期个数关系的确切位置，用相应的噪声比例方差 ρ^2/A^2 以及 $100/n$ 连乘即得；② 对于直流分量与相应正弦幅度 A 的比例方差 S_d^2/A^2，从图 11-10 (c) 中找出直流分量估计方差，再乘以 $100\rho^2/(nA^2)$ 便可得；③ 对于 S_ω^2/ω^2，在图 11-10 (d) 中找出相应信号周期数的频率估计方差，最后乘以 $100\rho^2/(nA^2)$ 即可获得；④ 初始相位的直接方差 S_φ^2，可以从图 11-10 (b) 中的初始相位估计方差中找到，用 $100\rho^2/(nA^2)$ 乘后获得。

由 N=9，n=900，ρ_m=3.2338mV，从图 11-10 (b) 中查得：n_0=100 点时 φ_{m0} 的初始相位估计方差 $\sigma_\varphi^2 = S_\varphi^2A^2/\rho_m^2 = 270^\circ$，则本节中，

$$u_{3m} = S_{\varphi_m} = \sqrt{\frac{\sigma_\varphi^2\rho_m^2 n_0}{A_m^2 n}} = 0.01722^\circ$$

其自由度 $\nu_{3m} = n_0 - 4 = 96$。

图 11-11 为通道 2 实测曲线的频谱图，这里为详细观测谐波分量起见，也已将幅度刻度调小，且截断了基波的大部分。从该曲线可见，该测量序列主要的谐波失真为 2 次、3 次谐波和 10 次谐波，其他谐波分量与噪声没有什么区别，故不确定度分量 u_{2k} 中仅需计算 2 次、3 次、10 次谐波的影响即可，各主要谐波分量 A_h 及其给拟合相位 φ_{k0} 造成的不确定度 $u_{A_h}(\varphi_{k0})$ 如表 11-5 所示。

表 11-5 采集序列 2 的基波与各主要谐波幅度值 [34]

波次	A_h/V	$\varphi_{k0}/(^\circ)$	$u_{A_h}(\varphi_{k0})/(^\circ)$
基波	0.326186	76.952	—
2 次谐波	1.519×10^{-3}	−43.303	0.01305
3 次谐波	8.607×10^{-4}	−45.610	0.00446
10 次谐波	5.814×10^{-4}	50.830	0.000668

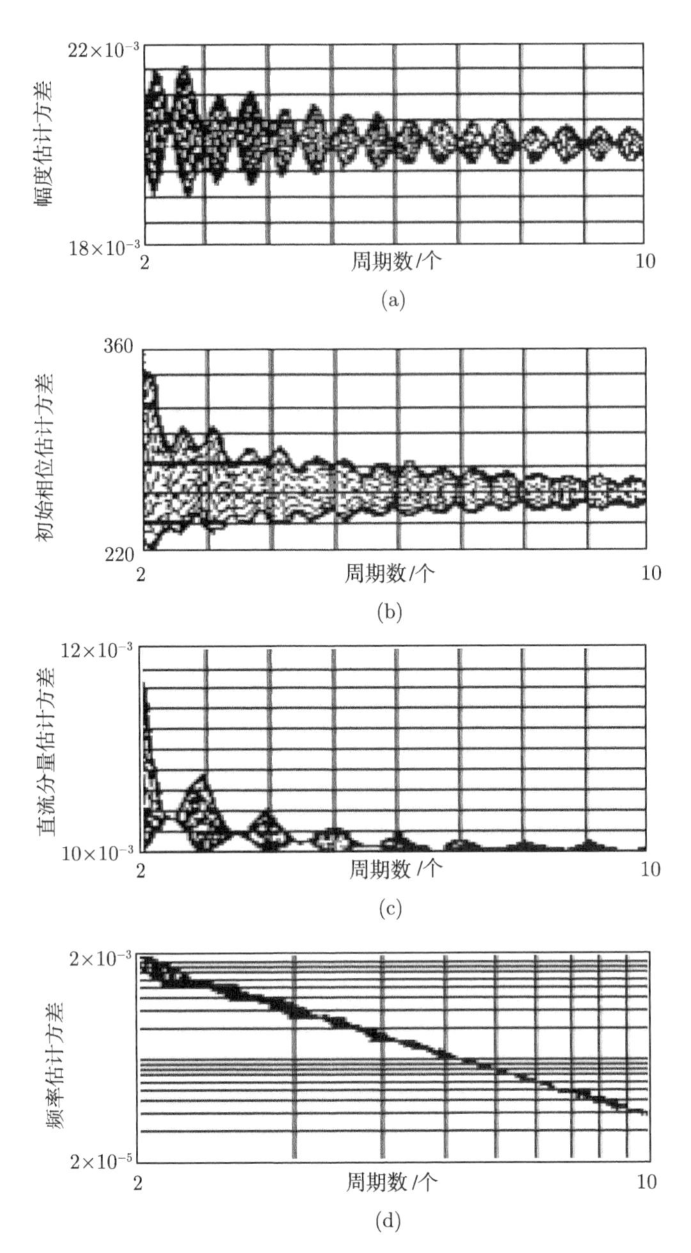

图 11-10　在 36 个均匀分布的相位点上, 规范化参数估计方差 (由噪声引起的) 与周期数的函数关系描述

(a) 幅度估计方差 S_A^2/ρ^2；(b) 初始相位估计方差 $S_\varphi^2 A^2/\rho^2$；(c) 直流分量估计方差 S_d^2/ρ^2；(d) 频率估计方差 $S_\omega^2 A^2/(\omega^2\rho^2)$

则 u_{2k}=0.01381°，自由度 $\nu_{2k}=\infty$，从采集序列中减去上述已经被 u_{2k} 计入的谐波分量后，重新进行四参数拟合得

A_k=0.3262662V；ω_k=0.06282993 rad；φ_k= 76.7663°；d_k=1.689mV；ρ_k=3.1848mV；有效位数 =6.50bit。

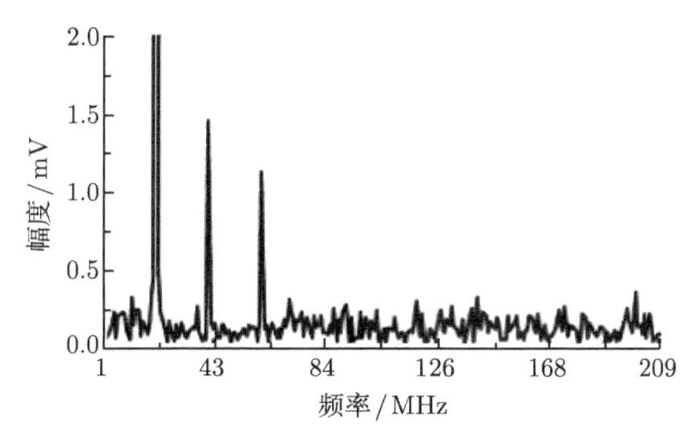

图 11-11 通道 2 实测曲线频谱 (幅频特性)

由 N=9，n=900，ρ_k=3.1848mV；从图 11-10 (b) 中查得：n_0=100 点时相位 φ_{k0} 的初始相位估计方差 $\sigma_\varphi^2 = S_\varphi^2 A^2/\rho_k^2$=270°，则本节中，

$$u_{3k} = S_{\varphi_k} = \sqrt{\frac{\sigma_\varphi^2 \rho_k^2 n_0}{A_k^2 n}} = 0.05347°$$

其自由度 $\nu_{3k} = n_0 - 4 = 96$。

实际情况下，始终存在波形抖动，它将造成拟合初始相位的抖动并产生通道间延迟时间差不确定度。当存在如下几个前提条件时，由抖动误差所引起的标准偏差可以估计：① 抖动的高阶导数项的影响可忽略；② 任何谐波失真都足够小，以致它对导数的影响可忽略；③ 抖动误差的均值为 0，尽管这并不严格真实 [10,39]；④ 每一采样点的抖动与其他点独立。

图 11-12 为图 11-8 中通道 1 曲线波形的初始相位 φ_{m0} 抖动测量结果曲线 [36]。可得 φ_{m0} 的均值 $\bar{\varphi}_{m_0}$=77.6353°，初始相位 φ_{m0} 抖动的实验标准偏差 $s_{\varphi m}$=0.1377°，初始相位 φ_{m0} 抖动的最大值 $\lambda_{\varphi m}$=0.7194°。它是由 M_0=1599 组值实测获得的，每组 N=9，n=900。则本节中，$u_{4m} = s_{\varphi m}$= 0.1377°；其自由度 $\nu_{4m} = M_0 - 1$=1598。

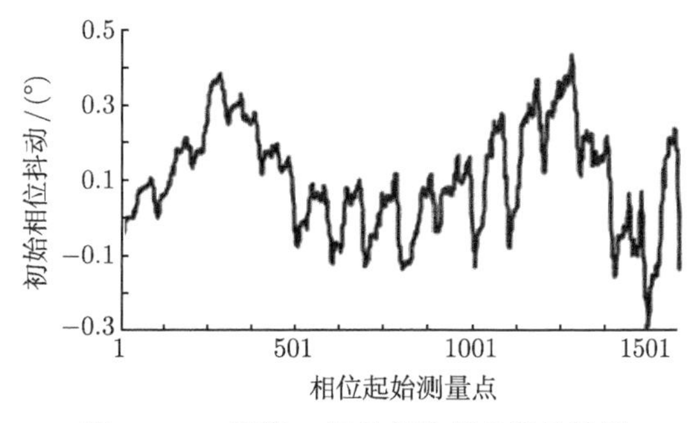

图 11-12 通道 1 初始相位抖动测量结果

图 11-13 为图 11-8 中通道 2 曲线波形的初始相位 φ_{k0} 抖动测量结果曲线 [36]。可得初始相位 φ_{k0} 的均值 $\bar{\varphi}_{k_0}$=76.7324°，初始相位 φ_{k0} 抖动的实验标准偏差 $s_{\varphi k}$=0.2981°，初始相位 φ_{k0} 抖动的最大值 $\lambda_{\varphi k}$=1.1762°。它是由 M_0=1599 组值实测获得，每组 N=9，n=900。则本节中，$u_{4k} = s_{\varphi k}$= 0.2981°；其自由度 $\nu_{4k} = M_0 - 1$=1598。

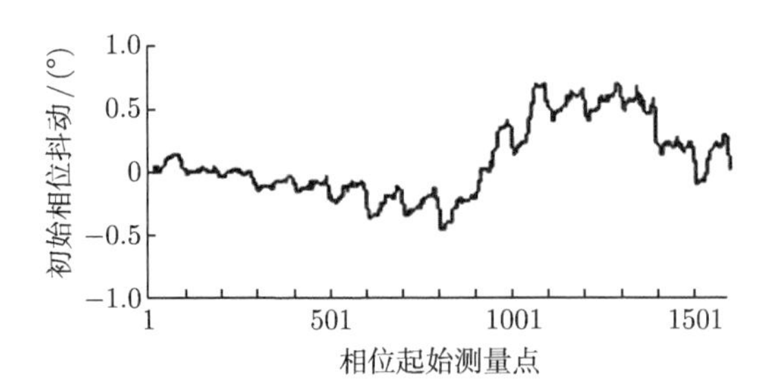

图 11-13　通道 2 初始相位抖动测量结果

则由式 (11-63) 得通道间延迟时间差为

$$T_{mk}=t_{m0}-t_{k0}=\frac{\varphi_{m0}-\varphi_{k0}}{2\pi f_0}=1.25\times10^{-10}\mathrm{s}$$

由信号频率 19.9990000MHz 和说明书得 [29]，正弦标准信号源频率误差限为 $\pm5\times10^{-6}$ 读值 $=\pm99.995$ Hz；设信号频率 f_0 的误差在该范围内服从均匀分布，则其不确定度为

$$u_1=u(f_0)=99.995/3^{1/2}=57.73214\mathrm{Hz}$$

其自由度 $\nu_1=\infty$。

数据处理软件带来的不确定度 u_5，由参数已知的仿真数据使用数据处理软件处理的结果，当 $n_0=1009$ 时，按 A 类不确定度评价方法获得对 2π 角度的归一化标准偏差为 [37] $\sigma_\varphi=2.1\times10^{-7}$。

由于拟合误差与序列长度成反比，故有

$$u_{5m}=\sigma_\varphi\times360^\circ\times n_0/n=2.1\times10^{-7}\times360^\circ\times1009/900=8.48\times10^{-5}(^\circ)$$

其自由度 $\nu_{5m}=n_0-4=1009-4=1005$。由软件带来的不确定度被认为在不同通道是相同的，与通道号无关。故有

$$u_{5k}=u_{5m}$$

$$\nu_{5k}=\nu_{5m}$$

5. 合成不确定度计算

这里将通道间延迟时间差测量的各个不确定度分量概算汇总，列于表 11-6。

由表 11-6 可知，通道间延迟时间差测量的不确定度分量中，没有绝对占优势分量，因此可判定，通道间延迟时间差测量的不确定度应满足正态分布。

初始相位的标准不确定度 $u_\mathrm{c}(\varphi_{m0})$ 与 $u_\mathrm{c}(\varphi_{k0})$ 分别为

$$u_\mathrm{c}(\varphi_{m0})=\sqrt{u_{2m}^2+u_{3m}^2+u_{4m}^2+u_{5m}^2}=0.148^\circ=0.002583\mathrm{rad}$$

$$u_\mathrm{c}(\varphi_{k0})=\sqrt{u_{2k}^2+u_{3k}^2+u_{4k}^2+u_{5k}^2}=0.303^\circ=0.005288\mathrm{rad}$$

表 11-6 通道间延迟时间差测量不确定度分量汇总表

序号	影响量 X_i	估计值 x_i	标准不确定度 $u(x_i)$	概率分布	灵敏系数 c_i	不确定度分量 u_i
1	信号源频率误差	±99.995Hz	57.7321 Hz	矩形	-6.25×10^{-18}	3.61×10^{-16}s
$2m$	序列 m 谐波–相位	0	0.05240°	正态	7.96×10^{-9}	7.28×10^{-12}s
$2k$	序列 k 谐波–相位	0	0.01381°	正态	7.96×10^{-9}	1.92×10^{-12}s
$3m$	序列 m 噪声–相位	0	0.01722°	正态	7.96×10^{-9}	2.39×10^{-12}s
$3k$	序列 k 噪声–相位	0	0.05347°	正态	7.96×10^{-9}	7.43×10^{-12}s
$4m$	序列 m 相位抖动	0	0.1377°	正态	7.96×10^{-9}	1.91×10^{-11}s
$4k$	序列 k 相位抖动	0	0.2981°	正态	7.96×10^{-9}	4.14×10^{-11}s
$5m$	序列 m 相位运算误差	0	8.48×10^{-5}(°)	正态	7.96×10^{-9}	1.18×10^{-14}s
$5k$	序列 k 相位运算误差	0	8.48×10^{-5}(°)	正态	7.96×10^{-9}	1.18×10^{-14}s

通道间延迟时间差 T_{mk} 的合成标准不确定度为

$$u_{\mathrm{c}}(T_{mk})=\sqrt{\frac{T_{mk}^2}{f_0^2}u_1^2+\frac{u_{\mathrm{c}}^2(\varphi_{m0})+u_{\mathrm{c}}^2(\varphi_{k0})}{4\pi^2f_0^2}}=4.7\times10^{-11}\mathrm{s}$$

其有效自由度 [33]$\nu_{\mathrm{eff}}(T_{mk})$ 为

$$\nu_{\mathrm{eff}}\left(T_{mk}\right)=\frac{u_{\mathrm{c}}^4\left(T_{mk}\right)}{\sum\limits_{i=1}^{9}\dfrac{c_i^4u_i^4}{\nu_i}}=2496$$

6. 扩展不确定度

令置信概率 P=95%，由有效自由度 $\nu_{\mathrm{eff}}(T_{mk})$= 2496，查 t 分布表得包含因子 $k_P=t_P(\nu_{\mathrm{eff}})$=1.96，则通道间延迟时间差 T_{mk} 的扩展不确定度为

$$U_{95}(T_{mk})=k_P\times u_{\mathrm{c}}(T_{mk})=1.96\times4.7\times10^{-11}\mathrm{s}=9.2\times10^{-11}\mathrm{s}$$

7. 测量结果的最终表述

正弦拟合法获得的通道间延迟时间差为

$$T_{mk0}=T_{mk}\pm U_{95}(T_{mk})=(1.25\times10^{-10}\pm9.2\times10^{-11})\mathrm{s}\quad(k=1.96,P=95\%)$$

其中，“±”后面是扩展不确定度，其包含因子 k=1.96，由置信概率 P=95%、有效自由度 ν_{eff}=2496，查 t 分布表获得。

8. 结论

综上所述，在使用模型化测量方法评价仪器设备的通道间延迟时间差指标时，其测量不确定度分析较为复杂，影响评价结果的因素较多，涉及信号源频率不确定度、采集序列的谐波失真、随机误差、抖动、信号周期个数、采样点数和软件计算误差等多项因素。一般说来，其他条件不变时，增加采集序列长度和增加信号周期个数均可降低通道间延迟时间差的评价不确定度。如果需要进一步降低测量不确定度，则使用数字滤波器是一种有效的手段 [13]。

11.3 采样均匀性测量

11.3.1 引言

等间隔均匀采样状态是经典采样理论和信号处理理论的基础和前提，也是大多数采样系统的工作状况，然而，绝对的均匀是不存在的，所有的采样都有采样间隔的均匀性问题[38]，关于采样的不均匀所造成的影响与危害，有许多学者做过多方面的研究[35,39-41]。

T. M. Souders 在 1990 年针对等效采样情况下采样频率抖动问题，用概率密度模型导出了抖动对采样信号估计的影响公式[35]，并用仿真证明了抖动将导致正弦信号幅度拟合结果变小。

M. F. Wagdy 在 1990 年着重研究了采样时间的抖动对正弦信号幅度、初始相位估计值的影响，并以公式给出了明确结论[39]：幅度估计误差与抖动标准差成正比、与幅度值成正比、与序列长度的方根成反比；初始相位估计误差与抖动标准差成正比、与序列长度的方根成反比；幅度与相位两者的误差间保持独立。

J.Schoukens 于 1996 年讨论研究了采样时钟稳定性给采样系统传递函数估计带来的影响，获得了一系列关系式[40]，表明该影响是时钟稳定性的函数，也是被测量系统传递函数的函数。其研究结论可在已知传递函数精度情况下，用于指导采样时钟稳定性指标的选取。

G. N. Stenbakken 等，2001 年研究了非随机时基失真对采样序列造成的非线性失真[41]，主要是非整周期采样造成的舍入误差所引起的量化误差分量，仿真和实际在 NIST 的 10Hz~200MHz 取样电压表上的测量实验，均表明了该过程的误差是非正态的；作者提出了一种可对该量化误差给幅度有效值的影响进行有效修正的方法。

由于大多数的采样系统都是单 A/D 系统，其采样间隔的均匀性使用孔径误差、时基失真和采样抖动等来评价和衡量。而对高速采样系统，则需要使用多个较低速的 A/D 转换器来构造出一个高速 A/D 转换器，于是，便引出了另外的问题。

对于单 A/D 系统的采样均匀性评价，已经有许多学者做过研究[5,42-44]，并获得了众多有价值的结论。而对于多 A/D 系统的采样均匀性，前人的文献和工作相对较少。这种系统的采样均匀性，则主要是指由多 A/D 系统的各个子 A/D 之间采样延迟的不均匀带来的额外差异。

关于这个问题，Y.C.Jenq 于 1988 年首先提出了一种非均匀采样理论[45]，用于表述和处理多 A/D 组成的高速数字化仪的误差特征，这里的非均匀采样信号序列，是指由多个均匀采样序列交叉合成的序列，并给出了正弦信号在非均匀采样系统中的数字频谱理论公式及其信噪比公式；运用该理论，在时基误差为恒定值、均匀分布、独立随机分布、正态随机分布等情况下，分析了由时基抖动带来的谐波失真，导出了信噪比关系式。结果表明，非均匀采样带来的失真似乎与它们的时基误差分布无关；多 A/D 合成系统时，非均匀采样带来的失真与 A/D 数目基本无关，采样抖动带来的失真与 A/D 数目成正比。

其后，Y.C.Jenq 对使用查表法产生任意频率的正弦波的方法也进行了阐述，用非均匀采样理论对其产生的谐波失真和杂波失真进行了分析，并以公式形式给出了具体结论[46]；后来，又使用非均匀采样理论，对多 A/D 系统中，各采样延迟的误差进行了精确测量[47]，他使用的是加窗 DFT 运算及 IDFT 手段，这对减小由非均匀采样带来的误差的影响，将非均匀采样尽量变成均匀采样的系统很有借鉴意义。

本节将主要讨论使用多 A/D 组成高速数字化仪时，各个子 A/D 之间采样延迟的不均匀所带来的额外差异的精确测量和评价问题，并试图以最为简捷的形式和过程，获得多 A/D 系统采样均匀性的精确结果，以便为改进系统的性能和技术指标提供技术支持。

11.3.2 测量原理和方法

如图 11-14 所示，使用 M 个子 A/D 构造出一个高速 A/D 的单输入–单输出系统，其输入经等间距延迟，进入下一个子 A/D，其相邻子 A/D 间延迟时间的理想值为系统的采样间隔，即 $\tau_k = \tau$, k=1, 2, $\cdots$, $M-1$。这样，便实现了以 M 个采样速率为 v/M 的子 A/D，获得了一个采样速率为 v 的合成 A/D 的采样效果。

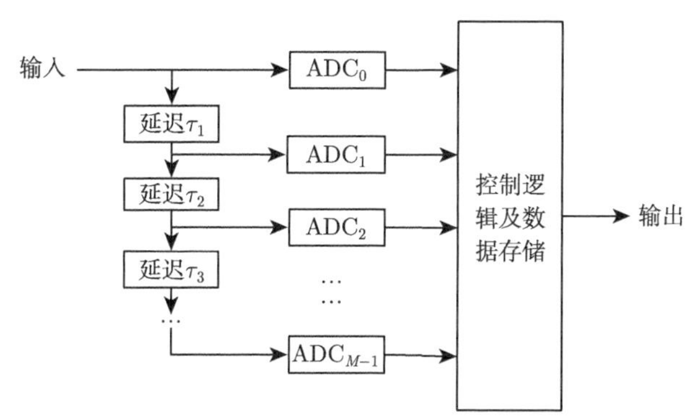

图 11-14 由多 A/D 组成的高速采样系统

非均匀采样系统的采样均匀性，实际上就是各延迟时间 τ_k 的一致程度，其测量评价的基本思想是，将一个频率远低于系统采样速率的低失真正弦信号加载到非均匀采样系统的通道上，通过采集，获得曲线波形数据，将该数据序列每间隔 M 抽取 1 个，形成 M 个子序列，运用曲线拟合的方法，对各个子序列的采集数据进行处理运算，计算出相邻子序列间的相位差，它所对应的采样间隔，即是相应的延迟时间 τ_k，k=1, 2, $\cdots$, $M-1$。通过该时间间隔获得采样均匀性的测量结果。其过程如下所述。

设非均匀采样数据采集系统通道的量程为 $E_{\rm r}$，采用双极性对称输入方式，通道采样间隔为 τ，通道采集速率为 v=$1/\tau$；如图 11-14 所示，由 M 个子 A/D 构造出一个高速 A/D，则各子 A/D 的理想采样速率为 v/M，各子 A/D 间的理想延迟时间为 $\tau_b = \tau$(k=1, 2, $\cdots$, $M-1$)。

给采集系统加载一个低失真正弦信号 $e(t)$，其中纯正弦波部分的幅度为 $E \leqslant E_{\rm r}/2$，且频率 $f_0 \leqslant v/(3{\cdot}M)$，具体为

$$e(t) = E \cdot \sin(2\pi f_0 t + \varphi_0) + d_0 \tag{11-77}$$

其中，φ_0 为初始相位；d_0 为信号的直流分量值，不失一般性，选取 d_0=0。设 n 为通道采集数据个数，N 为通道采集的信号整周期个数，n 与 N 不能有公共因子；推荐选取 $f_0 = N{\cdot}v/n$。

启动采集，获得采集数据序列 $\{x_i\}(i=0,\cdots,n-1)$。以子 A/D 个数 M 为间隔进行抽样，从采样序列 $\{x_i\}$ 中抽取 M 个子序列 $\{y_{k(m)}=x_{k+mM}$，$m=0,\cdots,n/M-1\}(k=0,\cdots,M-1)$。显然，对于 k 为确定值的每个子序列 $y_{k(m)}(m=0,\cdots,n/M-1)$，都对应一个单一的子 A/D 采集数据。

按最小二乘法求出对应每个子序列 $y_{k(m)}$ 的最佳拟合信号 [5]：

$$a_k(t)=A_k\sin(2\pi f_k t+\varphi_k)+d_k \tag{11-78}$$

其中，$a_k(t)$ 为第 k 个子 A/D——ADC_k 的采集序列 $y_{k(m)}$ 拟合信号的瞬时值；A_k 为拟合正弦信号 $a_k(t)$ 的幅度；f_k 为拟合正弦信号 $a_k(t)$ 的频率；φ_k 为拟合正弦信号 $a_k(t)$ 的初始相位；d_k 为拟合信号 $a_k(t)$ 的直流分量值。

由于实际的采集数据是一些离散化的值 x_i，对应地，其时间也是离散化的 t_i，其中，$t_i=i/v$ 为第 i 个测量点的时刻，$i=0,\cdots,n-1$。

对于等间隔 M 抽样后形成的序列 $y_{k(m)}$，其时间也是离散化的 t_m，$t_m=t_k+mM\cdot\tau$ 为第 m 个测量点的时刻，$m=0,\cdots,n/M-1$；这样，式 (11-78) 变成

$$a_k(t_m)=A_k\sin(2\pi f_k t_m+\varphi_k)+d_k$$

简记为

$$a_{k(m)}=A_k\sin(\omega_k m+\varphi_k)+d_k \tag{11-79}$$

其中，

$$\omega_k=\frac{2\pi f_0 M}{v} \tag{11-80}$$

则拟合残差有效值 ρ_k 为

$$\rho_k=\sqrt{\frac{M}{n}\cdot\sum_{m=0}^{n/M-1}[y_{k(m)}-A_k\sin(\omega_k m+\varphi_k)-d_k]^2} \tag{11-81}$$

当 ρ_k 最小时，可得式 (11-77) 在第 k 个子 A/D——ADC_k 的采集序列 $y_{k(m)}$ 的最小二乘意义下的拟合正弦信号式 (11-79)。

ADC_k 和 ADC_{k+1} 各自的初始相位 φ_k 和 φ_{k+1} 对应的时间差，即是第 k+1 个子 A/D 和第 k 个子 A/D 间的采样时间延迟 τ_k：

$$\tau_k=\frac{\varphi_{k+1}-\varphi_k}{2\pi f_0} \tag{11-82}$$

11.3.3 误差分析及不确定度评定

采样时间延迟 τ_k 的测量不确定度 $u(\tau_k)$，显然是来自正弦波模型的初始相位测量不确定度，关于这一问题，J. P. Deyst 已经有明确详细的结论 [10]，一般说来，它主要由采集序列的谐波次数和幅度、噪声、抖动、序列长度、序列所含信号周期个数、校准软件和算法等条件参量决定。详细做法可参见 11.2.4 节，本节不再赘述。

11.3.4　仿真验证

选取采集量程为 $-5\sim5$V，A/D 位数为 24bit(相当于无量化的浮点数)，采样速率 v=4GSa/s，采样间隔 τ=250ps，采样点数 n=15000，激励正弦信号幅度为 E=4V，频率 f_0=6254321Hz。

选取子 A/D 个数 M=16，则其理想延迟时间为 $\tau_b = \tau$=250ps，仿真延迟时间设定值 τ_{kb} 如表 11-7 所示。τ_{kb} 与理想延迟时间 τ_b 之差 $\Delta\tau_{kb} = \tau_{kb} - \tau_b$。其曲线波形如图 11-15 所示，从其中的抖动可明显看出采样均匀性的影响。

表 11-7　子 A/D 延迟时间设定值 τ_{kb} 及测量结果 τ_k

k	τ_{kb}/ps	$\Delta\tau_{kb}$	τ_k/ps	$\Delta\tau_k/\tau$
1	250.125	$0.01\%\tau_b$	250.581	0.18%
2	249.925	$-0.03\%\tau_b$	250.464	0.22%
3	250.05	$0.02\%\tau_b$	250.573	0.21%
4	250	0	250.507	0.20%
5	250.5	$0.2\%\tau_b$	250.992	0.20%
6	249.25	$-0.3\%\tau_b$	249.723	0.20%
7	250.25	$0.1\%\tau_b$	250.710	0.18%
8	250	0	250.443	0.18%
9	252.5	$1\%\tau_b$	252.931	0.17%
10	242.5	$-3\%\tau_b$	242.899	0.16%
11	255	$2\%\tau_b$	255.403	0.16%
12	250	0	250.379	0.15%
13	275	$10\%\tau_b$	275.398	0.16%
14	175	$-30\%\tau_b$	175.243	0.097%
15	300	$20\%\tau_b$	300.398	0.16%

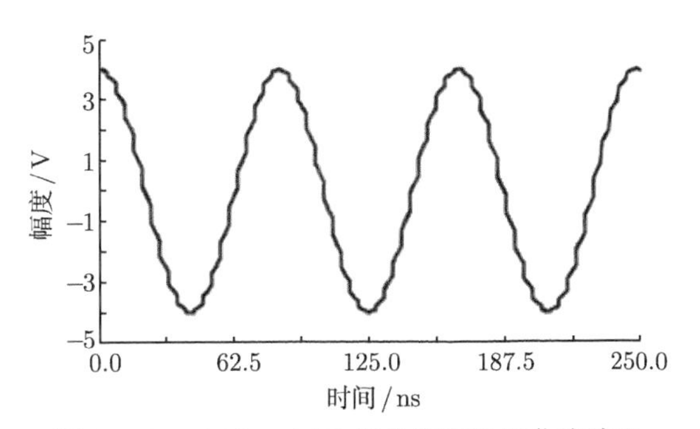

图 11-15　24 bit A/D 量化仿真数据曲线波形

用上述方法将仿真序列抽样分解，形成 M 个子序列进行数据处理，获得各延迟时间差 τ_k 的测量结果如表 11-7 所示，$\Delta\tau_k = \tau_k - \tau_b$。

由仿真结果可见，上述方法可以用于多 A/D 系统中各子 A/D 间采样延迟的精确测量和评价，在忽略量化误差影响的情况下，测量分辨力误差约为采样时间延迟的 0.2%，这是一个非常高的性能和结果。若考虑 A/D 量化的影响，则分辨力将有所降低。

11.3.5　实测结果及说明

这里选取某型数字示波器作为数据采集系统，采集量程为 −5∼5V，A/D 位数为 8bit，标称采样速率 v=4GSa/s，标称采样间隔 τ=250ps，采样点数 n=60000，选 HP3325B 合成信号源作激励，激励正弦信号幅度为 E=4V，频率 f_0=6254321Hz。其曲线波形如图 11-16 所示。

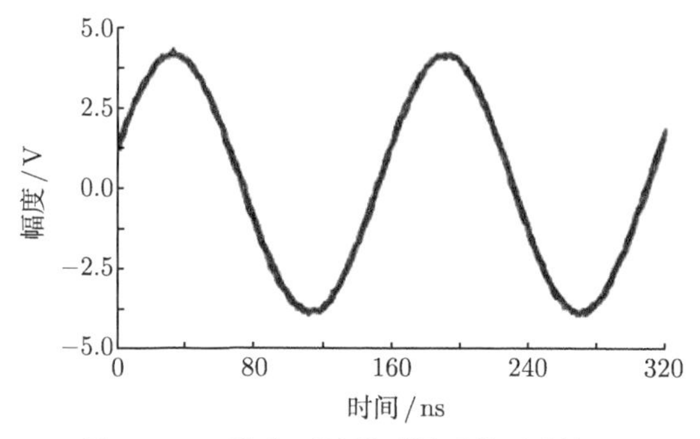

图 11-16　数字示波器时域采样正弦波形

已知子 A/D 个数 M=4，则其实际采样速率为 [48]v=3.9999737GSa/s，采样间隔 τ=250.00164ps。理想延迟时间为 $\tau_b = \tau$。各延迟时间测量值 τ_k 如表 11-8 所示。

表 11-8　子 A/D 延迟时间测量结果 τ_k

k	τ_k/ps	$\Delta\tau_k/\tau$
1	247.7284	−0.91%
2	250.6202	0.25%
3	251.8338	0.73%

11.3.6　结论

综上所述可见，前人在多 A/D 合成采样系统这种非均匀采样系统中，对采样均匀性的评价，主要是使用频域的谱分析方法实现的 [45-47]，过程比较复杂，当多于一个采样间隔存在不均匀情况时 (实际应用中多数属于这种情况)，各分量的频谱互相交叉，并与谐波失真、量化、噪声、杂波等其他频谱均搅在一起，区别并有效分离出它们各自的分量比较困难，也同时影响和限制了它们的实际应用。

本节所述方法，属于时域模型化方法，具有物理过程简单明确，延迟时间分辨力高、准确度高等特点，因为 J. P. Deyst[10] 已经证明，四参数正弦波曲线拟合的参数误差，与采集序列的谐波次数和幅度、噪声、抖动、序列长度、序列所含信号周期个数均有关，增加序列长度、增加序列中所含信号周期个数、减少抖动、降低谐波和噪声失真等，均将降低拟合参数误差。除此之外，如果需要进一步提高测量准确度，还可以使用数字滤波器 [13]，对各子序列分别滤波后再按上述方法进行拟合测量。

另外，如果组成子 A/D 的个数 M 是未知的，则可以比较容易地通过尝试判断确定其真实个数，方法即是依次假设 $M = 2, 3, \cdots$，并计算不同的子 A/D 的延迟 τ_k，当出现延迟 τ_k 最大值时的子 A/D 数目即是真正的 M 值。

仿真和实际实验均表明，使用本节上述方法，基本上可以用一个采样序列，获得多 A/D 系统中各子 A/D 间采样延迟的精确测量和评价结果，本节中，仅给出了相邻子 A/D 间的采样延迟时间差，实际应用中，可能需要以某一节点为基准，精确修改和调整各个延迟时间差，以便获得更加均匀的采样时间间隔，提高多 A/D 合成系统的性能。有关工作，尚需要进一步深入研究。

11.4 非均匀采样系统时基失真测量 [49]

11.4.1 引言

非均匀采样技术，通常指通过多个低采样速率的 A/D 组合起来，实现一个等效高采样速率 A/D 功能和效果的技术，属于现代高速数字示波器、瞬态波形记录仪等高速采样仪器系统中的基本技术之一。其直接效果是以较低速的硬件技术实现较高速的采样效果，而带来的负面影响，则是所实现的等效高速采样序列不可能是理想的等间隔均匀采样序列，由此引出了非均匀采样理论和技术，以及相应的评价校准问题。有关采样不均匀及其影响评价的研究已有很多 [35,39-41]，近年来仍在持续取得进展。

A. N. Kalashnikov 等于 2005 年研究了数据采集系统的帧抖动问题 [50,51]，指出与取样示波器中抖动不同的是，帧抖动属于序列抖动，而不是序列中每一个采样点时刻的随机抖动，并讨论了其影响和通过硬件的抖动识别方法。

C. L. Chang 在 2007 年研究了叠加高斯噪声的采样孔径抖动测量 [52]，在孔径特性与信号频率选择无关的采样通道中，证明了孔径抖动可影响输入信号采样波形，与叠加的高斯噪声互相独立。此前认为叠加噪声功率与孔径抖动噪声功率成正比。

F. Attivissimo 于 2008 年针对实时测量系统的时基失真 [53]，结合使用拍频、最大似然估计等方法，将时基失真与其他噪声等有效分离，从而最终达到测量并滤出时基失真的目的。

L. Barford 在 2008 年研究了用于非均匀采样但拥有确定时间标签的测量序列的两种滤波方法 [54]，一为差分方程时间修正法，二为类 FIR 滤波器法。Y. C. Jenq 于 2005 年，V. A. Kazakov 等于 2007 年研究了抖动存在时重构测量序列问题 [55,56]。

与前人研究的侧重点不同，本节主要内容，是试图借用采样量化系统中评价 A/D 线性度指标的微分非线性和积分非线性概念，评价非均匀采样系统中由多个子 A/D 的合成采样带来的时基失真，称其为时基微分非线性和时基积分非线性。

11.4.2 测量原理和方法

图 11-17 所示为用 M 个子 A/D 构造一个等效高速 A/D 的非均匀采样系统，对于每个子 A/D——ADC_k 来说，属于等间隔采样子系统，采样速率均为 v/M，相邻子 A/D 的延迟时间差 τ_k 理想值为系统采样间隔 $\tau=1/v$。

实际上，输入信号通过本级子 A/D——ADC_k 后，经时间延迟 τ_k，进入下一个子 A/D——ADC_{k+1}，由此实现了以 M 个采样速率为 v/M 的子 A/D，获得一个采样速率为 v 的合成 A/D 的采样效果。从而实现了非均匀采样系统的高速采样过程。

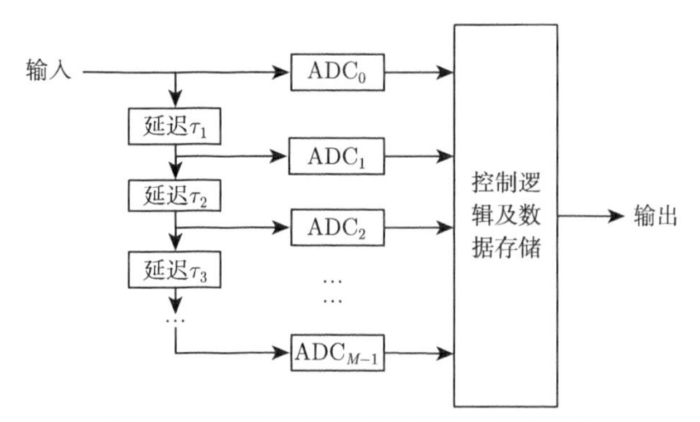

图 11-17　多 A/D 组成的非均匀采样系统

时基失真测量的基本思想是，在已知非均匀采样系统子 A/D 数目 M 的前提下，从系统对于正弦波的测量序列中，经过二次抽样获取各个子 A/D 自己的采样子序列，从相邻子序列间的相位差对应的延迟时间差中，获得非均匀采样系统的时基微分非线性和时基积分非线性。过程如下所述。

如图 11-17 所示，设非均匀采样系统为由 ADC_1，ADC_2，$\cdots$，ADC_M 等 M 个子 A/D 合成的一个高速 A/D，系统采样间隔为 τ，采样速率为 v。则各个相邻子 A/D 的理想延迟时间为 $\tau_k=\tau(k=1, 2, \cdots, M-1)$，子 A/D 理想采样速率为 v/M。给系统加载低失真正弦波激励 $e(t)$：

$$e(t)=E\cdot\sin(2\pi f_0 t+\varphi_0)+d_0 \tag{11-83}$$

获得采集数据序列 $\{x_i，i=0,\cdots,n-1\}$。以子 A/D 个数 M 为间隔对序列 $\{x_i\}$ 进行二次抽样，从采样序列 $\{x_i，i=0,\cdots,n-1\}$ 中抽取 M 个子序列 $\{y_{k(m)}=x_{k+mM}，m=0,\cdots,n/M-1\}$。

子序列 $\{y_{k(m)}，m=0,\cdots,n/M-1\}$ 对应 ADC_k 子 A/D 的采集数据，$k=0,\cdots,M-1$。

按最小二乘法求子序列 $\{y_{k(m)}\}$ 的拟合信号 [5]：

$$a_k(t)=A_k\sin(2\pi f_k t+\varphi_k)+d_k \tag{11-84}$$

采集数据序列 $\{x_i\}$ 的第 i 个测量点 x_i 对应的时刻 $t_i=i/v(i=0,\cdots,n-1)$；二次抽样后形成的子序列 $\{y_{k(m)}\}$ 的第 m 个测量点 $y_{k(m)}$ 对应的时刻 $t_m=t_k+mM\cdot\tau(m=0,\cdots,n/M-1)$；则式 (11-84) 可写成

$$a_k(t_m)=A_k\sin(2\pi f_k t_m+\varphi_k)+d_k \tag{11-85}$$

记为

$$a_{k(m)}=A_k\cdot\sin(\omega_k\cdot m+\varphi_k)+d_k \quad (m=0,\cdots,n/M-1) \tag{11-86}$$

$$\omega_k=\frac{2\pi f_0\cdot M}{v} \tag{11-87}$$

拟合残差有效值 ρ_k 为

$$\rho_k = \sqrt{\frac{M}{n} \cdot \sum_{m=0}^{n/M-1} [y_{k(m)} - a_{k(m)}]^2} \tag{11-88}$$

当 ρ_k=min 时，可得 ADC_k 的采集子序列 $\{y_{k(m)}\}$ 的最小二乘拟合正弦参数 A_k、ω_k、φ_k、d_k。

则 ADC_{k+1} 对于 ADC_k 的采样时间延迟 τ_k 为

$$\tau_k = \frac{\varphi_{k+1} - \varphi_k}{2\pi f_0} \tag{11-89}$$

设各个延迟时间 τ_k 的平均值为 τ，则有，
第 k 个子 A/D 的时基微分非线性：

$$D_{\text{NL}}(k) = \frac{\tau_k - \tau}{\tau} \quad (k = 0, 1, \cdots, M-1) \tag{11-90}$$

全系统的时基微分非线性：

$$D_{\text{NL}} = \max \left| \frac{\tau_k - \tau}{\tau} \right|_{(k=0,\cdots,M-1)} \tag{11-91}$$

第 k 个子 A/D 的时基积分非线性：

$$I_{NL}(k) = \frac{\sum_{i=0}^{k} \tau_i - \tau_0 - k \cdot \tau}{M \cdot \tau} \tag{11-92}$$

全系统的时基积分非线性：

$$I_{NL} = \max \left| \frac{\sum_{i=0}^{k} \tau_i - \tau_0 - k \cdot \tau}{M \cdot \tau} \right|_{(k=0,\cdots,M-1)} \tag{11-93}$$

采样时间延迟 τ_k 的测量不确定度可参见 11.2.4 节进行评定，若想获得更精确的延迟测量结果，也可针对各个子 A/D 的子序列使用数字滤波方法进行预处理后再进行相应计算 [13]。各个延迟时间 τ_k 的平均值为 τ 的不确定度可以由 τ_k 的不确定度平均次数 M 简单获得，积分非线性和微分非线性的不确定度评定已经获得解决，此处不再赘述。

11.4.3 仿真实验结果

设定非均匀采样系统的测量范围 ±5V，采样间隔 τ=250ps，采样速率 v=4GSa/s，A/D 位数 24 bit，采样点数 n=15000。设定子 A/D 数 M=16，其理想延迟时间为 $\tau_b = \tau$=250ps，仿真延迟时间值 τ_{kb} 如表 11-9 所示设定。$\Delta\tau_{kb} = \tau_{kb} - \tau_b$。

选取激励正弦信号频率 f_0=6254321Hz，幅度为 E=4V。经过仿真非均匀采样，可获得其曲线波形如图 11-18 所示，从其中的抖动可明显看出非均匀采样时基失真的影响。使用失真度分析手段 [57]，可以得到其总失真度为 4.26%。这应该主要是由非均匀采样带来的测量波形失真。

表 11-9　各子 A/D 标称 $D_{\mathrm{NL}}(k)$ 和 $I_{\mathrm{NL}}(k)$ 及测量结果

k	τ_{kb}/ps	标称 $D_{\mathrm{NL}}(k)$	标称 $I_{\mathrm{NL}}(k)$	τ_k/ps	$\Delta\tau_{kb}$	$\Delta\tau_k/\tau$	实测 $D_{\mathrm{NL}}(k)$	实测 $I_{\mathrm{NL}}(k)$
1	250.025	0.01%	0.000625%	250.581	$0.01\%\tau_b$	0.2324%	0.2324%	0.015%
2	249.925	−0.03%	−0.00125%	250.464	$-0.03\%\tau_b$	0.1856%	0.1856%	0.026%
3	250.05	0.02%	0	250.573	$0.02\%\tau_b$	0.2292%	0.2292%	0.040%
4	250	0	0	250.507	0	0.2028%	0.2028%	0.053%
5	250.5	0.2%	0.0125%	250.992	$0.2\%\tau_b$	0.3968%	0.3968%	0.078%
6	249.25	−0.3%	−0.00625%	249.723	$-0.3\%\tau_b$	−0.1108%	−0.1108%	0.071%
7	250.25	0.1%	0	250.710	$0.1\%\tau_b$	0.2840%	0.2840%	0.089%
8	250	0	0	250.443	0	0.1772%	0.1772%	0.100%
9	252.5	1%	0.0625%	252.931	$1\%\tau_b$	1.1724%	1.1724%	0.173%
10	242.5	−3%	−0.125%	242.899	$-3\%\tau_b$	−2.8404%	−2.8404%	−0.004%
11	255	2%	0	255.403	$2\%\tau_b$	2.1612%	2.1612%	0.131%
12	250	0	0	250.379	0	0.1516%	0.1516%	0.140%
13	275	10%	0.625%	275.398	$10\%\tau_b$	10.1592%	10.1592%	0.775%
14	175	−30%	−1.25%	175.243	$-30\%\tau_b$	−29.9028%	−29.9028%	−1.094%
15	300	20%	0	300.398	$20\%\tau_b$	20.1592%	20.1592%	0.166%

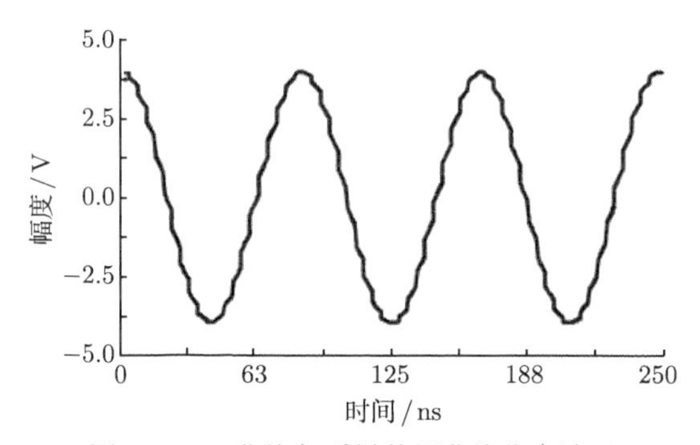

图 11-18　非均匀采样数据曲线仿真波形

用上述方法对仿真序列 $\{x_i,\ i=0,\cdots,n-1\}$ 进行二次抽样，获得 M 个子序列 $\{y_{k(m)},\ m=0,\cdots,n/M-1\}$，经计算获得各延迟时间差 τ_k 的测量结果见表 11-9，其中，$\Delta\tau_k=\tau_k-\tau_b$。标称 $I_{\mathrm{NL}}=-1.25\%$；实测 $I_{\mathrm{NL}}=-1.09\%$。

图 11-19 为表 11-9 所示微分非线性数据曲线图，包含标称曲线和实测曲线，可见两条曲线基本重合。

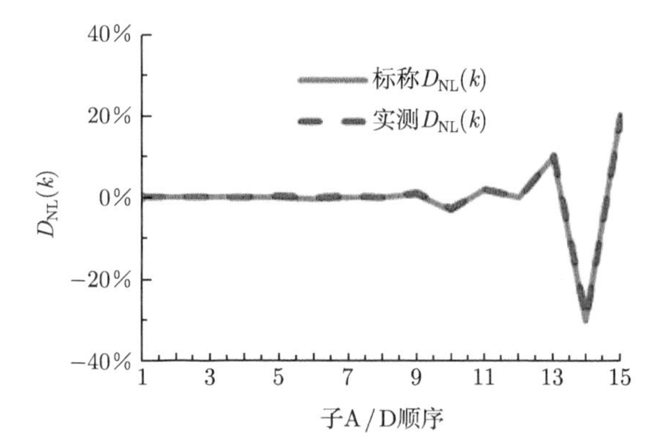

图 11-19　微分非线性数据曲线

图 11-20 为表 11-9 所示积分非线性数据曲线图，包含标称曲线和实测曲线，可见，两条曲线有一定差距，但变化趋势基本一致。

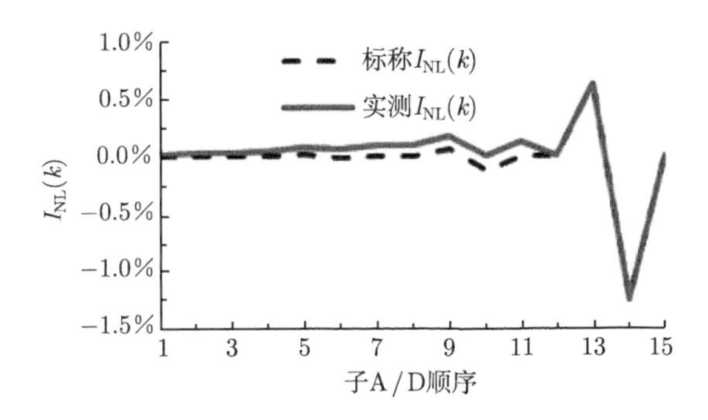

图 11-20 积分非线性数据曲线

由仿真可见，本节方法可以用于多 A/D 非均匀采样系统中各子 A/D 间采样时基失真的精确测量和评价，能以微分非线性和积分非线性方式给出确切评价结果，并与实际设定值符合性良好。其中，在所述仿真条件下，积分非线性设定值与实测值之差小于 0.22%，微分非线性设定值与实测值之差小于 0.2%。

11.4.4 实测结果验证

这里以 TDS784D 型数字示波器作为被测非均匀采样系统，其 A/D 位数为 8 bit，带宽为 1GHz，其时基准确度为 $\pm5\times10^{-5}$，选取测量范围为 ±5V，系统采样速率 v=4GSa/s，采样间隔 τ=250ps，采样点数 n=60000，信号源为 HP3325B，选取正弦激励信号频率 f_0=6254321Hz，幅度 E=4V，其实际测量曲线波形如图 11-21 所示。使用失真度分析手段 [57]，可以得到其总失真度为 1.30%，这应该包含由非均匀采样带来的测量波形失真。

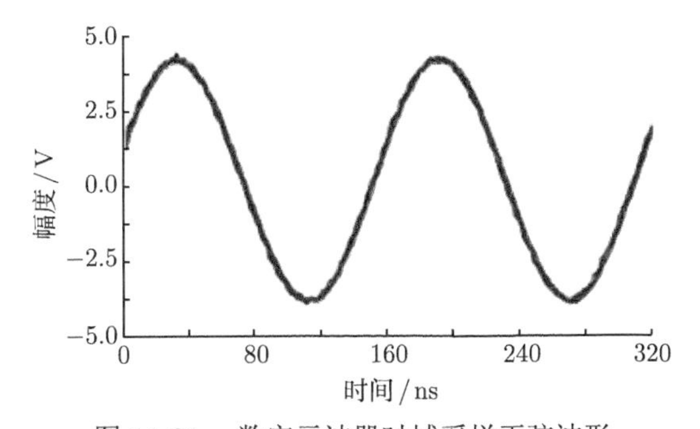

图 11-21 数字示波器时域采样正弦波形

计算获得其实际采样速率为 $v=3.9999737$GSa/s[48]；实际采样间隔 $\tau=1/v$=250.00164ps。

已知子 A/D 个数 M=4，其理想延迟时间为 $\tau_b=\tau$。按上述方法计算获得各相邻子 A/D 的时基微分非线性 $D_{NL}(k)$ 和时基积分非线性 $I_{NL}(k)$ 测量结果见表 11-10。

由测量结果可见，使用本节方法，可在实际非均匀采样系统中获得切实的技术参数，过程简捷，比较容易实现。相对于该款示波器的时基准确度 $\pm5\times10^{-5}$ 而言，其最大的时基积分非线性 −0.2275%还是非常大的失真，因而精确测量并寻求解决办法是非常必要的客观需求，因为时基失真本身不可避免地带来信号波形的测量结果失真，这也是到目前为止人们最容易忽略的一个问题，也是本节内容的价值所在。

表 11-10　各子 A/D 的 $D_{\rm NL}(k)$ 和 $I_{\rm NL}(k)$ 测量结果

k	τ_k/ps	$\Delta\tau_k/\tau$	实测 $D_{\rm NL}(k)$	实测 $I_{\rm NL}(k)$
1	247.7284	−0.91%	−0.91%	−0.2275%
2	250.6202	0.25%	0.25%	−0.165%
3	251.8338	0.73%	0.73%	0.0175%

11.4.5　结论

本节所述内容，主要是借用了用于评价 A/D 和 D/A 的微分非线性与积分非线性的概念，用来评价非均匀采样系统中由非均匀采样造成的时基失真，并称之为时基微分非线性和时基积分非线性。仿真结果表明了其在评价非均匀采样时基失真时的有效性，而在数字示波器上的实测结果则验证了其可行性和应用价值。

从公开文献中尚未发现有其他方法可以针对该问题获得本节所述结果，原因之一是目前其他方法多数属于频域滤波方法，很难确切分离并获得每个子 A/D 的独立贡献，且能保证较高的测量准确度。由于本节方法属于模型化测量方法，使得它可以使用全序列的测量数据获取延迟参数，则可获得较其他方法更高的延迟测量准确度，进而获得有实用意义和价值的时基非线性参数。

本节上述内容，仅仅侧重于如何有效定义和评价非均匀采样系统的时基失真，以比较不同系统时基特性的优劣，为改善和提高非均匀采样系统的性能提供方法和技术支撑。更进一步的研究内容将包括如何补偿和修正非均匀采样系统的时基失真，以便获得更加均匀的采样效果，相应工作，目前在嵌入式系统中，硬件在线补偿和实时修正研究进展较多，而对于非嵌入式系统，以软件、方法进行事后系统补偿修正的研究尚较少，有待于更深入的研究开展与进行。

11.5　非均匀采样系统的修正与补偿 [58]

11.5.1　引言

波形数据采集中的高速高精度采样是人们永恒的追求，而任何一个 A/D 的模数转换时间和位数均有限度，其数据存储所用时间也有限制，从而极大限制了波形采样速率和精度。

为解决该问题，人们引出了多 A/D 交替采样技术。如图 11-22 所示，用 M 个子 A/D 构造一个等效的高速 A/D 的单输入–单输出系统，其输入经等间距延迟，进入下一个子 A/D，相邻子 A/D 间延迟时间的理想值为系统的采样间隔，即 $\tau_k=\tau$ (k=1, 2, $\cdots$, $M-1$)。这样便实现了以 M 个采样速率为 v/M 的子 A/D，获得一个采样速率为 v 的合成 A/D 的采样效果。

这类由多个子 A/D 交替采样合成的高速波形采集系统中，由于各子 A/D 的增益、直流偏移和采样时间延迟存在差异，所以合成的波形采样序列存在非均匀采样失真。

关于这个问题，Yih-Chyun Jenq(1988) 创立了非均匀采样理论 [45]，用于表述和处理多 A/D 组成的高速数字化仪的误差特征；给出了正弦信号在非均匀采样系统中的数字频

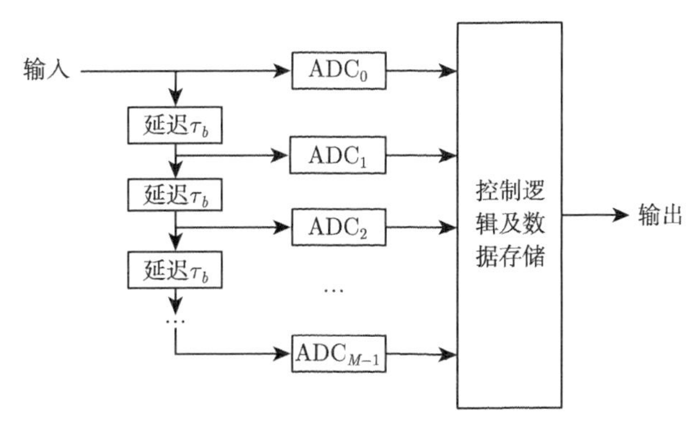

图 11-22 由多 A/D 组成的高速采样系统

谱理论公式及其信噪比公式，运用该理论，在时基误差为恒定值、均匀分布、独立随机分布、正态随机分布等情况下，分析了由时基抖动带来的谐波失真，导出了信噪比关系式。结果表明，非均匀采样带来的失真似乎与它们的时基误差分布无关；多 A/D 合成系统时，非均匀采样带来的失真与 A/D 数目基本无关，采样抖动带来的失真与 A/D 数目成正比。

Yih-Chyun Jenq 对用查表法产生任意频率的正弦波的方法也进行了阐述，用非均匀采样理论对其产生的谐波失真和杂波失真进行了分析，用公式给出了明确结论 [46]；后来，又用非均匀采样理论对多 A/D 系统中采样延迟的误差进行了精确测量 [47]，使用的是加窗 DFT 运算及 IDFT 手段，这对于减小由非均匀采样带来的误差的影响，将非均匀采样尽量变成均匀采样的系统很有借鉴意义。

关于采样的不均匀所造成的影响与危害，有许多学者做过多方面的研究 [35,39-41]，侧重于时间均匀性。

另有一些学者也研究了非均匀采样问题，包括校准、补偿和修正问题 [59-74]。主要思想是基于频谱分析、数字滤波，也有从硬件电路着手进行补偿和修正以获得更好的测量结果。

本节将主要讨论用多 A/D 组成高速数字化仪时，各子 A/D 间采样延迟的不均匀以及增益、直流偏移的不一致带来的波形失真的补偿修正问题，并试图以最简捷的时域系统模型和过程，获得多 A/D 系统波形采样序列的补偿修正结果，以便为改进系统的性能和测量结果提供技术支持。

11.5.2 测量原理和方法

非均匀采样系统采样均匀性的修正与补偿的基本思想：

(1) 使用正弦信号激励测量系统获得采样序列；

(2) 分离各个子 A/D 的采样序列，以最小二乘曲线拟合法获得各个子 A/D 的增益、直流偏移和相对于参考子 A/D 的采样延迟时间差；

(3) 通过剔除各子 A/D 采样序列的直流偏移，获得直流偏移相同的数据序列；

(4) 通过归一化各个子 A/D 的增益获得增益相同的数据序列；

(5) 按采样时间顺序合成各个子 A/D 的数据序列为一个序列，利用不同的采样延迟时间计算获得各个非均匀采样点的真实采样时刻，以插值方法处理合成后的采样序列获得等间隔均匀采样测量波形。过程如下所述。

设非均匀采样数据采集系统量程为 $E_{\rm r}$，双极性对称输入方式，系统采样间隔为 τ，系统采集速率 v=1/τ；如图 11-22 所示，由 M 个子 A/D 构造一个高速 A/D，则各子 A/D 的理想采样速率为 v/M，各子 A/D 间的理想延迟时间为 $\tau_b = \tau$。

给采集系统加载一低失真正弦波激励 $e(t)$，其正弦波幅度为 $E \leqslant E_{\rm r}/2$，频率 $f_0 \leqslant v/(3{\cdot}M)$，具体为

$$e(t) = E \cdot \sin(2\pi f_0 t + \varphi_0) + D_0 \tag{11-94}$$

其中，φ_0 为初始相位；D_0 为信号的直流偏置，不失一般性，选取 D_0=0。设 n 为系统采集数据个数，N 为系统采集的信号整周期个数，n 与 N 不能有公共因子；推荐选取 $f_0 = N{\cdot}v/n$。

启动采集，获得采集数据序列 $\{x_i\}(i=0,\cdots,n-1)$。以子 A/D 个数 M 为间隔进行抽样，从采样序列 $\{x_i\}$ 中抽取 M 个子序列 $\{y_{k,m} = x_{k+mM}$，$m=0,\cdots,n/M-1\}(k=0,\cdots,M-1)$。其中，$y_{k,m}$ 为第 k 个子 A/D——ADC$_k$ 的第 m 个采样点，$m=0,\cdots,n/M-1$。

按最小二乘法求出子序列 $\{y_{k,m}\}$ 的拟合正弦波形曲线 [5]：

$$a_k(t) = A_k \cdot \sin(2\pi f_k t + \varphi_k) + D_k \tag{11-95}$$

其中，$a_k(t)$ 为 ADC$_k$ 的采集序列 $\{y_{k,m}\}$ 拟合波形瞬时值；A_k 为拟合正弦波形 $a_k(t)$ 的幅度；f_k 为拟合正弦波形 $a_k(t)$ 的频率；φ_k 为拟合正弦波形 $a_k(t)$ 的初始相位；D_k 为拟合波形 $a_k(t)$ 的直流分量。

由于采集数据是量化值 x_i，其对应时间是离散值 t_i，$t_i = i/v$ 为第 i 个测量点的时刻，$i=0,\cdots,n-1$。

对于二次抽样后形成的子序列 $\{y_{k,m}\}$，其时间是离散值 $t_{k,m}$，$t_{k,m} = t_k + m{\cdot}M\tau$ 为第 m 个测量点的时刻，$m=0,\cdots,n/M-1$；这样，式 (11-95) 变成

$$a_k(t_{k,m}) = A_k \cdot \sin(2\pi f_k t_{k,m} + \varphi_k) + D_k \tag{11-96}$$

简记为

$$a_{k,m} = A_k \cdot \sin(\omega_k \cdot m + \varphi_k) + D_k \tag{11-97}$$

其中，

$$\omega_k = \frac{2\pi f_0 M}{v} \tag{11-98}$$

则采集速率 v 和采样间隔 τ 为 [48]

$$v = \frac{2\pi f_0 M}{\omega_0} \tag{11-99}$$

$$\tau = \frac{1}{v} \tag{11-100}$$

拟合残差有效值 ρ_k 为

$$\rho_k = \sqrt{\frac{M}{n} \cdot \sum_{m=0}^{n/M-1} [y_{k,m} - A_k \sin(\omega_k m + \varphi_k) - D_k]^2} \tag{11-101}$$

当 ρ_k 最小时，可得 ADC_k 的采集序列 $y_{k,m}$ 的最小二乘拟合波形如式 (11-97) 所示。

ADC_k 和 ADC_0 各自的初始相位 φ_k 和 φ_0 对应的时间差，是 ADC_k 和 ADC_0 间的采样时间延迟 [12]τ_k：

$$\tau_k = \frac{\varphi_k - \varphi_0}{2\pi f_0} \quad (k = 1, 2, \cdots, M-1) \tag{11-102}$$

ADC_{k+1} 和 ADC_k 间的采样延迟为 $\tau_{k+1} - \tau_k$。

ADC_k 第 m 个采样点的采样时刻 $t_{k,m} = t_{Mm+k}(k=0,\ 1,\ \cdots,\ M-1;\ m=0,\ \cdots,\ n/M-1)$。

$$t_{Mm+k} = t_{Mm} + \tau_k = t_0 + \frac{Mm}{v} + \tau_k \tag{11-103}$$

ADC_k 的直流偏移为 D_k；交流增益 G_k 为

$$G_k = \frac{A_k}{E} \quad (k = 0, 1, \cdots, M-1) \tag{11-104}$$

$$\alpha_k = \frac{G_0}{G_k} = \frac{A_0}{A_k} \quad (k = 0, 1, \cdots, M-1) \tag{11-105}$$

以 ADC_0 为参考基准，对 ADC_k 的测量序列 $\{y_{k,m} = x_{Mm+k},\ m=0, \cdots, n/M-1\}$，执行如下直流偏移修正和增益补偿操作获得新序列 $q_{k,m}$：

$$q_{k,m} = \alpha_k \times (y_{k,m} - D_k) + D_0 \tag{11-106}$$

$q_{k,m}$ 是已将各子 A/D 的增益和直流偏移修正为相同值 (与第 1 个子 A/D 相同) 的波形序列。

由 ADC_k 的第 m 个采样点的采样时刻 t_{Mm+k} 数据 x_{Mm+k} 生成的序列 $q_{k,m}$，与所有其他子 A/D 采样点生成的序列按图 11-22 所示的采样时间顺序进行排序，形成增益和直流偏移已经修正的非均匀采样序列 $r_i(i=0,\cdots,n-1)$，且 $r_{Mm+k} = q_{k,m}$。将序列 r_i 按均匀采样间隔 τ 进行相邻点插值处理，得到等间隔采样状态下的波形采样序列 $z_i(i=0,\cdots,n-1)$，z_i 即是波形实际测量序列的最终完整修正补偿序列。

插值方法可有多种，为简便起见，本节选取相邻点线性插值法给出补偿结果。过程如下所述。

理想情况下，ADC_k 的第 m 个采样点值采样时刻应为

$$t'_{Mm+k} = t_0 + (Mm + k)\tau \tag{11-107}$$

若 $\tau_k \leqslant (k-1)\tau$，则由 ADC_k 的第 m 个采样点值与 ADC_{k+1} 的第 m 个采样点值插值获得 ADC_k 的第 m 个采样点值 $z_{Mm+k}(k=1,\ \cdots,\ M-2)$，公式如下：

$$\frac{z_{Mm+k} - r_{Mm+k+1}}{z_{Mm+k} - r_{Mm+k}} = \frac{t'_{Mm+k} - t_{Mm+k+1}}{t'_{Mm+k} - t_{Mm+k}} \tag{11-108}$$

$$z_{Mm+k} = r_{Mm+k} + \frac{(k-1)\tau - \tau_k}{\tau_k - \tau_{k+1}}(r_{Mm+k} - r_{Mm+k+1})$$

$$= r_{Mm+k} + \beta_k(r_{Mm+k} - r_{Mm+k+1}) \tag{11-109}$$

若 $\tau_k > (k-1)\tau$，则由 ADC_k 的第 m 个采样点值与 ADC_{k-1} 的第 m 个采样点值插值获得 ADC_k 的第 m 个采样点值 $z_{Mm+k}(k=2,\cdots,M)$，公式如下：

$$\frac{z_{Mm+k} - r_{Mm+k-1}}{z_{Mm+k} - r_{Mm+k}} = \frac{t'_{Mm+k} - t_{Mm+k-1}}{t'_{Mm+k} - t_{Mm+k}} \tag{11-110}$$

$$\begin{aligned} z_{Mm+k} &= r_{Mm+k} + \frac{(k-1)\tau - \tau_k}{\tau_k - \tau_{k-1}}(r_{Mm+k} - r_{Mm+k-1}) \\ &= r_{Mm+k} + \frac{\omega_1(k-1)/M - \varphi_k + \varphi_1}{\varphi_k - \varphi_{k-1}}(r_{Mm+k} - r_{Mm+k-1}) \\ &= r_{Mm+k} + \gamma_k(r_{Mm+k} - r_{Mm+k-1}) \end{aligned} \tag{11-111}$$

同理，若 $\tau_{M-1} \leqslant (M-1)\tau$，由相邻点插值思想，由 ADC_{M-1} 的第 m 个采样值与 ADC_0 的第 $m+1$ 个采样值插值获得 ADC_{M-1} 的第 m 个采样点值 $z_{(m+1)M-1}$，此时有

$$\begin{aligned} z_{M(m+1)-1} &= r_{M(m+1)-1} + \frac{(M-1)\tau - \tau_{M-1}}{\tau_{M-1} - M\tau}(r_{M(m+1)-1} - r_{M(m+1)}) \\ &= r_{M(m+1)-1} + \left(\frac{\omega_0/M}{\omega_0 - \phi_{M-1} + \phi_0} - 1\right)(r_{M(m+1)-1} - r_{M(m+1)}) \\ &= r_{M(m+1)-1} + \eta_m(r_{M(m+1)-1} - r_{M(m+1)}) \end{aligned} \tag{11-112}$$

经上述过程获得的序列 $\{z_i\}$，即是波形实际测量序列 $\{x_i\}(i=0,\cdots,n-1)$ 的最终完整修正补偿序列。它对于各子 A/D 的增益、直流偏移和采样均匀性均进行了系统修正，可以比直接采样序列更好地表述被测量信号波形。

由式 (11-105)、式 (11-106)、式 (11-111)、式 (11-112) 可见，修正增益、直流偏移和延迟时间差时，所用的正弦波激励的幅度 E、频率 f_0 对修正过程及结果没有任何影响，它们在整个过程中均可以是未知的量值和参数！这是本节所述方法的一个优势——对激励正弦波的幅度和频率均无特别要求！

实际上，上述方法仅要求该正弦波具有较低的失真度。关于正弦波谐波和噪声等对拟合结果造成的影响，已在第 8 章进行详细讨论，这里不再赘述。

11.5.3 仿真实验结果

这里选取采集量程为 −5~5V，A/D 位数为 24 bit(相当于无量化的浮点数)，采样速率 v=4GSa/s，采样间隔 τ=250ps，采样点数 n=15008，激励正弦信号幅度为 E=4V，频率 f_0=6254321Hz。

选取子 A/D 个数 M=16，则其相邻通道的理想延迟时间为 $\tau_b = \tau$=250ps，第 k+1 个子 A/D 的增益、直流偏移，以及测量点相对于理想位置的仿真延迟时间设定值 τ_{kb} 如表 11-11 所示。τ_{kb} 与理想延迟时间 τ_b 之差 $\Delta\tau_{kb} = \tau_{kb} - \tau_b$。其曲线波形局部如图 11-23 所示，从其中的抖动可明显看出采样均匀性的影响。

表 11-11 子 A/D 的增益、直流偏移、延迟时间设定值及其测量结果

k	τ_{kb}/ps	τ_{kr}/ps	$\Delta\tau_{kb}$	G_{k0}	G_k	D_{k0}/V	D_k/V
0	0	0.00000000	0	0.90	0.9000000	0.400	0.3999740
1	250.125	250.124990	$0.01\%\tau_b$	0.91	0.9100000	−0.300	−0.3001042
2	249.925	249.924818	$-0.03\%\tau_b$	0.95	0.9500000	0.200	0.1998119
3	250.05	250.049682	$0.02\%\tau_b$	1.10	1.100000	0.050	0.05027599
4	250	249.999959	0	1.15	1.150000	0.050	0.05019111
5	250.5	250.49988	$0.2\%\tau_b$	1.13	1.130000	0.040	0.04008998
6	249.25	249.24964	$-0.3\%\tau_b$	1.20	1.200000	0.030	0.02999411
7	250.25	250.24986	$0.1\%\tau_b$	1.00	1.000000	0.000	0.00000398
8	250	249.99988	0	1.00	1.000000	0.060	0.06000483
9	252.5	252.50008	$1\%\tau_b$	1.05	1.050000	0.080	0.08000269
10	242.5	242.49967	$-3\%\tau_b$	0.93	0.9300000	−0.350	−0.3500051
11	255	255.00004	$2\%\tau_b$	0.92	0.9200000	−0.360	−0.3600001
12	250	249.99994	0	0.98	0.9800000	0.370	0.3700069
13	275	275.00009	$10\%\tau_b$	0.97	0.9700000	0.200	0.1999928
14	175	175.00031	$-30\%\tau_b$	1.09	1.0900000	0.100	0.1000022
15	300	299.99987	$20\%\tau_b$	1.18	1.1800000	0.000	0.0000019

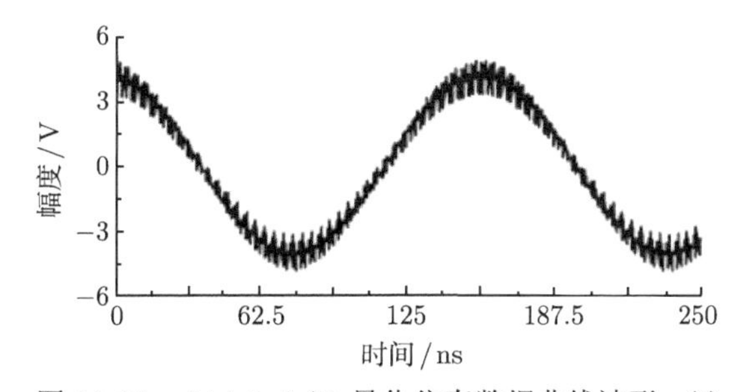

图 11-23 24 bit A/D 量化仿真数据曲线波形 $x(t)$

从采样序列中分离出各个子 A/D 的采样数据，并按照上述过程计算获得各个采集参数如表 11-11 所示。其中，τ_{kr}、G_k、D_k 分别为 τ_{kb}、G_{k0}、D_{k0} 的测量结果。

由第 1 个子 A/D 的数据计算获得系统采样速率为 v=4000000000.11Sa/s。

由仿真结果可见，上述方法用于多 A/D 系统中各子 A/D 间采样延迟的精确测量和评价，在忽略量化误差影响的情况下，测量分辨力误差约为采样时间延迟的 10^{-5} 以下，对于增益测量甚至可以达到更高的精度，直流偏移的测量误差相对于信号幅度也可以达到 10^{-5} 以下，这是一个非常高的性能和结果。若考虑 A/D 量化的影响，则分辨力将有所降低。具体情况，可将量化视为噪声因素处理。文献 [10] 给出了测量序列的噪声、抖动、谐波分量、序列长度、序列中所含基波周期个数诸因素给四参数正弦波曲线拟合结果带来的影响，对于幅度、频率、初始相位、直流分量四个参数的拟合结果，以误差界方式给出了明确的误差结论。需要特别注意的是，每个拟合序列所包含的信号周期个数应大于 2，否则将会有较大的拟合误差。

按本节上述方法对采样序列 $\{x_i\}$ 进行增益和直流偏移修正后形成序列 $\{r_i\}$，如图 11-24 所示，对其进行插值处理后形成最终测量序列 $\{z_i\}(i=0,\cdots,n-1)$，如图 11-25 所示。

分别对于上述 3 条曲线序列进行失真度评价可得 [75]，图 11-23 的曲线波形 $x(t)$ 的总失

真度为 -18.42dB (12%)；图 11-24 的曲线波形 $r(t)$ 的总失真度为 -60.68dB (0.09249%)，比原始采样波形降低了 42dB。

经过进一步分离可得，仅由增益不一致造成的采样波形失真为 -20.46dB，此时增益均值为 1.02875；标准偏差为 0.100789；增益波动范围为 0.3。

仅由直流偏移不一致造成的采样波形失真为 -22.46dB。此时直流偏移均值为 0.035625V；标准偏差为 0.220029V；偏移波动范围为 0.76V。

图 11-25 的曲线波形 $z(t)$ 的总失真度为 -79.97dB (0.01004%)，比原始采样波形降低了 61dB。与图 11-24 对比可知，仅由采样延迟不一致造成的采样波形失真为 -19.3dB。采样延迟均值为 250ps；标准偏差为 24.25ps ($9.7\%\tau$)；偏移波动范围为 100ps ($40\%\tau$)。

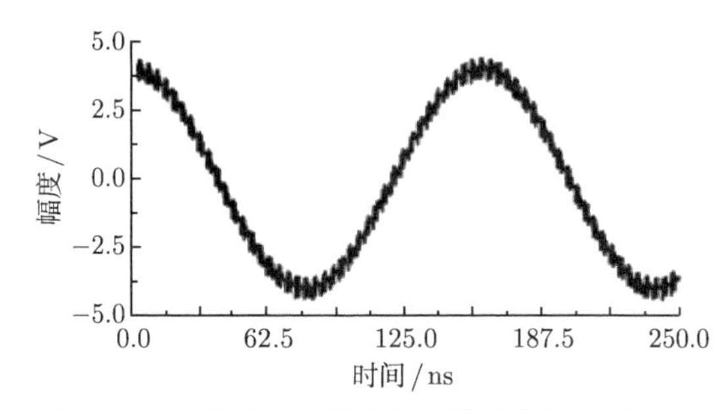

图 11-24　增益与偏移补偿后数据曲线波形 $r(t)$

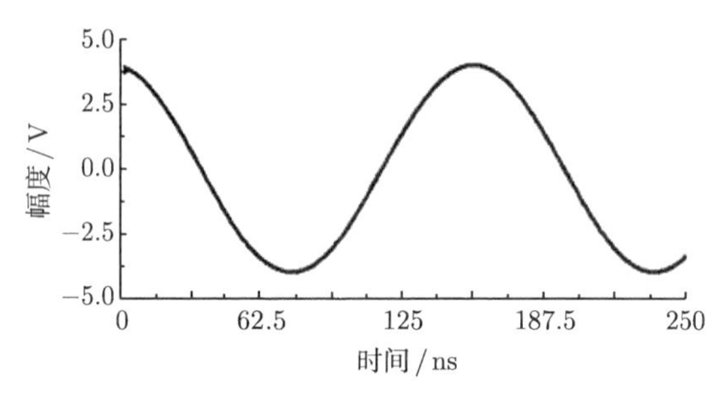

图 11-25　全部补偿修正后的数据曲线波形 $z(t)$

从上述图 11-23～ 图 11-25 及其总失真度可以看出，若各子 A/D 的参数不匹配和采样出现非均匀时，将给采样序列带来较大失真，而经过增益和直流偏移修正后，失真将获得较大改善；再通过延迟修正后，获得的曲线结果将有进一步改善，尽管从时域波形上用肉眼很难看出图 11-25 与图 11-24 的差异，但失真度分析结果明确地显示了其差异和改善效果。

11.5.4　实测结果及说明

选取 DAS-16 型数据采集系统作为实验系统，采集量程为 -10～10V，标称采样速率 v_0=20kSa/s，标称采样间隔 τ_0=50μs，采样点数 n=15000，由 8 个子 A/D 组成，每个子 A/D 位数为 14bit，选取 Fluke5700A 型信号源作激励，激励正弦信号幅度为 E=8.5V，频率 f_0=400Hz。其被多子 A/D 系统采集的原始曲线局部波形如图 11-26 所示。

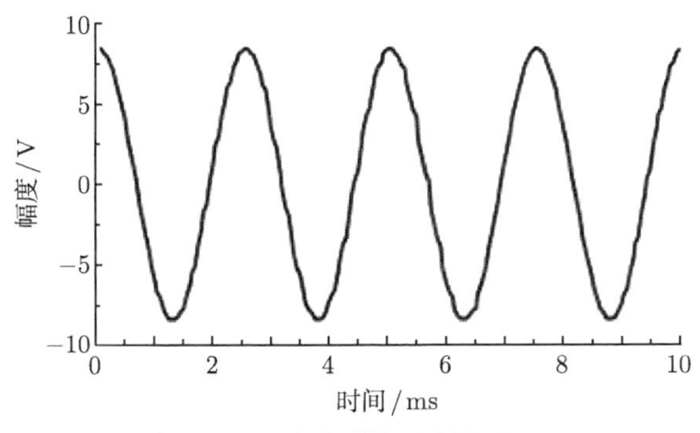

图 11-26 时域采样正弦波形 $x(t)$

由已知子 A/D 个数 M=8，则拟合得其实际采样速率为 [48]：v=2.49996075kSa/s，采样间隔 τ= 400.00628 μs。相邻子 A/D 理想延迟时间为 $\tau_b=\tau/M$。各子 A/D 的增益 G_k、直流偏移 D_k、延迟时间 τ_k 测量值如表 11-12 所示。通过使用本节上述方法对原始采样序列进行增益、直流偏移和通道延迟时间的修正和补偿，获得相应的处理结果，其最终获得的测量曲线波形序列 $z(t)$ 如图 11-27 所示。

表 11-12 子 A/D 的增益、直流偏移及延迟时间测量结果

k	τ_{kr}/μs	G_k	D_k/V
0	0.0000	0.99780	0.0329
1	49.91	0.99778	−0.0600
2	75.01	0.99778	−0.0191
3	150.00	0.99776	−0.0610
4	199.90	0.99778	0.0359
5	250.00	0.99777	−0.0631
6	275.00	0.99778	−0.0181
7	350.00	0.99777	−0.0630

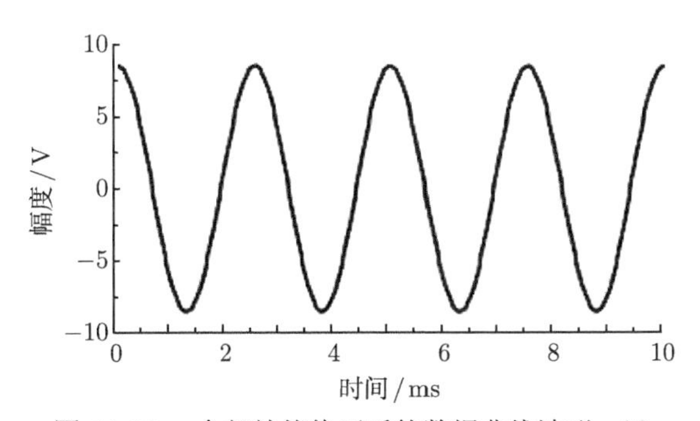

图 11-27 全部补偿修正后的数据曲线波形 $z(t)$

分别对上述补偿前后获得的曲线序列进行失真度评价，可得图 11-26 的曲线波形 $x(t)$ 的失真度为 −31.31dB(2.72%)；图 11-27 的曲线波形 $z(t)$ 的失真度为 −54.99dB(0.178%)，比原始采样波形降低了 23.68dB。

11.5.5　误差分析及不确定度评定

采样时间延迟 τ_k 的测量不确定度 $u(\tau_k)$，显然来自正弦波模型的相位测量不确定度，关于这一问题，J. P. Deyst 已经有明确详细的结论 [10]，一般说来，它主要由采集序列的谐波次数和幅度、噪声、抖动、序列长度、序列所含信号周期个数、校准软件和算法等条件参量决定。详细做法可参见文献 [12]，而增益与直流偏移的测量不确定度，本节不再赘述。

关于补偿本身造成的误差，由于与所测量的信号波形密切相关，则除了正弦波等已知信号模型的情况，尚无法给出确切的结果，有待于进一步的研究。

11.5.6　结论

综上所述，前人在多 A/D 合成采样系统这种非均匀采样系统中，采样均匀性的评价、修正与补偿，主要使用频域的谱分析方法或硬件手段实现，过程比较复杂，难度巨大。当多个子 A/D 中多于一个采样间隔存在不均匀情况时，或者是增益、直流偏移和采样延迟多种因素共同作用时 (实际应用中多数属于这种情况)，各分量的频谱互相交叉，并与谐波失真、量化、噪声、杂波等其他频谱搅在一起，区别并有效分离出它们各自的分量比较困难，也同时影响和限制了它们的实际应用。

本节所述方法，属于时域系统模型化方法，具有物理过程简单明确，增益、直流偏移和延迟时间各个分量的评估与补偿互相独立的特点，因而具有简捷、方便、分辨力高、准确度高等特征，尤其是对于多个子 A/D 匹配不良的情况下，其他方法可能会由于各种因素互相交叉影响而无法获得更好的效果，本节方法将具有特别的优势。

仿真和实际实验均表明，使用本节上述方法，可获得多 A/D 系统中各子 A/D 间采样延迟、增益、直流偏移的精确测量和评价结果，并能对各子 A/D 增益与直流偏移的不一致，以及延迟时间的不均匀进行有效补偿和修正，获得增益、直流偏移和采样延迟时间均匀一致的波形测量结果。

需要特别说明的是，在对非均匀采样的增益、直流偏移和延迟时间三个参量进行补偿和修正过程中，由于只是利用正弦波模型揭示和补偿不同子 A/D 的不一致性，因而，上述方法在原理上仅需要输入一个稳定的低失真正弦信号波形，而对该信号的幅度、频率参数均无额外要求，甚至不要求它们已知！这也是本节方法的一个优势。在使用正弦波模型获得了对系统进行补偿的参数 α_k、β_k 和 γ_M 后，完全可以将其直接用于对其他任意测量波形 (正弦或非正弦波形) 的修正补偿中，获得更加理想的“均匀”采样波形！

本节方法属于软件修正方法，可直接用于采集波形的修正与补偿，以提高多 A/D 合成系统的性能。

11.6　触发点测量

11.6.1　引言

触发特性是数字示波器极为重要的特性之一，周期波形的稳定显示和等效采样，以及单次波形的有效抓取等，均依靠触发技术完成。尽管如此，对数字示波器的触发特性，人们通常更加关注其功能是否具备，较少关注其指标准确度，致使触发特性参数准确度一直很低，触发点位置与设定位置间的差异较大。在一些特别应用场合，如同步采样、正交采样或延迟采样中难以保障测量性能。

触发特性评价常用方波或正弦信号，依靠直接读取触发点位置波形量值参数评定触发特性参数 [5,31,78,79]。优点是方法简便，缺点是准确度较低。用于数字示波器触发特性测量时，同时受时间抽样间隔误差、幅度量化误差和噪声等的影响，并且它们间无法简单分离。因此人们在校准触发特性参数时，通常只能在确定触发电平误差时假设触发固有延迟是理想的零值，而在确定触发固有延迟时，假设触发电平误差是理想的零值，导致触发特性指标参数的测量准确度不高。以至于生产厂商通常仅仅列出触发功能，不给出触发参数的定量指标 [80,81]。

在边缘触发状态，触发点参数的校准，主要是评价其与设定点位置相比较时的触发幅度、触发延迟的量值差异。由于工程实践中的触发沿不可能是理想的垂直沿，从而，触发幅度误差的影响和触发延迟误差的影响混在一起，很难简单分离，这也是造成触发特性指标准确度不高的原因之一；另外一个原因是从脉冲波形的边沿中直接读取幅度和时间量值，会受抖动、噪声、波形失真、波形分辨力等因素影响而很难获得高准确度结果。

本节将主要讨论数字示波器触发参数精确测量这一问题，通过正弦信号激励，使用模型化测量方法，精确测量在激励信号触发模式中，边缘触发条件下，触发点的触发电平以及固有延迟，给出它们与设定值间的差异。

11.6.2 测量原理和方法

为叙述方便起见，特作如下定义。

定义 1：触发条件点

用于进行触发电平判定的触发信号点。

该点的电平为触发电平，且其电平变化规律符合触发上升 (或下降) 沿的技术要求。

定义 2：触发标识点

在采样序列中被标注出的触发点。

在有触发延迟时间情况下，该点为触发条件点经触发延迟后的时刻点。

本节的基本思想是：以正弦信号波形作为数字示波器输入和触发的激励，通过变化触发波形参数分离触发时间延迟和触发幅度误差的影响分量，寻找出测量序列中的实际触发点。通过测量序列中标称触发点与实际触发点的差异获得触发特性参数。

本节的基本假设是：在测量序列中标称触发条件点的位置时刻为 t_0，该标称触发条件点处对应的实际信号波形相位为 φ_0，标称触发延迟时间为 τ_0，标称触发电平为 u_{t0}。

实际触发标识点距离标称触发时刻的延迟时间为 τ，实际触发电平为 u_t。则标称理想测量序列 $y_0(t)$ 如式 (11-113) 所示：

$$y_0(t) = A_0 \sin[2\pi f(t - t_0 + \tau_0) + \varphi_0] + D_0 \tag{11-113}$$

其中，A_0 为触发激励信号的峰值幅度；D_0 为触发激励信号的直流分量，即

$$u_{t0} = y_0(t_0 - \tau_0) = A_0 \sin \varphi_0 + D_0 \tag{11-114}$$

实际测量序列 $y(t)$ 如式 (11-115) 所示：

$$y(t) = A\sin[2\pi f(t - t_0 + \tau) + \varphi] + D \tag{11-115}$$

其中，A 为触发激励信号的峰值幅度测量值；D 为触发激励信号的直流分量测量值；φ 为实际触发条件点对应的信号波形相位。

在测量序列触发标识点处，$t = t_0+\tau_0$，有

$$y(t_0 + \tau_0) = A\sin[2\pi f(\tau_0 + \tau) + \varphi] + D \tag{11-116}$$

可见，在存在触发延迟的情况下，触发标识点处的波形相位由两部分组成：一部分是由触发条件点确定的初始相位 φ，与触发信号频率无关；另一部分是由触发延迟带来的相位差，与信号频率和触发延迟均呈线性关系。它在实际测量中的表现为，当存在不为 0 的触发延迟时，触发信号的频率变化将导致标识触发点处的电平变动，表现出触发条件参数测量不准，或状态不稳定的技术特征。这也是实际触发条件参量准确度低的一个重要原因。

在测量序列起始点 t=0 处，有

$$\begin{aligned} y(0) &= A\sin[2\pi f(-t_0 + \tau) + \varphi] + D = A\sin[\gamma \cdot f + \varphi] + D \\ &= A\sin\phi + D \end{aligned} \tag{11-117}$$

与触发标识点处的规律相似，测量序列起始点处的波形相位也由两部分组成：一部分是由触发条件点确定的初始相位 φ，与触发信号频率无关；另一部分是由触发延迟带来的相位差，与信号频率和触发延迟均呈线性关系。但这要简单些，不含标称延迟时间 τ_0 的影响分量。

特例，当标称延迟 τ_0 和实际延迟 τ 均为 0 时，从式 (11-116) 可以看出，触发标识点电平非常稳定，不会随触发信号频率而变化。

而当标称触发条件点 t_0 和实际延迟 τ 均为 0 时，从式 (11-117) 可以看出，测量序列初始点电平非常稳定，不会随触发信号频率而变化。

通过改变触发激励信号频率 f，获得不同频率下的触发点相位值 ϕ，经直线拟合，可以分别获得 γ 与 φ 的估计值，进而获得延迟时间为 τ。做法如下所述。

固定触发状态和条件，选定触发激励信号幅度 A_0 和激励直流分量 D_0，变化信号频率 f 为 m 个不同的值 $f_0, f_1, \cdots ,f_i, \cdots ,f_{m-1}$，触发测量获得 m 组不同频率下的测量序列。

对应信号频率 f_i，测量获得 n 个测量序列，分别对这些序列进行四参数正弦曲线拟合，得到各自的拟合序列 $y_{ij}(j)(j=0, \cdots , n-1$；$i=0, \cdots , m-1)$。

$$y_{ij}(k) = A_{ij}\sin(\omega_{ij} \cdot k + \phi_{ij}) + D_{ij} = A_{ij}\sin\left(\frac{2\pi f_i \cdot k}{v_{ij}} + \phi_{ij}\right) + D_{ij} \tag{11-118}$$

其中，v_{ij} 为数据采样速率。

显然，获得的各个序列的初始相位 ϕ_{ij} 是触发信号频率 f 和 φ 的线性函数，以 f_i 为

输入量，对 ϕ_{ij} 的均值 $\bar{\phi}_i$ 进行最小二乘直线拟合得

$$\gamma = \frac{m\sum_{i=0}^{m-1}\bar{\phi}_i f_i - \left(\sum_{i=0}^{m-1}\bar{\phi}_i\right)\left(\sum_{i=0}^{m-1} f_i\right)}{m\sum_{i=0}^{m-1} f_i^2 - \left(\sum_{i=0}^{m-1} f_i\right)^2} \tag{11-119}$$

$$\varphi = \frac{\left(\sum_{i=0}^{m-1}\bar{\phi}_i\right)\left(\sum_{i=0}^{m-1} f_i^2\right) - \left(\sum_{i=0}^{m-1}\bar{\phi}_i f_i\right)\left(\sum_{i=0}^{m-1} f_i\right)}{m\sum_{i=0}^{m-1} f_i^2 - \left(\sum_{i=0}^{m-1} f_i\right)^2} \tag{11-120}$$

$$\bar{\phi}_i = \frac{1}{n}\cdot\sum_{j=0}^{n-1}\phi_{ij} \tag{11-121}$$

触发延迟为

$$\tau = \frac{\gamma}{2\pi} + t_0 \tag{11-122}$$

触发频率 f_i 下的标称触发标识点电平为

$$\bar{y}_i(t_0+\tau_0) = \bar{A}_i\sin[2\pi f_i(\tau_0+\tau)+\varphi] + \bar{D}_i \tag{11-123}$$

$$\bar{A}_i = \frac{1}{n}\cdot\sum_{j=0}^{n-1} A_{ij} \tag{11-124}$$

$$\bar{D}_i = \frac{1}{n}\cdot\sum_{j=0}^{n-1} D_{ij} \tag{11-125}$$

触发频率 f_i 下的实际触发标识点电平为

$$\bar{y}_i(t_0+\tau) = \bar{A}_i\sin(4\pi f_i\tau+\varphi) + \bar{D}_i \tag{11-126}$$

实际触发电平为触发频率 f_i 下的触发条件点电平为

$$u_t = \bar{y}_i(t_0) = \bar{A}_i\sin(2\pi f_i\tau+\varphi) + \bar{D}_i \tag{11-127}$$

11.6.3 实验验证

这里选取 TDS544D 型数字示波器作测量设备，其频带宽度为 500MHz，A/D 位数为 8bit。设定其幅度量程为 2V/div，采样速率为 1GSa/s，输入为高阻输入的交流耦合状态 (D_0=0V)，采样序列长度为 15000 点，触发位置为序列的第 1 个采样点处 (t_0=0s)，触发源为测量通道的被测量信号，上升沿触发，标称触发延迟为 τ_0=0s，触发电平设定值 u_{t0}=160mV。

这里选取 HP3325B 型合成信号源作触发激励源，设定其峰值幅度为 4V，正弦波输出，信号频率分别选取为 1.1MHz, 2.1MHz, ⋯ , 10.1MHz 等 10 个点，每个频率点上触发测量获取 10 条波形曲线序列。

图 11-28 为 f=10.1MHz 时获得的 10 条测量曲线的局部波形。可见，触发条件确定后，触发点基本稳定，但略有波动。

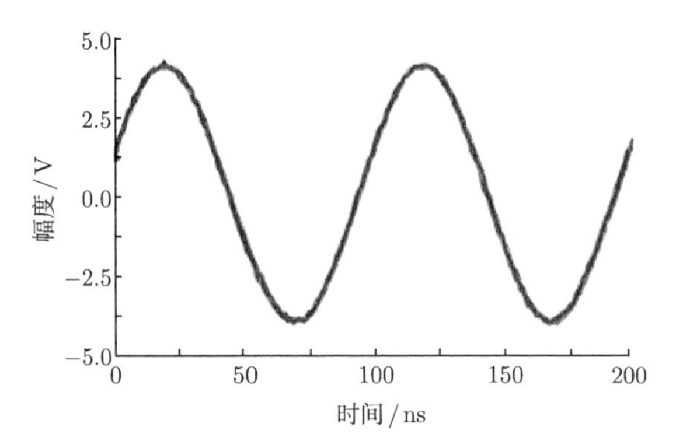

图 11-28　时域测量曲线的局部波形 (f=10.1MHz)

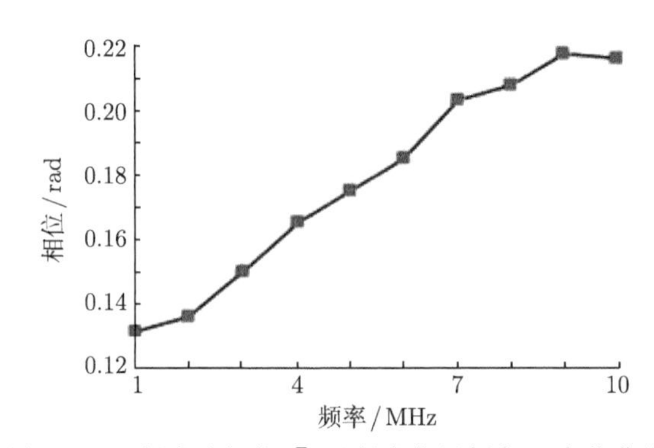

图 11-29　触发点相位 $\bar{\phi}_i$ 随触发信号频率 f 变化曲线

按最小二乘正弦曲线拟合法计算获得波形序列参数，如表 11-13 所示。

其触发点相位随触发信号频率变化曲线如图 11-29 所示。从中可以看出，其变化基本呈线性规律，近似直线，与上述理论分析结论相符合。且因为直线斜率不为 0，故标识触发点与条件触发点间存在延迟。

按照式 (11-119) 和式 (11-120) 分别计算得

$$\gamma = 0.010645\text{rad/MHz}$$

$$\varphi = 0.119176\text{rad}$$

由触发点为序列起始点，t_0=0，按式 (11-122) 计算得触发延迟：

$$\tau = 1.69\text{ns}$$

由标称触发条件可得标称触发点相位：

$$\varphi_0 = \arcsin\frac{u_{t0} - D_0}{A_0} = 0.04\text{rad}$$

表 11-13 正弦波形拟合参数

频率/MHz	相位/rad		幅度/V		直流分量 /V	
f_i	均值 $\bar{\phi}_i$	标准差	均值 $\bar{A}_i$	标准差	均值 $\bar{D}_i$	标准差
1.1	0.131412	0.005592	3.983835	6.45×10^{-4}	−0.158	0.050180
2.1	0.135901	0.006898	3.972605	5.85×10^{-4}	−0.174	0.053372
3.1	0.149681	0.008774	3.969709	1.58×10^{-3}	−0.199	0.038463
4.1	0.165109	0.007095	3.968286	6.21×10^{-4}	−0.200	0.053902
5.1	0.174805	0.011896	3.973024	5.47×10^{-4}	−0.143	0.055504
6.1	0.185120	0.012891	3.968984	7.71×10^{-4}	−0.223	0.040711
7.1	0.203543	0.015783	3.986776	5.04×10^{-4}	−0.176	0.075215
8.1	0.208061	0.017365	4.00414	5.15×10^{-4}	−0.167	0.025229
9.1	0.217594	0.021289	4.01408	5.87×10^{-4}	−0.160	0.033456
10.1	0.216635	0.018847	4.021702	6.82×10^{-4}	−0.168	0.024901

其触发信号幅度 $\bar{A}_i$ 随触发信号频率 f 的变化曲线如图 11-30 所示。触发信号直流分量 $\bar{D}_i$ 随触发信号频率 f 的变化曲线如图 11-31 所示。

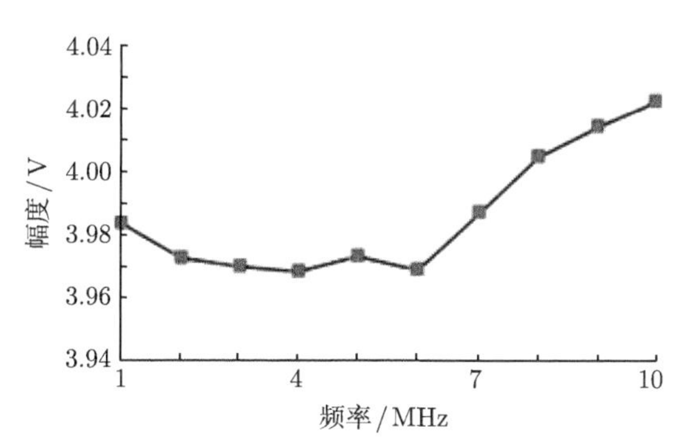

图 11-30 触发信号幅度 $\bar{A}_i$ 随频率 f 的变化曲线

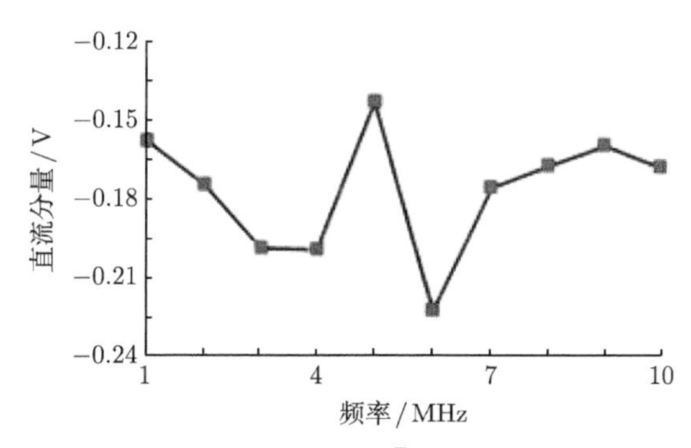

图 11-31 触发信号直流分量 $\bar{D}_i$ 随频率 f 的变化曲线

从中可以看出，当触发频率变化时 $\bar{A}_i$ 与 $\bar{D}_i$ 均在仪器指标内保持稳定，可以认为不随触发频率而变化。则当触发频率为 10.1MHz 时，由表 11-13 数据按式 (11-123) 可得标称触发标识点电平为

$$\bar{y}_i(t_0+\tau_0)=0.726\text{V}$$

此时，按式 (11-126) 计算得实际触发标识点电平为

$$\bar{y}_i(t_0+\tau)=1.140\text{V}$$

由于标称延迟时间 τ_0=0s，则按式 (11-127) 计算获得的触发条件点电平为

$$u_t=\bar{y}_i(t_0)=0.726\text{V}$$

关于正弦拟合参数带来的误差问题，NIST 的 J. P. Deyst 已经用误差界方式予以充分讨论 [10]，而本书第 10 章分别给出了正弦拟合的幅度、直流分量、频率和初始相位的测量不确定度 [76,77,82,83]，限于篇幅，这里不再赘述。若需要进一步降低这些参数的测量不确定度，则第 5 章所述的单频数字滤波器是一种较好的选择，它可以对噪声与谐波进行滤除，又不影响正弦序列的四个模型参数。

11.6.4 讨论 [84]

从上述实验过程及结果可见，在被实验的数字示波器中，标称触发延迟为 τ_0=0s，而实际触发点仍然相对标称触发点有 τ=1.69ns 的时间延迟，尽管相对于采样间隔 1ns 而言并不算大，它仍然导致不同的触发信号频率将有不同的实际触发电平，使得触发电平表现很不稳定，即特性指标很不稳定。

该示波器触发条件点电平为 $\bar{y}_i(t_0)$ =0.726V，与实际设定的触发电平 0.160V 相比，差异非常大，有 4.5 倍；而加上延迟的实际触发标识点电平为 $\bar{y}_i(t_0+\tau)$ =1.140V，则与设定点电平相比，差异更大，达 7 倍多。这使得触发电平特性指标很不准确。而从图 11-28 所示的实际测量结果看，本节所述方法获得的实际触发标识点电平参数，与实际曲线上的触发点电平更加一致。这凸显了本节的价值和意义。

实际工作中，为了使触发电平指标很稳定，则必须使它与实际触发信号频率脱离关系，即触发延迟指标应该确定得很准确，并明确化。最佳做法是将触发条件点定为触发点，这从原理上可以保证触发信号频率变化时，触发点电平不随之而变。并且，首先按照本节所述方法对触发点参数进行标定，以标定的实际参量作为触发指标参数，从而提高触发点参数的稳定性和准确度。

尽管从原理方法上，将触发点设置为测量序列中任何一个点上 [85-89]，并且标称延迟为任意值时，本节上述方法均是有效可用的，但为简化问题起见，本节实验中，仍将标称触发点设定为测量序列起始点，并设定标称触发延迟时间为 0。理由是，在触发点处于测量序列中间时，通常人们可以通过截取序列的手段，将触发点截取成序列起始点，使其完全符合上述情况。而关于有确定触发延迟的情况，已经有前期研究，可以获得良好效果。本节不再赘述。

11.6.5 结论

本节主要针对实际触发点电平参数与标称值差异太大且很不稳定的现状所做。

主要解决两个问题，一是触发点电平设定不准确，且没有很好的方法进行准确标定；二是实际触发点与标称触发点间存在隐性的未确定延迟，导致不同频率的触发信号的实际触发电平变化很大。

本节通过定义触发条件点，利用正弦波作触发激励时触发延迟相位与触发频率和触发延迟均成正比的数学关系，使用变化触发信号频率方式，提取出相对于触发条件点的延迟分量，将触发频率变化的影响部分与其他部分有效分离；从而获得不随触发信号频率而变化的触发条件点参数，为准确标定并给出触发特性指标提供了理论技术条件；并可以避免触发信号频率对触发电平等的影响。

本节所述方法，对于提高数字示波器的触发特性指标，有较大的工程实际意义；同时可用于触发特性参数的精确计量校准。该方向工作的进展，将对同步采样、正交采样、延迟采样等众多需要精确采样时间基准参照的技术应用提供理论和方法支持。

11.7 捷变正弦信号源波形建立时间的精确测量 [90]

11.7.1 引言

在动态测试与校准中，人们常会遇到波形变化和状态的切换，当信号波形或仪器设备从一个稳定状态切换到另外一个不同的稳定状态时，总会经过一段中间过渡状态，并花费一定的过渡时间。人们通常希望这种过渡时间越短越好，并且其破坏力或危险性越小越好。其中，最常使用并最具有明确物理意义的是阶跃过渡过程和阶跃信号波形的建立时间。它被定义为阶跃起始点时刻至波形完全进入最终状态的规定公差带的起始时刻之间的时间差值，而公差带则有 5%、1%等不同的约定量值。人们并依此发展了放大器阶跃响应建立时间等相应的概念、方法及测量手段。

对于阶跃信号以外的其他信号波形，无疑也有建立时间的问题，但由于波形本身的复杂性，其建立时间往往很难清晰、直观、简单地获取。因而，常用阶跃建立时间方式来分析和代替复杂波形的建立时间。这对仪器设备的设计、研制及生产厂家来说，多数情况下可以做到。但对用户和计量测试部门来说，则往往很难独立获取并精确评价它们。这就给其使用中的计量校准和技术状态确认带来额外的风险与隐患。尤其是正弦信号波形，在实际工作中获得了最广泛的应用，因而其波形状态切换所需的建立时间最具有代表性和典型性，对实际工作的影响巨大 [91-99]。通常，正弦波形的状态切换具体体现在以下几种应用状态：①信号源开机加载；②信号源参数的切换 (幅度、频率、相位、偏移等参数的独立切换或组合切换)；③以正弦为载波的数字化脉冲调制波形 (脉冲调幅、脉冲调频、脉冲调相)；④电子对抗中的跳频技术；⑤正弦信号源的过载恢复特性。

由此可见，正弦波形的建立时间，是正弦信号源最重要的动态特性之一，多年以来，除了跳频问题以外，之所以未被特别关注，主要是由于其测量和表述未能进行系统研究。

本节后续内容，将主要讨论正弦信号源波形建立时间的精确测量评价问题，同时，基于四参数正弦拟合的数字化测量方法，以简捷、直观地展示正弦波形状态切换时的过渡过程，并对其中的问题进行讨论。

11.7.2　原理方法

正弦波形建立时间测量的基本思想：首先，是使用数字示波器丰富的触发功能[100]，将其状态切换的过渡过程完整地采集记录下来；然后，进行波形分析。并且认定，在过渡过程完成后的波形，应该完全符合正弦规律，可以用四参数拟合方法对该部分进行正弦波形拟合，获得拟合参数。在此基础上，将波形按拟合规律向全体采样序列进行延展，获得采样序列与拟合回归波形之间的偏差序列，该偏差序列波形即完整反映了状态切换过程中正弦波形建立时的误差过渡过程。

定义：信号源由稳定的第一状态向稳定的第二状态切换时，切换起始时刻 t_1 至切换过渡波形与第二稳定状态之间的偏差波形幅度永久进入约定平稳公差带的起始时刻 t_2 之间的时间差，定义为信号源切换过程的建立时间，即第二平稳状态的波形建立时间。

本节中，均以拟合回归标准偏差的 3 倍值定义状态切换的起始时刻和状态切换的完成时刻。具体过程如下所述。

设正弦波激励信号第一个稳定状态的信号波形为 $x_a(t)$，第二个稳定状态的信号波形为 $x_b(t)$，则

$$x_a(t) = E_a \cdot \sin(2\pi \cdot f_a t + \varphi_a) + d_a \tag{11-128}$$

$$x_b(t) = E_b \cdot \sin(2\pi \cdot f_b t + \varphi_b) + d_b \tag{11-129}$$

其中，$x_a(t)$、$x_b(t)$ 为正弦信号的瞬时值；E_a、E_b 为正弦信号幅度；f_a、f_b 为正弦信号频率；φ_a、φ_b 为正弦信号的初相位；d_a、d_b 为信号的直流分量值。当 f_a=0 时，第一稳定状态为直流状态。

正弦波形的信号状态切换是指由稳定状态 $x_a(t)$ 切换到稳定状态 $x_b(t)$ 上。

(1) 如图 11-32 所示，将待测正弦信号源连接到数字示波器的测量通道，选取合适的内部或外部单次触发条件，以便有效抓取正弦波形的状态切换，并令其处于等待触发状态。在可能的情况下，可采用信号触发方式，否则，需要使用状态切换控制信号，以外触发方式触发采集测量。选取通道采集速率 v，以使得所测正弦波形的每个周期内能有足够的采样点数 (通常有 20 个以上的采样点数)；选取数据存储深度 n，以使得所获得的采样序列能存储有两倍以上的正弦波状态切换过渡过程的时长。

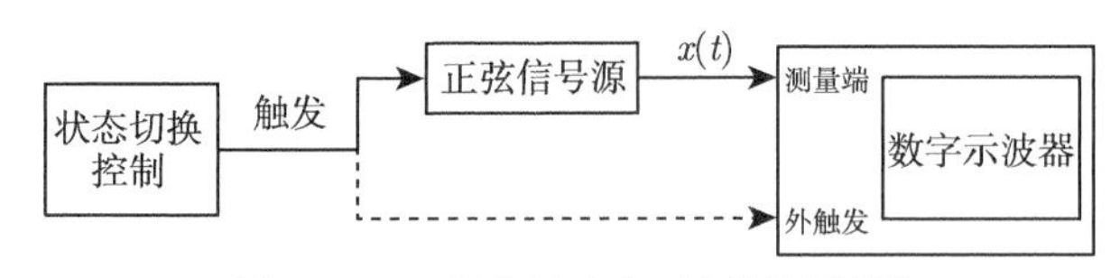

图 11-32　正弦波建立时间测量框图

(2) 启动正弦信号源由第一稳定状态向第二稳定状态的状态切换，触发采集，获得含有完整正弦信号切换过渡过程的采集序列 $\{x_i\}(i=0, \cdots, n-1)$。

(3) 从采集序列远离过渡过程的第二稳定状态 $x_b(t)$ 采集数据中截取长度为 n_2 的子序列 $\{x_{q,k}\}$ $(k=0,\cdots,n_2-1)$，按最小二乘法求出子序列 $\{x_{q,k}\}$ 的拟合信号[5-9]：

$$x_q(t) = A_q \cdot \sin(2\pi \cdot f_q t + \varphi_q) + d_q \tag{11-130}$$

其中，$x_q(t)$ 为拟合信号的瞬时值；A_q 为拟合正弦信号的幅度；f_q 为拟合正弦信号的频率；φ_q 为拟合正弦信号的初始相位；d_q 为拟合信号的直流分量值。

由于采集数据是离散值 x_i，其对应时间也是离散的 $t_i = i/v(i=0,\ \cdots,\ n-1)$。这样，在第二稳定状态下的部分，式 (11-129) 变成

$$x_q(t_k) = A_q \cdot \sin(2\pi \cdot f_q t_k + \varphi_q) + d_q \quad (k = 0, \cdots, n_2 - 1) \tag{11-131}$$

简记为

$$x_q(k) = A_q \cdot \sin(\omega_q \cdot k + \varphi_q) + d_q \quad (k = 0, \cdots, n_2 - 1) \tag{11-132}$$

$$\omega_q = \frac{2\pi f_q}{v} \tag{11-133}$$

则拟合残差有效值 ρ_q 为

$$\rho_q = \sqrt{\frac{1}{n_2} \cdot \sum_{k=0}^{n_2-1} [x_{q,k} - A_q \cdot \sin(\omega_q \cdot k + \varphi_q) - d_q]^2} \tag{11-134}$$

式中，t_k 为第 k 个测量点的时刻，k=0，$\cdots$ ，$n_2 - 1$。

当 ρ_q 最小时，获得式 (11-129) 的拟合正弦信号式 (11-131)。

(4) 将第二稳定状态的拟合波形拓展到全体采样序列，则

$$x_q(i) = A_q \cdot \sin(\omega_q \cdot i + \varphi_q) + d_q \tag{11-135}$$

获得拟合回归偏差序列为

$$\Delta x_q(i) = x_i - x_q(i) \quad (i = 0, \cdots, n - 1) \tag{11-136}$$

以 $3\rho_q$ 为公差带，寻找绝对值 $|\Delta x_q(i)| \leqslant 3\rho_q$ 的起始时刻点，其右侧相邻时刻点 t_2 即为第二稳定状态结束过渡过程时刻点。

(5) 从采集序列未切换到过渡过程的第一稳定状态 $x_a(t)$ 采集数据中截取长度为 n_1 的子序列 $\{x_{p,i}\}$ $(i$=0,$\cdots$,$n_1 - 1)$，按最小二乘法求出子序列 $\{x_{p,i}\}$ 的拟合信号 [5-9]：

$$x_p(t) = A_p \cdot \sin(2\pi \cdot f_p t + \varphi_p) + d_p \tag{11-137}$$

其中，$x_p(t)$ 为拟合信号的瞬时值；A_p 为拟合正弦信号的幅度；f_p 为拟合正弦信号的频率；φ_p 为拟合正弦信号的初始相位；d_p 为拟合信号的直流分量值。在各个离散采样时刻 t_i 上有

$$x_p(t_i) = A_p \cdot \sin(2\pi \cdot f_p t_i + \varphi_p) + d_p \tag{11-138}$$

简记为

$$x_p(i) = A_p \cdot \sin(\omega_p \cdot i + \varphi_p) + d_p \tag{11-139}$$

$$\omega_p = \frac{2\pi f_p}{v} \tag{11-140}$$

则拟合残差有效值 ρ_p 为

$$\rho_p = \sqrt{\frac{1}{n_1} \cdot \sum_{i=0}^{n_1-1} [x_{p,i} - A_p \cdot \sin(\omega_p \cdot i + \varphi_p) - d_p]^2} \tag{11-141}$$

式中，t_i 为第 i 个测量点的时刻，i=0，$\cdots$，$n_1 - 1$。

当 ρ_p 最小时，获得式 (11-128) 的拟合正弦信号式 (11-139)。

(6) 将第一稳定状态的拟合波形拓展到全体采样序列，则

$$x_p(i) = A_p \cdot \sin(\omega_p \cdot i + \varphi_p) + d_p \tag{11-142}$$

获得拟合回归偏差序列为

$$\Delta x_p(i) = x_i - x_p(i), \quad i = 0, \cdots, n-1 \tag{11-143}$$

以 $3\rho_p$ 为公差带，寻找绝对值 $|\Delta x_p(i)| > 3\rho_p$ 的起始时刻点，其左侧相邻的时刻点 t_1 即为第一稳定状态切换到过渡过程的时刻点。

特例，若 f_a=0，则第一稳定状态为直流，子序列 $\{x_{p,i}\}$(i=0,$\cdots$,$n_1 - 1$)，其拟合曲线即为其算术平均值：

$$x_p(t) = \bar{x}_p = \frac{1}{n_1} \cdot \sum_{i=0}^{n_1-1} x_{p,i} \tag{11-144}$$

$$\rho_p = \sqrt{\frac{1}{n_1} \cdot \sum_{i=0}^{n_1-1} (x_{p,i} - \bar{x}_p)} \tag{11-145}$$

(7) 正弦信号的建立时间 t_{set} 为

$$t_{\text{set}} = t_2 - t_1 \tag{11-146}$$

11.7.3 实验验证

这里对正弦信号建立时间 t_{set} 精确测量方法进行实验验证,使用 Agilent 公司的 81160A 型合成信号源提供正弦信号，采用幅度切换和开关启动两种方式进行切换，其第一稳定状态近似直流，第二稳定状态为正弦波形。

用 RIGOL 公司的 DS1104 型数字示波器进行数据采集，其 A/D 位数为 8bit，带宽 100MHz，最高通道采样速率为 1GSa/s，有 4 个独立测量通道。

1. 幅度切换实验

这里用合成信号源 81160A 输出幅度 25mV、频率 5kHz 的正弦波激励 (幅度小于一个 A/D 量化台阶，相当于直流叠加噪声)，切换到幅度 5V 的同频正弦波；用数字示波器 DS1104 的通道 1 对其进行同步采集。其通道 1 的量程为 2V/div；通道采样速率 5MSa/s，通道采集数据个数 n=15000。上升沿触发，触发电平设为 2.68V。启动幅度切换，获得采

集波形，图 11-33 中的曲线 1 为其正弦波形建立时过渡过程附近的部分采集波形，曲线 2 为拟合回归偏差波形 $\Delta x_q(t)$。

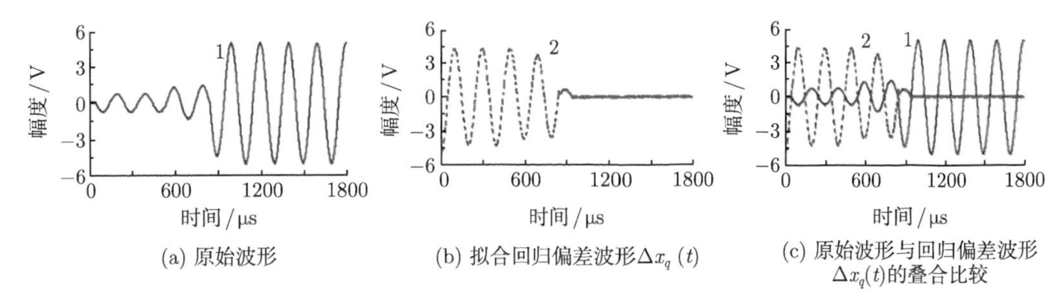

(a) 原始波形 (b) 拟合回归偏差波形$\Delta x_q(t)$ (c) 原始波形与回归偏差波形$\Delta x_q(t)$的叠合比较

图 11-33 正弦波形建立时间过渡过程

从曲线 1 的状态切换前段中，截取 n_1=277，按式 (11-144) 计算出 $\bar{x}_p$=45.619mV，按式 (11-145) 计算出 ρ_p=61.227mV。由曲线 1 可得 t_1=55.6μs。

从曲线 1 的状态切换后稳定段中，截取 n_2=7500，按上述过程获得拟合正弦幅度 A_q=5.020420V，频率 f_q=5000.062Hz，初始相位 $\varphi_q=-174.400°$，直流分量 d_q=−11.838mV，拟合残差有效值为 ρ_q=9.193mV。由曲线 2 可得 t_2=934.2μs。

按式 (11-146) 得 $t_{\text{set}} = t_2 - t_1$=878.6μs。

其他条件不变，仅仅变换一下信号频率，获得的正弦波形建立时间如表 11-14 所示。

表 11-14 不同信号频率的正弦波形建立时间

序号	信号频率/kHz	建立时间/μs
1	10	878.6
2	20	894.4
3	30	919.0
4	50	889.6
5	50	890.4
6	50	890.6
7	50	877.4
8	50	887.2
9	50	898.2

2. 开关启动实验

用合成信号源 81160A 在输出幅度 5V、频率 50kHz 的正弦波激励状态设置时，通过开关按键开机输出正弦波形。用数字示波器 DS1104 的通道 1 对其进行同步采集。其通道 1 的量程为 2V/div；通道采样速率为 31.25MSa/s，通道采集数据个数 n= 15000。上升沿触发，触发电平设为 1V。按动合成信号源开关，获得采集波形，图 11-34 中的曲线 1 为其正弦波形建立时过渡过程附近的部分采集波形，曲线 2 为拟合回归偏差波形 $\Delta x_q(t)$。

从曲线 1 的状态切换前段中，截取 n_1=277，按式 (11-144) 计算出 $\bar{x}_p$=26.506mV，按式 (11-145) 计算出 ρ_p=29.980mV。由曲线 1 可得 t_1=21.28μs。

从曲线 1 的状态切换后稳定段中，截取 n_2=7500，按上述过程获得拟合正弦幅度 A_q=4.981839V，频率 f_q=5000.18Hz，初始相位 $\varphi_q=-158.064°$，直流分量 d_q=−14.336mV，拟合残

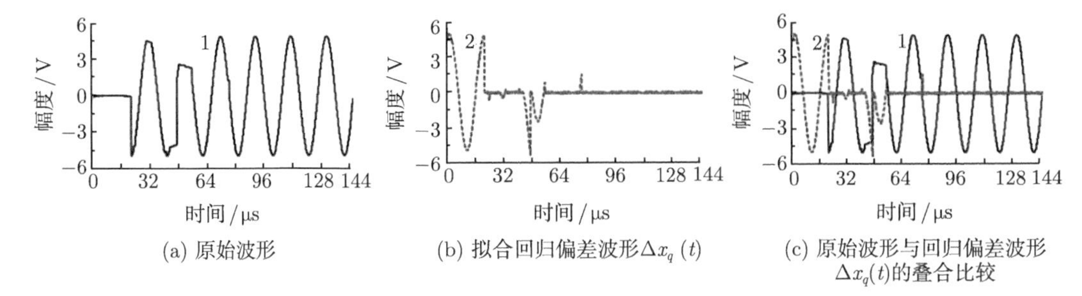

(a) 原始波形 (b) 拟合回归偏差波形$\Delta x_q(t)$ (c) 原始波形与回归偏差波形$\Delta x_q(t)$的叠合比较

图 11-34 正弦波形建立时间过渡过程

差有效值为 ρ_q=9.321mV。由曲线 2 可得 t_2=76.48μs。

按式 (11-146) 得 $t_{\text{set}} = t_2 - t_1$=55.20μs。

其他条件不变，仅仅变换信号频率和采集速率，获得开关启动时正弦波形建立时间，如表 11-15 所示。

表 11-15 开关启动时正弦波形建立时间

序号	信号频率/kHz	采集速率/(MSa/s)	建立时间/μs
1	1000	125	54.99
2	1000	100	55.23
3	1000	100	55.23
4	1000	100	55.21
5	1000	100	55.26
6	1000	100	55.23
7	5000	125	55.26
8	10	6.25	33.92
9	50	31.25	55.20

3. 实验分析

从上述实验结果可见，状态切换时正弦波的建立时间具有很大的差异，在所涉及的信号源上，同频幅度切换所需要的建立时间远大于硬开关启动所需要的建立时间，两者相差近 20 倍。从而也看出建立时间测量评价的重要性和必要性。

另外，可以看到，幅度切换所导致的过渡过程变化比较平稳，基本上是幅度单调增加，而偏差在单调降低。但是开关启动造成的切换则不然，正弦建立的过渡过程中，幅度并非单调增加，偏差也不是单调降低，往往会有较大的干扰波动间歇出现，这应该属于按键开关接触不良等所导致的电火花飞弧等众多因素的影响，也是实际工作中必须要考虑的物理现象。

最后，可以看出，同种状态条件下的建立时间测量结果具有一定的稳定性，与信号频率等变化关系不大，但采样间隔对其影响不容忽视，当采样间隔较大时，很容易造成较大的测量误差，在实际测量中应予以重视。

11.7.4 不确定度分析

由式 (11-146) 可见，正弦信号的建立时间的测量主要受以下几个因素的影响：

(1) 时刻点 t_1 的起始判据 ρ_p 及其稳定性与复现性，以及正弦波建立时，过渡过程曲线 1 在时刻点 t_1 处的曲线斜率 g_1；

(2) 时刻点 t_2 的起始判据 ρ_q 及其稳定性与复现性，以及正弦波建立时，拟合回归偏差波形曲线 2 在时刻点 t_2 处的曲线斜率 g_2；

(3) 采集序列的随机噪声与量化误差；

(4) 采样时间间隔；

(5) 建立时间的测量重复性。

1. 直流部分曲线段

当时刻点 t_1 之前的曲线为直流时，参数 ρ_p 的不确定度为 [101]

$$u(\rho_p) = \frac{\rho_p}{\sqrt{2(n_1 - 1)}} \tag{11-147}$$

ρ_p 给 t_1 带来的不确定度为

$$u_\rho(t_1) = \frac{u(\rho_p)}{g_1} = \frac{\rho_p}{g_1 \cdot \sqrt{2(n_1 - 1)}} \tag{11-148}$$

实际上，采集序列的随机噪声与量化误差的有效值就是 ρ_p，因而，它们造成的 t_1 点幅度不确定度为

$$u_n(x) = \rho_p \tag{11-149}$$

噪声与量化给 t_1 带来的不确定度为

$$u_n(t_1) = \frac{u_n(x)}{g_1} = \frac{\rho_p}{g_1} \tag{11-150}$$

采样间隔为 $1/v$，它给 t_1 带来的误差可认为在区间 $[-0.5/v, 0.5/v]$ 内服从均匀分布，因而，采样间隔给 t_1 带来的不确定度为

$$u_v(t_1) = \frac{0.5/v}{\sqrt{3}} = \frac{1}{2\sqrt{3} \cdot v} \tag{11-151}$$

2. 正弦部分曲线段

将正弦参数拟合与直线参数拟合同等看待，当时刻点 t_1 之前的曲线为正弦波形时，参数 ρ_p 及噪声与量化给 t_1 带来的不确定度依然可以按照式 (11-147) ~ 式 (11-151) 等同估计。

同理，时刻点 t_2 之前的曲线为正弦波形，参数 ρ_q 的不确定度为

$$u(\rho_q) = \frac{\rho_q}{\sqrt{2(n_2 - 1)}} \tag{11-152}$$

ρ_q 给 t_2 带来的不确定度为

$$u_\rho(t_2) = \frac{u(\rho_q)}{g_2} = \frac{\rho_q}{g_2 \cdot \sqrt{2(n_2 - 1)}} \tag{11-153}$$

采集序列的随机噪声与量化误差的有效值是 ρ_q，因而，它们造成的 t_2 点幅度不确定度为

$$u_n(x) = \rho_q \tag{11-154}$$

噪声与量化给 t_2 带来的不确定度为

$$u_n(t_2) = \frac{u_n(x)}{g_2} = \frac{\rho_q}{g_2} \tag{11-155}$$

采样间隔给 t_2 带来的不确定度 $u_v(t_2)$ 与给 t_1 带来的不确定度 $u_v(t_1)$ 相等，可按式 (11-151) 估计。

3. 合成标准不确定度

由于上述各个不确定度分量均是通过模型化方法获得，则可以按照它们之间互不相关来进行处理，由此得到正弦波形建立时间的测量不确定度为

$$\begin{aligned} u_{\mathrm{c}}(t_{\mathrm{set}}) &= \left[u_\rho^2(t_1) + u_n^2(t_1) + u_v^2(t_1) + u_\rho^2(t_2) + u_n^2(t_2) + u_v^2(t_2) + u_a^2\right]^{1/2} \\ &= \sqrt{\frac{(2n_1-1)\rho_1^2}{2(n_1-1)g_1} + \frac{(2n_2-1)\rho_2^2}{2(n_2-1)g_2} + \frac{1}{6v^2} + u_a^2} \approx \sqrt{\frac{\rho_1^2}{g_1} + \frac{\rho_2^2}{g_2} + \frac{1}{6v^2} + u_a^2} \end{aligned} \tag{11-156}$$

其中，u_a 为建立时间 t_{set} 的测量重复性带来的不确定度，以实验标准偏差方式估计。

由式 (11-156) 可见，正弦波建立时间的不确定度主要受采样速率、拟合残差有效值、时刻点处的曲线斜率等因素影响。增加采样速率可以降低不确定度；调整时刻点的判据，使其附近的曲线斜率增加，也可以降低不确定度。当然，对测量曲线进行适当滤波，降低拟合残差有效值，也能降低测量不确定度。

11.7.5　讨论

本节所述方法在实际运用中，可望解决正弦波形建立时间的精确测量与校准问题，但仍然有一些问题需要特别予以关注。

首先，是状态切换的过渡过程的有效抓取问题。这方面问题的解决，主要可以从数字示波器众多丰富的触发功能中寻找和构建触发条件。通常，涉及幅度跳变、频率捷变、毛刺影响、尖峰、浪涌、过载恢复等状态切换过程的抓取，基本上可以通过已有触发功能及其条件组合实现。只有以相位跳变实现为特征的脉冲调制过程的建立时间测量，其触发抓取难度较大，可以通过深存储方式进行长序列测量存储，再从中寻找出相位跳变点；或者使用状态切换控制信号进行外触发方式获得相位跳变的过渡过程。

其次，是由一段正弦波形切换到另一段正弦波形的双正弦切换，其完整分析需要进行两次正弦拟合。一次是切换点之前的正弦拟合，并以此寻找到状态切换点 t_1；另外一次是状态切换之后达到稳定状态的正弦拟合，并以此寻找到过渡状态结束点 t_2。关于拟合数据段的截取，需要确保使用过渡过程以外的稳定正弦波形部分进行；否则，将可能导致拟合不收敛，或收敛到不希望的错误状态上。

另外，本节上述示例中，信号源均是从近似零状态跳变到正弦输出状态，其过渡过程本身体现的是完整的正弦波形建立过程，而实际工作中面临的状态要复杂得多，当其从一

个大幅值正弦波切换到一个小幅值正弦波时，其过渡过程体现的内涵还要包括电路放电效应过程外的过载恢复过程。

最后，需要说明的是，在进行不确定度评定时，两个时刻点的斜率计算均需要从其自身位置向斜率大的方向差分获得。

11.7.6 结论

综上所述，对正弦信号的建立时间的应用需求十分广泛，涉及正弦信号源的开关特性、脉冲调制特性、捷变频特性、过载恢复特性等众多方面特性。利用本节上述方法，可以实现对其的精确定位与测量，其中所用到的核心技术为波形抓取和四参数正弦拟合。因此，可以很容易进行推广应用。

实验结果表明，正弦信号源的建立时间是一个相对稳定的参数，但不同条件下的状态切换，可以导致差异巨大的建立时间，对其的精确测量与评价，有助于脉冲调制、捷变频技术等的计量校准与深入研究。

11.8 复杂通信信号波形的事件分解合成及定位

11.8.1 引言

复杂信号的测量与分析，是信号分析理论与实践中不可回避的问题 [102-110]。因其复杂多样，所以并不存在一个完整的通用定义描述复杂信号。

通常，人们将包含多种不同信息于一身的信号波形归结为复杂信号。这些信息，可能属于周期性本征信息，或者是非周期性传输信息，以及干扰信息、随机噪声等。典型的复杂信号包括心电信号、脑电信号，以及复杂通信信号等 [111-115]。特点都是信号波形复杂多样，并且具有一定规律性，但又不完全符合特定规律。

有关复杂通信信号波形，由于多属于正弦载波的已调制信号波形，通常可以归结为以正弦波为基础的复杂波形。

正弦波形作为应用极为广泛的信号波形，以往，人们关注的多是其波形参数与波形质量，有大量的先期研究涉及其中每一方面的问题 [8-11,116-119]。实际上，还有一些经常出现的问题并未引起足够关注，例如，正弦信号源，以及以正弦载波的已调信号源的开机特性、过载恢复特性、掉电上电特性等的定量评价，正弦信号在产生、传输过程中受到火花放电、飞弧放电、雷电干扰，其他已知或未知的尖峰、毛刺干扰，周围电气开关、电气设备的启停运转等影响。复杂通信信号在产生、传输、接收、测量过程中，受到多径、相邻信道、雷暴、电子对抗等各类干扰。它们通常均表现为在正弦信号波形或正弦载波信号波形上叠加以较大的各类影响或骚扰事件。或是表现为单次事件，或是表现为周期性事件；或者属于尖峰毛刺类事件，或者属于短期异常的过程性事件。

其共同的特点是给正常的正弦波形带来异常：或者是叠加了尖峰毛刺，或者是造成局部波形紊乱，不再展现正弦特征。但一旦异常事件过渡完成并消失，则又可以完全恢复正弦波形的正常状态。对于这一类物理现象，均可视为正弦波形上的异常事件。

数字示波器丰富多彩的触发功能的开发以及触发技术的进展中，除了基本的边沿触发和电平触发功能以外，绝大部分是围绕波形异常事件的有效抓取而发展起来的。例如，各类抓毛刺功能、幅度异常 (过大、过小) 捕捉功能、斜率异常 (过大、过小) 捕捉功能、脉宽异常 (过宽、过窄) 捕捉功能等，以及它们的条件组合触发功能，就是为了能够在浩如烟海的正常波形中，及时有效捕捉到那些出现概率极小的异常事件波形。

本节后续内容，将主要讨论复杂波形的事件分解与合成思想，试图以化繁为简的方式化解复杂波形的分析问题。具体示例而言，选取正弦波形上的异常事件作为研究对象，寻求它们在正弦波形上的精确定位，以及与正弦波形的有效分离。

11.8.2 基本原理方法

1. 复杂信号的事件分解

到目前为止，人们对于信号的分析与变换，分解与合成，已经有极为丰富的先期研究。其中，最基本的应属傅里叶变换与逆变换，依靠它，人们可以将信号从时域变换到频域，并且可以在两个空间里任意互相转换。其本质，依赖于三角函数序列是一种完备正交函数基，有着优良的正交性质。其后，多种具有正交函数基性质的函数族均被用于信号的分解与合成，信号的分析与变换，例如沃尔什 (Walsh) 函数族、切比雪夫函数族、哈尔 (Harr) 函数族等众多函数族均被予以研究，并获得了很多成果 [120-122]。希尔伯特分析与变换、小波分析与变换等也都是沿用了相同的思想方式 [123-128]，只不过其是由总体分析转入局部分析，由平稳信号过渡到非平稳信号而已。

这些分解与变换均在不同的应用里获得了各自不错的效果，尤其是针对各种线性时不变仪器设备产生的信号波形。但是对于特别复杂的信号波形的分析，尤其是时变系统产生的复杂信号波形的分析，例如，心电图仪获得的心率波形的分析、诊断时，各种方法均遇到了瓶颈。图 11-35 所示为一个典型的心电波形曲线。

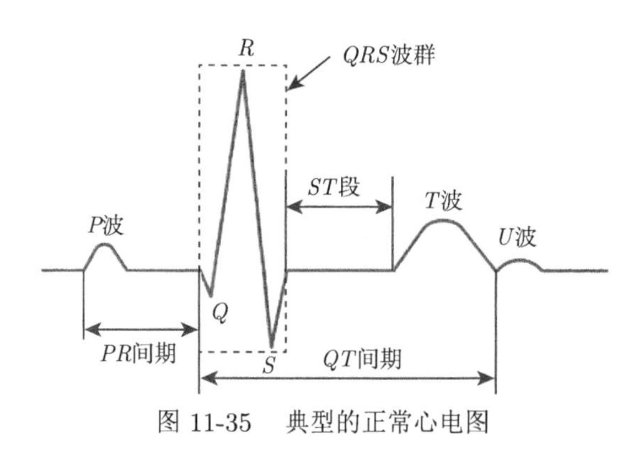

图 11-35 典型的正常心电图

按照医学定义，其包含 P 波、Q 波、R 波、S 波、T 波、U 波等不同波段，它们各自的峰值、周期、相对时间间隔、峰值比、脉宽等，总体确定了人的心脏的健康状况。

而它们的幅度差异极为悬殊，加之受到噪声等各种干扰，心脏导联等获得的信号非常微弱，疾病判据的影响因素众多，从而给分析和疾病诊断带来较大难度。可能有多种原因，心电信号是生物体发出的条件不断变化的生物电信号，其周期、幅值、形状等在一定范围内存在波动本属于正常状态，不能假设它们一直一成不变，这一点与仪器设备有本质不同。从信号分析角度看，人们所关注的不同信息在同一个周波内幅度差异巨大，甚至小幅度的

信息本身 (例如 Q 波幅度) 已经比大幅度信息 (例如 R 波幅度) 的波动或误差还要小，这在任何一种信号分析与变换手段中，都属于难度巨大的挑战。

另外，对于心电波形类复杂信号波形，其包含周期性因素，但它们的周期可能并不一致，也包含非周期性因素，则如何将其从其他因素中筛选出来单独关注和研究，也属于难题。

有鉴于此，本节提出一种以事件为主导的波形分解方法，用于复杂信号波形的分解与合成，以便将复杂信号首先降低复杂性和分析难度；然后，再试图进行深入分析研究。首先，将复杂心电信号 $x(t)$ 中的 P 波、Q 波、R 波、S 波、T 波、U 波等定义成相应的事件，以峰值最高的 R 波为参照，按照幅度值由高到低，依次将其从心电波形中分离出来，形成单独的 P 波、Q 波、R 波、S 波、T 波、U 波等子波形序列 $P(t)$、$Q(t)$、$R(t)$、$S(t)$、$T(t)$、$U(t)$，最后剩余的部分作为残余序列 $C(t)$ 波。这样，复杂心电信号 $x(t)$ 等于各个子事件序列波形的代数和，从而完成了复杂波形的事件分解：

$$x(t) = P(t) + Q(t) + R(t) + S(t) + T(t) + U(t) + C(t) \tag{11-157}$$

分别对各个子波形序列，以及它们之间的相互关系进行分析和研究，可望获得心脏健康状况的信息。其中，周期性信息从周期性子波中寻找；而非周期性信息，则从残余序列 $C(t)$ 波中寻找。

使用事件分解的好处是，对于任意一个事件自身，可以尽量避免受其他因素影响，而单独分析所述事件的行为特征，其幅度均衡性、周期稳定性等皆可以独立显现。缺点是不同事件之间的影响与关联不明显。

补救技术措施包括，可以在事件分解的基础上，将任意两个或任意有限个需要关联的事件叠加合成进行分析研究，以获得只含有关注事件信息的波形序列，降低信号的复杂程度和分析难度，从而将有价值的信息凸显。

2. 正弦波形上的事件分解

基于上述复杂波形的事件分解思想，正弦波形上的事件定位与分离的基本思想是，建立在正弦波形的频率以及时序一直稳定且不受外部事件干扰与破坏的前提下。而外部事件干扰与破坏的仅仅是事件发生期间的波形幅值特征。因而，事件发生前与发生过后的正弦波形的特征及时序，并不因为干扰事件而改变。实际上，其一直属于一个曲线波形。所以，可以有如下的正弦波形上的事件定位与分离原理和方法。

首先，这里将在正弦信号波形上的有始有终的短期异常干扰定义为“事件”，它的出现，造成了局部波形的明显畸变。其可以是孤立的单个事件，或多个群体性事件。

设正弦信号未受任何事件干扰时稳定状态的信号波形为 $x_a(t)$，受到各类事件干扰时的信号波形为 $x(t)$，则

$$x_a(t) = E \cdot \sin(2\pi \cdot ft + \varphi) + d_a \tag{11-158}$$

式中，$x_a(t)$ 为正弦信号的瞬时值；E 为正弦信号幅度；f 为正弦信号频率；φ 为正弦信号的初始相位；d_a 为信号的直流分量值。

(1) 如图 11-36 所示，将待测信号 $x(t)$ 连接到数字示波器的测量通道，选取合适的触发条件，以便有效抓取正弦波形的异常事件和状态，并令其处于等待触发状态。选取通道

采集速率 v，以使得所测正弦波形的每个周期有 20 个以上的采样点数；选取数据存储深度 n。

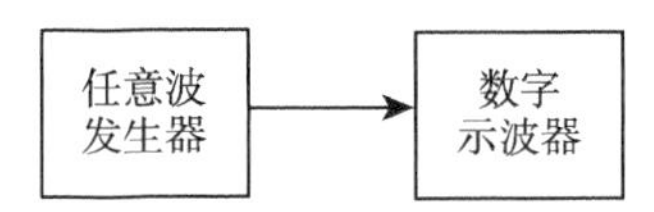

图 11-36　正弦波形异常事件抓取连线框图

(2) 启动正弦信号源输出，触发采集，获得采集序列 $\{x_i\}(i=0,\ \cdots,\ n-1)$。

(3) 从采集序列远离干扰事件过程的稳定正弦状态部分采集数据中截取长度为 n_1 的子序列 $\{x_{q,k}\}$ $(k=0,\cdots,n_1-1)$，按最小二乘法求出子序列 $\{x_{q,k}\}$ 的拟合信号 [7,14]：

$$x_q(t) = A_q \cdot \sin(2\pi \cdot f_q t + \varphi_q) + d_q \tag{11-159}$$

式中，$x_q(t)$ 为拟合信号的瞬时值；A_q 为拟合正弦信号的幅度；f_q 为拟合正弦信号的频率；φ_q 为拟合正弦信号的初始相位；d_q 为拟合信号的直流分量值。

由于采集数据是离散值 x_i，则对应时刻也是离散的 t_i，其 $t_i = i/v(i=0,\ \cdots,\ n_1-1)$。故式 (11-159) 变成

$$x_q(t_k) = A_q \cdot \sin(2\pi \cdot f_q t_k + \varphi_q) + d_q \tag{11-160}$$

简记为

$$x_q(k) = A_q \cdot \sin(\omega_q \cdot k + \varphi_q) + d_q \tag{11-161}$$

$$\omega_q = \frac{2\pi f_q}{v} \tag{11-162}$$

则拟合残差有效值 ρ_q 为

$$\rho_q = \sqrt{\frac{1}{n_1} \cdot \sum_{k=0}^{n_1-1} [x_{q,k} - A_q \cdot \sin(\omega_q \cdot k + \varphi_q) - d_q]^2} \tag{11-163}$$

式中，t_k 为子序列 $\{x_{q,k}\}$ 第 k 个测量点 $x_{q,k}$ 的时刻，$k=0,\ \cdots,\ n_1-1$。

当 ρ_q 最小时，获得式 (11-158) 的拟合正弦信号式 (11-161)。

(4) 将局部拟合正弦波形拓展到全体采样序列 $x_0, x_1, \cdots, x_{n-1}$，则有 $x_a(t)$ 的拟合波形序列为

$$x_q(i) = A_q \cdot \sin(\omega_q \cdot i + \varphi_q) + d_q \quad (i = 0, \cdots, n-1) \tag{11-164}$$

计算采样序列与拟合曲线之差，获得异常事件与正弦波形的分离结果，即拟合回归偏差序列为

$$\Delta x_q(i) = x_i - x_q(i) \quad (i = 0, \cdots, n-1) \tag{11-165}$$

序列 $\{\Delta x_q(i),\ i=0,\ \cdots,\ n-1\}$ 即为从待测信号 $x(t)$ 中分离出的异常干扰事件的波形，它包含了全部干扰信息。

以该序列 $\Delta x_q(i)$ 中异常事件的起始点、峰值点、终结点，定位异常事件在正弦曲线上的位置。

由于序列 $\Delta x_q(i)$ 仍然含有噪声等因素，会给判断各个事件的起始和结束时刻点造成困难。针对于 $\Delta x_q(i)$ 中的各个独立事件，本节以 $3\rho_q$ 为公差带判据，寻找事件中绝对值 $|\Delta x_q(i)| \leqslant 3\rho_q$ 和 $|\Delta x_q(i)| > 3\rho_q$ 的非孤立点区间切换点 $T_m(m=1,2,\cdots)$。

$\Delta x_q(t)$ 波形上满足关系式 $|\Delta x_q(i)| \leqslant 3\rho_q$ 的各个小区间对应的 $x(t)$ 波形段中，被认为属于未受异常事件干扰的正常的正弦波形 $x_a(t)$ 部分。

$\Delta x_q(t)$ 波形上满足关系式 $|\Delta x_q(i)| > 3\rho_q$ 的各个小区间对应的 $x(t)$ 波形段中，被认为属于受到异常事件干扰的波形 $x(t)$；它是异常事件波形 $\Delta x_q(t)$ 与正常的正弦波形 $x_a(t)$ 的叠加。

其中，异常事件波形的起始点和结束点即是各个区间切换点 $T_m(m=1,2,\cdots)$。

最简单的异常事件可以只有一个，而复杂波形可能包含多个异常事件。

11.8.3 实验验证

这里对正弦波形上的事件定位进行实验验证，使用 Agilent 公司的 81160A 型合成信号源提供受事件干扰的正弦信号，用开关启动方式进行干扰事件生成。

用 RIGOL 公司的 DS1104 型数字示波器进行数据采集，其 A/D 位数为 8bit，带宽为 100MHz，最高通道采样速率为 1GSa/s，有 4 个独立测量通道。

用合成信号源 81160A 在输出幅度 5 V 频率、1MHz 的正弦波激励状态设置时，通过开关按键开机输出受事件干扰的正弦波形。用数字示波器 DS1104 的通道 1 对其进行同步采集。其通道 1 的量程为 2V/div；通道采样速率为 100MSa/s，通道采集数据个数 n= 81722。上升沿触发，触发电平设为 1V。按动合成信号源开关，获得采集波形，图 11-37 中的曲线为其正弦波形携带几个干扰事件的部分采集波形。

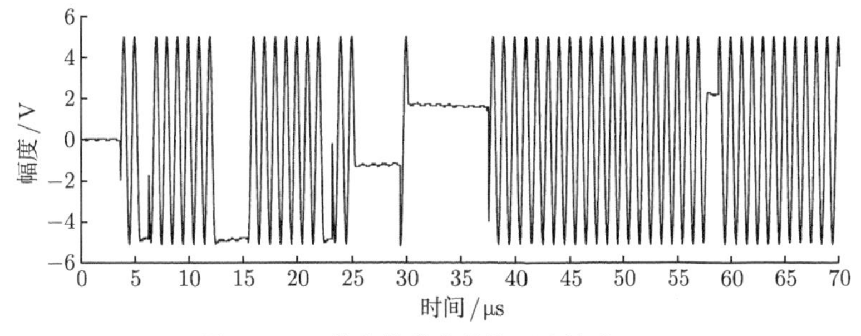

图 11-37 带有异常事件的正弦波形 $x(t)$

按照上述过程，获得如表 11-16 所述的 $T_2 \sim T_{14}$ 共 13 个区间切换点。由于第一段小区间均属于异常事件，故定位起始采样时刻 T_1=0 也是异常事件起始点。

从正弦波形中分离出的异常事件波形 $\Delta x_q(t)$ 如图 11-38 所示。

从图 11-38 所示波形中，可以清晰看出，在所采集获取的正弦波形曲线中，有 $S_1 \sim S_7$ 共 7 个独立的异常事件。按照上述方法可得它们在正弦曲线上的定位位置，如表 11-16 所示。

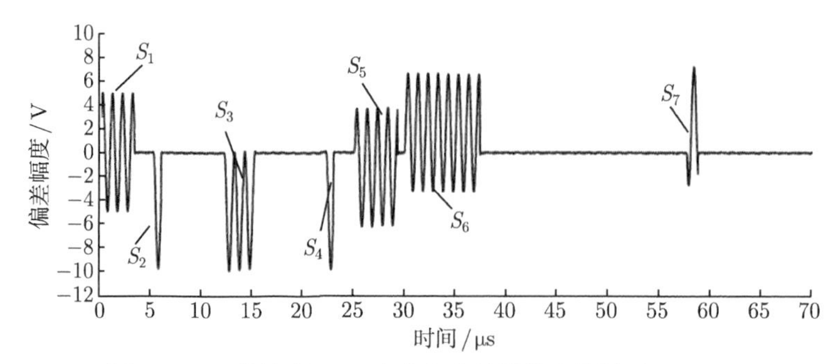

图 11-38　从波形 $x(t)$ 中分离出的异常事件波形 $\Delta x_q(t)$

表 11-16　异常事件定位结果

事件序号	起始时刻/μs	终止时刻/μs
S_1	T_1=0	T_2=3.57
S_2	T_3=4.87	T_4=6.20
S_3	T_5=11.60	T_6=15.30
S_4	T_7=21.81	T_8=22.37
S_5	T_9=24.28	T_{10}=29.40
S_6	T_{11}=30.06	T_{12}=37.08
S_7	T_{13}=56.60	T_{14}=60.00

11.8.4　讨论

针对简单信号的分析，人们有众多行之有效的方法；而针对复杂信号波形，由于复杂程度不同，分析要求不同，很难有共同的方式方法。本节所述的以事件为核心的分解方法，主要思想是降低分析对象的复杂程度以及分析难度，化繁为简，由易到难。首先，对于那些确定性周期事件进行单独分析，然后再对其与其他事件进行关联性分析。

对于以正弦为基础的复杂波形而言，通过上述过程可见，在正弦波形的频率、时序等不会受到干扰，仅仅是幅度会受影响的假设前提下，通过局部未受干扰部分波形的正弦拟合，再向全局拓展的方式，可以获得异常事件的自身波形。同时，也很容易获得其在全部采样序列中的时序定位。若存在多个异常事件，则它们之间的时序关系也将简捷明了。实际上，对于那些有明显起始和结束边界的孤立事件而言，局部未受干扰的正弦波形可以是任何一段，既可以在事件前，也可以在事件后，均不影响事件的分离和定位效果。

通常，任何正弦波形都不会是理想的，均有谐波、噪声等失真，使用本节所述方法进行事件分离时，其波形失真与噪声等将被归入事件曲线序列中，有可能对事件定位等造成一些影响。

除了孤立干扰的尖峰、毛刺等事件外，针对过载恢复特性、掉电上电过程等过程事件的定位、分离、波形重现等，本节方法的优势更加明显，它往往可以获得一些意想不到的效果。

11.8.5　结论

综上所述可见，本节所述内容，主要是使用了事件线性叠加与分解的复杂波形处理思想，在正弦波形基础之上进行事件分解，获得分析结果。由于没有周期性事件，故只分解出正弦波自身和叠加在其上的单次事件波形。

以局部曲线拟合拓展方法,实现正弦曲线波形与叠加其上的异常事件的分离与定位,这对于受到异常事件干扰的单频正弦曲线波形与干扰的分离与分析,以及正弦载波的复杂通信信号上的各种干扰的定位、分离和全波形分析,均有重要意义和价值。尤其是本节方法属于时域全波形特征定位与分析,若与频域的频谱分析手段相融合与补充,则对于以正弦模型为基础的各种复杂信号的深入和全面分析,均有重要意义和价值。

11.9 数据采集系统非典型采样故障的特征识别与定量表征

11.9.1 引言

任何仪器与系统的使用过程中,均可能产生故障,它们都是人们所不希望遇到的技术状态。这其中,有一类故障是人们最不愿意遇到的,这类故障的发作具有偶然性和条件性,在正常使用过程中,很难被发现,且故障机理不够明确,发生条件不明确,复现性差。这里,我们称其为非典型故障。实际上,在电子仪器设备中,元器件的软击穿、焊点的虚焊、接插件的松动等,均可能导致这类非典型故障出现。之所以称其为非典型故障,主要是因为,在大多数使用条件下,它们极少发作和被有效识别,从而一直会被认定为属于没有故障的仪器设备和系统;而一旦故障发作,便会造成明显的结果错误。数据采集系统非典型采样故障便具有这类特征,它很难被遇到、发现和有效识别,故障原因、机理等尚不明确,唯其如此,其带来的危害更加隐蔽,对其的识别、表征和深入研究更为迫切。

关于数据采集系统采样故障的识别与诊断,已有很多前期卓有成效的工作,一些研究专门针对采样数据系统的故障开展 [129-131],而另外也有侧重于专门的诊断方法 [132]、专门的复杂系统的研究 [133],以及特别针对传感器的故障诊断研究 [134,135]。其后,非均匀采样系统的故障诊断也被涉及 [136-138]。无论是提出问题 [139],进行滤波 [140],还是设计具体的故障观测器 [141],它们分别以不同的理论方法,从时域、频域、传递函数、滤波器等不同的角度进行识别,其多数目标,都是针对比较确切的具有良好复现性的采样故障情况,共同的特点是过程比较复杂烦琐,实现起来并不容易。对于复现性较低的非典型采样故障,考虑得比较少。

对于使用具有非典型故障的仪器设备工作的人们而言,相当于在伴随一枚未知爆炸时间的定时炸弹在工作,何时爆炸,以及损失会有多大,则完全取决于其所工作的场所和任务性质,但无疑是极为危险和恐怖的事情。

因此,针对非典型采样故障数据的深入分析和定量表征,对于后续的故障机理分析,故障源头定位,并最终进行故障排除,具有特别重要的意义和价值。

本节后续内容,是选取计量校准工作中发现的一台具有非典型采样故障的数据采集系统的故障数据,进行特征分析,并对其故障特征进行确切表征。

11.9.2 故障特征及识别

ZJZ-044A 数据采集系统是一种插卡式多通道通用数据采集系统,拥有 32 个测量通道,A/D 位数为 12bit,量程范围为 ±5V。其在进行误差限、线性度、直流增益等静态特性校准中,均未发现异常;而在进行动态有效位数校准中,发现正弦拟合结果发散,无法获得正常有效的正弦拟合结果。经过对原始采样数据的调取，发现其采集曲线波形如图 11-39 所示，存在多个波形规律不连续的故障点。

其中，所用的标准信号源为 FLUKE5700A 多功能校准器，输出的正弦信号幅度为 4.5000V，频率为 49.000Hz。数据采集系统的采样速率为 1kSa/s，数据序列长度为 $n=$ 2000 点。

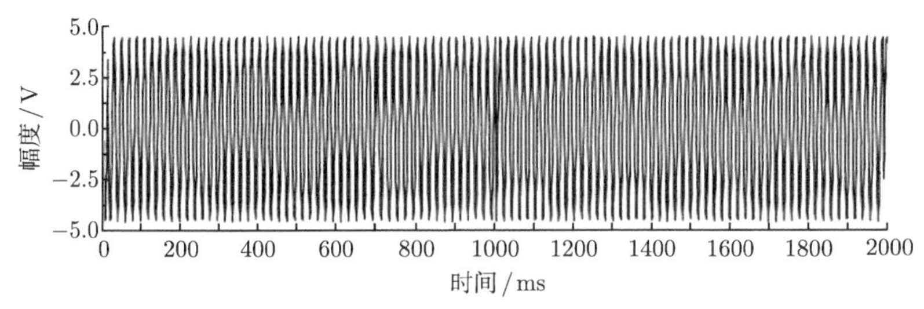

图 11-39　数据采集系统故障数据

11.9.3　故障特征分析及表征

从图 11-39 所示的曲线可见，在全部 2000 个采样点中，t_0，t_1，$\cdots$，t_{1999} 时刻里，存在故障跳变的时刻点分别为 t_{13}，t_{1004}，t_{1992} 时刻点，共有 3 个点。表现形式为

$$t_{1004} - t_{13} = 991\text{ms}$$

$$t_{1992} - t_{1004} = 988\text{ms}$$

$$t_{1004} - t_{13} \approx t_{1992} - t_{1004} \approx 990\text{ms}$$

在这三个故障点上，出现了正弦波形规律的不连续，似乎被人为地切掉了一部分。其局部细化波形分别如图 11-40~ 图 11-42 所示。

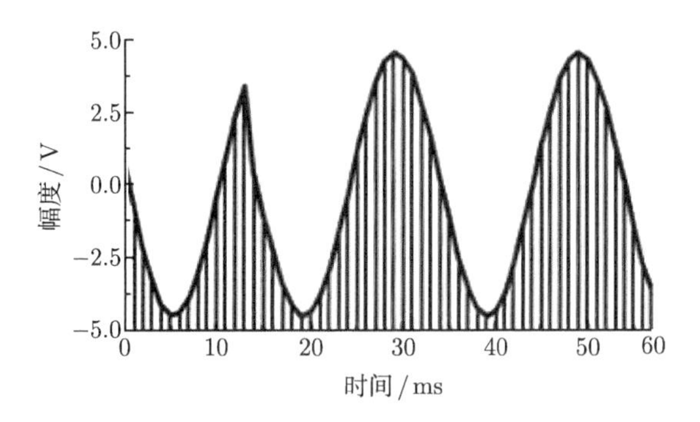

图 11-40　故障点 t_{13} 附近的局部波形图

对于故障点处的波形是否真正是“切掉”了一部分波形，以及“切掉”的波形部分有多大，本节将使用模型化处理方式进行识别。

将图 11-40 所示第 1 个故障点之前的共 14 点局部正常波形曲线单独提取出来，进行正弦拟合 [14]，获得拟合参数如表 11-17 所示。

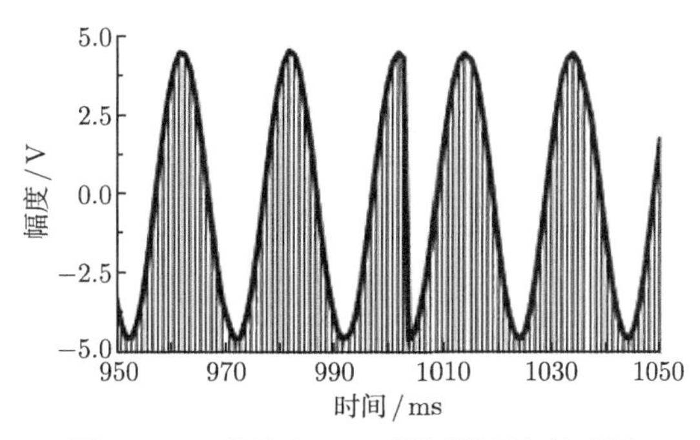

图 11-41 故障点 t_{1004} 附近的局部波形图

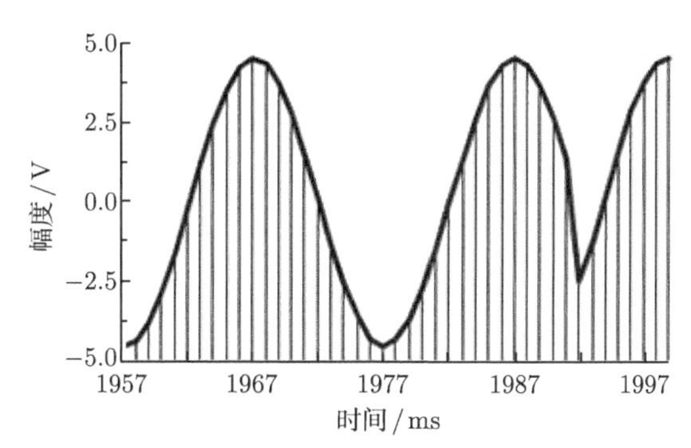

图 11-42 故障点 t_{1992} 附近的局部波形图

表 11-17 实测曲线段拟合结果

项目	拟合结果
拟合幅度	4485.596mV
拟合频率	50.476Hz
拟合初始相位	82.320°
拟合直流分量	17.858mV
拟合残差有效值	19.089mV
动态有效位数	7.24 bit

将拟合波形拓展到全部采样点上，如图 11-43 中红色虚线部分所示，称其为拓展曲线。

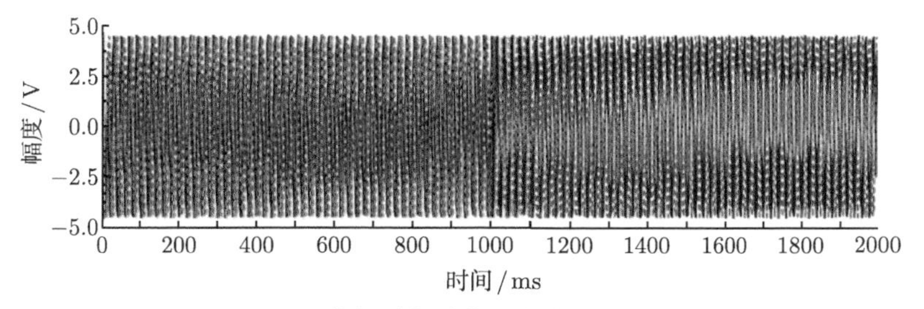

图 11-43 数据采集系统故障曲线及拓展曲线

将第 1 个故障点之后、第 2 个故障点之前的稳定正常曲线段与对应的拓展曲线段进行 900 点截取，获得如图 11-44 所示的波形曲线。

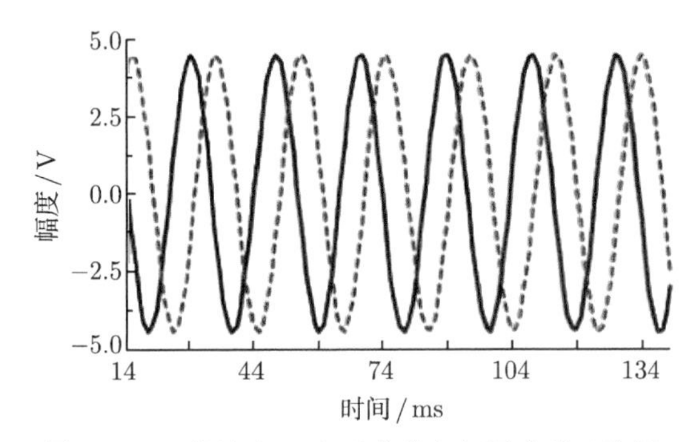

图 11-44 故障点 1 之后曲线与拓展曲线 (局部)

然后，分别拟合 [7]，获得拟合参数如表 11-18 所示。

表 11-18 实测曲线段与拓展曲线段拟合结果

项目	实测曲线段	拓展曲线段
拟合幅度	4495.000mV	4485.596mV
拟合频率	50.36071Hz	50.47609Hz
拟合初始相位	85.155°	−23.277°
拟合直流分量	−12.270mV	−17.859mV
拟合残差有效值	19.25mV	48.7μV
动态有效位数	7.23bit	25.82bit

由此，获得图 11-44 实测曲线段相对于拓展曲线段的延迟时间差为 [12,32]

$$T_1 = 14.26\text{ms} + n \times T_0$$

其中，T_0 为被测正弦信号的周期，T_0=1/49 s；n 为 0 或者某一正整数，不失一般性，此处设 n=0。

第 1 个故障点导致采集出现了断裂点，其后的波形被延迟了时间 $\tau_1 = T_1$=14.26ms。

将第 2 个故障点之后、第 3 个故障点之前的稳定正常曲线段与对应的拓展曲线段进行 900 点截取，获得如图 11-45 所示的 1004ms 以后的波形曲线。

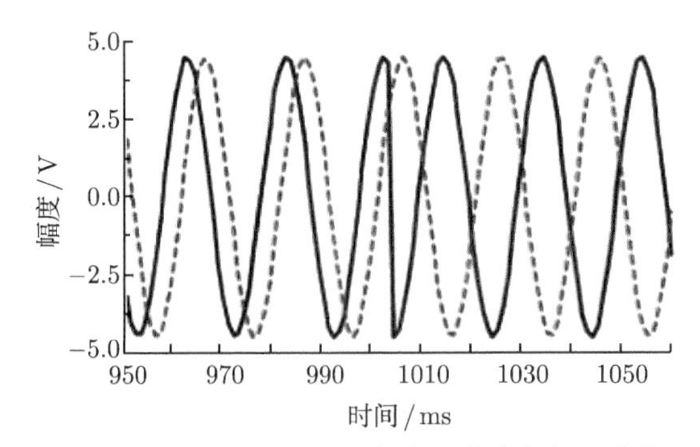

图 11-45 故障点 2 左右的实测曲线与拓展曲线

然后，分别拟合，获得拟合参数如表 11-19 所示。

表 11-19 实测曲线段与拓展曲线段拟合结果

项目	实测曲线段	拓展曲线段
拟合幅度	4494.707mV	4485.596mV
拟合频率	50.361Hz	50.476Hz
拟合初始相位	90.686°	238.974°
拟合直流分量	−14.458mV	−17.859mV
拟合残差有效值	19.369mV	46.93μV
动态有效位数	7.22bit	25.88bit

由此，获得图 11-45 故障点 2 之后的实测曲线段相对于拓展曲线段的延迟时间差为

$$T_2 = 8.406\text{ms} + m \times T_0$$

其中，m 为 0 或者某一正整数。

第 2 个故障点导致采集出现了断裂点，其后的波形被延迟了时间 $\tau_2 = T_2 - \tau_1$，由 $\tau_2>0$，可以判定 $m=1$，$\tau_2=14.55\text{ms}$。

将第 3 个故障点之后的稳定正常曲线段与相应拓展曲线段进行截取，获得如图 11-46 所示的曲线，其中 1992 以后的 8 个点的局部波形曲线出现异常。

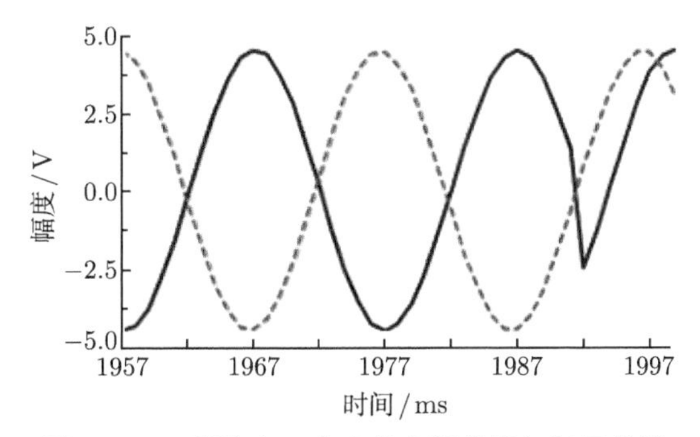

图 11-46 故障点 3 左右的实测曲线与拓展曲线

然后，分别拟合 [14]，获得拟合参数如表 11-20 所示。

表 11-20 实测曲线段与拓展曲线段拟合结果

项目	实测曲线段	拓展曲线段
拟合幅度	4493.602mV	4468.455mV
拟合频率	50.361Hz	50.591Hz
拟合初始相位	−123.450°	−80.434°
拟合直流分量	15.016mV	35.305mV
拟合残差有效值	7.992mV	5.394nV
动态有效位数	8.50bit	29.00bit

由此，获得图 11-46 故障点 3 之后的实测曲线段相对于拓展曲线段的延迟时间差为

$$T_3 = 2.4385\text{ms} + q \times T_0$$

其中，q 为 0 或者某一正整数。

第 3 个故障点导致采集出现了断裂点，其后的波形被延迟了时间 $\tau_3 = T_3 - \tau_1 - \tau_2$，由 $\tau_3>0$，可以判定 $q=2$，$\tau_3=14.44\text{ms}$。

11.9.4　讨论

从上述故障数据曲线及分析过程可见，该故障属于数据采集系统中极为少见的非典型采样故障，而显然不属于信号受意外干扰产生的粗大误差。该曲线的波形中，共有 3 个故障数据点，由于是针对正弦信号进行的数据采集，则每次故障出现前后的部分，均属于正常的正弦信号波形，仅在故障点处出现了波形规律的不连续。该故障在进行直流和变化缓慢的信号波形测量采集中很难被发现和有效识别，在采样序列长度不够大时也将很难发现，只有在测量已知的标准信号波形，并且采样序列长度足够大时，才有可能被发现和有效识别。其每个故障点处造成的波形延迟约为 14ms，近似恒定；两个故障点之间的时间间隔约为 990ms，近似相等。

从波形数据上看，在每一个故障点后并未出现故障恢复的过渡过程。若存在过渡过程，则需要在结束过渡过程的“正常”曲线波形部分进行截取拟合以获取故障恢复时间，这样才可获得准确测量结果。过渡过程本身，则可以从实测曲线与拟合回归曲线之间的差异中获取。

结合各个故障点的故障信息及其相互间的位置关系，可以初步判定，本节上述的非典型采集故障，应属于数据采集系统中采样控制计数器相关的故障，它每间隔约 990ms 发作一次故障，约需 14ms 才能从故障状态恢复正常。

若数据采集系统的采集过程使用的是轮询式采集方式，则轮询计数器有可能在 990ms 左右的计数值附近出现异常；或者计数时钟在 990ms 的间隔存在异常隐患。

若数据采集系统的采集过程使用的是中断式采集方式，则控制中断的堆栈计数器有可能在 990ms 左右的计数值附近出现异常阻塞或溢出错误。

若数据采集系统的采集过程使用的是 DMA 采集方式，则 DMA 控制器的地址计数器有可能在 990ms 左右的计数值附近出现异常。

该故障另外可能的原因是，A/D 转换状态指示电平工作不正常。当 A/D 转换完毕后，需要变动其完毕状态指示电平 (由低到高，或者由高到低) 表示其数据转换已经完成，可以读取了。若该电平变动异常，则导致相应读取数据的操作迟迟不能被执行，也会导致出现这种不连续的断点故障。

该故障的定位、维修、维护，可以从这些方面着手进行。

11.9.5　结论

综上所述，针对本节所述这类波形规律不连续的非典型采样故障的数据采集系统，使用正弦激励，利用分段正弦拟合方式进行故障参数识别，是一种切实可行的方法。它不仅可以判别出每次采样故障的恢复时间，以及在故障恢复过程中是否存在过渡过程，还可以判断出相邻故障点之间的时间间隔，从而进行更为确切的故障判别与诊断。

非典型采样故障数据采集系统的故障分析与表征方法和过程的总结归纳如下所述。

(1) 用正弦信号对数据采集系统进行激励，获得含有 p 处不连续的非典型采样故障的采样序列；并且起始点开始的一段波形曲线是正常无故障波形。

(2) 截取起始点开始的一段波形曲线是正常无故障波形进行正弦拟合，获得拟合曲线，并将其拓展到全序列，形成拓展序列。

(3) 将第 1 个故障段之后、第 2 个故障段之前的稳定正常曲线段与对应的拓展曲线段进行波形截取；然后，分别拟合，获得实测曲线段拟合参数，以及拓展曲线段拟合参数。

计算获得实测曲线段相对于拓展曲线段的延迟时间差为

$$T_1 = \Delta t_1 + n \times T_0 \tag{11-166}$$

其中，T_0 为被测正弦信号的周期；Δt_1 为两条曲线直接的相位差对应的时间差；n 为 0 或者某一正整数，不失一般性，此处可设 n=0。

第 1 个故障点导致采集出现了断裂点，其后的波形被延迟了时间 τ_1：

$$\tau_1 = T_1 \tag{11-167}$$

(4) 将第 k 个故障段之后、第 k+1 个故障段之前的稳定正常曲线段与对应的拓展曲线段进行波形截取；然后，分别拟合，获得实测曲线段拟合参数，以及拓展曲线段拟合参数。

计算获得实测曲线段相对于拓展曲线段的延迟时间差为

$$T_k = \Delta t_k + m \times T_0 \tag{11-168}$$

其中，Δt_k 为两条曲线直接的相位差对应的时间差；m 为 0 或者某一正整数。

第 k 个故障点导致采集出现了断裂点，其后的波形被延迟了时间 τ_k：

$$\tau_k = T_k - \sum_{i=1}^{k-1} \tau_i \tag{11-169}$$

$$\tau_k > 0 \quad (k = 1, 2, \cdots, p-1) \tag{11-170}$$

由式 (11-169)、式 (11-170) 判定 m 的取值。

(5) 将第 p 个故障段之后直至序列结尾的稳定正常曲线段与对应的拓展曲线段进行波形截取；然后，分别拟合，获得实测曲线段拟合参数，以及拓展曲线段拟合参数。

计算获得实测曲线段相对于拓展曲线段的延迟时间差为

$$T_p = \Delta t_p + q \times T_0 \tag{11-171}$$

其中，Δt_p 为两条曲线直接的相位差对应的时间差；q 为 0 或者某一正整数。

第 p 个故障段导致采集出现了断裂点，其后的波形被延迟了时间 τ_p：

$$\tau_p = T_p - \sum_{i=1}^{p-1} \tau_i \tag{11-172}$$

$$\tau_p > 0 \tag{11-173}$$

由式 (11-172)、式 (11-173) 判定 q 的取值。

由于采集序列的有限长特征，以及故障发作点在采集序列上出现位置的不可控，则各个曲线段的长短不一，有些可以用多周期正弦拟合方式进行分析，而另外一些可能需要使用残周期拟合方式进行分析，当然，它们的误差和不确定度也将有很大差异。

11.10 激光多普勒冲击校准 [142]

加速度的一次冲击校准方法是直接借助计量学的基本量和单位 (时间和长度) 复现加速度量值和单位的方法。多年以来，各国冲击校准实验室采用了多种冲击校准方法用于校准加速度传感器 [143-155]，主要有冲击力法、压缩波方法、速度改变法、激光干涉法等。

激光–多普勒一次冲击校准方法，直接由计量学的基本量和单位——时间和长度绝对复现冲击加速度量值和单位，使用基本量——时间和长度独立为被校系统复现一个冲击加速度的标尺，用此标尺作为参考量与被校加速度计输出比较，为后者定标，得到冲击校准灵敏度。因此，激光–多普勒方法在诸多校准方法中是目前最完善、可靠的一次冲击校准方法。

所有使用激光干涉法进行加速度量值校准的装置，都要遇到的公共问题之一，就是对于多普勒频移的精确解调，它的成败和准确与否，将从根本上影响方法本身的效果和成败，本节将使用第 9 章所述的调频信号数字化解调方法解决这一问题。

11.10.1 加速度一次冲击校准原理

激光–多普勒一次冲击校准方法，采用激光多普勒原理，用衍射光栅作为合作目标，绝对复现冲击加速度量值，并对加速度计进行校准。

1. 衍射光栅产生的多普勒频移

1) 反射式衍射光栅产生的多普勒频移

如图 11-47(a) 所示，设光栅栅距为 d，光栅平面以速度 v 运动。在时刻 t，O 到第 q 条栅线的距离为

$$x = qd + x_0 + vt \tag{11-174}$$

其中，入射光由光栅平面法线的左侧以入射角 ψ 入射，若衍射光在法线的另一侧出现，则衍射角为 $-\theta$。入射光波前为 AB，衍射光波前为 OC。入射光波前和衍射光波前经 x 点的光程差长度为

$$L(\psi) = x\sin\theta + (\overline{OB} - x)\sin\psi \tag{11-175}$$

将式 (11-174) 代入式 (11-175) 微分，得光栅运动产生的多普勒频移：

$$\Delta f_\psi = \frac{1}{\lambda}\cdot\frac{\mathrm{d}L}{\mathrm{d}t} = \frac{v}{\lambda}(-\sin\psi + \sin\theta) \tag{11-176}$$

而当入射光从法线右侧入射时，如图 11-47(b) 所示，此时，入射角为 $-\psi$，仍取衍射角为 $-\theta$。入射光波前和衍射光波前经 x 点的光程长度为

$$L(-\psi) = x\sin(\psi) + x\sin(\theta) \tag{11-177}$$

将式 (11-174) 代入式 (11-177) 微分，得光栅运动产生的多普勒频移：

$$\Delta f_{(-\psi)} = \frac{v}{\lambda}(\sin\psi + \sin\theta) \tag{11-178}$$

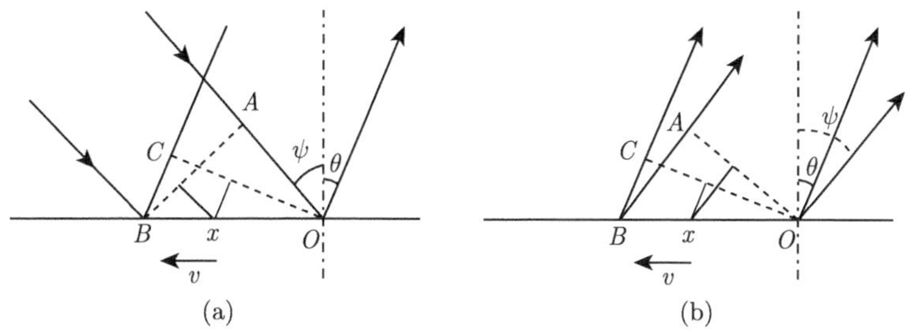

图 11-47 衍射光栅产生多普勒频移原理图

2) 双入射光束光栅产生的多普勒频移

如图 11-48 所示，二入射光的入射角分别为 ψ 和 $-\psi$，衍射角为 $-\theta$。应用式 (11-176) 得到二衍射光束的振动方程：

$$E_{\psi} = A\sin[2\pi(f+\Delta f_{\psi})t+\phi_{o1}] \tag{11-179}$$

$$E_{(-\psi)} = B\sin[2\pi(f+\Delta f_{-\psi})t+\phi_{o2}] \tag{11-180}$$

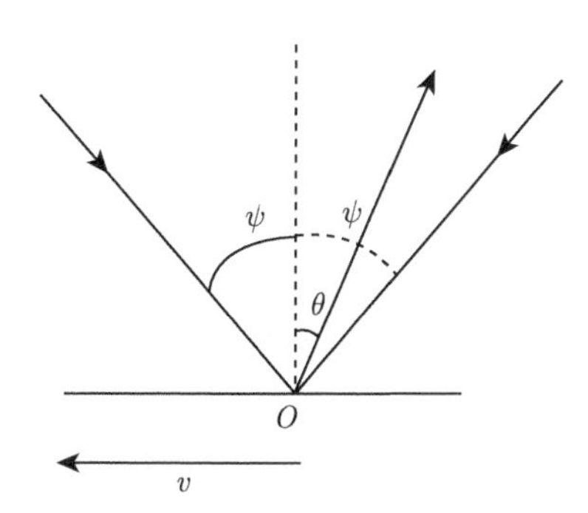

图 11-48 双入射光束光栅的衍射

二衍射光束在光电阴极表面干涉后产生的光强为

$$\begin{aligned} I &= \left[E_{\psi}+E_{(-\psi)}\right]^2 \\ &= \overline{I}_{\psi}+\overline{I}_{(-\psi)}+AB\cos 2\pi[(2f+\Delta f_{\psi}+\Delta f_{-\psi})t+\phi_{o1}+\phi_{o2}] \\ &\quad - AB\cos[2\pi(\Delta f_{\psi}-\Delta f_{-\psi})t+(\phi_{o1}-\phi_{o2})] \end{aligned}$$

最后，光电管能检测到的低频信号为

$$\tilde{I} = -AB\cos[2\pi(\Delta f_{\psi}-\Delta f_{-\psi})t+(\phi_{o1}-\phi_{o2})] \tag{11-181}$$

将式 (11-176) 代入式 (11-181)，得到

$$\tilde{I} = AB\cos\left[2\pi\left(\frac{2v}{\lambda}\sin\psi\right)t+(\phi_{01}-\phi_{02})\right] \tag{11-182}$$

即双入射光光栅运动产生的多普勒频移为

$$\Delta f_{\psi,(-\psi)} = \frac{2v}{\lambda}\sin\psi \tag{11-183}$$

式 (11-183) 结果与差动激光干涉仪产生的频移完全一致。

3) 确定入射角 ψ

为了形成衍射光波的相长干涉，则光栅相邻栅线的光程必须相差波长的整数倍。因而下式成立：

$$d(\sin\psi + \sin\theta) = p\lambda \quad (p\text{为整数}) \tag{11-184}$$

双入射 $(\psi, -\psi)$ 的光栅方程：

$$d(\sin\psi + \sin\theta_1) = p\lambda \tag{11-185}$$

$$d\left[\sin(-\psi) + \sin\theta_2\right] = q\lambda \quad (q\text{为整数}) \tag{11-186}$$

若二衍射光重合，即 $\sin\theta_1 = \sin\theta_2$，因此

$$\sin\psi = \frac{(p-q)\lambda}{2d} \tag{11-187}$$

式中，p、q 分别为二衍射光波的衍射级数。

2. 绝对复现冲击加速度量值和冲击灵敏度计算

根据式 (11-183) 得到冲击速度：

$$v(t) = \frac{\lambda}{2\sin\psi}\cdot\Delta f_{\psi,(-\psi)}(t) \tag{11-188}$$

将式 (11-188) 微分，得到冲击加速度：

$$a(t) = \frac{\mathrm{d}}{\mathrm{d}t}[\Delta f_{\psi,(-\psi)}(t)]\cdot\frac{\lambda}{2\sin\psi} \tag{11-189}$$

式 (11-189) 取峰值，得到冲击加速度峰值 a_{p}。

将绝对复现的冲击加速度峰值 a_{p} 作为参考量值，与被校加速度计输出的电量峰值 V_{p} 比较，得到被校加速度计的冲击校准灵敏度：

$$S_{\mathrm{sh}} = \frac{V_{\mathrm{p}}}{a_{\mathrm{p}}} \tag{11-190}$$

11.10.2 校准装置及工作过程

如图 11-49 所示，加速度一次冲击校准装置主要由冲击机、差动式光栅激光干涉仪、数字示波器和计算机系统组成。

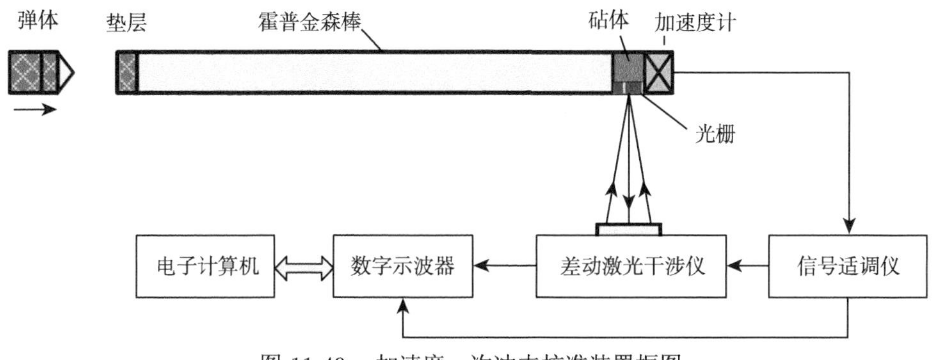

图 11-49 加速度一次冲击校准装置框图

霍普金森 (Hopkinson) 冲击机，是使用霍普金森棒，在杆中产生一应力波，在距激励端面几倍棒直径远处，应力波的波振面实际上变成了平面波。虽然纵向应力也会引起横向应变，因而棒在横向也会产生某种运动，但只要棒的长度与直径之比充分大，则这种横向运动是微不足道的。因此，用霍普金森冲击机，在校准端面可以获得波形良好、横向运动小的冲击过程。差动式激光干涉仪如图 11-50 所示。氦–氖 (He-Ne) 激光器发出的光束经透镜 1 和 2 准直，经透镜 1 后由分束棱镜分成二平行光束，二平行光束用透镜 2 又会聚于光栅平面。由光栅出射的衍射光束经反射镜系统到达光电倍增管 (PM) 的阴极表面。通过光电倍增管检测由光栅运动产生的多普勒频移信号。干涉仪中的二菱形棱镜用于微调二平行光束的间距。He-Ne 激光器功率为 20mW，要求单横模。因采用等光程光学系统，所以对激光器的单纵模要求很低。波长的稳定性为 10^{-6}。分束棱镜：分出的二平行光束间距为 50mm，不平行度小于 4 角秒。透镜 2：直径 100mm，焦距 150mm，消像差。光电倍增管为 GDB55 型，上升时间 2ns。作为合作目标的光栅，栅线数为 150/mm，栅线间距 d 的不确定度为 10^{-6}。

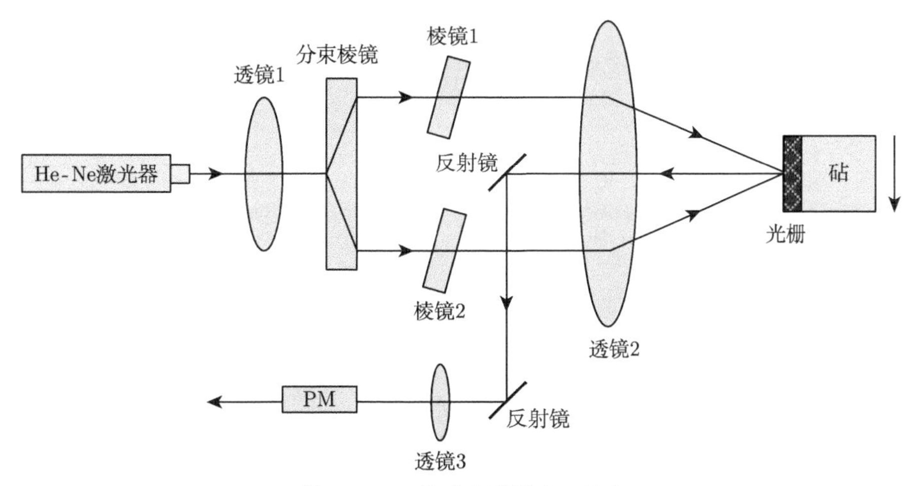

图 11-50 差动光栅激光干涉仪

数字示波器用来采集多普勒信号和记录被校加速度计输出信号，用加速度计信号作为触发信号，并转换为数字信号。使用美国 Tektronix 公司 TDS544A 型数字示波器。双通道采样时，最高采样率 500MSa/s，8bit A/D，存储容量 5 万点，模拟带宽 500MHz，最小电压分度 1mV/div。可将数字信号传输到计算机。

其工作过程如图 11-49 所示，使用霍普金森冲击机对霍普金森棒发射弹体，产生冲击加速度，同时作用于光栅和被校加速度传感器，被校加速度传感器所测得的信号经信号适调仪后被数字示波器采集记录。光栅位移通过差动激光干涉仪产生具有多普勒效应的调频信号，其频移如式 (11-183) 所示，该调频信号被数字示波器采集记录；通过对该调频信号应用第 9 章所述的方法进行频率解调 [156]，使用式 (11-189) 可获得作用于加速度传感器上的加速度值。使用式 (11-190) 可得到被校加速度计的冲击校准灵敏度 S_{sh}。

11.10.3 实验数据及结果处理

计算机被用来将激光干涉多普勒信号数据和被校加速度计的数据进行处理，获得校准结果。

多普勒数据的处理如下所述。

(1) 多普勒数据频率的解调。

使用第 9 章所述的方法——**模型滑动拟合法**，对由数字示波器采集获得的调频波形数据序列 $\{y_i\}$ 进行频率解调 [156]，获得数字角频率序列 $\{\omega_i\}$，同时获得多普勒数据频率序列 $\{\Delta f_i\}(i=0,\cdots,n_0-1)$。

$$\Delta f_i=\frac{\omega_i}{2\pi\cdot\Delta t} \tag{11-191}$$

(2) 计算冲击速度 $v(t)$ 和冲击加速度 $a(t)$。

由式 (11-188) 得冲击速度为

$$v(t_i)=\frac{\lambda}{2\sin\psi}\cdot\Delta f_i \tag{11-192}$$

其中，$\sin\psi$ 由选定的光栅栅距 d、激光波长 λ、衍射光波的衍射级数 p 和 q，经式 (11-187) 计算获得。

由于加速度为速度的微分，即

$$a(t)=\frac{\mathrm{d}v(t)}{\mathrm{d}t} \tag{11-193}$$

而微分器的频率响应函数为

$$H(\mathrm{j}\omega)=\mathrm{j}\omega \tag{11-194}$$

其幅频特性为

$$|H(\mathrm{j}\omega)|=\omega \tag{11-195}$$

相频特性为

$$\varPhi(\omega)=\arctan\frac{\omega}{2}=\frac{\pi}{2} \tag{11-196}$$

因此，当噪声带宽大于信号带宽时，微分后的信噪比要变差，则通常采用限制信号和噪声带宽或者使用数字滤波的方法处理。

对于多普勒数据频率序列 $\{\Delta f_i\}(i=0,\cdots,n_0-1)$，这里使用滑动最小二乘直线拟合的数据处理方法，获得每个频率点 Δf_i 处的微分，以改善微分后的信噪比。具体过程如下所述。

从 $i=0$ 开始，在序列 $\{\Delta f_i\}$ 中 $(i=0,\cdots,n_0-1)$，顺序选取长度为 m(对应时间为 ΔT) 的数据段 $\Delta f_{i,k}=\Delta f_k(k=i,\cdots,i+m-1)$，并设在该数据段内多普勒频率近似为直线，然后进行最小二乘直线拟合，获得的直线斜率 G_i 即为 Δf_i 在 $t_{i+m/2}$ 处对时间的微分。

i 从 0 变化至 n_0-m-1，则获得微分序列 G_i，冲击加速度由下式获得

$$a(t_i)=\frac{\lambda}{2\sin\psi}\cdot G_{i-m/2} \tag{11-197}$$

滑动线性最小二乘拟合是具有滤波作用的微分运算，这一过程在进行微分的同时，大致相当进行了 $1/(2\Delta t)$ 频率的低通滤波，通过调整选取的数据段长度 m，即可较好地抑制噪声对微分结果的影响。

(3) 校准运算。

由 $a(t_i)$ 和加速度传感器输出值 $V(t_i)$ 可计算峰值加速度 a_{p} 和 V_{p}，按式 (11-190) 得到冲击校准灵敏度 S_{sh}。

11.10.4 实验验证

这里使用 Endevco 公司的 2270(BG09) 型加速度传感器和 BK2650 型放大器进行实验，获得如图 11-51～ 图 11-54 所示的曲线波形。放大器归一化系数为 1，放大倍数 1，截止频率为 30kHz；采样速率 v_{s}=25MSa/s；序列长度为 n=50000 点。滤波线段长度 m= 400 点。

图 11-51 为实际实验获得的冲击过程中激光多普勒干涉信号，该冲击校准装置中，激光波长 λ=0.63299μm；激光干涉中使用了二级衍射条纹，则 p=2，q=−2；光栅栅距为 d=1/150mm，重力加速度为 g=9.80665m/s^2，则由式 (11-192) 获得了图 11-52 所示的冲击速度波形曲线，最大速度为 $v_{\max}$=3.07m/s；由式 (11-197) 获得了图 11-53 所示的冲击加速度波形曲线，其峰值加速度为 a_{p}=2204.7g，脉宽为 T=225.4μs。图 11-54 为冲击过程中加速度传感器输出波形曲线，从该图可得其峰值 V_{p}=4.8V。由式 (11-190) 可得，被校加速度计的冲击校准灵敏度 S_{sh}=2.18mV/g。

由图 11-53 和图 11-54 所示序列，使用模式识别方法 [142,158]，获得上述传递函数为 $H(z)$ 和 $H(s)$：

$$H(z)=\frac{335.041-351.767z^{-1}-254.463z^{-2}-81.650z^{-3}-237.557z^{-4}+672.654z^{-5}}{-0.684763z^{-1}-0.403018z^{-2}-0.175679z^{-3}+0.0583981z^{-4}+0.242477z^{-5}}\times10^{-6}$$

$$H(s)=\frac{-311.162\times10^{-6}s^5+12.703\times10^3s^4-13.754\times10^9s^3+117.438\times10^{15}s^2-67.597\times10^{21}s+6.309\times10^{27}}{s^5+14.750\times10^6s^4+46.709\times10^{12}s^3+151.293\times10^{18}s^2+40.825\times10^{24}s+2.869\times10^{30}}$$

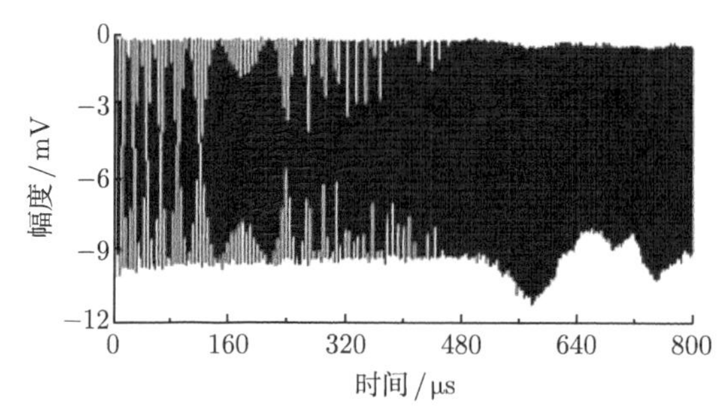

图 11-51　冲击过程中激光多普勒干涉信号

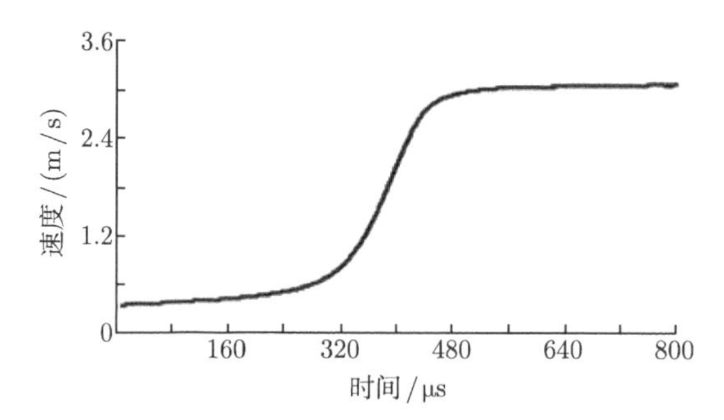

图 11-52　冲击过程中产生的速度波形曲线

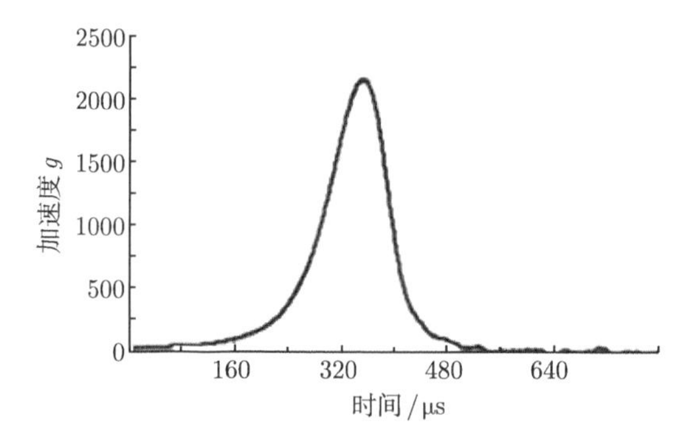

图 11-53　冲击过程中产生的加速度波形曲线

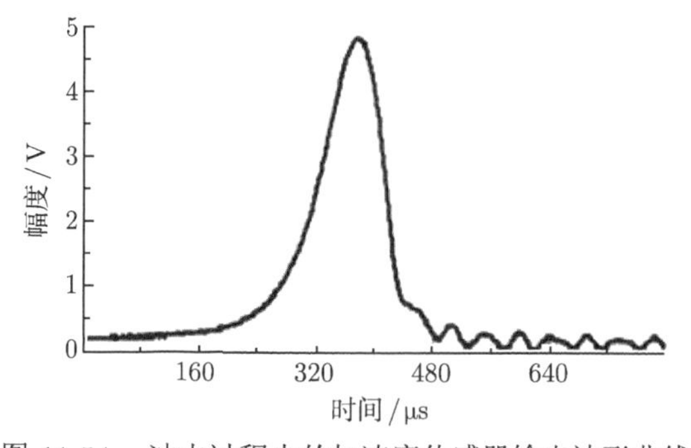

图 11-54　冲击过程中的加速度传感器输出波形曲线

其相应的频率特性曲线如图 11-55 和图 11-56 所示。由 $H(s)$ 可得上升时间为 34.9μs；进一步可以由图 11-55 获得其 3dB 频带宽度为 34.254kHz；5%误差的工作频带为 11.367kHz；10%误差的工作频带为 16.429kHz。图 11-57 为加速度激励经过模型 $H(s)$ 后获得的模型输出曲线与加速度计的输出曲线，图 11-58 为两者之差随时间变化情况，由此可见两者的符合性。

经过上述过程，人们可以得到加速度计的基本动态特性指标，并对其进行有效标定。进一步的工作，可使用计量标定的传递函数对其获得的动态波形进行补偿和修正。

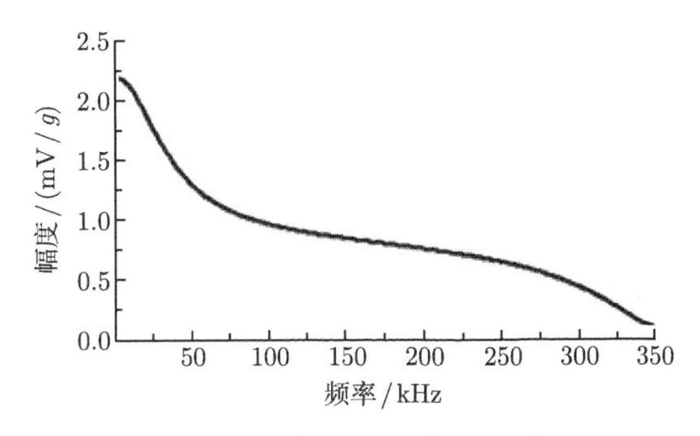

图 11-55 加速度计的幅频特性

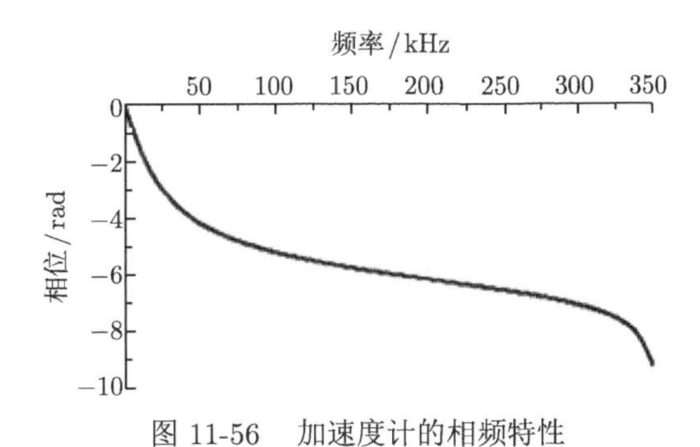

图 11-56 加速度计的相频特性

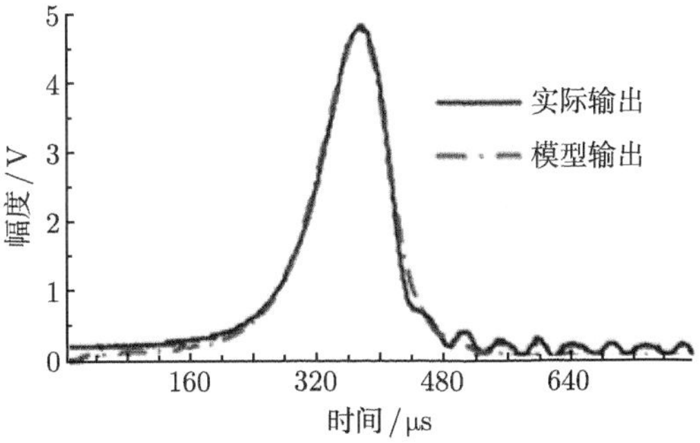

图 11-57 加速度计实际输出与模型输出波形曲线

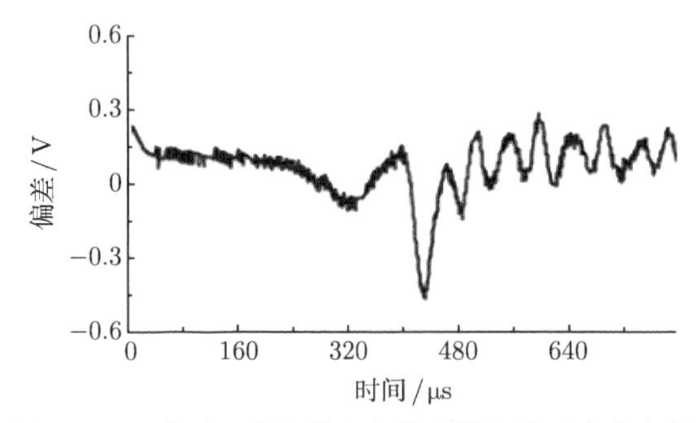

图 11-58　传感器实际输出与模型输出波形曲线之差

11.10.5　结论

本节所使用的冲击加速度传感器校准方法，是目前原理最完善、最可靠的激光多普勒冲击校准方法，实现了对冲击加速度量值的绝对复现。采用光栅差动式激光干涉仪，将从根本上解决普通激光干涉仪测量固体表面横向运动时不可避免的多普勒信号的随机相位效应，并提高了多普勒信号的信噪比。尤其是使用了一种调频信号的数字化解调方法，收敛性好，且可以获得一个采样间隔的时间分辨力，是目前最高的分辨力，使得本节所述方法具有了更为良好的适应性，由于激光多普勒信号质量在很多时候较差，则方法本身的稳定性和适应性显得更为重要。而采用滑动最小二乘线性拟合法执行微分运算，代替滤波过程，大大地抑制了噪声对微分结果的影响，可实现对冲击加速度的精确测量，同时，也使得本节方法足够简捷。其比较明显的缺点是调频信号的数字化解调方法运算速度比较慢。

11.11　峰值拟合法 [158]

11.11.1　引言

冲击是一种常见的物理现象，人们用落槌、霍普金森冲击机、压缩空气炮等许多手段可以产生冲击波形，其峰值、脉宽等测量和计算是冲击测量中的基本问题 [159-167]。

冲击波形属于脉冲波，而脉冲峰值的计算与确定是脉冲测量中的基本问题，为了避免噪声、阶跃响应的过冲、振铃等对峰值计算的影响，国际电工委员会 (IEC) 标准里定义了脉冲的“顶”(top)、“底”(base) 等基本术语，用来描述脉冲的峰值和谷值，并以众数法来确定脉冲的“顶”和“底”[168,169]。对于方波等“顶”与“底”较平坦的脉冲波形，该定义及方法具有优良的适应性。但对于冲击产生的类似于半正弦型脉冲，其峰值往往不平坦、不规则，且采样测量点也不够多，这时，使用众数法常常会遇到适应性较差的问题，最直接的表现就是测量重复性较差。通常人们的做法是对测量波形进行滤波，将冲击波形的峰值滤得比较平坦后再直接寻找最大值而确定峰值 [163,164]。然而，滤波带宽的选取，以及滤波后是否给峰值造成较大影响的判定，一直是困扰冲击计量的基本问题，并使得冲击测量的准确度一直难以提高，目前约为 5%[170]。

本节后续内容，主要是针对半正弦类冲击波形峰值计算的问题，提出一种模型化方法，以半正弦拟合方法确定冲击波形的峰值，并试图在不使用滤波器的情况下，直接以原始采集波形数据进行最小二乘曲线拟合，获得半正弦冲击波形的峰值，以期提高测量准确度和重复性。

11.11.2 测量原理

冲击波形，在很多时候人们也称其为半正弦冲击波形，这主要是从形状上看，其近似于正弦波的一半而已，在处理方式方法上，人们从未将其与正弦波建立起联系。其最主要的原因可以归纳为两点：①完整的冲击波形形状与半正弦波形通常的差距非常大，仅仅在峰值附近的足够小的小区间内，其外观与半正弦有些类似，即便如此，冲击波形的上升沿与下降沿两部分也并不完全对称，因而很难严格表述为“半正弦”波形；②使用“半正弦”模型表述冲击波形时，由于是“半正弦”而非“全正弦”周期，从而波形欠完整，使得通常很难确定波形参数。

残周期正弦波四参数拟合方法出现后，使得人们可以对“半正弦”类冲击波形按正弦模型方式进行处理，其前提仅仅是将冲击波形中与正弦波形差异较大的部分舍去而已。其具体过程如下：

(1) 使用冲击激励源产生半正弦冲击激励，用传感器及配套波形数据采集系统进行波形测量，获得完整的冲击测量波形 [171]；

(2) 用比较法获得冲击波形的最大值和最小值；

(3) 截取最大值和最小值之间近似半正弦部分波形用于峰值计算；

(4) 将用于峰值计算的部分波形按残周期正弦拟合方法进行最小二乘波形拟合 [14]。设用于波形拟合计算的采样序列为 $x_0, x_1, \cdots, x_{n-1}$。其正弦波形最小二乘拟合曲线的函数表达式为

$$y(i) = A \cdot \cos(\omega \cdot i + \varphi) + D \quad (i = 0, 1, \cdots, n-1) \tag{11-198}$$

拟合残差有效值为

$$\rho = \sqrt{\frac{1}{n}\sum_{i=0}^{n-1}[y(i) - x_i]^2} \tag{11-199}$$

其中，A 为拟合正弦波形幅度；ω 为拟合正弦波形角频率；φ 为拟合正弦波形初始相位；D 为拟合正弦波形直流分量；ρ 为拟合残差有效值。当采样序列中仅含有噪声因素误差时，ρ 即为叠加在正弦波形之上噪声的实验标准偏差。

则可得冲击波形峰值估计值为：$A + D$。

以拟合残差有效值 ρ 判断比较拟合优劣，并以此对所获峰值结果进行判断。

11.11.3 校准装置及工作过程

如图 11-59 所示，加速度一次冲击校准装置主要由冲击机、差动式光栅激光干涉仪、数字示波器和计算机系统组成。各部分工作过程简介如下所述。

霍普金森冲击机，使用霍普金森棒，在棒中产生应力波。在距激励端面几倍棒直径远处，应力波的波振面实际上变成了平面波。只要棒的长度与直径之比充分大，则用霍普金森冲击机，在校准端面可以获得波形良好、横向运动小的冲击过程。

差动式激光干涉仪用于测量含有光栅运动速度信息的多普勒频移信号，并传给数字示波器。数字示波器用于采集多普勒信号和记录被校加速度计输出信号，并转换为数字信号。

其工作过程如图 11-59 所示，使用霍普金森冲击机对霍普金森棒发射弹体，产生冲击加速度，同时作用于光栅和被校加速度传感器，被校加速度传感器测得的信号经信号适配器后被数字示波器采集。光栅位移经差动激光干涉仪产生具有多普勒效应的调频信号，该调频信号被数字示波器采集；对该调频信号进行频率解调后，可获得作用于加速度传感器上的速度值和加速度值 [171]。

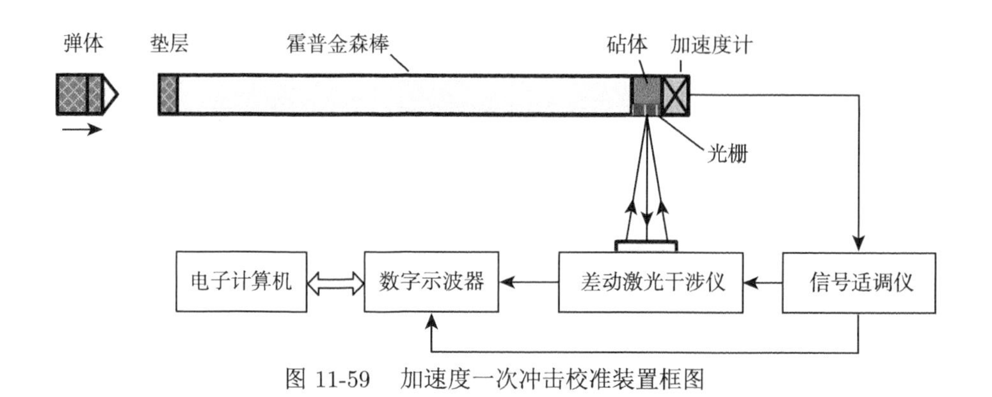

图 11-59　加速度一次冲击校准装置框图

11.11.4　实验验证

这里使用 350B04 型冲击加速度传感器 (编号 11024) 和 PCBF482A 型放大器，在上述加速度一次冲击校准装置进行实验，获得如图 11-60 所示的校准曲线波形 [172,173]。

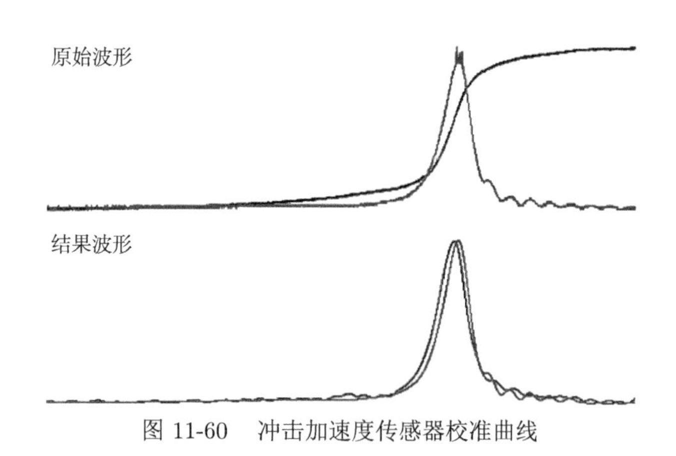

图 11-60　冲击加速度传感器校准曲线

其中，图 11-60 上部是加速度传感器输出的半正弦冲击加速度波形和由激光干涉仪输出的阶跃速度波形，下部是经过带宽 20kHz 的数字滤波器滤波后的冲击加速度波形和由冲击速度微分获得的冲击加速度校准波形。

所使用的采集设备为 TDS544A 型数字示波器。双通道采样时，采样率为 6.25MSa/s,

A/D 为 8bit，存储深度为 50000 点，模拟带宽为 500MHz，最小电压分度为 1mV/div。放大器归一化系数为 1，放大倍数为 1，截止频率为 30kHz。

加速度传感器的标称灵敏度为 0.9400mV/g，经按照检定规程校准获得的校准灵敏度为 1.0062mV/g，校准脉冲峰值为 3221.14g，脉冲电压值为 3.241V，所用数字滤波器带宽 20kHz。这里使用的是直接读取法获得的加速度峰值 [164]。

将图 11-60 所述波形按时间刻度重新绘制曲线，如图 11-61 所示。

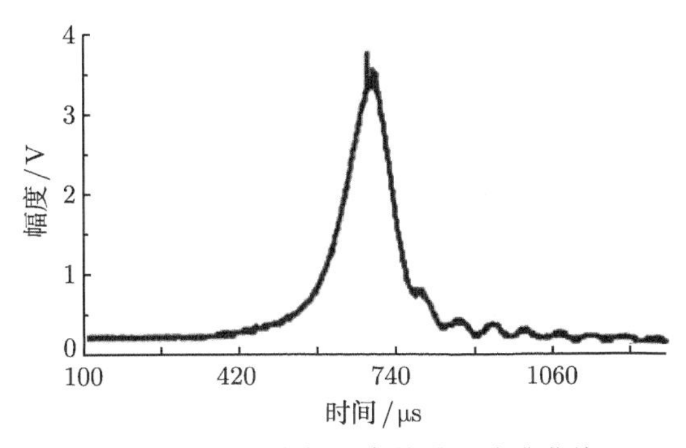

图 11-61 冲击加速度传感器校准曲线

按本节上述方法进行处理，截取上 3/4 部分脉冲，使用残周期拟合方法获得拟合曲线与测量曲线，如图 11-62 所示 [14]，拟合正弦峰值为 A= 0.959759V，拟合正弦直流分量为 D= 2.422325V，拟合残差有效值为 ρ=91.86892mV，则拟合脉冲峰值为 3.382084V。

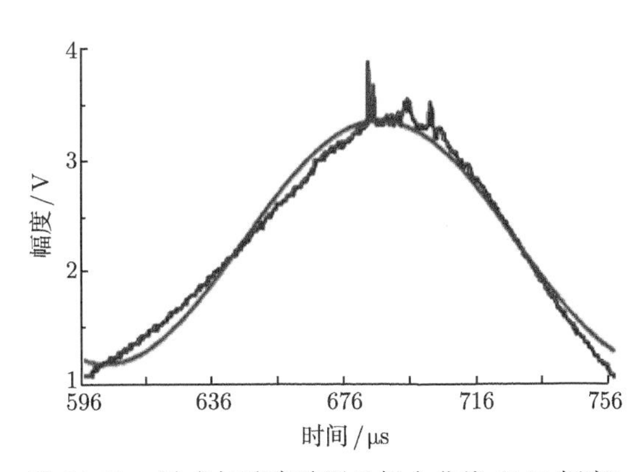

图 11-62 冲击加速度波形及拟合曲线 (3/4 幅度)

按本节上述方法进行处理，截取上 2/3 部分脉冲，使用残周期拟合方法获得拟合曲线与测量曲线，如图 11-63 所示，拟合正弦峰值为 A = 1.085737V，拟合正弦直流分量为 D = 2.2654V，拟合残差有效值为 ρ = 108.1071mV，则拟合脉冲峰值为 3.351137V。

按本节上述方法进行处理，截取上 1/2 部分脉冲，使用残周期拟合方法获得拟合曲线与测量曲线，如图 11-64 所示，拟合正弦峰值为 A = 0.7321408V，拟合正弦直流分量为 D = 2.675251V，拟合残差有效值为 ρ = 70.10334mV，则拟合脉冲峰值为 3.407392V。

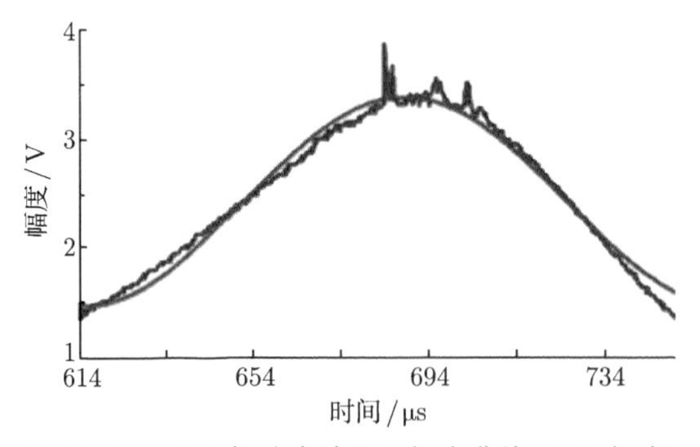

图 11-63　冲击加速度波形及拟合曲线 (2/3 幅度)

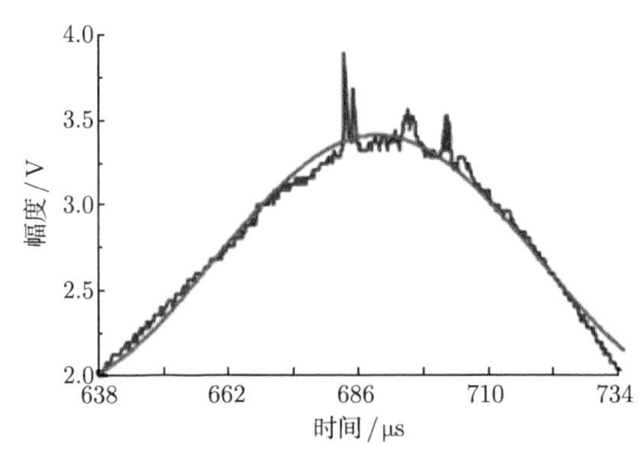

图 11-64　冲击加速度波形及拟合曲线 (1/2 幅度)

11.11.5　讨论

由上述计算过程可见，使用本节所述方法，在脉冲峰值分别截取 3/4、2/3 和 1/2 等不同幅度计算半正弦脉冲时，获得的计算结果波动仅为 1.6%，是一个良好结果。不仅如此，本节所述方法的最大优势是可以通过拟合残差有效值来判断拟合效果的优劣，并针对不同截取范围所获得的拟合峰值，给出哪一个更可靠的量化判据，从图 11-62~ 图 11-64 的三个曲线段的拟合结果来看，由于图 11-64 曲线的拟合残差有效值最小，故可以认定图 11-64 拟合所获得的峰值结果 3.407392V 更为符合实际，也更可靠。

而使用以往方法经滤波获得的校准结果峰值 3.241V 比本节方法小，分析应该是由使用滤波器滤除噪声和尖峰毛刺引起了峰值变化造成的。从而证明本节方法不使用滤波而直接用残周期正弦曲线拟合获取脉冲峰值的优越性。在脉冲峰值比较平滑时，本节方法能获得更加稳定良好的拟合结果。

尽管如此，在高加速度传感器计量校准中，由于冲击波形往往伴有畸变和不规则，使用本节方法会需要进一步判断和取舍。例如，图 11-65 是另一种 8309 型高加速度传感器 (其电荷灵敏度 0.0478pC/g) 在 38737.44g 条件下的校准结果曲线，从图中可见，该冲击波形在上升沿和峰值处均有畸变，它距离半正弦的理想情况有一定差异，使用本节方法虽然仍可以获得拟合峰值，但拟合残差有效值将变大。这时，需要人们首先判定应截取哪一段波形用于峰值拟合计算，并且峰值处的“峰”应如何对待和定义，这些问题解决后，计算问题将很容易通过本节方法获得有效结果。

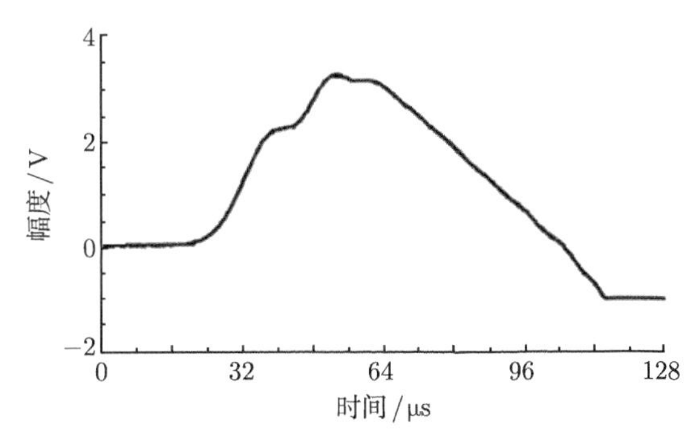

图 11-65 8309 冲击加速度传感器校准曲线

在峰值定义明确后，峰值计算从本质上讲是一个曲线拟合问题，实际上，通过多项式拟合也能获得较好的效果，但多项式拟合后，寻找峰值需要求根，这是一个比较复杂烦琐的工作，并且多项式本身还有定阶等问题，不如本节方法简便。而由于本节方法对所有峰值均使用一个尺度，所以更容易执行、判断和比较。

11.11.6 结论

本节针对半正弦冲击波形的峰值幅度计算，使用了一种基于残周期正弦波曲线拟合的峰值计算方法，其特点是以总体最小二乘方式获得峰值，避免峰值噪声、毛刺尖峰等给传感器测量曲线峰值估计带来的影响，并且可以利用拟合残差有效值来辅助判定峰值估计的可信程度；同时，不需要使用滤波器进行预先处理，直接使用原始波形数据进行计算，也避免了滤波器特性给峰值估计带来的附加影响。该方法鲁棒性优良、操作简捷有效、收敛性良好，可望被应用到脉冲计量校准、测试的实际工作中，用于脉冲峰值的计算和估计。由于高斯形状脉冲波形与半正弦形状差异不大，故本节上述方法也有望用于高斯形状脉冲峰值的计算中。

11.12 随机振动测量 [174]

11.12.1 引言

振动是自然界中极为普遍的自然物理现象，也是各种波动在固定点处的基本运动形式。从常见的机械振动到声振动、电振动、光波动等，例子不胜枚举。因而振动测量成为研究这些物理现象的基本手段之一。在很多情况下，人们面对的都是简谐振动，具有幅度、频率恒定的正弦特征。在计量测试行业中尤其如此。人们产生和使用的大部分振动信号源于各种振动台，其振动频率已知。因而振动参数的估计和测量多是用频率已知的三参数正弦拟合方法 [175-177]，其简单、确切，直接用公式计算获得，没有收敛性问题存在。

当振动频率未知时，人们也可以使用四参数正弦波最小二乘拟合、傅里叶变换等方法进行振动参数的测量估计 [6,7,178-182]，其条件是被测量的振动为简谐振动，且可获得多个振动周期波形。

但在实际振动测量中，人们会遇到另外一些状况，如海浪的波动，舰船的摇摆，大厦、高塔、大桥等大型建筑物的摆动，飞机机翼的振颤、机体振动，以及振动台产生的随机振动等非简谐振动，也是自然界中存在的更普遍的振动现象。对其不能简单地认为频率不变或频率已知。对这类振动的测量分析成为非常重要的基本问题。

另外，在低频大振幅振动装置上，尽管可以认为频率已知，但由于大振幅造成的偏摆、侧摆、漂移等，往往使得振动波形产生较大失真，使得用多个波形周期信号按正弦波进行估计时误差较大，或产生错误，而需要使用一个或更少的波形周期进行振动参数估计。

在周期为 1000s 或更长时间的超低频振动台产生的振动信号测量分析与处理中，由于波形周期过长，人们也希望能用不足一个波形周期的残周期振动波形进行振动参数测量估计，以实现快速测量。

这些振动测量，均是目前需要面对和解决的问题。

本节后续内容，将主要针对该类问题，提出使用残周期正弦波四参数拟合方法，用以对不足一个波形周期的“残周期”正弦振动波形进行幅度、频率、初始相位和直流分量的最小二乘估计。进而使残周期自适应窗口在非简谐振动波形上滑动，提取窗口内局部波形段的幅度、频率、直流分量等信息，以实现对非简谐振动的测量分析。

11.12.2 测量原理与方法

1. 残周期正弦振动的测量

正弦振动的测量多数是在振动频率已知的条件下，这时测量变得简单而确定，被认为已经没有待解决的问题。当振动频率未知时，需要通过其他手段进行振动频率的测量，然后再使用频率已知的测量方法 [175]。

在仅有不足一个波形周期的残周期条件下，无法对振动频率进行先验估计 [183]。此时，可使用参数完全未知的残周期正弦拟合方法进行参数估计。其过程如下 [14]：

(1) 测量获取振动波形序列；

(2) 判定波形频率区间，由于是残周期，若波形段时间长度为 τ，可知波形频率在区间 $(0, 1/\tau)$ 范围内；

(3) 在该频率范围内用频率已知的三参数正弦拟合方法进行频率搜索，以拟合回归值与测量序列之间的残差有效值最小为条件，搜索寻找最优频率点；

(4) 在该最优频率点上的幅度、初始相位、直流分量等为残周期正弦振动参数的最小二乘测量结果。

2. 多周期非简谐振动的测量

在多周期非简谐振动情况下，例如，振动幅度和频率均随时间变化的随机振动情况，幅度随时间变化的衰减阻尼振动情况，直流分量有线性漂移趋势的非平稳振动情况等，其振动波形不能简单地归结为正弦波形。但人们依然希望能够获得其振幅、频率等随时间变化的情况。这类振动测量应属于多周期非简谐振动测量。

在这里，认为它们在一个波形周期以内的残周期条件下，近似为正弦振动波形。因而，有以下多周期非简谐振动测量方法。过程如下 [156]：

(1) 测量获取振动波形序列；

(2) 通过在波形测量序列上选取自适应窗口，在多周期非简谐振动波形测量序列上截取局部不足一个振动周期 (例如 0.5 个波形周期) 的波形段；

(3) 使用残周期正弦波形拟合测量方法获得窗口内所截取的波形段的局部振动参数，包括幅度、频率、直流分量等，作为波形段中心点处的振动参数；

(4) 将波形中心点后移一个采样间隔，以已有振动波形参数为初始参考值，给定新波形段长度值，重复步骤 (3)，估计并确定新波形段波形参数，直至窗口边界大于测量序列尾部，完成参数估计；

(5) 将上述测量分析获得的幅度、频率、直流分量等分别按序排列，并与各自的窗口中心点一一对应，获得多周期非简谐振动的测量结果。

它们分别是振动幅度、频率、直流分量等随时间变化的曲线，从中可以深入分析和研究非简谐振动的实际情况。

11.12.3 实验验证

1. 残周期正弦振动的测量

这里用超低频振动标准装置作激励源，给出位移幅度 36.32mm 的正弦振动，频率 0.050000Hz，用 ASQ-1CA 型位移传感器进行测量，以 NI PXI-6281 型数据采集系统执行采集，其 A/D 位数为 18bit，工作量程为 ±2.5V，采样速率为 200Sa/s，采集数据个数为 8000 点。其为含有 2 个周期波形的振动序列，如图 11-66 所示。

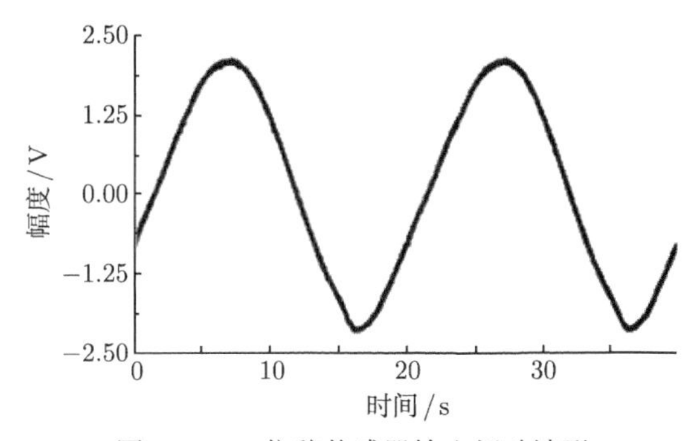

图 11-66 位移传感器输出振动波形

使用四参数正弦拟合方法获得其振动波形幅度为 2.012V，频率为 0.0500Hz，初始相位为 −32.253°，直流分量为 92.79mV。

在截取 0.8 个波形周期的残周期情况下，执行 11.12.2 节 1. 所述的振动测量过程，其残周期波形及拟合曲线如图 11-67 所示，获得其振动波形幅度为 2.122V，频率为 0.0468Hz，初始相位为 −25.323°，直流分量为 −61.67mV。

从图 11-67 中可见，残周期波形拟合效果良好，其振动参数拟合结果与多周期情况下的拟合结果一致性良好。幅度相差 5.5%；频率相差 −6.4%；相位相差 −6.9°；能够实现在不足一个振动周期条件下对振动幅度、频率、相位等主要参数的测量估计。

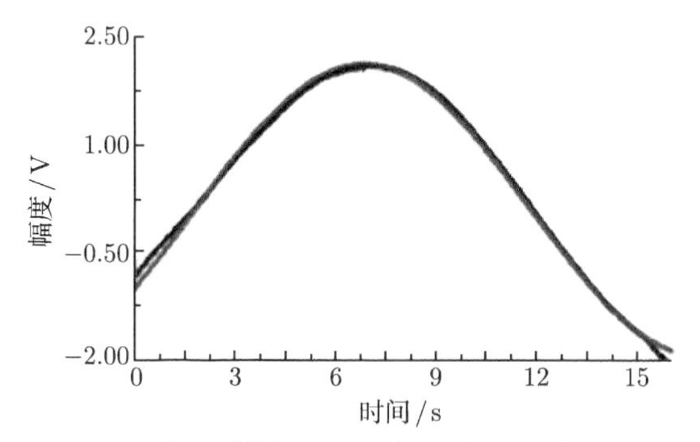

图 11-67　位移传感器测量输出振动波形及拟合曲线波形

2. 多周期非简谐振动的测量

在上述装置上产生非正弦振动波形串，在相同的测量设置下获得如图 11-68 所示的非简谐振动波形。可见它是一个幅度和频率等参数均在变化的振动波形，无法用以往已知频率的振动测量方法进行测量分析。

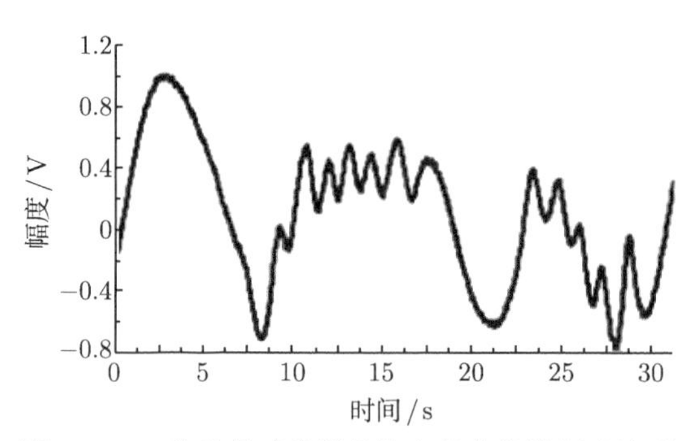

图 11-68　位移传感器测量输出的非简谐振动波形

使用 11.10.2 节 2. 所述的振动测量过程，在窗口宽度为 0.5 个波形周期的条件下获得如图 11-69 所示的振动振幅随时间变化曲线，如图 11-70 所示的振动直流分量 (漂移) 随时间变化曲线，如图 11-71 所示的振动频率随时间变化曲线。

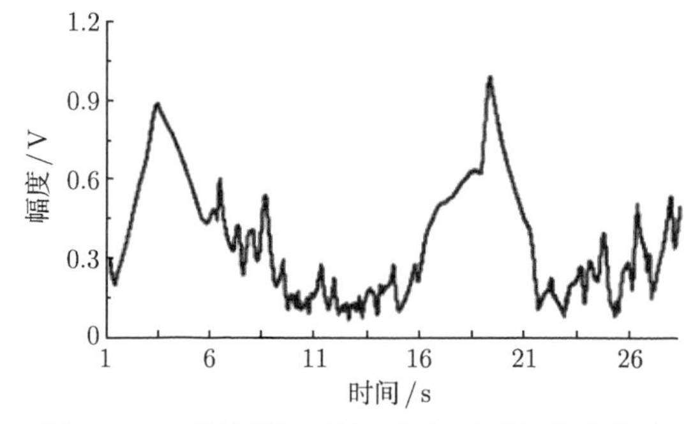

图 11-69　非简谐振动波形振幅随时间变化曲线

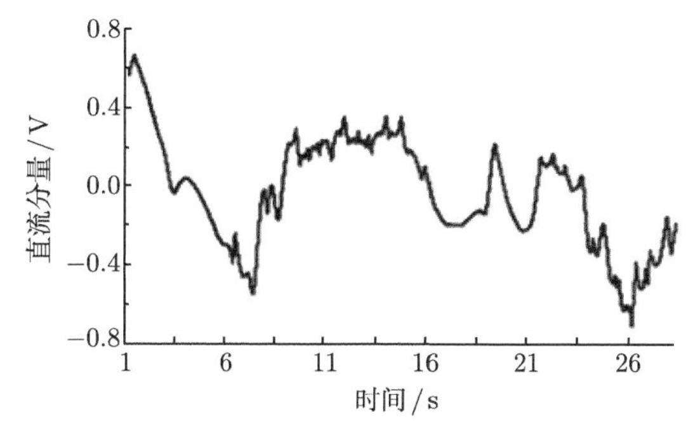

图 11-70 非简谐振动波形直流分量随时间变化曲线

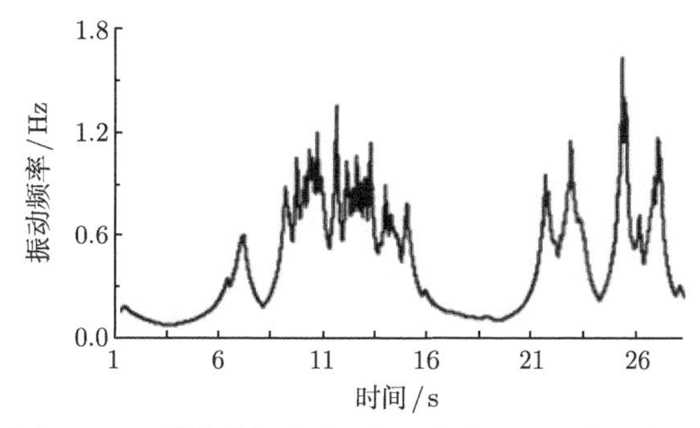

图 11-71 非简谐振动波形振动频率随时间变化曲线

图 11-69 所描述的是所测量振动振幅随时间变化的规律。比较图 11-69 与图 11-68 可见，本节所述方法存在边缘效应。在第 3s 以前的时间里，由于测量运算的边缘效应，幅值分量有很大一部分被归结为直流分量之中，与主观感觉存在较大差异。但在第 3s 以后的时间里，图 11-69 曲线变化规律与图 11-68 测量时域图相一致，可用于解决实际分析需求。

图 11-70 所描述的是所测量振动直流分量随时间变化的规律。比较图 11-70 与图 11-68 可见，在边沿效应结束以后的时间段内，即第 3s 以后的时间里，图 11-70 曲线变化规律与图 11-68 测量时域图一致性良好，基本反映了图 11-68 所述波形直流分量部分的变化规律。

图 11-71 所描述的是所测量振动频率随时间变化的规律。比较图 11-71 与图 11-68 可见，图 11-71 曲线变化规律与图 11-68 测量时域图一致性良好，基本反映了图 11-68 所述波形频率随时间的变化规律。

11.12.4 讨论

从上述实验结果可见，本节所述基于残周期正弦拟合的测量方法可以用于不足一个波形周期的残周期振动波形参数的测量估计，并可以给出幅度、频率、初始相位、直流分量等基本信息参量，但是与多周期情况下的测量参数相比，存在一定的误差，特别是有较大直流分量的情况下。由于信息不全，波形失真、序列样本长度、波形周期长度等众多因素都将影响参数估计效果，因而对于波形序列长度要求也是不一样的，研究表明，在通常的波形质量条件下，五分之一以上周期的波形长度即可以进行参数的正确估计 [14]。

同时可以看出，在非简谐振动情况下，有关已知频率的振动测量方法已经无法应用，而本节所述基于残周期正弦拟合的方法仍然可以获得其幅值、频率、直流分量等各种振动参数随时间的变化规律信息。但此时的窗口大小选择比较关键，窗口过大将由于滤波效应而无法提取其高频振动信息，而窗口过小则受局部波形正弦失真、噪声、直流漂移等影响较大，影响拟合结果的准确度，本节自适应选取约 0.5 个波形周期获得了良好效果。而关于窗口大小与波形局部失真等因素的关系研究，以及如何选取窗口大小获得最优效果，尚有待进一步研究解决。

11.12.5　结论

综上所述可见，本节主要是介绍了振动参数的一种评价方法，以残周期正弦波形四参数拟合为核心，通过直接计算即可获得不足一个波形周期的残周期振动波形幅度、频率、初始相位、直流分量等参数的测量估计结果，可望解决超低频振动参数的快速测量问题。

针对非简谐振动和复杂振动测量分析问题，在其局部波形近似正弦的假设前提下，通过将残周期正弦波模型在非简谐振动测量序列上的滑动拟合，提取并揭示出振动波形各个局部的幅度、频率和直流分量等参数随时间变化规律，以试图解决随机振动、阻尼衰减振动等众多非简谐振动的参数测量分析问题。

小波分析、短时 FFT 等分析方法也可用于波形参数的时频分析，关于本节方法和其他时频分析方法的比较等，有待进一步研究解决。

11.13　基于正弦失真测量的 A/D 动态有效位数评价

11.13.1　引言

动态有效位数是 A/D 转换器，以及数据采集系统、数字示波器等模拟量数字化测量设备最重要的动态特性指标之一 [5,184,185]，它以给定频率正弦波激励条件下测量系统等效 A/D 位数的方式，将测量系统的非线性误差以总体方式给出。其内涵主要包括了 [186]：①量化误差；②微分非线性；③失码；④积分非线性；⑤孔径不确定度；⑥噪声；⑦采样抖动。但未包含幅度不平度、相位线性，增益以及上述范畴以外的可归咎于线性误差的各个部分。它属于总体性精确指标，体现的是一种动态测量状态下的测量准确度。

有关有效位数的研究已经有很多文献发表 [187-196]，从参数如何获取、不确定度评定，到信号源总失真度对其测量的影响等，包括了各个方面的内容。然而，由于动态有效位数的评价主要使用的是正弦波曲线拟合方法，对于算法及软件技术要求较高，从而影响了其推广应用。这使得多年以来人们都一直试图寻找更简单有效的动态有效位数的评价方法，并研究出了 FFT 法、直方图统计分析法等试图解决该问题。本节后续内容，将主要讨论这一问题，并试图从另一个角度，以正弦波形失真度测量方式解决动态有效位数的测量问题。

11.13.2　动态有效位数的定义及拟合测量

理想的模数转换器在数据转换中只引入与其转换位数相对应的量化误差。根据实际模数转换装置对正弦交流信号的采样数据，求得相应的拟合正弦曲线。这里将采样数据与该拟合曲线对应点数据差的均方根值，作为模数转换装置动态转换下的量化误差有效值，与该误差有效值相对应的模数转换位数，定义为动态有效位数，也称有效位数 [184]。

用低失真正弦波激励被测 A/D 变换器构建的数据采集系统，设定通道采集速率为 v_0。为保证对于正弦波形的等概率相位密度采样，则采集速率 v_0 与输入信号频率 f 应符合式 (11-200) 要求：

$$f = N \cdot v_0/n \tag{11-200}$$

式中，v_0 为通道采集速率标称值；N 为通道采集的 n 个数据中所含信号整周期个数。这里，N 与 n 不能有公因子。

选取激励正弦信号 $a_0(t)$ 的峰值 E_p 是为了尽量多地覆盖量程 E_r 的幅度值 (可选择覆盖 95%及以上范围)；并且有量程覆盖率 η：

$$\eta = 2 \cdot E_\mathrm{p}/E_\mathrm{r} \tag{11-201}$$

$$a_0(t) = E_\mathrm{p} \cdot \sin(2\pi f t + \theta_0) + d_0 \tag{11-202}$$

采集 2 个以上信号周期的波形数据 $x_i(i=0,\cdots,n-1)$，输入计算机。按最小二乘法找出最佳拟合正弦信号：

$$a(i) = E \cdot \sin(\omega \cdot i + \theta) + d \tag{11-203}$$

式中，$a(i)$ 为拟合信号的瞬时值；E 为拟合正弦信号的幅度；θ 为拟合正弦信号的初始相位；D 为拟合信号的直流分量值；ω 为拟合正弦信号的离散角频率 $(2\pi \cdot f \cdot \Delta t)$，$\Delta t$ 为采样时间间隔。

按式 (11-204) 计算拟合残差有效值 ρ：

$$\rho = \sqrt{\frac{1}{n} \cdot \sum_{i=0}^{n-1} [x_i - E \cdot \sin(\omega \cdot i + \theta) - d]^2} \tag{11-204}$$

被校数据采集系统的动态有效位数 BD 按式 (11-205) 计算获得 [185]

$$\mathrm{BD} = \log_2 \frac{E_\mathrm{r}}{2\rho \cdot \sqrt{3}} \tag{11-205}$$

11.13.3 测量原理与方法

正弦波参数中，总失真度是一个非常重要的波形参数，其定义为波形失真的有效值与其基波的有效值之比。对于上述正弦波采样序列，其总失真度 TD 可按式 (11-206) 计算获得 [75]：

$$\mathrm{TD} = \frac{\rho}{E/\sqrt{2}} \tag{11-206}$$

由式 (11-205)、式 (11-206) 和式 (11-201) 可得

$$\mathrm{BD} = -\log_2 \left(\frac{\eta \cdot \mathrm{TD} \cdot \sqrt{3}}{\sqrt{2}} \right) \tag{11-207}$$

式 (11-207) 即是本节所述的动态有效位数测量的基本公式。从中可以看出，若已知正弦波形测量序列的总失真度 TD 以及正弦波形覆盖量程范围的百分比 η，则人们可以很容易通过式 (11-207) 计算获得测量系统的动态有效位数 BD，从而避免了复杂烦琐的正弦波形曲线拟合。具体过程如下所述。

(1) 用频率符合式 (11-200) 的低失真正弦波激励数据采集系统，获得采集数据序列 x_i (i=0,$\cdots$,n_0-1)；

(2) 通过周期计点法或其他方法获取每个波形周期包含的采集数据点数 ζ(通常不是整数)，截取整数个波形周期，设 n 个采样点中采集了整数个信号周期，周期数为 N。用傅里叶分解方式计算获得基波幅度 E、初始相位 θ、直流分量 d，则 [75]

$$d=\frac{1}{n}\sum_{i=0}^{n-1}x_i \tag{11-208}$$

$$A_1=\frac{2}{n}\sum_{i=0}^{n-1}x_i\cos\left(\frac{2\pi i}{\zeta}\right) \tag{11-209}$$

$$B_1=\frac{2}{n}\sum_{i=0}^{n-1}x_i\sin\left(\frac{2\pi i}{\zeta}\right) \tag{11-210}$$

$$E=\sqrt{A_1^2+B_1^2} \tag{11-211}$$

$$\theta=\begin{cases}\arctan\left(\dfrac{B_1}{A_1}\right), & A_1\geqslant 0\\[2ex] \arctan\left(\dfrac{B_1}{A_1}\right)+\pi, & A_1<0\end{cases} \tag{11-212}$$

(3) 从采样序列 x_i (i=0,$\cdots$,$n-1$) 中减除基波分量和直流分量 d，获得拟合残差有效值 ρ[75]：

$$\varepsilon_i=x_i-E\cdot\sin\left(\frac{2\pi i}{\zeta}+\theta\right)-d \tag{11-213}$$

$$\rho=\sqrt{\frac{1}{n}\sum_{i=0}^{n-1}\varepsilon_i^2} \tag{11-214}$$

(4) 按式 (11-201) 计算获得量程覆盖率 η；按式 (11-206) 计算获得正弦波采集序列的波形总失真度 TD。

(5) 按式 (11-207) 计算获得动态有效位数 BD。

11.13.4 仿真实验验证

设数据采集系统通道量程范围为 −5~5V，采样速率为 v_0=8000Sa/s，采集数据个数 n_0=11001。激励信号幅度 E_p=4V，频率 f=60Hz，初始相位 θ=90°，直流分量 d=0V。

变化 A/D 位数从 3~24 bit，执行上述动态有效位数测量，则计算用数据个数为 n=10933，η=0.8，N=82，每个波形周期内含采集点数 ζ=10933/82，获得如表 11-21 所示结果。其中作为比较数据的是使用正弦波最小二乘曲线拟合方法获得的动态有效位数。

表 11-21　动态有效位数测量比较数据 (60Hz)

(A/D)/bit	总失真度	动态有效位数 (本节方法)/bit	动态有效位数 (拟合法)/bit
3	1.07×10^{-2}	3.26	3.33
4	5.33×10^{-2}	4.26	4.28
5	2.65×10^{-2}	5.26	5.27
6	1.35×10^{-2}	6.24	5.92
7	7.35×10^{-3}	7.12	7.12
8	3.70×10^{-3}	8.11	8.12
9	1.80×10^{-3}	9.15	9.18
10	8.84×10^{-4}	10.17	10.34
11	5.69×10^{-4}	10.81	11.29
12	4.39×10^{-4}	11.18	12.42
13	4.06×10^{-4}	11.30	13.44
14	3.99×10^{-4}	11.32	14.29
15	3.96×10^{-4}	11.33	15.32
16	3.96×10^{-4}	11.33	16.26
17	3.96×10^{-4}	11.33	17.34
18	3.97×10^{-4}	11.33	18.31
19	3.97×10^{-4}	11.33	19.15
20	3.97×10^{-4}	11.33	19.85
21	3.97×10^{-4}	11.33	20.26
22	3.97×10^{-4}	11.33	20.39
23	3.97×10^{-4}	11.33	20.43
24	3.97×10^{-4}	11.33	20.44

其他条件不变，仅将信号频率变为 f=6Hz，执行上述动态有效位数测量，则计算用数据个数为 n=9333，η=0.8，N=7，每个波形周期内含采集点数 ζ=9333/7，获得如表 11-22 所示结果。

从表 11-21 所述结果来看，在本节上述仿真实验条件下，在 A/D 位数为 11bit 以下情况下，本节所述失真度测量方法可以使用，它的计算结果与理想 A/D 位数之差在 0.26bit 以内，与作为参照对象的正弦波拟合方法获得的动态有效位数之差在 0.48bit 以内；而正弦波拟合方法获得的动态有效位数与理想 A/D 位数之差在 0.34bit 以内，要大于本节所述方法与理想 A/D 位数之差，可见，本节所述方法在这种情况下并无明显弱势。

在 A/D 位数为 12bit 以上情况下，本节所述失真度测量方法无法使用，其主要是由此时每个波形周期采样点较少，失真度测量准确度不够高造成的，若能进一步提高其失真度测量准确度，则本节方法可望继续适用。而正弦波曲线拟合法则直到 A/D 位数 20bit 一直适用，且其获得的动态有效位数与理想 A/D 位数之差在 0.5bit 以内。

在 A/D 位数为 21bit 以上情况下，正弦波曲线拟合法测量动态有效位数方法也无法使用了，其主要是由此时失真度测量数据准确度不够高和拟合软件运算误差造成的。

从表 11-22 所述结果来看，由于每个波形周期采样点数增加了 10 倍，使本节方法与曲线拟合法的一致性更加好些，准确度也更高。并且本节方法可以适合 A/D 位数 14bit 以下的所有情况，曲线拟合法则适用于 A/D 位数 23bit 以下的所有情况，达到单精度浮点数的表征极限 23bit，适用范围分别有所提高。

表 11-22 动态有效位数测量比较数据 (6Hz)

(A/D)/bit	总失真度	动态有效位数 (本节方法)/bit	动态有效位数 (拟合法)/bit
3	1.06×10^{-2}	3.27	3.34
4	5.26×10^{-2}	4.28	4.30
5	2.62×10^{-2}	5.28	5.29
6	1.30×10^{-2}	6.29	6.29
7	6.48×10^{-3}	7.30	7.30
8	3.23×10^{-3}	8.30	8.30
9	1.61×10^{-3}	9.31	9.31
10	8.07×10^{-4}	10.30	10.30
11	4.07×10^{-4}	11.29	11.30
12	2.03×10^{-4}	12.30	12.32
13	1.05×10^{-4}	13.24	13.33
14	6.31×10^{-5}	13.98	14.31
15	4.36×10^{-5}	14.52	15.33
16	3.89×10^{-5}	14.68	16.32
17	3.75×10^{-5}	14.73	17.34
18	3.71×10^{-5}	14.75	18.32
19	3.70×10^{-5}	14.75	19.31
20	3.69×10^{-5}	14.75	20.27
21	3.69×10^{-5}	14.76	21.24
22	3.69×10^{-5}	14.76	22.07
23	3.69×10^{-5}	14.76	22.71
24	3.69×10^{-5}	14.76	23.00

11.13.5 实验验证

这里以北京阿尔泰科技发展有限公司 ART2001 型数据采集系统为被测对象，其 A/D 位数为 12bit，拥有 32 个测量通道，通道量程范围为 −10∼10V，通道采集速率为 5000Sa/s，通道采集数据个数 n=2500。

使用 FLUKE 5700A 多功能校准器作为正弦波形激励源，激励信号幅度 $E_{\rm p}$=7.966V，频率 f=10Hz，直流分量 d=0V。其采集信号波形如图 11-72 所示。

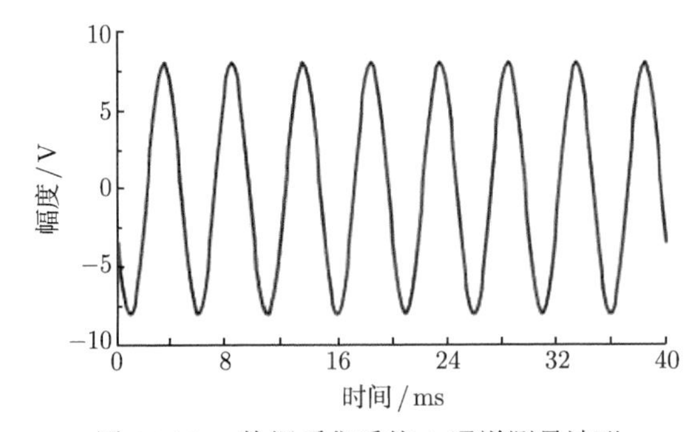

图 11-72 数据采集系统 1 通道测量波形

执行上述动态有效位数测量，获得如表 11-23 所示测量结果。其中作为比较数据的是使用正弦波最小二乘曲线拟合方法获得的动态有效位数。从表 11-23 可以看出，本节所述方法在实际应用中可完全替代正弦拟合法，并可获得与正弦曲线拟合相一致的动态有效位数测量结果。

表 11-23　动态有效位数测量比较数据

通道	总失真度	动态有效位数 (本节方法)/bit	动态有效位数 (拟合法)/bit
0	7.01×10^{-4}	10.51	10.54
1	6.98×10^{-4}	10.51	10.81
2	6.36×10^{-4}	10.65	10.48
3	8.21×10^{-4}	10.28	10.80
4	6.90×10^{-4}	10.53	10.46
5	6.44×10^{-4}	10.63	10.46
6	8.42×10^{-4}	10.24	10.42
7	6.80×10^{-4}	10.55	10.42

11.13.6　讨论

从上述仿真实验验证结果可见，本节所述基于正弦波形序列的失真度测量方法可实现 A/D 动态有效位数测量，与正弦波形最小二乘拟合法相比，具有一致性，但在适应性上，最小二乘拟合表现得更加优秀些，可以很容易适应到 20 位及以上 A/D 位数的情况，而本节方法在 A/D 位数 11bit 以下没有问题，在 A/D 位数 12bit 以上情况，则要视情况而定。由于目前大多数数据采集系统的动态有效位数在 11bit 以下，而目前数字示波器本身的 A/D 位数多数也只有 8bit，故本节方法的应用是没有问题的。

从表 11-21 和表 11-22 的动态有效位数测量数据上看，多数要比理想值高一些，应该是由采样条件未完全满足式 (11-200) 的等相位密度均匀采样造成的，以及正弦波信号本不属于概率密度均匀分布的波形却按照概率密度均匀分布的波形来处理造成的，为正常波动现象，不影响应用。

而从表 11-23 的 8 个通道测量结果比较，可见两者的差异多数在 0.5bit 以内，符合性良好。这验证了本节所述方法与正弦波拟合方法的一致性与可行性。

11.13.7　结论

综上所述可见，本节主要是提出了动态有效位数的另外一种评价方法，以精确获取正弦波形采集序列的总失真度为核心，通过直接计算即可获得动态有效位数参数。其避免了复杂烦琐且技术要求高的四参数正弦波形迭代拟合过程，以及正弦波拟合法的初始值选取要求和收敛性问题 [183]，具有简捷、高效、易于执行的特点；可以满足目前大多数 A/D 及其组成的数据采集系统、数字示波器的校准需求；可直接用于数字示波器、数据采集系统相应指标和参数的测量校准。

关于其适应性不如正弦波拟合的问题，有待于后续研究予以解决。

鸣　谢

本书所述内容，主要来源于作者在北京长城计量测试技术研究所 30 余年来的科研工作，曾先后获得众多课题的资助，如下所述。

国家技术基础科研项目：
数据采集系统校准技术研究
瞬态记录仪器校准技术研究
飞机系统综合校准
任意波发生器校准技术研究
航空科学基金项目：
残周期正弦波四参数拟合算法研究
中国航空工业集团有限公司创新基金项目：
调制域瞬变信号动态校准理论研究
国家重点研发计划“国家质量基础的共性技术研究与应用”专项：
复杂环境下通讯和测量设备的计量溯源关键技术研究
复杂通讯信号时频域参数计量技术研究
北京长城计量测试技术研究所创新基金项目：
正弦波模型化测量与校准技术跟踪研究
特别感谢这些资助，使得作者得以开展本书所述的各方面研究活动！

参 考 文 献

[1] 黄俊钦. 静、动态数学模型的实用建模方法 [M]. 北京：机械工业出版社，1988: 223.
[2] 梁志国，沈文. 数据采集系统通道间延迟时间差的精确评价 [J]. 数据采集与处理，1998，13(2)：183-187.
[3] 梁志国. 数字示波器大触发延迟时间的量子化测量方法 [J]. 计量学报，2018，39(1)：94-98.
[4] 梁志国，杨仁福. 数字示波器大触发延迟时间的变频测量方法 [J]. 计量学报，2018，39(2)：268-271.
[5] IEEE Std 1057-1994. IEEE standard for digitizing waveform recorders[S]. IEEE, 1994.
[6] 田社平，王坚，颜德田, 等. 基于遗传算法的正弦波信号参数提取方法 [J]. 计量技术，2005，(5)：3-5.
[7] 梁志国，朱济杰，孟晓风. 四参数正弦曲线拟合的一种收敛算法 [J]. 仪器仪表学报，2006，27(11)：1513-1519.
[8] 梁志国，朱振宇. 非均匀采样正弦波形的最小二乘拟合算法 [J]. 计量学报，2014，35(5): 494-499.
[9] 梁志国. 一种四参数正弦参量估计算法的改进及实验分析 [J]. 计量学报，2017，38(4)：492-498.
[10] Deyst J P, Souders T M, Solomon O M, Jr. Bounds on least-squares four-parameter sine-fit errors due to harmonic distortion and noise[J]. IEEE Transactions on Instrumentation and Measurement, 1995, 44(3): 637-642.
[11] 梁志国. 正弦波拟合参数的不确定度评定 [J]. 计量学报，2018，39(6)：888-894.
[12] 梁志国. 通道间延迟时间差的测量不确定度 [J]. 计量学报，2005，26(4)：354-359.
[13] Liang Z G, Zhu J J. A digital filter for the single frequency sinusoid series[J]. Transaction of Nanjing University of Aeronautics & Astronautics, 1999, 16(2): 204-209.
[14] 梁志国，孟晓风. 残周期正弦波形的四参数拟合 [J]. 计量学报，2009，30(3)：245-249.
[15] Gao Y K, Zhang T T, Pokharel P, et al. Pseudo functional path delay test through embedded memories[J]. Journal of Electronic Testing, 2015, 31(1): 35-42.
[16] Liu T Q, Zhou Y B, Liu Y, et al. Harzard-based ATPG for improving delay test quality[J]. Journal of Electronic Testing, 2015, 31(1): 27-34.
[17] Long X, Arends J B, Aarts R M, et al. Time delay between cardiac and brain activity during sleep transitions[J]. Applied Physics Letters, 2015, 106(14): 143702-1-143702-4.

[18] Li H M, Liu S B, Liu S Y, et al. Electromagnetically induced transparency with large delay-bandwidth product induced by magnetic resonance near field coupling to electric resonance[J]. Applied Physics Letters, 2015, 106(11): 114101-1-114101-4.

[19] Ban Y, Wang L J, Chen X. Tunable delay time and Hartman effect in graphene magnetic barriers[J]. Journal of Applied Physics, 2015, 117(16): 164307-1-164307-6.

[20] Jing Q, Zhang X, Wei W, et al. Power dependent pulse delay with asymmetric dual-core hybrid photonic crystal fiber coupler[J]. Optics & Laser Technology, 2014, 55(2): 26-36.

[21] Xiang S Y, Pan W, Zhang L Y, et al. Phase-modulated dual-path feedback for time delay signature suppression from intensity and phase chaos in semiconductor laser[J]. Optics Communications, 2014, 324: 38-46.

[22] Xu Y H, Xie C R, Tong D B. Adaptive synchronization for dynamical networks of neutral type with time-delay[J]. Optik - International Journal for Light and Electron Optics, 2014,125(1): 380-385.

[23] Singh H, Sheetal A, Kumar A. Impact of interferometer delay time on the performance of ODSB-SC RoF system with wavelength interleaving[J]. Optik - International Journal for Light and Electron Optics, 2014, 125(9): 2057-2061.

[24] 梁志国. 数字存储示波器触发点电平和延迟的精确校准 [J]. 仪器仪表学报，2011，32(6): 1403-1408.

[25] 梁志国，孟晓风. 波形记录仪触发延迟的测量不确定度评定 [J]. 计量学报，2011，32(4): 361-367.

[26] 梁志国，孟晓风. 波形记录仪触发延迟线性的实验研究 [J]. 计测技术，2009，29(5): 4-7.

[27] 梁志国. 数据采集系统校准中的若干问题研究 [D]. 北京: 北京航空航天大学，2009: 25-27.

[28] JJF1057—1998. 数字存储示波器校准规范 [S]. 中华人民共和国国家计量技术规范. 北京: 中国计量出版社，1999.

[29] HP 3325B Synthesizer/Function Generator Operating Manual [Z]. Hewlett Packard Company, 1990: 3-1-3-7.

[30] JJG 262—1996. 模拟示波器检定规程 [S]. 中华人民共和国国家计量检定规程，北京: 中国计量出版社，1996.

[31] GB/T 6585—1996. 阴极射线示波器通用规范 [S]. 中华人民共和国国家标准. 北京：中国标准出版社，1997: 16-19.

[32] 梁志国，朱济杰. 数据采集系统通道间延迟时间差的精确评价 [J]. 仪器仪表学报，1999, 20(6): 619-623.

[33] 叶德培，宋振国，汪贤至. GJB 3756—1999，测量不确定度的表示及评定 [S]. 北京：中国人民解放军总装备部军标出版发行部，1999：9-11.

[34] 梁志国. 周期信号的谐波分析述评 [J]. 计量技术，2003，2: 3-5.

[35] Souders T M, Flach D R, Hagwood C, et al. The effects of timing jitter in sampling systems[J]. IEEE Transactions on Instrumentation and Measurement, 1990, 39 (1): 80-85.

[36] 梁志国，孙璟宇，盛晓岩. 正弦信号发生器波形抖动的一种精确测量方法 [J]. 仪器仪表学报，2004，25(1)：23-29.

[37] Liang Z G, Lu K J, Sun J Y. Evaluation of software of four-parameter sine wave curve-fit [J]. Transaction of Nanjing University of Aeronautics & Astronautics, 2000, 17(1): 100-106.

[38] 梁志国. 一种非均匀采样系统采样均匀性的评价新方法 [J]. 计量学报，2006，27(4)：384-387.

[39] Wagdy M F, Awad S S. Effect of sampling jitter on some sine wave measurements[J]. IEEE Transactions on Instrumentation and Measurement, 1990, 39(1): 86-89.

[40] Schoukens J, Louage F, Rolain Y. Study of the influence of clock instabilities in synchronized data acquisition systems[J]. IEEE Transactions on Instrumentation and Measurement, 1996, 45(2): 601-604.

[41] Stenbakken G N, Liu D, Starzyk J A, et al. Nonrandom quantization errors in timebases[J]. IEEE Transactions on Instrumentation and Measurement, 2001, 50(4): 888-892.

[42] Verspecht J. Accurate spectral estimation based on measurements with a distorted-timebase digitizer[J]. IEEE Transactions on Instrumentation and Measurement, 1994, 43(2): 210-215.

[43] Stenbakken G N, Deyst J P. Time-base nonlinearity determination using iterated sine-fit analysis[J]. IEEE Transactions on Instrumentation and Measurement, 1998, 47(5): 1056-1061.

[44] Wang C M, Hale P D, Coakley K J. Least-squares estimation of time-base distortion of sampling oscilloscopes[J]. IEEE Transactions on Instrumentation and Measurement, 1999, 48(6): 1324-1332.

[45] Jenq Y C. Digital spectra of nonuniformly sampled signals: fundamentals and high-speed waveform digitizers[J]. IEEE Transactions on Instrumentation and Measurement, 1988, 37(2): 245-251.

[46] Jenq Y C. Digital spectra of nonuniformly sampled signals. Ⅱ. Digital look-up tunable sinusoidal oscillators[J]. IEEE Transactions on Instrumentation and Measurement, 1988, 37(3): 358-362.

[47] Jenq Y C. Digital spectra of nonuniformly sampled signals: a robust sampling time offset estimation algorithm for ultra high-speed waveform digitizers using interleaving[J]. IEEE Transactions on Instrumentation and Measurement, 1990, 39(1): 71-75.

[48] 梁志国，周艳丽，沈文. 正弦波拟合法评价数据采集系统通道采集速率 [J]. 数据采集与处理，1997，12(4): 328-333.

[49] 梁志国，孟晓风. 非均匀采样系统时基失真的一种新评价方法 [J]. 北京航空航天大学学报，2010，36(10)：1203-1206.

[50] Kalashnikov A N, Challis R E, Unwin M E, et al. Effects of frame jitter in data acquisition systems [J]. IEEE Transactions on Instrumentation and Measurement, 2005, 54 (6): 2177-2183.

[51] de Ridder F, Pintelon R, Schoukens J, et al. Reduction of the Gibbs phenomenon applied on nonharmonic time base distortions [J]. IEEE Transactions on Instrumentation and Measurement, 2005, 54 (3): 1118-1125.

[52] Chang C L, Huang P S, Tu T M. Aperture jitter of sampling system in AWGN and fading channels [J]. IEEE Transactions on Instrumentation and Measurement, 2007, 56 (3): 831-839.

[53] Attivissimo F, Nisio A D, Giaquinto N, et al. Measuring time base distortion in analog-memory sampling digitizers [J]. IEEE Transactions on Instrumentation and Measurement, 2008, 57 (1): 55-62.

[54] Barford L. Filtering of randomly sampled time-stamped measurements [J]. IEEE Transactions on Instrumentation and Measurement, 2008, 57 (2): 222-227.

[55] Jenq Y C, Cheng L. Digital spectrum of a nonuniformly sampled two-dimensional signal and its reconstruction [J]. IEEE Transactions on Instrumentation and Measurement, 2005, 54 (3): 1180-1187.

[56] Kazakov V A, Rodriguez D S. Sampling-reconstruction procedure of Gaussian processes with jitter characterized by the beta distribution [J]. IEEE Transactions on Instrumentation and Measurement, 2007, 56 (5): 1814-1824.

[57] 梁志国，朱济杰，孙璟宇. 正弦信号源波形失真的一种精确评价方法 [J]. 计量学报，2003，24(2): 144-148.

[58] 梁志国，孟晓风. 非均匀采样系统的修正与补偿 [J]. 数据采集与处理，2010，25(1):126-132.

[59] 兰军，宋千，周智敏. 多通道并列数据采集系统非均匀采样校正 [J]. 数据采集与处理，2000，15(3): 340-344.

[60] 宋千, 梁甸农. 一种新的并行多通道数据采集系统时序偏差校正技术 [J]. 国防科技大学学报，2001，23(3)：55-59.

[61] Clemencio F M C, Loureiro C F M, Correia C M B A. An easy procedure for calibrating data acquisition systems using interleaving [C]// 2005 IEEE Nuclear Science Symposium Conference Record -Nuclear Science Symposium and Medical Imaging Conference, Oct 23-29 2005, Puerto Rico, Publisher: IEEE Inc., Piscataway, NJ 08855-1331, United States, v 2: 680-684.

[62] Ken K. Software calibration reduces offset and gain errors [J]. Electronic Engineering Times, 2006, (1420): 18-20.

[63] Ferragina V, Fornasari A, Gatti U, et al. Gain and offset mismatch calibration in time-interleaved multipath A/D sigma-delta modulators [J]. IEEE Transactions on Circuits and Systems I: Regular Papers, 2004, 51(12): 2365-2373.

[64] Haftbaradaran A, Martin K W. A background compensation technique for sample-time errors in time- interleaved A/D converters [C]// 2005 IEEE International 48th Midwest Symposium on Circuits and Systems, MWSCAS 2005, Aug 7-10 2005, Cincinnati, OH, United States, Publisher: IEEE Inc.: 1011-1014.

[65] Wang C Y, Wu J T. A background timing-skew calibration technique for time-interleaved analog-to-digital converters [J]. IEEE Transactions on Circuits and Systems II: Express Briefs, 2006, 53(4): 299-303.

[66] Ferragina V, Fornasari A, Gatti U, et al. Gain and offset mismatch calibration in multi-path sigma-delta modulators [C]// Proceedings of the 2003 IEEE International Symposium on Circuits and Systems, May 25-28 2003, Bangkok, Thailand, Publisher: IEEE Inc.: 1953-1956.

[67] Wang W L, Zhang Z J, Zu J. Error calibration of two ADCs conversion mode [C]// ISTM/2003 5th International Symposium on Test and Measurement, Jun 1-5 2003, Shenzhen, China, Publisher: International Academic Publishers: 521-524.

[68] Huang S, Levy B C. Cramer Rao lower bound for blind timing offset estimation of a two-channel time-interleaved A/D converter [C]// 40th Asilomar Conference on Signals, Systems and Computers, OCT 29-NOV 01, 2006, Pacific Grove, CA, Publisher: IEEE Inc.:1237-1241.

[69] Haftbaradaran A, Martin K W. Mismatch compensation techniques using random data for time-interleaved A/D converters [C]// IEEE International Symposium on Circuits and Systems, May 21-24, 2006, Kos, Greece, Publisher: IEEE Inc.:109-112.

[70] Huang S, Levy B C. Blind calibration of timing offsets for four-channel time-interleaved ADCs [C]// IEEE Transactions on Circuits Systems. I-Regul. Pap. 2007, 54(4): 863-876.

[71] Huang S, Levy B C. Adaptive blind calibration of timing offset and gain mismatch for two-channel time-interleaved ADCs [C]// IEEE Transactions on Circuits and System. I-Regul. Pap. 2006, 53(6): 1278-1288.

[72] Vogel C. The impact of combined channel mismatch effects in time-interleaved ADCs [J]. IEEE Transactions on Instrumentation and Measurement, 2005, 54(1): 415-427.

[73] Pereira J M D, Girao P M B S, Serra A M C. An FFT-based method to evaluate and compensate gain and offset errors of interleaved ADC systems [J]. IEEE Transactions on Instrumentation and Measurement, 2004, 53(2): 423-430.

[74] Jamal S M, Fu D H, Singh M P, et al. Calibration of sample-time error in a two-channel time-interleaved analog-to-digital converter [J]. IEEE Transactions on Circuits and Systems. I-Regul. Pap., 2004, 51(1): 130-139.

[75] 梁志国，耿书雅. 基于傅里叶变换的正弦信号源波形失真评价方法 [J]. 计量学报，2004，25(4): 357-361.

[76] 梁志国. 直流偏移的测量不确定度 [J]. 测试技术学报，2004，18(3): 253-258.

[77] 梁志国. 交流增益的测量不确定度 [J]. 计量学报，2004，25(2)：162-166.

[78] IEC Standard. Publication 351-1, Expression of the properties of cathode-ray oscilloscopes (part 1: General) [S]. International Electrical Commission, 1976: 59.

[79] GB/T 15289—1994. 数字存储示波器通用技术条件和测试方法 [S]. 中华人民共和国国家标准. 北京: 中国标准出版社，1994: 20-21.

[80] Test & Measurement Catalog [Z]. Agilent Technologies, 2005/06: 56.

[81] 测试、测量及监测产品目录 [Z]. Tektronix, 2002: 91.

[82] 梁志国，孟晓风. 拟合测量正弦信号频率的不确定度 [J]. 计量学报，2009，30(4)：358-362.

[83] 梁志国，孟晓风. 正弦波相位差的测量不确定度 [J]. 仪器仪表学报，2007，28(9)：1646-1653.

[84] 梁志国,朱济杰. 数字存储示波器时基及触发特性的精确评价 [J]. 仪器仪表学报,2000,21(4):412-415.

[85] 梁志国，孟晓风. 波形记录仪触发延迟和触发抖动的精确评价 [J]. 计量技术，2009，(11)：7-10.

[86] 李烨，董秀珍，刘锐岗, 等. 磁感应断层成像中的一种高精度同步相位测量方法 [J]. 仪器仪表学报，2009，30(4)：796-801.

[87] 贾超，陈在平，张建峰. 基于多种数据触发方式的 DeviceNet 从节点通信技术研究 [J]. 仪器仪表学报，2009，30(2)：324-329.

[88] 张沁川，王厚军. 并行采集系统触发晃动实时校正技术研究 [J]. 电子测量与仪器学报，2010，24(2): 167-171.

[89] 郭连平，田书林，蒋俊，等. 高速数据采集系统中触发点同步技术研究 [J]. 电子测量与仪器学报，2010，24(3): 224-229.

[90] 梁志国，何昭，刘渊，等. 捷变正弦信号源波形建立时间的精确测量 [J]. 计量学报，2020，41(9)：1115-1121.

[91] 是桂凤. 相位噪声和捷变频时间的测量 [J]. 现代雷达, 1989, 11(5):118-125.

[92] 张春荣. 雷达捷变频频率综合器技术及跳频时间测量 [J]. 火控雷达技术, 2004, 33(4):42-45.

[93] 葛军. 频率捷变时间测量技术的研究 [J]. 宇航计测技术, 2000, 20(3):21-25.

[94] 高树廷. 锁相式频率合成器的捕捉方法及跳频时间分析 [J]. 火控雷达技术, 1989, 18(1):1-7.

[95] 高连山. 频率捷变时间精密测试系统 [J]. 宇航计测技术, 1999，19(5): 1-11.

[96] 石军, 高伟亮, 姜志森, 等. 频率捷变雷达信号源实时动态频率校准方法 [J]. 海军航空工程学院学报, 2008, 23(5): 581-583.

[97] 程翊昕, 陆强, 行江, 等. 一种信号跳频参数的测量方法 [J]. 电子测试, 2018, 387(6): 35, 64.

[98] 郭海召. 跳频信号的检测、参数估计与分选算法研究 [D]. 成都: 电子科技大学，2016.

[99] 吕晨杰. 基于时频分析的跳频信号检测与参数估计技术 [D]. 郑州: 解放军信息工程大学, 2015.

[100] 梁志国，孙璟宇，郁月华. 数字示波器计量校准中的若干问题讨论 [J]. 仪器仪表学报，2004，25(5): 628-632.

[101] 梁志国. 数据采集系统误差限的测量不确定度 [J]. 计量技术，2002，(9)：45-48.

[102] Pavlov A N, Pavlova O N, Abdurashitov A S, et al. Characterizing scaling properties of complex signals with missed data segments using the multifractal analysis [J]. Chaos, 2018, 28(1):013124.

[103] Sharma R R , Pachori R B . Eigenvalue decomposition of Hankel matrix-based time-frequency representation for complex signals [J]. Circuits Systems & Signal Processing, 2018，37(8): 3313-3329.

[104] Jin J, Shi J. Automatic feature extraction of waveform signals for in-process diagnostic performance improvement [J]. Journal of Intelligent Manufacturing, 2001, 12(3): 257-268.

[105] Henning G B. Detectability of interaural delay in high-frequency complex waveforms [J]. The Journal of the Acoustical Society of America, 1974, 55(1):84-90.

[106] Yanovsky F J, Rudiakova A N, Sinitsyn R B, et al. Copula analysis of full polarimetric weather radar complex signals[C]// Radar Conference, IEEE, 2017.

[107] Chaturvedi R K, Toth M S. Method for extracting waveform attributes from biological signals [EB/OL]. 2010, https://www.deepdyve.com/, 2010.

[108] Jain P, Pachori R B. An iterative approach for decomposition of multi-component non-stationary signals based on eigenvalue decomposition of the Hankel matrix[J]. Journal of the Franklin Institute, 2015, 352(10): 4017-4044.

[109] Liu Z P, Chen X B, Wang X M, et al. Communication analysis of integrated waveform based on LFM and MSK[C]// IET International Radar Conference 2015. IET, 2015.

[110] Zhang K S , Ma H , You Z S, et al. Waveform estimation of non-stationary fractal stochastic signals using optimum threshold technique[J]. Acta Electronica Sinica, 2001, 29 (9): 1161-1163.

[111] Liang H , Bressler S L , Desimone R, et al. Empirical mode decomposition: a method for analyzing neural data[J]. Neurocomputing, 2005, 65-66(none):801-807.

[112] Diykh M , Li Y , Wen P . Classify epileptic EEG signals using weighted complex networks based community structure detection[J]. Expert Systems with Applications, 2017, 90(8):87-100.

[113] Yuan Y , Li Y , Yu D , et al. Delay time-based epileptic EEG detection using artificial neural network[C]// International Conference on Bioinformatics & Biomedical Engineering, IEEE, 2008.

[114] 李翠微, 郑崇勋, 袁超伟. ECG 信号的小波变换检测方法 [J]. 中国生物医学工程学报，1995，14(1): 59-66.

[115] 谢远国, 余辉, 吕扬生. 基于多分辨率分析的心电图 QRS 波检测 [J]. 医疗卫生装备, 2003，24(9): 5-6.

[116] Lee J S , Semela D , Iredale J, et al. Sinusoidal remodeling and angiogenesis: a new function for the liver-specific pericyte [J]. Hepatology, 2007, 45 (3): 817-825.

[117] McAulay R J, Quatieri T F. Speech analysis/synthesis based on a sinusoidal representation [J]. IEEE Transactions on Acoustics Speech and Signal Processing, 1986, 34(4): 744-754.

[118] 梁志国. 正弦波形参量对 ADC 有效位数评价的影响 [J]. 计量学报，2017，38(1)：91-97.

[119] 梁志国，朱振宇，邵新慧，等. 正弦波形局域失真及相变分析 [J]. 振动与冲击，2013，32(18): 179-182

[120] 柏森, 廖晓峰. 基于 Walsh 变换的图像置乱程度评价方法 [J]. 中山大学学报 (自然科学版), 2004, 43(S2):58-61.

[121] Zhou S , Sun B , Shi J . An SPC monitoring system for cycle-based waveform signals using haar transform [J]. IEEE Transactions on Automation Science and Engineering, 2006, 3(1):60-72.

[122] 李季, 张之国, 肖斌, 等. 基于离散切比雪夫变换的图像压缩 [J]. 计算机工程与设计, 2013, 34(12):4261-4266.

[123] Huang N E. New method for nonlinear and nonstationary time series analysis: empirical mode decomposition and Hilbert spectral analysis[J]. Proceedings of SPIE - The International Society for Optical Engineering, 2000, 4056:197-209.

[124] Mehboob Z, Yin H. Analysis of non-stationary neurobiological signals using empirical mode decomposition [C]// Proceedings of the 3rd international workshop on Hybrid Artificial Intelligence Systems. 2008.

[125] Ozturk E , Kucar O , Atkin G . Waveform encoding of binary signals using a wavelet and its Hilbert transform[C]// Acoustics, Speech, & Signal Processing, on IEEE International Conference. IEEE Computer Society, 2000.

[126] Ma H , Su W , Umeda M . Waveform estimation for Hilbert transform of fractal stochastic signals using wavelet transform [J]. Journal of Sichuan University, 2001, 38(5):647-652.

[127] Deng X , Wang Q , Chen X . A time-frequency localization method for singular signal detection using wavelet-based Hölder exponent and Hilbert transform[C]// Congress on Image & Signal Processing. IEEE Computer Society, 2008.

[128] Sharma R R , Pachori R B . A new method for non-stationary signal analysis using eigenvalue decomposition of the Hankel matrix and Hilbert transform[C]// International Conference on Signal Processing and Integrated Networks. IEEE, 2017.

[129] 邱爱兵. 采样数据系统的故障诊断方法研究 [D]. 南京：南京航空航天大学, 2010.

[130] 张萍. 采样数据系统的故障检测方法 [D]. 北京: 清华大学, 2002.

[131] Ding S X, 张萍. 采样数据系统的故障检测 [J]. 自动化学报, 2003, 29(2): 306-311.

[132] 张萍, Ding S, 王桂增, 等. 采样数据系统故障检测的 H∞ 方法 [J]. 控制理论与应用，2003，20(3): 361-366.

[133] 邱爱兵，文成林，姜斌. 基于混杂系统方法的一类采样数据系统鲁棒故障检测 [J]，自动化学报，2010，36(8):1182-1188.

[134] 邱爱兵, 姜斌. 基于输出时滞方法的非均匀采样数据系统传感器故障检测 [J]. 控制理论与应用, 2010, 27(12): 1757-1765.

[135] 尤富强,王福利,关守平. 采样数据系统传感器故障的 H_∞ 估计 [J]. 控制理论与应用,2008,25(6):1110-1112.

[136] Fadali M S, Liu W. Observer-based robust fault detection for a class of multirate sampled-data linear systems[C]// American Control Conference, IEEE, 1999.

[137] 邱爱兵,文成林,姜斌. 一种新的多速率采样系统快速率故障检测设计方法 [J]. 电子学报,2010,38(10): 2240-2245.

[138] 张宁，丁锋，朱大奇. 非均匀采样数据系统的故障检测 [J]，计算机测量与控制，2008，16(6)：774-776，801.

[139] 张萍, 王桂增, 周东华. 采样数据系统的故障诊断问题 [J]. 上海海运学院学报, 2001, 22(3):72-77.

[140] 胡峰，温熙森，孙国基, 等. 采样时间序列的故障数据检测与滑动容错滤波 [J]. 上海海运学院学报，2001，22(3): 27-29, 34.

[141] 邱爱兵,文成林,姜斌. 采样数据系统最优诊断观测器设计 [J]. 控制理论与应用,2010, 27(8): 979-984.

[142] 梁志国，李新良，孙璟宇，等. 激光干涉法一次冲击加速度计动态特性校准 [J]. 测试技术学报，2004，18(2)：133-138.

[143] 梅田章，上田和永. 加速度的标准 (日)[J]. 计量管理，1991，40(2): 13-19.

[144] 上田和永，梅田章. A study on the characterization of the accelerometers using davies bar technique[J]. 日本机械学会论文集 (C编) 57 卷 533 号，1991：143-147.

[145] Bateman V I. Characteristics of piezoresitiv accelerometer in shock environments up to 150000g [C]// Process 41st Annual Meeting of Institute of Environment Science, Published by Ananeim, CA, U.S.A. Apr 30- May 5, 1995: 217-224.

[146] Ueda K, Umeda A. Characterization of shock accelerometers using Davies bar and laser interferometer [J]. Experimental Mechanics, 1995, 35(3): 216-223.

[147] Batemen V I. The use of beryllium hop kinson bar to characterize a piezoresistive accelerometer shock environments [C]// Process 42nd Annual Meeting of Institute of Environment Science, Published by Orlando, FL, U.S.A. May 12- 16, 1996: 336-343.

[148] Li B, Liang J W, Yin C Y. Study on the measurement of in-plane displacement of solid surfaces by laser Doppler velocimetry [J]. Opt. Laser Technique, 1995, 27(2): 89-93.

[149] Umeda K, Umeda A. Characterization of shock accelerometers using davies bar and laser interferometer [J]. 计量研究所报告 (日)，1996, 45(2)：1-6.

[150] Wang S Y, Cao C Z, Fei P D, et al. High-G accelerometer dynamic calibration by a laser differential Doppler technique [J]. Review Science Instrumentation, American Institute of Physics, 1996, 67(2): 2022-2025.

[151] Umeda, K. Characterization of accelerometers in the range where the vibration method is not effective [C]// IMEKO world congress; “From Measurement to Innovation”, Vol.3, Torino, Italy, 1994: 1-5.
[152] ISO/WD5347-23: Primary Shock Calibration Using Laser Interferometry [S]. ISO, 1996.
[153] New Shock Acceleration Standard [Z]. PTB News 1996.2, Published by Physikalisch-Technische Bundesanstalt (PTB), Braunschweig and Berlin, Germany, June 1996.
[154] ISO/5347-21: Shock Calibration Using Laser Doppler Velocimeter [S]. ISO, 1996.
[155] Umeda A. Characterization of AE-transducers using davies bar and laser interferometry [C]// “Progress in Accustic Emission”, Proc. 11th int. AE Symp., 1992.
[156] 梁志国，孙璟宇. 调频信号的数字化解调 [J]. 测试技术学报，2005，19(2)：190-194.
[157] 梁志国，朱济杰. 用周期倍差法评价数据采集系统的传递函数 [J]. 计量学报，1999，20(3)：227-233.
[158] 梁志国，李新良，朱振宇. 一种基于残周期正弦拟合的冲击峰值计算方法 [J]. 振动与冲击，2015，34(1): 49-52.
[159] 向红，汤伯森. L-P 摄动法在跌落冲击问题中的应用 [J]. 振动与冲击，2002，21(1)：39-42.
[160] 卢富德，陶伟明，高德. 具有简支梁式易损部件的产品包装系统跌落冲击研究 [J]. 振动与冲击，2012，31(15)：79-81.
[161] 高德，卢富德. 基于杆式弹性易损部件的非线性系统跌落冲击研究 [J]. 振动与冲击，2012，31(15)：47-49.
[162] 陈安军. 非线性包装系统跌落冲击问题变分迭代法 [J]. 振动与冲击，2013，32(18)：105-107.
[163] ISO 16063-13-2001(E). Methods for the calibration of vibration and shock transducers-Part 13: Primary shock calibration using laser interferometry[S]. International Organization for Standardization, 2001, 11.
[164] GB/T 20485.13—2007. 振动与冲击传感器校准方法——第 13 部分：激光干涉法冲击绝对校准 [S]. 北京：中国标准出版社，2008: 9.
[165] JJG 791—1992. 冲击力法冲击加速度校准装置 [S]. 北京：中国计量出版社，1993: 9.
[166] JJG 632—1989. 动态力传感器 [S]. 北京：中国计量出版社，1990: 7.
[167] JJG 497—2000. 碰撞试验台 [S]. 北京：中国计量出版社，2000: 5.
[168] IEC Standard, 469-2. Pulse techniques and apparatus, (part 2: Pulse measurement and analysis, general considerations) [S]. International Electrical Commission, 1987: 21-22.
[169] GB 9318—1988. 脉冲信号发生器测试方法 [S]. 北京：电子工业出版社，1990：1.
[170] ISO 16063-1-1998(E). Methods for the calibration of vibration and shock transducers-Part 1: Basic Concepts[S]. International Organization for Standardization, 1998: 17.
[171] 梁志国，李新良，连大鸿. 激光干涉法一次冲击加速度校准 [J]. 电子测量与仪器学报，2006，20(1)：68-72.
[172] JJF 1153—2006. 冲击加速度计 (绝对法) 校准规范 [S]. 北京：中国计量出版社，2007.
[173] JJG 233—2008. 压电加速度计检定规程 [S]. 北京：中国计量出版社，2008.
[174] 梁志国，邵新慧. 基于残周期正弦拟合的振动参数测量 [J]. 振动与冲击，2013，32(18): 91-94.
[175] ISO 16063-11. Methods for the calibration of vibration and shock transducers-Part 11：Primary vibration calibration by laser interferometry (third edition)[S]. ISO, 2012.
[176] 于梅. 低频超低频振动计量技术的研究与展望 [J]. 振动与冲击，2007，26(11)：83-86.
[177] 于梅，孙桥，冯源，等. 正弦逼近法振动传感器幅相特性测量技术的研究 [J]. 计量学报，2004，25(4)：344-348.
[178] Kuffel J, McComb T R, Malewski R. Comparative evaluation of computer methods for calculating the best-fit sinusoid to the digital record of a high-purity sine wave [J]. IEEE Transactions on Instrumentation and Measurement, 1987, 36(2): 418-422.

[179] Jenq Y C. High-precision sinusoidal frequency estimator based on weighted least square method [J]. IEEE Transactions on Instrumentation and Measurement, 1987, 36(1): 124-127.

[180] Giaquinto N, Trotta A. Fast and accurate ADC testing via an enhanced sine wave fitting algorithm [J]. IEEE Transactions on Instrumentation and Measurement, 1997, 46 (4): 1020-1025.

[181] Zhang J Q, Zhao X M, Hu X, et al. Sinewave fit algorithm based on total least-squares method with application to ADC effective Bit measurement [J]. IEEE Transactions on Instrumentation and Measurement, 1997, 46 (4): 1026-1030.

[182] 梁志国，张大治，孙璟宇, 等. 四参数正弦波曲线拟合的快速算法 [J]. 计测技术，2006，26(1): 4-7.

[183] 梁志国，孟晓风. 正弦波形参数拟合方法述评 [J]. 测试技术学报，2010，24(1)：1-8.

[184] JJF 1048—1995. 数据采集系统校准规范 [S]. 北京: 中国计量出版社，1995.

[185] JJF 1057—1998. 数字存储示波器校准规范 [S]. 北京: 中国计量出版社，1999.

[186] Linnenbrink T E, Effective bits: is that all there is [J]? IEEE Transactions on Instrumentation and Measurement, 1984, 33(3): 184-187.

[187] Peetz B E. Dynamic testing of waveform recorders [J]. IEEE Transactions on Instrumentation and Measurement, 1983, 32(1): 12-17.

[188] Gee A. Design and test aspects of a 4-MHz 12-bit analog-to-digital converter [J]. IEEE Transactions on Instrumentation and Measurement, 1986, 35(4): 483-491.

[189] Cennamo F, Daponte P, Savastano M. Dynamic testing and diagnostics of digitizing signal analyzers [J]. IEEE Transactions on Instrumentation and Measurement, 1992, 41(6): 840-844.

[190] Doerfler D W. Dynamic testing of a slow sample rate, high-resolution data acquisition system [J]. IEEE Transactions on Instrumentation and Measurement, 1986, 35(4): 477-482.

[191] Liang Z G, Zhu J J, Shen W. Influence and correction of signal source distortion to evaluation of effective bit of waveform recorders [J]. Transaction of Nanjing University of Aeronautics & Astronau, 1997, 14(2): 198-202.

[192] 梁志国. 动态有效位数的测量不确定度 [J]. 工业计量，2002，12(6)：46-49.

[193] Bertocco M, Narduzzi C, Paglierani P, et al. Accuracy of effective bit estimation methods [J]. IEEE Transactions on Instrumentation and Measurement, 1997, 46 (4): 1011-1015.

[194] Carbone P, Petri D. Noise sensitivity of the ADC histogram test [J]. IEEE Transactions on Instrumentation and Measurement, 1998, 47(4): 1001-1004.

[195] 李迅波，廖述剑，陈光瑀，等. 基于数字处理技术的 ADC 动态测试及分析 [J]. 仪器仪表学报，2000，21(3)：293-296.

[196] 郭世泽，金鑫，孙圣和. 数字存储示波器响应特性及有效位数的测量 [J]. 电子测量与仪器学报，1993，7(4)：28-33.

后　　记

正弦问题及其解决方法，尽管用途足够广泛，仍然属于众多科学技术问题中一个非常具体的小问题而已，且通常认为是已经解决的小问题。对大多数人而言，早在初中时，就已经接触到正弦函数及相应概念，而在我的工作中接触使用正弦波模型化方法，始于 1991 年，用正弦拟合法评价数据采集系统的动态有效位数。从那时算起，至今已有三十多年的时间，其间，正弦波一直伴随在我的职业生涯中，本书的主体内容均来源于三十余年来我自己所进行的关于正弦问题的探究及应用进展。

人称“十年磨一剑”，而本书所述的工作，则是三十余年在做着如此小的一件具体事情，因此，从实质意义上说，本书的核心内容，并非用笔写就，而是由生命里的宝贵时光幻化而出。如今回想起来，其间包含许多有趣儿的进展，其中，最早真正意义上的进展体现在提出了一种频率迭代式正弦拟合算法，以解决四参数正弦拟合的收敛性问题；其后发现，解决了收敛性的拟合算法可用于调制信号的解调，其同时可用于 AM、FM、PM 信号的精确解调。再后来发现，其可用于进行不足一个周波的残周期正弦参数拟合，并且，现在已知，任意相位条件下，可在 4%的波形周期下获得曲线拟合结果，应用前景广阔。

通过深入分析发现，四参数正弦拟合，在等间隔采样条件下，获得的四个核心参数实际上是幅度、数字角频率、相位、直流分量。其中，数字角频率并非信号频率，而是信号频率与采集速率的比值系数，借助于它，锁定了采样速率与信号频率的严格比例关系，从而，由信号频率直接计算获得采样速率，完全没有 ± 1 的计点误差，实现了信号频率及采样速率的高精度估计。

通过两个通道各自采样序列之间的相位差估算，解决了远小于一个采样间隔的通道间延迟时间差的估计问题，当年，它曾经是一个技术难点。

通过对量化误差给拟合参数带来的拟合误差界的规律搜索研究，发现了拟合误差界随序列长度呈现等间隔量子化阶梯变化的规律，并总结归纳出正弦拟合误差定律，用于指导实际的正弦拟合工作实践。

正弦拟合方法是一个非常神奇的模型化方法，借助于它，可以解决许多看上去风马牛不相及的技术难题。例如，本书中用它来分离数字示波器的触发延迟误差和触发电平误差，从而真正解决触发点位置的测量评价问题；使用局部正弦拟合再拓展的手段，解决捷变频通信中捷变频信号建立时间的精确评价问题；使用滑动正弦模型的解调功能，实现随机振动信号的时频分析；使用二次抽样子序列间的相位差，实现非均匀采样序列采样均匀性的定量评估；等等。众多典型应用，令人心旷神怡。只要认真研究及灵活运用，总能给人带来意外惊喜。尽管如此，本书中的示例，仍然是正弦曲线拟合应用中的沧海一粟。

今将本书内容结集成册，分享给世人，并不奢望能对相关领域起到多大推动作用，唯愿其能够抛砖引玉，提高同行解决正弦问题时的速度与效率，果能若此，余愿足矣！

本书成稿之后，曾先后经过吴惠明研究员、张宝珠高级工程师、杨永军总师、李新良研究员、王洪博部长审查指正，殷殷教诲，永难忘怀，锱铢必较，谨致谢忱！

最后，特别感谢李陟院士，百忙之中，肯抽出宝贵时间，为本书作序，并不吝溢美之词，十足令我感动万分！特别奉献昔年旧作“少年郎”一首，略表此刻心情，诗曰：

惟独年少肯轻狂，不知天外有参商；可向微尘求大海，能朝混沌索洪荒；

倚栏看剑问世界，只手擎天动朝纲；晚来南墙半头血，晨起依旧少年郎。

梁志国

2023 年 2 月 15 日于北京西山